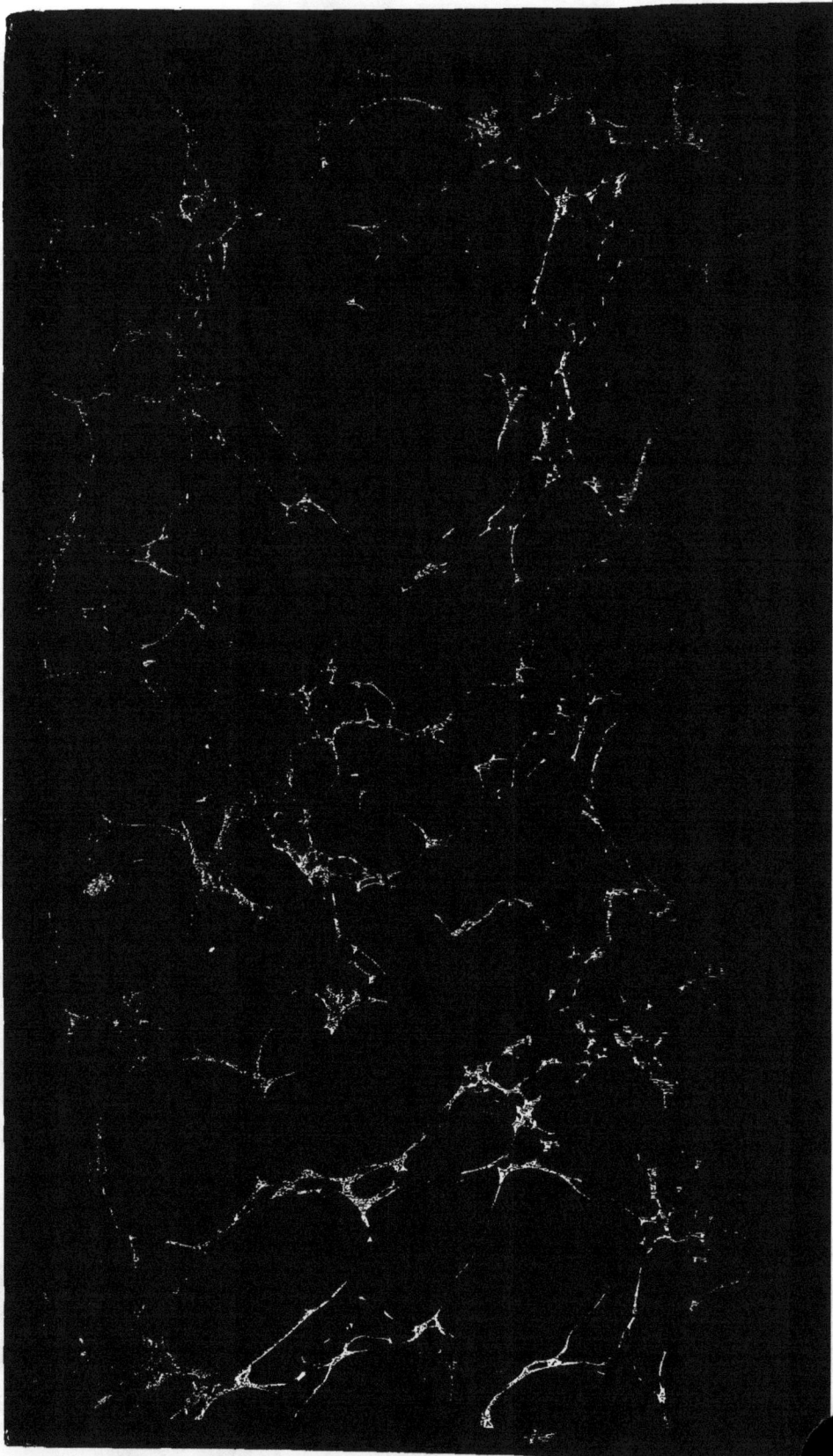

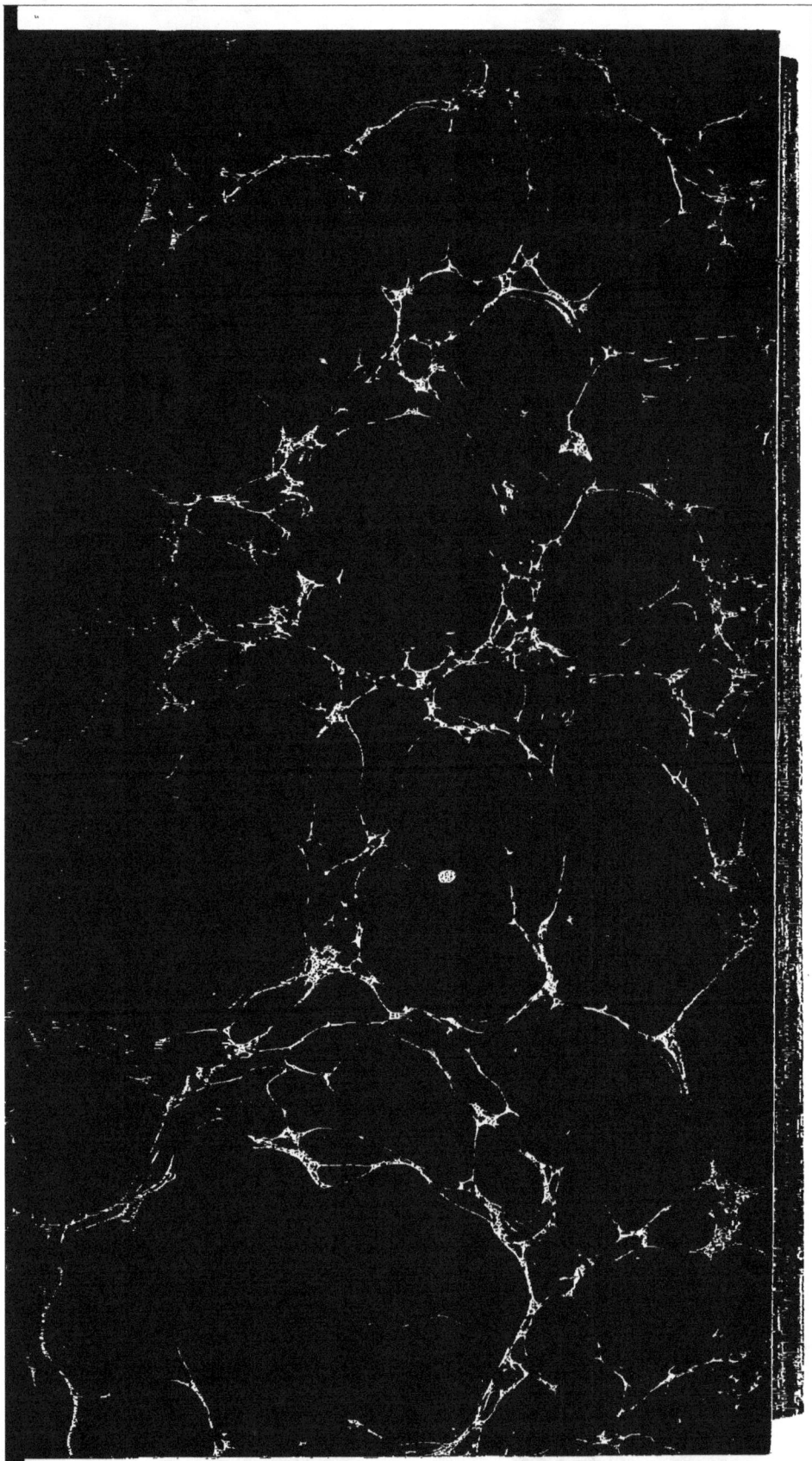

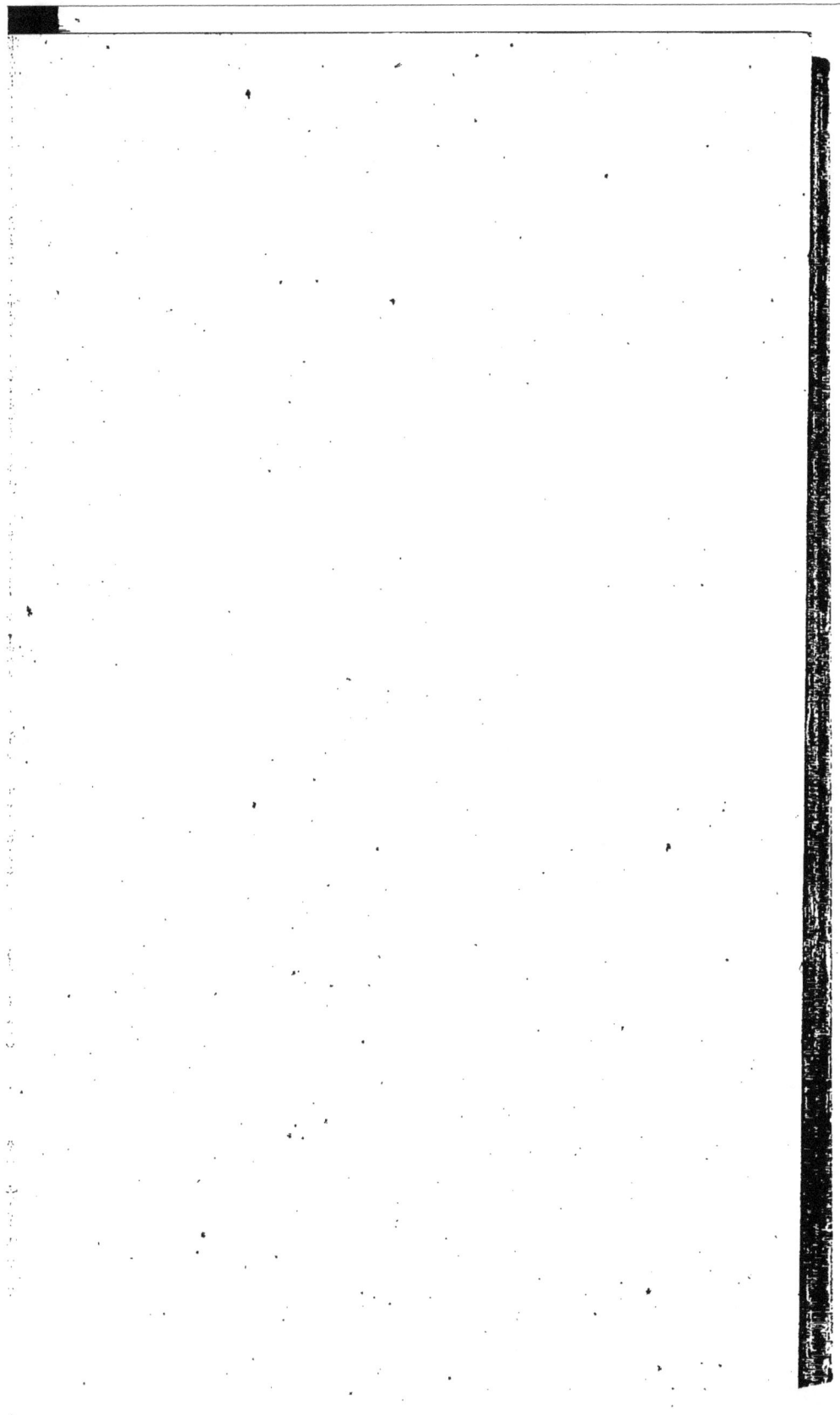

GUIDE

THÉORIQUE ET PRATIQUE

DU

FABRICANT D'ALCOOLS

ET

DU DISTILLATEUR

OUVRAGES DU MÊME AUTEUR.

DU BÉTAIL EN FERME.
AMENDEMENTS ET PRAIRIES. } Extraits des œuvres de Jacques Bujaut. (*Epuisés.*)

TRAITÉ PRATIQUE DE LA CULTURE ET DE L'ALCOOLISATION DE LA BETTERAVE. Résumé complet des meilleurs travaux faits jusqu'à ce jour sur la betterave et son alcoolisation. Troisième édition, revue et augmentée, avec bois dans le texte.

TRAITÉ COMPLET D'ALCOOLISATION GÉNÉRALE. Cet ouvrage, dont deux éditions ont été épuisées, se trouve entièrement refondu dans la *première partie du Guide théorique et pratique du fabricant d'alcools et du distillateur.*

LE PAIN PAR LA VIANDE. Organisation de l'industrie agricole. 1 vol. in-8° de 178 pages, 1853.

TRAITÉ THÉORIQUE ET PRATIQUE DE LA FERMENTATION, dans ses rapports avec la science, les arts et l'industrie.

GUIDE PRATIQUE DE CHIMIE AGRICOLE. Leçons familières sur les notions de chimie élémentaire utiles aux cultivateurs, et sur les opérations chimiques les plus nécessaires à la pratique agricole. 1 vol. in-18 de 388 pages, avec bois dans le texte, 1858.

PRÉCIS DE CHIMIE PRATIQUE, ou *Eléments de chimie vulgarisée.* 1 vol. in-18 de 628 pages, avec bois dans le texte.

GUIDE PRATIQUE DU FABRICANT DE SUCRE. Nouvelle édition, entièrement refondue et considérablement augmentée. L'ouvrage forme trois forts volumes in-8°, illustrés de nombreuses gravures sur bois intercalées dans le texte.

LA VIGNE. Leçons familières sur la gelée et l'oïdium, leurs causes réelles et les moyens d'en prévenir ou d'en atténuer les effets.

PARIS. — TYPOGRAPHIE A. HENNUYER, RUE DU BOULEVARD, 7.

GUIDE

THÉORIQUE ET PRATIQUE

DU

FABRICANT D'ALCOOLS

ET

DU DISTILLATEUR

—◦◦◦◦—

TROISIÈME PARTIE

DISTILLATION
FABRICATION DES LIQUEURS

AVEC DE NOMBREUSES FIGURES INTERCALÉES DANS LE TEXTE

PAR

N. BASSET

Chimiste, auteur du *Guide pratique du Fabricant de sucre*
et de divers ouvrages de chimie appliquée.

———◦◦◦◦———

PARIS

LIBRAIRIE DU DICTIONNAIRE DES ARTS ET MANUFACTURES

Rue de Madame, 40

—

1873

AVANT-PROPOS

L'étude de l'*alcoolisation* proprement dite et celle de
l'*œnologie,* qui en est une sorte de complément, ont appris
l'art de créer, de fabriquer l'alcool éthylique, et d'en déterminer la production au sein des liquides les plus dissemblables en apparence. Partout où le sucre se trouve
dissous en proportion convenable, l'acte de la fermentation
produit la transformation de ce corps en alcool et acide
carbonique, pourvu que le ferment employé soit sain, et
qu'il ne soit pas en présence d'agents hostiles, de causes
d'inertie ou de dégénérescence. L'ordre logique demande
impérieusement que, avant de s'occuper d'*extraire* un produit, on soit parvenu à le former. Rien ne s'oppose plus
maintenant à ce que nous abordions la description des
méthodes et des appareils employés pour l'*extraction* et la
purification de l'alcool, et cette étude va être l'objet de la
troisième partie de cet ouvrage. En continuant à suivre les
phases rationnelles de l'idée générale et du plan de notre
travail, nous sommes conduit, naturellement, à placer
après cette partie importante l'examen des principales applications de l'alcool. Aussi, notre quatrième partie forme-
t-elle un traité de la fabrication des *liqueurs* alcooliques et
de la préparation des dérivés de l'alcool, parmi lesquels
l'*acide acétique* et le *vinaigre usuel* tiennent la place la plus
importante.

1

Nous terminons ce vaste travail par l'examen des questions de *législation* qui se rapportent à la fabrication de l'alcool et des boissons alcooliques. Nous n'avons pas eu l'intention, à ce sujet, de suppléer aux ouvrages de droit ni aux travaux de jurisprudence ; il nous a semblé utile seulement de mettre sous les yeux du lecteur, soit *in-extenso*, soit sous forme d'extrait sommaire, les articles de loi et les règlements auxquels le fabricant d'alcools et de vins est tenu d'obéir, aussi bien que le distillateur et le fabricant de liqueurs alcooliques. Nous avons comparé les règlements étrangers aux règlements français toutes les fois que la chose nous a paru intéressante.

Les questions de fiscalité sont loin d'être des accessoires dans une industrie aussi capitale que celle du distillateur ou du fabricant de sucre, car des mesures arbitraires ou injustes peuvent enrayer tous les progrès qu'on est en droit d'en espérer, au point de vue du bien-être des populations et de la prospérité culturale.

Nous ne pouvons guère, sous peine d'entrer dans un système de redites et de répétitions, revenir sur l'utilité des industries agricoles, telles que la distillerie et la sucrerie, sous les différents points de vue de l'économie sociale ou politique, aussi bien que du progrès cultural. Presque tout a été dit à ce sujet et nous avons nous-même joint nos efforts à ceux de beaucoup d'hommes distingués, qui ont cherché à faire voir la corrélation intime qui relie l'agriculture aux industries de transformation. Déjà, en 1854, nous avions formulé cette loi générale en vertu de laquelle l'agriculteur doit faire, par lui-même, la transformation de tous les produits du sol, lorsque les résidus de la transformation peuvent être employés à l'engrais du champ producteur ou à la nourriture du bétail [1]... Nous

[1] Voir *Le Pain par la Viande*, N. Basset.

avions exposé les conséquences de cette loi économique et nous en avions signalé les avantages. Il doit rester bien entendu, cependant, que l'application des meilleurs principes économiques se trouve, le plus souvent, enrayée par les dispositions fiscales. Ce sont principalement ces lois, iniques dans leurs bases, résultats d'une hypocrisie politique ou de manœuvres déloyales, qui empêchent les progrès industriels, en ce sens qu'elles frappent à tort et à travers, sans souci des intérêts publics.

Qu'un ministre éprouve le besoin de battre monnaie, sous un gouvernement quelconque, il saura vite présenter une loi de finances, et la majorité moutonnière trouvera des raisons pour la voter, telle quelle, sans en rechercher l'utilité et la nécessité réelles, et surtout sans en comprendre la portée.

C'est ainsi que nos législateurs ont fabriqué les lois fiscales applicables aux sucres et aux boissons fermentées qui en dérivent, ainsi qu'aux alcools plus ou moins dilués. Au nom de la morale, on veut, dit-on, restreindre la consommation des eaux-de-vie; on frappe un impôt exagéré sur l'alcoolisation et l'on se félicite d'avoir atteint le but. La vérité est que l'on a augmenté les cas d'ivresse, mais que l'on a *fait de l'argent*. On se soucie fort peu de la morale, de l'intérêt des producteurs, des progrès agricoles, pourvu que les coffres se remplissent. Il y a mieux à faire et nous le ferons voir plus loin.

M. Lacambre émet à ce propos, dans son ouvrage, d'excellentes réflexions, auxquelles nous nous associons de grand cœur. Nous citons ce passage, qui s'applique à l'art du distillateur. « ... Le sujet, dit-il, mérite de fixer l'attention des industriels et des agronomes, aussi bien que des économistes et des législateurs, qui ont beaucoup dit et beaucoup fait, pour ou contre cette industrie. Malheureusement la plupart d'entre eux, jusqu'à ce jour, ont été

guidés par des vues morales ou fiscales, fort louables, au
fond, mais qui les ont amenés souvent à des conclusions
peu sages, à mon avis, car *elles ne reposent sur aucun principe solide d'économie politique, et n'ont produit que de
mauvais résultats matériels, sans atteindre leur but moral.*

« En 1837, un ministre belge, *pour obtenir une augmentation d'impôt sur les boissons distillées*, fit un tableau
effrayant de la progression des crimes et délits, commis en
Belgique sous le régime de la loi de 1833. On s'alarma au
nom de la morale publique et l'on vota une majoration de
droit sur la fabrication. Ce n'est pas tout; pour remédier
au mal d'une manière infaillible, on mit un droit de consommation sur toutes les boissons distillées; mais le mal
résistait au remède, et le nombre des délits croissant sans
cesse, on augmenta encore le droit, qui fut successivement
porté de 22 à 40 centimes, puis à 60, et enfin à 1 franc,
taux auquel il était il y a quatre ans. Eh bien ! le croirait-
on, le mal existe toujours; peu importe, dit-on, le remède,
appliqué à haute dose, finira par devenir excellent. »

Ces paroles s'appliquent à la France aussi bien qu'à la
Belgique.

Puissent nos réclamations contribuer à modifier un état
de choses aussi déplorable, et hâter l'intervention de la
justice et de l'équité dans le chaos de nos lois fiscales ! C'est
là un de nos vœux les plus chers.

Dans tous les cas, nous avons cherché à accomplir, de
la manière la plus large, la tâche que nous nous étions
imposée, sans reculer devant aucun travail, devant aucun
sacrifice. C'est au lecteur à juger notre œuvre. Nous la
soumettons au jugement public avec la confiance que
donne la conviction du vrai et la certitude de l'accomplissement loyal du devoir.

Paris, 1872.

GUIDE

THÉORIQUE ET PRATIQUE

DU

FABRICANT D'ALCOOLS

ET

DU DISTILLATEUR

TROISIÈME PARTIE

EXTRACTION DE L'ALCOOL

En examinant avec soin les travaux qui ont été publiés sur l'art du distillateur, on peut se convaincre de la réalité de ce fait, que la plupart de nos devanciers ont fait une confusion regrettable entre la préparation de l'alcool vinique et l'extraction du produit formé au sein des liquides fermentés. Presque tous, en effet, semblent avoir accordé le rôle principal aux appareils destinés à l'extraction et à la purification de l'alcool et ils ont relégué au second plan ce qui doit être placé en première ligne, c'est-à-dire la création de cet alcool aux dépens d'un sucre. Cette erreur a conduit les technologistes à s'occuper surtout des appareils distillatoires, des alambics, des serpentins et des réfrigérents, et elle a donné aux chaudronniers une importance exagérée dont ils ont abusé au détriment des producteurs. C'est également ce qui s'est passé en sucrerie. Au lieu d'étudier les principes, on s'est attaché à l'engin, à l'outil : il en est résulté cette anomalie que des entrepreneurs de machines, aussi avides que profondément ignorants, sont devenus les arbitres de la question sucrière. Nous en avons, en France, quelques exemples frappants, et les autres nations ne sont guère mieux partagées.

Ces exploiteurs n'auront plus de raison de se croire des in-

En général, la distillation a pour objet de séparer les corps volatilisables des autres corps plus fixes ou moins volatils qui s'y trouvent mélangés. Cette donnée est exacte, soit que l'on se propose de recueillir seulement les produits plus volatils après condensation, soit que l'on veuille obtenir les produits résidus plus fixes, ou encore que l'on désire les isoler de part et d'autre pour les recueillir séparément.

Si l'on a affaire à un mélange de liquides, on conçoit la possibilité de les séparer par distillation, à condition qu'il y ait une distance suffisante entre leurs points d'ébullition ou de vaporisation sous une pression donnée, car, s'il n'y a que peu ou point de différence, la séparation n'est pas possible par le seul fait physico-chimique de la distillation.

Nous savons, par exemple, que l'eau et l'acide formique se vaporisent à $+100$ degrés; nous aurons beau distiller un mélange de ces deux corps, nous ne parviendrons jamais, par ce seul moyen, à les isoler, à les séparer l'un de l'autre.

Mais que le mélange soit formé de corps dont les points d'ébullition soient assez éloignés, comme l'alcool, qui se vaporise à $+78°,4$ sous la pression atmosphérique, et l'eau, qui distille à $+100$ sous la même pression, nous pourrons très-aisément séparer ces deux corps en procédant de l'une ou de l'autre des deux manières que nous allons indiquer.

Première méthode de séparation des liquides par distillation. — En supposant le mélange d'alcool et d'eau placé dans le

Fig. 1.

ballon A de la figure 1, si nous portons le liquide de ce ballon à *une température peu supérieure à celle de l'ébullition de l'alcool,* à +85 degrés, par exemple, qui nous sera indiquée par le thermomètre *t*, il est clair qu'il passera par le tube abducteur, pour se refroidir dans le manchon réfrigérant B, beaucoup plus de vapeurs alcooliques que de vapeurs aqueuses, et que le liquide condensé dans le flacon C sera très-riche en alcool et très-pauvre en eau. Il ne passera que de l'eau entraînée mécaniquement et la petite quantité due aux vapeurs qui s'élèvent au-dessous du point d'ébullition.

Si l'on répète l'opération dans les mêmes conditions sur le produit condensé en C, on en augmentera encore la richesse ; mais il est constaté que la séparation ne peut être absolue par la distillation seule, en sorte que l'alcool le plus concentré obtenu par ce moyen retient toujours un peu d'eau. Les alcools les plus concentrés produits par la distillation renferment toujours quelques centièmes d'eau entraînée.

Cette première méthode repose donc sur l'emploi d'une température fixe un peu supérieure à celle de la vaporisation du liquide qui distille à la température la moins élevée.

On sent à l'avance que cette méthode ne peut être utilisée par l'industrie, à cause de sa lenteur et du peu de produit qu'elle fournirait dans un temps donné ; on l'emploie souvent dans les opérations de laboratoire lorsque l'on veut séparer des liquides mélangés. C'est là notamment le procédé le plus simple et le plus rationnel pour séparer les essences et les huiles volatiles dont on connaît le point d'ébullition.

Deuxième méthode de séparation des liquides par distillation. — On peut prendre un point de départ opposé à celui de la méthode précédente et conduire toute la masse liquide à une ébullition rapide par laquelle il se vaporisera un mélange des vapeurs des deux corps mélangés. Si l'on suppose que ces vapeurs traversent des milieux de plus en plus froids, c'est-à-dire de plus en plus éloignés du foyer ou du ballon bouilleur, il est évident que les vapeurs qui se condenseront les premières seront celles du corps dont l'ébullition a lieu à la température la plus élevée. Les vapeurs plus volatiles de l'autre corps ne se condenseront que dans les milieux les plus éloignés ou les plus froids, et celles qui arriveront au réfrigérent seront presque exclusivement des vapeurs de ce dernier corps. Celles de l'eau, par exemple, ne s'y trouveront, comme dans les autres méthodes, que par la portion entraînée mécaniquement, et

pour la faible partie répondant aux vapeurs non condensées
au-dessous du point d'ébullition ou de 100 degrés, en sorte
que le récipient ne contiendra que de l'alcool déjà fortement
concentré mêlé d'un peu d'eau seulement.

Soit, dans le ballon A de la figure 2, un mélange d'eau et
d'alcool en pleine ébullition à + 98 degrés ou + 100 degrés.
Nous ne nous préoccupons pas présentement de cette circonstance qu'au début, sous l'influence de cette température, les
vapeurs alcooliques passent plus abondantes que les vapeurs
aqueuses. A la suite du ballon, supposons une série de vases
de Woolf B, C, D, etc. Le vase B sera atteint par une température moins élevée que A et la diminution sera progressive
dans toute la série. Cela est incontestable et facile à concevoir.

Fig. 2.

Il se condensera donc en B une certaine quantité d'eau;
mais la température sera trop élevée pour retenir de l'alcool,
dont toutes les vapeurs passeront en C avec des vapeurs d'eau.
En C, il se condensera encore de l'eau sans alcool, et il en sera
de même de tous les autres vases de la série où la température sera supérieure au point d'ébullition de l'alcool.

Mais nous pouvons concevoir un de ces vases, le dernier,
par hypothèse, où la température, à raison de l'éloignement
de la source du calorique et du refroidissement des vapeurs, ne
s'élève pas au-dessus de ce point ou même reste un peu inférieure.

Dans ce vase, il se condensera de l'eau, un peu d'alcool et les vapeurs qui le franchiront pour parvenir au réfrigérent X, seront presque exclusivement des vapeurs alcooliques.

On comprend que si l'on fait subir au produit, déjà très-riche, une seconde opération semblable, on le débarrassera de toute l'eau qu'on peut lui enlever par distillation et que l'on recueillera en a de l'alcool très-concentré.

Enfin, si l'on suppose une disposition d'appareil telle que les liquides aqueux ou faiblement alcooliques, condensés dans les milieux B, C, D, etc., puissent retourner au ballon bouilleur A par une sorte de *rétrogradation*, ce qu'il est très-facile d'exécuter par la disposition en colonne, on aura compris les principes les plus importants qui dirigent la distillation et la construction des appareils distillatoires. Il y a même des appareils dans lesquels on ne se contente pas de faire *rétrograder* les liquides condensés dans la colonne formée par les milieux intermédiaires, mais où l'on fait retourner en arrière, vers un des milieux de la colonne, les liquides condensés dans la partie supérieure du réfrigérent. Cette disposition contribue à augmenter la richesse alcoolique du produit, puisqu'elle ne laisse arriver à la condensation définitive que les vapeurs alcooliques les plus riches dans les circonstances de l'opération.

Il existe encore une *troisième* méthode, encore suivie par les *brûleurs* dans les pays vignobles et qui s'appuie sur ce fait qu'un mélange d'eau et d'alcool étant donné, lorsqu'on le soumet à la chaleur, les vapeurs qui s'élèvent les premières sont plus riches en alcool et qu'il arrive un moment où il ne reste plus d'alcool dans le vase bouilleur. C'est sur ce principe que repose la construction des petits appareils d'essai dont nous avons parlé.

Si donc on distille une seconde fois le produit, le liquide condensé dans le récipient sera encore enrichi, en sorte qu'après deux ou trois *distillations nouvelles* ou *rectifications* de la liqueur, on arrivera à une certaine force alcoolique cherchée, puisque chaque opération diminue la proportion d'eau que renferme le liquide. Cette méthode n'est plus employée dans l'industrie des alcools, sinon pour la fabrication des eaux-de-vie de vin et de quelques autres provenances. On a prétendu, en effet, que ce mode de distillation favorise le développement de l'arome que l'on recherche dans certains produits de con-

sommation et l'on a même attribué à l'action directe du *feu nu*
une influence favorable sur la production de cet arome. Nous
verrons que penser de ce préjugé.

Il n'y a plus guère, en réalité, que la *deuxième méthode* qui
soit reconnue pour être la base d'une opération manufacturière, et c'est sur les principes de cette méthode que sont
construits tous les appareils usités aujourd'hui.

Dans un ouvrage destiné à l'industrie et dont le but est essentiellement pratique, même dans l'exposé des principes
théoriques, nous ne pouvons guère nous étendre sur certaines
considérations purement spéculatives. Nous ne devons pas cependant passer complétement sous silence une opinion qui
s'est fait jour dans les derniers temps et par laquelle on prétend que l'application de la chaleur aux mélanges d'eau et
d'alcool ne saurait séparer la totalité de ce dernier corps.

Conditions matérielles de la distillation. — La distillation peut
se faire *à feu nu* ou *à la vapeur*. L'application directe du calorique présente des inconvénients de plus d'une sorte. Sans
parler de l'usure plus rapide des appareils exposés au contact
du feu, de la difficulté que l'on trouve à régler convenablement le degré de chaleur nécessaire à un bon travail, de l'excès de dépense qui s'ensuit, nous nous bornerons à rendre palpables les objections que soulève l'emploi du feu nu au point
de vue de la qualité des produits.

Un liquide ou une matière pâteuse semi-fluide, après l'action du ferment, est loin de contenir seulement de l'eau et de
l'alcool. On y trouve non-seulement des sels, mais encore des
matières grasses, des substances azotées, du ferment plus ou
moins altéré, des produits dérivés de l'alcool, tels que l'acide
acétique, des produits de l'altération du sucre, comme l'acide
lactique, l'acide butyrique, du glucose non altéré, des huiles
essentielles et même *quelquefois* de la glycérine, de l'acide
succinique, etc. Or, il est évident, pour quiconque possède
quelques notions de chimie, que toutes ces matières, éminem-
ment altérables sous l'intervention même d'actions très-faibles,
ne peuvent supporter sans décomposition l'influence d'une
température élevée. L'action d'une chaleur notable déterminera la formation de composés divers, de produits dérivés
très-variables, d'essences plus ou moins désagréables, dont
plusieurs passeront dans les produits et en modifieront com-

plétement l'arome et le goût. Or, quoi qu'on fasse, les parois métalliques en contact avec le feu acquièrent une température très-élevée, au moins dans les points qui ne sont pas recouverts de liquide et cette température amène les modifications les plus complexes dans la nature des matières volatilisables.

En transmettant, au contraire, le calorique au liquide par de la vapeur circulant dans un serpentin, on diminue la somme de ces décompositions et de ces altérations dans les limites du possible, puisqu'on n'emploie que la quantité de vapeur strictement nécessaire, qu'on peut la régler à volonté selon les besoins et que l'on n'a plus à craindre les erreurs dues à la négligence ou à la paresse. Pour se convaincre de la réalité de ces différences, il suffit de goûter le produit de la distillation d'un vin donné par un appareil à feu nu et le produit du même vin obtenu par la distillation à la vapeur, et cette simple vérification suffira pour enlever tous les doutes, s'il était possible d'en concevoir.

L'essentiel de tout appareil distillatoire repose dans trois organes : un vase bouilleur, une colonne faisant fonction des milieux intermédiaires dont nous avons parlé et un réfrigérent dans lequel les vapeurs seront mises en contact avec le froid et retourneront à l'état liquide.

La fonction du bouilleur sera utilement remplie par deux vases si l'on veut rendre l'opération continue. En effet, le bouilleur le plus rapproché de la colonne faisant fonction de bouilleur proprement dit, le second, plus éloigné, agira comme épuiseur, en faisant passer dans le précédent le reste de l'alcool qui peut être contenu dans le liquide déjà soumis à l'ébullition.

La colonne, composée d'un nombre plus ou moins considérable de vases ou de milieux, sera munie de tubes de rétrogradation intérieurs ou extérieurs. Cet organe agit spécialement en *analysant* les vapeurs, c'est-à-dire en séparant, de proche en proche et à mesure qu'elles s'éloignent de la source de chaleur, les vapeurs alcooliques des produits aqueux ou autres produits condensables. Or, cette séparation ne peut avoir lieu que par l'action progressive d'un refroidissement dont le terme est égal à $+78°,4$, c'est-à-dire à la température de la vaporisation de l'alcool.

Le réfrigérent sera refroidi, ou avec de l'eau, ou avec des vinasses fermentées.

Ce dernier mode est le plus économique en ce qu'il utilise la chaleur des vapeurs pour échauffer les liquides à distiller, mais il nécessite quelques dispositions particulières.

On peut encore former le réfrigérent de deux parties ou même de deux vases, dont le plus rapproché de la colonne sert à échauffer le vin ou moût fermenté pendant que le plus éloigné est refroidi par un courant d'eau continu.

Enfin, l'opération peut être rendue continue ou intermittente; elle peut être continue quant à l'introduction du moût, et intermittente, quant à l'écoulement de la vinasse épuisée d'alcool. Elle peut même être continue sous les deux rapports.

Nous allons examiner ces différents points en prenant pour exemple un bon appareil connu sous le nom d'*appareil de Laugier*, que nous supposons chauffé à la vapeur.

Cet appareil, représenté en coupe par la figure 3, est con-

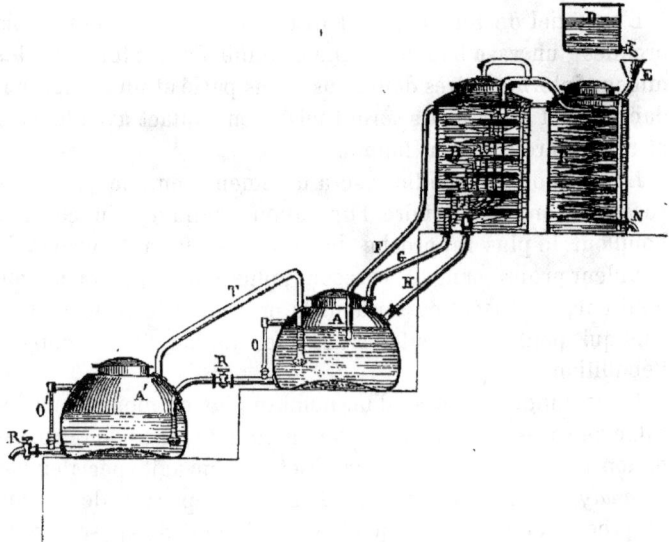

Fig. 3.

tinu pour l'introduction du vin fermenté, et intermittent pour la sortie de la vinasse épuisée. Il se compose de quatre vases : deux chaudières, dont l'une est un bouilleur proprement dit et l'autre fait fonction d'épuiseur, un vase rectificateur faisant fonction de chauffe-vin, comme le suivant, et un réfrigérent à serpentin.

La première chaudière A' (l'épuiseur) reçoit la vapeur par un tube qui sert d'entrée à un serpentin en hélice, à vapeur libre ou continée. La chaudière A (le bouilleur) est placée de manière à avoir son fond au même niveau que la partie supérieure de A', afin que les liquides puissent être dirigés aisément par le robinet de communication qui existe entre ces deux chaudières.

De la chaudière A', part un tube T, qui porte la vapeur produite jusque dans le fond de la chaudière A ; un autre tube G part de celle-ci pour conduire la vapeur vers le troisième vase B ou rectificateur. Là, ce tube se divise en sept tronçons d'hélice, dans lesquels les vapeurs aqueuses se condensent avec un peu d'alcool. La portion condensée descend, par la partie inférieure des tronçons, vers un tube commun H, qui la ramène dans la chaudière A, tandis que la vapeur enrichie, continuant sa route, passe enfin dans le serpentin du réfrigérent, où elle se condense et sort par le tube N, pour être reçue dans un récipient.

La marche de l'appareil est très-facile à concevoir. On ouvre le robinet du réservoir D, qui contient le moût fermenté, et le liquide s'introduit dans le réfrigérent par l'entonnoir E ; de là, il passe dans le rectificateur B, qu'il remplit également, puis, par le tube F, dans la chaudière A.

Aussitôt que le liquide est parvenu à la première marque en haut de l'indicateur de niveau O, c'est-à-dire lorsque A est presque rempli, on ferme momentanément le robinet d'écoulement du réservoir, puis, à l'aide du robinet R intermédiaire entre A et A', on fait arriver en A' le liquide de A, jusqu'à ce que la chaudière A' soit remplie à peu près aux deux tiers.

On referme alors le robinet intermédiaire, et l'on introduit la vapeur. Le liquide entre en ébullition, et on l'y maintient jusqu'à ce qu'il ait perdu le tiers ou la moitié de son volume, selon la richesse du moût, dans la chaudière A'.

A ce moment, on fait écouler la vinasse contenue en A' par le robinet de décharge R' qui y est adapté, puis, on le ferme, et l'on ouvre le robinet de communication entre les deux chaudières pour que A' se remplisse, comme auparavant, aux dépens de A. On referme alors ce robinet intermédiaire.

Ce qui précède est, en quelque sorte, la mise en train de l'opération.

On ouvre alors le robinet du réservoir D d'une certaine ouverture calculée [1], et on ne le ferme plus. Lorsque A est rempli aux deux tiers, on fait évacuer la vinasse de la chaudière A' par le robinet R, puis on le referme et, à l'aide du robinet intermédiaire, on fait arriver en A' une quantité suffisante du liquide de A pour remplir cette chaudière aux deux tiers ; on ferme le robinet intermédiaire, et l'opération continue de la même façon, en vidant A', lorsque A est rempli aux deux tiers, et faisant passer ensuite en A' le liquide de A.

Cette disposition est, assurément, fort ingénieuse ; cependant, si l'on étudie la question, il sera bientôt démontré que l'on peut très-bien simplifier cet appareil dont nous n'avons parlé ici que parce qu'il donne une sorte de démonstration des explications qui précèdent.

Ce que l'on ne perdra pas de vue, avant tout, ce sont les conditions de chaque vase, celles qu'il doit remplir pour exécuter convenablement la fonction qni lui est confiée.

Voyons d'abord de quoi se compose la chaudière d'épuisement. Elle doit présenter une capacité close, d'une contenance

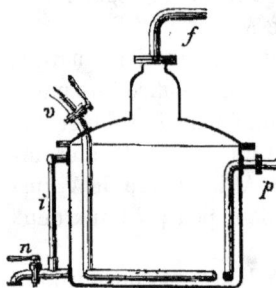

Fig. 4.

déterminée, être munie d'un robinet de décharge n, d'un tube d'entrée v pour la vapeur et de son serpentin ; mais il est bon que la vapeur ne se répande pas dans le liquide, qu'elle ne soit pas libre. Cette chaudière (fig. 4) doit encore présenter un tube de retour de vapeur, un plongeur p pour l'arrivée du liquide de la chaudière suivante, un tube de sortie f pour les vapeurs produites, qui se rendent en B (fig. 5), et un indicateur de niveau i.

On peut donc se faire une idée de cette chaudière par la fi-

---

[1] On établit cette ouverture dans des conditions telles que le temps nécessaire pour remplir A aux deux tiers, suffise à l'épuisement complet du liquide de A'.

gure ci-dessus : la raison pour laquelle on ne doit pas chauffer à vapeur libre, c'est que l'on aura bien assez de vapeurs aqueuses, sans en introduire dans les vases des quantités assez considérables pour que cette introduction influe sur la force des produits.

La deuxième chaudière B est, en tout, la reproduction exacte de celle-ci, comme l'indique la figure 5. Elle est placée à un niveau convenable, comme il a été dit, pour que son liquide

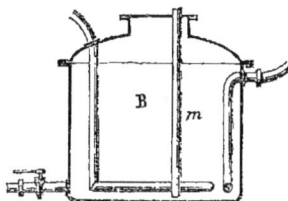

Fig. 5.

coule naturellement en A par le plongeur p au moyen du robinet de communication, qui est le corrélatif du robinet de décharge n de la chaudière A.

Le tube de sortie f, venant de A, apporte les vapeurs en B, comme v apporte en A la vapeur du générateur; mais il est à peine nécessaire de dire que ce tube est terminé en barboteur, pour que la vapeur hydro-alcoolique, venant de A, se répande dans le liquide de B, et l'échauffe tout en y portant l'alcool qu'elle renferme. Un plongeur analogue à p fait arriver en B le vin à distiller. Une ouverture de sortie correspond à f de la chaudière A, et porte les vapeurs alcooliques et aqueuses à l'analyse et à la condensation.

La seule différence sensible entre les deux chaudières consiste en ce que B est muni d'un second plongeur m pour y apporter les liquides condensés trop faibles que l'on y fait rétrograder.

N'est-il pas possible de supprimer le troisième vase *isolé* de Laugier, le rectificateur, et de le remplacer par une colonne qui serait placée sur la chaudière B?

La chose est tellement possible, que c'est la seule modification sérieuse que l'on ait apportée à cet appareil que

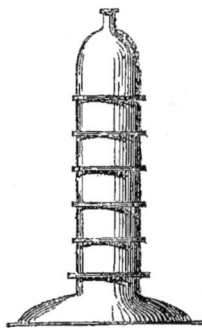

Fig. 6.

l'on a déjà remanié de beaucoup de manières. C'est une économie d'emplacement, d'une part, et, de l'autre, une commodité plus grande pour la disposition des tubes de rétrogradation, qui pourraient être placés à l'intérieur de la colonne (fig. 6).

Le serpentin réfrigérant alimenté, ou plutôt refroidi par le vin à échauffer, ne présenterait aucune différence notable, à cette exception près qu'il serait un peu plus élevé, et que le serpentin aurait quelques tours d'hélice de plus, le refroidissement étant moins parfait et moins complet qu'avec l'eau.

Un seul vase, faisant fonction de bouilleur et d'épuiseur, surmonté d'une colonne analyseuse et suivie d'un réfrigérent convenable peut accomplir parfaitement tout le travail d'un appareil à plusieurs vases. Aujourd'hui la plupart des appareils usités sont construits sur cette idée.

En somme, le résumé pratique de toute distillation d'un liquide fermenté consiste en trois points essentiels : 1° il faut échauffer assez et assez longtemps la matière pour dégager la totalité de l'alcool à l'état de vapeur ; 2° il faut refroidir progressivement les vapeurs dégagées jusqu'à un point aussi rapproché que possible de $+ 78°,4$, selon le degré de force à obtenir, et ce refroidissement doit avoir lieu le plus près possible de l'entrée des vapeurs dans le réfrigérent ; 3° il est nécessaire de refroidir les vapeurs qui arrivent au réfrigérent, de manière à les condenser entièrement tout en profitant économiquement de la chaleur perdue pour l'échauffement du moût à distiller. Si l'on joint à l'accomplissement de ces trois points la continuité de l'opération, on s'approchera beaucoup des conditions théoriques désirables, pourvu que la qualité des produits soit bonne.

Matières soumises à la distillation. — Cette grande question de la qualité des produits dépend d'un nombre considérable de circonstances qu'il convient d'examiner sommairement.

Au point de vue seulement de la distillation, considérée comme opération d'analyse et de séparation, on conçoit que les produits seront d'autant plus *francs* qu'ils seront soumis à une température moins élevée, puisque les altérations des matières étrangères suspendues ou dissoutes seront moins à redouter. C'est pour cette raison, comme nous l'avons dit, que l'emploi de la vapeur doit être préféré à l'application directe du feu nu.

D'un autre côté et indépendamment de cette cause de mauvais goût, on sait que les matières premières renferment naturellement des *essences* ou des *huiles volatiles*, agréables ou fétides; il se développe, en outre, plusieurs de ces composés pendant la fermentation elle-même et par le fait de la distillation, quelques précautions que l'on prenne à cet égard. Or, de ces essences, les unes sont volatiles au-dessus de + 100 degrés, les autres, entre + 78°,4 et + 100 degrés, et d'autres, enfin, à + 78°,4 ou au-dessous de ce point. Il est évident que ces dernières passeront, quand même, avec les vapeurs alcooliques et qu'on ne pourra les séparer du produit qu'en recourant à divers artifices. Quant aux essences qui sont volatiles de + 78°,4 à + 100 degrés et au-dessus, elles seront d'autant plus complétement éliminées que la température des vapeurs sera plus rapprochée de + 78°,4 au moment où elles sont prêtes à s'engager dans le réfrigérent, c'est-à-dire au sommet de la colonne analyseuse.

Tout cela dépend des lois connues de la physique.

Il y a encore un autre moyen qui peut être employé avantageusement et être considéré comme un auxiliaire très-utile du refroidissement progressif, nous voulons parler du lavage des vapeurs hydro-alcooliques qui s'élèvent dans la colonne. On peut effectuer ce lavage de deux manières : ou bien on force les vapeurs à traverser dans chaque milieu, case ou plateau, la couche du liquide condensé, ou bien on les oblige à traverser les liquides de rétrogradation, que l'on fait descendre en nappe d'un milieu dans celui qui est immédiatement au-dessous. Nous avouons donner la préférence à ce dernier mode de lavage des vapeurs, parce qu'il offre l'avantage d'agir sans produire de pression sensible et qu'il convient d'éviter la tension des vapeurs alcooliques dans tout appareil de distillation. L'oubli de ce principe a produit un grand nombre d'accidents regrettables, dus, le plus souvent, aux fuites de vapeur alcooliques déterminées par la pression intérieure.

Enfin, la nature même des matières soumises à la distillation peut avoir une grande influence sur la qualité des produits, en ce sens que les liquides fermentés ne donnent pas les mêmes résultats que les matières pâteuses ou semi-fluides.

C'est ainsi que le liquide provenant du *lessivage du marc de raisin* fournit une *eau-de-vie de vin* excellente, tandis que la

distillation de la masse entière donne pour résultat cette liqueur exécrable connue sous le nom d'*eau-de-vie de marc.*
Cela tient à l'action de la chaleur sur le pepin et la pellicule,
action qui produit une huile essentielle fétide, dont il ne faut
que des quantités infinitésimales pour infecter des masses de
liqueurs. De même, la bière donne un bon wiskey, tandis
que la distillation du grain fermenté, en masse demi-fluide,
ne procure qu'un produit très-inférieur et d'une odeur peu
agréable. Le vin de pommes de terre produit une eau-de-
vie possible ; mais la pâte fermentée de ce tubercule fournit
une liqueur repoussante, très-chargée d'alcool amylique et,
probablement, de divers produits de la série valérique.

Nous pourrions multiplier ces exemples, mais ce qui précède doit suffire pour faire comprendre qu'il n'est pas indifférent de distiller des liquides ou des masses pâteuses. Ce
dernier mode ne doit être employé que si le goût spécial et
l'arome qu'il produit sont exigés par la consommation.

Nous bornons ici ce que nous avions à cœur d'exposer relativement aux principes généraux qui régissent la distillation. La suite de notre travail fixera les idées sur les lacunes
de ces prolégomènes, et nous compléterons, à mesure du besoin, les notions que le fabricant peut avoir intérêt à connaître.

CHAPITRE I.

LA DISTILLATION CHEZ LES ANCIENS. — HISTOIRE
DE LA DISTILLATION AVANT LE XIXe SIÈCLE.

Les principes que nous venons d'exposer sommairement, sous forme de notions générales, étaient loin d'être connus des anciens. Il faut arriver au commencement de ce siècle pour trouver des traces sérieuses d'un vrai travail technologique au sujet de la distillation, et les opinions des écrivains antérieurs à notre époque témoignent hautement des erreurs régnantes, de l'action des préjugés, et du peu de progrès accompli dans les sciences d'observation. Nous croyons utile de mettre sous les yeux du lecteur les principales idées que se faisaient nos devanciers sur l'alcool et la distillation, afin de fermer la voie aux nouveaux préjugés et d'empêcher la reproduction de certaines appréciations surannées.

§ I. — OPINIONS ANCIENNES SUR L'ALCOOL ET LA DISTILLATION.

Il ne faut pas croire que le terme même de *distillation* ait été pris par les anciens dans le sens que nous lui attribuons. Cette expression signifie *séparation goutte à goutte* [1] ; mais elle s'appliquait, dans l'ancienne chimie, à la plupart des opérations de transformation, de purification ou d'analyse. On ne peut donc déduire de cette expression aucune conséquence relativement à l'extraction de l'alcool si, d'ailleurs, les circonstances ne viennent pas en préciser la signification. Les alchimistes avaient admis trois sortes de distillation : les distillations *per ascensum*, *per descensum* ou *per latus*, et ces dénominations peu exactes ont été en usage jusqu'à une époque très-rapprochée de nous...

L'opinion commune de la chimie hermétique considérait *l'alcohol* comme un *cinquième élément*, une *cinquième essence*, d'où le nom de *quintessence* qu'ils avaient donné à ce produit.

---

[1] De *dis* (de), particule indiquant la séparation, et *stillo*, couler en gouttes.

Dans la pensée des adeptes, les propriétés de cette liqueur lui provenaient des *principes du feu,* dont elle s'emparait par une application très-ménagée et très-graduée de la chaleur. Cette idée, issue d'une sensation matérielle, savoir : de celle de la *saveur brûlante* que l'alcool produit sur l'organe du goût, offre une extrême analogie avec celle que les sauvages de l'Amérique veulent émettre lorsqu'ils appellent l'*eau-de-vie eau de feu,* et les mots : *eau ardente, aguardiente,* des populations de race espagnole, n'en sont que la traduction.

On comprend aisément que, dans l'opinion des enthousiastes et des illuminés, il devait être attribué à l'esprit-de-vin des vertus d'autant plus grandes qu'il était plus déphlegmé, mieux privé des parties aqueuses et plus rapproché d'un état anhydre auquel d'ailleurs ils ne paraissent pas sûrement être parvenus à l'amener. C'était par des distillations réitérées, par des *rectifications,* qu'ils arrivaient successivement à transformer les produits faibles en alcool, et le produit le plus rectifié recevait le nom de *quintessence.* Savonarole parle même de *dix rectifications* successives, et il nous semble à peu près démontré que, par cette série d'opérations, le produit devait atteindre le maximum de force alcoolique, c'est-à-dire celle de notre esprit à 90 ou 92 degrés [1]. Et même, nous devons ajouter que le célèbre Raymond Lulle avait imaginé de traiter l'alcool faible par la potasse ou la chaux pour lui enlever son excès d'eau. Nous reviendrons sur ce procédé, que nous suivons encore aujourd'hui pour obtenir l'*alcool anhydre* lorsque nous n'avons pas de chlorure de calcium sec à notre disposition. Rien ne prouve donc d'une manière absolue que Raymond Lulle n'ait pas pu obtenir l'alcool absolu, bien que le manque de moyens de vérification et de contrôle ne permette pas non plus de l'affirmer.

Quelques chimistes, au dire de Savonarole, opéraient la distillation par l'action de la chaleur solaire, et l'*eau céleste* obtenue par ce moyen, bien que très-peu abondante, passait pour avoir des propriétés et des vertus particulières empruntées à la chaleur divine..,

Sous l'impression de ces préjugés et en vertu de l'idée fon-

[1] Nonnulli aiunt, ad usque septimam vel decimam sublimationem, divinam penitus egredi aquam, quam essentiam quintam vocant... (*De conficiendâ aquâ vitæ,* 1560.)

damentale que l'esprit-de-vin recevait sa vertu des principes
du feu, les anciens devaient très-naturellement rejeter l'application de l'eau à la réfrigération des vapeurs alcooliques,
puisque, d'après leur manière de raisonner, cette réfrigération
pouvait enlever à la liqueur une partie de ce *feu* qui lui est
essentiel. On fit la même objection contre les serpentins, sous
le prétexte que les circonvolutions et les longs trajets suivis
par les vapeurs faisaient perdre au produit une partie notable
de son calorique.

Comme on le voit, les notions de physique et de chimie,
élémentaires de nos jours, et qui auraient pu conduire à la vérité technologique, n'avaient pas encore été coordonnées, analysées, débarrassées des erreurs et des idées préconçues. On
ne songeait même pas à demander aux sciences naturelles,
encore dans les langes, de se prêter un mutuel appui, et chacune procédait isolément par voie expérimentale. Les résultats, souvent mal observés par les chercheurs, cachés et dissi-
mulés par jalousie ou par cupidité, ne pouvaient être dirigés
vers le but utilitaire de toutes les connaissances humaines. Le
progrès était enrayé, et ce n'est qu'après de longs et persévé-
rants efforts, dus à des siècles d'attente, qu'il fut possible de
débrouiller l'héritage de l'alchimie et d'en extraire les vérités
éparses au milieu des erreurs.

§ II. — HISTOIRE DE LA DISTILLATION.

PREMIÈRE PÉRIODE. *Des temps anciens au douzième siècle.* — Les
témoignages historiques ne nous ont apporté aucune lumière
précise sur l'époque de la découverte de l'esprit-de-vin ou de
l'extraction de l'eau-de-vie et de l'alcool. Tout ce que l'on peut
affirmer, c'est que les anciens, les Grecs et les Romains, n'a-
vaient aucune connaissance de ces produits extraits des liqueurs
fermentées et que l'invention de l'eau-de-vie ne remonte guère
au delà de l'an 1150 de l'ère vulgaire.

Il semble résulter d'une comparaison d'Hippocrate que les
détails de la distillation n'étaient pas inconnus du père de la
médecine et que l'alambic ou un vase analogue était déjà en
usage de son temps; mais, nulle part, dans les écrivains grecs,
on ne trouve aucune application de la distillation à l'extraction des parties spiritueuses du vin.

La même observation est applicable aux Romains. Pline ne parle pas de l'eau-de-vie, bien qu'il ait beaucoup écrit sur la vigne et le vin. Galien garde le même silence et il ne connaît la distillation que comme un moyen d'extraire l'arome et le parfum des plantes et des fleurs. Le Napolitain J.-B. Porta, dans son livre *De distillationibus*, publié en 1609, n'a trouvé dans les écrits du moyen âge aucune mention de l'eau-de-vie.

Le médecin arabe Rhasès (850-923) a écrit une sorte d'encyclopédie fort complète pour son temps, laquelle a servi, pendant une longue période, de base aux études médicales [1]. Il parle de la distillation au point de vue de la préparation de l'eau de roses. Nulle part il ne mentionne l'eau-de-vie ni l'alcool.

Le célèbre Albucasis (Aboul-Cacem), qui florissait en Espagne vers la fin du onzième siècle, parle de la distillation dans le même sens que le précédent [2]. On doit remarquer d'ailleurs que les médecins grecs, dès avant l'ère chrétienne, connaissaient la distillation comme un procédé d'extraction de l'eau de roses, mais qu'ils ne paraissent pas avoir connu la distillation des vins. C'est dans le même sens que parlent les savants arabes, et Avicenne lui-même (980-1037) ne laisse aucune trace relativement à l'esprit-de-vin dans les nombreux écrits qu'il a publiés. Raymond Lulle (1235-1315) et Arnaud de Villeneuve (1238-1314) parlent, dans leurs écrits, de l'eau-de-vie comme d'une liqueur de découverte récente.

Nous conclurons de ce qui précède, avec une certitude aussi complète qu'on puisse désirer, que la découverte de l'eau-de-vie et de l'alcool ne saurait être reportée à une époque antérieure au milieu du douzième siècle, puisque ces produits étaient inconnus aux chimistes du onzième siècle et que ceux du treizième en parlent comme d'une chose nouvelle, dont l'invention présage la fin du monde. Tel est, en effet, le sens du langage mystique de Raymond Lulle.

DEUXIÈME PÉRIODE. *Du douzième siècle jusque vers* 1700. — Raymond Lulle, avons-nous dit, connaissait l'eau-de-vie et

---

[1] Mohammed-Aboubekr-Ibn-Zakaria-El-Razi, né en 850, mort en 923, vécut à la cour d'Al-Mansour, khalife du Khorassan. Il a laissé entre autres ouvrages : *Ad Almansorem libri decem*, qui est le livre dont nous parlons ici. C'était un des hommes les plus remarquables de son temps.

[2] Aboul-Cacem, mort à Cordoue en 1107.

l'alcool. Dans son *Théâtre chimique*, il indique le procédé à exécuter pour obtenir ces produits. Il conseille de prendre du vin blanc ou rouge, limpide et de bonne odeur, et de l'exposer pendant vingt jours à la douce chaleur d'un bain de fumier, afin de désagréger les parties de la liqueur et de les rendre plus aptes à une séparation convenable. On distille alors sur un feu très-doux, afin d'obtenir l'*eau ardente* (*aquam ardentem*), que l'on doit rectifier jusqu'à ce qu'elle soit totalement privée de phlegme. « Plusieurs, ajoute-t-il, veulent qu'on rectifie jusqu'à sept fois, mais je dis que trois ou quatre rectifications, avec un feu convenable et lent, doivent suffire, dans la crainte de perdre quelque chose de la quintessence par une rectification exagérée. »

Dans son *Testamentum novissimum*, il donne le moyen de reconnaître le point auquel on juge que la rectification est suffisante. Un linge imbibé d'esprit auquel on met le feu, doit brûler lorsque l'esprit a disparu, ce qui est la preuve qu'il ne contient plus de phlegme.

Les alchimistes pensaient que l'esprit-de-vin recevait du feu ses propriétés caractéristiques. De là, le séjour prolongé dans un bain de fumier, une distillation très-lente, s'opérant goutte à goutte, et de nombreuses rectifications, afin de forcer la liqueur à s'imprégner du feu par une longue exposition à son action... Il est évident pour nous, aujourd'hui, que cette opinion est erronée, et que l'alcool se forme par la fermentation ; cependant, il a fallu que cette erreur fût mise à découvert pour que la démonstration en devînt manifeste. Gay-Lussac a fait voir que, par l'action du vide et d'un refroidissement énergique, on obtient autant d'alcool d'une liqueur fermentée maintenue à +15 degrés ou +20 degrés qu'on en obtiendrait par l'ébullition. D'un autre côté, en dissolvant à refus du carbonate de potasse dans une liqueur fermentée froide, ce sel s'empare de l'eau et l'alcool se sépare en couche plus ou moins épaisse à la surface. Il résulte clairement de ces deux expériences que la chaleur n'est pour rien dans la formation de l'alcool et que ce produit est dû à l'action de la fermentation.

Depuis la découverte de l'eau-de-vie jusqu'au commencement du dix-huitième siècle, la préparation de ce produit resta entre les mains des alchimistes, qui la conservèrent aussi secrète que possible. L'emploi de cette liqueur était, d'ailleurs, borné à la médecine, et le haut mérite qu'on lui attribuait, aussi bien que sa rareté, n'en permettait l'usage qu'aux personnes riches.

Selon Bergmann, Thaddée le Florentin (né en 1270), Arnaud de Villeneuve (1238-1314) et Raymond Lulle (1235-1315) sont les premiers qui aient parlé de l'esprit-de-vin. Lulle a donné le nom d'*alcohol* à l'esprit le plus concentré, et a inventé le moyen de le priver d'eau à l'aide de l'alcali fixe. Cependant, ajoute Bergmann, Basile Valentin (quinzième siècle) préfère obtenir ce résultat à l'aide de la chaux vive.

C'est presque ce qui se fait de nos jours, puisque c'est encore la chaux vive que nous employons pour enlever les dernières traces d'eau à l'alcool concentré et l'amener à l'état anhydre. Lulle recommande de mêler une partie d'eau-de-vie (*eau animée*) avec huit parties de chaux vive pure, de maintenir le tout en vase clos et à une douce chaleur pendant trois jours, après quoi on doit rectifier cinq fois pour se débarrasser de tout le phlegme... Quand on emploie la *lie de vin calcinée* (alcali fixe), trois rectifications suffisent.

Dans un *Traité sur la vigne vinifère*, imprimé à Leipsick en 1661, Philippe-Jacques Sachs fait mention de la distillation des marcs. Il rapporte également divers procédés usités de son temps pour déphlegmer l'eau-de-vie. Le seul qui mérite d'être rappelé consiste dans l'emploi de l'alun calciné. Cette matière mêlée au vin s'empare de l'eau et permet d'obtenir, par une seule distillation, de l'esprit pur, qui brûle en totalité.

En somme, on peut dire que pendant les cinq ou six siècles de cette période, l'art du distillateur est demeuré enfermé dans les langes de la philosophie hermétique, sans qu'il soit possible aujourd'hui de constater la moindre tendance vers un mouvement industriel.

Les efforts de J.-B. Porta (1540-1615), de J.-Michel Savonarole (quinzième siècle), de Nicolas Lefebvre (mort en 1674), de Jean-Rodolphe Glauber (mort en 1668), de Moïse Charas (1618-1698), de Barchusen (1718), n'ont guère abouti, dans le sens de la vulgarisation des procédés, vers laquelle, d'ailleurs, ils n'étaient pas dirigés par leurs auteurs. Nous verrons plus loin les conditions des appareils imaginés par ces chimistes pour l'extraction de l'eau-de-vie.

Troisième période. *La distillation pendant le dix-huitième siè-cle.* — L'illustre médecin hollandais Boerhaave (1668-1738) s'occupe avec zèle de la distillation et des questions qui s'y rattachent, dès le commencement du dix-huitième siècle, et ses travaux peuvent être considérés comme transitoires entre ceux des alchimistes et l'art industriel proprement dit.

Sans doute, il partageait plusieurs des erreurs de son temps et, en particulier, celle que nous avons signalée, par laquelle les principes de l'alcool étaient attribués à l'action du feu ; mais on doit reconnaître que son esprit le portait à la sim-plification. C'est dans ses *Éléments de chimie*, publiés à Leyde, en 1732, qu'il est parlé pour la première fois du serpentin ré-frigérant tourné en spirale, dont, cependant, il ne semble pas qu'il soit l'inventeur, à en juger par les circonstances de son texte. Dans tous les cas, cette invention doit être rapportée vers l'époque à laquelle Boerhaave écrivait.

Jusqu'au dix-huitième siècle, il est certain que l'eau-de-vie n'était pas entrée dans la consommation au point de pouvoir passer pour un objet de commerce ; ce fait résulte de la décla-ration de Moïse Charas lui-même, qui avoue, dans son écrit de 1676, n'en pouvoir fabriquer que quelques pintes par jour, avec ses *appareils perfectionnés.* Tout changea sous ce rapport dans la première moitié de ce siècle. Les besoins de la con-sommation s'étendirent sous diverses influences ; les procédés des chimistes pénétrèrent dans le vulgaire, et bientôt on vit s'organiser partout des *laboratoires* de distillation pour la fa-brication de l'eau-de-vie de vin. Des *bouilleries* ou *brûleries* s'établirent en maints endroits, et l'on commença à soulever des questions économiques relativement à la matière.

En 1713, une déclaration du roi défend de fabriquer des eaux-de-vie avec d'autres matières que le vin, et même avec les vidanges ou baissières, les marcs et les lies... Cette prohi-bition avait pris naissance dans le tort fait aux distillateurs de vin par ceux qui distillaient d'autres liqueurs fermentées, telles que les cidres et poirés, les bières, les hydromels, etc.

En 1766, la Société d'agriculture de Limoges mit au con-cours la question suivante :

Quelle est la manière de brûler ou de distiller les vins la plus avantageuse, relativement à la quantité et à la qualité de l'eau-de-vie et à l'épargne des frais?

Cette question témoignait déjà du haut intérêt apporté à la production de l'eau-de-vie, qui était, dès lors, devenue une matière commerciale.

En 1777, onze ans plus tard, la *Société libre d'émulation pour l'encouragement des arts, etc.*, entre plus avant dans l'étude des faits de la distillation et propose un prix pour cette autre question :

Quelle est la forme la plus avantageuse pour la construction des fourneaux, des alambics et de tous les instruments qui servent à la distillation des vins dans les grandes brûleries ?

Le mémoire de Baumé obtint un premier prix de 1 200 francs, et un second prix de 600 francs fut décerné à M. Moline, de l'ordre de Malte. Nous dirons quelques mots sur les appareils de ces deux expérimentateurs, lorsque nous décrirons, dans le prochain chapitre, les appareils distillatoires des anciens.

En 1779, M. Poissonnier présente au ministre de la marine un appareil distillatoire, fonctionnant avec succès depuis 1770, qu'il appliquait à la distillation des vins et à celle même de l'eau de mer. Une commission, composée de MM. Turgot, Trudaine, Montigny, Macquer, Leroy, Lavoisier, Desmarets, fit sur cet appareil le rapport le plus avantageux.

C'est à l'année 1780 que remonte l'établissement de la grande brûlerie, fondée par M. de Joubert, dans son domaine de Valignac, près de Montpellier, et dont il confia l'exécution aux frères Argand, de Genève.

Pendant ce temps, d'autres artistes s'occupaient de perfectionner les fourneaux destinés à chauffer les appareils distillatoires : le fourneau de Demachy (1775), celui de Ricard, chauffé à la houille (1776), les fourneaux de Baumé et de M. Moline, celui de M. Poissonnier, ceux du comte de Rumford, de Curaudeau, se sont partagé l'opinion publique, et ont contribué largement aux progrès de la distillation. On comprend toute l'importance qui s'attachait à cet objet dans l'ancienne pratique de la distillation, bien qu'il ne présente plus aujourd'hui qu'un intérêt tout à fait secondaire.

Pendant ce temps, les Écossais arrivaient à construire des alambics qu'ils pouvaient charger jusqu'à soixante-douze fois en vingt-quatre heures (1770-1796), et ils appropriaient à leurs appareils l'idée de Devanne, pharmacien à Besançon (1767), et qui consistait à adapter à l'intérieur de l'engin une sorte de grattoir mobile pour empêcher les matières pâteuses de s'attacher au fond et de se brûler en communiquant aux produits une odeur empyreumatique.

En 1799, le distillateur écossais Millar parvint à créer un alambic qui pouvait traiter quatre cent quatre-vingts charges en vingt-quatre heures.

La même année, Fischer, de Berlin, publiait un procédé de distillation par lequel il parvenait à économiser une très-grande proportion du combustible nécessaire à la distillation. La partie essentielle de son procédé consistait à chauffer le liquide, *renfermé dans une cuve en bois*, à l'aide d'un fourneau intérieur, placé dans le liquide même. Il prétendait ainsi éviter les goûts empyreumatiques et utiliser *toute la chaleur produite*.

Dans cette troisième période, et surtout dans la seconde moitié du dix-huitième siècle, l'art du distillateur est entré définitivement dans le mouvement industriel, et si les appareils usités ne sont encore, comme nous allons le voir, que des modifications plus ou moins heureuses de l'alambic des alchimistes, le temps s'approche où une heureuse révolution va mettre sur la voie du véritable progrès, et conduire à une saine application des principes technologiques.

CHAPITRE II.

Afin de compléter et de rendre plus intelligibles les faits que nous venons d'exposer sur l'histoire de la distillation avant le dix-neuvième siècle, nous pensons ne pouvoir mieux faire que de mettre sous les yeux du lecteur la description sommaire des principaux appareils employés pour l'extraction de l'eau-de-vie de vin pendant cet intervalle de 550 à 600 ans. Un tel examen porte avec lui son enseignement et nous pourrons en déduire quelques conséquences utiles.[1]

§ I. — APPAREILS DISTILLATOIRES DES ANCIENS.

Avant le douzième siècle, c'est-à-dire avant la découverte de l'eau-de-vie, les anciens connaissaient l'*alambic*, et ils s'en servaient pour la distillation de l'eau de roses et des essences odorantes[2]. Cet appareil, dont l'origine nous est absolument inconnue, fut employé par les alchimistes dans toutes leurs distillations et, en particulier, pour l'extraction de l'eau-de-vie de vin. Les chimistes de nos jours emploient encore, pour certaines distillations, un vase tout à fait identique.

Cet instrument, représenté par la figure 7 ci-après, était formé d'une *cucurbite* en verre A[3], d'un *chapiteau* B, de même

---

[1] Nous devons à la vérité de déclarer que nous nous sommes aidé, pour cette portion de notre travail, des données d'un livre excellent pour son époque, bien qu'il ait perdu aujourd'hui la plus grande partie de l'intérêt qu'il a dû présenter. Nous voulons parler de *l'Art du distillateur* de M. L.-S. Lenormand, imprimé en 1817, qui a été l'objet d'un rapport du comte Chaptal à la *Société d'encouragement*. L'impartialité de l'auteur, son mérite reconnu et ses connaissances en physique et en chimie, avaient fait de son ouvrage une œuvre réellement remarquable pour son temps.

[2] *Alambic*, de l'article arabe *al* (*le*, la chose par excellence) et du grec ἄμϐιξ, vase distillatoire; le vase distillatoire, comme on a dit: la *Bible*, le *Livre*, τὸ Βίϐλιον.

[3] *Cucurbite*, vase en forme de citrouille.

matière, dont le col *c* entrait exactement dans le col *b* de la cucurbite. Le joint était luté avec soin. Autour du chapiteau régnait une | *gouttière* intérieure qui se prolongeait avec le bec *d*. Les vapeurs condensées sur le chapiteau refroidi par des linges mouillés, descendaient par la gouttière dans le bec ou tube abducteur *d,* et le liquide se rendait dans un récipient ou matras C.

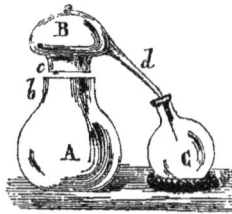

Fig. 7.

On chauffait la cucurbite de cet alambic sur un bain de sable, à un feu très-doux, de manière à ralentir le plus possible la distillation, *afin d'imprégner la liqueur des principes du feu* (?) par un contact très-prolongé. Le même appareil servait aux rectifications.

On comprend sans peine toutes les difficultés inhérentes à une distillation opérée dans de telles conditions, quelle en était la lenteur, et combien il était impossible de se procurer ainsi des quantités notables d'eau-de-vie ou de quintessence. Toutes ces raisons conduisirent les alchimistes à rechercher des modifications par lesquelles ils pussent atteindre leur suprême désidératum, lequel était de produire la quintessence en plus grande proportion et en moins de temps, par une seule opération.

Par un artifice qui était très-compréhensible avec les opinions qu'ils s'étaient formées de l'alcool, les opérateurs imaginèrent d'abord d'allonger le col du chapiteau et d'éloigner le plus possible ce dernier organe du foyer producteur de la chaleur, du fourneau, afin de refroidir ce chapiteau, de condenser plus de phlegme ou d'eau, qui rétrogradait vers la cucurbite, et de ne laisser passer que les vapeurs spiritueuses les plus subtiles. Il y avait là un acheminement vers l'application d'un des principes fondamentaux de la distillation : aussi, le résultat, devenu plus favorable, encouragea-t-il les recherches dans cette voie.

On songea alors à changer la forme du tube de prolongement entre le col du chapiteau et le chapiteau lui-même. Au lieu d'un tube allongé et droit, on en fit un tube aussi long, mais replié plusieurs fois sur lui-même, comme l'indique la figure 8 ci-après. De cette façon le chapiteau B se trouvait à

une plus grande distance verticale de la cucubite A ; le tube
de jonction était beaucoup plus allongé ; les obstacles rencon-

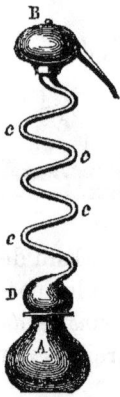

Fig. 8.

trés par les vapeurs aux angles c et la plus
grande distance à parcourir forçaient la condensation d'une plus grande quantité de phlegme,
et l'esprit était obtenu plus fort et plus pur et
en plus grande proportion... Ce tube tortueux
et allongé reçut le nom de *serpentin*.

Ici encore, on est obligé de reconnaître un progrès matériel. On sent que l'effort pour le dégagement des inconnues du problème se continue sans interruption, bien que lentement, et
déjà il semble qu'on entrevoie la colonne moderne, dont l'idée se retrouve en germe dans
cet allongement du tube conducteur des vapeurs, dans cet éloignement cherché du foyer
calorifique.

Voici mieux encore, cependant ; car si nous devons constater plus tard que le fond de l'appareil moderne a été emprunté à la série de Woolf, il ne paraît pas impossible que
Woolf ait trouvé l'idée de ses vases connexes et successifs
dans une troisième modification de l'alambic primitif des alchimistes.

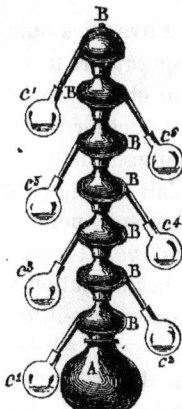

Fig. 9.

Au lieu d'un tube continu droit ou courbé,
on construisit une véritable *colonne*, à l'aide
de sept chapiteaux. Les six chapiteaux inférieurs, dont le plus bas reposait sur la cucurbite, étaient ouverts à leur partie supérieure comme à leur partie inférieure et ils
s'emboîtaient les uns dans les autres,
comme le montre la figure 9 ; le dernier, au
sommet de la colonne, était un chapiteau
ordinaire reposant sur le sixième. Tous ces
chapiteaux portaient une gouttière et un
bec, et chaque bec avait son récipient.
Toutes les jointures étaient bien lutées et
la distillation, en s'effectuant, donnait lieu
à des produits condensés d'autant plus
riches en alcool que l'on approchait davantage du sommet de
la colonne. Cet appareil portait le nom d'*hydre* et c'est Porta

qui nous en a conservé la description dans son *Traité des distillations*, de même que celle des deux précédents [1].

Il y a, dans cet appareil, une véritable série de vases dits *de Woolf ;* la seule différence notable est que cette série est disposée verticalement et non horizontalement. Pour que cet instrument soit identique, quant à la valeur théorique, avec nos colonnes modernes, il ne manque que deux choses : une rétrogradation de chaque récipient vers la colonne et un serpentin réfrigérant pour condenser seulement les vapeurs émergeant du dernier chapiteau.

Nous aurons à nous rappeler cette similitude de principes avec la construction moderne et nous verrons une fois de plus combien il est rare que les inventions humaines se produisent d'un seul jet, tandis que, le plus souvent, elles sont l'œuvre patiente des siècles, qui apportent chacun une modification plus ou moins utile à quelque idée primitive, bien que plus informe ou moins perfectionnée.

Ce cachet suprême de perfectionnement manquait cependant à ces appareils et chaque chimiste s'ingéniait encore à améliorer son instrument. Ceux qui se servaient du tube droit allongé ou du serpentin y pratiquèrent des ouvertures à différentes hauteurs, pour y prendre à volonté une liqueur plus ou moins riche, selon la distance de l'orifice et de la cucurbite ; d'autres, voulant arrêter au passage les vapeurs aqueuses, qui s'élevaient encore trop promptement dans *l'hydre à sept têtes*, remplissaient les chapiteaux d'éponges pressées ou même imbibées d'huile afin de faire obstacle à l'ascension de ces vapeurs; d'autres employaient divers moyens analogues.

Savonarole décrit un appareil qui sort déjà un peu des traditions et qui nous paraît être le premier pas vers une production plus abondante.

Selon cet auteur, on se servait, à l'époque où il écrivait, d'une grande cucurbite en cuivre (*œnea*) étamée en dedans. Cette cucurbite portait trois ouvertures : la première, placée au sommet et un peu latéralement, servait à l'introduction du vin ; la seconde, sur le milieu de la cucurbite, se reliait au

---

[1] Il n'y a pas, du reste, à se méprendre sur le sens du passage de Porta, dont voici le texte : « Alii per triceps seu quadriceps et septies vas, vel per hydram distillant, ut variæ notæ aquam exhibeant, nam ex superiori tenuior aqua derivat, ex inferiori phlegmate redundans, quas omnes seorsum servant.»

tube du serpent ou serpentin ; la troisième, au niveau du fond
du vase, servait à l'extraction du résidu. Ce troisième orifice
n'était nécessaire que parce que la cucurbite était fixée à demeure sur son fourneau ; sans cela, les deux premiers auraient
suffi. Sur la cucurbite ainsi mise en place, on disposait un vase
plein d'eau froide proportionné à la dimension du serpent et
dans lequel celui-ci devait être contenu. Ce serpent était luté
avec l'orifice central de la cucurbite et l'autre extrémité portait la liqueur dans le récipient. Tous les joints étaient parfaitement lutés avec le *lut de sagesse*, pour éviter la sortie de la
fumée et les fuites de vapeurs spiritueuses. On faisait sous la
cucurbite un feu clair et doux. L'auteur ajoute que, pour éviter
les dégradations et empêcher l'élévation des vapeurs (aqueuses ?), il convient de renouveler constamment l'eau dans laquelle se trouve le serpent et de ne la laisser jamais arriver à
l'ébullition. « C'est pour cela, dit-il, que ceux qui préparent
l'*eau ardente* en grande quantité recherchent le voisinage d'une
eau courante dont la fraîcheur ne peut nuire, mais, au contraire, semble favoriser la perfection du produit. »

Nous voilà déjà bien loin du préjugé capital de l'alchimie,
par suite duquel on repoussait la réfrigération comme destruc-
tive des propriétés de l'eau-de-vie. Il y a ici un véritable réfrigérent, agissant, à la vérité, sur le tube ascenseur, mais
concourant à refroidir les vapeurs qui s'élèvent et à ne laisser
passer que les plus spiritueuses. Cette innovation, aussi heureuse que rationnelle, rencontra des ennemis et des contra-
dicteurs. Il fallait s'y attendre en ce temps comme de nos jours.
Ces ennuis conduisirent Savonarole à revenir sur ses pas, à se
jeter dans le domaine de l'incertitude et à retourner aux anciens appareils.

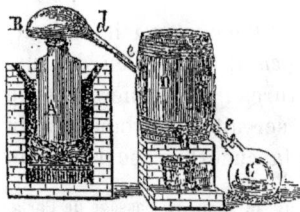

Fig. 10.

Appareil de Lefebvre.—L'idée
de la réfrigération se continua
malgré tout, et deux cents ans
plus tard, Nicolas Lefebvre
donna, dans son *Traité de
chimie*, publié en 1674, l'année
même de sa mort, la description d'un appareil distillatoire
qui peut être considéré comme
le point de départ de l'alambic de nos brûleurs.

Au-dessus d'un foyer et dans un massif de maçonnerie est placée une cucurbite A en cuivre étamé (fig. 10), de forme cylindrique et deux fois plus haute que large. Le *collet*, d'un diamètre de moitié plus petit que celui du cylindre, supporte un chapiteau B renflé en *tête de more*, portant une gouttière et un bec *d*. Ce bec pénètre en *c* dans une barrique D remplie d'eau froide constamment renouvelée; l'eau chaude s'écoule par un robinet placé vers le fond de la barrique. Le tube du bec, après avoir traversé l'eau froide, entre en *e* dans un récipient C, où le produit se dépose.

Nous voici en face d'un progrès notable, et cet appareil diffère si peu de notre alambic ordinaire qu'il faudrait seulement élargir la cucurbite et remplacer le tube droit du bec par un serpentin pour obtenir un appareil absolument identique.

Sans nous arrêter beaucoup à d'autres appareils décrits par N. Lefebvre, nous en mentionnerons encore un dont la figure 11 donne une idée exacte. Cet engin était composé d'une cucurbite A, de la même forme que celle de la figure 10 et placée de même dans un fourneau. Au collet de cette cucurbite s'adaptait un tube de 2 pieds et demi de hauteur et de 4 pouces de diamètre, renflé en D à son extrémité inférieure. Ce tube abducteur était terminé au sommet par le chapiteau, lequel était plongé en entier dans

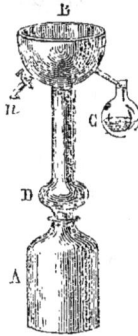

Fig. 11.

l'eau froide constamment renouvelée d'un réfrigérent ou réfrigère B.

Jean-Rodolphe Glauber, dont le nom s'attache à plusieurs découvertes importantes, s'occupa sérieusement de la distilla-

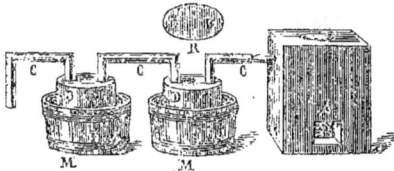

Fig. 12.

tion, et ses recherches le conduisirent à diverses améliorations que nous sommes heureux de signaler.

Dans un premier appareil, que nous représentons par la figure 12, c'était une cornue qui faisait fonction de cucurbite. Cette cornue était placée dans un fourneau A et le bec sortait latéralement pour s'adapter à un tube coudé C. Ce tube s'engageait dans le couvercle d'une caisse D immergée dans l'eau d'un baquet M. Un autre tube C prenait les vapeurs non condensées et les portait de même dans un second vase D également plongé dans l'eau. Cette disposition se continuait selon le besoin et la capacité de la cornue, et l'on multipliait le nombre des vases D selon le besoin. Glauber déclare que par ce moyen on obtenait de l'esprit très-promptement et en grande abondance. Le lecteur verra sans difficulté, dans cette disposition, une application horizontale du principe *copié par Woolf*, dont la figure 9 nous a déjà offert une application dans le sens vertical. C'est donc à Glauber que l'on doit en réalité la série attribuée à Woolf et dont celui-ci n'a fait que régulariser l'emploi pour les besoins des laboratoires de chimie.

C'est encore à Glauber que nous sommes redevables de la première invention du serpentin réfrigérant. Son deuxième appareil était extrêmement curieux et reposait sur des principes qui trouvent encore de nos jours les applications les plus intéressantes.

Cet appareil, qui mérite une description attentive, est re-

Fig. 13.

présenté par la figure 13. Il se composait d'une cornue en cuivre placée dans un fourneau A, au-dessus du foyer. Le bec de cette cornue, sortant latéralement, s'engageait dans un tonneau B, bien cerclé, hermétiquement clos et presque plein des liquides à distiller. Du sommet de ce tonneau, au-dessus du liquide, partait un second tube qui se rendait dans une barrique défoncée par le haut, et remplie d'eau froide constamment renouvelée. Ce tube s'y contournait à la façon du serpent des anciens (fig. 8), afin d'offrir plus de surface à la réfrigération, et il sortait par la partie inférieure pour porter le liquide condensé dans un récipient D.

Il y a là, bien évidemment, une idée très-voisine de celle de notre serpentin, lequel ne diffère du tube réfrigérant de

Glauber que par sa disposition en spirale et, de même que la disposition de la figure 10 fait remonter à Lefebvre l'idée primitive du *manchon de Liebig*, de même on doit rapporter à Glauber la première tentative rationnelle de la réfrigération par le serpentin.

Ce n'est pas tout cependant encore : nous trouvons dans l'instrument de Glauber la cornue-bouilleur A, le réservoir alimentaire B, le réfrigérent C et le récipient D, c'est-à-dire toutes les parties intégrantes de l'alambic actuel. Il importe de voir comment l'opération s'exécutait pour comprendre que l'appareil dont nous parlons était une œuvre de génie. Au moment où le travail commençait, la cornue A se trouvait pleine du liquide de B qui y pénétrait librement. Lorsque la cornue subissait l'action de la chaleur, le liquide qu'elle contenait s'échauffait rapidement. En vertu de la *différence de densité* qui existe entre les *liquides chauds* et les *liquides froids*, le contenu de la cornue, *échauffé*, passait dans le réservoir B et se trouvait remplacé par du liquide froid ou moins chaud de B. De là une *circulation* perpétuelle et rapide par laquelle toutes les particules du liquide de B venaient successivement s'exposer à l'action du calorique dans la cornue et par laquelle les particules du liquide échauffé retournaient en B, où elles échauffaient la masse jusqu'à la vaporisation[1]. Il y avait dans ce fait le moyen de distiller une grande masse de vin avec une très-faible dépense de combustible et d'éviter, en grande partie,

[1] Nous sommes tellement loin de nier le perfectionnement, l'amélioration, que nous avons consacré notre vie et nos travaux à la recherche incessante du progrès ; mais nous n'avons jamais pu croire à la perfection de premier coup, de première intention. Que l'on prenne l'humanité dans toute son histoire et l'on verra que le *peu-à-peu* et le *pas-à pas* dominent la situation réelle dans toutes les découvertes, de quelque ordre qu'elles soient. Si nous prenons pour exemple le phénomène de circulation entre les liquides de chaleur différente, découvert par Glauber, nous pouvons arriver, d'un seul bond, à une application moderne de ce fait, à la production de la vapeur dans une excellente chaudière, celle de Field. Les tubes de la chaudière Field sont plongés dans la flamme, comme la cornue de Glauber ; ils communiquent de même, par leur bout ouvert, avec l'eau à vaporiser, comme le bec de la cornue de Glauber communiquait avec le vin de B ; la circulation s'y établit de la même façon... Le perfectionnement de l'*invention* Field consiste dans une disposition qui facilite cette circulation. Un tube intérieur, mobile, placé dans le tube extérieur et, par conséquent, moins exposé au calorique, renferme du liquide plus froid, pendant que la zone annulaire qui l'entoure contient du liquide plus chaud. Le

les inconvénients de la distillation à feu nu proprement dite. Les vapeurs produites dans la masse de B passaient dans le tube du réfrigérent, où elles se condensaient.

Nous sommes arrivé à la fin du dix-septième siècle dans cette revue rapide des principaux appareils usités pour l'extraction de l'eau-de-vie et de l'alcool depuis la découverte de ces produits importants, et c'est à peine s'il nous reste encore quelques mots à dire sur les travaux de Moïse Charas et de Barchusen, qui sont très-loin de présenter la valeur de ceux de Lefebvre et de Glauber.

Moïse Charas disposa en hélice le tube serpent ascenseur de Porta (fig. 8) et, comme Lefebvre (fig. 11), il entoura le chapiteau d'un vase réfrigérant.

Dans un autre appareil, copié également d'un de ceux de Nicolas Lefebvre, il établit un tube ascenseur à angles rentrants et sortants dont le chapiteau est également plongé dans un grand réfrigérent.

Ce n'est pas là qu'il nous faut chercher de l'amélioration, bien évidemment, après ce que nous venons de voir au sujet du deuxième appareil de Glauber.

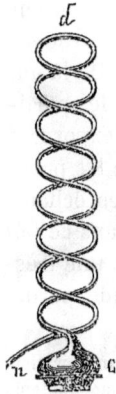

Nous ne trouvons rien de mieux dans l'appareil de Barchusen. Cet instrument (fig. 14) était formé d'une cucurbite et d'un tube serpent ascenseur qui s'élevait à 4 pieds de hauteur pour redescendre par des circonvolutions symétriques et se terminer en une partie droite immergée dans un réfrigérent comme dans l'appareil de N. Lefebvre (fig. 10). Cette modification n'était, à vrai dire, qu'une simple puérilité, dans laquelle on ne trouve autre chose à noter que la suppression du chapiteau.

Fig. 14.

liquide plus froid du tube intérieur remplace incessamment le liquide plus chaud de la zone annulaire et le chasse dans l'eau en le remplaçant. La sécurité et la continuité du phénomène se trouvent ainsi garanties, mais le fait en ui-même est identique.

§ II. — DES APPAREILS DISTILLATOIRES PENDANT LE DIX-HUITIÈME SIÈCLE.

Les travaux de Boerhaave marquent le commencement de cette époque. Cet homme illustre inventa lui-même un appareil de distillation dont nous donnons une idée par la figure 15, mais qui, malheureusement, ne diffère pas beaucoup au fond de l'appareil de Barchusen. Boerhaave le destinait surtout à la rectification des eaux-de-vie. Sur une cucurbite placée dans un *bain-marie*, il adaptait un cône d'étain haut de 4 pieds, ayant 6 pouces de diamètre à la base et 1 pouce au sommet, en *d*. Ce cône se continuait en un tube descendant, droit, fixé par des traverses et se courbant en *n* pour se réunir à un serpentin réfrigérant. Ce cône jouait tout simplement le rôle de chapiteau. Ajoutons cependant que Boerhaave est le premier écrivain qui parle nettement du serpentin réfrigérant contourné en spirale, c'est-à-dire présentant la forme que nous lui donnons encore, et que ce perfectionnement est la base d'une bonne réfrigération. Après avoir

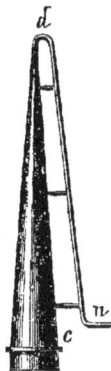

Fig. 15.

fait observer que les vaisseaux distillatoires doivent être larges au fond et étroits dans les ouvertures supérieures, afin que les vapeurs sublimées en plus grande quantité trouvent plus d'obstacles et que la séparation des parties plus volatiles d'avec celles qui le sont moins se fasse plus facilement, Boerhaave déclare qu'il faut que les vaisseaux soient hauts afin que les parties les moins volatiles aient plus de peine à se sublimer. Il dit nettement que l'extrémité du tube de son cône « doit entrer dans l'ouverture d'un tube cylindrique tourné en *spirale* que l'on appelle vulgairement *serpentin*. » Il ajoute : « Si l'on met de l'esprit-de-vin dans une cucurbite placée dans de l'eau bouillante et qu'après y avoir adapté ce cône d'étain en guise de chapiteau, on fasse distiller cet esprit par le serpentin et le réfrigérent, on aura la première fois de *l'esprit très-fort* et à la seconde distillation de vrai alcool. »

Dans la première moitié du dix-huitième siècle, l'industrie de la distillation ne sortit guère des errements dont nous avons parlé, mais la pratique s'habitua peu à peu à l'ensemble

des idées générales les plus vraies parmi celles qui avaient
été en vogue dans les époques précédentes. Un bouilleur surmonté d'un chapiteau, un bec de prolongement se continuant
par un serpentin en spirale bien refroidi par un courant d'eau,
telles furent les conditions essentielles auxquelles les distillateurs donnèrent bientôt la préférence.

Vers la fin du dix-huitième siècle, l'appareil distillatoire, proprement dit, fut donc *l'alambic*, composé d'une *cucurbite* plus
ou moins vaste et d'un *chapiteau*, et l'on opéra la distillation à
feu nu ou au *bain-marie :* dans ce dernier cas, la cucurbite se
trouvait plongée dans un autre vase contenant de l'eau, et
seul exposé à l'action directe du feu. A cette époque, l'alam-

bic à feu nu se trouvait
à peu près partout con-
struit dans le sens indi-
qué par la figure 16 ci-
contre. A est la cucur-
bite, d'un diamètre un
peu plus grand au som-
met qu'à la partie infé-
rieure. Cette pièce était
munie, au bas, d'un *tube
de vidange* ou *dégorgeoir
d*, à robinet, pour la sortie des liquides épuisés ;
elle portait, en haut, une

Fig. 16.

douille pour l'introduction des liquides, et le *chapiteau* B,
moins dilaté qu'auparavant, s'adaptait avec l'orifice du bouilleur. Chaptal fit faire le fond de la cucurbite concave du côté
du foyer, pour obtenir une meilleure utilisation de la chaleur,
et cette forme, dont l'utilité fut bientôt reconnue, continua
d'être adoptée par la plupart des distillateurs. Autant que possible, on construisit les fourneaux de manière à obtenir la circulation de l'air chaud et de la flamme tout autour de la
chaudière, au moins jusqu'au niveau occupé par le liquide,
afin d'obtenir une surface de chauffe plus considérable et une
action plus rapide.

La gouttière du chapiteau fut supprimée et l'on cessa d'é-
loigner cet organe de la cucurbite par un tube ascenseur très-
allongé, comme on le faisait auparavant. On le rapprocha, au

contraire, du bouilleur, auquel il fut adapté par un collet assez court. La suppression de la gouttière et du réfrigérent du chapiteau fit placer le bec *c* de sortie de vapeur au sommet de ce même chapiteau et de côté, en lui donnant toutefois une inclinaison suffisante. Ce bec s'adapte au tube serpentin du réfrigérant, que la figure 17 représente hors du vase où il doit être placé et complétement immergé dans l'eau ; le diamètre du serpentin allait en décroissent jusqu'à son extrémité inférieure, laquelle devait être de moitié plus petite (en diamètre) que l'extrémité supérieure.

Le nombre des tours de spire du serpentin fut porté à huit ou même neuf.

Fig. 17.

L'eau de réfrigération, aussi froide que possible, entrait dans la tonne du serpentin par le fond, à l'aide d'un tube d'alimentation, et l'eau chaude sortait en haut par un trop-plein, à l'aide duquel on la portait au dehors.

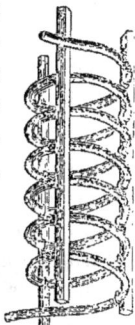

La liqueur distillée était reçue dans un récipient en bois, dont la forme ne présente plus aujourd'hui aucun intérêt et que l'on nommait *bassiot* ou *buquet*...

Avec cet outillage, on obtenait d'abord par la distillation des liqueurs plus ou moins faibles que l'on nommait *les petites eaux;* ces petites eaux, soumises à une distillation nouvelle, à une rectification, dans le même appareil, formaient ce qu'on appelait *la repasse,* qui donnait un produit plus fort. Il fallait souvent plusieurs repasses pour faire arriver tout le produit à ce degré de force alcoolique, sorte d'étalon commercial, que l'on nommait *preuve de Hollande* et qui répondait à 18°,5 de l'échelle de Cartier, ou à 48 degrés centésimaux environ. On conçoit tout ce qu'une industrie, ainsi dirigée, avait de précaire et d'aléatoire, et l'on voit clairement les difficultés rencontrées par le praticien pour transformer ses eaux-de-vie, par des repasses ou rectifications successives, en alcools ou esprits d'une force déterminée.

Nous avons voulu tracer tout d'abord ce court résumé de la situation de la distillerie vers la fin du dix-huitième siècle, afin de pouvoir mieux et plus aisément apprécier les inventions qui se sont fait jour dans cette période, et les ap-

pareils que divers artistes ont imaginé de faire construire.
Voilà le résultat obtenu; nous allons passer en revue les
voies et moyens par lesquels on y est arrivé.

Nous avons déjà décrit le *cône rectificateur* de Boërhaave,
et nous avons vu que cet appareil ne constitue pas, à proprement parler, une amélioration, si on le compare aux travaux
de Glauber, mais que nous devons rattacher à cette époque
l'invention du serpentin réfrigérant en spirale. C'est également
vers ce temps que Munier posa en principe la nécessité d'un
refroidissement régulier, par l'*arrivée constante d'un courant
d'eau froide au fond du réfrigérent*.

En 1777, Baumé inventa ses *alambics-baignoires*, dont nous
ne parlons que pour mémoire. Nous dirons seulement que ce
chimiste pensait qu'il est nécessaire de tenir l'entrée du serpentin beaucoup plus large qu'on ne le faisait d'habitude, et
qu'il attacha beaucoup d'importance à l'emploi du bain-
marie pour la rectification... Parmi les nombreux appareils
de Baumé, nous mentionnerons seulement celui dans lequel
le fourneau portait sa chaleur dans la masse même du liquide
à distiller.

L'*appareil de Moline*, qui date de la même année, était une
caisse basse en parallélogramme, à bords arrondis, à peu près
comme les baignoires de Baumé. L'inventeur persistait à envelopper le chapiteau d'un réfrigérent. Il entourait le bec du
chapiteau d'un manchon dans lequel passait l'eau de ce réfrigérent, pour s'écouler ensuite dans la pipe du serpentin.
Celui-ci était du plus grand diamètre possible.

L'*appareil de Poissonnier*, inventé en 1770 et examiné en
1779 par une commission officielle, présentait quelques particularités dignes d'intérêt.
La cucurbite était un cy-
lindre de 2 pieds et demi
de diamètre, muni d'un
couvercle boulonné à de-
meure, et placé dans la
maçonnerie d'un fourneau.
Elle portait, au fond, un
robinet de vidange et, sur

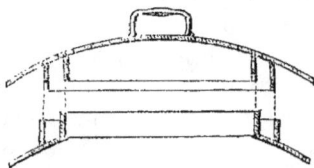

Fig. 18.

le couvercle, deux ouvertures, l'une circulaire, à *fermeture hydraulique* (fig. 18), sur l'avant; l'autre, un peu en arrière,

carrée, formant l'issue des vapeurs. L'ouverture circulaire, de
1 pied de diamètre, servait à l'introduction des liquides.
L'autre avait 10 pouces de côté. Sur cette ouverture était
adapté un conduit carré de même dimension, qui servait à la
fois de chapiteau, de bec et de serpentin. Ce conduit s'élevait
de la cucurbite en quart de cercle, puis aussitôt reprenait une
direction presque horizontale et se prolongeait, avec la même
section, sur une longueur variable, proportionnelle aux dimensions de la chaudière. Une double enveloppe de même
forme enveloppait ce conduit, dont elle était écartée partout
de 8 lignes. C'est dans cet espace que l'eau de réfrigération
circulait, depuis l'extrémité opposée à la chaudière jusque près
de celle-ci, où l'eau chaude s'échappait par un trop-plein.

Ce qu'il y a de plus clair dans cette construction, c'est,
évidemment, l'application du principe de la réfrigération sur
de grandes surfaces. Le conduit offrait, dans les conditions
ci-dessus, environ 1 mètre carré de surface réfrigérante par
mètre courant, et l'auteur explique ainsi sa disposition :

« On n'a pas eu assez d'égards, dans la construction de nos
appareils distillatoires, à un principe certain et incontestable :
c'est que l'*effet réfrigérant n'a lieu qu'en raison des surfaces
froides qui touchent la vapeur et la condensent.* Une suite de ce
principe est qu'on ne saurait trop *multiplier les surfaces réfrigérantes.* Cependant, nos appareils distillatoires, au mépris de
ce principe, présentent une petite surface à un très-grand volume de vapeurs.

« Les principes relatifs à la construction des machines
distillatoires sont : 1° de présenter *la plus grande surface réfrigérante* à la liqueur réduite en vapeur ; 2° de lui présenter continuellement cette surface au *plus grand degré de refroidissement possible :* à cet effet, de faire en sorte que l'eau arrive le
plus froide qu'on peut, et qu'elle ressorte le plus tôt qu'il est
possible, parce que, dès qu'elle est échauffée, loin de pouvoir
être utile au but de l'opération, elle ne peut plus, au contraire,
qu'y nuire ; 3° de disposer les choses de manière que les vapeurs, une fois engagées dans le voisinage du réfrigérent, ne
puissent plus retomber dans la chaudière ; 4° de donner très-
peu *de masse et d'épaisseur à la surface métallique réfrigérante,*
afin que l'eau froide soit appliquée à la vapeur le plus immédiatement qu'il est possible. »

La forme carrée du conduit réfrigérant était préférée par l'auteur pour la facilité et la moindre dépense de l'exécution, parce qu'on pouvait l'exécuter en fer-blanc et, surtout, parce qu'à volume égal elle offre plus de surface que la forme cylindrique.

Malgré tout, l'illustre Chaptal (1756-1832), dont l'immense réputation était déjà répandue dans toute l'Europe, ne partageait pas l'engouement d'un grand nombre de distillateurs pour les appareils qui s'écartaient considérablement du type et des principes mis en lumière par Glauber. Ainsi, à propos des alambics-baignoires de Baumé, il dit formellement qu'il faut revenir, en partie, à la forme ordinaire des alambics, et donner à la cucurbite plus de largeur, moins de profondeur, élargir le collet, le bec du serpentin et son diamètre, dans la partie plongée dans la pipe. A cet effet, on doit donner plus de hauteur à la pipe et tenir les spirales en raison de cette hauteur.

D'ailleurs, les esprits se tournèrent, surtout en France, à la fin du dix-huitième siècle, vers la recherche des moyens à employer pour améliorer la qualité des produits et diminuer la dépense du combustible. La question de la construction des fourneaux fut, pendant longtemps, à l'ordre du jour, et on les modifia de toutes les façons imaginables. Nous analyserons les données les plus importantes qui datent de cette période.

A l'étranger, au contraire, et principalement en Écosse, où les distilleries de grains s'étaient établies, on recherchait la quantité des produits, la masse du travail dans un temps donné. C'est ainsi que les distillateurs écossais, par l'adoption d'alambics en surface avec peu de profondeur, parvinrent à faire d'abord cinq ou six charges en vingt-quatre heures. Pressés par des impôts établis pour la protection des distillateurs anglais, ils arrivèrent, en 1791, à faire vingt opérations dans le même temps. En 1796, ils pouvaient faire trois charges par heure et, en 1799, le distillateur Millar employait un appareil à l'aide duquel il distillait quatre cent quatre-vingts charges en vingt-quatre heures, soit vingt par heure.

Les appareils employés pour exécuter ces tours de force ne nous offrent plus maintenant aucune espèce d'intérêt et nous croyons devoir nous contenter d'en faire mention, sans nous arrêter à les décrire.

L'appareil de Fischer, de Berlin, dont la description fut publiée en 1799, avait pour but l'économie du combustible. La figure 19 en donne une idée suffisante. La cucurbite était remplacée par une grande cuve de bois, solidement cerclée en fer, dans laquelle on plaçait les matières à distiller. Au milieu de la cuve était disposé un fourneau carré en cuivre, étamé en dehors, muni d'une grille et d'un cendrier. Le cendrier correspondait à une ouverture du fond de la cuve, destinée au passage et à l'enlèvement des cendres. Un conduit métallique, carré, adapté au fourneau et fermé par une porte, servait à l'introduction du combustible. Du fourneau partait un tuyau de cheminée qui sortait

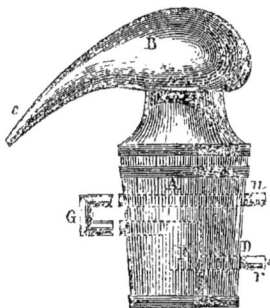

Fig. 19.

de la cuve, s'adaptait à un coude pour y rentrer et en sortir encore. On pouvait multiplier ces coudes et ces tuyaux dans toute la hauteur de la cuve. A celle-ci était adapté un collet, puis un chapiteau, à la suite duquel se trouvait le bec et le réfrigérent.

En suivant cette idée d'un fourneau intérieur, il n'aurait pas été difficile de mieux faire, sans même s'arrêter aux inconvénients palpables d'une cuve en bois, établie dans ces conditions et percée de nombreuses ouvertures. Nous ne perdrons donc pas notre temps à discuter le mérite de l'appareil de Fischer, dont le lecteur apprécie parfaitement les défauts.

Un Suédois, M. Norberg, avait imaginé de remplacer le serpentin réfrigérant par une caisse en cuivre mince, close, offrant, à sa partie supérieure, un espacement de 7 pouces entre les parois et de 2 pouces partout ailleurs. Cette caisse, plongée dans l'eau du réfrigérent, avait 7 pieds de hauteur, 4 pieds et demi de large en haut et 2 pieds et demi en bas. Elle recevait les vapeurs par le haut et la solidité en était maintenue par des traverses. Elle présentait une surface réfrigérante de plus de 5 mètres carrés.

Nous avons cherché à donner un aperçu rapide des principaux appareils usités ou recommandés jusqu'à la fin du dix-huitième siècle, et bien que nous ayons dû laisser dans l'ombre plusieurs inventions insignifiantes, nous pensons que ce qui précède pourra suffire à guider l'esprit du lecteur dans l'appréciation des faits. Nous terminons donc ce chapitre par un court exposé des moyens calorifiques employés chez les anciens distillateurs, pendant la période qui vient d'être étudiée.

§ III. — FOURNEAUX ET MOYENS CALORIFIQUES DES DISTILLATEURS AVANT LE XIXᵉ SIÈCLE.

Nous avons vu que Raymond Lulle prescrivait la digestion du vin, pendant vingt jours, à la douce chaleur d'un bain de fumier. Cette condition s'explique facilement par les préjugés du temps. Cet alchimiste semble s'être servi du bain de sable pour opérer ensuite la distillation [1]. Nulle part, cependant, il ne traite de la forme des fourneaux à adopter. Pour lui et les adeptes de son temps, la grande question était d'exposer pendant très-longtemps le vin à une chaleur très-douce et très-lente. D. Fabricius voulait que l'on opérât la rectification sur les cendres chaudes et ces cendres devaient provenir de *sarments de vigne*.

Quelques fanatiques faisaient la distillation par la simple action des rayons solaires; d'autres chauffaient leur appareil à l'aide de la flamme d'une lampe.

Les fourneaux servent à chauffer la cucurbite, à l'époque de Nicolas Lefebvre, sans qu'on puisse désigner la date précise de cette modification dans le travail de la distillation. La maçonnerie de ces fourneaux était fort simple. La cucurbite reposait sur deux barres de fer au-dessus du foyer; celui-ci s'élargissait autour de la cucurbite et l'orifice de la cheminée était placé par derrière à l'opposé de la porte. Une pierre carrée formait la voûte. Elle était percée d'un orifice central, dans lequel passait à frottement le corps de la cucurbite, et aux quatre coins se trouvait un trou d'appel ou de tirage que l'on fermait à volonté. On disposait aussi un bain de sable dans ce fourneau pour y placer la cucurbite.

---

[1] Postea, per distillationem balnei extrahes aquam ardentem lentissimo igne. (*Theatrum chemicum.*)

Arnaud, de Lyon, s'était attaché plus spécialement à la construction des fourneaux et à l'art de conduire le feu, bien qu'il n'ait pas fait connaître de choses nouvelles à cet égard. Il recommandait cependant de *rectifier au bain-marie*, tout en préférant le *bain de rosée* ou bain de vapeur. Le fourneau de Glauber ne présentait rien de particulier, et il ressemblait à celui que nous venons de décrire plus haut.

Demachy, qui publia, en 1775, un ouvrage fort estimable pour son temps sur la distillation [1], donne une description détaillée du fourneau usité dans la seconde moitié du dix-huitième siècle. Nous reproduisons textuellement ce passage :

« La grandeur de la chaudière qui doit être placée dans le fourneau en détermine la dimension. On commence par creuser un trou rond et profond d'à peu près 4 pieds ; ce trou reçoit une première assise de moellons bien cimentés, qui peut avoir 2 pieds et demi d'épaisseur ; on en garnit le tour de manière à former un mur d'à peu près 1 pied de diamètre ; le milieu de cette première assise est garni en briques de bout, bien jointes l'une contre l'autre, et a pour diamètre 1 pied de plus que n'a le tour de la chaudière. On a coutume d'élever le mur du fourneau avec de bonnes briques bien cuites jusqu'à la hauteur de 2 pieds ou de 2 pieds et demi. Sur le devant de cette construction, on laisse une ouverture carrée dans laquelle se pose un cadre de fer, précisément des mêmes dimensions pour la hauteur et pour la largeur, garni de sa porte en tôle forte et, à la partie opposée, on ménage le commencement d'un tuyau de cheminée qui peut avoir 6 à 8 pouces de diamètre. Ceux qui désirent que leur fourneau soit garni d'un cendrier ne tiennent cette première hauteur que de 1 pied, posent à cette hauteur quelques barreaux de 1 pouce d'équarrissage, placés sur l'angle et non à plat, et continuent d'élever leur mur de 2 pieds à 2 pieds et demi pour établir le foyer, et suivre d'ailleurs toutes les dimensions que nous venons de donner.

« Par cette construction, le haut de la porte du foyer est de niveau avec le sol de l'atelier ; et l'ouvrier, assis sur la troisième marche de l'espèce d'escalier qu'on ménage sur le de-

---

[1] *L'Art du distillateur.* Paris, 1775, avec approbation de l'Académie des sciences.

vant du fourneau en face de la porte, a la commodité de veiller à son feu sans être continuellement courbé.

« C'est à cette hauteur de 2 pieds ou 2 pieds et demi que nos constructeurs placent transversalement deux fortes barres de fer, de 2 bons pouces d'équarrissage, sur lesquelles doit poser la chaudière. D'autres suppriment le commencement du tuyau de cheminée dont je viens de parler, et font à cette même hauteur quatre petites voussures distantes l'une de l'autre de 4 à 5 pouces et saillantes dans l'intérieur de 8 bons pouces ; sur ces voussures doit poser le fond de la chaudière, qui, dit-on, est par ce moyen plus longtemps conservée. D'autres, enfin, font construire les chaudières avec de forts crampons ou oreilles vers le tiers de leur hauteur, qui doivent être scellés dans le reste de la bâtisse, de sorte que la chaudière se trouve, par ce moyen, soutenue sur ces crampons : ceux-là, dis-je, continuent d'élever leurs fourneaux jusqu'à ce que, la chaudière posée, il n'en sorte que la calotte supérieure et le collet ; alors on place cette chaudière, soit en la posant sur les barres ou sur les voussures, soit en la faisant porter sur le mur du fourneau par les trois crampons ou oreilles. Pour plus de solidité, dans ce dernier cas, on s'est muni d'un cercle de fer forgé suivant les mesures convenables, et ce cercle, posé lui-même sur le mur du fourneau, devient pour les oreilles de la chaudière un point d'appui solide. Comme la chaudière elle-même ou le fourneau peuvent avoir besoin de quelques réparations, on peut ménager, en bâtissant, deux tranchées de chaque côté du fourneau, lesquelles se ferment avec des briques, et peuvent se démolir sans endommager le reste de la bâtisse. Cette méthode porte avec elle son économie, surtout si l'on a soin de souder à la chaudière trois forts anneaux de cuivre, à l'aide desquels on peut la déplacer et la replacer en l'enlevant verticalement, et la faisant tomber d'aplomb dans l'intérieur du fourneau qui lui est destiné.

« Si l'on a commencé la cheminée dès le bas, on a eu le soin de la continuer jusqu'au sommet du fourneau ; si, au contraire, cette précaution a été inutile, on se contente, au-dessus de la pose du cercle ou environ, de ménager cette petite cheminée, en sorte qu'elle aboutisse hors du fourneau immédiatement au-dessous de la partie supérieure ; on achève de la construire en l'adossant contre un mur pour la faire dévoyer suivant la commodité du local. La largeur de la porte de l'âtre indique celle de la cheminée : elles doivent être de la même dimension.

« Les bouilleurs accouplent ordinairement deux fourneaux, de manière que les deux tuyaux de cheminée se trouvent entre les deux chaudières, parce qu'il est d'usage qu'à la hauteur de la main ces deux tuyaux reçoivent deux planchettes qui peuvent, en glissant sur leurs coulisses, fermer ou tenir ouverts à volonté ces tuyaux. On nomme chacune de ces deux planchettes la *tirette;* c'est à l'aide de cette tirette que l'ouvrier dirige son feu, en la tirant entièrement, ou ne la poussant que graduellement. C'est enfin ce que d'autres artistes et, notamment, les anciens chimistes, nomment les *registres* du fourneau.

« On achève le fourneau en le fermant exactement à la hauteur que nous avons indiquée, et couvrant la surface avec des carreaux, de manière qu'il y ait une pente douce depuis la chaudière jusqu'aux bords extérieurs du fourneau ; par ce moyen, s'il arrive quelque accident, la liqueur bouillante est portée hors du fourneau, et le tout est entretenu plus propre. »

Dans ce même ouvrage, le même Demachy indiquait une amélioration notable pour la cheminée, qui consistait à disposer la cheminée en hélice autour de la chaudière. Cette disposition était celle de ce que l'on appelait *le fourneau flamand*, et que Chaptal mit en pratique. L'influence des préjugés et des habitudes était telle, que les conseils de cet habile observateur ne purent engager les distillateurs à adopter ce perfectionnement tout le temps qu'il ne l'eut pas exécuté lui-même dans ses propres ateliers. Plus tard, dans son livre sur l'*Art de faire les eaux-de-vie*, publié en 1801, Chaptal prescrivit ainsi cette construction de la *cheminée à la flamande :*

« Faites soutenir, dit-il, la chaudière à la hauteur où elle doit être ; laissez tout le bas nu et, dans la partie opposée à la porte du fourneau, commencez le tuyau sur 8 pouces de hauteur et sur 6 de largeur ; faites-le tourner tout autour de la chaudière jusqu'à la cheminée ; des briques longues suffisent pour former ce tuyau. Il est évident que, par ce moyen, la flamme léchera continuellement toute la chaudière, à l'exception de la partie de la brique couchée sur son plat, qui touchera directement la chaudière. Ainsi, en supposant que le tuyau ne fasse que trois tours autour de la chaudière, en

4

partant depuis le foyer jusqu'à la cheminée, vous aurez au
moins 30 à 36 pieds de tuyau, dont la flamme s'appliquera
directement contre la chaudière, tandis que, dans la manière ordinaire, il n'y a pas plus de 3 ou 4 pieds de contact
immédiat. »

La construction indiquée par Demachy, avec la modification conseillée par Chaptal, est encore exécutée de nos jours
lorsqu'il s'agit de monter un fourneau de *brûleur*, pour un
appareil à feu nu. C'est le plus bel éloge et le plus complet
qu'on puisse faire, à un siècle de distance, d'une construction
de ce genre.

Dans le but d'appliquer la houille au chauffage des alambics, M. Ricard, distillateur à Cette, fit modifier, en 1776, le
cendrier et le foyer de Demachy, de manière à augmenter
notablement les dimensions de la grille ; mais il négligea, à
tort, la disposition en hélice de la cheminée.

Les fourneaux de Baumé, adaptés à la forme de ses alambics, n'offrent rien de bien intéressant, et nous ne croyons
pas devoir en donner la description, pas plus que de ceux de
Moline. Tous deux ont négligé d'appliquer la cheminée à la
flamande, mais Baumé commettait, en outre, la faute de
construire inutilement un foyer de 12 pieds (4 mètres) de longueur, calculé sur la longueur de ses chaudières. Le fourneau
de Moline n'avait qu'un foyer beaucoup plus restreint, chauffant à la manière de ceux des fourneaux dits *de galère* et, par
une disposition qui permettait d'augmenter le tirage, il pouvait brûler du bois ou du charbon de terre. L'un et l'autre,
d'ailleurs, s'accordaient à rejeter l'emploi des grilles lorsqu'il
s'agissait de chauffer au bois.

Le *fourneau de Poissonnier*, à grille et à cendrier, était destiné au charbon de terre. La cheminée était à la flamande et
faisait trois tours d'hélice. Pour éviter l'action du calorique
sur les parois de la cucurbite, lorsque le liquide venait à
baisser dans ce vase, l'inventeur avait établi, à chaque tour
d'hélice de la cheminée, un tuyau qui se rendait dans la cheminée d'appel, et il faisait passer, à volonté, la flamme dans
le point convenable, à l'aide de registres (tirettes) disposés
latéralement. Cette modification utile dénotait l'esprit d'observation de l'auteur, et devait produire un excellent effet sur le
goût et la saveur des produits. Un *tube indicateur de niveau*,

fait comme ceux dont on se sert aujourd'hui, avertissait de la hauteur du liquide intérieur.

L'illustre et savant comte de Rumford (1753-1814) a dit dans ses *Essais politiques, économiques et philosophiques* (1798) que les conditions des constructions de fourneaux sont :

« 1° De faire que le courant d'air vienne de *dessous* le foyer, de manière que la flamme, chassée par l'air qui alimente le feu, puisse frapper le fond de la chaudière perpendiculairement, de bas en haut, et non pas obliquement comme dans la plupart des fourneaux et des poêles ; l'air, dans ce dernier cas, poussant le feu de côté, la flamme ne fait que glisser contre la chaudière, et elle y dépose beaucoup moins de chaleur ;

« 2° De faire en sorte que le tuyau par lequel s'échappe la fumée fasse plusieurs circuits au-dessous et à l'entour de la chaudière, afin de lui communiquer la plus grande partie de la chaleur ;

« 3° De pouvoir à volonté augmenter ou diminuer l'activité du feu, par le moyen de registres et de bascules qui, adaptés au cendrier et aux tuyaux de fumée, y laissent passer un courant d'air plus ou moins fort. »

Un fourneau de distillation fut construit sur ces principes fondamentaux et l'usage ne tarda guère à s'en répandre dans les établissements publics ou particuliers.

Curaudau (1765-1813) s'occupa beaucoup de cette grave question de la construction des appareils calorifiques. Il reprochait aux fourneaux usuels de dépenser beaucoup trop de combustible. Il voulait que la partie du foyer devant supporter la plus grande chaleur fût faite en briques très-réfractaires, jointes par un mortier mauvais conducteur du calorique, tel qu'un mélange de tannée et d'argile. Les fourneaux destinés à être fortement chauffés doivent, selon notre chimiste, être revêtus extérieurement d'un mur épais, construit en mortier de tannée et un peu isolé du mur du fourneau. On doit pouvoir fermer à volonté le haut de la cheminée pour ralentir le tirage et accumuler le calorique dans l'intérieur du fourneau ; la fumée doit être complétement brûlée. L'expérience comparative faite, dans les mêmes conditions, entre un fourneau construit selon les principes du comte de Rumford et un autre établi selon les théories de Curaudau, donna à

celui-ci un avantage considérable par rapport à l'économie
du temps et de la dépense. Selon un des principes de M. de
Rumford, la flamme était dirigée presque verticalement sous
le fond de la chaudière de Curaudau, mais la cheminée flamande était remplacée par des espaces formés, tout autour
de la chaudière, par des briques alternativement rentrantes
et sortantes, celles-ci touchant la chaudière, celles-là éloi-
gnées de 2 à 3 pouces. Les rangs de ces briques étaient disposés *en chicane,* c'est-à-dire que dans deux rangs contigus
les briques rentrantes d'un rang correspondaient aux briques
sortantes de l'autre rang et réciproquement. Cette disposition
est facile à comprendre par l'inspection de la figure 20.

Fig. 20.

En outre de ce fourneau, Curaudau en appliqua spécialement un autre à la distillation. Sans tenir compte en quoi que
ce soit de l'appareil distillatoire, nous reproduisons les dispositions principales du fourneau lui-même (fig. 21), qui peut
fournir des indications utiles. Soit l'espace BB′ occupé par le
fond d'une chaudière plate ou chaudière en surface, et sup-

posons un chauffe-vin ou tout autre vase à échauffer en C et C'.
La forme conique du foyer A force la flamme à se diriger
sous le fond de la chaudière et là elle est *forcée* de se diviser
à droite et à gauche pour en lécher toute la surface, grâce aux
interruptions en chicane représentées sur la figure. Les
mêmes interruptions *forcent* également le chauffage des deux
espaces C et C', et le tirage est réglé dans les cheminées D et D'
par les registres *e* et *e'*.

Fig. 24.

Nous croyons que cette construction peut encore trouver de
bonnes et utiles applications dans une foule de circonstances,
et c'est pour cette raison seulement que nous avons voulu en
reproduire l'idée fondamentale en l'attribuant à son véritable
inventeur. Nous ne nous étendrons pas davantage sur cette
question des fourneaux pour diverses raisons importantes :
une étude plus complète sortirait de notre cadre ; d'un autre
côté, la distillation moderne se faisant à la vapeur, sauf dans
des cas exceptionnels, il n'y a plus guère lieu de se préoccuper outre mesure de la construction des fourneaux de
distillerie, puisque cette partie de l'organisation d'une usine
rentre dans l'établissement du générateur, le plus ordinairement ; enfin, dans les cas exceptionnels dont nous avons voulu
parler, comme pour les brûleries qui travaillent encore à feu
nu, l'industrie des liquoristes, etc., la construction de Demachy avec la cheminée à la flamande est encore ce qu'il y a de
mieux et de plus simple à exécuter, en y ajoutant les meilleures dispositions prévues par le comte de Rumford et par
Curaudau. Il ne manque pas, d'ailleurs, de fumistes instruits
de leur art, qui disposent avec intelligence la construction
des fourneaux selon la nature des opérations à exécuter.

§ IV. — DES LUTS EMPLOYÉS EN DISTILLERIE.

Dans la distillerie ancienne, la plupart des pièces des appareils se réunissaient par pénétration de l'une dans l'autre, par simple adaptation. Il en résultait des fissures nombreuses par lesquelles les vapeurs spiritueuses pouvaient s'échapper, et l'on conçoit, par cela même, l'importance exagérée que les alchimistes et les distillateurs attachaient à la composition et à l'application des *luts*, c'est-à-dire des *mastics* destinés à oblitérer ces fissures et à joindre hermétiquement les pièces. On sent également que les qualités requises pour un bon lut devaient consister dans une ténacité suffisante et une dessiccation rapide sans production de gerçures.

Le *ciment parolic* ou *universel* était formé de 100 parties de *caillot* de lait desséché (*caséine*), pulvérisé, 10 parties de chaux vive en poudre et 1 partie de camphre. Le mélange se conservait en flacons bien bouchés. Pour s'en servir, on prenait de cette poudre, on en formait une pâte molle ou, mieux, une bouillie épaisse, que l'on étendait sur des bandelettes de linge ou de papier, avec lesquelles on recouvrait soigneusement les joints.

Le *lut de sagesse* n'était autre chose que notre *lut à la chaux*. Pour le préparer, on battait de la chaux vive en poudre tamisée, avec de l'eau, jusqu'à consistance de bouillie un peu épaisse, on étendait sur des bandelettes de papier ou de linge et on appliquait comme le précédent.

Lut à la craie. — Craie pulvérisée, tamisée, 2 parties ; farine de seigle, 4 parties. On fait avec ces matières mélangées une bouillie claire, à l'aide d'une quantité suffisante de blanc d'œufs et l'on applique comme les précédents. Ce lut n'est réellement bon que s'il est appliqué à chaud.

Lut anglais. — Ce lut est à base de craie ; il peut servir plusieurs fois ; il suffit de piler celui qui a déjà servi et d'en faire une pâte avec de l'eau. On prend 6 décilitres de craie pulvérisée, tamisée, 2 décilitres de farine de froment et autant de sel marin pulvérisé. Le tout est bien mélangé. On en fait une pâte avec 2 décilitres d'eau. Pour appliquer ce lut, on forme avec la pâte des baguettes cylindriques que l'on applique sur les joints avec le doigt mouillé. Pour détacher les pièces, on humecte les points lutés.

Lut gras. — Il se prépare avec 8 parties de glaise fine tamisée, 1 partie de litharge et la quantité d'huile de lin nécessaire pour former une pâte ferme, qu'on applique comme le lut anglais, avec cette seule différence que le doigt doit être trempé dans l'huile. On peut le recouvrir avec des bandelettes enduites de lut de sagesse, de ciment parolic, ou de lut à la chaux.

Lut argileux. — L'argile, ou terre grasse, délayée dans l'eau et *décantée* ou soumise à la *lévigation*, débarrassée du sable et des parties grossières, sert à faire une pâte que les distillateurs emploient souvent comme lut pour boucher les fissures des joints. Lorsque ce lut est presque sec et que les crevasses ont été réparées, on le recouvre de bandelettes de papier enduites de colle de pâte ou de farine.

Lut à la cendre. — Quelques-uns se contentent de pousser de la cendre pétrie en pâte dans les fissures des joints; il est impossible de compter sur ce lut. Si, au contraire, on fait une pâte molle avec 2 parties de farine de seigle et 1 partie de cendre tamisée, on obtient un lut passable qui tient bien et ne fait pas de fissures. Nous avons vu employer ce lut dans l'Orléanais.

Lut à la mie de pain. — La mie de pain frais, humectée d'eau et malaxée entre les mains jusqu'à ce qu'elle soit devenue d'une consistance pâteuse bien homogène et qu'elle soit bien maniable, forme un mastic très-possible, surtout si l'on recouvre ensuite les joints avec des bandelettes de linge légèrement encollées et humides. Mais ce lut devient parfait quand on mélange avec la mie de pain la moitié de son poids de cendres tamisées, ou de chaux éteinte, ou d'écorce de chêne pulvérisée.

Nous indiquerons en temps utile la composition du mastic que nous employons pour joindre les pièces des appareils modernes, dans le double but de faire occlusion hermétique et de s'opposer à la transmission de la chaleur par les contacts métalliques.

CHAPITRE III.

DE LA DISTILLATION AU DIX-NEUVIÈME SIÈCLE.

En cherchant à nous bien pénétrer des enseignements du passé, afin de dégager notre esprit et notre jugement de l'influence des prétentions contemporaines, nous trouvons parfaitement établis un certain nombre de principes, de méthodes, ou même de simples particularités, dont il importe de tenir compte, si nous voulons apprécier sérieusement les questions de distillation. Pas à pas, progrès après progrès, l'idée générale s'est dégagée des ombres du fanatisme et du préjugé ; les éléments de l'œuvre sont réunis, et il ne manque plus que la coordination et l'agencement, qui soit réservés à notre siècle, sous le rapport matériel des instruments de distillation. Nous n'en pouvons dire autant, il est vrai, des conditions de la vinification, de l'étude essentielle de la fermentation, de la production de l'alcool, dont l'élucidation devait être notre apport à l'édifice. Ce point capital est de découverte toute moderne.

Or, c'est à Basile Valentin et à Raymond Lulle que remonte l'emploi de la *chaux et* de la *potasse* pour déshydrater l'alcool ; la *rectification* date des premiers temps de l'invention, ainsi que le principe fondamental qui exige une exécution plus lente, moins brutale, pour cette opération.

Nous avons vu que Porta doit être considéré comme le premier inventeur de la colonne (fig. 8 et 9), et ce ne serait pas abuser, ni des mots ni des choses, que de vouloir retrouver, dans la disposition de son appareil, à milieux de plus en plus froids, la première idée des séries de Glauber, de Woolf, si l'on veut, et de la plupart des inventions qui ont pris ce principe pour point de départ.

Nicolas Lefebvre a fait la première application nette de l'idée de réfrigération des vapeurs (fig. 10), exécutée, non plus sur le chapiteau ou la tête de more, mais bien sur le tube abducteur des vapeurs, et cela d'une manière continue.

Glauber a créé, dans son entier et avec tous ses détails, la célèbre série dite *de Woolf* (fig. 12), et il a été, par conséquent, le premier inventeur qui ait réalisé, dans le sens horizontal, l'idée des milieux condenseurs séparés et refroidis graduellement, que Porta avait déjà ébauchée dans le sens vertical. C'est encore à Glauber que nous devons le premier essai d'une sorte de serpentin réfrigérant (fig. 13), en même temps qu'une découverte d'ordre transcendant, celle de la circulation des liquides de températures différentes.

Cette idée de la réfrigération des vapeurs se complète au temps de Boerhaave, et le *serpentin condenseur en hélice* est créé, comme il est aujourd'hui, sans que nous ayons rien modifié d'essentiel à la construction de cet organe.

L'idée même de la *rétrogradation* des liquides faibles condensés remonte à la découverte primitive de l'eau-de-vie, car la gouttière des chapiteaux n'avait d'autre but que cette rétrogradation. Sans parler des améliorations ou des modifications de détail, sans nous arrêter même à ce qui a été dit sur l'application de la chaleur, dont Rumford et Curaudau ont tracé magistralement les principes, nous pouvons et nous devons reconnaître que, à la fin du dix-huitième siècle, toute la distillation était créée par les travaux de nos devanciers, et qu'ils nous avaient légué seulement la tâche de perfectionner, d'améliorer, de coordonner, ce qui exigeait un grand avancement des sciences naturelles et surtout de la physique et de la chimie, dont les données étaient encore loin de se prêter un appui indispensable. Telle est la situation réelle où se trouve la distillation au début de ce siècle, et nous allons chercher à porter la lumière dans le dédale des inventions plus ou moins authentiques qui se sont fait jour depuis cette époque.

§ I. — PÉRIODE DE TRANSITION.

Dès l'année 1801, un simple cultivateur, M. Stone, de Mesly, près de Paris [1], conçut l'idée d'appliquer le pouvoir calori-

[1] Près de la Marne, à peu de distance d'une hauteur connue sous le nom de mont Mesly, dont le nom a acquis quelque célébrité par un des épisodes du siége de Paris, dans la guerre de 1870-1871.

fiant de la vapeur à la distillation. D'un cylindre producteur de vapeur, muni d'une soupape de sûreté, il faisait partir une prise de vapeur sur laquelle il avait établi trois prises secondaires, par des tuyaux de 27 millimètres de diamètre. L'alambic étant placé dans une cuve bain-marie, ces tubes de vapeur plongeaient perpendiculairement au fond de la cuve, dont ils échauffaient l'eau par barbotage. La rectification se faisait de même, dans un autre alambic, au bain-marie et à la vapeur. Le résidu de la rectification rentrait en distillation avec les liquides à distiller, et s'épuisait entièrement. On constatait que ce mode de travail procurait une grande économie de combustible et des produits débarrassés d'odeur empyreumatique.

Appareil Wyatt. — En août 1802, l'Anglais Wyatt établissait également une distillerie à vapeur. Son générateur était une sorte de parallélipipède de 5 pieds de longueur sur 2 pieds environ de côté, muni de la plupart des accessoires utiles, à l'exception, toutefois, du réservoir à vapeur, que nous ne voyons pas figurer dans sa description. L'appareil distillatoire était également une caisse longue, rectangulaire, partagée en trois cases, qui formaient, en quelque sorte, autant d'appareils distincts. La plus grande case servait à la première distillation des grains, à la production des *petites eaux ;* la seconde, du tiers de la précédente, distillait les petites eaux pour en faire de l'eau-de-vie, et la troisième servait à rectifier l'eau-de-vie et à produire de l'esprit. Chaque case était chauffée à la vapeur. La plus grande, ou case à petites eaux, recevait un barboteur à clapet. La case du milieu n'était pas chauffée à vapeur libre, comme la précédente, mais bien par une sorte de boîte à vapeur, espèce de caisse rectangulaire de 2 à 3 pouces d'épaisseur seulement, et occupant à peu près tout le fond de la case. La vapeur y pénétrait par une prise et un tube, disposé à l'extrémité opposée à la prise, portait l'excédant de vapeur dans la troisième case. Cette case était échauffée par le tube dont nous venons de parler et, de plus, au besoin, par une prise spéciale. La vapeur restait enfermée dans ces tubes, et la portion qui n'était pas utilisée par la rectification, allait barboter dans la première case, ou case à distillation, pour utiliser autant que possible la totalité du calorique.

L'esprit pratique anglais apportait, dès le début, comme on vient de le voir, un haut degré de perfectionnement à l'emploi de la vapeur pour la distillation. Un seul appareil satisfaisait ainsi aux trois *demandes* industrielles du temps ; extraction des *petites eaux*, transformation des petites eaux en *eau-de-vie ;* transformation de l'eau-de-vie en *esprit...* Ce travail se faisait avec le moins de vapeur possible et l'outillage le moins coûteux qu'on peut imaginer, et il nous a paru intéressant de nous arrêter à indiquer la construction de l'appareil de Wyatt en ce qu'il avait d'essentiel. Pour le reste, un couvercle commun aux trois cases, bombé, un orifice de chargement et un robinet de vidange pour chacune, un serpentin réfrigérant pour chaque genre de vapeur à condenser, formaient le complément de cet outillage, aussi simple que bien compris, dans lequel on pouvait faire à la fois trois opérations.

Le *condenseur* du baron de Gedda date, comme exécution, à peu près de la même époque que les deux appareils dont nous venons de parler, bien que la description n'en ait été faite qu'un peu plus tard.

Ce condenseur était formé de deux cônes tronqués rentrant l'un dans l'autre de manière à présenter entre eux un espace annulaire trois fois plus large en haut qu'en bas. Cet espace annulaire était fermé en haut et en bas, sauf par les points où passaient le tube d'entrée des vapeurs hydro-alcooliques et le tube de sortie des liquides condensés. Les proportions étaient, pour un cône de 2 mètres de hauteur : 40 millimètres d'écartement entre les deux cônes en bas, 135 millimètres en haut.

Le grand diamètre du cône extérieur était de 80 centimètres et le petit diamètre de 46. On comprend que la surface réfrigérante totale était formée de la superficie, somme des deux cônes, et M. de Gedda, ainsi que plusieurs personnes qui en firent usage, préféraient ce condenseur au serpentin hélicoïdal.

Nous ne pouvons partager cette opinion et, d'accord en cela avec M. Dubrunfaut, nous pensons qu'un serpentin bien fait, à hélices rapprochées et de diamètre graduellement décroissant, est préférable à un instrument de ce genre. Nous verrons cependant plus loin qu'il est possible de multiplier énormément les surfaces réfrigérantes sans employer le serpentin ; mais la disposition de M. de Gedda ne peut être regardée comme constituant une amélioration dans cette voie.

Appareil Lelouis. — Cet appareil, établi en 1803 à La Ro-
chelle, ne présentait pas un progrès sensible. Il consistait en
une chaudière d'une hauteur et d'un diamètre égaux surmontée
d'un dôme à large bec. Celui-ci passait à travers une futaille
contenant du liquide à distiller et il faisait fonction de chauffe-
vin avant de se rendre dans le serpentin réfrigérant. La chaudière renfermait un fourneau intérieur dont la chaleur portait le liquide à l'ébullition.

En 1805, le chevalier Edelcrantz imagina un *élévateur* qu'il
destinait à élever automatiquement l'eau dans les réfrigérents, et par lequel il croyait pouvoir supprimer, par conséquent, l'emploi d'un réservoir à niveau supérieur, aussi bien

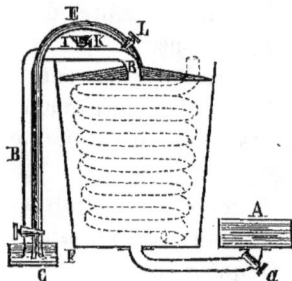
Fig. 22.

que celui des pompes élévatoi-
res. Cet appareil, représenté
par la figure 22, n'était qu'une
application du siphon. Étant
donné en A un réservoir d'eau
froide alimenté constamment à
son niveau et communiquant
avec le fond de la cuve du réfrigérent, si celle-ci est hermétiquement close en haut et que,
du couvercle, il sorte un tuyau coudé BB se rendant dans un réservoir C, placé à 60 centimètres en contre-bas de A, on comprendra que la cuve étant pleine d'eau, l'action du siphon s'exer-
cera de A en C par la seule différence des niveaux de A et de C.
Il convient de dire, cependant, que l'application de cette idée
présente quelques difficultés pratiques, dont la principale repose sur le fait de la production de vapeur à la surface du
liquide réfrigérant. D'un autre côté, il importe de pouvoir
remplir ou vider l'instrument. Dans le but de remédier à ces
inconvénients, M. Lenormand proposait de bomber le couvercle et d'y adapter un autre tube EF muni d'un robinet L,
tout en conservant le tube BB en rapport avec la surface du
liquide. De cette modification il résultait que, par l'ouverture
du robinet L, les vapeurs aqueuses étaient chassées en C.
D'autre part, il établissait sur le tube BB lui-même une douille I,
à robinet K, à l'aide de laquelle il était possible de remplir
commodément le vase et d'établir l'action du siphon. Nous

ne nous étendrons pas davantage sur cet instrument, qui ne présente plus, d'ailleurs, qu'un intérêt de simple curiosité, et dont nous n'avons parlé qu'afin de donner une idée plus générale et plus complète des appareils anciens.

Nous n'avons pas non plus à nous occuper davantage de l'appareil de Curaudau (1805); ce que nous avons dit de la disposition du fourneau de cet inventeur (fig. 21), doit suffire à faire comprendre qu'il s'agissait d'un appareil de grande surface, à petite profondeur, flanqué à droite et à gauche d'un vaste chauffe-vin, et une telle disposition ne présenterait plus aujourd'hui aucune espèce d'intérêt, sinon dans le cas où on serait absolument forcé d'opérer la distillation à feu nu. Dans une telle circonstance, le moins intelligent de nos chaudronniers pourrait facilement exécuter quelque chose de plus utile et de plus simple, sur la seule idée générale qui précède.

On s'est beaucoup occupé pendant les premières années du dix-neuvième siècle, c'est-à-dire pendant la période de transition dont nous parlons, des avantages présentés par les appareils en surface sur les appareils en profondeur. Les idées actuelles et la pratique moderne de la distillation font qu'on n'attache plus autant d'importance à cette disposition, et c'est un tort, suivant nous, car l'application du calorique sur des couches liquides très-étendues et peu profondes doit déterminer forcément quelques avantages pratiques, savoir : plus de rapidité dans la vaporisation et l'élimination de l'alcool, une action moins prolongée et, par suite, moins nuisible, de la chaleur. On peut ajouter à cela l'économie qui résulte d'une dépense moindre de calorique. Tout cela est exact, et nous l'admettons avec plaisir, sous le mérite, toutefois, de ce qui pourrait être vrai dans l'observation suivante. *Les brûleurs* du commencement de ce siècle et plusieurs même de l'époque actuelle ont prétendu que les eaux-de-vie de vin ont besoin d'une température élevée et d'un contact suffisamment prolongé avec la chaleur, pour acquérir toute la perfection de leur arome. Après mûre réflexion résultant d'expériences comparatives faites avec le plus grand soin, on est obligé de reconnaître que cette proposition est exagérée et que la distillation en surface fournit le même arome que la distillation en profondeur, pourvu que les vapeurs ne soient pas soumises avant leur condensation à une action analytique qui les sépare des essences dont on recherche la présence. Ainsi, il peut arriver que, dans les appareils modernes, les vapeurs hydro-alcooliques, en traversant les nombreuses cases d'une colonne trop élevée, perdent la plus grande partie de leurs principes aromatiques, et c'est ce qui arrive encore lorsque les produits sont soumis à plusieurs rectifications successives.

Nous reviendrons sur cette idée et nous indiquerons les principaux moyens de supprimer ou de conserver les essences plus ou moins odorantes qui accompagnent l'alcool dans les liqueurs fermentées.

La distillation des matières épaisses et visqueuses, mais principalement des marcs de raisin, présentait une importance assez notable, qu'elle a conservée de nos jours, au moins dans les pays vignobles, et dans un certain nombre de contrées où l'on distille les grains fermentés sous forme de masse demi-pâteuse. Or, la nature même de ces sortes de matières les exposant à subir une action trop violente du calorique dans les appareils chauffés à feu nu, il en résultait une exagération marquée dans la production des essences empyreumatiques, un mauvais goût prononcé et une saveur détestable.

Différentes tentatives furent faites pour modifier les appareils en les appropriant à cette destination particulière. On pensait que les produits empyreumatiques étaient dus à la caramélisation des substances mucilagineuses ; que l'huile essentielle résultant de cette caramélisation corrodait et attaquait le cuivre des appareils, et l'on n'avait pas encore pénétré la véritable origine de ces essences, qui se développent sous l'influence de la chaleur, mais qui sont dues à la réunion de certaines circonstances particulières. Quant à l'action corrosive des vapeurs et des liquides sur les différentes pièces des appareils, il n'eût pas été difficile de constater, expérimentalement, qu'elle était due à la présence d'une certaine quantité d'acide acétique, et que l'huile essentielle, quelle qu'en soit la provenance, ne présente qu'une action nulle ou très-faible sur les surfaces métalliques. Quoi qu'il en soit, en partant de l'idée primitive que ces odeurs désagréables d'empyreume étaient dues à la caramélisation de ce que nous appelons aujourd'hui les *colloïdes*, on songea à en éviter la production par la distillation au bain-marie. Ce moyen, fort rationnel en présence de la théorie de l'époque, ne donna que des résultats insignifiants, bien que la saveur des pro-duits fût un peu moins désagréable. Baumé s'occupa beau-coup de cette modification. Il imagina d'abord de mettre les matières pâteuses à distiller en suspension, dans un panier d'osier, au milieu de l'eau d'un alambic ordinaire. Plus tard il proposa un bain-marie en toile métallique ou en métal per-foré ; mais malgré les assertions de cet inventeur, la dis-tillation des marcs produisait toujours la liqueur infecte que nous connaissons. Chaptal attribue ce résultat, non-seulement à ce que les parties mucilagineuses et parenchymateuses s'échappent des paniers et des toiles et vont subir la chaleur exagérée des parois de l'alambic, mais encore et surtout à la décomposition de l'huile fixe des pepins. Cette observation, qui se rapproche beaucoup de la vérité, conduit Chaptal à proscrire la distillation des marcs en nature, sous peine de produire les essences empyreumatiques que l'on cherchait à éviter. Il en résulta que l'on dut rejeter les différentes formes de distillation des matières pâteuses au bain-marie ; les esprits véritablement pratiques conseillèrent alors la méthode que nous avons nous-même indiquée comme la plus rationnelle et qui consiste essentiellement dans le lessivage ou la macé-ration des matières pâteuses fermentées, et dans la distillation du petit vin qui est le résultat de ce lavage. Il va de soi qu'une précaution capitale, à exécuter quand même, consiste à cla-rifier ces sortes de petits vins avant la distillation. Ami Ar-gand voulait, en outre, qu'on neutralisât par la craie l'acide des petits vins de lie, et nous généraliserions volontiers cette mesure. Chaptal partageait les mêmes opinions.

Cependant quelques distillateurs vulgaires, craignant de ne pas recueillir ainsi la totalité de l'eau-de-vie des marcs ou des lies, continuèrent la distillation à feu nu, en ayant soin toute-fois d'employer des chaînes traînantes ou des agitateurs, dont le but était d'empêcher le contact des matières avec le fond du bouilleur. Il est clair que ce moyen ne pouvait présenter aucune supériorité sur le bain-marie.

Le chimiste anglais Higgins, attribuant les odeurs empy-reumatiques à l'éther acétique, conseilla la neutralisation de l'acide acétique par le calcaire. Ainsi que nous l'avons dit, cette précaution peut être considérée comme avantageuse en ce sens qu'il ne s'élève pas de vapeurs acides avec les vapeurs alcooliques ; mais l'idée de Higgins était fausse sous un autre rapport. En effet, l'éther acétique n'est pour rien dans la formation des huiles essentielles, et quelques traces de cet éther contribuent plutôt à améliorer le goût des eaux-de-vie qu'à le rendre désagréable.

Enfin on proposa d'enlever les huiles essentielles des vins à l'aide de la chaux. On entrait ainsi dans la voie du travail chimique qui sert de base à toute opération de désinfection, mais ce procédé ne pouvait encore présenter de valeur notable que si l'on agissait sur des vins obtenus par le lavage des matières pâteuses. Or, dans ce cas, l'action de la chaux peut très-bien ne présenter qu'une valeur insignifiante ou même nuire à la saveur du produit si l'on distille des vins de marc ou de lie bien clarifiés.

En 1806, M. Reboul imagina de distiller les marcs à la vapeur. Pour cela, il établissait un vaste alambic contenant de l'eau que l'on pouvait facilement porter à l'ébullition. Autour de cet alambic étaient rangées de grandes cuves en bois solidement cerclées et hermétiquement closes, dans lesquelles se trouvait le marc à distiller. Un barboteur, partant de l'alambic, apportait la vapeur de l'eau bouillante au fond des cuves, et un tube abducteur, partant du sommet de chaque cuve, portait les vapeurs alcooliques dans un serpentin réfrigérant.

Les produits obtenus par M. Reboul étaient moins mauvais que ceux qui provenaient de la distillation à feu nu, mais encore présentaient-ils l'odeur et la saveur spéciale des eaux-de-vie de marc, et cette simple observation aurait dû conduire à l'adoption franche du procédé de lessivage d'Argand et de Chaptal.

Curaudau inventa, pour la distillation des marcs, un appareil dont la figure 23 fournit un dessin explicatif. Le foyer rappelle celui des fourneaux ordinaires, et la cheminée est munie d'un registre. La chaudière était bombée en dedans et elle présentait 1 mètre de diamètre sur 44 centimètres environ de profondeur. Sur cette chaudière, était disposé un cuvier sans fond inférieur de 1 mètre de diamètre et de 1 mètre de hauteur. Dans l'intérieur de ce cuvier, Curaudau établissait,

sur des tasseaux, des grilles en bois écartées de 25 centimètres
et traversées par neuf conduits de chaleur, comme celui qui
est dessiné au centre de la figure. Le
marc se plaçait sur les grilles, puis, l'on
adaptait le couvercle dont le chapiteau
était muni d'un bec se dirigeant vers
le réfrigérent. La vapeur de l'eau contenue dans la chaudière et portée à l'é-
bullition, chassait, de proche en proche, l'alcool du marc placé sur les
grilles et le faisait passer dans l'appareil de réfrigération... D'après ce que
l'on sait aujourd'hui, cette disposition,
bien qu'ingénieuse, ne pouvait empêcher la production de l'huile essentielle.

Fig. 23.

En somme, et pour résumer en quelques mots la situation
générale de la distillerie pendant la période de transition qui
vient de nous occuper, nous dirons simplement que la pratique se bornait à l'emploi de l'appareil vulgaire, formé d'une
chaudière, ou d'un bouilleur, d'un chapiteau et d'un serpentin
réfrigérant. Un certain nombre de praticiens adoptaient la disposition en chauffe-vin dont il a été question plus haut, en
faisant passer le bec du chapiteau à travers le liquide à distiller.

La plupart des inventions de cette période sont sans valeur
et ne laissent à l'esprit aucun enseignement dont on puisse
tirer un parti profitable.

§ II. — TRANSFORMATION DES APPAREILS ANCIENS.

Pendant que la distillation se débattait sous une double
étreinte, celle des préjugés et de la routine et celle du besoin
d'amélioration qui tourmente l'homme dans tous les temps de
son histoire, il s'accomplissait une révolution totale dans l'art
du distillateur, par l'application de l'appareil de Woolf, ou, plutôt, de l'appareil de Glauber. L'application industrielle de cet
appareil ou plutôt du principe sur lequel il repose est due à
Edouard Adam, qui breveta son invention le 2 juillet 1801. Il
n'entre pas dans notre dessein de ravaler en quoi que ce soit le

5

mérite d'Adam, mais, comme nous devons avant tout à nos lecteurs une appréciation saine des faits, nous ferons observer
que, dans le fond, l'appareil de ce distillateur ne fut une invention réelle qu'en ce qui concerne les détails de forme, et seulement une reproduction d'un appareil connu, appliqué avant lui
à la distillation, en ce qui concerne son principe fondamental. Il
suffit, pour s'en convaincre, de se reporter aux appareils de
Glauber et, pour quiconque a étudié à fond l'art du distillateur, il devient incontestable que chacun avait le droit d'appliquer le principe de Glauber sous une forme différente de
celle adoptée par Adam.

Appareil d'Edouard Adam. — Cet appareil, déjà perfectionné
par son auteur, est représenté par la figure 24 ci-contre. En se
reportant à la figure 2, page 10, qui représente un appareil
distillatoire formé d'un bouilleur, de trois vases de Woolf, et
d'un organe de réfrigération, on comprend aisément, ainsi
que nous l'avons déjà fait voir, que, plus un des milieux con-

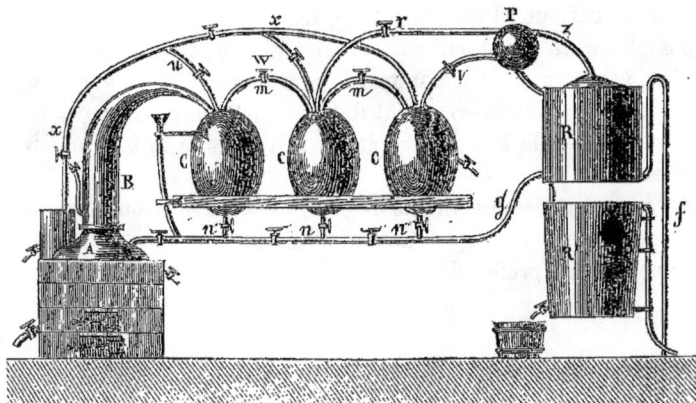

Fig. 24.

densateurs intermédiaires sera éloigné du foyer ou du bouilleur, plus le liquide qui s'y condensera sera soumis à une
action réfrigérante, qui deviendra de plus en plus sensible à
mesure que le milieu donné s'éloignera davantage du foyer.
Plus, au contraire, le milieu donné sera rapproché du foyer,
moins le liquide condensé renfermera d'alcool et plus il contiendra proportionnellement d'eau de condensation. Cette

proposition évidente étant bien saisie, si l'on compare l'appareil de la figure 2 avec celui de la figure 24, on voit que toutes les parties essentielles sont complétement identiques, quant au fond, et que les seules différences sensibles sont constituées par des détails de tubes et de robinets. Soit donc (fig. 24) un bouilleur métallique A, reposant sur un fourneau ordinaire, muni d'un robinet de vidange, et d'un robinet indicateur de niveau placé aux deux tiers de la hauteur. Du sommet du chapiteau un large tube B, fixé par une bride, s'élève verticalement, puis, se recourbe en diminuant progressivement de diamètre jusqu'au premier des condensateurs ovoïdes CCC où il s'engage à l'aide d'une soudure, d'une brasure, ou même d'un joint à brides et à collets. Ce tube se prolongeait jusqu'au fond de l'œuf et se terminait en pomme d'arrosoir. De ce premier œuf un second tube abducteur m, arasant la surface intérieure, allait plonger au fond du second œuf C et était terminé en pomme d'arrosoir. Un tube semblable m établissait de la même façon la communication entre le second œuf et le troisième. De même, si le nombre des œufs était supérieur à trois, ce qui entrait dans les idées d'Edouard Adam, mais qui ne paraît pas avoir une grande utilité, au moins dans les conditions où s'était placé ce constructeur. Du dernier œuf un tube abducteur se rendait dans une sphère P, ou il portait les vapeurs destinées à la condensation, qui ne s'étaient pas liquéfiées dans les œufs. Habituellement, la partie supérieure des œufs était enveloppée d'un réfrigérent à eau, dont le liquide s'échappait par un robinet inférieur lorsqu'il s'était échauffé. Disons encore que les tubes abducteurs m, m, etc., étaient munis d'un robinet v ou w, à l'aide duquel on pouvait à volonté supprimer le passage des vapeurs d'un œuf dans le suivant. Un long tube x, x, partant de l'œuf le plus éloigné du bouilleur, muni de robinets convenablement distribués et communiquant avec les deux autres œufs et avec la partie supérieure du chapiteau par des tubes u, avait pour fonction l'essai des vapeurs prises sur un point quelconque de l'appareil et que l'on faisait condenser dans un petit réfrigérent à serpentin, pour en vérifier la valeur alcoolique. Un autre tube r, z, à robinets, pouvait porter à volonté les vapeurs du second œuf à la sphère P et aux réfrigérents R et R', lorsqu'on voulait distiller avec deux œufs seu-

lement. Il est à noter que le vase réfrigérant R faisait fonction
de chauffe-vin et que le liquide à distiller lui était envoyé, à
l'aide d'une pompe, par le tube F. Le vase R', renfermant un
second serpentin, était refroidi par un courant d'eau froide
qui arrivait vers le fond, et l'eau chaude s'écoulait par un trop-
plein à la partie supérieure. Du chauffe-vin, un tube g, n, n, n,
portait le liquide dans l'un quelconque des œufs ou dans la
cucurbite du bouilleur A. En outre, un tube à entonnoir, attaché par une bride au premier œuf et à la charpente de
de soutenement, servait à porter l'eau-de-vie, les petites eaux,
ou repasses, dans les œufs ou dans le bouilleur. Edouard Adam
avait donné le nom de *corne d'abondance* à ce tube alimentaire.

Le manuel de l'opération ne présentait, d'ailleurs, rien de
bien difficile. Du vin étant introduit par le tube f en R, tous
les robinets inférieurs des œufs étant fermés, on ouvrait tous
les robinets du tube g, n, n, n, le liquide s'écoulait dans la
chaudière A qu'il remplissait jusqu'au robinet indicateur de
niveau. On fermait celui-ci, de même que le robinet du tube
g, n, n, n, le plus rapproché du bouilleur A. En ouvrant alors
le robinet inférieur du premier œuf, on remplissait cet œuf de
vin, jusqu'à la moitié de sa hauteur, ce qui était également
dénoncé par un robinet indicateur. Le robinet inférieur du
premier œuf étant fermé, on ouvrait celui du second œuf, que
l'on remplissait de même jusqu'à moitié et on agissait de
même pour le troisième œuf. Il en résultait que la chaudière A
contenait du vin jusqu'aux deux tiers de son volume et que
les œufs CC en étaient remplis à moitié.

Pendant ce temps, on avait commencé à chauffer le bouil-
leur A; les robinets des tubes u, x, x, r, z étant fermés, on ouvrait les robinets des tubes abducteurs mm et v, de sorte que
les vapeurs produites avaient le chemin libre à travers les
trois œufs vers la sphère P et le système de réfrigération RR'.
Lorsque l'ébullition se produisait en A, les vapeurs hydro-alcooliques étaient forcées de barboter dans le liquide du premier œuf. Elles s'y dissolvaient d'abord, mais, à mesure que
ce liquide arrivait au point de vaporisation, les vapeurs étaient
portées dans le liquide du second œuf. De là, elles passaient
à travers celui du troisième et se rendaient à la réfrigération
en passant par P. On conçoit aisément que, même en suppri-

mant toute réfrigération sur les œufs, comme le premier était
soumis à une température plus faible que celle du bouilleur,
que le second était plus froid que le premier, et que le
troisième était encore plus froid que le second, il devait se
produire, forcément, un enrichissement des vapeurs hydro-
alcooliques envoyées à la réfrigération. Cet effet devait être,
évidemment, beaucoup plus sensible encore lorsque les œufs
étaient soumis à une réfrigération de surface. En somme,
lorsqu'on voulait obtenir de l'eau-de-vie, on ne faisait fonctionner que la chaudière et deux œufs. Pour obtenir de l'esprit
dit *trois-cinq*, on se servait des trois œufs, mais on devait
introduire dans le dernier de l'eau-de-vie *preuve de Hollande*,
en place de vin.

Nous ne nous étendrons pas davantage sur la manière de
conduire cet appareil qui est, aujourd'hui, complétement
tombé en désuétude; nous nous attacherons plutôt à lui tracer
sa place véritable en distillation, à en indiquer les avantages
et les inconvénients. Il est évident que l'appareil d'Adam mettait en application industrielle un des principes fondamentaux de la distillation, savoir, le refroidissement progressif des
vapeurs dans des milieux analyseurs, placés entre le point de
production des vapeurs et leur point de condensation. L'emploi du chauffe-vin faisait une partie normale de la construction et, malgré la disposition horizontale, cet engin pouvait
procurer la plupart des forces alcooliques usuelles; nous le
reconnaissons très-volontiers, et nous admettons que, en
bonne pratique, on doit le considérer comme la première
tentative vraiment industrielle qui devait conduire à la colonne
moderne.

A côté de ces faits incontestables, l'observation nous fait
découvrir des vices capitaux dans l'exécution d'Adam :

1° La production de vapeurs dans le chauffe-vin R n'avait
pas été prévue et rien n'était disposé pour reporter ces vapeurs dans un des milieux ovoïdes. De là résultait, évidemment, un danger de fuites entre le cylindre et le couvercle de
ce vase.

2° La rétrogradation des liquides faibles ne jouait aucun
rôle dans l'appareil d'Adam, et ce moyen puissant d'enrichissement des produits paraît lui avoir été absolument inconnu.
Il lui fallait, en effet, substituer l'eau-de-vie au vin lorsqu'il

voulait obtenir des *forces*, et il lui était impossible de préparer
des produits homogènes et de force identique pendant tout
le travail, comme on doit l'exiger d'un appareil bien compris.
En d'autres termes, il produisait une quantité plus ou moins
considérable de *repasses ou de petites eaux*.

3° A côté de ces deux défauts venait s'en placer un troisième,
beaucoup plus grave, à notre avis. Dans aucun cas, et pour
aucune raison, les vapeurs hydro-alcooliques ne doivent être
comprimées dans un appareil distillatoire. Ce principe est de
règle générale et il ne comporte aucune exception. Or, la
construction fondamentale de l'appareil d'Adam, comme des
séries de Glauber ou de Woolf, entraînait nécessairement une
tension considérable des vapeurs, et cette tension était égale
au poids d'une colonne d'eau représentée par la demi-hauteur
des œufs. Il ne doit donc pas paraître étrange que, dans plusieurs expériences, il ait été impossible de pousser l'opération
jusqu'à ses dernières limites.

M. Lenormand proposait d'améliorer l'appareil d'Adam en
rapprochant les œufs et en leur donnant la forme d'un cube
terminé en haut et en bas par une pyramide quadrangulaire.

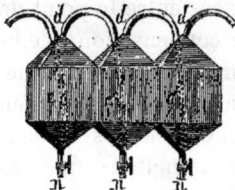

Fig. 25.

Cette disposition, sur laquelle il serait
inutile de nous appesantir, est représentée par la figure 25 ci-contre, et
chacun des œufs ainsi rapprochés
devait être plongé dans des caisses
réfrigérantes. Il voulait, en outre,
empêcher la déperdition du calorique en enveloppant de bois le cha-
piteau et les œufs. D'un autre côté, ce même observateur
commençait à se rapprocher de l'idée de la colonne, bien
que dans le sens horizontal, en proposant la réunion de tous
les œufs en un seul vaisseau parallélogrammique, séparé, par
des cloisons intérieures, en autant de cases que sa longueur
représenterait d'œufs ordinaires. Enfin, il conseille de rapprocher le plus possible les révolutions des serpentins, de
manière à les faire presque se toucher et à obtenir ainsi une
surface réfrigérante beaucoup plus grande.

Le 25 juillet 1801, Laurent Solimani, professeur de chimie
à l'Ecole centrale du Gard, prit un brevet pour un appareil
distillatoire dont nous ne voulons dire que quelques mots, uni-

quement pour mettre en lumière quelques données curieuses
ou intéressantes. Nous n'avons nullement à entrer dans les
réclamations de priorité élevées par Solimani contre Adam,
d'autant plus que la discussion de cette question serait complétement oiseuse et sans but.

L'*appareil distillatoire de Solimani* se composait des pièces
suivantes :

1° Une sorte de bassine ou générateur à vapeur, longue
de 3 mètres sur une largeur de 1 mètre et demi. Cette bassine
avait la forme d'un parallélogramme ; elle était échauffée par un fourneau sur lequel elle reposait, recouverte
d'une voûte solide, munie d'une soupape de sûreté et d'un
indicateur de niveau ;

2° Deux chaudières supportées par des barres de fer étaient
plongées dans l'atmosphère de vapeur de ce générateur.
Les chapiteaux de ces deux chaudières se réunissaient en
un seul tube abducteur qui conduisait les vapeurs dans un
vase de Glauber, où elles se lavaient en passant à travers une
couche de liquide ;

3° Un *alcogène*.

Cet organe, que l'on aurait pu appeler plus justement analyseur, semble avoir été le rudiment de nos colonnes actuelles. Il était formé de deux feuilles de cuivre étamé,
soudées par les bords et laissant entre elles un espace de
4 millimètres et demi : l'ensemble était plié sous forme de
plans alternatifs inclinés de 45 degrés et renfermé dans une
barrique remplie d'eau, que l'on tenait à une température
déterminée.

On comprend que l'intention de Solimani était d'appliquer
à cet organe une température telle qu'on pût contraindre les
vapeurs aqueuses à se condenser en presque totalité dans
cet appareil et à ne laisser passer que les vapeurs alcooliques
les plus subtiles, pendant que le produit de la condensation
retournerait au vase de Glauber. C'est ainsi qu'en maintenant la température du réservoir entre 55 et 57 degrés centigrades il obtenait facilement du trois-six. La difficulté de
l'opération consistait à régulariser d'une manière nette la
température requise pour obtenir un produit d'une force
cherchée. L'auteur y pourvut au moyen d'une sorte d'aréomètre mobile, réglé à 50 degrés de température ; et s'abais-

sant dans le liquide lorsque la température s'élevait au-
dessus de ce terme. Ce mouvement d'abaissement forçait à
s'ouvrir une soupape, qui donnait passage à l'eau froide jusqu'à ce que la température normale fût rétablie. Cette disposition est, assurément, fort ingénieuse pour le temps où elle
a été conçue; mais, on comprend qu'il soit de beaucoup préférable d'obtenir le degré de refroidissement cherché par l'introduction automatique du liquide à distiller, ce que l'on
pratique avantageusement aujourd'hui ;

4° Le condenseur de Solimani était formé de six plans inclinés analogues à ceux de son alcogène et plongés dans un
vase rempli d'eau froide constamment renouvelée ;

5° Enfin, une pompe était adaptée au vase laveur, afin de
renvoyer dans les chaudières le produit de la rétrogradation.

On voit, par ce court aperçu, combien Solimani avait apporté de soins à l'étude de la question. Par les dispositions
qu'il avait adoptées, il opérait la distillation au bain de vapeur,
exécutait le lavage des vapeurs hydro-alcooliques, en prati-
quait l'analyse par voie de condensation partielle et de
rétrogradation, et mettait en œuvre tous les moyens techniques qu'il connaissait pour obtenir des produits abondants,
d'une grande pureté, d'une force donnée, avec la plus grande
économie possible du combustible. Son appareil se serait
beaucoup approché de la perfection par la seule modification
de quelques détails de forme, et beaucoup de nos constructeurs modernes auraient puisé d'utiles enseignements dans
l'étude des principes qui avaient dirigé ce chimiste.

Appareil d'Isaac Bérard. — Cet appareil fut breveté le
16 août 1805. Isaac Bérard, distillateur au Grand-Gallargues,
inventa un appareil plus simple que celui d'Adam et reposant
sur un principe différent, dont l'application lui appartenait entièrement, malgré les réclamations de son compétiteur. Nous
représentons cet engin par la figure 26 ci-contre.

Le principe sur lequel Bérard s'était fondé est celui qui domine, en réalité, toute distillation d'un mélange de liquides.

On sait que, dans ce cas, les liquides les plus volatils entrent en ébullition à un degré moindre de chaleur et que, par
contre, ce sont les vapeurs de ces liquides plus volatils qui se
condensent les dernières sous l'action d'un refroidissement

progressif. C'est de cette donnée que Bérard est parti pour la construction de son appareil. Sur un fourneau à la Rumford est établie une chaudière ordinaire surmontée d'un chapiteau. Dans l'intérieur du chapiteau et dans la partie supérieure de la chaudière, il avait établi deux diaphragmes bien soudés sur les bords et percés au milieu d'un orifice de 5 centimètres de diamètre. A cet orifice était adapté un tube de 15 centimètres

Fig. 26.

de longueur et de 5 centimètres de diamètre, ouvert par les deux bouts, et recouvert par un cylindre de même longueur, d'un diamètre de 7 centimètres et fermé par le haut. Ce cylindre se trouvait écarté de 1 centimètre du tube intérieur dans tous les sens, et la même distance en séparait la partie inférieure d'avec le diaphragme. De cette disposition, il résultait que les vapeurs étaient forcées de passer à travers le tube intérieur, de venir frapper sur le fond du cylindre enveloppant, de s'y condenser partiellement et de redescendre par l'espace annulaire jusqu'à une petite distance du diaphragme pour continuer ensuite leur marche ascendante. Bérard donnait à ce tube le nom de *condensateur*. Les bons effets qu'il en retira, par suite des obstacles apportés à la circulation libre des vapeurs, l'engagea à en placer jusqu'à trois semblables sur le diaphragme inférieur. Pour obvier à l'inconvénient qui aurait pu résulter de l'accumulation des liquides sur les diaphragmes, il établit deux tubes de rétrogradation qu'il appelait tubes de sûreté, et dont la fonction était de faire retourner le liquide du diaphragme supérieur sur le diaphragme inférieur, et de celui-ci dans la chaudière elle-même. Le bec du chapiteau, très-allongé, était muni de deux robinets à trois eaux, à l'aide desquelles on pouvait, à volonté, faire passer les vapeurs dans un point donné du condensateur, afin de faire varier la force alcoolique du produit. Le condensateur, placé horizontalement dans une bâche renfermant de l'eau, consistait en un tube cylindrique de 2^m,50 de longueur et de 15 centimètres de diamètre, fermé aux deux bouts, et représentant les trois côtés d'un parallélogramme de 1 mètre sur 50 centimètres. Ce tube condensateur était partagé en treize cases égales par douze diaphragmes, percés d'une ouverture supérieure et latérale pour le passage des vapeurs, et d'un orifice inférieur en demi-lune pour la rétrogradation des phlegmes condensés. Ces phlegmes retournaient directement à la chaudière par un tube incliné. Les vapeurs non condensées s'élevaient par un tube spécial pour passer dans le serpentin d'un chauffe-vin. Ce chauffe-vin portait un dôme muni d'un tube abducteur pour les vapeurs produites, d'un tube alimentaire pour le vin, et il présentait à sa partie inférieure un autre tube destiné à porter le vin dans la chaudière. Les liquides condensés dans ce chauffe-vin, ainsi que les vapeurs non condensées, continuaient leur route vers le réfrigérent proprement dit, placé au-dessous du condensateur, et refroidi par un courant constant d'eau froide, dans lequel la condensation se terminait.

Nous voyons ici s'affirmer avec plus de netteté le principe de la rétrogradation, que Bérard mettait en pratique dans la partie supérieure de la chaudière et dans le chapiteau, pour en compléter le travail dans le condensateur. De même, il substitue aux vases de Glauber une série d'obstacles au libre passage des vapeurs, en les forçant à franchir des milieux de moins en moins chauds et, par conséquent, en déterminant la condensation d'une proportion d'eau plus considérable à mesure qu'elles s'éloignaient du foyer producteur de chaleur. Dans l'appareil de Bérard, il n'y plus de pression des vapeurs alcooliques, et l'on peut y retrouver, quoique dans la disposition horizontale, l'ensemble des conditions requises pour obtenir une bonne distillation.

En résumé, après vérification expérimentale faite le 20 août 1809, une commission, composée de Chaptal, Berthollet et A. Berthollet fils, émettait son avis sur cette machine dans les termes suivants, qui font le plus grand honneur à l'invention de Bérard.

« Nous conclurons, disaient les commissaires, d'après l'examen de l'appareil de M. Isaac Bérard, et d'après les résultats qu'il a produits sous nos yeux, que ce procédé distillatoire réunit tous les avantages qu'on peut désirer, soit pour la sûreté dans le travail, soit pour la facilité dans la manipulation, soit pour la bonté des produits, soit, enfin, pour la célérité dans l'opération, et que cette découverte ne peut être que très-avantageuse à l'industrie et au commerce français.

« Nous déclarons, en outre, que ce procédé est absolument neuf et fait honneur à M. Bérard, son auteur. »

On peut regarder, à juste titre, les appareils d'Adam, de Solimani et de Bérard comme formant, dans leur ensemble, le véritable travail de transformation des appareils distillatoires, puisque ce sont les principes appliqués par ces inventeurs qui ont servi de base aux travaux des constructeurs plus modernes; cependant, tout en passant sous silence quelques autres inventions de moindre valeur, telles que les appareils de Duportal, de Jordana et de Curaudau, nous rencontrons encore quelques idées d'amélioration, quelques perfectionnements utiles, dans un certain nombre d'inventions du même temps, dont nous rendrons un compte sommaire.

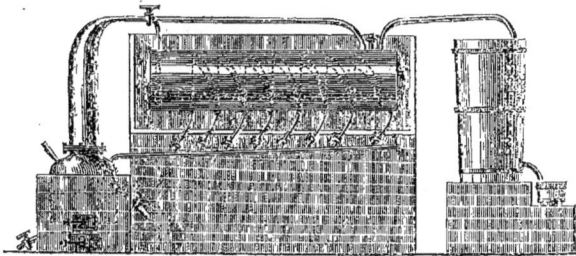

(Fig. 27.)

Appareil de Ménard. — Cet appareil, qui date de 1804, et dont la figure 27 donne une idée suffisante, présente à nos yeux ce mérite d'être la première représentation typique d'une colonne analyseuse, bien qu'elle soit disposée dans le sens horizontal.

La chaudière ne présente pas de différence sensible avec la chaudière ordinaire. A la partie supérieure du dôme de cette chaudière s'adaptait un cylindre assez élevé, faisant fonction de chapiteau, et se terminant en un tuyau allongé affectant une direction à peu près horizontale. Au-dessous de ce tuyau et placée sur un massif de maçonnerie ou sur une charpente, se trouvait une bâche dans laquelle était placé l'alcogène ou condensateur. Ce condensateur, que nous regardons comme un véritable analyseur, n'était autre chose qu'un cylindre de cuivre, de $1^m,63$ de longueur sur 41 centimètres de diamètre. Ces dimensions, fort variables d'ailleurs, s'appliquaient à une chaudière de 5 hectolitres. Le condensateur était couché horizontalement dans la bâche et maintenu par des pieds à 10 centimètres du fond, afin qu'il fût enveloppé d'eau de toutes parts. Il était séparé en huit cases intérieures par sept diaphragmes en cuivre, distancés de manière à donner à la première et à la huitième une dimension double de celle des cases intermédiaires. A partir de la première case, ces différents milieux communiquaient ensemble par un tube abducteur qui, partant du sommet de chaque diaphragme, descendait en arc jusque vers le fond de la case suivante, à quelques centimètres de distance. A la partie inférieure de chaque case, était adapté hermétiquement un tube à robinet qui sortait de la bâche et communiquait avec un tube collecteur, dont la fonction était de faire retourner à la chaudière les phlegmes ou liquides faibles condensés. La rétrogradation pouvait ainsi s'opérer par huit tubes correspondant aux diverses cases. De la huitième case, il s'élevait un tube recourbé, ou col de cygne, destiné à porter les vapeurs non condensées au serpentin réfrigérant.

D'autre part, le tube abducteur, servant de prolongement au chapiteau, pouvait à volonté, par le moyen d'un robinet, porter les vapeurs de la chaudière, soit dans la première case, soit dans la huitième. A la partie supérieure de la première et de la huitième case était adapté un tuyau de chargement qui se fermait par un simple bouchon de liége. Le réfrigérent du serpentin aurait pu être partagé en deux compartiments dont le supérieur aurait servi de chauffe-vin et l'inférieur de réfrigérent proprement dit ; mais il ne paraît pas que Ménard ait appliqué ce principe. Dans tous les cas,

on comprend que, en abaissant plus ou moins la température
de l'eau de la bâche, en faisant arriver les vapeurs par la première case ou par la dernière, en introduisant dans la dernière case de l'eau-de-vie, on pouvait arriver facilement à
obtenir les différents degrés de force alcoolique cherchés,
même les plus élevés. Les principaux reproches que l'on
puisse faire à cet appareil, lequel, certes, pourrait encore soutenir la comparaison avec plusieurs des engins modernes les
plus vantés, sont les suivants :

1° La rétrogradation ne se faisait pas d'une manière automatique ; mais il eût été facile de remédier à cela en allon-
geant le tube collecteur des rétrogradations, et en le faisant
arriver comme *plongeur* presque au fond de la cucurbite.

2° La condensation des liquides dans chacune des cases
élevait le niveau des phlegmes de manière à ce que les vapeurs fussent obligées d'y passer en barbotage. Cette disposition avait pour avantage de forcer les vapeurs à se laver,
mais, en somme, elle présentait le défaut que nous avons déjà
signalé autre part, de produire une pression intérieure.

Nous considérons, malgré tout, l'appareil de Ménard comme
beaucoup plus simple et plus parfait que celui d'Adam, et
nous pensons même qu'il ne serait pas difficile aujourd'hui
d'en tirer un bon parti, pourvu que l'on tînt compte des observations précédentes.

Appareil d'Alègre. — Cet appareil, dont la figure 28 donne
l'idée générale, était une sorte d'imitation complexe des appareils d'Adam, de Bérard et de Ménard. Le chapiteau de la
chaudière était terminé par un col de cygne qui plongeait

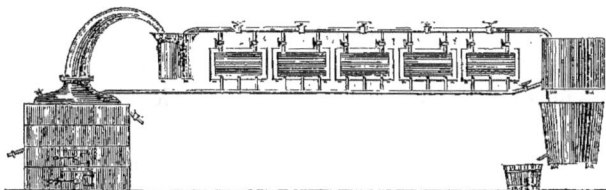

Fig. 28.

dans un vase de Glauber hermétiquement clos. De ce vase, un
tube abducteur commun partait dans une direction horizontale,
et se dirigeait jusqu'au serpentin réfrigérant. Au-dessous de
ce tube étaient disposés cinq cylindres, de 15 centimètres sur

36 centimètres, placés chacun dans une bâche réfrigérante, et partagés en trois cases disposées comme dans l'appareil de Ménard. A la partie inférieure de chaque case des cylindres, était adapté un tube de rétrogradation des phlegmes, communiquant librement avec un collecteur, dont le rôle était de reporter ces liquides à la chaudière dans laquelle il faisait plongeur. Ce même collecteur prenait son point de départ du chauffe-vin, et un robinet permettait de s'en servir pour charger l'alambic. Le tube abducteur des vapeurs portait cinq robinets, correspondant au milieu de chaque cylindre et, de ce même tube, un tuyau à robinet pouvait conduire les vapeurs dans la première case de chaque cylindre, tandis qu'un autre tuyau abducteur, également à robinet, reportait les vapeurs au tube commun, pour qu'elles fussent dirigées, soit dans le cylindre suivant, soit dans celui qu'il convenait d'employer.

On comprend aisément, par la seule inspection du dessin, que, grâce au jeu des robinets adaptés sur le tube commun et sur les tubes des cylindres, on pouvait, à volonté, opérer la distillation en faisant passer les vapeurs, soit dans tous les cylindres, ce qui représentait quinze cases analyseuses, soit dans un nombre moindre, si l'on voulait obtenir des produits plus faibles. Malgré une certaine complication de forme, cet appareil exécutait à peu près l'ensemble des principes généraux qui règlent la distillation et, sauf l'inutilité bien évidente du vase de Glauber, il n'y a que très-peu de choses à lui reprocher. Si les différentes pièces des condensateurs cylindriques avaient été réunies dans le sens vertical, si on avait adapté à chaque case un trop-plein pour la rétrogradation intérieure, on aurait eu une colonne qui en aurait bien valu une autre, et nous en connaissons, parmi celles pour lesquelles on a fait le plus de réclame, qui sont loin de présenter le même mérite.

Appareil de Carbonel. — Cet appareil n'étant qu'une modification assez peu utile du précédent, nous nous contenterons d'en donner la disposition générale par la figure 29 ci-contre, et de faire seulement remarquer que Carbonel supprimait avantageusement le vase de Glauber, qu'il supprimait également le tube abducteur supérieur et que, grâce à une disposition particulière, il pouvait réunir, à volonté, les produits con-

densés dans les cinq cases dont le mélange donnait de l'eau-
de-vie ordinaire qu'il recueillait par un réfrigérent spécial. Il
obtenait les preuves les plus fortes par la condensation des
vapeurs qui avaient échappé à l'action réfrigérante des cylindres. La chaudière était double. Les vapeurs de la chaudière inférieure passaient, en barbotage, dans la chaudière
supérieure, avant de se diriger dans les cylindres analyseurs,

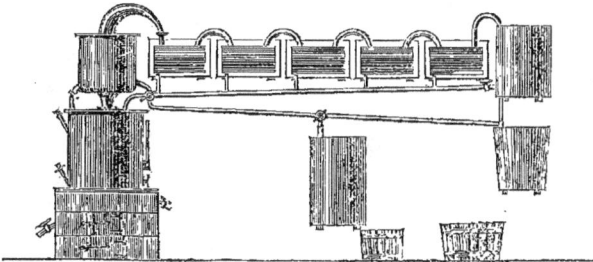

Fig. 29.

et il faisait également usage d'un chauffe-vin et d'un réfrigérent à eau.

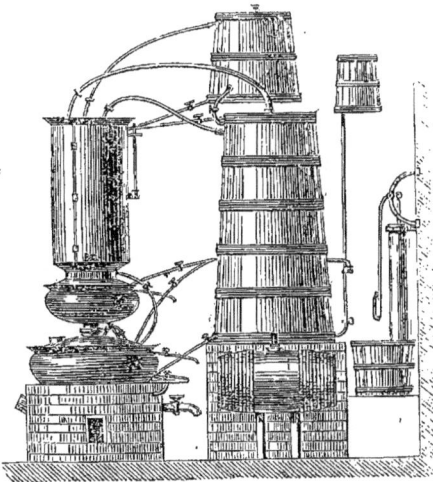

Fig. 30.

La figure 30 donne un aperçu d'un second appareil de
M. Alègre, que nous mentionnons ici, uniquement afin de

fixer les idées sur la date de l'application de la première colonne verticale qui ait été employée indistinctement. Cet appareil a été breveté le 21 février 1813. Les seules particularités qui nous intéressent sont les suivantes :

Sur une chaudière en surface était placée une seconde
chaudière munie d'un chapiteau et enveloppée, ainsi que
celui-ci, d'un réfrigérent. Au-dessus du chapiteau, s'élevait
une colonne en cuivre de 2 mètres à 2^m,30 de hauteur et d'environ 50 centimètres de diamètre, laquelle renfermait une
colonne analyseuse d'un plus petit diamètre dont les détails
n'ont pas été parfaitement indiqués. Dans tous les cas, l'inspection de la figure suffit à faire voir qu'Alègre mettait à
profit la rétrogradation des liquides les plus faibles, condensés
dans les réfrigérents, d'une manière analogue à ce que nous
pratiquons aujourd'hui. Il opérait, d'ailleurs, la réfrigération uniquement à l'aide des vins qui devaient être distillés.

Nous bornerons ici ce que nous avions à dire sur les différents appareils crées pendant la période de transformation
et nous allons passer, dans le chapitre suivant, à l'étude des
données scientifiques sur lesquelles repose la distillation moderne.

CHAPITRE IV.

PRINCIPES TECHNOLOGIQUES APPLICABLES A LA DISTILLATION MODERNE.

Ainsi que nous avons cherché à le démontrer précédemment, les véritables observateurs peuvent retrouver, dans les travaux de ceux qui nous ont précédés, tous les éléments de l'art moderne du distillateur, et la construction la plus minutieuse, ou l'exécution la plus intelligente, ne fait qu'emprunter les faits déjà connus, les formes déjà admises, en perfectionnant les applications d'une façon plus ou moins heureuse. Il faut bien convenir cependant d'un fait qui prime toute la question et qui présente, de nos jours, une certaine gravité.

Nous ne manquons certes pas de bons appareils de distillation, conçus par des hommes instruits et exécutés par des artistes habiles. De tels appareils, créés souvent dans un but spécial, ne peuvent guère soulever que des objections de détail et les principes qui en sont la base sont, le plus souvent, à l'abri de reproches fondés.

A côté de ces instruments bien compris, nous en voyons d'autres qui s'écartent, au contraire, de toutes les notions élémentaires de la technologie, et qui semblent n'être construits que pour porter à la raison et à la science un insolent défi. Il n'est pas un chaudronnier qui ne veuille avoir son appareil à lui, et l'imagination se perd dans l'étude, même sommaire, des engins destinés à la distillation. En changeant un tuyau de place, en élargissant telle portion d'un appareil tombé dans le domaine public, en rétrécissant telle autre, ou en lui donnant une forme différente de la forme primitive, certains adeptes créent des appareils de distillation, dont ils font résonner les mérites jusqu'à l'étranger. Ils ne s'arrêtent pas toujours en si beau chemin et, trop souvent, leur talent de transformateurs n'est employé qu'à masquer des contrefaçons évidentes. Et ces gens-là trouvent des acheteurs, grâce à la négligence que mettent les distillateurs à s'instruire de ce qui

6

concerne leur profession. Pour un grand nombre, en effet, faire de la distillation ou de la rectification ne comporte que *savoir conduire un appareil distillatoire*, ce qui n'est évidemment, que l'accessoire et, pourvu qu'un appareil soit prôné par les journaux, annoncé et recommandé, c'est celui-là qu'on adopte. La race des imitateurs niais et étourdis n'est pas éteinte, et c'est ici le cas de répéter cette phrase profonde : *Lorsqu'un aveugle conduit un aveugle, ils tombent tous les deux.* Rien de plus naturel que de voir l'ineptie du journaliste prêter une assistance payée à la nullité des inventeurs à la mode, comme de voir la foule inconsciente ajouter foi aux divagations de la réclame. Nous constatons, sans nous en étonner, que c'est ainsi que se créent les réputations du jour et qu'une foule de célébrités modernes doivent leur gloire d'emprunt à des moyens de ce genre.

Nous ne voulons rien préciser à ce sujet et il nous serait vraiment trop facile de fournir des preuves à l'appui de ce qui vient d'être dit. Ce n'est pas ainsi, pensons-nous, qu'il importe aux industriels sérieux de comprendre la distillation, et nous espérons convaincre le lecteur en étudiant, avec lui, les notions scientifiques indispensables à tout homme qui prétend faire de la distillation d'une manière intelligente.

Il serait impossible, non pas de pratiquer l'art du distillateur d'une manière plus ou moins fructueuse, mais bien de le comprendre dans ses détails, si l'on ne possédait pas une connaissance suffisante des principes de physique relatifs à la chaleur et à la manière dont les corps se conduisent en présence du calorique.

C'est à l'ignorance de ces données scientifiques que l'on doit attribuer la création de ces appareils bizarres, dont le seul but semble être la vente du fer et du cuivre, sous une forme quelconque, aussi peu étudiée que peu conforme aux lois fondamentales dont on ne doit pas s'écarter en matière de distillation.

Pour construire un bon appareil distillatoire, il faut être familier avec les principes de la distillation, connaître l'action de la chaleur sur les vins, sur l'eau et l'alcool, savoir quelle est la quantité de chaleur qui est utilisée par une surface métallique, celle qui est nécessitée par la vaporisation d'un volume donné de liquide d'une composition déterminée, et la proportion de surface réfrigérante indispensable à la condensation des vapeurs. Or, l'examen le plus superficiel démontre que ces notions sont lettre close pour le plus grand nombre de nos constructeurs. On fait des appareils par imitation, par tâtonnement, sans règle fixe et sans contrôle. Ce n'est pas ainsi que l'on devrait procéder et il nous semble que la forme, la matière, la mesure des appareils distillatoires doivent être régis par des considérations techniques indiscutables.

Il ne s'agit donc pas ici des appareils de tel ou tel système, que l'expérience à consacrés, autant par un effet de l'habitude que par la constatation de quelques qualités dues, souvent, au hasard. Nous aurons plus loin à étudier en détail les plus importants des appareils contemporains et nous chercherons à en apprécier la valeur relativement à l'exécution des règles. Pour le présent, nous avons à considérer ces règles en elles-mêmes, afin que le fabricant d'alcools puisse se rendre compte, avec certitude, du choix qu'il doit faire et des motifs de ce choix, afin qu'il puisse même, au besoin, créer les dispositions dont il peut tirer de meilleurs résultats.

§ I. — OBSERVATIONS GÉNÉRALES SUR LA CHALEUR.

Nos sens nous font percevoir une différence notable entre les corps *chauds* et les corps *froids*. Les corps deviennent chauds lorsqu'un agent particulier, la *chaleur*, encore inconnu dans son essence [1], s'accumule dans leur substance ; ils deviennent froids lorsque la chaleur les abandonne. La *température* d'un corps est l'état calorifique variable de ce corps.

Tous les corps *se dilatent*, augmentent de volume, par la chaleur.

En mesurant l'augmentation de volume des corps, on a

[1] En admettant que la chaleur a pour cause intime un mouvement moléculaire, ce qui est démontré par la transformation du travail en chaleur et de la chaleur en travail, on a recherché la valeur de *l'équivalent mécanique de la chaleur* et l'on est arrivé, par des expériences aussi remarquables que délicates, à établir que l'équivalent mécanique de la chaleur égale 430 kilogrammètres, c'est-à-dire qu'une unité de chaleur peut se transformer en un travail de 430 kilogrammètres et que 430 kilogrammètres peuvent se changer en une unité de chaleur, soit 1 calorie.

trouvé qu'ils ne se dilatent pas d'une même quantité pour une même augmentation de température. La quantité dont l'unité de chaque corps se dilate pour 1 degré de température, pour passer de 0 degré à +1 degré, par exemple, se nomme le *coefficient de dilatation*. On a la dilatation de *longueur*, ou linéaire, la dilatation de *surface* ou superficielle, et la dilatation de *volume* ou cubique, et le coefficient de la dilatation superficielle étant le double de celui de longueur, celui de volume en est le triple.

Nous donnons les coefficients de dilatation linéaire, pour quelques corps usuels dont on peut se servir pour la construction des appareils distillatoires ou pour celle des bâtiments [1].

Fonte de fer..	0,000 011 100
Fer doux forgé..	0,000 012 204
Fer passé à la filière.	0,000 012 350
»	0,000 014 401
Acier non trempé.	0,000 010 792
Acier trempé, recuit à +65°. .	0,000 012 395
Cuivre.	0,000 017 173
Laiton.	0,000 018 782
Etain de Malacca.	0,000 019 376
Plomb.	0,000 028 666
Zinc.	0,000 029 416
Soudure, 1 étain, 2 plomb. . .	0,000 025 053
Verre blanc.	0,000 008 333

Les coefficients qui précèdent indiquent l'augmentation de longueur d'une tige d'un mètre pour un degré de température entre 0 degré et +100 degrés, *la dilatation des solides étant uniforme entre ces limites*, suivant Laplace et Lavoisier.

Au delà de +100 degrés, la dilatation des solides augmente avec la température.

Les *liquides* se dilatent par la chaleur, comme les solides, mais leur dilatation va en augmentant à partir de zéro, et ils sont d'autant plus dilatables que leur température d'ébullition est moins élevée. En outre, les liquides les plus dilatables sont ceux qui sont le moins compressibles.

Suivant Dalton, la *dilatation apparente* des liquides sui-

[1] Ces dilatations s'appliquent à une variation de 1 degré.

vants, entre 0 degré et + 100 degrés serait représentée par les chiffres :

Alcool.	1/9	= 0,11
Acide azotique..	1/9	= 0,11
Ether sulfurique..	1/14	= 0,07
Acide chlorhydrique et sulfurique.	1/17	= 0,06
Eau pure.	1/22	= 0,0466
Mercure.	1/50	= 0,02

M. I. Pierre a trouvé que l'alcool se dilate, à 0 degré, de 0,00104863 et, à son point d'ébullition, de 0,001195509, en sorte que, si l'on voulait adopter une moyenne, on aurait, par chaque degré, entre 0 degré et + 78°,4, le coefficient 0,0011220695. C'est ce chiffre que nous adopterons, en raison des soins apportés par M. I. Pierre à ses expériences, qui sont les plus remarquables que nous possédions à ce sujet.

On peut, dès lors, établir les indications relatives au changement de volume présenté par l'alcool entre 0 degré et + 78°,4.

Table des dilatations de l'alcool absolu, entre 0° et 78°,4
(Sur 1000 parties).

Températures.	Volumes.	Températures.	Volumes.
0°	1000	+ 22°	1024,685529
+ 1°	1001,1220695	23°	1025,8075985
2°	1002,244139	24°	1026,929668
3°	1003,3662085	25°	1028,0517375
4°	1004,488278	26°	1029,173807
5°	1005,6103475	27°	1030,2958765
6°	1006,752417	28°	1031,417946
7°	1007,8544865	29°	1032,5400155
8°	1008,976556	30°	1033,662085
9°	1010,0986255	31°	1034,7841545
10°	1011,220695	32°	1035,906224
11°	1012,3427645	33°	1037,0282935
12°	1013,464834	34°	1038,150363
13°	1014,5869035	35°	1039,2724325
14°	1015,708973	36°	1040,394502
15°	1016,8310425	37°	1041,5165715
16°	1017,953112	38°	1042,638641
17°	1019,0751815	39°	1043,7607105
18°	1020,197251	40°	1044,88278
19°	1021,3193205	41°	1046,0048495
20°	1022,44139	42°	1047,126919
21°	1023,5634595	43°	1048,2489885

Températures.	Volumes.	Températures	Volumes.
+ 44°	1049,370059	+ 62°	1069,56731
45°	1050,4921285	63°	1070,6803795
46°	1051,614198	64°	1071,811349
47°	1052,7362675	65°	1072,9334185
48°	1053,858537	66°	1074,055488
49°	1054,9804065	67°	1075,1775575
50°	1056,102476	68°	1076,299627
51°	1057,2245455	69°	1077,4216965
52°	1058,346615	70°	1078,543766
53°	1059,4686845	71°	1079,6658355
54°	1060,590754	72°	1080,787905
55°	1061,7128235	73°	1081,9099745
56°	1062,834893	74°	1083,032044
57°	1063,9569625	75°	1084,1541135
58°	1065,079032	76°	1085,276183
59°	1066,2011015	77°	1086,3982525
60°	1067,323171	78°	1087,520322
61°	1068,445245	78°4	1087,9691498

On peut encore prendre une base différente de celle qui a
été adoptée pour la table précédente et adopter pour chiffre
fixe le volume 1000 à la température ordinaire, c'est-à-dire à
+15 degrés centigrades. On se rapprochera ainsi des habitudes
commerciales et des indications de l'alcoomètre de Gay Lus-
sac, qui est réglé pour la température de +15 degrés.

Dans cette condition, en partant toujours du coefficient
moyen 0,0011220695, on pourra dresser la table suivante :

**Table des dilatations et des contractions de l'alcool absolu
sur 1000 parties en volume,**
à partir de +15 degrés de température.

Températures.	Volumes.	Températures.	Volumes.
0°	983,1689575	+ 14°	998,8779305
+ 1°	984,291027	15°	1000
2°	985,4130965	16°	1001,1220695
3°	986,535166	17°	1002,244139
4°	987,6572355	18°	1003,3662085
5°	988,779305	19°	1004,488278
6°	989,9013743	20°	1005,6103475
7°	991,023444	21°	1006,732417
8°	992,1455135	22°	1007,8544865
9°	993,267583	23°	1008,976556
10°	994,3896525	24°	1010,0986255
11°	995,511722	25°	1011,220695
12°	996,6337915	26°	1012,3427645
13°	997,755861	27°	1013,464834

Températures.	Volumes.	Températures.	Volumes.
+ 28°	1014,5869035	+ 54°	1043,7607105
29°	1015,708975	55°	1044,88278
30°	1016,8310425	56°	1046,0048495
31°	1017,955112	57°	1047,126919
32°	1019,0751815	58°	1048,2489895
33°	1020,197251	59°	1049,370059
34°	1021,3193205	60°	1050,4921285
35°	1022,44139	61°	1051,614198
36°	1023,5634595	62°	1052,7362675
37°	1024,685529	63°	1053,858337
38°	1025,8075985	64°	1054,9804065
39°	1026,929668	65°	1056,102476
40°	1028,0517375	66°	1057,2245455
41°	1029,173807	67°	1058,346615
42°	1030,2958765	68°	1059,4686845
43°	1031,417946	69°	1060,590754
44°	1032,5400155	70°	1061,7128235
45°	1033,662085	71°	1062,834893
46°	1034,7841545	72°	1063,9569625
47°	1035,906224	73°	1065,079032
48°	1037,0282935	74°	1066,2011015
49°	1038,150363	75°	1067,323171
50°	1039,2724325	76°	1068,445245
51°	1040,394502	77°	1069,56731
52°	1041,5165715	78°	1070,6893795
53°	1042,638641	78°4	1071,1382075

Il résulte des indications de la table précédente, que, en raisonnant sur l'*alcool absolu*, 1000 litres de ce liquide, chauffés dans un vase distillatoire, jusqu'à la température d'ébullition, se dilateront jusqu'à occuper un volume de 1071 à 1072 litres. Ce volume, refroidi à zéro, se contractera jusqu'au point de ne plus représenter que 983 à 984 litres. On comprend qu'il faille tenir compte de ces circonstances et ne pas perdre de vue la dilatabilité des liquides alcooliques, tant dans la construction des appareils que dans la façon de les remplir et la manière de les conduire.

Dilatabilité de l'eau. — L'eau, prise à 0 degré, c'est-à-dire à la température de la glace fondante, se contracte jusqu'à + 4 degrés. Depuis + 4 degrés jusqu'à + 100 degrés, température de son ébullition, ce liquide se dilate de manière à donner une augmentation de volume de 43^l,15 à la température de + 100 degrés pour 1000 litres de volume initial pris à + 4 degrés.

L'eau offre donc un *maximum de densité*, c'est-à-dire un *minimum de volume* à + 4 degrés.

Nous reproduisons la table dressée par M. Despretz et qui donne les contractions et les dilatations de l'eau, depuis — 9 degrés jusqu'à + 100 degrés.

Table des dilatations et des contractions de l'eau pour un volume de 1060 litres.

de — 9 degrés à + 100 degrés, d'après M. Despretz.

Températures.	Volumes.	Densités.
— 9°	1001,6311	0,998371
8	1001,3734	0,998628
7	1001,1554	0,998865
6	1000,9184	0,999082
5	1000,6987	0,999302
4	1000,5619	0,999437
3	1000,4222	0,999577
2	1000,3077	0,999692
1	1900,2138	0,999786
0	1000,1269	0,999873
+ 1	1000,0730	0,999927
2	1000,0331	0,999966
3	1000,0083	0,999999
4	**1000**	**1,000**
5	1000,0082	0,999999
6	1000,0309	0,999969
7	1000,0708	0,999929
8	1000,1216	0,999878
9	1000,1879	0,999812
10	1000,2684	0,999731
11	1000,3598	0,999640
12	1000,4724	0,999527
13	1000,5862	0,999414
14	1000,7146	0,999285
15	1000,8751	0,999125
16	1001,0215	0,998979
17	1001,2067	0,998794
18	1001,39	0,998612
19	1001,58	0,998422
20	1001,79	0,998213
21	1002,00	0,998004
22	1002,22	0,997784
23	1002,44	0,997566
24	1002,71	0,997297
25	1002,93	0,997078
26	1003,21	0,996800
27	1003,45	0,996562
28	1003,74	0,996274
29	1004,03	0,995986

Températures.	Volumes.	Densités.
+ 30°	1004,33	0,995688
31	1004,63	0,995391
32	1004,94	0,995084
33	1005,25	0,994777
34	1005,55	0,994480
35	1005,93	0,994104
36	1006,24	0,993799
37	1006,61	0,993435
38	1006,99	0,993058
39	1007,34	0,992713
40	1007,73	0,992329
41	1008,12	0,991945
42	1008,53	0,991542
43	1008,94	0,991139
44	1009,38	0,990707
45	1009,85	0,990246
46	1010,20	0,989903
47	1010,67	0,989442
48	1011,09	0,989032
49	1011,57	0,988562
50	1012,04	0,988093
51	1012,48	0,987674
52	1012,97	9,987196
53	1013,45	8,986728
54	1013,95	0,986243
55	1014,45	0,985756
56	1014,95	0,985270
57	1015,47	0,984766
58	1015,97	0,984281
59	1016,47	0.983798
60	1016,98	0,983303
61	1017,52	0,982782
62	1018,09	6,982231
63	1018,62	0,981720
64	1019,13	0,981229
65	1919,67	0,980709
66	1020,25	0,980152
67	1020,85	0,979576
68	1021,44	0,979010
69	1022,00	0,978473
70	1022,55	0,977947
71	1023,15	0,977373
72	1023,75	0,976800
73	1024,40	0,976181
74	1024,99	0,975619
75	1025,62	0,975018
76	1026,31	0,974364
77	1026,94	0,973766

Températures.	Volumes.	Densités.
+ 78°	1027,61	0,975152
79	1028,23	0,972545
80	1028,85	0,971959
81	1029,54	0,971307
82	1030,22	0,970666
83	1030,90	0,970027
84	1031,56	0,969405
85	1032,25	0,968757
86	1032,93	0,968120
87	1033,61	0,967482
88	1034,30	0,966837
89	1035,00	0,966183
90	1035,66	0,965567
91	1036,59	0,964887
92	1037,10	0,964227
93	1037,82	0,963558
94	1038,52	0,962908
95	1039,25	0,962232
96	1039,99	0,961547
97	1040,77	0,960827
98	1041,53	0,960125
99	1042,28	0,959434
100	1043,15	0,958634

Les emplois de cette table sont faciles à saisir. Si l'on a, par exemple, une chaudière de 1000 litres, on ne pourra la remplir *entièrement* d'eau froide (à +4 degrés) sans s'exposer à la faire déborder à mesure que le liquide s'échauffera, puisque ce volume initial de 1000 litres devient 1043¹,15 à l'ébullition. On ne pourra donc introduire, au plus, dans le vase, que 1000—43,15 = 956¹,85, et cette quantité le remplira complétement lorsque la température sera portée à +100 degrés. En pratique, un vase de 1000 litres ne doit pas recevoir plus de 900 litres de liquide froid, si l'on veut porter ce liquide à l'ébullition, sans projections et sans pertes inutiles.

Les *gaz* se dilatent à peu près uniformément. Ainsi, pour 100 degrés sous la pression de 760 millimètres, un volume constant d'air se dilate de 0,3665, c'est-à-dire que 1000 litres d'air deviennent 1366¹,5. Ce coefficient s'élève un peu sous une pression plus considérable; il devient 0,36944 pour 100 degrés sous une pression constante de 2525 millimètres. Un volume constant d'acide carbonique, sous la pression ordinaire, se dilate de 0,371 pour 100 degrés et de 0,38455 sous la pression de 2522 millimètres.

Les applications des notions relatives à la dilatation des corps sont fort nombreuses et nous aurons l'occasion d'en vérifier plusieurs exemples. Nous savons déjà que, lorsqu'on couvre un toit avec du métal, du zinc, par exemple, on est exposé à le voir se tourmenter et se rompre par la chaleur ou par le froid, si l'on a fixé les feuilles d'une manière trop absolue, sans leur laisser l'espace nécessaire à leur dilatation et à leur contraction. Il faut également tenir compte, dans la construction des appareils, de la grande dilatabilité du cuivre, puisqu'une chaleur de 100 degrés agit sur la surface d'une feuille de 1 mètre carré de façon à l'augmenter d'un tiers de décimètre (0,0034346). Quand un robinet de laiton est échauffé, la clef se dilate dans le boisseau et devient très-difficile à mouvoir, parce que celui-ci, moins chaud, se dilate moins ou se dilate inégalement. De là provient cet accident que l'on désigne par le mot *grippage*. Les robinets grippés ne font plus qu'un mauvais service. On prévient en partie cet inconvénient en graissant convenablement les surfaces de frottement, mais il faut les surveiller attentivement sous peine d'avoir toujours quelques réparations à faire.

La *conductibilité* ou le *pouvoir conducteur* consiste dans la propriété présentée par les corps de permettre à la chaleur de se propager dans leur masse, de molécule à molécule.

Les corps les plus denses sont ceux qui conduisent le mieux la chaleur, qui sont les meilleurs conducteurs, ce qui s'explique par le fait que les molécules sont plus rapprochées dans les corps très-denses.

Voici quelques chiffres comparatifs dus à M. Despretz et à M. Péclet :

	M. Despretz.	M. Péclet.
Or.	1000,0	21,28
Platine.	981,0	20,95
Argent.	973,0	20,71
Cuivre.	898,2	19,11
Fer.	374,3	7,95
Zinc.	363,0	7,74
Etain.	303,9	6,46
Plomb.	179,5	3,82
Marbre.	23,6	0,48
Porcelaine.	12,2	0,24
Terre cuite des fourneaux.	11,4	0,25

Le verre est très-mauvais conducteur. Il en est de même des résines, du *charbon non calciné*, des matières textiles, soie, laine, coton, lin, chanvre, des bois secs, qui conduisent d'autant plus mal la chaleur qu'ils sont moins denses.

Par une méthode très-précise, MM. Wiedemann et Franz ont trouvé que l'argent est meilleur conducteur que l'or. Nous donnons leurs résultats en les rapportant au nombre 1 000 appliqué à la conductibilité de l'argent, dans l'air.

Argent. . .	1000	Acier. . . .	116
Cuivre. . .	736	Plomb.. . .	85
Or.	532	Platine. . .	84
Laiton. . .	256	Palladium. .	65
Etain. . . .	145	Bismuth.. .	18
Fer.. . . .	119		

Il n'entre pas dans notre plan de discuter le mérite absolu des méthodes suivies par les divers expérimentateurs qui se sont occupés de cette question importante, et nous nous bornerons à déduire quelques conséquences pratiques des faits observés.

1° Le cuivre s'échauffe plus facilement et conduit mieux la chaleur que le fer, ce qui le rend d'un emploi plus avantageux dans maintes circonstances industrielles.

2° Lorsqu'on veut empêcher la chaleur d'un milieu quelconque de se perdre par *rayonnement*, il faut l'isoler par des corps mauvais conducteurs. C'est ainsi qu'un mur de briques très-épais conserve la chaleur intérieure des foyers, qu'une garniture en bois est d'un très-bon usage autour des vases contenant de la vapeur, qu'une enveloppe de bourre, de laine, ou de filasse, autour des tubes conducteurs, diminue la condensation de la vapeur, etc.

3° Une application des faits de conductibilité, très-utile en distillation, consiste dans la séparation, au moyen de matières mauvaises conductrices, des vases composant les colonnes. On emploie, le plus souvent, à cet effet, des rondelles de carton, enduites de colle de pâte. Nous ajoutons à la colle un volume égal de poussier de charbon qui diminue encore la conductibilité, mais des rondelles de drap seraient préférables.

Le liége est très-mauvais conducteur, en sorte que des

rondelles de cette matière pourraient rendre de grands services[1].

Le *pouvoir émissif* ou *rayonnant* d'une matière n'est autre chose que la faculté de laisser échapper la chaleur par la surface avec une rapidité plus ou moins grande.

Rumford a constaté que les surfaces noircies par le noir de fumée se refroidissent plus promptement que les autres. Leslie, de son côté, a trouvé, par une série de remarquables expériences, que si l'on représente par 100 le pouvoir rayonnant du noir de fumée, celui du fer poli n'est que de 15 et celui de l'étain et du cuivre, de 12 seulement. En général, les métaux brillants rayonnent moins que les métaux ternes, et ils sont les corps qui possèdent le plus faible pouvoir émissif.

Des observations plus précises encore de MM. de la Provostaye et P. Desains les ont conduits à n'attribuer aux lames de cuivre qu'un pouvoir rayonnant de 4,90 comparativement au chiffre 100 adopté pour le noir de fumée.

L'écrouissage diminue le pouvoir rayonnant des surfaces métalliques.

Le *pouvoir réflecteur*, relativement à la chaleur comme pour les rayons lumineux, consiste dans la faculté que possèdent les corps de renvoyer une partie des rayons calorifiques qui viennent les frapper. En représentant par 0,97 le pouvoir réflecteur du plaqué d'argent poli, on a trouvé, pour le cuivre et le laiton, 0,93; pour l'étain, 0,85; pour l'acier, 0,83; pour le zinc, 0,81 et pour le fer 0,77. La fonte de fer n'accuse qu'un pouvoir réflecteur de 0,74[2].

Si les corps peuvent perdre leur chaleur par l'émission ou le rayonnement, ils peuvent en *absorber* une certaine proportion de celle qu'ils reçoivent. Cette faculté est le *pouvoir absorbant* ou *admissif*. En représentant par 100 la quantité de chaleur incidente absorbée par le noir de fumée, Melloni a trouvé qu'une surface métallique absorbe une proportion de calori-

[1] On pourrait utiliser, pour la préparation de ces rondelles, des procédés analogues à ceux que M. J. Salleron emploie pour la fabrication de ses bouchons, dont le perfectionnement ne laisse rien à désirer. Nous pensons aussi qu'un mélange de carbonate de chaux *précipité* et de gélatine, en pâte molle, pourrait donner de bons résultats dans l'occlusion des joints, en rendant la jonction plus hermétique et en s'opposant à la transmission de la chaleur.

[2] De la Provostaye et P. Desains.

que variable, suivant la source de chaleur, entre les chiffres 13 et 17. Du reste le pouvoir absorbant d'un corps est égal à son pouvoir émissif.

La quantité de chaleur reçue par l'unité de surface d'un corps ou l'intensité de la chaleur reçue varie en raison inverse du carré de la distance.

La *capacité des corps pour la chaleur* est variable selon leur nature, c'est-à-dire que les différents corps n'absorbent ou ne perdent pas la même *quantité de chaleur* pour que leur température s'élève ou s'abaisse également.

On peut dire, d'une manière générale, que la *capacité calorifique* ou la *chaleur spécifique* d'un corps est la *quantité de chaleur* que ce corps doit acquérir ou perdre, pour que sa température varie de 1 degré en plus ou en moins.

On ne sait pas quelle est la quantité de la chaleur absolue d'un corps, à une température quelconque; mais on a pris conventionnellement, pour *unité de chaleur*, *la quantité acquise ou perdue par 1 kilogramme d'eau pour s'échauffer ou se refroidir de 1 degré centigrade.*

Cette *unité de chaleur*, qui n'est autre chose que la *chaleur spécifique de l'eau*, porte aussi le nom de *calorie*.

Il résulte de ces données que la *calorie* (ou l'*unité de chaleur*) est la quantité de calorique, inconnue dans sa valeur absolue, nécessaire pour faire varier la température du kilogramme d'eau de 1 *degré*. Mais cette quantité de chaleur, qui agit sur 1 *kilogramme d'eau* de façon à en faire varier la température de 1 *degré thermométrique*, n'agirait pas de même sur 1 kilogramme de cuivre, de mercure, d'or, d'alcool, d'huile, etc. Il faudra *plus ou moins* de chaleur pour élever 1 kilogramme d'un de ces corps de 1 degré, en sorte que si nous représentons par 1 cette quantité de chaleur spécifique relativement à l'eau, nous aurons des chiffres très-variables pour d'autres substances. On ne doit donc pas confondre la *calorie* avec le *degré thermométrique*, car, si ces deux valeurs sont identiques pour l'eau, elles sont fort différentes pour les autres corps.

En *règle générale*, les corps les plus denses ont *la moindre chaleur spécifique*, c'est-à-dire qu'ils exigent moins de calorique pour que leur température augmente de 1 degré. Les oxydes, moins denses que les métaux, ont une plus grande *capacité*; les gaz ont une *chaleur spécifique* plus considérable que les liquides et les solides, et l'*hydrogène*, le moins dense des corps connus, demande plus de chaleur que l'eau, pour varier de 1 degré, dans la proportion de 3, 409 : 1.

En fait, et comme *application*, un *métal écroui*, battu au marteau, laminé, exige *moins* de chaleur pour s'échauffer au même point, que le même *métal fondu*.

Comme un corps perd de sa densité en s'échauffant, sa capacité calorifique augmente avec la température.

Nous réunissons dans le tableau suivant les données qui peuvent être utiles aux industriels.

Tableau des chaleurs spécifiques de différents corps.

Noms des corps.	Chaleurs spécifiques.	Températures des corps, pour 100 calories.
1o Eau..	1,000	100o
2o Noir animal.	0,2608	383o
3o Charbon.	0,24111	414o
4o Aluminium.	0,2181	458o
5o Craie..	0,21485	465o
6o Coke.	0,2008	498o
7o Verre..	0,19768	506o
8o Fer..	0,11379	878o
9o Nickel.	0,11095	901o
10o Zinc.	0,09555	1046o
11o Cuivre.	0,09515	1051o
12o Laiton.	0,09391	1064o
13o Argent..	0,05701	1754o
14o Étain (Malacca). . . .	0,05623	1778o
15o Or.	0,03244	3082o
16o Platine (laminé). . . .	0,03243	3085o
17o Plomb.	0,03140	3184o
18o Alcool à 36 degrés. . .	0,6725	148o
19o Esprit de bois.	0,6009	166o
20o Éther sulfurique.. . .	0,5157	193o
21o Acide acétique crist. .	0,4618	216o
22o Essence de térébenthine.	0,4267	234o
23o Mercure..	0,03332	3001o

Des indications de ce tableau il résulte une conséquence pratique fort intéressante, puisqu'on peut en déduire la proportion de combustible nécessaire pour échauffer d'un certain nombre de degrés une des substances qui y sont mentionnées. Si nous admettons, par exemple, que 1 kilogramme de houille, en brûlant complétement, dégage 6,500 calories, c'est-à-dire assez de chaleur pour porter 65 kilogrammes d'eau à 100 degrés, cette même quantité de houille sera suffisante pour porter à 100 degrés une masse de fer de 570 kilogrammes 7, puisque la quantité de chaleur qui peut porter un poids donné d'eau à + 100 degrés, pourrait porter un même poids de fer à + 878 degrés. On pourra encore conclure que, s'il faut 1 kilogramme de houille pour porter 65 kilogrammes d'eau à +100°, $\frac{1^k}{8,78}$ ($=0^k,113^g,89$) suffira pour porter 65 kilogrammes de fer à la même température de + 100 degrés.

Au sujet de l'*alcool*, qui doit nous occuper plus particulièrement, nous ferons observer que la *chaleur spécifique* des corps croissant avec la température, c'est-à-dire à mesure que le corps observé perd de sa densité, il est utile de prendre une moyenne entre les diverses indications directes obtenues à différentes températures. Ainsi M. Regnault a donné pour l'alcool :

à 0° de température,	le coefficient		0,547541
à + 20°	»	»	0,595062
à + 60°	»	»	0,705987
au point d'ébullition,	»		0,769381

La moyenne de ces quatre données fournit le coefficient moyen de chaleur spécifique de l'alcool = 0,6545. Nous pourrions adopter ce chiffre pour les calculs que nous aurons à faire, bien qu'il soit un peu trop fort, mais nous prendrons, de préférence, la moyenne de 0,652 indiquée par M. Regnault, et nous poserons en principe que l'échauffement de l'alcool à un degré déterminé, de 0 degré à l'ébullition (+78°,4), n'exige que les deux tiers de la chaleur requise par l'eau pour atteindre le même point.

C'est, d'ailleurs, l'eau qui consomme le plus de chaleur pour s'échauffer, et il n'est pas d'autre corps connu dont le coefficient de chaleur spécifique soit égal à l'unité.

Nous ajoutons ici les coefficients de chaleur spécifique de quelques gaz et de quelques vapeurs, c'est-à-dire le rapport indiquant, relativement à la chaleur spécifique de l'eau, le calorique absorbé par ces gaz ou vapeurs pour que leur température s'élève de 1 degré.

Noms des gaz et vapeurs.	Chaleurs spécifiques.
Air.	0,2669
Oxygène.	0,2175
Azote..	0,2438
Hydrogène.	3,4090
Oxyde de carbone..	0,2450
Acide carbonique.	0,2163
Eau (vapeur).	0,4805
Alcool (vapeur).	0,4534
Ether sulfurique (vapeur). .	0,4810
Essence de téréb. (vapeur).	0,5061

Les chiffres précédents nous font voir que, l'eau exigeant 100 unités de chaleur pour parvenir à +100 degrés de température, l'air n'en absorbera que 26,69 pour atteindre le même point, et l'on est porté à croire qu'il y aurait une économie *apparente* de 75 pour 100 à employer l'air chaud pour transmettre la chaleur[1]. Nous voyons également qu'un kilogramme de vapeur d'eau n'absorbe que 0,48 de chaleur pour s'élever de 1 degré, c'est-à-dire moitié moins que l'eau liquide, à poids égal. De même encore, l'alcool liquide absorbant 0,632 de calorique spécifique pour que sa température augmente de 1 degré, le même poids de vapeur alcoolique ne prend que 0,4534 pour une élévation égale de 1 degré. Ces dernières observations trouveront leurs applications dans la suite et nous nous bornons à les signaler à l'attention du lecteur.

Sources de chaleur. — Nous ne nous arrêterons pas à chercher ici la solution de certains problèmes fort intéressants et qui seraient de nature à hâter les progrès de l'industrie humaine.

[1] Nous disons qu'il y aurait une économie *apparente*, mais cette économie n'est *réelle* que dans le cas d'échauffement par des chaleurs perdues. En effet, l'air ne dépense que 26,69 pour s'échauffer à +100 degrés, mais il ne transmet que 26,69, en sorte que, si on l'applique à l'échauffement de l'eau à 0 degré, par exemple, il faudra 3^k,746 d'air chaud, à +100 degrés, pour porter cette eau à +100 degrés, par 26,69 × 3,746. Cet exemple fait voir combien il faut se garder de confondre les degrés de température avec la capacité calorifique. L'air à +100 degrés ne peut transmettre que 26,69, tandis que la vapeur d'eau à +100 degrés transmet 537 + 100 = 637 à un liquide à 0 degré. Il est vrai d'ajouter que l'eau, prise à 0 degré, absorbe 637 calories pour arriver à l'état de vapeur et que cette dépense porterait 1 kilogramme d'air de 0 degré à +2386°,6, en sorte qu'il faudrait 23^k,866 d'air à +100 degrés pour produire la transmission de chaleur de 1 kilogramme de vapeur d'eau à +100 degrés. N. B.

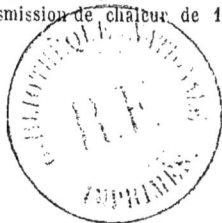

7

De telles études exigent de longs travaux et des expériences
coûteuses qui ne sont pas à la portée des simples particuliers.
Nous signalerons cependant au lecteur les essais entrepris pour
la *transformation du mouvement en chaleur*, laquelle ne fait plus
de doute aujourd'hui et dont il ne reste guère à chercher que
les conditions économiques. L'utilisation de la chaleur solaire
accumulée et concentrée paraît aussi devoir, dans un temps
donné, servir de base à plusieurs industries, et les résultats obtenus font concevoir de brillantes espérances.

Jusqu'à présent, néanmoins, la source usuelle de la chaleur
se trouve dans la combustion des corps combustibles, c'est-
à-dire dans l'oxydation des matières renfermant du carbone et
de l'hydrogène, ou bien l'un ou l'autre de ces corps à l'état
de mélange plus ou moins pur, par l'action de l'oxygène ou de
l'air atmosphérique.

Chaleur dégagée par la combustion. — D'après la définition
de la *calorie* ou *unité de chaleur*, nous comprenons, sous cette
expression, la quantité de chaleur nécessaire pour élever de
1 degré centigrade la température de 1 kilogramme d'eau.
Or, l'expérience vulgaire apprend que, par leur combustion
totale, et à poids égal, les différentes matières que nous brû-
lons dans nos foyers sont loin de *chauffer également*, c'est-
à-dire de dégager une même quantité de chaleur. L'étude
comparative des diverses matières combustibles a fourni des
chiffres fort intéressants, dont la connaissance importe à l'industriel qui doit produire de la chaleur.

Substances brûlées (poids commun : 1 kilogramme).	Nombre de calories dégagées.
Hydrogène.	34,462,0
Essence de térébenthine. . .	10,852,0
Huile d'olive..	9,862,0
Charbon de bois.	8,080,0
Graphite naturel.	7,797,0
Carbone pur (diamant). . . .	7,770,0
Alcool absolu.	7,184,0
Oxyde de carbone.	2,403,0

Le pouvoir calorifique du *charbon de bois* n'est porté par
quelques observateurs qu'à 6750 calories. Celui du *bois*, séché
à l'air et conservant le quart de son poids d'eau, est de 2850.
La *tourbe*, de bonne qualité, ne peut guère être évaluée au-

dessus de 3300 calories, et ce chiffre serait trop élevé pour les variétés qui contiennent beaucoup de matières minérales. Selon M. J. Ebelmen, les principales *houilles* présenteraient les pouvoirs calorifiques consignés au tableau suivant, que nous disposons par valeurs décroissantes :

Asphalte de Cuba	7,500 calories.
Houille grasse dure d'Alais	7,370 »
Anthracite du pays de Galles	7,500 »
Houille grasse maréchale de Rive-de-Gier.	7,270 »
Cannel coal du Lancashire	7,050 »
Anthracite de Lamure	6,800 »
Houille grasse de Commentry	6,750 »
Lignite bitumineux d'Ellbogen	6,580 »
Houille sèche de Blanzy	6,230 »
Lignite parfait (Dax)	5,790 »
Lignite imparfait (Grèce)	4,830 »
Bois fossile d'Usnach	4,320 »

Le pouvoir calorifique moyen du *coke*, avec 10 à 15 pour 100 de cendres, varie entre 5700 et 6000 calories.

On peut, d'ailleurs, lorsque l'on connaît la composition analytique d'un composé combustible, en déduire le pouvoir calorifique d'une manière assez précise. On sait que le charbon pur (éq. $= 75$), en se combinant à l'oxygène pour former de l'acide carbonique, c'est-à-dire pour se brûler *complétement*, dégage 7770 calories par kilogramme. En d'autres termes, 75 parties de carbone, en s'unissant à 200 parties d'oxygène, donnent 583 calories 275, c'est-à-dire 7 calories 77 par gramme. De même, l'équivalent d'hydrogène, $= 12,50$, en formant de l'eau avec 100 d'oxygène, dégage 430 calories 775, ou 34 calories 462 par gramme.

Supposons que l'on veuille trouver le pouvoir calorifique du *pétrole*, sur lequel de nombreux essais ont déjà été faits et dont la composition mixte se rapproche beaucoup de $C^n H^n$, soit 75 de carbone pour 12,50 d'hydrogène. Le kilogramme de pétrole renfermera 857,20 de carbone et 142,80 d'hydrogène. Le carbone fournira par sa combustion $857,2 \times 7,777 = 6666,44$; l'hydrogène produira $142,80 \times 34,462 = 4492,17$, et ensemble, 11158 calories 618. Ce résultat est un peu plus élevé que celui qui est attribué à l'essence de térébenthine par l'expérience, mais cette différence ne présente pas une valeur très-notable, surtout si l'on considère la composition de l'essence, qui contient moins d'hydrogène que le pétrole et qui est représentée par C^5H^4.

Il est digne de remarque que l'alcool absolu et l'alcool hydraté à 10 ou 15 pour 100 donnent lieu, à très-peu près, au dégagement d'une même quantité de chaleur de combustion.

Mesure de la chaleur.—On mesure la chaleur de l'air, des gaz et des liquides, par un moyen très-simple et fort rationnel, qui est basé sur la dilatation des corps. Si nous supposons une colonne liquide, renfermée dans une enveloppe transparente, soumise à l'action du froid, à un point fixe, celui de la glace fondante par exemple, nous pourrons noter le sommet A de la colonne à ce point, et regarder cette notation comme un repère pour cette température. Si nous transportons la colonne liquide dans de l'eau bouillante, la dilatation fera occuper plus d'espace à la liqueur, et le sommet de la colonne s'élèvera jusqu'à ce qu'il reste fixe en un point B, qui répondra évidemment à la température de l'eau bouillante et qui pourra servir à constater cette même température partout ailleurs.

Si, d'ailleurs, le tube servant d'enveloppe au liquide dilatable indicateur est d'un diamètre parfaitement égal, au moins entre les points A et B, il est clair que l'on pourra partager l'intervalle qui les sépare en un certain nombre de divisions égales, qui seront des fractions linéaires de cet intervalle.

Les instruments construits sur ces bases se nomment des *thermomètres* et servent à mesurer les températures, entre le point de congélation et le point d'ébullition du liquide employé. La manière dont est divisé l'intervalle entre les deux points fixes, adoptés conventionnellement, est la *graduation* de l'instrument, et cette graduation porte encore le nom d'*échelle thermométrique.*

On emploie différentes graduations adoptées chez divers peuples, et il est utile, dans les questions industrielles à étudier, de connaître la valeur comparative des échelles employées.

L'échelle centigrade, imaginée par Celsius [1], marque 0 degré

[1] André C. Celsius, Danois, professeur d'astronomie à Upsal, né en 1701, mort en 1744. C'est en 1741 qu'il appliqua au thermomètre la graduation centésimale, bien que cette invention ait été attribuée à tort à Newton.

à la température de la glace fondante et 100 degrés dans l'eau bouillante. Le *thermomètre de Réaumur* offre les mêmes points fixes, mais l'intervalle n'est partagé qu'en 80 divisions au lieu de 100. Il en résulte que 100 degrés centigrades égalant 80 degrés Réaumur, on peut passer des degrés centigrades aux degrés de l'échelle de Réaumur par une formule très-simple. C représentant le nombre des degrés centigrades et R celui des degrés de Réaumur, on a :

$$C = R \times \frac{5}{4} \text{ et } R = C \times \frac{4}{5}$$

Ainsi, 20 degrés Réaumur, par exemple, égalent $\frac{20}{4} \times 5 = 25$ degrés centigrades et 20 degrés centigrades égalent $\frac{20}{5} \times 4 = 16$ degrés Réaumur, c'est-à-dire que 5 degrés centigrades valent 4 degrés Réaumur.

En Angleterre, on suit principalement les indications de *l'échelle de Fahrenheit*, laquelle est partagée en 212 divisions. Le 212e degré répond à 100 degrés du thermomètre centigrade (80 R.) et le 32e degré Fahrenheit correspond à 0 degré, ou au point de la glace fondante, dans les échelles de Réaumur et centigrade. Les 100 divisions de l'échelle centigrade égalent les 180 divisions de l'échelle de Fahrenheit, au-dessus du point 32°...

Pour calculer les degrés de Fahrenheit en degrés centigrades, il faut donc retrancher des premiers le nombre 32, marquant des indications inférieures à 0 degré centigrade et résoudre numériquement l'égalité $\frac{F-32}{C} = \frac{180}{100}$, F marquant les degrés de Fahrenheit et C ceux de l'échelle centigrade. De même, pour la valeur de F en degrés R, de Réaumur, on aurait l'égalité $\frac{F-32}{R} = \frac{180}{80}$.

De ces égalités on tire les expressions plus simples : $(F-32) \times \frac{5}{9} = C$, et $(C \times \frac{9}{5}) + 32 = F$, et encore $(F-32) \times \frac{4}{9} = R$ et $(R \times \frac{9}{4}) + 32 = F$. En d'autres termes, les $\frac{5}{9}$ d'un nombre quelconque de degrés de Fahrenheit, diminué de 32, donnent le chiffre correspondant en degrés centigrades. Les $\frac{9}{5}$ d'un nombre donné de degrés centigrades, augmentés de 32, donnent le chiffre des degrés de Fahrenheit. Pour la conversion des degrés de Fahrenheit en degrés de Réaumur, et réciproquement, l'expression est la même, en substituant $\frac{4}{9}$ à $\frac{5}{9}$ et $\frac{9}{4}$ à $\frac{9}{5}$.

Ainsi, 125 degrés $F = 125 - 32 (=93) \times \frac{5}{9} = 51°67$ centigrades et 60 degrés centigrades $= 60 \times \frac{9}{5} = 108 + 32 = 140$ degrés F.

On trouverait de même, par les facteurs $\frac{4}{9}$ et $\frac{9}{4}$, que 125 degrés F valent 41°,33 R et que 60 degrés R valent $135 + 32 = 167°$ F... En somme, au-dessus de 32° F, c'est-à-dire à partir de 0 degré C et R, jusqu'à 212 degrés ($+100$°C ou 80°,R), 1 degré F vaut 0°,5555... C, ou 0°,4444... R ; 1 degré C égale 1°,8 F, et 1 degré R vaut 2°,25 F.

Ces trois échelles suivent la gradation ascendante des basses températures vers les températures élevées. En Russie, on se sert souvent de l'*échelle de Delisle*, dont la marche est inverse et qui indique 150 degrés au point de la glace fondante, et 0 degré au point de l'ébullition de l'eau sous la pression normale.

Table de concordance des indications des principaux thermomètres avec le thermomètre centigrade.

Centigrade. C.	Réaumur. R.	Fahrenheit. F.	Delisle. D.
0°	0°,0	32°,0	150°,0
1	0 ,8	33 ,8	148 ,5
2	1 ,6	35 ,6	147 ,0
3	2 ,4	37 ,4	145 ,5
4	3 ,2	39 ,2	144 ,0
5	4 ,0	41 ,0	142 ,5
6	4 ,8	42 ,8	141 ,0
7	5 ,6	44 ,6	139 ,5
8	6 ,4	46 ,4	138 ,0
9	7 ,2	38 ,2	136 ,5

Centigrade. C.	Réaumur. R.	Fahrenheit. F.	Delisle. D.
10	8°,0	50°,0	135°,0
11	8 ,8	51 ,8	133 ,5
12	9 ,6	53 .6	132 ,0
13	10 ,4	55 ,4	130 ,5
14	11 ,2	57 ,2	129 ,0
15	12 ,0	59 ,0	127 ,5
16	12 ,8	60 ,8	126 ,0
17	13 ,6	62 ,6	124 ,5
18	14 ,4	64 ,4	123 ,0
19	15 ,2	66 ,2	121 ,5
20	16 ,0	68 ,0	120 ,0
21	16 ,8	69 ,8	118 ,5
22	17 ,6	71 ,6	117 ,0
23	18 ,4	73 ,4	115 ,5
24	19 ,2	75 ,2	114 ,0
25	20 ,0	77 ,0 ·	112 ,5
26	20 ,8	78 ,8	111 ,0
27	21 ,6	80 ,6	109 ,5
28	22 ,4	82 ,4	108 ,0
29	23 ,2	84 ,2	106 ,5
30	24 ,0	86 ,0	105 ,0
31	24 ,8	87 ,8	103 ,5
32	25 ,6	89 ,6	102 ,0
33	26 ,4	91 ,4	100 ,5
34	27 ,2	93 ,2	99 ,0
35	28 ,0	95 ,0	97 ,5
36	28 ,8	96 ,8	96 ,0
37	29 ,6	98 ,6	94 ,5
38	30 ,4	100 ,4	93 ,0
39	31 ,2	102 ,2	91 ,5
40	32 ,0	104 ,0	90 ,0
41	32 ,8	105 ,8	88 ,5
42	33 ,6	107 ,6	87 ,0
43	34 ,4	109 ,4	85 ,5
44	35 ,2	111 ,2	84 ,0
45	36 ,0	113 ,0	82 ,5
46	36 ,8	114 ,8	81 ,0
47	37 ,6	116 ,6	79 ,5
48	38 ,4	118 ,4	78 ,0
49	39 ,2	120 ,2	76 ,5
50	40 ,0	122 ,0	75 ,0
51	40 ,8	123 ,8	73 ,5
52	41 ,6	125 ,6	72 ,0
53	42 ,4	127 ,4	70 ,5
54	43 ,2	129 ,2	69 ,0
55	44 ,0	131 ,0	67 ,5

Centigrade C.	Réaumur. R.	Fahrenheit. F.	Delisle. D.
56	44°,8	132°,8	66°,0
57	45 ,6	134 ,6	64 ,5
58	46 ,4	136 ,4	63 ,0
59	47 ,2	138 ,2	61, 5
60	48 ,0	140 ,0	60 ,0
61	48 ,8	141 ,8	58 ,5
62	49 ,6	143 ,6	57 ,0
63	50 ,4	145 ,4	55 ,5
64	51 ,2	147 ,2	54 ,0
65	52 ,0	149 ,0	52 ,5
66	52 ,8	150 ,8	51 ,0
67	53 ,6	152 ,6	49 ,5
68	54 ,4	154 ,4	48 ,0
69	55 ,2	156 ,2	46 ,5
70	56 ,0	158 ,0	45 ,0
71	56 ,8	159 ,8	43 ,5
72	57 ,6	161 ,6	42 ,0
73	58 ,4	163 ,4	40 ,5
74	59 ,2	165 ,2	39 ,0
75	60 ,0	167 ,0	37 ,5
76	60 ,8	168 ,8	36 ,0
77	61 ,6	170 ,6	34 ,5
78	62 ,4	172 ,4	33 ,0
79	63 ,2	173 ,2	31 ,5
80	64 ,0	176 ,0	30 ,0
81	64 ,8	177 ,8	28 ,5
82	65 ,6	179 ,6	27 ,0
83	66 ,4	181 ,4	25 ,5
84	67 ,2	183 ,2	24 ,0
85	68 ,0	185 ,0	22 ,5
86	68 ,8	186 ,8	21 ,0
87	69 ,6	188 ,6	19 ,5
88	70 ,4	190 ,4	18 ,0
89	71 ,2	192 ,2	16 ,5
90	72 ,0	194 ,0	15 ,0
91	72 ,8	195 ,8	13 ,5
92	73 ,6	197 ,6	12 ,0
93	74 ,4	199 ,4	10 ,5
94	75 ,2	201 ,2	9 ,0
95	76 ,0	203 ,0	7 ,5
96	76 ,8	205 ,8	6 ,0
97	77 ,6	207 ,6	4 ,5
98	78 ,4	209 ,4	3 ,0
99	79 ,2	211 ,2	1 ,5
100	80 ,0	212 ,0	0 ,0

Nous n'avons pas à nous occuper de l'évaluation des tem-

pératures supérieures à + 150 degrés, au maximum, et nous
passerons sous silence les moyens employés pour mesurer
les hautes températures. Nous nous contenterons d'ajouter
que, pour toutes les évaluations de — 36 degrés à + 200 degrés, le thermomètre à mercure doit être préféré aux instruments construits avec l'emploi d'autres liquides, parce qu'il
donne des indications toujours comparables entre ces limites.

§ II. — DE LA VAPEUR D'EAU ET DE SON EMPLOI.

Lorsque l'on soumet l'eau à l'action graduelle de la chaleur,
on constate que ce liquide se dilate, augmente de volume, et dégage, par sa surface, des *vapeurs,* dont la proportion s'accroît
avec la température. Lorsque l'on continue l'application du
calorique, les portions d'eau qui touchent les parois du vase
exposé à cette action prennent l'*état gazeux* et, en vertu d'une
plus faible densité, s'élèvent dans la liqueur dont une partie
prend la place des portions gazéifiées. Mais les bulles gazeuses, en montant à travers la couche plus froide qui les surmonte, lui cèdent leur calorique, se condensent de nouveau,
et se mettent en équilibre de température avec la masse
qu'elles ont échauffée d'une certaine quantité. Les nouvelles
bulles qui s'élèvent agissent de même ; mais il arrive un moment où la masse a acquis, aux dépens de la chaleur des
bulles, une température telle que celles-ci ne se condensent
plus en la traversant, et qu'elles s'échappent par la surface à
l'état de vapeurs ou de gaz condensables. Comme le fait se
reproduit constamment, si l'action de la chaleur est maintenue, il se produit dans la masse un double mouvement,
celui des bulles gazeuses qui s'*élèvent* à la surface et celui
des parties liquides qui *redescendent* pour prendre la place
des portions vaporisées. Ce phénomène a reçu le nom d'*ébullition* et l'on appelle *vaporisation* le changement d'un liquide
en vapeurs sous l'influence de la chaleur.

L'eau *bout* à + 100 degrés du thermomètre et elle absorbe,
pour arriver à ce point, 100 *unités de chaleur,* ou 100 calories,
c'est-à-dire que 1 kilogramme d'eau absorbe 100 fois plus de
chaleur pour arriver à l'ébullition que pour passer de 0 degré
à + 1 degré.

Trois lois principales régissent les faits relatifs à l'ébullition et à la vaporisation des liquides :

1° Le degré de température auquel un liquide entre en ébullition reste identique dans un vase de même nature et sous une même pression ;

2° La température d'un liquide bouillant reste la même pendant l'ébullition ;

3° Un liquide, transformé en vapeur, occupe un volume beaucoup plus considérable que sous l'état liquide.

Ajoutons à cela que le point d'ébullition est différent pour la plupart des corps.

En ce qui concerne la nature du vase dans lequel se produit l'ébullition, on a constaté que l'eau ne bout que vers +101 degrés dans un vase de verre, à cause de l'adhérence du liquide sur les parois du vase, selon Gay-Lussac.

La température de l'ébullition peut même s'élever jusqu'à +105 degrés ou +106 degrés, si les parois intérieures ont été mouillées avec l'acide sulfurique, avec quelque soin qu'on les lave ensuite. D'après les observations de M. Marcet, l'ébullition se produit à +99°,7 si les parois sont enduites de soufre...

Les effets de la pression extérieure sont faciles à concevoir. L'eau ne passe à l'ébullition, à l'air libre, sous la pression atmosphérique ordinaire, de 760 millimètres, que par +100 degrés de température, sauf les exceptions relatives à la nature du vase. On comprend que, si cette pression vient à diminuer, les bulles gazeuses franchiront plus aisément et plus rapidement la couche liquide et qu'elles la porteront plus promptement à l'ébullition, avec une élévation moindre de température ; de même, toute augmentation de pression correspondra à un ralentissement dans le temps de l'ébullition et à une exaltation de la température.

Sur une très-haute montagne, l'eau bout à une température plus basse que dans une vallée ; l'ébullition et la vaporisation se produisent dans le vide à de très-basses températures.

La pression restant la même, la température de l'eau bouillante reste fixe pendant l'ébullition ; si la pression diminue, la température s'abaisse ; elle s'augmente, au contraire, lorsque la pression augmente, en sorte que cette température, fixe dans des circonstances égales, est sujette à des variations proportionnelles à la pression.

Enfin, les vapeurs d'un liquide donné occupent une place énorme, relativement au volume du liquide qui les a produites. Un kilogramme d'eau présente un volume d'un litre à + 4 degrés. Ce litre d'eau changé en vapeur, sous la pression de 760 millimètres, ne présente plus qu'une densité de 0,622 comparativement à celle de l'air, prise pour unité. Or, un litre d'air pesant 1^g,293187 à 0 degré et sa dilatation, pour 100 degrés, étant de 0,3665, le litre d'air ne pèse que 0^g,946349 à +100 degrés. La densité de la vapeur d'eau, étant 0,622 à + 100 degrés, le litre de cette vapeur, à cette température, sous la pression de 760 millimètres, pèse 0^g,588629078. Il en résulte qu'un kilogramme d'eau, vaporisé à +100 degrés, occupe un volume exact de 1698^l,86. On dit vulgairement qu'un litre d'eau fournit 1700 litres de vapeur, ce qui serait suffisamment exact, si l'on ajoutait que ce volume est relatif à la température de +100 degrés et à la pression ordinaire.

En examinant le fait très-connu de la constance de la température des liquides bouillants, à l'air libre, on voit que, si l'on force l'application de la chaleur, on augmente seulement la quantité de vapeur produite, sans augmenter la température du liquide. L'excès de calorique a été employé à la séparation moléculaire du liquide, à un *travail réel*, qui correspond à une dilatation énorme, représentée par $\dfrac{1698,86}{1}$. Pendant tout le temps que l'eau demeure dans l'état de vapeur, la chaleur employée à produire cette expansion des molécules, demeure *accumulée dans la vapeur produite*.

Selon une manière de voir et d'expliquer ces choses déjà ancienne, elle y reste à l'*état latent*, elle y est cachée en quelque sorte, en ce sens que l'on ne peut *directement* démontrer la présence d'une quantité aussi considérable de calorique, et qu'elle ne redevient *sensible* que par le retour de la vapeur à l'état liquide.

Cette *chaleur latente*, accumulée dans la vapeur d'eau, serait plus justement nommée *chaleur de vaporisation* et, même, en raison du travail accompli par la désagrégation des molécules liquides, nous préférerions lui donner le nom *d'équivalent calo-*

rique de vaporisation, malgré la longueur de cette appellation, parce qu'elle aurait au moins le mérite de fixer les idées sur le véritable point de vue des faits.

On aurait ainsi, dans l'action de la chaleur sur les corps liquides, à considérer l'*équivalent calorique d'échauffement ou d'ébullition*, représentant *numériquement* le nombre de calories nécessaire pour porter le corps de 0 degré au point d'ébullition, et l'*équivalent calorique de vaporisation* ou de *désagrégation*, représentant le nombre de calories nécessaire pour vaporiser le liquide bouillant et le porter à l'état gazeux, par un véritable travail mécanique de séparation des molécules.

La somme de ces deux équivalents formerait le chiffre de la *chaleur totale* absorbée par le liquide donné pour passer de 0 degré à l'état de vapeur sous la pression de 760 millimètres de mercure.

La chaleur absorbée pour la vaporisation est restituée par les vapeurs lorsqu'elles retournent à l'état liquide, et la totalité, ou une partie, de l'équivalent d'ébullition, est également restituée, si le milieu condensateur présente un abaissement suffisant de température.

C'est ce fait de restitution de la chaleur accumulée qui nous permet d'employer les vapeurs et surtout la vapeur d'eau, comme moyen d'échauffement de l'air, d'un liquide, ou même, comme moyen de vaporisation, puisqu'on peut transporter rapidement cette vapeur, à l'aide de tubes métalliques, dans des condensateurs où elle abandonne sa chaleur en repassant à l'état liquide.

C'est encore sur ce fait et sur le retour des vapeurs à l'état liquide, par la restitution du calorique de vaporisation, qu'est basée l'extraction ou la purification des corps volatilisables.

Nous avons vu que la calorie est la quantité de chaleur qu'il faut faire absorber ou qu'il faut retirer à 1 kilogramme d'eau pour en faire varier la température de 1 degré. Il résulte de cette définition que l'*équivalent calorique d'ébullition* de l'eau est de 100 calories, puisque l'eau bout à + 100 degrés sous la pression normale. Il a été constaté, par des expériences très-intéressantes, dues principalement à M. Regnault, que la quantité de chaleur absorbée par 1 kilogramme d'eau à + 100 degrés, pour se vaporiser entièrement, est de 537 calories[1]. L'*équivalent calorique de vaporisation de l'eau* est donc de 537 sous la pression normale, et la *chaleur totale*, absorbée par 1 kilogramme d'eau, pour passer de 0 degré à l'état de vapeur, sous cette même pression, est de 100 + 537 = 637 calories.

M. Regnault a formulé ses expériences par l'équation suivante :

$$\lambda = 606,5 + 0,305\, t.$$

dans laquelle λ représente la chaleur totale. Cette équation signifie que *la chaleur totale de la vapeur d'eau égale la chaleur totale à zéro, augmentée du nombre fixe 0,305, multiplié par la température*. Le nombre 0,305 indique la quantité de chaleur absorbée par 1 gramme de *vapeur saturée* pour arriver à une augmentation de température de 1 degré.

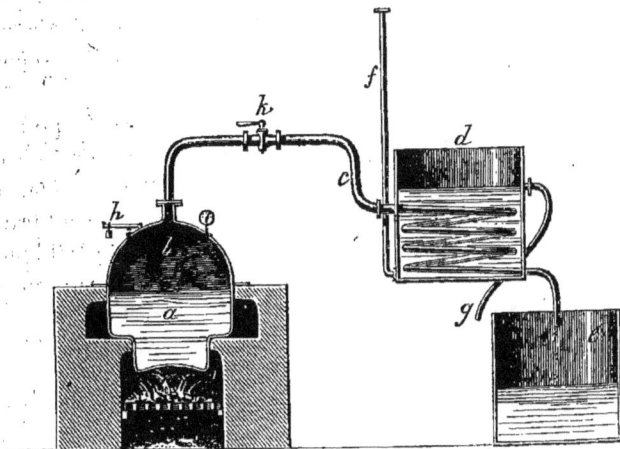

Fig. 31.

Quelques explications feront comprendre les conditions numériques de la restitution de la chaleur de vaporisation et de la chaleur d'échauffement. Si nous supposons, par exemple,

---

[1] MM. Favre et Silbermann donnent le nombre 535,77... Nous indiquons plus loin, à titre de renseignement, les chiffres indiqués par ces messieurs au sujet de l'eau et de l'alcool.

un bouilleur *a* (fig. 31), ou une sorte de cucurbite, dont le chapiteau *b* soit muni d'un col de cygne *c*, qui vienne pénétrer dans un réservoir *d* ouvert, et s'y dirige en forme de serpentin très-allongé, dont le bec se rende dans un récipient quelconque *e*, nous pourrons nous rendre compte des circonstances de la transmission du calorique par l'intermédiaire de la vapeur. Ayons en *a* 200 litres d'eau et 200 litres en *d*; soit la température initiale de cette eau égale à + 20 degrés centigrades et admettons : 1° que nous utilisons les quatre cinquièmes du coke employé à chauffer *a* ; 2° que le serpentin, en *d*, est assez long pour que le refroidissement soit complet à + 20 degrés; 3° que l'on puisse faire arriver un courant d'eau à + 20 degrés par *f*, l'eau échauffée sortant de *d* par un trop-plein *g*, nous pourrons mesurer la vapeur condensée, qui passera à l'état liquide en *e*.

Soit donc la limite de l'expérience portée à une vaporisation de 100 litres d'eau, ce qui représente 100 kilogrammes de vapeur à la pression normale et à + 100 degrés ou à 1 atmosphère.

La dépense de calorique se compose : 1° de la quantité nécessaire pour porter les 200 litres de *a* de + 20 degrés à + 100, ou de $100 - 20 \times 200 = 16000$ calories ; 2° de la quantité nécessaire pour vaporiser 100 litres de cette eau portée à + 100 degrés, c'est-à-dire de l'équivalent de vaporisation, ou de $537 \times 100 = 53,700$ calories. On aura : $16000 + 53700 = 69700$ calories à faire absorber par le contenu de *a*, tant pour *échauffer* la totalité à + 100 degrés que pour en *vaporiser* la moitié. Comme nous avons admis l'utilisation réelle des quatre cinquièmes du coke employé comme combustible et que 1 kilogramme de coke, en brûlant, dégage, en moyenne, $\frac{5700 + 6000}{2} = 5850$ calories, dont les

quatre cinquièmes égalent 4680, la fraction $\frac{4680}{69780}$, $= 14^k,893$, nous donne le chiffre de coke à dépenser.

La vapeur produite, en passant dans le serpentin de *d*, se condense au contact du liquide à + 20 degrés et elle repasse à l'état liquide, et nous avons supposé ce liquide refroidi à + 20 degrés, c'est-à-dire à la température initiale.

Dans le cas où l'on ne fait pas arriver de courant d'eau

par f, la chaleur abandonnée par la vapeur n'agit que sur les 200 litres contenus en d. Voici ce qui se passe dans ce cas.

Chaque kilogramme de vapeur passant en d abandonne : 1° son calorique de vaporisation $= 537$ calories ; 2° la quantité de calorique d'échauffement ou d'ébullition dont la perte représente un refroidissement à $+ 20$ degrés, soit $100 - 20 = 80$ calories. Il est donc cédé à l'eau de d, par chaque kilogramme de vapeur condensée en liquide à $+ 20$ degrés, $537 + 80 = 617$ calories, c'est-à-dire assez de chaleur pour porter $6^k,170$ d'eau de 0 degré à l'ébullition, ou, pour porter à $+ 100$ degrés 7 kilogrammes 7125 de l'eau à $+ 20$ degrés qui est en d.

Cette même quantité de vapeur condensée (1 kilogramme), abandonnant 617 calories aux 200 litres de d (à $+ 20$ degrés) suffit pour élever la température de la masse de 3 degrés 085 et la porter à 23 degrés 085.

Enfin, il suffirait de 25 à 26 kilogrammes ($25^k,930$) de vapeur pour porter à l'ébullition les 200 litres à $+ 20$ degrés contenus en d, et la vaporisation de 100 litres d'eau, sous la pression de 760 millimètres, conduirait à échauffer, à $+ 100$ degrés, $771^l,25$ d'eau à $+ 20$ degrés.

On voit que nous avons supposé une restitution complète de toute la chaleur absorbée, et que cette restitution fournit le moyen de transporter et de communiquer la chaleur accumulée, la chaleur de travail, ainsi que toute la chaleur d'échauffement ; mais on comprend aussi que, dans la pratique, les résultats que nous venons d'indiquer ne soient pas toujours obtenus. En effet, une partie du calorique se perd à échauffer les tubes et les surfaces de transmission et, si la condensation de la vapeur ne la transforme pas en un liquide dont la température soit égale à la température initiale, on perd, évidemment, tout le calorique d'échauffement qui reste dans le produit condensé. En supposant, par exemple, que l'eau provenant de la vapeur condensée, arrive en e à $+ 70$ degrés, il est clair que l'eau de d n'aura été échauffée que de $537 + 30 = 567$ calories, au lieu de 617, par kilogramme de vapeur introduite dans le serpentin. Si, au contraire, on fait arriver par f un filet d'eau continu, tel que le liquide condensé arrive en e à $+ 20$ degrés, il est clair que notre donnée subsistera tout entière et que les 100 kilogrammes de vapeur émise communiqueront 69700 calories à la masse et que, par le trop-plein *g*, on pourra faire sortir une quantité très-considérable d'eau, chauffée à un degré plus ou moins rapproché de + 100 degrés.

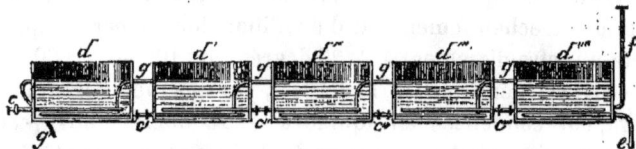

D'un autre côté, si l'on dispose une série de vases *d*, *d'*, *d"*, *d'''*, *d''''* à la suite les uns des autres et sur le même plan (fig. 32), on peut obtenir l'utilisation complète de toute la chaleur accumulée. Soit la vapeur entrant en *d* par *c* et se distribuant dans les vases suivants par *c'*, *c"*, *c'''*, *c''''* ; là condensation sort en *e* ; des tubes de trop-plein *g* portent le liquide à échauffer de *d''''* en *d*, et le tube alimentaire *f* apporte en *d''''* ce liquide, à la température supposée de + 20 degrés. Si chacun des vases contient, par exemple, 200 litres d'eau, soit en tout 1 000 litres, l'échauffement se fera progressivement de *d''''* en *d* et le refroidissement de la vapeur suivra la marche opposée, pour arriver à + 20 degrés en *e*. Le premier vase *d* entrera en ébullition par le passage de 25 à 26 kilogrammes de vapeur et les vases suivants, alimentés de proche en proche par *f* et les tubes *g* seront à une température graduellement décroissante, de telle sorte que la totalité de la chaleur accumulée sera transportée sur de nouveau liquide.

Ce qui vient d'être exposé n'étant relatif qu'à la vapeur à + 100 degrés, sous la pression de 760 millimètres, il est évident que de la *vapeur plus chaude*, renfermant une plus grande quantité de calorique accumulé, produira des effets plus considérables. Si nous observons, par exemple, la vapeur à 3^{atm},5, ou 3^{atm},576, pour nous rapprocher des chiffres de M. Regnault, nous trouvons que cette vapeur contient une quantité de chaleur totale égale à 649,20 par 140 de calorique d'échauffement, et 509,20 de calorique de vaporisation. Un kilogramme de cette vapeur, agissant sur du liquide à + 20 degrés, pourra lui transmettre 140 — 20 + 509,20 = 629,20 calories et porter à l'ébullition 7^{k},865 de ce liquide, en supposant toujours l'utilisation complète. On voit par là qu'il y a un grand avantage à employer de la vapeur sous pression, contenant plus de calorique total.

Pour bien saisir les faits relatifs à la *compression* de la vapeur dans un *espace clos*, nous partons de cette donnée que la vapeur d'eau à +100 degrés fait équilibre à la hauteur de l'atmosphère, ou à une colonne de mercure égale à 760 millimètres, ou, encore, à $1^k,033$ sur chaque centimètre carré de surface des parois du vase qui la renferme. Dans ce cas, il est bien évident que la pression intérieure exercée par la vapeur et la pression extérieure de l'atmosphère, se trouvant en équilibre, les effets en sont balancés et annulés.

Plaçons donc sur le dôme *b* de la cucurbite de notre petit appareil (fig. 31, p. 109) une *soupape de sûreté h*, conique, fermant un orifice de 1 *centimètre carré*, et se soulevant librement sous un effort ou un poids de $1^k,033$. Si nous ouvrons le robinet *k* et que nous portions à l'ébullition le liquide contenu en *a*, l'air renfermé dans l'appareil s'échappera d'abord, et l'espace vide se remplira de vapeur, engendrée à la température de +100 degrés. Fermons le robinet *k* aussitôt que le liquide, provenant de la condensation de la vapeur, parvient en *e*, et continuons à échauffer les parois de *a*. Dès que l'espace *b* est rempli de vapeur, qu'il en est saturé, toute production nouvelle tend à soulever immédiatement la soupape *h*, pour s'échapper dans l'atmosphère et, pendant tout le temps que cette soupape n'est pas chargée d'un poids plus considérable, supérieur à $1^k,033$, la vapeur intérieure et le liquide restent à +100 degrés et la pression ne change pas, c'est-à-dire que la vapeur, produite par la vaporisation de 1 volume d'eau, occupe, remplit et sature un espace égal à $1698^v,86$.

On conçoit que, par l'ouverture du robinet *k*, les choses restent les mêmes, puisque la colonne de vapeur produite doit, pour *refouler* en *c* la colonne d'air qui fait obstacle à sa sortie, surmonter une résistance de $1^k,033$ par centimètre carré, exactement comme lorsqu'elle agit de dedans en dehors, sur la soupape *h*, le robinet *k* étant fermé.

Dans les conditions dont nous venons de parler, on dit avec justesse que la vapeur est produite sous une pression égale à celle de l'atmosphère, ou, plus brièvement, que l'on produit de la vapeur à 1 atmosphère.

8

Quand on continue à chauffer le liquide de a, si le robinet k est fermé et que la soupape h soit disposée de manière à ne plus se soulever que sous un effort de $2^k,066$ par centimètre carré, la vapeur, ne trouvant plus d'issue et continuant à se produire, s'accumule en b, dans un espace qui ne s'augmente que d'une manière insignifiante, pendant que la vapeur engendrée tend à occuper son volume normal, de $\dfrac{1698,86}{1}$. Il arrive bientôt un moment où le *double* de vapeur se trouve renfermé dans le même espace où l'effort du volume primitif pour s'échapper suffisait à soulever un poids de $1^k,033$ par centimètre carré. Alors 2 kilogrammes d'eau, réduits en vapeur, qui devraient occuper $1698,86 \times 2 = 3397,72$ volumes, sont maintenus dans la moitié de l'espace qui leur était dévolu précédemment; l'effort exercé contre les parois, de dedans en dehors, est double de ce qu'il était, et la résistance de $2^k,066$, opposée par la soupape, étant surmontée, la vapeur s'échappe par l'ouverture, pour peu qu'il s'en produise davantage.

La vapeur est alors *comprimée* à la *moitié* de son volume normal; l'effort qu'elle exerce sur les parois du *générateur a*, de dedans en dehors, est égal à $2^k,066$, c'est-à-dire au double de la pression exercée à l'extérieur par l'atmosphère, en sorte que la force appliquée à l'intérieur peut faire équilibre au double de la colonne atmosphérique, ou à $0,760 \times 2 = 1^m,52$ de mercure. On dit alors que la vapeur est sous *deux atmosphères de pression*, que sa *tension* est de deux atmosphères.

La seconde de ces deux expressions est inexacte, car, dans le fait, il n'y a pas tension, mais compression, tendance à l'expansion, effort pour prendre le volume normal de $\dfrac{1698,86}{1}$, et c'est précisément cet effort qui constitue la *force élastique* de la vapeur, ce qui nous permet de transformer un *travail moléculaire* en un *travail mécanique* utilisable.

On comprend aisément que, si l'on continue à chauffer le vase a, il continue à se produire de la vapeur, qui s'accumule en b, où elle est de plus en plus comprimée, et que la force élastique augmente à mesure que la compression devient plus considérable. L'augmentation de la compression et de la force produite n'a pour limite *apparente* que la résistance des parois de *a* contre l'effort de la vapeur et, dans les limites de cette résistance, on charge la soupape de poids correspondant à la pression que l'on veut obtenir.

Le *manomètre* (*i*, fig. 31) sert à indiquer la pression intérieure ou la force élastique de la vapeur, c'est-à-dire l'effort d'expansion qui agit contre les parois intérieures du vase *a*. Nous ne décrirons pas ce petit appareil, fort connu de la pratique, non plus que les appareils générateurs qui servent à produire la vapeur d'eau pour les usages industriels. Cette description sortirait de notre cadre, et le lecteur peut la trouver dans des livres spéciaux, fort nombreux aujourd'hui, dont le mérite est incontestable [1]. Il nous semble préférable de donner les indications de chiffres qui peuvent aider à la pratique et aux calculs journaliers qu'on peut avoir à faire.

Tableau indicateur des pressions de la vapeur d'eau de 1 à 24 atmosphères, avec les températures correspondantes
(D'après Dulong et Arago).

Températures.	En atmosphères.	PRESSIONS En kilogrammes, sur 1 centim. carré de surface.	En mercure, hauteur de la colonne à 0°.
+ 100°	1ª	1ᵏ,033	0ᵐ,76
112 ,2	1 ,5	1 ,549	1 ,14
121 ,4	2	2 ,066	1 ,52
128 ,8	2 ,5	2 ,582	1 ,90
135 ,1	3	3 ,099	2 ,28
140 ,5	3 ,5	3 ,615	2 ,66
145 ,4	4	4 ,132	3 ,04
149 ,06	4 ,5	4 ,648	3 ,42
153 ,08	5	5 ,165	3 ,80
156 ,80	5 ,5	5 ,681	4 ,18
160 ,20	6	6 ,198	4 ,56
163 ,48	6 ,5	6 ,714	4 ,94
166 ,50	7	7 ,231	5 ,32
169 ,37	7 ,5	7 ,747	5 ,70
172 ,10	8	8 ,264	6 ,08
177 ,10	9	9 ,297	6 ,84
181 ,60	10	10 ,330	7 ,60

[1] On trouve, dans le *Dictionnaire des arts et manufactures*, publié par M. Ch. Laboulaye, tous les renseignements théoriques et pratiques qui peuvent intéresser l'industrie. Nous ne pouvons être plus utile aux lecteurs qu'en leur recommandant cet excellent ouvrage (Paris, 40, rue de Madame).

PRESSIONS

Températures.	En atmosphères.	En kilogrammes sur 1 centim. carré de surface.	En mercure, hauteur de la colonne à 0°.
186°,05	11ᵃ	11ᵏ,363	8ᵐ,36
190 ,00	12	12 ,396	9 ,12
193 ,70	13	13 ,429	9 ,88
197 ,19	14	14 ,462	10 ,64
200 ,48	15	15 ,495	11 ,40
203 ,60	16	16 ,528	12 ,16
206 ,57	17	17 ,561	12 ,92
209 ,40	18	18 ,594	13 ,68
212 ,10	19	19 ,627	14 ,44
214 ,70	20	20 ,660	15 ,20
217 ,20	21	21 ,693	15 ,96
219 ,60	22	22 ,726	16 ,72
221 ,90	23	23 ,759	17 ,48
224 ,20	24	24 ,792	18 ,24

Dans la série de brillantes recherches dont nous avons déjà parlé, M. Regnault a déterminé d'une manière très-nette les chaleurs totales de la production de la vapeur d'eau, et nous avons indiqué la formule générale que le savant physicien a déduite de ses expérimentations ($\lambda = 606,5 + 0,305 \times t$). Cette formule permet de trouver facilement les chaleurs totales pour toutes les températures, mais l'évaluation de la pression devant se faire expérimentalement, ou par l'emploi de formules d'interpolation assez compliquées, nous nous bornons à prendre pour bases les indications de M. Regnault, pour déterminer les équivalents calorifiques d'échauffement et de vaporisation qui correspondent à diverses températures et à différentes pressions. Ces données permettent d'apprécier plus facilement les faits relatifs à l'emploi de la vapeur comme moyen d'échauffement, sous une pression et à une température connues.

Nous donnons, d'après la formule de M. Regnault, le tableau indicateur suivant des *équivalents caloriques d'ébullition* et de *vaporisation* et des *chaleurs totales*, pour l'eau, de 0 degré à +230 degrés [1].

[1] Nous ferons observer que l'équivalent d'échauffement de l'eau se confond avec la température du liquide, sous la pression de l'expérimentation.

Températures ou équivalents d'échauffement ou d'ébullition.	Equivalents de vaporisation (chaleurs latentes).	Chaleurs totales.	Tension en atmosphères.
0°	606,50	606,50	0,00605
+ 10	599,55	609,55	0,01205
20	592,60	612,60	0,02288
30	585,70	615,70	0,04151
40	578,70	618,70	0,07225
50	571,70	621,70	0,12102
60	564,80	624,80	0,19577
70	557,80	627,80	0,30069
80	550,90	630,90	0,46663
90	543,90	633,90	0,69138
100	537,00	637,00	1ª,0000
110	530,05	640,05	1 ,4149
120	523,10	643,10	1 ,962
130	516,10	646,10	2 ,671
140	509,20	649,20	3 ,576
150	502,20	652,20	4 ,712
160	495,30	655,30	6 ,120
170	488,30	658,30	7 ,644
180	481,40	661,40	9 ,929
190	474,40	664,40	12 ,425
200	467,50	667,50	15 ,380
210	460,50	670,50	18 ,848
220	453,60	673,60	22 ,882
230	446,60	676,60	27 ,535

Avant de passer à l'étude importante des applications de la vapeur, au moins de celles qui intéressent plus spécialement le distillateur, il nous paraît nécessaire de compléter ce qui précède par quelques données sur les différences qu'on observe dans la force élastique des vapeurs de différents corps. Pour donner une idée de ces différences, nous indiquons, en millimètres de mercure, la force d'élasticité ou la tension de plusieurs vapeurs à + 80 degrés de température, d'après les nombres trouvés par M. Regnault.

Tension de la vapeur d'eau à . . . . + 80° = 354mm,643
»   d'alcool. . . . . + 80° =   812 ,7
»   d'éther à . . . . + 80° = 3024 ,4
»   de sulfure de carbone à . + 80° = 2033 ,8
»   de chloroforme à. . . . . + 80° = 1404 ,6
»   de benzine à. . . . . . . + 80° =   756 ,6
»   d'essence de térébenthine à. + 80° =   61 ,3

Les différences observées sont tellement grandes, qu'il nous paraît important de les étudier plus en détail en ce qui concerne la vapeur d'alcool, comparée à la vapeur d'eau.

A 0 degré de température, la force élastique de la vapeur d'eau est égale à $4^{mm},60$ de mercure, c'est-à-dire qu'elle fait équilibre à une colonne de mercure de $4^{mm},6$ de hauteur. A $+100$ degrés, cette force élastique de la vapeur d'eau égale 760 millimètres de mercure, et elle fait équilibre à la colonne atmosphérique, ce qu'on exprime en disant que cette vapeur présente une tension d'une atmosphère, ou qu'elle supporte une atmosphère de pression.

Tableau comparatif des forces élastiques de l'eau et de l'alcool, entre − 20° et + 150° (selon M. Regnault).

Températures.	Pression en millimètres de mercure.	
	Eau.	Alcool.
− 20°	$0^{mm},841$	$3^{mm},3$
− 10	1 ,963	6 ,6
0	4 ,600	12 ,8
+ 10	9 ,165	24 ,3
20	17 ,391	44 ,5
40	54 ,906	133 ,6
60	148 ,791	350 ,3
80	354 ,643	812 ,7
100	760	1694 ,9
120	1489	3219 ,7
140	2713	5637 ,0
150	3572	7258 ,7

Observation. — Sans vouloir rechercher quelles pourraient être toutes les conséquences d'application de ce que nous venons de dire, nous nous contenterons de faire observer que la vapeur d'alcool, portée à + 100 degrés seulement, c'est-à-dire à la température de l'eau bouillante, offre une tension de $2^{atm},23$, tandis que la vapeur d'eau, à la même température, ne fait équilibre qu'à une seule colonne atmosphérique. Ce fait conduit à plusieurs conséquences remarquables.

Nous savons déjà que, pour faire prendre l'état de vapeur à l'eau bouillante, il faut dépenser cinq fois et demi autant de calorique que pour porter l'eau de 0 à +100 degrés, de telle sorte que, s'il faut 1 de combustible pour porter une certaine quantité d'eau de 0 à +100 degrés, cette même quantité ne se vaporisera, à +100 degrés, qu'en absorbant encore le ca-

lorique émis par la combustion de 5,37 du même combustible.
Il y aura dépense de $1 + 5,37 = 6,37$ pour produire de la
vapeur d'eau à $+ 100$ degrés et à 1 atmosphère seulement. Or,
la dépense faite pour obtenir la vapeur d'alcool à $+ 100$ degrés et à $2^{atm},23$ est beaucoup moindre : 1° la capacité calorifique de l'eau étant 1, la chaleur spécifique de l'alcool n'est
que de 0,652, de telle sorte que, pour arriver de 0 degré à
$+.78°,4$, soit à l'ébullition, l'alcool n'absorbe que $\dfrac{652}{1000}$ de la
chaleur nécessaire à l'eau à 0 degré pour atteindre le même
degré, et ne dépense que les $\dfrac{652}{1000}$ du combustible dépensé
par l'eau jusqu'à cette limite ; 2° les expériences de M. Despretz ont fait voir que la chaleur latente de la vapeur d'alcool
est de 331,9, ce qui conduit à obtenir la vaporisation de
ce corps par $T \times 0,652 + 331,9 = 78°,4 \times 0,652 + 331,9$
$= 383,2168$. Ainsi, l'alcool est porté à $+78°,4$ par une quantité de calorique qui porterait l'eau de 0 à $51°,3168$ seulement ;
3° d'autre part, M. Regnault a trouvé que la chaleur spécifique de la vapeur d'alcool égale 0,4534, d'où il suit que, pour
arriver de $+ 78°,4$ à $+ 100$ degrés de température, cette vapeur absorbera $21,6 \times 0,4534 = 9$ unités 79344, tandis que
l'eau, pour arriver de $+ 78°,4$ à l'ébullition seulement, absorbera 21 unités 6 et, de plus, 537 unités pour passer à l'état
de vapeur ; 4° en résumé donc, l'alcool, pour passer de 0 degré à l'état de vapeur à $+ 100$ degrés, absorbera 383,2168
$+ 9,79344 = 393$ unités 01024, tandis que l'eau, pour passer de
0° à l'état de vapeur à $+ 100$ degrés, absorbera $78,4 + 21,6 + 537$
$= 637$ unités, et occasionnera une dépense double en combustible ; 5° comme la force élastique de la vapeur d'alcool
à $+ 100 = 2,23$, celle de la vapeur d'eau étant 1, on peut
admettre que l'alcool-vapeur, à dépense égale, produirait
quatre fois plus de travail que l'eau-vapeur, ou bien encore,
qu'un travail égal coûterait quatre fois moins avec la première de ces vapeurs qu'avec la seconde. Nous ferons remarquer pourtant que, au-dessus de $+ 100$ degrés, la différence est un peu moins considérable, la chaleur spécifique
de la vapeur d'eau n'étant que de 0,4805. Il s'ensuit que
pour parvenir de $+ 100$ degrés à $+ 150$ degrés, par exemple,
la vapeur d'eau, qui a absorbé déjà 637 unités, absorbera en-

core $50 \times 0,4805 = 24,025$, ce qui donne un total de **661,025**; tandis que la vapeur d'alcool à $+100$ degrés, ayant déjà absorbé 393,01024, absorbera encore $50 \times 0,4534 = 22,67$, soit un total de 414,67024. A cette température de $+150$ degrés le rapport économique entre les deux vapeurs $= \dfrac{1}{1,35}$ au lieu de $\dfrac{1}{1,62}$ à $+100$ degrés; mais, la relation entre les forces élastiques à $+150$ degrés étant de 4^{atm},7 pour la vapeur d'eau, à 9^{atm},55 pour la vapeur d'alcool, on peut voir que, par l'application de cette dernière, on aurait lieu d'obtenir une économie énorme dans la dépense relative au travail des vapeurs.

Nous ne nous étendrons pas davantage sur ce point, sinon pour faire remarquer au lecteur que nous avons pris pour base de cette observation les données de MM. Regnault et Despretz qui conduisent à des résultats minima à l'égard de l'alcool, puisque MM. Favre et Silbermann ne portent la chaleur spécifique de l'alcool qu'à 0,644, et sa chaleur latente à 208,9, au lieu de 0,652 et 331,9.

La comparaison que nous venons d'établir entre la vapeur d'eau et celle d'alcool, en prenant la force élastique pour point de départ, nous permettra de déduire, en temps opportun, quelques conséquences pratiques de haute utilité; mais il en est une que nous ne pouvons dès maintenant passer sous silence, à raison de son importance capitale. Nous voulons parler de la faute commise par les constructeurs qui n'évitent pas, d'une manière rigoureuse, les causes de pression dans l'intérieur des appareils, et dont la coupable légèreté se trahit par cette seule circonstance.

Nous voyons, en effet, dans le tableau précédent, qu'à la température de $+80$ degrés, qui est la température normale de l'émergence des vapeurs mixtes dans un bon appareil distillatoire, la force élastique de la vapeur d'eau est inférieure à une demi-atmosphère, et égale à une colonne de 354^{mm},643 de mercure, tandis que celle de la vapeur alcoolique dépasse une atmosphère, et égale une colonne mercurielle de 812^{mm},7.

Si cette circonstance favorise évidemment la condensation et la séparation des vapeurs aqueuses, elle est aussi une cause de fuites des vapeurs alcooliques, de séparation des joints, d'accidents et d'incendies.

Applications des propriétés de la vapeur d'eau. — Malgré la dépense plus considérable exigée par la vaporisation de l'eau, comparativement à celle de divers autres liquides, malgré l'infériorité de la force d'élasticité qu'elle produit par son expansion, la commodité de son emploi, et l'extrême abondance du liquide producteur en ont généralisé les applications de la manière la plus étendue et la plus surprenante, en dépit des tentatives qui ont été faites pour y substituer d'autres agents.

C'est à la force élastique de la vapeur d'eau, comprimée sous des pressions variables, que l'on demande la force mécanique indispensable pour faire mouvoir les engins industriels, pour soulever d'énormes fardeaux, opérer des pressions presque incalculables et son utilité, comme agent du mouvement, ne peut être l'objet d'aucune contestation.

Ce n'est pas sous ce rapport que nous avons à l'envisager ici, et il nous suffira de faire observer que la vapeur, à 5 atmosphères de pression, peut soulever un poids de $5^k,165$ par centimètre carré, c'est-à-dire que, en agissant sur un piston de 0,30 de diamètre, soit de 707 centimètres carrés de surface, elle surmonte un obstacle de plus de 3 000 kilogrammes ($3 651^k,555$). A 10 atmosphères, elle développe une force de 7 207 kilogrammes sur un piston de même diamètre.

Nous avons surtout à en examiner les applications au point de vue de la distillation, c'est-à-dire par rapport à l'échauffement et à la vaporisation des liquides, et ces phénomènes sont entièrement sous la dépendance de la restitution de la chaleur accumulée, soit de la chaleur d'échauffement et de celle de vaporisation.

Application de la vapeur à la vaporisation. — Avant d'examiner les circonstances dans lesquelles la vapeur peut être employée comme moyen de vaporisation, nous devons faire remarquer, avant tout, que cet emploi paraît moins économique que l'application de la vapeur au simple échauffement des liquides.

Un kilogramme de vapeur à $+100$ degrés, par 760 millimètres de pression, se refroidissant, par hypothèse, à $+20$ degrés, ne fournit que 617 calories. Il en faut $80 + 537 = 617$, pour vaporiser 1 kilogramme d'eau à + 20 degrés, en sorte que, *théoriquement*, la vapeur à 100 degrés ne peut vaporiser que son poids d'eau, à + 20°, tandis que cette même vapeur peut en porter à + 100 degrés, c'est-à-dire, au point d'ébullition, 7ᵏ,865.

Nous ajouterons que la chaleur absorbée par les tubes de transmission et par les surfaces diminue cette valeur en pratique.

Dans une série d'expériences faites sur de la vapeur à + 100 degrés, nous avons trouvé que 1 800 grammes de cette vapeur n'ont vaporisé que 1 400 grammes d'eau à + 7 degrés. En d'autres termes, les 1 800 grammes de vapeur, en se condensant à + 7 degrés, ont subi un refroidissement de 93 + 537 = 630 × 1,8 = 1 134 calories, et il n'a été utilisé, sur ce nombre, que 93 + 537 = 630 × 1,4 = 902 calories, en sorte qu'il a été perdu, par différentes causes, 1 134 − 902 = 232 calories, soit environ 20,45 pour 100. Sans admettre que cette perte ne puisse pas être réduite, nous croyons, cependant, que dans les conditions ordinaires, elle dépend beaucoup de la sagacité de l'ouvrier, et de la surveillance du maître.

Le fait est très-compréhensible, car, en dehors des pertes dues à l'échauffement des tubes et vases de transmission, à la radiation, aux fuites, etc., la plupart des ouvriers agissent en pleine vapeur, sans comprendre que la portion qui sort, à l'état de vapeur, des serpentins et des doubles fonds, représente une perte sèche, souvent très-considérable. Autant que possible, pour utiliser la vapeur dans les conditions les plus satisfaisantes, il faut qu'elle soit entièrement condensée, qu'elle repasse totalement à l'état liquide, en sorte que les tubes de retour ne doivent fournir que de l'eau.

A côté des soins à adopter pour éviter le gaspillage matériel, il convient de prendre les dispositions nécessaires pour éviter de perdre le temps, qui est le plus précieux de tous nos moyens d'action. Si nous examinons la chaudière d'un appareil distillatoire ordinaire, munie d'un serpentin de fond, et que cette chaudière soit remplie de liquide, d'eau, à + 20 degrés, sur une hauteur d'un mètre, par 1ᵐ,20 de diamètre, nous aurons un volume de 1131 litres, soit de 1 000 litres au-dessus du serpentin. Pour porter ces 1 131 litres à l'ébullition, il faudra $1131 \times 80 = 90\,480$ calories, ou la chaleur dégagée par $146^k,64$ de vapeur à $+ 100$ degrés.

Ce chiffre minimum est absolu et nous ne tenons pas compte des pertes. Or, outre le temps nécessaire pour produire ces 146^k, 64 de vapeur, il ne faut pas perdre de vue que les bulles gazeuses, produites sur le serpentin doivent traverser une colonne d'eau de $1^m,10$ de hauteur, ce qui répond à une pression d'un dixième d'atmosphère, et que l'ébullition sera retardée par le fait de cette circonstance.

La *mise en train* d'une charge de ce genre demande plusieurs heures et nous croyons que c'est là du temps perdu. On observe la même chose partout où l'on pratique la vaporisation par l'action de la vapeur que l'on fait toujours agir sur des épaisseurs.

Si, au contraire, on fait agir la vapeur sur une couche de liquide peu épaisse, recouvrant le serpentin de 1 centimètre ou 2 centimètres au plus, l'ébullition est presque instantanée et l'opération est presque finie dans le temps nécessaire à la mise en train dans le mode habituel.

La transmission du calorique par de vastes surfaces sur de faibles épaisseurs nous paraît être le seul principe auquel on doive se rattacher aujourd'hui, pour économiser le temps. Il est clair que, pour faire bouillir 1131 kilogrammes de liquide à $+ 20$ degrés, on dépensera également $90\,480$ calories, mais le travail sera d'une rapidité beaucoup plus grande, la vaporisation plus prompte, et l'on a tout à gagner à une disposition de ce genre, sur laquelle nous reviendrons plus tard.

Application de la vapeur à la distillation. — On peut employer la vapeur à la distillation de deux manières différentes. Ou bien la vapeur produite vient se répandre, par un *barbotage* et à l'*état libre*, dans le liquide à échauffer, ou elle agit à l'*état confiné*, par l'intermédiaire d'un *serpentin* ou d'un *faux-fond*. Nous allons étudier ces deux moyens d'action, aussi complétement que possible, en prenant pour base l'emploi de la vapeur à 1 atmosphère, ou à $+ 100$ degrés, par 637 de chaleur totale.

Nous savons déjà que, la capacité calorifique de l'eau étant 1, celle de l'alcool n'est que de 0,652, et que l'équivalent calorique de vaporisation étant de 537 pour la vaporisation de l'eau à $+ 100$ degrés, celui de l'alcool égale 331,9, selon M. Despretz

(208,9 d'après MM. Favre et Silbermann). D'après ces données, nous pouvons établir; rigoureusement les conditions de
chauffage et de vaporisation d'un vin-type, supposé à 5 pour
100 de richesse, ce qui est la moyenne dans les distillations
industrielles.

A. *Emploi de la vapeur libre.* — Dans ce cas particulier,
nous n'avons pas à nous préoccuper de la question des surfaces de chauffe. Nous supposons que 1 000 litres de vin sont
échauffés par la vapeur qui provient d'un générateur ou d'un
épuiseur (fig. 3, p. 14). Ces 1 000 litres contiennent 950 litres
d'eau et 50 litres d'alcool absolu, et la température de la masse
est entre + 20 degrés et + 25 degrés. Soit cette température égale à + 20 degrés.

Avec le chiffre de chaleur d'échauffement de $100-20=80$
pour l'eau, il faudra 76 000 calories pour porter l'eau (950 kilogrammes) à l'ébullition. L'alcool n'ayant pour capacité calorifique que 0,652, les 50 litres de ce corps, contenus dans
la masse, pesant $50 \times 802,1 = 40^k,105$, n'exigeront que
$(78,4-20) \times 0,652 \times 40,105 = 1527,07$, pour arriver à l'é-
bullition, soit à + 78°,4. On a, de ce chef, $1527^{cal},07$; mais,
pour passer à la température de + 100 degrés, qui sera la température approchée de la masse et qu'il convient de prendre
comme maximum, les $40^k,105$ d'alcool absorberont encore
$40,105 \times 9,79344 = 392,7659$, ce qui donnera pour la dépense
totale relative à l'alcool, entre + 20 degrés et + 100 degrés,
$1527,07 + 392,7659 = 1919^{cal},8359$. En admettant donc que
la masse ne soit en pleine ébullition qu'à + 100 degrés,
on aura un total de $76 000 + 1 919^{cal},8359 = 77 919^{cal},8359$ à
dépenser pour atteindre ce point.

Nous ferons observer, en passant, que, lorsque cette masse
aura atteint la température totale de + 78°,4, correspondant
au point d'ébullition de l'alcool, celui-ci aura déjà commencé
à se dégager, en sorte que l'application de $(78,4-20) \times 950$
$= 55 480 + 1 527,07 = 57 007^{cal},07$ suffira pour commencer
à produire la séparation de l'alcool, laquelle s'accentuera
de plus en plus, à mesure qu'on approchera du point d'ébullition de la masse, puisque, à +100 degrés, l'alcool aura
déjà absorbé 9,79344 de chaleur de vaporisation, ou 0,0295 de
ce qui est nécessaire à sa vaporisation complète.

Quel que soit le côté dont on envisage la question, on est

obligé d'admettre que la production des phlegmes ne doit
guère fabriquer de produits inférieurs à 50 degrés centésimaux, de même que l'*esprit* commercial est à 90 degrés et que
l'on tend aujourd'hui à ne pas produire d'alcools de vente au-
dessous de 92 degrés à 94 degrés. Or, la dépense de calorique
à faire, dans une opération continue et entière, variant avec la
proportion d'eau à vaporiser avec l'alcool, il nous semble utile
d'établir le calcul de cette dépense sur ces trois conditions
pratiques.

Cas des phlegmes à 50 degrés. — Dans ce cas, on vaporise
50 kilogrammes d'eau pour 50 litres d'alcool absolu ou
$40^k,105$. La vaporisation de l'eau à $+100$ degrés, par l'équivalent 537, exigera $537 \times 50 = 26\,850$ calories. Celle de
l'alcool, par l'équivalent 331,9, exigera $40,105 \times 331,9$
$=13\,300^{cal},85$ et, en tout, pour le calorique de vaporisation,
$26\,850 + 13\,300,85 = 40\,150^{cal},85$.

En ajoutant à ce chiffre les $77\,919^{cal},8359$ nécessaires
pour porter la masse à l'ébullition, on trouve un total de
$118\,070^{cal},6819$ qu'il faut dépenser pour extraire, par barbotage, 1 hectolitre de produit à 50 degrés, de 1000 litres
de vin à 5 degrés.

Cette dépense totale de calorique revient à l'emploi de
$\dfrac{118070,6819}{617} = 191^k,36$ de *vapeur libre* à $+100$ degrés. D'où
il suit normalement que, si l'indicateur du bouilleur mar-
que les volumes, on saura, à très-peu de chose près, par
l'inspection de l'échelle, le moment où l'épuisement sera
complet dans la masse à distiller, bien qu'on puisse encore,
et plus exactement, vérifier le fait par la constatation du volume de produit obtenu, à la force de 50 degrés.

Cas de l'esprit à 90 degrés. — Dans cette condition particulière, les 50 litres d'alcool ($=40^k,105$) ne sont accompagnés
que de 1 dixième d'eau, en sorte que le produit égale
$55^l,55$ d'esprit à 90 degrés, renfermant $5^l,55$ ($=5^k,55$) d'eau
et $40^k,105$ d'alcool ($=50$ litres).

La vaporisation de l'eau à $+100$ degrés, par l'équivalent 537, égale $537 \times 5,55 = 2980^{cal},35$. Celle de l'alcool demande le même chiffre que dans le cas précédent, soit
$13\,300^{cal},85$, et, en tout, $16\,281^{cal},20$, ou $23\,869^{cal},65$ de moins
que dans le cas des phlegmes à 50 degrés. La dépense totale,

échauffement et vaporisation, est de $77\,919,8359 + 16\,281,20$

$= 94\,201^{cal},0359$, qui revient à l'emploi de $\dfrac{94\,201,0359}{617}$

$= 152^k,675$ de *vapeur libre*, à $+ 100$ degrés..

Cas de l'esprit à 94 degrés. — Les 50 litres d'alcool, $= 40^k,105$, ne sont accompagnés que de 6 pour 100 d'eau, ce qui donne $53^l,19$ d'esprit à 94 degrés, renfermant $3^l,19$ d'eau $(3^k,19)$ et $40^k,105$ d'alcool $(= 50$ litres).

La vaporisation de $3^k,19$ d'eau à $+ 100$ degrés $= 3,19 \times 537$ $= 1713^{cal},03$. Celle de l'alcool exige la même somme que dans les cas précédents, soit $13\,300^{cal},85$ et, en tout, $15\,013^{cal},88$, soit $1\,267^{cal},32$ de moins que pour l'esprit à 90 degrés, ou $25\,136^{cal},97$ de moins que pour les phlegmes à 50 degrés.

La dépense totale, échauffement et vaporisation, est de $77\,919,8359 + 15\,013,88 = 92\,933,7159 = \dfrac{92\,933,7159}{617} = 150^k,621$

de *vapeur libre*, à $+ 100$ degrés.

Nous déduisons de ce qui précède :

1° Que l'emploi de la vapeur en barbotage, *dans un appareil bien fait,* utilise la totalité de la vapeur employée ;

2° Que l'on ne peut rien économiser sur la dépense en calorique d'échauffement ou d'ébullition, en agissant sur un même vin, mais qu'il y aurait intérêt à distiller des vins plus riches ;

3° Que la dépense de calorique est plus forte pour les phlegmes, à raison de la plus grande vaporisation d'eau, et que l'on a tout intérêt à produire immédiatement des *forces*, quand il s'agit d'alcool, plutôt que de faire des phlegmes à rectifier.

Ajoutons que ceci n'est qu'une question de construction d'appareils.

Les proportions entre les dépenses de calorification sont représentées par les chiffres :

> 19,072 pour la production des phlegmes à 50 degrés ;
> 152,039 pour celle de l'esprit à 90 degrés ;
> 149,98 pour celle de l'esprit à 94 degrés ;

toutes réserves faites, d'ailleurs, sur les autres frais de l'opération. Ces chiffres proportionnels peuvent être appliqués à l'emploi du combustible et l'on peut dire, en général, que, si l'extraction d'une certaine quantité de phlegmes à 50 degrés consomme en charbon (ou en argent) 190,72, l'extraction de l'esprit à 94 degrés correspondant à cette même quantité de phlegmes, et faite sans rectification, ne consommera, en charbon ou argent, que 149,98, en employant de la *vapeur libre* à +100 degrés.

Nous verrons, plus tard, que la rectification bien comprise ne consomme, en réalité, que des quantités très-faibles de calorique, ce qui ressort de ce que nous venons de dire, et nous permettra d'asseoir une des bases sur lesquelles on doit s'appuyer pour juger les agissements de la plupart des rectificateurs d'alcools.

B. *Emploi de la vapeur confinée.* — La vapeur confinée s'emploie par l'intermédiaire d'un serpentin, ou d'un espace clos nommé *faux-fond*. Dans les deux circonstances, il importe de déterminer qu'elle est la proportion de liquide vaporisé par chaque mètre carré de surface de chauffe, à une pression donnée, et par heure.

Voici quelques renseignements à ce sujet.

Il est admis par la pratique que les surfaces de faux-fond, avec de la vapeur à +135 degrés (3 atmosphères) par 647^{cal},60 de chaleur totale, transmettent en moyenne 40 000 calories par mètre carré et par heure.

Walkhoff a trouvé expérimentalement 41 700 calories. Nous avons constaté 43 200 calories par mètre carré et par heure et Gall admet une transmission de 38 000 calories, également avec de la vapeur à +135 degrés.

Nous adopterons la moyenne de 40 000 calories pour les surfaces de faux-fond, et ce chiffre répond aux quantités d'échauffement et de vaporisation d'eau suivantes transmises par mètre carré et par heure :

Températures initiales.	Fractions de vaporisation.	Échauffement à +100° correspondant.	Vaporisation correspondante.
0°	$\dfrac{40000}{637}$	400^k,00	62^k,794
+ 10	$\dfrac{40000}{627}$	444 ,44	63 ,795
20	$\dfrac{40000}{617}$	500 ,00	64 ,829
30	$\dfrac{40000}{607}$	571 ,428	65 ,897

Températures initiales.	Fractions de vaporisation.	Echauffement à + 100° correspondant.	Vaporisation correspondante.
40°	$\dfrac{40000}{597}$	666^k,67	67^k,000
50	$\dfrac{40000}{587}$	800 ,00	68 ,163
60	$\dfrac{40000}{577}$	1000 ,00	69 ,324
70	$\dfrac{40000}{567}$	1333 ,33	70 ,546
80	$\dfrac{40000}{557}$	2000 ,00	71 ,813
90	$\dfrac{40000}{547}$	4000 ,00	73 ,126
100	$\dfrac{40000}{537}$		74 ,487

Il résulte, des chiffres de ce tableau, que l'on peut connaître immédiatement quelle est la quantité d'eau que l'on peut échauffer à +100 degrés, ou celle que l'on peut vaporiser, en une heure, par chaque mètre carré de surface, avec de la vapeur à 3 atmosphères.

En nous reportant maintenant à l'emploi de la vapeur à +100 degrés, traversant un faux-fond, et dont la condensation s'échappe librement, ou, en d'autres termes, agissant sur des surfaces, nous trouvons que le mètre carré de surface de chauffe ne transmet, théoriquement, et comparativement à ce que donne en réalité la vapeur à +135 degrés, que 39 345 calories. Nous n'avons jamais constaté un nombre supérieur à 32 500 calories par mètre carré et par heure, dans les conditions que nous venons de mentionner, et ce chiffre répond à l'échauffement de 325 kilogrammes d'eau jusque +100 degrés ou à la vaporisation de 51^k,020 en partant de 0 degré comme température initiale.

Les serpentins de 2 à 4 centimètres de diamètre utilisent beaucoup mieux le calorique que les surfaces planes ou convexes des faux-fonds. 1 mètre de surface de serpentin transmet de 62 000 à 65 000 calories par heure, avec de la vapeur à +135 degrés. Nous adopterons le chiffre de 60 000 calories, qui est reconnu exact par les meilleurs praticiens, pour la vapeur à 3 atmosphères. Dans des conditions similaires, avec la vapeur à +100 degrés, les serpentins ne transmettent pas beaucoup plus de 50 000 calories.

Voici les indications des quantités transmises par mètre carré et par heure avec de la vapeur à + 135 degrés, ou à 3 atmosphères :

Températures initiales.	Fractions de vaporisation.	Echauffement à +100° correspondant.	Vaporisation correspondante.
0°	$\dfrac{60000}{637}$	600^k,00	94^k,191
+ 10	$\dfrac{60000}{627}$	666 ,67	95 ,695
20	$\dfrac{60000}{617}$	750 ,00	97 ,243
30	$\dfrac{60000}{607}$	857 ,14	98 ,845
40	$\dfrac{60000}{597}$	1000 ,00	100 ,500
50	$\dfrac{60000}{587}$	1200 ,00	102 ,244
60	$\dfrac{60000}{577}$	1500 ,00	103 ,986
70	$\dfrac{60000}{567}$	2000 ,00	105 ,819
80	$\dfrac{60000}{557}$	3000 ,00	107 ,719
90	$\dfrac{60000}{547}$	6000 ,00	109 ,689
100	$\dfrac{60000}{537}$		111 ,750

Ainsi, à température égale de la vapeur, l'emploi des serpentins procure un avantage net d'un tiers, soit sur le résultat obtenu, soit sur le temps employé, soit encore sur le combustible à dépenser, ou sur la surface des vases évaporatoires.

Si nous appliquons maintenant à l'alcool ce qui vient d'être indiqué pour l'eau, nous devons tenir compte de la différence entre la capacité calorifique de l'eau et celle de l'alcool, celle-ci n'étant que de 0,652, lorsque celle de l'eau est égale à l'*unité* ou à la *calorie*.

Or, si nous reprenons les calculs qui ont été établis pour l'eau, nous trouvons que l'application de la vapeur à +100 degrés, par doubles fonds ou surfaces, transmet 32500 calories par mètre carré et par heure, et que cette quantité de chaleur suffit à porter 325 kilogrammes d'eau de

9

0 degré à + 100 degrés, ou à vaporiser 51^k,020 d'eau prise à 0 degré.

La vapeur à + 135 degrés, ou à 3 atmosphères, transmet 40 000 calories, d'où il résulte l'échauffement de 0 degré à + 100 degrés de 400 kilogrammes d'eau, ou la vaporisation de 62^k,794 d'eau prise à 0 degré, par mètre carré et par heure.

Par l'emploi des serpentins, la vapeur à + 100 degrés transmet 50 000 calories par mètre carré et par heure, ce qui répond à un échauffement de 0 degré à + 100 degrés pour 500 kilogrammes d'eau à 0 degré, ou à la vaporisation de 78^k,492 d'eau prise également à zéro.

Enfin, la vapeur à +135 degrés, appliquée par les serpentins, transmet 60 000 calories, ou assez de chaleur pour porter de 0 degré à + 100 degrés une quantité de 600 kilogrammes d'eau à 0 degré, ou pour vaporiser 94^k,191 d'eau prise à zéro, par mètre carré et par heure.

Dans ces conditions, l'*alcool absolu*, par 0,652 de capacité calorifique et 331,9 de chaleur de vaporisation, est porté de 0 degré à + 1°,533 de température par une transmission de calorique qui porterait l'eau de 0 degré à + 1 degré, ou par *une calorie transmise*. L'alcool absolu, à 0 degré, se vaporisant par $(78,4 \times 0,652) + 331,9 = 383^{cal},0168$, au lieu de 637, une quantité de calorique, suffisante pour vaporiser 1 kilogramme d'eau, peut vaporiser 1^k,663 d'alcool.

De ces simples données, on déduit les indications suivantes :

1° Par surfaces ou doubles fonds, la vapeur à + 100 degrés, transmettant 32 500 calories par mètre carré et par heure, peut *échauffer*, de 0 degré à + 78°,4, une quantité d'alcool à 0 degré représentée par l'expression $\dfrac{32,500}{78,4 \times 0,652} = 635^k,79.$

On peut encore exprimer cet échauffement de l'alcool à + 78°4 d'une manière plus générale par la fraction $\dfrac{32500}{78,4 - T, \times 0,652}$ dans laquelle T désigne la température initiale.

2° Dans les mêmes ciconstances, 32 500 calories transmises par la vapeur à + 100 degrés vaporiseront une quantité d'alcool à 0 degré représentée par l'expression $\dfrac{32\,500}{(78,4 \times 0,652) + 331,9} = \dfrac{32\,500}{383,0168} = 84^k57.$ Quelle que soit la température initiale, on obtiendra la quantité d'alcool vaporisée en calculant la fraction $\dfrac{32\,500}{(78,4-\text{T}\times0,652)+331,9}$.

3° La vapeur à $+135$ degrés (3 atmosphères), transmettant 40 000 calories par surfaces ou doubles fonds, échauffera, de 0 degré à $+78°,4$, une quantité d'alcool représentée par $\dfrac{40,000}{78,4\times0,652} = 782^{k},52$, ou, à partir d'une température initiale supérieure à 0 degré, une quantité égale à la valeur de la fraction $\dfrac{40\,000}{(78,4-\text{T})\times0,652}$.

4° Cette même vapeur, à $+135$ degrés, dans les mêmes conditions, vaporisera $\dfrac{40\,000}{383,0168} = 104^{k},434$ d'alcool absolu, pris à zéro, ou, à partir d'une température initiale supérieure à 0 degré, une quantité égale à la valeur de la fraction $\dfrac{40,000}{(78,4-\text{T}\times0,652)+331,9}$.

5° Par l'emploi des serpentins, la vapeur à $+100$ degrés, transmettant 50 000 calories, échauffera de 0 degré à $+78°,4$, une quantité d'alcool absolu représentée par $\dfrac{50\,000}{78,4\times0,652}$ $= 978^{k},15$, ou, plus généralement, à partir d'une température initiale supérieure à 0 degré, une quantité égale à la valeur de la fraction $\dfrac{50\,000}{(78,4-\text{T})\times0,652}$.

6° Dans les mêmes conditions, cette même vapeur à $+100$ degrés, vaporisera $\dfrac{50\,000}{383,0168} = 121^{k},862$ d'alcool absolu pris à 0 degré, ou $\dfrac{50\,000}{(78,4-\text{T}\times0,652)+331,9}$ de ce même alcool, pris à une température supérieure à zéro.

7° Par l'emploi des serpentins, la vapeur à $+135$ degrés (3 atmosphères), par 60 000 calories, échauffera, de 0 degré à $+78°,4$, une quantité d'alcool absolu représentée par $\dfrac{60\,000}{78,4\times0,652} = 1173^{k},78$ ou bien $\dfrac{60\,000}{(78,4-\text{T})\times0,652}$, en partant d'une température supérieure à 0 degré.

8° Dans les mêmes conditions, cette même vapeur à

$+135$ degrés vaporisera $\dfrac{60\,000}{383,0168}=156^k,65$ d'alcool à 0 degré,

ou $\dfrac{60\,000}{(78,4-T\times0,652),+331,9}$ en partant d'une température initiale supérieure à zéro.

Ce qui précède s'applique à l'alcool absolu et aux quantités échauffées ou vaporisées par mètre carré et par heure, et l'on peut en déduire des chiffres qu'il est utile à la pratique de connaître.

Températures	TRANSMISSION			
de la	PAR SURFACES :		PAR SERPENTINS :	
vapeur employée.	Echauffement à + 78°,4.	Vaporisation.	Echauffement à + 78°,4.	Vaporisation.
$+100°$ (1 atm.)	635^k,79	84^k,57	978^k,15	121^k,86
135° (3 atm.)	782 ,52	104 ,43	1173 ,78	156 ,68

Pour ramener ces données à la température moyenne de $+15$ degrés, on effectue les calculs indiqués par les formules $\dfrac{n}{(78,4-15)\times0,652}$ et $\dfrac{n}{(78,4-15)\times0,652}+331,9$ dans lesquelles n représente le chiffre des calories transmises. Le calcul conduit aux chiffres suivants, qui indiquent les quantités d'alcool absolu, à $+15$ degrés de température initiale, échauffées à $+78°,4$ ou vaporisées par la vapeur à $+100$ ou à $+135$ degrés, par mètre carré et par heure.

Températures	TRANSMISSION			
de la	PAR SURFACES :		PAR SERPENTINS :	
vapeur employée.	Echauffement à + 78°,4	Vaporisation.	Echauffement à + 78°,4	Vaporisation.
$+100°$ (1 atm.)	786^k,22	87^k,07	1209^k,57	135^k,96
135° (3 atm.)	967 ,66	107 ,17	1451 ,46	160 ,73

En pratique, on n'a pas affaire à l'alcool absolu, mais bien à des mélanges d'alcool et d'eau et, pour se rendre un compte exact de la manière dont la chaleur transmise agit sur ces mélanges, il est nécessaire d'apprécier la valeur des liquides hydro-alcooliques sur lesquels on doit opérer.

Si l'on sait, en effet, que, sur un volume de 1 000 litres à 1 degré de force alcoolique, on a 990 litres (kilogrammes) d'eau et 10 litres ou 8^k,021 d'alcool, il sera facile d'établir la correspondance des équivalents caloriques d'échauffement et de vaporisation des mélanges proposés.

Valeurs pondérales des mélanges hydro-alcooliques de 0 degré à 100 degrés centésimaux, à + 15 degrés de température.

Forces réelles.	Poids du mélange.	Eau.	ALCOOL ABSOLU.	
			Volume.	Poids.
0	1000k,	1000 l	0 l	0k,
1	998 ,021	990	10	8 ,021
2	996 ,042	980	20	16 ,042
3	994 ,063	970	30	24 ,063
4	992 ,084	960	40	32 ,084
5	990 ,105	950	50	40 ,105
6	988 ,126	940	60	48 ,126
7	986 ,147	930	70	56 ,147
8	984 ,168	920	80	64 ,168
9	982 ,189	910	90	72 ,189
10	980 ,210	900	100	80 ,210
11	978 ,031	890	110	88 ,031
12	976 ,252	880	120	96 ,252
13	974 ,273	870	130	104 ,273
14	972 ,294	860	140	112 ,294
15	970 ,315	850	150	120 ,315
16	968 ,336	840	160	128 ,336
17	966 ,357	830	170	136 ,357
18	964 ,378	820	180	144 ,378
19	962 ,399	810	190	152 ,499
20	960 ,420	800	200	160 ,420
21	958 ,441	790	210	168 ,441
22	956 ,462	780	220	176 ,462
23	954 ,483	770	230	184 ,483
24	952 ,504	760	240	192 ,504
25	950 ,525	750	250	200 ,525
26	948 ,546	740	260	208 ,546
27	946 ,567	730	270	216 ,567
28	944 ,588	720	280	224 ,588
29	942 ,609	710	290	232 ,609
30	940 ,630	700	300	240 ,630
31	938 ,651	690	310	248 ,651
32	936 ,672	680	320	256 ,672
33	934 ,693	670	330	264 ,693
34	932 ,714	660	340	272 ,714
35	930 ,735	650	350	230 ,735
36	928 ,756	640	360	288 ,756
37	926 ,777	630	370	296 ,777
38	924 ,798	620	380	304 ,798
39	922 ,819	610	390	312 ,819
40	920 ,840	600	400	320 ,840

Forces réelles.	Poids du mélange.	Eau.	ALCOOL ABSOLU.	
			Volume.	Poids.
41	918^k,861	590^l	410^l	328^k,861
42	916 ,882	580	420	336 ,882
43	914 ,903	570	430	344 ,903
44	912 ,924	560	440	352 ,924
45	910 ,945	550	450	360 ,945
46	908 ,966	540	460	368 ,966
47	906 ,987	530	470	376 ,987
48	905 ,008	520	480	385 ,008
49	903 ,029	510	490	393 ,029
50	901 ,050	500	500	401 ,050
51	899 ,071	490	510	409 ,071
52	897 ,092	480	520	417 ,092
53	895 ,113	470	530	425 ,113
54	893 ,134	460	540	433 ,134
55	891 ,155	450	550	441 ,155
56	889 ,176	440	560	449 ,176
57	887 ,197	430	570	457 ,197
58	885 ,218	420	580	465 ,218
59	883 ,239	410	590	473 ,239
60	881 ,260	400	600	481 ,260
61	879 ,281	390	610	489 ,281
62	877 ,302	380	620	497 ,302
63	875 ,323	370	630	505 ,323
64	873 ,354	360	640	513 ,334
65	871 ,365	350	650	521 ,365
66	869 ,386	340	660	529 ,386
67	867 ,407	330	670	537 ,407
68	865 ,428	320	680	545 ,428
69	863 ,449	310	690	553 ,449
70	861 ,470	300	700	561 ,470
71	859 ,491	290	710	569 ,491
72	857 ,512	280	720	577 ,512
73	855 ,533	270	730	585 ,533
74	853 ,554	260	740	593 ,554
75	851 ,575	250	750	601 ,575
76	849 ,596	240	760	609 ,596
77	847 ,617	230	770	617 ,617
78	845 ,638	220	780	625 ,638
79	843 ,659	210	790	633 ,659
80	841 ,680	200	800	641 ,680
81	839 ,701	190	810	649 ,701
82	837 ,722	180	820	657 ,722
83	835 ,743	170	830	665 ,743
84	833 ,764	160	840	673 ,764
85	831 ,785	150	850	681 ,785
86	829 ,806	140	860	689 ,806
87	827 ,827	130	870	697 ,827

| Forces réelles. | Poids du mélange. | Eau. | ALCOOL ABSOLU. | |
			Volume.	Poids.
88	825k,848	120 l	880 l	705k,848
89	823 ,869	110	890	713 ,869
90	821 ,890	100	900	721 ,890
91	819 ,911	90	910	729 ,911
92	817 ,932	80	920	737 ,932
93	815 ,953	70	930	745 ,953
94	813 ,974	60	940	753 ,974
95	811 ,995	50	950	761 ,995
96	810 ,016	40	960	770 ,016
97	808 ,037	30	970	778 ,037
98	806 ,058	20	980	786 ,058
99	804 ,079	10	990	794 ,079
100	802 ,100	0	1000	802 ,100

Nous avons négligé, dans cette table, la contraction de volume qui s'opère dans les mélanges d'eau et d'alcool, cette contraction devant être étudiée plus tard et ne présentant aucune importance dans les conditions de notre étude actuelle. Nous partons du point fixe de + 15 degrés, qui est celui de la température moyenne et, prenant le mélange tel qu'il est, nous le considérons comme formé d'un poids x d'eau et d'un poids y d'alcool absolu, ces deux poids ne variant pas par la contraction. Ainsi, lorsque nous mélangeons 537 litres d'alcool (= 430k,7277 à + 15°) avec 498 litres d'eau (= 498 kilogrammes), au lieu d'obtenir 1 035 litres de mélange, nous n'obtenons que 1 000 litres, par suite de la contraction; mais ces 1 000 litres pèsent 430k,7277 + 498 kilogrammes = 928k,7277, exactement comme les 1 035 litres auraient pesé 928k,7277 sans contraction.

La densité est modifiée, le volume est plus petit, mais le poids total et celui de chacun des deux liquides reste le même et ne peut avoir subi aucune modification par le fait de la contraction.

En supposant donc que la contraction n'existe pas, ce mélange représenterait une force alcoolique de 51°,884, et le poids de 1,000 litres serait 518,84 × 0,8021 + (1 000 — 518,84), ou 416,16 + 481,16 = 897k,32. Mais, avec la contraction, les 1 000 litres, contenant 537 litres d'alcool, sont à 53°,7 de force réelle et renferment, en fait, 430k,7277 de ce corps avec 498 kilogrammes d'eau = 928k,7277, contractés en un volume de 1 000 litres pour 1 035.

Quoi qu'il en soit, il reste évident que, dans l'intervention de la chaleur sur un tel liquide, on aura à vaporiser 537 litres (= 430^k,7277) d'alcool et à échauffer à un degré donné une masse de 928^k,7277, composée de 498 kilogrammes d'eau et 430^k,7277 d'alcool anhydre, ce qui est le vrai point de la question.

Or, si nous prenons pour point de comparaison le mélange dont nous venons de parler de 537 litres d'alcool et 498 litres d'eau [1] et que nous cherchions quelles seront les conditions de l'application de la chaleur sur un tel liquide, nous trouverons les données suivantes :

L'équivalent calorique d'échauffement de ce mélange se composera jusqu'à + 78°,4 :

1° D'un nombre de calories égal au poids de l'eau, exprimé en kilogrammes, multplié par 78,4 moins la chaleur initiale (= 78,4 — 15 = 63,4) ;

2° D'un nombre de calories égal au poids de l'alcool, exprimé en kilogrammes, multiplié par 78,4 — T × 0,652 (= 78,4 — 15 × 0,652 = 41,3368).

Au-dessus de + 78°,4 T, la vaporisation de l'alcool mélangé s'effectuant progressivement, les détails de ce *travail* peuvent être analysés sans une grande difficulté.

Comme l'équivalent calorique de vaporisation de l'alcool égale 331^{cal},9 et que, d'autre part, l'eau du mélange ne peut arriver, de + 78°,4 à + 100 degrés que par 100 — 78,4 = 21,6, il est clair que, lorsque la masse totale aura absorbé une quantité de chaleur représentée par le poids de cette masse multiplié par 21,6, l'eau sera arrivée à son point d'ébullition et l'alcool aura absorbé, par kilogramme, 21^{cal},6, c'est-à-dire 310^{cal},3 de moins qu'il ne lui en faut pour se vaporiser, en laissant de côté la vaporisation de surface.

De cela, il résulte que, la masse étant prise à + 15 degrés de température, chaque kilogramme d'eau doit absorber 85 calories pour arriver à + 100 degrés et que chaque kilogramme d'alcool, pour atteindre le même point, doit absorber 41,3368 + 21,6 = 62,9368.

A ce moment précis où la masse est à une température

---

[1] Ce mélange égale 1 000 litres en volume après contraction, par une densité de 0,9287277, au lieu de 0,89732.

commune de $+$ 78,4, si nous supposons qu'elle est composée de poids égaux d'eau et d'alcool, la chaleur spécifique du mélange sera représentée par $\dfrac{63,4 + 41,3368}{2} = 52,3684$, ce

qui égale $\dfrac{52,3684}{78,4 - 15} = 0,826$.

On sent aisément que, à partir de $+78°,4$ de température, l'alcool commence à se vaporiser, à mesure que la masse absorbe du calorique. Or, ce corps doit prendre $331^{cal},9$ pour passer de $+ 78°,4$ à une vaporisation totale, par une chaleur totale de $51,1168 + 331,9 = 383,0168$ pour 1 kilogramme. Si la masse absorbe 21,6 pour atteindre le point d'ébullition de l'eau, l'alcool absorbera également 21,6 entre les points $+78°,4$ et $+ 100$ degrés et, si la pression n'est pas supérieure à la normale, il s'en vaporisera une quantité correspondante à $\dfrac{216 \times 1}{3319} = 0,065$ de la quantité pondérale.

C'est par suite de ce fait que les premières vapeurs qui s'élèvent d'un mélange hydro-alcoolique ne contiennent que peu de vapeur d'eau, celle qui provient de la vaporisation de surface seulement et qui est entraînée mécaniquement.

En revenant aux chiffres pris pour exemple, de 537 litres $= 430^k,7277$ d'alcool et 498 kilogrammes d'eau $= 928^k,7277$, nous pouvons établir à l'avance deux points fort importants en distillation, la *quantité de chaleur* à dépenser et la *surface de chauffe* qu'il faut donner à l'appareil distillatoire.

Dépense de calorique. — Les $430^k,7277$ d'alcool absorberont, en partant de $+15$ degrés, jusqu'à l'ébullition, $(78,4 - 15) \times 0,652 \times 430,7277 = 41,3368 \times 430,7277 =$
$$17\,804^{cal},90$$

De l'ébullition à la vaporisation complète, sans pression autre que celle de l'atmosphère, ce même alcool absorbera $331,9 \times 430,7277 =$ $142\,958^{cal},50$

En tout, pour l'alcool. $160\,763^{cal},40$

Si l'eau devait être vaporisée en totalité, comme l'alcool, la dépense se composerait du calorique employé pour l'échauffement de $+15$ à $+ 100$ degrés et du calorique de vaporisation $= 537$. On aurait ainsi, pour les 498 kilogrammes

d'eau, en calorique d'échauffement, ou pour équivalent d'é-
bullition, 85 × 498 =   42 330^{cal}

Et pour le calorique de vaporisation, sous la
pression ordinaire, 537 × 498 =   267,426
                                                             _____
                          En tout, pour l'eau.   309 756^{cal}

Ce serait donc un chiffre total de 160 763,40 × 309 756
= 470 519,40 calories à dépenser pour vaporiser les 928^k,7277
du mélange supposé. Il n'en est pas ainsi dans la pratique et
la dépense de vaporisation, applicable à l'eau, dépend du
degré de force du produit et de quantités condensées dans
l'appareil. L'observation apprend que la quantité de vapeur
d'eau qui se condense dans les vases distillatoires est loin de
causer un surcroît de dépenses. Un kilogramme de vapeur
d'eau, en repassant à l'état liquide, dégage 537 calories,
c'est-à-dire son calorique de vaporisation, en sorte que l'on
pourrait négliger ce côté de la question, sans le moindre inconvénient, puisque un seul kilogramme de vapeur d'eau met
assez de chaleur en liberté pour porter de + 15 degrés
à l'ébullition $\dfrac{537}{85}$ = 6^k,317. Cette énorme quantité de chaleur

suffirait à la vaporisation de 1^k,438 d'alcool pris à + 15 degrés et elle peut échauffer les parois des vases, les diaphragmes, etc., sans qu'on ait à s'en préoccuper.

En général, dans les appareils distillatoires qui présentent
des milieux analyseurs, la quantité d'eau vaporisée se compose de la portion qui passe avec l'alcool et de celle qui reste
dans les différents milieux et qui retourne à la masse en
ébullition. Cette dernière quantité est variable selon la richesse du mélange liquide; mais comme nous nous trouvons,
par hypothèse, en présence d'un liquide de composition
connue, nous pouvons en déduire le chiffre total de l'eau vaporisée en nous tenant très-rapproché de l'exactitude rigoureuse.

Nous savons que l'eau, à partir de +100 degrés, a un équivalent de vaporisation égal à 537 et que celui de l'alcool,
à partir de + 78°,4 n'est que de 331,9. Nous avons vu que,
entre + 78°,4 et +100 degrés, l'application de 21^{cal},6 correspond à la vaporisation de 0^k,065 d'alcool, en sorte que, au-
dessus de +100 degrés, toute vaporisation de 1 kilogramme

d'eau répond à 537 calories $+ 21,6 = 558,6$ appliquées à l'alcool pris à $+ 78°,4$ De là, on conclut que la vaporisation de 1 kilogramme d'eau, dans une masse bouillante, appliquant à l'alcool $558^{cal},6$, ce chiffre répond à $\frac{558,6}{331,9} = 1^k,683 (= 2^{lit},098)$.

Comme la réciproque est vraie dans la distillation des mélanges hydro-alcooliques, puisque ces mélanges sont portés à l'ébullition, on en déduit que la vaporisation de 1 kilogramme d'alcool répond à celle de $0^k,594\ 177$ d'eau, c'est-à-dire que 1 litre d'alcool à 100 degrés $(= 802^{gr},1)$ se vaporise avec un minimum de $0^l,477\ 183$ d'eau, dans un appareil bien construit. Ce minimum peut être élevé à un chiffre beaucoup plus considérable par l'application d'une chaleur excessive, comme dans les appareils à feu, et par certaines mauvaises dispositions, mais nous n'entendons nous occuper ici que de la règle. En ce qui concerne l'eau entraînée mécaniquement, à l'état globulaire, et qui peut augmenter très-notablement le chiffre d'hydratation de l'alcool, on peut admettre que cette eau, ainsi entraînée, n'est pas à l'état de vapeur et qu'elle n'a pas causé de dépense de vaporisation bien sensible.

Nous aurons donc, pour l'eau, dans notre exemple, une dépense d'échauffement de .... $42\ 330^{cal}$,

Comme le poids de l'alcool égale $430^k,7277$, l'eau vaporisée égalera $430,7277 \times 0,594,177 = 255^k,93$. On a $255,93 \times 537 = $ .... $137\ 435^{cal},41$

En tout, pour l'eau $179\ 765^{cal},41$

On a donc à dépenser, en totalité, tant pour l'alcool que pour l'eau, $160\ 763,40 + 179\ 765,41 = 340\ 528^{cal},41$ et le produit qui pénètre dans le réfrigérent se compose de 537 litres d'alcool et $255^l,93$ d'eau, c'est-à-dire qu'il contiendrait 67,73 d'alcool et 32,27 d'eau, en volume, sur 100, et représenterait du 67 à 68 degrés seulement, si l'on ne faisait pas retourner à la masse les portions plus aqueuses condensées les premières.

Ces chiffres sont d'accord avec la pratique, car, par la distillation simple, sans rétrogradation, on n'obtient que du 68 degrés, à peu près, en rectifiant des phlegmes à 53-54 degrés.

Ce n'est que par des *condensations* progressives et des *ré-trogradations* que l'on obtient les forces demandées par le commerce.

On a constaté, en pratique, que l'épuisement de vins faibles, de 0,05 à 0,10 d'alcool, exige la vaporisation du quart de la masse, dans des vases distillatoires ordinaires, sans analyse et sans rétrogradation. Si nous supposons 1.000 litres à 10 pour 100 de richesse, on aura à vaporiser 250 litres, formés de 100 litres d'alcool (80ᵏ,21) et de 150 litres d'eau. Dans cette circonstance, qui forme le cas particulier des distillateurs passionnés pour l'alambic d'autrefois, la proportion moyenne, pour les vins faibles, est de 1 volume et demi d'eau pour 1 d'alcool pur, ce qui est, à peu près, l'inverse de ce qui a été exposé tout à l'heure. Lorsqu'on distille par masse, à feu nu, la vaporisation d'une aussi grande quantité d'eau n'a rien qui doive surprendre, car la proportion d'eau entraînée est très-considérable et, d'ailleurs, l'excès de calorique appliqué détermine une vaporisation beaucoup plus grande. Ce que nous avons dit plus haut n'est complétement justifié que par l'application d'une température de + 100 degrés sur de faibles épaisseurs, ou, mieux encore, sur des couches liquides descendantes, qui rencontrent sur leur passage une tempé-rature croissante et graduelle, jusqu'au maximum de +100 de-grés. Nous nous réservons, d'ailleurs, de compléter ces ex-plications lorsque nous établirons les principes relatifs à la construction des appareils distillatoires.

En somme, si l'on part de + 15 degrés seulement de tempé-rature initiale, pour arriver à la température d'ébullition de l'eau, l'extraction normale d'un litre d'alcool correspond à la vaporisation de 0,477 183 d'eau, et la dépense en calorique est proportionnelle aux différents éléments que nous avons signalés.

Surface de chauffe. — Nous avons déjà donné quelques in-dications à l'aide desquelles on peut calculer les surfaces né-cessaires à l'échauffement et à la vaporisation des liquides, mais cet objet mérite une telle attention de la part des con-structeurs et des distillateurs, que nous croyons devoir entrer dans les détails qui y sont relatifs et en exposer les principales conditions.

Nous prendrons pour base la vapeur à + 100 degrés et la

vapeur à +135 degrés : la première, parce qu'il est toujours possible de la produire, même par un appareil à feu nu ; la seconde, parce qu'elle est d'un emploi usuel dans la plupart de nos fabriques.

Par *surfaces* ou *doubles fonds*, la vapeur à +100 degrés transmet 32 500 calories, et la vapeur à +135 degrés, 40 000 calories par mètre carré et par heure.

Par *serpentins*, la vapeur à +100 degrés transmet 50 000 calories, et la vapeur à +135 degrés, 60 000 calories, également par mètre carré et par heure.

A l'aide de ces données, qui sont admises et sanctionnées par l'expérience, nous pouvons résoudre toutes les questions qui se rattachent à la surface de chauffe par l'emploi de la vapeur.

Il y a deux cas à considérer : ou bien, on soumet à la distillation des vins faibles en alcool, des produits ordinaires de la fermentation, renfermant de 4 à 10 d'alcool, soit 4 pour 100, afin de raisonner sur le minimum ; ou bien, on rectifie des phlegmes à 45 ou 50 degrés pour en faire des esprits d'un degré élevé, soit 45 pour 100. D'autre part, on agit avec des appareils en profondeur, c'est-à-dire sur des couches épaisses de liquides, ou avec des appareils en surface, sur des couches peu épaisses, ou dans des colonnes à cascades, dans lesquelles le liquide s'échauffe graduellement en se dirigeant vers des milieux de plus en plus chauds.

Dans le cas des *vins faibles*, et en partant de 1000 litres à distiller par heure, on est en présence des éléments suivants. Ces vins, à 4 pour 100 d'alcool (minimum) contiennent, sur 1 000 litres 40 litres ($32^k,084$) d'alcool et 960 kilogrammes d'eau. La dépense de calorique, étudiée à partir du point 0 degré, pour calculer toujours dans les minima, se compose de $(78,4 \times 0,652) + 331,9 = 51,1168 + 331,9 = 383,0168$ pour 1 kilogramme d'alcool, soit $383,0168 \times 32,084 = 12\,288,71$ pour les $32^k,084$. Pour l'eau, la masse doit être portée à l'ébullition, ce qui donne lieu à une dépense de $960 \times 100 = 96000$ calories. En outre, la vaporisation d'une certaine quantité de ce liquide détermine une absorption de calorique dont il faut tenir compte. Nous avons porté cette quantité à 0,594177 par kilogramme d'alcool vaporisé ; mais, on ne risque rien, en pratique, pour les liquides pauvres, en dehors même de l'eau entraînée, a porter cette proportion jusqu'à un poids égal à celui de l'alcool. Il y aura donc, par 1 000 litres 960 kilogrammes d'eau portée à l'ébullition et $32^k,084$ d'eau vaporisée, non comprise l'eau entraînée à l'état globulaire. On aura, de ce côté, $32,084 \times 537 = 17229,108$ et, en tout, pour l'eau, une dépense de $113229^{cal},108$.

Pour distiller convenablement 1 000 litres de ce vin faible par heure, on devra donc pouvoir appliquer au liquide, pendant le même temps, $12288,71 + 113229,108 = 125517^{cal},818$ ou, en nombre rond, 125520 calories, au moins.

Dans le cas des phlegmes à 45 pour 100, on est en face d'un mélange de 550 kilogrammes d'eau avec 450 litres $(= 360^k,945)$ d'alcool. La vaporisation de $460^k,945$ d'alcool à 0 degré exige $383,0168 \times 360,945 = 138\,248$ calories.

Les 550 kilogrammes d'eau exigeront, pour passer de 0 degré à $+ 100$ degrés, $550 \times 100 = 55000$ calories. En négligeant la portion entraînée, l'eau vaporisée est ici de 0,594077 par kilogramme d'alcool, c'est-à-dire qu'elle égale $360,945 \times 0,594177 = 214^k,465$, qui se vaporisent par $214,465 \times 537 = 115167^{cal},70$, soit, pour l'eau, tant en calorique d'échauffement que de vaporisation, 170 167,70 calories.

Le chiffre total de la dépense, pour l'alcool et l'eau, égale $138248 + 170\,167,7 = 308\,415^{cal},7$, soit, 308420.

De ce qui précède nous concluons :

1° *Dans le cas des vins faibles*, par la vapeur à $+ 100$ degrés, et par surfaces ou doubles fonds, avec 32 500 pour chiffre de transmission, il faudrait $\dfrac{125520}{32500} = 3^{mq},80$ de surface de chauffe pour distiller 1 000 litres par heure.

2° En faisant agir la même vapeur à $+ 100$ degrés par des serpentins, et par 50000 de transmission, il faudrait $\dfrac{125520}{50000} = 2^{mq},51$, c'est-à-dire, $1^{mq},29$ de moins que dans le cas précédent.

3° Avec de la vapeur à $+ 135$ degrés, par surfaces ou doubles fonds et par 40 000 de transmission, il faudrait $\dfrac{125520}{40000} = 3^{mq},138$ de surface de chauffe pour distiller 1 000 litres par heure.

4° En faisant agir la même vapeur à $+ 135$ degrés par des serpentins et par 60 000 de transmission, il faudrait $\dfrac{123520}{60000}$ $= 2^{mq},092$ pour distiller la même quantité, dans le même temps.

5° *Pour le cas des phlegmes*, par la vapeur à $+ 100$ degrés agissant par surfaces ou doubles fonds, il faudrait $\dfrac{308\,420}{32\,500}$ $= 9^{mq},489$.

6° Avec la même vapeur, et par serpentins, il faudrait $\dfrac{308\,420}{50\,000} = 6^{mq},168$.

7° Avec la vapeur à $+ 135$ degrés, agissant par surfaces, il faudrait $\dfrac{308\,420}{40\,000} = 7^{mq},71$.

8° Avec la même vapeur, et par serpentins, il faudrait $\dfrac{308\,420}{60\,000} = 5^{mq},14$.

Les observations précédentes et l'exemple de calcul qui les accompagne nous paraissent devoir suffire pour bien faire saisir la marche à suivre dans les recherches et les appréciations de ce genre. La question se réduit, en effet, à partir de la richesse alcoolique du liquide à traiter pour étudier le chiffre du calorique nécessaire à la vaporisation complète de l'alcool, à l'échauffement de l'eau jusqu'à l'ébullition et la vaporisation d'une portion de cette eau, portion qui varie de $0^k,594$ à $1^k,290$ par kilogramme d'alcool vaporisé.

Nous avons dit tout à l'heure qu'on se sert d'appareils en profondeur ou d'appareils en surface, ou de colonnes en cascade, avec progression du liquide vers la source de chaleur. Ces cas sont à examiner.

1° Que les appareils soient disposés de façon à contenir *à la fois* une grande masse de liquide ou une moindre quantité, la proportion de calorique à transmettre est en rapport avec la surface de chauffe, et un même poids de liquide, de même composition, dépensera autant de calorique dans les deux conditions.

2° La seule différence que l'on aura à constater consistera dans une plus grande rapidité de mise en train, mais il n'y en aura aucune dans la somme du travail, puisque, par une surface égale, on a à vaporiser une quantité égale d'eau et d'alcool dans l'unité de temps.

3° Il en est encore de même dans l'application de la chaleur à la distillation par les colonnes alimentées en cascade, et dont l'explication est fournie par la figure 33, laquelle est purement théorique.

Nous avons à faire comprendre nettement que, dans ces appareils à colonnes bien établis, quoique toute la chaleur soit utilisée, cette utilisation dépend plutôt de l'échauffement des liquides dans le chauffe-vin que du travail même de la colonne et nous pensons que notre démonstration sera assez claire pour détruire certains préjugés et couper court à certaines réclames trop élogieuses.

Supposons que A est un épuiseur, dont le liquide est chauffé par de la vapeur à $+ 135$ degrés, à l'aide du serpentin v, avec retour de condensation d, sur une surface de $1^{mq},50$.

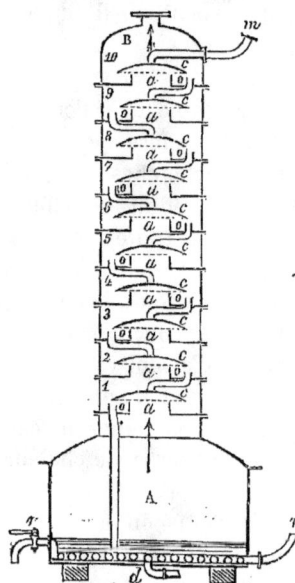

Fig. 33.

Le robinet r, siphoïde, sert à porter au dehors le liquide épuisé. Les milieux 1 à 10 de la colonne B sont séparés par des rondelles mauvaises conductrices, et l'alimentation se fait par m, avec du liquide porté à $+ 40$ degrés à l'aide d'un chauffe-vin. Ce liquide arrivant en 10, descend, de proche en proche, vers A, par les tubes de trop-plein o, o, et, dans chaque case, il arrose la calotte c, pour arriver, en fin de compte, sur le serpentin.

Soit encore la température du liquide égale à $+ 40$ degrés en 10 et à $+ 100$ en A, de telle sorte qu'il y ait une différence décroissante de 6 degrés par chaque case, depuis A jusqu'au sommet de B, et admettons le travail en pleine activité.

La vapeur, à $+ 100$ degrés, s'élevant de A $= 1^{mq},50$, vient frapper le fond de la case 1 et le dessous de la calotte *c* par une surface totale de 20 décimètres carrés.

Par 60 000 de transmission, A fournit 1 500 calories par minute, c'est-à-dire assez de chaleur pour vaporiser $\dfrac{1500}{637-15}$ $= 2^k,41$ d'eau à $+15$ degrés par minute, ou pour porter à $+100$ degrés $17^k,647$ de ce même liquide pris à la même température initiale.

Cette même quantité de chaleur porterait à $+78°,4$, ou à l'ébullition $\dfrac{1500}{(78,4-15)\times0,652} = \dfrac{1500}{41,3368} = 36^k,287$ d'alcool à $+15$ degrés, et elle vaporiserait $\dfrac{1500}{373,2368} = 4^k,035$ de ce même alcool.

A raison de 1 000 litres par heure, en raisonnant sur l'eau, il entre par *m* dans la case 10, $16^l,666$ de ce liquide à $+40$ degrés, venant du *chauffe-vin*. Mais, pour porter l'eau de $+15$ degrés à $+40$ degrés dans cet organe, on a dépensé $16,666\times25 = 416^{cal},67$. En arrivant dans cette case, il se trouve en contact avec une surface de transmission de 20 décimètres cubes qui peut transmettre 108 calories par minute, par le coefficient $32\,500 = \dfrac{32\,500\times20}{100\times60} = 108,33$. Il ne faut que 100 calories pour élever de 6 degrés la température des $16^l,666$ qui arrivent dans la case, pendant cette durée d'une minute, en sorte que les dix cases, par 20 décimètres cubes de surface, en dépensant chacune 100 calories, soit, en tout, 1000 calories, portent à $+100$ degrés dans la case inférieure le liquide qui est entré en *m* par $+40$ degrés de température.

La transmission de chaleur par le serpentin de A étant de 90 000 calories pour $1^m,50$ et par heure, ce chiffre revient à $\dfrac{90\,000}{60} = 1\,500$ par minute et, comme nous venons de démontrer qu'il n'en faut que $1\,000+416,67 = 1416,67$ pour 1000 litres par heure ($16^l,666$ par minute), nous en concluons rigoureusement qu'une surface de serpentin de $1^{mq},50$ peut échauffer à $+100$ degrés une quantité de 1 000 litres d'eau par heure, cette eau étant prise à $+15$ degrés de température initiale.

Comme on n'agit pas sur de l'eau, mais sur des vins plus

10

ou moins riches, il est aisé de se rendre compte de la différence qui doit en résulter. Avec des vins à 7 pour 100 de richesse, par exemple, on a, sur 1000 litres, 70 litres ($= 56^k,147$)
d'alcool et 930 kilogrammes d'eau. La vaporisation de l'alcool demande $(78\,4 - 15) \times 0,652 + 331,9 = 373,2368$ et
$373\,2368 \times 56^k,147 = 20\,956^{cal}.13$. Celle de 0,594177 d'eau
par kilogramme d'alcool ($= 33^k,36$) absorbe $(637 - 15) \times 33,36$
$= 20\,749^{cal}\,92$. Enfin, l'échauffement, à $+ 100$ degrés, de
$930^k - 33,36 = 896^k,64$ requiert 89664 calories, ce qui donne,
en tout, pour la distillation de 1 000 litres d'un tel vin, 131 370
calories, soit $\dfrac{131\,370}{60} = 2189,5$ par minute.

La déduction logique de ce qui précède est qu'il faudrait
$2^{mq},20$ de surface de serpentin pour distiller 1000 litres de
vin à 7 pour 100 par heure, et que, quoi qu'on fasse, la
somme de chaleur transmise par la surface de chauffe n'augmentant pas, la disposition en colonne ne diminue pas la quantité de calorique à appliquer au liquide donné pour en extraire l'alcool avec une certaine proportion d'eau et porter le
reste de l'eau à l'ébullition.

Nous ferons voir plus loin quels sont les avantages de la
colonne, mais nous tenions à exposer ici la question des surfaces de chauffe par la vapeur et à démontrer qu'elles ne varient pas avec la forme de l'appareil, mais bien avec la nature
du mélange liquide et avec la quantité de chaleur transmise.

Pour compléter notre démonstration, nous modifions notre
appareil (fig. 33) et nous lui donnons $2^{mq},20$ de surface de
serpentin, produisant 131 370 calories par heure, soit 2189,5
par minute.

Les $16^l,67$, à 7 pour 100, qui pénètrent dans l'appareil en
m, ont absorbé, dans le chauffe-vin, pour passer de $+ 15$ degrés à $+ 40$ degrés $402^{cal},75$, en tenant compte des différences
de chaleur spécifique entre l'eau et l'alcool. C'est là que se
trouve la véritable différence avec les appareils sans chauffe-
vin ; il n'y a pas d'économie dans la surface de chauffe, mais
toute la chaleur est utilisée. Ce chiffre de 402 calories 75×60
$= 24165$ calories par heure, ou par 1000 litres dans le cas
présent, et cette économie représente de 6 à 8 kilogrammes
de combustible. C'est une question de 150 à 200 kilogrammes
de charbon, soit de 4 fr. 20 à 5 fr. 60, en moyenne, par vingt-

quatre heures, pour une fabrication de 1 000 litres par heure, et cette somme équivaut presque à la moitié du gage d'un bon distillateur.

§ III. — EMPLOI DU FEU NU.

Sous l'empire des anciennes idées sur la distillation, l'échauffement des liquides par le *feu nu* était adopté d'une manière générale. Le mauvais goût des produits, qui se chargeaient de principes empyreumatiques, n'empêchait pas que l'on eût constamment recours à ce mode d'échauffement, et cela se comprend d'autant mieux que, dans les opinions du temps, l'alcool devait sa qualité à l'action du calorique.

Aujourd'hui, nous faisons à l'action directe du feu un reproche assez fondé. Nous trouvons que cette action ne se règle pas avec assez de facilité, qu'elle détermine la décomposition de plusieurs corps dissous dans les vins, lorsque le degré de température supporté par les parois des vases s'élève au-dessus d'un certain point. Il y a, dans tout cela, du vrai et du faux.

On peut très-bien opérer la distillation à feu nu sous les conditions qui suivent :

1° On ne doit jamais produire l'ébullition à feu nu des vins qui renferment des matières albuminoïdes, du ferment, etc., en état de suspension ;

2° L'ébullition à feu nu produit des effets d'autant plus pernicieux que les matières en suspension peuvent donner lieu à la production d'huiles essentielles fétides, comme lorsqu'on distille le marc de raisin, les vins de grains mal clarifiés, etc.

Les effets de la distillation à feu nu sont en partie conjurés, lorsque le niveau du liquide ne change pas dans le vase bouilleur, lorsque les liqueurs sont limpides et ne contiennent pas de matières solides en suspension. Dans ces deux circonstances, la distillation à feu nu ne peut pas être plus désastreuse que la distillation à la vapeur libre, par l'emploi des barboteurs. Ajoutons que si l'on avait un moyen de régler l'emploi du feu nu et de ne pas dépasser, *en aucun point,* la température nécessaire à l'ébullition de la masse, il n'y aurait pas la moindre différence dans le résultat des opérations.

On peut concevoir l'application du feu nu à la distillation de deux façons, ou par *surfaces*, ou par *serpentins* ; c'est à ce dernier mode que nous donnerons toujours la préférence, en faisant observer que nous réunissons , à l'application du feu nu par serpentins, un mode particulier que nous décrirons sous le nom de *chauffage intérieur*.

Pour étudier convenablement l'action calorifique du feu nu, il convient de prendre des *chiffres pratiques moyens*, plutôt que d'avoir recours aux indications dont nous avons exposé précédemment les bases.

Or, on sait, en pratique, que 1 kilogramme de bois séché à l'air vaporise 3 kilogrammes d'eau. Ce chiffre est la moyenne d'un grand nombre d'observations, faites dans les meilleures conditions. Le nombre de calories exigées pour la vaporisation de 1 kilogramme d'eau étant de 637, on a 637 × 3 = 1911. Comme le bois dégage 2 850 calories, il résulte que l'on perd, en moyenne, par irradiation, par dispersion, par entraînement dans l'atmosphère, etc., 2850 — 1911 = 939, c'est-à-dire, environ un tiers de la chaleur dégagée.

Ce chiffre de perte est, peut-être, un peu élevé, dans les cas où les fourneaux sont bien construits, soit dans les principes de Curaudau, soit dans les idées de Rumford ; mais il nous paraît préférable de le maintenir pour notre appréciation et nous en déduisons les éléments du tableau ci-dessous.

Quantités d'eau vaporisées en pratique par 1 kilogramme de divers combustibles.

Noms des combustibles.	Calories transmises en pratique.	Eau vaporisée.
Hydrogène.	23108,028	36^k,273
Pétrole.	7482,147	11 ,745
Charbon de bois.	5417,852	8 ,505
Asphalte de Cuba.	5028,947	7 ,893
Houille d'Alais.	4941,778	7 ,757
Anthracite de Galles..	4894,842	7 ,684
Houille de Rive-de-Gier.	4874,726	7 ,652
Canuel coal, Lancashire.	4727,210	7 ,421
Anthracite de Lamure.	4559,579	7 ,157
Houille de Commentry..	4512,642	7 ,084
Houille de Blanzy..	4177,378	6 ,557
Coke, moyenne.	3957,667	6 ,212
Bois séché à l'air.	1911,000	3 ,000
Tourbe.	1751,750	2 ,750

On comprend que les chiffres du tableau précédent se rapportent au résultat obtenu dans les fourneaux ordinaires, et que, si la construction des foyers est établie de manière à mieux utiliser la chaleur, on peut approcher assez près des chiffres indiqués pour le pouvoir calorifique des divers combustibles (p. 98 et 99). C'est ainsi que, avec de bon charbon de terre et dans certaines conditions de construction, on obtient jusqu'à 9 kilogrammes de vapeur par kilogramme de combustible, ce qui conduit à l'utilisation de 5 733 calories, avec une perte de 1 550 à 1 570 calories seulement, c'est-à-dire de 21 pour 100 environ, au lieu d'un tiers. Mais il s'agit ici de pratique, nous le répétons, et il convient de rester dans les minima.

D'un autre côté, nous prendrons note de ce fait que le *pouvoir conducteur* du cuivre est de 898,2, celui du fer étant de 374,3 seulement (p. 91), d'après M. Despretz. Il en résulte que le cuivre transmet, à surface égale, deux fois plus de chaleur que le fer.

Selon M. Lacambre, les résultats de la vaporisation à feu nu sont extrêmement variables. « Ainsi, dit-il, la surface de la chaudière qui voit le feu, c'est-à-dire tout le fond de la cucurbite d'un alambic ordinaire, pourra vaporiser jusqu'à 90 et 100 kilogrammes d'eau par mètre carré et par heure avec un feu ardent, tandis qu'avec le même feu, les parois latérales ne produiront que 30 à 36 kilogrammes de vapeur d'eau... » Ces chiffres seraient des maxima pour de bonnes houilles demi grasses. Avec le coke et un bon tirage, la surface de fond pourrait vaporiser, au *maximum*, 120 à 130 kilogrammes d'eau par mètre carré et par heure, tandis que le bois ne produit guère que 65 à 70 kilogrammes de vaporisation.

L'auteur belge regarde ces chiffres comme des *maxima*, qu'on ne peut atteindre sans pousser très-vivement le feu, et il ajoute qu'on doit le ménager, au contraire, lorsqu'il s'agit de distiller des *matières semi-pâteuses*... Dans ce cas, on doit prendre, *au plus*, la moitié des chiffres précédents. Encore serait-ce une appréciation trop élevée pour ces matières en bouillie, et ne doit-on compter que sur 30 kilogrammes de vaporisation par mètre carré et par heure, avec des fonds en cuivre de 2 à 3 millimètres d'épaisseur ; mais on obtient bien davantage avec des liquides fluides.

Ces observations sont exactes, aussi bien que l'observation de laquelle il résulte que le coke est un combustible convenant peu aux distillateurs, auxquels il faut de la houille à longue flamme ou du bois sec. Le bois et la tourbe donnent un chauffage plus doux et plus uniforme. Nous partageons ces opinions de M. Lacambre, mais nous trouvons que l'utilisation du calorique doit être fort mal comprise dans les fourneaux et les appareils dont il parle (t. II, p. 146), et qui brûleraient 350 kilogrammes de houille (345 à 360 kilogrammes) pour obtenir 870 litres de produits à 22 degrés. Cette transmission de calorique n'équivaut qu'à $2^k,485$ d'eau vaporisée par kilogramme de combustible, et elle est certainement au-dessous de ce qu'on peut atteindre avec une construction soignée. L'auteur a voulu parler, sans doute, de la distillation des matières pâteuses, mais cela même ne justifie pas la perte considérable de combustible que nous signalons. Une houille de qualité médiocre doit donner de 5 à 6 kilogrammes de vaporisation par kilogramme, pour peu que les dispositions du fourneau et de la grille soient établies rationnellement, et la dépense signalée est presque le triple de ce qu'elle doit être dans de bonnes conditions.

Comme le lecteur doit l'avoir déjà compris, la question de l'utilisation du calorique dans le chauffage à feu nu dépend de la surface de chauffe, de la puissance calorifique du combustible employé, de l'épaisseur et de la nature des parois métalliques du vase distillatoire, mais, surtout et avant tout, elle est sous la dépendance du mode de construction du foyer et du fourneau, qui présente la plus grande influence sur le *tirage* et sur la quantité de chaleur perdue dans l'atmosphère. Or, si à travers les parois épaisses d'un générateur de vapeur, on parvient à vaporiser de 5 à 7 kilogrammes d'eau par la combustion de 1 kilogramme de combustible, même avec le générateur à bouilleurs, si le chiffre de la vaporisation s'élève à 9 kilogrammes pour 1 de combustible, quand les fourneaux sont bien construits, et s'il existe des dispositions par lesquelles cette limite même est dépassée, et se rapproche davantage du rendement théorique qui est de $13^k,9$ pour 1 kilogramme de bonne houille dégageant 4 500 calories, nous ne comprenons pas que la vaporisation puisse s'abaisser, dans un appareil distillatoire bien fait, au-dessous des chiffres du tableau de la page 148. Il faudrait, évidemment, pour tomber à des chiffres aussi faibles que celui dé 2,45, que la plus grande partie du calorique dégagé fût envoyée à la cheminée de tirage.

En général, avec de la houille de bonne qualité, 1 mètre de surface de chauffe vaporise 35 kilogrammes d'eau par heure; mais on peut aller à 100 kilogrammes, et même dépasser cette quantité, en activant le tirage et en *forçant l'action directe du calorique* sur la surface de chauffe. Ceci ne présente qu'un rapport très-indirect avec la quantité de combustible à dépenser, puisque, avec de mauvaises dispositions, on peut en dépenser la plus grande partie en pure perte. La vaporisation étant en rapport avec le poids du combustible, on brûle de 5 à 15 kilogrammes de bonne houille pour obtenir ces rendements de 35 à 100 kilogrammes de vaporisation, et la *grille* doit avoir 2 décimètres carrés (0^{mq},02) par kilogramme de combustible à brûler, c'est-à-dire que, suivant la vaporisation à obtenir, la grille doit avoir un septième à un dixième de la surface de chauffe. La cheminée doit avoir une section égale à un trentième ou un vingt-cinquième de la surface de chauffe, en sorte que, pour une surface de 1 mètre carré, la section de la cheminée doit être de 3 à 4 décimètres carrés.

Ces données sont applicables de tout point à la distillation à feu nu. Ainsi, pour une chaudière dont le fond présentera une surface de 1 mètre et dans laquelle on voudra produire une *vaporisation d'eau* de 80 kilogrammes à l'heure, la grille devra pouvoir brûler 10^k,500 de *houille de Rive de-Gier*, prise pour exemple. Cette grille aura donc 21 décimètres carrés de surface, c'est-a dire 53 centimètres de long sur 40 centimètres de large. Le fourneau sera disposé de telle sorte que la masse de chaleur aille frapper le centre de la surface de chauffe et que les gaz chauds, après cette première action, qui est certainement la plus complète, fassent le tour de la chaudière en la léchant, dans un carneau circulaire de 5 décimètres de section, avant de se rendre dans la cheminée. Ce carneau, établi à quelques centimètres du fond de la paroi de la chaudière, doit être construit en chicane, du côté opposé à celle-ci, de manière à forcer les gaz à agir sur la paroi même, et à les empêcher de se précipiter vers la cheminée, sans avoir épuisé la plus grande partie de la chaleur qu'ils ont empruntée à la combustion.

Nous pouvons affirmer que, en se dirigeant d'après ces règles, un appareil à feu nu peut fournir aisément de 80 à 100 litres de phlegmes par mètre de surface de chauffe et par heure. On obtient ce résultat beaucoup plus facilement encore dans les appareils à foyer intérieur, surtout dans ceux à niveau constant sur faible épaisseur du liquide à traiter. Nous aurons à revenir sur ces points, dont l'application permet l'emploi rationnel du feu nu dans la distillation.

En somme, un appareil distillatoire à feu nu peut donner, par mètre carré de surface de chauffe, une moyenne de vaporisation de 80 kilogrammes d'eau par heure, s'il est bien construit et si le foyer et le fourneau sont bien établis. C'est donc un chiffre de $80 \times (637 - 20) = 80 \times 617 = 49\,360$ calories, dont la transmission est effectuée par $10^k,500$ de houille de Rive-de-Gier, ou par une quantité correspondante d'un autre combustible.

Nous ne croyons pas que l'on puisse, pratiquement, vaporiser plus de 50 kilogrammes de l'eau contenue dans les matières pâteuses et, fort souvent, cette proportion s'abaisse au chiffre de 30 à 35 kilogrammes, au moins dans les appareils ordinaires.

En tenant compte de la composition des vins à distiller, dans le cas le plus habituel, celui de la distillation des liquides fluides, et en se reportant aux données connues sur la chaleur spécifique de l'eau $(= 1,0)$ et de l'alcool $(= 0,652)$, on trouve facilement les conditions de la distillation et la qualité du produit à obtenir par mètre carré de surface de chauffe et par heure.

Cas des phlegmes à 50 *degrés.*—1° On a à porter à l'ébullition, à partir de $+20$ degrés, 1 000 litres de liquide, c'est-à-dire à dépenser $77\,919^{cal},8359$ (p. 124), en supposant, comme nous l'avons fait, que le vin est à 5 pour 100 de richesse alcoolique.

2° Le produit sera de 1 hectolitre à 50 degrés, renfermant 50 kilogrammes d'eau et 40^k105 d'alcool $(= 50$ litres), et la vaporisation de ces quantités exigera $26\,850 + 13\,300,85 = 40\,150^{cal},84$.

3° La dépense totale sera de $77\,919,8359 + 40\,150,85 = 118\,070^{cal},6819$.

4° Dans les conditions où nous nous sommes placé tout à l'heure, l'appareil que nous avons pris pour base, avec un mètre de surface de chauffe, ne fournissant que la transmission de 49360 calories, on ne peut distiller par heure que 418 litres de vin à 5 pour 100, et l'on n'obtient que 41^l,80 de produit à 50 degrés.

5° Pour distiller les 1000 litres en une heure, et obtenir 100 litres de phlegmes à 50 degrés, la surface de chauffe de l'appareil devrait être de 2^{mq},39.

Observation. — La différence entre le produit obtenu de 41^l,8 et le chiffre 80 de vaporisation d'eau par les 49360 calories transmises provient de ce que la plus grande partie du calorique a été employée à échauffer et à porter à l'ébullition 900 litres d'eau faisant partie du vin. Si, au lieu de vin, et d'un volume de 1000 litres, on n'avait introduit dans l'appareil que 100 litres de phlegmes à 50 degrés, *toute cette quantité* aurait été vaporisée en moins d'une heure dans un appareil d'un mètre de surface de chauffe. On conclut de ce fait : 1° qu'il faut moins de calorique pour distiller des vins plus riches en alcool, ce qui n'a plus besoin d'être démontré ; 2° que, d'autre part, la distillation à feu nu, comme la distillation à la vapeur, demande une surface de chauffe d'autant plus grande que l'on traite des vins plus faibles et plus pauvres.

Cas de l'esprit à 90 degrés. — Nous avons vu (p. 125) que 1000 litres de vin à 5 pour 100 exigent pour produire 55^l,55 d'esprit à 90 degrés l'application de 77 919^{cal},8359 + 16 281,20 = 94 201^{cal},0359. Il en résulte que l'appareil à feu nu, d'un mètre de surface, ne peut distiller, en une heure, que 523 litres de vin destiné à donner de l'esprit à 90 degrés, que le produit n'est que de 29 litres environ à 90 degrés par heure et que, pour traiter 1000 litres de vin à 5 pour 100, il faudrait 1^m,91 de surface de chauffe.

Cas de l'esprit à 94 degrés. — Pour obtenir, en traitant 1000 litres de vin à 5 pour 100, par +20 degrés de température initiale, 53^l,19 d'esprit à 94 degrés (sans contraction), il faut appliquer à ce liquide 92 933^{cal},7159. L'appareil d'un mètre de surface de chauffe à feu nu, par 49360 calories, ne pourra donc traiter, par heure, que 531 litres de vin, en produit à 94 degrés ; le chiffre du produit sera de 28^l,24 par heure et il faudrait 1^m,91 de surface pour distiller 1000 litres par heure.

§ IV. — RÉFRIGÉRATION.

Nous avons dit, page 108, que la chaleur absorbée par les vapeurs est restituée lorsque ces vapeurs retournent à l'état liquide, et nous avons ajouté que la chaleur d'ébullition est elle-même restituée si le milieu condensateur présente un abaissement suffisant de température.

Cette proposition nécessite quelques explications, précisément parce que le retour des vapeurs à l'état liquide dépend, dans toute distillation, de ce fait de restitution et des circonstances qui l'accompagnent.

Nous n'appliquons ce qui suit qu'aux vapeurs qui se produisent sous la pression de 760 millimètres de mercure, c'est-à-dire à 1 atmosphère, puisqu'il est de principe général, précédemment démontré, que la distillation doit toujours se faire sans pression.

Or, l'équivalent calorique de vaporisation, ou la chaleur latente de l'eau, égale 537 calories.

Il s'ensuit que, pour se condenser à + 100 degrés, 1 kilogramme de vapeur d'eau devra abandonner 537 unités de chaleur, ou une quantité de calorique suffisante pour échauffer 5^k,37 d'eau de 0 degré à + 100 degrés. Le résultat de cette restitution du calorique de vaporisation consistera donc en 6^k,37 d'eau à +100 degrés, c'est-à-dire en 1 kilogramme de *vapeur liquéfiée* et 5^k,37 *d'eau échauffée* de 100 unités. Cette même quantité de vapeur représentant 637 unités de chaleur totale porterait 637 kilogrammes d'eau de 0 degré à +1 degré, ou échaufferait 637 kilogrammes d'eau de 1 degré au-dessus de la température initiale. Cette donnée permet de préciser les quantités d'eau nécessaires pour condenser et refroidir 1 *kilogramme de vapeur d'eau*, à +100 degrés, sous la pression normale, avec les variations que subissent les quantités selon la température initiale de l'eau réfrigérante.

D'un autre côté, la chaleur latente, ou le calorique de vaporisation de l'alcool étant de 331,9 pour la vapeur à + 78°,4, on trouve, en tenant compte de la chaleur spécifique de la vapeur d'alcool (= 0,4534), que, la vapeur d'alcool, à +100 degrés de température, devra restituer 331,9 + (0,4534 × 21,6) = 341^{cal},69344 pour repasser à l'état liquide à +78°,4. Nous savons encore que, la capacité calorique de l'alcool étant 0,652, ce corps arrive à +78°,4 par 51,1168, en sorte que nous possédons toutes les bases indispensables pour apprécier les quantités de calorique restituées par un abaissement de température quelconque, entre +100 degrés et 0 degré, subi par la vapeur aqueuse et la vapeur alcoolique.

Tableau de la restitution de chaleur de la vapeur d'eau et de la vapeur d'alcool, entre +100° et 0°.

Abaissement de la température.	Restitution en calories pour la vapeur d'eau.	la vapeur d'alcool.
+100°	537cal	
99	538	0cal,4534
98	539	0 ,9068
97	540	1 ,3602
96	541	1 ,8136
95	542	2 ,2670
94	543	2 ,7204
93	544	3 ,1738
92	545	3 ,6272
91	546	4 ,0806
90	547	4 ,5340
89	548	4 ,9874
88	549	5 ,4408
87	550	5 ,8942
86	551	6 ,3476
85	552	6 ,8010
84	553	7 ,2544
83	554	7 ,7078
82	555	8 ,1612
81	556	8 ,6146 .
80	557	9 ,0680
79	558	9 ,5214
78°,4	558°,6	9 ,79544 vap. / 341 ,69544 liq.
78	559	341 ,95424
77	560	342 ,60624
76	561	343 ,25824
75	562	343 ,91024
74	563	344 ,56224
73	564	345 ,21424
72	565	345 ,86624
71	566	346 ,51824
70	567	347 ,17024
69	568	347 ,82224
68	569	348 ,47424
67	570	349 ,12624

DISTILLATION.

Abaissement de la température.	Restitution en calories pour la vapeur d'eau.	la vapeur d'alcool.
+ 66°	571cal	349 ,77824cal
65	572	350 ,43024
64	573	351 ,08224
63	574	351 ,73424
62	575	352 ,38624
61	576	353 ,03824
60	577	353 ,69024
59	578	354 ,34224
58	579	354 ,99424
57	580	355 ,64624
56	581	356 ,29824
55	582	356 ,95024
54	583	357 ,60224
53	584	358 ,25424
52	585	358 ,90624
51	586	359 ,55824
50	587	360 ,21024
49	588	360 ,86224
48	589	361 ,51424
47	590	362 ,16624
46	591	362 ,81824
45	592	363 ,47024
44	593	364 ,12224
43	594	364 ,77424
42	595	365 ,42624
41	596	366 ,07824
40	597	366 ,73024
39	598	367 ,38224
38	599	368 ,03424
37	600	368 ,68624
36	601	369 ,33824
35	602	369 ,99024
34	603	370 ,64224
33	604	371 ,29424
32	605	371 ,94624
31	606	372 ,59824
30	607	373 ,25024
29	608	373 ,90224
28	609	374 ,55424
27	610	375 ,20624
26	611	375 ,85824
25	612	376 ,51024
24	613	377 ,16224
23	614	377 ,81424
22	615	378 ,46624
21	616	379 ,11824
20	617	379 ,77024

Abaissement de la température.	Restitution eu calories pour	
	la vapeur d'eau.	la vapeur d'alcool.
+ 19°	618cal	580 ,42224cal
18	619	381 ,07424
17	620	381 ,72624
16	621	382 ,37824
15	622	383 ,03024
14	623	383 ,68224
13	624	384 ,33424
12	625	384 ,98624
11	626	385 ,63824
10	627	386 ,29024
9	628	386 ,94224
8	629	387 ,59424
7	630	588 ,24624
6	631	588 ,89824
5	632	389 ,55024
4	633	390 ,20224
3	634	590 ,85424
2	635	591 ,50624
1	636	592 ,15824
0	637	592 ,81024

Les usages du tableau précédent sont faciles à saisir. Comme la composition des vapeurs hydro-alcooliques est très-variable, il aurait fallu évaluer la chaleur de restitution pour chacune des forces à produire, tandis qu'il suffit de se rappeler que les chiffres ci-dessus se rapportent à la chaleur restituée par 1 kilogramme de vapeur d'eau, ou de vapeur d'alcool, lorsqu'on en abaisse la température d'une certaine quantité entre +100 degrés et 0 degré, pour pouvoir effectuer très-commodément tous les calculs relatifs à la réfrigération, lorsque les appareils ont une action régulière.

Supposons, par exemple, que l'appareil en fonction produise régulièrement des vapeurs mixtes à 50 degrés de richesse, c'est-à-dire que ces vapeurs à +100 degrés sont formées de 50 kilogrammes de vapeur d'eau et de 40^k,105 de vapeur d'alcool, et que l'on veut obtenir la condensation de ces vapeurs en produit à 50 degrés, par +25 de température. En cherchant, dans le tableau, à la colonne de l'abaissement de température, au chiffre 25, nous trouvons dans la colonne suivante, pour chiffre de restitution de calorique de la vapeur d'eau, le nombre 612, et dans celle qui est relative à l'alcool, le nombre 376,51024. La vapeur d'eau restituera 612 calories par kilogramme en s'abaissant de + 100 degrés à + 25 degrés. La vapeur d'alcool restituera 376^{cal},51024 par kilogramme en s'abaissant également de + 100 degrés à + 25 degrés. De là nous trouvons, pour 50 kilogrammes de vapeur d'eau condensée à + 25°,612 × 50 = 30 600 calories, et pour 40^k,105 de vapeur alcoolique, 376,51024 × 40,105 = 15099^{cal},49, soit, en tout, 45 699^{cal},94 pour 1 hectolitre de produit à 50 degrés centésimaux.

De même, si nous raisonnons sur de l'alcool à 90 degrés, comme produit régulier, nous trouvons que cet alcool est composé, sur 100 litres, de 10 litres ou kilogrammes d'eau et de 90 litres ou 72^k,189 d'alcool, sans contraction. En procédant comme il vient d'être dit, nous trouvons que, pour se condenser en se refroidissant de + 100 degrés à + 25 degrés, les 10 kilogrammes d'eau restitueront 6 120 calories, et les 72^k,189 d'alcool 27 179,897, soit, en tout, 33 299^{cal},897.

Il est de toute évidence que, dans ces deux cas, de même que dans tous ceux qui peuvent se présenter, la restitution de la chaleur ne peut se faire que par l'échauffement correspondant d'une quantité d'eau déterminée. Si nous considérons l'eau de refroidissement comme étant prise à la température de + 25 degrés, ce qui est le cas ordinaire des vins, bien que l'eau de réfrigération soit plus froide, le plus souvent, nous trouvons les résultats suivants :

1° Les 45 699^{cal},94, soit 45 700 calories, restituées dans la condensation d'un hectolitre de produit à 50 degrés, suffisent pour échauffer à + 100 degrés 609^l,34 d'eau à + 25 degrés, où pour porter 1 218^l,67 à + 50 degrés, etc.;

2° Pour condenser 1 hectolitre de produit à 50 degrés centésimaux, par un refroidissement suffisant, si l'on emploie du vin à 5 pour 100 de richesse et à + 25 degrés de température, on voit, par le tableau, et par les calculs dont nous avons donné des exemples, qu'il faudra appliquer à ce vin 52 470^{cal},84 par 1 000 litres; soit 50 730 calories pour l'eau, et 1 740^{cal},84 pour l'alcool, pour le porter de + 25° à + 78°,4, sans vaporisation. Or, nous n'avons que 45 700 calories de restitution à faire absorber par les 1 000 litres de vin et il en résulte que le vin condensateur ne sera porté qu'à + 68°,28 et que l'eau dont on pourra se servir à la suite n'aura plus à exercer qu'une sorte d'action complémentaire ;

3° Disons tout de suite que de ce fait ressort l'avantage pratique de l'emploi des vins à la réfrigération. En effet, nous venons de voir que 1 000 litres de vin, à + 25 degrés, employés à la réfrigération, passeront à + 68°,28 en absorbant 45 700 calories, et il est aisé de comprendre que tout ce calorique aurait été à peu près perdu, à moins d'utiliser l'eau échauffée par la condensation. Il y a de ce fait une économie égale, en moyenne, à $\dfrac{45700}{6000} = 7^k,616$ de combustible par hectolitre de produit (*phlegmes*). D'autre part, le vin arrivant à la distillation par + 68°,28 au lieu de + 25 degrés, il se trouve porté plus rapidement à l'ébullition et l'économie de temps vient s'ajouter à celle qui est obtenue sur la dépense. Enfin, une troisième conséquence gît dans la très-faible proportion d'eau qui est requise pour compléter la réfrigération, ce qui est d'un avantage considérable pour les cas où l'eau fait défaut et ce qui économise presque toujours une partie notable des frais d'extraction et d'ascension de ce liquide.

A côté de ces questions principales relatives à la réfrigération, il en est encore une par laquelle nous terminons ce paragraphe. Nous voulons parler de la propriété des enveloppes métalliques de *conduire* le calorique d'une manière plus ou moins rapide. Les vapeurs à condenser passant entre des plaques ou dans des serpentins entourés du liquide réfrigérant, on conçoit que la réfrigération sera en proportion directe ou inverse avec la quantité et la température du liquide condensateur, avec la nature et la plus ou moins grande épaisseur des serpentins ou des plaques, avec le diamètre des espaces dans lesquels circulent les vapeurs condensables, avec la durée du contact, etc.

On voit, par l'expérience usinière, que 1 mètre carré de surface réfrigérante, en cuivre mince de 2^mm,5 condense de 105 à 110 kilogrammes de vapeur d'eau par heure, lorsque l'organe de réfrigération est plongé dans l'eau à + 25 degrés.

On n'a pas encore de travaux scientifiques sérieux desquels on puisse déduire le nombre des calories transmises par divers corps, sous une épaisseur donnée, lorsque ces corps sont soumis à l'action d'une température fixe de + 100 degrés. Nous possédons, il est vrai, des chiffres sur la transmission du calorique à travers les faux fonds et les serpentins, par la vapeur libre ou confinée (p. 127), et c'est de ces chiffres que nous devons partir pour étudier la question, en considérant la condensation, dans les réfrigérents de distillation, comme équivalente au passage de la vapeur libre. Or, nous avons trouvé que la vapeur à + 100 degrés (p. 128), libre et circulant en serpentins, transmet 50 000 calories par heure et par mètre carré ; nous adopterons cette donnée pour établir les chiffres relatifs aux réfrigérations, puisque la transmission et la soustraction du calorique sont rigoureusement égales dans les mêmes circonstances.

Nous disons donc que 1 mètre carré de surface réfrigérante peut absorber et absorbe 50 000 calories par heure. En divisant 50 000 par $637 - 25 = 612 = \dfrac{50\,000}{612} = 81,69$, on trouve que, si un mètre carré de serpentin transmet 50 000 calories, il en absorbe une quantité égale, et que cette quantité équivaut à $81^k,69$ d'eau condensée et refroidie de + 100 degrés à + 25 degrés. Ces 50 000 calories représentent d'ailleurs un nombre un peu faible, et la plus petite diminution d'épaisseur ou de diamètre peut l'augmenter notablement. Prenons-le cependant tel qu'il est et, corrigeant cette donnée d'après l'expérimentation, disons que 1 mètre carré de serpentin, refroidi par de l'eau à +25 degrés, condense 95 à 96 kilogrammes de vapeur à + 100 par heure $\left(\dfrac{110 + 81,69}{2} = 95,845 \right)$.

Or, 95 kilogrammes de vapeur d'eau, condensée à + 25 degrés, représentent, en pratique, 58140 calories, c'est-à-dire une absorption de calorique plus grande qu'il ne faut pour condenser 1 hectolitre de produit à 50 degrés, ce qui doit être la force moyenne à considérer comme type. De même, en effet, que les liquides fortement alcooliques dépensent moins de chaleur pour s'échauffer et se vaporiser, de même ils n'ont pas besoin d'autant de surface réfrigérante pour se condenser.

Nous verrons, dans le prochain chapitre, quelles sont les conséquences pratiques que l'on peut tirer de ces données pour la construction des appareils, et nous nous contentons ici d'indiquer la valeur pratique que l'on doit donner aux surfaces réfrigérantes proportionnellement au volume du produit à obtenir en phlegmes à 50 degrés centésimaux.

Relation des surfaces réfrigérantes avec les volumes du produit à 50 degrés à obtenir par heure.

Volume du produit.	Surfaces réfrigérantes.	Volume du produit.	Surfaces réfrigérantes.
1^l.	$0^{mq}{,}01$	250^l.	$2^{mq}{,}50$
5	0 ,05	300	3 ,00
10	0 ,10	400	4 ,00
25	0 ,25	500	5 ,00
50	0 ,50	600	6 ,00
75	0 ,75	700	7 ,00
100	1 ,00	800	8 ,00
150	1 ,75	900	9 ,00
200	2 ,00	1000	10 ,00

Les chiffres attribués aux surfaces réfrigérantes sont, à la vérité, un peu exagérés, dans ce tableau, et l'on pourrait, peut-être, les réduire d'un douzième ; mais nous pensons qu'il est bien préférable de pécher par un excès de superficie réfrigérante que par l'excès contraire.

CHAPITRE V.

Nous venons de retracer les principes de physique les plus importants, parmi ceux qui s'appliquent à la distillation ; mais ces données resteraient inutiles, ou, du moins, elles ne conduiraient pas au but proposé, si nous ne cherchions à faire saisir la corrélation qui les lie à la pratique et, surtout, à la construction des appareils de distillation.

Si nous avons constamment tendu à démontrer, et à juste raison, que, dans l'alcoolisation, l'appareil et l'engin ne sont que l'accessoire, nous sommes loin de professer là même doctrine en ce qui concerne l'extraction et la purification de l'alcool. Etre alcoolisateur, c'est savoir créer l'alcool aux dépens du sucre ; c'est savoir faire du vin. Etre distillateur, c'est savoir extraire l'alcool créé par le distillateur, et l'isoler des liquides qui le tiennent en dissolution, en donnant ou en conservant à ce produit toutes les qualités requises par la consommation. Or, ici, l'appareil, l'outil, l'engin joue un très-grand rôle, et ce rôle, si important, est radicalement inconnu aux quelques milliers de constructeurs qui se mêlent d'inventer des *alambics* et des vases distillatoires. Nous désirons vivement, dans l'intérêt de l'industrie des alcools, que les pages de ce livre leur ouvrent les yeux, et nous serions heureux d'avoir contribué à leur inspirer l'ambition de bien faire. Nous ne sommes pas partisan de ceux qui reculent devant le prix, *même élevé*, d'une bonne machine, car on doit savoir payer largement un engin bien compris, afin de rémunérer, par là même, les travaux et les services d'un inventeur de mérite ou d'un artiste consciencieux ; mais nous trouvons que bien peu de nos inventeurs modernes, en distillerie, ont droit à une semblable déférence. Ils vendent du cuivre ou du fer, cela est vrai, mais il est rare que ce soit autre chose que du métal, valant tant par 100 kilogrammes.

Il serait urgent, cependant, d'apporter à cet état de choses une modification sérieuse ; il serait temps de voir des *constructeurs instruits* s'occuper de la chaudronnerie. Si cet art est au-dessous de l'homme savant et éclairé, par certains côtés vulgaires de détail, on peut dire qu'il est, pour tout le reste, et bien à tort, un des plus délaissés par la science d'application. Qu'on abandonne à l'habileté manuelle d'un ouvrier plus ou moins intelligent le soin de dresser et de polir une casserole ou une écumoire, nous le comprenons, et nous sommes trop soucieux de la véritable dignité de la science pour souhaiter qu'elle s'abaisse à des puérilités. Mais il y a autre chose que cela en chaudronnerie, et le chaudronnier, se voyant oublié par les véritables savants, se jette dans les bras d'un charlatanisme ridicule, et plus funeste encore aux intérêts du public.

Ce sont surtout les appareils distillatoires qui sont devenus le sujet des tentatives les plus bizarres, et il ne semble pas que les créateurs de ces choses aient jamais pris la peine d'ouvrir un livre de physique ou de chimie, et d'étudier, même superficiellement, ce qui est relatif à la distillation et aux règles techniques dont elle dépend.

Au fond, les chaudronniers sont, peut-être, moins blâmables que les distillateurs eux-mêmes. C'est à ceux-ci, plus qu'aux premiers, qu'importent les qualités d'un appareil de distillation et, si tant de machines exécrables sont l'objet des réclames les plus singulières, on peut dire que les acheteurs semblent avoir pour but de faciliter de telles manœuvres. On achète sans comprendre, sur la foi d'un entrefilet ou d'une annonce ; on ne doit pas être surpris des mécomptes qui peuvent survenir. Disons aussi, pour être juste, que beaucoup de distillateurs sont tellement ignorants des principes de leur fabrication, qu'ils ne sont pas aptes à tirer le parti convenable d'appareils très-bien construits, dont les défauts n'auraient que peu de valeur, dans la pratique d'un homme expérimenté. Les torts sont, fort souvent, réciproques.

Nous consacrons ce chapitre à l'examen des principales règles qui doivent diriger la construction des appareils distillatoires. Nous avons pris soin de noter attentivement le degré d'importance de ces règles et d'établir les différences nécessaires entre celles dont l'application est indispensable et celles, moins absolues, qui présentent seulement une importance relative. Cette étude permettra au lecteur d'asseoir les prémices d'un jugement droit sur les différents appareils qu'il aura à examiner, d'en reconnaître les qualités et les défauts et de voir, par un examen rapide, dans quelles conditions, un appareil, même mauvais, peut être modifié et rendu franchement utilisable.

§ I. — CHOIX DE LA MATIÈRE DES APPAREILS.

S'il ne s'agissait ici que d'extraire l'alcool d'un vin donné, d'en faire une eau-de-vie telle quelle, nous ferions bon marché de cette question. Nous avons déjà vu (p. 47) que le Prussien Fischer avait imaginé un appareil *en bois*, au moins pour le bouilleur et, dans certaines conditions, cette disposition primitive peut rendre des services. Mais nous avons autre chose à faire. Il s'agit d'extraire l'alcool produit par la fermentation, avec le moins de dépenses possible, tout en obtenant des forces et un goût franc. Nous raisonnons industrie et nous nous occupons de faire économiquement des produits acceptables.

On peut distiller à *feu nu* ou à *la vapeur*.

Dans la distillation à feu nu, la nature du métal employé à la construction est d'un haut intérêt; ce n'est pas le coût de l'appareil lui-même qui est le plus à considérer, puisque cette dépense ne pèse sur le travail que par un intérêt quotidien de peu d'importance. La question dépend surtout de la rapidité du chauffage et de la puissance de transmission à surface égale, et c'est sur l'étude de ces points qu'il convient de baser la recherche de ce qu'on doit faire.

On sait que les métaux absorbent d'autant moins facilement la chaleur qu'ils sont plus polis, plus luisants et plus denses, et que le fer est doué d'un pouvoir absorbant plus grand que le cuivre; mais on a constaté que le noir de fumée est le corps dont le pouvoir absorbant est le plus considérable. Ainsi, en représentant le pouvoir du noir par 100, celui des métaux n'est que de 13 d'après les expériences de Melloni. Celui du laiton et du cuivre n'est guère que la moitié de celui du fer et de l'acier. Mais comme, d'autre part, le pouvoir émissif est proportionnel au pouvoir absorbant, il s'ensuit que le cuivre et le laiton perdent, par émission, beaucoup moins de calorique que le fer et l'acier.

D'un autre côté, le pouvoir conducteur du cuivre est de 70 à 75 pendant que celui du fer et de l'acier varie de 10 à 12 seulement.

De ces données, on doit conclure que le fer absorbe plus facilement la chaleur d'un foyer que le cuivre, mais que celui-ci transmet plus aisément le calorique. Comme on peut augmenter de beaucoup la puissance absorbante du cuivre en recouvrant d'une couche noire les portions exposées à la chaleur, cette circonstance suffirait à faire pencher en faveur de ce dernier métal, malgré son prix, qui est plus élevé, si l'on n'avait encore d'autres considérations pour se déterminer à l'adopter nettement.

Le cuivre est moins attaquable que le fer et plus facile à nettoyer. Celui-ci dégage des gaz fétides qui donnent une très-mauvaise odeur aux produits, pour peu qu'il soit attaqué par les acides des vins ou, plutôt, qu'il décompose l'eau des vins sous l'influence des acides. Enfin, outre que les réparations sont beaucoup plus faciles à exécuter sur le cuivre que sur le fer, il conserve toujours une grande partie de sa valeur, lorsqu'un appareil a cessé d'être d'un bon usage et qu'il doit être remplacé. Il n'en est pas de même des appareils en fer, qui ne représentent plus qu'une valeur insignifiante dans ce cas. Nous trouvons encore une dernière raison à l'adoption du cuivre dans sa ténacité, comparée à celle de la fonte de fer. Celle-ci se brise facilement sous le choc, par un échauffement ou un refroidissement subit, tandis que le cuivre résiste très-bien à ces causes de rupture, bien qu'il soit moins tenace que le fer forgé.

En ce qui concerne la distillation à la vapeur, le cuivre est encore le métal auquel on doit donner toute préférence. Les serpentins en cuivre peuvent prendre toutes les formes, sous des sections et des épaisseurs très-variables, en sorte que, tout en diminuant le poids de la matière, on peut faciliter le chauffage, en amincissant les parois des tubes, sans qu'il en résulte d'inconvénient. Les cases ou tronçons des colonnes émettant moins de calorique lorsqu'on les construit en cuivre, la chaleur est mieux utilisée par le liquide et la distillation est plus rapide.

L'*étamage* intérieur des *parties chauffées*, dans les appareils à feu nu, ne serait pas rationnel, le pouvoir conducteur de l'étain étant seulement de 14 à 15, et la couche d'étain ralentissant la transmission de la chaleur. Cette même raison doit faire considérer l'étamage comme très-avantageux dans les portions qui ne sont pas soumises à l'action du feu. De même, il est bon d'étamer l'intérieur des appareils chauffés à la vapeur, puisque la couche d'étain, en s'opposant à la conductibilité de dedans en dehors, tend à conserver tout l'effet du calorique transmis par les serpentins.

Ces données seront complétées dans les observations que nous aurons à faire sur différents appareils et sur leur mode de construction.

§ II. — MODES ET CONDITIONS DU CHAUFFAGE DES APPAREILS.

On connaît plusieurs modes de chauffage des appareils à distiller, tous plus ou moins usités encore dans la pratique. Le *chauffage à feu nu* est *direct* ou *indirect*; on le fait agir en *profondeur* ou en *surface*; le *foyer* est *extérieur* ou *intérieur*. Dans la distillation au *bain-marie*, le liquide à distiller est placé dans un vase intérieur qui plonge dans une enveloppe. C'est dans cette enveloppe que se trouve l'eau simple, ou la dissolution saline, que l'on chauffe par un mode quelconque, et dont la chaleur d'ébullition se transmet au vin à travers les parois du vase intérieur. Ce mode de chauffage participe du chauffage à feu nu et du chauffage à la vapeur. — L'application de la vapeur à la distillation se fait par *barbotage*, par *double enveloppe* ou par *serpentins*, et on la fait agir, comme les moyens précédents, en *profondeur* ou en *surface*.

Il est possible de combiner ces différents modes de chauffage de manière à obtenir la plupart des effets que l'on veut produire, dans toutes les conditions où l'on peut se trouver placé par les circonstances. Nous allons étudier ces questions intéressantes et chercher à en réunir tous les éléments utiles.

A. *Chauffage à feu nu.* — Le chauffage direct à feu nu consiste dans l'application du calorique au vase qui renferme le liquide à distiller. Le chauffage indirect agit sur un épuiseur ou un vase analogue, renfermant, le plus souvent, des vinasses plus ou moins épuisées, dont la vapeur sert à échauffer le vin à distiller. On peut encore regarder le chauffage au bain-marie comme un véritable chauffage indirect à feu nu et, dans ce chauffage particulier, le liquide renfermé dans le vase extérieur exposé à la chaleur directe, *transmet* la chaleur au liquide du vase intérieur, par un simple effet de conductibilité.

Chauffage direct à feu nu et à foyer extérieur. — On comprend facilement que, dans ce mode de chauffage, la *règle générale* doit être d'augmenter l'épaisseur des parties d'appareils qui doivent être en contact avec le feu, afin d'en retarder l'usure et d'assurer un meilleur service.

Une *seconde règle* à laquelle on ne doit jamais manquer et qui s'applique surtout à la construction des fourneaux, consiste à disposer les foyers et les carneaux de façon à éloigner tout contact extérieur de la flamme avec les portions qui ne sont pas baignées à l'intérieur par le liquide. Pour cela, les carneaux ne doivent pas s'élever au-dessus du niveau minimum où le liquide peut s'abaisser. Ainsi, en supposant que, dans un appareil donné A (fig. 34), la ligne d'empli du liquide s'élève jusqu'en *ab* et que, avec les liquides les plus riches, on vaporise la moitié du volume, le niveau minimum de l'abaissement sera indiqué par la ligne *cd*; c'est cette ligne qui marque le point où doivent s'arrêter les carneaux *ee'*, sous peine de s'exposer à *brûler* des matières organiques et à communiquer aux produits une odeur désagréable d'*empyreume*.

Enfin, une *troisième règle*, qu'on ne doit jamais perdre de vue, est relative à l'utilisation du combustible. Rien n'est si variable, en effet, que les résultats obtenus par l'emploi du feu nu, puisque les écarts accusés peuvent s'élever du simple au double, ou même au triple.

Cela se comprend parfaitement lorsque l'on examine la façon dont on dirige le chauffage, et il semble que le but des constructeurs de fourneaux soit d'envoyer dans la cheminée d'appel la plus grande partie du calorique dégagé par le combustible. On ne peut arriver à obtenir un emploi économique du charbon, du coke, du bois ou de la tourbe, qu'en multipliant les points de contact direct entre la flamme et les parois du vase. C'est ce qui avait été parfaitement compris par Curaudau et ce qui ressort très-évidemment de l'inspection des figures 20 et 21 (p. 52 et 53). En combinant la pratique de Curaudau avec les préceptes de Rumford (p. 51), on peut arriver à la construction d'un fourneau régulier, applicable, dans toutes les circonstances, au chauffage ordinaire à feu nu. Avec la disposition représentée par la coupe verticale ci-

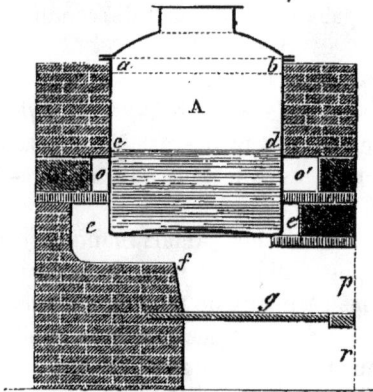

Fig. 34.

contre (fig. 34), on peut utiliser la plus grande partie de la chaleur dégagée et obtenir des résultats très-rapides. Par la situation de l'autel *f*, la flamme vient frapper le fond de la chaudière A, vers le centre, où elle se *replie* pour se diriger vers l'entrée *e* du carneau, avec la masse des gaz chauds. Cet autel, étant avancé de deux cinquiè-

mes vers le centre du foyer, force la direction dans le sens le plus pratique indiqué par Rumford. Le carneau est double et il se dirige, pour exécuter ses deux circuits *ee' oo'*, dans le sens qui convient le mieux ; mais, pour forcer encore le contact direct dans toute l'étendue de ce circuit, équivalant au double de la circonférence, on fait sortir, de distance en distance (25 centimètres environ), une brique *s*, placée de champ, qui reste engagée dans la construction. Cette brique rétrécit le carneau et oblige le courant gazeux à rompre la direction excentrique, qui est sa tendance normale, pour frapper les parois de A. C'est l'application la plus simple des carneaux en chicane de Curaudau, qui procure aisément, comme surface de chauffe, toute la surface du fond du bouilleur A et la hauteur du carneau multipliée par la double circonférence. Avec des carneaux de 20 centimètres de hauteur et une chaudière d'un mètre de diamètre, on obtient ainsi une surface de chauffe de 2 mètres (2^m,04204), dans laquelle l'action est très-réelle, et aussi énergique que pour les surfaces de fond. C'est à peine si nous avons besoin de dire que, dans le chauffage direct à feu nu et à foyer extérieur, les dimensions des parties doivent être fixées selon les données de l'expérience et de la technologie. Il convient donc de donner à la grille d'un huitième à un dixième de la surface de chauffe ; la cheminée et les carneaux doivent avoir une section égale au tiers de la surface de la grille. Ainsi, dans l'exemple de la figure 34, la grille doit avoir 20 décimètres carrés et les carneaux *ee'*, *oo'* doivent présenter une section de 5 à 6 décimètres carrés.

Dans ces conditions, et *avec un bon tirage,* on peut vaporiser de 5 à 7 kilogrammes d'eau par kilogramme de houille et, comme on brûle 1 kilogramme de combustible au moins par 2 décimètres de grille, il en résulte que l'on peut vaporiser par ce mode de chauffage, ainsi établi, 60 kilogrammes d'eau, en moyenne, par heure.

Chauffage direct à feu nu et à foyer intérieur. — Nous avons vu un exemple de ce chauffage dans l'appareil de Fischer (1799, p. 45). On trouve des applications très-nombreuses de ce principe dans les générateurs à vapeur que l'on construit de nos jours, la plupart des chaudières verticales présentant ce genre de foyer, dont l'utilité n'est plus contestée. Pourvu que, dans aucun temps du travail, pendant qu'il y a du feu *dans* l'appareil distillatoire construit sur cette donnée, le *ciel* ou le *dôme* du foyer ne cesse pas d'être recouvert par le liquide ; on peut retirer des avantages assez remarquables de cette disposition, qui permet, notamment, de transporter l'appareil où l'on veut, sans avoir de maçonnerie à faire. Il est assez difficile, cependant, d'obtenir ainsi des surfaces de chauffe aussi grandes que par le chauffage extérieur. Le seul moyen d'y parvenir consisterait dans l'établissement d'une sorte de système tubulaire dont les tubes traverseraient la flamme, à peu près à la façon de ceux de la chaudière de Field. Nous faisons construire, sur cette idée, un bouilleur à foyer intérieur qui donne autant de surface de chauffe réelle que par un double carneau à chauffage extérieur, et qui produit des résultats d'une promptitude remarquable.

La figure 35 fait voir comment la surface de chauffe active se trouve restreinte dans les appareils ordinaires à foyer intérieur.

Le foyer H est un cylindre métallique clos, sauf du côté de la porte *r*, du cendrier *s* et de la cheminée *f*. Celle-ci peut se fermer plus ou moins par un écran *e* à crémaillère, dont le principal but est de rejeter la flamme et les gaz chauds contre le centre du dôme G. Autour de ce cylindre règne un espace annulaire *dd'*, sauf vers la porte du foyer et du cendrier, et le liquide à échauffer se trouve contenu dans le cylindre enveloppant A, à la hauteur de *ab*. Un robinet *n* permet l'entrée du liquide, et le robinet V sert à la vidange continue ou intermittente. On comprend aisément l'utilité de l'écran *e*, et l'on voit que, à cause de cet écran, la chaleur la plus intense se

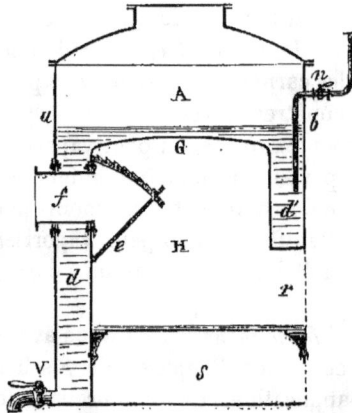

Fig. 85.

porte sur le centre du dôme, vers G. Si l'écran n'existait pas, le dôme serait à peine échauffé, puisque tout le calorique serait porté vers l'orifice de la cheminée.

On ne peut donc guère compter sur une action utile des parois, et la surface de chauffe est égale à celle du dôme seulement.

Quoi qu'il en soit, cette disposition peut rendre des services très-réels, surtout pour les petites distilleries, et il est possible de lui donner assez de puissance pour qu'elle puisse lutter avec d'autres constructions, surtout lorsque le distillateur ne peut pas ou ne veut pas faire la dépense d'un générateur proprement dit.

Chauffage indirect à feu nu. — De quelque côté que nous envisagions la question, il est évident que, si l'on se contente de regarder l'appareil à feu nu et à chauffage direct comme un *épuiseur* ou, mieux, comme un *générateur*, producteur de vapeur et épuiseur en même temps, il sera possible de faire arriver la vapeur produite dans cet organe au sein du liquide d'un autre vase, par un tube percé de trous, ou en pomme d'arrosoir, ou fendu par des traits de scie. Ce sera donc simplement du chauffage à la vapeur par barbotage que l'on pratiquera dans cette circonstance, exactement comme cela a lieu dans l'appareil de Laugier. On doit faire observer, cependant, que les liquides, plus ou moins dépouillés de l'alcool, dont les vapeurs pénètrent dans le bouilleur, peuvent communiquer, par ces vapeurs, une odeur ou une saveur empyreumatique aux produits, ce qui n'a pas lieu dans l'emploi de la vapeur confinée sans barbotage. Ce fait mérite quelque attention.

Chauffage au bain-marie. — L'emploi du *bain-marie* est encore un autre mode de chauffage indirect à feu nu. Dans ce chauffage, le vase extérieur reçoit la chaleur du foyer et la communique au liquide qu'il renferme; celui-ci la transmet aux parois du vase intérieur contenant la liqueur à distiller.

Dans ces deux modes de chauffage indirect, la température ne s'élève pas au-dessus de + 100 degrés dans les conditions ordinaires. Cependant, lorsque l'on se sert du bain-marie, on peut augmenter la température de l'ébullition du liquide extérieur, en y introduisant des sels, dont les dissolutions ne parviennent à l'ébullition qu'au-dessus de + 100 degrés. Voici quelques données, dues à M. Legrand, dont la pratique peut tirer un parti utile :

Sels en dissolution.	Poids de sel dans 1 000 d'eau.	Point d'ébullition.
Chlorure de sodium.	412	108°,4
Chlorure de potassium.	594	108 ,5
Carbonate de soude.	485	104 ,63
Phosphate de soude.	1126	106 ,6
Nitrate de soude.	2248	104 ,2
Sel ammoniac.	889	114 ,2
Chlorure de calcium.	1175	179 ,5
Carbonate de potasse.	2050	135 ,0
Nitrate de chaux.	5620	151 ,0
Acétate de soude.	2090	124 ,37
Acétate de potasse.	7982	169 ,0

Pour éviter que les sels déposent par suite de la concentration, et afin de n'être pas exposé aux inconvénients des soubresauts qui ne manqueraient pas de se produire dans ce cas, on doit avoir recours à deux artifices. On n'emploie d'abord que la proportion de sel nécessaire pour porter l'ébullition à + 102 degrés, ce qu'il est facile de déterminer par une petite expérience. Ensuite, on adopte une disposition telle que la vapeur condensée retourne à la dissolution, afin de lui conserver le même titre et de la maintenir au même degré d'ébullition. De la cucurbite A (fig. 36), qui renferme la dissolution saline et dans laquelle plonge le bain-marie B, sort en *a* un tube V qui porte la vapeur dans un petit réfrigérent C. Cette vapeur se condense, et l'eau redescend par son poids dans le

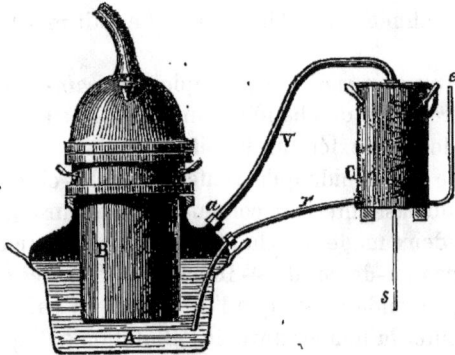

Fig. 36.

tube *r* par lequel elle rentre en A, en sorte que la dissolution reste toujours au même point de concentration.

Cette précaution est d'une grande utilité lorsque l'on veut distiller au bain-marie, à une température constante. D'un autre côté, lorsque l'on pratique la distillation au bain-marie par le moyen de l'eau seule, on n'épuise pas le liquide à distiller, ou, au moins, les dernières portions d'alcool sont très-difficiles à séparer. On y parvient plus aisément en surélevant la température de quelques degrés au-dessus +100 degrés et l'emploi des dissolutions salines permet de faire ce que l'on veut sous ce rapport.

B. *Chauffage à la vapeur.* — L'application du calorique par la vapeur à la distillation est le seul mode de chauffage rationnel, en présence de l'altérabilité des substances organiques, de nature si diverse, qui accompagnent l'alcool dans les vins. On sait que l'action d'une chaleur excessive développe à un haut degré la production des essences pyrogénées et des huiles fétides, de certains éthers, etc., qui diminuent beaucoup la valeur des résultats. Il convient donc d'éviter à tout prix une conséquence aussi désastreuse, surtout dans une époque et dans des circonstances où la valeur et la bonté des produits sont la seule garantie du succès.

L'emploi de la vapeur obvie à cet inconvénient dans la limite du possible. On sent que la perfection théorique consisterait à distiller à l'aide du vide et, par conséquent, à une température très-basse. Nous ferons voir, plus loin, que la solution de ce problème est loin d'être une impossibilité, mais nous devons nous borner à présent à étudier les moyens actuels dont la vapeur est le plus parfait, bien qu'on la fasse agir sous la pression ordinaire.

On distingue, dans le chauffage à vapeur, le chauffage par barbotage, le chauffage par double enveloppe et le chauffage par serpentins.

Chauffage à la vapeur par barbotage. — L'appareil théorique de la figure 37 donne l'idée exacte de ce mode spécial. Soit le bouilleur A renfermant le vin qui y est arrivé par *ey*,

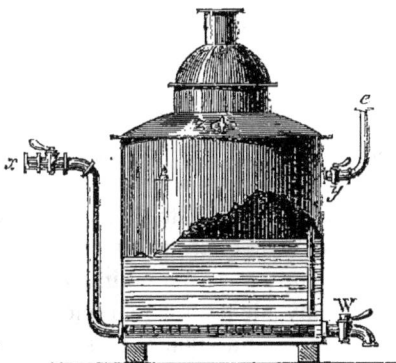

Fig. 37.

et muni d'un robinet de vidange W et d'un trou d'homme *z*. La vapeur, venant par *x* d'une prise du générateur, pénètre en A vers le fond par un tube de prolongement, coupé par des traits de scie. Ce tube constitue le *barboteur*. Les traits de scie peuvent être remplacés par de simples trous, sur les deux côtés du tube et le barboteur horizontal peut être remplacé par un *plongeur* terminé en pomme d'arrosoir (fig. 3, p. 14).

La vapeur, supposée à +100 degrés, fournit au liquide de A une quantité de chaleur égale à la chaleur totale ($=637$), moins la température actuelle du liquide même. Soit
$$C = 637 - T.$$

Cette température étant de +25, la chaleur transmise sera

de $637 - 25 = 612$ calories par kilogramme, au début de l'opération. A l'ébullition, la chaleur transmise sera de $637 - 100 = 537$ calories, en sorte que, au *minimum*, la vapeur à $+100$ degrés transmettra au liquide 537 calories par kilogramme. Cette transmission étant directe, l'utilisation sera complète, et nous n'avons pas à nous occuper ici du *quantum* transmis par mètre. Nous introduisons de la vapeur libre et nous donnons au liquide toute la chaleur de cette vapeur, moins la quantité représentée par T dont *le minimum est la température initiale* et dont *le maximum égale $+100$ degrés*. Voilà le côté capital de ce mode de chauffage, qui serait le plus économique de tous, sous la réserve que nous allons faire dans un instant. Chaque kilogramme de vapeur vaporise un kilogramme d'eau à $+100$ degrés et cette vaporisation ne coûte guère qu'un huitième à un septième de 1 kilogramme de charbon. La distillation de 1000 litres de vin (p. 125) demandant $191^k,36$ de *vapeur libre*, ne coûte donc que $\frac{191,36}{7,5} = 25^k,38$ de charbon, dans de bonnes conditions moyennes, c'est-à-dire, environ 70 centimes, par le prix moyen de la houille.

Le seul inconvénient qui résulte de ce mode d'emploi de la vapeur repose sur cette quantité de $191^k,36$ d'eau introduite en A par la vapeur, et sur la crainte d'abaisser le titre des produits. Cet inconvénient n'est réel que si la *colonne analyseuse* est mal comprise. En effet, il cessera de présenter la moindre valeur, si cette colonne ne laisse passer dans le réfrigérent que des vapeurs à $+82$ degrés de température, puisque cette circonstance suffira pour que toute l'eau excédante retourne en A par voie de *rétrogradation*. Nous verrons plus loin à quoi nous en tenir à cet égard.

Chauffage à la vapeur par double enveloppe. — Ce mode de chauffage n'est pas employé en distillation, sinon dans le cas du bain-marie que l'on peut considérer comme produisant des effets analogues. Nous ne nous y arrêterons donc pas, sauf pour faire observer qu'il serait d'autant moins rationnel qu'il augmenterait nécessairement le prix de revient, les frais d'entretien, et ceux de réparation des appareils. Il pourrait, cependant, être assez avantageux de construire des appareils pourvus d'un faux fond, dans lequel on ferait agir d'abord la vapeur, pour la faire circuler ensuite dans un serpentin placé au-dessus, dans le liquide, et l'on augmenterait ainsi, d'une façon notable, les surfaces de chauffe. On pourrait obtenir un bon résultat de cette application particulière.

Chauffage à la vapeur par serpentins. — Ce que nous avons dit précédemment (p. 109 et 128) sur l'emploi de la vapeur confinée, suffit à faire comprendre les conditions de ce chauffage, dont la figure 31 (p. 109) donne une idée suffisante, en ce qui concerne une disposition du serpentin. Le plus habi-

tuellement on dispose cet organe sur un plan horizontal ; les circonvolutions sont enroulées de manière à faire sortir le *retour de condensation* auprès de l'*entrée de vapeur* pour que l'ouvrier ait les deux robinets sous la main, comme l'indique le plan de la figure 38. On évite ainsi le *chevauchement* d'une des

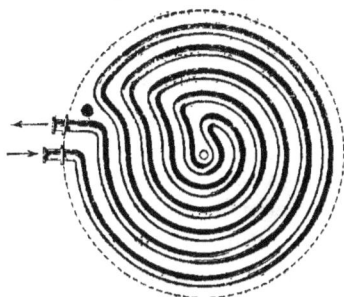

Fig. 38.

extrémités du tube sur le reste des spires, et l'on peut régler plus convenablement le niveau du plan du liquide.

Nous avons vu que les serpentins transmettent 60 000 calories par mètre carré et par heure par la vapeur à + 135 degrés et 50 000 calories par la vapeur à + 100 degrés. Il s'agit donc de placer, dans un espace donné, le plus possible de surface de chauffe et de calculer cette surface.

On sait, pratiquement, que le maximum d'effet utile est produit par les serpentins de 0,02 à 0,04 de diamètre. D'autre part, il n'est pas avantageux de trop rapprocher les spires des serpentins, comme il ne convient pas non plus de les trop éloigner, puisque dans ce dernier cas, on diminuerait les surfaces de vaporisation.

Or, plusieurs constructeurs croient que le meilleur résultat est atteint lorsque les spires sont écartées d'un espace tel qu'il soit en raison inverse du diamètre des tubes, en sorte que si des tubes d'un demi-centimètre doivent être écartés de la valeur de leur diamètre, des tubes de 10 centimètres ne devraient être écartés que de la moitié, soit de 5 centimètres.

Dans notre pratique, nous suivons un autre principe, et

nous disposons les serpentins de manière à les envelopper d'un prisme liquide quadrilatère, dont les côtés égalent le double diamètre du tube employé. C'est dire que les tubes sont écartés uniformément d'un espace égal à leurs diamètres, et nous trouvons, dans cette règle pratique, l'avantage de pouvoir définir notre surface de chauffe par un écartement proportionnel très-compréhensible.

Un serpentin d'un diamètre de 0,01 fournit, par mètre courant, une surface de 0^{mq},031416. En général, pour obtenir la surface de chauffe d'un serpentin, lorsqu'on en connaît le diamètre et la longueur, il faut effectuer le calcul de $\pi \times 2R \times L$, c'est-à-dire multiplier le nombre 3,1416 par le diamètre moyen, et multiplier le produit par la longueur du serpentin.

Nous avons constaté que l'on gagne beaucoup de temps dans le chauffage lorsque l'on agit à la fois par faux fond et par serpentin, et nous conseillons vivement l'adoption de cette mesure. Au reste, c'est peut-être par la *combinaison des moyens de chauffage* que l'on peut obtenir les meilleurs résultats. Nous en donnerons plus loin quelques exemples.

Nous avons appris, par les explications qui se rapportent aux figures 31 et 32 (p. 109 et suiv.), ce que l'on doit comprendre par le chauffage en profondeur ou le chauffage en surfaces. Nous sentons parfaitement tout l'intérêt qui s'attache à appliquer le calorique sur de grandes surfaces et de petites épaisseurs et il serait hors de propos de s'appesantir sur ce point. Quel que soit donc le mode de chauffage employé, il sera toujours plus profitable d'agir sur des épaisseurs très-petites, dans un ordre tel que les liquides aillent à la rencontre des portions les plus chaudes des surfaces de chauffe, afin d'utiliser la plus grande somme de chaleur possible et de ne dépenser que le minimum de temps. L'application de cette double condition d'économie de temps et de calorique sera exposée plus loin et nous nous contentons d'appeler l'attention des fabricants sur ce point.

§ III. — FORMES ET ORGANES DES APPAREILS.

Toutes les formes possibles sont admissibles en pratique, pourvu que l'on atteigne le maximum de vaporisation dans l'unité de temps, que les vapeurs puissent être facilement séparées et condensées, en un mot, pourvu que l'appareil fasse *vite et bien.* Les constructeurs se sont évertués, d'ailleurs, à en créer un si grand nombre qu'elles échappent, sinon à une critique trop méritée, au moins à une classification régulière.

Pour la distillation à feu nu, on conserve encore, dans les brûleries, l'ancien appareil de la fin du dix-huitième siècle (fig. 16, p. 40). Les modifications apportées à cet engin sont de peu d'importance et ne méritent pas d'être mentionnées. Cependant, le plus grand nombre des chaudronniers ont adopté la suppression de la *tête de more ;* ils disposent un trou d'homme sur le dôme de la chaudière, et placent un faux fond mobile, perforé, pour empêcher les matières solides de toucher le fond de la machine, qui est soumis à une très-grande chaleur.

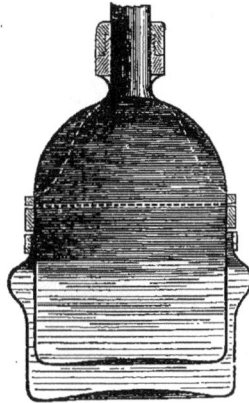

Fig 30.

Les distillateurs liquoristes emploient souvent le même appareil, légèrement modifié et disposé pour recevoir un bain-marie (fig. 39), soit que le dôme ait une forme sphérique ou celle indiquée par les lignes pointées. Lorsqu'ils agissent plus en grand et qu'ils se servent de la vapeur, soit pour distiller directement ou sans employer le bain-marie, ils se servent assez fréquemment de la forme cylindrique de la figure 40, dans laquelle le vase distillatoire est semblable, à très-peu

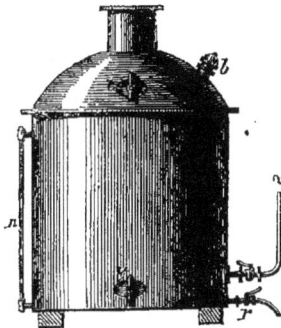

Fig. 40.

près, aux bouilleurs des colonnes. Ce vase est complétement vide et ne renferme qu'un serpentin, dans lequel la vapeur entre en *v*, et qui a un retour de condensation *r*. Un indicateur *n* marque le niveau du liquide, un ajutage *b* sert à l'introduction des liquides; le bouchon *t'* permet d'introduire les matières solides et le trou d'homme *t* sert au nettoyage. La vidange se fait par un robinet de fond.

Un autre groupe, dont la forme est usitée en distillerie industrielle, est représenté par l'appareil Laugier (fig. 3, p. 14), qui en est le type.

Enfin, les appareils à colonne sont aujourd'hui les plus universellement employés en industrie et, malgré la multiplicité des détails imaginés pour des prétextes, plutôt que par des raisons, ils ne forment qu'un seul type au point de vue général de la distillation.

Nous exposons les données d'après lesquelles en doit se diriger pour procurer à ces appareils leurs qualités essentielles, en priant le lecteur de vouloir bien se reporter d'abord aux généralités qui ont été tracées (p. 12 et suiv.) sur les conditions matérielles de la distillation.

Dans tout appareil à colonne, on distingue une partie qui fait fonction de *bouilleur* ou d'*épuiseur*, une portion destinée à *analyser les vapeurs*, un *réfrigérent* pour condenser les vapeurs et des *organes de rétrogradation*.

Nous décrivons en détail un *type idéal*, représenté par la figure 41 ci-contre et qui est une sorte de modèle sur lequel on peut se baser pour étudier toutes les colonnes possibles, pour établir la valeur et l'utilité des modifications faites ou à faire, et pour comprendre le jeu et le fonctionnement des engins de ce genre.

Le cylindre A est un *bouilleur* dans lequel la vapeur pénètre par le robinet *s*, amenée de la prise générale par le tube *xx*. Le tube *r* est le retour de la vapeur condensée qui va se perdre dans le caniveau *v*, si l'on n'a pas à l'utiliser. Cette seule disposition indique que la vapeur agit par un serpentin. On pourrait aussi employer le barbotage, mais nous supposons un type aussi régulier que possible.

La colonne B est composée de quatorze plateaux, en y comprenant la lanterne, et nous admettons que les dispositions intérieures ont été bien comprises. Le diamètre de cette colonne est le tiers de celui de la chaudière A, ce qui est la condition moyenne d'un bon travail. Le col de cygne C, pour porter à la condensation les vapeurs mixtes produites en A et B, offre un diamètre égal au tiers de celui de B. Le réfrigérent a été calculé pour refroidir au moins les quatre cinquièmes des vapeurs dans sa partie D, qui fait fonction de

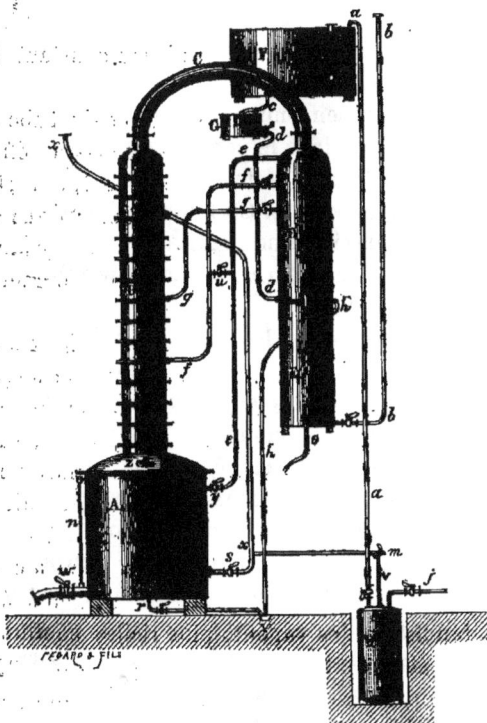

Fig. 41.

chauffe-vin condenseur, et qui est séparée par un diaphragme de la portion inférieure E, qui est le réfrigérent proprement dit. Ce réfrigérent reçoit de l'eau froide d'un réservoir supérieur par le tube à robinet *bb*, dont on règle l'ouverture selon l'échauffement du liquide qui sort par le trop-plein *h* et va couler dans le caniveau *v*.

H est un monte-jus qui pourrait être remplacé par une pompe et un récipient à air libre, mais qui est d'un usage plus commode. Le vin arrivant en H par *j*, et venant des cuves de fermentation, on ouvre le robinet à air i, puis, lorsque le monte-jus est plein, ce qui est indiqué par le liquide qui se montre en i, on referme le robinet j et le robinet i; on ouvre le robinet du tube ascenseur a; puis, modérément et progressivement, le robinet m de la prise de vapeur v. La vapeur comprime le vin en H, et le fait monter par a dans le réservoir alimentaire F, sur lequel un indicateur t marque le niveau du liquide.

Le vin passe dans le régulateur à niveau constant G par le tube c à robinet automoteur.

Lorsque l'on ouvre en entier le robinet du tube alimentaire dd, le vin pénètre dans le condenseur D du réfrigérent, remplit toute cette capacité D de bas en haut, et sort par le tube ee pour se diriger vers A. On l'introduit dans ce cylindre par le robinet y et aussitôt que l'indicateur n marque que le liquide recouvre le serpentin sr, on ouvre le robinet s pour introduire la vapeur en A.

Cette vapeur s'élève dans les cases ou milieux de la colonne, s'y dépouille de l'eau et des vapeurs étrangères, en raison des cironstances du travail, et la vapeur mixte renfermant tout l'alcool avec plus ou moins d'eau, passe en D par C. Elle se condense en partie, en cédant son calorique au vin de D. Si l'on tient à obtenir le maximum de force alcoolique, on ouvre le robinet du tube de rétrogradation ff, ou encore, celui du second tube gg, et les vapeurs trop peu alcooliques, condensées dans la partie supérieure de D, retournent à la colonne B, tandis que les vapeurs plus riches continuent leur marche vers E et sortent en o à l'état liquide. On reçoit l'alcool dans une éprouvette, où un alcoomètre en indique le degré, et on le dirige vers un récipient.

Lorsque le cylindre A est rempli à une hauteur suffisante, ce qu'on reconnaît à l'indicateur n, on ferme les robinets g et d et le liquide cesse d'arriver en D, mais, comme il produit des vapeurs qui pourraient créer des fuites, on ouvre le robinet u entre le tube ee et le rétrogradateur ff et ces vapeurs ont un chemin pour aller à la colonne et se joindre aux produits de la distillation. A ce moment, il convient encore d'augmenter l'arrivée de l'eau en b de manière qu'elle conserve une température aussi basse que possible en sortant en h.

L'opération est terminée, lorsque le produit, sortant en *o*, n'est plus que de l'eau...

L'exposé qui précède renferme tout ce qu'il y a d'essentiel dans la conduite d'un appareil distillatoire à colonne et il suffit de bien posséder cette manœuvre pour pouvoir diriger un appareil quelconque de ce genre, pourvu que l'on soit au courant des modifications inhérentes au système adopté, lesquelles, d'ailleurs, ont peu d'importance par rapport à la conduite des machines.

Ces modifications peuvent être prévues, à très-peu près, avec un peu de réflexion. Il suffit, pour cela, de prendre successivement les divers organes, et de rechercher dans quelles conditions il est possible de les placer.

Modifications du bouilleur A. — 1º Le *bouilleur* A peut être utilisé seulement comme bouilleur et ne plus être astreint à la fonction d'épuiseur qui fait perdre un temps considérable. La principale méthode applicable pour cela consiste à ajouter une deuxième chaudière A', qui accomplisse le rôle d'épuiseur, pendant que l'on fera agir A comme bouilleur. On aura alors la disposition de la figure 42, analogue à celle des deux chaudières de Laugier.

Un appareil ainsi modifié sera intermittent quant à la vinasse épuisée et continu quant à l'entrée du vin. Le fonctionnement de A', qui reçoit la vapeur directe par *s*, sera exactement semblable à celui de la chaudière A' de Laugier, que nous avons expliqué précédemment (p. 15), et les vapeurs produites par l'épuisement du liquide de cette chaudière iront barboter en A par C'. Elles transmettront leur calorique de vaporisation au liquide de A, le porteront à l'ébullition, tout en y faisant passer le reste de l'alcool, et il arrivera un moment où elles ne contiendront plus de ce principe. Si l'on a établi l'arrivée du vin de D en A, par *eey*, de manière à arriver à la ligne d'empli en A, lorsque le liquide de A' sera parfaitement épuisé, on pourra faire la vidange de A' par *w'*, puis ouvrir *w* après avoir fermé *w'*, faire passer en A' le liquide de A, refermer *w* et continuer le travail sans avoir interrompu l'introduction du vin en A.

Ceci est très-compréhensible, pensons-nous, mais il peut être utile, cependant, de récapituler les données du travail, afin de ne laisser aucun doute dans l'esprit.

A l'arrivée du vin par *ecy* en A, ouverture de *w*, *w'* étant fermé. Ouverture de *s*, aussitôt que le serpentin est couvert. Fermeture de *w*, lorsque la ligne d'empli est atteinte en A'.

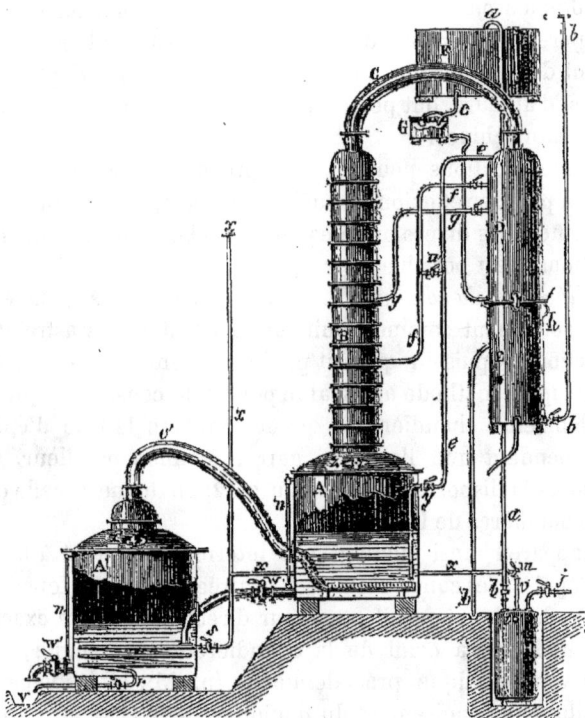

Fig. 42.

Réduction à moitié de l'ouverture de *y* sur *ec*, parce que le liquide de A' ne s'épuise pas aussi vite dans la mise en train que dans l'opération courante. Après l'épuisement de A', vidange par *w'*, fermeture de ce robinet et ouverture de *w*. Le liquide de A étant passé en A', fermeture de *w*, et rétablissement de *y* à son ouverture normale, qui reste alors stationnaire.

Epuisement de A'; fermeture de *w*, vidange par *w'*, fermeture de *w'*, ouverture de *w* et remplissage de A' par le liquide de A. Fermeture de *w*. Tout le travail se suit alors de la même manière.

On comprend facilement que cette modification peut subir

des changements de détail, mais que ces changements n'auront jamais une grande influence sur la direction à donner au travail, les conditions principales ci-dessus étant remplies. Disons tout de suite, cependant, que, lorsqu'on adopte l'épuiseur séparé de la colonne et de son bouilleur, il devient possible de chauffer A′ à feu nu ou par les gaz chauds, par un

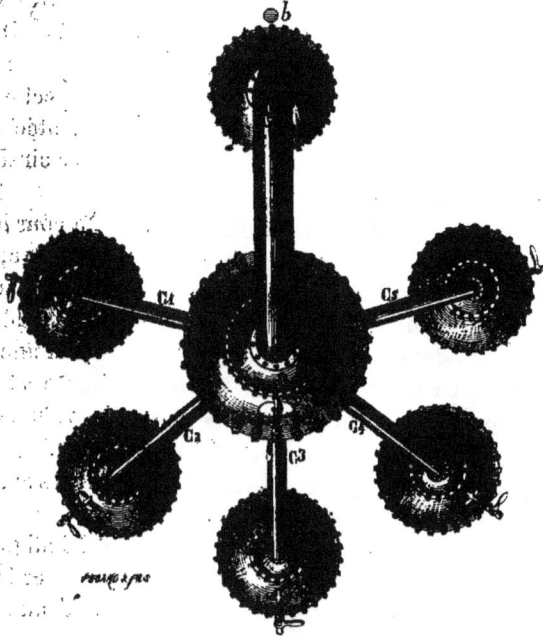

Fig. 43.

foyer extérieur ou un foyer intérieur. Nous verrons plus tard des exemples de cette adaptation.

2° Les circonstances précédentes étant bien saisies, on voit qu'il est très-aisé de modifier encore le système par A′ et A. Et d'abord, dans le but de produire des quantités considérables avec une seule colonne et un seul réfrigérent, on peut augmenter la section de la colonne B, du condenseur D et du réfrigérent E, en raison de la masse à obtenir, puis établir autour de A, une série de chaudières épuiseuses A′, chauffées directement. Il en résulte le dispositif tracé en plan par la figure 43 dont le jeu est d'une grande simplicité.

Soit le vin arrivant en A. On le fait passer aussitôt en A′

par *w*. On met en vapeur lorsque le serpentin est couvert, on porte à la ligne d'empli et l'on ferme *w*.

Pendant que la distillation se produit en A¹, on remplit A², puis A³, A⁴, et l'on fait la vidange de A¹ pendant que A⁵ est en remplissage. A² se vide quand on remplit de nouveau A¹, en sorte que chaque épuiseur est en travail pendant le temps employé à en remplir trois. Le bouilleur A ne sert, en quelque sorte, que d'intermédiaire aux liquides venant de D et aux vapeurs émises par les épuiseurs.

Nous verrons tout à l'heure que la puissance de cette disposition peut encore être considérablement augmentée par le chauffage en surfaces et qu'il est facile d'arriver ainsi à des résultats prodigieux.

En admettant 2 mètres de surface de chauffe pour les serpentins des épuiseurs, chacun de ces vases peut vaporiser très-largement, en une heure, tout l'alcool contenu dans 1000 litres de vin à 5 pour 100 et produire 100 litres de phlegmes à 50 degrés. Le remplissage étant réglé à une demi-heure, la durée de l'épuisement est d'une heure et demie pour chaque vase, ce qui permet de porter le volume du liquide à 1500 litres et d'obtenir 150 litres de phlegmes, au minimum, soit 18 hectolitres en vingt-quatre heures et 90 hectolitres pour l'ensemble du système.

3° Etant donnée la modification du dispositif indiquée par la figure 41 (p. 179), on voit que l'on peut économiser la place en surface, en établissant, tout simplement, A′ au-dessous de A. Ce changement ne présente pas, du reste, une grande valeur et nous nous contentons de le signaler au lecteur.

Ces divers changements dans la disposition du bouilleur ne donnent que l'ébullition par masses plus ou moins profondes. L'agencement suivant ne se trouve plus dans la même condition.

4° Si l'on partage un bouilleur A (fig. 44) en deux ou trois cylindres par des diaphragmes, et que chacun de ces diaphragmes porte une ou plusieurs cheminées *a*, *b* ou *c*, pour le passage des vapeurs d'une case inférieure dans celle qui la suit en montant vers la colonne, on n'aura qu'à adapter des tubes de trop-plein *iii* pour faire passer dans toutes les cases le vin venant de *ey*. Or, la chaleur dégagée par la vapeur de *x*, en *sr*, portera d'autant plus vite à l'ébullition le

liquide de la case n, qu'il formera une couche moins épaisse ; la vapeur de ce liquide passera par les cheminées a en échauf-
fant le fond de m ; de même, la vapeur produite en m échauffera le liquide de l et celle de l échauffera le liquide arrivant en k par y. Il y aura donc ainsi utilisation plus complète de la chaleur et cette disposition pourra rendre de grands services partout où l'on aura besoin d'une production rapide et économique.

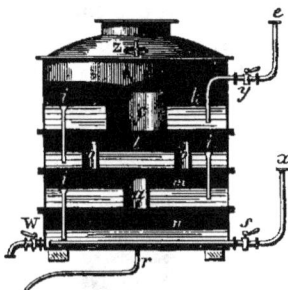

Fig. 44.

5° On voit encore combien il est aisé de transformer l'appareil à vapeur et à colonne en appareil à feu nu et à colonne, puisqu'il suffit de joindre à A un épuiseur A′ à feu nu, pour que la vapeur de cet épuiseur vienne agir en barbotage dans la case n et permettre la suppression de la vapeur. On a ainsi la disposition de la figure 45, que nous indiquons seulement pour mémoire et dans laquelle nous supposons le

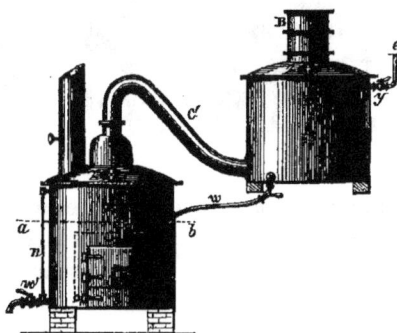

Fig. 45.

foyer intérieur. On peut évidemment disposer A′ sur un foyer extérieur, l'entourer de carneaux, ou en chauffer l'intérieur par des gaz chauds.

Préoccupé, pendant fort longtemps, des immenses besoins de simplification et d'économie qui frappent l'industrie des al-cools, nous avons cherché quelles pourraient être les modi-fications les plus avantageuses du bouilleur au point de vue de la rapidité de la vaporisation et de la puissance de l'effet. Nous nous sommes arrêté à l'ensemble indiqué par la figure 41, mais nous avons fait subir à chaque organe des changements dont l'expérience a démontré l'utilité ; nous les exposerons à mesure que nous avancerons dans ce travail, et nous décri-vons d'abord ceux que nous avons imaginés pour le bouilleur A.

6° Partant de ces principes que l'action du calorique est d'autant plus complète et plus rapide que la chaleur agit par serpentins sur des couches liquides peu épaisses, sur grandes surfaces, et que les vapeurs produites sont utilisées pour échauffer les liquides plus froids, de proche en proche, nous avons complétement métamorphosé le bouilleur, tout en lui conservant, à peu de chose près, sa forme extérieure.

Nous avons établi des cases d'évaporation à serpentins, dans lesquelles les serpentins ne doivent être recouverts que par

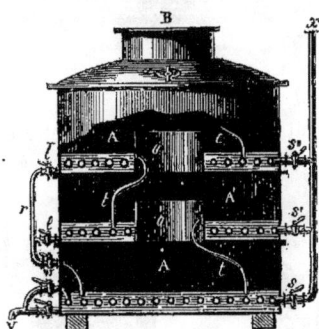

Fig. 46.

1 à 2 centimètres de liquide. La figure 46 donne l'idée de cette modification sur laquelle nous aurons à revenir plus en détail, lorsque nous nous occuperons des appareils modernes pour en faire l'étude particulière.

Le bouilleur A est composé de trois cases analogues à celles des colonnes.

Ce nombre n'a rien d'absolu et il dépend entièrement de la quantité de produit à obtenir et des surfaces de chauffe que l'on veut avoir. Ces cases portent un cylindre central o, ouvert, par lequel les vapeurs produites s'élèvent vers la colonne. Des serpentins s, s', s'', sont placés dans les cases et le jeu des tubes de trop-plein t est calculé de manière à ne laisser sur chaque serpentin que 1 centimètre ou 2 centimètres de liquide.

Un tube de vidange r permet d'enlever toute la vinasse des cases A′ et A″ et de l'envoyer sur le fond A, d'où un robinet v peut expulser tout le liquide. Ce robinet v et le tube r sont fermés pendant le travail, mais le robinet w doit être ouvert de façon à maintenir en A un niveau constant. Cet appareil étant continu, par suite de dispositions que nous aurons à étudier, et la distillation proprement dite se faisant dans la colonne B, les trois cases A, A′, A″ font seulement fonction d'épuiseur.

Le fonctionnement est très-simple. Lors de la mise en train, aussitôt que le liquide arrive en A″ par e, ce dont on s'assure par un robinet latéral, on introduit la vapeur par s″ et le vin entre presque aussitôt en ébullition. Le trop-plein commençant à faire couler le liquide bouillant de A″ à A′, on ouvre s′ ; enfin, on ouvre s, v et w étant fermés, lorsque le liquide parvient en A. On arrête alors l'arrivée du liquide jusqu'à ce que la colonne soit échauffée jusqu'au sommet. A ce moment, le vin de la mise en train est épuisé en A″, A′ et A ; on ouvre le robinet d'alimentation qui fait arriver le vin par c, on ouvre le robinet w, de manière à lui donner un débit presque égal à celui de e, et l'on ne ferme plus aucun robinet jusqu'à la fin du travail, les vinasses épuisées sortant par w d'une manière continue.

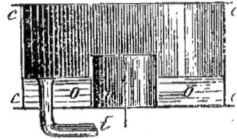

Fig. 47.

Nous ferons voir plus tard quels changements nous avons fait à cette disposition, dans le but d'utiliser la vapeur de A pour l'échauffement de A′ et la vapeur de A′ pour celui de A″ afin de n'avoir plus à dépenser qu'un minimum de vapeur.

Modifications de la colonne B. — Normalement, la colonne est une série de vases de Woolf, disposés verticalement et placés les uns sur les autres. Chacun de ces vases est ouvert par le haut et il est adapté au suivant par des brides qui relient les collets de deux cases consécutives après qu'on a interposé une garniture. En s'élevant par la cheminée centrale *n*, les vapeurs rencontrent un milieu plus froid et, une partie de ces vapeurs se condensant, le liquide s'accumule peu à peu dans le fond de la case, en *o o*, jusqu'à un niveau déterminé par l'élévation du trop-plein *t*, par lequel il s'écoule ensuite, en *rétrogradant* vers le bouilleur. Dans cette disposition normale, on sent que la condensation qui se fait dans chaque case, à mesure que les vapeurs s'é-

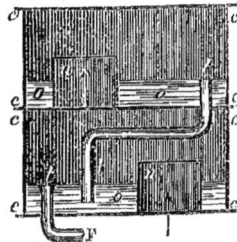

Fig. 48.

loignent du foyer producteur de chaleur, ne peut être due qu'au refroidissement de la case, à l'abaissement de température du milieu, et que le libre passage des vapeurs détermine bientôt une sorte d'équilibre de température, par suite de la conductibilité des métaux et de leur faculté d'absorption. La première pensée qui devait venir à l'esprit était donc de *contrarier* ce passage des vapeurs en disposant en *chicane* la cheminée de deux cases consécutives (fig. 48).

Cette idée était déjà remarquable en ce sens qu'elle tendait à placer, sur le passage de la vapeur mixte, des causes de réfrigération plus actives et, par conséquent, à augmenter la condensation partielle de chaque case, c'est-à-dire l'analyse des vapeurs.

De là à concevoir une *calotte* renversée, ou, même, un simple *disque* métallique au-dessus du courant de vapeur pénétrant dans la case, il n'y avait qu'une transition insignifiante. On forçait ainsi la vapeur à venir se briser contre un obstacle, à se disséminer dans la case, à se *réfrigérer* davantage au contact des parois métalliques, frappées, à l'extérieur, par l'air ambiant. On a créé

Fig. 49.

le type indiqué par la figure 49 et il a été fait, sur ce type, toutes sortes de changements sans importance et sans valeur.

Il est digne de remarque, en effet, que la plupart des chaudronniers n'ont fatigué leur imagination qu'à changer quelques tuyaux de place et à tourmenter les calottes des plateaux de colonne. On a eu des calottes plus ou moins bombées, d'autres aplaties en forme d'assiettes; on a accouplé deux calottes renversées, à parois lisses ou à parois déprimées et comme plissées; on a mis, dans une seule case, deux, trois, quatre, six cheminées, chacune avec sa calotte ou son disque. Pour les uns, la calotte devait toucher par les bords le liquide de la condensation; pour d'autres, cette mesure ne vaut rien, parce qu'elle produit de la pression. Les premiers soutiennent que leur pratique est la meilleure, parce qu'elle opère le lavage des vapeurs, etc.

Nous n'en finirions pas si nous voulions rechercher tout ce que l'on a cherché à faire dans ce sens. Que le lecteur en soit bien convaincu : ce n'est pas assez de changer un tube de place, de courber ou d'aplatir une calotte, de diminuer ou d'augmenter des dimensions, pour avoir constitué un appareil; il faut que l'ensemble et les détails soient coordonnés en vue de l'amélioration du travail à faire, et le problème n'est pas à la portée de tout le monde. Notre but est précisément d'en vulgariser les données, dans l'intérêt du distillateur, et non point pour la satisfaction de ceux qui n'ont d'autre but que de l'exploiter.

La modification normale qui devait suivre l'adoption des calottes est celle qui est retracée par la figure 33 (p. 144). Dans cette disposition, nous constatons que les tubes de rétrogradation *o* des liquides condensés dans les cases ou plateaux viennent apporter leur liquide *sur* la calotte inférieure, que cette calotte est établie au-dessus du plan de trop-plein et qu'elle ne peut, par conséquent, plonger dans le liquide condensé, ni forcer la liqueur à barboter. Il résulte de ce fait qu'il n'y a pas de pression. D'autre part, les liquides, en s'écoulant sur la calotte *c*, forment une nappe mince que les vapeurs sont obligées de traverser, ce qui les lave, d'un côté, tout en les réfrigérant, de l'autre, d'une certaine quantité, puisque les condensations d'une case supérieure sont plus froides que celles du milieu inférieur.

Cette condition renferme les principes du seul perfectionnement rationnel à apporter aux colonnes en tant que construction, et nous en verrons une application partielle dans la colonne de Derosne.

Nous avons mis le premier ce principe fondamental en lumière, savoir, que l'on doit éviter la pression dans les vases qui produisent ou renferment des vapeurs alcooliques, que ces vapeurs doivent être progressivement et graduellement refroidies, jusque vers + 82 degrés ou + 80 degrés, depuis le point où se fait l'ébullition jusqu'au point d'émergence dans l'organe de réfrigération et, enfin, que les vapeurs doivent être lavées, au moins par la rétrogradation.

Pour exécuter littéralement ces principes, nous avons construit la colonne de la figure 50, dans laquelle nous faisons voir en coupe et en perspective la disposition de nos calottes et de nos tubes rétrogradateurs.

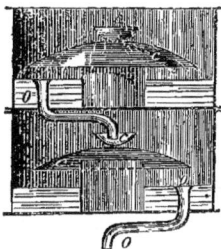

Fig. 50.

c est une petite coupelle ou calotte placée de manière à recevoir les liquides de condensation de la case supérieure, et qui est soudée à la calotte c' dont la section doit être égale aux deux tiers au moins de la section de la colonne. Le tube de rétrogradation o apporte le liquide moins chaud en c, qui se remplit et déverse son contenu sur la convexité de c'. Ce liquide coule en nappe sur c' et la vapeur, arrivant en dessous, frappe la concavité de la calotte c', se divise, se refroidit, et traverse la nappe pour continuer sa marche. Il en résulte un lavage et un refroidissement réguliers. Cet effet est d'autant plus constant que, au lieu de faire arriver les vins à distiller dans le *bouilleur-épuiseur* (fig. 46), nous les introduisons dans la colonne, de façon à graduer la hauteur à laquelle se fait cette introduction, selon le degré de force à obtenir.

Ceci va être rendu très-compréhensible.

Nous savons que la vapeur alcoolique se produit à $+ 78°,4$ et que la vapeur d'eau se produit à $+100$ degrés. De là, tout refroidissement de vapeur mixte au-dessous de $+100$ degrés et au-dessus de $+78°,4$ condensera une proportion de vapeur d'eau d'autant plus considérable que la limite de ce refroidissement sera plus rapprochée de $+78°,4$. D'un autre côté, le vin du chauffe-vin, porté déjà à une température de $+50$ ou $+60$ degrés, refroidira d'autant plus les vapeurs mixtes émergentes qu'il arrivera plus haut dans la colonne, puisque les milieux sont d'autant moins chauds qu'ils sont plus éloignés de la source de chaleur. Si donc on fait arriver le vin à $+60$ degrés T en contact avec des vapeurs à $+100$ degrés vers le bas de la colonne, le refroidissement sera moins considérable que si ce vin arrive en contact avec des vapeurs à $+90$ degrés T seulement; il y aura moins d'eau condensée et, par suite, les produits seront moins riches en alcool.

Donc, pour obtenir des forces, il faut alimenter par le haut de la colonne. Cette alimentation produit encore d'autres résultats; elle procure un lavage plus énergique des vapeurs et une purification plus complète; ensuite, le vin, descendant de proche en proche et rencontrant une température croissante, se dépouille de son alcool dans ce trajet et il arrive dans le bouilleur presque épuisé. Cette disposition permet de produire la distillation continue avec une grande sécurité.

Nous verrons, par la suite, quels sont les principaux modes de construction des colonnes, en étudiant quelques-uns des appareils préconisés par la pratique ou par les constructeurs eux-mêmes, et nous jetons un coup d'œil sur les modes à employer pour faire varier l'action de l'organe réfrigérant.

Modifications du réfrigérent. — Le réfrigérent primitif ne pourrait satisfaire aux besoins industriels que s'il recevait des vapeurs mixtes dans un tel état de composition qu'elles représentent exactement la force à obtenir. D'un autre côté, le besoin d'économiser la chaleur a fait songer à employer la réfrigération à l'échauffement du vin à distiller. On a donc commencé par opérer la réfrigération en deux vases séparés, l'un recevant les vapeurs à leur sortie dans un serpentin ou dans un organe de transmission quelconque, plongeant dans le vin à échauffer ; l'autre recevant seulement les vapeurs ayant échappé à cette première action. Le premier vase a reçu le nom de *condenseur.*

Le second est le *réfrigérent* proprement dit. On comprend que ces deux vases peuvent être superposés et n'en faire plus qu'un seul, de façon à économiser la place. En outre, on peut encore, en donnant à la surface réfrigérante des dimensions convenables, employer seulement les vins à la réfrigération, bien que la pratique ait reconnu plus de qualités dans les produits dont la condensation s'achève par l'eau, et que ce mode de procéder soit plus généralement adopté.

On a ainsi : 1° le réfrigérent simple, formé par un serpentin ou un organe analogue plongeant dans l'*eau* réfrigérante ; 2° un *condenseur chauffe-vin,* dans lequel le vin à + 25 degrés sert de liquide réfrigérateur ; 3° le réfrigérent en deux vases ; un *condenseur chauffe-vin* et un *réfrigérent à eau ;* 4° la même application, en changeant la disposition des vases et les superposant.

Que l'on adopte l'une quelconque de ces deux dernières dispositions, nous disons que, dans tous les cas, il est indispensable, par une raison d'économie palpable, d'employer les vapeurs mixtes à échauffer les vins et que, par conséquent, il faut un organe faisant fonction de condenseur chauffe-vin, qu'il forme ou non un vase à part ; nous ajoutons que la dépense d'eau étant insignifiante pour la réfrigération complémentaire, il est toujours préférable de terminer la condensation et le refroidissement par un courant d'eau.

L'organe de réfrigération est muni, dans tous les appareils bien compris, de *tubes de rétrogradation* dont le but est de produire des forces, en faisant retourner à la colonne, ou à l'appareil de distillation, suivant les cas, les premiers produits condensés, qui contiennent une plus forte proportion d'eau. On ne laisse ainsi passer à la réfrigération définitive que des vapeurs d'un haut titre et l'on peut atteindre des richesses alcooliques très-élevées.

En ce qui concerne la construction même du réfrigérent, l'organe de réfrigération est un serpentin (fig. 17, p. 41) renfermé dans une enveloppe quelconque, dans laquelle circule le liquide réfrigérant, en sens inverse de l'arrivée des vapeurs ; ou ce serpentin est remplacé par des *lentilles*, comme dans le condenseur de Laugier (fig. 3, p. 14), ou il est formé par des plaques de formes diverses qui sont plongées dans l'eau ou le vin, et entre lesquelles circule la vapeur à condenser ; ou bien, encore, on combine et l'on accouple ces diverses dispositions, de manière à obtenir le maximum d'effet, c'est-à-dire la plus grande surface réfrigérante possible dans le chauffe-vin condenseur, afin de diminuer la dépense d'eau, et de transmettre le plus possible de la chaleur des vapeurs condensables au vin à distiller, ce qui procure une grande économie de combustible. Voilà le but principal à atteindre. Nous avons vu quelles surfaces répondent à une réfrigération demandée, et pour ne pas nous répéter inutilement à cet égard, nous prions le lecteur de vouloir bien se reporter à ce qui a été exposé en détail dans le chapitre précédent.

Nous préférons employer une construction mixte pour l'organe de réfrigération. Que l'on emploie un seul vase, comprenant un condenseur placé au-dessus d'un réfrigérent, ou deux vases séparés, nous faisons usage de lentilles très-aplaties, de très-grande surface, pour le chauffe-vin condenseur. Nous prenons nos rétrogradations à la partie déclive de ces lentilles qui se trouve dans le plan vertical de la colonne, et nous pouvons établir autant de tubes de rétrogradation que de lentilles. A la suite de cette première portion, nous disposons trois plaques doubles, puis un serpentin. Cette seconde portion est refroidie par un courant d'eau ; mais, si les surfaces ont été bien calculées et qu'elles soient en rapport avec la vaporisation produite dans l'appareil ou, plutôt, avec la quantité de vapeur mixte qui franchit le col de cygne, on peut négliger la dépense d'eau comme étant d'une très-minime importance.

Nous devons, en finissant, faire connaître une forme de serpentin, que nous aimons à employer de préférence, à raison de la grande surface qu'il développe et, aussi, parce qu'il n'échauffe l'eau de réfrigération que par couches successives, en plan horizontal, et qu'on a moins à redouter, par son adoption, l'échauffement excessif du liquide. Ce serpentin est représenté par la figure 51, qui en donne une idée très-suffisante, et son action réfrigérante est telle que l'on peut l'appliquer au refroidissement de masses très-considérables, comme pour le refroidissement des moûts de brasserie. Les surfaces sont, pour ainsi dire, indéfinies avec

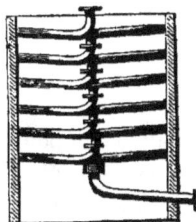

Fig. 51.

cette disposition, et l'on peut introduire, dans la cuve d'un appareil, une longueur de tube beaucoup plus grande qu'avec le serpentin ordinaire.

Nous venons de résumer les différentes conditions matérielles dans lesquelles on peut établir les appareils de distillation. Ces données générales et la coordination des différents groupements qui en résultent permettent aux fabricants d'apprécier la valeur réelle de tout appareil qui lui est proposé. En somme, un bon appareil doit accomplir les fonctions suivantes, avec une régularité complète :

1° La vaporisation de l'alcool renfermé dans le liquide doit se faire dans *le moindre temps* et avec *la moindre chaleur* possible.

2° Aucune partie du vin, ou des matières qui l'accompagnent (matières pâteuses ou semi-fluides), ne doit être exposée à une chaleur qui puisse en déterminer la décomposition et donner aux produits une odeur empyreumatique.

3° On doit pouvoir, en toute circonstance, amener la température des vapeurs mixtes vers + 82 degrés, au point où elles s'engagent dans le col de cygne pour passer dans l'appareil de condensation.

4° Dans toute colonne, les vapeurs doivent être *analysées*, c'est-à-dire dépouillées de l'eau et des principes étrangers, autant que le permettent les lois de la physique, par lavage

13

et refroidissement progressifs, sans pression autre que celle qui résulte d'un lavage en pluie ou en nappe mince.

5° Tout appareil doit être pourvu d'organes de rétrogradation, à l'aide desquels on puisse obtenir des forces régulières.

6° On doit pouvoir, sans aucune exception, utiliser la plus grande partie de la chaleur des vapeurs mixtes, pour échauffer les vins à distiller, l'accomplissement de cette condition étant la seule garantie sérieuse de l'économie du combustible.

7° Enfin la réfrigération doit être aussi complète que possible par les vins, de.manière à n'avoir à dépenser qu'un minimum d'eau pour compléter le refroidissement des produits.

Tout appareil qui réalise les exigences que nous venons de formuler est un bon appareil, et il réunit la célérité, la sécurité et l'économie du travail à la bonté des produits.

On sent que nous ne pouvons nous arrêter à examiner longuement les discussions que l'on a faites sur le *nombre des plateaux* de la colonne et sur la *hauteur* à lui donner. Il y a des principes devant lesquels l'envie de vendre un peu plus de cuivre doit disparaître. Nous avons vu des colonnes qui atteignaient la hauteur d'un second étage et qui n'en valaient pas mieux, bien qu'elles eussent coûté plus cher qu'elles n'auraient dû. Nous ne citerons personne ; mais, quand un appareil peut être établi, avec un large bénéfice, pour un chiffre donné, 15 000 francs, par exemple, nous ne comprenons pas qu'on lui fasse atteindre une valeur vénale de 20000 à 25 000 francs, par une augmentation inutile du poids et du volume des organes dont il est composé.

On doit calculer une surface de chauffe dans des conditions telles que l'appareil puisse vaporiser, en une heure, le maximum de la demande, avec le moins de calorique, c'est-à-dire avec de la vapeur à +100 degrés, par une transmission de 40 000 calories au mètre carré. D'un autre côté, la hauteur de la colonne sera toujours suffisante, pourvu que, dans la dernière case, la température de la vapeur mixte tombe à +82 degrés et que le lavage puisse être bien exécuté.

Or, d'après l'expérience, si les milieux d'une colonne sont séparés par des rondelles mauvaises conductrices, si l'alimentation se fait par la colonne même, le résultat est atteint facilement par neuf plateaux, de 0,15 à 0,30 de hauteur, selon la dimension de l'appareil. En portant ce nombre à dix plateaux, lanterne comprise, on a largement de quoi produire tous les effets demandés, puisque l'on peut faire décroître la température intérieure de 1°,8 au moins par case, ce qui est démontré par la pratique. La vapeur étant à + 100 degrés à la sortie du bouilleur, dix plateaux procureront $10 \times 1°,8 = 18$ degrés de refroidissement, et $100° - 18° = 82°$, en sorte qu'une colonne de 3 mètres serait bien assez haute pour les agencements les plus puissants. Toutes les parties restant proportionnelles dans le reste de l'appareil, il nous est arrivé de pouvoir diminuer cette hauteur jusqu'à l'extrême limite, c'est-à-dire jusqu'au nombre de cases *strictement* nécessaire pour produire des forces de 92 à 95 degrés, en ne donnant à ces cases que la hauteur minimum, et nous avons pu construire des appareils par sept plateaux de colonne seulement, et par 1m,50 de hauteur, sans que cette réduction ait apporté le moindre trouble dans la fonction de cet organe.

En fait, nous ne considérons comme nécessaire, dans une colonne distillatoire, quels qu'en soient, d'ailleurs, le diamètre et la capacité, que la hauteur requise pour disposer les organes intérieurs et pour atteindre au sommet un refroidissement à + 82 degrés. Pourvu que le lavage de la vapeur mixte pût s'exécuter convenablement, nous aimerions mieux une colonne de 50 centimètres produisant cet effet capital, que les monuments de 15 à 18 mètres dont certains chaudronniers nous gratifient, et au sommet desquels on trouve encore 90 à 95 degrés de température.

Sans doute, le raisonnement ne serait pas absolument le même dans les colonnes qui ne représentent qu'une sorte de cylindre creux, à une ou deux cases, dans lequel on introduit une sorte d'organe à calottes ou un engin de rétrogradation, et nous ne parlons que pour les colonnes à tronçons séparés. Dans les autres, il est clair que c'est la hauteur qui détermine, en grande partie, le refroidissement des vapeurs mixtes, tandis que, dans les colonnes à plateaux, chaque case produit un refroidissement prévu. Mais c'est précisément cette condition de hauteur excessive qui forme le principal défaut des appareils de ce genre.

Enfin, l'introduction des vins dans la colonne même permet d'en restreindre la hauteur jusqu'à des limites *minima* qu'on ne peut atteindre avec les autres modes, puisque le vin ne dépasse jamais une température de +60 à +70 degrés, ce qui permet de refroidir la vapeur mixte au point que l'on veut, sans souci de la hauteur, pourvu que la surface de chauffe soit calculée de façon à épuiser convenablement le liquide fermenté.

Il y a des colonnes qui ne présentent pas de bouilleur apparent ni d'épuiseur; le tronçon dans lequel pénètre la vapeur en fait la fonction, et cette modification de forme n'a aucune valeur, positive ou négative, si les surfaces suffisent à la distillation.

§ IV. RÈGLES RELATIVES A L'ÉPURATION DES PRODUITS.

La pureté des produits que l'on obtient par la distillation des matières fermentées est sous la dépendance d'une foule de circonstances dont nous énumérons les principales.

La nature de la matière première, le mode de fermentation suivi, la méthode de distillation, c'est-à-dire l'introduction, dans les appareils, de vins liquides ou de semi-fluides, le travail de la distillation même, présentent une influence considérable sur la qualité des alcools, et nous devons nous arrêter quelques instants à l'examen de ces données.

Nous ne parlons pas encore ici de la purification, de la *rectification* des produits; nous ne voulons pas anticiper sur ce qui concerne cette question et nous voulons seulement nous occuper de la distillation et des conditions qui réagissent sur la pureté plus ou moins grande des phlegmes obtenus dans cette opération.

Influence de la nature des matières premières. — Nous savons que toutes les matières alcoolisables présentent, chacune, une saveur, un *goût*, un arome, dépendant de leur nature propre et ce goût, composé et fort complexe, le plus souvent, semble résulter de l'union des divers principes odorants qui se trouvent dans les tissus des plantes. Les variétés de saveur et de goût que nous rencontrons dans les racines, les tiges, les fleurs et les fruits, sont en nombre presque infini, et la plus légère modification organique détermine parfois des changements considérables à cet égard.

Dans les conditions normales d'une distillation bien faite, dont les opérations préliminaires ont été exécutées avec soin, nous devons donc trouver dans les produits le goût, l'arome, l'odeur, si l'on veut, de la matière première, si les huiles essentielles naturelles n'ont pas été altérées pendant les différentes phases du travail.

De là, résultent ces variations nombreuses que l'on peut constater facilement en examinant les produits alcooliques de diverses provenances. La distillation ménagée, au *bain-marie*, des vins provenant de la fermentation des jus de tiges sucrées ou de fruits sucrés, fournit toujours un produit qui rappelle l'odeur spéciale de la plante. Chacun sait quelle énorme distance sépare les phlegmes de raisin fermenté de ceux de betterave, les eaux-de-vie de fruits aromatiques et parfumés, des fraises, des framboises, des pêches, des cerises, des produits alcooliques des grains, de la pomme de terre, de l'asphodèle, de la garance, et il n'est pas nécessaire de nous appesantir sur le fait même. Les conséquences seules présentent une importance sérieuse pour le producteur, et il est évident que tous ses efforts doivent tendre à conserver les aromes des matières qui offrent *naturellement* une odeur suave, un parfum agréable. De même, il doit chercher à produire les aromes artificiels recherchés par la consommation, et à détruire les mauvais goûts repoussés par le public. Or, il y a ici des questions de matière première qui échappent, non pas à l'analyse, mais à l'action des agents et des méthodes. La nature même des matières alcoolisables doit être prise en grande considération, et il convient de faire une différence énorme entre les résultats.

Nous avons toujours soutenu cette proposition que l'*alcool pur* ($C^4H^4.2HO$) est constamment identique, quelle que soit la matière dont il provient. C'est dire que tous les alcools, amenés à un degré de pureté suffisant, peuvent être employés aux mêmes usages ; mais la nécessité d'une purification complète ressort de cette allégation, qui n'est vraie, d'ailleurs, que pour le chimiste, et ne serait pas acceptable pour la pratique courante, car la purification des alcools est encore dans l'enfance. Le fabricant doit se borner à choisir, autant que possible, la matière première qui lui donne les meilleurs produits ; il doit mettre tous ses soins à ne pas altérer les aromes

agréables ou recherchés, et à détruire toutes les matières
étrangères qui peuvent donner de mauvais goûts ; mais, pour
lui, les produits alcooliques varient selon la provenance, et la
valeur en est sujette à de très-grands écarts. Un même groupe
de matières alcoolisables fournit souvent des variétés nombreuses ; ainsi, le raisin, par exemple, est loin de donner toujours la même eau-de-vie. Les fruits secs et acidules, les raisins
sucrés et peu parfumés, les raisins muscats, etc., produiront
des eaux-de-vie différentes ; les raisins noirs ne donneront pas
les mêmes résultats que les raisins blancs ; les raisins mûrs
ne peuvent pas être assimilés aux fruits qui n'ont pas atteint
une maturité suffisante.

L'action des acides naturels des matières alcoolisables sur
l'alcool, celle des sels que ces matières peuvent renfermer,
n'est pas contestable, et l'on sait que ces acides et plusieurs
sels donnent lieu à la production de divers *éthers* qui changent
ou transforment le goût normal, et l'on doit admettre, en principe général, que la matière première exerce une action considérable sur la valeur des produits alcooliques.

Influence du mode de fermentation. — A côté de cette action
incontestable, vient se placer l'influence du travail d'alcoolisation, c'est-à-dire de la fermentation elle-même.

Une fermentation lente, à basse température, opérée par le
ferment naturel de la matière transformable, donnera toujours
des produits différents de ceux qu'on obtient par une fermentation rapide, à température élevée, déterminée par du ferment additionnel. Dans le premier cas, il se produira moins
d'acide acétique ; le ferment, n'ayant pas, par lui-même, de
qualités étrangères à la matière traitée, n'en modifiera pas
sensiblement l'arome, tandis que tout le contraire se produira
dans le second cas.

Le ferment employé sera loin d'être sans action sur l'arome
des produits. Quelque petite qu'en soit la quantité employée,
il apportera une odeur propre, un goût particulier qui modifiera le résultat total. Ce sera pis encore si le ferment a subi
une altération quelconque, s'il est gras, s'il a été atteint par
une dégénérescence, si le travail de transformation est accompagné de productions lactiques, butyriques, visqueuses ou
mannitiques. Dans toutes ces circonstances, il est bien difficile
de conserver pur l'arome normal que l'on recherche.

Si la fermentation s'opère sur des liquides limpides, les produits seront toujours plus purs et de meilleur goût que lorsqu'on agit sur des matières pâteuses ou semi-fluides, dans lesquelles il est impossible d'éviter l'altération plus ou moins profonde des matières protéiques et autres qui accompagnent le ferment. Le distillateur doit être bien convaincu de ce fait que toutes les substances étrangères au sucre, qui subissent le travail de la fermentation en même temps que ce principe, réagissent sur les produits, ou, plutôt, donnent lieu à des produits différents, qui se mêlent à l'alcool, se volatilisent avec lui, par vaporisation directe ou par entraînement mécanique, et viennent modifier la valeur du résultat. La dextrine, la gomme, la fécule, les matières grasses, les substances azotées, les matières résinoïdes et les huiles essentielles agissent d'une manière très-complexe, et il sera toujours plus convenable d'en éviter la présence en opérant sur des liquides très-clairs et bien dépouillés, à moins que l'on n'ait en vue une fabrication spéciale d'un produit particulier. Il y a telles circonstances où la rectification seule est impuissante à enlever les principes essentiels qui ont pris naissance dans la fermentation des semi-fluides, ou, même, des liquides troubles et mal purifiés. C'est à la fermentation des matières pâteuses qu'il faut attribuer en partie le mauvais goût de certains alcools de grains, des eaux-de-vie de pommes de terre, etc.

Influence de la méthode de distillation. — Ce que nous venons de rappeler au lecteur se rapporte plutôt aux questions d'alcoolisation, aux règles de l'œnologie, qu'à la distillation proprement dite ; mais, on ne saurait trop avoir dans l'esprit le principe fondamental de l'art du distillateur, lequel consiste à ne voir dans la distillation que *l'extraction d'un produit qui a été créé par l'acte de la fermentation.* Nous ne voulons pas dire que les appareils et les méthodes d'extraction seront sans action sur la purification des produits ; mais cette action est limitée ; les appareils n'agiront que sur le vin qu'on leur donnera à traiter, lequel s'y introduira avec ses qualités et ses défauts, et il serait absurde de prétendre que, même avec les appareils les plus parfaits, de mauvais vins donneront les mêmes résultats que de bonnes préparations.

L'influence de la méthode de distillation dépend de plusieurs circonstances : ou l'on opère sur des *vins*, ou l'on agit sur des *matières pâteuses* ou *semi-fluides;* on distille à. *feu nu* ou l'on travaille à la *vapeur.*

Les vins peuvent être plus ou moins limpides et purs,.ou plus ou moins troubles et altérés; les semi-fluides peuvent être en bouillies plus ou moins épaisses... Toutes ces conditions ont leur importance. L'action de la chaleur, en s'exerçant sur des matières étrangères suspendues, donne lieu à la formation d'huiles essentielles très-variables, qui peuvent *passer* avec les produits alcooliques et en altérer la pureté (p. 18). Il y a donc un intérêt très-notable à n'introduire dans les appareils que des vins bien limpides, et bien séparés des matières étrangères.

Un des meilleurs moyens à employer pour arriver à ce but, le meilleur, peut-être, consiste à introduire dans le vin, lorsque la fermentation est finie, une forte infusion d'une matière astringente, de façon à précipiter la totalité des matières azotées.

Le *tannin* agit sur presque toutes les substances qu'il est utile d'éliminer. Le liquide, ainsi traité, passe par l'intermédiaire d'un débourbeur à action latérale, en se rendant au monte-jus, à l'aide duquel on le dirige vers le réservoir alimentaire. Outre l'avantage que procure le tannin d'éliminer la totalité des matières azotées, il offre encore celui de réagir sur l'alcool lui-même dans le sens de l'arome du vin de raisin, ce qui n'est pas une considération de peu de valeur. Il est digne de remarque, en effet, que les jus de raisin, et les vins, par conséquent, donnent des produits d'autant plus parfumés et plus éthérés qu'ils sont plus riches en tannin. Nous reparlerons de cette réaction.

Cette purification des vins est d'autant plus indispensable que l'on fait la distillation par l'application d'un degré de chaleur plus élevé. Les raisons en ont été données (p. 12), et nous ne croyons pas utile de nous y arrêter davantage.

Ce qu'il nous importe maintenant d'étudier, après ce résumé des conditions générales de la distillation, relativement à la pureté des produits, consiste dans les règles de pratique qui conduisent à obtenir cette pureté par le travail même de la distillation. Or, nous pouvons distiller les vins de plusieurs manières principales, et le but cherché ne peut être atteint, plus ou moins complétement, par ces différents modes, que par l'accomplissement de règles rationnelles que nous allons essayer de tracer méthodiquement.

Dans la distillation en profondeur qui s'opère à l'aide d'un bouilleur, d'un col de cygne et d'un réfrigérent, par charges successives, on est soumis à la condition d'une longue application du calorique sur les vins à distiller, pour arriver à les épuiser entièrement de leur alcool. On ne peut, d'ailleurs, obtenir ainsi que des phlegmes, et il est plus difficile de régler la température des vapeurs mixtes, de façon à leur faire subir une purification, même partielle.

Il suit de là que, pour obtenir des produits passables, il convient : 1° de n'agir que sur des vins purifiés et débarrassés des matières altérables par la chaleur ; 2° d'appliquer à la surface de chauffe l'action calorifique la moins violente, si l'on opère à feu nu ; 3° de se garder de laisser à découvert aucune partie des carneaux, lorsqu'on emploie ce même chauffage à feu nu, c'est-à-dire d'éviter qu'une partie de la liqueur soit soumise à une température plus élevée que celle d'ébullition ; 4° de ne jamais introduire de matières solides dans ces appareils fonctionnant à feu nu, mais surtout de ne pas les laisser en contact direct avec les parois échauffées, avec le fond principalement, qui est exposé à une chaleur plus considérable.

Si la distillation en profondeur, par masses épaisses, se pratique à la vapeur, les recommandations que nous venons de faire cessent d'être applicables, en ce qui concerne le chauffage; mais la nécessité de n'introduire que des vins purifiés dans l'appareil distillatoire est tout aussi évidente.

La distillation simple en profondeur ne peut jamais donner que des phlegmes, avons-nous dit, et ces phlegmes sont d'une qualité d'autant moindre que la distillation se fait à feu nu plutôt qu'à la vapeur, avec des vins moins limpides, ou contenant des matières étrangères en suspension, et que l'on ne tient pas compte des observations relatives à l'application de la chaleur. Il est bien évident que, si l'on opère par surfaces et sur petites épaisseurs, et que l'appareil soit dépourvu d'organes analyseurs, les produits sont exposés à toutes les causes d'altération qui dépendent d'une application peu raisonnée du calorique, et que les produits seront d'autant moins purs que les précautions signalées n'auront pas été prises. Il nous semble cependant que, dans ce cas, on aurait l'avantage de n'exposer les vins à la chaleur que pendant un temps moindre, et que cette circonstance ne pourrait qu'améliorer un peu les résultats.

En résumé, la distillation simple, en profondeur, à feu nu, devrait être absolument rejetée de la pratique, car il est presque impossible, matériellement, d'obtenir des produits de bon goût, et l'on n'obtient jamais que des liqueurs fortement chargées de productions pyrogénées ou d'essences empyreumatiques.

Lorsque l'on adjoint un épuiseur au bouilleur, si cet épuiseur fonctionne à feu nu, les conditions du travail sont encore les mêmes, à moins que, par quelque disposition particulière, on n'arrive à se mettre à l'abri des conséquences d'une surchauffe. Nous aimerions assez, dans ce cas, à n'opérer la vidange que d'une portion du liquide renfermé dans l'épuiseur, jusqu'au-dessus de la ligne des carneaux de chauffage, et le liquide mis en vidange serait puisé sur le fond de l'appareil par un tube siphoïde à robinet.

Dans ce genre de travail, la vapeur produit déjà une partie des avantages que l'on peut en attendre; car, si les matières de l'épuiseur sont chauffées, elles ne le sont jamais au-dessus de +100 degrés, et cette circonstance est favorable au résultat, puisque l'altération des matières suspendues est moindre que dans le cas du feu nu. Cependant, on n'obtient encore que des phlegmes qui entraînent une grande proportion des huiles essentielles du vin, en sorte que, si l'on n'a pas à redouter les produits pyrogénés, l'alcool faible obtenu ne sera pas moins accompagné des essences produites dans la fermentation et des éthers dont les acides du vin déterminent la formation aux dépens d'une partie de l'alcool.

La distillation avec analyse des vapeurs permet d'atteindre un plus grand degré de purification des produits, même quand l'épuisement ou l'ébullition se fait à feu nu.

Quelle que soit la construction de l'analyseur, il est de fait que les vapeurs mixtes, en s'éloignant du foyer producteur de chaleur, subissent un refroidissement progressif; que, par l'effet de ce refroidissement, une partie des huiles essentielles, pyrogénées ou autres, se condense de proche en proche et retourne au bouilleur ; enfin, que l'on peut arriver à ne laisser passer, par le col de cygne, que les huiles essentielles dont le point d'ébullition n'est pas supérieur à celui de l'ébullition de l'alcool. Ceci est très-compréhensible après les explications qui ont été données précédemment, en différents endroits, et l'on sent que le produit contiendra le minimum d'essences, lorsque l'on sera arrivé à refroidir les vapeurs mixtes jusqu'à une très-petite distance du point de vaporisation de l'alcool. Ceci est applicable à tous les appareils pourvus d'un organe analyseur, quelle que soit, d'ailleurs, la forme de cet organe.

Avec les appareils à feu nu, pourvus d'un épuiseur dont on ne laisse pas découvrir les surfaces, ce qui protége contre l'altération des liquides et la production d'un grand excès d'essences pyrogénées, l'adjonction d'un organe analyseur, soit en vase séparé, soit en colonne, permet de produire des alcools presque aussi purs que par la vapeur, puisque, dans ce cas, les seuls produits pyrogénés dont le point d'ébullition est égal ou inférieur à $+78^\circ,4$ pourront franchir le col de cygne et faire partie du produit condensé.

D'un autre côté, avec tous les appareils analyseurs, on peut encore atteindre un degré de pureté beaucoup plus grand par l'application de deux pratiques ingénieuses qui sont la rétrogradation des premiers produits condensés et le lavage des vapeurs.

Il ressort de l'examen que, dès l'instant où l'alcool commence à se condenser dans le réfrigérent, soit dans le chauffevin, soit dans la portion affectée à la réfrigération par l'eau, la température est tombée au moins à $+78^\circ,4$, que l'alcool a restitué les $331^{cal},9$ qui représentent sa chaleur latente ou de vaporisation, et que les essences, dont le point d'ébullition n'est pas supérieur à $+78^\circ,4$ se condenseront en même temps. Si donc on fait rétrograder vers l'appareil les produits condensés dans cette condition, l'alcool sera débarrassé, à peu près complétement, de toutes les essences volatiles au-dessus de $+78^\circ,4$, et une seconde rétrogradation augmentera encore le degré de pureté du produit définitif. On voit par là que la rétrogradation n'est pas seulement un moyen pratique de procurer des forces en faisant retourner à l'appareil les produits trop aqueux, mais, encore, que cette pratique sépare

une portion des huiles essentielles pyrogénées ou autres, et
qu'il serait utile d'adapter des tubes ou des organes de rétrogradation, au moins à tous les appareils dans lesquels l'épuisement et l'ébullition se font à part.

En ce qui concerne le lavage des vapeurs mixtes, on sait
que les essences sont insolubles ou peu solubles dans les
liquides aqueux et que l'eau peut les séparer de leurs solutions alcooliques. Mais le rôle analyseur du lavage, celui qui
est le plus important, n'est pas dans ce fait. Les huiles essentielles ne sont entraînées à l'état de vapeurs que pour une
très-petite portion et elles sont plutôt *enlevées*, dans les parties supérieures de l'appareil, par une sorte d'action mécanique et à l'état globulaire. Or, le lavage les précipite, en
quelque façon, du courant de vapeur qui les entraîne, et
les ramène vers le bouilleur, ce qui diminue très-notablement
la proportion qui peut franchir le col de cygne.

L'action réunie de la rétrogradation et du lavage constitue
donc un moyen de purification très-sérieux, d'une pratique
d'autant plus rationnelle que ce travail s'opère automatiquement dans un appareil bien combiné et que l'on n'a plus à
s'en occuper, une fois que les conditions en ont été réglées
expérimentalement.

En dehors donc de la condition relative au mode de chauffage et en admettant, comme fait acquis, que le chauffage à
la vapeur donne de meilleurs produits que le feu nu, on se
trouve en présence des règles suivantes dont l'observation
conduit à l'épuration des produits de la distillation :

1° La distillation doit se faire dans le minimum de temps
afin que les vins et les vinasses soient exposés à une action
moins prolongée de la chaleur ;

2° Les vapeurs mixtes qui s'élèvent du liquide en distillation doivent être soumises à un refroidissement progressif et
régulier, tel que les vapeurs qui franchissent le col de cygne
conservent seulement assez de tension pour s'engager dans
cet organe, et qu'elles soient à la température la plus rapprochée possible de $+ 78°,4$;

3° Les vapeurs mixtes doivent être lavées dans leur trajet ;
ce lavage doit s'opérer de manière à ne pas produire de pression ; il doit être gradué et aussi complet que l'on pourra
l'exécuter ;

4° On doit faire rétrograder les premières portions condensées des vapeurs mixtes et, plus cette rétrogradation est poussée à ses dernières limites, plus la séparation des produits empyreumatiques et des huiles essentielles est parfaite.

L'accomplissement rigoureux et méthodique de ces règles conduira toujours, forcément, à obtenir le maximum d'épuration que l'on puisse atteindre par la distillation seule, considérée comme opération physique.

Il est bien évident que l'on ne séparera pas ainsi les produits volatils, différents de l'alcool, bouillant au même degré de température. L'élimination de ces produits est une question de chimie. Mais les produits volatils au-dessus ou au-dessous de $+78°,4$ peuvent être séparés à peu près complétement. Les premiers disparaissent sous l'action d'un refroidissement, d'un lavage et d'une rétrogradation méthodiques; les seconds peuvent être éliminés par *fractionnement*. Ils se vaporisent les premiers, puisqu'ils bouillent à une température moindre, et il suffit de recueillir à part les premières portions du produit pour séparer les matières de ce groupe, qui forment ce que les distillateurs appellent les *éthers*. En somme, on ne doit demander à la distillation même que ce qu'elle peut produire; mais elle doit donner tout cela, et tout appareil bien fait, toute opération bien conduite détermine ce résultat.

CHAPITRE VI.

DES APPAREILS MODERNES ET DE LEUR EMPLOI.

On écrit mal l'histoire contemporaine, assure l'observation, parce que l'on n'est pas assez impartial pour apprécier justement des choses pour ou contre lesquelles on peut éprouver une passion quelconque. Il n'en est pas ainsi, pensons-nous, de la technologie, car on se trouve en présence de règles toutes tracées par la *science théorique* et par *l'expérience*, et il suffit d'appliquer ces règles à un procédé, à une méthode, à un appareil, pour pouvoir déduire des conclusions logiques, qui sont même au-dessus de la passion.

Il ne s'agit pas d'ennemis ou d'amis; la question ne se débat plus entre des hommes que l'on estime ou que l'on méprise; la discussion est circonscrite dans un cercle plus restreint, et il n'y a plus que des engins, des méthodes, qui sont, oui ou non, créés en exécution des règles scientifiques et des données expérimentales. Si oui, les appareils et les méthodes doivent être loués; si non, ils doivent être blâmés, sans que les auteurs ou les inventeurs aient à être, en quoi que ce soit, reconnaissants ou mécontents. Il s'agit bien, en effet, de si peu, en industrie! Qu'importe la satisfaction ou la colère de tel ou de tel, lorsque son procédé ou son instrument est jugé digne d'éloge ou de blâme, si cet instrument, si ce procédé a été appliqué à la règle, et s'il s'en rapproche ou s'en écarte? Il est question d'une règle; il n'est pas question des individus.

Dans les quelques lignes qui précèdent se trouve tout le mobile de nos appréciations. Nous n'avons jamais songé à juger nombre de gens dont nous avons critiqué ou loué les idées, les inventions, les théories ou les pratiques; leurs personnalités nous touchaient fort peu et nous touchent de moins en moins à mesure que nous avançons dans la vie. Nous nous sommes créé ainsi de fort jolies rancunes, soit; mais nous avons dit la vérité à nos lecteurs.

Notre règle sera encore la même dans l'étude qui fait l'objet de ce chapitre; nous appliquerons la règle écrite par la science et la pratique ; si elle est accomplie, nous saurons le reconnaître; si l'on s'est moqué de la règle et du bon sens, nous le dirons, sans acception de personnalités. Nous nous sentons le courage de dire la vérité pour ou contre nous-même, et ces messieurs seraient trop exigeants, s'ils voulaient plus pour eux que nous ne voulons pour nous.

Vous avez construit un appareil à distiller. Avez-vous donné à cet appareil des qualités telles qu'il produise vite et bien, qu'il donne le maximum de produits, force, qualité et quantité, avec le minimum de dépense ? Voilà tout ce qui nous intéresse. Nous ne nous soucions même pas des distinctions que vous avez pu obtenir. Nous savons comment ces choses se fabriquent, neuf fois sur dix. Nous ne demandons pas conseil à la réclame qui vous a prôné ou qui a cherché à vous nuire ; nous savons ce que vaut cela. Nous voyons un fait, et si vous êtes honnête et loyal, vous le voyez comme nous : votre appareil donne *mieux*, *plus vite*, *plus économique*, il est parfait à nos yeux et, quelle que soit notre sympathie ou notre antipathie à votre égard, nous ne changerons pas un mot à ce que cette règle, si concise, aura décidé.

DIVISION DES APPAREILS MODERNES.

La nomenclature des appareils modernes destinés à la distillation serait impossible, si l'on devait grouper par genres, espèces, variétés et individualités, tout ce qui a été imaginé par les chaudronniers ou par d'autres plus étrangers encore à l'art du distillateur. Notre projet n'est pas d'aborder cette Babel, dans laquelle la confusion se réunit avec le grotesque. Nous voulons seulement essayer de grouper, dans l'intérêt du distillateur, les principaux genres d'appareils distillatoires en usage, de mettre en relief les meilleurs parmi ces appareils, d'en donner une description suffisante et d'en établir le mérite et la valeur, selon qu'ils exécutent la règle d'une manière plus ou moins complète.

Nous aurions voulu ne pas laisser de lacunes dans cette partie de notre œuvre ; mais nous avons été forcé de passer sous silence certains appareils, d'un renom local, pour lesquels

les *inventeurs* ont redouté, sans doute, cette application éga-
litaire de la règle, ou bien ont craint, au point de vue de
l'exploitation commerciale et de la propriété réelle, les lumières de la discussion et de la publicité.

Nous partageons les appareils à distiller en deux groupes
ou sections principales :

1° *Les appareils à distiller les vins ;*

2° *Les appareils à distiller les matières pâteuses.*

Dans chacune de ces deux sections nous considérons les
appareils distillatoires comme pouvant être chauffés par le
feu nu ou par la vapeur.

Dans ces deux divisions, il conviendra de porter l'attention
sur la construction même des appareils et de les étudier dans
un ordre méthodique, résultant des données que nous allons
résumer très-sommairement, en citant des exemples, théoriques ou pratiques, à l'appui de nos indications.

Que la distillation se fasse à feu ou à la vapeur, l'appareil
peut être *simple*, *mixte*, ou disposé en *colonne*.

Il est simple lorsqu'il ne comporte qu'un *bouilleur*, un *col de
cygne* et un *refrigérent*. C'est un *appareil à phlegmes* et rien de
plus.

L'appareil mixte présente des conditions variables. Ou bien
un épuiseur reçoit seul la chaleur du feu nu ou de la vapeur,
et le bouilleur communique directement avec le réfrigérent
sans l'intermédiaire d'un milieu analyseur. C'est l'appareil de
Laugier, diminué du vase de rétrogradation, et ce n'est encore
qu'un producteur de phlegmes qui peut être continu dans une
partie de son action.

Cet appareil peut être amélioré par l'interposition d'un milieu analyseur comme dans l'appareil de Laugier complet
(fig. 3, p. 14), qui comprend : *épuisement et ébullition du vin,
analyse et réfrigération des vapeurs.* La circonstance de l'échauffement du vin à distiller par un chauffe-vin ne présente que
peu de valeur, ou, plutôt, elle ne présente aucune action nuisible partout où cette modification peut être introduite. Loin
de là, elle est plutôt utile et avantageuse, puisqu'elle contribue à diminuer le temps de l'opération et la durée de l'application du calorique.

L'analyseur peut être établi en colonne sur le bouilleur,
soit lorsque la distillation se fait dans le bouilleur, et que la

colonné fait seulement l'analyse des vapeurs, soit encore lorsque le bouilleur est transformé en épuiseur et que la distillation se produit dans la colonne.

Dans les différents genres d'appareils, on peut utiliser la
chaleur des vapeurs mixtes dans une partie au moins de la
réfrigération, et adjoindre un *chauffe-vin* au réfrigérent.

Enfin, en ce qui concerne le travail même, les appareils
peuvent être *intermittents* ou à *charges périodiques* ou *successives;* ils peuvent être continus quant à l'introduction du vin, et
intermittents quant à la sortie de la vinasse épuisée ; enfin,
ils peuvent être *continus* pour les deux actions.

De ce que nous venons de rappeler à l'attention du lecteur
ressortent les éléments de la classification suivante :

Appareils à distiller les vins et les matières pâteuses ou semi-fluides
(Chauffage à feu nu ou à la vapeur).

A Appareils simples...	1º à phlegmes...........	intermittents.
B Appareils mixtes....	2º à épuiseur...........	{ intermittents quant
—	5º à épuiseur et analyseur.	à la vinasse.
—	4º —	continus.
C Appareils à colonne, à alimentation va-riable...........	{ 5º à épuiseur........... 6º à épuiseur et analyseur.	{ intermittents quant à la vinasse ou continus.

SECTION I.

APPAREILS A DISTILLER LES VINS.

Ces appareils se trouvent dans les conditions techniques les
plus commodes pour obtenir des résultats excellents, avec des
dispositions faciles et économiques. Dans tous les cas, on ne
peut se rejeter sur le défaut de fluidité des matières, sur la
difficulté de leur chauffage, ou la lenteur du travail, puisque
toutes ces questions sont résolues à l'avantage du distillateur.
La liquidité même du vin à distiller permet d'opérer facilement avec les appareils de tout genre et de toutes formes et,
si la liqueur est limpide, bien purifiée et séparée des matières étrangères suspendues, un appareil quelonque fournira
toujours, avec de tels vins, le maximum de ce qu'il peut produire suivant sa construction, pour peu qu'il soit manœuvré
avec intelligence.

14

§ I. — DES APPAREILS SIMPLES OU APPAREILS A PHLEGMES
POUR LES VINS.

Sous ce titre d'*Appareils simples*, nous comprenons tous les appareils dans lesquels on se contente de porter un vin à l'ébullition par l'action du feu nu ou de la vapeur, d'en recueillir les vapeurs dans un organe de réfrigération, et de les faire retourner à l'état liquide par le refroidissement, sans en faire l'analyse, ou, pour parler le langage des anciens technologistes, sans les rectifier.

La cornue ou le ballon A de la figure 1 (p. 8) suivie de son tube abducteur et du manchon réfrigérant, est un appareil simple; la figure 7 (p. 31) est encore un exemple de ce groupe d'engins, qui est représenté par la chaudière à distiller vulgaire des brûleurs.

Nous donnons encore à ces instruments le nom d'*appareils à phlegmes* parce que les conditions mêmes du travail qu'ils exécutent ne permettent pas d'obtenir des produits riches en alcool, et que le résultat de la distillation, par leur emploi, donne toujours lieu à l'extraction de liquides alcooliques de plus en plus faibles, à mesure que l'on s'avance vers le terme de l'opération. En effet, les vapeurs n'étant pas analysées, et se composant de proportions décroissantes d'alcool et de proportions croissantes d'eau, si le produit était plus riche en alcool au début, il doit arriver, vers la fin du travail, à n'être plus que de l'eau, et c'est là l'indice le plus certain de l'épuisement des vinasses ou des résidus liquides qui ont été soumis à la distillation.

Les appareils de ce groupe sont très-nombreux, et ils ne valent guère mieux les uns que les autres. Une chaudière quelconque, surmontée ou non d'un dôme, dont le couvercle porte un tube abducteur qui se rend dans un réfrigérent, où il est continué par le serpentin condenseur, peut constituer un appareil à phlegmes qui en vaut un autre.

Alambic des brûleries. — Le type des appareils à feu nu, appareils simples, à phlegmes, a été donné par la figure 16 (p. 40), qui représente l'appareil de Chaptal. Cet appareil était évidemment intermittent ou à charges périodiques. Nous n'en

décrirons pas la manœuvre que la figure seule fait facilement
comprendre. Nous dirons seulement que cet appareil est complétement délaissé par l'industrie des alcools, sinon pour la
distillation des vins de raisin dans les brûleries, où l'on peut
voir fonctionner encore cette antique machine, à laquelle il
n'a été fait que des changements insignifiants.

Quelques partisans acharnés de la tradition ont prétendu
que ces appareils sont préférables aux appareils perfectionnés,
pour la production des eaux-de-vie et l'extraction du principe
aromatique. Nous ne voyons dans cette assertion, toute gra-
tuite, qu'une fin de non-recevoir en faveur de la paresse routinière. Cela est, en effet, de toute inexactitude, et l'on obtient,
même avec les appareils à colonne, des eaux-de-vie très-
fines, très-parfumées, qui ont au moins l'avantage de ne pas
être dénaturées par des huiles essentielles de toute provenance, surtout par des essences lourdes, peu volatiles et de
nature pyrogénée.

Le mode de chauffage habituel de ces appareils est le chauffage à feu nu par masses, en sorte que, en outre de leurs
autres défauts, ils présentent encore celui d'être peu économes du combustible. On peut cependant leur appliquer le
chauffage à la vapeur, substituer le chauffage par surfaces,
sur mince épaisseur, et le chauffage tubulaire, à l'emploi peu
rationnel du feu nu ; mais il vaudrait mieux, ce nous semble,
laisser ces sortes d'appareils surannés à des expériences de
laboratoire ou d'officine, et demander à des appareils industriels des résultats vraiment manufacturiers.

Les appareils théoriques des figures 34, 35, 36, 37, 38,
représentent encore des formes, souvent appliquées, des appareils simples, que l'on chauffe par le feu nu, par la vapeur ou
par l'intermédiaire d'un bain-marie.

Nous ferons cependant une observation à l'égard de ces
appareils, considérés en général, et pour lesquels il ne conviendrait pas de réclamer une sorte de proscription générale,
sans admettre les exceptions. On obtient de forts bons produits, par les appareils à phlegmes, lorsqu'on y traite des
vins très-purs et que la distillation se fait à l'aide d'une chaleur modérée.

En Belgique, en Hollande, en Allemagne, et dans tous les
pays où l'on pratique les fermentations troubles ou pâteuses,

on se sert encore, le plus ordinairement, d'alambics à phlegmes.

Appareil belge. — Un écrivain belge que nous avons déjà eu l'occasion de citer dans cet ouvrage, et dont nous reconnaissons avec plaisir le talent d'observation, M. Lacambre, a donné, dans son livre, le dessin en coupe d'un appareil simple à feu nu, usité en Belgique, que nous reproduisons par la figure 52 ci-dessous.

(Fig. 52.)

Cet appareil pourrait être chauffé à la vapeur, et il suffirait de substituer au fourneau une communication avec la prise d'un générateur et un serpentin intérieur ou un barboteur. Nous pourrions le ranger parmi les appareils mixtes, à cause seulement de l'organe D dans lequel se rend le liquide provenant de la condensation des vapeurs dans le dôme B pour retourner à la chaudière, en même temps que cet organe sert à reporter également à la chaudière les matières qui ont pu s'élever par une ébullition folle.

M. Lacambre indique ainsi les détails de cet appareil :

« A. Chaudière ou cucurbite dans laquelle on place les matières à distiller.

B. Chapiteau vu en élévation.

C. Maçonnerie du fourneau.

D. Œuf ou barillet, au bas duquel va plonger le col, du chapiteau. Ce petit vaisseau sert à faire rentrer dans la cucurbite les matières qui, parfois, s'élèvent jusque dans le col du chapiteau.

e. Col du chapiteau qui débouche vers le bas de l'œuf D.

f. Tuyau par lequel les vapeurs alcooliques se rendent dans les appareils de condensation.

g. Tuyau plongeur servant à laisser rentrer les matières qui, accidentellement, passent dans l'œuf D, lorsque le feu est trop vif et la chaudière trop pleine.

h h. Niveau des matières à distiller. Ce niveau ne doit jamais s'abaisser au-dessous de celui des carneaux, dont on doit régler en conséquence la hauteur, ainsi que la charge de la chaudière.

2, 2. Par ces lignes, j'ai voulu indiquer la hauteur *maximum* qu'on peut donner aux carneaux, lorsque le niveau du liquide, sur la fin de l'opération, s'abaisse en *h h.* Par les lignes ponctuées 1, 1, j'ai voulu indiquer la hauteur ordinaire qu'on donne à ces carneaux, quand la chaudière doit servir à distiller des matières pâteuses, dont on ne peut la remplir qu'aux trois quarts, sans s'exposer à voir fréquemment la matière monter dans le chapiteau.

i, j. Tuyau et robinet de décharge des vinasses.

k. Foyer du fourneau, surmonté d'une voûte en briques, sur laquelle repose le fond de la chaudière; dans la plupart des distilleries, la chaudière est directement suspendue sur le foyer, ce qui a le double inconvénient d'être peu économique en combustible et de brûler les matières solides qui se déposent sur le fond de la chaudière; la disposition que j'indique et que j'ai fait établir est bien préférable à cette dernière sous tous les rapports.

Dans cette figure, je n'ai point représenté les grilles, par le motif qu'elles n'offrent rien de particulier; leur surface totale est de 1 demi-mètre carré, et elles ont un quart de jour. Dans cet alambic, on opère à la fois la *bouillée* de 12 hectolitres en deux heures et demie, mais l'on brûle 90 à 100 kilogrammes de houille par opération.

m. Porte du cendrier.

nn. Carneaux qui règnent autour de la chaudière. Les pro-

duits de la combustion passent du foyer dans ces carnéaux au
moyen de deux lunettes pratiquées sur les parois latérales du
foyer ; ces lunettes ont une surface de 20 centimètres sur 15 de
large, et sont placées au fond du foyer ; la fumée sortant du
foyer fait le tour de la chaudière, puis se dégage par une
petite cheminée.

b, b. Collier ou bride au moyen de laquelle le chapiteau repose sur le col de la chaudière ; cette bride sert en même
temps à fixer le chapiteau à la chaudière, et à fermer hermétiquement au moyen d'un lut quelconque. »

Valeur de cet appareil. — Cet alambic est chauffé à feu nu ;
il opère sur des masses profondes et ne produit que des phlegmes qui ne sont pas analysés ni lavés.

Nous ne le critiquons pas. Il est appliqué, en pratique vulgaire, pour distiller les matières liquides, aussi bien que les
semi-fluides, et il ne vaut ni plus ni moins que l'appareil vulgaire des brûleurs ou l'appareil de Chaptal. Il ne faut pas
songer à obtenir des fins goûts avec cette machine ni avec
les autres du même groupe, surtout quand on les chauffe à
feu nu.

Le même auteur décrit encore un appareil du même genre,
qui fonctionne au bain-marie et à la vapeur et qui est représenté en coupe par la figure 53.

Nous en reproduisons la description d'après M. Lacambre.

« Cet appareil est destiné à servir alternativement pour la
bouillée et la rectification...

A. Chaudière en fer battu, dans laquelle est plongée la cucurbite de l'alambic.

A'. Cucurbite de l'alambic, en cuivre, de 2 à 3 millimètres
d'épaisseur ; cette chaudière intérieure est fixée solidement
et reliée avec la chaudière A ; elle repose sur quatre pieds en
fer forgé *s, s,* qui sont rivés sur les deux chaudières, et le
dessus de la cucurbite sert en même temps à fermer la chaudière A, sur laquelle il se fixe au moyen de boulons *b'b'*.

a, a. Tube en verre placé sur la chaudière A, pour voir le
niveau de l'eau dans la chaudière A ; il ne doit jamais
s'abaisser au-dessous de la partie supérieure des carneaux *n, n.*

B. Chapiteau ordinaire de l'alambic, lequel se place et se
déplace avec la plus grande facilité ; il s'emboîte dans le col

de la cucurbite, de manière que le joint est très-facile à fermer hermétiquement.

C. Maçonnerie du fourneau.

d. Robinet pour donner la vapeur entre les deux enveloppes ; on n'emploie de la vapeur que pour la rectification

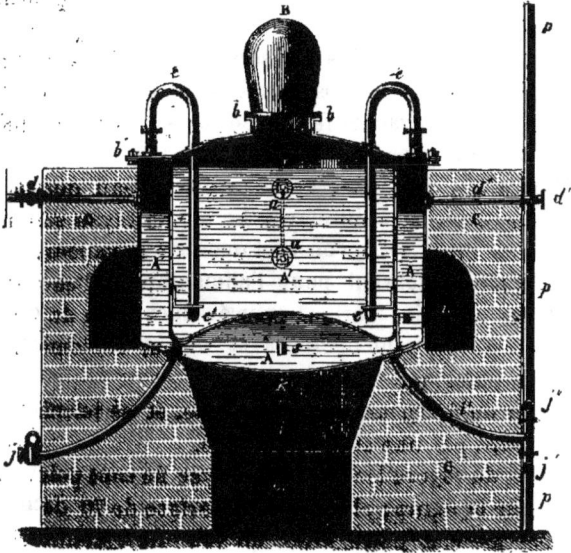

Fig. 53.

et, alors, on évacue entièrement l'eau que renferme la chaudière A, comme je l'expliquerai plus bas en indiquant la marche de cette opération avec cet appareil.

d″,d″. Tuyau muni d'un robinet d servant à évacuer l'air, lorsqu'on commence une opération de rectification à la vapeur. Si, au commencement de chaque opération, on ne purgeait point d'air la capacité comprise entre les deux chaudières, la distillation serait beaucoup plus lente, car la présence de l'air diminue considérablement l'action calorifique de la vapeur.

e,e. Trompettes ou tuyaux coudés, qui débouchent à 2 ou 3 pouces du fond de la cucurbite et, au moyen des robinets placés sur la chaudière A, mettent à volonté le haut de cette chaudière en communication avec la cucurbite A′. En e,e, les tuyaux *ee* sont aussi coudés et ces coudes, comme cela est indiqué sur la figure, doivent être dirigés en sens inverse, de manière que la vapeur, sortant de ces tuyaux dans la même direction, imprime à la matière un mouvement continuel de rotation pour éviter qu'il se forme des dépôts sur le fond de A'. Ce mouvement de rotation de la matière a, en outre, l'avantage de diviser la vapeur et de produire un épuisement très-prompt.

i. Tuyau de décharge des vinasses et des résidus solides; il doit se terminer par un gros robinet à large tubulure, et être fait de manière à évacuer facilement tous les résidus solides des matières soumises à la bouillée.

i'. Tuyau qui sert pour l'alimentation d'eau quand l'alambic fonctionne au bain-marie. Le même tuyau sert à l'évacuation de l'eau, lorsqu'on veut opérer à la vapeur.

j'.j". Robinets servant pour l'alimentation d'eau, quand on travaille au bain-marie et pour évacuer l'eau de condensation, quand on veut opérer à la vapeur seulement pour rectifier le phlegme.

k. Foyer du fourneau, carré à sa base, et se terminant supérieurement par une surface conique.

l. Porte du foyer; les grilles du foyer ne sont point représentées sur la figure; elles ont une surface de 70 décimètres carrés, et laissent entre elles un vide de 1 centimètre, ce qui est à peu près le tiers de l'épaisseur des barreaux de la grille.

m. Porte du cendrier.

n. Carneau qui règne tout autour de la chaudière. Les produits de la combustion passent du foyer *k* dans les carneaux *n*, où, après avoir circulé tout autour de la chaudière, ils vont se dégager par la cheminée d'une petite chaudière à vapeur placée à quelques mètres de distance.

Avec cet appareil, fonctionnant au bain-marie, il faut trois heures pour opérer la bouillée de 9 et demi à 10 hectolitres de grains fermentés et l'on consomme 80 à 96 kilogrammes de houille par opération; il est donc encore moins économique que le précédent. »

M. Lacambre insiste avec raison sur la nécessité d'avoir un petit purgeur pour empêcher le vide de se produire entre A et A' et sur celle d'adapter à cet appareil une soupape de

sûreté lorsque l'on se sert de la vapeur d'un générateur spécial pour chauffer l'appareil au bain-marie, puis il décrit le
mode d'emploi de l'instrument pour la bouillée ou la distillation.

Manière de se servir de l'appareil pour la bouillée. — On remplit d'abord la cucurbite à un sixième près ; lorsque la matière est très-visqueuse, on ne doit même la remplir qu'aux
quatre cinquièmes, sans quoi, lorsque l'ébullition commence,
la matière monte dans le chapiteau et passe même jusque
dans le serpentin réfrigérant, s'il n'y a un petit appareil de
retour analogue à celui qui est désigné par la lettre D, dans la
figure 52. En Belgique, où, à raison de la législation, on
remplit la cucurbite outre mesure, l'on voit beaucoup d'a-
lambics au bain-marie et à feu nu munis de ce petit appareil
de retour. On donne de l'eau dans la chaudière A de manière
que son niveau s'élève jusqu'au tuyau *d ;* puis l'on chauffe
vivement le mélange en l'agitant avec un fourquet ou un
râble en bois, jusqu'à ce que la température soit de 50 à
60 degrés ; alors on met le chapiteau dont on lute bien le
joint *b,b* au moyen d'un peu de pâte de seigle ou d'un lut
gras. Dès que le chapiteau est en place et qu'il est un peu
chaud, ce qui indique que la distillation va commencer, on
ménage le feu pour éviter qu'il y ait boursouflement. Quand
le phlegme commence à couler et que les *trompettes* donnent
déjà de la vapeur, ce qu'on entend fort bien au tumulte produit par le barbotage de la vapeur dans la matière, on entre-
tient un bon feu bien gradué, et fréquemment on donne de
l'eau dans la chaudière A, mais en petite quantité, de manière à éviter de produire une condensation de vapeur qui
provoquerait une absorption immédiate de matière.

Avec l'appareil représenté par la figure 53, on n'a qu'à
laisser constamment fermé le robinet *j'* et ouvrir *j″*, pour
élever le niveau d'eau dans la chaudière A ; et non-seulement on doit éviter que ce niveau s'abaisse au-dessous
des carneaux *n,n,* mais encore il faut éviter de donner trop
d'eau à la fois, sans quoi on refroidirait subitement la masse
du liquide et, dans la chaudière A, il pourrait en résulter un
vide suffisant pour faire passer une partie du liquide de A' en
A, ce qui pourrait causer de grandes pertes en alcool ; pour
éviter cela, on doit avoir soin d'alimenter fréquemment ; cela

varie selon la capacité de A par rapport à celle de A'; plus
A sera grand par rapport à A' et moins fréquemment on aura
besoin d'alimenter la chaudière A, qui joue ici le rôle d'un
générateur à basse pression.

On continue ainsi à chauffer régulièrement jusqu'à ce que
le phlegme ne marque plus sensiblement rien à l'alcoomètre.

Nous laissons de côté, pour le moment, la *manière de se servir
de l'appareil pour la rectification* du phlegme, et nous relevons
seulement ce fait que l'on peut faire, dit M. Lacambre, six
cuves par jour, en travaillant quatorze heures, et même huit
cuves, si l'on fait usage d'un chauffe-vin pour porter jusqu'à
l'ébullition la matière, avant de l'introduire dans la cucurbite.

D'après un chiffre indiqué plus haut, ce serait un travail
de 40 à 46 hectolitres en quatorze heures.

Valeur de cet appareil. — La machine dont nous venons de
parler d'après un observateur compétent n'est pas seulement
de pauvre rendement, mais elle est encore très-compliquée
dans le jeu de ses fonctions et elle n'est pas exempte de dangers : la crainte d'absorption est l'ennui le plus considérable
qui se rencontre, il est vrai, mais la nécessité de faire arriver
sans cesse de l'eau, d'en surveiller la proportion, de prêter
une attention soutenue au chauffage constitue un inconvénient très-grave. Les bénéfices du bain-marie ne sont pas tels
qu'ils puissent balancer l'esclavage qui résulte d'un semblable
travail.

Au fond, sous cette réserve que l'on n'est pas exposé ainsi
à brûler la matière pâteuse qui pourrait se déposer au fond
de la cucurbite, nous ne voyons pas trop quelle utilité on
peut trouver à se servir d'un engin qui dépense plus de charbon, est plus lent dans son travail d'extraction et ne présente
pas même le mérite de la sécurité.

Ce qui vient d'être exposé nous dispense de nous occuper
des appareils allemands, qui ne s'écartent pas beaucoup de
l'appareil de la figure 52, et ne présentent pas de modifications intéressantes.

§ II. — DES PRINCIPAUX APPAREILS MIXTES POUR LES VINS.

Nous appelons *appareils mixtes* ce groupe d'appareils distillatoires dans lesquels l'analyse des vapeurs est pratiquée

d'une façon plus ou moins complète, et qui joignent à cette modification un épuisement plus rationnel, sans présenter encore la colonne distillatoire ou analyseuse, qui semble être l'organe caractéristique d'un groupe différent.

Les appareils mixtes fonctionnent à feu nu ou à la vapeur. Ils peuvent être, quant au travail, intermittents et à charges successives ; intermittents, relativement à la vinasse épuisée et continus quant au vin à distiller ; enfin, continus, dans le sens complet de l'expression.

En général, ces appareils peuvent faire un très-bon service, s'ils sont bien conduits ; ils épuisent très-bien les liquides vineux, donnent d'assez bons produits et peuvent supporter des modifications avantageuses, auxquelles leur construction se prête aisément.

Appareil de Laugier. — Parmi les appareils mixtes, celui de Laugier dont nous avons donné la coupe (fig. 3, p. 14) est celui qui l'emporte par la simplicité élégante des combinaisons et des dispositions. Nous en avons décrit la marche (p. 15), et il est facile de se convaincre de la régularité de travail que peut procurer cet instrument.

Le seul reproche que nous ayons à faire contre ce dispositif consiste en ce qu'il est coordonné pour faire un *maximum de force*, et qu'il n'a rien été prévu pour permettre de l'arrêter à la production d'un moindre degré de richesse. On sent que, pour obvier à cet inconvénient, il suffirait de faire sortir les tubes de rétrogradation hors du vase B, qui est l'analyseur, d'y adapter des robinets, afin de faire fonctionner seulement la rétrogradation utile à l'obtention d'un degré déterminé.

C'est un bon appareil, relativement au groupe dont il dépend, et il est peut-être le mieux compris au point de vue général de la construction.

Appareil mixte de M. Dubrunfaut. — Après l'appareil de Laugier, l'appareil mixte le mieux défini est celui que M. Dubrunfaut a imaginé et dont il a donné la description sous le nom d'*appareil perfectionné d'Adam et de Bérard*, et que nous représentons par la figure 54 ci-après [1].

[1] Cette figure est une réduction du dessin de M. Dubrunfaut (*Traité complet de l'art de la distillation*, Paris, 1824), dont l'ouvrage, fort remarquable pour l'époque à laquelle il a été écrit, présageait les services que l'auteur devait rendre à l'industrie des alcools.

Nous avons supposé le chauffage à feu nu par la gravure, mais on conçoit très-bien que la chaudière A puisse emprunter à la vapeur la chaleur qui lui est nécessaire.

Fig. 54.

Cet appareil était composé d'un épuiseur A, d'un bouilleur B, d'un analyseur ou rectificateur D, d'un chauffe-vin C et d'un réfrigérent E à serpentin.

Soit le serpentin du réfrigérent E plongé dans l'eau froide qui a été amenée par le tube OP ; soit encore le vin arrivant en C par une pompe (ou venant d'un réservoir supérieur). Nous ouvrons les robinets H, J, K, et le vin coule par K, entre en D, passe par J, entre en B, et pénètre par H en A dont la vidange F est fermée, pendant que le petit robinet à air est ouvert. Lorsque le liquide est arrivé en A jusqu'à la ligne d'empli *aa'* on ferme H et B se remplit jusqu'en *dd'*. Il est à noter que la charge de A jusqu'en *aa'* est plus grande que celle de B jusqu'en *dd'* dans le rapport de 46 à 36, ce à quoi on a dû être conduit pour laisser place au produit de A à transmettre en B. Lorsque B est rempli jusqu'en *dd'*, on ferme J et l'analyseur D se remplit. On ferme alors le robinet K. Nous supposons que l'on a fait arriver du vin en proportion utile dans le chauffe-vin C.

Le petit robinet à air étant fermé, on chauffe A, dont les vapeurs vont barboter en B par la pomme d'arrosoir qui termine l'abducteur G. Les vapeurs qui se produisent en B se dirigent par I dans le serpentin de l'analyseur D. Ces vapeurs sont conduites par R dans le serpentin du chauffe-vin C ou par L dans le réfrigérent, en sorte que l'on peut, à volonté, supprimer le chauffage du liquide en C.

L'analyseur D porte à la partie déclive des spires, des ajutages, lesquels communiquent avec le collecteur M, M.
Sur ce collecteur sont placés des robinets 1, 2, 3, 4, 5, 6,
qui permettent de faire à volonté la rétrogradation vers B. En
ouvrant 1, les premiers produits condensés retournent en B.
En ouvrant 1, 2, 3, 4, 5, toute la condensation de D retourne
en B, et l'on obtient le maximum de force que puisse donner
l'appareil, en même temps que le plus grand degré de pureté
du produit. Si tous ces robinets sont ouverts, à l'exception du
robinet 1 il n'y a pas de rétrogradation et toute la condensation passe par M dans le serpentin de E; enfin, on peut ma-
nœuvrer ces robinets de manière à obtenir une rétrogradation plus ou moins complète.

Lorsque le vin de A est épuisé, c'est-à-dire lorsqu'il a perdu
le quart, le tiers ou la moitié de son volume, selon sa richesse,
ce que l'on reconnaît au tube indicateur de A, on fait écouler la
vinasse par la vidange F, puis, cette vidange étant refermée,
on fait une nouvelle charge en A, en y faisant arriver le vin
de B par H, puis en remplissant B aux dépens de D et D aux
dépens de C. On procède ainsi par charges successives et par
intermittences.

Si l'on veut faire de la continuité quant au vin, on peut,
lorsque A est rempli et que la communication H est refermée,
laisser ouvertes les communications J et K, en calculant l'ouverture de façon à obtenir le remplissage de B jusqu'en *dd*,
dans le temps nécessaire à l'épuisement du liquide de A. On
procède ainsi d'une manière continue quant au vin et intermittente quant à la vinasse.

Valeur de cet appareil. — Nous regardons cet engin comme
de très-bonne construction et comme méritant, encore aujour-
d'hui, une mention très-honorable dans le groupe des appareils mixtes. Moins élégant que celui de Laugier, il en est
exactement l'analogue, et il remplit facilement toutes les conditions que l'on peut exiger d'un bon instrument de ce genre.
On peut conduire l'épuisement de la liqueur en A jusqu'à ses
dernières limites; l'appareil analyse les vapeurs par cinq
rétrogradations qui peuvent produire aisément l'obtention
d'alcool à 90 degrés; le chauffe-vin complète l'utilisation de
la chaleur commencée par l'analyseur, en sorte que le réfrigérent ne peut exiger qu'un minimum d'eau de réfrigération.

D'un autre côté, la chaleur qui agit sur A est transmise à B et tout le calorique absorbé par A est utilisé dans les limites du possible, en sorte que cette disposition économise à peu près la moitié du combustible, ce que produisent, d'ailleurs, tous les appareils dans lesquels l'épuiseur transmet la chaleur au bouilleur et ce qui s'applique de tous points à l'appareil de Laugier, comme à celui de Dubrunfaut.

Sans rechercher si le dispositif indiqué par M. Dubrunfaut a précédé ou suivi l'invention de Laugier, nous nous bornons à constater la similitude des deux appareils qui présentent exactement le même fonctionnement essentiel. Les défauts de ce genre d'appareils se trouvent dans l'emploi du barbotage de A en B, qui produit une certaine pression en A, dans le chauffage en profondeur et dans l'absence de lavage des vapeurs mixtes. Malgré cela, si nous considérons que beaucoup d'appareils à colonnes dits *perfectionnés*, n'échappent pas à ces fautes et en présentent de plus grandes encore, nous ne pouvons nous empêcher de dire que, par le chauffage à la vapeur et la diminution de l'épaisseur des couches, on obtiendrait de ces deux dispositifs beaucoup mieux que de certains engins à la mode. Il ne serait pas même bien difficile de les faire arriver à la continuité absolue, par le fonctionnement en couches minces et l'addition d'un second bouilleur.

On remarquera dans la disposition de M. Dubrunfaut un tube de sûreté *lm*, destiné à diminuer la pression en A, et la fermeture du collet des dômes de A et B qui est faite avec des *pinces*, comme on le pratique avantageusement aujourd'hui. Enfin, l'ingéniosité du tube *f* n'échappera pas à l'attention du lecteur. Si l'on fait une grande rétrogradation vers B, le liquide de D s'échauffe davantage évidemment. Dans cette circonstance, si l'on ouvre H, le vin *plus froid* de C descend en D et force une partie du liquide chaud de cet organe à remonter en C par *f*, en sorte que l'on abaisse la température de D.

Un tube apportant en B la vapeur qui peut se produire en C et D rendrait un bon service et mettrait à l'abri des accidents.

Appareil mixte d'Egrot. — Un appareil, spécialement destiné aux fabriques de tafia et désigné par l'inventeur sous le nom d'*appareil à rhum*, a été imaginé par le constructeur

Egrot père, et nous en donnons une description rapide. Cet
appareil (fig. 55), d'une très-grande simplicité, se compose
d'un bouilleur A, d'un chapiteau B, d'un col de cygne C, d'un
chauffe-vin analyseur D et d'un réfrigérent à serpentin E.

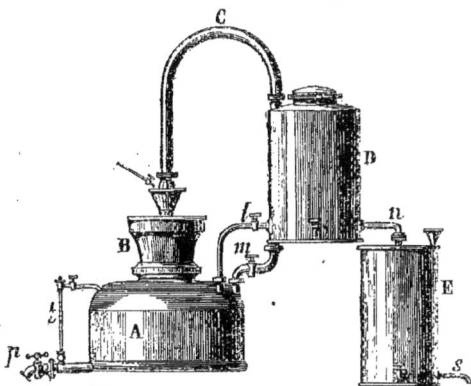

Fig. 55.

Le vin est amené dans le chauffe-vin D par une pompe, ou
il est alimenté par un réservoir à vin placé au-dessus, ce qui
est préférable, La liqueur s'écoule par *m* dans la chaudière A
que l'on remplit aux deux tiers, puis on ferme le robinet alimentaire *m*. Lorsque les vapeurs s'élèvent dans le chapiteau
et le col de cygne, on fait arriver un filet d'eau dans une
sorte de cupule placée au point d'émergence du col de
cygne; cette eau, dont on règle la proportion selon l'effet à
produire, tombe sur le chapiteau B, dont la partie supérieure
fait plate-forme à rebords. Dans cette plate-forme, un diaphragme horizontal, portant des spires verticales, force l'eau
à circuler du centre à la circonférence, où elle rencontre un
tuyau de sortie par lequel elle s'échappe.

Cette eau, refroidissant les vapeurs mixtes de l'intérieur,
produit la condensation d'une partie des vapeurs aqueuses et
opère une analyse du produit. Bien que cette analyse soit
très-incomplète, elle est suffisante pour que l'appareil puisse
donner des forces de 50 à 60 degrés centésimaux. En arrivant
dans le chauffe-vin, les vapeurs pénètrent dans un serpentin
où elles se condensent au moins en grande partie, et le tube
de rétrogradation *l* fait retourner à la chaudière une partie

du produit condensé, pendant que le reste va se réfrigérer en E et que le produit s'écoule en *s*. La chaudière A est munie d'un indicateur de niveau *t* et d'un robinet de vidange *p*.

Valeur de cet appareil. — L'appareil à rhum que nous venons de décrire appartient maintenant au domaine public. Il nous offre un exemple remarquable de la manière dont un système peut être organisé. La chaudière, le chauffe-vin et le réfrigérent ne sont pas modifiés, car on ne peut regarder sérieusement comme une modification de quelque valeur, le fait d'avoir fait sortir la rétrogradation *l* et le tube alimentaire *m* par le bas du chauffe-vin et non par le haut, comme il se pratique d'habitude. La disposition de la cupule et du chapiteau et l'idée de la réfrigération de ces organes ne sont pas choses nouvelles, puisque l'origine en remonte à deux siècles, l'application en ayant été faite par Nicolas Lefebvre, en 1672 (p. 35, fig. 11). Chacun de ces organes, pris isolément, et même une partie du groupement sont connus ; il suffit d'ajouter la disposition et le *réfrigère* de Lefebvre au chapiteau pour faire du tout une nouveauté. Nous trouvons cela fort juste lorsque l'agencement, la combinaison de moyens connus apporte des résultats nouveaux, de bons résultats surtout, et ce n'est pas de cela que nous nous plaindrons.

Ici, l'appareil est bon ; il atteint le but, qui est de faire du 56 degrés en moyenne, et il est juste de reconnaître que l'inventeur a vu le vrai côté de la question et qu'il ne manquait pas de cette observation pratique qui dirige vers la voie utilitaire.

Nous ferons, à propos de cet appareil, que nous prisons beaucoup pour ses qualités réelles, quelques petites observations de détail, afin d'épargner des déceptions aux personnes qui voudraient le construire.

1° L'appareil est absolument intermittent. Il serait beaucoup plus utile et plus économique de le rendre continu pour le vin et intermittent pour la vinasse, ce qui nécessite tout simplement l'adjonction d'un épuiseur. Cette addition ne serait pas bien coûteuse, puisqu'elle permettrait de restreindre de moitié la capacité des deux vases, pour obtenir le même produit, et comme elle économiserait la moitié du chauffage, la faible augmentation de la dépense d'acquisition ne présente que très-peu de valeur.

2°. Rien ne règle la distribution d'eau sur le chapiteau et c'est un point qui se trouve livré aux tâtonnements de l'ouvrier inexpérimenté. Il serait nécessaire d'obvier à cet inconvénient et le moyen le plus pratique serait encore l'établissement d'un épuiseur. On pourrait ainsi faire arriver sur B le filet de liquide chaud, venant de D, pour servir à l'alimentation du bouilleur. Le haut de B serait clos, et les vapeurs qui se produiraient en ce point retourneraient au bouilleur. La distribution serait réglée par ce fait qu'elle devrait fournir en vingt-cinq ou trente minutes la quantité nécessaire au remplissage du bouilleur jusqu'à la ligne d'empli.

3° Enfin, la rétrogradation pourrait être double avec plus d'avantages; les vapeurs qui se produisent en D devraient avoir une issue vers le bouilleur et il serait plus commode de réunir D et E en un seul vase à deux compartiments.

En tenant compte de ces observations, on peut construire un appareil à rhum produisant facilement le double en quantité et pouvant donner des produits réglés de 51 à 80 degrés. Le chauffage pourrait se faire à feu nu, puisque l'on agirait sur l'épuiseur, ce qui ne présenterait plus les mêmes inconvénients que sur les bouilleurs. Au reste, on pourrait établir la continuité absolue, comme on le verra dans le prochain paragraphe, par la description d'un appareil qui remplit toutes ces conditions et qui est destiné à la fabrication des tafias et des rhums.

Nous ne nous arrêterons pas à décrire d'autres appareils mixtes, non pas qu'il n'en existe un grand nombre d'autres, d'une valeur plus ou moins contestable, mais parce que ceux dont nous venons de parler ont présenté au lecteur les conditions essentielles de ce groupe et nous ont permis d'indiquer rapidement les bases sur lesquelles la construction en doit être comprise.

En résumé, pour faire un bon appareil mixte, il faut épuiser la vinasse et en rendre l'écoulement constant et continu autant que possible; il faut que le bouilleur soit alimenté d'une manière continue et qu'il suffise à appauvrir le liquide de manière à en assurer l'épuisement; les vapeurs mixtes doivent être refroidies à volonté depuis + 100 degrés jusqu'à + 80 à + 82 degrés, et il est nécessaire d'employer pour cela le liquide du chauffe-vin. Le calorique doit être utilisé pour

15

l'échauffement du vin, la rétrogradation doit permettre d'atteindre les hauts degrés, lorsqu'on la combine au refroidissement des vapeurs, et il convient de chercher à purifier ces vapeurs par le lavage.

§ III. — DES PRINCIPAUX APPAREILS A COLONNE POUR LES VINS.

L'appareil à colonne n'est autre chose qu'un appareil ordinaire, simple ou mixte, auquel on adjoint une série d'organes analyseurs disposés verticalement. Nous en avons étudié les dispositions générales (chap. V, p. 178), et nous avons recherché quelles sont les modifications qui peuvent être apportées à cette partie de l'instrument distillatoire.

On comprend le principe de l'analyse des vapeurs mixtes, et l'on sait que cette analyse est sous la dépendance du refroidissement méthodique qu'on leur fait subir, comme le degré de pureté des produits dépend de l'analyse même, du lavage de ces mêmes vapeurs, et de la rétrogradation des premiers produits condensés.

La disposition en colonne permet de donner au travail de la distillation un degré de continuité qu'il est moins facile d'atteindre avec les autres agencements.

L'idée primitive de la continuité de la distillation paraît être due à Cellier-Blumenthal, bien que la priorité de cette idée lui ait été contestée par Baglioni. C'est, du reste, à ce dernier (1813) que l'on doit la disposition du vase analyseur, en forme de colonne, au-dessus de la chaudière dont il forme la continuation. Cette disposition a été depuis adoptée par Ch. Derosne, qui l'a appliquée dans la construction de l'appareil de Cellier-Blumenthal dont il avait acquis la propriété. Il est à remarquer, en effet, que dans sa première exécution, Cellier n'avait pas songé à cet agencement en colonne et que Ch. Derosne l'a emprunté à Baglioni. Aujourd'hui tout le monde applique cette idée et il nous semble équitable d'en reporter le mérite à son véritable auteur.

La colonne peut servir à l'analyse seulement ou à l'analyse et à la distillation tout à la fois. Elle peut même faire à elle seule la distillation, l'analyse et la rétrogradation. Elle peut être établie sur un bouilleur faisant de la distillation par masses ou par surfaces, accompagné ou non d'un épuiseur ; elle peut être suivie d'un chauffe-vin avec rétrogradation, ou faire elle-même les fonctions de cet organe ; enfin, la colonne peut être disposée pour constituer, à elle seule, tout l'appareil distillatoire, qui est complété, dans tous les cas, par un appareil de réfrigération.

L'appareil à colonne peut fonctionner d'une manière intermittente ; il peut être intermittent quant au vin et continu quant à la vinasse ; il peut être continu dans toute son action.

On peut lui appliquer tous les modes de chauffage.

On sent, après ce résumé sommaire, combien l'imagination des constructeurs a dû être entraînée, et quel nombre fantastique de colonnes distillatoires de tout genre on a pu songer à établir, puisqu'il suffit d'une modification de dispositions pour constituer un appareil spécial, une propriété. Dans l'intérêt du distillateur, et afin de le soustraire à certaines exigences, nous allons indiquer les principales conditions dans lesquelles on peut se placer pour l'établissement d'une colonne distillatoire.

1° *Nombre des organes de l'appareil.* — L'appareil à colonne peut être formé :

a, d'une colonne seulement ;

b, d'une colonne et d'un bouilleur épuiseur ;

c, d'une colonne, d'un bouilleur et d'un chauffe-vin ;

d, d'une colonne, d'un bouilleur et d'un épuiseur ;

e, d'une colonne, d'un bouilleur, d'un épuiseur et d'un chauffe-vin.

Dans tous ces cas et dans tous les cas possibles, il faut adjoindre un réfrigérent à l'appareil, quel qu'il soit, en sorte que la présence de cet organe est constante et que nous nous contentons de le mentionner. L'appareil à colonne peut donc être composé de deux à cinq éléments utiles.

2° *Disposition des éléments d'un appareil.*

a. La colonne peut être isolée de tous les autres organes et n'y être réunie que par des tubes de transmission.

b. Elle peut faire corps avec le bouilleur ou le bouilleur-épuiseur.

c. Elle peut être réunie avec le chauffe-vin.

3° *Nombre des éléments de la colonne.* — On peut faire varier le nombre des cases au milieu d'une colonne dans des limites très-étendues. On n'est arrêté, dans ce sens, que par la nécessité de conserver aux vapeurs, à leur sortie de la colonne, une température suffisante pour qu'elle puissent se rendre dans les organes suivants. C'est dans cette particularité que l'on rencontre le plus de bizarreries et, s'il convient d'avoir assez de cases ou de milieux pour opérer une bonne analyse, il est ridicule et absurde d'établir des monuments dont une grande portion est inutile.

4° *Dispositions intérieures.*— On pourrait, à la rigueur, concevoir la colonne comme un simple tube dans lequel l'analyse résulterait du refroidissement causé par l'éloignement progressif du foyer producteur de chaleur ; mais il est évident que cette disposition conduirait à des dimensions tellement exagérées en hauteur, qu'il ne paraît pas nécessaire de se préoccuper de cette éventualité.

a. La colonne est formée de milieu séparés vides, n'agissant que par la température décroissante et par l'obstacle apporté aux vapeurs.

b. Ces milieux portent une cheminée abductrice ou plusieurs organes de ce genre, disposés dans la même direction verticale ou en chicane.

c. Les cheminées sont surmontées de calottes, qui peuvent être sphériques, ou qui peuvent affecter la forme d'un tronc de cylindre ou toute autre, produite par le caprice ou la fantaisie.

d. Les calottes peuvent varier en nombre et en dimensions, sans que ce détail présente toujours une importance pratique réelle. La condition rigoureuse n'est autre que l'abaissement progressif de la température.

e. Les calottes peuvent être unies ou cannelées.

f. Elles peuvent être accouplées deux à deux en sens inverse.

g. Elles sont disposées, par rapport aux tubes de trop-plein, qui sont de véritables rétrogradateurs, de manière à laisser le passage libre aux vapeurs ascendantes ou à les forcer de barboter dans le liquide condensé.

h. Dans beaucoup de cas, elles peuvent être remplacées par un tube en fer à cheval, qui peut agir par barbotage.

i. Le lavage des vapeurs peut se produire, ou par ce bar-

botage, ou par la chute du liquide amené par le trop-plein,
que l'on dirige sur les calottes, en filet, en lame, en pluie,
selon les circonstances particulières où l'on se place.

5° *Rétrogradation*. — En dehors de la rétrogradation produite d'un milieu à un autre par les tubes de trop-plein, on
peut établir du chauffe-vin vers la colonne ou le bouilleur, un,
deux ou plusieurs tubes de rétrogradation, qui reportent à
volonté les liquides alcooliques trop aqueux et complètent la
purification. Cette disposition et le nombre des rétrogradateurs
sont arbitraires. La seule règle consiste à n'en établir que dans
des points où la température est suffisante pour maintenir une
partie de l'alcool en vapeur.

6° *Chauffage*. — On peut chauffer les colonnes de différentes
manières :

a. Par chauffage direct à feu nu ou à la vapeur.

b. Par le chauffage d'un bouilleur-épuiseur.

c. Par le chauffage d'un épuiseur dans le même sens que
l'exécution de Laugier ou celle de M. Dubrunfaut, etc.

7° *Alimentation*. — L'introduction des vins peut se faire
dans les appareils à colonne :

a. Par charges successives et intermittentes dans le bouilleur-épuiseur. Le travail est alors intermittent sous tous les
rapports, et l'on ne profite de la colonne que pour faire une
meilleure analyse des vapeurs. C'est une idée malheureuse et
peu industrielle.

b. Par continuité pour le vin et intermittence pour la vinasse, comme dans l'appareil de Laugier. L'introduction du
vin se fait par le bouilleur ou par la colonne, à une hauteur
variable.

c. Par continuité entière, l'introduction du vin, sortant du
chauffe-vin, se faisant par la colonne, à une hauteur prévue
selon les cas et la surface de chauffe, et la sortie des vinasses
s'exécutant par le bas de la colonne, par le bouilleur ou par
un épuiseur.

Tous les détails que nous venons de rappeler ont été construits. On les a combinés de toutes manières et il en est résulté une quantité telle d'appareils, que presque tous les chaudronniers ont leur colonne, leur appareil, leurs prétentions.
Nous avons voulu mettre ces données sous les yeux du lecteur, afin de bien constater que, dans la plupart des con-

structions de ce genre, les faits capitaux et les principes appartiennent absolument au domaine public, et que le chaudronnier et le constructeur peuvent revendiquer seulement la
forme et l'agencement, lorsque, toutefois, ils n'en ont pas
fait un *emprunt* à ce qui existe.

Nous allons décrire quelques-uns des appareils à colonne
les plus importants et les mieux établis, dont les faits garan-
tissent la valeur industrielle relative, et nous chercherons à
en établir nettement les qualités et les défauts.

Appareil de Cellier-Blumenthal. — Cet appareil, avec les

Fig. 56.

premières modifications de Ch. Derosne, qui s'en était rendu
acquéreur, est représenté par la figure 56 ci-dessus, et nous
empruntons les données de notre description à l'ouvrage de
M. Dubrunfaut.

Bien que le dessin ne représente qu'une seule chaudière, dont M. Dubrunfaut croyait qu'il était possible de se contenter *à la rigueur*, il faut concevoir l'appareil de Derosne comme formé de deux chaudières (comme dans le modèle de la figure 58), pour l'économie du combustible et pour éviter les causes de pertes provoquées par la négligence de l'ouvrier.

Ces deux chaudières doivent, d'ailleurs, fonctionner comme celles dont le travail est intermittent quant à la vinasse, et dont la marche a déjà été indiquée, à propos de l'appareil de Laugier notamment. En, supposant l'installation régulière de deux chaudières, et l'emploi du feu nu, les gaz chauds provenant du foyer de la première chaudière circulent autour de la seconde dans un espace périphérique indiqué sur le dessin, et échauffent les parois extérieures de cette seconde chaudière. Sur cette chaudière est placée une colonne divisée en deux parties, une portion distillatoire et une portion rectificatrice. Cette colonne reçoit le vin à distiller par un tube DE, qui l'apporte du chauffe-vin QI, et les deux portions de cette colonne sont munies chacune d'un tube indicateur de niveau. Le chauffe-vin condenseur est divisé en deux portions Q et I par un diaphragme qui, ménageant au fond une ouverture de communication, permet au vin, qui arrive par KL, de passer continuellement de la portion I dans la partie .Q. F est un robinet de fond qui sert à vider le chauffe-vin à la fin d'un travail.

Le réfrigérent P est à serpentin ; il reçoit les vapeurs refroidies dans le condenseur par l'intermédiaire du tube abducteur *lm*, et il reçoit le vin par le tube XR. Il porte une vidange de fond V. Le réservoir supérieur U fournit le vin au vase régulateur S par un tube T, à robinet automoteur, et le transmet en X par le robinet *p*.

La rétrogradation du condenseur, s'échappant par un tube de chaque spire du serpentin, retourne au rectificateur de la colonne par un collecteur J et des tubes *gh*.

La marche de cet appareil est exactement la même que celle de l'appareil perfectionné que nous décrivons plus loin et auquel nous renvoyons le lecteur pour éviter un double emploi et une répétition inutile.

Autre appareil de Cellier-Blumenthal, appareil belge. — Cellier-Blumenthal a construit un autre appareil à colonne

qui a obtenu assez de faveur en Belgique, et dont nous donnons le dessin par la figure 57. Les dimensions de cet engin,
qui comporte jusqu'à 1 mètre et 1ᵐ,50 de diamètre de colonne
sur une hauteur proportionnelle de 5 à 6 mètres, semblent le
destiner particulièrement à la grande fabrication. Il est peu
apprécié en France.

A représente une colonne métallique (fer, fonte ou cuivre),
formée de dix-huit tronçons, reliés par des collets à l'aide de
pinces, ou par des brides à boulons. Elle est assise sur un

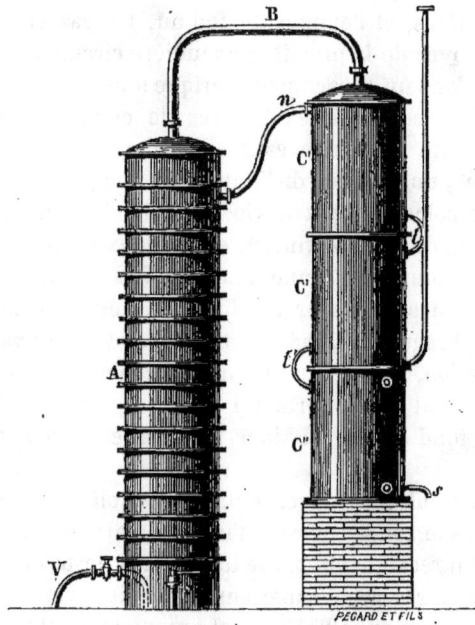

PÉGARD ET FILS

Fig. 57.

tronçon inférieur, dans lequel un robinet V apporte la vapeur
qui agit en barbotage, par une pomme d'arrosoir, ou un tube
héliçoïdal, percé de trous, ou fendu par des traits de scie. Le
dix-huitième tronçon porte un couvercle légèrement bombé,
relié comme les tronçons et auquel s'adapte, par une bride,
le tube abducteur, ou col de cygne B. Ce tube est relié avec
la partie C′ du réfrigérent qui forme chauffe-vin et qui reçoit par le bas le vin à distiller, provenant d'un bac d'alimentation. La portion C″ est refroidie avec de l'eau. C′ C′ C″ con-

tiennent seulement un serpentin en trois morceaux, qui se
relient par un tube à brides t, et ces trois portions sont séparées par un diaphragme. Du sommet du chauffe-vin un
tube n porte le vin dans l'avant-dernier plateau de la colonne.

Cet appareil nous donne un exemple de la disposition dans
laquelle la colonne distille, analyse et épuise ; comme le
chauffe-vin est placé sur le réfrigérent, l'appareil, malgré ses
dimensions, est réduit au minimum de place.

Le plateau de chaque tronçon est percé de plusieurs cheminées pour le passage des vapeurs, et ces cheminées sont
recouvertes chacune par une calotte, dont la convexité est
tournée vers le sommet, et dont les bords plongent assez dans
la condensation pour qu'il y ait barbotage. Les tubes de trop-
plein opèrent seuls la rétrogradation et, dans l'espèce, on
n'obtient avec cet engin que des phlegmes.

Voici la marche du travail : Nous supposons que la partie
inférieure C″ du réfrigérent est remplie d'eau froide. On ouvre
le robinet r du bas de la colonne pour permettre à l'air intérieur de s'échapper, puis on fait arriver le vin à distiller par
le tube alimentaire dans la partie inférieure de C′, dont il
remplit bientôt la totalité. Le liquide descend alors dans la
colonne par le tube n, remplit tous les plateaux, de haut en
bas, jusqu'au niveau des tubes de trop-plein, et arrive dans la
case inférieure. Lorsqu'il commence à couler par le trop-
plein r et arrive dans la case inférieure, on ferme cet orifice
et on arrête l'alimentation.

On introduit alors la vapeur par le robinet du tube V. Le
liquide entre en ébullition dans la case inférieure de la colonne,
les vapeurs montent en échauffant successivement les tronçons et portant à l'ébullition le liquide qu'ils renferment ;
elles pénètrent dans le chauffe-vin dont elles échauffent le
contenu en commençant à se condenser. La condensation
s'achève en C″ et le produit alcoolique commence à couler
en s.

On rétablit alors l'alimentation dans une proportion expérimentale relative à la capacité de l'appareil, à la surface de
chauffe et à la chaleur de la vapeur employée, et le liquide
du chauffe-vin recommence à couler dans la colonne. Il descend de proche en proche en franchissant tous les tronçons
et en se dépouillant de son alcool à mesure qu'il s'approche

de la partie inférieure où il arrive parfaitement dépouillé. On ouvre le trop-plein *r* et la vinasse épuisée s'écoule d'une manière continue, pendant que l'alimentation se fait par *n* avec une égale continuité.

On construit de ces appareils qui peuvent épuiser plusieurs milliers d'hectolitres en vingt-quatre heures, et toute l'attention qu'ils exigent consiste à entretenir, d'une manière constante, la quantité de vapeur introduite ou, plutôt, à maintenir la même température de chauffe.

Valeur de cet appareil. — La simplicité de cet instrument en fait un appareil très-avantageux pour la production des phlegmes. Il utilise la chaleur de la manière la plus parfaite, comme tous les appareils chauffés en barbotage et munis d'un chauffe-vin et, encore, doit-on remarquer ici que, par la capacité donnée à la portion chauffe-vin du réfrigérent, c'est à peine si l'on consomme de l'eau pour la réfrigération, en sorte que cet appareil peut être considéré comme un de ceux dont le travail est le plus économique.

Etant donnée une surface de chauffe au barbotage de 2 mètres carrés et 2 400 hectolitres de vin à 5 pour 100 à distiller dans cet appareil, c'est-à-dire 100 hectolitres par heure, si l'on suppose la température initiale du vin à + 20 degrés, on peut se rendre compte de la chaleur dépensée et du combustible employé.

En effet, 100 hectolitres de liquide doivent arriver par heure dans le bas de la colonne, et l'on suppose que le produit consiste en phlegmes, à 50 degrés centésimaux. Ces 100 hectolitres exigent donc :

1° Pour l'échauffement de l'alcool, de + 20 degrés à + 78°,4, pour 5 hectolitres ou 401^k,05, en poids,

$$(78,4 - 20) \times 0652 \times 401,05 = 15270^{cal},70 ;$$

2° Pour la vaporisation de cette même quantité,

$$401,05 \times 331,9 = 133108^{cal},50 ;$$

En tout, pour l'alcool, 148399^{cal},20 ;

3° Pour échauffer 95 hectolitres d'eau, de + 20 à + 100 degrés, on a : 9 500 × 80 = 760 000 calories ;

4° Pour vaporiser 5 hectolitres d'eau, afin d'obtenir 10 hectolitres de phlegmes, par le coefficient 537 de chaleur de vaporisation, on a : 537 × 500 = 268 500 calories.

En tout, pour l'eau, 1 028 500 colories ;

En tout, pour la production de 10 hectolitres de phlegmes par heure, 1,176,880 calories, en chiffres ronds.

Cette quantité de chaleur, par de la vapeur à + 135 degrés, répond à $\dfrac{1\,176\,880}{547,15} = 2151$ kilogrammes de vapeur ou

$\dfrac{2151}{7} = 307^k, 29$, soit 310 kilogrammes de charbon.

Avec de la vapeur à +100 degrés, on a $\dfrac{1\,176\,880}{537} = 2191$ ki-

de vapeur et $\dfrac{2191}{7} = 313$ kilogrammes de charbon.

Cet appareil consommerait donc, au minimum, $310 \times 24 = 7440$ kilogrammes de charbon en 24 heures, pour passer 2 400 hectolitres de vin à 5 pour 100 de richesse et obtenir 240 hectolitres de phlegmes à 50 degrés centésimaux.

Appareil de Ch. Derosne (appareil Cail). — La figure 58, d'autre part, donne une vue de l'appareil Cail, c'est-à-dire de l'appareil de Cellier-Blumenthal, modifié, d'abord, par Ch. Derosne, et ensuite par les ingénieurs de la maison Cail.

La chaudière A est un épuiseur, que l'on chauffe à la vapeur. Ce vase pourrait parfaitement être chauffé à feu nu, puisqu'il suffirait de le placer sur un fourneau, dans les conditions indiquées par la figure théorique que nous avons décrite plus haut (p. 168, fig. 34), pour opérer cette transformation. Il serait utile de prendre quelques précautions à la vidange, pour que la ligne du liquide ne puisse pas se trouver au-dessous de la partie supérieure des carneaux. Ce vase, comme le suivant, est muni d'un tube indicateur de niveau S', d'un robinet de vidange T, d'un tube à air c et il est fermé solidement par un couvercle à brides b.

B est le bouilleur, dans lequel le col de cygne C, terminé en pomme d'arrosoir, apporte la vapeur presque épuisée venant de A. Au-dessus de B est placée une colonne distillatoire D ; celle-ci se continue par un rectificateur E, qui reçoit seulement les produits de la condensation et de la rétrogradation par ses tubes de trop-plein intérieurs et par les rétrogradateurs f, g. La lanterne de la colonne est terminée par un tube abducteur qui porte les vapeurs mixtes dans un serpentin en F. Ce serpentin est plongé dans le vin à distiller qui y

pénètre par le tube *m*, venant du réfrigérent G. Trois bouchons *l l' l''* servent au nettoyage et à la vérification de l'intérieur de F. Une clef à tige *n* permet de nettoyer le tube *m*. Le

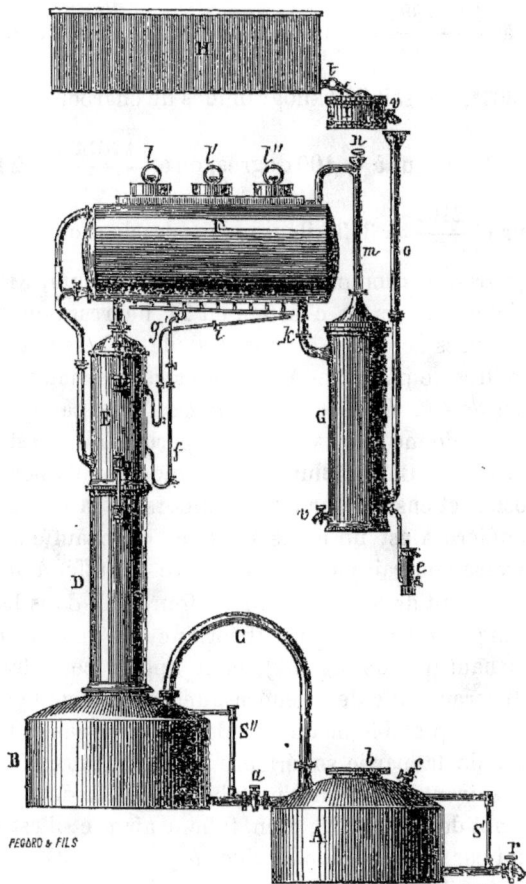

Fig. 58.

serpentin porte, à la partie la plus déclive de chaque spire,
un tube de retour ou de rétrogradation, qui se réunit à un
collecteur, dont le contenu est reporté au rectificateur E par
le rétrogradateur *g* ou par *h*.

G renferme seulement un serpentin, dans lequel les vapeurs
condensables entrent par le tube *k*, lequel n'est qu'un prolon-

gement du serpentin de F. Le vin, contenu dans le réservoir H, s'écoule dans le régulateur I par le robinet automoteur t, passe par le robinet v dans le tube d'alimentation o et pénètre dans le vase G. Ce vase G est muni d'une vidange v inférieure, et l'alcool condensé sort par l'éprouvette e.

On voit tout d'abord que, dans cet appareil, la réfrigération se fait par le vin seul, ce qui n'est peut-être pas la perfection; mais cette marche peut être avantageuse dans les pays où l'on manque d'eau. Il convient de faire observer que tous les appareils à colonne peuvent être disposés, à volonté, dans ce sens, et que cet agencement n'offre rien de particulier.

La figure 59, p. 238, donne la coupe de l'appareil Derosne et en fait voir les détails intérieurs, dont la seule inspection suffit à faire comprendre le travail que nous allons décrire.

Marche de l'appareil Derosne. — Cet appareil est continu quant au vin et intermittent quant à la vinasse, et il n'est pas placé, sous ce rapport, dans de meilleures conditions que l'appareil de Laugier.

Soit donc le vin porté en H par une pompe ou un monte-jus. On ouvre le robinet t, le vin coule en I. On ouvre l'alimentation v sur I et le vin descend par o dans la cavité de G. Lorsque celle-ci est remplie, le vin coule dans la partie D de la colonne qui est destinée à produire la distillation. On peut abréger le temps de la mise en train, en ne remplissant pas d'abord le vase F, et en faisant passer aussitôt le vin en D par le robinet inférieur du tube de communication établi entre F et D. On ferme ce robinet lorsque l'on commence le chauffage et la capacité de F se remplit pendant que s'opère le distillation du vin contenu en A.

Suivons, cependant, notre marche régulière, et ne regardons le robinet dont nous parlons que comme destiné à la vidange ultérieure de F. Le vin, descendant par D, arrive en B, dans le bouilleur, passe par a dans l'épuiseur A, dont il remplit la capacité aux deux tiers ou aux trois quarts. On ferme a et l'on ouvre la vapeur pour commencer la distillation en A. On laisse arriver le vin en B, pendant que les vapeurs, venant de A, barbotent dans le liquide. Lorsque B est plein au même niveau que celui qui a été adopté pour A, on supprime l'arrivée du liquide, jusqu'à ce que le vin de A soit complétement épuisé, et c'est à ce moment que l'on peut achever de remplir F, si on ne l'a pas fait d'abord, ce qui paraîtrait être préférable, afin de n'avoir jamais aucune portion du serpentin de F hors du liquide.

Le temps de l'épuisement du liquide de A est variable et nous en dirons un mot tout à l'heure.

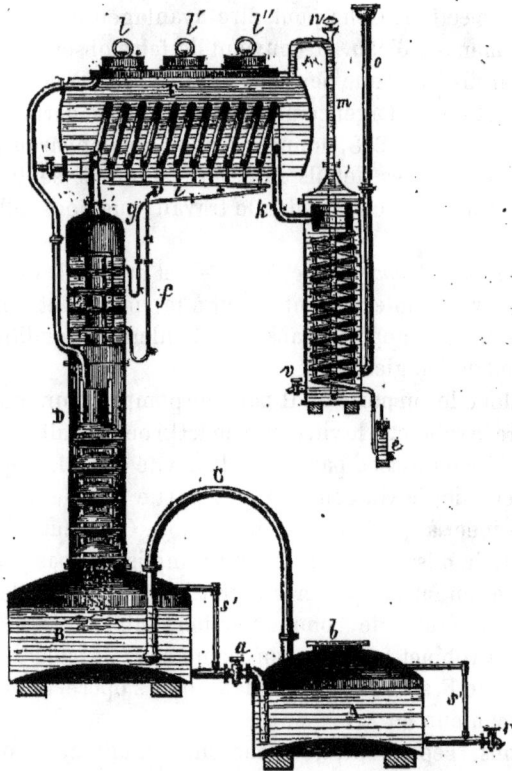

Fig. 59.

Les vapeurs de A, arrivant en B, portent à l'ébullition le liquide du bouilleur, qu'elles enrichissent de leur produit alcoolique. Les vapeurs mixtes s'élèvent en D, où elles rencontrent une série de calottes alternativement concaves et convexes, disposés comme l'indique la figure 60, dont l'objet est de faire obstacle à la libre ascension des vapeurs et de forcer la condensation des parties les plus aqueuses.

Les vapeurs passént ensuite en E par des cheminées recouvertes chacune par une calotte dont les bords plongent dans
le liquide de condensation, la hauteur du tube
de trop-plein étant trop considérable. Il en résulte que les vapeurs, arrivant par chaque cheminée sous la calotte du milieu correspondant,
se divisent et sont forcées de pénétrer par barbotage dans le liquide de condensation ou de
rétrogradation et qu'elles s'y lavent, ce qui est
une des bonnes conditions du travail distillatoire. Mais il y a pression dans cette partie de l'appareil et
cette circonstance est une faute.

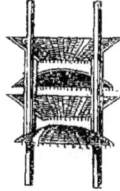

Fig. 60.

C'était là, d'ailleurs, le seul défaut sérieux de cette colonne,
car, tout en blâmant les constructeurs de leur avidité, de la
cherté de leur instrument, de la dimension ridicule et exagérée
qu'ils se plaisent à lui donner, nous reconnaissons volontiers
que l'appareil de Derosne est un des plus parfaits qui existent
et l'un des mieux compris. Le mérite de l'invention, qui est,
aujourd'hui, du domaine public, n'a rien de commun avec les
agissements des chaudronniers.

Le chauffe-vin condenseur est bien compris dans son action. Chacune des spires du serpentin de F faisant office d'un
milieu condenseur et correspondant à un tube de rétrogradation, il ne manque à cette portion de l'instrument, pour être
parfaite, que l'adaptation d'un petit robinet à chaque tube de
rétrogradation, ce qui permettrait de mieux graduer les
forces et d'atteindre tel degré que l'on désirerait.

La chaleur des vapeurs mixtes y est parfaitement utilisée
et ce qui pourrait échapper au refroidissement du chauffe-vin
est employé régulièrement dans le réfrigérent.

Lorsque l'alcool passe en e, si le vin de A est épuisé on procède exactement comme avec l'appareil de Laugier (voir p. 15).
On ouvre la vidange r en A, et l'on fait écouler le liquide
épuisé contenu dans cette chaudière. On ferme r et l'on
ouvre a, en sorte que le liquide à demi épuisé de B passe
en A. On referme a et l'on introduit le vin par o de manière
que le remplissage de B, à la ligne de travail, corresponde
avec l'épuisement en A. A partir de ce moment, on ne ferme
plus l'alimentation par o, en sorte que la continuité quant au
vin se trouve nettement établie, pourvu qu'on règle l'intro-

duction, une fois pour toutes, de façon à faire coïncider le remplissage en B et l'épuisement en A.

    Valeur de cet appareil. — A notre appréciation, l'appareil distillatoire de Cellier-Blumenthal, perfectionné par Derosne, est un de ceux qui exécutent, avec le plus de précision et de netteté, les règles de la distillation. Les reproches à faire à ce dispositif dépendent plutôt des conditions générales de son agencement que de l'intelligence des principes. Ils se réduisent, d'ailleurs, à trois griefs :

    1° La continuité n'existe pas par rapport à la vinasse, et cet engin n'est pas plus continu que celui de Laugier. La continuité, très-réelle quant au vin, dans l'un et l'autre de ces engins, ne doit pas moins attirer l'attention des distillateurs et des constructeurs, car, tout en conservant les dispositions essentielles et capitales des appareils de Cellier-Blumenthal et de Laugier, il est très-facile de constituer la continuité totale et absolue, puisqu'il ne s'agirait que de substituer la distillation par surfaces et en mince épaisseur au travail par profondeur.

    2° Ce travail par profondeur ou par couches épaisses est le second grief à reprocher à l'instrument de Derosne. L'inventeur n'a pas senti l'importance du principe en vertu duquel la distillation des masses profondes doit être rejetée. Il en a été de même de tous ceux qui ont touché à l'appareil primitif, car, sauf Derosne et M. Dubrunfaut, dont les idées se sont tournées, très-vraisemblablement, vers un autre côté de la question, malgré tout leur talent, tous les chaudronniers qui se sont occupés à reproduire ou à torturer la colonne de Cellier étaient parfaitement incapables d'analyser les faits sur lesquels repose la distillation. La maison Cail exécute la colonne Derosne dans les mêmes conditions que les autres imitateurs.

    3° La disposition de la colonne, en D, donne lieu à une pression notable, sur les inconvénients de laquelle il nous semble inutile de nous appesantir.

    Nous insisterons encore sur le fait de la mise en train, qui est trop longue, par suite de la marche imposée à l'appareil. On peut du reste éviter aisément ce petit inconvénient en modifiant un peu le travail. Voici comment il faut le comprendre.

    On remplit G et H avec le vin ; puis, on fait descendre le

liquide en B et en A. Aussitôt que le liquide couvre le serpentin de A, on ouvre la vapeur et l'on ne remplit A qu'au
tiers. On ferme alors *a* et l'on diminue l'arrivée du liquide,
de manière que le vin soit épuisé en A; lorsque B est rempli
aux deux tiers. On peut gagner ainsi, avec un peu d'attention,
la moitié du temps perdu à la première opération dans les
conditions ordinaires.

En dehors de ces observations, on doit reconnaître que la
colonne de Ch. Derosne l'emporte de beaucoup sur la plupart
des autres, et la colonne Savalle, démesurément vantée par
les journalistes, objet de toutes sortes de distinctions de cote-
rie et de complaisance, est loin de pouvoir lui être comparée.
Dans la machine de Derosne, on a une distillation très-réelle
et très-active en D, une bonne analyse en E, qui se complète
en F par un système très-intelligent de rétrogradation; les
vapeurs sont lavées, analysées, et l'on peut atteindre de
très-grandes forces. Nous n'hésitons donc pas à déclarer
que la colonne de Derosne, dite *colonne Cail,* est la meilleure des colonnes de son groupe, comme elle en a été le
type, que tous les autres constructeurs ont imité, sans le
perfectionner.

En ce qui concerne le produit, il est bon que les distillateurs ne se fassent pas d'illusion et ne se laissent pas abuser
par des mots. La production d'un appareil, par heure, dépend
surtout de la surface de chauffe et de la température appliquée au liquide, et fort peu de la forme même de l'engin,
pourvu que les vapeurs puissent *librement* s'élever, sans pression, et que la condensation se fasse régulièrement. Ajoutons
à cela que la quotité du produit dépend encore beaucoup de
l'échauffement des vins avant leur introduction dans le milieu
distillatoire, puisque toute économie de calorique, obtenue
par une utilisation plus complète, répond à une économie
de temps. Sous ce rapport, l'appareil de Ch. Derosne, utilisant la presque totalité du calorique transmis, peut produire
des quantités très-considérables qu'il est facile de déterminer, en se basant sur une chaleur transmise de 50 000 à
60 000 calories par mètre carré de serpentin et par heure,
dans le vase épuiseur A.

Appareil Derosne, modifié par M. Dubrunfaut. — Il a été fait,
de l'appareil de Ch. Derosne, une modification, due à M. Du-

16

brunfaut, dans le but spécial de produire la distillation des mélasses. Nous en donnons l'élévation par la figure 61 ci-dessous.

A est un bouilleur de forme sphérique, formé d'une cou-pole supérieure et d'une capsule reliées par un collet et une bride avec une partie cylindrique servant de faux fond. Cette

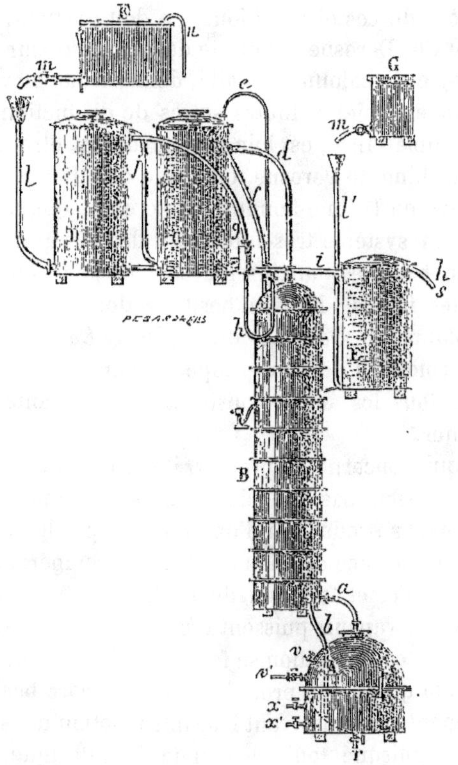

Fig. 61.

partie reçoit une prise de vapeur x et un retour x'. Un robinet de vidange r traverse le faux fond et la partie la plus déclive de la capsule de la sphère A et sert à enlever les vinasses épuisées.

Un tube c, indicateur de niveau, sert à indiquer la hauteur de la masse liquide en A. Un autre tube à robinet v' permet de faire entrer le vin en A pour la mise en train, et un petit robinet à air *v* donne issue à ce gaz lorsqu'on veut remplir l'appareil.

Un tube *a* sert à conduire les vapeurs mixtes de A dans une colonne B, formée d'un certain nombre de tronçons, dans laquelle sont disposés des plateaux (fig. 61), au nombre de dix-huit.

Un tube *d*, faisant fonction d'un col de cygne, porte les vapeurs mixtes dans le vase C, renfermant un serpentin, qu'elles parcourent de haut en bas. A la dernière spire de ce serpentin, on a fixé un ajutage qui porte dans le récipient analyseur *g* les liqueurs condensées ; elles passent de ce vase dans le serpentin du réfrigérent E. Les vapeurs non condensées en C se rendent dans le vase D, où elles pénètrent en s'élevant de bas en haut. Elles en sortent à l'extrémité supérieure du serpentin par un tube abducteur qui les reporte également vers le réfrigérent par l'intermédiaire de l'analyseur *g*.

Le vin, fourni par le réservoir F, passe, par le robinet *m*, dans le tube *l* ; il entre en D par le bas, passe en C par le tube *j* et sort par *f* pour se rendre dans la colonne et de là en A dans la sphère d'épuisement. Le réservoir à eau G fournit l'eau de réfrigération au réfrigérent E.

En somme, il y a dans cet appareil *une* chose bien comprise. Le vin arrive de proche en proche à la rencontre de la chaleur et les vapeurs mixtes s'enrichissent de plus en plus à mesure qu'elles rencontrent du vin de plus en plus riche dans les plateaux de la colonne. La chaleur est bien utilisée.

Voilà tout ce qu'on peut en dire de mieux. Quant à tout le reste, il n'est pas possible, avec toute la bonne volonté du monde, de trouver matière à un éloge. Cette machine, très-compliquée, semble avoir été construite pour le plaisir de créer du complexe, sans résultat. On a créé, à grands frais, un appareil à phlegmes, car, à moins d'erreur, nous ne voyons, nulle part, dans ce dispositif, de rétrogradateur. Ce n'était vraiment pas la peine de proposer une chaudronnerie aussi peu utile et aussi encombrante. M. Dubrunfaut avait beaucoup mieux saisi le sens de la question dans l'appareil que nous avons décrit (p. 220, fig. 54), et M. A. Payen aurait très-bien pu se dispenser de faire une description aussi longue qu'insignifiante d'une machine qu'il ne paraît pas avoir comprise.

Dans une autre modification de cet agencement, on retrouve

le talent pratique de M. Dubrunfaut. Les deux condenseurs sont superposés ; la rétrogradation des liquides trop aqueux se fait vers la colonne et l'on n'envoie au serpentin réfrigérant que les vapeurs d'une richesse suffisante. En outre, la chaudière A cesse d'être sphérique ; elle prend la forme d'un cylindre qui rappelle le bouilleur de la figure 41, et l'appareil, ainsi transformé, devient fort acceptable.

Il est clair, pour tous ceux qui veulent réfléchir, que M. Dubrunfaut n'avait en vue que l'épuisement des vinasses, dans l'ensemble de ces dispositions, et qu'il visait surtout à la continuité de l'alimentation, mais il n'était pas besoin, pour cela, de recourir à de semblables complications. On peut ajouter encore que la séparation du bouilleur épuiseur d'avec la colonne ne présentait pas la moindre utilité et que la construction de l'appareil de Derosne est de beaucoup préférable à ce prétendu perfectionnement.

Nous avouons franchement qu'il nous a été impossible d'en comprendre le but ou la portée, surtout lorsqu'il s'agit de modifier le bien en mal.

Appareil Champonnois. — Nous avons toujours apporté une modération extrême dans nos appréciations à l'égard des idées ou des inventions de M. Champonnois. Dès le début de son apparition en distillation agricole, nous avons loué, sans réserve, la pensée de simplification qui rendait abordable à la ferme l'industrie de l'alcoolisation et nous ne nous sommes arrêté que devant ce qui eût été mensonge. Nous ne pouvions pas dire que les alcools Champonnois sont de bon goût, quand ils sont infects ; nous ne pouvions pas approuver l'acidulation des pulpes, lorsque nous la regardions comme une mauvaise action, ce qui est pis encore qu'une piètre idée. Il paraît que notre devoir eût été d'encenser sans restriction tout ce qui était attribué, à tort ou à raison, à cet inventeur. Il est vrai que nous aurions pu éviter ainsi des rancunes et même des insultes ; mais nous aurions trompé nos lecteurs, puisque nous savions que M. Champonnois n'avait presque rien créé dans ce que l'on voulait bien appeler son système. Il y avait de bonnes choses que nous nous sommes plu à reconnaître, mais nous n'avons pas cru devoir louer l'absurde ou le mauvais, le rôle du technologiste n'étant pas un rôle de complaisance.

Nous voici arrivé à la description de l'appareil distillatoire de M. Champonnois, dont nous donnons une coupe verticale par la figure 62 et nous en empruntons la description à M. A. Payen, dont les prédilections motivées nous mettent à l'abri de tout reproche de sévérité.

Nous reproduisons le texte du professeur au Conservatoire, à peu près littéralement, et nous n'y avons fait de retranchements ou d'additions que pour l'intelligence de la figure.

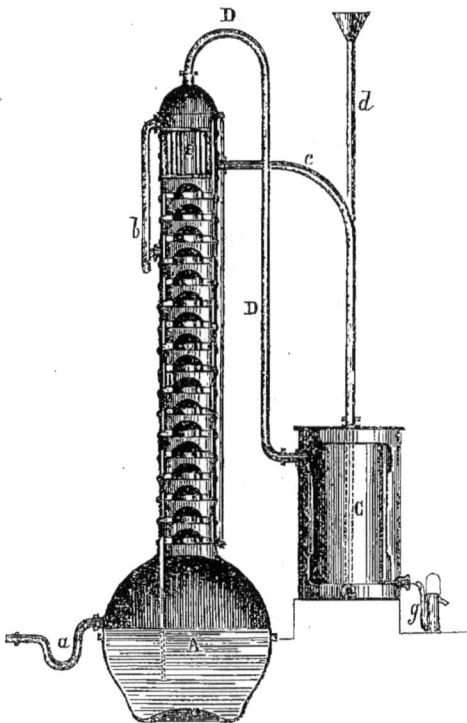

Fig. 62.

« La chaudière A, dit M. Payen, présente une *forme convenable* pour diriger le rayonnement du combustible vers son fond bombé en dedans ; les parois latérales évasées facilitent la disposition du carneau circulaire dans le massif du fourneau et la transmission de la chaleur des produits de la combustion.

« Un simple tube *a*, recourbé en siphon renversé, laisse écouler la vinasse dans le caniveau, qui la distribue aux cu-

viers à l'aide de bondes, à volonté ouvertes ou fermées ; la
chaudière A est surmontée d'une colonne cylindrique creuse,
formée de *vingt et un tronçons en fonte*, s'appuyant les uns sur
les autres par des rebords creusés d'une gorge circulaire,
dans laquelle on engage un bourrelet en caoutchouc *volca-
nisé*. Tous les tronçons étant ensuite serrés simultanément
par les écrous qui maintiennent trois tringles en fer extérieures filetées à chaque bout, on comprend que les joints
entre lesquels les bourrelets élastiques sont comprimés se
trouvent hermétiquement clos, et que les tronçons sont liés
les uns aux autres, non-seulement par les trois tringles, mais
aussi par les bourrelets, prisonniers dans leur gorge circulaire.

« Les dix-sept premiers tronçons sont munis d'un plateau
à large ajutage, recouvert d'une capsule renversée. Celle-ci,
fixée par trois pattes, est terminée par de larges rebords sous
lesquels la vapeur chemine. Sur l'un des côtés du plateau est
fixé un tube dont l'orifice supérieur limite le niveau du liquide
sur ledit plateau, et l'orifice inférieur plonge dans le liquide
du plateau situé immédiatement au-dessous. Toutes ces dispositions étant prises à chaque plateau, on voit que la vapeur
qui s'élève de la chaudière passe successivement par tous les
larges ajutages au centre, *barbote* en glissant sous les rebords
de chaque capsule et arrive à la partie supérieure, tandis que
le *vin* descend de plateau en plateau jusqu'au dernier tube
plus allongé, qui plonge dans le liquide de la chaudière.

« A la partie supérieure de la colonne, on remarque un
serpentin analyseur vertical, de construction nouvelle et toute
particulière, offrant, sous le même volume, beaucoup plus de
surface aux vapeurs intérieurement et au liquide à l'extérieur.

« Ce serpentin, avec la partie de la colonne qui le renferme, est indiqué sur une échelle double, dans les figures 63
et 64 : il porte, au centre, sur un plateau horizontal, un large
tube vertical, dans lequel passent d'abord les vapeurs échap-
pées de la dernière capsule. A ce tube est pratiquée une section étroite longitudinale, aux bords de laquelle est brasée une
double plaque en cuivre, dont les bords supérieur et inférieur
sont réunis par une soudure ou brasure agrafée (?), formant
un conduit étroit, dont la section a 35 centimètres de hauteur et
2 centimètres de largeur. C'est dans ce conduit, contourné en
spirale, que s'engagent en lames minces verticales les vapeurs

au sortir du tube central, pour aboutir à un tube également vertical, qui s'élève au-dessus du serpentin, de façon à dépasser le niveau du liquide, et à laisser échapper les vapeurs non condensées qui se dirigent dans le sens tracé par une flèche vers le dôme de la colonne ; elles s'engagent alors dans le tube D recourbé aboutissant au réfrigérent C, qui doit entièrement condenser les vapeurs alcooliques et laisser écouler le produit liquide de cette condensation dans le récipient-éprouvette g.

« Ce dernier réfrigérent est composé de deux larges tubes concentriques, dont les bords supérieur et inférieur rabattus sont soudés de façon à laisser entre eux un espace annulaire

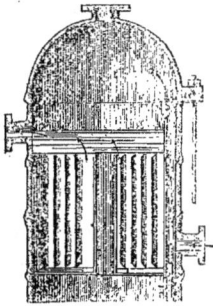

Fig. 63.   Fig. 64.

dans lequel les vapeurs circulent librement en contact avec des surfaces réfrigérantes très-développées ; les produits condensés s'écoulent en bas. »

« Nous allons, en traçant la marche du liquide à distiller, compléter la description de l'appareil.

« Ce liquide vineux, dont on règle l'écoulement comme à l'ordinaire, est versé par un réservoir supérieur dans l'entonnoir du tube d, et s'introduit au bas de la double enveloppe du réfrigérent ; il monte autour et à l'intérieur du double cylindre, puis s'élève par le tube c, dans le serpentin cylindrique analyseur E. Le liquide circule entre les spires, comme le montrent les flèches (fig. 63). Arrivé au centre, autour du gros tube clos à sa partie supérieure, le liquide, de plus en plus échauffé, passe au-dessus de ce tube, comme on le voit par la figure, et son niveau, s'élevant au-dessus du fond supérieur du serpentin, atteint l'embouchure du tube b, descend dans ce tube, où la forme en siphon renversé intercepte le passage des vapeurs, mais laisse écouler sur le quatrième plateau le vin qui tombe en cascade sur les treize autres plateaux, par les petits tubes de trop-plein adaptés alternativement à chaque extrémité de la ligne diamétrale, pour aboutir enfin dans la chaudière A par le dernier tube de trop-plein.

« On voit que, sauf les modifications qui le simplifient et augmentent les surfaces de condensation, cet appareil fonctionne d'une manière continue comme les appareils de Cellier-Blumenthal, Derosne, Dubrunfaut ; que les trois derniers plateaux, ne recevant pas le liquide vineux, concourent, avec la capacité intérieure du serpentin en spirale, immédiatement au-dessus, à l'analyse des vapeurs : car, au bas du tube, qui termine ce serpentin, un petit tube, plongeant près du fond du plateau, immédiatement au-dessous, y verse tout le liquide condensé dans les spires du serpentin, de même que les trois derniers plateaux laissent retourner ou rétrograder sur les plateaux inférieurs les liquides aqueux de la condensation partielle des vapeurs. »

Il ne semble pas qu'il soit nécessaire de rechercher les motifs qui ont pu déterminer M. Payen à se faire autrefois le champion de l'affaire Champonnois ; mais il est indispensable d'examiner de plus près la machine dont nous venons de reproduire la description. L'intérêt du fabricant est au-dessus de toutes les petites considérations de personnalité et nous n'avons pas à nous soucier d'autre chose.

Ou M. Payen a su un peu de distillation, ou il a parlé de ce qu'il ignorait absolument. Dans ce dernier cas, son opinion ne prouve pas grand' chose, pas plus en alcoolisation qu'en sucrerie, et nous croyons que ce côté de notre double hypothèse est plus exact que l'autre. Dans la première supposition, celle qui admet chez cet écrivain la capacité nécessaire pour apprécier sérieusement les faits, on est obligé d'admettre que le professeur s'est montré d'une étourderie rare et d'une inconséquence étrange dont l'examen le plus superficiel fait ressortir les conséquences. On en arrive à penser que tout ce qui aurait été proposé par l'*affaire* aurait obtenu, quand même, un semblable tribut d'éloges. Or, nous disons que, de tous les appareils distillatoires construits par les chaudronniers, il n'y en a peut-être pas un qui ne soit plus rationnel que celui de M. Champonnois, et nous trouvons qu'il a fallu une hardiesse bien audacieuse pour oser comparer cela aux appareils si bien établis de Cellier, de Derosne ou à l'appareil Dubrunfaut.

L'engin Champonnois est un appareil à phlegmes et à feu nu, dont les organes ne paraissent pas avoir été compris, et dont la disposition est peu conforme aux règles de physique qui dominent la matière.

La chaudière A, dont la forme plaisait tant à M. Payen, ne semble pas appartenir en propre à l'inventeur ; le fond est de la chaudière de tout le monde, de l'instrument des bouilleurs ; la forme bombée des parois appartient à nombre d'alambics des anciennes brûleries. En dehors de cette observation, qui n'a que peu de valeur, l'idée de faire sortir les vinasses par le tube a, au-dessus du niveau du carneau, est bonne, puisqu'elle évite le contact de la chaleur contre des parois dont l'intérieur ne serait pas baigné par le liquide ; mais le constructeur n'a fait qu'obéir à l'une des recommandations les plus précises de tous les spécialistes et cette disposition ne fait que corriger partiellement les inconvénients du feu nu et ce tube est mal placé, comme nous le ferons voir dans un instant.

La colonne A ne présente rien qui doive exciter l'enthousiasme. Au contraire. Elle est d'une hauteur exagérée et comporte un nombre de plateaux qui serait beaucoup trop considérable si elle était régulière. Mais elle est loin de l'être, grâce à ce double fait du barbotage des vapeurs ascendantes sous les calottes et de la disposition même des tubes de trop-plein. En effet, il y a non-seulement pression des vapeurs produites, ce qui est illogique toujours, mais encore, les treize plateaux inférieurs n'en forment qu'un seul, pour ainsi dire, en ce sens que la colonne liquide n'est pas interrompue. Les tubes de trop-plein sont plongeurs, ce qui est bien ; mais le liquide descendant, n'étant pas divisé, suit sa marche sans s'épuiser et, lorsqu'il arrive en A, il s'écoule par a, sans avoir pu s'épuiser. Cela se comprend parfaitement, puisque a donne le niveau même de la sortie, que ce tube ne va pas puiser le liquide qu'il expulse au fond de A, et que les couches supérieures sont les moins dépouillées.

Cette circonstance n'est pas très-nuisible lorsque les vinasses sont employées en retour; mais, au point de vue de l'appareil seulement, elle dénote au moins l'impéritie et l'ignorance des faits matériels de la distillation.

Nous ne voyons pas d'objection grave à soulever contre le serpentin analyseur. Nous nous bornerons à faire observer qu'il reproduit la disposition du dôme de l'appareil à rhum d'Egrot père, et que cette circulation en spirale du liquide plus froid n'appartient à M. Champonnois que parce qu'elle est établie à l'intérieur. Le serpentin ne serait pas plus mauvais que celui de Norberg (p. 45) dont il est la copie, s'il était construit de manière à diriger la marche des vapeurs dans un sens déterminé, et c'était ici le cas de faire emploi des diaphragmes en spirale. Il est certain que cet espace annulaire, ainsi disposé, ne suffit à la condensation que parce que les vapeurs ont déjà été refroidies en E et nous regardons le serpentin vertical de E comme bien supérieur au dispositif de C, quoique l'action réfrigérante s'y fasse de la même manière.

En fait, cet appareil est à feu nu; il fonctionne par barbotage et pression des vapeurs dans la colonne; les liquides n'y sont pas divisés et ils ne peuvent s'épuiser dans les conditions de leur marche; les vapeurs ne sont pas lavées; la convexité des calottes n'est pas baignée par le liquide descendant et, partant, ces calottes donnent lieu, surtout avec des *liqueurs acides,* à la décomposition des matières organiques et à la formation de produits empyreumatiques plus ou moins fétides.

Dans le système Champonnois, la production nette de l'appareil distillatoire fuit l'analyse et la vérification, le tube *a* reportant à la macération les vinasses, épuisées ou non. En pratique ordinaire, on ne pourrait en tirer quelque chose de passable que par des modifications indispensables. Les tubes de trop-plein devraient porter leur liquide sur la convexité de la calotte inférieure, afin de diviser le liquide, de l'épuiser, en utilisant la chaleur de la convexité, et de laver les vapeurs. Les calottes devraient être élevées au-dessus du liquide condensé, ou le niveau supérieur des tubes de trop-plein devrait être abaissé, de façon à supprimer le barbotage et la pression; le nombre des plateaux devrait être réduit à huit ou dix au-dessous du serpentin vertical que l'on pourrait conserver, ainsi que le réfrigérent, bien qu'il soit beaucoup plus profitable de substituer à celui-ci un serpentin. A ces condi-

tions, on pourrait faire de cet engin un appareil passable,
qui pourrait tenir sa place parmi les appareils à feu nu, agissant sur couches profondes ; mais il ne serait pas encore un
appareil à action continue, celle-ci exigeant l'épuisement, et la
disposition de la chaudière A ne permettant d'atteindre ce résultat que par l'adjonction d'un épuiseur spécial, ou par un
changement radical dans la construction.

Appareil Savalle. — L'appareil de Savalle père, que nous
avons vu fonctionner à Saint-Denis, en 1854 ou 1855, n'a plus
rien de commun avec l'instrument que l'on désigne sous le
même nom, et qui est devenu un appareil à part, à la suite
de modifications plus ou moins nombreuses. Nous ne nous
occuperons pas du premier qui ne présentait guère qu'une
qualité, la rapidité du travail, due à cette circonstance que le
bouilleur était divisé en plusieurs parties par des diaphragmes,
et que la chaleur y était utilisée par effets multiples.

L'appareil actuel a été l'objet d'un engouement singulier,
que l'on peut expliquer néanmoins par des influences très-
actives. Il en est résulté une récompense hors ligne à l'exposition de 1867, et tous les journaux spéciaux, *l'Agriculture* en
tête, *évidemment*, se sont accordés en un concert de louanges
relativement à cet engin. Comme tous les appareils de ce
groupe, l'appareil Savalle prête à la critique et à l'éloge. Il
est fort loin de valoir ce que disent les uns, et il n'est certainement pas aussi mauvais que d'autres le prétendent. Pour
ceux qui l'ont suivi depuis 1867, il est constant que l'inventeur a cherché à l'améliorer, à le mettre au niveau de la réputation qui lui avait été faite. Le succès a-t-il couronné ces
efforts, et l'appareil Savalle est-il un bon appareil ? Cette
question est fort complexe et il n'est pas possible de chercher
à en trouver la solution avant d'avoir tracé la description de
cet instrument. Comme nous ne voulons pas nous exposer à
la moindre inexactitude, même involontaire, nous emprunterons les éléments de cette description soit à M. Barral, soit à
la *notice* Savalle, sauf à contester ce qui nous paraîtra hasardé
ou illusoire.

La figure 65 présente une vue d'ensemble de ce que M. Savalle, par l'organe de M. Barral, appelle une *distillerie de vins
avec rectificateur*.

Dans ce dispositif, le rectificateur I est chargé d'épurer les

phlegmes produits par l'appareil à distiller, par la colonne A.
Le tout est agrémenté de régulateurs de vapeur, de brise-
mousses et, en un mot, de tous ces accessoires inutiles, dont
le succès est toujours infaillible. Comme M. Savalle a usé de
tous les moyens pour conquérir le client, voire même de la
publicité de M. Barral, il semble qu'il soit permis à la distillation de se défendre contre cette sorte d'envahissement. C'est

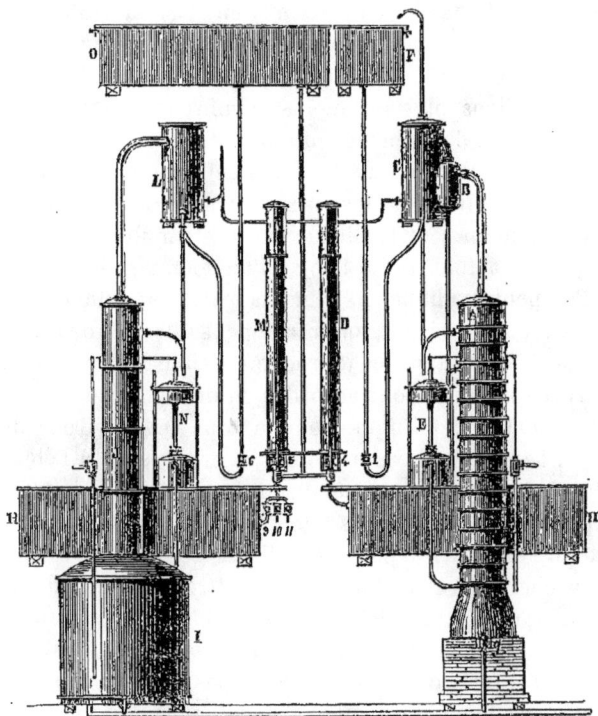

Fig. 65.

ce que nous allons chercher à faire, par le *droit* que nous
donnent de longues années de travaux, et en raison du *devoir*
qui nous est imposé par la vérité.

Voici les faits. Savalle père a imaginé un appareil distillatoire. Cet appareil *transformé* a été porté aux nues, et a été
récompensé par une médaille d'or à l'exposition de 1867. Pour
agir avec certitude sur l'acheteur, il fallait une publicité, ce qui
est commun à toutes les affaires de ce genre. Il n'y a rien à

dire à cela et, jusqu'à présent, la question de l'appareil Savalle ne prête pas à la critique. Mais il se trouve que la publicité requise est faite par M. J.-A. Barral, parent de M. Savalle, jouissant d'une certaine influence en matière agricole, lequel consacre les articles du journal *l'Agriculture* à faire une *réputation* à l'appareil Savalle, et un jour ces articles se trouvent réunis en prospectus.

Pour les distillateurs qui réfléchissent, il est évident que MM. Savalle et Barral plaident leur propre cause, et cette circonstance demande qu'il soit fait un examen plus attentif de l'objet de leur recommandation.

En présence des faits et des principes, M. Savalle n'a droit qu'à ce qu'il mérite. Rien ne lui sera *marchandé* ici, pas plus l'éloge que le blâme. Mais la prétention avec laquelle le prospectus et la *notice* parlent de la machine Savalle, le dédain des faits historiques, le mépris de tous les autres appareils, tout cela mérite que l'on discute la question et que l'on recherche si cet appareil est digne de tant d'ovations, au moins par quelques côtés sérieux. Toute la question est là pour les fabricants d'alcool.

Comme nous allons étudier d'abord l'appareil à distiller de M. Savalle, et que nous aurons à examiner plus tard son rectificateur, nous ne nous occuperons pas de *l'ensemble complet*, représenté par la figure 65 ci-dessus, dont les parties se trouveront expliquées par l'examen de détail qui va suivre, et nous ne verrons présentement que la colonne distillatoire A, avec ses annexes.

Avant tout, cependant, nous laissons parler le prospectus et la notice [1] et nous répondons à mesure aux énormités les plus frappantes.

« En 1863, le travail journalier des usines fonctionnant par notre système représentait 386 000 litres d'alcool; il s'élève aujourd'hui à près de 1 *million de litres d'alcool par jour*.

« Ces chiffres apportent avec eux *la condamnation des anciens systèmes* et font ressortir hautement les avantages de nos appareils, qui possèdent à la fois la *force* et la *vitesse*, alliées à l'*économie du travail* et à la *perfection des produits*. »

Le lecteur n'a pas besoin de démonstration pour conclure

---

[1] Ce que nous avons guillemeté est *extrait*, *textuellement*, de ces documents.

que ces chiffres ne prouvent rien autre chose que la vente
d'un certain nombre d'appareils, vente due à une publicité
bien faite. C'est une affaire bien menée. Celle de M. Champonnois n'a pas été trop mal conduite et l'affaire Savalle a
droit commercial à la même réussite. Personne ne s'y oppose.
Quant à la force, à la vitesse, à l'économie, à la perfection, on
verra tout à l'heure ce qui restera de ces allégations.

A la suite de l'avant-propos de M. Savalle se trouve un
article de M. J.-A. Barral, dans lequel cet agronome parle de
l'emploi de *l'appareil perfectionné* du système Savalle, à propos des distilleries en Hollande. Tout en faisant les plus
grandes réserves sur le qualificatif, nous trouvons quelques
phrases qui méritent la reproduction, parce qu'elles démontrent que M. Barral, de *l'Agriculture,* fait trop facilement
table rase de l'histoire de la distillation... Au sujet de l'emploi
de l'alcool à l'extraction du sucre, problème que M. A. Payen
pense être résolu par MM. Cail, Périer et Possoz, M. J.-A. Barral
suppose que Cellier-Blumenthal, qui s'occupait de sucrerie,
fut conduit à s'occuper de l'extraction de l'alcool à propos du
sucre, et il ajoute, après avoir dit que Cellier ne tarda pas à
inventer les colonnes distillatoires :

« Trois appareils de Cellier furent livrés, *vers* 1820, à l'un
de ses amis, distillateur à La Haye, M. Savalle ; *ils étaient encore bien imparfaits.* Comme il arrive pour toutes les inventions,
la pratique seule pouvait enseigner les perfectionnements
nécessaires. Cellier et M. Savalle travaillèrent longtemps *ensemble* avant de réussir dans leurs expériences : des explosions
manquèrent deux fois de les tuer. *Lorsque le système put bien
fonctionner,* Cellier revint en France, et vendit l'exploitation
de *son procédé de distillation* à Charles Derosne, pharmacien,
rue Saint-Honoré, à Paris, *qui devint plus tard l'associé de
M. Cail...* En 1852..., M. Savalle vint établir une distillerie à
Saint-Denis, près de Paris. C'est là qu'en collaboration avec
son fils, il acheva le *perfectionnement de son système...* »

Il n'y a, dans toute cette phraséologie, qu'un défaut, c'est
l'inexactitude.

L'histoire de Savalle père n'a rien de connexe avec l'appareil de Cellier, devenu l'appareil de Derosne. En effet, l'invention de Cellier fut brevetée à la fin de 1813. Il céda son invention à Ch. Derosne vers 1817. « La Société d'encouragement

pour l'industrie nationale a accordé à M. Cellier-Blumenthal, en 1816, une des quatre médailles d'or réservées aux perfectionnements industriels les plus marquants depuis dix ans... Cet appareil, dont l'idée primitive appartient incontestablement à Cellier-Blumenthal, et qui, depuis la première conception, a été successivement perfectionné par lui et par M. Derosne, réunit en sa faveur les témoignages les plus honorables.

« En considération du mérite de son invention, S. Exc. le ministre de l'intérieur a accordé *gratuitement à ses inventeurs*, *en 1818*, un nouveau brevet de quinze ans *pour les perfectionnements qu'ils y ont apportés*.

« Lors de la mémorable exposition des produits de l'industrie française, en 1819 [1], le grand jury, nommé par le roi pour cette solennité, a décerné *à M. Ch. Derosne* une médaille d'argent, pour les *perfectionnements importants qu'il a apportés à cet appareil* et, en outre, l'a présenté au roi comme un des artistes qui ont contribué aux progrès de l'industrie française (Dubrunfaut, 1824). »

Ainsi, voilà un appareil, breveté en 1813, l'objet d'un procès avec Baglioni à la même époque, dont l'auteur est honoré d'une médaille d'or en 1816, pour lequel le ministre accorde un second brevet *gratuit* en 1818, dont le concessionnaire reçoit une médaille d'argent en 1819, et qui, d'après M. J.-A. Barral, était encore bien imparfait en 1820 et avait besoin de l'expérience de Savalle père, pour se perfectionner. Il fallait avoir un bien grand besoin de rattacher l'appareil Savalle à l'appareil Derosne pour altérer les faits à ce point.

A propos de Ch. Derosne, cet artiste distingué qui fut présenté au roi en 1819, cet homme réellement instruit qui rendit tant de services à la sucrerie et à la distillerie, nous rappellerons à M. Barral que, en 1817, Ch. Derosne était seul à la tête de la pharmacie Cadet et Derosne, rue Saint-Honoré, n° 115, et qu'il dirigeait en même temps *sa fabrique d'appareils*, rue des Batailles, n° 7, à Chaillot ; qu'il n'a pas pu songer un seul instant à devenir l'associé de Cail, lequel était son subalterne et un de ses employés, et que ce fut Derosne qui éleva Cail, en l'associant à sa propre fabrication, par des motifs que nous ne chercherons pas à mettre en lumière. Il était inutile

[1] Novembre.

que M. Barral cherchât à faire prendre le change par une phrase insidieuse sur un fait avéré.

Enfin, en 1852, Savalle père était en réalité à Saint-Denis, rue de Paris, n° 16 ; mais, en 1854, *son* appareil était créé, et il était encore bien loin de pouvoir être comparé à celui de Cellier et de Derosne.

Nous n'en parlons ni par parenté, ni par ouï-dire ; nous avons pu apprécier par nous-même, dans une visite que nous avons faite à la petite usine de Savalle père, lequel nous a expliqué le fonctionnement de son instrument à cette époque.

Sans nous arrêter aux éloges du *Moniteur vinicole*, nous laissons de côté le prospectus, et nous ouvrons la notice.

Après avoir mentionné l'obtention d'une médaille d'or à l'exposition de 1867, médaille sur laquelle nous ne voulons pas établir une discussion rétrospective, MM. Savalle et Cᵉ font le détail complaisant des appareils qu'ils ont vendus en 1867 et reproduisent un article laudatif dont voici l'extrait littéral en ce qui intéresse la distillation :

« L'appareil Savalle a été l'instrument le plus puissant des progrès récemment accomplis. C'est à son emploi que les premières distilleries d'Allemagne et les établissements les plus renommés en France doivent leur supériorité et les récompenses obtenues à l'Exposition. *Honoré de la médaille d'or et placé au premier rang*, l'appareil Savalle mérite cette distinction et doit être l'objet d'une étude particulière.

« On se sert de cet appareil indistinctement pour la distillation simple, à l'effet de produire des eaux-de-vie dans la distillation du vin, ou des flegmes dans la distillation des produits industriels ; pour la distillation avec rectification, afin d'obtenir des esprits-de-vin très-purs. C'est surtout pour la rectification des alcools qu'il excelle spécialement. De toutes les opérations de la distillerie, la rectification, avec épuration et concentration des alcools, est la plus difficile. Qu'il s'agisse de distiller ou de rectifier, l'appareil Savalle repose sur le même principe ; il produit toujours d'excellents résultats au point de vue de l'économie et de la perfection des produits.

« Le principe de l'appareil Savalle repose sur *la différence de capacité calorifique de l'alcool et des corps qui lui sont associés et sur la séparation continue et l'élimination des divers produits de la distillation.* Ce principe reçoit une application facile et rationnelle, l'appareil étant construit de manière à utiliser tout le calorique, en divisant à l'infini le liquide à désalcooliser et en le mettant en contact immédiat avec le calorique, *molécule à molécule*, de telle sorte qu'aucune n'échappe à la réaction. Par l'effet de son ingénieuse combinaison, *chaque mètre de surface produit cinq fois autant d'effet utile que les appareils ordinaires*, et les vapeurs alcooliques, purifiées par de nombreux lavages, s'échappent d'un côté, tandis que les matières inertes et infectantes s'écoulent par des voies opposées. On comprend dès lors toute l'économie de forces, de temps et de combustible qu'on réalise par cette rapide séparation de l'alcool épuré.

« Pour distiller, comme pour rectifier, l'appareil Savalle est toujours chauffé à la vapeur. Ce mode de chauffage, généralement adopté partout, offre, par sa régularité, des avantages d'économie et de bien faire qui *lui assurent une incontestable supériorité sur le chauffage à feu nu*. La distillation s'accomplit d'une manière continue par le vin à distiller sans employer de l'eau ; la rectification des flegmes, ou esprits bruts, est une opération intermittente.

« L'appareil se compose d'une chaudière, d'une colonne de distillation, d'un condensateur analyseur, d'un réfrigérent, d'un récipient spécial pour les huiles essentielles et d'un régulateur de vapeur.

« Pour la distillation simple on n'a pas besoin de chaudière ; il n'en est pas de même pour la rectification.

« La colonne est un cylindre métallique, composé intérieurement de plusieurs diaphragmes superposés, combinés en nombre et en dimensions de manière à produire l'extrême division du liquide alcoolique et de la chaleur, et à présenter aux vapeurs d'alcool de nombreux obstacles pour les forcer à se laver, à se déflegmer et à se séparer des corps associés. En sortant de la colonne, les vapeurs entrent dans le condensateur analyseur ; ces vapeurs mixtes, contenant *de l'eau, de l'alcool, des acides organiques, des éthers, des huiles essentielles et diverses espèces de carbures d'hydrogène*, sont soumises à une température qui oblige chacun de ces corps à obéir aux lois de son calorique spécifique et à subir une première analyse, rejetant les plus denses sur les plateaux de la colonne et laissant échapper les plus volatils. Le condensateur communique au

17

réfrigérent et lui envoie les vapeurs qui ont conservé leur
état de fluides aériformes. Ces vapeurs, introduites dans le réfrigérent avec une pression calculée, se détendent et rencontrent dans l'appareil de nombreux points de contact qui les
condensent rapidement et les ramènent à l'état liquide pour
les transmettre à l'éprouvette sous forme de flegme ou
d'alcool.

« Le condensateur et le réfrigérent sont tubulaires, afin de
continuer l'application du principe essentiel de l'appareil,
c'est-à-dire la division infinie du calorique, pour en permettre
l'échange rapide et refroidir instantanément dans le condensateur et dans le réfrigérent. Les surfaces de chauffe, de
lavage et d'analyse, multipliées dans la colonne, ont été calculées dans une proportion mathématique avec les surfaces
de condensation et de réfrigération du condensateur et du
réfrigérent. Dans l'unité de temps et de surface, on obtient
ainsi des quantités de travail inconnues jusqu'alors. A ce
maximum d'effet utile correspond le minimum de dépense de
combustible, de forces, de temps et d'eau. Voilà pourquoi
l'appareil Savalle produit, par heure, cinq fois autant d'alcool
que les appareils ordinaires de mêmes dimensions, avec une
perfection constante et de la manière la plus économique. »

Voilà l'éloge contenant une description sommaire. Beaucoup de grands mots. On doit maintenant s'occuper de la
vérification technique de toutes ces belles choses.

La colonne distillatoire Savalle est *chauffée à la vapeur*, ce
qui lui est commun avec des centaines d'autres, et ce qui n'est
pas un mérite plus grand ici qu'ailleurs.

La vapeur pénètre dans le bouilleur sous la pression du
générateur ; mais, afin de fixer cette pression sous des limites
constantes, M. Savalle fait usage d'un régulateur de pression
qu'il appelle régulateur automatique du chauffage des appareils Savalle. Ce régulateur est représenté en coupe par la
figure 66.

« Cet *élément essentiel de nos appareils*, dit la notice, a pour
organe principal un flotteur C qui a pour fonction d'ouvrir ou
de fermer un robinet de vapeur installé sur la conduite du
chauffage, et dont la puissance augmentée par l'intermédiaire
du levier D, atteint 400 kilogrammes, de sorte que ni la poussière, ni l'usure du robinet de vapeur ne puissent empêcher

son action. On verse de l'eau froide dans la chaudière inférieure A, jusqu'au niveau de la tubulure F, par laquelle la
pression de la vapeur dans l'appareil à régler se transmet au
régulateur, par laquelle aussi s'échappe le trop-plein d'eau
de la bâche inférieure.

« On a ménagé en A une chambre d'air qui forme matelas
entre la vapeur de pression et la couche d'eau. Sous la pression de la vapeur, l'eau va, par le tube d'ascension B, dans la
bâche supérieure, soulever, quand il est nécessaire le flotteur C, et mettre en jeu le levier qui ouvre ou ferme le robinet
de distribution représenté en détail dans la figure 66.

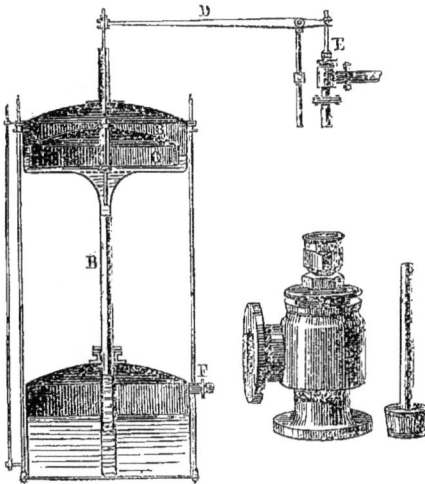

Fig. 66.

« Le robinet et la soupape sont d'une construction toute
spéciale : tout y est ménagé de telle sorte que la pression se
fasse équilibre à elle-même, dans une certaine proportion.
Ainsi, la soupape qui a, dans les grands appareils, 6 centimètres de diamètre, ou une surface de 28 centimètres carrés, ne
supporte en réalité que sur 2 centimètres carrés la pression
de la vapeur, et peut être facilement soulevée par le flotteur. La pratique de chaque jour prouve que ce mécanisme
très-simple règle la pression à 1 centimètre d'eau près (soit à
une pression d'un millième d'atmosphère). Les appareils qui
en sont munis, au nombre déjà de plus de trois cents, fonc-

tionnent avec une régularité parfaite ; ils font couler un jet
continu et abondant d'alcool, à un degré toujours élevé et
sensiblement constant ; ils dispensent, pour la conduite des
alambics, d'hommes spéciaux, si difficiles à rencontrer dans
les campagnes, et seront, par conséquent, *pour la distillerie
agricole, une conquête précieuse, un bienfait inappréciable.* »

L'auteur de la note louangeuse dont nous avons cité une
partie ajoute, à propos de cet organe, qu'il a pour effet de régulariser l'emploi de toutes les forces et de toutes les fonctions... « On évite ainsi de troubler l'opération par des *coups
de feu violents* dont on n'est jamais maître avec les appareils
ordinaires. *Un appareil de distillation privé de régulateur est,
comme un navire sans boussole, exposé à toutes les chances d'erreurs et d'accidents.* »

Il n'était pas nécessaire, pensons-nous, de recourir à une
image poétique, pour faire tolérer une appréciation erronée.

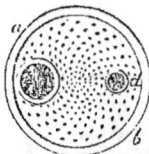 

Fig. 67.   Fig. 68.

Il aurait été plus simple de dire : un appareil Savalle a essentiellement besoin d'un régulateur de pression ; sans cela, il
est impossible de compter sur le travail de cette machine !
Cela eût été vrai et n'aurait pas accrédité une erreur flagrante,
dont nous donnerons la démonstration dans un instant, en
faisant voir pourquoi la colonne Savalle ne peut fonctionner
normalement sans régulateur et pourquoi les autres appareils chauffés par la vapeur libre n'en ont nul besoin. Pour
faire saisir l'étrangeté de cette prétention, il est nécessaire
de se rendre compte de la disposition des plateaux de la colonne Savalle, dont les figures 67 et 68 donnent les détails.

A la seule inspection de ces figures on voit que les vapeurs
ascendantes passent d'un plateau à l'autre à travers un fond
perforé, sur lequel descendent le vin et la condensation des
plateaux supérieurs. Le niveau du liquide est déterminé sur
chaque plateau par l'élévation d'un trop-plein *d* qui porte

l'excédant dans une boîte *c* appartenant au milieu suivant. Il y a donc, sur chaque plateau, une nappe de liquide, que les vapeurs ascendantes sont forcées de traverser pour s'élever. Ce passage *lave les vapeurs* et, *sous ce rapport, l'effet technologique se produit.* Cette action de la vapeur, de bas en haut, sur la section des orifices, maintient la couche superposée, et un filet de vapeur franchit chaque orifice en écartant la liqueur. Nous admettons encore que cette division de la vapeur *travaille* bien le liquide descendant et utilise bien la chaleur. Mais a-t-on réfléchi à ce fait que, si la vapeur produite n'a pas une pression suffisante, ou si le vin arrive en quantité trop considérable, les liquides s'écoulent par les orifices de perforation, ce qui ne serait pas un grand accident, mais ce qui est une cause d'irrégularité dans le travail? Si la pression est trop forte, au contraire, la vapeur, passant à travers les faux fonds, *pulvérise* le liquide de la couche superposée, soulève les particules de ce liquide et les entraîne dans sa marche ascendante.

Il en résulte que l'appareil envoie à la condensation des vapeurs mixtes surchargées de vapeur d'eau à l'état globulaire, de vin même, en sorte que le résultat est absolument le même que dans les coups de feu des appareils à feu nu.

On comprend donc qu'il soit indispensable de maintenir une pression donnée, suffisante pour empêcher le liquide des plateaux de descendre par les orifices de perforation, et pour permettre à la vapeur mixte de franchir ces mêmes orifices, mais qu'il faut se garder de laisser à la vapeur une pression assez grande pour déterminer les soubresauts, les violences, et la pulvérisation des liquides descendants. M. Savalle a donc parfaitement fait en adaptant à son appareil un régulateur de pression qui vienne garantir contre cet accident. La disposition même de cet organe est fort ingénieuse et il n'y a rien à objecter sous ce rapport.

Mais la vérité qui ressort de l'examen est que, si ce régulateur est nécessaire, s'il est *indispensable à l'appareil Savalle,* si cet engin, sans ce régulateur, est un *navire sans boussole,* exposé à toutes les chances d'erreurs et d'accidents, ce que nous reconnaissons facilement, *cela est inexact pour tous les autres appareils, différents de celui de M. Savalle,* dont les plateaux portent des cheminées de transmission et ne sont pas seulement un fond perforé en façon d'écumoire. Tous ces appareils mixtes, ou en colonne, ne redoutent jamais l'accident inhérent à la construction Savalle, lorsqu'on les chauffe à la vapeur libre ou confinée, ou même à feu nu, et il y a une sorte de ruse blâmable à vouloir jeter dans le public une idée aussi contraire à la vérité et aux faits. Que M. Savalle garde pour lui les défauts de son appareil, mais qu'il ne les prête pas aux autres, qu'il ne les leur fasse pas prêter par ses parents ou ses amis. Il est juste de faire observer que ce défaut est conjuré *en partie* par le régulateur, mais il appartient en propre à la disposition du plateau Savalle et, sur les quelques centaines d'autres appareils, bons ou mauvais, qui existent, il n'y a que les appareils simples, les alambics, qui puissent être accusés avec justesse de produire le même inconvénient.

Il vient d'être dit que le régulateur ne corrige ce défaut qu'en partie. Cela est tellement vrai que, malgré les dénégations et les admirations, M. Savalle a dû établir une autre complication qu'il appelle un *brise-mousses* (D, fig. 69). Avec le bon plaisir du rédacteur de *l'Agriculture,* nous prendrons la liberté de constater deux choses : 1° ce brise-mousses n'est pas autre chose que l'*œuf* D de l'appareil belge (fig. 52, p. 212); c'est un *récipient d'attente,* dont la fonction est de recevoir et de renvoyer à la colonne les vins qui ont pénétré dans le plateau supérieur et qui ont été entraînés comme nous l'avons dit; 2° l'existence de cet organe prouve que le régulateur de M. Savalle est insuffisant et que l'effet auquel on veut s'opposer par le régulateur se produit jusqu'au sommet de la colonne, c'est-à-dire jusque dans le plateau de la lanterne.

Personne ne peut contester cette situation qui est un fait. La seule chose neuve de l'appareil Savalle, l'emploi de plateaux perforés, sans cheminées d'abduction, est donc un non-sens industriel, qui exige, comme correctif, l'application de deux organes accessoires qui seraient inutiles dans toute autre installation en colonne.

Dans ces conditions, l'appareil distillatoire Savalle, seul, non réuni à la colonne à rectifier, se présente sous la forme de la figure 69, qui en donne une vue d'ensemble.

La marche de cet appareil est facile à concevoir. Le vin d'un réservoir supérieur descend dans le chauffe-vin réfrigérant, qu'il remplit, puis il pénètre en B par la lanterne, descend de proche en proche sur les plateaux perforés à la rencontre de la vapeur et s'épuise dans ce trajet. La rétrogradation part du brise-mousses, dans lequel il se fait *un peu* de condensation.

L'éprouvette de l'appareil Savalle est représentée par la figure 70. La notice semble attacher une assez grande importance à la disposition de cette pièce pour qu'il soit équitable d'en

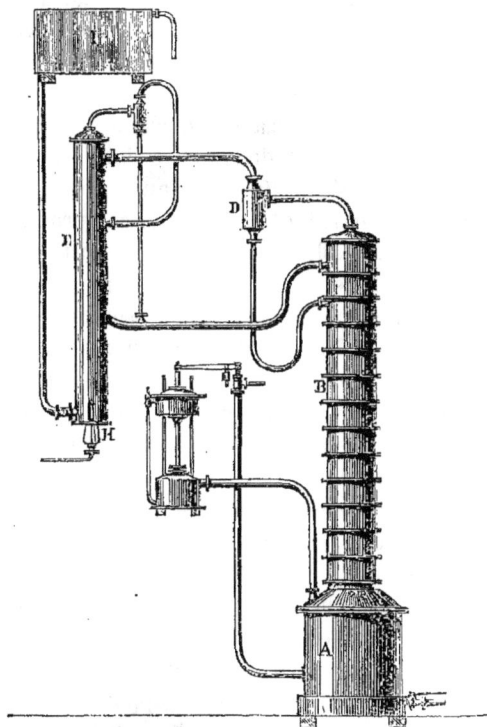

Fig. 69.   Fig. 70.

dire un mot. L'alcool remplit le vase jusqu'en *o* et passe dans le tube central par une ouverture pratiquée à ce niveau. Si la production augmente, le liquide s'élève au-dessus de l'orifice d'écoulement, mais comme, en vertu d'une pression plus considérable, le débit de l'orifice s'augmente, cette ouverture laisse passer un plus grand volume, ce qui rétablit une sorte d'équilibre.

Valeur de l'appareil Savalle. — On a vu que M. Savalle attribue à son appareil, dans le prospectus, *la force, la vitesse, l'économie et la perfection des produits.* Ceci demande à être examiné avec une certaine attention.

1° *Force des produits.* — Ici, le constructeur se trompe évidemment. Voilà un appareil à colonne, chauffé par barbotage, qui reçoit les vins par le sommet de la colonne. C'est là une bonne condition pour faire de la force, puisque le refroidissement des vapeurs mixtes est proportionnel à la hauteur à laquelle se fait l'alimentation. M. Savalle ne profite pas de cet avantage, précisément à cause de ses plateaux perforés qui produisent un entraînement très-considérable de vapeur d'eau à l'état globulaire, par une véritable action mécanique. Aussi n'est-il pas rare de voir la colonne distillatoire dont il s'agit fournir des phlegmes à 25 degrés ou 30 degrés, au lieu de 45 degrés à 50 degrés. Le fait est arrivé, d'une manière compromettante pour les intérêts de l'établissement, dans une distillerie établie en Afrique d'après ce système et, malgré régulateur et brise-mousses, on ne pouvait parvenir à dépasser ce résultat, qui est assez triste, et mérite une attention sérieuse. Il ne peut, d'ailleurs, en être autrement avec les plateaux perforés, car il faut qu'il se produise une certaine pression pour que les vapeurs mixtes puissent parvenir au col de cygne et le dernier plateau donne toujours de l'entraînement, comme nous avons été à même de le constater, en établissant une colonne similaire, dans le but de vérifier les faits.

2° *Vitesse du travail.* — Ici le fait est acquis à l'appareil Savalle, bien que le chiffre indiqué soit exagéré. Il se peut que cet appareil produise *cinq fois* plus que les appareils à bouilleur qui distillent par masses et en profondeur; il est même vraisemblable qu'il produit plus vite que les appareils continus à colonne, dans lesquels il s'opère un barbotage sur les plateaux, et le fait tient précisément à la perforation des plateaux et au peu d'épaisseur de la couche liquide sus-jacente; mais, de là à affirmer *cinq fois* plus de produit que dans une colonne Derosne ou dans beaucoup d'autres, il y a une distance considérable. En effet, malgré le peu d'épaisseur des surfaces, M. Savalle ne peut pas faire que la vapeur transmette plus de calorique qu'elle n'en renferme et, en lui faisant la part aussi belle que possible, en admettant de la vapeur à + 135 degrés, il ne peut épuiser 1 000 litres de vin de force

égale qu'avec une dépense de calorique égale à celle qui serait requise par la colonne Derosne ou une autre analogue.
Si l'appareil Savalle distille plus vite, il dépense plus de vapeur à surface égale et, si sa production est quintuple, sa dépense est augmentée dans la même proportion.

D'autre part, nous admettons, cependant, que cet engin
dépouille le vin de son alcool plus rapidement que les machines qui agissent sur des couches plus profondes. Cela est
exact, mais il s'en faut de beaucoup que l'indication donnée
à cet égard se rapproche de la vérité, si l'on évalue les produits d'après le volume et la force qu'on obtient.

3° *Économie de travail.* — On vient de voir qu'il n'y a pas
d'économie possible dans la dépense de calorique, et cela
tombe sous le sens, puisque, pour produire 100 parties de
phlegmes à 50 degrés, par exemple, il faut toujours appliquer
au vin un même nombre de calories, en partant d'une même
température initiale. On dépense d'autant plus de chaleur que
les produits vaporisés et condensés sont plus faibles, puisque
la chaleur latente de l'eau est plus élevée que celle de l'alcool.
Il s'ensuit que, l'appareil Savalle n'étant pas établi pour faire
des forces, d'une manière constante et précise, on ne peut
arguer de l'économie relative au calorique. L'économie ne
peut provenir du bas prix des appareils, qui sont fort loin
d'être taxés à des conditions modestes. Ceci, d'ailleurs, n'a
rien de surprenant. Il faut bien que le public paye son engouement irréfléchi, il faut qu'il paye le régulateur, le brise-
mousses, la hauteur de la colonne ; mais ce côté nous intéresse médiocrement.

Nous ne voyons donc pas en quoi cet engin peut procurer plus d'économie qu'une colonne de Derosne, sauf en
ceci que le travail est un peu plus rapide ; mais ce fait n'a
rien de propre à l'appareil Savalle, puisque tous les appareils
qui agissent par surfaces et sur minces épaisseurs sont aussi
rapides.

4° *Perfection des produits.* — Le lecteur ne peut faire ici
de fausse appréciation et il n'est pas possible de confondre.
On sait que la perfection des produits dépend de l'analyse des
vapeurs mixtes ; que ces vapeurs sont d'autant mieux analysées qu'elles sont soumises à un refroidissement graduel plus
méthodique ; que le lavage de ces vapeurs se fait de proche

en proche par un liquide de plus en plus pur, et qu'une rétrogradation intelligente vient en compléter la purification. On
ne peut donc pas prétendre à la pureté des phlegmes avec un
appareil qui reçoit constamment le vin au sommet, puisque le
lavage ne se fait que par ce vin, plus ou moins mélangé de
produits condensés. On ne saurait faire des phlegmes relativement purs lorsque le vin est entraîné jusqu'au col de cygne,
ce qui est démontré par l'œuf de retour, ou le brise-mousses,
dans l'installation Savalle et, sous ce rapport, les allégations
de l'inventeur ont à peine besoin d'être relevées.

En résumé, si l'on retranche de l'appareil Savalle le régulateur et le brise-mousses, on se trouve en présence d'un
des instruments les plus mal compris de tous ceux qui sont
appliqués à la distillation des vins. Le plateau Savalle, dont
l'idée a été puisée dans un principe juste, va droit contre
l'effet qu'il devrait produire. Les vapeurs y sont divisées,
lavées avec des liquides impurs; le vin est épuisé; mais l'entraînement des vapeurs globulaires, la pression considérable
qui existe dans les tronçons, toutes les circonstances qui ont
été mentionnées dans cette étude en font une anomalie industrielle. En le compliquant du fameux régulateur et du
brise-mousses, non moins célèbre, qui seraient parfaitement
inutiles avec une disposition rationnelle, on arrive à obtenir
un appareil de distillation qui en vaut un autre, mais qui ne
vaut pas plus que la colonne de Cellier. Il produit plus vite,
mais plus impur, et ne donne pas de forces régulières. Il serait
indispensable, pour atteindre un bon résultat, d'augmenter les
dimensions de la lanterne, ou celle de l'œuf de retour, du
brise-mousses; il faudrait établir une rétrogradation plus
complète, indépendante de cet organe, et alimenter la colonne au quatrième plateau en descendant. Il y aurait ainsi
trois plateaux et une lanterne où se ferait la purification des
vapeurs; le vin ne serait plus entraîné dans le brise-mousses,
lequel ne serait plus qu'un rétrogradateur; et l'on profiterait
de ce qui est utile, de la valeur très-réelle du plateau perforé,
qui se trouve annihilée dans la machine actuelle.

En ce qui concerne la rapidité, l'appareil Savalle peut fournir beaucoup, lorsqu'il est bien conduit, mais il ne peut faire
plus que tout autre appareil de surface de chauffe égale, qui
agirait également sur faibles épaisseurs. Il importe assez peu

que l'on recueille beaucoup de phlegme à 25 ou 30 degrés ; ce qu'il faut, c'est obtenir un maximum d'alcool extrait, pour l'unité de temps et l'unité de dépenses. Or, l'appareil Savalle pourrait atteindre ce maximum, avec les modifications indiquées tout à l'heure, et cela, tout en produisant des forces. La disposition même des plateaux fait que la surface de chauffe du bouilleur doit être augmentée de celle des plateaux jusqu'à l'arrivée du vin, puisque, pour que la distillation s'opère, il faut qu'il y ait une pression suffisante pour que les vapeurs franchissent les orifices et le liquide qui les recouvre.

L'appareil Savalle ne présente donc absolument rien qui justifie la série de réclames qu'on lui a faites. C'est un engin compliqué, cher, dont les produits ne valent pas ceux d'une bonne colonne de Cellier, ni même ceux d'un appareil de Laugier. Mais, si l'on compare la machine Savalle aux engins de chaudronnerie, on doit admettre que cet appareil a été construit en conséquence de principes prévus. Il a été mal construit, la théorie sur laquelle il repose n'a pas été logiquement appliquée, il est vrai, mais, au moins, sent-on que l'inventeur a eu un but de progrès, et il faut en tenir note.

Le principe fondamental de l'appareil de Savalle a été la division des vapeurs et celle du vin. Ce principe est le seul qui puisse faire progresser la distillation et l'on voit que son application formait le but primitif de cette machine, puisqu'elle a été portée à une exagération qui en fait le défaut capital. Lorsque M. Savalle se déterminera à n'avoir de plateaux perforés que jusqu'aux deux tiers ou aux trois quarts de la hauteur de sa colonne, que le reste sera appliqué à une analyse réelle des vapeurs, et qu'une rétrogradation effective lui assurera des forces constantes, il pourra supprimer le régulateur et le brise-mousses, et son appareil deviendra, forcément, sinon le meilleur, au moins un des meilleurs qui existent et, sans contredit, le plus puissant.

Les distillateurs qui possèdent cet appareil peuvent le perfectionner et le débarrasser de son défaut essentiel, sans frais notables. Il suffit de remplacer les trois ou quatre tronçons du sommet par des plateaux à cheminée centrale et à calotte, avec tubes de trop-plein, sans barbotage, et de baisser le niveau de l'alimentation, pour obtenir un excellent résultat et disposer d'une des meilleures machines que l'on puisse désirer. Nous avons eu l'occasion de faire rétablir une colonne Savalle dans ce sens et l'expérimentation a donné des résultats très-satisfaisants.

Autre appareil de M. Savalle. — Les détails qui précèdent dispenseraient presque de s'étendre sur une nouvelle *création* de M. Savalle, dont la figure 71 donne l'idée et qui n'offre rien

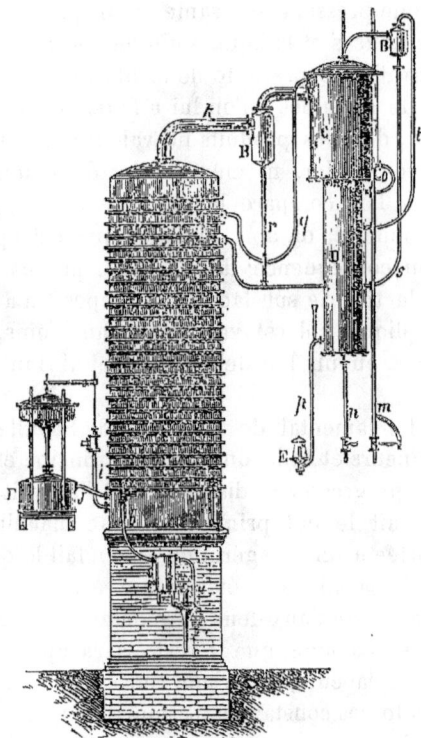

Fig. 71.

de bien neuf, malgré le bruit qu'on a cherché à faire autour de ce perfectionnement.

Il importe, cependant, de constater que, dans cette nouvelle disposition, le constructeur renonce aux plateaux perforés qui étaient *la base essentielle de son système.* M. Savalle est parvenu à reconnaître que « les plateaux à trous n'étaient pas applicables à toute espèce de distillation ; il arrivait des obstructions dans le passage, produites par des accumulations de matières. Dans la nouvelle colonne, la course du liquide à épuiser est plus rapide et, pendant le chemin qu'il parcourt, ce liquide est *essentiellement soumis à l'action du barbotage de la vapeur* qui met en liberté les vapeurs alcooliques.

« Les conduits dits *trop-pleins* sont établis de telle sorte qu'ils communiquent au dehors ; au moyen d'un regard, on peut les visiter sans démonter l'appareil. La pratique a démontré la grande puissance et la perfection de travail de cette nouvelle colonne, qui fonctionne pendant une année entière sans nécessiter d'arrêt pour le nettoyage. Le réfrigérent tubulaire a aussi reçu une disposition intérieure nouvelle, qui réduit de moitié la consommation d'eau nécessaire pour le refroidissement, tout en produisant des phlegmes à des températures aussi basses ; on évite ainsi toute perte par évaporation. En outre de la perfection de travail obtenu, une économie notable a été réalisée dans la construction de ce nouvel appareil, par l'application de la fonte de fer à la partie la plus volumineuse ; c'est-à-dire à la colonne [1]. »

La figure 72 donne le plan sur lequel est élevé l'appareil de

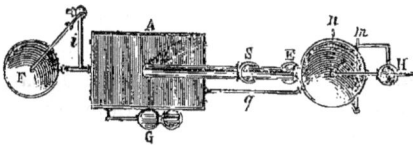

Fig 72.

la figure 71. Cette machine se compose d'une colonne distillatoire A en fonte, formée de vingt-cinq tronçons quadrangulaires dans lesquels la distillation se fait par barbotage, d'un tube abducteur *k*, d'un *brise-mousses* B, d'un chauffe-vin tubulaire C et d'un réfrigérent D. Le régulateur de vapeur F fait toujours partie de l'ensemble.

Il y a dans cet appareil quelques détails qui méritent d'être mentionnés avec éloges. Ainsi, le constructeur a établi un second brise-mousses H pour recevoir les produits entraînés et les vapeurs du chauffe-vin. Les vapeurs alcooliques vont se condenser dans le réfrigérent D par le tube *t* et les portions

[1] Journal l'*Agriculture*.

liquides entraînées retournent à la colonne par *s*. L'ensemble de l'outillage étant donné, cette modification est parfaitement conçue. D'un autre côté, afin de se rendre compte de l'épuisement réel des vinasses, un petit serpentin G et une éprouvette en font une épreuve continue. Nous savons que l'on peut faire ici une objection, en ce sens que l'indication aréométrique ne prouve rien, en général, à l'égard de la teneur des vins en alcool ; mais cette objection est insignifiante dans le cas présent, puisque rien n'empêche de préciser, au moins de temps en temps, la densité des vinasses réellement épuisées, et d'avoir ainsi un point de départ suffisamment net. Rien n'empêcherait également de puiser, dans le soubassement de la colonne, des vapeurs épuisées ou supposées telles, et de les soumettre à la réfrigération dans le petit serpentin dont il est question, ce qui donnerait une indication tout à fait inattaquable. Ces deux modifications sont donc utiles et constituent une amélioration.

Quant à l'ensemble, il nous est facile d'apprécier les faits. M. Savalle a conservé le régulateur, le brise-mousses, le chauffe-vin, le réfrigérent de sa première construction, ou s'est contenté d'y faire des changements peu importants. La colonne seule est modifiée du tout au tout. Ce n'est plus la colonne Savalle à plateaux perforés, dont on a reconnu tardivement *certains inconvénients ;* c'est une colonne à barbotage, par vingt-cinq tronçons quadrilatères en fonte, avec des regards pour les tubes de trop-plein.

Il ne paraît pas que le travail de l'invention ait dû être bien pénible dans l'organisation de cette installation, car cette colonne est celle de Cellier-Blumenthal, qui a été décrite précédemment (p. 231 et suiv., fig. 57). Le labeur d'assimilation a consisté à faire des tronçons quadrilatères au lieu de tronçons cylindriques, ce qui est loin d'être un perfectionnement, à mettre sept tronçons de plus et à *créer* des regards pour les tubes de trop-plein. On pouvait, d'ailleurs, éviter cette peine, si minime qu'elle soit, et prendre tout simplement la colonne de Cellier, sans la transformer.

Au fond donc, le nouvel appareil, objet des réclames de *l'Agriculture*, est composé de la colonne de Cellier qui a cessé d'être cylindrique pour devenir quadrilatère, et des autres organes de l'appareil Savalle proprement dit.

En dehors de ces observations, la nouvelle machine ne peut soulever aucun doute, quant à la propriété industrielle ; l'appareil est bien à M. Savalle dans son ensemble, mais chacun a le droit de se servir de la colonne de Cellier.

Valeur de cet appareil. — Cette nouvelle installation est très-puissante et elle participe aux qualités de la colonne qui a été appréciée plus haut (p. 234) ; elle utilise bien la chaleur et fournit un travail économique.

Cet appareil n'est qu'un appareil à phlegmes et il agit par barbotage, exactement comme la grande colonne belge ; mais les améliorations de détail dont il a été question doivent faire préférer la disposition Savalle à l'installation belge.

C'est surtout pour l'obtention de grandes quantités que la place de cet engin se trouve marquée en distillerie. Nous regrettons cependant que les conditions de la purification des produits n'aient pas attiré davantage l'attention du constructeur, et que la partie supérieure de la colonne, dans les six derniers tronçons, ne soit pas disposée pour faire une meilleure analyse, car, malgré tout ce que l'on pourrait dire, le rôle du brise-mousses est bien illusoire sous tous les rapports. D'un autre côté, les plateaux perforés ont bien leur mérite lorsqu'on ne les emploie que dans les deux tiers inférieurs de la colonne.

Quoi qu'il en soit, bien que cette colonne n'ait rien de nouveau essentiellement, le système entier constitue un fort bon appareil pour les grandes masses, dont il permet le traitement régulier.

Appareil Egrot. — Cet appareil est représenté en perspective par la figure 73.

Il se compose d'un bouilleur épuiseur A, surmonté de trois plateaux de distillation B B' B'' et d'une colonne analyseuse D. Les vapeurs mixtes sont portées au chauffe-vin E E' par le col de cygne D. E'' est un réfrigérent à eau séparé du chauffe-vin condenseur pour un diaphragme. Du chauffe-vin condenseur, un tube d'alimentation n porte le vin sur le plateau de distillation B'' et trois tubes rétrogradateurs o o' o'' peuvent faire retourner à l'analyseuse C les liquides condensés en E, dont la richesse alcoolique n'est pas suffisante.

L'appareil Egrot peut être chauffé à feu nu ou à la vapeur. La chaudière A est munie d'un robinet de vidange r, d'un in-

dicateur de niveau t et d'un siphon a pour la sortie des vinasses.

On a construit certainement des appareils plus grandioses,
et personne ne songerait à comparer l'appareil dont nous
parlons avec les monuments du système Cail ou du système
Savalle. Ce serait une erreur, car cet engin pourrait être pré-

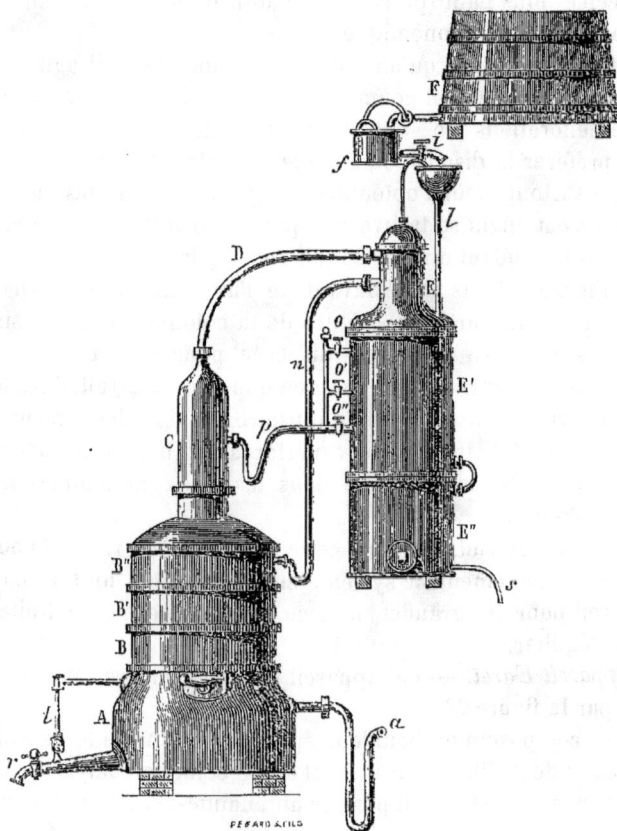

Fig. 73.

férable, sous tous les rapports, aux grands édifices dont nous
avons parlé. Il ne manque à cette machine que la certitude
de l'épuisement par continuité, l'absence du barbotage, le lavage des vapeurs et la réglementation des forces pour qu'elle
ne soit plus l'objet d'aucun desideratum grave; et la grande
simplicité de sa construction, le peu de place qu'elle occupe,

la manière dont elle accomplit les règles pratiques de la distillation la rendent digne de l'attention des praticiens. La
chaleur est parfaitement utilisée dans le travail, et nous préférons très-nettement cet instrument à plusieurs de ceux
dont on a fait tant de bruit.

La marche de la distillation est simple. On commence par
introduire de l'eau dans la chaudière A, et l'on allume le feu
ou l'on introduit la vapeur. Pendant que l'ébullition se produit, on fait arriver le vin du réservoir F par le régulateur f,
le robinet i et le tube l, dans le chauffe-vin E E'. Ce vin descend par le tube n sur les plateaux de distillation B″ B′ B. Le
liquide rencontrant la vapeur ascendante, s'échauffe et se
dépouille de son alcool, qui s'élève en C, passe en E E' et se
condense en partie. On fait usage des tubes de rétrogradation O O′ O″, lorsqu'on veut obtenir des forces, et l'opération
se continuant par l'admission du liquide, le siphon a rejette
constamment la vinasse puisée au fond de A.

Avec un peu de soin, on peut faire des forces de 80 à 90 degrés avec cet instrument, et il ne faudrait pas de bien grandes
modifications pour le mettre à même de produire tous les
degrés et d'épuiser absolument les liquides fermentés qui
auraient à le traverser.

Appareil Dreyfus. — Nous donnons la description de cet
instrument, qui présente un mérite très-réel, malgré certains
défauts qu'il partage avec la plupart des appareils à colonne
construits par la chaudronnerie. La figure 74 en donne l'élévation.

L'appareil Dreyfus se compose d'un bouilleur, d'une colonne analyseuse et d'un réfrigérent.

Le bouilleur et la colonne se rapprochent beaucoup du bouilleur et de la colonne de Cellier-Blumenthal, modifiés par Derosne. Cependant, toutes les ouvertures qui livrent passage
à la vapeur alcoolique ont été agrandies dans des proportions
convenables pour supprimer, autant que possible, les obstacles à la libre circulation de cette vapeur, et aussi dans le but
d'éviter les pressions qui déterminent l'entraînement des huiles essentielles en outre des dangers de fuites. Le barbotage
de la vapeur alcoolique a lieu, par conséquent, sur des surfaces plus grandes, ce qui forme déjà une meilleure condition;
mais ce barbotage se faisant sur une épaisseur très-faible de

18

liquide condensé, il en résulte que la pression est presque insignifiante.

Ce point est de haute importance en pratique. Plus la pression rencontrée par les vapeurs alcooliques est considérable

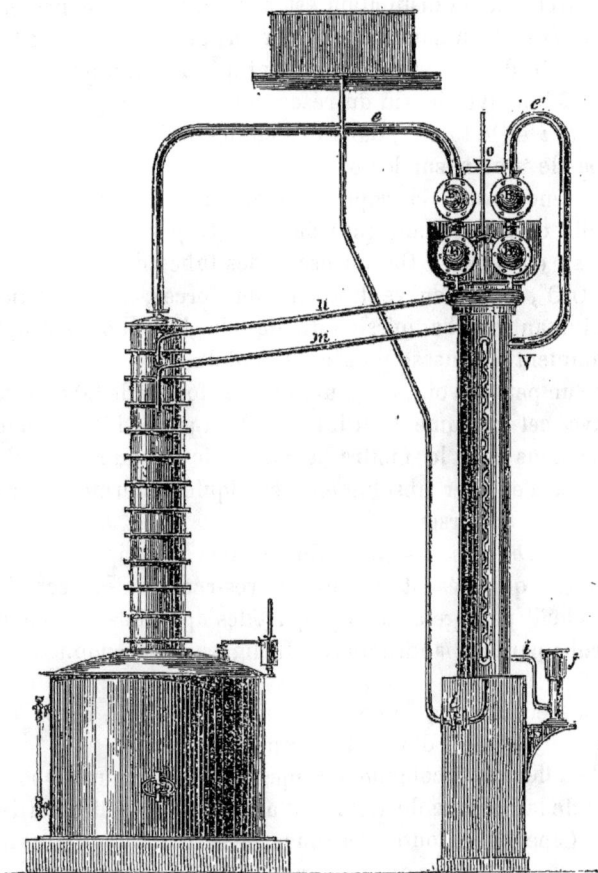

Fig. 74.

dans la colonne, plus, en effet, on est exposé aux fuites et à divers accidents de fabrication, contre lesquels on ne saurait trop se prémunir.

Le condenseur est l'organe remarquable de l'appareil, et c'est dans les dispositions relatives à la réfrigération que nous trouvons là principale amélioration créée par les inventeurs, d'après lesquels nous en donnons la description.

Ce condenseur se compose de quatre cylindres horizontaux dont la base est très-visible dans la figure, et d'un réfrigérent proprement dit. Les quatre cylindres sont superposés deux à deux. Les deux inférieurs plongent dans l'eau et les deux supérieurs sont constamment arrosés par une pluie d'eau qui provient du réfrigérent. Cette irrigation superficielle est pratiquée à l'aide de deux rigoles de distribution, établies dans l'axe des cylindres. On voit aisément les avantages de cette nouvelle disposition dont l'originalité conduit à des résultats assez saillants.

Cet agencement permet de nettoyer les cylindres condenseurs sans qu'on soit obligé de les démonter. En effet, les calottes qui forment la base des cylindres, et qui en ferment les extrémités, étant assujetties par des pinces, il suffit d'enlever ces pinces, pour avoir à portée de la main toute la partie intérieure, ce qui est déjà d'un intérêt notable. D'autre part, l'eau employée à la condensation est utilisée dans des conditions qui se rapprochent beaucoup du maximum : en coulant sous forme de pluie sur les cylindres supérieurs, cette eau, qui a déjà servi à la réfrigération, achève de produire tout l'effet utile que l'on peut en attendre. Il en résulte forcément une certaine économie dans l'emploi de l'eau, que l'on ne rencontre pas toujours avec le système des serpentins baignant dans la masse liquide.

Il est évident également que la condensation opérée dans les cylindres permet d'exécuter une bonne rétrogradation, c'est-à-dire un retour vers la colonne des liquides condensés à un degré trop faible. Le produit définitif des vapeurs qui passent à la réfrigération, sans avoir été condensées par les cylindres, acquiert ainsi, par cette élimination, un degré aussi élevé que l'on veut, puisque l'on peut exagérer ou restreindre cette condensation elle-même.

Enfin, cette disposition, par le grand diamètre des cylindres, supprime la pression dans les diverses parties de l'appareil; elle écarte le danger des engorgements et des coups de feu, donne un écoulement régulier des produits et procure une condensation constante, même lorsque l'instrument est dirigé par un ouvrier peu exercé.

Le réfrigérent offre lui-même une disposition fort ingénieuse, et il représente un exemple de la suppression intelligente des serpentins. Il repose sur le principe en vertu duquel les surfaces réfrigérantes doivent être aussi multipliées
que possible, et agir sur de faibles épaisseurs. Il se compose
de deux plaques de cuivre, portant des cannelures alternatives
et disposées en ondulations régulières sur toute la surface de
chaque plaque. De cette façon, la surface de condensation se
trouve doublée et la vapeur, forcée de suivre toutes les sinuo-
sités des plaques, est soumise à un effet de réfrigération égal
à celui d'un serpentin de même diamètre que les cannelures
et qui serait de la même longueur totale.

Les questions de réparation ont, en outre, été prévues, et
ce n'est pas un des moindres avantages d'un appareil que de
pouvoir être facilement réparable. Dans l'appareil dont nous
parlons, toutes les pièces sont indépendantes ; elles peuvent
être visitées, nettoyées et réparées, sans qu'on soit obligé de
faire aucun déplacement ; les assemblages sont, d'ailleurs,
établis de telle façon qu'un
ouvrier ordinaire peut aisément réparer une avarie acci-
dentelle.

Appareil Lacambre. — La figure 75 représente une colonne
due à M. Lacambre, dont nous
avons eu plusieurs fois l'occasion de citer les idées dans le
cours de cet ouvrage.

Nous empruntons la description de cet appareil à l'inventeur, sous la réserve des observations auxquelles la construction peut donner lieu et des
remarques de détail que nous
croirons utiles à la fabrication :

« A, chaudière ou cucurbite,
à l'intérieur de laquelle se
trouve un serpentin horizontal

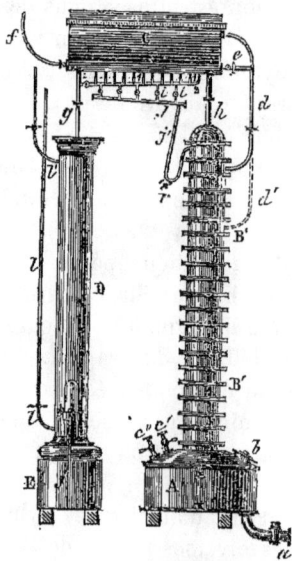

Fig. 75.

destiné à faire circuler la vapeur au moyen de laquelle se
produit la distillation. La vapeur entre par le robinet c',

fait cinq ou six tours en allant jusqu'au centre, et vient aboutir
au robinet c'', après avoir fait de nouveau cinq ou six tours.

« La vapeur condensée vient sortir par le robinet c'', qu'on
tient presque entièrement fermé pour conserver toute la pression de la vapeur dans le serpentin et éviter qu'il ne s'en dégage
en pure perte; ordinairement, le robinet c'' est, au moyen d'un
tuyau, mis en communication directe avec l'appareil d'alimentation du générateur, ou avec la chaudière elle-même, si
le retour d'eau provenant de la vapeur condensée peut s'effectuer directement; mais, pour cela, la chaudière A doit être
plus élevée que le dessus du générateur.

« B'B, colonne de *vingt cases* semblables à celle qui est représentée, à une plus grande échelle, par les figures 76 et 77.
Comme on le voit dans ces deux figures, ces cases sont

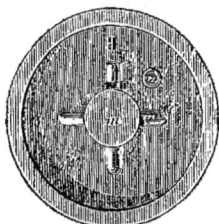 

Fig. 76.   Fig. 77.

composées d'une partie de cylindre entièrement ouvert d'un
côté et, de l'autre, à peu près fermé par un diaphragme, au
centre duquel se trouve un orifice de 5 à 6 pouces, surmonté
d'un chapeau m, à tubulures m', destinées à faire *barboter* les
vapeurs alcooliques dans le liquide à distiller, dont le niveau,
dans chaque case, est indiqué par la ligne ponctuée i,i, et
dont la hauteur est réglée au moyen d'un tube de décharge n,
que l'on peut monter ou descendre à volonté. Au moyen des
tubes n dont la partie inférieure plonge de 1 à 2 centimètres
dans le liquide de la case inférieure, le liquide à distiller descend par ces tubes trop-pleins, sans que la vapeur puisse pénétrer d'une case à l'autre autrement qu'en passant par les
quatre tubulures m', qui plongent dans le liquide de 2 à
3 centimètres.

« De cette manière, le liquide à distiller se dépouille de
plus en plus de son alcool, au fur et à mesure qu'il descend
de case en case, tandis que les vapeurs alcooliques vont en

augmentant de spirituosité, en se dépouillant de plus en plus des parties aqueuses au fur et à mesure qu'elles s'élèvent dans la colonne. Lorsque les vapeurs arrivent dans le serpentin couché que renferme l'appareil C, l'on en sépare encore les parties les plus aqueuses, en faisant rentrer dans le haut de la colonne les produits de la condensation des premiers tours du serpentin couché. Les vapeurs condensées dans le serpentin du rectificateur C, et qui sont trop faibles pour obtenir le degré voulu de spirituosité, rentrent dans la case supérieure de la colonne B, par le tuyau j', qui fait siphon, pour que, le coude étant toujours plein de liquide, les vapeurs alcooliques ne puissent se dégager par là; la hauteur de ce tuyau, de j' en r, doit être assez grande pour que la pression de la vapeur, dans la colonne B, ne puisse jamais faire refluer le liquide qu'il renferme dans le système de tuyaux 1 et 2, sinon toutes les vapeurs condensées dans le rectificateur C passeraient dans le réfrigérent que renferme la colonne D.

« Les produits alcooliques, trop faibles pour être recueillis, reviennent donc sur le haut de la colonne, pour être de nouveau dépouillés de leur partie spiritueuse, et les parties les plus aqueuses descendent de case en case, et vont se mêler au liquide à distiller, qui arrive dans la colonne B, tantôt sur la seconde ou sur la troisième case, comme cela est représenté dans la figure 72, mais, plus communément, sur la cinquième ou sixième case, comme cela est indiqué par la ligne ponctuée d'. Quand on veut obtenir des produits qui aient un degré de spirituosité très-élevé, cette dernière disposition est bien préférable à la première, par le motif que les produits alcooliques, qui rentrent dans la colonne B par le tuyau j', ont un degré de spirituosité plus élevé que celui du liquide à distiller.

« Quand le liquide à distiller a déjà un degré de spirituosité très-élevé, et qu'il s'agit seulement d'augmenter son degré, il n'y a aucun inconvénient à le faire arriver sur la seconde ou sur la troisième case, mais ce n'est généralement pas le cas.

« C, appareil rectificateur.

« D, réfrigérent, dont l'enveloppe extérieure a la forme d'une colonne. A l'intérieur, ce réfrigérent se compose ordinairement d'un serpentin d'un faible diamètre ; mais comme il ne faut pas une grande surface de refroidissement, quelques constructeurs remplacent le serpentin réfrigérant par une double enveloppe concentrique à l'enveloppe extérieure de l'appareil D, auquel ils donnent alors, pour l'élégance, un faible diamètre et un long fût, ce qui a l'avantage de rendre cet appareil plus simple et plus facile à nettoyer et à réta-mer, ce qu'on ne peut guère faire avec le serpentin ordi-naire.

« *Conduite de l'appareil pour la bouillée.* — En ouvrant le robinet placé sur le tuyau *f*, on fait d'abord arriver du liquide à distiller dans l'appareil jusqu'à ce que la chaudière A soit à moitié pleine. Le chauffe-vin commence par se remplir, puis les cases se garnissent et le liquide alcoolique n'arrive dans la cucurbite que lorsque tous les plateaux de la colonne sont pleins jusqu'à leur ligne de niveau *i, i*. Quand la chau-dière A est aux trois quarts pleine, on ferme le robinet du tuyau d'alimentation *f*, et on ouvre le robinet *c'* pour donner la vapeur dans le serpentin chauffeur. Au bout d'une heure environ, le liquide que renferme la chaudière A entre en ébul-lition, et les vapeurs alcooliques montent de case en case au fur et à mesure que le liquide qu'elles renferment entre en ébullition. Au bout de peu de temps, le liquide de toutes les cases étant bouillant, les vapeurs alcooliques passent dans le serpentin analyseur, où elles sont d'abord entièrement con-densées. Si on veut obtenir un fort degré de spirituosité, on les fait rentrer dans la colonne jusqu'à ce qu'elles marquent le degré voulu.

« Peu à peu, le liquide renfermé dans le récipient s'é-chauffe, et il ne tarde pas à devenir bouillant. Alors on ouvre un peu le robinet d'alimentation, et dès que le liquide ren-fermé dans la chaudière A est épuisé d'alcool, on ouvre aussi le robinet *a*, de manière que le niveau du liquide dans cette chaudière soit constant, et l'on règle l'ouverture du robinet d'alimentation, de manière que le liquide, en arrivant dans la chaudière A, soit entièrement dépouillé d'alcool. On fait rentrer dans la colonne B les liquides alcooliques trop faibles, en ouvrant les robinets *i, i*, qui sont les plus rapprochés de la colonne distillatoire, et les vapeurs alcooliques se rendent dans le réfrigérent D, où elles doivent être condensées.

« Le liquide à distiller arrive d'une manière continue dans le chauffe-vin, au moyen du tuyau *f;* du chauffe-vin, il se rend dans la colonne B, par le tuyau *d* ou *d'*, et descend de case en case pour aller sortir épuisé par la robinet *a.* »

Valeur de cet appareil. — Comme le lecteur a pu s'en convaincre par la description qui précède et par l'inspection des figures, l'appareil Lacambre se compose d'un bouilleur A, d'une colonne B, d'un chauffe-vin condenseur C et d'un réfrigérent D. Le bouilleur agit par masses et en profondeur. Les plateaux de la colonne sont construits de manière à faire barbotage et ce barbotage conduit à une pression totale de 40 à 60 centimètres d'eau. Cette pression équivaut à 200 ou 300 kilogrammes pour une colonne de 50 centimètres de diamètre et l'on peut en déduire la mauvaise condition dans laquelle on se trouve placé sous ce rapport. Il y a lavage des vapeurs ascendantes, par le vin descendant, qu'elles sont obligées de franchir pour s'élever, mais la purification ne peut avoir lieu que par l'effet de la rétrogradation. Le chauffe-vin est la copie de celui de Derosne. La rétrogradation y est d'ailleurs bien comprise. Il n'y a rien à dire sur le réfrigérent, sinon qu'il pourrait être moins élevé, mais ce détail n'a pas d'importance.

Cet appareil donne, évidemment, la continuité quant au vin, mais la continuité quant à la sortie des vinasses reste fort douteuse, puisque cette continuité dépend de l'épuisement en A, et que cet épuisement est sous la dépendance du soin de l'ouvrier. Avec tous les organes nécessaires pour constituer un bon instrument, cet appareil n'est et ne peut être que médiocre, à raison de l'ébullition par profondeur et de la disposition du serpentin *c'c";* la pression due au barbotage est encore un inconvénient considérable, à propos duquel on fera bien de prendre des précautions.

Appareil N. Basset. — Après une longue étude théorique et pratique de la distillation, il nous a semblé que la création d'un appareil de distillation qui accomplirait mathématiquement toutes les phases du travail serait d'une haute utilité pour la distillation, puisque, jusqu'à présent, on n'en connaît aucun dont la construction réponde aux exigences de la science technique.

Notre but pouvait se traduire par l'exécution des conditions suivantes que nous regardions comme indispensables à toute

bonne distillation des vins fermentés ou des liquides alcooliques :

1° Obtenir le maximum de rapidité dans le travail distillatoire et supprimer la perte de temps due à la mise en train;

2° Utiliser entièrement le calorique ;

3° Obtenir avec le même appareil toutes les forces que peut
donner la distillation, à volonté, sans être obligé de recourir à
une rectification qui est souvent inutile ;

4° Atteindre le maximum de pureté des produits dans les
conditions de la distillation, en ne limitant l'action que par
les impossibilités physiques ;

5° Mettre le travail à l'abri du mauvais vouloir éventuel ou
de l'impéritie d'un ouvrier ignorant;

6° Obtenir la *continuité réelle* quant au vin et à la vinasse,
avec un épuisement complet du vin soumis à la distillation.

Le programme était vaste et nous avons employé plusieurs
années en essais et tâtonnements avant de parvenir à en assurer l'exécution. Nous pouvons dire maintenant que nous
avons pleinement réussi et que notre appareil, soumis à la
pratique industrielle, satisfait entièrement aux conditions que
nous nous étions imposées à nous-même.

La figure 78 en donne une vue en élévation.

C'est un appareil à colonne que l'on chauffe à la vapeur,
ordinairement, mais qui peut être disposé pour le chauffage à
feu nu, dans les cas où l'emploi de la vapeur ne peut avoir
lieu. Le bouilleur A n'a d'autre fonction que de compléter l'é-
puisement des vinasses, la distillation et l'analyse des vapeurs
se faisant dans la colonne B. Le col de cygne E porte les vapeurs mixtes au chauffe-vin condenseur C'. La partie inférieure C et F du réfrigérent reçoit un courant d'eau par *t* et
l'excès d'eau s'écoule par un ajutage, au-dessous du diaphragme qui sépare C' de C.

L'alimentation se fait par *s*. Ce tube est muni d'un robinet
à cadran régulateur *g* et un petit robinet *h* sert pour la vidange du tube *s* et pour la vérification de la valeur du vin.

Dans le chauffage à la vapeur, le seul que nous décrivions
ici, la vapeur, provenant d'une prise commune, pénètre en A
par les tubes *r*, *r'*, *r''*, selon le besoin.

Les principes fondamentaux sur lesquels repose la construction de cet appareil sont le chauffage par grandes surfaces sur

très-petites épaisseurs, et le lavage progressif des vapeurs graduellement refroidies depuis A jusqu'au col de cygne, sans pression.

Les détails sont donnés par la figure 79, qui représente une coupe verticale de l'instrument.

L'épuiseur A contient un serpentin de fond, et deux ou plusieurs plateaux à cheminée centrale, contenant chacun un

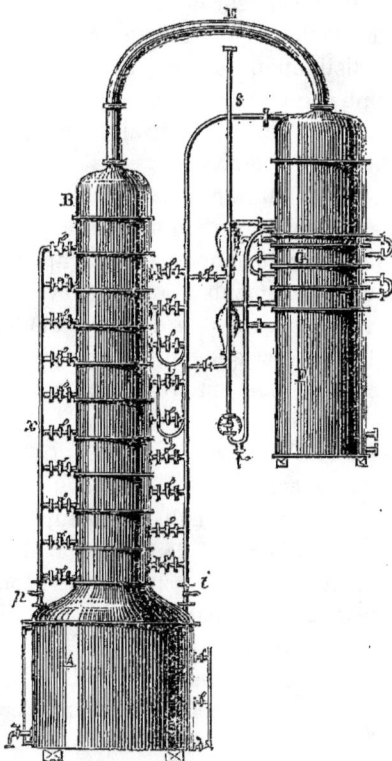

Fig. 78.

serpentin. On peut augmenter le nombre de ces plateaux épuiseurs, selon les quantités à produire, mais l'expérience nous a démontré que deux plateaux suffisent à l'épuisement. Les serpentins des plateaux sont établis de manière à ce qu'ils soient entourés par une couche liquide de 1 centimètre d'épaisseur seulement.

Au-dessus, chaque plateau de la colonne se compose d'un

fond avec cheminée centrale. Cette cheminée est recouverte par une calotte renversée qui occupe des trois quarts aux quatre cinquièmes de la section totale. Sur cette calotte *a* convexe, qui est supportée par trois pattes, on a soudé une autre *b*, concave, beaucoup plus petite, destinée à recevoir le liquide provenant de la case supérieure. Le niveau des tubes de trop-plein est calculé de façon à laisser entre le liquide et le bord de

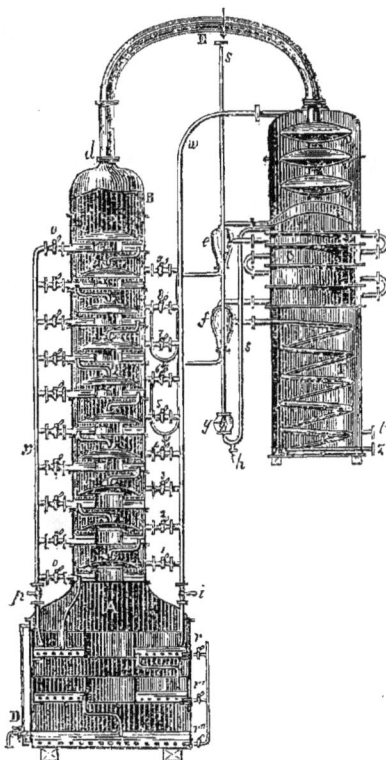

Fig. 79.

la calotte *a* un espace libre de 1 centimètre au moins et de 5 centimètres au plus, selon les dimensions de l'appareil. Cet espacement a pour but de laisser aux vapeurs ascendantes un passage libre et de supprimer le barbotage et la pression.

Les robinets *o* servent à vider les cases, lorsque cette vidange est nécessaire et à renvoyer le liquide qui s'y trouve sur le premier plateau de A. L'introduction du vin, échauffé dans le chauffe-vin, se fait par w et par un ou plusieurs des robinets 1, 2, 3, 4, 5, 6, 7, 8, 9, ou même par le robinet i, selon le degré de force alcoolique que l'on veut produire.

D'autre part, les cases de la colonne sont réunies simplement par des pinces ; mais on a eu soin d'interposer entre les collets des rondelles de carton, trempées, à plusieurs reprises, dans un mélange de colle de pâte et de poussier de charbon très-fin. Il résulte de cette pratique que les collets métalliques ne sont pas en contact, qu'ils sont séparés par une couche de charbon, qui est un très-mauvais conducteur du calorique, et que la diminution progressive de la température est assurée depuis A jusqu'au sommet de la colonne. En effet, la température des vapeurs diminue à mesure qu'elles s'éloignent de la source de chaleur, et cette cause de réfrigération est notable, si la transmission par les contacts métalliques n'a pas lieu. La pratique nous indique une diminution de 1 degré à 1°,5 par case, de bas en haut. Nous avons même pu obtenir une diminution de 1°,8.

Ce refroidissement progressif est encore assuré par le mode même de l'introduction du vin dans la colonne. Ce vin étant porté vers 40 degrés dans le condenseur C', il est évident que, si on l'introduit par le robinet i, on le mettra en rapport avec une quantité plus grande de calorique que si on le fait pénétrer par le robinet 9, à la neuvième case de la colonne. Il y aura, dans ce dernier cas, un plus grand refroidissement des vapeurs mixtes, puisqu'on fera agir du liquide au même degré sur des vapeurs qui ont déjà perdu au moins 9 degrés de leur température.

En réfléchissant à ce fait que la plus grande partie des vapeurs aqueuses se condense, lorsque la température s'abaisse au-dessous de + 100 degrés, et que les vapeurs sont d'autant plus alcooliques et d'autant moins aqueuses qu'elles se rapprochent davantage de + 78°,4, on comprendra que le moyen d'obtenir une force donnée consiste à opérer un refroidissement des vapeurs mixtes, tel qu'elles ne contiennent plus que la proportion d'eau nécessaire à cette force, ce à quoi l'on parvient très-facilement en alimentant à des hauteurs différentes.

On obtient de l'eau-de-vie à 50 degrés ou 55 degrés en alimentant par le robinet 5 ou par 4 et 6, 3 et 7, 2 et 8, 1 et 9.

L'alimentation par 9 donne de 85 à 90 degrés et cette force est portée à 92 degrés lorsqu'on se sert d'une rétrogradation. Elle arrive au maximum, soit 96 degrés, lorsqu'on alimente par 9, et que l'on se sert de toute la rétrogradation.

L'appareil de réfrigération est formé de trois parties séparables. Dans la première C′, faisant fonction de chauffe-vin condenseur, la réfrigération s'opère par l'intermédiaire de trois lentilles concaves-convexes et d'une demi-lentille. Le premier rétrogradateur part de ce dernier organe ; mais il nous arrive souvent de donner la même forme aux trois autres et d'adapter, à chacune, un tube rétrogradateur, afin de graduer l'effet de la rétrogradation dans des limites plus étendues. La partie moyenne C est formée par quatre plaques réfrigérantes doubles et la supérieure porte un rétrogradateur, lorsque nous n'en ajoutons pas à toutes les lentilles. Enfin, la portion F est occupée par un serpentin simple, comme l'indique la figure, mais, mieux, par notre serpentin en couronne (fig. 51, p. 193).

Marche de l'appareil. — Le vin, ayant été dirigé dans un réservoir supérieur, dont il s'échappe en passant par un régulateur à robinet automoteur, pénètre, par le tube d'alimentation s, le robinet g étant ouvert, dans le chauffe-vin qu'il remplit. Il passe alors en w, et l'on ouvre le robinet d'alimentation n° 9 et le robinet de vidange correspondant o, ainsi que le robinet p. Le vin ne fait que passer sur le neuvième plateau et se rend en A par x. Aussitôt qu'il est arrivé sur le premier plateau de A, on ouvre la vapeur en r, en ne donnant au retour que l'ouverture suffisante pour expulser la condensation. A raison de la petite épaisseur de la couche liquide, l'ébullition commence presque instantanément sur le premier plateau de A. On ouvre r′ aussitôt que le liquide est parvenu sur le second plateau et r″, quand il est arrivé sur le fond, en observant la même règle pour l'ouverture du tube de retour de la condensation.

On ferme alors p et o, en sorte que le vin cesse d'arriver par x. Il coule par le trop-plein du neuvième plateau dans la petite calotte du huitième ; celle-ci le déverse sur la convexité de la grande calotte ; il s'y repand en nappe mince qui coule sur le plateau, pour sortir par le trop-plein suivant, et descendre de la même manière et de proche en proche, jusqu'au plateau inférieur et, de là, sur le premier plateau de A, puis sur le second et sur le fond.

Indépendamment de l'épuisement rapide déterminé par le peu d'épaisseur des couches en A, la distillation se fait réellement dans la colonne et seulement dans la colonne. En effet, le liquide se répandant en couche très-mince sur les calottes, rencontre, à mesure qu'il descend, une température plus élevée et l'ébullition sur les plateaux de A n'a guère d'autre effet que de produire la chaleur nécessaire à la distillation en B, et d'assurer un épuisement complet.

Lors donc que le liquide est arrivé au dernier plateau de B et qu'il descend en A, on supprime pendant un instant l'arrivée du vin, en fermant g sur s et le robinet g. Après quelques minutes, les vapeurs mixtes commencent à franchir le col de cygne, ce que l'on apprécie par la chaleur perçue au contact de ce tube. Il est temps alors de régler l'alimentation, selon ce qu'on désire obtenir.

Supposons que l'on veuille obtenir du produit à 55 degrés.

On ouvre le robinet 5, ou 4 et 6, ou 3 et 7, etc.; mais avec beaucoup de modération d'abord, afin de ne pas trop refroidir les vapeurs intérieures par du vin qui n'a pas encore été échauffé à son degré normal. On augmente progressivement l'ouverture d'alimentation, et l'on n'est limité, à cet égard, que par le refroidissement du col de cygne, qu'il faut éviter. Ajoutons encore que, si l'on ouvre deux robinets, au lieu d'un seul, 4 et 6 ou 3 et 7 au lieu de 5, on leur donne, à chacun, une ouverture moitié moindre.

L'alcool commence à couler après un temps très-court, qui varie de 10 à 15 minutes après le début. Le degré qu'il marque dans l'éprouvette sert d'indication pour ce que l'on a à faire.

Admettons, par exemple, que, cherchant du 55 degrés, nous n'obtenions que du 45 degrés. Ce fait nous démontre que nous laissons passer trop de vapeur d'eau par le col de cygne. Nous pouvons remédier à cela de plusieurs manières : 1° ou bien, nous ouvrons la rétrogradation la plus élevée, e, dans la figure ci-dessus, lentement et progressivement, en cinq ou six fois, jusqu'à ce que le produit soit fixé à 55 degrés, bien nettement. Toutes choses restent alors dans l'état et, pourvu que le vin ne manque pas dans le réservoir supérieur, on aura constamment la même force, avec ce même vin. C'est à cette pratique qu'il convient d'avoir recours si l'on ne fait l'alimentation que par un seul robinet, à moins qu'on ne veuille alimenter par le robinet 6; 2° on peut ne pas se servir de la rétrogradation et alimenter par le robinet supérieur que l'on ouvre graduellement, pendant qu'on ferme progressivement celui dont on se servait auparavant; 3° si l'on alimente par deux robinets à la fois, 4 et 6 par exemple, ouverts, chacun, de la moitié de leur section, on augmente la force du produit en diminuant l'ouverture de 4 et en augmentant celle de 6, sans recourir à la rétrogradation.

Nous préférons alimenter par les deux robinets, ne pas en modifier l'ouverture d'abord, porter le produit à sa force par l'action du rétrogradateur e et arriver, graduellement, à donner aux deux robinets une ouverture égale, correspondante à tout le travail que peut produire l'appareil. Notre motif pour cela est que nous obtenons ainsi le maximum de quantité de la force donnée et que, la rétrogradation étant un excellent moyen pour compléter la purification des produits, nous améliorons la qualité de la liqueur alcoolique.

On comprend, dès lors, que si, au contraire, on avait une force supérieure à celle que l'on veut obtenir, ce qui arrive très-souvent avec des vins un peu plus riches, il faudrait alimenter par un robinet inférieur à celui que l'on employait d'abord. Ou bien encore, si l'on se servait de deux robinets, on devrait diminuer l'ouverture du supérieur et augmenter celle de l'inférieur, jusqu'à ce que le degré du produit soit fixé, ce qui s'obtient en quatre ou cinq minutes, même lorsqu'on n'est pas expérimenté, pourvu que l'on fasse un peu d'attention à la règle que nous venons d'exposer.

Nous indiquerons, tout à l'heure, les différentes manières de procéder pour obtenir des forces cherchées, l'appareil présentant les plus grandes facilités à cet égard.

En ce qui concerne l'épuisement, il est absolu, car, indépendamment de la petite épaisseur du liquide sur lequel on fait agir le calorique, les surfaces de chauffe sont établies au minimum, c'est-à-dire qu'elles sont calculées, pour une température de 100 degrés, par une transmission de 50 000 calories par mètre carré et par heure, pour les forces au-dessus de 50 degrés et par 40 000 calories pour les forces inférieures.

Le fond est compté pour surface de chauffe, mais l'appareil doit produire l'épuisement du liquide avant que ce liquide parvienne sur le serpentin du fond. Soit, par exemple, la surface des serpentins des plateaux de A égale à $1^{mq},80 \times 2 = 3^{mq},60$, celle du serpentin du fond étant de $2^{mq},10$. Le vin arrive en A, échauffé à $+98°,4$ de température. Si la richesse de ce vin est de $0,05$ et qu'il soit entré dans la colonne par le robinet 5, par exemple, il a déjà perdu la presque totalité de son alcool en coulant, en lames minces, sur les calottes 4, 3, 2 et 1, par sa division et son contact avec de la vapeur mixte de $+95°,2$ à $+100$ degrés, mais on le suppose seulement porté à $+100$ degrés et l'on calcule la quantité de distillation qui peut être produite effectivement par $3^{mq},60$ de plateaux en A.

D'après ce qui a été dit précédemment (p. 125), on sait que la distillation de 1 000 litres de vin à $0,05$ de richesse exige 118 070 de calories. Il en résulte que $3^{mq},60$, par 40 000 calories, transmettant 144 000 calories par heure, on pourrait épuiser, au minimum, 1 228 litres par heure, ou 20 litres environ par minute, sans tenir compte du serpentin du fond ni du travail des calottes. On devra donc régler l'alimentation à 20 litres par minute à l'aide du robinet g à index.

Plus on élève les forces en alimentant vers le haut de la colonne et plus le vin est épuisé dans la colonne même, en sorte que, avec la surface que nous venons de supposer, on peut distiller, en faisant du 90 degrés, au moins le double de ce qui vient d'être dit.

De ce qui précède, il résulte que la vinasse est épuisée, dans tous les cas possibles, en arrivant sur le fond, la section du tube alimentaire s étant calculée en proportion avec la surface de chauffe réelle des plateaux de A. De là, aussitôt que la vinasse paraît à l'indicateur de niveau, on ouvre le robinet siphoïde D de façon à expulser cette vinasse, puisée sur le fond, tout en conservant le même niveau à l'intérieur.

L'appareil étant établi pour de la vapeur à $+100$ degrés, il en résulte qu'on peut utiliser les vapeurs de retour pour en faire le service et qu'il fonctionne parfaitement en substituant un barbotage à la vapeur confinée.

Enfin, en ce qui touche la purification des produits, la règle est accomplie avec une extrême précision. Les vapeurs mixtes sont refroidies graduellement jusques vers $+82$ degrés, ce

qui force la condensation de tous les produits volatils, qui
bouillent au-dessus de cette température : elles sont lavées,
sans pression, de plateau en plateau, puisqu'elles sont forcées
de traverser, à chaque plateau, la nappe mince de liquide
qui s'écoule du plateau supérieur, et que ce liquide est de plus
en plus pur et de plus en plus froid en approchant du dernier
plateau. Ceci a été expliqué précédemment, et nous nous
contentons de mentionner l'exécution de la règle afin de faire
voir que cet appareil remplit rigoureusement tous les principes d'une bonne distillation. C'est le seul qui soit établi aujourd'hui dans ces conditions techniques, et les personnes qui
l'ont adopté reconnaissent que l'on peut *en faire ce qu'on veut*,
ce qui est l'éloge le plus complet que nous ayons pu désirer
pour cet ensemble de dispositions.

Production des forces alcooliques. — On obtient le minimum
par l'alimentation en A, à l'aide du robinet *i* sur *u*. Le liquide
tombe sur le plateau supérieur de A.

Le *maximum* est fourni par l'alimentation dans la colonne,
à l'aide du robinet 9 et du fonctionnement de tous les rétrogradateurs. Cette force oscille entre 95 et 96 degrés. On
obtient 92 degrés par 9 et une seule rétrogradation.

L'esprit à 90 degrés est fourni par le robinet 9 seul, ou
par 8 et 9 avec rétrogradation.

Cette même alimentation peut produire du 80 degrés si l'on
force sur 8 en diminuant l'ouverture de 9. On produit cette
même force de 80 degrés par 8 seulement, ou par 7 et 8 avec
rétrogradation.

Ainsi de suite pour les forces descendantes, la rétrogradation augmentant les forces normales de 5 à 10 degrés selon
l'ouverture des tubes et le nombre des rétrogradateurs qui
fonctionnent.

La force moyenne de 52 à 55 degrés s'obtient par le robinet 5 avec une rétrogradation, ou encore, par 4 et 6,
3 et 7, 2 et 8, 1 et 9, ou par 3 et 6, 2 et 7, 1 et 8, *i* et 9 avec
toute la rétrogradation, dont on règle l'ouverture selon le
besoin.

Les explications qui précèdent nous paraissent suffire pour
faire comprendre la marche et la valeur de cet appareil, ainsi
que le parti qu'un distillateur intelligent peut en tirer, puisque, *sans rectification*, avec un vin donné de force ordinaire,

19

on peut obtenir toutes les forces, au maximum de pureté, avec le minimum de temps et de dépense.

Modifications. — Pour augmenter encore la rapidité du travail, nous faisons placer des calottes sur les plateaux de A, comme l'indique la figure 80 ci-dessous.

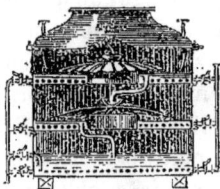

Fig. 80.

Grâce à cette disposition, la vapeur qui s'élève du fond réagit sur le plateau suivant, et ainsi de suite, en sorte que *l'analyse du calorique*, pour employer une expression qui indique notre idée, au moins par analogie, est plus complète.

En surbaissant l'entrée des vins dans le condenseur en C, au lieu de la faire en C', nous obtenons une réfrigération très-complète, en sorte que l'eau de F est à peine nécessaire. Dans ces conditions, la *totalité* de la chaleur dégagée en A est utilisée et le calcul des surfaces de chauffe peut se faire par 537 calories $+ 75 = 612$, si la température du vin est à $+ 25$ degrés de température normale.

Enfin, nous supprimons le rétrogradateur *f* lorsque nous en adaptons un à chacune des quatre lentilles du chauffe-vin condenseur C'. Dans ce cas, les tubes de rétrogradation se réunissent en un collecteur commun qui reporte les liqueurs de retour au huitième plateau.

Cet appareil peut s'appliquer à toutes les quantités à produire.

Nous faisons observer, en terminant, que, lorsque l'on doit faire un chômage, l'appareil doit être complétement vidé par le moyen du tube *x* et des vidanges *o*. Il est bon d'y faire arriver de l'eau par le chauffe-vin, de la porter à l'ébullition jusqu'à ce que la vapeur sorte en *z*, afin de nettoyer complétement l'intérieur sans prendre la peine de démonter l'instrument.

Appareil à forces restreintes, appareil à rhum de l'auteur. — Cet appareil est représenté par la figure 81. Il est continu quant au vin et à la vinasse et fournit régulièrement, et à volonté, les forces de 50 à 80 degrés.

La distillation y est produite par surface et en couches minces, comme dans l'appareil distillatoire ordinaire (fig. 79). Il

est composé d'un épuiseur A, isolé ou non du bouilleur,
d'un bouilleur B, d'une colonne C, d'un col de cygne, d'un
chauffe-vin D et d'un réfrigérent E. Les détails intérieurs du
bouilleur B sont les mêmes que ceux du bouilleur de la figure 80. Ceux de la colonne sont calqués sur les dispositions
de la grande colonne (fig. 78 et 79). Le chauffe-vin et le réfrigérent restent sans modifications et les tubes d'alimentation et de vidange conservent un agencement identique.

L'épuiseur A est supprimé lorsque l'on a de la vapeur à sa
disposition et il n'est établi que pour les cas où l'on veut faire

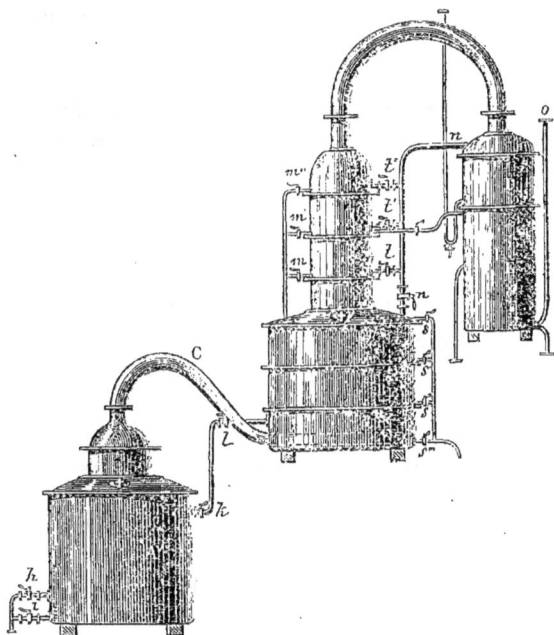

Fig. 81.

le travail à feu nu, ce qui est assez fréquent dans certaines
parties de l'Amérique. Nous nous supposons dans ce cas pour
la description du travail.

L'épuiseur A est pourvu d'un foyer intérieur qui n'est pas
indiqué sur la figure. On commence par faire arriver de l'eau
en A, de manière à atteindre la ligne de travail qui est indiquée sur le cylindre, et dont la hauteur est rendue appréciable par un tube indicateur de niveau. Cette ligne de tra-

vail répond à une couche de 5 centimètres seulement sur le
dôme du foyer. Après l'introduction de l'eau en A, on allume
le feu et l'on fait arriver du vin en D, dans le chauffe-vin. On
a rempli d'eau le réfrigérent E par le tube O. Bientôt la vapeur produite en A passe par C et pénètre en B, où elle se
condense en partie. Aussitôt que la lanterne de la colonne est
échauffée, on ouvre un peu le robinet *n* du tube *u* et le vin
descend sur les calottes des deux plateaux de A, où la distillation commence à s'effectuer. On ferme alors *u* et l'on fait
l'alimentation par le robinet correspondant à la force à produire. Pour obtenir régulièrement du produit de 60 degrés, on
ouvre *l'* aux deux tiers, on ouvre *l* d'un tiers et l'on ouvre
à moitié le tube de rétrogradation. On peut obtenir ce résultat
de plusieurs autres manières, dont l'indication a été donnée
dans la description de la colonne (p. 289), et il paraît inutile
de revenir sur ce détail.

Dès que la vinasse parvient au niveau du tube *lk*, par lequel le liquide peut passer de B en A, on ouvre les robinets de
ce tube et, en même temps, on ouvre la vidange *h*, sur A, de
manière à conserver en A la même hauteur de liquide. A partir de ce moment, la continuité est établie, le vin entrant constamment en D et la vinasse sortant de A par *h* sans qu'on ait
à s'en occuper. Le maximum de force de cet instrument est
fourni par l'ouverture du robinet supérieur d'alimentation *l''*
et l'ouverture entière de la rétrogradation. Le minimum est
donné par l'alimentation en *n*, sans rétrogradation.

Lorsque l'on peut se servir de vapeur, A peut être supprimé
sans inconvénient pourvu que l'on augmente B d'un cylindre
inférieur égal à A, les surfaces étant établies pour obtenir
l'épuisement complet dans ces conditions par + 100 degrés
de température.

SECTION II.

APPAREILS A DISTILLER LES MATIÈRES PATEUSES.

En règle générale, la distillation des matières pâteuses doit
être considérée comme une opération peu rationnelle et contraire aux principes de l'alcoolisation. La présence des ma-

tières solides dans une masse fermentescible détermine *toujours* des altérations auxquelles il est impossible de s'opposer fructueusement ; l'alcool n'est produit que mélangé avec les résultats plus ou moins abondants d'une dégénérescence quelconque, et la réflexion la plus superficielle devrait faire absolument rejeter ce mode de travail, par lequel le produit alcoolique, aussi bien que les résidus, est le plus souvent de très-mauvaise qualité.

En dehors de la fermentation, lorsque l'alcool est formé dans des semi-fluides, la distillation de telles matières ne peut qu'augmenter les défauts du produit, l'application de la chaleur déterminant toujours une altération plus ou moins grande des solides en suspension. Il en résulte une double conséquence dont la pratique peut tous les jours observer les effets. Des huiles essentielles et des produits volatils de nature diverse, souvent fétides et désagréables, se forment aux dépens de matières déjà altérées par la fermentation. Des combinaisons d'ammoniaque avec les acides lactique, butyrique, formique, ces acides, et d'autres encore, réagissent sur l'alcool et donnent lieu à la production de composés plus ou moins complexes, désagréables toujours, quelquefois même délétères, et les eaux-de-vie de cette provenance conservent, même après avoir vieilli, une saveur étrange, qui est repoussante pour tous les consommateurs dont le goût n'est pas vicié. Pour se convaincre de ceci, il suffit de *goûter* de l'eau-de-vie nouvelle de grains ou de pommes de terre, fabriquée par les méthodes suivies en Belgique, en Allemagne, ou même dans certaines provinces de l'est de la France. On n'oublie pas de telles sensations, et, à moins d'avoir le palais bronzé et la sensation altérée par l'habitude, on n'est pas tenté de recommencer l'expérience.

Les résidus qui ont d'abord subi la fermentation et que l'on soumet ensuite à la chaleur dans la distillation se décomposent avec une promptitude extraordinaire et donnent naissance à toutes sortes de microzoaires. Les infections, les empoisonnements par les surfaces intestinales sont la conséquence de l'emploi de ces matières pour la nourriture du bétail, et il faut bien qu'on le sache et qu'on le dise hautement, c'est de l'Allemagne surtout que nous viennent les épizooties contagieuses. Doué d'appétits grossiers et habitué à une malpropreté révol-

tante, le paysan des contrées où l'on pratique les fermentations
troubles et la distillation des semi-fluides traite encore son
bétail avec moins de soin que lui-même, et il lui donne pour
nourriture ordinaire les résidus infects des brasseries et des
distilleries, qui introduisent partout des virus malfaisants.

Il n'y a pas lieu de s'étonner, après cela, que le typhus et la
trichine nous viennent de ces pays dans lesquels on fait usage,
pour les animaux, de nourritures aussi malsaines. C'est là,
plus que partout ailleurs, que l'on peut appliquer le raisonnement dont nous nous sommes si souvent servi à l'encontre des
pulpes à l'acide sulfurique du procédé Champonnois, ou des
pulpes à la chaux de certaines sucreries. L'homme qui conseille ou autorise de semblables errements ne voudrait pas
être condamné à manger ce qu'il fait absorber aux animaux.
Croit-il donc de bonne foi que, sous le rapport des fonctions
physiologiques, il diffère de l'animal qu'il empoisonne à plaisir? Une juste punition de cette sorte d'imbécillité consisterait
à soumettre au régime des animaux d'étable ceux qui prétendent les nourrir avec des matières septiques ou avec des substances altérées par des agents chimiques. La peine du talion
ne serait pas exagérée; et il convient de remarquer ici que les
effets de ces négligences coupables, après s'être produits sur
les animaux, se propagent sur l'homme, et que l'on est exposé
tous les jours à des maladies graves ou mortelles pour avoir
fait usage de la chair d'animaux malsains.

Quoi qu'il en soit, et en dehors de ces réflexions qui nous
sont inspirées par l'observation attentive et scrupuleuse des
faits, nous ne pouvons empêcher que l'on fasse fermenter
et que l'on distille des matières pâteuses suivant la méthode
allemande. Cela se pratique en Allemagne, en Belgique, en
Hollande et ailleurs, et les meilleurs conseils, les exemples les
plus concluants sont impuissants contre la routine. Tout en
engageant les distillateurs à ne recourir à cette marche que
s'ils y sont absolument forcés par quelque goût dépravé de la
consommation, et en leur recommandant avec instance l'accomplissement de toutes les précautions de détail qui ont été
indiquées en alcoolisation, nous nous trouvons dans l'obligation de compléter l'étude des appareils de distillation par celle
des engins destinés au traitement des matières pâteuses ou
semi-fluides et à l'extraction de l'alcool qu'elles renferment.

Comme pour les appareils réguliers, rationnellement employés à la distillation des vins, le groupement de ces engins
peut être rendu plus facile si on les partage en appareils
simples, appareils mixtes, appareils à colonne, et cette division nous paraît la plus convenable, bien que nous n'ayons à
examiner qu'un nombre fort restreint de ces machines.

§ I. — DES APPAREILS SIMPLES OU APPAREILS A PHLEGMES POUR LES MATIÈRES PATEUSES.

Une chaudière quelconque, munie d'un couvercle, d'un
col de cygne et d'un réfrigérent, en un mot tout alambic ordinaire composé d'un bouilleur, d'un organe de transmission et
d'un organe de réfrigération, peut servir à la distillation des
matières pâteuses. En prenant pour type l'appareil Chaptal
déjà décrit (p. 40), et que nous rappelons par la figure 82, on
peut se rendre compte de ce qui doit nécessairement se passer
dans une opération de ce genre.

On remplit la chaudière
A jusqu'à la ligne d'em-
pli, après avoir soulevé
le chapiteau B. Cet or-
gane est remis en place,
on fait le joint avec un
lut et on allume le feu.
On conçoit que, par la
tendance normale qui
sollicite tous les corps,
les matières en suspen-
sion se déposeront sur le
fond de A, où elles for-
meront bientôt une cou-

Fig. 82.

che plus ou moins épaisse, exposée à une plus forte chaleur et
sujette à se décomposer. On comprend encore que cette couche boueuse s'opposera à la transmission active du calorique
et à l'échauffement rapide de la masse. L'opération sera donc
plus lente, d'un côté, qu'en agissant sur les vins et, d'autre
part, elle fournira des produits qui seront chargés d'huiles
empyreumatiques ou d'essences pyrogénées.

De là résultait pour les anciens la nécessité de séparer certaines matières solides du fond de la cucurbite, lorsqu'ils voulaient les soumettre à la distillation. Ainsi les fruits fermentés, les marcs de raisin, etc., étaient séparés du fond de la chaudière par un diaphragme perforé (fig. 83) qui reposait sur des pieds et que l'on introduisait à volonté dans le bouilleur avant une opération réclamant cette précaution. Ce diaphragme était à charnières et il suffisait de le replier pour le faire entrer dans le bouilleur. Lorsqu'il était introduit, on lui faisait reprendre sa position normale et les matières étaient chargées par-dessus.

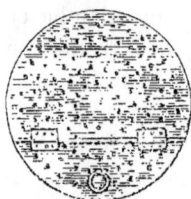

Aujourd'hui, les distillateurs qui ont pour objet d'extraire les principes aromatiques des fleurs ou des plantes, les *bouilleurs* ou *brûleurs de marcs* se servent encore de ce diaphragme ; mais l'emploi de cette espèce de palliatif ne présente aucune valeur lorsque l'on distille les bouillies provenant de la fermentation des farines, des tubercules féculents, etc., puisque la ténuité des matières fait qu'elles passent à travers les trous du diaphragme.

Fig. 83.

On comprend donc facilement que le premier défaut des appareils simples employés à la distillation des matières pâteuses consiste en ce qu'une partie des matières suspendues est brûlée vers le fond et contre les parois de l'appareil, en sorte que le chauffage à feu nu ne peut donner, dans ce cas, des produits d'un goût acceptable. Ce qui vient d'être dit à propos de l'alambic ordinaire (fig. 82) s'applique également à tous les appareils de ce groupe lorsqu'ils sont chauffés à feu nu. Malgré la précaution prise par Lacambre de faire reposer l'appareil belge (fig. 52) sur une sorte de voûte et de ne le chauffer que latéralement, cet appareil n'est pas à l'abri de ce défaut, et la décomposition des matières se fait sur les côtés, au niveau des carneaux, bien qu'elle n'ait pas lieu sur le fond.

On a bien cherché à obvier à cet inconvénient en adaptant à la chaudière une sorte de mécanisme faisant mouvoir un râteau ou des chaînes qui, en se traînant sur le fond, changeaient les surfaces et s'opposaient au séjour trop prolongé des matières sur un même point, comme on le pratique en brasserie, dans certains systèmes, pour la cuisson des moûts (t. II, fig. 65 et 66, p. 557 et 559); mais ce n'est encore là qu'un palliatif.

La disposition de Caraudau (fig. 84), spécialement applicable à la distillation des marcs de raisin, est moins mauvaise, il est vrai, et l'application de la chaleur à la matière se fait par la vapeur qui s'élève du fond de la chaudière et traverse les couches déposées sur des diaphragmes placés en étages ; mais, si cette installation s'oppose à la décomposition du marc, elle n'empêche pas la production de l'huile essentielle spéciale et elle ne peut s'appliquer à la distillation des semi-fluides qui passeraient au travers des grilles.

Fig. 84.

On ne peut guère prévenir les fâcheuses conséquences de la distillation des matières pâteuses dans les appareils simples, chauffés à feu nu, que par l'adoption du bain-marie, par une intallation analogue à celle qui est représentée par la figure 53.

Un autre inconvénient grave de la distillation des semi-fluides consiste en ce que la masse exposée à la chaleur se boursoufle, augmente considérablement de volume et passe par le col de cygne. S'il n'existe pas de vase intermédiaire pour recevoir ces matières et les reporter à la cucurbite, comme dans l'appareil de la figure 52, les serpentins s'engorgent et se salissent, le produit est altéré, et, quelquefois, il peut se produire une tension intérieure suffisante pour détacher le couvercle et produire des accidents, lorsque les tubes abducteurs sont obstrués par la matière.

Un œuf de retour, ou un brise-mousse, est quelquefois nécessaire, même pour les vins, lorsque l'appareil est mal compris, que les vins sont introduits trop près du point d'émergence du col de cygne, et que le dernier tronçon n'offre pas une capacité suffisante. A plus forte raison en est-il ainsi dans le cas des matières pâteuses ou semi-fluides, qui s'opposent à une ébullition franche et se soulèvent sous l'effort de la vapeur produite dans les couches profondes.

Il est facile de déduire, de ce qui précède, la seule consé-

quence pratique qui soit réellement applicable, et l'on est
amené à proscrire absolument le feu nu dans ce genre de distillation, si l'on veut obtenir des produits passables, et à adopter le chauffage à la vapeur, comme le seul moyen d'échapper
en partie aux mauvais effets de ce travail.

Ce chauffage à la vapeur peut se faire par barbotage ou par
l'application de la vapeur confinée ; mais, quel que soit le
mode d'application, il est certain que, tout excès de calorique
devant être proscrit sévèrement, l'emploi de la vapeur et celui
du bain-marie sont les moyens d'éviter de produire des
phlegmes infects, souillés par des essences pyrogénées. Les
produits seront déjà assez mauvais sans cela, puisqu'ils ren-
fermeront, quand même, les matières volatiles formées dans
la fermentation.

L'appareil imaginé par M. Leplay pour la distillation directe
des cossettes fermentées de betterave ne présente plus aucun
but en pratique et les accidents auxquels il a donné lieu nous
dispensent de nous en occuper et d'en donner une description
inutile.

La *chaudière Pluchart* est représentée en coupe par la
figure 85.

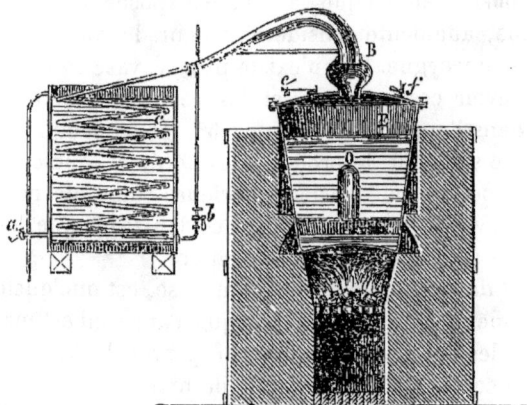

Fig. 85.

Cette machine est encore un appareil à phlegmes disposé
pour la distillation directe des cossettes fermentées. Comme
on le voit sur la figure, la chaudière est conique et elle porte

un diaphragme ou un faux fond dans le milieu duquel s'é-
lève une cheminée perforée O qui monte jusque dans le centre
de la masse à distiller. Une petite soupape e est établie sur le
couvercle, qui porte également un robinet à air f. Le col de
cygne B porte les vapeurs mixtes dans le serpentin c. L'eau
réfrigérante est fournie par le tube b et le phlegme produit
s'écoule par a.

Quand la matière est placée dans la chaudière E et que le
couvercle est replacé, luté, serré, adapté avec le col de cygne,
on chauffe le fond de la chaudière en allumant le feu sur le
foyer ; les gaz chauds circulent dans des carneaux et la forme
conique de la cucurbite favorise l'action des gaz chauds. Le
vin qui imprègne la matière est descendu sur le fond, où il
entre en ébullition. La masse des cossettes fermentées est
échauffée par les carneaux qui règnent autour des parois et
par la vapeur qui y pénètre par le faux fond et par la cheminée O.

Théoriquement, cette machine en vaut une autre en tant
qu'appareil simple, à feu nu. En pratique, elle donne tous les
inconvénients du système, et nous avons pu constater qu'il
s'y produit souvent une pression considérable, assez forte
pour soulever la masse des cossettes, la comprimer contre le
couvercle, détacher celui-ci et faire craindre des accidents
plus graves. Nous avons été témoin d'un fait de ce genre dans
une distillerie agricole de Picardie, où plusieurs personnes
faillirent être blessées par la projection du couvercle et des
cossettes brûlantes.

Tous ces appareils sont à charges intermittentes, ne produisent que des phlegmes dont la mauvaise qualité n'est pas
contestable.

§ II. — DES PRINCIPAUX APPAREILS MIXTES
POUR LES MATIÈRES PATEUSES.

Il ne paraît pas que l'on ait encore créé de véritables appareils mixtes pour les matières pâteuses, pas plus que pour
les marcs fermentés ou les cossettes. Nous pensons, cependant, que la construction de ces machines ne présenterait pas

des difficultés que l'on puisse regarder comme insurmontables dans les limites de la circonstance proposée.

En prenant pour point de départ la nécessité de joindre l'épuisement à la distillation et de déterminer la production d'une force donnée par une diminution progressive de la température, il ne serait pas impossible d'établir un appareil dans lequel les matières semi-fluides entreraient d'une manière continue et dont les résidus seraient extraits d'une façon intermittente.

Supposons un bouilleur recevant en barbotage la vapeur produite par un épuiseur et admettons que cet épuiseur est lui-même échauffé par le barbotage d'un second épuiseur, dans lequel on ferait retourner seulement les liquides de condensation : on arriverait à la continuité de l'alimentation dans le bouilleur, à l'intermittence de l'expulsion des vinasses épaisses dans le premier épuiseur, et il deviendrait impossible de brûler la matière, puisque, dans aucun cas, elle ne serait exposée à une température supérieure à + 100 degrés.

Nous avons eu occasion de nous occuper de cette idée, que nous croyons très-réalisable.

Il ne semble pas, en effet, qu'avec des matières de ce genre, on soit placé nécessairement entre l'emploi des appareils simples et celui des appareils à colonne. Dans les premiers, on peut tout distiller, plus ou moins mal, il est vrai, mais sans être arrêté par la nature de la matière, puisque les charges sont absolument intermittentes. Toute la question repose dans le mode d'application du calorique, et le lecteur est convaincu de la nécessité d'employer le bain-marie ou la vapeur de préférence au feu nu, en sorte que la discussion à ce sujet devient inutile. Avec les appareils mixtes, le travail pratique se ferait facilement par des charges intermittentes, que l'on ferait passer du bouilleur dans l'épuiseur, en chauffant ce dernier à la vapeur, et l'opération se comprend très-bien ainsi. On ne serait même pas obligé de créer des modifications bien importantes aux appareils connus et il suffirait de donner aux communications une section plus grande. La seule chose qui serait à peu près impossible avec ces appareils serait la distillation des marcs de raisin ou des substances fermentées du même genre, dont on ne peut opérer la distillation que par intermittences, à moins d'employer un mécanisme approprié.

Les appareils à colonne peuvent donner la continuité et la force, mais on ne peut y faire entrer les marcs et leur emploi se borne à la distillation des semi-fluides.

En ce qui concerne l'adoption de moyens mécaniques, il semble que la vis d'Archimède ou quelque moyen analogue devrait être la base de l'étude à faire sous ce rapport.

Malgré l'intérêt qui s'attache à la poursuite d'un problème et tout le plaisir que l'on peut éprouver à vaincre les difficultés qui se présentent dans un travail industriel, nous n'estimons pas, cependant, que l'on doive jamais rechercher la complication. Or, ici, le simple consiste assurément à retirer le liquide des marcs et des semi-fluides, et à le distiller dans les appareils à vin, dont nous avons précédemment entretenu le lecteur. Cela vaudrait infiniment mieux, d'abord, que de faire un mauvais travail avec les appareils existants; cela vaudrait beaucoup mieux, ensuite, que de perdre du temps à la recherche d'un outillage problématique. On y gagnerait en qualité et en facilité de travail, et ces deux conditions présentent toujours une haute valeur. La perfection consiste à ne faire fermenter que des moûts clairs et à ne produire que des vins; mais, le cas de fermentation des matières pâteuses étant donné, il serait très-simple de soumettre ces matières à une lévigation rationnelle qui séparerait la masse en vin fluide et en résidu pâteux, épuisé d'alcool. Nous ne nous étendrons pas davantage sur ce sujet; mais il nous semble qu'un lévigateur du genre de celui que nous avons adopté pour les pulpes des sucreries agricoles, opérerait cette séparation avec autant de précision que de promptitude et de régularité[1]. Un appareil de ce genre peut être construit pour léviger et séparer une grande quantité de matière; nous en avons construit de très-petits, opérant sur 250 kilogrammes de masse par heure, et l'on peut aller aisément, dans les grandeurs plus considérables, jusqu'à 10 000 kilogrammes dans le même temps. Le résidu est pressé par la presse continue annexée à la machine même, en sorte qu'il devient conser-

[1] Consulter, à ce sujet, le deuxième et le troisième volume de notre *Guide du fabricant de sucre*, 2ᵉ édit.

vable et qu'il est désormais soustrait à l'action pernicieuse du
calorique.

On aurait, par ce moyen, la facilité de se soustraire aux
conditions draconiennes d'un impôt mal établi, comme en
Belgique, par exemple, et, partout, la préparation des semi-
fluides fermentés rentrerait, au point de vue de la distillation,
dans le traitement des vins clairs, ce qui permettrait d'adopter
les appareils mixtes, ou les appareils à colonne, pour l'extraction du produit alcoolique.

§ III. — DES PRINCIPAUX APPAREILS A COLONNE POUR LES MATIÈRES PATEUSES.

Il n'existe que fort peu de ces appareils méritant une mention dans un ouvrage de ce genre. Les principaux sont celui
de Cellier-Blumenthal, celui de Volxem, une disposition qui
nous est personnelle et un appareil dit *appareil de Franck*.
Nous aurions voulu faire connaître ce dernier à nos lécteurs,
non pas que nous le regardions comme un instrument hors
ligne, mais parce qu'il en a été parlé avec éloge, il y a quelques années. Nous manquons des documents nécessaires
pour émettre une opinion juste, et la description que nous en
ferions serait, très-probablement, inexacte. Le constructeur
ayant refusé de communiquer ses plans et de fournir une
coupe de son appareil, nous avons dû renoncer à faire l'acquisition de sa machine pour le seul plaisir de la décrire, par
la crainte, bien fondée, de ne rien avoir que les dispositions
connues, ou, peut-être, quelque chose de pire.

Cellier-Blumenthal est un des hommes qui ont le mieux
compris la distillation. Sa colonne pour les vins, qui est une
des meilleures, en est la preuve. Cet inventeur avait également appliqué ses efforts à l'établissement d'une colonne
continue destinée au traitement des semi-fluides, et cette colonne porte le caractère habituel des conceptions de Cellier.
La figure 86 donne une vue en élévation de l'ensemble, et la
figure 87 reproduit une coupe verticale de la colonne.

On peut considérer la colonne AB comme formée d'un soubassement inférieur A, faisant fonction de bouilleur ; d'une
série B de onze plateaux, qui distillent et analysent ; et d'un œuf
de retour m, qui communique avec le col de cygne c.

D est un chauffe-vin à serpentin sans rétrogradation. Ce chauffe-vin est muni d'une vidange inférieure et d'un tube central, faisant suite avec le serpentin de D et se continuant avec le serpentin du réfrigérent E. Ces deux organes ne sont pas représentés sur la figure ci-dessus. Le réfrigérent E reçoit l'eau par le tube *h;* l'eau chaude s'écoule par *i* et les phlegmes condensés se rendent dans l'éprouvette *l*.

Le plus habituellement encore, afin de profiter d'une sorte

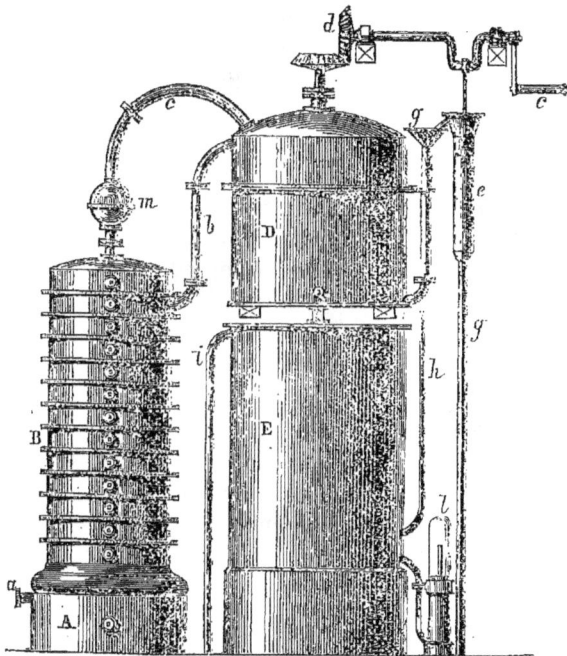

Fig. 86.

de rétrogradation qui peut se faire par l'œuf *m*, le tube abducteur des vapeurs s'élève jusqu'au centre de cet œuf, et, du fond de cet organe, un tube de retour va rejoindre le tuyau d'alimentation *b* en reportant à la colonne les produits condensés en *m* et dans la portion ascendante du col de cygne.

Un agitateur, mis en mouvement par les engrenages *d* et la manivelle *c*, fonctionne dans le chauffe-vin D, de façon à ne pas laisser les matières solides se déposer au fond de ce vase. Cette même manivelle c fait agir le piston de la pompe e, qui aspire les matières par le tube g et les fait passer dans l'entonnoir d'un tube alimentaire pour les introduire dans le chauffe-vin. De ce vase, les matières à distiller passent dans la colonne par le trop-plein b. Deux larges bouchons à vis permettent de nettoyer chaque plateau, ainsi que le fond du chauffe-vin et la partie A de la colonne.

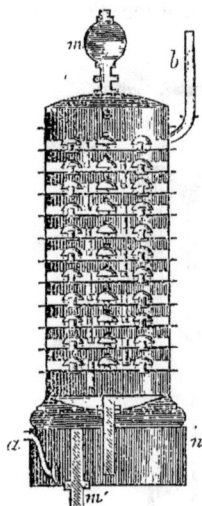

Fig. 87.

Les plateaux portent quatre ou cinq cheminées d'ascension pour les vapeurs, et ces cheminées sont recouvertes par des calottes renversées qui plongent dans la matière ; des tubes de trop-plein font descendre cette matière d'une case à l'autre, tout en établissant le niveau dans chaque case, en sorte qu'il semble que tout soit parfaitement prévu dans cette installation. Un gros tube de dégagement prend la matière épuisée au-dessous du dernier plateau, en bas de la colonne, et la porte en A. Comme ce premier tube est plongeur, l'occlusion est hermétique par rapport à la colonne, et un tube de vidange, disposé en trop-plein en A, emporte au dehors la matière épuisée. La vapeur pénètre sous la première case entre A et B et a est une sorte de tube plongeur de sûreté.

La marche de cet engin n'offre rien de particulier. On fait arriver de l'eau en B, puis on introduit la vapeur entre A et B. Lorsque la colonne s'est échauffée, pendant que l'on a rempli le chauffe-vin D à l'aide de la pompe e, on augmente l'entrée de la vapeur et la distillation des matières se produit à mesure qu'elles descendent de case en case jusque vers A. L'opération est continue.

Le défaut de cet appareil consiste dans le barbotage de la vapeur dans les matières à distiller et dans leur séjour sur le fond des plateaux. Le travail est, d'ailleurs, économique et la chaleur est bien utilisée.

Appareil de Volxem. — Cet instrument est représenté par la figure 88, qui en donne une coupe verticale.

Dans cette installation, la colonne est montée sur quatre pieds *n* en fonte et elle est composée de douze plateaux et d'une lanterne. Un arbre vertical central traverse les plateaux et porte des bras *c* en bronze; il est garni d'une boîte à étoupes *k* et reçoit le mouvement par une vis sans fin. Cette vis est commandée par un petit arbre horizontal, reposant sur des coussinets *qq* et mû par un engrenage ou une poulie J.

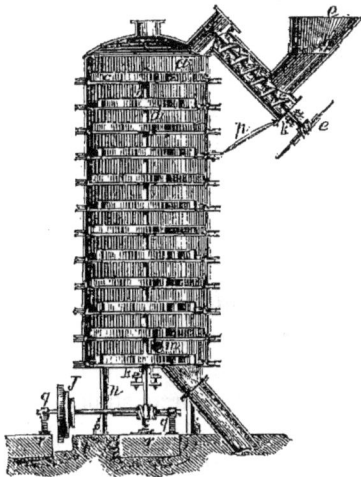

Fig. 88.

La trémie *e* apporte la matière dans un cylindre incliné qui contient une vis d'Archimède, mue par une vis sans fin *k*. Ce cylindre est supporté par un bras *p*, en fonte, qui en prévient les oscillations. La matière venant de *e* remplit le cylindre d'alimentation pour arriver en *a* sur le premier plateau, en sorte qu'il se forme un bouchon hydraulique dans cette portion et que les vapeurs ne peuvent pas prendre de fausse voie.

Marche de l'appareil. — Les orifices de communication entre les cases étant alternativement placés au centre et vers la circonférence, on comprend que cette disposition assure le succès du travail en prolongeant la durée du contact avec la chaleur et en augmentant la route à parcourir par la matière. On commence par remplir d'eau le cylindre alimentaire. On introduit la vapeur dans l'appareil, puis on fait arriver les cossettes ou la matière à distiller dans la trémie. Le mouvement est donné à l'arbre vertical *b* et à la vis d'Archimède, pendant que l'on fournit régulièrement des matières dans la trémie. Celles-ci tombent sur le plateau *a*, où les bras de l'arbre les ramènent vers l'orifice central. Elles tombent sur le second plateau, dont les bras sont courbés en sens inverse, ce qui rejette les matières à la circonférence et les fait tomber sur le troisième plateau. Ainsi de suite jusqu'en bas de

20

l'appareil, où les matières tombent dans un gros tube incliné et sortent épuisées, après avoir été mises en contact avec la vapeur ascendante pendant tout leur parcours.

Cet appareil, fort ingénieux, est d'une excellente application pour toutes les matières solides fermentées, telles que les cossettes, les marcs de raisin ou de fruits, les résidus de toute nature, et il pourrait même être appliqué avec succès à la distillation des semi-fluides. C'est, évidemment, un appareil à phlegme, mais rien ne serait plus facile que de le construire pour faire des forces prévues et déterminées, puisqu'il suffirait, pour atteindre ce résultat, d'analyser les vapeurs dans un condenseur et d'établir une rétrogradation convenable.

Tel qu'il est, l'instrument atteint son but, qui est la distillation des cossettes fermentées.

Appareil à semi-fluides, par continuité. — Tout en restant contraire à la fermentation et à la distillation des semi-fluides, il est utile, cette circonstance mauvaise étant donnée, de chercher à améliorer les procédés d'extraction de l'alcool contenu dans ces matières, puisque cette pratique est presque forcée dans certains pays par les usages ou la législation. Or, pour parvenir à un résultat avantageux, il est indispensable de soumettre ces matières semi-fluides à un traitement qui les épuise de leur alcool, dans le moindre temps et avec la moindre chaleur, d'une manière continue, tout en produisant des forces à un degré prévu, aussi élevé qu'on le désire. Il est également nécessaire de ne pas laisser séjourner dans l'appareil aucune partie des matières, afin d'éviter les altérations et les mauvais goûts résultant de cette condition désavantageuse.

On arrive à résoudre ce problème d'une façon très-économique par l'adoption des dispositions générales de l'appareil décrit plus haut (p. 283, fig. 79). Il importe à l'analyse des vapeurs et à la production des forces de faire l'alimentation à une distance suffisante du col de cygne. Le nombre des plateaux est porté à douze et les matières pénètrent dans le quatrième plateau en descendant. Elles tombent dans une trémie de distribution qui les répand sur la calotte convexe. Elles sont délayées par la condensation qui sort de la petite calotte concave et, en descendant de case en case, elles sont traversées par les vapeurs ascendantes, qui les épuisent.

Le bouilleur subit les modifications indispensables à ce genre de travail, et il en est de même du chauffe-vin, qui doit être approprié à cette destination particulière. On obtient ainsi du 90 degrés par continuité, avec des semi-fluides à 5 ou 6 degrés de richesse alcoolique.

Observations. — Ce qui précède suffira, pensons-nous, à éclairer le lecteur sur la valeur des appareils modernes destinés à extraire l'alcool des matières fermentées. Les exemples décrits, mis en regard avec les principes de la distillation, permettent de faire un choix sage et judicieux et de ne plus s'en rapporter aveuglément aux réclames payées, aux éloges achetés, aux prospectus de tout genre. Il se peut que l'appareil vanté soit bon, comme il est possible qu'il ne vaille absolument rien. Pour le juger, il faut s'en rapporter aux principes et se rappeler que, sur *cent* appréciateurs à la ligne, on en trouve à peine *un* qui sache à fond les choses dont il parle avec le plus de désinvolture. Le fabricant n'a nul besoin de la science facile de ces conseillers ; il doit toujours se demander combien leur produit un *éloge bien senti* d'une machine ou d'un instrument. En règle générale, toute description élogieuse d'un engin, dans un journal, a une raison d'être qui ne prouve rien à l'égard de cet engin, ni bien ni mal, et les annonces commerciales sont moins trompeuses. Il y a de très-honorables exceptions à ce qui vient d'être dit, mais ces exceptions mêmes confirment l'opinion générale qui a été émise tout à l'heure. On les remarque, on s'en étonne ; les uns les admirent, d'autres les critiquent. Si l'honnêteté était la règle suivie en pratique, on s'en étonnerait moins ; on ne s'étonne que de ce qui est rare.

Le fabricant devra donc s'habituer à juger par lui-même. Qu'il considère les principes de son art comme une équerre, à laquelle il doit présenter ce qu'on lui offre, et qu'il prononce après examen.

1° Les appareils à vapeur sont préférables aux appareils à feu nu, sauf dans certaines circonstances particulières et dans le cas d'impossibilité ;

2° Les appareils en surface, qui agissent sur minces épaisseurs, valent mieux que les appareils en profondeur ;

3° Les appareils chauffés par barboteurs, ou par serpentins, sont égaux en valeur, pourvu qu'il ne s'y produise pas de pression, et ils ne diffèrent en rien au point de vue pratique du résultat, s'ils sont bien construits ;

4° Le barbotage dans les plateaux, déterminant toujours une pression, qui doit être multipliée par le nombre de cases, est une mauvaise circonstance, qu'il convient d'éviter autant que possible ;

5° Un appareil dans lequel le lavage des vapeurs mixtes ne s'opère pas par des condensations pures, au moins dans une partie de leur trajet, donne toujours des produits de plus mauvais goût et de moindre valeur ;

6° Un appareil dans lequel la température des vapeurs ne s'abaisse pas, au point d'émergence dans le col de cygne, jusque vers $+ 82$ degrés, au moins, ne peut donner des forces régulières ;

7° Un appareil sans chauffe-vin ne peut utiliser le calorique d'une manière complète et l'emploi n'en est pas économique ;

8° Un appareil sans rétrogradation ne peut donner les forces cherchées d'une manière régulière et les produits en sont plus impurs ;

9° Un appareil, continu quant au vin et intermittent quant à la vinasse, est préférable à un appareil à charges intermittentes. Un appareil continu dans toutes ses fonctions est encore meilleur et représente la perfection absolue sous ce rapport ;

10° Enfin, l'épuisement des vinasses doit être complet.

Quant au produit minimum à obtenir, on peut l'apprécier d'avance par la connaissance préalable de la surface de chauffe, si l'on se sert de faux fonds ou de serpentins, et par la notion de la température de la vapeur employée. L'appareil à feu nu échappe à cette indication, à raison de l'extrême variation du chauffage. Les appareils chauffés par barbotage de vapeur produisent en raison de la vapeur introduite.

La conséquence directe des principes que nous venons de rappeler conduit à choisir, à surface de chauffe égale, un appareil chauffé à la vapeur, procédant par surfaces et par minces épaisseurs, épuisant entièrement les vinasses, continu dans toutes ses fonctions, procurant le lavage des vapeurs mixtes et leur refroidissement à $+82$ degrés, fonctionnant sans pression, pourvu d'un chauffe-vin condenseur et muni d'un bon système de rétrogradation, avec une alimentation constante. Les autres détails sont accessoires, mais il faut absolument que ces conditions soient remplies, si l'on veut avoir affaire à un bon instrument de distillation.

Le lecteur peut se rendre compte, par ce résumé succinct, des défauts et des qualités de la plupart des appareils, et il n'a plus aucun besoin de s'en rapporter aux idées des constructeurs ou aux affirmations de la réclame. De même, un blâme inconsidéré, motivé quelquefois, trop souvent même, par des rancunes personnelles, par l'envie qui s'attache à tout, ne doit pas arrêter le fabricant dans le choix qu'il a à faire d'un système ou d'une méthode. Toute la question se borne à examiner si l'appareil est bon, si la méthode met les principes en exécution, si la dépense est moindre, si les produits sont plus abondants et de meilleure qualité, et l'on ne doit se déterminer que d'après le résultat de cette sorte d'enquête, pour laquelle on n'a besoin de consulter personne, lorsqu'on est familiarisé avec les notions technologiques relatives à l'industrie qu'on exerce.

CHAPITRE VII.

DES PRODUITS DE LA DISTILLATION.

Dans l'opération de la distillation, c'est-à-dire de l'extraction de l'alcool produit par la fermentation, on a eu pour but d'isoler ce principe des matières étrangères avec lesquelles il se trouve mélangé. On réussit partiellement à atteindre ce résultat avec tous les appareils connus, car tous les instruments de distillation, même les plus mauvais, produisent des vapeurs mixtes, dont la condensation fournit un liquide moins complexe que le vin distillé. Dans ce produit, plus ou moins riche en alcool, on trouve de l'alcool, de l'eau, et des substances volatiles, dont le point d'ébullition est variable.

Lorsque les huiles essentielles, entraînées avec les vapeurs mixtes, sont agréables au goût et à l'odorat, ou recherchées par le public acheteur, on obtient les *eaux-de-vie*, dites *de consommation*, par une seule opération, pourvu que l'appareil fournisse la force moyenne exigée par le commerce, c'est-à-dire un produit qui oscille entre 50 et 60 degrés centésimaux.

Dans le cas où cette force n'est pas atteinte par le produit dans un premier travail, il devient indispensable de distiller de nouveau le produit, de le rectifier, jusqu'à ce qu'il ait atteint la force demandée. C'est la condition de la distillation des anciens, laquelle se présente avec l'emploi de tous les alambics simples, sans rétrogradation, qui n'analysent pas les vapeurs. Les *brûleurs*, les *bouilleurs de cru*, les distillateurs des pays vignobles se placent, le plus souvent, dans cette situation, qui est mauvaise parce que le travail est intermittent et que la dépense du combustible est plus grande. Les produits n'offrent pas, non plus, la perfection des eaux-de-vie obtenues par le travail d'un bon appareil analyseur.

Lorsque les huiles essentielles qui accompagnent le produit sont fétides ou désagréables, les liquides obtenus portent le nom de *phlegmes*. Les eaux-de-vie de consommation sont donc

des phlegmes potables, tandis que les phlegmes proprement
dits ont nécessairement besoin d'être purifiés par une opération ultérieure, si l'appareil n'a pas été construit pour faire
cette purification dans un travail unique. Or, il n'existe aujourd'hui, en distillerie, que l'appareil continu de la figure 78
qui purifie les produits d'une manière complète par une seule
opération et les amène à des forces arbitraires. Ce cas exceptionnel n'est pas la règle et nous avons à nous occuper de la
règle.

Nous allons donc étudier, dans ce chapitre, les eaux-de-
vie de consommation et les phlegmes, en tant que produits de
la distillation, et indiquer les règles de pratique dont il convient d'assurer l'exécution dans les différentes circonstances
du travail industriel.

§ I. — DES EAUX-DE-VIE DE CONSOMMATION.

Les principales eaux-de-vie de consommation s'obtiennent
par la distillation des vins de différentes origines, que nous
rappelons à l'attention du lecteur, dans l'ordre de notre travail sur l'alcoolisation (t. I, chap. II).

Les principaux vins qui peuvent fournir des eaux-de-vie de
consommation par distillation directe sont ceux de *carotte*,
de *canne à sucre*, de *sorgho*, de *maïs*, de *pommes* et de *poires*,
ou de *fruits à pepins*, de *fruits à noyaux* (*prunes, cerises, merises, abricots, pêches, nèfles, figues*, etc.), de *baies* (*raisins, groseilles, mûres, framboises, fraises, ananas*), de *fruits de terre*
(*melons et pastèques*), de *sucre prismatique*, de *glucose*, de *mélasse
de canne*, de *miel*. Les vins de *grains* donnent également des
eaux-de-vie de consommation, par travail direct; les eaux-de-
vie de *pommes de terre* ne sont appréciées qu'exceptionnelle-
ment, et l'on doit joindre à cette liste les produits de la distillation des *marcs de raisin*, dont le goût âcre et l'odeur propre
sont recherchés dans certaines contrées vinicoles.

Parmi les eaux-de-vie de ces provenances, les plus parfaites
seraient très-certainement celles qui seraient fournies par les
fruits sucrés acidules, parfumés, d'un arome léger et agréable;
mais il convient, en cette matière, de tenir compte surtout
des usages.

L'eau-de-vie de vin de raisins est la plus estimée et celle dont on consomme le plus. Les produits alcooliques les plus importants à la suite de l'eau-de-vie de vin sont le rhum et le tafia. Les eaux-de-vie de marc, de cidre, de grains, de pommes de terre, occupent la partie inférieure de cette sorte d'échelle.

Observations sur la distillation des vins de raisins. — Par apathie, par attachement à leurs routines, ou pour éviter les frais d'un changement dans leur matériel, les petits distillateurs de vin ont accrédité cette erreur que la qualité des eaux-de-vie de vin dépend de l'emploi de l'alambic simple. D'après eux, il faut faire des *petites eaux*, c'est-à-dire des produits faibles, exécuter des *repasses*, en un mot, se traîner dans l'ornière du dix-huitième siècle. Quelques producteurs, agissant sur des quantités plus considérables, ont mieux compris leurs véritables intérêts, et ils ont adopté les appareils modernes, à distillation continue et avec analyse des vapeurs.

La vérité est que les premiers sont dans une erreur complète. Le seul résultat de leurs repasses est de charger leurs eaux-de-vie de produits empyreumatiques et de causer une perte en alcool à chaque opération. En présence de l'acide tartrique, il se forme un éther, dont ils sont impuissants à se débarrasser, et qui est différent de l'éther tartrique décrit dans les traités de chimie. L'acide acétique passe à la distillation, accompagné souvent par d'autres produits acides, et les eaux-de-vie ainsi obtenues sont d'une âpreté particulière, d'un goût fade et d'une saveur désagréable, qui ne disparaissent que par l'âge ou par des moyens artificiels.

La colonne ne produit pas de mauvais effets, si les vapeurs mixtes sont lavées et si la température de la distillation est maintenue dans de justes limites. Le parfum du vin, très-volatil, puisqu'il s'élève en même temps que l'alcool, est conservé dans les produits, qui se trouvent séparés, par voie analytique, de toutes les huiles volatiles dont le point d'ébullition est plus élevé. On ne saurait donc trop recommander aux distillateurs de vin d'adopter franchement les appareils analyseurs, s'ils veulent conserver à l'eau-de-vie de vin son ancienne réputation et sa valeur réelle, qui est due à ce parfum particulier, à ce produit œnanthique éthéré, qui rappelle l'odeur de la fleur de vigne et l'arome de la provenance.

Qu'ils y prennent garde : l'eau-de-vie ordinaire, préparée

avec des phlegmes de toute origine, purifiés par la distillation, leur a déjà enlevé la masse populaire des consommateurs
vulgaires, et ils agissent comme s'ils voulaient perdre la confiance des véritables appréciateurs, dont le palais, plus délicat,
sait distinguer les nuances les plus légères. C'est à l'amélioration de leurs procédés d'extraction qu'ils doivent tendre, après
avoir fait tous leurs efforts pour produire une bonne fermentation. Qu'ils évitent le soufrage, autant que possible, afin de
ne pas introduire dans leurs liqueurs la saveur détestable des
produits sulfureux ; mais qu'ils redoutent également le goût
d'empyreume, un des plus désagréables qui existent, et qu'ils
ne peuvent éviter par leur méthode surannée.

Les produits alcooliques de la distillation des vins doivent
être, normalement, de 50 degrés de force alcoolique pour être
livrés à la consommation ; mais, par suite des pertes causées
par l'évaporation, on les règle habituellement vers 52 ou
54 degrés : les liqueurs tombent à 48 ou 50 degrés lorsqu'elles
ont beaucoup vieilli.

Nous reviendrons, du reste, sur l'eau-de-vie de vin lorsque
nous nous occuperons des *liqueurs*, parmi lesquelles nous la
rangeons et dont elle occupe le premier rang, lorsqu'elle est
bien préparée. L'objet réel de nos observations était de faire
voir aux fabricants tout l'intérêt qui résulte de la proscription
de l'alambic simple et nous croyons que tous ceux qui réfléchissent partageront notre opinion.

N'est-il pas économique, en effet, d'obtenir immédiatement,
par une seule opération, une eau-de-vie pure, ne retenant ni
acides, ni essences pyrogénées, et ne conservant que l'arome
de la liqueur, au lieu de n'arriver à un résultat moindre que
par trois ou quatre distillations ? La réponse à cette question
ne fait pas l'objet d'un doute et nous la laissons à l'appréciation du lecteur.

Observations sur les rhums et les tafias. — Ces deux dénominations se confondent et l'on appelle *rhum*, dans certaines
contrées exotiques, ce que l'on nomme *tafia* dans d'autres
pays. Pour fixer les idées, nous donnerons le nom de *rhum* au
produit alcoolique de la fermentation et de la distillation du
vesou de canne et nous appellerons *tafia* le produit de la distillation des mélasses.

On ignore généralement dans les colonies et dans les pays

qui produisent la'canne ce que c'est que le bon rhum ou le
tafia bien fait. Nous avons eu l'occasion de traiter des cannes
et des mélasses de cannes pour en extraire, par une bonne
méthode, le produit alcoolique, et les créoles, devant lesquels
cette opération a été pratiquée, ne pouvaient reconnaître,
dans les liqueurs suaves et parfumées qui en furent le résultat, la moindre analogie avec ce qu'ils étaient habitués à obtenir. Un d'entre eux reporta à la Guadeloupe une bouteille
de ce produit et, d'après les communications qu'il nous fit
plus tard, l'opinion fut unanime en faveur de cette liqueur
parmi tous ceux qui en goûtèrent. Un arôme fin et pénétrant,
le parfum délicieux du vesou, rappelant celui des miels les
plus purs, avaient remplacé l'âcreté et la saveur de cuir tanné
de ce que les planteurs appellent *rhum* ou *tafia.* Un produit
d'une douceur extrême, d'un goût suave, ne peut se comparer à ce qu'engendre le travail inepte de la distillation vulgaire. Combien de personnes ne peuvent supporter l'odeur du
rhum ou du tafia du commerce et qui seraient forcées de placer les produits alcooliques de la canne à leur véritable rang,
si elles pouvaient apprécier ces produits lorsqu'ils sont obtenus par une préparation régulière ! Nous serions fort embarrassé d'établir une différence de valeur entre l'eau-de-vie de
vin et l'eau-de-vie de cannes ou de mélasse de cannes bien
préparée. Et cependant, les précautions à prendre pour arriver à un tel résultat n'ont rien de particulier et rentrent toutes
dans l'application des règles générales de la fermentation et
de la distillation. Nous ne rappellerons pas les premières de
ces règles, dont nous nous sommes occupé en détail dans les
deux premiers volumes de cet ouvrage. Quant aux secondes,
il semble que ce serait maintenant une redite fort inutile de
les résumer après ce qui a été exposé dans les chapitres précédents. Il n'est pas hors de propos, cependant, de rappeler
au lecteur que la distillation des rhums et des tafias ne peut
se bien faire dans un appareil simple, à feu nu. Cette manière
de procéder donne lieu à la production d'essences empyreumatiques dues à la décomposition des matières azotées du vin,
et ces essences, combinées à l'arôme propre du vin de cannes,
fournissent cette odeur et ce goût exécrables de *savate brûlée*
par lequel la sensation vulgaire détermine l'arôme du produit
ordinaire. Des acides pyrogénés, de l'acide acétique et d'au-

tres principes dus à l'action d'une chaleur excessive viennent ajouter à cela leur influence, en sorte que l'arome du tafia, la saveur du rhum sont le résultat d'un mélange très-complexe de toutes sortes de choses désagréables. On évite, en grande partie, ces mauvais résultats en distillant les vins dans un appareil analyseur, agissant par lavage et refroidissement des vapeurs, avec une rétrogradation calculée; mais le travail est d'une certitude absolue lorsqu'il s'exécute, en outre, à la vapeur. C'est que, en effet, quand on opère, même avec un bon appareil, dans des conditions telles que les liquides épuisés, les viñasses, soient soumis à la chaleur dans un épuiseur à feu nu, malgré la perfection de l'analyse, il est bien difficile de ne pas introduire dans les produits quelques-unes de ces matières pyrogénées dont il a été question. On obtient des rhums et des tafias beaucoup plus purs que les produits ordinaires, il est vrai; mais qui sont encore fort loin de la perfection à laquelle on doit atteindre. C'est ce genre d'amélioration que produisent les colonnes avec bouilleur épuiseur chauffé à feu nu, que l'on obtient encore avec l'appareil à rhum d'E-grot (fig. 55) ou avec notre appareil à forces restreintes. Ce dernier appareil est cependant disposé pour produire, même à feu nu, des résultats aussi parfaits que la colonne à vapeur (fig. 79), et nous allons faire saisir la facilité de cette transformation dans le mode de travail.

Lorsque l'on veut obtenir des rhums et des tafias qui présentent encore un peu le goût et la saveur ordinaires, on procède comme nous avons dit plus haut (p. 291). Les vins épuisés dans la colonne et le bouilleur passent en A et sont chauffés à la vapeur ou par un foyer intérieur. Il est évident que, dans la première circonstance, on est dans la règle et que les produits seront tout ce qu'ils peuvent être, puisque la totalité du travail se fait à la vapeur. Nous ne nous arrêtons donc pas à cette condition qui est la normale, présentant le maximum des circonstances favorables. Nous examinerons seulement comment le travail à feu nu peut être dirigé pour donner des produits aussi parfaits que le travail à la vapeur.

Il est de règle que les surfaces de chauffe d'une colonne ou d'un bouilleur doivent être calculées pour fournir le maximum de la demande par une chaleur de + 100 degrés. Le chauffage d'un appareil peut donc avoir lieu par de la vapeur

à + 100 degrés et il suffira de faire bouillir de l'eau, au lieu
de vinasses, dans l'épuiseur A, pour que l'on soit parfaitement
à l'abri des inconvénients signalés. La vapeur produite, n'é-
tant plus que de la vapeur d'eau, ne pourra porter de produits
empyreumatiques en B où elle pénétrera par barbotage, ou
par serpentin avec retour, et l'épuisement se fera totalement
en B et C. La seule différence dans la manœuvre consistera à
faire écouler les vinasses au dehors au lieu de les faire passer par A [1].

En général, la force des rhums et des tafias se règle par
52 ou 54 degrés centésimaux et ils s'abaissent de 3 ou 4 degrés en vieillissant.

Cette industrie de la fabrication des rhums et des tafias est
le plus précieux auxiliaire de la fabrication du sucre de canne,
et l'on ne saurait y apporter trop de soins, en raison des conséquences économiques qui en dérivent. L'utilisation rationnelle des résidus de la sucrerie est, en effet, une source certaine de bénéfices assurés, qui viennent au moins abaisser le
prix de revient du sucre et qui permettent de dominer plus
aisément la situation du marché.

Observations sur les eaux-de-vie de marc de raisins. — Il a été
indiqué, avec des détails suffisants, comment on peut obtenir,
par la lévigation des marcs fermentés, un *petit vin* qui fournit, à la distillation, une véritable eau-de-vie de vin, aussi
pure et aussi parfaite que le comporte la provenance ; il ne
s'agit donc pas ici de ce genre de produits des marcs de raisins, mais bien de l'eau-de-vie ordinaire de marc, obtenue
par la distillation directe de ce résidu fermenté.

Les eaux-de-vie de marc sont d'autant plus infectes, d'autant plus riches en huile essentielle pyrogénée qu'elles sont
préparées à feu nu, bien que l'huile dont nous parlons se
produise aussi par l'application d'une chaleur de +100 degrés et par la distillation à la vapeur. Mais, dans ce dernier
cas, la production est moindre et, de plus, cette huile essentielle n'est pas accompagnée d'autres produits pyrogénés qui
en doublent l'effet désagréable. C'est donc à la vapeur qu'il
convient de préparer ce produit, si tant est qu'on ne veuille

---

[1] Nous construisons cet appareil dans des conditions telles que, tout en le
chauffant à feu nu, on lui fait remplir, à volonté, les fonctions d'épuiseur de
vinasse ou de générateur de vapeur.

pas en abandonner la fabrication, ce qui serait, assurément, le meilleur parti à prendre.

D'après des observations anciennes, fort concluantes, et dont nous avons pu vérifier l'exactitude, l'huile essentielle qui se produit dans la distillation du marc de raisin, et qui est due à l'action de la chaleur sur les pepins, doit être considérée comme un poison énergique. La quantité de ce narcotico-âcre qui se trouve dans l'eau-de-vie est très-faible, il est vrai, mais il est constant qu'elle suffit à produire des effets physiologiques marqués, dont les conséquences peuvent être graves.

Nous avons constaté plus de fréquence dans les atteintes du *delirium tremens* chez les individus qui font usage habituel de l'eau-de-vie de marc que chez ceux qui boivent de l'eau-de-vie de vin. L'ivresse qui en résulte porte à la férocité pendant la *période d'excitation*, et la *période de prostration* ou *période comateuse* se termine plus souvent par des accidents mortels [1]. L'idiotisme du vieillard est plus caractérisé, les fonctions cérébrales sont plus émoussées chez les individus qui ont fait excès de cette abominable préparation.

Et lorsque nous parlons d'excès, nous devons dire que nous regardons comme abusive et exagérée une consommation habituelle que l'on regarde comme très-ordinaire dans les pays où l'on s'adonne à ces boissons alcooliques. Nous avons vu, en 1871, des individus, passant pour sobres, dont la ration journalière n'était pas moindre d'un quart de litre, en moyenne, près d'un hectolitre par an. Pour d'autres, on pouvait, facilement et sans crainte, porter cette évaluation au double ou au triple.

Si nous appelons l'attention sur cet ordre de faits, c'est qu'il nous semble indispensable que l'on prenne des mesures énergiques pour conjurer un fléau qui nous atteint déjà profondément. La plaie de l'ivrognerie s'étend chez nous vers des limites effrayantes, et cet ignoble penchant compromet la nation aussi bien que la famille.

Les héros par l'eau-de-vie sont de tristes héros ; nous avons eu des preuves lamentables de leur valeur, et nous savons à

---

[1] Voir, à la fin du volume, le *Supplément sur l'ivresse, ses causes, ses formes et ses conséquences.*

quoi nous en tenir sur leurs forfanteries d'ivrognes. Le père de famille adonné à l'eau-de-vie est toujours mauvais mari et mauvais père ; l'ouvrier ivrogne est un mauvais ouvrier.

Loin de repousser l'emploi modéré des cordiaux, nous le regardons comme utile et nécessaire ; mais nous voudrions le voir restreint dans de justes limites ; nous voudrions la proscription absolue de tous les produits qui sont nuisibles ou délétères essentiellement, en dehors même des résultats funestes de l'abus. Nous ne poussons pas plus loin une idée que plusieurs prendront pour de la prétention à une morale affectée, mais dans laquelle nous ne voyons qu'un conseil d'hygiène de la plus haute utilité pratique.

Les eaux-de-vie de marc à 50 ou 52 degrés, ce qui est le degré ordinaire de la production, sont plus enivrantes et agissent plus directement sur le cerveau et les centres nerveux que les eaux-de-vie de vin à 54 degrés. Elles perdent un peu de leur âcreté et s'améliorent par l'âge.

Ajoutons encore un mot, cependant, au sujet de cette amélioration des eaux-de-vie. Bien des personnes croient que l'eau-de-vie peut s'améliorer dans des flacons de verre ou de grès. C'est une erreur complète. Les solutions d'alcool ne peuvent s'améliorer que dans le *bois*, en acquérant un peu d'eau, en dissolvant un peu de tannin et d'extractif, et en perdant un peu de leur force alcoolique. Le séjour prolongé dans des fûts en bois est le seul moyen pratique de perfectionner des produits que l'on ne veut pas soumettre à des réactions chimiques.

Observations sur les eaux-de-vie de cidre. — Les eaux-de-vie de cidre sont fabriquées dans des conditions qui semblent défier toute description. Le plus souvent, quelque vieil alambic, héritage d'un autre siècle, sur lequel s'est épuisée l'habileté du *raccommodeur*, du maréchal, ou du forgeron, compose tout le matériel de la fabrication, qui se fait dans un coin de la cour des fermes normandes, picardes ou bretonnes, sous la surveillance de quelque garçon de labour. C'est dans la production de cette eau-de-vie, plus que partout ailleurs, que l'on fait ce qu'on a vu faire, car c'est la tradition qui sert de guide à cet égard. Il n'est pas question de règles ni de principes ; on met du cidre dans la machine, on lute tant bien que mal le chapiteau, on recueille les vapeurs condensées et l'on

fait *repasser* jusqu'à ce que l'on ait atteint la force nécessaire.
Voilà tout et, de même que l'alcoolisation des moûts de
pommes et de poires est aussi arriérée qu'elle pourrait l'être
chez les Sioux ou les Comanches, de même la distillation des
cidres et des poirés s'est arrêtée au moyen âge.

Quelques exceptions parmi les distillateurs de cidre ont
voulu mieux faire; leurs produits ne sont pas estimés par la
généralité des consommateurs pour lesquels l'âpreté est un
mérite. Cela ne *gratte* pas assez le gosier; c'est trop fade et
trop doux et, pour les amateurs d'eau-de-vie de cidre ou
d'eau-de-vie de marc, ce n'est pas la suavité de l'arome ni la
douceur du produit qui est à considérer; c'est l'action cauté-
risante qu'il détermine sur le palais...

L'eau-de-vie de cidre ou de poiré se prépare par 50 à 52 degrés de force centésimale.

Cette eau-de-vie est un sujet d'étude fort intéressant pour
le chimiste et le physiologiste. Au point de vue du chimiste,
elle contient, outre l'eau et l'alcool, de l'acide maléique, de
l'acide cyanhydrique, du cyanhydrate d'ammoniaque et de
l'essence d'amandes amères. Ces produits n'y existent, à la vérité, qu'en très-petite proportion; mais, cependant, ils suffisent
à donner au produit une odeur cyanhydrique particulière et à
causer des effets spéciaux sur l'organisme. L'abus de l'eau-
de-vie de cidre peut être assimilé à celui de l'absinthe, et cette
liqueur agit particulièrement sur le cerveau, dont les facultés
s'émoussent promptement sous cette influence.

Pour obtenir un bon résultat de la distillation des cidres et
des poirés, on devrait opérer à la vapeur, soit par barbotage,
soit par serpentin; mais il serait indispensable de soumettre
la liqueur à une sorte de défécation, avant de songer à en extraire l'alcool. Le moyen le plus simple est de verser un lait de
chaux dans le liquide, d'agiter avec soin, de laisser reposer et
de décanter. Les dépôts filtrés dans des sacs et pressés fourniraient encore du liquide qu'on réunirait au produit de la décantation, et l'on distillerait la masse, de manière à recueillir le
produit à 52 degrés centésimaux. L'eau-de-vie, ainsi obtenue,
conserve un léger parfum de fruits, très-agréable; mais elle
ne contient plus d'acides ni de produits cyanhydriques. Il est
bien évident que les brûleurs vulgaires ne mettront pas à profit cette pratique si simple, qui exigerait un petit dérangement

dans leurs habitudes; mais nous pensons qu'elle peut être utile aux propriétaires et aux fermiers qui font distiller sous leurs yeux et qui désirent obtenir des produits recommandables.

On peut faire quelque chose de bon avec les cidres et les poirés, pourvu qu'on évite les acides et les composés où le cyanogène entre comme élément. Dans l'eau-de-vie des brûleurs de cidre, il est bien difficile de reconnaître l'eau-de-vie de pommes ou de poires, et leurs produits demandent des années de séjour en fûts pour acquérir une certaine valeur. Si l'on opère la neutralisation du cidre par la chaux, puis, ensuite, que l'on ajoute la solution d'un demi-kilogramme de sulfate de fer par hectolitre, on améliore considérablement la qualité des eaux-de-vie qui en proviennent, à ce point qu'on peut les confondre avec certaines eaux-de-vie de vin, surtout lorsqu'elles sont préparées avec le poiré, dont la saveur propre est moins caractérisée que celle du cidre de pommes.

Nous nous sommes convaincu de ce fait directement, en traitant des cidres et des poirés du pays d'Auge, dont la distillation nous a donné le *calvados* ordinaire par la distillation simple, mais dont le produit était devenu méconnaissable après l'opération que nous venons d'indiquer.

Observations sur les eaux-de-vie de grains. — Ces produits sont surtout appréciés en Allemagne, en Russie, en Belgique, en Hollande, en Angleterre, et dans les États-Unis. On fait également une grande consommation d'eau-de-vie de grains dans les contrées de l'extrême nord de l'Europe.

Partout où l'on fabrique le vin de grains par une méthode réellement technique, lorsque l'on fait une bière limpide, non houblonnée, par la fermentation d'un *moût clair*, on obtient un bon produit de la distillation des grains, autant, du moins, que cela peut se faire avec ce genre de matières premières, qu'il n'est pas possible de confondre avec les fruits sucrés, acidules. L'eau-de-vie de grains bien préparée fournit la base de plusieurs préparations appréciées : le whisky, le genièvre sont d'autant plus parfaits, relativement, qu'ils proviennent de vins de grains et non pas de *moûts épais*. La fermentation des semi-fluides et des matières farineuses, en pâte plus ou moins diluée, n'a jamais produit rien de bon et il n'est pas possible d'admettre une fabrication basée sur une préparation préliminaire irrationnelle. Dans toute fermentation des grains par les semi-fluides ou à l'état pâteux, on ne saurait éviter la décomposition plus ou moins grande des matières azotées, la formation de produits dérivés, tels que les acides lactique et butyrique, des combinaisons ammoniacales, etc. C'est bien autre chose encore lorsque ces matières fermentées, semi-fluides ou pâteuses, sont soumises à l'action directe de la chaleur et, surtout, lorsqu'elles sont distillées à feu nu. La décomposition probable due à l'action fermentative est devenue une certitude, et les produits sont imprégnés de toutes sortes de goûts étrangers et de saveurs empyreumatiques dont la réunion forme le mélange le plus atroce que l'on puisse imaginer. L'odeur et le goût de la levûre décomposée, du gluten altéré, les huiles essentielles produites par l'action de la chaleur sur les pellicules, on trouve de tout dans les eaux-de-vie que l'on prépare à l'aide de cette méthode sauvage. Aussi, ne parvient-on à obtenir des eaux-de-vie de grains passables, pour le commerce, que par la rectification de ces phlegmes et, cependant, ces phlegmes eux-mêmes sont considérés comme eaux-de-vie de consommation dans la plupart des pays où on les produit.

Le seul moyen de préparer des eaux-de-vie de consommation avec les grains, par *distillation directe*, consiste dans l'alcoolisation des moûts clairs et la distillation à la vapeur des vins produits, avec analyse complète des vapeurs mixtes. En dehors de cette pratique, on se condamne à ces produits, aussi âcres qu'infects, dont les basses classes de l'Allemagne et de la Russie font leurs délices, mais qui attestent la dépravation du goût chez ceux qui en font usage.

Observations sur les eaux-de-vie de pommes de terre. — Ce qui vient d'être dit sur les eaux-de-vie de grains s'applique entièrement aux eaux-de-vie de pommes de terre, qui sont encore plus mauvaises, lorsqu'elles proviennent de la fermentation des moûts épais et qu'elles ont été distillées à feu nu dans des alambics à distillation simple.

Ces eaux-de-vie contiennent une proportion plus ou moins considérable d'huile essentielle de pommes de terre, d'alcool amylique et d'un certain nombre de produits de la série valérique. Si, au contraire, après la saccharification de la fécule par le malt, on a extrait le moût par des moyens appro-

21

priés, ce moût fermenté et distillé à la vapeur fournit une
assez bonne eau-de-vie, dépouillée de ces principes délétères
et désagréables dont il vient d'être parlé. Dans le cas des fermentations épaisses et de la distillation des produits pâteux
ou semi-fluides de ce premier travail, il n'est pas possible, au
contraire, de tirer un parti convenable du phlegme sans le
soumettre à une purification très-soignée.

En résumé, quelle que soit la provenance des eaux-de-vie
de consommation, la pratique intelligente doit ne distiller que
des vins, aussi limpides que possible et dépouillés de toutes
les matières étrangères suspendues. Cette distillation doit se
faire à la vapeur, par barbotage ou par la vapeur confinée ;
mais les vapeurs mixtes doivent, en outre, être analysées par
refroidissement, lavage et rétrogradation. Ces conditions sont
rigoureuses, parce qu'elles ressortent des faits relatifs à l'alcool, à la fermentation qui le produit dans les liquides sucrés,
et à l'action de la chaleur sur les vins.

La solution du problème ne présente, d'ailleurs, aucune difficulté, et il semble qu'il suffise d'en signaler les termes
et les conditions à l'attention des distillateurs pour qu'ils s'em-
pressent de réformer, à cet égard, les errements d'une routine nuisible à leurs intérêts. Une bonne eau-de-vie peut se
vendre cher ; car l'eau-de-vie n'est pas une boisson, mais un
cordial, dont l'usage, très-modéré, n'a de valeur que si la
liqueur est d'une excellente qualité. La mauvaise eau-de-vie
est un poison que l'on paye toujours au-dessus de sa valeur,
et nous appelons de tous nos vœux, dans l'intérêt de la santé
publique et de la morale, des mesures administratives sévères,
qui proscrivent rigoureusement la vente des produits malfaisants.

Coloration des eaux-de-vie de consommation. — Les eaux-de-
vie de vins de raisin vieillissent en fûts. Peu à peu, elles dissolvent les matières colorantes du chêne et acquièrent une
couleur ambrée pâle, qui en est une sorte de signe distinctif.
On a cherché à imiter cette coloration par l'addition d'une
certaine proportion de mélasse ou de caramel, et l'on a obtenu ainsi ces eaux-de-vie très-colorées, presque brunes,
dont la coloration est l'indice d'une origine douteuse, l'affirmation de tripotages de toute nature.

C'est la matière colorante du chêne qui produit la véritable coloration des eaux-de-vie dites *de cognac* et le caramel ne peut être employé pour produire artificiellement cette coloration. On ne peut l'obtenir que par le séjour des eaux-de-vie dans des fûts en bois, ou, encore, par le moyen suivant, que nous avons employé souvent avec succès.

On prend des copeaux ou de la sciure de chêne, qu'on lave rapidement à l'eau froide, uniquement afin de faire disparaître les impuretés extérieures. On fait ensuite une forte infusion de cette matière et l'on concentre l'infusion, en la faisant passer plusieurs fois sur de la matière neuve et en la soumettant à l'évaporation. On obtient ainsi un extrait colorant dont on ajoute à l'eau-de-vie une quantité suffisante pour lui faire prendre la coloration ambrée des eaux-de-vie qui ont vieilli dans le bois. Cette coloration ne ressemble pas le moins du monde à celle que l'on obtient par une addition de caramel et elle ne présente pas la teinte brune marron qui est produite par les moyens habituels.

§ II. — DES PHLEGMES.

En dehors des produits alcooliques dont il a été question dans le paragraphe précédent, la plupart des matières premières alcoolisables ne donnent pas de produits que l'on puisse consommer directement, et les liquides alcooliques obtenus portent le nom générique de *phlegmes*.

Ce nom est impropre dans le sens qu'on lui attribue aujourd'hui. Les anciens chimistes donnaient le nom de *phlegme* (φλέγμα) au produit aqueux, peu odorant et peu sapide, que l'on obtenait par la première action de la chaleur sur les substances végétales humides. La déphlegmation consistait à soumettre à une nouvelle distillation les produits obtenus par une première opération, afin d'en séparer le phlegme, qui distillait le premier. La liqueur déphlegmée restait dans l'appareil ; c'était le produit cherché, tandis que le phlegme était rejeté. C'est précisément le contraire de ce que l'on doit comprendre par ces termes employés dans la distillation moderne.

Les phlegmes sont des alcools faibles qui n'ont pas été rectifiés et qui contiennent, en outre de l'alcool et de l'eau, des matières volatiles variables, plus ou moins sapides et odorantes, qui doivent en être rejetées ; mais ces matières étrangères demeurent à l'état de résidus dans les appareils et c'est l'alcool qui doit en être séparé par distillation.

Quoi qu'il en soit, les phlegmes sont, dans le sens adopté, des eaux-de-vie faibles, d'un degré variable de richesse alcoolique, mélangées de substances volatiles qui doivent en être séparées ; ce sont des alcools impurs, que l'on doit soumettre à une purification méthodique. Au fond, les eaux-de-vie de consommation sont également des phlegmes, mais ces phlegmes sont acceptés ou recherchés par la consommation directe, par goût, par habitude, ou par suite même de la présence de matières étrangères agréables. Il est des eaux-de-vie ou des phlegmes de consommation qui perdraient leurs principales qualités par une purification ; ces produits deviendraient des solutions aqueuses d'alcool plus pures, mais ils perdraient tout leur mérite commercial. On se garde donc bien de les soumettre à des opérations qui en diminueraient la valeur et on les nomme *eaux-de-vie*, en général, pour les distinguer des *mauvais* produits, des *phlegmes*, qui exigent d'être purifiés avant d'être employés aux usages courants.

Les principaux phlegmes sont les produits de la distillation des betteraves, des navets, du topinambour, des mélasses de betterave, de la fécule, des panais, de l'asphodèle, de la garance, du dahlia, des bas grains, des légumineuses, des glands de chêne, etc. En somme, on doit considérer comme phlegme, ou produit brut, tout produit de la distillation qui ne peut pas être livré directement à la consommation dans les conditions locales de la production. Ainsi, dans la moyenne de la production française, les eaux-de-vie de grains et de pommes de terre ne sont que des phlegmes, tandis que, en Allemagne, en Russie, en Belgique et dans beaucoup d'autres pays du Nord de l'Europe, ces produits sont des eaux-de-vie de consommation. Cette division relative et la définition des phlegmes ne présentent donc que des idées assez mal déterminées.

Les phlegmes doivent être soumis à la rectification, dans le plus grand nombre des circonstances, à moins que l'appareil distillatoire n'ait été construit dans des conditions telles que la purification des vapeurs mixtes soit forcée. Mais cependant, même dans cette circonstance, on doit reconnaître que la purification n'atteint le maximum que si l'on produit le maximum de force alcoolique.

Ceci sera expliqué dans le chapitre relatif aux principes qui régissent la rectification.

Nous trouvons une remarque à faire sur les conséquences qui dérivent de la fabrication des phlegmes, et cette conséquence semble être d'une importance grave pour les intérêts du fabricant. En voici les bases sur lesquelles nous appelons l'attention des distillateurs.

Lorsque l'on distille de la betterave, par exemple, dans un appareil à phlegmes, même dans un appareil autant vanté par la réclame que l'appareil Savalle, on produit des forces qui varient entre 25 et 50 ou 55 degrés au plus. Supposons une moyenne de 45 degrés, qui est à peu près conforme à la pratique de ces engins. Le produit contient 45 volumes d'alcool et 55 volumes d'eau, théoriquement, en ne s'occupant pas de la contraction. Ce phlegme n'a pu être obtenu que par une température très-élevée, comparativement à celle qui serait employée à faire du 90 ou du 95 degrés. Peu d'appareils sont calculés pour faire un refroidissement proportionnel à la force à produire et, dans tous les cas, on n'obtient des forces que par rétrogradation. Il en résulte que le phlegme à 45 degrés renferme tout ce qu'il a pu entraîner de produits volatils différents de l'alcool et que ces produits doivent être éliminés par la rectification.

Or, en faisant de tels produits, si l'on ne rectifie pas soi-même, il faut vendre ses phlegmes au rectificateur. Celui-ci devra dépenser de la main-d'œuvre, du combustible, des frais généraux, pour porter ces liqueurs vers 92 ou 94 degrés, et ses dépenses doivent lui être payées. Il lui faut, en outre, son bénéfice. Mettons, par hypothèse, un chiffre de 12 francs pour les frais. Supposons encore que le premier quart et le dernier quart du produit seront de basse valeur commerciale et que les prix de vente seront de 25 pour 100 au-dessous de la valeur vénale du fin goût à 90 degrés que nous coterons à 120 francs, celle du phlegme étant à 80 francs pour 100 degrés.

Tout ceci représentant des conditions supposées pour permettre d'appuyer notre raisonnement, nous avons les chiffres suivants pour 1 000 litres de phlegme à 45 degrés, *sans réfaction.*

Valeur de 1 000 litres = 450 litres à 100 degrés à 80 fr. .	360 fr.	00
Perte de 5 pour 100 applicable aux matières étrangères. . .	18	00
Frais pour 4ʰ,185 à 100 degrés ou 460ˡ,35 à 90 degrés, perte déduite.	59	40
	437 fr.	**40**
Produit, 230ˡ,175, bon goût, à 120 fr.	276	20
— 230ˡ,175, mauvais goût, à 90 fr.	207	15
	483 fr.	**35**

En supposant toutes circonstances égales, il est clair que, si le distillateur rectifie ses produits, il gagnera ce qu'il fait encaisser au rectificateur, soit 483,35 — 437,40 = 45,95 par 1 000 litres de phlegmes à 45 degrés ou 4,60 par hectolitre ; ce qui serait aussi bon pour lui que pour son exploiteur attitré.

Et encore, admettons-nous qu'il n'y a pas de réfaction. Les distillateurs qui passent par la tyrannie des rectificateurs comprendront à demi-mot ce que nous voulons dire : 5 pour 100 pour une perte qui n'est pas justifiée et qui ne s'élève pas à 1 pour 100 par un bon appareil ; 5 pour 100, parce que la matière première n'est pas en faveur sur le marché; 5 ou 6 pour 100, parce que les temps sont durs ; 3 ou 4, parce que le rectificateur ne trouve pas assez de franchise dans les produits bruts ; on va loin avec cela, et nous pourrions citer des rectificateurs, aussi peu capables que leurs concurrents, faisant des produits aussi mauvais, et qui ont fait fortune en sachant se servir habilement de la réfaction ou, plutôt, des réfactions. Ils vendent au cours, mais ils achètent au-dessous de la valeur, et ils sont les maîtres de la situation, créant à la fois le prix des rectifiés à la vente et celui des bruts à l'achat.

Ce que nous disons au fabricant de sucre, nous le répétons au fabricant d'alcool :

« Si vous êtes *volés*, et c'est le mot à employer, parce qu'il n'y en a pas d'autre dans la langue pour exprimer le fait que nous signalons, c'est de votre faute. Il n'y aurait nul besoin de *purificateurs* pour des produits purs, auxquels vous auriez donné la forme et les conditions exigées par le commerce et les transactions. Les rectificateurs et les raffineurs n'ont de raison d'être que dans votre nullité et votre impuissance. Vous gagnez à grand'peine de quoi sortir d'affaire, lorsque les purificateurs font fortune à vos dépens, et vous ne vous occupez pas de ce qu'ils font ou, plutôt, de ce qu'ils ne font pas pour cela ! Vous croyez que le purificateur connaît des secrets de métier qui sont lettre close pour vous et vous seriez tentés de vous incliner devant son prestige. Erreur profonde ! Le rectificateur sait vous acheter à 15 ou 16 pour 100 d'écart, en vous faisant valoir toutes les raisons les moins plausibles ; il sait vendre à 20 ou 25 pour 100 en bonification. Voilà son mérite. Quant au travail, à la science, à l'habileté industrielle, il n'en a que par exception, et il n'en a pas besoin. Tout ce qu'il lui faut, c'est un appareil à rectifier, c'est-à-dire à *redistiller*, et de l'argent pour ses achats.

« Or ne pouvez-vous donc *redistiller* ce que vous avez distillé, ne pouvez-vous *refaire* ce que vous avez fait ? Vous n'avez besoin que de cela ; il ne vous faut pas de capital pour vos achats de ce chef, puisque votre travail de purification doit se borner à vos produits, et une réponse négative n'est pas admissible. »

Ce raisonnement ne craint aucune contradiction loyale, pas plus en distillation qu'en sucrerie ; mais, pour faire toucher du doigt le côté de la question que nous voulons atteindre, nous poursuivons notre raisonnement par rapport à la grosse affaire du bénéfice.

Si le distillateur qui rectifie ses produits peut gagner, *pour lui*, les 45 fr. 95 qu'il *donne* au rectificateur, sans parler du reste, et en demeurant dans les chiffres posés pour le problème, sa situation est encore bien meilleure, lorsqu'il obtient, *par une seule opération*, des produits purs, de bon goût, à 90 ou 92 degrés de force, satisfaisant aux exigences commerciales. L'appareil de Derosne, un bon Laugier, notre appareil et quelques autres atteignent ce résultat. Sans parler de la diminution des frais d'établissement qui résulte de la possibilité de produire, avec un seul appareil, ce qui en exige deux par la production de phlegmes et la rectification séparée, on peut chiffrer les conditions du travail au minimum, en restant dans les exigences de notre donnée.

1° Il n'y a plus de frais de rectification à faire supporter au produit, puisque la distillation fait tout le travail dans une seule opération. De ce chef, il y a une bonification de 59 fr. 40 par 1 000 litres de phlegmes, puisqu'on ne fait plus de phlegmes et que le premier produit, le produit unique, sort à 92 degrés, pur et rectifié ;

2° La perte de 5 pour 100 est réduite à 1 pour 100 au plus, d'où il résulte une économie de 14 fr. 40 ;

3° On n'a plus à lutter contre des réfactions arbitraires ;

4° Au lieu de produire un quart de mauvais goût au début et autant à la fin, on n'en produit pas la moitié, la rétrogradation et l'analyse étant mieux faites par suite des différences de température et des écarts des chaleurs spécifiques.

On a donc :

Valeur vénale de 1 000 litres de phlegmes.	360 fr.	00
Perte, 1 pour 100.	3	60
Total. . .	363 fr.	60

Le produit est de trois quarts bon goût, = 345ˡ,26 à 90 degrés, à 120 fr.	414 fr.	00
— un quart mauvais goût = 115ˡ,09 à 90.	103	58
Total. . .	517 fr.	58

Au même prix de vente à la consommation, la situation se solde par 517,58 — 363,60 = 153 fr. 98, en bénéfice, non compris le bénéfice de la fabrication qui fait partie des 360 francs portés en compte. Tel est le résultat, dans les circonstances proposées, de l'emploi d'appareils analyseurs bien faits, créés pour donner des forces et de la pureté.

Il est vrai que, dans ce cas, le distillateur jouit des bénéfices de son industrie et que les rectificateurs n'ont plus rien à y voir ; mais nous sommes à peu près certain de l'indifférence des fabricants à l'endroit d'une cause aussi peu intéressante.

Que les fabricants veuillent bien réfléchir à ce qui précède. Il n'est pas plus difficile de faire en premier jet des produits purs, de bon goût, à 90, 92 ou 94 degrés de richesse, que de produire de mauvais phlegmes. Le travail est même beaucoup moins pénible à tous égards et le chiffre du capital de premier établissement est moins élevé. La vraie réforme à faire en distillation repose tout entière sur ces points : faire de premier jet des produits commerciaux, à la force cherchée, ou, tout au moins, purifier soi-même les produits de sa fabrication, afin de supprimer le parasitisme de cette classe d'industriels qui absorbent tout le résultat du travail d'autrui. Ou bien produire assez pur et assez riche pour que la rectification soit inutile, ou rectifier dans la fabrique même ; toute la question repose dans ce dilemme, dont il est impossible de sortir par une solution rationnelle.

LIVRE II

RECTIFICATION

Comme en sucrerie, la pratique industrielle de la distillation a été scindée en deux branches : la production et la purification des produits, et l'on a eu deux groupes de fabricants pour la même sorte de résultats : les distillateurs et les rectificateurs. Le distillateur transforme la matière sucrée et extrait l'alcool formé, le rectificateur prend cet alcool brut et le purifie par rectification, c'est-à-dire par une seconde distillation.

De la même manière que le fabricant de sucre extrait le sucre et que le raffineur en fait la purification par la répétition méthodique de la cristallisation, le rectificateur d'alcool vient à la remorque du fabricant proprement dit et, toujours comme en sucrerie, c'est la fraction parasite, l'industrie de superfétation qui réalise les bénéfices les plus importants.

Cette étrange anomalie n'a rien, d'ailleurs, qui doive surprendre dans un temps où la spéculation s'empare, sans vergogne et sans honte, des produits du travail véritable, dans un pays où rien ne semble pouvoir se faire sans une armée d'intermédiaires. On ne vend pas 1 kilogramme de sucre, pas un litre d'alcool, en France, sans que le courtier, le raffineur ou le rectificateur, un second courtier et d'autres encore n'en aient augmenté la valeur vénale au profit de leur inutilité. Cela est ainsi, et les rapports directs entre la production et la consommation ne paraissent pas devoir s'établir de sitôt.

La faute en est un peu à tout le monde, mais nous croyons que cet état de choses dépend surtout des producteurs. Le plus grand nombre d'entre eux est d'une ignorance remarquable pour les *questions de métier* et, la paresse aidant, ils se gênent fort peu pour fabriquer des produits irréprochables, acceptables par la consommation. Ce qui n'est pas difficile en sucrerie est très-aisé en distillation et nous ne comprenons pas que les distillateurs aient besoin des rectificateurs. S'ils préparent des alcools commerciaux, ils peuvent toujours faire aussi bien ; s'ils ont pour spécialité les eaux-de-vie de consommation, ils peuvent et doivent mieux faire.

Un appareil de distillation bien construit et bien conduit doit produire de l'esprit à 90 et 92 degrés avec des vins ordinaires, et cet esprit doit être aussi pur que puisse le donner l'action des appareils à distiller. Les eaux-de-vie de consommation n'ont aucun besoin de rectification, si elles ont été obtenues, de prime abord, au degré de vente, entre 50 et 60 degrés, ce qui est le chiffre de leur valeur alcoolique moyenne, mais surtout si elles ont été produites par un bon système d'analyse, avec lavage et refroidissement des vapeurs mixtes. Aucun rectificateur ne peut faire mieux ni autrement.

En ce qui concerne les phlegmes, c'est-à-dire les produits alcooliques de mauvais goût, provenant de matières premières qui ne peuvent pas donner des eaux-de-vie de consommation par une force de 50 à 60 degrés, ils doivent être purifiés, évidemment ; mais la question est assez sérieuse pour qu'on ne joue pas sur les mots. Tout ce que l'on peut demander d'un produit alcoolique donné, c'est qu'il soit aussi pur et de goût aussi franc que les meilleures sortes commerciales de même provenance. Pourvu que le fait existe, peu importe le mode de la production, et l'économie des dépenses doit seule dicter les préférences à accorder à telle ou telle méthode.

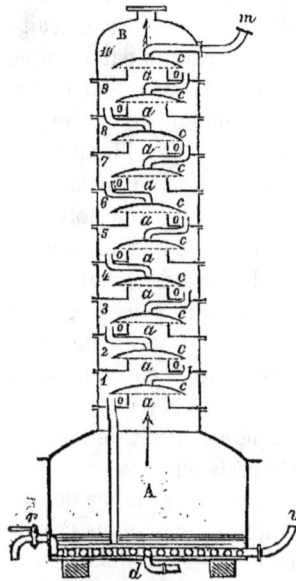

Fig. 89.

Or, il est nécessaire d'examiner de plus près cette question et de savoir s'il est possible, facile même, d'obtenir par simple distillation des produits aussi purs que par rectification, en supposant une force égale. Cette démonstration technique complétera les observations d'intérêt financier par lesquelles nous avons terminé le livre précédent, et celles qui commencent la présente étude.

La rectification ou la purification des alcools est un acte de fabrication, qui n'a rien de commun avec l'industrie des rectificateurs, et il s'agit ici de technologie et non pas de spéculation.

Prenons, pour fixer les idées, et arrêter les termes de la discussion, l'appareil théorique de la figure ci-dessus et analysons les circonstances du travail dans les deux cas à comparer, savoir : la rectification de phlegmes à 45 degrés et la distillation de vin à 7 pour 100 de richesse.

La colonne de cet appareil vaut autant que les meilleures colonnes à rectifier, si elle ne vaut pas mieux. Toutes les actions nécessaires y sont définies et nous l'avons prise pour base de l'étude relative à l'utilisation du calorique dans les appareils à colonne (p. 144).

Si nous introduisons dans la chaudière A 1 000 litres de phlegmes à 45 degrés, nous savons que ces 1 000 litres se composent de 450 litres d'alcool et de 550 litres d'eau.

Les poids de ces volumes sont :

$$
\begin{array}{ll}
\text{Pour l'alcool, } 802^{\text{g}},10 \times 450 = & 360^{\text{k}},945 \\
\text{Pour l'eau, } 1\,000 \text{ gr.} \times 550 = & \underline{550\ ,000} \\
& 910^{\text{k}},945
\end{array}
$$

En partant de la température initiale de $+15$ degrés, les $360^{\text{k}},945$ d'alcool exigent, pour être vaporisés $(78,4-15) \times 0,652 + 331,9 = 373^{\text{cal}},2368$ et $373,2368 \times 360,945 = 134\,717^{\text{cal}},96$.

Les 550 kilogrammes d'eau consommeront, pour arriver à $+100$ degrés, une somme de chaleur représentée par $(100-15) \times 550 = 46\,750$ calories. Enfin, pour vaporiser $36^{\text{k}},0945$ d'eau nécessaire à la constitution du produit à 90 degrés, on dépensera $36,0945 \times 537 = 19\,382^{\text{cal}},75$.

La dépense totale sera de $200\,850^{\text{cal}},71$.

Ce chiffre de dépense nous intéresse assez peu dans la question actuelle et nous nous en occupons uniquement pour établir une comparaison détaillée entre les deux cas de notre hypothèse.

Dans le cas de la rectification, nous devons obtenir 360^k,945 + 36^k,0945 = 397^k,0395 d'alcool à 90 degrés. Or, quoi que nous fassions, dans notre distillation de ces phlegmes, la température, dans la lanterne, représentée par la case 10, ne peut être inférieure à +78°,4 et, quoi que nous fassions encore, elle sera au moins égale à +82 degrés, les colonnes les mieux construites n'atteignant ce degré de refroidissement que par certaines précautions spéciales. Les vapeurs mixtes seront lavées par de la condensation, dont la température décroîtra progressivement jusqu'à +82 degrés, et cette condensation sera de plus en plus pure à mesure que les vapeurs s'élèveront dans la colonne.

Cela est évident; mais il est non moins évident que le degré de purification des vapeurs mixtes sera inversement proportionnel à la température des cases, en sorte que, dans tous les cas possibles, des vapeurs mixtes d'une même provenance, lavées et refroidies à +82 degrés, entraîneront les mêmes substances volatiles différentes de l'alcool et dans la même proportion. Ce premier point résulte absolument des principes connus et développés antérieurement et les substances dont il s'agit seront toutes celles qui sont volatiles à +82 degrés et au-dessous.

Donc, en rectifiant 1 000 litres de phlegmes, c'est-à-dire en les soumettant à une nouvelle distillation, le degré de pureté du produit dépend du refroidissement des vapeurs dans la dernière case de la colonne, et ce refroidissement, ne pouvant dépasser certaines limites, la purification est bornée par le point extrême qu'il peut atteindre. La rétrogradation n'est pas en cause dans tout ceci, puisque nous la supposons égale et d'effet égal dans les deux circonstances proposées.

Si maintenant nous soumettons, dans cette même colonne, à la distillation simple, 6 428^l,57 de vin à 7 pour 100 de richesse, renfermant précisément 450 litres d'alcool absolu ou 397^k,0395 d'alcool à 90 degrés, dans des conditions telles que la température de la case 10 soit également de +82 degrés, toutes choses restant les mêmes quant à la rétrogradation, nous nous trouvons en présence des circonstances suivantes :

1° La dépense de calorique résultant de l'opération sera nécessairement augmentée, puisque, au lieu d'avoir 550 kilo-

grammes d'eau à porter de + 15 degrés à + 100 degrés, on
a 5978^k,57 de ce liquide à porter à cette dernière température. Au lieu de $(100-15) \times 550$, on a $(100-15) \times 5978,57$
$= 508\,178^{cal}$,45. La différence en plus est $508\,178,45 - 46\,750$
$= 461\,428^{cal}$,45 ;

2° Cet expédant de dépense de calorique ne doit pas être
mis en compte dans une étude comparative des deux circonstances qui sont l'objet de notre examen. En effet, ce même
excédant a déjà été dépensé, et au delà, pour la production
des 1 000 litres de phlegmes. Nous disons que ce chiffre a été
dépassé, car, pour produire directement des esprits à 90 degrés, on échauffe toute l'eau à + 100 degrés comme on l'a fait
pour produire des phlegmes à 55 degrés, mais on ne vaporise
que 36^l,0945 d'eau, tandis que, en produisant d'abord des
phlegmes, on a dû vaporiser 45 pour 100 d'eau de plus, et
que, de ce chef, il y a une augmentation de dépense de
$450 \times 537 = 241\,650$ calories ;

3° La purification est au moins aussi grande dans le cas où
l'on produit directement des forces. Quel que soit le degré du
vin distillé, les vapeurs mixtes arrivent dans la case 10 à une
température égale de + 82 degrés, en sorte qu'il ne passe
avec l'eau et l'alcool que les produits volatils au-dessous de ce
terme, exactement comme dans la rectification des phlegmes.
D'un autre côté, le lavage s'exécute, il est vrai, par de la
condensation mêlée de vin ; mais ce vin est plus froid, puisqu'il ne dépasse guère la température de + 40 degrés à
+ 50 degrés, et que, par ce fait même, la précipitation des
essences et leur rétrogradation se fait d'une manière plus
nette.

En résumé, la distillation dans laquelle on produit directement des forces, fournit des alcools au moins aussi purs que
ceux qui proviennent d'une double opération. De plus, la rectification des phlegmes produits par une distillation préalable
entraîne à une dépense beaucoup plus grande, puisque, outre une double dépense de temps, de main-d'œuvre, d'usure
d'appareils, etc., elle consomme 241 650 calories de plus pour
397^k,0395 ou 495 litres d'alcool à 90 degrés.

Il est donc démontré rigoureusement que, dans un appareil
bien réglé, pouvant produire des forces par lavage des vapeurs libres et par refroidissement progressif, l'alcool obtenu

est au moins aussi pur que l'alcool *de même provenance* obtenu par rectification, que cette production est plus économique, et que le fabricant a tout intérêt à produire directement, par une seule opération, des esprits commerciaux, ce qui justifie nos observations.

Est-ce à dire, cependant, que, si le fabricant doit éviter la rectification autant que possible, s'il doit s'efforcer de produire toujours directement des *fins goûts*, ce qu'il obtient aisément avec moins de dépense, moins de pertes et moins de bas produits, la rectification doive être proscrite comme une opération inutile ? Non certes, et telle n'est pas le moins du monde notre pensée. L'industrie du rectificateur est inutile et nuisible, le plus souvent, parce qu'elle est une industrie parasite, un métier d'à-côté, vivant et s'enrichissant aux dépens du véritable labeur ; cette industrie n'a aucune raison d'être que dans la sottise et l'inintelligence. Mais le distillateur, qui doit produire de premier jet des alcools aussi purs que le comporte la nature de la matière première, doit aussi, dans certains cas et avec certaines provenances, pousser la purification plus loin que ne peut le faire la distillation. Par une distillation bien comprise, il purifie autant que le rectificateur ; mais il y a des produits que l'acte de la distillation ne peut rendre acceptables, que la rectification, même répétée, ne saurait purifier. Pour ces produits, une purification plus complète doit être faite d'abord par des moyens physiques ou chimiques appropriés ; elle doit être suivie d'une rectification destinée à isoler le produit purifié de la masse traitée.

Il y a des cas où il faut produire des phlegmes, les purifier, et les rectifier ensuite. La garance, l'asphodèle et d'autres matières premières nous fournissent des exemples de produits de ce genre, rebelles à la purification ordinaire, que la rectification seule ne peut améliorer à un point suffisant. Il en est de même de tout produit alcoolique, renfermant des essences fétides, dont le point de volatilisation est très-voisin de celui de l'alcool.

Si nous protestons avec énergie contre les rectificateurs, nous sommes fort éloigné, cependant, de condamner la rectification, que nous regardons comme indispensable dans un grand nombre de circonstances ; mais nous professons hautement cette opinion qu'elle doit être exécutée par le fabricant, par le distillateur, et que la séparation de deux actes d'une même industrie, dans les conditions que nous observons en sucrerie et en alcoolisation, constitue une aberration et un non-sens, aussi contraire à la raison qu'à l'équité.

Nous prions cependant le lecteur de ne pas voir, dans l'expression de cette opinion franche, l'intention de blesser, en quoi que ce soit, les rectificateurs. Il ne s'agit pas de leurs personnalités, mais de leur industrie. Le plus grand nombre d'entre eux sont des négociants d'une haute honorabilité et nous nous ferions un scrupule d'émettre une allégation inconsidérée, dont le sens ne serait pas rigoureusement précisé. Au point de vue de l'utilité générale et des progrès de la distillation, nous n'hésitons pas à dire et à penser que c'est une faute capitale de scinder une *industrie unique* en deux portions inégales : l'une, supportant la plus lourde part de risques et encaissant la moindre somme de bénéfices ; l'autre, ne risquant rien et gagnant trop. Nous n'aimons pas que la spéculation s'insinue dans le travail manufacturier pour y prendre la part du lion. Voilà tout ; jamais notre pensée n'est allée plus loin et, pendant tout le temps que les habitudes et une législation incomplète laisseront debout les abus de ce genre, l'exercice des professions de spéculation ne présentera rien que de très-licite. Des réclamations sensées ne peuvent s'élever en cela qu'à l'égard des producteurs, de ceux qui sont les transformateurs réels, et dont l'incurie donne naissance à l'exploitation. La conséquence est logique et ce n'est qu'à eux-mêmes qu'ils doivent s'en prendre.

22

CHAPITRE I.

Le but de la rectification des alcools est de les amener au plus grand état de pureté possible et de leur donner la richesse réclamée par le commerce. On se trouve assez embarrassé pour déterminer les conditions essentielles qu'il convient de remplir pour atteindre ce but, lorsqu'on ne possède pas assez complétement les notions indispensables qui dérivent de l'étude préalable de l'alcoolisation et de la distillation. On ne peut, en effet, prendre les mesures nécessaires pour accomplir un bon travail de purification, lorsqu'on ne connaît pas parfaitement les propriétés de l'alcool, celles des substances volatiles qui l'accompagnent selon les diverses provenances, la marche de la distillation dans les appareils, l'action des agents chimiques sur les substances à éliminer et les notions les plus importantes, au moins, sur l'art de l'alcoolisateur et du distillateur. Il y a, dans cette ignorance, une lacune dont la pratique ne parvient que difficilement à atténuer les effets. Il arrive même que tel rectificateur, devenu habile dans le traitement des phlegmes de certaine provenance, est absolument incapable de tirer parti d'autres produits dont il ne connaît pas la nature, précisément parce qu'il ne sait pas assez quels sont les principes sur lesquels il doit se guider, ou, plutôt, parce qu'il ne suit aucun principe, et n'a pour guide qu'une routine aveugle.

Ceci est plus commun qu'on ne le pense et il nous est arrivé, bien souvent, d'entendre des rectificateurs discuter à tort et à travers sur des choses qui leur étaient parfaitement inconnues. Un tel, rectifiant avec succès des phlegmes de mélasse, ne parvenait qu'à des mauvais goûts, ou à des alcools de qualité inférieure, lorsqu'il voulait traiter des phlegmes de betterave; un autre, fabriquant ordinairement des produits passables avec les phlegmes de fécule, ne parvenait à rien avec tout le reste, et il n'était pas difficile de voir que les uns ni les

autres ne possédaient aucune notion sérieuse et qu'ils se
guidaient seulement par la routine. Tout leur talent reposait
sur la pratique de leur contre-maître. Et cependant la confiance de ces messieurs était si grande, leur certitude si absolue, que chacun se décernait complaisamment la palme
d'un mérite incontestable. La foi sauve. Nous sommes peu
crédule et notre première idée, en entendant certaines van-
teries exagérées, est de vouloir vérifier les produits. Un jour,
dans le Berri, un rectificateur de phlegmes de betterave nous
fit goûter des liqueurs préparées avec les produits les plus
purs de sa fabrication. On avait fait, avec cela, du rhum, de
l'anisette, du curaçao, une sorte de contrefaçon de la liqueur
de Raspail et quelques autres compositions bizarres dont les
noms nous ont échappé. Il n'y avait pas une de ces prétendues
liqueurs dont l'origine ne se trahît par l'odeur âcre et l'arome
désagréable de la betterave. Les aromates n'avaient fait que
masquer l'essence de betterave pour l'odorat ; mais, au goût,
on la retrouvait sans hésitation.

Ce n'est pas là de la rectification. Etant donné ce principe
fondamental que l'alcool vinique ou éthylique pur est identique, dans toutes les provenances, pourvu qu'il soit réellement pur, c'est-à-dire débarrassé de toutes les matières
étrangères, il est clair que tous les alcools bien purifiés devront donner les mêmes produits que l'alcool de sucre, et que
les liqueurs qui en proviendront ne doivent présenter aucune
saveur d'origine. On doit pouvoir préparer des eaux-de-vie
et des liqueurs, *franches de goût*, avec tous les alcools provenant de la fermentation des matières sucrées, s'ils ont été bien
purifiés. Il n'est donc pas inutile, pour le fabricant, pour le
rectificateur et pour le liquoriste, de pouvoir contrôler d'une
manière certaine la valeur des alcools à ce point de vue.

Vérification de la purification des alcools. — L'alcool est purifié lorsqu'il ne contient plus de substances étrangères. Or,
l'alcool est soluble en toutes proportions dans l'eau ; les essences sont peu solubles, sinon insolubles, dans ce menstrue,
et cette double propriété peut servir à contrôler le travail de
la rectification.

On sait encore que les essences sont solubles dans les huiles
fixes...

Ces données suffisent non-seulement pour une vérification

approximative, mais encore pour le dosage des essences qui sont restées dans les alcools rectifiés.

On verse dans la paume de la main un peu de l'alcool à examiner et l'on frotte les mains l'une contre l'autre, jusqu'à ce que l'alcool soit évaporé. Les huiles essentielles, moins volatiles que l'alcool, sont restées sur la main, et l'odorat en accuse la présence et la nature, lorsque l'on a une habitude suffisante.

Ce moyen empirique est employé très-fréquemment pour les vérifications commerciales. Il n'offre, d'ailleurs, qu'une approximation. Il en est de même du suivant qui est d'un usage aussi répandu.

L'esprit est étendu de huit à dix fois son volume d'eau. Comme les essences sont moins solubles que l'alcool, et qu'elles ne sont solubles que dans les liquides alcooliques très-concentrés, la liqueur perd sa limpidité et devient trouble et opaline, si la proportion de ces essences est un peu considérable. Leur odeur propre, qui était masquée par celle de l'alcool concentré, est perçue plus distinctement.

Un moyen plus rationnel, bien que l'exécution en soit plus longue, est fourni par les huiles fixes. On prend 1 décilitre de l'alcool à vérifier et on l'étend de trois fois son volume d'eau. On y ajoute 1 décilitre d'huile d'amandes douces, d'huile de ben, ou d'huile d'œillette, bien pure et inodore. On agite avec soin à plusieurs reprises, on laisse reposer et on décante l'huile qui surnage. Cette huile s'est emparée des principes volatils essentiels ou résinoïdes que l'alcool tenait en dissolution et qui ont été mis en liberté par l'addition de l'eau. On verse cette huile dans le bain-marie d'un petit appareil d'essai quelconque, en ayant soin d'augmenter la densité de l'eau de la cucurbite, en y faisant dissoudre un sel.

On chauffe modérément la cucurbite et l'huile essentielle se sépare. On peut la recueillir et en reconnaître la nature et la quantité.

Ce procédé très-simple permet d'apprécier, avec une grande certitude, la valeur réelle des phlegmes et des alcools, de retrouver leur origine, et de se rendre compte, jusqu'à un certain point, des falsifications. L'odeur propre de l'essence, isolée de l'huile fixe, est presque toujours très-reconnaissable et, dans tous les cas, on peut procéder par élimination, pour arriver à déterminer les mélanges qui ont été pratiqués.

Une vérification de ce genre doit être faite toutes les fois que l'on n'est pas absolument certain de l'origine des produits à traiter.

§ I. — COMPOSITION DES PHLEGMES.

Dans tous les phlegmes on trouve de l'eau, de l'alcool, des huiles essentielles, des acides. On y rencontre quelquefois des sels ammoniacaux ou de l'ammoniaque, lorsque la fermentation a pu déterminer l'altération des matières albuminoïdes.

La proportion d'eau qui se trouve dans les phlegmes est très-variable, puisque l'on produit des alcools bruts dont la force alcoolique oscille entre 30 et 60 degrés centésimaux. Comme la présence de l'eau ne peut avoir aucune importance sur la qualité des produits définitifs, nous ne songerions pas à appeler l'attention du lecteur sur ce point, s'il n'existait une considération économique assez importante, au sujet de laquelle il est bon de dire quelques mots. Nous voulons parler de la dépense occasionnée par la présence d'un excès d'eau dans les phlegmes, lorsqu'on les soumet à une seconde distillation, c'est-à-dire quand on leur fait subir la rectification.

Si nous prenons pour point de départ une température moyenne initiale de +15 degrés, nous trouvons que, pour arriver à l'ébullition, l'eau exige 85 calories, tandis que l'alcool ne demande que $(78,4-15) \times 0,652 = 41^{cal},34$. Il est donc bien évident que, plus les phlegmes sont faibles, plus on dépense de chaleur pour l'échauffement de la masse, et que l'on a un grand intérêt à produire des phlegmes riches, si l'on rectifie soi-même, ou à n'acheter les phlegmes faibles que sous réfaction d'une somme équivalente à l'excédant de dépense. Une réfaction équitable ne peut, dans ce cas, soulever aucune objection, et il serait convenable d'adopter un chiffre moyen pour la richesse des phlegmes, chiffre au-dessous duquel le vendeur subirait une réduction proportionnelle, tandis qu'il aurait droit à une bonification pour les produits d'une richesse supérieure.

La richesse moyenne qui semblerait devoir être adoptée serait de 50 degrés centésimaux, et la réfaction ou la bonification, par chaque degré au-dessus ou au-dessous de ce terme, devrait être calculée sur la dépense ou l'économie en charbon, et sur la perte de temps dépendant d'une quantité plus ou moins grande d'eau à échauffer. Cette considération, fort juste en elle-même, ne conduit qu'à une différence de quelques centimes; mais, s'il ne convient pas de se laisser duper par le rectificateur, il n'est pas plus loyal d'exiger qu'il se constitue en perte par la faute du distillateur.

Un hectolitre de phlegmes à 50 degrés conduit à la dépense suivante, pour être rectifié à 90 degrés :

1° L'échauffement de 50 kilogrammes d'eau, de $+15°$ à $+100° = 85^{cal} \times 50 = 4250$ calories ;

2° Vaporisation de $5^k,55$ d'eau, $537 \times 5,55 = 2980$ calories;

3° L'échauffement de 50 litres $(40^k,105)$ d'alcool, de $+15°$ à $+78°,4 = 41,3368 \times 40,105 = 1658$ calories ;

4° Vaporisation de l'alcool $= 40,105 \times 331,9 = 13311$ calories.

La dépense totale en calorique dépensé est de 22199 calories.

Dans le cas des phlegmes à 30 degrés, on a :

1° Echauffement de 70 kilogrammes d'eau, de $+15°$ à $+100°, = 85^{cal} \times 70 = 5950$ calories ;

2° Vaporisation de $3^k,33$ d'eau, $537 \times 3,33 = 1788$ calories;

3° Echauffement de 30 litres $(24^k,063)$ d'alcool, de $+15°$ à $+78°,4 = 41,3368 \times 24,063 = 995$ calories ;

4° Vaporisation de l'alcool, $24,063 \times 331,9 = 7986$ calories.

La dépense totale en calorique dépensé est de 16759 calories pour la production de $33^l,33$ d'alcool à 90 degrés avec des phlegmes à 30 degrés, tandis que, pour produire $55^l,55$ d'alcool à 90 degrés, avec des phlegmes à 50 degrés, on dépense 22199 calories.

En ramenant les deux calculs ci-dessus à l'unité de production, c'est-à-dire à l'hectolitre de 90 degrés, on trouve qu'il faut dépenser :

1° Pour un hectolitre de 90 degrés, par des phlegmes à 30 degrés.. . . . . 50282 cal.

2° Pour 1 hectolitre de même force, par des phlegmes à 50 degrés. 39962

Différence. . . 10320 cal.

D'autre part, en outre d'une dépense excédante de 10 320 calories par hectolitre, comme on ne produit que $33^l,33$ dans le même temps, lorsqu'on pourrait obtenir, *au minimum*, $55^l,55$, la perte de temps est proportionnelle à la différence des produits. On perd 0,4444 du temps du travail par la distillation des phlegmes à 30 degrés, comparativement au résultat du traitement des phlegmes à 50 degrés, et il est juste qu'il soit tenu compte de cette circonstance, qui est contraire à l'intérêt du rectificateur.

Ajoutons, pour en finir avec cette idée, très-importante en pratique, que la perte de temps dont nous parlons ici ne peut pas être évitée avec les appareils rectificateurs qui agissent par masse et en profondeur, et que, jusqu'à présent, notre dispositif est le seul qui permette la rectification continue et mette à l'abri de l'inconvénient que nous venons de signaler.

Les *huiles essentielles* qui existent dans les phlegmes sont de natures très-diverses, au point de vue des phénomènes physiques ou chimiques constatés par l'observation. Le plus grand nombre des essences étant volatil au-dessus de $+80$ degrés, il reste démontré, par ce fait même, que la rectification peut en débarrasser les produits, puisque le refroidissement progressif, le lavage méthodique et la rétrogradation peuvent suffire, lorsqu'on les combine intelligemment, à faire disparaître ce groupe de produits volatils.

Il n'en est pas de même des essences qui sont volatiles au-dessous de $+78°,4$. Ces produits, que l'on a confondus sous la dénomination très-impropre d'*éthers*, s'élèvent les premiers à la distillation, et il n'est possible de les séparer que par le fractionnement des premières portions qui se condensent, ou par l'emploi d'un procédé chimique d'épuration.

Nous ajouterons, à l'égard des essences dont le point de volatilisation est le même que celui de l'alcool, que la distillation est impuissante pour en procurer la séparation et qu'il est indispensable de recourir à un procédé de purification plus complet.

C'est précisément dans l'observation de la différence des températures auxquelles se vaporisent les essences contenues dans les vins qu'il faut rechercher la raison d'être du procédé de rectification, ou de purification par fractionnement, dont

nous aurons à parler avec des détails suffisants. Nous nous
contenterons, à présent, de faire observer que cette méthode
est puérile lorsqu'elle est appliquée aux produits peu volatils
du *dernier quart*, puisque ces produits peuvent toujours être
renvoyés avec les résidus, si l'opération de la rectification est
bien conduite, à l'aide d'un appareil bien construit, d'après les
principes exposés précédemment. Elle ne nous semble présenter une valeur rationnelle que si on l'applique à l'élimination des essences plus volatiles que l'alcool et, encore,
seulement dans le cas où l'on ne peut se servir d'une réaction chimique convenable, pour la séparation de ces produits.

La présence des *acides* est souvent masquée par l'alcool qui
ne permet pas d'en constater l'existence par les procédés ordinaires. Pour s'en convaincre, il suffit de faire évaporer sur
la main quelques gouttes de l'alcool essayé, et l'on verra que
le papier bleu sera rougi par le résidu, tandis que l'alcool ne
présentait auparavant qu'une réaction insignifiante. Cette
réaction ne se produit, évidemment, que lorsqu'il existe un
acide en dissolution dans la liqueur alcoolique. L'acide que
l'on rencontre le plus fréquemment dans les phlegmes est
l'acétique; c'est même le seul qui présente quelques importance, car la plupart des autres acides produits par la fermentation sont d'une assez grande *fixité* pour ne pas passer à la
distillation. L'acide formique serait la seule exception possible
à ce fait d'observation, cet acide étant volatil à $+100$ degrés.
Mais il ne se forme jamais dans la fermentation, et les acides
lactique, butyrique, sont beaucoup plus fixes, en sorte que,
malgré la fréquence de leur présence dans les vins, il ne peut
en passer dans les phlegmes qu'une très-petite portion entraînée mécaniquement. L'acide succinique est dans le même
cas et c'est surtout l'acide acétique que l'on rencontre dans les
phlegmes, principalement lorsqu'ils ont été produits dans des
appareils simples, agissant par profondeur. Les portions plus
aqueuses, qui distillent les dernières, à une température
plus élevée, contiennent plus de cet acide que les portions plus
alcooliques, obtenues les premières, par l'application d'un
moindre degré de chaleur.

Les phlegmes obtenus dans les appareils à colonnes, agissant par surfaces, avec le concours du refroidissement pro-

gressif et méthodique, ne contiennent jamais d'acide acétique en proportion notable.

Le moyen le plus rationnel et le plus pratique pour séparer les acides consiste dans la neutralisation des phlegmes par le carbonate de chaux pulvérisé.

On peut rencontrer dans les alcools faibles de l'acétate d'ammoniaque, du chlorhydrate de la même base et, parfois, de l'ammoniaque libre. La petite quantité d'ammoniaque qui peut se trouver dans ces liquides ne présente aucune importance et n'a pas d'effet nuisible. Elle provient de la décomposition du gluten, du ferment, ou d'autres matières azotées, ou encore de celle du butyrate d'ammoniaque. Les acides des sels ammoniacaux sont éliminés facilement par la craie, et l'ammoniaque, qui devient libre, contribue à adoucir l'âcreté des produits et à les vieillir.

§ II. — DÉSINFECTION DES PRODUITS ALCOOLIQUES.

Un certain nombre de prétendus chimistes, dont nous n'avons pas à juger la conduite, ont offert, moyennant finance, à la rectification, toutes sortes de moyens propres à enlever les *mauvais goûts* des phlegmes. Comme il arrive toujours à la masse des naïfs, les expérimentateurs en ont été, le plus souvent, pour leurs frais. Il était, cependant, bien facile de juger, *à priori*, ces inventions bruyantes, puisqu'il aurait suffi, pour cela, de repousser, en principe, toute adhésion aux réclames, et de vérifier sur de petites quantités plutôt que de se lancer aveuglément sur les traces des exploiteurs. Il faut savoir pour savoir, pour ne pas se laisser tromper, et pour atteindre les meilleurs résultats possibles. Or, l'homme qui se laisse tromper est perdu pour le progrès ; il abandonne, par dépit, toute pensée d'initiative et, blessé dans son amour-propre, il confond, dans un même ostracisme, le charlatanisme auquel il s'est laissé prendre, et la science sérieuse, dont il n'a pas suivi les conseils. Il y a tout autre chose à faire, et la première règle à suivre consiste à étudier quels peuvent être les effets techniques des procédés vantés. Lorsque l'on possède cette notion préalable, on essaye, on vérifie et l'on juge.

On a proposé, cependant, un certain nombre de procédés

qui méritent d'être étudiés plus en détail et qu'on ne doit pas
rejeter sans examen. Ainsi, l'emploi du *charbon animal*, celui
de *l'acide sulfurique*, des *hypochlorites*, des *manganates solu-*
bles, des *alcalis libres* ou de leurs *carbonates*, le traitement par
la *chaux*, la *défécation*, l'emploi des *aluns*, l'*oxydation*, le traitement par le *charbon végétal*, etc., peuvent présenter des
avantages dans certaines circonstances et il peut être bon
d'examiner les conditions présentées par les différentes réactions qui dérivent de ces procédés.

A. *Emploi du charbon animal pour la désinfection des phleg-*
mes. — Depuis que le charbon d'os a été mis à la mode, on
a fait un abus extrême des propriétés de cette matière.
Nous n'avons jamais été aussi heureux que certains observateurs prétendent l'avoir été, en nous servant de ce charbon comme désinfectant et, soit maladresse, soit autre chose,
il nous a été impossible d'y voir ce que d'autres déclarent
avoir vu.

En traitant les phlegmes par le charbon d'os, c'est-à-dire en
les faisant filtrer, à plusieurs reprises, sur des couches plus ou
moins épaisses de ce charbon, on trouve d'abord que l'odeur
propre de la liqueur disparaît assez rapidement, et que le
produit rectifié semble être assez franc de goût. Au bout d'un
mois à peine, on constate que le liquide alcoolique a pris un
goût fade et une odeur qui rappelle celle des *viandes faisan-*
dées. Nous ne connaissons pas la cause de ce phénomène et
nous n'avons pas d'observations sur la nature de la matière
animale qui a été entraînée, soit en dissolution dans l'alcool,
soit à l'état de vapeur ; mais l'effet désagréable que nous signalons n'est pas moins certain et il n'a pas échappé à plusieurs observateurs.

Nous verrons plus loin que le charbon végétal jouit de propriétés désinfectantes remarquables, mais qu'il ne produit pas
l'inconvénient dont il vient d'être parlé. Il nous semble donc
que cet effet doit être attribué, soit à certaines substances
pyrogénées produites dans la calcination des os, soit à des
huiles animales dont le charbon est resté infecté.

Les mains s'imprègnent d'une odeur analogue lorsque l'on
malaxe un morceau de baudruche dans l'eau, et rien ne nous
semble plus désagréable que cette saveur de matière animale
altérée que le charbon d'os communique à plusieurs substan-

ces. Nous regardons ce moyen comme tout à fait illusoire et nous n'en conseillons l'emploi à personne, malgré la faveur dont il a été l'objet au commencement de ce siècle.

B. *Emploi de l'acide sulfurique.* — Ce procédé est celui de Klaproth, lequel conseillait de distiller les eaux-de-vie de marc avec de l'acide sulfurique concentré et du vinaigre. Par ce moyen, selon MM. Rosière et Latour de Trie, non-seulement *une partie* du mauvais goût et de l'odeur des eaux-de-vie de marc et de grains est enlevée, mais elles ont acquis une saveur et une odeur agréables d'éther acétique; il paraît que, dans ce cas, l'acide sulfurique *se combine* aux huiles empyreumatiques; qu'il les retient dans l'alambic en leur communiquant de la fixité; que le vinaigre empêche la formation de l'éther sulfurique, dont la production, en effet, n'a pas lieu, selon la remarque de M. Boullay. Cependant, ces eaux-de-vie décèlent encore leur origine et ne peuvent guère être employées à l'usage des liqueurs de table, etc. Mais lorsqu'elles ont été rectifiées de nouveau sur du manganate de potasse, elles jouissent de toutes les qualités des meilleurs alcools, et d'une odeur des plus agréables.

Les proportions auxquelles les expérimentateurs, cités plus haut, d'après M. J. de Fontenelle, se sont arrêtés dans leur traitement, sont les suivantes :

Eau-de-vie de marc (phlegme). . .	100 lit.
Acide sulfurique concentré. . . .	465 gr.
Vinaigre fort.	1k,875

Nous avons pu nous assurer directement que ce procédé n'enlève pas complétement l'odeur des eaux-de-vie de marc. Cependant cette odeur est très-affaiblie et il y a lieu de croire que l'on pourrait tirer un bon parti de cette donnée, en combinant ce procédé avec l'un de ceux qui suivent et dont le mérite a pu être constaté. Disons, cependant, que l'emploi du vinaigre peut être la cause d'une dépense assez considérable, et qu'il importe de comparer les frais avec la plus-value obtenue, si l'on ne veut pas s'exposer à des mécomptes.

C. *Emploi des hypochlorites.* — On a proposé de désinfecter les esprits de grains ou de fécule en délayant 62 grammes de chlorure de chaux dans 170 litres de phlegmes; on distille

ensuite, en mettant à part les premiers produits qui sont infectés de chlore.

Ainsi compris, ce procédé paraît peu rationnel. En effet,
d'après des expériences que nous avons faites sur ce sujet, il
se produit du chloroforme, dont la présence dans les esprits
ne peut être que nuisible. Cette production est à redouter
principalement lorsque la liqueur traitée est soumise à la distillation avant que l'on ait neutralisé l'acide hypochloreux,
ce qui paraît être d'une exécution assez difficile en pratique.
Il existe, cependant, une réaction connue, celle du sulfite de
soude, qu'on nomme aussi *antichlore*, dont on se sert pour
enlever l'excès de chlore dans les opérations du blanchiment.
Voici la manière dont nous avons procédé, avec assez de
succès, dans une série d'expérimentations faites en 1869.

Après avoir traité à froid 1000 parties de phlegmes de betterave à 50 degrés par 1 partie de chlorure de chaux délayé
dans l'eau, nous avons laissé reposer la liqueur pendant vingt-
quatre heures. Le chlore a été alors neutralisé par la dissolution concentrée de sulfite de soude et, deux heures après, la
liqueur fut agitée avec 1 millième de chaux en lait pour achever la purification du liquide. Le produit filtré, distillé, a
donné un alcool de bon goût, ne conservant aucune odeur
sensible d'origine et ne présentant pas la moindre trace de
chloroforme.

La réaction qui intervient est facile à saisir : le chlorure ou
hypochlorite de chaux CaO,ClO dégage de l'acide hypochloreux sous les actions les plus faibles, et cet acide ClO agit
comme oxydant sur les essences, comme, d'ailleurs, sur la
plupart des matières organiques. Les essences sont résinifiées
en partie et changent de nature. Il se forme du chlorure de
calcium CaCl, et les deux équivalents d'oxygène de la portion
décomposée de CaO,ClO réagissent, *à l'état naissant*, sur les
corps en présence. Il reste une portion de CaO,ClO qui n'est
pas décomposée, et même un peu d'acide hypochloreux libre.
En y ajoutant du sulfite de soude, dans la proportion de deux
équivalents, on a la réaction :

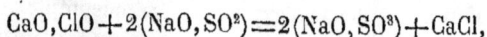

$$CaO,ClO + 2(NaO,SO^2) = 2(NaO,SO^3) + CaCl,$$

en sorte que l'oxygène de la chaux et de l'acide hypochloreux se porte sur l'acide sulfureux du sulfite, lequel est changé

en sulfate, tandis que l'hypochlorite devient du chlorure de calcium.

Ce procédé ainsi compris, et déduit de réactions chimiques bien connues, peut rendre des services très-sérieux, car il est peu d'essences qui résistent à l'action prolongée de l'hypochlorite de chaux. L'eau de Javel et les autres hypochlorites peuvent agir dans le même sens, si l'on prend la précaution de les employer à froid, et d'en faire suivre l'emploi par la réaction d'un sulfite alcalin.

L'emploi de la chaux en lait est indiqué pour neutraliser le peu d'acide chlorhydrique qui pourrait se former et pour précipiter quelques matières étrangères susceptibles de s'unir à cet oxyde.

Il convient de faire observer, en passant, que l'action d'un *traitement chimique raisonné* peut produire d'excellents résultats dans l'ordre d'idées qui nous occupe, tandis qu'il importe extrêmement de se méfier des panacées dont l'action est, trop souvent, nulle ou douteuse. Nous ne disons pas qu'un agent donné ne puisse pas être utile, loin de là ; mais il nous semble que l'on aura toujours plus de certitude par un ensemble bien coordonné de moyens techniques, et qu'il vaut mieux avoir recours à une méthode qu'à l'emploi d'un agent isolé.

D. *Emploi des manganates.* — Nous avons dit, tout à l'heure, que MM. Rosière et Latour de Trie complétaient l'action du procédé de Klaproth par une deuxième rectification sur le manganate de potasse, et ils se louaient beaucoup de cet agent.

Cette réaction, d'ailleurs, n'était pas d'une application nouvelle, et c'était déjà une *ancienne nouveauté* lorsqu'il prit fantaisie à un Américain, vers 1853, de breveter à son profit l'emploi des manganates alcalins.

Nous écrivions dans la première édition de notre ouvrage sur l'alcool (1854) :

« M. Luther Alwood, de Massachusetts, a pris un brevet d'invention pour un procédé à l'aide duquel on dépouille les alcools et les esprits des huiles empyreumatiques qui leur communiquent une odeur désagréable. Je prends, dit-il, 3 livres d'oxyde de manganèse réduit en poudre fine, 5 livres de nitrate de potasse ou de nitrate de soude, je les mêle aussi parfaitement que possible, je les fais fondre dans une cornue, et je continue l'action de la chaleur jusqu'à ce que la masse fondue passe de l'état fluide à l'état de matière pâteuse ; quand cette masse est refroidie, je la réduis en poudre et la conserve sèche pour l'usage que j'en voudrai faire. Elle contient du manganate de potasse ou de soude, ou des permanganates de ces bases avec excès de potasse ou de soude, et des impuretés terreuses. Par chaque gallon (4 litres et demi) d'alcool à 85 ou 90 centièmes, j'emploie 2 onces (60 grammes) de poudre, je les dissous dans 8 onces (240 grammes) d'eau, et j'ajoute cette solution à l'alcool en même temps que j'agite vivement. Ces proportions sont celles qui conviennent aux alcools ordinaires ; dans les cas extraordinaires, on ajoutera assez du composé chimique pour faire disparaître entièrement l'odeur des huiles empyreumatiques. L'alcool ainsi purifié doit être débarrassé par la distillation à une douce chaleur des matières qu'il tient en dissolution ou en suspension. »

Ce passage était extrait du journal *le Cosmos*, alors rédigé par l'abbé Moigno. Nous ajoutions :

« Il est facile de se convaincre, en lisant les lignes qui précèdent, que le procédé Alwood consiste dans l'emploi du manganate ou manganésiate de potasse ou de soude ; cette idée n'est pas neuve, tant s'en faut.

« Il est parfaitement connu depuis longtemps que la combinaison de la potasse avec l'oxyde de manganèse détruit les huiles empyreumatiques des esprits ; nous en invoquons pour preuve le procédé de M. Rosière, que nous avons cité tout à l'heure. Que signifie la substitution possible de la soude à la potasse ? Rien. Ces deux alcalis agissent absolument de la même manière sur les huiles essentielles.

« D'un autre côté, dans la composition de M. Alwood, on emploie le nitrate de l'une de ces bases ; on peut tout aussi bien se servir de carbonate, et cela ne présente nulle importance. »

Au point de vue de l'application technique, on doit reconnaître que les manganates alcalins agissent dans le même sens que les hypochlorites, en oxydant la plupart des matières organiques. Ces sels sont, en effet, d'une grande instabilité et ils présentent la plus grande tendance à se décom-

poser en potasse et en sesquioxyde de manganèse. On a
l'équation :

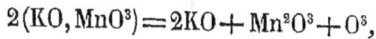

$$2(KO, MnO^3) = 2KO + Mn^2O^3 + O^3,$$

en sorte que deux équivalents de manganate de potasse
(1233,61 × 2 = 2467,22) laissent dégager trois équivalents
(300 grammes) d'oxygène, à l'état naissant, en présence des
matières organiques. Cette puissance d'oxydation est très-
grande et la réaction de ce corps ne présente pas les inconvénients des hypochlorites. Nous pensons que, si l'on n'a pas
obtenu tous les résultats que l'on devait espérer de l'emploi
des manganates alcalins, cet insuccès provient d'une application irréfléchie plutôt que de l'insuffisance même de cet agent,
et il nous semble que l'étude de son emploi pour la destruction des huiles empyreumatiques devrait être reprise par des
chimistes expérimentés.

E. *Emploi des alcalis et des carbonates alcalins.* — En raisonnant sur la propriété que présentent les alcalis de se combiner
en partie aux essences et de former avec elles des *savonules*,
on en a déduit la possibilité de traiter les phlegmes par des
lessives alcalines plus ou moins concentrées, et de soumettre
la liqueur ainsi traitée à la rectification.

L'expérience a fait voir que ce procédé fournit des esprits
parfaitement déphlegmés en apparence, mais que, au bout
d'un certain temps, la liqueur présente une odeur et une saveur plus ou moins prononcées, rappelant à la fois celles de la
lessive et des solutions savonneuses. Rien n'est venu infirmer
cette observation, que nous avons mentionnée dès 1854, et
nous persistons à croire que les alcalis sont de mauvais agents
de désinfection des phlegmes.

Cela tient, selon nous, à la solubilité des savonules et à la
facilité avec laquelle ils se décomposent partiellement sous
l'action d'une température peu élevée.

F. *Emploi de la chaux, etc.* — L'action de la chaux, de la
magnésie, de la baryte, de la strontiane, est toute différente.
Ces oxydes, employés en lait ou en dissolution, forment des
combinaisons insolubles ou peu solubles avec la plupart des
huiles essentielles, qui sont ainsi précipitées et deviennent
facilement éliminables.

L'emploi de la chaux est celui qui est le plus économique et qui présente la réaction la mieux caractérisée.

Un très-bon procédé consiste à traiter d'abord les phlegmes par de la chaux caustique en lait. On agite le mélange, puis on le laisse en repos pendant vingt-quatre heures et l'on décante ou l'on filtre. La liqueur est ensuite rectifiée avec un demi pour 100 de manganate de potasse, afin de compléter l'action de la chaux.

G. *Défécation des phlegmes.* — L'emploi de la chaux, pour la désinfection des phlegmes, constitue une sorte de défécation à froid. Cette défécation ne paraît pas être complète, et il semble que certaines essences odorantes ou sapides ne contractent pas de combinaison insoluble avec la chaux, en sorte qu'il est utile d'en favoriser l'action par l'emploi complémentaire du manganate alcalin.

Il doit en être de même, suivant toute probabilité, des autres terres alcalines; mais nous avons obtenu des résultats très-complets par l'action de plusieurs sels métalliques des autres sections. C'est ainsi que les sels de fer, de cuivre, de manganèse, de mercure, employés dans des conditions convenables, forment avec la plupart des essences des composés insolubles qui sont précipités très-rapidement. Le sel métallique dont les avantages nous ont semblé le mieux définis est l'acétate de plomb. Il suffit de verser, dans un phlegme donné, une quantité suffisante de ce sel dissous dans l'eau, d'agiter et de laisser reposer, pour obtenir, en un temps très-court, une purification complète. Nous en avons encore une vérification frappante sous les yeux, au moment même où nous écrivons ces lignes. Nous avons versé, il y a une heure, 1 centimètre cube de dissolution d'acétate plombique dans de l'alcool à brûler, d'une infection remarquable, que nous avions étendu de son volume d'eau. Le tout a été agité avec soin et laissé en repos. Il s'est formé, dans le liquide, un trouble opalin, puis un dépôt floconneux, et, maintenant, la liqueur présente une odeur suave, éthérée, comparable à celle de l'alcool de vin le mieux déphlegmé. Pour que ce procédé donne tous les résultats qu'on peut en attendre, il faut verser la solution d'acétate dans le phlegme à 45 ou 50 degrés au plus, agiter, laisser reposer et décanter. On rectifie ensuite, et les produits obtenus sont comparables aux meilleures origines.

Nous avons essayé plusieurs autres modes de défécation des phlegmes, mais c'est l'emploi des sels de plomb qui nous a donné les meilleurs résultats.

H. *Emploi des aluns.* — A vrai dire, l'application des aluns constitue également une sorte de défécation. Il consiste dans la mise en liberté de l'alumine, à l'état naissant, dans le phlegme à traiter. Les matières odorantes semblent avoir une certaine tendance à former des espèces de laques avec l'alumine, à peu près de la même manière que les substances colorantes.

Le phlegme étant donné, on en abaisse le degré à 45 ou 50 degrés, au plus ; puis on y mélange 2 ou 3 centièmes de solution aqueuse de potasse ou de soude et l'on y ajoute, en brassant, un léger excès de solution d'alun ou de sulfate d'alumine. On laisse ensuite reposer et l'on décante, ou l'on filtre, après vingt-quatre heures.

Il est souvent nécessaire de compléter ce traitement par l'action d'un manganate alcalin ; mais il y a beaucoup de phlegmes sur lesquels ce procédé présente une action remarquable. Les phlegmes de grains, en particulier, en sont très-agréablement modifiés, après la rectification ultérieure.

I. *Oxydation des essences.* — Plusieurs des procédés indiqués précédemment rentrent dans l'ordre de phénomènes dont nous voulons parler ici. L'action des manganates, par exemple, produit une véritable oxydation, une résinification des huiles volatiles et des produits empyreumatiques.

On peut encore obtenir le même résultat, ou un résultat analogue, par d'autres moyens. Ainsi, l'action oxydante du peroxyde de manganèse en présence de l'acide sulfurique peut agir, en quelques jours, sur les essences de l'alcool, d'une manière très-favorable. Il suffit de placer dans 1 hectolitre de phlegmes 100 grammes de peroxyde en poudre fine et 100 grammes d'acide sulfurique étendu d'eau pour que, en deux ou trois jours, la liqueur soit modifiée très-avantageusement, pourvu que l'on ait la précaution de brasser de temps en temps le mélange. On décante ensuite, on neutralise l'acide sulfurique par la soude et l'on rectifie.

Il est vraisemblable que les chlorates doivent agir dans le même sens.

Nous ne voudrions cependant pas employer le plus remar-

23

quable des agents oxydants, l'acide azotique, par la raison
que son action se porterait de préférence sur l'alcool, et qu'il
pourrait se produire de l'acide fulminique, dont la présence
peut causer des explosions dangereuses. Nous ne mentionnons
cet agent que pour conseiller d'en éviter l'emploi et de s'entourer des plus grandes précautions, si l'on voulait, par hasard, en essayer l'action.

L'air atmosphérique oxyderait également les huiles essentielles des phlegmes. Nous ne pouvons rien affirmer de précis ;
mais un fait, qui nous revient en mémoire, paraît démontrer la
réalité de ce phénomène d'oxydation. Vers 1860, nous reçûmes
la visite d'un Américain, auteur d'un procédé de désinfection
des phlegmes, dont il espérait tirer grand parti parmi les producteurs de phlegmes de vin. Ce procédé consistait à faire
couler le phlegme en lames très-minces et très-lentement le
long de tresses de coton, suspendues à l'air libre. Nous n'a-
vons pas à apprécier la valeur économique de cette pratique,
dont nous ne nous occupâmes qu'en passant et d'une manière
assez peu suivie. Nous pouvons dire, cependant, que des
phlegmes de très-mauvais goût et chargés d'empyreume s'a-
mélioraient beaucoup par cette exposition à l'air libre, sur des
surfaces très-multipliées, et nous avons fait, à cet égard, un
certain nombre de vérifications qui nous ont paru concluantes.

Dans tous les cas, nous en déduisons que l'action oxydante
de l'air, améliorant les phlegmes et détruisant, au moins en
partie, les huiles empyreumatiques, il est hors de doute que
des réactions plus puissantes conduiraient à des résultats plus
sensibles et plus nets.

Nous n'avons pas essayé la litharge dans ce sens, mais il
nous semble qu'elle présente les mêmes conditions que l'oxyde
de manganèse et qu'on pourrait essayer de tirer parti de la
facilité avec laquelle elle passe à l'état de sous-oxyde.

J. *Traitement par le charbon végétal.* — C'est un des agents
les plus anciennement connus et dont l'emploi pour la désinfection appartient de temps immémorial à tout le monde. La
singulière propriété présentée par le charbon de bois d'absorber et de retenir les gaz de diverse nature, les miasmes
fétides, etc., est parfaitement appréciée par les chimistes et
les hygiénistes, qui la mettent fort souvent à profit.

Le mode le plus ancien d'appliquer le charbon de bois à la désinfection consiste à faire passer le liquide à désinfecter sur une couche plus ou moins épaisse de charbon concassé. Un autre mode, plus moderne, applicable spécialement aux liquides alcooliques, repose sur l'affinité plus grande du charbon pour certaines vapeurs, et il consiste à faire passer les vapeurs mixtes à travers des cylindres renfermant une colonne de charbon.

Il existe actuellement deux procédés brevetés, basés sur ces deux manières d'employer le charbon végétal, et nous les décrivons sommairement.

Procédé Pongowski. — Ce procédé est d'autant plus digne d'attention que les applications nombreuses auxquelles il peut donner lieu lui donnent un caractère d'extrême utilité industrielle. Il a été imaginé pour le traitement des alcools de garance, par le docteur Pongowski, médecin à Carpentras. Nous connaissons le fait d'une manière positive, puisque c'est nous-même qui avons pris le brevet d'invention en son nom, sur la prière de son beau-père, qui nous avait rendu visite à Paris. Le procédé de M. Pongowski conduisait à des résultats extraordinaires et l'inventeur l'appliquait avec succès à la désinfection des phlegmes de garance, les plus mauvais que l'on connaisse. Des échantillons d'eaux-de-vie, préparés avec ces phlegmes de garance désinfectés, furent présentés par nous à l'un des négociants en eaux-de-vie les plus intelligents de Bercy, et ce négociant, ainsi que plusieurs autres personnes, les considéra comme provenant de la distillation de vins blancs du Centre.

Le procédé de M. Pongowski consistait essentiellement à faire passer les vapeurs alcooliques dans des colonnes remplies de charbon de bois calciné, ou de braise de boulangerie. 100 kilogrammes de charbon suffisaient à désinfecter 5 hectolitres d'esprit. En faisant passer un courant de vapeur sur la braise infectée, on lui enlevait les essences fétides et une calcination la mettait à même de servir de nouveau.

L'emploi du charbon dans des colonnes pour le tamisage et la désinfection des vapeurs alcooliques appartient donc à M. Pongowski, et son invention est la seule qui présente un véritable caractère de nouveauté.

Dans une étude remarquable sur les alcools de garance,

par M. P. d'Aspremont, nous lisons le passage suivant, relatif à cette méthode ingénieuse :

« La découverte faite, en 1857, par M. Pongowski, a donné une grande valeur aux alcools de garance. M. Sautel, de Sorgues, exploite ce procédé, qui est aussi simple qu'ingénieux. Ce procédé consiste à faire passer un jet de vapeur alcoolique dans une colonne distillatoire, où se trouve du charbon à l'état grenu. Ce charbon absorbe les huiles empyreumatiques renfermées dans les phlegmes, et on obtient ainsi des alcools bon goût, ou plutôt sans aucune espèce de goût.

« Le charbon dont se sert M. Sautel provient du saule, du peuplier ou du bouleau. On met le bois dans des cornues et on le distille. Il faut de 600 à 700 kilogrammes de bois vert pour faire 100 kilogrammes de charbon. Le prix de revient est de 20 francs. Avec 100 kilogrammes, on rectifie 5 hectolitres d'alcool. A chaque emploi, le charbon perd 10 pour 100 de sa valeur. On le revivifie en calcinant dans des cornues. Le goût est presque insignifiant...

« Les alcools de garance rectifiés d'après les procédés Pongowski se vendent comme des alcools de bon goût et servent aux mêmes emplois. »

Epurateur Savalle et Gugnon. — M. Savalle a voulu appliquer également le charbon à la désinfection des phlegmes, mais il a dû se borner à la filtration de ces liquides à travers le charbon, c'est-à-dire à la *méthode de tout le monde*, la méthode rationnelle, brevetée par M. Pongowski, ne lui permettant pas de procéder par la désinfection des vapeurs mixtes.

L'appareil épurateur méthodique Savalle et Gugnon est représenté par la figure 90.

D'après la notice Savalle, les cylindres désinfecteurs contiennent du *charbon de bois convenablement concassé (?),* du *noir animal* et d'*autres substances,* et les phlegmes, ramenés à un degré spécifique *convenable (?),* passent sur ces matières.

La part de M. Gugnon dans cette affaire consisterait dans le mode de revivification, qui paraît se commencer par un jet de vapeur, si nous nous en rapportons à la description donnée. Mais le procédé Pongowski en fait autant; on purge également les charbons par un jet de vapeur avant de les soumettre à une calcination rapide, qui achève de les revivifier.

Il est bon de faire observer que MM. Savalle et Gugnon ne

donnent pas de détails sur ce qu'ils appellent leur *nouvelle méthode* de revivification, en sorte qu'il est bien difficile de ne pas concevoir quelque suspicion fort légitime, au sujet de cette réticence calculée. Il peut se faire très-bien que la nouvelle méthode soit fort ancienne et la critique la moins sévère est obligée de reconnaître, au moins, cette possibilité. En tout cas, cette *nouveauté* ne saurait présenter autant d'importance que lui en assigne le prospectus, puisque la revivification du charbon se fait fort bien par le procédé Pongowski.

L'appareil Savalle, considéré attentivement, n'est autre chose que la *batterie de filtres à noir* employée en sucrerie, et l'emploi de cette batterie appartient au domaine public.

En effet, la forme et le rôle de ces appareils sont parfaitement identiques et rien n'ayant été inventé, pas même l'application, les droits de tous ne peuvent être lésés par une prétention que rien ne vient justifier.

Au point de vue de la manœuvre, AA'A″ sont les cylindres, dans lesquels on place la matière désinfectante. « Dans la pratique, dit M. Savalle, on emploie un nombre de cylindres qui varie suivant la nature des produits à désinfecter et l'importance de la quantité de liquide sur laquelle on travaille. » Cela

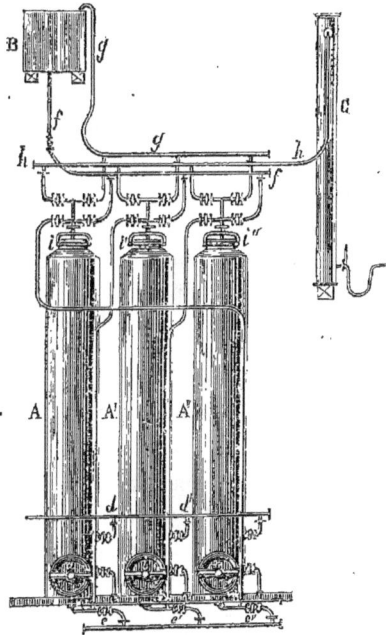

Fig. 90.

est très-clair, et les choses se font exactement comme en sucrerie. B reçoit le phlegme qui sort par *f* et se distribue, à volonté, dans un quelconque des cylindres. Le liquide pénètre par le bas et l'air, déplacé par le phlegme, s'échappe par *g*. Les autres cylindres s'emplissent successivement et le phlegme sort désinfecté par le haut du

dernier. Quand le premier cylindre est chargé d'huiles essentielles, on interrompt la communication qui le relie au reste
de la batterie, et l'on fait passer dans ce vase un jet de vapeur
à l'aide d'un robinet venant de la prise *dd'*. Les huiles essentielles et l'alcool mauvais goût se dirigent par *h* vers le réfrigérent C, où la condensation s'effectue. On emploie alors le
nouveau procédé de révivification de la matière et le cylindre
est prêt à servir de nouveau. On agit de même avec les autres cylindres. Des bouchons *ii'i''* assurent la fermeture hermétique du sommet de chaque cylindre. L'alcool désinfecté,
sortant par le haut de chaque cylindre, s'écoule à l'aide d'un
tube jusqu'à un collecteur qui le dirige vers sa destination, et
les tubes *ee'e''* servent à la vidange des cylindres qui ont cessé
de bien fonctionner.

« Cette batterie de cylindres, en nombre qui peut s'élever
à 10, 20 et plus, forme ainsi une chaîne sans fin ; il suffit d'ouvrir et de fermer quelques robinets pour opérer successivement la *révivification chimique* des matières désinfectantes
contenues dans chacun des cylindres. » A cette donnée, M. Savalle ajoute que cet appareil requiert très-peu de main-
d'œuvre, que les matières épurantes durent très-longtemps,
que les phlegmes épurés fournissent, du premier jet, 90 à
95 pour 100 d'alcool extrafin, que cette épuration augmente
le produit des appareils rectificateurs, économise le combustible, etc.

Nous nous permettrons d'être moins enthousiaste. Les cylindres sont ceux de la sucrerie. L'emploi du charbon est au
public. Le jet de vapeur et la condensation des huiles essentielles sont du brevet Pongowski. Il reste donc à l'avoir de MM. Savalle et Gugnon le réfrigérent Savalle, qui en vaut un autre,
mais qui n'est pas indispensable, la nouvelle révivification, et
un luxe de tubes et de robinetterie que l'on peut très-aisément
simplifier. Tout fabricant peut donc, sans blesser les justes
droits de personne, faire exécuter une batterie de filtres de
sucrerie et l'appliquer à la désinfection des phlegmes.

On ne peut voir, en effet, dans cette machine, que le résultat d'un *emprunt* fait à la propriété commune. L'engin est
connu, l'application n'est pas nouvelle, et le seul objet possible d'une revendication plausible consiste dans l'agencement
des tubes et des robinets.

Au point de vue technique, le procédé de M. Pongowski est très-supérieur au procédé Savalle et il a le mérite de la nouveauté qui en fait une invention réelle. Le procédé Savalle est du domaine public dans son ensemble et ses détails, à l'exception de la tuyauterie employée, qui est la propriété de l'inventeur en tant que disposition d'ensemble. Les distillateurs et les rectificateurs peuvent donc faire filtrer leurs phlegmes à travers des filtres ou des cylindres renfermant du charbon de bois, etc.; ils peuvent employer un jet de vapeur pour purifier les charbons infectés et les rendre propres à un nouvel emploi. Tout cela appartient à tout le monde et cette filtration se pratique couramment partout, sans brevet. Il est clair, cependant, que le dispositif matériel des tubes et le serpentin Savalle ne peuvent être employés sans autorisation, et que cette question de chaudronnerie doit être réservée.

K. *Emploi du phosphate acide de chaux.* — La remarque faite par nous, en sucrerie, relativement à la désinfection complète des sucres bruts de betterave, lorsque les jus ont été traités par le biphosphate de chaux, nous avait donné à penser que cet agent pourrait avoir une certaine valeur dans le traitement des phlegmes. Nous avons pu constater, en effet, que les produits alcooliques, traités par cet agent, s'améliorent d'une manière très-notable.

Les phlegmes sont d'abord brassés avec un lait de chaux épais, puis, on laisse déposer et on décante après vingt-quatre heures de repos; on ajoute un centième de phosphate acide en dissolution dans l'eau et l'on soumet à la rectification.

Il convient de remarquer, à propos de tous les procédés chimiques de désinfection, qu'on ne risque jamais rien à prolonger la durée du contact avec les agents employés, et que le résultat est meilleur si l'on ne rectifie qu'après un ou deux jours de plus de repos.

L. *Emploi du tannin.* — Le tannin ne nous a pas paru présenter une action bien déterminée sur les huiles essentielles contenues dans les phlegmes. Il n'en est pas de même lorsqu'il est ajouté aux liquides fermentescibles, aux moûts destinés à produire des vins à distiller. Dans ce cas, il s'oppose à la formation de plusieurs produits secondaires de la fermentation et donne des résultats très-nets. Il en est encore

de même lorsque, après avoir désinfecté les phlegmes par
l'un des procédés ci-dessus indiqués, on y ajoute, avant la
rectification, l'infusion de tan de chêne, dans la proportion
d'un centième à deux centièmes de matière sèche. Les alcools
acquièrent une finesse de goût et un parfum qui rappelle celui
des eaux-de-vie, et ce moyen, d'une simplicité extrême, est
l'un des plus remarquables en pratique.

Observations. — Comme le lecteur a pu s'en convaincre par
ce qui précède, il ne s'agit pas ici de panacées, mais bien d'une
série de moyens applicables suivant les circonstances, et dont
l'emploi demande le concours de l'observation et d'une attention suivie. Tel phlegme résiste à un moyen donné, et se
trouve sensiblement amélioré par un autre. Il convient donc
de ne pas adopter ou rejeter à la légère les modes de traitement qui paraissent avoir des résultats affirmatifs ou négatifs;
c'est à l'expérience qu'il convient de s'en rapporter dans
chaque cas particulier.

Il n'existe pas de moyen absolu de désinfection, agissant
sur toutes les espèces de phlegmes et, sauf le charbon, la
plupart des agents sont susceptibles d'applications spéciales.

Le but à atteindre vaut bien la peine qu'on prenne un peu
de soin pour y parvenir. Tel produit alcoolique, franc de goût,
acquiert très-facilement une plus-value commerciale de 5
à 10 francs par hectolitre, comparativement au même produit
mal purifié. Un écart de cette importance suffit à faire la fortune et la prospérité d'un établissement, tandis qu'en se traînant dans le terre-à-terre de la routine, en reculant, par
paresse ou ignorance, devant la nécessité du progrès, qui
s'impose aujourd'hui à toutes les industries, il n'est possible
d'arriver à rien d'important.

Le traitement préalable des phlegmes et leur désinfection
par l'un des moyens indiqués dans ce paragraphe, ou, mieux,
par une méthode réunissant rationnellement plusieurs de ces
moyens, sont les conditions nécessaires de l'amélioration des
produits. Ce fait ressort de la connaissance des phlegmes et
des circonstances présentées par les huiles essentielles qui
accompagnent l'alcool, puisqu'il sera toujours impossible d'é-
liminer, par simple distillation, les essences dont le point de
volatilisation est le même que celui de l'alcool, ou celles qui
peuvent être entraînées mécaniquement avec les vapeurs

mixtes jusque dans l'organe de réfrigération. Il y a donc ici une question d'expérimentation, d'essai, de recherche et, sans prétendre donner aux distillateurs des conseils sur l'emploi de leur temps, nous croyons que des essais de ce genre devraient être une de leurs occupations journalières. Qu'on se pénètre bien de cette vérité fondamentale qui règle la pratique des arts industriels dont la science chimique est la base : c'est par l'expérience seule, aidée par des notions technologiques certaines, que l'on peut parvenir à vaincre les difficultés de détail. C'est à l'expérience qu'il convient d'avoir recours pour décider l'emploi des procédés utiles dans les cas particuliers qui peuvent se présenter et, sans l'expérimentation, on est exposé à se livrer sans défense aux rêveries des enthousiastes et aux spéculations du charlatanisme.

§ III. — APPLICATION DE LA CHALEUR A LA RECTIFICATION.

Un travail important a été consacré dans ce volume à l'étude générale de la chaleur et de son application à la distillation et nous devons supposer que le lecteur est familiarisé avec toutes les questions qui se rattachent à cet ordre d'idées. Cependant, il ne semble pas hors de propos de récapituler l'ensemble des conditions qui règlent l'emploi du calorique dans le travail spécial de la rectification, dont les circonstances ne sont pas absolument les mêmes que celles de la distillation.

Lorsqu'on rectifie des phlegmes, c'est-à-dire lorsqu'on les distille de nouveau pour leur faire subir un certain degré de purification, on a affaire à un produit dans lequel il ne se trouve plus que des matières volatiles, de l'alcool, de l'eau, des essences, des éthers, etc. Les principes minéraux fixes, les colloïdes, les substances extractives et d'autres matières étrangères ont été séparés par la première distillation et l'action de la chaleur ne s'exerce plus sur un mélange aussi complexe. Il en résulte évidemment que les causes d'altération par la chaleur sont notablement amoindries et que, sous ce rapport, la rectification est une opération plus facile que la distillation primaire. Elle n'a pas à craindre des transformations inattendues et la seule, peut-être, qui puisse avoir lieu normalement, consiste dans la déshydratation de l'alcool et son changement partiel en un éther (*monohydrate*), lorsque des acides se trouvent en présence.

Nous savons que l'on peut prévenir cette circonstance par le traitement des phlegmes.

D'un autre côté, la chaleur spécifique du liquide à traiter n'est plus la même ; elle est moindre de beaucoup et la rectification demande une dépense de calorique d'autant plus petite que les phlegmes sont plus riches en alcool. Tout repose sur ce point dans l'application de la chaleur à la distillation secondaire, ou à la rectification des phlegmes. Nous savons que la distillation roule autour de ces chiffres :

Chaleur spécifique de l'eau..	1,000
Chaleur latente de la vapeur d'eau. . . .	537,000
Chaleur spécifique de l'alcool.	0,652
Chaleur latente de la vapeur d'alcool. . .	331,900

et que, mise à part la chaleur spécifique des huiles empyreumatiques, il nous est toujours possible de déterminer à l'avance la quantité de calorique nécessaire à la vaporisation des vapeurs mixtes. Des calculs nombreux et des exemples multiples nous ont mis à même de pouvoir préciser les nombres qu'il nous est utile de connaître et rien n'est plus aisé que d'établir les chiffres de nos opérations.

Si nous partons, par exemple, de phlegme à 50 pour 100 de richesse volumétrique en alcool, nous savons que 100 litres de ce phlegme contiennent 50 kilogrammes d'eau et $40^k,105$ d'alcool absolu. Si la température initiale est de 15 degrés, par exemple, et que nous voulions obtenir du produit à 92 degrés, nous devons vaporiser $40^k,105$ d'alcool et 8 kilogrammes d'eau. Or, nous devrons échauffer la masse à l'ébullition et, de plus, dépenser une certaine quantité de calorique pour vaporiser ces quantités des deux liquides.

L'eau sera portée à l'ébullition par $85 \times 50 = 4250$ calories. L'alcool consommera $63,4 \times 0,652 \times 40,105 = 1657^{cal},81$, soit, en tout, $5907^{cal},81$.

La vaporisation de 8 kilogrammes d'eau bouillante exigera $537 \times 8 = 4296$ calories, et celle de $40^k,105$ d'alcool demandera $331,9 \times 40,105 = 13310^{cal},85$, soit, en tout, $17606^{cal},85$.

La dépense totale du travail de la chaleur par hectolitre de phlegme sera donc de 23 514^{cal},66, et le résultat sera de 58 litres d'esprit à 92 degrés. Pour obtenir 1 hectolitre d'esprit de même force, il faudra donc employer 172^l,41 de phlegme à 50 degrés et dépenser 40542 calories. Cette quantité de chaleur est celle qui suffirait à la vaporisation de 63^k,645 d'eau prise à zéro, et elle répond à une dépense pratique de de 9^k,092 de combustible, en supposant une vaporisation de 7 kilogrammes d'eau par kilogramme de charbon, bien que l'on dépense, le plus ordinairement, une quantité moindre.

Tous ces faits sont connus et nous venons de les rappeler pour mémoire, afin de ne pas être exposé à les perdre de vue. On voit, par là, combien est faible la proportion de chaleur dépensée par la rectification, mais cette observation ne présente ici qu'une importance secondaire. Il en est une autre, sur laquelle nous croyons utile d'appeler l'attention du fabricant, et que nous regardons comme beaucoup plus importante.

Par le fait de la distillation primaire, lorsqu'elle n'a pas été exécutée dans un appareil simple, on a éliminé les huiles lourdes qui se vaporisent au-dessus de + 89, c'est-à-dire au-dessus de la température moyenne d'ébullition d'un mélange d'alcool et d'eau, à volume égal. Nous ne parlons pas de ce qui se produit à l'aide des appareils perfectionnés donnant une analyse beaucoup plus parfaite. Or, dans la condition dont nous parlons, on sent que l'on devra tendre à séparer toutes les huiles qui se volatilisent au-dessous de + 78°,4 et celles qui se volatilisent de ce point à + 90 degrés. Nous ne parlons pas de celles qui ont le même point de volatilisation que l'alcool, qui doivent être séparées par une action chimique. Pour celles qui nous occupent, il ne s'agit, dans la pratique ordinaire de la rectification, que d'une application méthodique de la chaleur. Nous disons que, dans tous les cas, les essences volatiles au-dessous de + 78°,4 passeront dans les premiers produits, et que l'on sera forcé de les séparer par un fractionnement, si elles n'ont pas été détruites par un traitement chimique approprié. Quant aux autres essences moins volatiles, elles ne seront retenues dans les résidus qu'à une condition précise, c'est-à-dire si la température des vapeurs mixtes, au point d'émergence dans le col de cygne, ne dépasse pas la limite de + 78°,4 nécessaire à l'expulsion des vapeurs alcooliques. C'est là un point auquel peu de rectificateurs prennent garde. Ils achètent un appareil, y mettent du phlegme, le chauffent, fractionnent plus ou moins les premiers et les derniers produits, et ne se préoccupent guère de la température des vapeurs intérieures. Pour eux, l'appareil doit tout faire. Ils ont raison, jusqu'à un certain point, car un appareil parfait devrait procurer automatiquement le refroidissement graduel et méthodique des vapeurs mixtes; mais cela ne les dispense pas de l'attention et de la surveillance. Ils ne sont pas autorisés à ne pas connaître le principe fondamental de leur travail et il est absurde d'exiger qu'un chaudronnier connaisse leur *métier*, lorsqu'ils ne le connaissent pas eux-mêmes.

Nous avons rencontré, en vingt ans, *trois* distillateurs qui étaient parfaitement au courant de cette question, qui comprenaient toute l'importance de ce refroidissement des vapeurs mixtes pour la purification des produits et qui comprenaient le parti que le distillateur doit savoir tirer des phénomènes physiques. Il est clair, en effet, que, si les huiles essentielles, volatiles au-dessus de $+78°,4$, sont retenues dans les résidus par le fait de la réfrigération des vapeurs, d'une manière nette et certaine, si cette réfrigération est favorisée par un lavage méthodique des vapeurs mixtes, il ne sera plus nécessaire de faire le fractionnement de la dernière portion des produits et l'on pourra se contenter de séparer les premières portions, celles qui contiennent les essences très-volatiles, les *éthers*, suivant l'appellation vulgaire.

Si donc nous supposons un travail de 1000 litres, on aura 750 litres de fin goût au lieu de 500 ; la moins-value ne tombera que sur 250 litres au lieu de 500, et l'écart en bénéfice qui en résultera compensera très-largement les soins qu'il aura fallu prendre et l'attention scrupuleuse apportée à l'application méthodique de la chaleur.

CHAPITRE II.

La rectification est l'art de purifier les phlegmes qui ne sont pas propres à la consommation directe, et cette purification se fait, ou bien seulement par une seconde ou même une troisième distillation, ou bien par l'application de moyens chimiques appropriés, suivie d'une distillation nouvelle, pour séparer les matières étrangères dissoutes ou suspendues.

Nous consacrons ce chapitre à l'étude de la rectification, considérée sous le rapport spécial de la pratique, et nous engageons vivement les distillateurs à exécuter eux-mêmes la purification de leurs produits, en mettant à profit les observations et les règles qui ont été précédemment exposées sur ce sujet important.

§ I. — OBSERVATIONS GÉNÉRALES.

Les anciens ne rectifiaient pas, dans le sens que nous attachons aujourd'hui à cette opération. Leur travail se bornait à *redistiller* plusieurs fois les *petites eaux* préparées par une première opération, jusqu'à ce qu'ils eussent obtenu de l'*esprit*, pour l'appréciation duquel ils n'avaient pas de données techniques. Ceci résulte, jusqu'à l'évidence, de ce qui a été exposé dans les deux premiers chapitres de ce volume.

Les notions précises sur les éthers, les huiles empyreumatiques, les essences de natures diverses, leur manquaient absolument; la purification de l'alcool se confondait, dans l'esprit des alchimistes, avec la déshydratation de ce produit, en sorte que la rectification qui se pratique de nos jours ne présente qu'un seul point de ressemblance avec le travail des anciens.

Comme eux, nous soumettons les phlegmes à de nouvelles distillations. Mais ils ne procédaient pas avec l'ordre méthodique qui fait partie essentielle de l'art moderne. Extraire le phlegme, c'est-à-dire l'eau, des produits alcooliques, amener

ces produits à un maximum de force, telle était leur préoccupation unique, et ils ne songeaient pas à les débarrasser
de tous les produits volatils coexistants.

Il convient, d'ailleurs, de faire observer que les anciens ne
distillaient que le vin de raisin et qu'ils ne se trouvaient pas,
comme nous, en présence d'une multitude de phlegmes de
nature variable.

Les données sur la fermentation ne sont devenues réellement sérieuses qu'à la suite des travaux de Lavoisier ; la simplification des matières sucrées n'a bien été étudiée que depuis le commencement du dix-neuvième siècle, en sorte que
ce n'est pas un reproche que nous entendons faire à l'art ancien, mais bien plutôt une sorte de constatation des causes de
son impuissance.

Au demeurant, chaque époque fournit une somme donnée
d'absurdités et de défaillances. L'avenir est le juge en pareille
matière, parce que, à lui seul appartient l'appréciation des
progrès accomplis par le passé. Si les anciens ne connaissaient pas les règles scientifiques de la fermentation, parce
qu'ils ne possédaient pas la précieuse ressource de l'observation microscopique, nous ne pouvons affirmer que, de notre
temps, malgré des faits acquis fort nombreux, nous soyons
exempts de certains travers. Quelle idée pourra-t-on se faire
plus tard, de notre science, lorsqu'on lira, par exemple, les
sots débats que la vanité ignorante de M. Pasteur a inaugurés,
pour se faire un piédestal et se constituer une personnalité ?
Quels services a rendus à la pratique et au but utilitaire de
l'humanité une phraséologie creuse et sans valeur, basée sur
des faits imaginaires ou mal observés ? Ce ne sera pas là,
certes, que nos arrière-neveux pourront se convaincre des
progrès accomplis par nous, des travaux exécutés de notre
temps, et de la tendance à se rendre utiles, qui distingue un
grand nombre de chercheurs contemporains. Ceux-là ne
bornent pas leur ambition à faire du bruit autour de leur
nom ; ils n'ont point pour unique préoccupation de se poser
en illustres et en célèbres ; ils recherchent le bien général. Di-
sons-le à la gloire de notre époque tant critiquée par des esprits chagrins : en dehors des clabauderies de parti et des discussions académiques, la phalange de ces artistes obscurs,
dont chacun apporte sa pierre au travail humain, est loin

d'avoir vu diminuer le nombre de ses vaillants soldats; l'armée du progrès poursuit le cours de ses victoires, sans se soucier des fanfarons de science, de leur incapacité réelle ou de leur jargon incompréhensible. Elle porte aux yeux du monde étonné le phare lumineux de la science, le flambeau du perfectionnement, dont les rayons brillent du plus vif éclat pour ceux qui savent ouvrir les yeux à la vérité et fuir les conceptions imaginaires.

Rappelons, cependant, à ceux qui seraient tentés de repousser la science des anciens et d'exagérer le mérite moderne, que nous sommes les héritiers du labeur des siècles; que, sans les travaux de nos devanciers, nous aurions produit des résultats bien mesquins, si nous n'avions pas été instruits par leurs recherches et guidés par leurs patientes expérimentations.

Les constatations, disséminées dans l'histoire de l'humanité, sur un point d'industrie ou de science, réunies et condensées, dépouillées des formules propres aux expérimentateurs, deviennent le trésor où chacun puise les matériaux d'un nouveau travail ; les erreurs mêmes , lorsqu'elles sont démontrées et reconnues, concourent à donner aux vérités une sanction plus complète. C'est dans les faits acquis par les expérimentations des alchimistes, c'est dans leurs pratiques, puériles ou rationnelles, dans leurs préjugés même, que la chimie naissante a trouvé les bases de ses procédés et de ses méthodes. Un expérimentateur a su découvrir l'inanité d'un préjugé ; un autre a constaté la valeur d'une pratique ancienne; un troisième a pu déduire une conséquence rationnelle du travail de ceux qui l'avaient précédé. C'est ainsi que se produit le perfectionnement et que s'enfante le progrès. Un homme de talent extraordinaire ou de génie apparaît de loin en loin, et le souffle puissant d'une intelligence d'élite apporte la coordination et la méthode dans les faits constatés, dans les détails admis ; il en fait ressortir des lois, basées sur l'expérience et la raison, et la science est constituée. Elle n'a pas atteint sa limite, car elle est infinie ; mais elle a reçu l'ordre de son labeur; elle est entrée dans sa véritable voie et n'en sortira plus sous l'influence du caprice des individus.

Pour toutes les sciences, pour toutes les connaissances hu-

maines, la marche suivie a été la même, malgré les fréquentes
divagations des esprits faussés ou les inepties des retardataires.
La science même, en effet, tout comme la politique, offre à
l'observation ses révolutionnaires et ses hommes bornes, ses
fous furieux et ses momies. Les enthousiastes de nouveautés
problématiques, les adorateurs du passé et les partisans de la
routine, les prôneurs d'expériences non avenues, les inventeurs d'impossibilités, les ambitieux à tout prix de célébrité
malsaine, les inutiles de toute espèce se jettent à la curée
des choses de la science et de ses applications à l'industrie,
exactement comme nous voyons tous les jours, dans l'ordre
des choses sociales, le vice, la paresse, l'ineptie, la haine, la
folie, le vol même, prendre d'assaut les places, les emplois,
les honneurs. Mais la science offre ceci de remarquable que,
malgré les efforts de tous les parasites et les mensonges des
charlatans, elle conserve intact le dépôt sacré des vérités acquises, en dégage lentement, mais sûrement, les erreurs les
mieux accréditées, et le transmet intact aux observateurs attentifs. L'or pur n'a pas été altéré par les scories et le précieux
métal reste inattaquable sous la couche d'impuretés qui le
recouvre et que le fondeur habile sait isoler et rejeter.

Pour rentrer plus spécialement dans notre sujet, nous
voyons que la distillation, laquelle n'est qu'une minime fraction des applications de la science à l'industrie, a marché
progressivement vers la vérité technique et pratique, malgré
tous les obstacles, en dépit de toutes les lenteurs.

Les faits découverts par les alchimistes ont été dégagés des
oripeaux qui les masquaient, sans que les rêveries des adeptes
aient laissé d'autres traces qu'un souvenir de curiosité. Les
propriétés chimiques et physiques de l'alcool ont été étudiées,
et ce corps remarquable a été rattaché à son véritable radical,
au sucre, dont l'étude a conduit l'alcoolisation vers les principes d'une technologie rationnelle. La connaissance du principe organique dont la décomposition donne naissance à
l'alcool a guidé vers l'étude de l'agent principal de cette décomposition. Le ferment a été étudié par des hommes sensés
qui ont fait voir la véritable nature de ce corps, son action sur
toutes les matières organiques et, notamment, sur le sucre.
La fermentation est devenue le point de départ de l'œnologie,
comme celle-ci est devenue le fondement de l'art de l'alcooli-

sateur et l'opération capitale qui domine la pratique. Le sucre, le ferment, le vin, l'alcool, tels sont les quatre termes
isolés dont l'étude technique constitue la science de l'alcoolisateur et du distillateur. Les progrès de la chimie et de la
physique ont fait table rase des préjugés et des routines, et si
quelque vaniteux cherche à faire entrer ses hallucinations
parmi les vérités acquises, le bon sens, aidé de l'observation
patiente, en fait justice. On n'en conserve que la trace historique, comme on a conservé celle de la plupart des aberrations. La vérité échappe heureusement à ces exploiteurs et
elle sait se dépouiller des accoutrements ridicules et burles-
ques dont les insensés cherchent à la couvrir.

Un cinquième terme est venu compléter l'étude de l'alcool;
la découverte de la synthèse de l'alcool par Faraday a démontré que la chimie pourra, dans un temps donné, produire l'alcool par le carbone, l'hydrogène et l'eau, et cette
notion remarquable, qui date de 1829, a déjà eu les honneurs
d'une célèbre contrefaçon, tout comme les études rationnelles
du ferment ont été remaniées, commentées et défigurées par
les inventions bizarres de M. Pasteur. Ces discussions oiseuses passeront; elles n'ont d'autre portée que la glorification
individuelle et momentanée de quelques habiles. Les faits
seuls resteront, inattaqués et inattaquables, et l'histoire con-
servera les noms honorés des vrais inventeurs de ces faits,
sans risquer de confondre les auteurs avec les copistes.

Enfin, le dernier terme de l'art du distillateur se trouve dans
l'extraction et la purification de l'alcool, dans la distillation
et la rectification de ce produit. Nous avons étudié la distillation et nous avons pu nous convaincre de ce fait que l'extraction de l'alcool et l'étude des procédés de cette extraction ont
précédé l'examen méthodique des parties plus essentielles de
l'alcoolisation. On faisait du vin, d'une manière pratique, sans
se rendre compte des causes dont on appréciait les effets. On
ne savait rien de la transformation du sucre ni de l'agent de
cette transformation; on savait seulement que le moût de
raisin, placé dans certaines conditions, se changeait en vin,
et acquérait des propriétés nouvelles. Le hasard fait découvrir l'eau-de-vie et cet événement, dont l'origine obscure se
perd dans les ténèbres des laboratoires, devient le point de
départ de recherches suivies, d'investigations raisonnées, qui

24

permettent de découvrir et d'étudier les faits, de les coordonner dans leur ordre normal. L'art de l'alcoolisateur et du distillateur a commencé par la fin, c'est-à-dire que le résultat final a été le premier l'objet d'investigations attentives. L'esprit humain a dû suivre sa marche naturelle, obéir à la loi de la curiosité inquiète qui le caractérise et se poser des questions innombrables relativement à ce fait. On retire l'alcool du vin ; mais le vin se fait avec le moût de raisin. Quelque chercheur a trouvé que, plus le raisin était doux et sucré, plus le vin qui en provient fournit d'alcool. De là, à conclure que la quantité d'alcool est proportionnelle au sucre du moût, à démontrer que *le sucre est la cause de l'alcool*, il n'y avait plus qu'un pas à franchir, et cette conclusion rentrait dans l'ordre logique de l'enchaînement des idées. Mais, si le sucre est le principe qui donne naissance à l'alcool, quel est l'agent, existant dans le moût sucré, qui peut opérer cette transformation ? La réponse à cette question ne pouvait être faite que par le secours du microscope. Elle est toute moderne, et c'est par la solution de ce problème que la série des recherches principales sur l'alcool a été complétée.

Nous avions donc raison de dire que l'art du distillateur a commencé par la fin, mais encore devons-nous ajouter que la purification du produit alcoolique ne pouvait être étudiée d'une manière bien fructueuse dans les temps, assez éloignés, où la distillation des eaux-de-vie a commencé à être pratiquée. Nous en avons donné les raisons.

On doit dire que l'étude de la rectification ou de la purification des phlegmes n'a été l'objet d'une attention sérieuse que depuis la crise de 1854. C'est, en effet, à partir de ce moment que, grâce à nos efforts personnels, à la suite de ceux de plusieurs autres spécialistes, parmi lesquels nous citerons MM. Lenormand et Dubrunfaut, les distillateurs ont compris que leur industrie n'est liée que d'une manière secondaire à la vigne ; que, pour eux, le sucre est la matière première réelle, quelle qu'en soit l'origine. De là, il est résulté la production d'une multitude de phlegmes différents que l'on a dû songer à purifier manufacturièrement, afin de pouvoir satisfaire aux exigences de la consommation et aux besoins commerciaux. On peut dire, sans crainte de se tromper, que c'est au mouvement énorme, qui a été la suite de la crise dont nous parlons, que les procédés de purification et de rectification des phlegmes ont dû leurs améliorations et les perfectionnements dont ils ont été l'objet. Les idées qu'on se faisait sur la rectification, avant cette époque, étaient encore fort vagues et fort incomplètes et bien des erreurs étaient restées vivaces, à côté de quelques principes vrais et incontestables. M. Lenormand ne parle pas de la rectification au point de vue qui nous occupe, de la purification des produits. M. Dubrunfaut, dont l'ouvrage dénote un esprit attentif, a consacré à cet objet une dizaine de pages, dont nous extrayons quelques passages saillants.

Après avoir rappelé que c'est à l'aide de la rectification que l'on parvient à élever le titre de l'alcool, l'auteur ajoute que, dans tous les appareils, toutes les dispositions qui ont pour but de déphlegmer l'alcool sont du ressort de la rectification.

« Dans les appareils simples et à chauffe-vin, on rectifie en faisant repasser successivement à la chaudière les liqueurs jusqu'à ce qu'elles soient arrivées au titre voulu, et l'on sent que, dans ce système, il faut faire d'autant plus de repasses que le le vin est plus faible, ou bien encore que l'on veut retirer l'alcool à un titre plus élevé, et *vice versâ*. Ce genre de repasses se nomme aussi *cohobations*. »

C'est bien de la rectification des anciens qu'il s'agit dans ces lignes et l'on peut se rendre compte du peu de valeur de cette opération, vue en général, par ce qui a été dit plus haut. M. Dubrunfaut fait observer que, dans l'appareil d'Adam et de Bérard (fig. 54), la multiplication des chaudières qui se chauffent, s'enrichissent et se distillent l'une par l'autre, à l'aide de la vapeur fournie constamment par l'une d'elles, est un véritable moyen rectificateur, parce que cette disposition permet d'obtenir des vapeurs alcooliques bien *plus riches*. Le *rectificateur* de cet appareil rectifie encore en déphlegmant les vapeurs qui parcourent les hélices de son serpentin et en permettant la rétrogradation des condensations faibles. Tout cela est vrai, et il en est de même dans l'appareil de Derosne. Nous ajouterons qu'il en est ainsi dans tous les appareils à colonne et dans tous ceux qui sont pourvus d'un dispositif pour l'analyse et la rétrogradation.

« Il y a donc, en pratique, dit M. Dubrunfaut, une différence remarquable entre le sens des mots *distillation* et *recti-*

fication. Rigoureusement parlant, distiller, c'est mettre du vin en ébullition et ramener les vapeurs *telles qu'il les produit* à l'état liquide, sans leur faire subir d'autre changement, ainsi qu'on le pratique dans les appareils simples et à chauffe-vin ; et l'on rectifie toutes fois que l'on isole, *à l'aide d'un moyen quelconque,* la vapeur aqueuse de la vapeur alcoolique, pour obtenir une liqueur spiritueuse plus concentrée. Telles sont au moins les distinctions que l'on établit, *dans les ateliers,* entre les mots *distillation* et *rectification ;* et, quoique ces distinctions soient d'une exactitude peu rigoureuse, nous ne devons pas moins les connaître pour entendre bien le langage reçu. »

Ceci est bien loin d'être exact, en effet, car il s'ensuivrait une contradiction entre les faits et les expressions, si l'on admettait une signification aussi vague. Disons tout de suite que la distillation consiste dans la séparation de la vapeur alcoolique du vin, quelle que soit la force du produit, et que la rectification consiste dans une seconde distillation du résultat de la première opération. Il convient de ne pas confondre l'analyse des vapeurs mixtes et la rétrogradation des condensations avec la rectification, l'analyse pouvant et devant se produire dans toute distillation bien exécutée. M. Dubrunfaut comprenait assez bien, lors de la publication de son livre, les conditions de la distillation moderne, quoiqu'il fût resté dans les errements des systèmes de transition. Ce qui le prouve, c'est qu'il déclare « que l'*esprit-de-vin* à 33 *degrés n'est que de l'eau-de-vie rectifiée,* puisqu'il n'existe pas de vin assez riche pour pouvoir, par une simple distillation, se dépouiller de son alcool au titre de 33 degrés, et, qu'avant d'arriver à ce titre, la liqueur passe à divers degrés intermédiaires, soit qu'on la déphlegme à l'état liquide, soit qu'on le fasse à l'état aériforme, suivant le système d'appareil employé. Ainsi, dit-il, on ne peut hausser le degré d'une eau-de-vie sans la *rectifier.* »

En substituant l'idée de l'analyse des vapeurs mixtes, par refroidissement graduel et rétrogradation, à celle, beaucoup trop vague, que représente ici le mot *rectification,* on comprend immédiatement le côté applicable et réel de cette question. Nous devons ajouter que l'auteur était fort partisan de ne produire des eaux-de-vie qu'à bas titre, afin de leur conserver tout leur arome. Dans un précédent paragraphe, cette idée se trouvait présentée sous le jour le plus spécieux, ce qui tenait, sans aucun doute, à ce qu'il n'existait alors aucun appareil dont les résultats fussent réguliers et dont la construction fût conforme aux principes de l'art.

Celui de Derosne même, malgré sa perfection relative, n'était pas calculé pour donner, à volonté, une richesse cherchée, et s'il donnait des forces, il ne les produisait qu'aux dépens de l'arome.

« La rectification des liqueurs alcooliques peut donc être considérée, dans l'art du distillateur, sous deux aspects différents : 1° elle sert à concentrer l'alcool ; 2° elle sert de plus à l'isoler des deux matières étrangères qui constituent spécialement les différents goûts et les différentes odeurs qu'on lui connaît ; je veux dire les huiles essentielles et les acides.

« Ainsi, cette double propriété de la rectification, ces deux effets distincts, qui sont combinés dans son travail, étant une fois bien reconnus et appréciés, il ne s'agit plus que d'en faire une application bien entendue à la pratique de l'art qui nous occupe. »

M. Dubrunfaut conseille ensuite de ne rectifier l'eau-de-vie que jusqu'au titre exigé par le commerce pour livrer ce produit à la consommation, soit 22 degrés centigrades pour le cognac et 19 degrés centigrades pour l'armagnac, lorsque l'on veut conserver l'arome et que cet arome constitue tout le mérite du produit distillé. « Si l'on voulait le rectifier à un plus haut titre, à 33 degrés, par exemple, pour le couper ensuite avec de l'eau, ces eaux-de-vie, dont l'alcool aurait subi une plus grande rectification, auraient perdu par là même une portion notable de leur huile essentielle et, par conséquent, une partie de leur arome, de leur qualité et de leur valeur.

« Il en est de même de l'*eau-de-vie de presque tous les vins de raisins* et, si les brûleurs ne se conforment pas à cette règle générale, et qu'ils transforment la majeure partie de leurs vins en trois-six au lieu de le faire *en preuve*, c'est que la consommation, pour laquelle ils travaillent, tombe plus spécialement sur les eaux-de-vie de trois-six que sur les preuves ; non pas que celles-ci aient moins de qualité, mais, je le répète, parce que les frais de transport qu'elles exigent de plus leur donnent un prix supérieur, que le commun des consommateurs ne veut ou même ne peut pas payer.

« Pour ces sortes d'eaux-de-vie, répétons-le aussi, la quantité d'acide qu'elles retiennent est si minime qu'elle n'en altère pas sensiblement la valeur, et qu'il vaut mieux, dans l'intérêt de la qualité, lui laisser cet acide que de lui enlever son arome par la rectification. »

Disons tout de suite que cette opinion n'est vraie que pour les eaux-de-vie de raisin et que, dans ce cas même, il vaut mieux distiller une première fois de façon à obtenir directement la richesse cherchée, plutôt que de se livrer à l'ennui d'une rectification inutile.

A l'égard des phlegmes de marcs, au contraire, la rectification paraît être regardée par M. Dubrunfaut comme le moyen de les débarrasser de leur arome désagréable ou de leur acide, ou de ces deux causes de mauvaise qualité à la fois.

« Pour ces sortes de vins, dit-il, il sera donc toujours avantageux à la qualité du produit d'isoler l'alcool au titre le plus élevé.

« On pourrait même, en tirant de la rectification tout l'effet qu'elle peut produire, la multiplier et la conduire de telle sorte que l'on parviendrait à dépouiller presque entièrement l'alcool de ses causes de mauvaises qualités, c'est-à-dire de son essence et de son acide. »

Partant de ce principe, l'écrivain conseille de mêler l'esprit de marc à 33 degrés avec son volume d'eau, et de le *rectifier de nouveau*. « L'alcool obtenu par cette rectification porterait déjà avec lui moins d'huile essentielle et d'acide ; et, en procédant ainsi à plusieurs dédoublements avec de l'eau pure et à plusieurs rectifications, on arriverait à un résultat tel, que l'alcool serait presque complétement isolé du goût et du parfum qui en diminuent ordinairement la valeur dans le commerce. »

Après avoir cité à l'appui de son opinion ce qui se faisait, à Paris, pour les trois-six de fécule, et donné le conseil de porter en ligne de compte la question importante des frais et du prix de revient, M. Dubrunfaut ajoute :

« On sent bien déjà, sans que j'aie besoin de le faire remarquer, combien, sous le rapport de la rectification, les appareils perfectionnés présenteraient encore d'avantages ; c'est dans ce cas surtout qu'il serait, pour ainsi dire, indispensable de les utiliser.

« Des distillateurs, conduits sans doute par des *données incomplètes* sur la théorie de leurs opérations, ont cherché à utiliser des alcalis, la potasse, la soude et la chaux, par exemple, dans la rectification de leurs eaux-de-vie ; mais je ne sache pas que ces agents aient produit les résultats attendus. D'autres encore ont employé, dans le même but, des corps terreux, tels que la pierre à chaux, le plâtre, la magnésie et l'argile ; mais je ne sache pas non plus que les efforts de ces agents aient été plus heureux, et je persiste à indiquer la rectification et la concentration de l'alcool comme le meilleur moyen que le distillateur puisse employer pour isoler l'alcool des acides et des huiles essentielles. »

On voit que M. Dubrunfaut avait plus spécialement en vue les eaux-de-vie de vin et de marc. Plus tard, lorsque ce chimiste s'occupa des alcools de betterave, il imagina de compléter l'effet de la rectification par une méthode de fractionnement des produits dont il sera parlé tout à l'heure, mais nulle part nous ne voyons consignés ou coordonnés les principes réels sur lesquels repose la purification des produits alcooliques, et qui ont été exposés précédemment. Et cependant, le travail de M. Dubrunfaut représente l'expression la plus complète et la plus rationnelle de la technologie du distillateur, à l'époque de sa publication (1824), ce qui revient à dire que la rectification n'avait encore été étudiée alors que sous quelques rapports spéciaux, et qu'elle était loin de présenter les conditions nécessaires pour surmonter les difficultés qu'on rencontre aujourd'hui dans le travail des phlegmes, c'est-à-dire des alcools qui ne peuvent être livrés à la consommation directe.

§ II. — DE LA RECTIFICATION CHEZ LES MODERNES.

Certains rectificateurs, trop nombreux encore, malheureusement, considèrent le travail de la rectification à la façon dont il était compris par les alchimistes. Pour eux, rectifier, c'est faire une repasse ; ils croient qu'en faisant de la force, ils affinent les produits, et la seule précaution qu'ils prennent consiste à faire le *fractionnement des produits*.

Cette opération est rationnelle en principe. L'application en est due à M. Dubrunfaut. En divisant les huiles essentielles en deux groupes, celles qui se volatilisent au-dessous de $+ 78°,4$ et celles qui se volatilisent à une température plus élevée que l'alcool, on comprend que l'on puisse partager le travail en trois parties distinctes. Dans la première période, toutes les essences très-volatiles s'élèvent avec un peu d'eau et une certaine quantité d'alcool; dans la seconde, l'alcool passe plus pur; dans la troisième, les essences moins volatiles s'élèvent à leur tour avec le reste de l'alcool. On a donc un moyen de purification naturel dans la séparation des produits du début et de la fin du travail; les produits intermédiaires peuvent être séparés des mauvais goûts et, à la rigueur, on peut comprendre que la répétition de ce travail sur un alcool donné conduise à l'obtention de *fins goûts*, produits par la purification des produits intermédiaires.

M. Dubrunfaut a proposé de séparer le premier quart des produits, comme renfermant les essences légères, et le dernier quart, comme infecté par les huiles moins volatiles. La réunion de ces deux quarts constitue la masse du mauvais goût. Les deux quarts intermédiaires sont de l'alcool affiné, du produit de bon goût, de 90 à 94 ou 95 degrés de force alcoolique.

On voit que la chose est très-simple en elle-même. D'un autre côté, si l'alcool affiné par une première opération est encore soumis à un travail similaire, on pourra encore séparer des essences légères et des essences lourdes, et le produit sera purifié d'autant, mais les mauvais goûts seront moins abondants, évidemment, dans ce deuxième affinage.

En moyenne, on a ainsi une moitié des produits qui est considérée comme alcool de mauvais goût, que l'on destine à des usages industriels, comme l'alimentation des lampes à alcool, la fabrication des vernis, etc. L'autre moitié est de l'alcool bon goût, que l'on emploie à faire des liqueurs communes, à pratiquer le vinage des vins, et à une foule d'autres usages. Mais la perte serait trop grande si l'on ne traitait pas les mauvais goûts pour en retirer encore une certaine portion de produits fins. En soumettant ces mauvais goûts à un nouveau travail de fractionnement, on réduit la proportion de ces produits infects, et l'on augmente la masse de l'alcool fin, en sorte que, si l'on poussait ce genre d'analyse jusqu'à ses dernières limites, on pourrait séparer, théoriquement, les essences...

Cette marche est très-facile à comprendre, et nous venons de dire qu'elle est rationnelle. Il ne lui manque que d'être complète et sérieusement appliquée.

On la complétera toujours par l'emploi d'un procédé chimique intelligent, à l'aide duquel on fera disparaître préalablement la plus grande partie des essences. On l'appliquera sérieusement si la conduite de l'opération a pour but et pour résultat certain de réduire au minimum la proportion des mauvais goûts. Il a été parlé de la purification chimique des phlegmes, et le lecteur a vu quel parti il peut tirer d'un certain nombre d'agents ou de procédés. Nous avons également insisté sur les conséquences du refroidissement et du lavage des vapeurs mixtes, sur l'importance de la rétrogradation, et sur les règles applicables au travail de la distillation. Il n'y a pas lieu de revenir sur la purification chimique des phlegmes. Quant au mode de travail même, il nous paraît utile de rappeler au distillateur les points les plus importants qui ont déjà été signalés à son attention.

Il semble démontré que, si la température du point d'émergence des vapeurs mixtes vers l'organe de réfrigération n'est pas de beaucoup supérieure à la température d'ébullition de l'alcool, les essences qui se volatilisent au-dessous de ce terme ne peuvent pas passer à la condensation. La petite portion qui sera entraînée et qui franchira le col de cygne pourra, dans toutes les circonstances, retourner aux résidus par une bonne rétrogradation, en sorte que nous ne voyons pas du tout que le fractionnement du dernier quart soit nécessaire. Ce fractionnement n'est indispensable qu'avec les appareils mal faits, dont le système d'analyse est incomplet, dans lesquels les vapeurs mixtes ne sont pas refroidies au moins à + 82 degrés. Dans ces conditions, les essences lourdes passent à la réfrigération et il convient de les séparer.

En ce qui concerne les essences très-volatiles, distillant au-dessus de + 82 degrés, on conçoit la nécessité de les isoler par fractionnement et, sous ce rapport, la méthode dont il vient d'être question est applicable de tous points, puisque ces essences doivent passer quand même dans les produits condensés. Mais encore, dans ce cas même, on peut diminuer le chiffre de la perte et réduire au minimum la quantité des mauvais goûts du premier quart. Il suffit, pour cela, d'adapter à la rétrogradation un *tube de branchement*, qui porte les premières portions des produits vers un petit serpentin particulier, et dont on arrête la fonction aussitôt que le produit passe dans de bonnes conditions, relativement au goût et à l'arome. On comprend, du reste, que l'on mette de côté tout ce qui passe au-dessous de 82 degrés de température et que les produits qui seront ainsi obtenus puissent encore être analysés par une rectification faite spécialement et à part, ce qui diminuera encore la quantité des produits de mauvaise qualité.

Ce n'est que par l'accomplissement rigoureux de ces principes que l'on peut espérer d'arriver à la purification réelle des phlegmes et nous résumons rapidement les règles à accomplir pour atteindre ce but :

1° Il est nécessaire, dans un très-grand nombre de circonstances, de faire subir aux phlegmes une purification chimique convenable, par un des moyens indiqués précédemment, que l'on devra approprier à la nature et à l'origine du produit ;

2° Les vapeurs mixtes doivent être refroidies, dans l'appareil même, au point le plus rapproché que l'on pourra de la température de l'ébullition de l'alcool. Cette simple précaution produira des forces alcooliques très-élevées, en débarrassant la liqueur des huiles moins volatiles, qui ne s'élèvent pas à la température du point d'émergence ;

3° Les produits légers, qui passent au-dessous de + 82 degrés, doivent être recueillis à part, à l'aide d'une méthode ou d'une autre, pour être ensuite soumis à une seconde analyse ;

4° Les vapeurs mixtes doivent être lavées de proche en proche.

L'observation attentive de ces règles permet de préparer des alcools très-purs avec tous les phlegmes et c'est là le point capital à rechercher dans la pratique de la rectification.

§ III. — APPAREILS DE RECTIFICATION.

Si l'on se place au point de vue de la distillation des anciens et des principes fondamentaux de l'art du distillateur, on comprend que tous les appareils puissent opérer des repasses, redistiller les premiers produits obtenus. On arrivera, par des opérations successives, avec le premier chaudron venu, à donner de la force au produit alcoolique contenu dans les phlegmes et les petites eaux ; on fera une purification partielle, puisque, à chaque repasse, il restera dans la vinasse une certaine portion des substances volatiles étrangères, c'est-à-dire des huiles lourdes. Les essences légères, très-volatiles, passeront forcément avec le produit, comme il a été dit. Ce n'est plus ainsi qu'il convient de comprendre le côté matériel de la rectification et les appareils destinés à ce travail doivent présenter certaines conditions nécessaires.

1° Les appareils à rectifier doivent analyser les vapeurs entre le point où se produit l'ébullition et celui où les vapeurs se condensent ;

2° Ces appareils doivent être construits pour opérer le lavage des vapeurs, au moins par la condensation et le retour des tubes de trop-plein ;

3° On doit toujours être à même de régulariser la température des vapeurs mixtes ;

4° La rétrogradation est une des fonctions les plus importantes des appareils à rectifier et rien ne doit être négligé pour que cette fonction s'accomplisse avec régularité.

Ces prémisses étant posées, il reste à examiner les principaux appareils distillatoires applicables à la rectification et à étudier la marche de chacun d'eux, les avantages et les inconvénients qu'ils peuvent présenter, afin que le fabricant puisse faire un choix sérieux, sans être incité par les éloges exagérés ou détourné par des critiques malveillantes.

Ajoutons encore que la distillation se pratique d'une manière intermittente, par charges successives, bien que l'on puisse, *dans certains cas*, opérer par continuité quant aux phlegmes et par intermittence quant à la vinasses.

Le lecteur qui a suivi la marche des appareils d'Adam (p. 66, fig. 24), de Bérard (p. 73, fig. 26), de Ménard (p. 75, fig. 27), d'Alègre (p. 77, fig. 28), peut facilement en comprendre l'emploi pour la rectification, sans qu'il soit utile d'entrer dans des détails oiseux, au sujet de la conduite de ces instruments, oubliés aujourd'hui, ou des changements qu'on devrait y apporter. Ces changements vont, d'ailleurs, être rendus compréhensibles par ce qui sera indiqué dans un instant, et nous ne

mentionnons ces engins que pour faire remarquer la possibilité de s'en servir au besoin.

A. *Appareil de Laugier*. — L'appareil de Laugier (fig. 91)
peut être employé très-avantageusement à la rectification des
phlegmes, pourvu qu'il soit expressément chauffé à la vapeur[1]. Les modifications à faire subir à l'appareil sont insignifiantes. Il suffit, en effet, de disposer un robinet sur le trajet

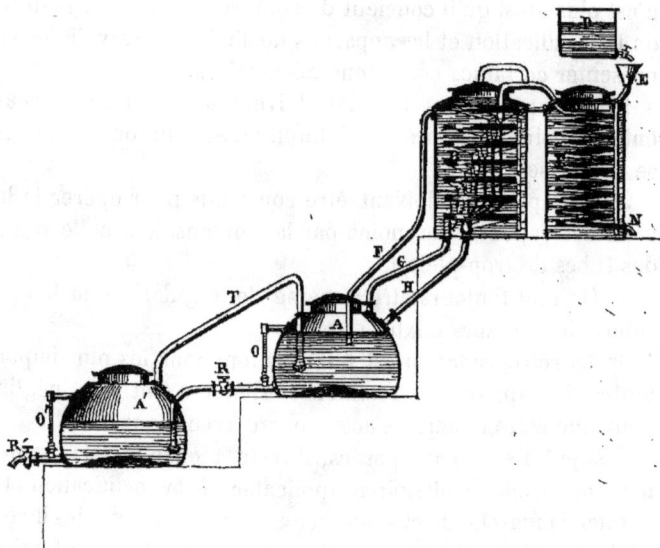

Fig. 91.

du tube F, pour le fermer à volonté, et d'adapter au haut de
l'analyseur B un tube à robinet pour la vidange de l'eau
chaude. La réfrigération se faisant par de l'eau placée dans
un second réservoir D' au lieu de vin, le travail devient très-
facile et donne de bons résultats. Nous ajouterions également
un tube de fond à robinet, entre le réfrigérent C et l'analyseur B, entre celui-ci et le tube F, pour pouvoir vider complétement le vin dans le bouilleur A, à la fin d'un travail de
distillation et avant la rectification, ce qui nous semble la con-

---

[1] Nous rappelons, dans cette étude, les figures qui représentent les appareils distillatoires utilisables en rectification, afin d'éviter au lecteur l'ennui
de recourir à ces figures et pour les mettre en regard des explications qui y
sont relatives au point de vue de la pratique du travail.

dition pratique la plus avantageuse. L'arrivée de l'eau pourrait avoir lieu de D' en C et B.

Conduite de l'appareil. — Nous supposons donc que le vin à distiller est épuisé et qu'il n'en reste plus que dans les vases B et C. Le liquide de A' étant épuisé, on le fait sortir par R' et, en ouvrant R, après avoir fermé la vidange, on le remplace par le contenu de A. On fait passer en A le vin renfermé en B, à l'aide d'un robinet de fond et par le tube F que l'on refermerait ensuite. B recevrait de l'eau froide. Après l'épuisement de A', la vidange aurait lieu comme à l'ordinaire ; on remplirait A' avec le liquide de A, et cette chaudière avec le vin de C, que l'on remplirait d'eau à son tour.

Après l'épuisement complet du liquide de A, le bouilleur et l'épuiseur seraient vidés, on y ferait passer l'eau de B et C pour les nettoyer, et l'on remplirait d'eau nouvelle ces deux organes. Tout serait prêt, dès lors, pour la rectification des produits de la distillation, ou pour celle de toute espèce de phlegmes.

On chargerait A' et A de phlegmes à rectifier, jusqu'à la ligne d'empli, soit par un bouchon établi sur le couvercle, soit par un tube d'alimentation disposé à dessein ; puis, après avoir fermé toutes les ouvertures, excepté, bien entendu, les tubes T, G, H, on introduirait la vapeur dans le serpentin de A'. La vapeur alcoolique produite, barbotant en A, produirait la rectification des liquides jusqu'à réduction à la moitié. Il va sans dire qu'un courant d'eau froide doit circuler en B et C. Lorsque la réduction à moitié serait obtenue en A', le liquide de cet épuiseur, tenant encore un peu d'alcool, serait expulsé par le robinet R', et on le ferait passer par un réfrigérent à surfaces multiples (fig. 51), plongé dans un cylindre à circulation d'eau froide. Le liquide refroidi serait réuni au vin à distiller dans la suite du travail.

A' serait rechargé avec le liquide de A et, à partir de ce moment, on ferait arriver un filet de phlegmes en A d'une manière constante, en calculant le débit sur le temps nécessaire pour réduire de moitié le volume contenu en A'.

Par cette marche très-simple, *on opérerait la rectification d'une manière continue quant au phlegme, et intermittente quant au résidu ;* il n'y aurait aucune perte de produit.

Pour atteindre un résultat parfait avec cet appareil, dans

les conditions qui viennent d'être indiquées, il importe que
l'arrivée de l'eau de réfrigération soit suffisante pour que la
température des vapeurs mixtes ne dépasse pas 82 degrés au
point d'émergence, c'est-à-dire au sommet de B.

La surface de chauffe du serpentin de A′ doit être calculée
sur le travail à produire par heure d'après les règles exposées
sur l'application du calorique à la distillation.

B. *Appareil mixte de M. Dubrunfaut.* — Cet instrument, reproduit par la figure 92, serait également d'une application
très-rationnelle à la rectification, sous la réserve de chauffer
l'épuiseur A à la vapeur. On devrait également disposer un
tube d'alimentation qui amènerait le phlegme en B. Pour l'a-
nalyseur D, qui reçoit du vin dans le travail ordinaire de la

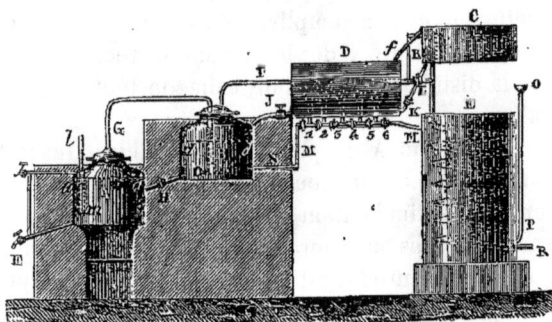

Fig. 92.

distillation, on conçoit qu'il doit être refroidi par un courant
d'eau, et que les tubes et robinets nécessaires doivent être
ajoutés dans le même but et dans les mêmes conditions que
pour l'appareil Laugier. Nous ne nous arrêterons pas à ces
détails, que le lecteur a bien saisis par ce qui précède. Il est
utile, cependant, de faire observer que cet instrument donne
une meilleure rétrogradation que l'appareil de Laugier. Avec
celui-ci, le dispositif de la rétrogradation ne permet de faire
varier les forces qu'en raison du refroidissement au sommet
de B, tandis que, dans l'appareil de M. Dubrunfaut, le tube
collecteur de la rétrogradation, étant pourvu de robinets, permet de graduer les forces au-dessous du maximum, selon le
point que l'on veut atteindre.

Il n'est pas besoin de faire observer encore que, avec cet ap-

pareil, il est possible d'opérer un travail continu quant au
phlegme, et intermittent quant au résidu, pourvu que l'on
suive la marche indiquée à l'occasion du précédent appareil.

La plupart des autres appareils mixtes ne pourraient faire
une rectification suivie et basée sur des principes acceptables
que si on les modifiait dans l'ensemble et les détails de leurs
dispositions, ce qui en ferait d'autres appareils et des engins
particuliers. Nous n'avons donc pas à insister sur les changements à leur faire subir, ni sur le degré d'utilité qui pourrait
en résulter, et nous passons à l'examen des appareils à colonne.

C. *Appareil de Cellier-Blumenthal.* — Le premier appareil
de Cellier, avec les premières modifications de Derosne (fig. 56,
p. 230), pourrait, sans doute, être employé à la rigueur, comme
instrument de rectification, si on le modifiait dans le sens indiqué plus haut et si, tout en agrandissant la capacité de la
chaudière, on ménageait une introduction pour le phlegme
vers le milieu de la colonne; mais l'instrument, transformé par
Derosne et reproduit en coupe seulement par la figure 93, se
prête beaucoup mieux au travail de la rectification, et il est
très-facile de l'approprier à un double but, de manière qu'il
puisse distiller et rectifier alternativement.

La seule modification qu'il soit nécessaire d'introduire dans
ce dispositif consiste à adapter un robinet au tube alimentaire
qui porte le vin de l'analyseur F dans la colonne D, près du
point où il sort de D. Au-dessous de ce robinet, on soude un
tube à brides et à robinet qui sert d'adducteur ou de tube d'a-
limentation pour le phlegme avec le réservoir duquel il établit une communication. Le réservoir à vin sert de récipient
à eau pour la rectification.

Les choses étant ainsi disposées, on peut procéder à la rectification à l'aide de cet appareil, soit d'une façon habituelle,
soit en alternant avec la distillation.

Conduite du travail. — Soient le réfrigérent et l'analyseur
remplis d'eau au lieu de vin ; supposons que les choses soient
disposées pour que l'on puisse faire circuler de l'eau de réfrigération en G et F, celui-ci étant muni d'un trop-plein à robinet pour l'issue de l'eau chaude. Le tube adducteur est
fermé du côté de F, évidemment, et l'on ouvre la branche qui
y a été adaptée au-dessous et qui y apporte le phlegme. Le

liquide pénètre dans la colonne D et passe en B, puis en A', le robinet de communication *a* étant ouvert.

On introduit la vapeur dans le serpentin de A, aussitôt que ce serpentin est recouvert de 10 centimètres de liquide. Lorsque le phlegme est arrivé en A à la ligne d'empli, on ferme la communication *a* et on laisse remplir B jusqu'au niveau de la

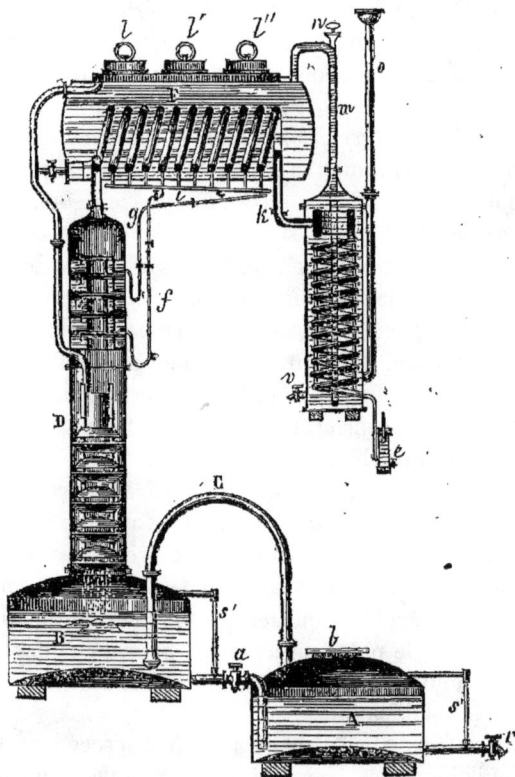

Fig. 93.

ligne de travail. On arrête alors l'arrivée du phlegme et l'opération se met en marche.

On fait fonctionner la totalité ou une partie de la rétrogradation selon la force à obtenir. La précaution capitale à prendre consiste dans un refroidissement convenable des vapeurs mixtes, qui ne doivent jamais dépasser 82 degrés dans le tube *k*.

On arrive facilement à ce résultat en réglant la quantité d'eau de réfrigération.

Lorsque A est épuisé, ce que l'on déduit de la réduction du volume du liquide, qui doit être diminué de moitié, on fait passer en A le liquide de B, sans arrêter le travail. Il suffit, pour cela, d'ouvrir le robinet de communication a, que l'on referme lorsque le niveau de travail est atteint en A. Il convient alors de faire arriver de nouveau phlegme en B, jusqu'à la ligne d'empli et, de cette manière, on peut rectifier, en une seule opération, un volume de phlegme égal au triple du volume d'une des chaudières. Le résidu est envoyé par r à travers un serpentin dans un récipient quelconque, et on le joint au vin qui doit être distillé dans une opération ultérieure.

Continuité de l'opération. — Nous avons eu, le premier, l'idée de pratiquer la rectification d'une manière continue, et nous en avons déjà dit quelques mots au sujet de l'appareil de Laugier appliqué à la rectification. Quelques explications nous paraissent indispensables pour faire comprendre cette opération, que l'on peut pratiquer avec avantage dans un grand nombre de circonstances.

Disons tout d'abord que les huiles essentielles lourdes, bouillant au-dessus de + 82 degrés, ne sont pas à redouter, puisque, par suite de la réfrigération des vapeurs mixtes, elles restent dans les résidus. Quant aux essences légères, très-volatiles, la quantité en est très-faible. Nous supposons que les phlegmes ont été soumis à un traitement chimique qui les a éliminés à peu près entièrement. D'un autre côté, si l'on veut les faire disparaître, il suffit de prendre une précaution à l'aide de laquelle la condensation se produit dans deux serpentins différents. Du tube k, par exemple, au point où il sort de F (fig. 94), on fait partir un tube qui communique avec un second serpentin. Les vapeurs mixtes les plus riches en essences très-volatiles présentent une tension plus considérable que les vapeurs alcooliques et, pendant que celles-ci, plus denses, plus près de leur point de condensation, continuent à suivre k, les premières s'engagent dans le second serpentin, où elles se condensent. On peut donc surmonter l'obstacle qui résulte de la présence de ces essences, dans le cas où elles n'auraient pas été entièrement éliminées. A vrai dire, ce luxe de précautions ne nous paraît pas indispensable, car, après une purification préalable, il ne reste dans les phlegmes que des proportions peu importantes d'éthers ou d'essences légères. Il serait encore plus simple de s'en débarrasser en faisant une double rectification. Dans une première opération, qui pourrait être continue, on se bornerait à vaporiser deux ou trois centièmes de la masse, et le produit contiendrait toutes les essences légères dont nous parlons. Le phlegme, ainsi dépouillé de ces produits très-volatils, passerait directement dans une seconde colonne à rectifier, où il abandonnerait son alcool. On pourrait encore le refroidir dans un serpentin, afin de lui faire subir un traitement définitif, si l'on ne voulait pas faire la dépense de deux appareils ; mais, dans ce cas, la dépense en combustible serait augmentée.

Cette série de considérations nous a conduit à une modification importante dans le travail de la rectification. Partant de ces points admis que les essences légères s'élèvent au-dessous de $+82$ degrés, que les essences moins volatiles sont retenues dans les résidus par l'effet normal de la réfrigération des vapeurs mixtes et de la rétrogradation, nous ne faisons arriver dans la colonne à rectifier que les phlegmes dépouillés des essences légères, par leur passage dans un appareil de transition, intermédiaire, où les liquides ne séjournent que le temps nécessaire à cette purification partielle. Nous indiquons, plus loin, le dispositif que nous adoptons dans ce but.

Du moment où l'on est assuré de pouvoir isoler les essences légères et de retenir les essences lourdes dans les résidus, il n'y a plus d'obstacles qui s'opposent à la continuité de la rectification. Le seul point sur lequel on pourrait élever quelque discussion serait l'épuisement du phlegme-résidu, que l'on peut considérer comme renfermant encore une certaine proportion d'alcool (7 à 10 pour 100), mélangé à des principes étrangers et, notamment, à des essences moins volatiles que l'alcool. L'objection tombe d'elle-même devant la facilité avec laquelle les résidus sortant d'un bouilleur épuiseur peuvent être refroidis, pour être réunis aux vins à distiller, ou pour être épuisés seuls par une distillation à part.

La dépense en combustible qui résulte de cet épuisement est largement compensée par la plus-value des produits et par l'obtention de la totalité d'alcool à l'état de fin goût; mais on peut même fort aisément se soustraire à cette augmentation de frais, lorsque le travail est régulier et que l'on pratique, à la fois, la distillation et la rectification des phlegmes obtenus. Pour comprendre cette manœuvre, il suffit de supposer l'appareil de rectification placé en contre-haut de la colonne à distiller, de manière que les phlegmes, imparfaitement épuisés, puissent être envoyés dans l'appareil distillatoire producteur de phlegmes, au fur et à mesure de leur sortie par le robinet *r*. Il est clair, d'autre part, que les surfaces de l'appareil à distiller sont calculées en conséquence.

Prenons quelques chiffres pour élucider la question et lui donner toute la clarté désirable.

Soit un travail de distillation de 1 000 litres par heure, agissant avec des vins à 5 pour 100 de richesse et + 25 degrés de température, par lequel on produit des phlegmes à 50 pour 100.

Soit encore une rectification courante produisant, par heure, 5 hectolitres de 90 degrés, par le traitement de 1 000 litres de phlegmes à 50 degrés, dans le même temps, ces phlegmes provenant, en partie, d'achat, et de la distillation de l'usine pour le reste. Il est clair que, si l'on retire de ces phlegmes 5 hectolitres d'alcool à 90 degrés, on devra faire retourner à la colonne distillatoire 500 litres de résidus non épuisés, *bouillants*, que nous supposerons à 10 pour 100 de richesse, et qui renferment 450 litres d'eau et 50 litres d'alcool.

Or, ces résidus sont en pleine ébullition et il n'y a pas lieu de compter le calorique d'ébullition, puisque cette dépense incombe à la rectification. On aura :

1° Pour la distillation des 1 000 litres de vin à + 25 degrés de température initiale :

Calorique dépensé.

Ebullition	de 950 litres d'eau.	71 250 calories.
—	de 50 litres d'alcool.	1 396 —
Vaporisation	de 50 litres d'eau.	26 850 —
—	de 50 litres d'alcool.	13 500 —
	Total. . . .	112 796 calories.

2° Pour l'épuisement des 500 litres de résidus provenant de la rectification :

Calorique dépensé.

Vaporisation de 50 litres d'eau.		26 850 calories.
— de 50 litres d'alcool.		13 500 —
	Total.	152 946 calories.

En comptant un minimum de 40 000 calories transmises par mètre carré et par heure, il faudrait, pour la distillation du vin seul, une surface de chauffe de $2^{mq},8199$. L'épuisement des résidus exige $1^{mq},0037$ de surface de chauffe de plus, en sorte que, dans les conditions du problème, une surface totale de $3^{mq},8236$ sera suffisante pour la distillation et l'épuisement.

Ce qui précède étant bien compris, il est évident que l'on n'aura à dépenser, en plus, en procédant ainsi, que le combustible nécessaire pour vaporiser 45 litres d'eau, c'est-à-dire une quantité insignifiante, et que les avantages résultant de cette combinaison seront traduits, à très-peu près, par du bénéfice absolu.

La marche à suivre est fort simple, même avec les appareils à bouilleur et épuiseur, comme l'appareil de Laugier, l'appareil Dubrunfaut ou l'appareil Derosne (fig. 93). Le phlegme, dépouillé des essences légères, arrive en B dans la proportion nécessaire pour couvrir le barboteur, et l'on fait remplir A à la hauteur de la ligne de travail. On arrête l'arrivée du phlegme et l'on introduit la vapeur en A. Lorsque le liquide de ce vase épuiseur est réduit à la moitié de son volume initial, on ouvre de nouveau le robinet qui amène le phlegme, de manière à en introduire de 16 à 17 litres par minute, en adoptant le chiffre de travail indiqué ci-dessus. On ouvre de même *a* et la vidange *r* qui communique avec la colonne à distiller, mais on ne leur donne qu'un débit moindre de moitié, ce qu'il est facile de régler avec des pressions constantes et l'emploi de robinets à indicateur.

Les distillateurs praticiens verront aisément les immenses résultats qui ressortent d'une méthode aussi facile, que l'on peut appliquer, même lorsqu'on ne produit pas soi-même de phlegmes. Il suffit, en effet, dans ce cas, d'annexer au rectificateur une petite colonne épuiseuse pour le travail des 500 litres de résidus, laquelle n'aurait besoin, dans le cas supposé, que de présenter une surface de chauffe de $1^{mq},0037$. Le phlegme qui en est le résultat ($= 100$ litres à 50 degrés) rentre simplement dans le travail courant.

La modification de l'appareil Derosne, par M. Dubrunfaut (p. 242, fig. 61), ne nous paraît pas utilisable pour la rectification.

La colonne Champonnois n'est et ne peut être qu'un appareil à phlegmes, à moins qu'elle ne soit changée du tout au tout ; enfin les appareils distillatoires du système Savalle ont été créés spécialement pour faire des forces très-basses, au-dessous de 50 degrés, et exigent la présence auxiliaire d'un appareil rectificateur.   ·

Cela, du reste, est fort compréhensible pour les appareils Savalle, dont le but est de faire beaucoup, bien que le résultat ne réponde pas à la grandeur ni au prix de ces machines. Il n'y a pas une réfrigération suffisante et raisonnée des vapeurs mixtes ; la rétrogradation, très-insuffisante, ne se fait que par le retour du *brise-mousses ;* enfin, il n'y a rien dans ces instruments qui soit prévu dans un but de purification et d'obtention de force alcoolique. L'étude du procédé de rectification du constructeur doit donc être renvoyée à celle de son appareil rectificateur.

D. *Appareil Egrot.* — Un nombre plus considérable de plateaux dans la colonne C, plus de capacité en A, quelques dispositions pour opérer la réfrigération à l'eau, une fermeture à robinet sur le siphon *a*, telles seraient les principales modifications à l'aide desquelles on pourrait faire, de l'appareil d'Egrot (fig. 73), un assez bon rectificateur, à travail intermittent.

E. *Appareil Dreyfus.* — Cet instrument peut donner des forces assez considérables et produire une bonne rectification. Nous le reproduisons en élévation par la figure 94 ci-après.

Au fond, l'appareil Dreyfus peut être considéré comme un rectificateur à travail intermittent. La colonne est à calottes. Les deux rétrogradations *m,n* sont peut-être insuffisantes pour atteindre la force de 94 à 95 degrés, mais rien ne serait si simple que d'adapter deux autres tubes de rétrogradation aux cylindres réfrigérants supérieurs. Il va sans dire que la réfrigération doit se faire à l'eau.

Le cylindre de l'appareil, le bouilleur, est chargé de phlegmes jusqu'à la ligne d'empli, et l'on introduit la vapeur. On met de côté les premières portions du produit jusqu'à ce que le goût soit satisfaisant ; puis on recueille, comme alcool affiné, tout l'alcool qui passe jusqu'à ce que la qualité présente une tendance à diminuer. On met alors à part les dernières portions pour les joindre aux premières, et les traiter ensuite dans un but d'épuisement et de purification.

On voit que les instruments de ce genre représentent le type élémentaire, le plus commun et le plus vulgaire, des appareils de rectification. Leur action se borne, en effet, à une *redistillation* du produit primitif, dans les conditions d'un appareil

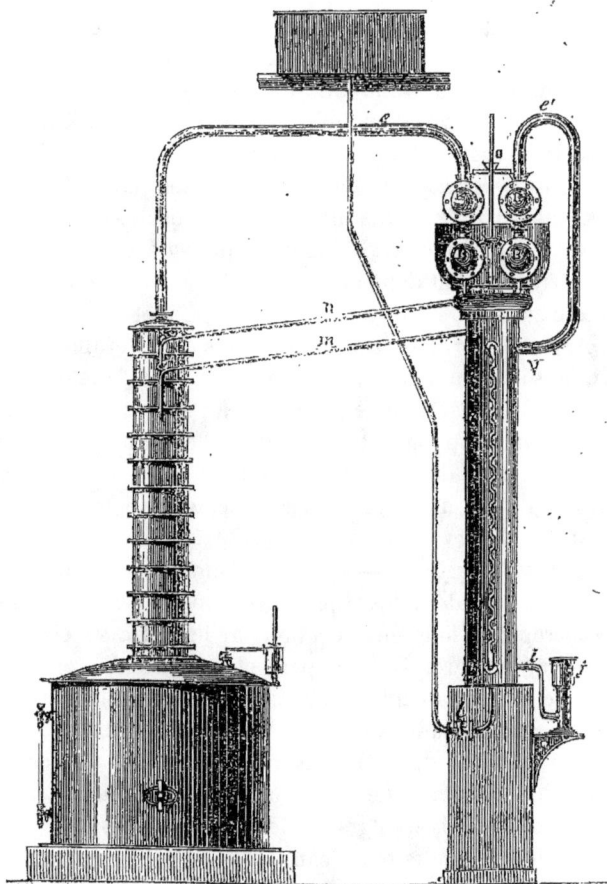

Fig. 94.

de Woolf. Ils ne peuvent atteindre une certaine amélioration que par la distance entre le foyer producteur du calorique, ou le serpentin de transmission, et le point d'émergence au col de cygne. Cette distance est, en effet, la seule cause de réfrigération et d'analyse des vapeurs mixtes. Lorsqu'on y joint un peu de rétrogradation, on peut arriver à faire à peu près ce que l'on produirait avec tout ce qu'on voudrait employer ; on a l'appareil à rectifier, dont nos chaudronniers ont exagéré la hauteur jusqu'à des limites ridicules.

Quoi qu'il en soit, la colonne Dreyfus n'est pas plus mauvaise que toute autre. C'est la colonne de tout le monde, augmentée du système particulier de réfrigération des inventeurs et, dans ces conditions, elle produit d'aussi bons résultats que le phénomène Savalle, dont il sera question tout à l'heure.

L'ennemi, en distillerie, c'est la vantardise inutile. Or, avec une colonne comme celle dont nous parlons, il n'est pas possible de venir faire de mensonges au public. On sait à quoi l'on a affaire, ce à quoi l'on peut prétendre, ce que l'on peut espérer ou craindre. Il n'en est pas toujours de même avec certaines choses que l'on encense outre mesure ; qui sont, au fond, la propriété de tous ; qui ne se distinguent que par des sottises ou des inutilités, parmi lesquelles le praticien a bien de la peine à se reconnaître, s'il n'est pas très-versé dans la connaissance des principes scientifiques relatifs à sa profession.

Prendre la colonne de la figure 93, lui donner la hauteur d'un troisième étage, y adjoindre quelques brise-mousses, un régulateur, si l'on veut, faire quelques modifications dans la tuyauterie et les robinets, sans raison technique, seulement pour différencier un chaudron d'avec un autre, afin d'en revendiquer la propriété, tout ce tripotage nous paraît être de la chaudronnerie au petit pied, mais ce n'est pas de l'application scientifique.

Nous signalons le piége ; c'est aux fabricants à ne pas s'y laisser prendre.

F. *Appareil Lacambre.* — Il nous semble bien difficile que cet appareil (fig. 75, p. 276) puisse être appliqué avec succès à la rectification.

La raison de ce jugement se trouve précisément en ce que la colonne de M. Lacambre est à barbotage ; il a fallu en faire un mât, pour amener les vapeurs mixtes à une certaine atténuation vers le point d'émergence et, dans une saine pratique, cette colonne, telle qu'elle est, ne peut donner des résultats avantageux en rectification.

Disons tout de suite cependant que M. Lacambre, ayant adopté l'emploi de l'organe analyseur à serpentin couché de Cellier et de Derosne, il peut faire une rétrogradation aussi parfaite qu'on peut le désirer. Nous ne critiquons pas non plus son réfrigérent et le seul reproche que nous fassions à l'appareil de l'écrivain belge, au point de vue de la rectification, gît dans la disposition des plateaux de la colonne, dont la figure 77 donne l'idée technique.

Nous redouterons toujours, en rectification, tous les appareils où il se fera de la pression, tous ceux dans lesquels la réfrigération et le lavage des vapeurs mixtes ne sont pas calculés avec soin, et l'appareil belge, bien qu'il soit construit avec tous les éléments nécessaires à un bon instrument, n'est pas à conseiller aux praticiens, au moins jusqu'à ce que l'inventeur ait complétement transformé ses plateaux.

G. *Appareil Basset*. — Cet instrument a été constitué pour donner des forces et rectifier dans la distillation même. Il y a cependant des cas où il est indispensable de faire subir aux produits une nouvelle distillation et les dispositions de cet instrument se prêtent à ce travail d'une façon remarquable. Nous les rappelons par la coupe verticale de la figure 95.

Nous sommes fort à l'aise pour parler de cet appareil, bien qu'il soit nôtre, par la raison qu'il ne s'agit, dans cette étude, que des machines en elles-mêmes, et des règles de technologie auxquelles elles doivent répondre.

Or, l'appareil ci-dessus, distillant du vin à 1 degré de force, fait du 80 degrés. Le vin à 5 degrés donne du 95 degrés avec un peu d'attention. Voilà pour la force. Quant à la pureté des produits, il se présente trois cas principaux, qui offrent une certaine influence sur les produits, avec tous les appareils du monde, et celui-ci n'échappe pas à cette action. Ou bien on pratique la rectification, en même temps que la distillation, par une seule et même opération; ou bien on rectifie à part les produits obtenus par une distillation préalable, et l'on fait de la rectification par charges intermittentes, ou de la rectification continue quant aux phlegmes et intermittente quant aux résidus.

Il est bon d'examiner comment l'appareil dont il s'agit se comporte dans ces différentes circonstances.

1° Dans le cas où la distillation est faite de manière à obte-

nir des forces et à éviter une rectification ultérieure, il est évident que les huiles essentielles lourdes, moins volatiles, sont
séparées avec les vinasses. Les essences plus volatiles ou aussi
volatiles que l'alcool passent avec ce produit, ce qui tient à la
continuité de l'opération, puisque, par le fait même de cette
continuité, on ne peut séparer ces essences des produits que

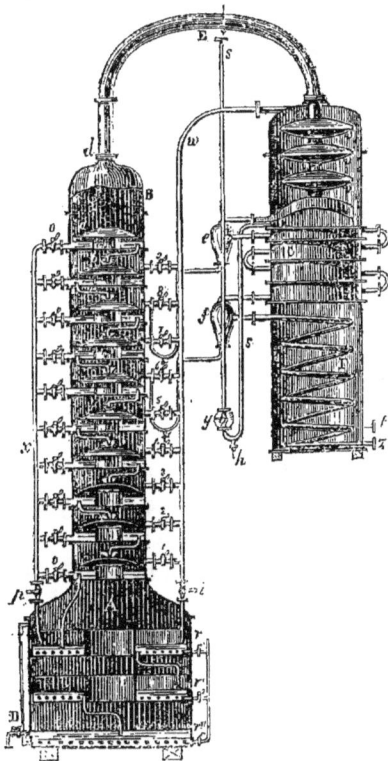

Fig. 95.

par l'adjonction d'un second serpentin, comme il a été dit
plus haut.

Ce défaut ne peut être conjuré dans l'état actuel de la distillation et, s'il est vrai qu'il est plutôt avantageux que nuisible, lorsqu'on traite des vins qui fournissent des eaux-de-
vie ou des esprits d'un arome agréable, comme les vins de
raisin, de fruits, de vesou, de mélasse de cannes, il faut convenir de ceci que, dans la distillation des vins qui fournissent

des phlegmes, la présence des essences légères force à une rectification ultérieure.

2° Dans le cas de la rectification par charges intermittentes, en agissant sur des phlegmes donnés, on introduit les phlegmes en A, jusqu'au niveau de la ligne de travail, et l'on fait arriver la vapeur dans les trois serpentins à la fois. Aussitôt que les serpentins sont couverts, on introduit la vapeur. Lorsque, par les progrès du travail, le liquide se trouve réduit au niveau du serpentin supérieur, on ferme l'entrée de la vapeur dans ce serpentin. On agit de même pour celui du plan suivant, etc.

La surface de chauffe étant trois fois au moins plus considérable que dans les appareils ordinaires de même diamètre, il en résulte que l'opération demande trois fois moins de temps au maximum.

Dans ce mode, on n'a pas à redouter les essences lourdes, qui restent en A. Les produits en sont débarrassés par un refroidissement progressif et un lavage méthodique; on bénéficie de la rapidité du travail dans des conditions inconnues jusqu'à présent, mais, une partie des essences légères n'étant pas retenues, il convient de fractionner la première portion des produits condensés. Le chiffre de ces bas produits, que l'on peut faire rentrer dans le travail, dépasse rarement 2,5 pour 100 du vin ou 5 pour 100 des phlegmes.

On peut du reste éviter ce léger inconvénient par l'adoption de dispositions spéciales indiquées plus loin, mais il est indispensable de faire voir les diverses conditions du travail.

3° On peut opérer d'une manière plus rationnelle encore. Les phlegmes étant purifiés chimiquement, *s'il y a lieu*, on les fait arriver dans le chauffe-vin, au lieu d'eau. Le tube u sert à les introduire dans la colonne par le robinet q correspondant aux forces les plus élevées, et le débit est gradué selon la surface de chauffe à raison de 25 litres par minute, si l'appareil est construit pour 1 000 litres de vin par heure. Lorsque le phlegme arrive sur le premier plan de A, on y introduit la vapeur et l'on agit de même sur les plans au-dessous et sur le fond. L'élévation des vapeurs alcooliques se fait aussitôt et la distillation commence au bout de quelques minutes et l'on ouvre les rétrogradations. Lorsque le bouilleur A est rempli au niveau de la ligne de travail, on arrête l'arrivée du phlegme et l'on continue à distiller jusqu'à ce que le liquide de A soit tout à fait épuisé d'alcool.

Dans cette condition, on sépare facilement les huiles légères, très-volatiles ; mais on ne le fait que selon les besoins, puisqu'il est des produits dont les essences constituent le principal mérite. Un tube abducteur de vapeur part du sommet du chauffe-vin et se continue avec un petit serpentin placé de l'autre côté [1]. Le phlegme arrive dans le chauffe-vin vers la température de + 85 degrés avant de passer dans la colonne et les vapeurs d'essences légères sont éliminées et condensées. Lorsque l'on arrête l'arrivée du phlegme, on dirige les condensations du chauffe-vin, qui ne sont plus infectées d'essences légères, vers une des bouteilles de rétrogradation à l'aide d'un tube abducteur particulier. Après l'épuisement complet du liquide de A, on ferme les arrivées de vapeur et le résidu est rejeté afin que l'on puisse procéder à une autre opération.

C'est ce troisième mode que nous préférons, *lorsque la rectification est nécessaire,* par suite des mauvais goûts des phlegmes ou des esprits obtenus par un premier travail. En effet, par cette marche simple et rapide, on fait près de trois fois plus de produit, dans l'unité de temps, que par tout autre instrument de section égale, on élimine les huiles lourdes et les essences très-volatiles, et la quantité traitée, en une seule opération, est au moins égale à une fois et demie le volume du bouilleur A. Cette méthode permet de se dispenser très-souvent de l'acquisition de rectificateurs spéciaux, ce qui est à considérer dans les établissements de moyenne importance, tant à raison des frais d'acquisition que de ceux d'entretien et de main-d'œuvre.

Appareils rectificateurs proprement dits. — Dans cet ordre d'idées, comme dans ce qui se rattache à la distillation des phlegmes, les chaudronniers ont fourni le curieux spectacle de la course la plus vagabonde. C'est à qui d'entre eux se posera, le plus majestueusement, en vainqueur et en conquérant dans cette lutte risible, où tous les efforts tendent à se copier mutuellement sans trop faire crier le public, d'un côté, et ceux à qui l'on emprunte, de l'autre. Depuis que la colonne de Cellier-Blumenthal est devenue une propriété commune,

---

[1] Ces organes ne sont pas visibles sur la figure.

que les modifications de Derosne sont tombées dans le domaine public, on ne peut imaginer les façons bizarres dont
les dispositions en ont été reproduites, modifiées, torturées,
par des gens étrangers à tout ce qu'il y a de plus élémentaire
en chimie et en physique. C'est à n'y rien comprendre, et l'on
entend, tous les jours, des distillateurs, parlant de leur colonne à rectifier, *système tel ou tel*, se vanter avec emphase des
qualités spéciales de cet engin. Ils seraient fort empêchés,
sans doute, d'expliquer le pourquoi et le parce que de ces
admirables qualités. Dans tous les cas, ils sont assez embar-
rassés lorsqu'on leur fait voir, pièces en mains, que la colonne
spéciale dont ils se parent n'est qu'un pastiche de la colonne
de Derosne, un replâtrage de la colonne ordinaire, dont on a
su, plus ou moins habilement, masquer les formes habituelles
ou les détails connus.

Nous ne perdrons pas le temps du lecteur par la description
futile de toutes ces belles choses que nous devons à l'imagination des constructeurs. Sans renvoyer impoliment ces messieurs à la pratique consciencieuse du métier pour lequel ils
sont faits, sans même songer à prétendre qu'ils sont incapables d'en sortir par des créations raisonnées, nous leur conseillerons, en toute liberté, d'apprendre d'abord ce qu'ils
ignorent avant de penser à devenir des inventeurs. Nous les
engagerons surtout, pour l'honneur de l'industrie française,
à cesser de pratiquer le plagiat et la contrefaçon avec autant
de désinvolture ; nous leur dirons que, lorsque l'on construit la
colonne de Cail, par exemple, comme on en a le droit, il est
plus honnête de le dire que de faire croire aux acheteurs
qu'il s'agit d'une machine particulière, à soi, pourvue de
toutes les qualités possibles.

Nous décrivons seulement la *colonne Derosne*, connue encore
sous le nom de *colonne Cail*, la *colonne Savalle* et la *colonne Lacambre*. Nous compléterons cette étude de la rectification par
l'examen des dispositions que nous adoptons pour la rectification ordinaire et pour la rectification continue.

H. *Appareil rectificateur de Derosne.* — La figure 96 donne
la vue en élévation de l'appareil à rectifier de Derosne. Cette
colonne est parfaitement identique avec ce que l'on appelle
encore *colonne de Cail*, bien que la maison Cail ait eu grand
soin de ne pas amoindrir ou détériorer cet instrument par des

modifications intempestives. Les chaudronniers qui construisent cet appareil ne s'écartent jamais d'une manière notable du type laissé par Ch. Derosne, et le modèle ci-contre, représentant une construction d'Egrot, n'offre aucune différence essentielle avec l'ancienne construction, au moins à l'extérieur. Les détails intérieurs de la colonne de Derosne

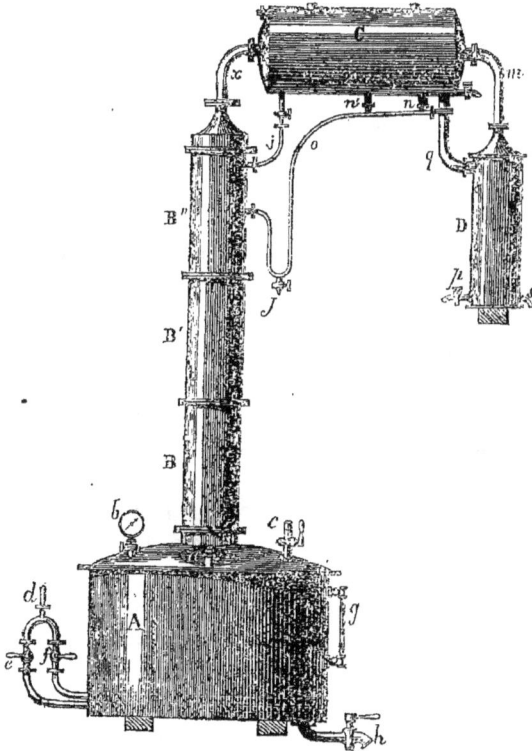

Fig. 96.

sont absolument identiques à ceux de l'appareil à distiller (fig. 89). Quelques-uns remplacent les calottes de Derosne par d'autres, plus bombées ou plus aplaties, pleines ou à jours, sans que ces petites modifications apportent un changement appréciable dans le résultat du travail. Il nous semble donc parfaitement inutile de nous arrêter à ces détails.

La chaudière A est un bouilleur à serpentin, dans lequel la vapeur pénètre par d; la vidange se fait par le robinet h;

g est l'indicateur de niveau, *b* un manomètre indiquant la pression et *c* un robinet à air. Une ouverture, fermée par un bouchon à vis, par laquelle on introduit les liquides, occupe le milieu du couvercle, sur lequel s'élève la colonne.

Nous ferons observer, en passant, que le couvercle est beaucoup trop surbaissé dans la figure 96 et que cette circonstance nuit à la solidité.

Ajoutons encore que la colonne n'est pas d'un diamètre suffisant, relativement à celui du bouilleur, ce qui est une faute d'exécution assez capitale. Il importe que les vapeurs puissent s'élever librement, se dilater au-dessus de chaque plateau et y rencontrer un milieu condenseur aussi actif que possible.

La construction de Derosne est bien indiquée par la figure 93. Dans la construction Egrot, toute la colonne est remplie par vingt-quatre cases, avec cheminée centrale, recouverte par une sorte de chapeau, formant calotte, sous lequel pénètrent les vapeurs ascendantes, lesquelles doivent barboter dans la condensation pour passer dans la case.

C'est la même disposition que celle de la partie supérieure de la colonne de Derosne (p. 238).

Les tubes de trop-plein sont assez bien établis, car leur niveau supérieur est à peu près dans le même plan que le niveau inférieur des calottes, ce qui diminue la pression due au barbotage.

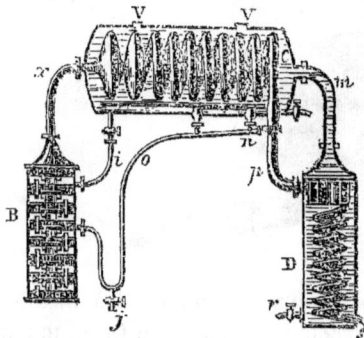

Fig. 97.

Les vapeurs qui parviennent au sommet de la colonne passent par le col de cygne *x* et entrent dans l'analyseur C, renfermant un serpentin renversé et deux lentilles (fig. 97). Ces lentilles et les spires communiquent, par leur partie inférieure, avec un collecteur, qui porte la condensation dans le tube de rétrogradation *on* et la fait retourner à la colonne B. Les vapeurs non condensées poursuivent leur chemin vers le réfrigérent D et le produit condensé s'écoule par *s*.

Valeur de l'appareil Derosne. — La colonne de Derosne est un rectificateur à charges intermittentes. La condensation se faisant parfaitement bien dans l'analyseur C, on peut obtenir une très-bonne rétrogradation et cette fonction est essentielle pour l'obtention de forces élevées et de produits purifiés. On ne peut compter, en effet, sur une réfrigération suffisante des vapeurs mixtes dans la colonne même, qui n'est pas disposée pour produire cet effet, et si la rétrogradation n'était pas très-complète, on risquerait fort de ne pas obtenir le maximum de la force cherchée.

Dans les conditions de son installation habituelle, cette colonne fonctionne très-bien et donne des forces élevées. La purification des produits exige que l'on ait recours au procédé du fractionnement.

Somme toute, cet appareil est un bon instrument dans les limites qui viennent d'être indiquées, et la meilleure preuve de ses qualités réelles, en tant qu'appareil à travail intermittent et à fractionnement, se trouve dans l'empressement que tous les chaudronniers, en Europe, ont mis à le copier et à le contrefaire. On peut faire mieux, sans doute, même en conservant les dispositions principales du type, et il suffirait de bien peu de chose pour changer l'intermittence en continuité. Si le chauffe-vin G renfermait du phlegme au lieu d'eau, le tube *m* étant fermé, un tube abducteur supérieur pourrait conduire, dans un petit condenseur, les essences très-volatiles. L'alimentation de la colonne pourrait se faire par *i* et l'on pourrait annexer un épuiseur au bouilleur, de manière à pouvoir refroidir les résidus pour les faire rentrer dans le travail, ou à les diriger immédiatement, et à mesure de leur sortie, dans un appareil de distillation.

Si nous insistons sur ces divers points, c'est que notre but est avouable et qu'il peut s'exposer nettement. Par le fait même de l'impression de cet ouvrage, nous mettons un obstacle à la cupidité de ces raccommodeurs de procédés et d'appareils qui sont toujours à la recherche d'une occasion. Le fabricant, se rendant un compte précis de ce qu'il peut obtenir par telle modification apportée à tel instrument, saura que l'emploi de cette modification lui appartient et qu'on n'a pas le droit de s'en servir pour l'exploiter. Dans tous les cas, les inventeurs de choses connues seront obligés de travailler pour chercher autre chose et, peut-être, trouveront-ils quelque chose de passable, s'ils sont désormais contraints de s'arrêter devant la propriété incontestable de tous.

I. *Appareil rectificateur, système Savalle.* — La figure 98 représente l'appareil rectificateur du système Savalle.

Nous sommes ici en présence d'un appareil mieux conçu,

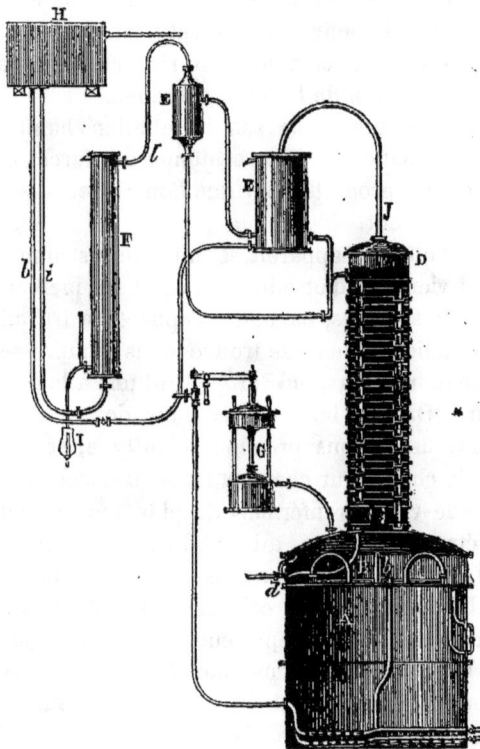

Fig. 98.

dans son ensemble, que la machine distillatoire du même constructeur.

Pour nous, le rectificateur Savalle est un bon instrument, lorsqu'il s'agit de faire des masses. Il produit des forces, non pas grâce à sa construction, qui est fautive en plusieurs points, mais par suite d'un artifice assez ingénieux que nous signalerons. La pureté du produit n'a rien d'extraordinaire, bien qu'elle soit plutôt dans la bonne moyenne que dans une condition pire. Enfin, ce dont nous ferions volontiers un objet d'éloges, cet appareil complète un système, dans lequel on peut remarquer une idée de coordination et un but d'ensemble, ce qu'on ne trouve pas dans les productions habituelles des chaudronniers. Ce que nous venons de dire ne nous empêchera pas de signaler les erreurs de l'appareil Savalle, tant s'en faut ; mais nous tenons à constater que, malgré ces erreurs, nombreuses et essentielles, le système Savalle peut compter en distillerie, moins que ne le prétend l'inventeur, évidemment, mais plus que ne le disent ses détracteurs.

Afin d'être plus libre dans nos observations, nous empruntons au *prospectus* une description due à la plume de M. J.-A. Barral :

« On sait que la rectification de l'alcool est une opération plus compliquée que la simple distillation ; car, tandis que, par la distillation, on se propose seulement de séparer l'alcool de la plus grande partie de l'eau avec laquelle il était mélangé dans le jus fermenté, il faut, dans la rectification, le séparer encore de toutes les matières volatiles étrangères qui ont été entraînées dans la première opération.

« La figure explique les différentes parties de l'appareil de rectification de M. Savalle. En voici la légende :

« A, B, chaudière à deux compartiments, contenant un serpentin de chauffage et une couronne de vapeur.

« D, colonne composée d'un certain nombre de *plateaux perforés ; les vapeurs alcooliques y traversent*, en montant dans la colonne, à chaque disque, *des passages de vapeur différents, et y font bouillir une couche de liquide maintenue sur chaque plateau.* Ce liquide alcoolique descend de plateau en plateau, en se déversant par les trop-pleins *f* et les boîtes *g*.

« E, condenseur tubulaire.

« F, réfrigérent tubulaire.

« G, régulateur de vapeur, réglant à *un millième d'atmosphère*.

« H, réservoir d'eau froide.

« I, éprouvette recevant les produits, construite sur un *nouveau principe :* elle indique au distillateur le volume d'alcool qui y passe, son degré et sa température.

« Le fonctionnement de l'appareil a lieu de la manière sui-

26

vante : le compartiment inférieur de la chaudière A étant empli de phlegmes à rectifier, on porte ces derniers à l'ébullition en introduisant la vapeur du générateur dans le serpentin de chauffage ; les vapeurs alcooliques traversent le double-fond, emplissent la deuxième chaudière B, et montent à travers les plateaux de la colonne.

« A ce moment, on ouvre le robinet d'eau *b*, pour établir l'alimentation d'eau froide au condenseur. Les vapeurs alcooliques qui sortent de la colonne D entrent au condenseur tubulaire E, s'y condensent, et retournent, sous forme de liquide, garnir successivement tous les plateaux de la colonne ; ceux-ci étant chargés d'alcool, *on diminue, en fermant partiellement le robinet* b, *l'alimentation d'eau froide, au condenseur, de manière à ne plus condenser que les deux tiers environ des vapeurs alcooliques qui y arrivent.*

« Ces deux tiers de condensation retournent dans la colonne, parcourent successivement tous les plateaux, et descendent, par le tube *e* et le robinet *d*, charger le deuxième compartiment de la chaudière. Les vapeurs sortant de la chaudière inférieure sont ainsi purifiées et condensées partiellement dans le deuxième compartiment avant de monter dans la colonne.

« Les vapeurs non condensées dans le condenseur se rendent dans l'analyseur, y déposent les parties aqueuses qu'elles auraient entraînées, et passent de là au réfrigérent F.

« Les premiers produits obtenus sont éthériques et de mauvais goût ; ils sont mis à part ; l'alcool qui arrive ensuite est à un haut degré, 95 à 97 degrés centésimaux, et est de bonne qualité.

« Pendant toute l'opération, le fonctionnement reste régulier, par l'emploi du régulateur de vapeur G, qui, en maintenant une *pression de vapeur* toujours identique dans l'appareil, conserve un débit constant de cette vapeur, par les ouvertures fixes qui lui sont assignées dans la colonne ; la production est ainsi régulière.

« Sur le compartiment supérieur de la chaudière se trouve un thermomètre à vapeur, qui indique, par ses degrés, le moment où cette chaudière est épuisée d'alcool ; on ouvre alors le robinet *d* pour diriger le liquide venant de la colonne au réservoir aux huiles. On arrête la vapeur venant du générateur, qui chauffe l'appareil ; *la pression dans la colonne se détruit*, et le contenu des plateaux se vide par le robinet *d*. On vide l'eau contenue dans la chaudière, et l'opération est achevée.»

Nous avons transcrit *textuellement*, et nous nous sommes contenté de souligner les passages sur lesquels nous devrons fixer notre attention.

A la suite de cette description, qui est modeste, le prospectus reproduit un *article laudatif* d'un journal spécial dont nous extrayons ce qui concerne la rectification par l'appareil Savalle. Nous soulignons également ce qui nous paraît digne de remarque, soit à titre de critique, soit à titre de blâme.

« On sait que l'alcool brut, ou phlegme provenant de la distillation de la betterave, de la mélasse, des grains ou d'autres végétaux, constitue un mélange complexe d'alcool, d'eau, d'huiles essentielles, d'éthers et d'acides organiques en proportions variables. La plupart de ces corps ayant une origine commune, des odeurs désagréables et des caractères différents, nuisibles à la qualité de l'alcool, ne se séparent pas facilement. Il faut les soumettre à des réactions fréquentes et à des analyses multipliées pour en purger l'alcool. C'est dans ce but qu'ont été construits les appareils de rectification.

« Le système de rectification de M. Savalle se compose :

1° D'une chaudière à deux ou trois compartiments, étagés l'un au-dessus de l'autre et communiquant entre eux ;

2° D'une colonne ;

3° D'un régulateur ;

4° D'un *condensateur-analysateur* (?) ;

5° D'un réfrigérent ;

6° D'un récipient spécial pour les huiles essentielles.

« En établissant une *chaudière à plusieurs compartiments*, *l'auteur du système* a voulu d'abord loger dans les compartiments inférieurs tous les phlegmes d'une opération. Le compartiment supérieur, demeuré vide, a pour fonction de recevoir les liquides alcooliques résultant de la condensation, de ne pas permettre leur mélange avec les phlegmes en travail, dont la richesse décroît constamment et s'épuise par le fait de l'opération. Lorsque le compartiment inférieur est épuisé de tout son alcool, on le débarrasse des résidus, sans interrompre l'opération, qui se continue dans les compartiments supé-

rieurs ; la rectification se poursuit ainsi sur des liquides riches
en alcool ; le jet qui parvient à l'éprouvette ne perd rien de sa
force, tandis que dans les appareils ordinaires les produits de
la condensation, descendant dans la chaudière, ne s'y mêlent
qu'à des phlegmes de plus en plus épuisés (?). Ce mélange
de l'alcool, résultant de la condensation avec les phlegmes
épuisés, a pour effet de ramener sans cesse à la chaudière des
corps étrangers dont il faut obtenir la séparation. C'est ainsi
que, roulant dans un cercle vicieux, de la chaudière à la colonne et de la colonne à la chaudière, les huiles essentielles,
l'alcool amylique, la *glycérine*, et quelques *acides organiques
dont le point d'ébullition est supérieur à celui de l'alcool*[1], viennent
se mêler sans cesse à l'alcool et obliger le distillateur à *pour-
suivre trop longtemps une opération dont la durée est dispendieuse*, et de plus une cause d'altération pour les produits.

« En fractionnant les produits de la condensation dans *les
compartiments de la chaudière*, on abrége l'opération, tout en se
débarrassant des corps infectants, pour ne recueillir que l'alcool, but unique de la rectification.

« La colonne de rectification se compose d'un certain nombre de plateaux, dont les ouvertures, ou sections de passage,
sont combinées de manière à *multiplier à l'infini les surfaces
de lavage et d'analyse*. La volatilisation des liquides complexes
que renferme la colonne étant en raison de la différence de
densité et de *capacité calorique* de chacun d'eux, il importe
de ne donner à cette opération que la quantité fixe de calorique nécessaire. Cette *application fixe et méthodique de la chaleur est* maintenue constante *à l'aide du régulateur*, qui est
comme l'*âme de l'appareil* (?). C'est lui qui imprime le mouvement nécessaire, sans jamais le dépasser, et qui permet d'o-
pérer l'analyse dans les limites de pression, de température
et de vitesse les plus favorables au dégagement de l'alcool et
à l'élimination des corps étrangers qui le souillent.

« L'eau est le fluide ordinairement employé pour la condensation de l'alcool; mais, l'eau transmettant lentement le
calorique, et son effet utile étant en raison de ses points de
contact direct avec la surface de condensation, l'inventeur a

---

[1] Justement le contraire des faits : les corps *moins volatils* que l'alcool ne
peuvent s'y mélanger.

compris qu'en multipliant les points de contact il augmentait la puissance condensatrice de l'eau. *C'est pourquoi il a donné à son condensateur des organes qui contiennent la vapeur alcoolique divisée en très-minces filets, entourés de toutes parts de minces courants d'eau.* Les *surfaces de condensation ont été calculées* dans un rapport exact avec le volume et la quantité de vapeurs émises dans l'unité de temps. Les vapeurs alcooliques se trouvent, moyennant un faible parcours, directement soumises à l'action de la totalité des surfaces de condensation dans les conditions les plus propres à obtenir l'effet le plus rapide et le plus utile du jeu des forces organistes. La quantité d'eau dépensée est ainsi d'autant plus faible que sa puissance est mieux utilisée. L'expérience nous a démontré que la dépense d'eau se renferme, pour ainsi dire, dans les limites indiquées par la théorie.

« Le *réfrigérent se compose de deux parties distinctes :* l'une destinée à la condensation des vapeurs alcooliques, et la seconde ayant pour effet de rafraîchir le produit de la condensation de ces mêmes vapeurs après leur retour à l'état liquide. A chaque centimètre de surface de condensation et de réfrigération correspond un nombre de centimètres cubes d'eau suffisant dans la mesure des besoins de l'opération. C'est ainsi qu'on évite de faire passer dans le condensateur et le réfrigérent une quantité d'eau qui, dans beaucoup d'appareils, en sort sans avoir produit d'effet utile.

« Soit pendant la marche, soit à la fin de l'opération, les huiles essentielles et les corps denses, que l'analyse rejette sur les plateaux inférieurs de la colonne, sont déversés dans le *récipient des huiles essentielles.* Cette disposition permet d'éliminer à volonté ces produits infects, et d'éviter de salir par leur contact les plateaux supérieurs de la colonne, le condensateur et le réfrigérent.

« Pour fixer nos lecteurs sur le travail manufacturier *de l'appareil Savalle, que nous considérons comme l'expression la plus avancée de l'art de la distillation en ce moment,* nous n'hésitons pas à communiquer le relevé des notes exactes que nous avons tenues pendant la campagne dernière, avec le soin et l'intérêt qui s'attachent à la découverte de la vérité.

« *Décompte d'une opération de rectification.* — Chargement de la chaudière : 120 hectolitres de phlegmes à 50 degrés, for-

mant en alcool absolu 60 hectolitres ; diamètre de la colonne
de rectification, 70 centimètres ; durée de l'opération, trente
heures ; rendement en esprit extrafin, à 95 et 96 degrés, par
heure, 210 litres.

« *Produits divers et quantités proportionnelles* :

Alcool extrafin, 54 hectol.	à 95 degrés	= 51 h. 30	soit	85 pour 100
— moyen goût, 6 h. 30	à 94 degrés	= 5 h. 82	—	10 —
— mauvais goût à repasser. . . .		1 h. 08	—	2 —
Perte ou déchet.		1 h. 80	—	3 —
Quantité égale au chargement. . .		60 h. 00	soit	100 pour 100 »

Tout cela est déjà très-beau pour un prospectus de 1863,
dont on rappelle de temps en temps les parties les plus saillantes par quelque communication aux publications spéciales;
mais, à la suite de l'exposition de 1867, il se produisit un
autre *article,* dans lequel l'auteur parle ainsi du système de
rectification Savalle [1] :

« Pour obtenir de bons produits, eaux-de-vie, rhum, tafia,
la distillation réclame des appareils perfectionnés ; mais c'est
surtout pour la rectification des alcools de betteraves, de mélasses, de grains, de pommes de terre et de garance qu'il est
indispensable d'opérer avec tout ce que la science et l'industrie nous révèlent de plus parfait dans le matériel des
distilleries. « *Le sucre brut, engagé dans sa mélasse, est l'image*
« *de l'alcool emprisonné dans les phlegmes.* » Le sucre a besoin
de raffinage pour acquérir la blancheur et la suavité de goût
nécessaires. Les phlegmes réclament aussi une épuration,
une espèce de raffinage, connue sous le nom de *rectification*.
Le sucre de betterave, bien raffiné, est identique avec le
sucre de canne également bien raffiné ; de même, l'alcool
d'industrie, bien rectifié, est identique avec l'esprit-de-vin.

« La rectification a pour but de séparer l'alcool de tous les
corps qui lui sont intimement unis par les lois de l'affinité chimique, ou associés, à titre de simple mélange. Par une rectification bien conduite, dans les appareils Savalle, on amène
les alcools d'industrie au *degré de pureté qui les rend supérieurs*
à l'esprit-de-vin.

« La distillation du vin engendre des eaux-de-vie qui conservent toujours le cachet de leur origine. Trop fréquemment

[1] Notice : *Les Appareils Savalle.*

aussi, le trois-six de vin du Midi est infecté d'odeurs et de saveurs désagréables, parce que *l'alcool vinique* (alcool du vin), qui est le type normal des alcools, *n'est pas un liquide homogène*, parfaitement pur. La pureté des esprits-de-vin n'est qu'une pureté relative et, dans beaucoup de cas, elle est insuffisante. « *En effet, l'eau-de-vie, comme les phlegmes, n'est* « *qu'un mélange très-complexe d'eau, d'alcool vinique, d'alcools* « *homologues, d'alcool amylique, d'éthers, d'acides organiques,* « *d'aldéhydes, de glycérine, d'huiles essentielles et d'hydrocarbures* « *d'une nature encore peu connue.* » Ces corps, intimement unis par les lois de l'*affinité chimique*, par une *communauté d'origine*, par une ressemblance de *composition élémentaire*, présentent une grande *résistance à la dissociation*, et ne se séparent les uns des autres que dans des conditions déterminées. Dans l'esprit-de-vin, la présence de ces corps, bien que désagréable, peut se supporter ; mais il n'en est plus de même dans les alcools d'industrie. L'élimination presque absolue des corps étrangers est une condition rigoureuse pour obtenir des alcools neutres et purs, tels que le commerce les recherchera désormais. Lorsque ces corps ne sont éliminés que d'une manière incomplète, l'alcool contracte un mauvais goût en vieillissant.

« L'action des corps étrangers sur l'alcool devient plus énergique sous l'influence prolongée de l'action du calorique. Tout distillateur attentif a dû remarquer combien *la longue durée de la rectification était préjudiciable* à la qualité des produits. L'alcool qui arrive dans les premières vingt-quatre heures est bien plus fin, plus neutre, tandis que celui qu'on recueille après quarante ou cinquante heures de chauffage est infecté de goûts particuliers et d'odeurs peu agréables. Sous l'influence prolongée du calorique, des corps hydro-carbonés, acides et éthérés, l'alcool change de constitution ; il se produit des corps nouveaux, en vertu de la *loi de substitution* qui permet aux *hydrocarbures* de se transformer les uns dans les autres. Il est aussi dangereux d'opérer lentement avec des appareils paresseux que de rectifier avec des appareils incomplets.

« L'appareil Savalle remédie à tous ces inconvénients, par la régularité et la vitesse de sa marche. Les homologues de l'acool et les corps étrangers ne présentent pas un point d'ébullition constant; *avec les appareils ordinaires il est impos-*

sible d'éliminer les uns des autres, de les séparer, tandis que par ses *moyens d'épuration et d'analyse mille fois répétés, le recti-ficateur Savalle les atteint avec certitude* et les isole de l'alcool, que l'on obtient ainsi dans un *grand état de pureté*.

« Les *affinités de certains hydrocarbures* sont telles que, dans un mélange comme les phlegmes, à la pression ordinaire, si les liquides neutres qui les composent, quoique ayant un point d'ébullition qui varie de 20 à 30 degrés, se trouvent dans des proportions telles que les moins volatiles représentent huit à dix centièmes de l'alcool, il arrivera fréquemment, sinon toujours, que les corps étrangers se volatiliseront à leur *température spécifique*, entraînant avec eux 8 à 10 pour 100 d'alcool. L'appareil Savalle, fonctionnant *sous pression*, permet la séparation de ces sortes de corps mélangés, et cette pression est calculée et réglée selon les besoins de l'opération.

« *Travailleur infatigable et rapide, se réglant automatiquement selon les nécessités de la distillation, le rectificateur Savalle utilise toutes les forces mises en jeu* et rend proportionnellement à sa dépense l'*effet utile le plus grand qu'il soit possible d'obtenir*. La quantité proportionnelle d'esprit extrafin s'élève à 90 pour 100 des quantités soumises à la rectification ; le titre alcoolique se maintient constamment à 96 degrés centésimaux ; *quelquefois il atteint* 98 *degrés*, c'est-à-dire *la dernière limite de la déshydratation de l'alcool sans le secours d'agents chimiques. Sans parvenir à ces degrés élevés, les appareils ordinaires occasionnent un déchet ou perte d'alcool, qui varie de* 4 *à* 8 *pour* 100. *Dans la rectification par le système Savalle, cette perte est insignifiante ou presque nulle.*

« *Instrument de précision et de progrès, le système Savalle s'impose* aujourd'hui partout où l'on sent le besoin de soutenir l'ardente concurrence qui pousse la distillerie dans les voies de la perfection. *Supérieur à tout autre pour la rectification,* « les trois-six du Midi trouveront dans l'emploi de cet appareil « le moyen de se débarrasser des produits empyreumatiques « qui en diminuent la valeur, les éthers, les acides organiques, « l'alcool amylique et les huiles essentielles se séparant pen- « dant l'opération. » C'est à cette condition seulement que les esprits-de-vin du Midi pourront reconquérir leur ancienne renommée, servir au vinage des vins fins qui exigent des alcools d'une pureté parfaite et rendre au commerce de bons services qui leur assureront un écoulement facile à des prix rémunérateurs.

« La distillerie industrielle est trop attentive au moindre mouvement de progrès, pour ne pas généraliser l'emploi des appareils Savalle, usités dans tous les grands établissemenst de France, de Belgique, d'Allemagne, d'Espagne et des colonies. On peut considérer son application comme un des meilleurs moyens d'accroître la prospérité des distilleries et de maintenir la France au premier rang des nations par la supériorité de ses produits spiritueux. »

Après les articles et les réclames, il est trop juste d'écouter l'inventeur lui-même. MM. Savalle et Cᵉ, toujours dans la *Notice*, résument ainsi les *avantages résultant de l'emploi de leur nouvel appareil de rectification sur ceux des autres systèmes :*

« *1° Avantages sur la mise en train.* — En commençant les opérations, *l'appareil est vide et parfaitement propre, contrairement aux autres, qui ont tous les plateaux de leur colonne chargés d'eau sale et d'huiles essentielles.* Cette différence, qui peut sembler peu importante à première vue, constitue un *perfectionnement très-grand ;* car, pour débarrasser d'impuretés et d'eau une ancienne colonne, il faut, en commençant chaque opération, *cinq heures de travail,* cinq heures pendant lesquelles on dépense, en pure perte, le charbon et la main-d'œuvre ; de plus, *on renvoie par la condensation, pendant ces cinq heures, dans la chaudière du bas, des produits impurs, qui vont gâter les alcools à rectifier.*

« *2° Avantage pour la conduite du chauffage.* — *Le fonctionnement* n'est plus laissé au bon vouloir de l'homme chargé de la surveillance des appareils ; *il s'opère automatiquement,* et avec une *exactitude mathématique,* l'appareil étant réglé de telle sorte que la production ne varie pas de 1 litre par heure.

« Cette *régularité de production* est *le point le plus difficile,* mais aussi *le plus important* à atteindre dans la rectification des alcools. En effet, lorsque l'on considère cette opération, elle consiste à *produire trois unités de vapeurs alcooliques, pour les analyser dans un condenseur, de manière à séparer une unité de vapeurs pures, en condensant les deux autres unités qui sont impures.* Cette opération est si délicate, qu'une irrégularité dans le fonctionnement de l'appareil, une alimentation trop intense de vapeur, par exemple, détermine dans le condenseur une entrée de vapeurs alcooliques supérieure à trois unités ; ce dernier ne peut condenser ce supplément de vapeurs impures, l'analyse est imparfaite, et les produits sont immédiatement chargés d'huiles essentielles. Admettons l'inverse, c'est-à-dire qu'on laisse l'appareil manquer de vapeur : il en résulte dans le condenseur une admission de vapeur trop minime, de deux unités par exemple ; ces deux unités de vapeur se trouveront condensées, le travail de l'appareil sera interrompu pour un temps plus ou moins long, pendant lequel le combustible est dépensé en pure perte. *Le régulateur est donc indispensable, il économise du combustible et fait produire des alcools parfaits.*

« 3° *Qualité supérieure des produits.* — Par l'emploi de notre appareil, on produit des *alcools plus fins* et au titre élevé de 96 à 97 degrés centésimaux, lorsque les autres colonnes ne produisent que des *alcools ordinaires* à 93 ou 94 degrés au plus. « L'élévation du titre de l'alcool donne la *garantie qu'il est pur* et bien débarrassé des huiles essentielles.

« Cette qualité des produits fournis par nos appareils a été reconnue par les hommes de l'art, qui constatent aussi qu'ils sont *plus hygiéniques* et produisent un effet moins pernicieux sur ceux qui font abus de liqueurs fortes.

« 4° *Avantage pour le fractionnement des produits.* — *La fin des opérations* s'opère aussi d'une manière toute différente ; dans nos appareils elle *s'annonce* longtemps d'avance, *par un instrument de précision* établi à cet effet. L'homme qui surveille et sépare les produits est donc ainsi à l'abri du danger qu'offrent les autres rectificateurs, de gâter le travail de toute sa journée par un instant d'inattention, en laissant, à l'instant où se termine l'opération, couler des trois-six de mauvais goût dans la masse d'alcool fin produite. Notre *indicateur* fixe, et longtemps à l'avance, à l'ouvrier distillateur, au contre-maître de l'usine ou au patron, lorsqu'il vient à passer près des appareils, que, dans deux heures, dans une heure, ou dans dix minutes, l'opération sera terminée, et qu'il faudra faire couler les produits dans un réservoir autre que celui destiné aux produits fins.

« On évite donc ainsi toute surprise ; l'ouvrier n'a pas d'excuse à alléguer s'il n'est pas à son poste, *et le fractionnement des produits devient facile.*

« 5° *Fin des opérations simplifiée.* — La fin d'une opération faite par une colonne de rectification ordinaire exige *deux ou trois heures de travail* pour en enlever l'alcool mauvais goût et une partie des huiles essentielles. Dans le fonctionnement de nos rectificateurs, ces trois heures de travail et de dépense de combustible se réduisent *à deux minutes*, le temps de fermer le robinet de vapeur et d'ouvrir le robinet pour vider le contenu de la colonne dans le réservoir aux huiles.

« 6° *Avantage sous le rapport du rendement.* — De la perfection du travail que nous venons d'énumérer, il résulte encore une économie notable de combustible ; mais l'avantage le plus signalé est celui obtenu par la différence de rendement ; *notre rectificateur ne perd que de* 1 *à* 2 *pour* 100 *d'alcool* (?)... *Les anciens appareils,* au contraire, *perdent* par la lenteur de leur travail et leur construction défectueuse 5, 6 *et jusqu'à* 8 *pour* 100 *d'alcool :* il en résulte une augmentation de rendement en faveur de notre appareil de 3 pour 100 d'alcool au moins, soit 2 francs par hectolitre de trois-six fin. »

Observations. — Nous venons de mettre sous les yeux du lecteur un des exemples les plus curieux et les plus frappants de ce jargon étrange, composé de phrases ronflantes et creuses, de mots sonores et vides de sens, de grands termes scientifiques mal compris, à l'aide duquel on s'applique, de nos jours, à faire croire à l'acheteur toutes les fantaisies les plus bizarres. Singulière époque et triste temps, où l'art de mentir n'est plus que l'art de bien présenter les choses, où la vérité disparaît sous la phrase à effets, où tous les efforts tendent à tromper ! Et lorsqu'un esprit perspicace ou soupçonneux met à nu les tristes supercheries du boniment, il est sûr de se heurter à une fin de non-recevoir, à une déclaration de bonne foi si bien imitée, qu'il lui faudrait presque s'excuser d'avoir vu clairement dans un jeu malséant, dont l'industrie fait les frais.

Qui donc empêchait les prôneurs du système Savalle de se contenter de dire la vérité ? Nous savons bien que, pour cela, il aurait fallu la connaître ; mais, surtout et avant tout, il aurait fallu vouloir la dire.

Nous prendrons tout à l'heure cette licence et nous chercherons à rétablir l'appréciation loyale et vraie de l'appareil rectificateur Savalle. En attendant, nous nous permettrons quelques observations à l'endroit des thuriféraires dont nous avons reproduit la prose louangeuse.

1° En portant aux nues la disposition de la chaudière à double compartiment et en prétendant que les condensations ne se mêlent pas avec les phlegmes en travail dans l'appareil Savalle, tandis qu'il fait dédain des autres appareils à rectifier et considère leur travail comme d'une durée trop dispendieuse, l'auteur de l'article s'est livré à un exercice d'adresse qui ne saurait tromper personne.

L'idée du double compartiment dans le bouilleur est de Savalle père, lequel nous en a expliqué le mécanisme à Saint-Denis. Cette idée est dans le domaine public depuis longtemps et chacun a le droit de s'en servir. Les phrases n'empêchent pas les années de s'écouler et M. Savalle fils n'a pas plus de droit à ce dispositif que le premier chaudronnier venu.

En ce qui concerne la valeur de cette disposition, il sera établi que, si elle présente quelque importance dans le système Savalle, elle n'en offre aucun dans une colonne bien faite, qu'elle ne retient rien de ce que le journaliste prétend lui faire retenir et qu'elle n'abrége en rien la durée du travail.

2° L'écrivain reproche aux appareils ordinaires de faire parcourir un cercle vicieux par les vapeurs, de la chaudière à la colonne et de la colonne à la chaudière, et il range, parmi les produits qui exécutent ce mouvement fantaisiste, les *huiles essentielles*, l'*alcool amylique*, la *glycérine* et quelques *acides organiques, dont le point d'ébullition est supérieur à celui de l'alcool*. D'après ce *savant*, tous ces produits s'élèveraient dans les colonnes ordinaires, et resteraient emprisonnés dans le compartiment inférieur de l'appareil Savalle. Cette idée prouve que l'écrivain, auteur de l'article, n'a jamais étudié ce dont il parle avec tant d'assurance.

Les huiles essentielles peu volatiles, les plus abondantes, n'entrent en ébullition qu'au-dessus de $+100$ degrés ; l'alcool amylique $C^{10}H^{10},2HO$ bout à $+132$ degrés ; la glycérine ne distille qu'à une température assez élevée ; tous ces corps, dont le point d'ébullition est supérieur à celui de l'alcool, restent dans la chaudière, dans tous les systèmes, aussi bien que dans le système Savalle ; tous ceux qui sont entraînés mécaniquement, ce qui arrive dans tous les appareils, et aussi dans l'appareil Savalle, sont forcés de rétrograder par les tubes de trop-plein, sous l'action des lavages et de la réfrigération progressive. Tous les appareils possibles, chauffés à la vapeur, en colonne, valent la machine Savalle sous ce rapport.

3° Il faut croire que les plateaux perforés, qui *multiplient à l'infini les surfaces de lavage et d'analyse,* ne sont pas encore la perfection, puisque le constructeur les a transformés depuis (p. 268). Mais, ces plateaux étant donnés, il faut une pression ; il faut corriger une faute par une autre faute et, de cette série d'idées fausses, il résulte la nécessité du régulateur de vapeur, de cette *âme de l'appareil,* sans laquelle les appareils Savalle, à plateaux perforés, construits comme ils le sont, deviendraient les plus mauvais instruments du monde. Rien ne forçait l'inventeur à employer des plateaux perforés. Dès qu'il les emploie, sa machine ne peut fonctionner que si la vapeur émergente a assez de tension pour soutenir les couches de liquide sur les plateaux et franchir ces couches dans des conditions telles que l'excès s'écoule par les tubes de trop-plein et non par les orifices de perforation. Si la pression est insuffisante, le travail ne se fait pas et les vapeurs ascendantes sont arrêtées et condensées au passage. Si elle est exagérée, ces vapeurs passent à travers les orifices sans se purifier et les produits sont nécessairement infects. C'est à ce double obstacle que le régulateur est chargé d'obvier, mais tout cet attirail complexe pouvait et devait être évité.

4° Il n'était pas nécessaire de s'extasier devant le réfrigérent Savalle, lequel est construit sur des principes connus et souvent appliqués. Le réfrigérent Champonnois et beaucoup d'autres le valent. Quant au calcul des surfaces de condensation et des volumes d'eau réfrigérente, il convient d'apprendre au journaliste qu'il n'y a pas là dedans matière à éloges et qu'il a brûlé en vain ses parfums. Tout constructeur qui se respecte un peu calcule ces surfaces et ces volumes et l'appareil Savalle n'a pas la primeur de cette petite précaution, dont on peut retrouver l'origine dans des travaux techniques antérieurs à 1824.

5° Le *récipient des huiles* est tout à fait inutile et cette adaptation ne peut être considérée que comme une puérilité. En effet, dans toutes les colonnes, les tubes de trop-plein font rétrograder les huiles lourdes, si la réfrigération des vapeurs mixtes est suffisante. Pour peu que l'appareil soit bien établi, tous les plateaux peuvent se vider entièrement, soit pendant l'opération, soit à la fin du travail, en sorte que, ici encore, M. Savalle n'a rien créé de neuf, comme idée.

6° L'appréciateur n'a oublié, dans son panégyrique, que la seule idée intelligente du rectificateur Savalle ; c'est l'organe qu'il appelle *condensateur-analysateur*. Quelques notions élémentaires sur la distillation lui auraient fait voir que là seulement se trouve l'organe essentiel, *âme de l'appareil*, et que cet *analyseur* porte la rétrogradation à un maximum que les colonnes ordinaires atteignent rarement, par la faute des constructeurs et des distillateurs. Nous reviendrons sur ce point en étudiant tout à l'heure la valeur réelle de l'appareil Savalle.

7° Quant au décompte de travail de cet engin, proclamé *l'expression la plus avancée de l'art de la distillation*, il y aura lieu d'en vérifier les termes et les chiffres.

Le second panégyriste va plus loin que le premier. Enflammé par la pensée de la médaille d'or, il déclare que les appareils Savalle rendent les alcools d'industrie supérieurs à l'esprit-de-vin. On n'a pas lieu de s'en étonner trop fort, lorsqu'on lit dans le factum que *l'alcool vinique n'est pas un liquide homogène*, etc. Un distillateur auquel on jette sans mesure tous les termes de chimie, à qui l'on vient parler *d'alcools homologues*, *d'affinité chimique*, de *composition élémentaire*, de *résistance à la dissociation*, de *loi de substitution* appliquée aux *hydrocarbures*, s'il n'est pas au courant de tout ce pathos, doit regarder ceux qui lui parlent ainsi comme de bien grands savants ; il doit être fasciné, entraîné. C'est l'effet ordinaire des mots incompris, au moins en France, où la masse s'enthousiasme pour des mots dont elle ne comprend pas le sens. Chez nous, malheureusement, ce piége est toujours infaillible...

Essayons cependant de répondre à toute cette science et de convaincre nos lecteurs de ce fait, que la simplicité, le bon sens, la raison et la vérité, ne sont pas tellement incompatibles avec la science qu'on voudrait le faire croire.

1° L'auteur de ce deuxième éloge *vise* les distillateurs de vin du Midi et c'est bien leur conquête qui est son objectif.

Soit, mais qu'il veuille bien apprendre qu'il n'y a pas dans le vin d'alcools homologues, d'alcool vinique ni d'alcool amylique ; qu'il sache que l'aldéhyde ne peut y subsister que d'une manière fugace et transitoire ; enfin, qu'il étudie un peu de chimie organique. Avec une intelligence moyenne et quelques expériences, on peut se convaincre de ceci : que les corps existants dans le vin et les phlegmes y sont mélangés ou dissous, mais non pas combinés en quoi que ce soit, et il n'y a pas lieu d'invoquer l'affinité ou les forces de dissociation, pour arriver à dire que l'appareil Savalle est le seul qui fasse bien, qu'il est unique, incomparable...

2° Nous savons, comme l'auteur et comme tous les distillateurs, que l'action prolongée du calorique sur les phlegmes détermine la formation de produits dérivés, en présence des acides surtout, et nous admettons qu'il faut agir avec une *certaine rapidité*, mais nous ne reconnaissons pas cette rapidité dans l'appareil Savalle.

3° Nous reconnaissons que l'instrument Savalle purifie bien et qu'il donne des forces, mais cet effet n'est pas dû aux moyens d'épuration mille fois répétés de la machine Savalle, pas plus qu'il n'est impossible aux autres colonnes. Ce résultat est produit par la rétrogradation de l'analyseur, qui ne laisse passer que le tiers des vapeurs, et tous les rectificateurs sont à même de porter la rétrogradation au point qu'ils jugent utile.

4° Si les corps étrangers se volatilisent à leur température spécifique, ce qui est exact, les appareils ordinaires ne peuvent pas plus les vaporiser que l'appareil Savalle, et la pression, regardée comme un avantage, est une faute considérable, malgré l'application du régulateur.

5° Enfin, l'appareil Savalle ne fait pas des forces plus élevées que celles des autres colonnes, avec lesquelles on produit aisément 95 degrés et quelquefois 96 degrés momentanément. La limite prétendue de 98 degrés est un mirage causé par un défaut d'observation. Lorsque, par distillation, on obtient 96 à 98 degrés, il faut vérifier la température du produit et la ramener à +15 degrés ; en outre, il convient de vérifier s'il n'existe pas des éthers ou des essences légères dans l'alcool. Quant à la perte, qui *serait* de 4 à 8 pour 100 avec les rectificateurs ordinaires, elle est de 3 à 4 pour 100 avec l'appareil Savalle, et nous ferons voir que cette perte est trop considérable.

Selon l'*inventeur lui-même*, les avantages de son système et de son appareil sont très-importants. Nous examinerons rapidement ce côté des allégations et des prétentions relatives à l'instrument Savalle.

1° *Mise en train*. — L'appareil est vide et parfaitement propre, contrairement aux autres, dont tous les plateaux seraient chargés d'eau sale et d'huiles essentielles... Cela est tout simplement inexact. Dans toute colonne bien établie, il y a une vidange à chaque plateau et M. Savalle n'a pas le monopole de la propreté. On en parle moins, on en a autant. Dans l'appareil de la figure 91, par exemple, on peut vider les plateaux en tout temps, sans arrêter ou suspendre l'opération.

On parle bien de cinq heures de travail pour vider une *ancienne colonne*, ce que nous regardons comme une faute, mais on ne dit rien du *temps nécessaire à la mise en train* dans l'appareil Savalle. L'appareil cité plus haut est en distillation réglée en vingt minutes au plus ; celui de M. Savalle demande des heures. Pour préciser, il faudrait connaître la surface de chauffe du serpentin de chauffage. Nous pouvons cependant la considérer comme égale à la surface du fond et nous avons, pour un appareil à 120 hectolitres de charge, un rayon de $1^m,05$ si les proportions sont régulières. C'est une surface de chauffe de $3^m,46$ pouvant fournir, *au maximum*, par 60 000 calories, 207 600 calories par heure.

Or, les 120 hectolitres de phlegmes à 50 degrés, par 15 degrés de température initiale, exigent 678 937 calories pour arriver à l'ébullition, ce qui demande un peu plus de trois heures et un quart. Si l'on joint à cela le temps nécessaire pour faire arriver les premières vapeurs dans l'analyseur, les condenser et faire retourner la condensation dans la colonne jusqu'au compartiment supérieur de la chaudière, on trouve qu'il faut *au moins quatre heures pour la mise en train*, sans parler du temps employé à la vidange des résidus et à l'emploi de la chaudière. Il n'y a rien là de bien extraordinaire et les conditions de l'appareil Savalle, sous ce rapport, sont celles de tous les appareils à charges intermittentes.

2° *Conduite du chauffage*. — Ici, l'inventeur a raison, et le chauffage est bien réglé dans son appareil. Mais il oublie de

.dire que son instrument est *le seul* qui exige absolument cette
régularité sans laquelle il ne peut rien faire de bon. Un accident survient-il au régulateur, le rectificateur Savalle cesse
de pouvoir fonctionner. Les raisons en ont été dites et il y en a
encore d'autres, qui sont relatives à la fonction de l'analyseur
et qui seront exposées.

3° *Qualité supérieure des produits.* — Quoique M. Savalle regarde *les* alcools produits par sa colonne comme plus fins, et
les alcools des autres appareils comme ordinaires, quoiqu'il
pousse la complaisance jusqu'à les dire plus hygiéniques, la
vérité est qu'il se trompe. Il obtient la pureté que tout le monde
obtient avec un appareil quelconque faisant des forces de
95 degrés régulièrement. Cette pureté et cette force sont dues à
la rétrogradation qui dépouille presque complétement l'alcool
des essences lourdes, et l'appareil Savalle n'est pour rien dans
tout cela. Nous comprendrions l'éloge du condenseur-analyseur
et de la marche qu'on lui fait suivre ; le reste est fort hasardé.

Quant à la force comparative, l'appareil Savalle fait du
95 à 96 degrés régulièrement, et rien de plus. Toute colonne
bien faite, munie d'une bonne rétrogradation, en fait autant.

L'élévation du titre n'est une garantie de pureté que relativement aux essences lourdes, moins volatiles ; mais elle
n'en est pas une relativement aux éthers et aux essences légères, qui passent en totalité dans les produits Savalle et qui
en faussent le titre.

4° *Avantage pour le fractionnement des produits.* — Malgré l'indicateur, qui serait un *instrument de précision,* nous persistons
à croire qu'il vaut mieux se passer du fractionnement. Cela
est impossible avec l'installation Savalle et l'inventeur mérite
des éloges pour avoir songé à régulariser les détails de cette
opération.

5° *Fin des opérations simplifiée.* — Nous admettons que le
nettoyage de certaines colonnes est long et pénible, et nous
comprenons que la fermeture du robinet de vapeur et l'ouverture du robinet de la colonne ne demandent que *deux minutes.*
Nous voudrions voir figurer ici le temps nécessaire à la vidange du compartiment inférieur de la chaudière. On n'expulse pas quelques dizaines d'hectolitres en une minute.

6° *Avantage sous le rapport du rendement.* — En renvoyant
à tout à l'heure la question de l'économie du combustible,

27

qui n'est pas aussi bien démontrée qu'on pourrait le croire, après les affirmations de M. Savalle, nous trouvons que le rectificateur Savalle perd 3 pour 100 et que c'est trop. De ce que certaines colonnes perdent le double, il n'y a rien à conclure. Elles perdent beaucoup trop et les pertes du rectificateur Savalle sont encore plus grandes qu'elles ne devraient être.

Valeur du rectificateur Savalle. — En somme, et après un examen approfondi de la question, nous regardons le rectificateur Savalle comme un *bon instrument*, en ce sens qu'il donne des *forces* et des *fins goûts*, qu'*il peut produire des quantités*, et qu'il est une application des principes véritables de la distillation.

Cette application a été mal comprise par les artistes qui l'ont conçue et exécutée, parce qu'ils sont partis d'un point faux; mais leur système se suit et se coordonne; ils ont eu *une idée*. Ce n'est point si commun aujourd'hui, dans le *siècle des idées*, d'avoir *une conception acceptable*, pour qu'on ne tienne pas compte du travail réel de ceux qui en ont une. Nous rendons pleine justice au système Savalle et nous espérons faire voir, dans un instant, que nous l'avons étudié avec toute l'attention qu'il mérite.

Si nous reconnaissons le côté louable de cette *affaire*, nous ne voulons pas qu'on nous empêche d'en étudier les faiblesses; nous entendons avoir le droit de dire la vérité, et nous ne connaissons pas de raison sérieuse qui puisse nous forcer à admettre les erreurs technologiques dont on veut faire des merveilles. Voici donc l'analyse rigoureuse de l'appareil Savalle, des moyens qui y sont mis en œuvre et des actions qui en résultent. Nos lecteurs y trouveront amplement de quoi justifier nos conclusions :

1° Le rectificateur Savalle comprend divers organes, dont le premier est une *chaudière à charges intermittentes*. Cette chaudière est partagée en deux compartiments ; l'inférieur A, chauffé par un serpentin de vapeur, est destiné à recevoir les phlegmes ; le supérieur B reçoit les retours de condensation de la colonne. Des tubulures en fer à cheval portent la vapeur de A en B, où elle agit par barbotage. Des tubes de trop-plein portent l'excédant de liquide de B en A, et B porte, en outre, un serpentin en couronne, pour l'échauffement des liquides de retour.

Nous ferons observer que le diaphragme qui sépare les deux compartiments ne signifie absolument rien, puisque les tubes abducteurs et les tubes de trop-plein rétablissent la communication, que les huiles essentielles peuvent passer par les uns et rétrograder par les autres, en sorte que la condition de cette chaudière est exactement la même que celle de toutes les autres, sinon en ce sens qu'elle coûte plus cher et qu'elle renferme des accessoires inutiles. Le seul côté profitable de ce dispositif repose dans la couronne de vapeur du compartiment B, laquelle augmente un peu la surface de chauffe totale.

Les phrases ne peuvent rien à ceci : les *vapeurs* mixtes des phlegmes de A passent en B et l'excès des condensations de la colonne rentre en A par des tubes de trop-plein et, sauf le ralentissement possible du retour, la condition du travail est la même que dans une chaudière libre. On ne peut donc rien déduire de sérieusement avantageux comme résultat de cette disposition, qui avait été imaginée par Savalle père dans un but complexe resté ici sans application.

2° La colonne de l'appareil Savalle est en dehors de tous les principes d'une distillation sérieuse. Elle est formée de plateaux superposés, perforés, présentant chacun un retrait pour l'arrivée du tube de trop-plein du plateau supérieur. La vapeur ascendante pénètre librement à travers les trous de perforation, et il n'y a d'obstacle à son trajet que lorsque la condensation redescend sur chaque surface. Alors la vapeur ascendante, qui tend à s'élever de A et B en J, vers le col de cygne, *supporte la condensation* dans chaque plateau, la traverse, pour continuer à s'élever, et finit par arriver au col de cygne.

Il y a deux fautes graves dans ce dispositif :

A. Le séjour de la condensation sur les plateaux et sa rétrogradation normale, par les tubes de trop-plein, sont subordonnés à la pression de la vapeur dans chaque case. Or, si la pression est insuffisante, il arrive nécessairement que les vapeurs ne peuvent traverser la couche liquide de la surface et que la distillation ne se fait pas. Le liquide descend à travers les trous des plateaux et non plus par les tubes de trop-plein. Si la pression est excessive, les vapeurs ascendantes ne sont pas analysées et les condensations ne sont pas épuisées, puisque l'analyse des vapeurs dépend de leur lavage et de leur refroidissement par la condensation descendante, que l'é-

puisement de la condensation se produit par le tamisage dû à
la vapeur ascendante et que ces effets ne se produisent plus.
En effet, le liquide de condensation, violemment chassé par la
vapeur, est rejeté vers la périphérie de chaque plateau et les
vapeurs mixtes passent librement par les orifices du centre, en
sorte qu'il ne se fait pas de condensation suffisante et que l'a-
nalyse devient très-incomplète.

B. On conçoit [que, dans l'un ou l'autre de ces cas, la distillation se fait mal et que les vapeurs s'élèvent chargées d'eau
et d'essences entraînées mécaniquement, ou faisant partie des
vapeurs mêmes. Il en résulte que ces vapeurs arrivent en J
très-aqueuses et fort mal analysées.

La conclusion logique, rigoureuse et conforme aux faits, à
déduire de ce qui précède, est que, en faisant abstraction du
reste de l'installation, on doit regarder la colonne de l'instrument Savalle comme plus imparfaite que la dernière des colonnes à calottes, comme analysant moins bien les vapeurs et,
surtout, comme n'offrant aucune garantie pour la régularité
du travail.

3° L'inventeur a tellement senti cet inconvénient capital,
qu'il s'est trouvé fort empêché et que, depuis, il a substitué
des plateaux ordinaires aux plateaux perforés ; mais, auparavant, il avait réussi, au moyen d'une complication, à conjurer
les effets d'un chauffage irrégulier et d'une pression variable
sur les plateaux. C'est à cette circonstance qu'il faut attribuer
la création du régulateur, lequel est un organe fort ingénieux,
mais n'est pas moins une complication, dont on peut se passer
avec toutes les autres colonnes, mais sans laquelle la colonne
Savalle ne peut marcher. Étant donnée l'installation de l'appareil Savalle, il faut admettre que le régulateur est indispensable.

4° A la suite de la colonne, les vapeurs pénètrent dans un
col de cygne J et dans un condenseur-analyseur E. Ce qui a
été exposé sur le travail de la colonne nous a démontré que
les vapeurs mixtes doivent être très-aqueuses et très-faibles.
M. Savalle s'est chargé de fournir de ce fait une preuve pé-
remptoire et sans réplique. Pour que son appareil fournisse
des forces, il est obligé de condenser en E les deux tiers des
vapeurs qui pénètrent dans cet organe et de n'en laisser passer
qu'un tiers à la réfrigération en F. Sans cette circonstance, le

produit ne dépasserait guère 85 à 88 degrés ; mais, en présence d'une rétrogradation aussi considérable, l'alcool obtenu atteint de 95 à 96 degrés, ce qui est parfaitement compréhensible.

Notons, en passant, deux choses : la première, c'est que la plus mauvaise colonne à calottes donnera du 95 degrés lorsqu'on y fera rétrograder les deux tiers des vapeurs, après condensation dans un analyseur quelconque ; la seconde, c'est que, malgré toutes les prétentions possibles à l'économie du combustible, cet appareil dépense trois fois plus de calorique de vaporisation qu'il ne lui est nécessaire, en théorie, c'est-à-dire qu'il en dépense deux fois et demie plus qu'il n'en faut en pratique. Ceci a besoin d'être établi par des chiffres.

Soient à rectifier, à 95 degrés, 120 hectolitres de phlegmes à 50 degrés, devant produire 63^h,15 d'alcool à 95 degrés ; il est évident que, si l'on fait retourner à la colonne les deux tiers des quantités introduites dans l'analyseur, ces deux tiers devront être vaporisés à nouveau. Le calcul établit que, par ce système, pour produire 63^h,15 d'alcool à 95 degrés, il faut vaporiser 189^h,45, c'est-à-dire 126^h,30 de plus que l'importance du produit définitif.

En faisant la part belle au système, et en supposant que la condensation est faite par +50 degrés de température, on trouve que la *dépense excédante,* due au système, de ce chef seulement, est au moins de 3 500 000 calories.

Nous constatons donc ici que, pour annihiler les tristes effets de la colonne à plateaux perforés, on est obligé de faire rétrograder les deux tiers de la condensation, que *cette rétrogradation excessive atteint le but*, mais qu'elle coûte 3 500 000 calories pour 63^h,15 de produit à 95 degrés, c'est-à-dire 55 400 calories ou 12 kilogrammes de combustible par hectolitre. Cette dépense pourrait être portée au double si l'on voulait tenir compte du refroidissement plus grand de la condensation, que nous n'avons porté qu'à 50 degrés, et si la valeur de cette condensation en alcool n'était pas exagérée à dessein. Nous l'avons comptée, en effet, comme étant à 95 degrés, ce qui est fort loin de la réalité.

5° Nous n'avons pas pu comprendre ce que vient faire le brise-mousses à la rectification ; à moins qu'on ne le considère comme une façon d'ornement destiné à conserver à l'ensemble les mêmes perspectives, il nous est vraiment impossible d'en trouver l'utilité pratique. Peut-être a-t-on voulu le faire concourir à la condensation; mais, encore une fois, le but nous échappe, et nous n'y voyons guère qu'un organe à payer.

6° Le réfrigérent ne nous paraît pas devoir soulever d'objections ou d'observations particulières. Il fonctionne bien et c'est tout ce qu'on peut demander.

Résumé. — Par suite de l'adoption des plateaux perforés, ce qui est la faute initiale de ce dispositif, le constructeur s'est vu dans la nécessité d'adapter à sa colonne deux appareils qui la complétent et qui en corrigent les défauts ; ces organes sont le régulateur et le condenseur. Le condenseur joue le rôle capital dans les produits Savalle; c'est à la rétrogradation des deux tiers que l'appareil doit de faire des forces, et l'organe de cette rétrogradation est le plus important de l'ensemble. Il n'y a rien de neuf, évidemment, dans l'énormité de cette rétrogradation, et chacun sait combien le retour des liquides de condensation est arbitraire. Les uns, en effet, se bornent à l'ouverture d'un robinet; d'autres en ouvrent deux, trois ou quatre. M. Savalle a adopté un chiffre qu'il règle au moyen du débit de l'eau réfrigérante. Sauf l'excédant de dépense qui en résulte, le but est atteint parfaitement, le produit est à haut titre, bien déphlegmé des essences lourdes, et ne peut contenir d'autres matières étrangères que des éthers et des essences légères.

Cette condensation avec rétrogradation des deux tiers est le salut du système.

Considéré comme ensemble, et au point de vue des résultats seulement, le rectificateur Savalle fournit beaucoup, donne facilement du 95 à 96 degrés, et les produits en sont d'aussi bonne qualité qu'il est possible de les obtenir par distillation, lorsqu'on ne sépare pas les essences légères.

Il est assez cher, grâce aux accessoires que sa construction rend nécessaires et à des dimensions exagérées; il dépense beaucoup de combustible et présente l'inconvénient de ne pouvoir être transformé dans le sens de la continuité. Malgré cela, cet appareil convient très-bien pour les grandes usines à rectifier, qui n'ont pas besoin de ménager la vapeur et qui traitent des produits de toute provenance. Le praticien qui en adopte l'emploi doit se rappeler toujours que, sans la fonction du condenseur-analyseur, cet appareil ne vaut plus rien et ne peut donner qu'un travail exécrable, mais qu'il peut rendre de très-bons services à celui qui [sait manier habilement cet instrument de rétrogradation.

Dans l'intérêt du distillateur, il convient de faire observer, de la manière la plus nette, que les appréciateurs de l'appareil Savalle, pour une raison ou pour une autre, se sont trompés avec l'unanimité la plus parfaite. Leurs errements nous ont rappelé ceux des commissaires chargés d'apprécier les sucres, à l'exposition de 1867, et qui ont formulé leurs jugements en faveur des gros cristaux venant des grosses fabriques. L'appareil Savalle est de dimensions exagérées, il donne des forces, il est compliqué d'organes qui ne lui sont nécessaires qu'en raison de ce qu'il est en dehors des règles par son principe fondamental : or, les grandes dimensions, les forces, le complexe, en voilà plus qu'il ne faut pour séduire certains juges, dont la seule excuse est qu'ils se mêlent de ce qu'ils ignorent.

Il arrive que cette ignorance peut être fort coupable, lorsqu'elle contribue à induire en erreur des hommes de bonne foi, et ce cas est assez fréquent pour qu'on y prenne garde.

A ces juges enthousiastes, il faut dire qu'un appareil quelconque, de *surface de chauffe égale,* c'est-à-dire de surface égale de serpentin, peut faire trois fois plus que l'appareil Savalle ; que cet appareil vulgaire, la colonne ordinaire, donnera toujours plus de force que la colonne Savalle, laquelle n'acquiert une existence, [en tant que colonne, que par l'annexion d'un régulateur; enfin que, à rétrogradation égale, il n'existe pas un appareil, pas même un appareil à phlegmes, qui ne puisse donner les mêmes forces.

En leur ajoutant que, dans cette appréciation conforme aux faits pratiques et à la science, il ne s'agit que d'un appareil, d'un agencement matériel, dans lequel tout a été sacrifié pour faire le plus de complexe que possible, employer le maximum de métal, et justifier des prix exorbitants, mais que, dans cet ensemble, on doit reconnaître que le constructeur a réussi à conjurer les défauts de son installation par des organes annexes, peut-être comprendront-ils que la recherche de la vérité a été le seul guide dont la voix a été écoutée dans toute cette discussion.

Marche de l'appareil. — On introduit le phlegme en A et l'on fait arriver la vapeur dans le serpentin, après avoir fermé

l'arrivée du phlegme. Les vapeurs mixtes passent en B et
s'élèvent dans la colonne sans y laisser de condensation en
quantité notable. Ces vapeurs passent par le col de cygne J
et se rendent en E, où l'on produit d'abord la condensation de
la totalité. Le liquide condensé retourne à la colonne, couvre
les plateaux jusqu'au niveau du trop-plein de chacun, et arrive dans le compartiment B. On diminue alors le volume de
l'eau de réfrigération en E, de manière à ne plus condenser
que les deux tiers des vapeurs qui sortent de la colonne, et la
portion non condensée se rend au réfrigérent, en passant par
le brise-mousses.

Lorsque le travail est terminé, on arrête la vapeur, on ouvre
le robinet *d*, qui porte dans un récipient les résidus de la
colonne, et l'on ouvre le robinet de vidange de la chaudière.

Remarque. — Au lieu de se conformer à la prescription
par laquelle l'inventeur conseille de condenser dans l'analyseur les deux tiers des vapeurs introduites, ce qui est le seul
moyen de purification et d'élévation du titre existant réellement dans l'appareil, le praticien qui dirige cet instrument
doit consulter l'intérêt de son propre travail plutôt que la
glorification de l'instrument et du constructeur. Or, le secret
du métier, dans la conduite de l'appareil Savalle, consiste précisément dans l'introduction d'une quantité d'eau variable
dans l'analyseur E. Plus on condense de vapeurs dans cet
organe, plus on fait les affaires du constructeur et moins on
fait les siennes propres, parce que, si l'on démontre, par le
fait même, que l'appareil produit des forces très-élevées, on
dépense davantage et l'on n'obtient pas la quantité de produit
que l'on devrait atteindre pour un travail économique. Si l'on
ne condense pas assez de ces mêmes vapeurs, comme la colonne n'est pas disposée pour faire des forces et qu'elle est
une véritable colonne à phlegmes, on n'obtient que des produits trop faibles de degré et mal dépouillés des essences
lourdes.

C'est entre ces deux excès que se trouve la vérité pratique.
Nous conseillons donc au rectificateur qui fait usage de cet
appareil de n'opérer de condensation en E que ce qu'il en faut
pour obtenir la force cherchée et la pureté désirée. C'est l'affaire de quelques minutes de tâtonnements à l'éprouvette et à
l'arrivée d'eau, et il importe de réduire la dépense causée par

une rétrogradation excessive. On peut faire, de l'appareil Savalle, le meilleur appareil intermittent qui soit, et en augmenter la production, en substituant aux huit derniers plateaux, au sommet de la colonne, des plateaux à cheminée centrale et à barbotage ou à lavage, et nous avons eu à faire cette modification pour un de nos correspondants. Dans ce cas, en effet, ces plateaux agissent comme analyseurs, ce que ne font pas les plateaux Savalle, et l'on peut restreindre la condensation en E jusqu'à l'obtention du double de produit dans l'unité de temps, sans diminuer la force ou la qualité. On économise ainsi près de la moitié de la dépense occasionnée par la rétrogradation habituelle.

Décompte de travail de l'appareil Savalle. — Puisque nous avons examiné l'appareil rectificateur Savalle avec tous les détails que comporte la réputation qui lui a été faite, nous ne pouvons passer sous silence l'analyse de ce que l'inventeur appelle un *décompte d'opération.* Dans l'exemple cité plus haut, on trouve qu'une colonne de 70 centimètres de diamètre a traité 120 hectolitres de phlegmes à 50 degrés en trente heures, c'est-à-dire 4 hectolitres par heure. En acceptant les chiffres donnés, on voit que l'appareil Savalle fournit 85 pour 100 de fin goût, 12 pour 100 de moyen goût et de mauvais goût et que l'on doit admettre une *perte* de 3 pour 100.

En dépit de toutes les allégations possibles, il paraît assez difficile de comprendre comment un engin aussi perfectionné que le dit l'inventeur peut faire une *perte* de 3 pour 100 sur la quantité totale de l'alcool contenu dans les phlegmes. On ne se rend pas compte du chemin suivi par cet alcool pour se perdre, et l'on est obligé de conclure à l'existence de fuites dans les organes, ou à la négligence dans le travail, à moins qu'il ne faille compter avec quelque donnée inconnue. On ne peut attribuer cette perte aux huiles essentielles, puisqu'elles se trouvent dans les moyens goûts et les mauvais goûts, et il faut bien admettre la réalité du fait, puisqu'il est accepté par les intéressés. Que dirait-on d'un *bouilleur de brûlerie,* c'est-à-dire de la plus mauvaise des machines distillatoires, si elle ne fournissait, sur 200 litres de phlegmes à 50 degrés, que 97 litres d'alcool pur, ou $102^l,10$ d'alcool à 95 degrés au lieu de $105^l,26$? N'est-il pas exact d'avancer que l'on crierait à l'énormité et qu'une telle perte ferait condamner une telle ma-

chine, pour laquelle on ne trouverait pas d'excuses possibles ?
Cette perte est celle de l'appareil que l'on veut bien nous présenter comme l'*expression la plus avancée de l'art du distillateur;*
on est contraint de l'avouer et rien ne peut justifier un écart
aussi considérable.

On ne peut faire de reproches sérieux contre la proportion
du moyen goût et du mauvais goût. L'appareil Savalle n'est
pas purificateur ; c'est un instrument qui ne purifie les produits que parce qu'il fait des forces. Il procure des forces parce
qu'il rétrograde les deux tiers des vapeurs mixtes, et parce
qu'il fait rétrograder les essences lourdes. Il n'est pas construit pour éliminer les essences légères et, sous ce rapport,
il donne tout ce que son agencement lui permet de donner.

Une autre question, plus grave et plus importante, repose
sur le chiffre du produit dans l'unité de temps.

En supposant que l'appareil Savalle soit établi d'après les
règles du métier, le diamètre de la colonne doit être en rapport
avec celui de la chaudière. Or, la colonne de 70 centimètres
répond à une chaudière de 2^m,05 de diamètre, c'est-à-dire à
une section de 3^m,46. Une surface aussi considérable peut
recevoir, *au moins,* une surface égale de serpentin et peut donner lieu à la transmission de 207 600 calories par heure de
travail.

Cette chaleur, appliquée à des phlegmes à + 15 degrés, par
50 pour 100 de richesse, porte les 120 hectolitres de liquide à
l'ébullition en *trois heures et demie* environ (trois heures vingt-
quatre minutes). D'autre part, la vaporisation de 4812^k,6 d'alcool et de 315^k,79 d'eau, à l'ébullition, exige 1 766 880 calories, *en théorie,* ou *huit heures trente minutes.* En additionnant
ces chiffres, on trouve un total de douze heures onze minutes, en calculant aussi largement qu'on puisse le désirer, et
en tenant compte de toutes les objections, et l'on voit que la
rectification des 120 hectolitres devrait être accomplie en *douze
heures et un quart,* si le constructeur s'était astreint à suivre
les règles relatives au chauffage. L'appareil Savalle ne rend
donc que le tiers de ce qu'il devrait produire dans l'unité de
temps ; il dépense trois fois plus de temps qu'il ne devrait et
trois fois plus de calorique.

Ce résultat, qu'il convenait d'analyser, est basé sur un raisonnement vrai en fait, aussi bien qu'en théorie, puisque, dans

un espace de dix à douze heures, l'appareil pourrait distiller
très-aisément 120 hectolitres de phlegmes, même en faisant
rétrograder les deux tiers des vapeurs mixtes. On est donc
conduit forcément à cette conséquence, que le constructeur
n'a pas donné à son instrument la surface de chauffe nécessaire et que, dans tous les cas, la rétrogradation et d'autres
causes déterminent une dépense exagérée de temps, de combustible et d'argent.

J. *Appareil rectificateur de Lacambre.* — La description
suivante de l'appareil Lacam-
bre, représenté en élévation
par la figure 99, est calquée sur
celle que l'auteur belge en a
donnée dans son ouvrage. Nous
avons déjà dit combien nous
estimons l'esprit pratique de
M. Lacambre et, sans aucune
espèce d'exagération, on peut
ranger cet observateur parmi
ceux qui ont rendu des services réels à la distillation. Si
l'on ne rencontre pas dans ses
travaux l'ampleur de vues et la
science qui distinguent les productions de M. Dubrunfaut, on
ne peut s'empêcher de reconnaître que les observations de
Lacambre ont été faites, pour
la plupart, en face des appareils, en regard de la pratique.
Il y a plus de terre-à-terre,
sans doute, mais aussi plus de
sécurité dans cette manière de
procéder, et les fabricants n'ont
pas à s'en plaindre. Il peut,
cependant, ressortir quelques
erreurs de cette marche exclusivement pratique, et l'on peut

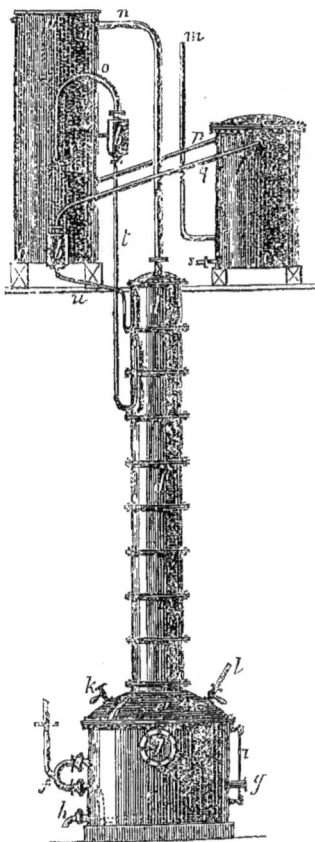

Fig. 99.

se laisser entraîner à suivre les errements vulgaires dans plusieurs circonstances; mais il est bien rare qu'un observateur

attentif, comme celui dont nous parlons, ne parvienne pas à découvrir ces causes d'erreurs et à modifier, dans le sens le plus rationnel, ses premières conceptions.

Dans l'appareil de la figure 99, *a* est un condenseur-analyseur, renfermant un double serpentin, marqué par les lignes ponctuées ; *bb* sont deux barillets analyseurs qui servent à séparer les vapeurs aqueuses condensées des vapeurs spiritueuses ; *c* est un réfrigérent à serpentin. La colonne *dd'* est formée de neuf plateaux ou sections de colonne, comprenant chacune deux cases ; les détails de cette colonne sont fournis par les figures 100 et 101.

Le bouilleur *e*, cylindrique, est surmonté d'une coupole en fonte *e'* qui supporte la colonne *dd'*, et dans laquelle un serpentin plat communique la chaleur au phlegme. Ce serpentin se rattache à la prise *f*, et la condensation s'échappe par le retour *g*. La vidange des résidus s'effectue par le robinet *h*. Un tube indicateur *i* permet de constater le niveau du liquide, que l'on fait arriver, d'un réservoir supérieur, par le tube à robinet *l*. Enfin, le tube à robinet *k* se relie à un petit serpentin et permet de s'assurer de l'épuisement du phlegme par une épreuve aussi pratique que concluante, lorsque l'on arrive vers la fin du travail. Cette disposition est très-ingénieuse et elle mérite d'être adaptée aux appareils à charges intermittentes, et même à tous les appareils distillatoires employés en industrie.

Le col de cygne *n* porte les vapeurs mixtes dans le premier serpentin de *a* ; les parties condensées et les portions qui sont restées à l'état de vapeurs passent dans la première bouteille de rétrogradation ou dans le barillet supérieur *b* ; un tube de rétrogradation *t* ramène à la colonne les parties liquides, tandis que les vapeurs continuent leur route par le col de cygne *o* pour rentrer dans le second serpentin de l'analyseur. Un travail de séparation analogue se produit dans le deuxième barillet *b*. Les parties condensées retournent à la colonne par le tube de rétrogradation *u*, et les vapeurs s'élèvent vers le serpentin-réfrigérent par le tube *q*. L'alcool condensé sort par le bas du réfrigérent pour se rendre, par le tube *s*, dans une éprouvette. L'eau froide arrive dans le réfrigérent par un tube *m* et un trop-plein *p* porte l'excès d'eau dans l'analyseur, d'où un second trop-plein porte le liquide chaud au dehors.

Nous ferons observer, en passant, que cette disposition est fort habile et très-remarquable. L'eau froide va à la rencontre des vapeurs de plus en plus chaudes dans des conditions parfaitement convenables pour assurer l'analyse dans le vase a. Cette eau arrive vers + 84 degrés à + 86 degrés au niveau du barillet inférieur, et elle sort à + 90 degrés environ, ce qui détermine la condensation des essences lourdes d'une manière très-parfaite, aussi bien que celle des vapeurs aqueuses.

Les détails de la colonne sont facilement compréhensibles et sont indiqués par les figures 100 et 101 ci-dessous. Une cheminée centrale b conique sert au passage des vapeurs ascendantes. Cette cheminée est surmontée d'une calotte a, dont le fond est sphérique et dont les parois sont coniques, à bords échancrés. Ces bords plongent dans le liquide de condensation, d'une certaine quantité, déterminée par le niveau des

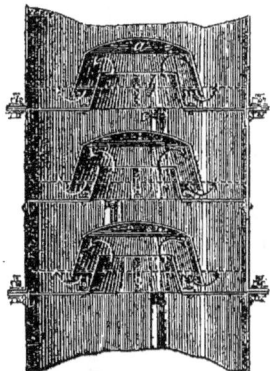

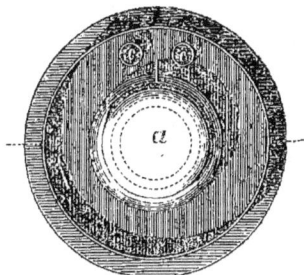

Fig. 100.   Fig. 101.

tubes de trop-plein cc. Les échancrures ont pour but de diviser les vapeurs en grosses bulles qui s'échappent tout autour de la calotte.

Marche du travail. — Il devient très-facile maintenant, après cette indication des organes, de comprendre la conduite de la rectification dans l'appareil Lacambre. On remplit d'abord la cucurbite e en faisant arriver les phlegmes par le tube c. Alors, on ouvre entièrement les entrées de vapeurs en f, et l'on donne à g l'ouverture suffisante pour faire sortir l'eau de condensation. Lorsque le liquide commence à bouillir, on ferme l'une des deux entrées de vapeur en f et l'autre

est réglée de façon à faire marcher très-lentement la distillation. Les vapeurs s'élèvent en *n*, passent en *a,* où elles se
condensent en partie dans le serpentin supérieur. La rétrogradation s'opère en *bb*, et les vapeurs non condensées passent
dans le serpentin-réfrigérent *cc'*. Les premiers produits de la
distillation, qui sortent par *s*, sont reçus dans un réservoir
spécial dit *mauvais goût*. Dès que l'esprit condensé est bon, on
le fait couler dans un réservoir dit *bon goût*, et l'on continue
ainsi jusqu'à ce que, le degré de l'alcool étant trop faible, on
fasse arriver le produit dans le réservoir à phlegme ou dans
un vaisseau spécial. Quand l'opération touche à sa fin, pour la
terminer promptement et achever d'épuiser d'alcool le liquide,
on augmente l'arrivée de vapeur en ouvrant le robinet qui
avait été fermé sur la prise *f*, et le barbotage violent qui se
produit dans la colonne sert à en laver les parois intérieures.
Les produits qu'on recueille alors, et qu'on nomme *petites eaux*,
parce qu'ils renferment très-peu d'alcool, sont ordinairement
reçus dans un autre vaisseau pour être traités à part.

Valeur de cet appareil. — Cet instrument est construit pour
agir sur des charges intermittentes. Son véritable défaut est
de procéder par barbotage, ce qui lui est commun avec la
plupart des autres.

En fait, l'appareil Lacambre utilise parfaitement la chaleur,
produit beaucoup et analyse très-bien les vapeurs mixtes. La
rétrogradation est bonne et, si l'on forçait un peu la quantité
d'eau de réfrigération, on pourrait, sans peine, amener les
produits aux mêmes forces qu'avec l'appareil Savalle, dont le
condenseur est le seul organe de production des forces. Nous
considérons la colonne de Lacambre comme un très-bon appareil de rectification, beaucoup plus économique que l'engin Savalle, susceptible de produire aussi bon et en plus
grande quantité, à surface de chauffe égale.

Rectification méthodique. Pour que la rectification soit exécutée dans les conditions les plus parfaites, il est nécessaire
de sortir des errements de la routine et de voir les choses
comme elles sont, sans parti pris pour ou contre un système
donné. Le véritable chimiste, l'industriel sérieux se préoc-
cupe fort peu des systèmes pour les systèmes; il ne doit voir
que les résultats et les faits. C'est par la comparaison entre les
rendements, les valeurs, les qualités, les prix de revient, la

simplicité de la main-d'œuvre, qu'il se détermine ; la vogue
ne l'intéresse que médiocrement et la seule règle à laquelle
il s'attache est de ne s'en décider qu'après expérience. Le seul
guide de la science pratique est, en effet, l'expérimentation.
C'est à ce guide que l'on doit les règles techniques démontrées
dans chaque branche de la science industrielle, et la saine
théorie est issue de l'expérience, de la comparaison entre les
faits, et non pas de conceptions imaginaires, produites par le
caprice individuel.

En fait donc, on comprend, d'après ce qui a été exposé
précédemment sur l'alcool et ses caractères, sur la nature et
la composition des phlegmes, que la purification de ces liquides alcooliques soit soumise à certaines règles de pratique,
à un certain ordre de travail, à une série d'opérations coordonnées, sous peine de compromettre le succès, ou, tout au
moins, de ne pas avancer avec certitude vers le but proposé.
Cet ordre dans le travail constitue la méthode. En tout et partout, l'absence de méthode est le désordre, la fantaisie, et rien
d'utile ne peut sortir régulièrement d'un travail désordonné.

La purification des alcools peut être ramenée facilement à
la règle et à la méthode, et il n'est pas nécessaire, pour cela,
de grands efforts d'attention ; il suffit d'avoir présentes à l'esprit les principales constatations faites sur les phlegmes, et
l'on pourra en déduire, avec certitude, la marche rationnelle
à introduire dans les opérations, la méthode à adopter et à
suivre d'une manière constante et définitive.

1° Il tombe sous le sens que la première attention du rectificateur doit se porter sur la vérification des produits qu'il
doit traiter. Comme en sucrerie, comme dans toutes les industries possibles, l'examen de la matière première prime toutes
les opérations. Comment veut-on déterminer l'ensemble et
les détails de réactions à faire intervenir, du travail à exécuter, si l'on ne connaît pas la nature des obstacles à vaincre,
des matières étrangères à séparer, des qualités à acquérir ou
des défauts à écarter ? Se soustraire à cette étude préliminaire,
c'est vouloir livrer au hasard le sort de l'industrie que l'on
pratique, c'est agir en aveugle, avec toute l'inconséquence
de la folie. Il n'existe pas d'industriel qui ose raisonner d'une
façon aussi extravagante et s'abandonner aux chances aléa-
toires d'une pratique insensée. Tout le monde sent la néces-

sité de commencer, avant tout, par la vérification de la matière première et il semble que cette règle ne puisse soulever
la moindre objection.

En pratique, le rectificateur devra donc vérifier avec soin
tous les alcools qui seront introduits dans ses magasins. Il
devra en noter la provenance, la nature, la richesse ; il aura
à préciser, par des expériences d'essai, quelles sont les réactions) chimiques par lesquelles ces liquides sont désinfectés
d'une manière plus complète et plus économique, et rien ne
doit le distraire de ces observations préalables, sans lesquelles
il n'a aucune garantie de succès.

2° A partir de l'examen attentif des phlegmes, il importe
de mettre en pratique, le plus tôt possible, les moyens chimiques de désinfection et de purification dont on dispose
et que l'on a reconnus comme les meilleurs et les plus économiques dans l'application. La purification chimique des
phlegmes doit se faire à l'avance, si l'on veut en tirer des résultats certains et avantageux. La plupart des réactions ne
donnent leur maximum d'effet qu'après plusieurs jours, plusieurs semaines, quelquefois, et il convient de ne pas se laisser égarer par des allégations de prospectus, par des affirmations d'instantanéité, qui se vérifient rarement. Dans des
séries fort nombreuses d'expériences, nous avons toujours
constaté que l'action prolongée des réactifs donne des résultats beaucoup meilleurs, préférables à ceux qui suivent des
actions violentes. Les agents peuvent être employés en proportion moindre lorsque l'on prolonge la durée des contacts,
et l'on obtient toujours des résultats plus avantageux à l'aide
de plus faibles dépenses.

Il y aurait donc un certain intérêt à traiter les phlegmes
par les réactifs chimiques convenables dès que l'on a procédé
à la vérification de leur valeur, et à ne faire la rectification
proprement dite qu'après un certain temps. Cette règle ne
serait pas applicable à l'emploi des agents qui exigeraient une
certaine élévation de température et il vaudrait mieux, dans
cette hypothèse, faire coïncider la purification chimique et la
rectification; mais ce cas exceptionnel n'infirme pas la règle
de prudence qui vient d'être tracée, et de laquelle un praticien attentif fera bien de ne pas se départir.

Rien n'empêche de réunir les phlegmes de même nature

dans un même récipient, de les soumettre à la réaction que l'on a jugée la plus convenable après essai préalable, et de les laisser ensuite en repos jusqu'au moment où ils devront être rectifiés. Cette précaution, fort simple en elle-même, contribuerait puissamment à la purification des produits, en assurant la séparation des principes essentiels.

3° La rectification, à l'aide d'un bon appareil, est l'acte complémentaire de la purification des phlegmes. Bien que plusieurs constructeurs, dans un intérêt facile à comprendre, aient cherché à faire reposer tout le travail de la purification sur leurs appareils, sur la forme et la disposition de leurs machines, l'observation est là pour donner un éclatant démenti à toutes ces vaines allégations. Que l'on se trompe involontairement, après avoir pris toutes les précautions possibles pour rester dans le vrai, cela est d'autant plus admissible que l'infaillibilité humaine est un mythe ; mais il y a une différence énorme entre se tromper et tromper. Les faits de la distillation démontrent que la rectification ne saurait avoir que des effets limités, et c'est tromper que de prétendre le contraire et d'affirmer que, par l'emploi de telle colonne, on obtiendra des *alcools purs*.

On sait, en effet, que, par la distillation, on pourra séparer les essences qui se volatilisent à une température supérieure au point de volatilisation de l'alcool ; mais, on sait également que l'on est sans action, par le fait de la distillation seule, au moins dans la pratique ordinaire, sur les essences très-volatiles qui se volatilisent au-dessous de ce point. On sait encore que les essences dont le point d'ébullition est le même que celui de l'alcool ne sont pas séparables sans l'emploi de moyens chimiques, et toutes les allégations contraires à ces faits ne sont autre chose que des actes de charlatanisme. On peut, sans doute, modifier la pratique de la distillation, de manière à éliminer les essences légères et les essences lourdes ; mais, dans la pratique vulgaire, la séparation des premières ne se fait encore que par fractionnement. Les essences lourdes sont seules éliminées par l'action des appareils et, bien souvent, cette élimination ne se fait que par la force des choses, sans que les constructeurs les plus satisfaits aient songé à prévoir sérieusement cette action capitale.

L'exemple de l'appareil Savalle peut servir de preuve à

cette proposition. Cet instrument, séparé de ses organes accessoires et composé seulement du bouilleur et de la colonne, ne
peut produire que des phlegmes, et le fait a été démontré. La
plus grande partie des essences lourdes s'élève dans la colonne et passe dans l'organe suivant, en sorte que, si cet organe était remplacé par un simple réfrigérent, le produit
n'aurait presque rien gagné en force et serait presque aussi
infect qu'avant le travail. L'analyseur fait ce que la colonne
n'a pu faire, ce à quoi elle est absolument impropre. Il fait
rétrograder les deux tiers des vapeurs mixtes, celles dont la
condensation a été produite dans cet organe. Or, c'est précisément dans cette condensation que se trouve la totalité des
huiles essentielles lourdes et il peut à peine en rester des
traces dans le tiers non condensé, qui continue son chemin
vers la réfrigération. On voit ainsi que, en cherchant à faire
des forces, l'inventeur a obtenu, comme tout le monde, la
séparation des huiles lourdes, à peu près sans se douter de la
connexité des faits, puisque rien n'a été prévu pour cela dans
la construction même de la colonne ; mais, s'il est exact de
dire, avec les anciens, que *plus on obtient de force, plus on obtient de pureté,* cette phrase doit s'entendre seulement de la
séparation des essences lourdes, mais volatiles et plus facilement condensables que l'alcool. Elle serait absolument
inexacte, si elle était appliquée à la séparation des essences
légères, qui se volatilisent au-dessous de $+78°,4$ à $+82$ degrés environ. Nous les retrouvons, en effet, dans les produits
très-riches qui ont échappé à l'action de l'analyseur. C'est à
cela qu'il faut attribuer les 12 pour 100 de *moyen goût et de
mauvais goût,* dont l'existence a été signalée par le décompte
cité plus haut. Ces essences ne sont condensables qu'après
l'alcool, comme celui-ci n'est condensable qu'après l'eau
et les essences lourdes, et la séparation par condensation
suit nécessairement cet ordre, qu'il est absolument impossible d'intervertir. Or, il est difficile de ne pas remarquer une anomalie que l'on constate partout, même lorsque
les essences lourdes ont été séparées, comme dans la plupart
des appareils à colonne. Nous voulons parler de la dispropor-
tion qui existe entre la quantité réelle des essences légères et
la proportion des mauvais goûts que les plus complaisants
sont forcés de signaler. M. Savalle en accuse 12 pour 100. Or,

c'est à peine si l'on peut évaluer le chiffre réel des essences
légères à une proportion variable entre un demi-centième et
un millième de l'alcool. Sur 60 hectolitres d'alcool, on ne devrait pas avoir plus de 30 litres de ces essences au maximum,
et il en résulte que 690 litres d'alcool, au moins, sont infectés
par cette quantité d'essences légères, pour la séparation desquelles il n'a été pris aucune précaution.

Des observations précédentes il résulte, régulièrement, que
la rectification, pour être méthodique, doit présenter trois
circonstances caractéristiques : elle doit agir, d'abord, par
la séparation des essences légères très-volatiles, isoler ensuite
l'alcool et, enfin, éliminer les essences lourdes par une rétrogradation habilement calculée.

Toute la difficulté de cette méthode repose sur la séparation des essences légères, se vaporisant au-dessous de
+82 degrés, puisque l'on sait parfaitement séparer l'alcool
des essences lourdes, en appliquant aux vapeurs mixtes l'action d'un refroidissement graduel, et en faisant rétrograder
la condensation. On sent d'avance que l'application du même
principe peut permettre d'isoler les essences légères et, par
conséquent, de restreindre la proportion des mauvais goûts
au minimum. En effet, soient, dès le début d'une opération, les
vapeurs mixtes dirigées vers un réfrigérent spécial ; la température d'émergence, au col de cygne, étant limitée vers
+82 degrés, toutes les essences volatiles au-dessous de ce
point s'élèvent les premières avec un peu d'alcool et se condensent. Lorsque le produit a acquis une franchise suffisante
et que l'on a recueilli, par exemple, deux ou trois centièmes
de la masse à produire, la totalité des essences légères a disparu, et il ne reste qu'à changer la direction des vapeurs
mixtes pour les envoyer à un serpentin condenseur, dans
lequel on ne fera produire que du fin goût.

La petite portion de mauvais goût, soumise à un travail
analogue, donnera d'abord des essences presque entièrement
dépouillées d'alcool, et celui-ci pourra être réuni au phlegme
d'une opération suivante, en sorte que, par cette marche rationnelle, on évitera, d'une manière à peu près absolue, la
formation de ces bas produits dont la moindre valeur diminue ordinairement le résultat final, c'est-à-dire le bénéfice
définitif.

On peut donc résumer ainsi les opérations de la purification méthodique des alcools, en les groupant dans l'ordre
normal qui doit être suivi :

1° Vérification analytique des phlegmes ;
2° Purification chimique;
3° Séparation des essences légères ;
4° Séparation de l'alcool ;
5° Reprise des bas produits.

Cette méthode nous paraît seule assez complète pour garantir le succès des opérations, et nous en conseillons l'application à tous les fabricants et à tous les rectificateurs qui ne
veulent rien livrer à l'imprévu. Lorsque l'on sait, d'une manière pertinente, ce que l'on peut attendre et obtenir, en réalité, d'un appareil distillatoire, dont on se sert pour la rectification, on ne lui demande plus que ce qu'il peut faire ; on
supplée à l'impuissance de certains organes par un travail
plus complet demandé à d'autres fonctions ; on cesse d'a-
jouter foi à des promesses banales dont les preuves manquent
toujours, et l'on est en garde contre des supercheries trop
fréquentes.

Rectification continue. — Ce mode de rectification peut être
compris de deux manières, selon que l'on veut traiter les vins
par une seule opération, ou bien que l'on veut agir sur les
phlegmes. Dans les deux cas, l'opération est précise, et elle
ne peut être l'objet d'aucune objection plausible. La seule
précaution à prendre consiste à ne traiter, dans ce sens, que
les vins dont le produit habituel est de bon goût, ou, tout au
moins, qui ne présentent pas une infection extraordinaire.
Les vins dont les produits exigent une purification chimique
devront toujours être traités en deux fois, et il faudra
d'abord en tirer des phlegmes, que l'on rectifiera ensuite.
Cette observation tombe sous le sens, et personne ne songerait
à soumettre à une distillation seule les vins de garance ou
d'asphodèle, par exemple. Nous ne nous arrêterons donc pas
sur ce point, que nous supposons accepté, et nous examinons
les conditions dans lesquelles on peut exécuter la rectification continue, tant avec les vins que par les phlegmes.

L'alcool produit doit être débarrassé des essences lourdes
et des essences légères. Voilà le fait capital qui ressort de la
situation. Or, les essences lourdes disparaissent toujours dans

les résidus, par l'action d'une bonne rétrogradation et d'un refroidissement progressif, quelle que soit la colonne employée. La question repose donc tout entière sur l'élimination des essences légères, c'est-à-dire de celles qui se volatilisent au-dessous du point de réfrigération des vapeurs mixtes.

Si ces vapeurs sont refroidies vers + 82 degrés, on conçoit que, en condensant à part les produits volatilisés au-dessous de ce point, on recueillera les essences légères, un peu d'alcool et une très-petite portion d'eau entraînée. Cette condensation partielle équivaudra, sous le rapport de la purification, au fractionnement des premiers produits qui se pratique dans la rectification ordinaire, mais elle aura de plus l'avantage de n'entraîner que peu d'alcool et de conduire à une augmentation très-notable des fins goûts.

Pour atteindre ce but, il se présente deux moyens pratiques, d'une application industrielle que nous cherchons à faire comprendre.

1° *Séparation des vapeurs dans la réfrigération.* — Les vapeurs mixtes qui ont échappé à l'action d'une bonne colonne produisant la réfrigération vers + 82 degrés sont composées des essences légères, de l'alcool, d'un peu d'eau et de très-peu d'essences lourdes. Ces dernières retourneront à la colonne par la rétrogradation, et les vapeurs qui poursuivent leur route contiennent, à peu près exclusivement, les essences légères, l'alcool et un peu d'eau. Si nous admettons que le serpentin ordinaire soit remplacé par une série de serpentins couchés, et que chacun d'eux soit placé dans une case spéciale, l'eau de réfrigération arrivant par l'extrémité opposée à l'entrée des vapeurs, on pourra se rendre compte des faits qui se passent et de l'analyse produite.

Soient six cases A, B, C, D, E, F, chacune avec son serpentin particulier, se raccordant au suivant et communiquant avec un barillet de rétrogradation. Soient encore les températures de l'eau de ces cases en ordre décroissant de A en F, et représentées par 82, 80, 78, 76, 74 et 72 degrés, le produit de la condensation des serpentins A et B renfermera les essences lourdes entraînées et devra rétrograder vers la colonne, puisque la condensation aura eu lieu à une température assez élevée pour que les vapeurs de quelques-unes de ces essences puissent ne le faire que dans ce point. Par contre, le serpentin C condensera de l'alcool presque pur, ne contenant que les produits volatils au même point que l'alcool. Il en sera de même du serpentin D, dont le produit pourra contenir, en outre, quelques traces d'essences légères. On pourra donc faire passer les liquides des serpentins C et D dans un appareil de refroidissement pour les recueillir à l'état d'alcool fin. Les serpentins E et F ainsi que le reste de la réfrigération condenseront principalement les essences légères, avec un peu d'alcool, et leur produit peut être mis à part pour être encore analysé par une opération spéciale.

Comme on vient de le voir par cette courte explication, il est possible, en graduant convenablement la température de réfrigération des différents milieux, de séparer et d'isoler, dans l'acte de la distillation même, les produits successifs des vapeurs mixtes, mais cette première méthode, quoique très-applicable, nous semble moins manufacturière que la suivante.

2° *Séparation des essences légères par le chauffe-vin.* — En général, les liquides du chauffe-vin parviennent à une température qui peut varier entre +40 et +90 degrés, selon la grandeur des surfaces et la température des vapeurs mixtes au point d'émergence. On comprend que ce fait puisse servir de point de départ pour la séparation des essences légères, qui s'élèvent au-dessous de +80 à +82 degrés, puisqu'il suffit, pour les isoler, que les liquides soient exposés, *pendant un temps suffisant*, à une température un peu supérieure au point de volatilisation de ces essences. En condensant les produits de cette volatilisation dans un serpentin particulier, on peut donc recueillir les essences légères *avec très-peu d'alcool*, et n'envoyer à la colonne que des liquides dépouillés de ces principes.

La proportion des essences légères, très-volatiles, dépasse rarement 5 pour 100 de l'alcool et, le plus souvent, elle est fort inférieure à ce chiffre. C'est donc par suite d'un raisonnement mal appliqué, bien qu'il soit juste en principe, que l'on fractionne un quart de la masse, pour isoler cinq millièmes de cette même masse, et nous sommes dans le vrai pratique, lorsque nous disons que l'on peut recueillir les essences légères, avec très-peu d'alcool.

C'est sur cet ensemble de faits que nous nous sommes appuyé pour appliquer notre appareil distillatoire, qui est un rectificateur très-puissant, à la séparation des essences légères aussi bien que des essences lourdes. Notre procédé peut, d'ailleurs, s'appliquer à la plupart des colonnes à rectifier, et la modification à leur faire subir est peu coûteuse.

Le chauffe-vin, dans lequel se complète ordinairement l'analyse des vapeurs mixtes, est calculé pour que la masse liquide qu'il renferme soit portée à une température de +82 degrés dans toute la masse. C'est une simple question de surface de chauffe. Il ne se produit qu'une condensation insignifiante dans cette portion et les vapeurs se condensent partiellement au-dessous, dans une seconde partie du réfrigérent, à laquelle la rétrogradation est adaptée. La partie inférieure sert à la réfrigération définitive des produits. Le réfrigérent se compose donc de trois parties distinctes, d'un analyseur des liquides à distiller ou à rectifier, d'un condenseur-analyseur des vapeurs mixtes, et d'un réfrigérent proprement dit. Ces trois parties peuvent être isolées ou réunies. L'analyseur et le condenseur reçoivent le liquide à distiller ou à rectifier et le réfrigérent reçoit un courant d'eau, en sorte que rien n'est changé, d'une manière notable, dans l'extérieur de cet organe. Les surfaces de réfrigération du condenseur et de l'analyseur sont calculées selon la quantité de liquide à traiter et établies de manière à obtenir les résultats suivants :

Points d'observation.	Températures.
Bas du condenseur.	+ 25 degrés.
Milieu du condenseur. . . .	+ 50 degrés.
Haut du condenseur.	+ 75 degrés.
Bas de l'analyseur.	+ 80 degrés.
Haut de l'analyseur.	+ 82 à 85 degrés.

Le sommet de l'analyseur est disposé en calotte et reçoit un col de cygne qui porte les vapeurs produites dans un serpentin spécial.

Traitement des vins. — Lorsque l'on veut obtenir, à l'aide de ces nouvelles dispositions et en distillant des vins, des produits débarrassés des essences légères aussi bien que des essences lourdes, on remplit de vin le condenseur et l'analyseur et l'on fait arriver le vin dans la colonne et le bouilleur, de manière à couvrir les serpentins. On supprime alors l'ar-

rivée du vin, et l'on introduit la vapeur. Lorsque la partie
inférieure de l'analyseur accuse + 78 degrés de température
au thermomètre, on rétablit l'arrivée du vin dans la colonne,
progressivement, jusqu'au débit normal. A partir de ce moment, le travail marche d'une manière continue. Le serpentin
de l'analyseur condense les vapeurs des essences légères,
avec un peu d'alcool, le condenseur analyse les vapeurs
mixtes provenant de la colonne et l'on fait rétrograder les
portions condensées jusqu'a ce que le degré de force cherché
soit atteint. Les vinasses s'écoulent d'une manière continue,
et les produits obtenus sont d'une pureté remarquable.

Traitement des phlegmes. — Le travail est absolument le
même avec les phlegmes qui, dans ce cas, remplacent simplement le vin dans le condenseur et l'analyseur, et qui y
parviennent par un tube alimentaire venant d'un réservoir
supérieur. La seule différence s'applique aux résidus, lesquels contiennent encore de l'alcool et les essences lourdes,
et que l'on doit joindre au liquide de la distillation.

Il y a, pour cela, deux modes à suivre, qui ont déjà été indiqués. Ou bien on fait passer les résidus, à mesure de leur
sortie, dans un serpentin réfrigérent, ou on les fait arriver
dans un appareil distillatoire en travail. Il y a un autre mode
d'épuisement de ces résidus, qui consiste à les laisser s'amon-
celer dans le bouilleur jusqu'à ce qu'il en soit rempli aux deux
tiers. On suspend alors le travail pour un instant et l'on fait
passer dans le bouilleur le liquide du condenseur et de l'analyseur que l'on remplace par de l'eau, après quoi, on introduit de nouveau la vapeur et l'on distille jusqu'à épuisement.
Il est inutile d'ajouter que, par ce dernier mode, on rentre dans
l'intermittence et qu'il donne lieu à un résultat moins parfait.

Le lecteur a compris, sans aucun doute, tous les avantages
qui résultent de la continuité de la rectification et l'économie
de temps et de main-d'œuvre qui en est la conséquence. Il
n'est donc pas nécessaire d'insister sur ces points et il nous
suffit d'avoir démontré que l'on peut agir d'une manière continue, dans le travail de la rectification, en faisant subir aux
appareils quelques changements de peu d'importance.

§ IV. — DÉSHYDRATATION DE L'ALCOOL.

L'alcool, obtenu par la rectification la plus soignée, n'est pas encore *absolu, pur, anhydre,* ou privé d'eau. Quoi qu'on fasse, il est impossible, au moins jusqu'à présent, de lui enlever, par simple distillation, les dernières portions d'eau, qu'il retient avec une ténacité extrême, et avec lesquelles il passe à la distillation.

Lorsque l'alcool ne renferme pas d'essences légères ou d'éthers qui en diminuent la densité, on ne l'obtient guère à une richesse plus élevée que 95°,5 centésimaux. Lorsque des rectificateurs ou des chaudronniers parlent de 96 et de 97 degrés, il faut comprendre que les produits essentiels légers doivent être tenus en ligne de compte et que ces principes procurent une densité apparente différente de la densité réelle!

Mais l'alcool le plus concentré du commerce retient encore 5 pour 100 d'eau, et il n'est pas l'alcool des chimistes, l'*alcool anhydre,* qu'il est nécessaire de se procurer pour certains usages. Le prix exorbitant auquel les droguistes portent ce produit devrait engager les rectificateurs à en préparer une certaine quantité, et nous croyons devoir décrire les principaux procédés que l'on peut employer à cet effet.

Nous avons vu (p. 26) que Raymond Lulle, le célèbre alchimiste, avait inventé le moyen de priver l'*alcohol* de l'eau qu'il renfermait, en le faisant digérer sur de l'alcali fixe et en rectifiant ensuite. Il n'ignorait pas, cependant, la possibilité de se servir de la chaux vive, dont Basile Valentin recommandait, plus tard, l'emploi de préférence à celui de l'alcali, et nous avons indiqué le procédé, tracé par Lulle, pour la déshydratation de l'alcool à l'aide de la chaux vive...

On ne fait guère aujourd'hui autre chose que ce qui a été pratiqué par Raymond Lulle vers la fin du treizième siècle.

« La meilleure manière d'obtenir l'alcool anhydre, selon M. Regnault, consiste à verser de l'alcool à 85 ou 90 centièmes dans un grand flacon contenant de la chaux vive... On agite ce flacon à plusieurs reprises, et on l'abandonne à lui-même pendant vingt-quatre heures. On soumet le tout à une distillation au bain-marie..., et l'on continue l'opération jusqu'à ce qu'il ne passe plus de liquide. L'alcool, ainsi obtenu, n'est pas encore entièrement débarrassé d'eau ; il faut renouveler l'opération ; souvent même elle ne suffit pas pour donner de l'alcool complétement anhydre, et il est nécessaire de dissoudre, dans cet alcool très-concentré, une certaine quantité de potasse caustique fondue, et de distiller immédiatement à feu nu ou dans un bain de chlorure de calcium, jusqu'à ce que les trois quarts de la liqueur aient passé à la distillation. Cette liqueur est alors de l'alcool anhydre, de l'*alcool absolu* ; mais elle présente une odeur particulière, qui tient probablement à la présence d'une petite quantité d'une huile volatile fournie par la réaction de l'oxygène de l'air, en présence des matières alcalines, sur l'alcool, ou sur des huiles essentielles qui accompagnent ordinairement l'alcool du commerce. La liqueur alcoolique qui reste dans le vase distillatoire est colorée en brun par une petite quantité de matière résinoïde également produite par cette opération.

« On reconnaît que l'alcool est anhydre en y projetant une petite quantité de sulfate de cuivre desséché. Ce sel, qui est blanc, se teint en bleu, pour peu que l'alcool retienne encore de l'eau [1]. »

MM. Pelouze et Frémy, dans leur *Traité de chimie générale*, s'expriment ainsi sur le même sujet :

« Pour préparer dans les laboratoires l'alcool anhydre ou absolu, on prend l'alcool à 85 ou 90 degrés du commerce, on l'introduit dans une cornue de verre aux trois quarts remplie de petits fragments de chaux vive de la grosseur d'une noisette. L'alcool doit recouvrir entièrement la chaux. Après vingt-quatre heures de contact, on place la cornue dans un bain-marie, dont on fait bouillir l'eau, et l'on maintient la température jusqu'à ce qu'il ne distille plus d'alcool. Ce liquide, distillé une seconde et une troisième fois sur de nouvelles quantités de chaux caustique, peut être considéré comme absolument anhydre. Plusieurs autres oxydes, divers sels, tels que le sulfate de cuivre anhydre, le carbonate de soude, l'acétate de potasse fondu, et surtout le carbonate de potasse, peuvent être aussi employés à la déshydratation de l'alcool. Ce dernier sel, étant insoluble dans l'alcool, permet d'ob-

[1] Regnault, *Cours élémentaire de chimie*.

tenir ce liquide anhydre sans avoir recours à la distillation...

« Le chlorure de calcium ne peut être employé à concentrer l'alcool, parce qu'il forme avec ce liquide une combinaison qui se détruit quand on la chauffe, en laissant échapper à la fois de la vapeur aqueuse et de la vapeur alcoolique...

« Enfin, on peut obtenir de l'alcool anhydre, en plaçant dans le vide un vase contenant de l'alcool aqueux qu'on entoure de fragments de chaux. Ce dernier procédé trouve surtout une application utile dans le cas où l'on a pour but d'obtenir à l'état de pureté des corps solubles dans l'alcool aqueux et insolubles dans ce liquide anhydre (M. Péligot).

« Pour constater la présence de l'eau dans l'alcool, on peut :

« 1° Mettre l'alcool en contact avec du sulfate de cuivre desséché ; ce sel reste blanc lorsque l'alcool est anhydre ; il redevient bleu quand l'alcool est hydraté ;

« 2° Agiter l'alcool avec de la benzine, qui perd sa limpidité au contact de l'alcool aqueux [1]. »

Ces données chimiques suffisent grandement pour coordonner la marche à suivre dans la déshydratation d'une quantité d'alcool plus importante. On ne doit pas croire, en effet, par un préjugé absurde beaucoup trop répandu, que les procédés de laboratoire sont inapplicables en industrie. C'est tout le contraire qui est vrai. Tout ce qui se fait de bien en industrie prend sa source dans des procédés de laboratoire bien appliqués et fidèlement reproduits, et il est injuste d'accuser la science de l'inintelligence de ceux qui veulent appliquer les méthodes qu'elle a créées. Il arrive fort souvent qu'un procédé de laboratoire, fort exact et très-recommandable, ne réussit pas entre les mains d'un ignorant. Au lieu de s'en prendre à soi-même et d'accuser sa propre sottise, il préfère critiquer les conseils qui lui ont été donnés et dont il n'a pas compris la portée. Le nombre est grand de ceux qui viennent consulter les chimistes, par exemple, qui ne prêtent qu'une attention insuffisante à ce qui leur est dit, et n'en font qu'une application irrationnelle. Ces gens-là n'ont à se plaindre que d'eux-mêmes.

Lorsqu'on veut réussir à reproduire un procédé chimique

[1] Pelouze et Frémy, *Traité de chimie générale*, t. V, p. 19 et 20.

avec tous ses résultats, il faut s'attacher d'abord à le comprendre, puis à le reproduire exactement. Les modifications relatives à l'économie du travail et de la main-d'œuvre ne doivent être tentées que lorsqu'on est parfaitement sûr de soi et que l'on n'a plus à craindre de commettre des erreurs même involontaires.

De quoi s'agit-il, dans la circonstance qui nous occupe ? D'enlever à l'alcool les cinq ou six centièmes d'eau qu'il retient et dont la distillation seule ne peut le débarrasser ; il est évident que, pour y parvenir, il faut le mettre en contact avec des corps plus avides d'eau que lui-même et dans des conditions telles que l'élévation de la température, nécessaire pour la rectification du produit, ne suffise pas à remettre en liberté l'eau que ces corps ont absorbée.

Les corps avides d'eau sont fort nombreux.

La *potasse caustique* (KO,HO), le *carbonate de potasse*, l'*acétate* de la même base, la *soude* (NaO,HO), le *carbonate de soude*, la *baryte caustique* BaO), la *strontiane* (SrO), la *chaux vive* (CaO), le *sulfate de cuivre sec* et plusieurs autres substances peuvent absorber l'eau de l'alcool. Nous savons pourquoi, dans ce cas particulier, le chlorure de calcium, l'agent de déshydratation par excellence, ne peut pas être utilisé...

Ayons donc un réservoir contenant l'alcool à déshydrater que nous supposerons à 92 degrés centésimaux.

En contre-bas de ce réservoir sont disposés en gradins deux récipients, analogues aux monte-jus, munis de trous d'homme fermant hermétiquement et dans lesquels un agitateur mécanique, à arbre vertical, peut donner aux matières une agitation convenable. Le liquide du réservoir A peut couler dans le récipient B, de celui-ci en C, et de C dans une colonne à distiller D.

Ceci étant bien compris, la manœuvre à effectuer est d'une grande simplicité. On introduit en B de la chaux vive, concassée en morceaux de la grosseur du poing, et l'on fait arriver de l'alcool sur cette chaux jusqu'à ce que la matière soit recouverte. On brasse à plusieurs reprises à l'aide de l'agitateur, et on laisse en repos.

Pendant ce temps, on a introduit en C du sulfate de cuivre, sec et blanc, dans la proportion de 15 à 20 pour 100 de l'alcool à traiter. Après vingt-quatre heures, on fait couler,

dans ce récipient C, l'alcool du vase B, que l'on remplace
par de l'alcool du réservoir A, tout le temps que la proportion
de chaux est suffisante pour amener la liqueur vers 99 à 99°,5
en vingt-quatre heures. On laisse séjourner l'alcool concentré sur le sulfate de cuivre pendant vingt-quatre heures, en
ayant soin d'agiter la masse à plusieurs reprises pendant ce
temps, puis on distille au bain-marie, sur 2 à 4 pour 100 de
carbonate de potasse.

Le liquide de B repasse sur C et il est remplacé par de l'alcool venant de A.

On voit que l'on peut obtenir ainsi des quantités considérables d'alcool anhydre à bas prix. Lorsque la chaux et le sulfate de cuivre n'ont plus une action suffisante, comme B et C
portent un serpentin de fond et qu'ils communiquent avec un
réfrigérent, on épuise la matière d'alcool, avant d'introduire
de nouveau des réactifs. On épuise le résidu de l'appareil distillatoire dans un alambic et le carbonate de potasse, ainsi
que le sulfate de cuivre, peut servir indéfiniment, après calcination ou dessiccation.

§ V. — DES PRINCIPAUX USAGES DE L'ALCOOL.

Les applications de l'alcool sont aussi nombreuses qu'intéressantes et ce corps est devenu l'un des plus importants de
la chimie organique, en raison des usages pour lesquels il est
employé. La fabrication des liqueurs alcooliques et des conserves, le vinage de la vendange et des vins, la préparation
des éthers, du chloroforme, du vinaigre et de l'éther acétique,
la préparation des vernis, des solutions résineuses, celle du
collodion, des fulminates, des bougies, de certains savons,
celle des esprits aromatiques, des teintures et des solutions
médicamenteuses en consomment des quantités énormes,
sans parler de celles qui sont nécessaires pour un grand
nombre d'essais et d'analyses de chimie, pour la conservation
des pièces anatomiques, pour le chauffage des appareils de
chimie et de certains appareils d'économie domestique, pour
l'éclairage et pour une foule d'autres besoins de toute nature
qu'il serait superflu de mentionner ici. Les fabricants n'ont
pas à redouter que leurs produits restent sans application,
car, si les circonstances arrivaient à permettre une baisse sur

la valeur commerciale de l'alcool, on verrait, très-certainement, la consommation s'en accroître d'une manière prodigieuse. Un nombre considérable d'industries diverses, qui pourraient employer l'alcool dans une multitude de travaux ou de préparations, n'osent le faire aujourd'hui à raison du prix trop élevé de ce menstrue ; mais, si les prix commerciaux s'établissaient à un taux abordable, on les verrait bientôt le substituer, dans la pratique, à d'autres réactifs moins chers, mais d'un usage plus désagréable. Nous ne croyons donc pas que l'on ait à se créer des hypothèses dont les faits nous ont démontré le peu de valeur. En 1854, lors de la crise dont le souvenir est encore présent à l'esprit du lecteur, on avait d'abord regardé la production des alcools industriels comme une ressource momentanée, à laquelle on devrait cesser d'avoir recours lorsque les alcools de vin auraient reconquis leur situation normale. On avait compté sans les besoins, les emplois et les usages qui naissent des circonstances. Les alcools de vin atteignirent de nouveau le chiffre de la production régulière, et non-seulement la fabrication des alcools industriels ne se ralentit pas, mais elle s'augmenta de toute la production agricole. Les distilleries en ferme apportèrent un contingent énorme, et ceux qui avaient craint le non-emploi des masses fabriquées durent être bien étonnés lorsque, malgré le développement de la fabrication, on put constater que les quantités produites étaient absorbées dans le torrent industriel et que l'on en demandait encore davantage, puisque l'importation venait apporter un contingent notable dans les chiffres constatés. L'Europe presque entière fabrique de l'alcool, avec toutes les matières sucrées ou saccharifiables, et elle peut consommer plusieurs fois les quantités qu'elle fabrique.

Toute la question économique se résume dans l'obtention de l'alcool à meilleur compte et dans l'abaissement du prix de vente. C'est vers ce but que doivent tendre les efforts des producteurs, car l'acheteur ne leur manquera pas dans ces conditions.

Si l'on jette un coup d'œil sur les détails, on peut se convaincre de la réalité des faits.

En laissant de côté les considérations morales, on est obligé d'avouer que la consommation de l'eau-de-vie, comme boisson, a pris une extension formidable. En ne raisonnant que sur dix millions de consommateurs, *à un seul petit verre par jour*, on trouve un chiffre de 2 500 hectolitres par jour, c'est-à-dire de 1 250 hectolitres d'alcool à 100 degrés, soit un total de 456 250 hectolitres par année, pour la France. Que l'on joigne à cet emploi, qui n'aurait rien d'excessif ni de déraisonnable au point de vue de l'hygiène, les autres usages qui ont été indiqués et les quantités qu'ils requièrent, et l'on pourra se rendre un compte précis de la justesse de notre appréciation ; on verra que la consommation actuelle, si importante qu'elle soit, est fort loin encore d'atteindre le chiffre auquel elle peut parvenir.

La préparation des liqueurs de table a pour bases l'alcool, le sucre et les aromates ; on conserve dans l'eau-de-vie plusieurs espèces de fruits, et le commerce de ces produits en écoule de grandes quantités à l'exportation, aussi bien que pour la consommation indigène.

La production restreinte des alcools de vins, comparée au nombre d'hectolitres entrant dans la consommation sous le nom d'*esprits de Montpellier*, démontre le mélange de ces alcools avec les alcools industriels. Cette manœuvre s'exécute en grand et procure de grands bénéfices à ceux qui la pratiquent, le résultat présentant les mêmes qualités que l'alcool de vin adouci par un an de séjour en fûts. On donne à ce trafic, d'un caractère frauduleux, le nom d'*affinage des esprits de Montpellier*, et une quantité notable des produits du Nord est employée à cet usage. On achète des esprits commerciaux de bon goût à 93 ou 94 degrés, on en abaisse le titre à 85 degrés par un mouillage, et on les mélange, à volume égal, avec les esprits-de-vin, en sorte que l'on profite de la plus-value attribuée aux esprits-de-vin et de l'abaissement du degré des trois-six du Nord ; cette plus-value conduit souvent à un écart de 25 à 30 pour 100.

Les vins du Midi, préparés en dehors des règles sérieuses de l'œnologie, se conservent assez mal. L'addition d'alcool affiné, dans la proportion de 1 à 4 pour 100, les rend plus conservables, en s'opposant à la fermentation lente et aux altérations qui en sont la conséquence, par suite de la présence des matières albuminoïdes, qui ne sont pas éliminées avec tout le soin désirable. Des millions d'hectolitres de ces vins alcoo-

lisés sont exportés des lieux de production, soit à l'étranger,
soit dans les grandes villes où le coupage des vins se pratique
sur une proportion telle que 2 hectolitres de vin, ayant
acquitté les droits d'octroi, se transforment à 3 hectolitres
à la vente. On peut se baser sur ce fait que les vins de consommation, à Paris, par exemple, ne renferment guère que
huit à neuf centièmes d'alcool, et qu'ils sont *préparés* avec des
vins qui en renferment de quinze à seize, par une addition
d'eau, de matières colorantes et, quelquefois, d'une proportion donnée des sels du vin naturel. Cette fraude échappe
souvent à la surveillance du fisc, et les vins ordinaires sont
très-rarement exempts de frelatage.

L'*éther* et le *chloroforme* se préparent, le premier par la
désbydratation de l'alcool, le second par la chloruration du
même produit. Si les emplois du chloroforme sont exclusivement médicaux ou pharmaceutiques, ceux de l'éther sont
plus étendus et ce corps est employé comme dissolvant, comme
agent frigorifique, dans la préparation du collodion photo-
graphique, etc.

Un usage important de l'alcool se trouve dans la fabrication
des *vinaigres*, bien que les vinaigriers français n'aient pas
encore tiré de cette application tout le parti qu'ils pourraient
en obtenir. La liqueur à acétifier doit contenir normalement
de l'eau, un ferment et 10 pour 100 d'alcool environ.

L'alcool, par sa propriété de dissoudre les résines, est le
meilleur menstrue à employer dans la fabrication des *vernis*
qui exigent une dessiccation rapide. Les *vernis à l'esprit-de-vin*
sont préférés aux *vernis à l'essence de térébenthine* et aux *vernis
à la benzine*, partout où l'on est pressé par le temps, et lorsque
l'on veut éviter les vapeurs nuisibles qui se dégagent de ces
derniers pendant leur dessiccation. Cette application de l'alcool est une des plus importantes, tant par les quantités qu'elle
consomme, que parce qu'elle constitue un des principaux
moyens d'utilisation des alcools de mauvais goût, qui ne peuvent être employés à des usages alimentaires ou pharmaceutiques.

On sait que le *collodion* employé en photographie et en
chirurgie est la solution du coton-poudre dans un mélange
de 100 parties d'éther et 8 parties d'alcool à 90 degrés. La
préparation des *fulminates*, que l'en emploie dans la fabrica-

tion des amorces pour les armes à percussion, consomme aussi une assez grande quantité d'alcool. L'acide fulminique est le résultat de l'oxydation de l'alcool par l'acide azotique.

Le *lustrage des bougies stéariques* est obtenu par le frottement, à l'aide d'un morceau d'étoffe imbibé d'alcool. Les *savons transparents* s'obtiennent par la dissolution de la pâte savonneuse dans le même menstrue.

On prépare, avec des *alcools fins*, les *esprits aromatiques*, les *teintures* et les *extraits* qui sont employés dans la fabrication des liqueurs, dans la pharmacie et la parfumerie. Les premiers s'obtiennent en faisant digérer l'alcool avec les substances dont on veut dissoudre les huiles essentielles volatiles et en distillant ensuite. Les teintures ne sont que la dissolution dans l'alcool des principes actifs des plantes, etc.; les extraits se préparent en faisant concentrer à l'état sirupeux, ou à l'état gommeux, ou jusqu'à siccité, la dissolution alcoolique des principes actifs que l'on veut isoler, et qui seraient insolubles ou peu solubles dans l'eau. En général, les bases organiques sont solubles dans l'alcool et très-peu solubles dans l'eau, en sorte que les extraits alcooliques seuls en contiennent une proportion notable. C'est à l'aide de l'alcool qu'on extrait et qu'on fait cristalliser la morphine, la quinine et la plupart des alcalis végétaux.

Les laboratoires de chimie font une grande consommation d'alcool, pour séparer les principes solubles dans ce menstrue de ceux qui y sont insolubles. L'éther est employé également dans un but analogue, et les *analyses* chimiques, les *essais* de toute nature, une foule de *vérifications* dans le détail desquelles il serait impossible d'entrer ici, exigent l'emploi de l'alcool ou des dérivés de l'alcool. Les naturalistes se servent d'alcool concentré, tenant en dissolution, le plus souvent, un agent antiseptique quelconque, pour conserver les pièces d'anatomie qui leur présentent de l'intérêt ; ils introduisent ces pièces dans des bocaux d'une capacité suffisante, et les recouvrent ensuite d'alcool.

La *lampe à esprit-de-vin* a passé des laboratoires dans les usages de la vie domestique. La commodité de son emploi pour divers besoins de *chauffage* en a rendu l'application générale, et cet usage économique prendrait aisément une très-grande extension si le prix de l'alcool n'y apportait un certain

29

obstacle par les fluctuations qu'il subit, principalement dans les villes.

Lorsque la valeur vénale de l'alcool ne dépasse pas la normale, il y a un grand intérêt à se servir de ce liquide pour l'éclairage. On sait, en effet, que l'alcool brûle avec une flamme pâle et d'un bleu livide, qui rappelle celle de l'hydrogène par son peu d'intensité. Cette circonstance est due à la faible proportion de carbone que renferme l'alcool, relativement à celle de l'hydrogène qui entre dans sa composition. C'est le carbone qui, dans une certaine relation, donne à la flamme son aspect brillant et qui la rend blanche ; lorsqu'il est en excès, il la rend jaunâtre et fuligineuse.

L'eau combinée au bicarbure d'hydrogène dans l'alcool contribue à diminuer l'intensité du pouvoir éclairant de la flamme alcoolique, puisque, pour 2 équivalents d'hydrogène, elle ne fournit que 2 équivalents d'oxygène et que le bicarbure agit comme réducteur sur elle.

Lorsque l'on ajoute à l'alcool ou que l'on y fait dissoudre des corps très-riches en carbone, on communique aussitôt des propriétés nouvelles à la flamme, qui devient brillante et blanche, et que l'on peut, dès lors, utiliser comme moyen d'éclairage. Le *gaz liquide* est un mélange de 80 à 82 d'alcool concentré avec 20 ou 18 d'essence de térébenthine. On peut substituer à cette essence toute autre matière carburée soluble dans l'alcool, en faisant varier les proportions dans la limite convenable. Les résines, la naphtaline, les goudrons, l'acide oléique, différentes huiles, le blanc de baleine, la céroléine et différentes substances grasses peuvent être dissoutes en proportion variable dans l'alcool et communiquer à sa flamme un grand pouvoir éclairant.

Il serait à désirer vivement que cette idée fût prise en considération par les gouvernements et que le pétrole fût laissé à l'Amérique, où il aurait dû rester. L'industrie agricole peut soutenir toutes les concurrences, pourvu que les *mesures restrictives* soient enfin abolies, selon le vœu patriotique de l'empereur Napoléon III, dont les événements ont interrompu si malheureusement la tâche humanitaire. Nous comprenons toutes les exigences fiscales, surtout dans les époques désastreuses où une nation supporte les épreuves douloureuses que la France a traversées et qui sont loin encore de toucher à leur terme; mais nous ne comprenons pas ces exigences lorsqu'elles s'attaquent, en quelque temps que ce soit, aux nécessités de la vie humaine. Que l'on frappe de droits exorbitants tout ce qui n'est pas de nécessité vitale, cela est compréhensible; mais l'abus et l'injustice commencent dès que le fisc s'attache, comme à une proie plus certaine, aux objets indispensables à l'existence. Le pain, le vin, la viande, le sucre, les légumes et les fruits, l'éclairage, les vêtements d'étoffes usuelles et communes, toutes les matières qui concourent à satisfaire les besoins de la masse, doivent, en toute justice, dans une société bien organisée, échapper aux serres de l'impôt. Le droit de vivre est imprescriptible, et l'impôt ne doit pas y apporter d'entraves. Un publiciste célèbre a bâti sa fortune sur les *libertés nécessaires;* nous plaidons la cause des *franchises nécessaires,* parce que cette cause est celle de tous, et nous réclamerons toujours l'abolition des impôts et des droits qui atteignent les matières alimentaires et celles de première nécessité.

L'alcool d'éclairage peut être vendu au prix de 70 centimes le litre, le jour où les alcools dénaturés seront soustraits à l'impôt et où les droits d'octroi n'atteindront que ce qu'il doivent atteindre équitablement.

Le lecteur a pu se convaincre, par le rapide exposé qui précède, de l'importance extrême de l'alcool et du rôle immense que remplit ce produit dans les industries diverses qui répondent aux besoins des sociétés modernes. Sans vouloir devancer l'avenir par des hypothèses, on peut prévoir que les usages de l'alcool ne peuvent que s'accroître et que l'industrie agricole n'en doit pas abandonner la fabrication par des considérations empruntées aux circonstances. Les bénéfices de cette fabrication sont moindres qu'ils n'ont été, sans doute; mais ce résultat serait plutôt un bien qu'un mal s'il était dû à l'abaissement des prix de vente. Il est bon que les consommateurs le sachent et le comprennent bien : un hectolitre d'alcool à 90 degrés peut être fabriqué en pratique courante, avec 2 000 kilogrammes de betterave, c'est-à-dire avec 40 francs de matière première calculée au prix de vente. Les pulpes restent et valent 20 francs au moins. Par des dispositions intelligentes, les frais ne s'élèvent pas à plus de 8 à 10 francs par hectolitre, en sorte que cette quantité d'alcool ne revient pas au cultivateur, tous frais et bénéfices culturaux payés, à plus de 30 à 35 francs au maximum, s'il produit lui-même des forces et s'il n'est pas obligé de subir la loi du rectificateur.

L'alcool, à 90 degrés, logement compris, représente donc 45 francs au plus. En ajoutant un bénéfice de 15 francs, on peut vendre ce produit 60 francs l'hectolitre. Nous disons, pour terminer, qu'il pourrait arriver à la consommation au prix de 70 centimes le litre pour tous les *usages de nécessité*, et que toute surcharge de ce prix est le fait de l'impôt, du courtage, de la rectification, de l'octroi et des intermédiaires.

Il y a, dans cette série de données, matière à réflexions sérieuses, car ces faits, à peine soupçonnés par nos législateurs, intéressent la nation tout entière et touchent aux questions les plus importantes.

QUATRIÈME PARTIE

LIQUEURS ALCOOLIQUES. — DÉRIVÉS DE L'ALCOOL

Il serait matériellement impossible de réunir, dans notre cadre, tous les documents relatifs aux usages de l'alcool et aux diverses préparations dont il est la base. Nous avons dû nous borner à ce dont la connaissance importe aux fabricants d'alcools, à l'étude des préparations qui sont plus intimement liées avec la fabrication même et qui semblent, jusqu'à un certain point, en être le complément. La fabrication des *liqueurs alcooliques* et la préparation de quelques-uns des *dérivés de l'alcool*, les plus importants et d'un usage plus fréquent, sont l'objet essentiel de cette quatrième partie; mais nous y ajoutons, dans le but d'être utile à nos lecteurs, quelques notions sur la préparation des principaux *cosmétiques* et des compositions de *parfumerie*, dont l'alcool est la base fondamentale. Un chapitre supplémentaire est consacré à la préparation des *vernis à l'esprit-de-vin* ; en sorte que nous pensons avoir groupé, autant que possible, en un seul faisceau technologique, les branches industrielles les plus intéressantes qui se rattachent à la production de l'alcool.

La *saccharification* et la *fermentation* concourent à l'*alcoolisation* proprement dite, à la transformation du sucre, et servent de base à la *préparation des vins*, qui est l'objet de l'*œnologie*, et qui comprend l'étude des *vins de raisins, de fruits, de grains*, c'est-à-dire des *vins*, des *cidres*, des *poirés*, des *bières*, etc. ; l'*extraction de l'alcool* contenu dans les vins créés par l'art de l'alcoolisateur, et la *purification* de ces produits ou la *distillation* et la *rectification ;* les emplois principaux de l'alcool, la *fabrication des liqueurs*, celle des dérivés de ce corps, tels que les *éthers*, le *chloroforme*, le *vinaigre* et l'*acide acétique*, celle des *esprits aromatiques* et celle des *vernis*, tels sont les objets les plus saillants de ce travail, qui embrasse, dans un vaste ensemble, la plupart des questions qui se rapportent à l'alcool. Nous recommandons encore une fois cet immense labeur à l'indulgence du lecteur et nous sommes loin de nous abuser sur les mérites de notre œuvre. Sa valeur principale repose surtout dans la recherche consciencieuse et loyale de la vérité, sur toutes les questions dont nous avons abordé l'étude, dans le soin attentif que nous avons apporté à nos observations et dans le but utilitaire que nous nous sommes proposé d'atteindre.

LIVRE I

DES LIQUEURS ALCOOLIQUES

Une étude complète des liqueurs alcooliques exigerait à elle seule des volumes entiers, si l'on voulait passer en revue toutes les *recettes* qui ont été imaginées par les liquoristes, toutes les variantes qu'ils ont établies sur les compositions connues, toutes les fantaisies dont les *inventeurs* ont surchargé la liste, déjà trop longue, des plagiats et des contrefaçons. Notre but est tout différent. Nous voulons chercher à établir l'ordre dans ce chaos, à ramener aux principes rationnels l'art du fabricant de liqueurs hygiéniques, à donner les indications nécessaires pour la préparation des liqueurs les plus utiles ou les plus agréables et, principalement, à mettre en garde nos lecteurs contre le charlatanisme insensé qui s'est emparé sans scrupule de cette branche de l'industrie du distillateur.

C'est principalement dans l'industrie du liquoriste que l'on peut constater le fait regrettable de l'ignorance la plus étonnante et du mépris le plus complet des règles de l'hygiène. En dehors de quelques exceptions remarquables, de quelques maisons dont les produits sont fabriqués sous le contrôle sévère d'hommes intelligents et instruits, on peut regarder un laboratoire de liquoriste comme un atelier d'empoisonnement, comme un foyer d'intoxication. Et il n'en peut être autrement. La profession du liquoriste s'exerce sans contrôle et n'est soumise à aucune garantie. Pourvu que les *droits* soient acquittés, qu'il ne se commette pas de fraudes ostensibles contre le fisc, tout est pour le mieux.

On veut qu'un pharmacien se munisse d'un diplôme, on exige d'un herboriste une aptitude et des connaissances constatées par des examens, et cependant on n'a recours à l'art de ces deux hommes que dans des circonstances assez rares,

sous la surveillance et par les ordres d'un médecin, qui devrait être un guide certain et dont les conseils devraient être
une garantie.

Malgré ce luxe de *précautions apparentes*, il arrive tous les
jours que le médecin fait des erreurs ou des sottises, que le
pharmacien ou l'herboriste empoisonne ses clients et que
l'on a à constater les plus graves accidents, causés par l'étourderie, l'ignorance ou l'inexpérience. Nous en dirons la cause,
au risque d'être désagréable à ceux qui pourront se voir dans
ce que nous allons faire connaître.

Les examens sont dérisoires, malgré les règlements et les
sévérités des professeurs. Les jeunes gens étudient, dans les
cafés et ailleurs, des matières étrangères aux programmes de
leur profession ; ils ne s'occupent de leurs épreuves que pour
obtenir un diplôme et non pas pour savoir et connaître ; un
tour de force de mémoire, trois mois d'efforts après une année
de fainéantise, les conduisent au port. Huit jours après l'examen, ils ont oublié ce qu'ils ont appris pour l'examen, et l'expérience devra, plus tard, leur faire acquérir, aux dépens
d'autrui, ce qu'ils auraient dû apprendre par eux-mêmes. Ce
qui précède est exact pour la masse des médecins. Nous
ajouterons encore un fait. Le médecin qui se sert à chaque
instant de drogues, de réactifs chimiques, de poisons végétaux
ou minéraux, qui *manipule* dans l'estomac du malade, ne
sait pas ordinairement un mot de chimie ou de botanique,
connaît très-peu de physique, a appris tout juste assez de
matière médicale pour subir, tant bien que mal, son examen ;
il croit être *fort* lorsqu'il a étudié un peu d'anatomie et de
pathologie. Voilà les faits.

Nous pourrions en dire autant du pharmacien et de l'herboriste, en ajoutant cependant, pour le premier surtout, qu'il
est forcé de connaître, d'une manière pratique, les manipulations de laboratoire. Aussi les exceptions, les travailleurs,
ceux qui savent réellement, ceux qui ont été saisis par la passion de la science, par le désir de connaître, par l'amour de
leur art, n'ont-ils pas la moindre peine à dépasser la foule
vulgaire, dont toute la vaine science n'est qu'un étalage superficiel de mots incompris. Mais c'est parmi cette foule,
c'est parmi ces ineptes, que se rencontrent les *habiles*, ceux
qui parviennent à l'argent, qui savent attirer la masse, se

procurer la vogue, et atteindre la fortune pendant que les hommes instruits passent leur vie dans le travail et la médiocrité.

Or, en laissant de côté la masse des médecins, des pharmaciens et des herboristes qui ne savent pas ce qu'ils devraient savoir, en ne considérant que ceux qui sont réellement instruits, un dixième environ, et en supposant que nous avons affaire à ceux-là seulement, par une chance heureuse, nous ne sommes pas encore à l'abri des erreurs involontaires.

Nous nous livrons cependant aux médecins lorsque la maladie vient nous atteindre ; nous buvons les potions fournies par le pharmacien, les tisanes de l'herboriste, parce que nous sommes dans la nécessité absolue de le faire, parce qu'il n'y a pas mieux, et que l'instinct de la conservation nous force à faire ce que nous ne ferions certainement pas en bonne santé. Nous serions moins confiants et moins crédules ; nous n'éprouverions pas le besoin de nous tromper et de nous abuser.

Cette confiance que l'on donne malgré soi à la médecine et à ses remèdes, que l'on s'empressera de retirer aussitôt après le retour de la santé, on la prodigue à une foule d'industriels qui la méritent cent fois moins que le médecin le plus ignorant, le pharmacien le plus incapable ou l'herboriste le plus inepte, et cela, sans y être forcé par aucune raison grave, par caprice, par fantaisie ou par passion. Le plus méchant médecin du monde n'a que de rares occasions de nous nuire, l'apothicaire et l'herboriste ne nous atteignent qu'à des intervalles éloignés. Des précautions légales, une responsabilité professionnelle, des dispositions pénales nous protègent contre ces ennemis, dont les plus ignorants savent quelque chose. Rien ne protège contre les attentats du liquoriste, cet ennemi de tous les jours, dans toutes les classes et toutes les conditions sociales. Il n'est obligé à aucune étude préalable, et il ne redoute que la commission d'hygiène, qui n'est pas redoutable. Il le sait si bien que les inspections ne le troublent pas.

La plupart du temps, on se fait liquoriste comme on se fait photographe. Un garçon marchand de vin, ou un garçon épicier, fort de quelques économies ou d'un peu de crédit, après avoir appris les manipulations dans les tripotages souterrains de son patron, se fait liquoriste avec une facilité extrême,

qui est, d'ailleurs, fort compréhensible. Il sait faire un sirop,
un punch ; il sait, par expérience, couper et frelater les eaux-
de-vie, il ne lui en faut pas davantage. Avec un matériel de
quelques milliers de francs, l'aide d'un manuel et de quelques
recettes cueillies au hasard, avec la rapacité surtout, il se croit
certain de réussir. Il débute par vendre les liqueurs d'un autre
artiste du même genre ; peu à peu, il fabrique le vermouth,
le bitter, une absinthe sans pareille, puis, il arrive graduellement aux compositions sucrées, aux liqueurs fines, aux
crèmes parfumées. Six mois ou un an après, il couvre les
murs de la ville de ses affiches prétentieuses ; il annonce un
nouveau produit, dont les *qualités exceptionnelles* et le *bon marché* sont affirmés en grosses capitales. S'il a trouvé un nom
bizarre pour son poison, la réussite est certaine et la vogue
vient à lui.

Comme parmi les médecins, les boniments et la réclame
font leur chemin, le succès appartient souvent à celui qui en
est le moins digne.

Les fabricants sérieux et instruits, qui ne négligent ni les
soins ni les dépenses, pour la préparation de bons produits,
sont distancés par le charlatan, qui s'empare de la consommation par l'appât d'une économie mensongère, et qui ruine la
santé publique, sans courir aucun risque, sinon celui de s'enrichir. Bientôt ils sont forcés, pour ne pas perdre leur situation commerciale, d'adopter des errements qui leur répu-
gnent, et de fabriquer également ces breuvages malsains, que
la foule hébétée recherche et par lesquels elle satisfait ses appétits grossiers.

Ne serait-il pas urgent que l'Etat intervînt dans une question aussi importante et qui intéresse à un si haut point l'hygiène et la morale ? Pourquoi n'exigerait-on pas des connaissances spéciales d'un liquoriste comme d'un pharmacien ou
d'un herboriste ? Pourquoi certaines préparations malsaines
ne seraient-elles pas interdites ? Pourquoi ne poursuivrait-on
pas la contrefaçon même lorsqu'elle se dissimule sous des
dehors spécieux ? On n'a pas à objecter ici que l'Etat a bien
autre chose à faire que de s'occuper de ces détails. A tout
gouvernement, il incombe le devoir de protéger les membres
de la nation contre tous les dangers qui les menacent. La soumission aux lois d'un pays, l'accomplissement des charges

publiques sont le payement matériel de cette protection, qui
doit être efficace et sérieuse, pour laquelle il ne suffit pas de
faire des discours ou des phrases. Rien ne peut soustraire les
chefs d'Etat à cette obligation. Il y a contrat synallagmatique
entre eux et la nation, et chacun doit accomplir les obligations acceptées.

Un gouvernement est coupable lorsqu'il ne prend pas les
mesures utiles pour garantir la masse des citoyens contre les
tentatives des individualités. Si cela est vrai, lorsqu'il s'agit
des délits et des crimes de droit commun, ce principe n'est-il
pas plus rigoureux encore lorsqu'il s'agit de l'existence même
de la nation ? Or, il n'est pas difficile de démontrer que c'est
dans l'officine du liquoriste à bon marché que l'on doit rechercher la cause de la dégradation de la masse populaire.
C'est là que l'ivrognerie est choyée comme une source de fortune ; c'est là que s'élaborent les crimes contre la société et
contre les individus. Il ne peut y avoir de sécurité sociale
tant que la lumière n'aura pas été portée dans ces bouges infects que le liquoriste inonde de ses produits malfaisants.

N'est-il pas certain, par exemple, que le bas prix de certaines eaux-de-vie contribue à entretenir la plaie hideuse qui
nous ronge et qui nous mettra bientôt au niveau moral de la
Prusse, si nous n'y prenons garde ? Des liquoristes peuvent
vendre de l'eau-de-vie, à laquelle ils donnent le nom de *cognac*, pour le prix de 1 franc le litre, lorsque l'eau-de-vie de
vin la plus médiocre vaut le double, en temps ordinaire. Nous
avons vu vendre de ces bas produits à 70 centimes le litre !
Pour 10 centimes, l'ouvrier boit un verre plein d'absinthe.
L'ivrogne peut perdre la raison pour 50 centimes. Si la fabrication et la vente de ces liqueurs frelatées étaient interdites, il
deviendrait impossible à tous les déclassés qui s'adonnent à
l'ivrognerie de satisfaire leur penchant honteux, et l'on supprimerait par ce seul fait la cause la plus active des perturba-
tions sociales. Les liqueurs au sirop de fécule, l'eau-de-vie de
betterave changée en cognac, l'absinthe au cuivre, le vin frelaté sont les excitants ordinaires des bandits, la source de leur
courage. Les ambitieux le savent bien, car c'est dans les rangs
des ivrognes qu'ils trouvent leurs soutiens et c'est parmi eux
qu'ils recrutent les soldats du désordre.

Nous insistons donc, au nom de la morale et de l'humanité,

au nom de ces malheureuses femmes et de ces enfants dont l'existence n'est qu'une suite de misères atroces, au nom surtout du salut de la patrie, pour que la fabrication et la vente des liqueurs alcooliques soient soumises à un contrôle sévère, à des règlements rigoureux, pour que des *peines suffisantes* soient édictées contre les empoisonneurs, et pour que toutes les mesures utiles soient prises contre l'ivrognerie. Le danger est incessant ; il menace la société entière. Il ne s'agit plus de lois anodines, dont on ne poursuit même pas l'application : c'est un remède énergique, une action prompte et efficace, qu'il convient d'apporter contre une situation désespérée.

CHAPITRE I

La classification régulière des liqueurs présente des difficultés presque insurmontables pour l'observateur qui se bornerait à l'étude des procédés suivis ou conseillés par les praticiens, bons ou mauvais, qui s'occupent de cette fabrication.
En négligeant les détails et en comparant seulement les méthodes, on peut diviser les liqueurs alcooliques en plusieurs
groupes distincts, parmi lesquels elles se rangent facilement.
On prépare les liqueurs par *distillation*, par *infusion* ou par
mélange, et il existe un certain nombre de préparations qui
participent à plusieurs de ces formes. En outre, les *eaux-de-vie*,
c'est-à-dire les alcools faibles, de provenances diverses, doivent
être étudiées en tête des liqueurs alcooliques, dont elles représentent le type simple. On peut donc grouper les divers
éléments d'une classification régulière des liqueurs alcooliques
conformément aux indications précédentes ; mais la diversité
des liqueurs est si grande, la complexité des formules est telle,
qu'une foule de produits échappent forcément à une coordination régulière.

Avant de s'occuper de la fabrication des liqueurs, il est indispensable d'en connaître les bases et de savoir exécuter
certaines préparations qui entrent dans leur composition. Les
liqueurs alcooliques sont formées essentiellement d'alcool
uni au principe sucré et à des aromates qui en modifient le
goût, la saveur, les propriétés hygiéniques. Le sucre est ajouté
aux liqueurs sous forme de *sirop* ou de solution saturée. Les
principes végétaux, solubles dans l'eau, qui font partie des liqueurs, y sont ajoutés à l'état de *sucs*, d'*infusions* ou de *décoctions ;* les principes aromatiques y sont introduits en dissolution ou en suspension dans les *eaux distillées*, ou sous la forme
d'*essences* ou de *teintures*. On colore les liqueurs avec des *matières colorantes* très-diverses, qui ne doivent présenter aucune
propriété nuisible.

Il convient donc tout d'abord d'apprendre à préparer les *sirops*, les *sucs*, les *infusions* et *décoctions*, les *essences*, les *teintures* et les *matières colorantes* dont on peut avoir à faire usage dans la fabrication. Cette étude fait l'objet de ce chapitre, que nous terminons par l'exposé sommaire des *opérations du liquoriste*, envisagées d'une manière générale.

§ I. — PRÉPARATION DES SIROPS SIMPLES.

Nous ne perdrons pas le temps du lecteur à retracer en détail l'histoire du sucre ni à faire la description méthodique des propriétés de ce corps. Un sujet aussi étendu ne pourrait trouver place dans un chapitre de ce livre, et les ouvrages spéciaux suppléeront facilement à ce que nous ne pouvons qu'indiquer sommairement [1]. Nous devons nous borner à ce que le fabricant de liqueurs doit nécessairement connaître pour la pratique de son art.

A ce point de vue, on doit reconnaître deux sortes principales de sucre, le *sucre cristallisable* et le *sucre liquide* ou *incristallisable*.

A. — Le *sucre cristallisable* provient surtout de la canne et de la betterave, bien que d'autres plantes puissent également le fournir (sorgho, maïs, carotte, citrouille, érable, bouleau, etc.) ; il présente une densité de 1,6065, c'est-à-dire que le décimètre cube ou le litre pèse $1^k,6065$. Le sucre cristallisable fond à la température de $+180$ degrés ; il s'altère entre $+210$ degrés et $+220$ degrés et il passe à l'état de caramel. Une longue ébullition dans l'eau, l'action des acides à froid ou à chaud, mais surtout à chaud, l'action prolongée des alcalis à chaud, l'altèrent et le changent en sucre liquide ou incristallisable.

Le sucre pur est inaltérable à l'air sec. Il se dissout dans le tiers de son poids d'eau à $+15$ degrés et il est soluble dans l'eau en toutes proportions à la température de l'ébullition. Il est insoluble dans l'alcool à 100 degrés, mais il se dissout dans l'alcool faible en proportion d'autant plus forte que l'alcool est plus concentré.

[1] Voir *Guide du fabricant de sucre.* N. Basset, 3 vol. in-8°, avec figures dans le texte, 2e édit. **Paris, 1872.**

Au point de vue alimentaire, le sucre est le meilleur des condiments. Il favorise puissamment les fonctions digestives, et facilite l'absorption. C'est un aliment calorifique, et il rentre dans la catégorie des substances hydrocarbonées, qui fournissent la matière première des substances grasses produites dans l'organisme. Il est très-utile pour aider à la digestion des *aliments froids*, tels que les fruits ; il s'associe parfaitement au laitage et à une foule de matières alimentaires dont il est le meilleur accompagnement.

Le fabricant de liqueurs emploie le sucre à l'état de sirop. Il doit choisir le sucre le plus pur possible et le mieux raffiné, pour éviter de transmettre à ses produits des saveurs étrangères.

B. — Le *sucre incristallisable* se trouve dans le miel, les fruits sucrés acidules, comme le raisin ; on le prépare encore par transformation de la fécule. Cette transformation se fait en soumettant les fécules à l'action de l'acide sulfurique et de l'eau à la température de l'ébullition (t. I, p. 191). On peut préparer du sucre de fécule avec l'amidon et la fécule de toutes provenances ; mais, lorsque ce sucre est destiné à la fabrication des liqueurs, il importe qu'il ne retienne aucune saveur d'origine ou de fabrication. La solution de fécule saccharifiée doit donc être parfaitement neutralisée par de la craie très-pure, filtrée à plusieurs reprises sur le charbon et concentrée à la vapeur jusqu'à 27 degrés Baumé.

Le sucre de fécule, en sirop, en masse, ou granulé, ne présente jamais une saveur aussi agréable que le sucre cristallisable ; il sucre moins ; mais, comme il se rapproche davantage de l'état gommeux, il peut être parfois avantageux de le faire entrer dans la composition des liqueurs ordinaires.

C. — La *mélasse* est le résidu incristallisable de la fabrication ou du raffinage du sucre. On peut la regarder comme une solution saturée de sucre cristallisable, de sucre incristallisable et de quelques sels. La mélasse de canne peut être employée avantageusement dans la fabrication des liqueurs ; mais on doit rejeter absolument la mélasse de betterave, dont le mauvais goût est fort désagréable et qui est, en outre, fortement chargée de sels alcalins et de matières albuminoïdes.

La mélasse de canne doit être soumise à la clarification, avant d'être employée.

D. — Plusieurs spécialistes repoussent le miel de la préparation des liqueurs. C'est un tort ; car cette matière sucrée, convenablement traitée, peut servir de base à des liqueurs très-recommandables.

Préparation des sirops. — Voici les manipulations à faire subir aux différentes matières sucrées qui sont destinées à entrer dans la composition des liqueurs alcooliques et qui doivent être préalablement converties en sirops, c'est-à-dire en dissolutions saturées, aussi pures que possible.

1° *Sirop de sucre.* — Suivant Deschamps, dont les indications sont suivies par les meilleurs praticiens, le sirop simple de sucre doit se préparer avec 1000 parties de sucre dissoutes dans 530 parties d'eau. Il marque alors 30 degrés Baumé bouillant (densité, 1,250) et 35 degrés Baumé, froid (densité, 1,300 environ).

Pour préparer ce sirop, on prend 10 kilogrammes de sucre que l'on fait dissoudre, à chaud, dans une bassine en cuivre rouge, à l'aide de 5 litres d'eau. On agite avec soin pour que le sucre ne séjourne pas au fond de la bassine. On a battu un blanc d'œuf dans 1 litre d'eau. Lorsque le sucre est dissous, et que la solution a atteint la température de + 45 degrés à + 50 degrés, on ajoute un peu de cette eau albumineuse, 2 décilitres environ, et l'on continue à chauffer en agitant. Lorsque la température parvient entre + 65 degrés et + 70 degrés, l'albumine se coagule et sépare les impuretés sous forme d'écumes que l'on enlève ; on ajoute, en quatre fois, au sirop bouillant, le reste de l'eau albumineuse, en ayant soin de retirer les écumes à mesure qu'elles se forment. On continue à faire bouillir et à écumer jusqu'à ce qu'il ne se produise plus d'écumes et que le sirop soit arrivé à la densité de 30 degrés Baumé à chaud, ce dont on s'assure au moyen du pèse-sirop. On le verse alors sur un filtre, ou un blanchet, ou sur une chausse en feutre ou en laine. On a le soin de faire repasser sur le filtre les premières portions qui l'ont traversé et qui pourraient ne pas être assez limpides.

Ce procédé de clarification est applicable à la raffinade ordinaire et au sucre brut de canne. Les écumes égouttées sont traitées par de l'eau tiède, à laquelle elles abandonnent le sucre qu'elles renferment ; ou fait passer la liqueur sur le filtre qui a servi au sirop, et l'on concentre jusqu'à 30 degrés.

Le produit est mis de côté pour être mélangé à une autre opération.

Sirop à froid. — On peut encore, très-avantageusement, préparer le sirop de sucre à froid, sans clarification. Il suffit, pour cela, de faire dissoudre 1 kilogramme de sucre très-pur et très-blanc dans 500 grammes d'eau tiède (à + 25 degrés ou + 30 degrés) ou même tout à fait froide. Mais, pour obtenir un produit excellent, il faut se procurer de la raffinade de premier choix et ne pas viser à l'économie relativement à la qualité du sucre.

2° *Sirop de glucose.* — Le glucose de froment est le plus agréable et le meilleur. Nous conseillons de clarifier le glucose, lorsque l'on veut obtenir des produits irréprochables. Pour cela, on fait dissoudre 10 kilogrammes de glucose dans une quantité d'eau suffisante pour en ramener la densité à 25 degrés Baumé à chaud, et l'on y verse la dissolution de 1 gramme de tannin en agitant avec soin. On a préparé une eau albumineuse avec 1 litre d'eau et trois blancs d'œufs et l'on ajoute cette dissolution par parties, en écumant chaque fois. On se comporte, d'ailleurs, comme pour la clarification du sirop de sucre. Par ce moyen, on fait disparaître les matières étrangères qui peuvent exister dans le glucose. Si l'on veut obtenir un sirop très-franc de goût, on jette, dans le sirop écumé, bouillant, 100 grammes de braise de boulanger en poudre grossière, quelques instants avant de retirer le sirop pour le filtrer. Le sirop doit être concentré à 30 degrés Baumé chaud.

3° *Sirop mixte.* — Quelques auteurs conseillent d'ajouter une certaine quantité de sucre au glucose, pour la préparation des liqueurs et des sirops de qualités dites *ordinaires,* demi-fines ou fines. Il nous semble préférable de faire ce mélange sur les sirops eux-mêmes, au moment de la clarification, afin d'obtenir plus de moelleux et d'homogénéité. On prépare ainsi les dosages suivants :

	Pour liqueurs.		*Pour sirops.*	
	Glucose.	Sucre.	Glucose.	Sucre.
Sirop mixte ordinaire. . .	7^k,500	2^k,500	6^k,000	4^k,000
— demi-fin. . .	5^k,000	5^k,000	4^k,500	5^k,500
— fin.	2^k,500	7^k,500	2^k,500	7^k,500

Chacun de ces dosages est dissous dans 6 kilogrammes d'eau

30

pour 10 kilogrammes, soumis à la clarification comme pour le glucose et filtré.

4° Sirop de mélasse. — Prendre 10 kilogrammes de mélasse des colonies et faire dissoudre à chaud dans 6 litres d'eau ; clarifier par deux blancs d'œufs dans 1 litre d'eau, et écumer avec soin à chaque addition, filtrer. On se trouve très-bien de faire la clarification de la mélasse comme il a été dit pour le glucose, c'est-à-dire en traitant d'abord par la dissolution d'un demi-gramme de tannin avant d'ajouter l'eau albumineuse, qui doit, dans ce cas, tenir trois blancs d'œufs. On ajoute 100 grammes de charbon végétal calciné après l'écumage, avant de filtrer.

5° Sirop de miel. — Voici un excellent procédé pour faire un très-bon sirop avec le miel, qui permet d'utiliser cette précieuse matière dans la composition d'une foule de liqueurs avec les éléments desquelles il peut se combiner.

On prend 10 kilogrammes de miel de Narbonne ou de bon miel du Gâtinais ou de la Normandie. On atténue la densité par la dissolution dans 7 litres d'eau tiède et on laisse refroidir. On ajoute alors à la colature de l'alcool fin, jusqu'à ce qu'il ne se forme plus de précipité et, après un jour de repos, on filtre, pour séparer les matières précipitées par l'alcool et qui sont formées d'un sucre particulier, peu sapide, de cire et de différentes matières organiques. La liqueur est distillée au bain-marie, pour retirer tout l'alcool, qui peut servir à d'autres opérations, ou devenir un élément de diverses liqueurs. Le sirop, débarrassé de l'alcool, est clarifié et filtré, comme il a été dit. La saveur et le goût en sont extrêmement agréables, et ce sirop, concentré à 30 degrés Baumé, peut être employé fort avantageusement.

Cuite du sirop de sucre. — Les détails que les auteurs donnent sur les différents points de cuite des sirops ne présentent pas la moindre importance dans l'art du liquoriste, puisque, pour la préparation des liqueurs, le sirop est toujours apprécié par sa densité. Nous passons donc entièrement sous silence les indications bizarres d'un autre âge, relativement à la cuite au *filet*, au *perlé*, au *soufflé*, au *boulé*, etc., dont on a fort inutilement encombré les traités spéciaux. Ces indications routinières ne peuvent présenter un peu d'intérêt que dans la préparation des bonbons et des autres produits de la confiserie dont nous n'avons pas à nous occuper ici.

Observation.—On se trouve parfaitement bien, au point de vue de la clarification des sirops, de la pratique suivante, dont nous avons vérifié les bons effets. Dans le sirop en ébullition, on ajoute de la pâte de papier. Il faut deux ou trois feuilles de papier blanc sans colle pour 10 kilogrammes de sirop. Le papier est battu dans l'eau, bien lavé et désagrégé, puis égoutté et ajouté au sirop et mélangé avec soin, avant la filtration. On jette le tout sur le filtre et la pâte de papier, en se déposant sur les parois du filtre en laine, en augmente l'épaisseur et en rend l'effet beaucoup meilleur sans en diminuer la rapidité. Ce moyen peut être appliqué à toutes les filtrations que l'on a à exécuter. Il va sans dire que les premières portions troubles sont remises sur le filtre. La pâte de papier vaut mieux pour la clarification que les *matières filtrantes* dont certains industriels font mystère, et elle est plus économique et à la disposition de tout le monde.

§ II. — PRÉPARATION DES SUCS.

Les *sucs végétaux aqueux* servent à la préparation des sirops composés et d'un grand nombre de liqueurs dont ces sirops sont un élément important. On les retire des feuilles, des fruits, des tiges et des racines des plantes. La manière de procéder est fort simple. La matière est écrasée dans un mortier, dans une terrine ou un baquet, et la pulpe est soumise à la pression sur le tablier d'une petite presse de laboratoire, pourvu d'un seau de pression dans lequel on introduit la matière sur une toile épaisse et bien propre. La presse représentée par la figure 102 nous peut servir parfaitement à cet usage.

Lorsque ces sucs sont exprimés, on leur fait subir la clarification. Cette clarification peut se faire de plusieurs manières qu'il n'est pas indifférent d'adopter. En général, l'action de la chaleur doit être évitée lorsque l'on recherche principalement ou simultanément les principes aromatiques et essentiels contenus dans les sucs. Cette action ne serait pas à craindre, si l'on n'avait en vue que les principes acides, extractifs ou salins, qui peuvent exister dans les plantes ou les parties de plantes.

Clarification des sucs; méthode par fermentation. — En se basant sur ce fait que la fermentation détruit le sucre des sucs aqueux sucrés, en le transformant en alcool, qui favorise la conservation, et sur ce que cette même opération élimine ou détruit une partie des matières albuminoïdes et du mucilage, les liquoristes exposent ces sucs à une température de + 20 à +25 degrés jusqu'à ce qu'ils soient transformés en vins. Cette fermentation dure ordinairement quarante-huit heures.

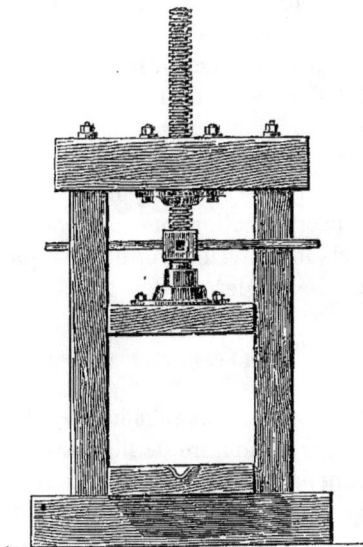

Fig. 102.

Lorsqu'elle est terminée, on filtre la liqueur, on la renferme dans des bouteilles bien bouchées et pleines, dont on goudronne le bouchon.

Disons tout de suite que ce procédé est incomplet et que, pour conserver les sucs par ce moyen, il est indispensable de les coller, en se conformant aux principes qui ont été exposés dans le deuxième volume de cet ouvrage (p. 232 et suiv.). La quantité de principes albuminoïdes qui échappent à la fermentation est très-considérable, et les sucs ainsi préparés se conservent mal.

Clarification des sucs par filtration. — Il suffit d'indiquer ce mode pour que l'on en comprenne le résultat. Il est évident que tous les colloïdes solubles, la gomme, le mucilage, les principes albuminoïdes échappent à la filtration. Il est donc nécessaire de procéder d'une façon plus nette et plus complète.

Clarification des sucs par la chaleur. — On porte les sucs à une température voisine de l'ébullition, vers + 80 ou + 90 degrés; on y ajoute par fractions la solution albumineuse de blancs d'œufs dans la proportion d'un vingtième, on écume avec soin et l'on filtre.

Méthode rationnelle. — L'action de la chaleur est nuisible à la plupart des sucs. La filtration est incomplète dans ses effets; il en est de même de la fermentation. Voici un mode de dépuration que nous recommandons au lecteur en toute confiance et qui nous a toujours procuré d'excellents résultats.

Le suc étant exprimé, on en prend 1 décilitre, sur lequel on essaye combien il faut employer de solution de tannin pur (eau, 100; tannin, 10) pour précipiter la totalité des matières éliminables. On introduit alors, dans la totalité, une quantité de solution tannique indiquée par la vérification expérimentale, on agite avec soin et l'on filtre. La liqueur, ainsi traitée, est débarrassée de la totalité des matières albuminoïdes et des ferments, ainsi que de la plus grande partie des matières étrangères altérables et elle peut se conserver pendant un temps très-long. Elle n'a perdu, par l'opération, aucun de ses principes essentiels. Si, par hasard, on avait employé un léger excès de tannin, il serait facile de corriger ce défaut en traitant la liqueur par un peu d'eau albumineuse, dont l'albumine entraînerait la totalité du principe astringent. Cette méthode procure l'avantage de conserver aux sucs tout leur arome et tout leur parfum.

Conservation des sucs. — 1° Après avoir rempli les bouteilles, en laissant un vide de deux doigts entre le liquide et la place du bouchon, brûler dans le goulot un peu de mèche soufrée et boucher aussitôt; 2° verser sur le suc quatre ou cinq gouttes d'acide sulfurique et boucher; 3° mettre dans le goulot, à la surface du liquide, 1 gramme d'huile d'œillette et boucher. Dans ces trois manières de procéder, les bouteilles se conservent debout. On comprend que l'huile empêche le contact de l'air, et que l'acide sulfureux a pour but de s'opposer à la fermentation; 4° mettre les sucs dépurés dans des cruchons de grès et boucher avec des bouchons de choix que l'on serre avec un fil de fer disposé en croix. Introduire les cruchons, entourés d'un tortil de paille ou de foin, dans une bassine à fond plat, et ajouter de l'eau jusqu'au-dessus des bouteilles, que l'on pourrait également placer couchées, si l'on ne disposait pas d'une bassine assez profonde. On porte l'eau à l'ébullition et l'on maintient ce degré pendant douze minutes. On laisse refroidir, puis on retire les bouteilles, on enlève le tortil, dont le but était de prévenir les chocs et la casse ; on les essuie, on les étiquette et on les couche dans un compartiment, à la cave. Ce procédé est connu sous le nom de *méthode d'Appert*. C'est le seul qui ait une valeur bien constatée.

Nous conseillons les cruchons de grès au lieu de bouteilles en verre, parce qu'ils résistent très-bien à l'ébullition. Ajoutons que les bouchons doivent être de premier choix, sans crevasses ni fissures, et que c'est à l'*économie* de certains fabricants, à cet égard, que l'on doit attribuer nombre d'altérations de leurs produits.

L'acidité des sucs végétaux est due aux acides citrique, malique, tartrique, acétique (?). L'acide citrique existe principalement dans les sucs de citrons, d'oranges et de groseilles ; il est réuni à l'acide malique dans les sucs de fraises, de framboises, de cerises, de berbéris ou épine-vinette et d'airelle-myrtille ; l'acide malique domine dans ces deux derniers sucs. L'acide malique se trouve surtout dans les sucs de coings et de pommes ; le verjus contient de l'acide tartrique, le raisin mûr renferme de cet acide et de la crème de tartre.

Sucs d'airelle, de berbéris, de cerises, de verjus. — Ecraser les fruits à la main au-dessus d'un tamis de crin placé sur un récipient bien propre, presser le marc, réunir le jus et le porter à la cave. Après vingt-quatre heures de fermentation, filtrer, conserver. Pour le suc de cerises, il est bon de mêler un cinquième de cerises noires, plus astringentes, avec quatre cinquièmes de cerises rouges.

Sucs de citrons et d'oranges. — Enlever l'écorce et les pepins ; écraser la pulpe et presser le marc, après l'avoir mélangé avec de la paille de seigle lavée et hachée qui aide à la séparation du jus. Laisser clarifier par le repos, filtrer et conserver.

Sucs de coings, de pommes, de poires. — Enlever la poussière de l'écorce, râper, en ayant soin de ne pas toucher aux pepins. Presser la pulpe mêlée avec la paille de seigle lavée et hachée. Laisser éclaircir par le repos, filtrer et conserver. Les coings ne doivent pas être parvenus à leur maturité complète.

Sucs de framboises et de mûres. — On écrase les fruits, on presse le marc et la liqueur est portée à la cave pendant deux ou trois jours. On filtre ensuite.

Le plus souvent on mêle un cinquième de cerises rouges avec quatre cinquièmes de framboises ou de mûres.

Suc de grenades. — Enlever l'écorce et les cloisons, écraser les pulpes entre les mains et les passer à la presse. On laisse le jus s'éclaircir par le repos, on filtre et l'on conserve.

Suc de groseilles. — Ecraser les fruits sur un tamis de crin, presser la pulpe, laisser reposer le suc pendant vingt-quatre heures à la cave, filtrer et conserver.

On peut traiter les groseilles seules, ou bien les mélanger avec un dixième de cerises rouges (cerises aigres) et un vingtième de cerises noires. On peut aussi ajouter un dixième de framboises, et l'on comprend que le mélange des cerises avec les groseilles, les merises ou les framboises, en proportions variables, selon le goût, en un mot, que donne la combinaison des sucs dont les saveurs et les aromes se marient facilement, puisse donner des *sucs mixtes* agréables, dont les sirops et les liqueurs emprunteront les qualités.

A côté des préceptes généraux, il convient de tenir compte des goûts et des préférences. Souvent même on doit des résultats remarquables, non-seulement au mélange de fruits différents, mais à l'emploi de certaines variétés d'un même fruit. Cette observation générale est d'une application journalière et elle ne peut soulever aucune objection. Il y aura donc de très-grandes différences entre les sirops et les liqueurs qui auront ces sirops pour base, selon que les sucs végétaux proviendront de telle ou telle variété du même fruit. Ainsi le suc de la poire de rousselet ne donnera pas le même sirop que celui de la poire de beurré; la reinette ne fournira pas le même suc que la calville; la fraise et la framboise des bois donneront un liquide plus parfumé et plus aromatique que la fraise ou la framboise des jardins, etc. Le mélange des varié-

tés produira très-souvent des résultats inattendus et nous engageons vivement les praticiens à tenir grand compte de
cette donnée, à l'aide de laquelle ils peuvent différencier leurs
produits et y imprimer un cachet particulier.

Suc de nerprun. — Prendre des baies de nerprun mûres, les
écraser à la main et presser la pulpe. Laisser fermenter le jus
pendant quatre jours, filtrer et conserver.

Sucs de pêches, d'abricots, de prunes. — Nettoyer les fruits et
enlever les noyaux. Ecraser la pulpe et la mélanger avec la
paille de seigle, lavée et hachée. Presser. Mettre en cave pendant deux jours, filtrer et conserver.

Observation générale. — Tous ces sucs peuvent se préparer
à froid s'ils sont épurés au tannin et au blanc d'œuf ; ils sont
beaucoup plus agréables et se conservent mieux. Cette précaution rend la fermentation complétement inutile. Lorsqu'un
suc est trop visqueux ou bien que le fruit à traiter ne contient
pas assez de jus, on le mélange avec un huitième d'eau ; on le
malaxe soigneusement avant de presser la pulpe.

§ III. — PRÉPARATION DES INFUSIONS ET DÉCOCTIONS, ETC.

On prépare une *infusion* en versant de l'eau bouillante sur
la matière que l'on veut traiter et en maintenant le contact
jusqu'à ce que le liquide soit suffisamment chargé des principes
solubles que l'on veut extraire. Dans la *décoction*, on fait bouillir l'eau avec la matière pendant un certain temps, jusqu'à réduction d'un cinquième, d'un quart, etc. On fait une *digestion*,
lorsque l'on prolonge l'action du liquide à une température
moyenne de 35 à 60 degrés environ. Enfin, on donne le nom
de *macération* à la mise en contact de la matière avec du liquide *froid* pendant une durée suffisante pour que les principes solubles de la substance à traiter soient enlevés par le
menstrue. Cette idée n'est pas exacte, car la macération n'en
existe pas moins en fait, quelle que soit la température de la
liqueur ; la digestion est une macération faite à une température moyenne et l'infusion est une macération faite à chaud.
Le caractère essentiel de la macération consiste dans la mise
en contact d'un liquide dissolvant avec une matière donnée,
qui renferme des principes solubles, jusqu'à ce que le liquide

se soit mis en équilibre de densité avec les liquides intérieurs. L'effet est d'autant plus rapide que la température est plus élevée.

On fait macérer à froid ou à chaud, par macération, digestion ou infusion, des feuilles, des écorces, des racines, des tiges, des fleurs, des graines. La décoction ne doit jamais être employée par le liquoriste, à raison de l'inconvénient grave que présente cette opération, en déterminant l'altération de divers principes, en forçant la dissolution de substances âcres.

Les matières doivent être mondées et triées avec le plus grand soin. Les vases doivent être inattaquables par les principes que l'on veut dissoudre, et l'on doit donner la préférence aux vases de grès, de verre ou d'étain, pour ces sortes d'opérations.

La préparation des liqueurs ne requiert que dans certains cas, assez restreints, l'emploi des infusions aqueuses. Nous citerons celles de café, de capillaire, de feuilles de cassis, de genièvre, de gentiane, de mélisse, de menthe, de sauge, de thé, de tilleul, de violettes, etc.

Le procédé pratique à suivre est fort simple. La substance à traiter, bien nettoyée, reste entière, ou elle est incisée et divisée. On laisse ordinairement les feuilles et les fleurs entières; les écorces, les tiges, les racines sont divisées en fragments aussi petits que l'on peut; les graines sont contusées. On en met la quantité prescrite dans un vase, puis on verse dessus le liquide dissolvant et l'on couvre, jusqu'à ce que la dissolution soit assez chargée. On passe ensuite. Le temps de l'opération est très-court pour les matières à tissus très-pénétrables, comme les feuilles, les fleurs, certaines poudres; il est plus long pour les tissus résistants.

Nous donnerons les indications nécessaires pour compléter ces généralités, lorsque nous nous occuperons de la préparation des infusions employées à des usages spéciaux.

§ IV. — PRÉPARATION DES EAUX DISTILLÉES.

Les *eaux distillées*, auxquelles on donne encore le nom plus technique d'*hydrolats*, sont le résultat de la distillation des plantes avec l'eau ordinaire. La vapeur d'eau entraîne divers principes volatils des végétaux, des huiles essentielles, et les dissout plus ou moins complétement en se condensant par la réfrigération. Certains principes odorants des plantes se détruisent plus ou moins facilement, sous l'action de la chaleur, et il y a des parfums très-suaves que l'on ne peut isoler par voie de distillation, comme celui du jasmin, par exemple ; mais, en général, la distillation avec l'eau entraîne la plupart des principes aromatiques des végétaux, pourvu que la température ait été portée à des limites convenables.

Les plantes sont employées fraîches ou à l'état sec. On doit préférer le premier mode pour toutes celles qui perdent leur odeur et leur parfum par la dessiccation. Dans le cas contraire, on se sert des plantes ou des parties de plantes sèches, surtout lorsque leur odeur se perfectionne par la dessiccation, ce que l'on observe pour les fleurs de sureau, la mélisse, etc. Il paraît assez difficile de conserver les fleurs fraîches avec tout leur parfum ; on les broie quelquefois avec du sel blanc et l'on en fait une sorte de pâte qui se garde assez bien pour qu'on puisse la transporter et qu'on en retarde la distillation pendant un certain temps. La fleur d'oranger est assez souvent traitée par ce moyen.

Lorsqu'on veut procéder à la distillation, les plantes ou les parties de plantes doivent être préparées de manière à faciliter la mise en liberté de leurs principes volatils ; on les soumet à une macération de quelques heures pour produire le déplacement des matières organiques solubles, puis, on opère la distillation à feu nu ou à la vapeur. Le premier de ces modes produit toujours une odeur d'empyreume qui ne disparaît souvent qu'après plusieurs mois. Il vaut mieux distiller à la vapeur ou au bain-marie. Dans le cas où l'on se sert du feu nu et où l'on distille dans la cucurbite d'un alambic, il faut séparer les matières du fond du vase, exposé au feu, à l'aide d'un diaphragme ou d'une grille.

La quantité d'eau à employer doit être suffisante pour recouvrir les matières pendant tout le temps de l'opération. Comme, d'ailleurs, le plus grand nombre des huiles volatiles ne se vaporisent qu'au dessus de $+100$ degrés, il est nécessaire de retarder le point d'ébullition en ajoutant au liquide quelques centièmes de sel marin.

Les substances à traiter étant placées dans l'appareil et

celui-ci étant monté et luté, on applique la chaleur de manière à obtenir une ébullition modérée quoique soutenue, et il convient d'éviter les coups de feu, qui donnent lieu à la production de l'empyreume. Une ébullition trop violente détermine, en outre, le boursouflement des matières, et l'on s'expose à faire passer du liquide brut avec les produits de la distillation et à manquer l'opération.

Lorsque les plantes sont peu odorantes, il est nécessaire de *cohober* le produit, c'est-à-dire de le faire distiller une seconde et même une troisième fois sur une nouvelle quantité de la substance à traiter.

Les eaux distillées doivent être filtrées sur un filtre mouillé afin d'en séparer les matières huileuses en suspension.

Pour conserver les eaux distillées, qui s'altèrent assez promptement, le moyen le plus simple et le plus économique consiste à les mettre en bouteilles propres, à les boucher au liége, malgré la prohibition qui a été faite de ce mode de bouchage et à les coucher, de façon à recouvrir entièrement le bouchon. Nous ferons observer que les bouchons doivent être de première qualité, et qu'il est bon d'en mouiller l'extrémité, celle qui doit entrer dans le goulot, ou même la totalité, en les trempant dans un alcoolat de la plante distillée.

Plus une eau distillée est riche en principes volatils et mieux elle se conserve, en sorte que les eaux qui sont le produit de plusieurs cohobations sont moins altérables que les eaux simples.

Les principales eaux distillées qui doivent se trouver dans le laboratoire du fabricant de liqueurs ou dont il peut avoir à faire la préparation peuvent être groupées comme il suit, relativement aux parties des plantes que l'on soumet à la distillation :

1° Eaux distillées de FLEURS d'*acacia rose*, de *camomille*, de *lis*, de *muguet*, d'*œillets*, d'*oranger*, de *sureau*, de *tilleul*, etc. ;

2° Eaux distillées de SOMMITÉS FLEURIES de *citronnelle*, d'*hysope*, de *lavande*, de *lierre terrestre*, de *marjolaine*, de *mélilot*, de *mélisse*, de *menthe*, d'*origan*, de *persil*, de *romarin*, de *sarriette*, de *sauge*, de *serpolet*, de *thym*, etc. ;

3° Eaux distillées de FEUILLES de *laurier-cerise*, de *pêcher*, de *thé*, et de la plupart des feuilles odorantes des plantes de la famille des *labiées*, etc., qui viennent d'être mentionnées;

4° Eaux distillées de FRUITS PULPEUX, d'*abricots*, d'*ananas*, de *cerises*, de *coings*, de *fraises*, de *framboises*, de *pêches*, de *prunes*, etc. ;

5° Eaux distillées de FRUITS DIVERS, de *cacao*, de *café*, de *girofle* (fleur avortée ou non développée, bouton), de *muscade* et de *macis* (arille de la muscade), de *noix vertes*, etc. ;

6° Eaux distillées de ZESTES de *bergamote*, de *cédrats*, de *citrons*, d'*oranges* ;

7° Eaux distillées de NOYAUX d'*abricots*, d'*amandes amères*, de *cerises*, de *pêches*, de *prunes*, etc. Des expériences de M. Berjot, on peut conclure que les *pepins* de *pommes* et de *poires* donneraient une eau distillée très-analogue à celles que l'on obtient par le traitement des noyaux et, surtout, des amandes amères ;

8° Eaux distillées de GRAINES et BAIES, d'*aneth*, d'*angélique*, d'*anis*, de *badiane*, de *cardamome*, de *carvi*, de *coriandre*, de *daucus de Crète*, de *fenouil*, de *genièvre*, de *maniguette*, de *persil*, etc. ;

9° Eaux distillées d'ÉCORCES de *cannelle*, de *cascarille*, de *sassafras* ;

10° Eaux distillées de BOIS de *gaïac*, de *Rhodes*, de *santal*, de *sassafras*. Les bois de *cèdre* et de *genièvre* pourraient donner également des eaux très-suaves ;

11° Eaux distillées de RACINES d'*acore* ou *calamus aromaticus*, d'*angélique*, d'*aunée*, de *gingembre*, etc.

Dosages. — Les recettes des auteurs relativement au dosage des matières dans la préparation des eaux distillées, ne présentent aucune valeur pratique et n'ont d'autre résultat que d'embrouiller les idées. Nous résumons les généralités qui peuvent être prises pour guide sans que l'on risque de se tromper.

1° Les matières sont préparées et mondées ; les sommités fleuries sont incisées ainsi que les feuilles de grandes dimensions ; les fruits pulpeux sont écrasés avec leurs noyaux ou leurs pepins ; les fruits secs sont moulus ou pilés ; les zestes sont contusés dans un mortier ; les graines et les baies sont écrasées ; les écorces contusées ; les bois et les racines ligneuses sont soumis à l'action de la râpe ou divisés en minces copeaux ;

2° On les introduit dans un vase macérateur avec 2,5

pour 100 de sel de cuisine et quatre fois leur poids d'eau froide et on laisse macérer pendant vingt-quatre heures ;

3° La masse est placée dans un alambic et soumise à la distillation. Autant que possible, cette distillation doit être faite à la vapeur et par serpentin. Dans le cas où l'on n'a pas de vapeur, on distille au bain-marie, mais on ajoute, dans l'eau de la cucurbite, assez de sel de cuisine pour que l'ébullition ne se produise que vers + 104 ou + 105 degrés ;

4° Le rendement, c'est-à-dire la proportion d'eau distillée ou d'hydrolat que l'on retire d'une quantité de matière, varie avec la nature de celle-ci ; il doit être, en général, égal au poids ou au double du poids de la substance soumise à la distillation.

Voici quelques indications pratiques à ce sujet :

1° Sommités fraîches, feuilles et tiges incisées d'*absinthe*, 1 kilogramme; sel, 25 grammes; eau, 2 litres. Produit à retirer, 1 litre.

Même dosage et même quantité de produit à retirer pour les fleurs de *rose* et pour les sommités de *citronnelle*, de *marjolaine*, d'*origan*.

Feuilles incisées de *laurier-cerise*, 1 kilogramme; sel, 50 grammes; eau, 4 litres. Produit à retirer, 1 litre.

Même dosage et même quantité de produits avec les feuilles d'*abricotier*, d'*amandier*, de *cerisier*, de *pêcher*.

2° Fleurs fraîches d'*acacia rose*, 1 kilogramme ; sel, 25 grammes; eau, 4 litres. Produit à retirer, 2 litres.

Même dosage et même quantité de produit, lorsqu'on traite les fleurs fraîches d'*œillet*, de *lis*, de *muguet;* les sommités fleuries fraîches d'*hysope*, de *lavande*, de *lierre terrestre*, de *melilot*, de *mélisse*, de *menthe*, de *persil*, de *romarin*, de *sarriette*, de *sauge*, de *serpolet*, de *thym;* les graines d'*aneth*, d'*angélique*, de *coriandre*, de *daucus*, de *persil*.

3° Graines d'anis sèches et pilées, 1 kilogramme; sel, 50 grammes; eau, 8 litres. Produit à retirer, 4 litres.

Même dosage et même quantité de produit pour les *fleurs d'oranger*, les *amandes amères* (*tourteau*); les *noyaux d'abricots*, de *cerises*, de *pêches*, de *prunes;* pour les *pepins;* pour les graines d'*aneth*, de *badiane*, de *carvi*, de *fenouil*, de *genièvre*, de *maniguette*.

4° *Café* torréfié, 1 kilogramme; eau, 13 litres. Produit à retirer, 6 litres.

Même dosage et même quantité de produit pour le *cacao*.

5° Ecorce contusée de *cannelle*, 1 [kilogramme; sel, 400 grammes; eau, 16 litres. Cohober une fois. Produit à retirer, 8 litres.

Même dosage et même quantité de produit pour les autres *écorces* et pour les *bois*, ainsi que pour les *racines d'acore, d'angélique, d'aunée* et le *cardamome*.

6° *Zestes* frais de *citron*, 1 kilogramme; sel, 100 grammes; eau, 20 litres. Produit à retirer, 10 litres.

Même dosage et même quantité de produit pour les zestes de bergamote, de cédrat et d'orange.

7° *Fruits pulpeux*, 1 kilogrammo; eau, 4 litres. Produit à retirer, 2 litres.

8° *Thé*, 1 kilogramme; eau, 20 kilogrammes. Produit à retirer, 10 litres.

Observations. — Il nous semble peu utile d'entrer dans les discussions théoriques auxquelles certains liquoristes, étrangers à l'étude de la chimie organique, se sont livrés à propos de l'oxydation des essences, de leur insolubilité et d'une foule d'autres questions du même genre. Rien n'est terrible comme l'ignorant qui veut faire de la théorie. Nous dirons seulement que les huiles essentielles se séparent plus ou moins rapidement des tissus végétaux, selon qu'elles sont plus ou moins volatiles; qu'elles ne se dissolvent pas toutes en même proportion dans l'eau et qu'elles s'altèrent facilement à l'air, lorsque les plantes sont soumises à une dessiccation trop complète. Il est constaté, d'ailleurs, que, parmi les nombreux principes volatils contenus dans les plantes, il en est qui n'abandonnent presque rien à l'eau, tandis que d'autres sont dans le cas contraire. Les faits chimiques relatifs aux essences sont encore trop peu connus pour que l'on puisse en tirer des conclusions générales acceptables.

Nous terminons ce paragraphe par quelques remarques de détail sur la préparation des eaux distillées les plus usitées, en suivant l'ordre précédemment mentionné.

Eau d'absinthe. — On prend les sommités fleuries, les feuilles et les jeunes tiges ou branches de l'absinthe fraîche; on les incise ou on les hache en petits morceaux de 4 ou 5 centimètres de longueur et on les fait macérer pendant vingt-quatre heures avec la proportion d'eau salée indiquée (n° 1). On distille à la vapeur et l'on retire 1 litre d'eau distillée par chaque kilogramme de plante.

On peut très-bien forcer un peu la dose du sel et la porter à 5 pour 100 ; de même, on peut prolonger la macération et la faire durer deux ou trois jours. L'eau distillée est beaucoup plus odorante après une macération un peu plus longue.

Eau de laurier-cerise. — On doit recueillir les feuilles de laurier-cerise à l'époque de l'année où elles renferment le maximum de principes actifs, c'est-à-dire vers le moment de la floraison, ou dans le courant du mois de juin. Ces feuilles sont incisées, contusées ; on les fait macérer pendant douze heures dans quatre fois leur poids d'eau, et l'on distille de manière à retirer 1 litre de produit par kilogramme de feuilles. L'hydrolat obtenu est agité avec énergie à plusieurs reprises, puis on le filtre avec soin pour en séparer l'essence en excès.

La distillation doit se faire à la vapeur et elle doit se conduire *très-lentement* au début, jusqu'à ce qu'on ait atteint la température de + 60 degrés, après quoi on porte plus rapidement au bouillon.

Bien que cette eau contienne de l'essence d'amandes amères, elle doit ses principales propriétés à l'acide prussique ou cyanhydrique, l'un des plus violents poisons qui existent et l'on ne saurait prendre trop de précautions dans l'emploi de cette eau distillée. Son introduction dans les liqueurs ne serait pas sans danger si elle y entrait dans des proportions trop considérables. On y a trouvé jusqu'à 7 centigrammes d'acide cyanhydrique par 100 grammes (7 pour 10 000) et le minimum paraît être de 3,5 à 4 centigrammes.

Le dosage des liquoristes, cité plus haut, fournit une eau de laurier-cerise plus énergique que la formule du Codex. En effet, celui-ci prescrit de retirer 1 500 grammes de produit pour 1 kilogramme de feuilles, tandis que les liquoristes ne retirent que poids pour poids. Nous donnerions la préférence, *pour l'usage*, à l'eau du Codex, bien que celle des liquoristes soit plus active et plus conservable.

Eau de roses. — Un très-bon procédé, qui donne un produit très-suave, consiste à faire macérer les pétales de roses, pendant quatre jours, avec l'eau salée, et à distiller ensuite très-

doucement à la vapeur jusqu'à ce que l'on ait obtenu 1 litre
de produit pour 1 kilogramme de pétales. On filtre au bout de
vingt-quatre heures sur papier mouillé, après avoir séparé, à
l'aide d'une cuiller ou d'une spatule, les portions d'essence
qui peuvent surnager. ·

Il faut choisir les espèces les plus odorantes, dont le parfum
soit d'une grande franchise. Le type à observer se trouve dans
une rose très-connue sous le nom de *général-jacqueminot*,
laquelle présente l'odeur exacte de l'essence, sans aucune
trace de mélange. Les *roses-thé* et un grand nombre de variétés obtenues par la culture s'éloignent assez de cette odeur
franche du type pour qu'on ne recueille pas les pétales au hasard, lorsque l'on vise à la perfection des produits.

Eau de coriandre. — Piler les graines dans un mortier,
macérer pendant vingt-quatre ou quarante-huit heures dans
l'eau salée, et distiller à la vapeur pour retirer 2 litres d'eau
distillée par kilogramme de graines.

On suit la même marche pour la plupart des graines odorantes dont le traitement ne diffère que par la proportion de
produits à recueillir (n° 2).

Eau d'hysope. — Inciser les sommités fleuries et les faire macérer pendant vingt-quatre heures dans l'eau salée. Distiller
ensuite à la vapeur et retirer 2 litres de produits pour 1 kilogramme de plante.

L'eau d'hysope du Codex est plus active que celle des liquoristes, parce qu'elle est obtenue en retirant seulement un
poids d'hydrolat égal à celui de la plante.

L'eau de *lavande* et celle de *mélilot*, etc., se préparent de
même.

Eau de menthe. — Même préparation que pour l'eau d'hysope, ainsi que pour les plantes de la famille des labiées.
L'eau de menthe du Codex provient d'un poids égal de sommités incisées, tandis que celle des liquoristes est le double du
poids de la plante.

Eau d'œillet. — On choisit les pétales d'œillets à ratafia,
très-odorants, provenant de fleurs bien développées, on les
fait macérer pendant vingt-quatre heures et l'on distille à la
vapeur pour retirer le double du poids ou deux litres par kilogramme (n° 2).

Eau d'amandes amères. — On prend le tourteau d'amandes,

après qu'il a été soumis à la pression et débarrassé de son huile fixe; on le délaye dans l'eau de manière à en faire une bouillie claire, à laquelle il est bon de mêler un peu de paille de seigle lavée et hachée. On attribue à la paille la propriété de favoriser la distillation en donnant de la porosité à la masse. Le tout est introduit dans la cucurbite de l'alambic et on laisse macérer pendant vingt-quatre heures. On distille ensuite très-doucement, soit à feu nu, soit par la vapeur, au moyen d'un serpentin. Nous préférons ce dernier moyen, surtout si les dispositions du serpentin permettent un nettoyage facile.

On retire 4 litres d'eau distillée par kilogramme de tourteau.

Comme le Codex prescrit de retirer seulement le double du poids de la matière, il s'ensuit que l'eau d'amandes amères des officines est beaucoup plus active que celle des liquoristes; mais, dans tous les cas, l'emploi de ce produit doit être fait avec une extrême prudence, à raison de la présence de l'acide cyanhydrique qu'il renferme, et il convient de le placer sur la même ligne que l'eau de laurier-cerise, qu'il peut remplacer dans l'usage.

On doit filtrer l'eau d'amandes amères sur papier mouillé, afin de la séparer de l'essence libre. Cette précaution ne doit jamais être négligée, d'ailleurs, et l'on se trouve bien de filtrer toutes les eaux distillées ; mais cette manipulation est encore plus nécessaire pour les eaux dont l'essence est essentiellement vénéneuse.

Il est avantageux d'augmenter la proportion du sel dans la distillation du tourteau d'amandes amères et de la porter à 10 pour 100 de la matière première, afin de retarder le point d'ébullition et de mieux séparer les principes volatils.

Eau d'anis. — Les graines d'anis vert sont pilées et soumises à une macération de vingt-quatre heures dans l'eau salée. On distille ensuite à la vapeur, pour retirer 4 litres de produit par kilogramme de graines. L'eau du réfrigérent doit être tiède, afin d'éviter la concrétion de l'essence, qui se figerait dans le serpentin. Cette particularité est spéciale à l'eau d'anis, dont on peut séparer l'essence par le froid.

Eau de fleurs d'oranger. — On monte l'appareil à distiller en mettant dans la cucurbite l'eau nécessaire avec 3 à 4 pour 100

31

de sel. On met dans le bain-marie l'eau salée proportionnée à la quantité de fleurs à traiter. Lorsque le liquide du bain-marie est prêt à bouillir, on y introduit les fleurs que l'on recouvre d'un diaphragme ou d'une toile métallique pour empêcher le boursouflement ; on ajuste promptement le chapiteau et le col de cygne au réfrigérent et l'on distille pour retirer 4 litres par kilogramme de fleurs.

On obtient ainsi l'*eau simple de fleurs d'oranger*. L'eau de fleurs d'oranger *double* se prépare en retirant 2 litres par kilogramme de fleurs; cette eau est dite *triple* quand on ne retire que 1 litre et demi par kilogramme de matière, et *quadruple* quand on retire 1 litre par kilogramme ou poids pour poids.

Pour prévenir la présence de l'acide acétique dans cette eau, on conseille d'ajouter un peu de magnésie (15 grammes par kilogramme de fleurs), au moment où l'on introduit les fleurs dans le bain-marie.

On prétend, avec une certaine apparence de raison, que l'hydrolat de fleurs d'oranger est plus limpide lorsque les fleurs sont introduites dans l'eau de distillation déjà chaude ; il est bon, également, de n'employer que les pétales des fleurs et de rejeter les calices, les pistils et les étamines, lorsque l'on veut obtenir un produit très-suave.

On falsifie l'eau de fleurs d'oranger. Quelques fabricants peu délicats introduisent avec les fleurs des feuilles, des orangettes, etc. Le produit est moins suave et plus amer. Des frelateurs y ajoutent de l'acétate de plomb, dont on reconnaît la présence par un peu de solution d'acide tartrique, qui donne un précipité blanc, ou par un sulfure soluble, qui précipite en noir. Le cuivre provenant des estagnons est décelé par l'ammoniaque, qui donne à la liqueur une teinte bleue plus ou moins prononcée.

L'eau de fleurs d'oranger offre la propriété curieuse de se colorer en rose par les acides sulfurique et azotique, ce qui est dû à l'action de ces acides sur l'huile essentielle des fleurs. Pour apprécier la qualité des hydrolats de fleurs d'oranger, on doit avoir des échantillons certains d'eau simple, double, triple et quadruple. On en prend 1 centilitre de chaque type et l'on y ajoute, en agitant, 5 gouttes d'acide sulfurique. En opérant de même sur l'eau essayée, on peut apprécier, par l'intensité de la coloration produite, à quel type elle appartient.

Eau de café. — Torréfier le café jusqu'à la nuance intermédiaire entre le blond et le brun ; moudre grossièrement à chaud et jeter dans l'eau qui doit servir à la distillation, Laisser macérer pendant vingt-quatre heures. Distiller ensuite pour retirer 6 litres d'hydrolat par kilogramme de café.

Eau d'angélique. — Faire macérer la racine d'angélique sèche, divisée et contusée, dans l'eau salée, pendant quarante-huit heures. Distiller ensuite pour retirer 8 litres de produit par kilogramme de racines.

On procède de même pour les eaux des autres racines aromatiques.

Eau de cannelle. — On fait macérer dans l'eau salée, pendant quarante-huit heures, la cannelle pulvérisée. Elle doit être choisie et d'excellente qualité. C'est à la cannelle de Ceylan que l'on donne habituellement la préférence, et elle est, en effet, beaucoup meilleure que la cannelle de Chine, qui provient d'une autre variété de cannellier.

On distille ordinairement à feu nu, en faisant bouillir doucement jusqu'à l'obtention de 8 litres de produit pour 1 kilogramme d'écorce. Le réfrigérent doit être tiède comme pour la distillation de l'eau d'anis, des eaux distillées des bois odorants, des muscades, du girofle, etc.

Eau de sassafras. — La distillation de cet hydrolat se conduit exactement comme celle de l'eau de cannelle. La proportion du produit est la même. La racine de sassafras doit être râpée et la râpure est macérée pendant quarante-huit heures, comme celles de toutes les matières ligneuses, avant de la distiller.

Eau de citron. — Faire macérer pendant vingt-quatre heures dans l'eau salée les zestes contusés dans un mortier. Distiller au bain-marie pour retirer 10 litres d'hydrolat par kilogramme de zestes. De même pour les eaux d'oranges, etc.

Eau d'abricots. — Les fruits sont écrasés avec leurs noyaux. On laisse macérer pendant douze heures dans l'eau salée et l'on distille doucement pour retirer 2 litres de produit par kilogramme de fruit.

Eau distillée de framboises. — On agit comme pour l'eau d'abricots. De même pour l'*eau de fraises*, etc.

Eau de thé. — Pour obtenir un bon hydrolat de thé, on prend un mélange formé de 500 grammes de *thé impérial,* 250 grammes de *thé hyswen* ou *hyson* et 250 grammes de *thé pékao ;* ce mélange est introduit dans l'appareil à distiller et l'on verse par-dessus 20 litres d'eau bouillante ; on ferme la cucurbite et on laisse infuser pendant quatre ou cinq heures. On distille ensuite pour retirer 10 litres de produit. Quelques praticiens extraient 15 litres d'hydrolat par kilogramme, mais nous croyons qu'il vaut mieux ne retirer que 10 litres, parce que les derniers produits présentent, presque toujours, une odeur herbacée, qui nuit à la qualité de l'hydrolat.

Eau de noix vertes.— Prendre 1 kilogramme de noix vertes, très-jeunes, désignées sous le nom de *noix morveuses,* dans lesquelles la coque n'est pas encore formée et dont l'amande est mucilagineuse ; les piler au mortier et les distiller avec 4 litres d'eau pour retirer 2 litres de produit.

Eau de marasquin. — On désigne sous ce nom un hydrolat composé dont voici la formule. On prend :

Merises très-mûres.	2^k,000
Framboises mûres, mondées. . .	0 ,400
Feuilles de merisier contusées. .	0 ,150
Noyaux de pêche concassés. . .	0 ,025
Iris de Florence en poudre.. . .	0 ,100
Eau ordinaire.	4^l ,00

Les fruits sont écrasés et l'on fait macérer le tout dans l'eau pendant vingt-quatre heures. On distille ensuite lentement et à une douce chaleur pour obtenir 2 litres de produit.

Falsification des hydrolats. — On prépare des eaux aromatiques, moins agréables que les produits distillés, à l'aide de deux procédés principaux. On verse, sur du sucre ou sur du carbonate de magnésie, l'huile volatile de la plante dont on veut imiter l'hydrolat, on triture avec soin, puis on ajoute *peu à peu* de l'eau en triturant la masse. On agite fortement à plusieurs reprises, on laisse reposer pendant une heure et l'on filtre.

Ces falsifications se reconnaissent aisément à l'odeur moins franche et moins suave du produit, mais on peut les déceler avec certitude par les moyens suivants :

1° On évapore à moitié une petite quantité de l'eau aromatique soupçonnée et l'on fait rougir le résidu. S'il se dégage une odeur de caramel, on en conclut que la préparation a été faite par l'intermédiaire du sucre. Si le résidu, refroidi, fait effervescence avec le vinaigre ou les acides, on en déduit la présence d'un carbonate.

2° On verse du chlorhydrate d'alumine dans l'eau aromatique et il se précipite de l'alumine gélatineuse très-reconnaissable.

3° On ajoute au liquide soupçonné de l'ammoniaque ou une dissolution d'un sel ammoniacal (sulfate, chlorhydrate, etc.) dans l'eau distillée. On y introduit alors de la solution de phosphate de soude et il se précipite du phosphate ammoniaco-magnésien.

§ V. — PRÉPARATION DES ESSENCES.

Les *essences* ou les *huiles essentielles* sont des produits huileux et volatils que l'on trouve dans les végétaux aromatiques (Pelouze et Frémy). Elles existent, le plus souvent, toutes formées dans les plantes ; mais, cependant, il en est qui se forment seulement par le contact de l'eau, comme l'essence d'amandes, par exemple.

Les essences sont volatiles entre +140 et +200 degrés. Elles ont pour caractère empirique de ne laisser sur le papier qu'une tache fugace, disparaissant par la chaleur. Elles absorbent l'oxygène de l'air et se changent lentement en résines ou en acides.

Elles sont solubles dans l'alcool, l'éther et les huiles fixes.

La plupart se colorent à l'air. Quelques-unes sont très-altérables.

Le procédé général d'extraction consiste à distiller avec l'eau les matières végétales qui les renferment. Si l'essence n'est volatile qu'à une température élevée, on ajoute du sel dans l'eau de la cucurbite afin d'en retarder le point d'ébullition, exactement comme on le fait pour la préparation des eaux distillées. On recueille le produit dans un vase particulier, bien connu sous le nom de *récipient florentin*, qui laisse écouler l'eau distillée aromatique, pendant que l'essence s'y accumule. Il vaut mieux, à notre sens, recueillir tout le produit et le saturer ensuite de sel marin. L'essence se sépare de l'eau et monte à la surface, ce qui permet de la séparer facilement.

On se borne à comprimer à chaud, ou à froid, les matières qui en contiennent une grande quantité.

On est parvenu à reproduire artificiellement quelques essences.

On purifie les huiles essentielles en les rectifiant avec une huile fixe sur une dissolution presque saturée de sel marin. Quelquefois, on se contente de les filtrer à froid ou à chaud.

Falsification des essences. — Presque toutes les essences que l'on trouve dans le commerce sont falsifiées par des huiles fixes, de l'alcool, ou des essences de moindre valeur.

On peut reconnaître aisément la falsification par les huiles fixes : 1° on verse un peu du produit soupçonné sur une feuille de papier sans colle ; si l'essence ne contient pas d'huile fixe, la tache disparaît entièrement par l'exposition à une douce chaleur ; 2° on met un peu de l'essence dans un tube gradué et, par-dessus, dix fois le même volume d'alcool absolu. On agite à plusieurs reprises. L'alcool dissout l'essence et laisse, au fond du tube, l'huile fixe ajoutée ; 3° on distille au bain-marie, sur la solution saturée de sel, l'essence à examiner ; l'huile fixe ne distille pas.

La falsification par l'alcool se reconnaît à l'aide de l'eau. On met dans un tube gradué en dixièmes de centimètres cubes, 1 centimètre de l'essence soupçonnée; puis, on ajoute 20 centimètres d'eau, ou mieux, de sirop faible (à 15 degrés Baumé), et on agite. L'alcool se dissout dans l'eau ou le sirop et l'essence seule monte à la surface. On en constate le volume réel après un repos de quelques heures.

La falsification par les essences communes ne se reconnaît bien qu'à l'aide d'un peu de pratique et d'habitude. On peut rechercher, en mettant un peu de l'essence sur une feuille de papier, quel est l'élément qui s'évapore le premier et celui qui reste en dernier lieu. On arrive ainsi à une appréciation assez exacte en pratique.

Pour permettre une appréciation plus facile des essences, nous les diviserons en plusieurs groupes, répondant à leurs caractères apparents. Ainsi, nous aurons à étudier d'abord la préparation des huiles essentielles, altérables par la chaleur, que l'on doit préparer par dissolution dans un menstrue approprié. Les huiles essentielles que l'on peut obtenir par la simple expression des substances qui les renferment viendront à la suite ; puis, les huiles obtenues par distillation, les huiles cristallisables, les huiles camphrées, les huiles concrètes, un groupe d'essences diverses, les essences artificielles, seront successivement l'objet d'une étude sommaire, quoique suffisante pour notre but, et le fabricant deliqueurs trouvera, dans ce rapide exposé, toutes les notions qui lui sont nécessaires pour la préparation des produits volatils aromatiques qu'il peut faire entrer dans les liqueurs.

A. *Huiles essentielles, par dissolution dans les huiles fixes.* — Les essences contenues dans les liliacées, celles d'aubépine, de chèvrefeuille, de géranium, de giroflée, d'héliotrope, de jasmin, de lilas, de réséda, de verveine, de violette, etc., se décomposeraient par la chaleur à la distillation, et l'on doit appliquer à leur extraction un procédé différent.

Premier procédé. — *Huile de lis.* — On place les fleurs de lis, bien mondées des étamines, sur une étoffe de laine imbibée d'une huile fixe inodore, comme l'huile de pied de bœuf purifiée, l'huile d'œillette, l'huile d'amandes douces, l'huile de ben. Sur la couche de fleurs, on pose une autre pièce d'étoffe imbibée d'huile, et ainsi de suite, de manière à former une sorte de pile que l'on presse légèrement pour établir le contact, sans toutefois exprimer l'huile fixe. Après quatre jours de contact, on soumet la pile à la pression et l'on retire une huile odorante, chargée des principes aromatiques essentiels de la plante traitée. L'huile obtenue peut servir à imbiber de nouveau les étoffes de laine que l'on met en contact avec de nouvelles quantités de fleurs, jusqu'à ce que cette huile soit assez riche en essence. On obtient de cette façon une huile odorante que l'on peut employer sous cette forme en parfumerie, mais dont l'emploi ne serait pas rationnel pour la fabrication des liqueurs.

Deuxième procédé. — On peut encore placer les fleurs dans un vase en verre ou en grès et les recouvrir d'une quantité suffisante d'huile fixe. Après cinq ou six jours de macération, on exprime le tout, et l'huile, déjà très-odorante, est mise de nouveau en contact avec de nouvelles proportions de fleurs, jusqu'à ce qu'elle soit suffisamment chargée du principe volatil.

Pour séparer l'huile essentielle dissoute dans l'huile fixe, on peut faire digérer avec l'alcool à 90 degrés les carrés d'étoffe chargés d'huile odorante, ou cette huile elle-même, si elle a été extraite par la pression. On distille ensuite, pour obtenir un produit alcoolique chargé d'essence, auquel on donne le nom d'*extrait*. Si l'on soumet à la congélation le produit de la macération des huiles fixes parfumées dans l'alcool, l'huile se fige et l'alcool, chargé d'essence, reste à la surface. On peut le séparer par décantation. Ce procédé de séparation semble plus rationnel que le précédent, par la raison que l'on n'expose pas à la chaleur les essences très-fugaces et très-décomposables qui sont obtenues par macération dans les huiles fixes.

Il vaudrait mieux encore traiter la dissolution d'essence dans l'huile fixe par la méthode suivante : On mêle cette dissolution avec un volume triple d'alcool à 92 degrés, et après trois ou quatre jours de contact, pendant lesquels on agite le tout à plusieurs reprises, on décante la dissolution alcoolique d'huile essentielle qui s'est élevée au-dessus de l'huile fixe, l'alcool ne dissolvant, à froid, que très-peu de cette dernière. On agite alors la dissolution alcoolique avec une solution de sel marin, ou mieux avec le sucrate de chaux, et l'essence se sépare. L'alcool étant soluble dans l'eau et les liqueurs aqueuses, on conçoit que ce mode de séparation permette d'obtenir les essences les plus fugaces sans courir le risque de les décomposer. L'emploi du sucrate de chaux présente, en outre, cet avantage que la chaux forme un savon insoluble avec les traces d'huile fixe qui sont restées dans le produit, ce qui rend plus complète la purification de l'essence et permet de l'isoler entièrement des menstrues employés.

Les essences de jonquille, de lis, de muguet, de narcisse, de tubéreuse, ainsi que les huiles essentielles des autres fleurs mentionnées plus haut, doivent s'obtenir par ce procédé, à moins que l'on ne préfère les employer sous la forme d'extrait alcoolique seulement.

B. *Huiles essentielles, par expression.* — On peut recourir à la compression lorsque les parties odorantes des plantes sont très-riches en essence. C'est le cas des écorces de bergamote, de citron, d'orange et des autres fruits des hespéridées. Les produits ainsi obtenus sont beaucoup plus suaves que ceux que l'on prépare avec les mêmes écorces par voie de distillation, mais ils contiennent ordinairement une certaine proportion d'huile grasse, des matières mucilagineuses, etc., et ils s'altèrent plus facilement. Les huiles obtenues par expression sont moins solubles dans l'alcool et conviennent moins, par conséquent, pour la préparation des liqueurs.

Pour préparer les essences par expression, on râpe la portion extérieure des zestes, l'épiderme, qui contient les utricules remplis d'huile odorante, et la pulpe obtenue est soumise à une pression graduée entre des glaces inclinées. L'huile se purifie, par le repos, du mucilage entraîné et elle doit être conservée à l'abri de l'air.

Il est préférable de soumettre à la distillation les écorces râpées ou divisées. On obtient, par la distillation, des produits plus purs et plus conservables, comme il a été dit, et cette opération ne présente aucune difficulté. Il est utile de retarder le point d'ébullition de l'eau de la cucurbite en y faisant dissoudre une proportion suffisante de sel marin. Les zestes sont placés dans l'eau par l'intermédiaire d'un bain-marie en toile métallique.

Enfin, il existe un troisième moyen de préparer très-avantageusement ces essences, que l'on pourrait appliquer, du reste, comme méthode générale, à l'extraction de la plupart des huiles essentielles que l'on retire de matières sèches ou peu aqueuses. On fait macérer, dans l'alcool à 92 degrés, la partie extérieure des zestes. Après une macération de sept ou huit jours, on fait agir l'alcool sur de nouvelles écorces ; puis, lorsque ce liquide est assez chargé d'essence, on le traite par un excès d'eau qui sépare l'alcool, on recueille l'essence et on la purifie par filtration.

On prépare, suivant l'une ou l'autre des méthodes qui viennent d'être indiquées, les essences de *bergamote*, de *bigarade* (*essence d'orangette* ou de *petit grain*), de *cédrat*, de *citron*, de *limette*, d'*orange*. Cette dernière est connue sous le nom d'*essence de Portugal*.

C. *Huiles essentielles lourdes, par distillation.* — Ces essences sont plus lourdes que l'eau et, ordinairement, colorées d'une teinte brunâtre plus ou moins foncée.

On divise la matière ; on la râpe, s'il est nécessaire, et on la soumet à une macération de deux ou trois jours dans quatre fois son poids d'eau. On ajoute alors assez de sel pour retarder le point d'ébullition jusque vers +107 degrés, c'est-à-dire 35 pour 100 du poids de l'eau, et l'on distille jusqu'à ce que l'eau passe limpide. L'huile se dépose et on la sépare. L'eau distillée est employée avantageusement pour une autre opération ; mais il vaut encore mieux la séparer de l'huile et la reverser dans l'alambic, pour achever d'épuiser la matière par trois ou quatre opérations successives.

Essence de cannelle. — Cannelle de Ceylan, concassée, 1 kilogramme. Faire macérer dans 4 litres d'eau et ajouter 500 grammes de sel. Distiller. Reverser l'eau dans l'alambic et distiller de nouveau. Cette opération se répète quatre fois.

L'essence de cannelle de Ceylan est beaucoup plus agréable que l'essence de la cannelle de Chine, dont la valeur est quatre fois moindre.

Essence de cassia. — *Essence de girofle.* — *Essence de bois de Rhodes.* — *Essence de sassafras.* — *Essence de santal.* — Mêmes dosages et même procédé d'extraction. On applique avantageusement à ces essences le traitement par l'alcool qui a été indiqué plus haut.

Nous ajouterons encore ici que l'extraction des huiles essentielles peut se faire par l'emploi du sulfure de carbone, qui a été indiqué par M. Millon, et que l'on peut appliquer à la préparation des parfums les plus fugaces. La matière divisée est soumise à la macération dans cet agent et la dissolution, distillée au bain-marie, à +50 degrés de température, laisse échapper tout le sulfure de carbone, tandis que l'huile essentielle reste dans l'appareil. Ce moyen est très-rationnel et très-économique, mais nous hésiterions à en conseiller l'application pour la préparation des essences destinées à la fabrication des liqueurs. Il nous semble, en effet, que les produits contiennent, dans ce cas, différentes matières étrangères dissoutes par le sulfure.

D. *Huiles cristallisables, par distillation.* — Ces huiles essentielles sont celles d'*anis*, de *badiane*, de *carvi*, de *fenouil*, de *menthe poivrée*, de *rose*. La préparation de ces essences ne requiert pas de précautions particulières. On doit cependant avoir soin de maintenir tiède l'eau du réfrigérent, afin que le produit ne se fige pas dans le serpentin.

Huile de rose. — Pétales de roses très-odorantes mondés ;

10 kilogrammes ; eau, 5 litres ; sel marin, 500 grammes. L'essence de roses se dissout assez bien dans l'eau, en sorte qu'il est utile de cohober le produit à plusieurs reprises sur de nouvelles fleurs.

E. *Huiles camphrées, par distillation.* — Les principales de ces huiles essentielles sont les essences de *lavande*, de *marjolaine*, de *romarin*, de *sauge*, de *thym*, de *zédoaire*, etc. Ces huiles camphrées n'offrent, d'ailleurs, aucune autre particularité distinctive que la présence du camphre, que l'on rencontre dans la plupart des plantes de la famille des labiées. On les extrait par la méthode générale en distillant 1 partie de plantes, divisées et incisées, avec 4 parties d'eau et une demi-partie de sel, après douze heures de macération. On cohobe le produit sur de nouvelles plantes.

F. *Huile concrète, par expression.* — La noix muscade râpée ou pilée, et pressée entre deux plaques de fonte chauffées, fournit une huile qui se concrète en refroidissant et qui présente l'odeur de la muscade, d'une manière très-prononcée. La consistance butyreuse de cette substance lui a fait donner le nom de *beurre de muscade*. Cette matière est composée d'une graisse, d'une huile fixe et d'une huile volatile. Cette dernière seule est fluide et aromatique. On la sépare facilement en distillant le beurre de muscade avec de l'eau.

G. *Essences diverses, par distillation.* — Parmi les huiles essentielles qui sont fréquemment employées par le fabricant de liqueurs et qui se préparent par la méthode générale, c'est-à-dire par la distillation avec l'eau salée, nous citerons encore quelques-unes des plus remarquables :

1° L'*essence d'absinthe*, que l'on peut rapprocher des essences camphrées et qui existe toute formée dans la plante, comme la plupart des essences d'origine organique, s'obtient par la distillation des sommités fleuries des deux absinthes, grande et petite ; celle de petite absinthe est moins odorante.

2° L'*essence d'amandes amères* est produite par la réaction de la *synaptase* sur l'*amygdaline*, qui est transformée en *hydrure de benzoïle* et acide cyanhydrique. Cette essence se prépare donc par distillation, mais la quantité en est d'autant plus abondante que la réaction dont nous parlons a été mieux faite et plus complète. L'eau est indispensable à cette transformation. On prend 3 kilogrammes de tourteau d'amandes amères que l'on délaye dans 10 litres d'eau commune ; on introduit cette bouillie dans la cucurbite d'un alambic et on laisse macérer pendant vingt-quatre heures, après quoi on ajoute 500 grammes de sel, et l'on distille à la vapeur, autant que possible. Comme l'essence d'amandes est plus lourde que l'eau distillée, on sépare celle-ci et on la distille de nouveau. On obtient encore une certaine quantité d'essence dans les premiers temps de l'opération, et ce produit est réuni au premier.

L'essence d'amandes amères est très-vénéneuse à raison de l'acide cyanhydrique (prussique) qu'elle renferme dans la proportion moyenne de 11 pour 100 (8 à 14 pour 100). On peut la débarrasser de ce principe dangereux en la rectifiant avec une dissolution de potasse, et alors elle n'est pas plus vénéneuse que les autres essences. Elle s'oxyde à l'air et fournit des cristaux d'acide benzoïque qui se déposent.

L'essence d'amandes amères des liquoristes se compose de 1 partie seulement d'essence d'amandes amères pure et de 7 parties d'alcool rectifié. C'est à cette dissolution que l'on donne le nom d'*essence de noyaux*.

On obtient encore une essence identique avec l'essence d'amandes amères en traitant par le même procédé les amandes d'abricots, de pêches, de la plupart des prunes, et même les pepins de pommes et de poires, après qu'on en a extrait l'huile fixe par expression.

3° L'*essence de camomille* s'obtient par distillation de 1 000 parties de fleurs récentes de camomille romaine avec 4 000 parties d'eau et 500 parties de sel. Elle présente une couleur bleue remarquable.

4° L'*essence de cumin* se prépare par la distillation des graines de cumin concassées, 1 000 parties, avec 3 000 parties d'eau et 400 de sel.

5° L'*essence de genièvre* provient de la distillation, avec l'eau et le sel, des baies de genièvre concassées, dans les mêmes proportions qui viennent d'être indiquées.

6° L'*essence de fleurs d'oranger* se prépare par la distillation de 1 000 parties de fleurs récentes avec 3 000 parties d'eau et 400 à 500 parties de sel. On filtre le produit.

7° L'*essence de reine des prés* est plus lourde que l'eau. On la connaît encore sous le nom d'*essence d'ulmaire*, de *spiroïle*, *d'acide spiroïleux*, etc. On verse l'eau bouillante sur les fleurs d'ulmaire récentes et on laisse macérer pendant douze heures. On distille ensuite.

Ce qu'on a appelé *essence d'ambre* n'est autre chose qu'une teinture alcoolique, dont la préparation est indiquée plus loin.

H. *Essences artificielles.* — Nous ne parlerions pas de ces produits, si la coupable industrie des falsificateurs ne s'était exercée à les faire entrer dans la composition des liqueurs de table au lieu des essences naturelles, sans se préoccuper des conditions hygiéniques, que l'on ne doit jamais perdre de vue. Il convient de repousser toutes les préparations dans lesquelles il entre des produits chimiques dont l'action toxique déterminée peut être suivie d'accidents et, quelque partisan qu'on puisse être du progrès de la science chimique, quelque enthousiaste qu'on soit des découvertes modernes, nous ne voyons pas de raison qui permette de substituer la nitrobenzine, par exemple, à l'essence d'amandes amères, pure et débarrassée d'acide cyanhydrique, dont on doit se servir dans une fabrication loyale.

Essence de mirbane. — On a donné ce nom et celui d'*essence d'amandes amères artificielle* à la nitrobenzine des chimistes. Ce poison doit être réservé pour certains usages dans la préparation des cosmétiques et des savons de toilette, et les propriétés toxiques qu'il présente doivent le faire rejeter de la pratique dans les industries qui ont pour but la préparation de matières alimentaires.

La nitrobenzine est le résultat de la réaction de l'acide nitrique fumant sur la benzine. La benzine $C^{12}H^6$ perd de l'hydrogène qui est remplacé par de l'acide hypoazotique, et elle devient $C^{12}H^6AzO^4$. Cette réaction a été découverte par M. Mitscherlich, paraît-il; mais, comme la préparation de la nitrobenzine est devenue la base de celle de l'aniline, un grand nombre de chimistes s'en sont occupés depuis.

On introduit dans un ballon (ou une *tourie*) 30 parties de benzine, puis on y ajoute peu à peu, et en agitant, 20 parties d'acide nitrique à 40 degrés et 20 parties d'acide sulfurique à 66 degrés. Quoiqu'on élève ordinairement la température du mélange pour hâter la réaction, nous avons constaté qu'il vaut mieux s'abstenir de cette pratique et qu'il suffit d'agiter la masse. Il se dégage bientôt des vapeurs nitreuses très-abondantes, et l'opération est terminée au bout de huit à dix heures. Le mélange est versé dans un vase de repos et l'essence vient à la surface. On sépare l'acide nitrosulfurique et l'essence est lavée d'abord avec une solution de soude à 2 pour 100, puis à l'eau pure. On filtre et l'on conserve. On peut encore rectifier le produit, qui bout à + 213 degrés et dont la densité est de 1,209.

Dans une série de recherches à ce sujet, nous avons pu nous assurer que l'opération marche parfaitement et qu'elle expose moins à des explosions, etc., lorsque l'acide n'est ajouté que par fractions dans le cours de l'opération. Enfin, nous avons obtenu de la nitrobenzine très-pure et sans le moindre danger d'accidents en nous servant du procédé suivant : Dans un vase en grès ou en verre, on introduit 1 équivalent de salpêtre (azotate de potasse, $KO, AzO^5 = 1265$) que l'on recouvre de 1 000 parties de benzine rectifiée. On ajoute alors, en plusieurs fois et par fractions, 1 000 parties d'acide sulfurique à 66 degrés et on laisse en repos. La réaction se produit lentement par l'acide azotique naissant et l'on n'a pas à s'en occuper. Il se forme de la nitrobenzine et du sulfate de potasse. On décante l'essence, on la lave à la soude et à l'eau, comme dans l'une ou l'autre des préparations industrielles dont nous avons indiqué le type.

L'essence de mirbane présente une odeur d'amandes amères très-nette et très-prononcée; elle est soluble dans l'alcool et l'éther, mais presque insoluble dans l'eau. On trouve une preuve de ses qualités toxiques dans le fait de son emploi pour la destruction des insectes parasites.

Essences de fruits. — On donne ce nom à différentes compositions chimiques qui résultent de la combinaison de certains éthers.

L'essence d'ananas artificielle est la dissolution de 1 litre d'*éther butyrique* dans 9 litres d'alcool à 85 degrés.

L'essence de pommes artificielle s'obtient en dissolvant 1 litre d'*éther valérianique* dans 6 litres d'alcool à 85 degrés.

En mélangeant les différents éthers, des séries éthylique et méthylique principalement, on obtient des liqueurs rappelant l'odeur et le parfum de certains fruits, tels que l'abricot, la cerise, le citron, la fraise, la framboise, la groseille, la merise, la pêche, la poire, la prune, etc. Ces éthers, dissous dans six à dix fois leur volume d'alcool, forment ce qu'on a appelé les *essences de fruits*, en sorte que le champ est largement ouvert à toutes les falsifications. Les essences de fruits sont moins toxiques que la nitrobenzine, mais elles ne sont pas moins à repousser par tous ceux qui croient encore à la nécessité de la probité dans les transactions commerciales. Du sirop·de sucre, fortement chargé de glucose, aromatisé par l'essence d'ananas indiquée plus haut, alcoolisé par du troissix bon goût, et complété par quelques additions sans importance, voilà tout ce qu'il faut à certains *artistes* pour préparer une *crème d'ananas*, qui ne coûte pas grand'chose, ne vaut pas plus et se vend le plus cher possible... On comprend que nous n'ayons nulle intention de nous étendre sur un sujet aussi triste, mais il est bon que le public soit prévenu et que l'on sache à quoi s'en tenir sur les produits à bon marché, sur ces préparations de *liqueurs populaires* dont les meilleures ne valent rien.

Tableau synoptique des principales huiles essentielles.

A. *Essences plus légères que l'eau.*

Noms des plantes.	Parties à employer.	Couleur du produit.	Observations.
Absinthe grande.	Plante entière fraîche.	Vert foncé.	Odeur prononcée de la plante. Se fonce en couleur et s'épaissit en vieillissant.
Absinthe petite.	Plante entière fraîche.	Vert tendre.	Odeur plus faible. Même observation.
Aneth.	Graines sèches.	Incolore.	Odeur prononcée de la plante.
Aneth.	Graines récentes.	Incolore.	Odeur moins prononcée.
Angélique.	Plante fraîche.	Jaune.	Odeur de la plante. Se fonce en couleur par l'âge.
Angélique.	Racines sèches.	Jaune souci.	Plus odorante que la précédente.
Anis vert.	Graines sèches.	Incolore.	Odeur de la graine. Cristallise à +12 degrés. S'altère aisément.
Aspic (voir *Lavande*).			
Aunée.	Racines sèches.	Jaune.	Odeur camphrée. Blanchit en vieillissant.
Badiane.	Graines sèches.	Incolore.	Odeur d'anis vert. Cristallise à +15 degrés et jaunit en vieillissant.
Basilic.	Plante entière sèche.	Jaune d'or.	Odeur de la plante; se fonce en vieillissant.
Bergamote.	Zestes frais, par distillation.	Incolore.	Odeur du fruit.

Noms des plantes.	Parties à employer.	Couleur du produit.	Observations.
Bergamote.	Zestes frais, par expression.	Jaune.	Moins suave et plus altérable.
Bouleau.	Goudron de l'écorce.	Incolore.	Odeur particulière très-agréable; se résinifie en vieillissant.
Calament.	Plante fraîche en fleur.	Jaune.	Odeur de menthe faible.
Calamus.	Racines sèches.	Jaune.	Odeur camphrée faible.
Camomille.	Fleurs fraîches.	Bleu.	Odeur de la fleur.
Camomille.	Fleurs sèches.	Bleu.	Moins odorante.
Cardamome gr.	Graines sèches.	Jaune faible.	Odeur de muscade.
Cardamome pet.	Graines sèches.	Jaune faible.	Même odeur très-prononcée.
Carotte.	Graines sèches.	Jaune faible.	Odeur de la graine, balsamique, très-vive.
Carvi.	Graines sèches.	Jaune faible.	Odeur du cymène. Cristallise à la même température que l'essence d'anis. S'altère.
Cascarille.	Ecorces sèches.	Jaune verdâtre ou bleu.	Odeur musquée. Contient deux huiles essentielles. Saveur acre et amère.
Cédrat.	Zestes frais, par distillation.	Jaune.	Odeur suave du fruit.
Cédrat.	Zestes frais, par expression.	Jaune.	Odeur suave du fruit. S'altère plus aisément.
Citron.	Zestes frais, par distillation.	Presque incolore.	Odeur du fruit. Se résinifie et se fonce en vieillissant.
Citron.	Zestes frais, par expression.	Jaunâtre.	Odeur du fruit, plus altérable.
Coriandre.	Graines sèches.	Jaunâtre.	Odeur prononcée de la graine. Passe au rougeâtre.
Cumin.	Graines sèches.	Jaunâtre.	Odeur prononcée de la graine. Saveur acide et âcre.
Curaçao.	Ecorces sèches de bigarade.	Jaunâtre.	Odeur douce du fruit et saveur très-amère. S'épaissit en vieillissant.
Fenouil.	Graines sèches.	Jaune clair.	Odeur de la graine. Cristallise vers + 6 degrés.
Genièvre.	Baies fraîches.	Jaune clair.	Odeur prononcée. Se résinifie.
Gingembre.	Racines sèches.	Vert jaunâtre.	Odeur de la racine. Saveur amère.
Héliotrope.	Fleurs fraîches.	Incolore.	Odeur de vanille faible.
Hysope.	Sommités fleuries fraîches.	Jaunâtre.	Odeur de la plante. Suave.
Lavande (aspic).	Sommités fleuries fraîches.	Jaune verdâtre.	Odeur forte de la plante. Se fonce en couleur par le temps.
Limette.	Zestes frais, par distillation.	Jaune.	Odeur de citron très-agréable.
Marjolaine.	Plante fleurie fraîche.	Jaune clair.	Odeur camphrée agréable.
Mélisse.	Plante fleurie fraîche.	Presque incolore.	Odeur de citron. Saveur âcre. S'épaissit un peu.

Noms des plantes.	Parties à employer.	Couleur du produit.	Observations.
Menthe poivrée.	Sommités fleuries sèches.	Incolore.	Odeur de la plante. Cristallise entre + 21 et + 22 degrés. Jaunit par le temps. Saveur fraîche et âcre.
Muscade,	Fruits secs.	Jaune.	L'essence légère offre l'odeur de la muscade et s'altère plus facilement que l'essence lourde.
Oranger.	Fleurs fraîches.	Jaune capucine.	Odeur suave de la fleur. Passe au rouge brun par le temps.
Oranges.	Zestes frais, par distillation.	Peu coloré.	Essence de Portugal. Odeur de l'écorce.
Oranges.	Zestes frais, par expression.	Jaune.	Essence de Portugal. Odeur prononcée de l'écorce. S'altère facilement.
Origan.	Plante fleurie fraîche.	Jaune brunâtre.	Odeur de la plante. Fonce et épaissit un peu par le temps.
Rhodes (Bois de).	Bois sec.	Jaune.	Odeur qui rappelle la rose, un peu plus âcre. Saveur amère. Rougit et se résinifie par le temps.
Romarin.	Plante fleurie fraîche.	Jaune verdâtre.	Odeur de la plante, un peu camphrée, comme celle des autres labiées. Saveur brûlante, un peu âcre.
Roses.	Pétales frais.	Incolore ou paille.	Odeur de rose, suave. Cristallise au-dessous de + 10 degrés.
Sauge.	Plante fraîche.	Jaune tirant sur le vert.	Odeur camphrée de la plante. Se fonce en couleur par le temps.
Serpolet.	Plante fleurie fraîche.	Jaune.	Odeur de la plante. Brunit par le temps.
Tanaisie.	Plante fleurie fraîche.	Jaune verdâtre.	Odeur et saveur anisées de fenouil.
Thym.	Plante fleurie fraîche.	Jaune.	Odeur prononcée de la plante. Brunit par le temps.

B. *Essences plus lourdes que l'eau.*

Noms des plantes.	Parties à employer.	Couleur du produit.	Observations.
Amandes amères.	Tourteaux pressés.	Jaune pâle.	Odeur prononcée de noyau. S'altère avec le temps en s'oxydant. Très-vénéneuse.
Cannelle de Ceylan.	Écorces sèches.	Jaune.	Odeur de cannelle et de pimprenelle, parfumée. Se fonce par le temps.
Cannelle de Chine.	Écorces sèches.	Jaune.	Odeur moins agréable que la précédente.
Céleri.	Graines sèches.	Rouge brun.	Odeur forte de la plante, âcre et piquante.
Girofle.	Fruits secs.	Jaune.	Odeur prononcée de girofle. Saveur âcre. Rougit et se résinifie par le temps.

Noms des plantes.	Parties à employer.	Couleur du produit.	Observations.
Macis.	Arilles de mus-cade.	Jaune doré.	Odeur du thym. Saveur poi-vrée. Se résinifie.
Muscade.	Fruits secs.	Blanc.	Odeur de muscade très-pro-noncée, lorsqu'elle a été séparée de l'essence légère.
Muscade.	Fruits secs.	Jaune.	L'essence mixte, ordinaire-ment employée. Odeur de la muscade. S'épaissit un peu par le temps.
Persil.	Semences sè-ches.	Jaune tirant sur le vert.	Odeur de la plante. Saveur amère. Se fonce par le temps.
Safran.	Stigmates.	Jaune.	Odeur des stigmates. Se dé-compose et se résinifie par le temps.
Sassafras.	Racines sèches.	Jaune rougeâ-tre.	Odeur de la racine, très-lourde. Rougit par le temps.
Zédoaire.	Racines sèches.	Jaune pâle.	Odeur camphrée. Se fonce en couleur par le temps.

D'après divers observateurs, on retire, de 10 kilogrammes de matières, les quantités suivantes d'essence :

Absinthe grande...	12 gr. à 12g,5	Fenouil..........	21 à 23 gr.
Absinthe petite....	4g,5 à 5 gr.	Genièvre.........	48 à 85 gr.
Amandes amères...	18 à 60 gr.	Laurier (sauce).....	32 à 60 gr.
Angélique, racines.	28 gr.	Laurier-cerise	12 à 13 gr.
Anis vert........	118 à 200 gr.	Macis...........	12 à 60 gr.
Badiane..........	112 à 430 gr.	Menthe poivrée....	70 gr.
Camomille romaine.	8g,4 à 40 gr.	Muscade.........	130 gr. (essence).
Cannelle de Ceylan.	75 à 170 gr.	Muscade.........	350 à 360 gr.
Cannelle de Chine..	22 à 75 gr.		(beurre).
Cardamome petit...	200 gr.	Oranger (fleurs)....	5 à 30 gr.
Carvi............	350 à 400 gr.	Roses	0g,4 à 1g,6.
Cascarille........	62g,5 à 87 gr.	Sassafras.........	6g,4 à 50 gr.
Coriandre........	13 à 14 gr.	Tanaisie..........	30 gr.
Estragon..........	39 à 40 gr.		

Les résultats étant très-variables selon la nature de la ma-tière première, le moment de la récolte, les soins apportés au traitement, etc., nous ne reproduisons les chiffres précé-dents qu'à titre de curiosité et comme simples renseignements.

§ VI. — PRÉPARATION DES ESPRITS AROMATIQUES.

Au point de vue de l'art du liquoriste, les esprits aromatiques sont le résultat de la distillation de l'alcool avec les diffé-

rentes substances parfumées dont on veut charger le menstrue. On pourrait encore obtenir des esprits parfumés par
simple macération. De même, la dissolution des huiles essentielles dans les huiles fixes, traitée par l'alcool, fournit de l'esprit aromatique ou un alcoolat de la plante donnée, mais ce
procédé doit être réservé pour les plantes à odeur fugace dont
l'essence se décomposerait par la distillation. Dans tous
les autres cas, il est préférable de distiller l'alcool avec les
matières aromatiques ou parfumées. Le produit est plus homogène, plus suave, et se prête mieux aux combinaisons à
exécuter plus tard. On comprend d'ailleurs que, plus l'alcool employé est faible, plus il entraîne d'essence à la distillation, puisque son point d'ébullition est retardé par la proportion d'eau plus grande qu'il renferme. On devra donc se
servir d'alcool plus concentré lorsque l'on aura à enlever des
principes très-volatils, et d'alcool plus aqueux lorsque les parfums, les essences ou les aromes cherchés seront plus difficilement séparables.

On partage les alcoolats ou esprits aromatiques en *alcoolats*
ou *esprits simples*, qui ne sont chargés que des principes volatils d'une seule matière première, et *alcoolats* ou *esprits composés*, qui résultent de l'action de l'alcool sur plusieurs matières.
Le lecteur comprend facilement que, si le nombre des alcoolats
simples est nécessairement limité par celui des matières premières elles-mêmes, celui des esprits composés peut varier à
l'infini, selon les proportions adoptées. C'est dans l'emploi
habile et ingénieux de ces combinaisons que l'art du liquoriste trouve le moyen de créer des produits nouveaux, dont
l'arome fin et délicat flatte le palais le plus difficile, dont les
propriétés hygiéniques peuvent varier suivant le but à atteindre et dont la perfection assure le succès.

Alcoolats simples. Méthode générale de préparation. — On introduit dans la cucurbite d'un alambic ou dans le bain-marie,
ce qui est habituellement préférable, les matières à traiter.
Ces matières restent entières ou bien elles sont divisées, contusées, moulues, broyées, pulvérisées, selon les cas. On les
recouvre d'alcool à 85 degrés, qui doit être très-franc de goût,
très-*neutre*, pour employer l'expression vulgaire, très-inexacte,
des distillateurs. On laisse le tout macérer pendant vingt-
quatre à quarante-huit heures. Au bout de ce temps, on

ajoute de l'eau pour diminuer le degré de la liqueur et augmenter la température d'ébullition. On lute l'appareil et on distille. On retire à part autant de produit primitif que l'on a introduit d'alcool. On continue alors l'opération jusqu'à ce que le liquide ne marque plus que zéro à l'alcoomètre.

On met de côté le phlegme pour l'employer à part après rectification ou après l'avoir cohobé. On ajoute à l'esprit parfumé autant d'eau qu'il en a été employé d'abord, et l'on rectifie ce mélange pour en retirer un peu moins d'esprit parfumé que l'on n'a employé d'alcool.

Les dosages moyens sont conformes à la donnée suivante. Pour 1 kilogramme de matière première, on emploie 5 litres d'alcool à 85 degrés, que l'on fait macérer avec la matière. Après macération, on ajoute 2^l,50 d'eau et l'on distille pour retirer 5 litres d'esprit. On continue pour retirer tout le phlegme jusqu'à zéro. On ajoute, aux 5 litres d'esprit, 2^l,50 d'eau et l'on rectifie pour retirer 4 litres et demi. Le phlegme est mis de côté pour une autre opération avec le phlegme de la distillation.

Le nombre des alcoolats simples est très-considérable. On les prépare suivant la méthode générale qui vient d'être tracée, sauf pour quelques exceptions qui vont être indiquées dans les dosages, pour lesquels nous suivons l'ordre alphabétique :

1° *Esprit d'absinthe* (grande). — Feuilles et sommités de grande absinthe, à l'état sec, 2^k,500 ; alcool à 85 degrés, 10^l,50 ; eau, 5 litres. Produit : 10 litres, par la méthode générale.

Le Codex prescrit 1 partie d'absinthe en poids, 3 parties d'alcool à 80 degrés et 1 partie d'eau distillée d'absinthe avec macération de quatre jours avant la distillation au bain-marie, pour retirer 2 p. 50 de produit.

2° *Esprit d'absinthe* (petite). — Mêmes dosages et même quantité de produit.

3° *Esprit d'aloès*. — Aloès socotrin, 600 grammes ; alcool à 85 degrés, 10^l,50 ; eau, 5 litres. Produit : 10 litres. Méthode générale.

4° *Esprit d'amandes amères*. — Amandes amères, 2^k,500 ; alcool à 85 degrés, 10^l,50 ; eau, 5 litres. Produit : 10 litres. Méthode générale.

5° *Esprit d'ambrette*. — Graines d'ambrette (semences

d'*abelmosch* ou *ketmie odorante*), 1ᵏ,250 ; alcool à 85 degrés, 10ˡ,50 ; eau, 5 litres. Produit : 10 litres. Méthode générale.

6° *Esprit d'aneth.* — Semences d'aneth. Même méthode, mêmes dosages et même quantité de produit.

7° *Esprit d'angélique* (racines). — Racines sèches et concassées d'angélique. Même méthode, mêmes dosages et même quantité de produit.

8° *Esprit d'angélique* (semences). — Semences d'angélique. Même méthode, mêmes dosages et même quantité de produit.

9° *Esprit d'anis.* — Semences d'anis vert. Même méthode, mêmes dosages et même quantité de produit.

10° *Esprit de badiane.* — Semences d'anis étoilé. Même méthode, mêmes dosages et même quantité de produit.

11° *Esprit de basilic.* — Feuilles et sommités récentes de basilic, 1 kilogramme ; alcool à 85 degrés, 4 litres ; eau, 2ˡ,50. Produit par la méthode générale : 3 litres.

12° *Esprit de benjoin.* — Benjoin en larmes pulvérisé, 600 grammes ; alcool à 85 degrés, 10ˡ,50 ; eau, 5 litres. Méthode générale : 10 litres de produit.

13° *Esprit de bergamote.* — Zestes de bergamote, 4ᵏ,500 ; alcool à 85 degrés, 10ˡ,50 ; eau, 5 litres. Produit : 10 litres, par la méthode générale.

14° *Esprit de cachou.* — Cachou du Japon pulvérisé, 600 grammes ; alcool à 85 degrés, 10ˡ,50 ; eau, 5 litres. Produit : 10 litres, par la méthode générale.

15° *Esprit de calamus.* — Calamus aromaticus incisé, 1ᵏ,250 ; alcool à 85 degrés, 10ˡ,50 ; eau, 5 litres. Méthode générale ; produit : 10 litres.

16° *Esprit de cannelle* (Ceylan). — Cannelle pulvérisée, 300 grammes ; alcool à 85 degrés, 10ˡ,50 ; eau, 5 litres. Macérer pendant vingt-quatre heures. Distillation à feu nu. Rectification du produit et des petites eaux avec 5 litres d'eau, à feu nu, pour retirer 10 litres de produit.

17° *Esprit de cannelle* (Chine). — Cannelle pulvérisée, 600 grammes ; alcool à 85 degrés, 10ˡ,50 ; eau, 5 litres. Agir comme pour la cannelle de Ceylan. Produit : 10 litres.

18° *Esprit de cardamome* (grand). — Semences de grand cardamome, 600 grammes ; alcool à 85 degrés, 10ˡ,50 ; eau, 5 litres. Produit : 10 litres, par la méthode générale.

19° *Esprit de cardamome* (petit). — Semences de petit cardamome. Mêmes dosages, même méthode et même quantité de produit.

20° *Esprit de carvi*. — Semences de carvi, 1ᵏ,250; alcool à 85 degrés, 10ˡ,50 ; eau, 5 litres. Méthode générale ; produit : 10 litres.

21° *Esprit de cascarille*. — Ecorce de cascarille. Même méthode, mêmes dosages et même quantité de produit.

22° *Esprit de cédrats*. — Zestes frais de 60 cédrats ; alcool à 85 degrés, 12 litres. Macérer vingt-quatre heures. Ajouter 5 litres d'eau et distiller pour retirer 11 litres. Rectifier avec 5 litres de nouvelle eau pour retirer 10 litres de produit.

23° *Esprit de céleri*. — Semences de céleri, 1ᵏ,250; alcool à 85 degrés, 10ˡ,50 ; eau, 5 litres. Méthode générale ; produit : 10 litres.

24° *Esprit de chervi*.— Semences de chervi. Même méthode, mêmes dosages et même quantité de produit.

25° *Esprit de citrons*. — Zestes frais de 80 citrons ; alcool à 85 degrés, 12 litres. Opérer comme pour l'*esprit de cédrats* (n° 22). Produit : 10 litres.

26° *Esprit de citrons concentré*.— Zestes frais de 160 citrons. Même dosage de l'alcool ; même procédé et même quantité de produit que pour le précédent.

27° *Esprit de coriandre*. — Semences de coriandre, 2ᵏ,500 ; alcool à 85 degrés, 10ˡ,50 ; eau, 5 litres. Méthode générale ; produit : 10 litres.

28° *Esprit de cumin*. — Semences de cumin, 1ᵏ,250 ; alcool à 85 degrés, 10ˡ,50 ; eau, 5 litres. Méthode générale ; produit : 10 litres.

29° *Esprit de curaçao*. — Écorces véritables de curaçao, 2 kilogrammes; alcool à 85 degrés, 12 kilogrammes ; eau, 5 kilogrammes. Macération de trente-six heures. Méthode générale pour le reste ; produit : 10 litres ; les petites eaux servent à une autre opération.

30° *Esprit de daucus*. — Semences de daucus de Crète, 1ᵏ,250 ; alcool à 85 degrés, 10ˡ,50 ; eau, 5 litres. Méthode générale ; produit : 10 litres.

31° *Esprit de fenouil*. — Semences de fenouil. Même méthode, mêmes dosages et même quantité de produit.

32° *Esprit de fraises*. — Fraises des bois, mûres et très-odorantes. Même méthode, mêmes dosages et même quantité de produit.

33° *Esprit de framboises.* — Framboises bien mûres et mondées, 5 kilogrammes; alcool à 85 degrés, 10ᴵ,50; eau, 5 litres. Méthode générale; produit : 10 litres.

34° *Esprit de galanga.* — Racines de galanga contusées, 1ᵏ,250; alcool à 85 degrés, 10ᴵ,50; eau, 5 litres. Méthode générale; produit : 10 litres.

35° *Esprit de genépi.* — Feuilles et sommités fleuries de genépi des Alpes, sèches. Même méthode, mêmes dosages et même quantité de produit.

36° *Esprit de genièvre.* — Baies de genièvre concassées. Même méthode, mêmes dosages et même quantité de produit.

37° *Esprit de gingembre.* — Racines de gingembre contusées. Même méthode, mêmes dosages et même quantité de produit.

38° *Esprit de girofle.* — Clous de girofle concassés, 600 grammes; alcool à 85 degrés, 10ᴵ,50; eau, 5 litres. Même méthode que pour l'esprit de cannelle (n° 16); produit : 10 litres.

39° *Esprit d'hysope.* — Sommités fleuries d'hysope, sèches, 2ᵏ,500; alcool à 85 degrés, 10ᴵ,50; eau, 5 litres. Méthode générale; produit : 10 litres.

40° *Esprit de lavande.* — Sommités fleuries de lavande, sèches, 1ᵏ,250; alcool à 85 degrés, 10ᴵ,50; eau, 5 litres. Méthode générale; produit : 10 litres.

41° *Esprit de macis.* — Macis concassé, 600 grammes; alcool à 85 degrés, 10ᴵ,50; eau, 5 litres. Même méthode que pour l'esprit de cannelle (n° 16); produit : 10 litres.

42° *Esprit de mélisse.* — Mélisse citronnée, sèche, mondée, 2ᵏ,500; alcool à 85 degrés, 10ᴵ,50; eau, 5 litres. Méthode générale; produit : 10 litres.

43° *Esprit de menthe.* — Sommités fleuries de menthe poivrée, sèches. Même méthode, mêmes dosages et même quantité de produit.

44° *Esprit de moka.* — Mélange de moka et de martinique à parties égales, 1ᵏ,250; alcool à 85 degrés, 10ᴵ,50; eau, 5 litres. Torréfier au blond, moudre grossièrement. Digestion pendant vingt-quatre heures. Distillation. Retirer 12 litres et rectifier. Produit : 10 litres.

45° *Esprit de muscade.* — Muscades grossièrement concassées, 600 grammes ; alcool à 85 degrés, 10ˡ,50 ; eau,
5 litres. Même marche que pour l'esprit de cannelle (n° 16) ;
produit : 10 litres.

46° *Esprit de myrrhe.* — Myrrhe pulvérisée, 600 grammes ;
alcool à 85 degrés, 10ˡ,50 ; eau, 5 litres. Méthode générale ;
produit : 10 litres.

47° *Esprit de noyaux* (d'abricots). — Amandes de noyaux
d'abricots concassés, 2ᵏ,500 ; alcool à 85 degrés, 10ˡ,50 ; eau,
5 litres. Même méthode que pour l'esprit de cannelle (n° 16) ;
produit : 10 litres.

48° *Esprit d'œillets.* — Pétales d'œillets mondés, 2ᵏ,500 ; alcool
à 85 degrés, 10ˡ,50 ; eau, 5 litres. Méthode générale ; prôduit :
10 litres.

49° *Esprit d'oranger.* — Fleurs d'oranger mondées. Même
méthode, mêmes dosages et même quantité de produit.

50° *Esprit d'oranges.* — Zestes frais de 100 oranges ; alcool
à 85 degrés, 12 litres ; eau, 5 litres. Même marche que pour
l'esprit de cédrats (n° 22) ; produit : 10 litres.

51° *Esprit d'oranges concentré.* — Zestes frais de 200 oranges.
Même méthode, mêmes dosages d'alcool et d'eau, même
quantité de produit.

52° *Esprit de Rhodes* (bois). — Racines de bois de Rhodes
concassées, 600 grammes ; alcool à 85 degrés, 10ˡ,50 ; eau,
5 litres. Méthode générale ; produit : 10 litres.

53° *Esprit de roses.* — Pétales récents de roses très-odorantes, 5 kilogrammes ; alcool à 85 degrés, 10ˡ,50 ; eau,
5 litres. Méthode générale ; produit : 10 litres.

54° *Esprit de safran.* — Safran du Gâtinais, premier choix,
300 grammes ; alcool à 85 degrés, 10ˡ,50 ; eau, 5 litres. Méthode générale ; produit : 10 litres.

55° *Esprit de santal.* — Santal citrin divisé, 600 grammes ;
alcool à 85 degrés, 10ˡ,50 ; eau, 5 litres. Méthode générale ;
produit : 10 litres.

56° *Esprit de sassafras.* — Sassafras divisé. Même méthode,
mêmes dosages et même quantité de produit.

57° *Esprit de thé.* — Mélange de thé pékao, 1 ; thé hyswen, 1 ;
et thé impérial, 2 : ensemble, 400 grammes ; alcool à 85 degrés,
10ˡ,50 ; eau, 5 litres. Faire infuser dans l'eau bouillante, pen-

dant deux heures, en vase clos ; ajouter l'alcool, distiller et rectifier. Produit : 10 litres.

58° *Esprit de Tolu.* — Baume de Tolu pulvérisé, 600 grammes ; alcool à 85 degrés, $10^l,50$; eau, 5 litres. Méthode générale ; produit : 10 litres.

Les esprits parfumés présentent, en apparence, une odeur moins prononcée que les eaux distillées correspondantes. Cet effet provient de ce que les essences, très-solubles dans l'alcool, sont en quelque sorte masquées par le menstrue ; mais, lorsqu'on y ajoute de l'eau, l'odeur reparaît très-intense et les huiles essentielles, devenant de moins en moins solubles, se mettent en suspension dans le liquide, en lui donnant une teinte opaline ou une apparence laiteuse.

Les alcoolats n'acquièrent toute leur perfection que par le temps, qui leur donne de l'homogénéité, de la douceur, du moelleux et de la finesse. On hâte ce résultat de manière à l'obtenir en huit à dix heures, lorsqu'on les glace, c'est-à-dire lorsqu'on introduit les bouteilles qui les contiennent dans un mélange réfrigérant. Le plus commode à employer est celui de glace pilée et de sel marin, en parties égales, dont on entoure les bouteilles, jusqu'au goulot. Les alcoolats se conservent très-bien à la température ordinaire, pourvu qu'ils soient renfermés dans des bouteilles bien bouchées. Le bouchon de verre, rodé à l'émeri, légèrement frotté de paraffine, constitue le meilleur moyen de bouchage.

On peut modifier la méthode générale spécifiée plus haut (p. 499), d'après les données de M. Lachambre. On recueille d'abord les quatre cinquièmes de l'alcool ; puis on ajoute de l'eau sur le résidu et l'on distille pour obtenir un hydrolat laiteux, dont on ajoute au premier produit tout ce que l'on peut en introduire sans troubler la transparence. Disons seulement que ce mode ne donne pas des esprits aussi fins que la méthode décrite et que le liquoriste doit s'en tenir à ce qui a été indiqué, pour éviter l'emploi de produits âcres et plus ou moins chargés d'empyreume.

Alcoolats composés. — Il serait à peu près impossible de décrire la composition des esprits composés qui ont été imaginés dans le but de modifier et de perfectionner les aromes et les parfums qui entrent dans la composition des liqueurs, tant est grand le nombre des combinaisons que l'on peut

adopter. Nous nous contenterons donc de donner quelques-
unes des formules les plus importantes, sauf à compléter ces
indications, dans l'étude de la fabrication, par la description de
celles qui seront nécessaires.

1° *Alcoolat d'absinthe composé.* — *Esprit d'absinthe composé.*
— Prendre :

Absinthe mondée. .	1000 gr.	Cannelle de Ceylan.	30 gr.
Genièvre concassé. .	125 gr.	Racines d'angélique.	8 gr.
	Alcool à 85 degrés. .	4ᵏ,500	

Faire macérer pendant dix à douze jours et distiller, pour
recueillir 3 kilogrammes. Recohober le produit et distiller
lentement pour recueillir 2ᵏ,500 de produit.

2° *Alcoolat* ou *esprit d'anisette ordinaire.* — Prendre :

Anis vert.	600 gr.	Fenouil.	200 gr.
Badiane.	600 gr.	Coriandre.	200 gr.
	Alcool à 85 degrés.	10ˡ,50	

Piler les graines, les faire macérer pendant trente-six heures.
Ajouter 5 litres d'eau et distiller pour retirer 10ˡ,50. Ajouter
au produit 5 litres d'eau et rectifier pour obtenir 10 litres.

3° *Alcoolat* ou *esprit d'anisette de Bordeaux.* — Prendre :

Anis vert.	400 gr.	Sassafras.	100 gr.
Badiane.	100 gr.	Ambrette.	25 gr.
Fenouil.	100 gr.	Thé impérial. . . .	25 gr.
Coriandre.	100 gr.	Alcool à 85 degrés.	10ˡ,50.

Même marche que pour la recette précédente. Le sassafras
doit être divisé en petits morceaux. Retirer 10 litres à la rectification.

4° *Alcoolat* ou *esprit de Garus* (Codex). — Prendre :

Aloès socotrin. . .	5 gr.	Cannelle.	20 gr.
Safran.	5 gr.	Girofle.	5 gr.
Myrrhe.	2 gr.	Muscade.	10 gr.
	Alcool à 80 degrés.	5 kil. (6 lit.)	

Piler les matières, les faire macérer pendant quatre jours
dans l'alcool, filtrer, ajouter 1 litre d'eau et distiller pour retirer toute la partie spiritueuse. Nous renvoyons à la préparation de l'*élixir de Garus* pour les autres formules de cet esprit composé.

5° *Alcoolat* ou *esprit de genièvre composé.* — Prendre :

Genièvre	500 gr.	Fenouil	60 gr.
Carvi	60 gr.	Alcool à 85 degrés	4ˡ,500.

Piler les graines, faire macérer pendant vingt-quatre heures dans l'alcool, ajouter 1 litre d'eau et distiller pour retirer 4ˡ,50. Rectifier pour retirer 4 litres.

Ces exemples nous paraissent devoir suffire pour faire comprendre la marche à suivre lorsque l'on a à préparer des alcoolats ou esprits composés. En général, on pile les matières, on les fait macérer dans l'alcool pendant un temps variable d'un à dix ou douze jours, on ajoute de l'eau, un cinquième de l'alcool en volume, et l'on distille. La rectification du produit, après addition d'une nouvelle quantité d'eau, donne un esprit plus fin et plus homogène.

§ VII. — PRÉPARATION DES TEINTURES AROMATIQUES.

On entend par *teinture aromatique* le résultat de la macération des plantes ou des parties de plantes aromatiques dans l'alcool. On en distingue de deux sortes, selon que l'on fait agir l'alcool sur les matières sèches ou sur les substances fraîches et aqueuses. Les premières sont les *teintures proprement dites* ou les *alcoolés ;* les secondes sont les *infusions* ou les *alcoolatures.*

Les substances à traiter doivent être divisées pour qu'elles soient plus facilement attaquables par l'alcool. Le menstrue doit être pur et franc de goût ; on en fait varier la force de 60 à 90 degrés centésimaux, selon la nature des principes à dissoudre. On emploie de 9 à 12 parties d'alcool pour 1 partie de substance sèche à traiter. Les infusions doivent être faites habituellement avec un poids égal de matière et d'alcool et l'on emploie ce menstrue à 90 degrés, si la substance est très-aqueuse. Le Codex français, dont les indications sont précieuses à consulter en ces matières, a adopté cette donnée moyenne pour les alcoolatures, et il recommande le rapport de 1 partie de substance à traiter pour 5 parties d'alcool dans la préparation des alcoolés. Il nous semble que,

dans la pratique des fabricants de liqueurs, il serait de la plus
haute utilité de suivre une règle générale relativement à ce
dont nous parlons, afin de constituer enfin des bases certaines qui donnent une fixité désirable aux formules à exécuter. Il est bien évident qu'une teinture aromatique sera plus
ou moins chargée, suivant que la proportion de matière traitée
aura été plus ou moins grande relativement à celle de l'alcool, et il en résultera nécessairement des différences dans le
goût, la saveur, les propriétés de la liqueur dont cette teinture
sera un élément. On se trouve forcé, par suite de la différence
des teintures, de procéder par tâtonnements, d'en rechercher
la valeur pratique par des essais fastidieux, et les formules
n'ont plus aucune certitude lorsque les éléments présentent
des variations dépendant du caprice ou de la fantaisie. En un
mot, pour assurer la pratique de la fabrication, autant que
faire se peut, il faut qu'un alcoolat (ou *esprit aromatique*), qu'un
alcoolé (*teinture*), qu'une alcoolature (*infusion*) présente une
composition uniforme et comparable, ce à quoi on ne peut arriver que par l'uniformité du rapport entre la matière et le
menstrue. Nous savons que l'on pourra toujours observer de
petites différences dues à la nature ou à la qualité diverse de
la substance traitée, mais ces différences seront bien peu de
chose comparativement à la confusion qui règne en tout cela
et au désordre inextricable qui en est le résultat. Chaque distillateur a son dosage ou même ses dosages particuliers pour
une liqueur donnée; les teintures, les esprits, les infusions
de même nom diffèrent notablement de valeur, en sorte qu'il
arrive fort souvent de rencontrer, sous une même étiquette,
des produits tout à fait dissemblables.

La différence ne devrait porter que sur la finesse, le moelleux, la perfection du produit, et non pas sur sa composition
fondamentale.

Nous admettrions donc pour base uniforme, sans exception,
les prescriptions du Codex, et nous adopterions le rapport de
5 volumes d'alcool à 85 degrés pour 1 de matière en
poids dans la préparation des teintures, et celui de 2 unités de volume pour l'unité de poids dans la préparation des
infusions. Dans cette condition, on saurait toujours ce qu'on
fait et, à dosage égal, on préparerait des liqueurs toujours
identiques.

La macération des matières dans l'alcool se fait à froid ou à l'aide d'une température un peu supérieure à la moyenne ; on agit donc par macération proprement dite ou par digestion. On a conseillé de procéder, pour les teintures, par lixiviation ou par déplacement. Cette méthode nous semble digne de l'attention des fabricants, par sa simplicité et par la commodité de l'exécution. On place, dans un entonnoir à robinet ou dans une grande allonge, un tampon de coton cardé, trempé dans l'alcool et pressé. Par-dessus, on dispose la matière en la tassant médiocrement, puis on y verse de l'alcool de manière à l'imbiber complétement. Après une action suffisamment prolongée, on ouvre le robinet et l'on ajoute de nouvel alcool qui déplace la solution, jusqu'à ce que le liquide ne se charge plus d'aucune substance soluble.

La marche suivie habituellement consiste à diviser les matières à traiter, à les piler ou à les pulvériser au besoin. On y ajoute ensuite la proportion prescrite d'alcool et on laisse macérer pendant un temps variable, après quoi on passe avec expression et l'on filtre. Il vaudrait mieux agir d'abord avec la moitié seulement du menstrue et préparer ainsi une première teinture très-chargée. On ferait ensuite macérer le résidu avec le reste de l'alcool, et les deux produits seraient mélangés et filtrés.

Les teintures se conservent très-bien dans des flacons en verre noir ou coloré, bouchés avec le liége et déposés dans un endroit frais.

Teintures aromatiques. Alcoolés. — Les teintures proprement dites se préparent par l'action de l'alcool sur les matières sèches, comme nous l'avons dit tout à l'heure, et la méthode générale qui vient d'être indiquée est suivie à peu près partout. On partage les teintures en *teintures simples* et *teintures composées*, selon que l'on fait réagir l'alcool sur une seule matière ou sur plusieurs substances à la fois.

Teintures ou *alcoolés simples.* — Toutes les substances aromatiques, végétales ou animales, peuvent être employées à la préparation de ces produits, dont nous décrivons les plus importants, ceux qui sont d'un usage plus fréquent dans la fabrication des liqueurs alcooliques.

1° *Teinture* ou *alcoolé d'absinthe.* — Feuilles et sommités sèches de petite absinthe, 250 grammes. Faire macérer pendant quinze jours dans 1 litre d'alcool à 85 degrés. Agiter tous les jours. Filtrer.

Préparer de même la teinture de grande absinthe.

Le Codex indique un dosage différent : 100 parties d'absinthe doivent être traitées par lixiviation, et par une quantité suffisante d'alcool à 60 degrés pour obtenir 500 de produit en poids.

2° *Teinture* ou *alcoolé d'aloès.* —Aloès du Cap, 200 grammes ; alcool à 60 degrés, 1 litre. Faire macérer pendant huit jours et filtrer.

3° *Teinture* ou *alcoolé d'amandes amères* (coques). — Coques d'amandes amères, 500 grammes ; alcool à 85 degrés, 1 litre. Piler les coques et les faire macérer pendant un mois au moins dans l'alcool, en agitant fréquemment. Filtrer.

4° *Teinture* ou *alcoolé d'ambre. Essence d'ambre.*—Ambre gris, 16 grammes. Porphyriser ou triturer au mortier avec du grès blanc lavé, et faire macérer pendant dix jours avec 1 litre d'alcool à 85 degrés. Agiter chaque jour. Filtrer.

Dosage du Codex : 100 parties d'ambre et 1000 parties d'alcool à 80 degrés.

5° *Teinture* ou *alcoolé d'angélique.*—Racines d'angélique concassées, 200 grammes ; alcool à 85 degrés, 50 centilitres. Faire macérer à + 25 degrés pendant cinq jours, et décanter tout le produit. Ajouter sur le résidu un demi-litre d'alcool à 85 degrés. Nouvelle macération de cinq jours. Passer avec expression. Réunir les deux produits et filtrer.

6° *Teinture* ou *alcoolé d'anis.*—Anis vert concassé, 250 grammes ; alcool à 85 degrés, 1 litre. Faire macérer pendant huit jours et filtrer.

Dosage du Codex : anis, 100; alcool à 80 degrés, 500 grammes.

7° *Teinture* ou *alcoolé d'aunée.*—Racines d'aunée, 180 grammes ; alcool à 60 degrés, 1 litre. Faire macérer pendant dix jours. Passer avec expression et filtrer.

Même préparation pour les teintures de *brou de noix,* de *camomille,* d'*iris* (essence de violette), d'*oranges amères* (écorce), de *roses rouges,* selon les indications du Codex.

8° *Teinture* ou *alcoolé de benjoin.* — Benjoin en larmes pulvérisé, 125 grammes. Faire macérer pendant dix jours dans 1 litre d'alcool à 85 degrés. Filtrer.

Dosage du Codex : benjoin pulvérisé, 100 parties ; alcool à

80 degrés, 500 parties. Mêmes données pour les teintures des *baumes de Tolu, de la Mecque* et *du Pérou,* pour celles de *myrrhe* et de *storax.*

9° *Teinture* ou *alcoolé de cachou.* — Même dosage et même mode d'opérer que pour les teintures de benjoin.

Dosage du Codex : 100 parties de cachou et 500 parties d'alcool à 60 degrés.

La teinture de cachou se prend quelquefois en gelée.

10° *Teinture* ou *alcoolé de cannelle.* — Cannelle concassée, 100 grammes ; alcool à 85 degrés, 1 litre. Faire macérer la cannelle dans l'alcool pendant huit jours, à une température de + 25 à + 30 degrés. Passer à travers un linge fin avec expression du marc et filtrer.

On peut préparer de la même manière et avec les mêmes dosages les teintures d'*acore,* d'*anis,* de *cardamome,* de *cascarille,* de *coriandre,* de *galanga,* de *gingembre,* de *macis,* de *muscade,* de *zédoaire.* Ces indications sont conformes aux données du Codex, sous cette réserve que ce recueil prescrit d'opérer par lixiviation.

11° *Teinture* ou *alcoolé de curaçao.* — Ecorces de curaçao de Hollande, 500 grammes ; alcool à 85 degrés, 1 litre. Piler les écorces et les faire macérer pendant dix jours, en agitant chaque jour. Filtrer.

12° *Teinture* ou *alcoolé de galanga.* — Racines de galanga concassées, 40 grammes ; alcool faible à 50 degrés, 1 litre. Faire macérer pendant quinze jours, en agitant chaque jour. Filtrer.

Le Codex prescrit 100 parties de galanga et 500 parties d'alcool à 80 degrés. Lixiviation.

13° *Teinture* ou *alcoolé d'hysope.* — Sommités fleuries d'hysope, sèches, 250 grammes ; alcool à 85 degrés, 1 litre. Faire macérer dans l'alcool pendant quinze jours en agitant fréquemment. Filtrer.

14° *Teinture* ou *alcoolé d'iris. Essence de violette.* — Iris de Florence pulvérisé, 125 grammes ; alcool à 85 degrés, 1 litre. Faire macérer quinze jours, en agitant chaque jour. Filtrer.

15° *Teinture* ou *alcoolé de laurier.* — Feuilles de laurier concassées, sèches, 125 grammes ; alcool faible à 50 degrés, 1 litre. Même mode d'opérer.

16° *Teinture* ou *alcoolé de mélisse.* — Feuilles sèches de mélisse citronnée, 250 grammes; alcool à 85 degrés, 1 litre. Même mode d'opérer.

Agir de même pour les teintures de *menthe*, de *romarin*, etc.

17° *Teinture* ou *alcoolé de musc. Essence de musc.* — Musc tonquin, 8 grammes. Faire macérer pendant dix jours dans 1 litre d'alcool, en agitant chaque jour. Filtrer.

Le Codex prescrit 100 parties de musc et 1 000 parties d'alcool à 80 degrés.

18° *Teinture* ou *alcoolé de storax.* — Même dosage et même mode d'opérer que pour la teinture de benjoin.

19° *Teinture* ou *alcoolé de Tolu.* — Baume de Tolu pulvérisé, 125 grammes; alcool à 85 degrés. Même méthode.

20° *Teinture* ou *alcoolé de vanille.* — Vanille de premier choix, incisée en petits fragments, 15 grammes; alcool à 85 degrés, 1 litre. Faire macérer pendant quinze jours en agitant chaque jour. Filtrer.

21° *Autre méthode.* — Vanille du Mexique, 15 grammes; sucre, 100. Triturer au mortier la vanille incisée et le sucre. Introduire dans 1 litre d'alcool et chauffer au bain-marie à +60 degrés pendant cinq heures. Laisser refroidir et filtrer.

Les indications précédentes nous paraissent suffisantes pour permettre au lecteur de se guider dans tous les cas de la pratique, et nous complétons ces données par la liste des principales matières premières pour teintures alcooliques auxquelles on peut avoir recours dans la préparation des liqueurs.

Absinthe.	Camphre.	Gingembre.
Acore.	Cannelle.	Girofle.
Aloès.	Cardamome.	Hysope.
Amandes amères (coques).	Carvi.	Iris.
Ambre.	Cascarille.	Laurier.
Aneth.	Cassis.	Laurier-cerise.
Angélique.	Cédrat.	Lavande.
Anis.	Cinnamome.	Limette.
Aunée.	Citron.	Macis.
Badiane.	Civette.	Maniguette.
Basilic.	Coriandre.	Marjolaine.
Benjoin.	Cumin.	Mecque (B. de la).
Bergamote.	Curaçao.	Mélisse.
Bigarade.	Fenouil.	Menthe.
Cachou.	Galanga.	Musc.
Calamus aromaticus.	Genépi.	Muscade.
Camomille.	Genièvre.	Myrrhe.

Noix (Brou de).	Romarin.	Serpolet.
Œillet.	Rose.	Storax.
Orange.	Safran.	Tanaisie.
Origan.	Santal.	Thé.
Pérou (B. du).	Sarriette.	Tolu (B. de).
Persil.	Sassafras.	Vanille.
Poivre.	Sauge.	Zédoaire.
Rhodes (Bois de).		

Teintures composées. Alcoolés composés. — Les préparations de ce genre usitées dans la fabrication des liqueurs sont assez peu nombreuses. Les praticiens trouvent probablement plus commode de mêler dans des proportions déterminées les alcoolés simples, et ils ne se donnent que rarement la peine de préparer d'avance les teintures composées. C'est là un tort, à notre avis, parce que les mélanges d'alcoolés simples ne donnent jamais des produits aussi homogènes que les teintures composées, dans lesquelles l'action de l'alcool s'est exercée à la fois sur tous les éléments aromatiques.

Nous donnons quelques exemples seulement de teintures composées, à l'aide desquels le fabricant de liqueurs pourra établir la plupart des combinaisons de ce groupe.

Teinture d'absinthe composée. — *Quintessence d'absinthe.* — *Essence amère.* — Prendre :

Grande absinthe sèche.	60 gr.	Girofle.	6 gr.
Petite absinthe sèche.	60 gr.	Sucre.	30 gr.
	Alcool à 60 degrés. . .	1 litre.	

Contuser les herbes après les avoir divisées, écraser le girofle et faire macérer le tout avec l'alcool pendant huit jours. Passer avec expression. Filtrer.

Teinture d'absinthe composée (du Codex). — *Elixir de Stoughton.* — *Elixir stomachique.* — Prendre :

Absinthe.	25 gr.	Germandrée	25 gr.
Aloès.	5 gr.	Oranges am., éc. sèches.	25 gr.
Cascarille..	5 gr.	Rhubarbe..	15 gr.
Gentiane.	25 gr.	Alcool à 60 degrés. . . .	1l,25

Diviser et contuser les matières, faire macérer pendant dix jours dans l'alcool, passer avec expression et filtrer. Excellente préparation hygiénique, qu'il est facile de transformer en une liqueur très-agréable.

Teinture d'acore composée. — Prendre :

Acore.	90 gr.	Orangettes vertes. .	60 gr.
Gingembre. . . .	50 gr.	Zédoaire.	50 gr.
	Alcool à 85 degrés.. .	1¹,25	

Diviser et contuser les matières, les faire macérer pendant quinze jours dans l'alcool, passer avec expression et filtrer. Cette composition est usitée en Pologne et elle pourrait servir avantageusement dans un grand nombre de préparations.

Teinture de cannelle composée. — Prendre :

Cannelle.	30 gr.	Gingembre.	10 gr.
Cardamome. . . .	15 gr.	Poivre long.	10 gr.
	Alcool à 60 degrés . . .	1 000 gr.	

Faire macérer les matières contusées pendant huit jours dans l'alcool, passer avec expression et filtrer. Cette formule est suivie en Angleterre. Le produit porte encore le nom de *teinture aromatique.*

Autre formule. — Prendre :

Cannelle.	80 gr.	Girofle.	20 gr.
Petit cardamome. .	20 gr.	Gingembre.	20 gr.
Galanga.	20 gr.	Alcool à 85 degrés.. .	1¹,25

Agir comme pour la formule précédente.

Teinture de mélisse composée. — Prendre :

Mélisse, feuilles sèch.	25 gr.	Cachou.	25 gr.
Menthe.	25 gr.	Carvi.	4 gr.
Thé perlé.	50 gr.	Cumin.	4 gr.
Anis vert.	8 gr.	Oranges am., éc. sèch.	15 gr.
	Alcool à 60 degrés. . .	1 litre.	

Diviser et contuser les matières. Les faire macérer pendant huit jours dans l'alcool et filtrer. Cette préparation ne diffère de l'*élixir de santé de Bonjean* que parce qu'elle ne renferme pas d'éther. En y ajoutant trois quarts de litre de sirop de sucre, on en peut faire une très-bonne liqueur.

Nous donnerons plus loin des formules de liqueurs et d'élixirs qui ont pour base des alcoolés composés.

Teintures avec les plantes fraîches. — *Infusions* ou *alcoolatures.* — Les liquoristes donnent le nom d'*infusions* aux teintures préparées par la macération des plantes ou des parties de plantes fraîches dans l'alcool. Prise dans ce sens, cette expression est complétement inacceptable et le terme technique d'*alcoolature* est celui qui devrait être seul employé.

En règle générale, on fait agir 1 partie d'alcool à 90 degrés sur 1 partie de matière contusée, pilée ou divisée. La macération doit durer dix jours. On passe ensuite avec expression et on filtre. Ces indications du Codex nous semblent présenter toutes les garanties pour la préparation de bons produits, toujours uniformes; nous indiquons cependant quelques dosages et quelques formules dont les fabricants de liqueurs ont à peu près adopté les données.

Alcoolature ou *infusion d'angélique*. — Angélique fraîche, racines et tiges, 350 grammes. Alcool à 85 degrés, 2 litres. On divise la plante en tranches très-minces et on la fait macérer pendant six jours avec la moitié de l'alcool, à la température de + 25 degrés. On passe alors dans un linge et, sur le résidu, légèrement pressé, on verse le reste de l'alcool. On laisse macérer pendant cinq ou six jours, on passe avec expression, on réunit les deux produits et on filtre. Cette marche est très-avantageuse et très-complète.

Alcoolature ou *infusion de brou de noix*. — Noix morveuses, 1 kilogramme; alcool à 85 degrés, 1^l,25. Détacher le brou des noix, le piler avec soin et le laisser noircir à l'air pendant vingt-quatre heures. On le fait alors macérer dans l'alcool pendant deux mois, on passe avec expression et on filtre.

La préparation du Codex (voir *Teinture d'aunée*) diffère notablement de celle qui vient d'être décrite.

Alcoolature ou *infusion de cassis* (feuilles). — Cette préparation est très-simple. Feuilles de cassis récentes, 250 grammes. Alcool à 85 degrés, 1 litre. Faire macérer dans l'alcool, pendant un mois au moins, les feuilles froissées et contusées ; passer avec expression et filtrer.

Alcoolature ou *infusion de cassis* (fruits). — Cassis mûr et égrené, 12 kilogrammes. Alcool à 85 degrés, 12 litres. Faire macérer pendant quinze jours et soutirer 4 litres de *première infusion*. Filtrer. Verser sur le résidu 4 litres d'alcool à 85 degrés et agiter le mélange. Après quinze jours de macération, soutirer encore 4 litres de *deuxième infusion*. Filtrer. Ajouter encore sur le résidu 4 litres d'alcool à 85 degrés, mélanger et faire macérer pendant quinze jours. Soutirer tout le liquide comme *troisième infusion* et filtrer.

Le résidu pressé fournit une *quatrième infusion* très-chargée en couleur, que l'on filtre et que l'on peut conserver à part.

On a ainsi quatre infusions de valeurs différentes que l'on peut employer à part ou en mélange selon les qualités que l'on désire donner à la *liqueur de cassis*, laquelle est une des plus importantes par la consommation que l'on en fait et par ses propriétés hygiéniques.

Alcoolature ou *infusion de citron*. — Zestes frais de citron, 500 grammes. Alcool à 85 degrés centésimaux, 1 litre. Faire macérer pendant huit jours et filtrer.

Alcoolature ou *infusion de fraises*. — Fraises très-mûres et parfumées, des bois, autant que possible, 1 kilogramme. Alcool à 85 degrés centésimaux, 1 litre. Faire macérer pendant quinze jours. Passer avec expression et filtrer.

Alcoolature ou *infusion de framboises*. — Mêmes dosages et même méthode que pour les fraises.

Agir de même avec l'*ananas* et tous les fruits similaires que l'on voudrait traiter.

Alcoolature ou *infusion de merises*. — Merises bien mûres, 1 kilogramme. Alcool à 85 degrés centésimaux, 1 litre. Même procédé que pour les alcoolatures de fraises et de framboises.

On agirait de même avec tous les fruits dont on voudrait obtenir l'alcoolature ou l'infusion alcoolique, comme les abricots, les cerises, les pêches, les prunes, etc.

Alcoolature ou *infusion d'orange*. — Zestes frais d'orange, 500 grammes. Alcool à 85 degrés, 1 litre. Même méthode que pour l'alcoolature de citron et des zestes de tous les fruits de cette famille.

§ VIII. — DES MATIÈRES COLORANTES.

La seule observation générale que l'on ait à faire au sujet des matières colorantes employées pour nuancer les liqueurs alcooliques repose sur le danger sérieux d'empoisonnement qui résulte de l'introduction de certaines substances toxiques dans les produits alimentaires. On ne doit faire usage, pour la coloration des liqueurs, que de matières colorantes organiques parfaitement inoffensives, et des accidents graves sont venus souvent démontrer la sagesse des règlements auxquels certains praticiens aussi avides que peu scrupuleux cherchent sans cesse à se soustraire.

La coloration n'apporte, d'ailleurs, aucun avantage aux liqueurs ; souvent, au contraire, elle en altère la suavité et la délicatesse.

Couleurs rouges. — A. Faire bouillir, dans 1 litre d'eau, cochenille pulvérisée, 65 grammes. Après dix minutes d'ébullition, ajouter 15 grammes d'alun pulvérisé et autant de crème de tartre en poudre. Continuer l'ébullition jusqu'à dissolution complète, laisser refroidir et ajouter un demi-litre d'alcool à 85 degrés. Filtrer sur un tampon de coton et conserver à l'abri de l'air. Cette couleur peut donner tous les tons de la gamme rouge suivant la proportion employée. On s'en sert pour la coloration des liqueurs fines.

B. *Cudbeard* (orseille pulvérisée), 400 grammes. Alcool à 85 degrés, 1 litre. Faire macérer pendant cinq jours en agitant plusieurs fois par jour. Décanter le liquide, colorer et traiter de même le résidu par une nouvelle quantité d'alcool pendant le même temps. Réunir les liquides et filtrer.

C. On agit de même et suivant les mêmes proportions avec l'*orseille en pâte* et l'alcool à 85 degrés, pour obtenir une couleur plus commune, qui vire au violacé, pour les liqueurs ordinaires.

D. *Bois de santal* rouge, divisé par la râpe, 30 grammes. Alcool à 85 degrés, 1 litre. Faire macérer pendant quarante-huit heures. Passer avec expression et filtrer. La matière colorante rouge du santal a été découverte par Pelletier en 1814. On ne doit employer cette couleur que pour les liqueurs dont elle ne changerait pas le parfum.

E. *Bois de Brésil* ou *bois de Fernambouc,* effilé, 250 grammes. Alcool à 85 degrés, 1 litre. Faire macérer pendant quatre jours. Passer avec expression et filtrer.

F. *Rouge de laque.* — Prendre 500 parties de *laque en bâtons,* la réduire en poudre fine et la traiter par l'eau bouillante, jusqu'à ce que la matière n'abandonne plus de matière colorante à ce liquide. On réunit les solutions et on les fait concentrer de manière à obtenir 2 litres de couleur rouge pour 500 grammes de laque. On laisse refroidir et on filtre. La couleur rouge, très-foncée, que l'on obtient ainsi, est d'une très-bonne application pour la coloration des liqueurs.

G. *Rouge de rhubarbe.* — On prend 100 parties de rhubarbe de Moscovie, réduite en poudre fine, et on humecte cette matière avec 400 parties d'acide nitrique, que l'on ajoute peu à peu et en agitant. L'opération doit être faite dans une capsule de verre ou de porcelaine. On laisse réagir pendant vingt-quatre heures, à une douce chaleur de + 20 à + 25 degrés, en agitant de temps en temps, puis on décante la liqueur acide, et on lave le résidu à plusieurs reprises avec l'eau ordinaire.

Ce résidu constitue l'*érythrose,* et il s'élève à 15 ou 20 pour 100 du poids de la rhubarbe.

En faisant dissoudre l'érythrose dans de l'ammoniaque, on obtient un *sel neutre* d'un pouvoir colorant extraordinaire, qui peut servir à colorer toutes les liqueurs en rouge, de la même nuance que celle de la cochenille avivée, et dont il ne faut qu'une quantité vingt fois moindre pour obtenir un résultat égal.

H. *L'extrait de bois de Campêche,* trituré avec l'ammoniaque et abandonné à l'air, jusqu'à ce que l'odeur ammoniacale ait à peu près disparu, fournit un résidu qui renferme beaucoup d'*hématéine.* Ce principe est soluble dans l'eau, qu'il colore en pourpre violacé foncé.

L'*extrait de bois de Brésil* ou *de Fernambouc,* traité de la même manière, donne de la *brésiléine* soluble, qui offre la même coloration que l'hématéine.

On comprend aisément qu'il serait très-facile d'employer ces produits à la coloration des liqueurs et qu'il en résulterait l'avantage de ne pas introduire dans les matières colorantes des mordants, etc., qui ne peuvent qu'altérer le goût et la saveur. La dissolution aqueuse, très-chargée d'hématéine ou de brésiléine, est additionnée de la moitié de son poids d'alcool à 85 degrés et conservée en flacons bouchés.

Couleurs jaunes. — A. *Jaune de safran.* — Safran du Gâtinais, pulvérisé, 100 grammes. Eau ordinaire, 1l,50. On fait bouillir la moitié de l'eau et on la verse sur le safran. On couvre et on laisse en macération jusqu'à refroidissement. On passe avec expression. Sur le résidu, verser le reste de l'eau après l'avoir porté à l'ébullition, laisser refroidir en vase clos, passer avec expression et réunir les liquides. Y ajouter trois quarts de litre d'alcool à 85 degrés, filtrer au coton et conserver.

A l'exception de la couleur jaune obtenue comme il vient d'être dit et de celle qui peut se préparer avec les pétales de giroflée des murailles, on ne peut guère employer d'autres jaunes que celui du safran, soit parce qu'ils ne sont pas solubles dans l'eau, soit parce qu'ils sont accompagnés de substances vénéneuses. On comprend, d'ailleurs, que l'on doit proscrire énergiquement toutes les substances délétères. Ainsi, l'*acide picrique* jouit d'un pouvoir colorant extrêmement remarquable, mais ses propriétés vénéneuses et son amertume doivent le faire rejeter d'une façon absolue. Le *curcuma*, le *fustet* et le *rocou* sont nuisibles, et il convient d'éviter de s'en servir.

On obtient une couleur jaune susceptible d'un bon emploi pour certaines préparations en triturant 400 grammes de gingembre que l'on fait macérer pendant dix jours avec 1 litre d'alcool à 85 degrés.

B. *Caramel.* — Mélasse de canne, 1ᵏ,400 (1 litre). Porter dans une bassine à fond sphérique et chauffer en agitant constamment avec une spatule en bois, jusqu'à ce que la caramélisation soit complète, ce qu'on distingue à l'odeur propre du produit. Il faut avoir soin d'ajouter 1 gramme de cire vierge pour empêcher la matière de monter et de déborder.

Lorsque le travail est terminé, on retire du feu et on ajoute, par portions et en agitant, un demi-litre d'eau que l'on a chauffée vers + 85 degrés. Filtrer.

On peut faire également un bon caramel avec le sucre brut des colonies (moscouade), que l'on fait dissoudre et chauffer avec un dixième de son poids d'eau et que l'on caramélise comme la mélasse ; mais il faut éviter l'emploi du sucre de betterave ou des mélasses de la fabrication indigène, qui donnent un produit de mauvais goût.

A l'aide de la couleur du safran et de celle du caramel, on peut obtenir tous les tons jaunes dont on peut avoir besoin. Nous pensons, cependant, que de nouvelles recherches conduiraient assez aisément à de bons résultats. Ainsi, la racine d'ortie abandonne à l'eau une très-bonne couleur jaune. Les étamines des liliacées pourraient fournir une bonne matière colorante par le traitement alcoolique, etc.

Couleurs bleues. — A. *Bleu d'indigo.* — Faire dissoudre 10 grammes d'indigo finement pulvérisé dans 100 grammes d'acide sulfurique à 66 degrés. On met l'indigo, puis l'acide, dans un vase en verre ou en grès et on agite jusqu'à dissolution. On étend cette liqueur de 3 litres d'eau et on la neutralise par 120 grammes de craie en poudre fine, en remuant avec soin. Le *sulfate d'indigo* reste dans la liqueur et il se dépose du sulfate de chaux. On laisse déposer, on décante et on filtre. On ajoute à la couleur 30 pour 100 d'alcool à 85 degrés.

B. *Autre procédé.* — On prépare la dissolution d'indigo dans l'acide sulfurique, comme il vient d'être dit, puis on la met sur le feu dans une grande capsule de porcelaine en y ajoutant 3 litres d'eau. On porte à une température voisine de l'ébullition, et on plonge dans le liquide des morceaux de drap de laine blancs et propres, qu'on y laisse pendant cinq ou six heures. Au bout de ce temps on les retire, on les lave à l'eau froide à plusieurs reprises, puis on les fait bouillir dans 2 litres d'eau à laquelle on a ajouté 2 millièmes (2 grammes par litre) de carbonate de potasse ou de soude. On remplace l'eau qui s'évapore par de l'eau chaude. Lorsque les morceaux de drap sont décolorés, on retire la capsule du feu, on laisse refroidir, on filtre et on conserve après avoir ajouté 12 ou 15 centilitres d'alcool à 85 degrés par litre de produit.

Cette préparation est bonne. On doit éviter de se servir de la dissolution de *bleu de Prusse* dans l'*acide oxalique,* qui a été conseillée par quelques personnes peu familiarisées avec l'étude des poisons. Le bleu de Prusse est vénéneux et l'acide oxalique n'est pas inoffensif, tant s'en faut; nous attribuons donc ce conseil à un oubli, à une sorte d'inadvertance, et nous ne pouvons le prendre au sérieux.

Couleurs violettes. — On les obtient par un mélange de rouge et de bleu. On peut encore colorer directement les liqueurs en violet par la plupart des matières colorantes végétales bleues, par le *tournesol,* la *violette,* l'extrait de *chou rouge,* etc. On obtient une belle couleur pensée ou bleu violacé en traitant la solution alcoolique de cochenille par un peu d'alun et ajoutant ensuite assez d'ammoniaque pour faire virer à la teinte cherchée.

Les pétales de la *rose trémière* donnent une belle teinte violette, soluble dans l'eau, qui vire au rouge par les acides et qui peut servir avantageusement pour la coloration de toutes les liqueurs acidules. Nous recommandons vivement cette matière colorante pour les couleurs rouges et violettes, à raison de l'innocuité absolue qu'elle présente. On traite par l'eau froide les pétales mondés, et on fait concentrer la liqueur obtenue. La teinte passe au rouge rubis et au rouge vif par les acides, et elle vire au violet par l'ammoniaque.

Couleurs vertes. — Ces couleurs s'obtiennent par le mélange du jaune et du bleu. Les nuances vertes varient nécessairement avec les proportions relatives des couleurs élémentaires et aussi avec les nuances de ces dernières. Il est évident que le jaune avec le bleu fournira un vert très-net, plus ou moins foncé, tandis que, avec une addition de jaune brun, par exemple, on obtiendra pour résultat une sorte de vert-olive. On pourra donc nuancer les teintes vertes comme on le voudra, suivant que l'on mélangera avec la couleur bleue le jaune, le jaune brun, le jaune orangé, etc.

On essayerait inutilement de colorer les liqueurs par la *chlorophylle* des plantes. Cette matière, n'étant soluble que dans l'alcool assez concentré, l'éther et les acides sulfurique et chlorhydrique, ne se dissout pas dans les sirops ou les liqueurs. C'est tout au plus si l'on peut songer à s'en servir pour colorer les *alcoolats* ou les *alcoolés* d'un degré élevé, et encore doit-on ajouter que la coloration produite de cette manière s'altère promptement sous l'influence de la lumière.

On peut atteindre directement les diverses teintes du rouge, du jaune et du bleu avec les matières colorantes que nous avons indiquées. Les *teintes orangées* résultent de l'union du rouge et du jaune, les *violets* se produisent par le mélange du rouge et du bleu, et les *verts* sont le produit du jaune et du bleu. On procure la nuance brune par les extraits bruns, par le caramel, par le cachou, etc. Nous ne parlerons que pour mémoire des *sels d'aniline* considérés comme matières colorantes, et nous terminerons ce paragraphe en engageant le lecteur à prendre les plus grandes précautions et les soins les plus minutieux pour n'introduire dans les liqueurs aucun principe dangereux sous prétexte de coloration.

§ IX. — DES SIROPS COMPOSÉS.

On entend par *sirops composés* ceux qui sont préparés avec la solution d'une ou de plusieurs matières aromatiques et du sirop simple (voir p. 462) ou du sucre. On peut préparer des sirops avec toutes les matières aromatiques, avec tous les sucs, tous les alcoolés, toutes les alcoolatures. Les essences mêmes et les eaux distillées ou les hydrolats peuvent servir de bases à ces produits, et c'est pour cette raison que nous avons retardé d'en parler jusqu'à présent, afin de n'avoir rien à présenter au lecteur qui ne soit pas d'une clarté suffisante.

Nous donnons d'abord les formules et les recettes d'un nombre assez considérable de sirops, pour que les praticiens puissent en déduire le mode d'opérer qu'il convient d'adopter, et nous terminerons ce paragraphe par quelques observations générales sur ces sortes de préparations.

Sirop de café. — Café torréfié et moulu, 500 parties ; sirop simple, 4 000 parties. Placer le café dans un entonnoir à déplacement ou un filtre et traiter par l'eau bouillante, de manière à obtenir 1 000 parties de liqueur. Le sirop est porté sur le feu et on le concentre jusqu'à ce qu'il ait perdu le quart de son poids. On remplace cette perte par l'infusion de café, on mêle et l'on filtre aussitôt.

Ce procédé est conforme à la formule de M. Guibourt et il donne un très-bon sirop, très-applicable à la préparation des liqueurs de café. On peut également s'en servir pour préparer le café ordinaire ; deux cuillerées à bouche suffisent pour une tasse d'eau bouillante ou de lait.

Sirop de camomille. — Fleurs sèches de camomille, 100 parties. Verser sur les fleurs 1 000 parties d'eau bouillante et laisser infuser pendant six heures. Passer alors avec expression à travers un linge, laisser déposer, décanter et ajouter 190 grammes de sucre pour 100 parties de liquide. Faire dissoudre au bain-marie couvert (Codex). On peut, d'après le Codex, préparer de la même manière les sirops d'*absinthe*, de *capillaire*, d'*hysope*, d'*œillet*, de *sassafras*. Nous pensons que cette méthode peut s'appliquer à toutes les plantes sèches qui abandonnent à l'eau leurs principes aromatiques. Dans la plupart des autres cas, on peut se contenter de faire dissoudre 875 parties de sucre dans 500 parties de suc épuré de la plante fraîche, comme pour le sirop de coings, ou 2 parties de sucre dans 1 partie d'hydrolat, comme pour le sirop de fleurs d'oranger.

Sirop de capillaire. — Capillaire du Canada, 400 grammes.

Verser sur cette quantité 4¹,50 d'eau bouillante et laisser infuser pendant deux heures. Passer l'infusion au tamis et y
ajouter 12ᵏ,500 de sucre que l'on fait dissoudre à chaud.
Ajouter 2 litres d'eau albumineuse contenant un blanc d'œuf
et clarifier. Cuire à 31 degrés Baumé. Verser alors le sirop sur
225 grammes de capillaire neuf placé dans un vase. On couvre
et on laisse infuser pendant trois heures, puis on filtre à la
chausse.

Le sirop acquiert plus de parfum si l'on ajoute au capillaire
que l'on fait infuser dans le sirop 45 grammes de bon thé
pékao. Le produit est alors un sirop de capillaire et de thé,
une sorte de sirop plus complexe, mais l'usage en est préférable.

Quand on emploie des sortes de capillaire plus communes
que celui du Canada, il faut en augmenter la dose d'un tiers
ou de la moitié.

Sirop d'acide citrique. — Acide citrique, 10 parties ; eau
distillée, 20 parties. Faire dissoudre et mêler avec sirop
simple, 970 parties (Codex).

On obtient le *sirop de limons* et le *sirop d'oranges* en ajoutant au sirop d'acide citrique, sur les proportions indiquées
ci-dessus, 15 parties d'alcoolature (*infusion*) de citron ou
d'orange,

Sirop de coings. — Suc dépuré de coings, 500 parties ; sucre
blanc, 875 parties. Faire dissoudre à chaud et filtrer. Ce sirop
doit marquer à froid 1,33 de densité (36 degrés Baumé), selon
le Codex, d'après lequel on peut préparer de la même manière
les sirops d'*airelle*, de *cassis*, de *cerises*, d'*épine-vinette* (*berbé-
ride*) , de *framboises*, de *grenades*, de *groseilles*, de *limons*, de
mûres, d'*oranges*, de *pommes*, de *verjus*, de *vinaigre*, de *vinaigre framboisé.*

Sirop de fraises. — Fraises des bois mondées, 750 parties ;
sucre en poudre, 1 500 parties ; eau, 500 parties. Faire
dissoudre le sucre dans l'eau à chaud. Ajouter les fraises
écrasées et porter au premier bouillon. Passer aussitôt.

On peut agir de même pour le *sirop de framboises.*

Sirop des quatre fruits. — Sirops de cerises, de fraises, de
framboises, de groseilles, parties égales de chacun. Mêler
en agitant, filtrer.

Sirop de gomme. — Gomme arabique, 100 parties ; eau,

150 parties. Laver la gomme à deux reprises et la dissoudre à froid dans l'eau en agitant de temps en temps. Passer sans expression au blanchet. Faire évaporer 1 000 parties de sirop simple (de sucre) jusqu'à 1,33 de densité (33 degrés Baumé) bouillant ; y ajouter la gomme et passer au premier bouillon. (Formule du Codex.)

On reproche à ce procédé de perdre de la gomme dans la filtration au blanchet. Il conviendrait donc d'ajouter la dissolution de gomme non filtrée au sirop de sucre et de ne filtrer qu'une fois.

Le sirop de gomme des liquoristes ne diffère pas au fond de celui du Codex ; on prend $1^k,50$ de bonne gomme arabique, on la lave, puis on la fait dissoudre à froid dans un poids égal d'eau. La dissolution est filtrée à travers une toile. On prépare un sirop simple avec $12^k,50$ de beau sucre et 5 litres d'eau. Ce sirop est clarifié avec 1 litre d'eau albumineuse contenant un blanc d'œuf, puis on y ajoute la dissolution de gomme et l'on cuit à 31 ou 32 degrés Baumé. On passe à la chausse.

Ce sirop a été l'objet de falsifications nombreuses, et par suite d'une avidité incompréhensible, on a cherché à remplacer, dans sa composition, le sucre par le glucose, et la gomme par la dextrine ou la gommeline. Ces pratiques sont contraires à la loi, et elles constituent une tromperie sur la nature de la marchandise vendue. Il est très-licite de préparer des sirops de dextrine au glucose ; mais, dans ce cas, le produit ne doit pas porter le nom de *sirop de gomme* qui tend à induire en erreur celui qui l'achète.

Sirop de guimauve. — Racines de guimauve, incisées, 25 parties. Faire macérer dans 150 parties d'eau froide, pendant douze heures. Passer sans expression et mélanger avec 750 parties de sirop simple. Faire cuire jusqu'à 1,33 de densité (33 degrés Baumé) et passer. (Formule du Codex.)

Formule des liquoristes. — Racines de guimauve sèches, blanches et mondées, $1^k,250$; sucre blanc, $12^k,500$. Eau, 7 litres. On incise finement ou on écrase la guimauve et on la fait bouillir pendant vingt à vingt-cinq minutes avec 5 litres d'eau. On passe au tamis. Ce décocté sert à faire un sirop avec le sucre. On clarifie ce sirop avec 2 litres d'eau contenant deux blancs d'œufs, on cuit à 31 ou 32 degrés Baumé et on passe à la chausse. Lorsque le sirop est presque refroidi, on le parfume en y ajoutant 7 centilitres d'eau de fleurs d'oranger.

Sirop d'hysope. — Hysope sèche contusée, 15 grammes. Faire digérer à + 25 degrés, pendant deux heures, dans 500 grammes d'hydrolat d'hysope. Passer et filtrer. Ajouter à la liqueur : sucre blanc, 1 kilogramme, et faire dissoudre au bain-marie. Filtrer le sirop refroidi.

Cette indication est celle du Codex. On peut préparer de même les *sirops de mélisse* et *de menthe.*

Sirop de groseilles. — Comme le sirop de coings. Les sirops de tous les fruits acidules, *cerises, fraises, framboises, groseilles, merises, verjus,* etc., doivent se préparer avec les sucs épurés, auxquels on ajoute 875 grammes de beau sucre par 500 grammes de suc. Ce mode de préparation est le plus certain et celui qui fournit les plus beaux produits.

Sirop de groseilles framboisé. — Même observation que pour le sirop de groseilles. Suc épuré de groseilles, 250. Suc de framboises, 250. Sucre, 875.

On a proposé la recette suivante, qui donne un sirop assez agréable. On fait un sirop en faisant dissoudre 5ᵏ,250 de sucre dans 1ˡ,25 de suc épuré de groseilles et autant de gros vin rouge (vin de couleur). On ajoute au sirop, fait à basse température (+ 75 ou + 80 degrés), 12 à 15 centilitres de vinaigre framboisé et l'on filtre au papier. Quelques personnes ajoutent 10 à 15 grammes d'acide tartrique au sirop filtré et refroidi.

Sirop de lait. — Lait de vache écrémé, 1 kilogramme ; faire réduire de moitié au bain-marie et ajouter 750 grammes de sucre. Lorsque le sucre est dissous, on laisse refroidir à + 20 degrés et l'on aromatise avec 15 grammes d'hydrolat de laurier-cerise. (Formule de M. Robinet.)

Sirop de mûres. — Mûres entières, en maturité imparfaite, 1 000. Sucre, 1 000. Chauffer dans une bassine et faire bouillir en agitant constamment jusqu'à ce que le sirop marque 30 degrés Baumé. Passer au blanchet en laissant bien égoutter le marc. Le sirop ainsi préparé présente souvent une saveur de brûlé désagréable et, malgré l'opinion de quelques praticiens, nous préférons la préparation par le suc épuré.

Sirop de fleurs d'oranger. — Eau de fleurs d'oranger (*hydrolat*), 500. Sucre blanc, 950. Faire dissoudre à froid le sucre dans l'hydrolat et filtrer au papier. Cette formule est celle du

Codex, d'après lequel on peut préparer de la même manière les sirops d'*anis*, de *cannelle*, de *fenouil*, de *laurier-cerise*, de *roses*.

Formule des liquoristes. — Faire dissoudre 12k,500 de beau sucre raffiné dans 4 litres d'eau pure, à chaud. Clarifier avec 1l,25 d'eau albumineuse (un blanc d'œuf). Passer le sirop. Ajouter au sirop tiède 1l,25 d'eau de fleurs d'oranger triple, mélanger promptement et couvrir. Filtrer après refroidissement. Ce sirop marque 35 à 36 degrés Baumé, froid. Préparer de même le *sirop de roses*.

Sirop d'oranges (écorces). — Ecorces fraîches d'oranges, 90. Eau bouillante, 500. Laisser infuser pendant vingt-quatre heures, passer et dissoudre dans le liquide le double de son poids de sucre (*ancien* Codex).

Même préparation pour le *sirop d'écorces de citrons*, etc.

On peut encore préparer ces sirops en faisant dissoudre à froid 2 parties de sucre dans 1 partie d'eau distillée des écorces.

Sirop d'oranges amères (écorces). — Faire macérer pendant douze heures 100 parties d'écorces sèches avec poids égal d'alcool à 60 degrés. On verse alors sur le tout 1 000 parties d'eau bouillante et on laisse infuser pendant six heures. On passe avec légère expression, on filtre la liqueur et on y ajoute, pour 100 de liquide, 190 de sucre, que l'on fait dissoudre au bain-marie couvert (Codex).

Sirop d'orgeat. — Prendre :

Amandes douces. . . 80 gr.	Amandes amères.. . . 10 gr.

Monder les amandes et les pulvériser finement au mortier, en y ajoutant peu à peu 7 parties d'eau et 20 de sucre. La pâte qui est le produit de cette trituration est délayée dans 48 parties d'eau. On passe en exprimant fortement et on expose le liquide au bain-marie à la température de + 40 degrés pour y faire dissoudre 72 parties de sucre. On retire du feu, on ajoute 8 parties d'hydrolat de fleurs d'oranger et on couvre.

D'après M. Guibourt, il convient d'ajouter à ce dosage, qui est le même au fond que celui du Codex, 2 parties de gomme arabique. Dans ce cas, il convient d'introduire la gomme en poudre, au moment où l'on porte la liqueur au bain-marie, avant d'ajouter le sucre. Il serait préférable de remplacer la gomme arabique par autant de gomme adragant.

Sirop de punch au rhum. — Prendre :

Acide citrique..	1 gr.	Thé hyswen . . . . . , .	8 gr.
Citron frais, nombre. .	1	Sucre	1^k,500

Faire dissoudre le sucre dans 800 grammes d'eau et clarifier le sirop. On y ajoute le citron coupé par tranches minces et le thé ; puis, après un quart-d'heure d'ébullition, on ajoute l'acide citrique pulvérisé. On arrête l'ébullition lorsque l'acide citrique est dissous et on laisse en contact pendant cinq heures. On ajoute alors 1^1,75 de vieux rhum de la Jamaïque ; on mélange avec soin et on filtre.

Sirop de raisin. — Suc de raisin très-mûr, quantité quelconque. Faire bouillir et clarifier. Ajouter 1 pour 100 de craie pulvérisée et filtrer. Concentrer à 31 degrés Baumé.

Sirop de sassafras. — Sassafras divisé, 65 grammes ; vin blanc, 500 grammes. Faire macérer pendant vingt-quatre heures ; faire dissoudre 1 000 grammes de sucre et filtrer.

Sirop d'acide tartrique. — Acide tartrique, 20 parties ; eau distillée, 40 parties. Faire dissoudre et mêler avec sirop simple, 940 parties (Codex).

Sirop de thé. — Prendre un mélange de thé impérial, 250 grammes, et thé pékao, 65 grammes ; en faire infuser les deux tiers pendant deux heures avec 4^1,50 d'eau bouillante. L'infusion tamisée sert à faire un sirop à 31 degrés Baumé avec 12^k,50 de sucre et 2 litres d'eau albumineuse renfermant un blanc d'œuf. Le sirop est versé sur le tiers restant du thé, et, après trois heures d'infusion, on passe à la chausse.

Sirop de baume de Tolu. — Baume de Tolu sec, 100 parties ; eau, 500 parties. Faire digérer pendant deux heures au bain-marie couvert (+ 45 à + 50 degrés de température). Agiter de temps en temps. Décanter le produit et traiter de nouveau le résidu par autant d'eau à la même température et de la même manière. Réunir les liqueurs, laisser refroidir, filtrer et ajouter 190 parties de sucre pour 100 parties de liqueur. Faire dissoudre au bain-marie couvert et filtrer au papier (Codex).

On peut préparer de même le *sirop de benjoin* et les sirops de tous les *baumes*.

Sirop de vanille. — Vanille incisée, 10 grammes ; alcool à 85 degrés, 65 grammes. Faire digérer pendant quarante-huit heures à 25 degrés. Verser le produit sur 650 grammes de sucre, puis faire vaporiser l'alcool en exposant le tout à l'étuve. Dissoudre dans 350 grammes d'eau et filtrer. Cette formule, due à M. Lepage, donne un très-bon produit.

Sirop de vinaigre framboisé. — Framboises mondées, 1 kilo- gramme ; vinaigre blanc d'Orléans, pur de vin, 1 litre. Faire macérer pendant cinq jours. Soutirer ou décanter et remplacer le produit par autant de vinaigre. Après cinq jours de macéra- tion, on passe avec expression, on réunit les liquides et on en fait un sirop en y faisant dissoudre, à une très-douce chaleur, 875 grammes de sucre pour 500 grammes de vinaigre fram- boisé.

On peut encore prendre le suc épuré de framboises et quantité égale de bon vinaigre, et en faire le sirop en y faisant dissoudre 875 grammes de sucre par 500 grammes du mélange. Filtrer au papier.

Sirop de violettes. — Prendre 1^k, 500 de fleurs de violettes fraîches, mondées et séparées des queues et des calices ; faire infuser au bain-marie d'étain avec 4 litres d'eau tiède à 50 de- grés. Au bout d'une demi-heure, retirer le liquide et exprimer légèrement, puis verser sur le résidu 2 litres d'eau bouillante et laisser en macération pendant dix heures. Passer avec ex- pression à travers un linge et réunir les liquides. On fait alors un sirop en faisant dissoudre, à une douce chaleur, et au *bain- marie couvert*, 12^k, 500 de beau sucre dans le produit. On filtre au papier après refroidissement complet.

Sirops aromatiques divers. — On peut préparer d'excellents sirops avec les infusions aqueuses de toutes les plantes aroma- tiques, telles que la lavande, la mélisse, la menthe, le roma- rin, etc., en opérant de la manière suivante : on fait infuser 100 parties de la plante à traiter, mondée et divisée, dans 350 parties d'eau froide. Après une macération de vingt-quatre heures, on fait dissoudre 875 parties de sucre blanc pour 500 parties d'infusion. La dissolution doit se faire à une très- douce chaleur au bain-marie couvert, et on filtre le sirop aussitôt après la dissolution.

De même encore, toutes les eaux distillées, chargées du double de leur poids de sucre, fournissent de bons sirops, bien que les produits obtenus par la macération renferment plus complétement les principes des matières végétales traitées.

Sirops glucosés. — Les dispositions légales exigent que les sirops, dans lesquels le sucre est remplacé, en totalité ou en partie, par du sirop de fécule (*glucose*), soient vendus comme *sirops glucosés*, afin que le public soit mis en garde contre toute tentative de fraude. Malheureusement, la loi est peu respectée, et il se vend des quantités considérables de sirops dont le sucre ne fait partie que pour la forme, et qui sont livrés sous une étiquette mensongère. Tous les honnêtes gens doivent appeler la répression sur ces honteuses manœuvres, qui sont la lèpre des transactions commerciales.

Les liquoristes remplacent le sucre par des quantités arbitraires de glucose. Cependant, la règle pratique, pour obtenir des *produits glucosés* de bonne qualité, consiste à remplacer *le tiers seulement du sucre prismatique* par une quantité correspondante de sirop de glucose à 36 degrés, c'est-à-dire à raison de 1 litre et demi de sirop de glucose à 36 degrés Baumé par chaque kilogramme de sucre retranché. On se soucie fort peu de cela. Plus on ajoute de glucose, moins on met de sucre, moins le produit coûte de prix de revient, et plus grand est le bénéfice, si l'on échappe à l'inspection. Nous avons déjà dit notre opinion sur ces manœuvres frauduleuses et nous n'éprouvons aucun scrupule à dire très-nettement que ces pratiques constituent un *vol*.

On vend du sirop de groseilles sans groseilles, qui n'est qu'une infusion de coquelicots, à laquelle on ajoute de l'acide tartrique et même de l'alcool nitrique. Ce sirop est encore le plus souvent glucosé, c'est-à-dire qu'une partie du sucre est remplacée par du sirop de fécule. On fabrique de l'orgeat sans amandes, avec des pepins de citrouille ou de potiron, et l'on masque la fraude avec de l'essence d'amandes amères, peut-être même de la nitro-benzine et un peu d'alcoolé de benjoin. Enfin, il serait trop long de signaler les fraudes auxquelles une avidité coupable a donné naissance. Nous ne parlons de ce triste sujet que pour engager la consommation à se méfier des produits frelatés qu'on débite à bon marché dans les officines de certains empoisonneurs. C'est à la loi de veiller, sans doute ; mais c'est aussi un devoir pour le con-

34

sommateur d'être de la plus grande prudence et de n'accorder sa confiance qu'aux maisons honnêtes. On ne doit acheter de sirops ou de liqueurs que sur la garantie d'une facture, et l'on ne doit pas hésiter à livrer aux tribunaux les auteurs des tripotages que nous signalons, lorsqu'on peut acquérir la preuve de leur culpabilité.

Le glucose se dénote par les procédés de saccharimétrie qui ont été exposés au lecteur.

Nous ne poussons pas le rigorisme jusqu'à vouloir exclure le glucose de la fabrication des sirops d'agrément ; mais nous prétendons que l'acheteur ne doit pas être trompé, que l'étiquette d'un sirop doit lui faire connaître la nature de la matière sucrée qu'il achète, et que l'on doit se conformer, en ce point, non pas seulement aux règlements qui ont été rendus sur la matière, mais encore aux principes de l'équité et de la bonne foi. Nous ne partageons donc pas l'avis d'un écrivain spécialiste qui a conseillé « de ne mettre sur les bouteilles que ces mots : *gomme, orgeat, groseilles,* sans le mot *sirop;* » nous comprenons que cette manière d'éluder la loi n'est qu'une supercherie, et un petit moyen de ce genre doit répugner à tout commerçant honnête qui regarde comme le premier de ses devoirs une loyauté scrupuleuse.

Quantités de sucre pur contenues dans un litre de sirop simple (sirop de sucre) à + 15 degrés de température.

Degré de Baumé.	Poids du sucre.	Degrés de Baumé.	Poids du sucre.	Degrés de Baumé.	Poids du sucre.
0°,5	12g,50	8°,5	212g,50	16°,5	412g,50
1 ,0	25 ,00	9 ,0	225 ,00	17 ,0	425 ,00
1 ,5	37 ,50	9 ,5	237 ,50	17 ,5	437 ,50
2 ,0	50 ,00	10 ,0	250, 00	18 ,0	450 ,00
2 ,5	62 ,50	10 ,5	262 ,50	18 ,5	462 ,50
3 ,0	75 ,00	11 ,0	275 ,00	19 ,0	475 ,00
3 ,5	87 ,50	11 ,5	287 ,50	19 ,5	487 ,50
4 ,0	100 ,00	12 ,0	300 ,00	20 ,0	500 ,00
4 ,5	112 ,50	12 ,5	312 ,50	20 ,5	512 ,50
5 ,0	125 ,00	13 ,0	325 ,00	21 ,0	525 ,00
5 ,5	137 ,50	13 ,5	337 ,50	21 ,5	537 ,50
6 ,0	150 ,00	14 ,0	350 ,00	22 ,0	550 ,00
6 ,5	162 ,50	14 ,5	362 ,50	22 ,5	562 ,50
7 ,0	175 ,00	15 ,0	375 ,00	23 ,0	575 ,00
7 ,5	187 ,50	15 ,5	387 ,50	23 ,5	587 ,50
8 ,0	200 ,00	16 ,0	400 ,00	24 ,0	600 ,00

Degrés de Baumé.	Poids. du sucre.	Degrés de Baumé.	Poids du sucre.	Degrés de Baumé.	Poids du sucre.
24°,5	612ᵍ,50	30°,0	750ᵍ,00	35°,5	887ᵍ,50
25 ,0	625 ,00	30 ,5	762 ,50	36 ,0	900 ,00
25 ,5	637 ,50	31 ,0	775 ,00	36 ,5	912 ,50
26 ,0	650 ,00	31 ,5	787 ,50	37 ,0	925 ,00
26 ,5	662 ,50	32 ,0	800 ,00	37 ,5	937 ,30
27 ,0	675 ,00	32 ,5	812 ,50	38 ,0	950 ,00
27 ,5	687 ,50	33 ,0	825 ,00	38 ,5	962 ,50
28 ,0	700 ,00	33 ,5	837 ,50	39 ,0	975 ,00
28 ,5	712 ,50	34 ,08	50 ,00	39 ,5	987 ,50
29 ,0	725 ,00	34 ,5	862 ,50	40 ,0	1000 ,00
29 ,5	737 ,50	35 ,0	875 ,00		

Pour revenir au poids du litre de sirop, à l'aide de ce tableau, il faut résoudre la formule $d = \dfrac{144\,300}{144,3 - n}$, c'est-à-dire retrancher, du nombre fixe 144,3, le nombre qui indique la densité du sirop, puis diviser par le reste le nombre 144 300. Le quotient donne en grammes le poids du litre ou la densité. Soit, par exemple, du sirop à 36 degrés Baumé, contenant 900 grammes de sucre par litre. En retranchant 36 de 144,3, on a, pour reste, 108,3. En divisant 144 300 par 108,3, on trouve au quotient 1 332, et l'on conclut que le litre de sirop de sucre, à 36 degrés Baumé, pèse 1 332 grammes et qu'il renferme 900 grammes de sucre et 432 grammes d'eau. Ce calcul est applicable, *en pratique*, à tous les sirops ; mais il n'est exact, en réalité, que pour le sirop simple, ne renfermant que de l'eau et du sucre. Dans tous les autres cas, les matières solubles, différentes du sucre, changent un peu les résultats.

Altérations et conservation des sirops. — Les sirops s'altèrent assez facilement par *fermentation*, et ceci est d'autant plus aisément compréhensible que les matières dissoutes dans les sucs qui servent à les composer sont accompagnées de ferment globulaire et de matières albuminoïdes. On conçoit, dès lors, que la condition essentielle à remplir pour la conservation des sirops consiste dans la destruction du ferment et des matières azotées. Il ne faut pas croire que l'on parvienne à ce résultat d'une manière certaine par la clarification vulgaire et par la cuisson du sirop. En effet, l'albumine se sépare, pour la plus grande partie, par la chaleur, il est vrai, mais il n'en reste pas moins une certaine quantité en dissolution. D'un

autre côté, les autres matières albuminoïdes et même l'albumine coagulée se dissolvent au moins partiellement par l'action prolongée de l'ébullition. Il résulte de cela que les sirops
contiennent toujours une certaine proportion de matières
azotées, et comme il est très-difficile de les priver d'une manière absolue de ferment globulaire, on conçoit que, sous
l'influence d'une température suffisamment élevée, les sirops
puissent entrer en fermentation. Le mode rationnel de clarification a été indiqué précédemment (p. 469). C'est le seul
auquel on puisse avoir une juste confiance.

D'autre part, certaines circonstances hâtent ou favorisent la
fermentation. Ainsi, lorsqu'on introduit du sirop chaud dans
les bouteilles, lorsque celles-ci ne sont pas très-sèches, une
certaine quantité d'eau se réunit à la surface du sirop, et la
matière, *atténuée* sur ce point, entre en fermentation d'une
manière rapide. Le sirop ne doit être introduit dans les bouteilles que lorsqu'il est parfaitement refroidi, et les vases
doivent être secs et dépouillés de toute humidité. La fermentation se produit lorsque les bouteilles sont imparfaitement
remplies ou mal bouchées; dans ces cas, il se forme des
moisissures à la surface, surtout si le remplissage s'est fait à
chaud, et que le bouchon ne soit pas d'excellente qualité. Dans
ces dernières circonstances, il se produit, à l'intérieur, un
vide qui *appelle* l'air du dehors, et l'on voit apparaître des
cryptogames sur le sirop.

Dans les sirops de fruits acidules, tels que les sirops d'o-
ranges, de citrons, de groseilles, de cerises, etc., le sucre peut
se transformer, plus ou moins rapidement, en sucre de raisin. Cette transformation a lieu principalement en présence
des acides citrique et tartrique, en sorte que, souvent, on peut
voir les bouteilles qui renferment les sirops se tapisser à l'intérieur de masses en choux-fleurs formées par le sucre mamelonné.

On s'est mépris sur les causes de ce phénomène, qui est dû
simplement à l'action des acides végétaux et non pas, comme
M. Guibourt semble le supposer, à une action du ferment. Ce
savant observateur donne le conseil de n'employer que des
sucs parfaitement clarifiés, du sucre de première qualité, et
de faire chauffer le sirop pendant quelques secondes, afin de
détruire ou de modifier le ferment et de prévenir ce genre

d'altération. Toutes ces précautions sont bonnes et rationnelles ; mais elles n'empêchent pas la transformation du sucre
prismatique en sucre de raisin. De même, une ébullition de
quelques instants ne signifie absolument rien et ne conduit à
rien, qu'à retarder la fermentation, et il ne s'agit pas ici de ce
phénomène, bien que la fermentation puisse accélérer la modification du sucre. La préparation des sirops à froid ne présente pas plus de valeur pratique, quoique l'on ait constaté
que le changement du sucre se produit plus rapidement entre
$+$ 60 degrés et $+$ 90 degrés.

Nous le répétons très-nettement : il n'y a dans cette altération
qu'une cause à laquelle il faille s'attacher, celle de la présence
des acides, à laquelle une trop grande concentration vient
ajouter une influence indéniable. Nous supposerons, par
exemple, un sirop préparé à 36 degrés Baumé ($= 1,332$ d.),
renfermant 900 parties de sucre prismatique et 432 parties
d'eau, etc., à $+$ 15 degrés de température par litre. Pour
passer à l'état de sucre de raisin cristallisable, les 900 grammes
de sucre doivent se combiner, sous l'influence des acides, à
142 grammes d'eau, et le produit nouveau offre la composition
$C^{12} H^{14} O^{14}$. Il ne reste donc plus, après la transformation complète, que 290 grammes d'eau dans 1 litre, en présence de
$900 + 142 = 1\,042$ grammes de sucre de raisin. Or, ce sucre
exige 1 partie et demie d'eau pour se dissoudre à froid, en
sorte qu'il faudrait $1\,042 + 521 = 1\,563$ parties d'eau pour
tenir en dissolution tout le sucre de raisin qui peut se former,
et que la quantité restante d'eau ($= 290$) ne peut en maintenir
en dissolution que 193 grammes. Aussitôt donc que, *aux dépens du sucre prismatique et de l'eau d'un sirop, sous l'action des
acides*, il se sera formé assez de sucre de raisin pour que l'eau
restante ne suffise plus à tenir ce nouveau sucre en dissolution, il se déposera des cristaux mamelonnés à mesure de
l'augmentation de ce produit. Pour qu'un sirop acidule ne
dépose pas de sucre de raisin, après un temps suffisamment
long, il faudrait, *théoriquement*, qu'il contînt assez d'eau pour
suffire à la transformation et pour dissoudre le produit, c'est-
à-dire $142 + 1\,563 = 1\,805$ grammes d'eau pour 900 grammes
de sucre. Donc, en théorie, comme on suit la proportion inverse et que l'on emploie 2 grammes de sucre pour 1 gramme
de liquide, il ne se peut pas faire que les sirops acidules ne

déposent pas de sucre mamelonné après un certain temps.
En pratique, on peut retarder ce dépôt de sucre de raisin en
augmentant la proportion de liquide dans les sirops acidules
et, en les concentrant seulement à 28 degrés Baumé, de manière qu'ils renferment à peu près autant de sucre que de
liquide, on serait assuré de retarder, non pas la transformation, qui est forcée, mais la cristallisation en choux-fleurs,
pendant un temps très-suffisant.

En somme, on a proposé, pour la conservation des sirops,
de les soumettre au procédé d'Appert, de mettre une couche
de sirop simple à la surface, etc. La marche la plus sûre à
adopter consiste à les préparer suivant les règles, avec des
sucs bien épurés, à ne les introduire dans les bouteilles *bien
sèches* qu'après qu'ils sont parfaitement refroidis. On bouche
hermétiquement les vases avec des bouchons bien sains et de
premier choix, de manière qu'il n'y ait pas plus d'un centimètre de vide entre le bouchon et la liqueur, puis on couche
les bouteilles pendant vingt-quatre heures. Ce temps suffit
pour que les bouchons soient bien imprégnés du sirop et que
l'air ne puisse rentrer à l'intérieur. On fait bien alors de couper les bouchons et de coiffer les bouteilles avec de la cire.
On les conserve debout en lieu sec et frais. On doit éviter de
laisser les bouteilles en vidange. On a conseillé, pour ce dernier cas, d'y faire brûler le soufre d'une allumette et de boucher aussitôt avec soin.

Observations générales. — Les notions qui viennent d'être
rapidement exposées dans ce chapitre, doivent être considérées comme un ensemble de connaissances préliminaires
indispensables, par lesquelles le fabricant de liqueurs alcooliques doit se préparer à la pratique de son art. Les sucs,
les eaux distillées, les essences, les teintures, les infusions,
les sirops, telles sont les matières sur lesquelles on opère
habituellement, qui entrent en mélange avec le sucre, l'alcool
et l'eau, dans certaines proportions et sous certaines conditions, pour reproduire les compositions les plus diverses.

Mais on doit faire observer au lecteur que, dans un grand
nombre de formules, les différences reposent souvent sur des
écarts de la fantaisie ou du caprice. On connaît plus de dix formules pour préparer l'*anisette*, et il en est à peu près de même
de la plupart des autres liqueurs. Nous ne prétendons pas im-

poser une sorte de réglementation à la fabrication des liqueurs, dans ce qui est essentiellement variable, mais nous
ne pouvons nous empêcher de rappeler que cette confusion
que l'on rencontre dans les formules provient de l'envie et
de cette espèce de tendance malsaine à s'emparer, pour soi,
de ce qui est à tout le monde. Nous reproduirons plus loin les
recettes de la plupart des liqueurs connues, dont la réputation dénote un certain mérite, et nous nous contenterons de
faire observer que toutes les prétentions à l'originalité,
émises par certains liquoristes, ne présentent pas une grande
valeur. Nous ne trouvons pas qu'il y ait grand mérite ou invention réelle à diminuer ou augmenter un peu la dose de l'esprit de badiane ou de l'alcoolat de menthe dans les liqueurs où
entrent ces éléments; il n'y a là qu'une question de goût individuel que l'on peut très-bien ne pas partager. Les grands
mots et les phrases à effets de quelques écrivains qui se sont
occupés de ces matières, ne nous paraissent pas de nature à
prévaloir sur les faits, et c'est aux faits surtout que le fabricant sérieux doit attacher quelque importance.

§ X. — OPÉRATIONS PRINCIPALES DU LIQUORISTE.

Les opérations du fabricant de liqueur comprennent d'a-
bord toutes les préparations qui ont été indiquées dans les
paragraphes précédents et dont les résultats constituent, en
quelque façon, les matières premières de ses opérations ulté-
rieures. Comme les liqueurs sont essentiellement formées
d'alcool, de sucre et d'eau, et qu'elles ne diffèrent que par les
principes aromatiques que l'on y fait entrer, on peut grouper
de la manière suivante les phases du travail à exécuter :
1° *composition*; 2° *mélange*; 3° *tranchage*; 4° *coloration*; 5° *cla-*
rification.
Ces différentes opérations sont décrites, avec les détails nécessaires, dans un chapitre suivant (chap. III), qui est consacré spécialement à la préparation proprement dite des liqueurs, et nous nous bornons, à présent, à en donner une
idée générale.
La composition n'est autre chose que la détermination des
proportions d'alcool, de sucre, d'eau et de principes aroma-

tiques, qui doivent entrer dans une liqueur donnée. Cette
question est ordinairement résolue par les formules connues,
dont l'expérience a démontré la bonté, à moins que le fabricant n'ait pour but de préparer de nouveaux produits, soit à
l'aide de mélanges particuliers, soit en utilisant les ressources
particulières qu'il peut avoir sous la main. C'est plutôt, dans
tous les cas, un travail technique, exigeant du savoir et de
la réflexion, que ce n'est un travail manuel.

Le mélange est l'opération matérielle par laquelle on réunit
les différentes substances qui doivent entrer dans la préparation à exécuter. Cette opération se fait à froid, afin d'éviter
toute déperdition des principes volatils.

On pratique le tranchage en soumettant la liqueur à la digestion dans un vase clos, de manière à suppléer, par l'action
d'une douce chaleur, à celle du temps, et à donner au produit, en quelques heures, la finesse et le moelleux qu'il n'ac-
querrait que par la vétusté. Nous rappellerons à ce propos
que l'opération du tranchage des liqueurs est exactement l'a-
nalogue du chauffage des vins, dont on a vanté les résultats,
sans trop savoir pourquoi, sur la foi des affirmations d'un académicien connu. Il n'y a rien de neuf dans tout cela ; mais il
ne faut demander à ces manœuvres que ce qu'elles peuvent
donner, et ne pas s'amuser à faire de l'enthousiasme à froid.
Si le chauffage des vins peut vieillir et améliorer certains crus,
dépouiller et rendre plus conservables certains autres, il est
loin d'être toujours infaillible, et il y a des vins pour lesquels
ils est nuisible. De même pour le tranchage des liqueurs ; si
elles acquièrent toutes une plus grande homogénéité, plus de
fondu, suivant l'expression des liquoristes, lorsqu'on leur fait
subir lentement et méthodiquement l'action d'une température de $+70$ degrés, il en est qui perdent beaucoup de la délicatesse de leur parfum par ce moyen, en sorte que si l'exécution du tranchage est de règle générale, elle ne comporte pas
moins des exceptions fort nombreuses, tant par rapport à la
durée de l'opération que par rapport au degré de température à appliquer.

La coloration consiste à donner au mélange, soit la nuance
sous laquelle la composition est connue, soit une autre teinte
arbitraire. Elle s'exécute au moyen des matières colorantes
dont nous avons parlé précédemment.

La clarification des liqueurs s'opère par le collage et par la filtration. Bien que nous ayons traité ce sujet dans le second volume de cet ouvrage, nous reviendrons plus loin sur la clarification des liqueurs, à raison de l'extrême importance qu'on attache à la limpidité de ces produits et, aussi, parce que des pratiques nuisibles sont souvent mises en usage par des fabricants peu soigneux ou peu scrupuleux, et qu'il importe d'éclairer la fabrication sur les conséquences qui peuvent en résulter.

CHÁPITRE II.

Avant d'aborder la fabrication proprement dite des liqueurs alcooliques, il nous semble utile de réunir, dans un chapitre spécial, les notions nécessaires pour la préparation des eaux-de-vie de table. Les produits qui sortent des appareils distillatoires les plus parfaits, et qu'on obtient avec les matières premières les plus pures et les plus délicates, n'acquièrent toute leur perfection que par le temps, et il est souvent indispensable de les livrer à la circulation, sans attendre que la vieillesse leur ait apporté les qualités que l'acheteur est habitué à y rencontrer. D'un autre côté, l'extension des opérations de l'alcoolisateur, la marche rapide et forcée du progrès industriel ont introduit de nouveaux éléments dans la fabrication. Les eaux-de-vie de vin, les eaux-de-vie de marc ou de grains, les rhums et les kirschs, de fabrication normale, ont cessé de se partager le marché, depuis que les alcools de toute provenance, convenablement affinés et purifiés, sont employés à la préparation des eaux-de-vie de consommation. Ces alcools doivent être *coupés* ou *mouillés*, c'est-à-dire ramenés à un degré plus faible de richesse alcoolique, qui en permette la consommation directe. Les produits du mouillage des alcools conservent souvent quelque saveur d'origine, des huiles essentielles légères, des traces d'aromes étrangers, même lorsqu'ils proviennent des meilleurs établissements et qu'ils sont dus au travail le plus soigné. Il faut leur donner la saveur, le goût, l'arome, la douceur, la suavité que recherche le public, et l'on ne peut atteindre ce but qu'à l'aide de données précises.

Les eaux-de-vie de consommation sont de véritables liqueurs alcooliques, moins le sucre peut-être, des *alcoolats* ou des *alcoolatures* car on peut les regarder comme des mélanges d'alcool, d'eau et de principes aromatiques plus ou moins agréables. Presque toujours on y ajoute de faibles proportions de sucre, pour adoucir l'âpreté du produit et lui procurer un certain moelleux. Mises à part les différences de dosage, on peut donc ranger les eaux-de-vie parmi les liqueurs, et l'importance de ces produits, la grande consommation qui s'en fait dans le monde entier, une foule de raisons exigent qu'il soit fait une étude particulière des produits de la distillation considérés comme liqueurs de table.

Afin de ne pas retarder la marche de cette étude, et de ne pas fatiguer l'esprit du lecteur par des données numériques fastidieuses, nous renvoyons à un chapitre complémentaire, sous forme d'appendice, à la fin de ce volume, les tableaux indicateurs de la *force alcoolique* aux différents degrés de température de 0° à +30 degrés, les tables de *mouillage*, etc., que le praticien peut avoir besoin de consulter et dans lesquelles il trouvera la solution de la plupart des questions de calcul qui peuvent se présenter dans la pratique. Il suffira d'établir ici les généralités les plus importantes, indispensables à l'intelligence du travail de transformation des alcools ou de préparation des eaux-de-vie.

Les eaux-de-vie de consommation présentent une richesse alcoolique qui varie de 48 à 56 degrés centésimaux. Autrefois, on désignait sous le nom de *preuves* les différents degrés de force des produits alcooliques. La *preuve de Hollande* correspondait à 19 degrés de Cartier ou 49 degrés centésimaux. La *preuve d'huile* correspondait à 32 degrés de l'échelle de Cartier où 58°,5 de l'échelle centésimale. Ces dénominations surannées ne sont plus usitées aujourd'hui, sauf dans quelques contrées arriérées, où le système décimal n'a pas encore pu effacer les traces d'une numération peu rationnelle. Les alcools se désignaient sous les noms bizarres de : *cinq-six, cinq-neuf, trois-quatre, trois-cinq, trois-six, trois-sept*, etc., dont le sens était, cependant, assez compréhensible. Lorsqu'on parlait d'esprit *cinq-six*, par exemple, on entendait parler d'un produit d'une force telle que, en y ajoutant un cinquième d'eau, on obtenait 6 parties d'eau-de-vie, preuve de Hollande, à 19 degrés Cartier. De même le *trois-six* était un esprit assez fort pour que, en y ajoutant trois tiers ou poids égal d'eau, on obtînt pour résultat 6 parties de preuve de Hollande. Bien que l'expression de *trois-six* soit encore usitée pour désigner, en général, l'alcool à 86 degrés centésimaux, et quelquefois même, par abus de langage, l'alcool à 90 degrés (trois-sept), ces dénominations sont entièrement tombées en désuétude. Nous donnons cependant, pour mémoire et par curiosité, les chiffres de concordance de ces désignations avec les degrés de l'échelle centésimale, afin d'en préciser la signification.

Esprits.	Degrés de Cartier.	Degrés centésimaux.
5/6	22°,5	60°,0
4/5	23 ,0	61 ,5
3/4	25 ,0	66 ,67
3/5	29 ,0	76 ,60
4/7	30 ,0	78 ,67
5/9	30 ,33	79 ,25
6/11	32 ,0	82 ,50
3/6	34 ,0	86 ,10
3/7	36 ,0	89 ,50
3/8	38 ,0	92 ,67

§ I. — EAUX-DE-VIE.

Les eaux-de-vie de France sont les plus estimées du monde entier et, parmi elles, les produits que l'on préfère sont ceux des Charentes, que l'on désigne sous le nom d'*eaux-de-vie de Cognac*. Ces eaux-de-vie se préparent par la distillation directe des vins blancs un peu acidules de ces contrées vinicoles, lesquels produisent des aromes et des éthers légers d'un parfum très-agréable. Les produits sont toujours un peu âpres au début, et ils n'acquièrent tout leur mérite que par le temps. Or, la quantité que l'on produit de ces eaux-de-vie naturelles n'est certes pas en rapport avec celle des produits vendus sous le même nom, et toutes les eaux-de-vie de vin, d'une saveur et d'une odeur franche, sont employées à la préparation des *cognacs*. Les alcools industriels mêmes servent aujourd'hui à *la confection d'eaux-de-vie* dites *de Cognac*, aussi bien que les trois-six de vin connus sous les noms de *trois-six de Montpellier, d'Armagnac*, etc.

Pour couper les trois-six qui servent à la préparation des eaux-de-vie, comme pour abaisser le degré des eaux-de-vie nouvelles de vin, on emploie des proportions plus ou moins considérables de liquides aqueux, suivant la richesse de l'alcool ou du phlegme dont on dispose. Lorsqu'on se sert, pour cet objet, d'eau ordinaire, les eaux-de-vie sont ordinairement fort dures et ne présentent pas de finesse. On substitue donc le plus ordinairement à l'eau pure des préparations connues sous l'appellation de *petites eaux*, et qui contribuent à procurer aux eaux-de-vie du parfum et un certain velouté qu'il serait difficile d'obtenir, sinon par le séjour prolongé en futailles. C'est, d'ailleurs, par la durée très-considérable de la conservation en fûts, que les eaux-de-vie les plus renommées parvenaient à la perfection et à la haute valeur qui leur ont valu leur réputation, et ce que l'on pratique aujourd'hui n'a guère d'autre but que d'atteindre un résultat analogue dans une moindre durée de temps.

Préparation des petites eaux pour le mouillage des eaux-de-vie. — Il serait souvent trop coûteux de faire le coupage des esprits avec des préparations particulières, surtout pour les eaux-de-vie communes, et l'on se contente ordinairement de les réduire avec de l'eau de pluie au degré cherché. Nous conseillerons cependant de n'en faire la réduction qu'à 60 degrés par l'eau et d'en compléter ensuite le mouillage avec l'une des préparations ci-dessous, employées avec avantage pour les eaux-de-vie nouvelles des Charentes, et qui donnent les meilleurs résultats dans les coupages ordinaires.

1° Recueillir de l'eau de pluie à défaut d'eau distillée ; laisser reposer et tirer au clair après une quinzaine de jours. Ajouter à cette eau 12 litres d'eau-de-vie à 55-60 degrés, ou 10 litres d'esprit à 85 degrés, par hectolitre, pour s'opposer aux altérations. Conserver pour l'usage en fûts propres et bondés. Cette eau est excellente pour le coupage, après un an de séjour en futaille, et elle donne aux eaux-de-vie le moelleux, la suavité et la douceur, qu'on n'obtiendrait pas par l'emploi de l'eau pure.

2° Introduire 60 kilogrammes de copeaux de chêne blanc ou de coquilles de noix concassées dans une pipe de 6^h,5 de capacité (10 kilogrammes par hectolitre). Remplir d'eau et bonder. Huit jours après, rejeter cette première eau et la remplacer par de l'eau de pluie alcoolisée à 10 ou 12 pour 100. Bonder et conserver. Au bout de six mois, on peut se servir de cette préparation pour le mouillage des eaux-de-vie, auxquelles elle donne de la finesse, une couleur franche et le bouquet auquel les commerçants donnent le nom de *rancio*.

Plus on laisse vieillir cette préparation, meilleure elle est.

Cette seconde opération est la meilleure que l'on puisse employer. Pour les eaux-de-vie communes, on pratique souvent le coupage de l'esprit avec de l'eau de pluie ou de rivière, dans laquelle on fait dissoudre au moment du mélange 2,5 à 3 litres de mélasse de canne par hectolitre d'eau-de-vie à obtenir. On peut encore remplacer avantageusement la mélasse par une même proportion de sirop de raisin (peu mûr) et quelquefois on fait dissoudre dans l'eau du coupage un peu de tafia (1 à 2 litres par hectolitre d'eau-de-vie). La plupart du temps, ces préparations sont colorées en jaune ambré par un peu de caramel, de façon à donner à l'eau-de-vie une belle couleur jaune faible, et l'on y ajoute 20 à 25 grammes d'ammoniaque par hectolitre de produit à obtenir.

A côté de l'emploi des petites eaux pour le coupage des esprits ou l'abaissement de degré, tant pour les eaux-de-vie communes que pour les produits plus fins, on se sert fréquemment de certaines infusions alcooliques ou hydroalcooliques pour *améliorer le goût* des eaux-de-vie qui ont été ramenées au degré. Nous reproduisons quelques-unes de ces formules, choisies parmi les plus accréditées et celles qui méritent le plus de confiance.

A. *Essence de cognac.* — Pour 1 hectolitre d'eau-de-vie à améliorer, prendre :

Cachou pulvérisé.. ...	80 gr.	Vanille	5 gr.
Baume de Tolu pulvérisé.	8 gr.	Essence d'amandes amères.	1 gr.
Sassafras râpé..	12 gr.	Esprit de vin à 85 degrés.	1 lit.

Introduire toutes ces substances dans l'alcool après avoir trituré la vanille avec 100 grammes de sucre ; laisser infuser pendant huit à dix jours en agitant fréquemment, et décanter. Ajouter à l'eau-de-vie à traiter, et brasser pendant cinq minutes. Cette sorte de teinture peut être préparée à l'avance en plus grande quantité et conservée pour le besoin. Elle se rapproche, d'ailleurs, beaucoup de la formule suivante :

B. *Extrait de rancio pour vieillir le cognac.* — Prenez 60 grammes de cachou et 8 à 10 grammes de baume de Tolu pulvérisés ; faites infuser pendant deux jours dans 1 litre d'eau-de-vie à 58 ou 60 degrés ; laissez reposer pendant un jour et décantez. Ajoutez à la liqueur 25 grammes d'ammo-

niaque (alcali volatil), et introduisez dans l'eau-de-vie en opérant le mélange par un brassage énergique. Ces doses sont
pour un hectolitre.

Les deux formules qui viennent d'être rapportées sont la
base essentielle de tous les procédés de ce genre. On se sert
encore de plusieurs autres recettes pour améliorer les eaux-
de-vie des Charentes et de Saintonge. Nous citerons seulement les quatre suivantes, qui ont été calculées pour 1 hectolitre.

C. Prendre 1 litre de vieux rhum et y faire macérer
pendant un mois 2 grammes de poudre d'iris de Florence, les
zestes de deux petites oranges et 5 grammes de vanille pilée
avec 50 grammes de sucre. On tire au clair. On prépare ensuite une infusion avec 15 grammes de thé vert, 15 grammes
de fleurs de tilleul et 1 litre d'eau bouillante. On mêle les
deux liqueurs et l'on ajoute le tout à l'eau-de-vie. On opère le
mélange à l'aide d'un bon coup de fouet, puis on introduit
25 grammes d'alcali volatil et l'on brasse avec soin.

D. Prendre :

> Vieux rhum.........⎫
> Vieux kirsch.........⎬ de chacun, 1 litre et demi.
> Sirop de sucre.......⎭
> Infusion alcoolique de brou de noix. $0^l,50$

Ajouter à 1 hectolitre d'eau-de-vie ramenée au degré par
les petites eaux ; brasser, ajouter 25 grammes d'alcali volatil
et finir par un bon coup de fouet.

E. On modifie quelquefois cette formule de la manière
suivante :

> Vieux rhum. . . . .   2 litres.
> Vieux kirsch. . . . .   1 litre et demi à 2 litres.
> Sirop de raisin. . . . .   2 litres.
> Infusion alcoolique de brou de noix. $0^l,50$ à $0^l,75$

On ajoute le tout à l'eau-de-vie, puis, après brassage, on
additionne de 25 grammes d'alcali volatil et on fouette pendant cinq minutes.

F. Mélangez 150 litres d'eau-de-vie de Saintonge avec
50 litres de bon armagnac vieux, et réduisez à 50 degrés par
les petites eaux. Ajoutez-y par hectolitre 2 litres de vieux
rhum, autant de kirsch et autant de sirop de sucre, ou mieux
encore, de raisin, et 1 litre d'infusion de noix, puis, après

un coup de fouet, ajoutez 30 grammes d'ammoniaque et brassez.

Comme le lecteur peut le voir aisément, toutes ces formules tournent dans le même cercle et ces préparations ne sont guère que des modifications de la même recette fondamentale, dans laquelle le rhum, le kirsch, le sirop, l'infusion de noix, le cachou, le baume de Tolu, la vanille, le thé, sont les ingrédients que l'on emploie suivant le goût et les circonstances pour vieillir les eaux-de-vie et en augmenter l'arome, le moelleux et la finesse. Il convient de remarquer le rôle des astringents dans ces recettes. Lorsqu'on ne se sert pas de cachou, on emploie l'infusion de noix vertes ou le thé vert; mais il semble qu'il soit nécessaire d'ajouter dans les eaux-de-vie une proportion convenable de principes tanniques, lesquels d'ailleurs s'y dissolvent et s'y incorporent d'une façon merveilleuse. Ce sont ces principes qui donnent aux eaux-de-vie le goût de *rancio* ou de vieux qu'elles n'acquerraient que par un long séjour en chêne, et le brou de noix, le cachou, sont ce qu'il y a de mieux et de plus rationnel pour cela. Les sirops, surtout celui de raisin, la mélasse de bonne qualité, l'infusion de racine de réglisse ont pour but d'adoucir les liqueurs ; le baume de Tolu, la vanille, l'orange (écorce), l'infusion de coques d'amandes amères, donnent un bouquet agréable. Le sirop de raisin est préférable pour adoucir les eaux-de-vie, parce qu'il contient de la crème de tartre qui les fait *perler*, et parce qu'il retient les principes aromatiques du raisin, au moins en partie. Nous avons pu vérifier le bon résultat produit par l'infusion de 80 à 100 grammes de fleurs de vigne par hectolitre. Cette infusion procure une finesse et un parfum très-agréable aux eaux-de-vie déjà traitées par une des formules ci-dessus.

Beaucoup de praticiens se contentent d'ajouter à leurs eaux-de-vie l'infusion de 50 grammes de thé vert et 30 grammes de thé noir dans 1 litre d'eau bouillante, par hectolitre. D'autres ajoutent à cette infusion 250 à 300 grammes de sucre et vieillissent par l'addition de 25 à 30 grammes d'alcali. Le but principal de l'ammoniaque est de corriger l'âpreté des eaux-de-vie jeunes en neutralisant les acides qu'elles peuvent contenir ; dans tous les cas, la dose de 25 à 30 grammes par hectolitre ne présente aucun inconvénient.

Imitations. — Si l'art de l'épicier et du marchand de spiritueux, si l'astuce des liquoristes de faubourg s'exerce sur un
point particulier avec plus de ténacité que sur tous les autres,
c'est assurément vers les moyens de *faire des cognacs* avec des
trois-six de riz ou de betterave que ces industriels dirigent
leur attention. Dans les temps ordinaires, leur métier est fort
lucratif. D'un litre de trois-six ils font deux litres d'eau-de-vie
et, s'ils ont réussi dans leur manipulation, ils retirent 4 à
6 francs de ce qui leur a coûté 1 fr. 50 à 2 francs. Il ne faut
donc pas trop s'étonner de toutes les pratiques mystérieuses
dont les celliers et les caves de ces chimistes émérites sont
l'asile discret. Chacun d'eux a son procédé, sa méthode, dont
les détails varient selon la clientèle. Aux uns, ils fournissent
de la douceur et du parfum ; les délicats exigent des sirops,
du poussier de thé, un peu de vanille avariée ; pour les autres,
il faut quelque chose de plus dur et de plus âpre, qui gratte
le gosier, qui soit *fort* surtout. Cette force ne se donne pas
par l'alcool ; il n'y aurait pas de bénéfice. On a sous la main
le piment, le poivre de Cayenne, toutes les épices brûlantes
et corrosives de l'Asie et de l'Afrique ; la muscade, le girofle
et le gingembre sont les aromates par excellence, et l'on en
abuse. Heureux encore si cette infernale cuisine ne comporte
pas l'émploi de drogues plus pernicieuses et si les sels minéraux, les acides, les bases alcalines ne sont pas mis à contri-
bution dans les officines où l'on prépare le poison pour la
masse populaire.

Il est très-difficile, pour ne pas dire impossible, de trouver
à Paris, dans les magasins qui alimentent la *consommation courante*, un litre d'eau-de-vie des Charentes, pure d'origine.
Pour cela, il faut s'adresser à des maisons spéciales, honnêtes, dont la clientèle appartient à une classe riche; il faut
être connaisseur, payer cher, et encore on ne devrait rien garantir. Cela se comprend d'autant mieux que le négociant des
Charentes lui-même falsifie les produits naturels en les cou-
pant avec des trois-six fins du Nord. Cela arrive assez souvent
pour qu'on le craigne toujours, malgré toutes les affirmations,
car la vérité marchande est un oiseau rare, dont il ne convient pas trop d'espérer la rencontre.

Nous ne voulons pas entrer dans les détails au sujet des
pratiques auxquelles nous avons fait allusion, et nous ne

35

reproduirons pas des *recettes* dont l'exécution devrait être regardée comme une faute.

Dans les imitations de cognac dont il va être question, nous supposons que l'alcool servant de base à la préparation est du trois-six de vin, dit *trois-six de Montpellier*, franc de goût et d'une origine incontestable. On sait que les alcools commer- ciaux, dits *de fin goût*, sont employés sur une grande échelle à la fabrication des eaux-de-vie communes ; il est évident que des alcools de ce genre, *parfaitement francs*, valent autant que le montpellier pour préparer ces eaux-de-vie, mais il est bien rare que la franchise indispensable soit obtenue et, dès lors, on est obligé de chercher à masquer l'origine par toutes sortes de manipulations et de tripotages, dans la description des- quels nous ne pouvons pas entrer. Disons seulement que nous assimilons les alcools commerciaux aux alcools de vin, lorsque le degré de franchise est égal et que l'infection d'origine a tellement disparu, qu'elle ne reparaît pas au coupage et que le goût n'en peut retrouver la moindre trace. Ceci est à l'adresse des commerçants loyaux qui vendent du cognac pour du cognac et de l'eau-de-vie commune pour ce qu'elle est : cher, si elle est bonne; à bas prix, si elle est de basse qualité.

Ce qui est honteux et ignoble, ce n'est pas de faire des eaux- de-vie de consommation avec des alcools de riz, de fécule ou de betterave : c'est de vendre ce produit pour de l'eau-de-vie de vin, pour du cognac, ou du saint-jean-d'angély et, il faut qu'on le sache bien, pour l'honneur des négociants soucieux de leur dignité, le nombre est grand de ces menteurs, qui trompent sur la qualité de la marchandise vendue. Nous avons goûté et analysé une eau-de-vie vendue comme *fine- champagne* et qui n'était que l'eau-de-vie de betterave, mas- quée par une *sauce* impossible. Cette infamie avait été payée 10 francs le litre et elle valait bien 1 fr. 50, verre compris.

Nous recommandons aux acheteurs le procédé d'analyse que nous avons indiqué pour l'essai des phlegmes (p. 340). Il y a des lois en France et, malgré l'abâtardissement qui nous en- vahit, il faut que tous les hommes honnêtes sachent avoir recours à la loi contre les voleurs et les flibustiers qui désho- norent notre commerce. On achète sur facture et avec désignation ; on fait essayer par l'extraction des essences au moyen des huiles fixes, et si la marchandise vendue pour de l'eau-de-vie de Cognac, par exemple, renferme la moindre trace d'essence de betterave ou d'huiles essentielles de grains, de fécule, etc., on livre à la justice le vendeur déloyal. Il faut que des exemples se fassent, pour que l'on revienne à cette franchise des anciens marchands, pour que le commerçant en eaux-de-vie se décide à mettre le mensonge à la porte de son cellier. Ceci est de la *fine-champagne ;* elle est vendue de tel prix à tel autre suivant qualité ; ceci n'est que de l'*eau-de-vie de vin*, mais elle est garantie pure d'origine, et elle vaut tant ; cela n'est que du *coupage*, dont le prix varie, selon les qualités que j'ai su lui donner. Voilà le langage d'un honnête homme, et jamais il ne songera à vendre pour de l'eau-de-vie de vin, pour du cognac, etc., ce qu'il sait bien ne pas en être ; s'il n'est pas certain, il n'hésitera pas à dire qu'il doute ; s'il est certain, il ne mentira pas à la vérité.

A. Prendre une quantité quelconque de trois-six montpellier à 86 degrés et la réduire à 50 ou 52 degrés par l'eau de pluie, ou, mieux, par les petites eaux ; colorer avec le caramel et vieillir par l'addition de 30 grammes d'alcali volatil par hectolitre. Brasser. Cette formule est très-simple, mais elle ne donne que des résultats fort ordinaires.

B. Pour 1 hectolitre de trois-six réduit par les petites eaux, prendre :

Cachou pulvérisé.	40 grammes.
Thé vert et thé noir, de chacun . .	30 —
Rhubarbe.	1 —
Aloès socotrin.	1 —
Noix muscades pilées.	30 —
Fleurs de tilleul.	100 —

Faire infuser avec 2 litres d'eau bouillante, et agiter fréquemment pendant huit jours. Filtrer. Ajouter au produit filtré 5 litres de suc de raisin et mélanger à l'eau-de-vie par un brassage énergique.

Nous engageons les expérimentateurs à ne pas avoir de confiance aux recettes dans lesquelles on emploie la muscade. Cet aromate se décèle aisément et laisse une impression peu agréable au palais.

C. Voici une formule de meilleure application pour 100 litres d'eau-de-vie réduite à 55 degrés par l'eau de pluie :

Vieux rhum. . . . .
Vieux kirsch . . . . } de chacun, 2 litres.

Triturer 10 grammes de bonne vanille avec 50 grammes de sucre et mêler au rhum et au kirsch. Laisser infuser pendant deux jours.

Faire une décoction de 1 litre avec 500 grammes de racine de réglisse pilée, et faire infuser 120 grammes de camomille romaine dans 1 litre d'eau bouillante. Mêler les deux produits, et y ajouter 950 grammes de cassonade de canne.

Filtrer les infusions mélangées au rhum et au kirsch, et mélanger à l'eau-de-vie. Brasser avec soin.

Dans cette recette, nous ne voyons pas bien l'avantage de la camomille, dont l'odeur peut ne pas plaire. Nous la remplacerions volontiers par 30 grammes de cachou qui serait pilé et qu'on ferait infuser dans le rhum et le kirsch.

D. Voici une bonne préparation pour *imiter* le cognac avec les coupages de Montpellier. Pour 100 litres d'eau-de-vie réduite par des petites eaux, prendre :

Vieux rhum. . . . . 2 litres.
Infusion alcoolique de brou de noix. 2 —
Infusion d'amandes amères. . . . . 2 —

Ajouter l'infusion de 15 grammes de cachou pulvérisé et de 5 à 8 grammes de baume de Tolu dans 1 litre d'esprit à 85 degrés et introduire dans l'eau-de-vie. Après brassage, on ajoute 3 litres de sirop de raisin et 25 grammes d'alcali volatil.

E. On imite les eaux-de-vie d'Armagnac en ajoutant à 100 litres :

Infusion alcoolique de brou de noix. 1 litre à 1 litre et demi.
Infusion d'amandes amères. . . . . 2 litres.
Sirop de raisin. . . . . 3 —

F. On peut encore prendre pour base le mélange suivant ou quelque chose d'analogue :

Rhum. . . . . 2 litres.
Thé noir, 60 grammes pour. . 1 litre d'infusion.
Réglisse, 500 grammes pour. . 1 litre de décoction.
Sirop de raisin. . . . . . . 2 litres.

Pour 1 hectolitre, après réduction par les petites eaux.

Quelques personnes ajoutent encore un peu de crème de tartre (2 grammes) et d'acide borique (1 gramme) pour faire perler. Cela paraît assez inutile en présence de la décoction de réglisse.

En résumé, pour produire rationnellement des eaux-de-vie avec les trois-six francs et fins de goût, il faut d'abord les réduire au degré cherché, par l'eau de pluie ou les petites eaux[1]; on a soin d'ajouter aux eaux de mouillage 2 litres et demi à 3 litres de mélasse de canne, ou de sirop de raisin ; on colore par le caramel et l'on fouette avec 1,5 à 2 pour 100 de rhum et 25 grammes d'ammoniaque par hectolitre. On traite ensuite par l'une des préparations ci-dessus indiquées.

Il est à peine utile d'ajouter ici que les frelateurs, dont l'industrie malsaine pèse d'un poids énorme sur les destinées du monde civilisé, ne se préoccupent guère d'acquérir, pour leurs préparations, des alcools francs de goût. Peu leur importe la netteté de saveur et la neutralité des alcools dont ils se servent ; ils achètent aux plus bas prix, et il n'est pas rare de voir fabriquer des eaux-de-vie avec de véritables *alcools à vernis*. Tout ce qu'il leur faut, c'est de pouvoir introduire un maximum d'eau dans leurs poisons, tout en leur conservant cette âcreté brûlante, cette saveur irritante qui flatte les goûts dépravés de leur ignoble clientèle. *Il faut qu'ils en donnent beaucoup pour deux sous !* Voilà le secret réel de toutes les turpitudes que révèle l'examen des faits. Il faut, en outre, que le produit conduise rapidement à l'ivresse et, surtout, qu'il rapporte un gros bénéfice, quand même, à celui qui en trafique. Le problème est facile à résoudre dans certaines conditions. Au lieu de mouiller les trois-six communs de manière à les réduire seulement à 50 degrés, on les réduit jusqu'à 40 degrés et quelquefois même à un degré inférieur. On augmente la propriété enivrante de la liqueur par une infusion de *laurier-cerise*, de *cocculus*, de *datura*, d'*ivraie*, etc ; on lui donne l'âcreté par les *poivres*, les *piments*, le *gingembre* ; on y ajoute, au besoin, de l'acide sulfurique, pour donner plus de *montant*, et l'on parfume avec une *sauce*, c'est-à-dire avec l'infusion alcoolique de divers aromates destinés à masquer la saveur d'origine et à imiter autant que possible les produits honnêtes. Voici l'une de ces sauces, qui est assez en faveur

---

[1] Voir plus loin *Table de réduction et de mouillage*.

parmi les fabricants d'eaux-de-vie communes, dont la *préparation* se confond, à Paris surtout et dans les grands centres, avec celle des liqueurs frelatées et des absinthes vénéneuses.

Iris de Florence en poud.	25 gr.	Cachou pulvérisé. . . .	425 gr.
Capillaire du Canada. . .	210 gr.	Sassafras.	780 gr.
Thé Hyswen.	210 gr.	Fleurs de genêt. . . .	825 gr.
Véronique.	320 gr.	Réglisse fraîche. . . .	825 gr.
	Alcool à 85 degrés.		10 litres.

On fait macérer les matières dans l'alcool pendant sept à huit jours, on passe avec expression et l'on emploie, pour aromatiser les eaux-de-vie communes. Quelques-uns introduisent dans leurs sauces la muscade, le girofle, etc.; d'autres, enfin, plus économes sans doute, remplacent la teinture alcoolique par une infusion ou une macération de ces substances dans l'eau de coupage.

Ces choses sans nom se vendent avec l'étiquette de *cognac*, ou, dans tous les cas, on les livre à la consommation populaire comme des eaux-de-vie de vin.

La masse imbécile recherche ces produits et puise ses jouissances dans les plus grossières sensations. Un mercantilisme impudent favorise ces passions honteuses, parce qu'il y trouve son compte, et pas une mesure sérieuse n'est prise contre des attentats qu'on se contente de qualifier *délits* et qu'on ne réprime que par hasard.

Au point de vue de la valeur des eaux-de-vie, il convient de placer en première ligne les *phlegmes de vin, obtenus directement*, sans mouillage et sans réduction, qu'on laisse vieillir en futailles, et dont la force normale, de 54 degrés centésimaux, s'abaisse avec le temps jusqu'à 48 ou 50 degrés. Ces produits empruntent leur coloration aux principes solubles du bois des fûts, qui leur donnent, en outre, une très-légère astringence et le goût de *rancio*, si recherché des véritables amateurs. Des eaux-de-vie ainsi préparées, sans aucune espèce de tripotages, acquièrent à la longue une homogénéité parfaite, une douceur et une finesse incomparables, tout en conservant le parfum spécial du vin d'origine. On ne les trouve plus dans le commerce qu'avec une extrême difficulté et seulement chez quelques propriétaires soigneux, qui n'ont pas encore sacrifié à l'idole moderne, c'est-à-dire à la fureur de faire vite, sauf à faire plus mal.

Immédiatement au-dessous de ces eaux-de-vie, se placent celles qui ont été également obtenues par distillation directe du vin, à 59 ou 60 degrés, que l'on a vieillies après les avoir mouillées avec des petites eaux convenablement préparées, et dont on a augmenté l'arome par l'addition d'une composition bien calculée. Ces eaux-de-vie sont colorées artificiellement. La qualité en est généralement très-bonne et elles forment la classe réelle des *véritables eaux-de-vie de vin*, des produits dits *de Cognac*, etc. Sans atteindre à la finesse des premières, elles sont d'un haut mérite et, bien qu'elles puissent présenter des qualités très-diverses, selon la nature du vin distillé et suivant la perfection du traitement adopté, elles soutiennent parfaitement la vieille réputation des eaux-de-vie de France. On ne trouve ces eaux-de vie pures d'origine que dans des circonstances exceptionnelles.

Au troisième rang nous plaçons les eaux-de-vie préparées avec les esprits-de-vin, les alcools de Montpellier, d'Armagnac, etc., rectifiés à 85 degrés, que l'on coupe avec des petites eaux, que l'on aromatise, que l'on vieillit et que l'on colore par des compositions saines et bien appropriées à l'*imitation* des précédentes. Aujourd'hui, ces sortes de produits, qui représentent également des eaux-de-vie de vin, et dont les qualités extérieures, l'arome, le parfum, la finesse, sont le résultat d'un traitement artificiel, sont moins rares que les précédentes. Un grand nombre de fabricants d'eaux-de-vie, même dans les Charentes, achètent des esprits, provenant de la distillation des vins du Midi, et s'en servent à peu près exclusivement pour la préparaton de leurs eaux-de-vie. On comprend que la qualité de ces produits diffère selon l'origine et le traitement ; mais, au moins, peut-on être sûr que l'on a affaire à des *eaux-de-vie de vin* et que les liqueurs obtenues sont dans de bonnes conditions.

Les trois groupements dont nous venons de parler forment, par leur réunion, la série des eaux-de vie de vin , parmi lesquelles les palais exercés peuvent trouver des différences innombrables, mais qui sont, en somme, d'excellents produits que l'on peut vendre et acheter de confiance.

Un groupe intermédiaire est constitué par les *eaux-de-vie mixtes*, celles qui se vendent aujourd'hui couramment sous le nom de *cognacs*, malgré la duperie commerciale qui résulte de cette appellation. Elle sont fabriquées avec des *esprits-de-vin,* auxquels on ajoute, par économie et dans un but de lucre, des *alcools industriels fins,* dans des proportions très-variables. C'est sur ce groupe que s'exerce tout l'art des chimistes de cellier, et les fabricants déploient toute leur sagacité pour obtenir, avec ces esprits mélangés, des eaux-de-vie qui se rapprochent des produits naturels. Ils y parviennent quelquefois, et il est souvent très-difficile aux consommateurs vulgaires de découvrir la saveur des alcools étrangers qui en font partie. C'est ici une question de choix des matières, de dosage, d'habileté dans le travail du coupage, dans la composition des sauces ou des infusions aromatiques. La plus grande partie des eaux-de-vie commerciales, dites *pures,* de vin, appartiennent à ce groupe, et cette fraude, car on ne peut y voir autre chose, cette fraude ne tend à rien moins qu'à faire disparaître notre supériorité sur le marché.

A la suite de ce groupe des eaux-de-vie mixtes, nous plaçons les *eaux-de-vie de fabrication,* produites par le coupage des produits fins de l'industrie, dans lesquels il n'entre pas d'alcool de vin. Tous les produits de ce genre sont des eaux-de-vie communes. On en fait le cognac vulgaire des cafés et des marchands de vin ; on les déguise sous toutes les étiquettes, mais il est rare que l'on ne puisse pas en reconnaître l'arome particulier. C'est que, en effet, si des alcools parfaitement *neutres* peuvent fournir des produits aussi francs que les bons esprits-de-vin, ce que nous avons admis précédemment et ce qui est exact, une *neutralité* absolue est bien rare, et nous avouons franchement que nous ne l'avons pas souvent rencontrée. Ce défaut tient sans doute à ce que les rectificateurs ne se préoccupent pas assez des essences légères, et que, satisfaits d'avoir éliminé les huiles lourdes dans la rectification, ils ont adopté ce préjugé en vertu duquel la force passe pour correspondre à la pureté. Ce qui est vrai pour les huiles lourdes est absolument faux pour les essences légères, et nous nous sommes expliqué sur cette erreur, que plusieurs constructeurs ont cherché à accréditer dans l'intérêt de leurs machines distillatoires.

Le dernier groupe comprend les *mauvaises eaux-de-vie* préparées avec des esprits industriels mal purifiés, qui décèlent leur origine par les saveurs les plus diverses, et pour les-

quelles le travail du distillateur a consisté à masquer l'infection par des sauces impossibles, par des mélanges indescrip-
tibles d'aromates, d'irritants, d'excitants et, souvent, par des
matières vénéneuses. La fabrication et la vente de ces produits
devraient être sévèrement interdites dans un État civilisé, et
nous appelons hautement les pénalités de la loi contre les individus qui empoisonnent les consommateurs de la classe
ouvrière. Si les commissions d'hygiène secouaient leur tor-
peur et sortaient enfin de la coupable apathie dans laquelle
elles s'endorment, il serait possible de mettre un terme à un
odieux abus qui menace de nous détruire. C'est à l'usage de
ces poisons qu'il faut attribuer la multiplication des *fous furieux* qui menacent la société tout entière, dont la stupide
démence est un danger permanent pour la famille et qui sont
toujours prêts à grossir l'armée du désordre. On ne sait [pas
assez, dans les sphères gouvernementales, ce qu'un tonneau
de mauvaise eau-de-vie peut produire de crimes et d'infa-
mies ; on ne songe pas assez aux larmes et aux souffrances
des femmes et des enfants, à la dégradation et à la perversité
qui prennent naissance dans l'ivresse malsaine causée par le
poivre, la stramoine, l'acide prussique et, pour respecter la
liberté des falsificateurs aussi bien que celle des misérables
ivrognes, on abandonne à la misère et à l'immoralité tous
ceux qui se trouvent malheureusement sous la dépendance
de ces êtres nuisibles qui ne méritent pas de faire partie de
l'humanité. Le mal honteux qui nous dévore fait des progrès
incessants ; le flot monte sans relâche, et l'on peut prévoir le
moment fatal où nous serons engloutis dans une immense
catastrophe [1].

L'interdiction absolue des produits nuisibles dont nous venons de parler serait, à notre sens, un des meilleurs moyens à
employer pour diminuer le nombre toujours croissant des
accidents, des crimes et des cas de folie causés par l'ivresse.

Nous ne pouvons pas autre chose, contre cette malheureuse
situation, que de signaler la profondeur de la plaie ; c'est à

---

[1] Il a été fait, en France, une loi contre l'ivrognerie, loi anodine, s'il en
fût... La promulgation en a été retardée *sans raison plausible*, et l'on est en
droit de se demander si le pouvoir éprouve le besoin de *louvoyer* entre toutes
les passions et de se *ménager* des créatures dans les bas-fonds les plus infects
de la sentine sociale.

d'autres qu'il appartient d'en chercher et d'en appliquer le remède, et nous les engageons, au nom des intérêts sacrés de
la patrie, à prendre enfin les mesures de salut qui peuvent
conjurer le danger imminent qui nous entoure.

§ II. — RHUMS ET TAFIAS.

Nous n'avons pas à nous occuper ici de la préparation
normale et régulière du rhum ou du tafia, dont il a été parlé
dans le premier volume de cet ouvrage (p. 468 et suiv.). On
sait parfaitement, en effet, que l'odeur et la saveur particulières, assez désagréables, d'ailleurs, de ces produits, sont dues
à l'altération des principes de la canne ou de la mélasse de
canne, qui se décomposent par l'action du calorique. Le vesou
et la mélasse de canne, soumis à une fermentation régulière,
donnent un vin parfumé qui fournit par la distillation ménagée, à la vapeur, après filtration, des produits d'une finesse
remarquable et d'un parfum délicieux, dont l'arome rappelle
l'odeur aromatique des gâteaux de miel. Cette liqueur ne
ressemble en rien aux produits infects que l'on vend sous les
noms de *rhum* et de *tafia* et elle peut entrer en concurrence
avec les eaux-de-vie les plus parfaites. Mais l'empire des
préjugés est tel, que l'on s'est habitué à ne reconnaître le
rhum et le tafia qu'à leur odeur détestable et à leur saveur
presque nauséabonde. Aussi les falsificateurs sont-ils à l'aise
pour transformer en rhum artificiel les trois-six de l'industrie,
surtout ceux que l'on obtient par la distillation et la rectification des mélasses indigènes.

Nous indiquons ici quelques-unes des recettes suivies pour
la préparation de ces produits, dans l'espérance que ces données pourront contribuer à éclairer la consommation et à lui
faire prendre en dégoût des boissons exécrables, bonnes, tout
au plus, pour les usages externes de la médecine vétérinaire.

1° On prend 4^k,500 à 5 kilogrammes de cuir tanné neuf :
celui de bœuf est préférable. On le divise en petits morceaux. On y ajoute 600 à 700 grammes de tan de chêne neuf,
moulu, et l'on fait macérer le tout dans 1 hectolitre d'esprit de
mélasse à 60 degrés. Après un mois de macération, pendant
lequel on a agité fréquemment la matière, on ajoute 25 li-

tres d'eau et l'on distille le tout pour retirer 1 hectolitre de produit à 60 degrés. La liqueur distillée est abaissée au degré par de l'eau simple ou par des petites eaux et colorée au caramel.

2° On peut remplacer le cuir de bœuf par 1 kilogramme de cachou et porter la dose du tan à 1 kilogramme. On fait macérer avec 100 litres d'esprit à 60 degrés et l'on agit comme il vient d'être dit.

3° On fait dissoudre 25 à 30 kilogrammes de mélasse de canne dans 60 à 70 litres d'eau de pluie et l'on porte à l'ébullition avec 2 kilogrammes de pruneaux et 300 grammes d'écorce d'oranges. Lorsque les pruneaux sont ramollis, on retire du feu, on laisse refroidir à + 25 degrés et l'on ajoute 300 grammes de cuir de bœuf en petits fragments et 1^k,750 de bonne levûre de bière. On couvre et on laisse fermenter pendant trois semaines ou un mois. Au bout de ce temps, on filtre et l'on porte à 50 degrés en ajoutant au vin obtenu une quantité suffisante d'alcool à 85 degrés ou d'alcool commercial franc de goût.

4° Prendre 2 kilogrammes de râpure de cuir de bœuf, 500 grammes de tan neuf et 15 grammes de clous de girofle, que l'on introduit dans 1 hectolitre d'eau-de-vie de mélasse à 50 degrés. On y ajoute la solution alcoolique de 15 à 20 grammes de goudron de bois résineux, et on laisse macérer pendant une quinzaine de jours. On filtre alors et on colore jusqu'au point voulu avec le caramel.

5° D'autres personnes préparent une *sauce* en faisant infuser pendant un mois, dans 10 litres de trois-six de mélasse, 4 kilogrammes de râpure de cuir tanné neuf, 1 kilogramme de truffes noires divisées et 25 grammes de zestes d'oranges. Cette sauce est employée pour *parfumer* l'eau-de-vie de mélasse à 50 ou 51 degrés, que l'on colore ensuite avec le caramel. On introduit ensuite le produit dans une futaille que l'on a imprégnée de fumée de goudron, on met la bonde et on laisse vieillir.

6° On a encore conseillé de faire macérer pendant quinze jours 8 à 10 kilogrammes de canne à sucre incisée, dans 100 litres d'alcool à 85 degrés et 100 litres d'eau. Lorsque la macération est faite, on ajoute 2 kilogrammes de sel et l'on distille à feu nu pour retirer du produit à 50 degrés. On colore avec le caramel et on vieillit au besoin par l'ammoniaque.

Cette dernière recette donne un produit meilleur et plus fin que les précédentes, puisqu'il résulte, en réalité, de la distillation de l'alcool avec la canne, dont les principes volatils passent dans les produits condensés.

En réfléchissant à la formule suivie par les fabricants pour les *imitations de rhum et de tafia*, on trouve, en résumé, que le cuir tanné, le tan et le goudron forment les éléments importants des procédés adoptés. Il est clair que la matière animale du cuir ne représente aucune valeur et que le principe astringent, plus ou moins altéré, réuni aux principes empyreumatiques du goudron, agit à peu près seul dans ces préparations bizarres. On comprend qu'il faille préférer l'alcool de mélasse, peu déphlegmé, lorsque l'on cherche à imiter ou à contrefaire le rhum des colonies, mais tout cela n'explique pas l'espèce de perversion des sens et la dépravation de goût par suite desquelles certaines personnes recherchent des saveurs et des aromes qui leur déplairaient dans d'autres circonstances. Le meilleur rhum est quelque chose de fort mauvais lorsqu'il est nouvellement fabriqué. Les produits des colonies, non falsifiés, ont besoin de vieillir longtemps en fûts pour que les principes empyreumatiques se fondent dans la liqueur, qu'ils perdent de l'intensité de leur saveur et de leur odeur, et que la liqueur ait atteint la douceur et l'homogénéité qui en fait le mérite. Jamais les produits d'imitation n'atteignent cette perfection, et ce que la consommation vulgaire accepte sous le nom de *rhum* est bien une des plus mauvaises compositions qui existent. L'eau-de-vie de vesou ou de mélasse de canne, bien préparée, ressemble si peu à l'esprit empyreumatique et goudronné dont il vient d'être question, qu'il est absolument impossible de faire la moindre confusion entre des produits aussi dissemblables. On ne peut pas imiter la véritable eau-de-vie de vesou, tandis que les rhums et les tafias de la fabrication courante peuvent être imités au point de faire entrer dans la consommation des rhums à 1 fr. 50 le litre, et même au-dessous de ce prix. Cette circonstance suffirait seule pour permettre une appréciation exacte, si l'on n'était pas déjà prévenu par la connaissance des pratiques de la contrefaçon. En somme, si le vieux rhum des colonies, qui a acquis par le temps un velouté particulier et

qui est devenu très-doux et très-homogène, peut être regardé
comme une bonne liqueur, malgré la nature empyreumatique
de son arome, il ne peut en être ainsi de l'infusion de cuir de
bœuf et de goudron dans l'alcool de mélasse indigène, quand
même on y ferait entrer la truffe, les pruneaux et les écorces
d'oranges. Les sauces des *fabricants de rhum indigène* n'ont
d'autre but que de masquer l'odeur des alcools industriels et
de les faire entrer dans la consommation sous le masque
d'une étiquette trompeuse. On vend, à Paris seulement, beaucoup plus de rhum de la Jamaïque que les Antilles n'en produisent et, ici encore, il y a tromperie sur la qualité de la
marchandise vendue.

§ III. — KIRSCHS.

La plupart des kirschs ou des eaux-de-vie de cerises que
l'on rencontre dans le commerce offrent un goût d'empyreume et de brûlé qui n'est pas même dissimulé par la
présence de l'essence d'amandes amères et de l'acide cyanhydrique qui se trouvent dans ces produits. Cette circonstance
tient à ce que la distillation des cerises se fait mal et en dépit
de toutes les règles. On opère la distillation à feu nu sur des
matières pâteuses qui s'attachent au fond de la cucurbite et
s'altèrent par le calorique, et ce serait perdre du temps que
de chercher à critiquer les préjugés des paysans. La destruction de ces préjugés ne peut être que l'œuvre du temps. Nous
indiquerons cependant la marche à suivre pour obtenir de bon
kirsch, exempt de toute odeur d'empyreume et présentant
une limpidité parfaite, un goût pur et franc d'essence d'a-
mandes, avant de donner les recettes suivies pour quelques
imitations.

Premier procédé. — On cueille à la main les cerises les plus
mûres et les plus saines, et la récolte doit se faire par un
beau temps. Les fruits sont écrasés avec les mains, ou avec un
instrument quelconque, de manière à ne pas briser les noyaux,
et le jus seul, séparé par la pression en sacs ou par le tamisage, est mis en fermentation à la température de + 20 degrés à + 25 degrés. Le second jour de la fermentation, on
ajoute au liquide en travail les noyaux des fruits que l'on a

concassés au pilon, pour faciliter la mise en liberté de l'essence, ou plutôt la réaction de l'amygdaline sur la synaptase, car le phénomène chimique qui se passe dans ce cas est le même que celui que l'on observe dans le traitement des amandes amères. La fermentation dure huit jours, après lesquels on distille le tout à la vapeur, de manière à obtenir un produit moyen à 53 degrés.

Deuxième procédé. — Prendre 100 litres d'esprit à 85 degrés ; y faire macérer, pendant huit ou dix jours, 12^k,500 de noyaux de cerises (merises) concassés. Distiller ensuite la totalité au bain-marie avec addition de 20 pour 100 de sel dans l'eau de la cucurbite, de manière à retirer 100 litres. Réduire avec l'eau de pluie.

Modification. — Comme dans le procédé qui vient d'être indiqué, et ajouter au produit 10 à 12 grammes d'essence de noyaux et 16 grammes d'essence de néroli.

On peut faire une sorte de kirsch très-agréable en traitant tous les jus de fruits à noyau par le premier procédé. De même, on obtient un bon kirsch en faisant macérer dans toutes les eaux-de-vie franches ou les alcools neutres 12 à 15 kilo-grammes de noyaux de cerises, de prunes, d'abricots, de pêches, ou de pepins de pommes ou de poires, écrasés ou concassés. Cette indication du deuxième procédé, c'est-à-dire l'action par macération, est encore mieux remplie lorsque l'on traite les noyaux écrasés avec de l'eau seulement, et que, après quarante-huit heures de macération, on ajoute à ce macératum un volume égal d'esprit à 85 degrés avant de distiller. On obtient de cette manière des esprits très-parfumés, très-riches en essence de noyaux et débarrassés de toutes les saveurs et odeurs étrangères à la matière première. On ne peut trop insister sur ces données relativement à la préparation du kirsch, qui est une des plus élémentaires, pourvu que l'on ne perde pas de vue les principes qui la régissent.

En somme, le kirsch est une eau-de-vie de fruits qui contient une certaine proportion d'huile essentielle de noyaux. Cette essence est introduite dans le vin par la fermentation, ou dans l'alcool par une addition convenable des matières qui la renferment, ou même d'essence libre. La distillation, forçant l'alcool et l'essence à s'élever simultanément, fournit un produit qui est plus homogène et plus agréable qu'un simple mélange, et c'est tout. Pourvu que l'on ait pris toutes les précautions nécessaires pour éviter le goût d'empyreume, on aura atteint la perfection relative dans le procédé choisi.

Il n'en est pas de même des mélanges, lesquels ne fournissent jamais qu'un produit inférieur. Ainsi, on cherche à augmenter la quantité du kirsch produit par une proportion donnée du fruit, en ajoutant de l'alcool (25 à 30 pour 100) au vin de merises avant la distillation. On coupe le kirsch avec des eaux-de-vie communes de fruits à noyau; on y ajoute de l'alcool commercial étendu et parfumé avec l'essence d'amandes amères ou de noyaux. La première de ces pratiques est la plus rationnelle et permet d'atteindre un chiffre de produit plus avantageux, bien que la qualité soit un peu abaissée ; les autres ne donnent que des kirschs de mauvaise qualité, dans lesquels les origines se reconnaissent très-aisément.

Voici deux formules, dont l'exécution fournit un bon produit, même avec des alcools industriels, pourvu qu'ils soient bien neutres, ou d'une parfaite franchise.

1° Prendre :

Noyaux d'abricots. . . .	4k,500	Fleurs de pêcher. . .	500 gr.
Noyaux de cerises. . . .	15k,500	Myrrhe.	225 gr.
	Alcool à 85 degrés. . .	105 litres.	

Les noyaux écrasés sont introduits avec les feuilles et la myrrhe dans l'alcool, et on les fait macérer pendant quarante-huit heures. Au bout de ce temps, on verse le tout dans le bain-marie avec 50 litres d'eau et l'on distille pour retirer 100 litres. On réduit avec de l'eau jusqu'à 50 degrés et l'on ajoute 1 litre de sirop de sucre par hectolitre.

Le produit ainsi obtenu est très-acceptable et d'une saveur très-franche.

2° Dans la formule précédente, on peut remplacer les fleurs de pêcher par 1 kilogramme de feuilles sèches du même arbre et procéder de la même manière.

Nous reproduisons, par curiosité, les éléments d'une formule qui a été donnée pour la fabrication d'un *kirsch factice*, afin de prémunir le lecteur contre certaines imitations qui se pratiquent trop fréquemment. On prend 10 litres d'alcool à 85 degrés et l'on y fait dissoudre 2 décilitres d'eau distillée

de laurier-cerise. Cette solution est additionnée de 5 litres de
kirsch de bonne fabrication, et le mélange est réduit à
50 degrés avec de l'eau. On ajoute 2 ou 3 gouttes d'ammoniaque par litre, puis on agite avec 50 à 60 grammes de noir
animal lavé et l'on filtre.

Cette préparation ne vaut pas certainement les suivantes,
dans lesquelles, au moins, on ne fait pas entrer une substance
aussi dangereuse et aussi infidèle que l'hydrolat de laurier-
cerise.

1° On pile $2^k,500$ de noyaux d'abricots (amandes) et l'on
fait macérer pendant deux jours dans 1 hectolitre de vin
alcoolique du Midi, soit dans du vin des environs de Montpellier ou de Narbonne, par exemple, qui contient de 12 à 15
pour 100 d'alcool. On distille, pour retirer le produit alcoolique, à 51 degrés, et l'on ajoute 15 grammes de sirop de
sucre par litre.

2° Un autre procédé, qui fournit un bon produit, consiste
à ajouter au jus de cerises, mis en fermentation avec les
noyaux concassés ou pilés, une proportion de sucre brut suffisante pour porter la richesse alcoolique du vin à 10 ou 15
pour 100 et à distiller ensuite à la vapeur, par serpentin,
lorsque la fermentation est terminée.

3° Nous avons obtenu un bon kirsch en faisant fermenter
20 kilogrammes de sucre dans 100 litres d'eau, après avoir
transformé le sucre prismatique en sucre incristallisable par
une ébullition d'un quart d'heure en présence de 250 grammes
d'acide sulfurique. La solution, neutralisée par 260 grammes
de craie pulvérisée, filtrée, et mise en fermentation à + 25 degrés avec 800 grammes de bonne levûre et un peu d'acide
tartrique, subit promptement la transformation vineuse. On
fait macérer dans le vin de sucre 1 kilogramme et demi de
noyaux concassés et pilés et 500 grammes de feuilles de pêcher sèches et, au bout de huit jours, on distille pour retirer
tout le produit alcoolique à 50 degrés. Le kirsch, obtenu de
cette manière par la distillation à la vapeur, est comparable
aux meilleurs produits des Vosges pour l'arome, le parfum et
la saveur, sans présenter la moindre trace d'empyreume.

Observations. 1° Quelques personnes ont prétendu que les
jus de cerises ne rendent en alcool que les deux tiers ou
les trois quarts de leur sucre. Il y a là une erreur d'obser-

vation qu'il importe de relever dans l'intérêt des fabricants. Nous avons constaté, par l'examen direct, qu'il est impossible de s'en rapporter aux indications de la saccharimétrie chimique pour l'appréciation des jus de fruits acidules et, en particulier, de ceux qui contiennent de l'acide citrique. Ces indications saccharimétriques sont beaucoup trop élevées, et l'erreur peut aller jusqu'à 30 pour 100 et au delà. Pour obtenir une appréciation juste, il faut préalablement défèquer la portion de jus sur laquelle on opère, la débarrasser surtout de l'acide citrique, du mucilage et des principes pectiques, ce à quoi l'on parvient par un léger chaulage et la neutralisation par le sulfate d'alumine. Le dosage que l'on fait ensuite est exempt des causes d'erreur qui ont vicié les résultats de plusieurs observateurs.

2° D'après nos observations, on peut préparer un très-bon kirsch avec les pepins des pommes et des poires qu'on laisse perdre le plus souvent dans les pays à cidre. On prend $2^k,50$ de ces pepins, on les écrase et on les fait macérer dans 50 litres d'esprit à 85 degrés, étendus de 100 litres d'eau. Il est bon d'ajouter au liquide en macération 1 kilogramme de feuilles de pêcher sèches. Après deux jours de macération, on distille à la vapeur, et le produit, obtenu à 50 degrés, est adouci avec 15 grammes de sirop simple par litre.

3° Le kirsch s'améliore beaucoup en vieillissant ; mais le résultat est beaucoup plus rapide lorsque l'on peut exposer la liqueur à la gelée. Dans les pays de production, on met le kirsch en bonbonnes et, pendant la première année, on ne bouche les vases qui le contiennent qu'avec du papier ou un tampon de coton peu serré, afin de permettre la vaporisation du principe âcre. On place les bouteilles ou les bonbonnes dans des pièces où une température moyenne favorise cette séparation, et on ne procède à une fermeture hermétique qu'après un an.

Il est clair, d'après cette observation, et en tenant note de la grande volatilité de l'acide prussique contenu dans tous les kirschs, que ces liqueurs n'acquièrent un peu de douceur que par l'élimination de ce principe qui est très-volatil. Il en résulte nécessairement que le meilleur moyen d'améliorer promptement le kirsch consisterait à lui faire subir un tranchage, c'est-à-dire à le soumettre pendant quelques heures à une température peu élevée. Le résultat justifie cette observation. Il suffit de placer le kirsch nouveau dans le bain-marie d'un alambic et de le chauffer à + 80 degrés environ, jusqu'à ce que la distillation soit prête à commencer, ce qui est indiqué par l'échauffement du col de cygne avant l'entrée dans le réfrigérent; on arrête alors le feu sous la cucurbite, ou l'introduction de la vapeur, si l'on chauffe par cet agent, ce qui est de beaucoup préférable, et on laisse refroidir lentement. Lorsque le refroidissement est complet, on retire le kirsch, on l'adoucit encore par un peu de sirop (10 grammes par litre), on le filtre au besoin, et on peut le mettre en bouteilles que l'on bouche aussitôt.

4° Le préjugé admis veut que le kirsch ait d'autant plus de valeur qu'il est plus limpide et plus incolore. Dans le cas où l'on aurait de cette liqueur qui présenterait un peu de coloration ou une certaine apparence louche, on la rectifie par une seconde distillation. Mais si le produit est de bonne qualité, il est beaucoup plus simple de le mélanger avec 2 millièmes (2 grammes par litre) de charbon animal fin, bien lavé. On agite à plusieurs reprises pendant deux jours et l'on filtre au papier : nous disons que le charbon animal doit être lavé, afin qu'il n'apporte aucun mauvais goût à la liqueur, et cette précaution ne doit jamais être mise en oubli lorsqu'il s'agit de décolorer des liqueurs de consommation.

5° Dans cette condition et sous la réserve d'une décoloration ultérieure, on ne risque donc absolument rien à laisser séjourner le kirsch pendant un certain temps dans des futailles en bois de chêne, qui l'améliorent beaucoup. Il suffit de le décolorer et de le filtrer lorsqu'on veut le mettre en bouteilles au bout de quelques mois. Le frêne, que l'on a conseillé pour la fabrication des barils à kirsch, sous le prétexte qu'il ne colore pas le produit alcoolique, n'offre pas la même action que le merrain de chêne, et la dépense de décoloration est si faible qu'elle ne peut arrêter un seul instant le fabricant intelligent, désireux d'obtenir avant tout des produits de première qualité.

§ IV. — GENIÈVRE.

Nous ne croyons pas utile de nous arrêter à l'examen de certains produits qu'on livre directement à la consommation dans quelques contrées, et les *eaux-de-vie de marc*, celles de *cidre*, de *grains*, de *pommes de terre*, ont été précédemment l'objet d'observations suffisantes. Nous n'en parlerons donc pas ici ; mais nous pensons qu'il convient, cependant, d'indiquer les divers modes de préparation du *genièvre*, dont la réputation, fort surfaite, est très-exaltée en Angleterre, en Hollande, en Belgique et dans certaines contrées de l'Allemagne.

Le genièvre n'est, au fond, qu'un *alcoolat*, un *alcoolé* ou une *alcoolature* (esprit, teinture ou infusion) de baies de genièvre, que l'on prépare avec l'alcool de grains et les baies sèches ou fraîches de genévrier commun. L'eau-de-vie de grains étant à peu près le seul produit alcoolique possible dans les pays du Nord, on a dû songer à l'aromatiser, pour en augmenter la consommation, et l'on a choisi, avec une certaine raison, l'aromate des contrées septentrionales. Tout cela est d'intérêt local, et il n'y a rien à dire contre cette tendance. Nous ne reprocherons donc pas au genièvre d'être ce qu'il est ; mais nous avons constaté que cette liqueur est une des plus pernicieuses, une de celles qui agissent avec le plus d'énergie sur le cerveau. Ce résultat dépend, à notre sens, de l'extrême *diffusibilité* des essences qui entrent dans sa composition. L'ivresse par le genièvre porte à la férocité, à la bestialité, et les crimes commis sous l'influence de cet agent n'ont rien qui nous étonne beaucoup. Cet effet se produit surtout chez les individus plus nerveux et plus intelligents. Ainsi, dans le peuple anglais, dont l'excitabilité est réelle, malgré une apparence flegmatique et un calme de convention, l'intoxication par le *gin*, ou même par l'*old-Tom*, doit être considérée comme la cause principale des rixes, souvent sanglantes, des bas-fonds de la Cité de Londres ou des ports maritimes anglais. Il en est à peu près de même en Belgique, dont les habitants offrent le mélange le plus bizarre sous le rapport des prédispositions générales. Dans toutes les provinces où le tempérament nerveux et excitable prédomine, l'ivresse due au genièvre se caractérise par l'irritation, la colère et la fureur. Des malheurs irréparables en sont trop souvent la conséquence. Il en serait de même en France, avec la nature inquiète, turbulente et fébrile des habitants de ce pays, s'ils n'avaient trouvé le moyen de se passer du genièvre, qu'ils n'aiment pas, et de s'empoisonner par l'absinthe, plus dangereuse encore. Les Flamands, au contraire, et les Hollandais, dont la constitution lourde et épaisse, dont le tempérament sanguin et la structure massive font une sorte de type particulier, n'éprouvent pas ordinairement les symptômes d'excitation avec une énergie également marquée. Ils franchissent, en quelque façon, cette période, pour arriver à la congestion de l'ivresse stupide et comateuse, et ils perdent peu à peu l'intelligence pour tomber dans l'idiotisme, à la suite de ces *abus de la pléthore*. Les deux ordres de phénomènes peuvent s'observer à peu près également chez les peuples allemands. De ces considérations générales, que ne peuvent infirmer des faits exceptionnels, nous concluons que le genièvre est une liqueur dangereuse, et nous le plaçons immédiatement après l'absinthe, par rapport aux résultats qui peuvent être produits par l'usage habituel ou excessif de cette boisson.

Les conséquences en sont encore beaucoup plus désastreuses lorsque le genièvre est frelaté, ce qui arrive souvent, et lorsque les fabricants ou les vendeurs font entrer dans leurs compositions toutes les drogues malfaisantes que leur imagination peut leur signaler...

Les procédés employés pour faire le genièvre varient beaucoup et, en général, ils consistent à introduire, par hectolitre d'eau-de-vie, les principes volatils des baies de genièvre dans une proportion très-variable. Cette introduction peut se faire de différentes manières.

A. Après avoir obtenu le phlegme de grains (seigle et orge, le plus souvent) dans les conditions ordinaires de la distillation, on rectifie ce phlegme avec 1 à 2 kilogrammes de baies concassées, par hectolitre de produit à 46-49 degrés centésimaux. Certains distillateurs, au lieu de mettre simplement les baies dans le phlegme, les déposent dans un sac ou dans un vase perforé qui est suspendu dans le liquide. D'autres font passer les vapeurs mixtes dans un vase intermédiaire, où les baies aromatiques, concassées, sont déposées dans la proportion convenable, et ces vapeurs se chargent, au passage, des principes aromatiques du fruit.

B. *Genièvre (alcoolat)*. — Baies de genièvre, 500 grammes ; houblon de premier choix, 50 grammes ; alcool à 85 degrés, 3^l,25. Écraser les matières et macérer pendant vingt-quatre heures. Distiller au bain-marie avec 3 litres d'eau et retirer 3 litres. Ajouter : alcool à 85 degrés, 2^l,75, et eau ordinaire, 4^l,25, pour obtenir 10 litres de genièvre (formule de Hollande.)

On peut préparer avec cet alcoolat les liqueurs de genièvre, et il suffit pour cela de les additionner convenablement de sirop. Nous donnons plus loin une formule suivie en Allemagne pour obtenir un produit de ce genre.

C. *Genièvre, par l'essence*. — Essence de genièvre, 10 grammes ; alcool à 85 degrés, 5^l,60. On fait dissoudre l'essence dans l'alcool et l'on complète 10 litres, par 4^l,40 d'eau ordinaire. On filtre.

Tous les procédés suivis pour la préparation du genièvre peuvent se ramener à l'un des trois qui viennent d'être indiqués, au moins pour tous les pays où l'on tient à donner à ce produit une certaine perfection relative. En Norwége, où l'on consomme beaucoup de genièvre, on se contente de préparer une sorte d'alcoolé en faisant macérer des baies dans l'eau-de-vie, pendant huit jours. La proportion moyenne est de 2 kilogrammes à 2^k,500 par hectolitre d'eau-de-vie de grains à 54 degrés. On comprend que le produit ainsi obtenu contient non-seulement les huiles volatiles des baies, mais encore les principes résineux et les matières extractives, en sorte que ce genièvre ne peut être supporté que par des palais habitués à la sensation caustique et irritante qu'il produit sur les organes.

Le meilleur genièvre est celui de Schiedam. Mais encore, quelle qu'en soit la finesse, nous ne persistons pas moins dans notre opinion, et ne pouvons-nous voir dans cet alcoolat qu'une solution d'une essence nuisible, dont les propriétés excitantes ne sont pas compensées par quelques qualités utiles que nous nous plaisons à reconnaître. Il est démontré que les baies de genièvre ont une action diurétique assez marquée, que leur emploi est utile dans la gravelle et qu'elles sont un bon prophylactique contre les fièvres de marais ; mais il n'est pas moins vrai, d'autre part, que, outre une action spéciale sur le cerveau, l'abus de l'eau-de-vie de genièvre détermine des affections intestinales graves, des maladies nerveuses, de l'hypochondrie et quelquefois même le cancer de l'estomac. C'est assez dire que c'est contre l'abus que nous nous élevons ici, sans méconnaître, toutefois, les bons effets que l'on peut retirer d'un usage très-modéré de cette boisson, dans certaines circonstances particulières. L'absinthe aussi est un des meilleurs agents de la matière médicale, et personne n'a jamais songé à proscrire les applications rationnelles de cette précieuse plante, tandis que tous les praticiens sont d'accord pour reconnaître l'action délétère de l'essence d'absinthe. Sauf quelques différences dans les effets produits, les deux cas sont absolument identiques aux yeux des observateurs.

On peut considérer le wiskey des Anglais comme une sorte de genièvre analogue à celui de Hollande. Cependant, la plupart des producteurs, en Angleterre et en Ecosse, ont pris l'habitude de sucrer légèrement cette boisson et d'y ajouter, selon leur fantaisie, des aromates de haut goût et de saveur irritante. Il n'y a, du reste, rien de stable ou de raisonné dans leurs compositions et elles n'offrent aucun intérêt au point de vue de la technologie.

CHAPITRE III.

FABRICATION DES LIQUEURS.

Si le fabricant est désireux de se soustraire à l'influence routinière de gens qui se sont occupés des liqueurs sans connaître les principes fondamentaux de cette fabrication, il doit chercher, non-seulement à simplifier son travail, mais encore à ramener aux règles du bon sens les questions les plus importantes de son art. Nous croyons donc utile d'abandonner un moment les théories des liquoristes qui ont écrit sur la matière et de négliger, quant à présent, leurs divisions et leurs classifications pour nous arrêter seulement à ce qui est raisonnable. Or, en nous reportant aux données très-pratiques du chapitre premier de ce livre, il est facile de voir comment nous pouvons composer les liqueurs dans la presque totalité des cas. Il résultera de cet examen sommaire une clarté plus grande dans les détails et une appréciation plus certaine des faits de la pratique.

Les liqueurs étant des mélanges d'alcool, de sucre et de principes aromatiques, on devrait admettre autant de genres de liqueurs que nous avons indiqué de solutions aromatiques, ou plutôt de procédés généraux pour préparer ces solutions. On aurait ainsi, dans l'exécution, un groupement plus satisfaisant. La première classe des liqueurs comprendrait celles qui sont préparées avec les *sucs exprimés et épurés* des fruits et des substances végétales unis au sucre et à l'alcool, que le sucre soit introduit sous sa forme cristalline ou sous forme de sirop.

Les liqueurs par *infusions aqueuses* devraient être placées dans un deuxième groupe, qui comprendrait toutes celles dont on préparerait l'élément aromatique par une des formes de la macération, avec l'eau pour menstrue.

On aurait ensuite les liqueurs préparées avec les *sirops composés*, et ces trois premières classes se sépareraient très-nettement des suivantes, dans lesquelles l'alcool joue le rôle de dissolvant.

Le quatrième groupe serait celui des liqueurs par les *hydrolats* ou les *eaux distillées*.

On placerait au cinquième rang les liqueurs par les *essences* ou les *huiles volatiles*. Les liqueurs par les *alcoolats* ou les *esprits aromatiques, simples* ou *composés*, celles par les *alcoolés* (*teintures* des liquoristes), par les *alcoolatures* (*infusions*), formeraient ainsi une série naturelle et logique que l'on compléterait par l'adoption d'un dernier groupe, celui des *liqueurs mixtes*, comprenant tous les produits complexes, dont la préparation rentre à la fois dans les conditions de plusieurs des autres groupes.

On formerait ainsi neuf groupes, dans lesquels il serait possible de faire entrer la description de toutes les liqueurs connues et même de toutes les liqueurs possibles.

Rien n'empêcherait, en outre, d'adopter la distinction, très-normale et très-pratique, des liqueurs, en *liqueurs ordinaires, doubles, tiers-fines, demi-fines, fines* et *surfines*, car ces termes de métier correspondraient alors à des idées justes et exactes. Nous sommes obligé de sacrifier, jusqu'à un certain point, aux notions reçues ; aussi diviserons-nous les liqueurs en liqueurs par *distillation* et liqueurs par *mélange*, en cherchant à faire coïncider avec ces deux groupements principaux les idées que nous venons d'émettre. Un paragraphe sera consacré aux *liqueurs mixtes*, et nous pourrons arriver ainsi à établir une sorte de transition entre la division actuelle et une classification plus rationnelle.

Du laboratoire du fabricant de liqueurs. — L'officine du liquoriste porte habituellement le nom de *laboratoire*. Cette pièce doit être disposée de la manière la plus commode pour le travail qu'on doit y exécuter. Voici comment nous en comprenons les détails :

1° En règle générale, le laboratoire proprement dit devant servir à la composition des liqueurs et de tous les produits primaires qui sont préparés d'avance, il doit être distrait et séparé du lieu où se fait la distillation. On ne doit pas y souffrir de feu sous aucun prétexte, toutes les opérations qui exigent l'action directe du feu devant être exécutées dans un local particulier, entièrement indépendant. C'est que, en effet, tout le travail du liquoriste pouvant s'effectuer à la vapeur, nous comprenons difficilement que l'on s'expose à un danger permanent d'incendie par l'établissement de fourneaux à feu nu dans un endroit où se trouvent des essences, des esprits, des teintures, des alcools, etc.

2° Le magasin où l'on dépose les matières premières, non inflammables, distinct de celui qui est destiné aux produits fabriqués, doit communiquer au laboratoire ; les produits de la fabrication doivent être déposés dans un magasin isolé, où il ne puisse se faire de feu, afin de supprimer toutes les causes d'un danger permanent, dont les ouvriers et les employés n'ont pas toujours une crainte suffisante.

3° Les alcools destinés à la fabrication doivent être conservés dans un cellier fermé, voûté, dallé, recevant une lumière suffisante pour qu'on n'ait pas à y pénétrer avec des lampes ou des bougies.

4° En tenant compte de ces idées générales, on doit établir la fabrique de liqueurs dans une série de locaux, disposés au rez-de-chaussée et de plain-pied avec une cour spacieuse, dans laquelle on doit trouver de l'eau en abondance. Les bâtiments doivent être adossés contre un gros mur, solidement construit ; les murs de refend sont construits en briques sur une épaisseur de 33 centimètres, et le mur de face, également en briques, doit présenter 44 centimètres. Au-dessus des pièces, on fait régner une série de voûtes légères, en briques, qui reposent sur les murs de refend et écartent tout péril venant du dehors. Ces voûtes sont nivelées, entre les portées, par une couche de sable sec ; on place par-dessus soit une terrasse, soit un grenier et une couverture.

5° En partant d'une extrémité, on peut avoir une distribution régulière des locaux : 1° une petite cuisine avec son fourneau et sa hotte, pour la torréfaction du café et du cacao ; 2° l'emplacement pour le générateur ; 3° la distillerie ; 4° le laboratoire ; 5° le magasin des matières premières ; 6° le magasin des produits ; 7° le cellier des alcools. Les deux premiers de ces locaux ne donnent lieu à aucune observation particulière, sinon en ceci qu'ils n'ont pas de communication intérieure avec le reste et qu'ils sont séparés de la distillerie par un mur en briques, plein, aussi épais que le mur de face. Toutes ces pièces prennent tous leurs jours sur la cour intérieure.

6° La distillerie est chauffée par la vapeur. Elle présente toute une série d'appareils distillatoires, simples, à colonnes, à bain-marie, de capacité différente, selon les divers besoins de l'établissement. Tous les appareils sont disposés de manière que les produits soient dirigés dans le laboratoire, qui communique avec la distillerie par une porte intérieure et avec la cour par une autre porte. Dans le laboratoire, contre le mur de fond, une table en fonte, percée d'ouvertures calculées, sert de support pour les bassines à fond plat et à fond sphérique, pour les vases à trancher, etc., qui sont chauffés par un jet de vapeur, soit à l'aide de serpentins, soit par des doubles fonds. Une table latérale, très-basse, supporte les cylindres à digestion; les bains-marie pour les macérations, etc. Une grande table de travail occupe presque tout le milieu de cette pièce et supporte des balances de différentes forces; elle est munie de tiroirs où se serrent les menus instruments. Tout autour, dans tous les vides, se dressent des armoires et des étagères destinées à recevoir ou à renfermer les substances que l'on doit toujours avoir sous la main et les produits primaires, les matières colorantes, etc. Le magasin suivant, qui s'ouvre dans le laboratoire et sur la cour, contient, dans des bocaux, des boîtes ou des caisses, les aromates, le sucre et toutes les matières d'approvisionnement. Enfin, le magasin des produits fabriqués renferme ces produits, rangés et étiquetés avec le plus grand ordre, dans des vases de contenance diverse, depuis les fûts de plusieurs hectolitres jusqu'aux flacons et aux bouteilles. Le cellier aux alcools n'offre aucune disposition spéciale en dehors de ce qui a été dit; mais il est bon qu'il soit placé en retour, de manière à permettre le transport des futailles au laboratoire, à l'aide d'un petit chemin de fer et d'un chariot de transport.

Instrumentation. — Les appareils nécessaires à la fabrication méthodique et rationnelle des liqueurs sont assez nombreux et nous les indiquons sommairement et par ordre : Deux *torréfacteurs* ou *brûloirs*, pour le café et le cacao; quelques *vans* en osier et les *outils de foyer* doivent garnir la petite pièce destinée au travail à feu nu, dans laquelle, du reste, on pourrait établir une *paillasse* de fourneau et sa *hotte*, avec trois ou quatre foyers, pour certaines opérations à feu nu. Le local affecté au *générateur* ne contient que cet apparéil avec ses accessoires, ses outils de foyer, etc. L'eau est fournie par un réservoir supérieur.

La distillerie ne renferme que les appareils distillatoires, assez écartés pour qu'on puisse circuler autour de chacun. Nous ne décrirons pas ces appareils, que nos lecteurs connaissent, d'ailleurs, parfaitement, et nous nous bornerons à quelques explications indispensables, au sujet de l'appareil à *feu nu*, encore employé par les liquoristes, malgré les inconvénients qu'il présente.

Cet appareil est représenté *en montage* par la figure 103, ci-dessous. A est la cucurbite, placée, ordinairement à demeure,

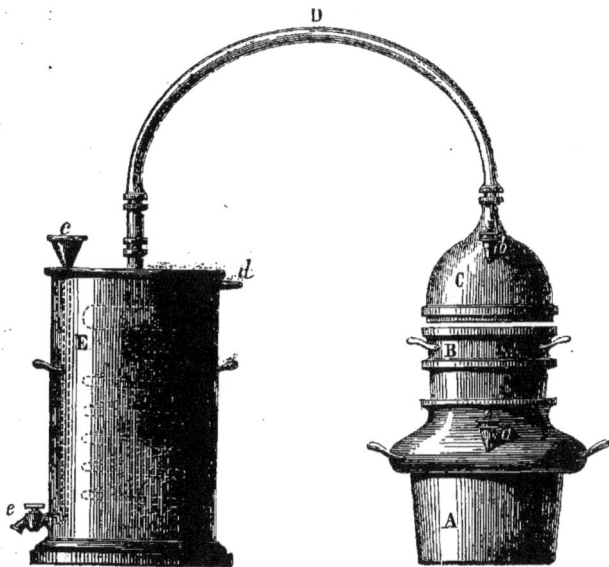

Fig. 103.

dans la maçonnerie d'un fourneau : la tubulure a sert à y introduire les liquides ; B est le bain-marie ; C, le dôme ou le chapiteau ; D, le col de cygne, et E le réfrigérent à serpentin, muni d'un tube à entonnoir c pour l'arrivée du liquide de réfrigération, d'un trop-plein d et d'une vidange e. La sortie du produit de la distillation n'est pas visible sur le dessin. On distille avec cet appareil, soit à l'aide de la cucurbite seule, à feu nu, soit avec le bain-marie, lorsqu'on redoute les produits

empyreumatiques. Souvent aussi, dans la distillation à la cucurbite, on place sur le fond un double fond perforé (fig. 104) que
l'on replie pour en faciliter l'introduction, et qu'on établit sur
ses supports en le développant après l'avoir introduit. C'est
sur ce faux fond que sont déposées les matières destinées à

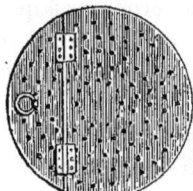

subir la distillation, afin qu'elles ne puissent pas s'attacher au fond et subir une
décomposition qui donnerait lieu à la formation de produits empyreumatiques.

Cet effet est obtenu plus sûrement par
la distillation au bain-marie percé, représenté par le vase E de la figure 105.
C'est dans ce bain-marie que l'on dépose

Fig. 104.

les matières solides, fleurs, feuilles, fruits, bois et écorces, et
comme il baigne dans le liquide de la cucurbite, cette dispo-

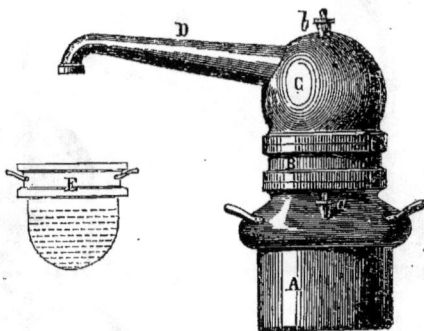

Fig. 105.

sition offre les avantages de la distillation à feu nu sans en présenter les inconvénients. Elle est surtout avantageuse pour
la préparation des eaux distillées et des essences. L'appareil
distillatoire de la figure 105 ne diffère du précédent que parce
qu'il conserve la *tête de more* des anciens appareils, ce qui ne
présente pas une bien grande utilité.

Dans le laboratoire, du côté de la distillerie, sont placés des
récipients pour les produits distillés ou rectifiés, des *vases flo-
rentins* pour les essences. Des *bains-marie*, des *cylindres à
digestion*, des *vases à trancher*, munis de leurs *thermomètres*,
les *conges* ou cylindres à mélange, gradués, les *bassines* de dif-

férentes grandeurs pour les sirops, une *presse de travail*,
complètent la série des instruments les plus volumineux. Il
est indispensable d'avoir à sa disposition des *balances*, un *tré-
buchet*, avec leurs *poids*, des *mortiers* de différent diamètre
en verre, en porcelaine, en marbre ou en fonte, avec leurs
pilons, des *cisailles* à inciser, des *râpes*, des *moulins* pour les
aromates, des *tamis*, des *filtres à filtrer*, des *filtres à noir*, des
blanchets et des *chausses* de tailles assorties, en coton et en
laine, des *brocs*, des *seaux*, des *capsules*, des *vases* et des *ter-
rines* en étain, en grès ou en verre, des *mesures de capacité*
pour les liquides. On doit avoir des *siphons*, des *entonnoirs* en
fer-blanc, en cuivre et en verre, des *cruches*, des *flacons* et des
bouteilles; on ne saurait se passer d'*écumoires*, de *cuillers*, de
spatules ; il convient d'être toujours muni de *thermomètres*,
d'*aréomètres*, d'*alcoomètres*, d'avoir au moins un *appareil
d'essai* pour les liqueurs alcooliques, et une *petite presse* de
pharmacie peut rendre de très-bons services dans toutes les
opérations de recherches auxquelles on peut vouloir se
livrer.

On doit trouver dans le magasin aux matières premières
une *table* pour le pesage, des *balances*, une petite *bascule*, des
sacs assortis, des *sébilles*, des *corbeilles*, des *couteaux à sucre*, etc.

Il serait difficile, sans doute, d'énumérer tous les menus
instruments dont on peut avoir besoin dans une fabrique de
liqueurs, et les fabricants suppléeront fort bien à ce qui peut
manquer dans cette indication sommaire, par laquelle nous
avons voulu seulement donner un aperçu rapide des objets les
plus essentiels, de ceux qui sont d'un usage courant et journalier.

Travail du laboratoire. — C'est dans le laboratoire proprement dit que se fait le véritable travail technique et la plus
grande partie du travail matériel d'une fabrique de liqueurs.
Après avoir reçu du magasin les matières premières, sucre,
aromates, etc., dont il a besoin, et dont la quantité a été soigneusement portée sur des livres de sortie et d'entrée, le chef
de laboratoire se fait également délivrer au cellier un volume
d'alcool déterminé, répondant au besoin du jour. Les matières ont été mondées au magasin et elles entrent au laboratoire dans la condition utile au travail. Là elles sont pesées,
selon les proportions de chaque composition, divisées, pilées,

mises en digestion ou en macération. C'est le laboratoire qui transmet à la distillerie les substances à distiller et qui reçoit directement les produits, en sorte que le compte d'entrée du laboratoire solde le compte de sortie du magasin.

Chaque opération, dûment classée et prévue, exige un travail particulier. La préparation des sucs, des infusions, des eaux distillées, des esprits, des teintures, des alcoolatures, des sirops, ne présente aucune difficulté après les dosages et les indications que nous avons donnés précédemment, et il suffit de s'y conformer pour atteindre avec certitude les résultats, pourvu que la plus grande propreté, l'attention la plus scrupuleuse, les soins les plus minutieux soient la règle invariable de l'établissement. Nous prenons donc le travail du liquoriste au moment où il possède toutes les matières primaires utiles à la confection de ses produits, et nous complétons les données sommaires par lesquelles nous avons terminé le chapitre précédent.

Comme il a été dit, p. 536, la *composition* est un travail technique plutôt qu'une opération manuelle. A notre avis, elle doit d'abord se faire sur le papier, être vérifiée par un essai sur petites quantités, s'il s'agit d'une formule nouvelle ou d'une modification à une formule connue, et ne s'exécuter en grand qu'après cette vérification. Pour les formules connues et acceptées, qui doivent être suivies ponctuellement, le travail de composition n'existe pas ; mais, dans tous les autres cas, il requiert une certaine habileté, de l'expérience pratique et du goût, pour que les dosages soient combinés avec sagacité. Le dosage du sucre et celui de l'alcool présente peu de difficulté ; mais l'emploi des aromates et des parfums exige des connaissances réelles et une aptitude individuelle suffisante. On a beau savoir, ce qui se dit partout, que le musc fait ressortir l'ambre, que le fenouil et l'anis corrigent la badiane, que le girofle relève le coing, que la vanille présente plus de parfum lorsqu'elle a été triturée avec le sucre, que le citron ou l'orange adoucissent l'absinthe : tout cela ne suffit pas au véritable liquoriste qui doit, tout d'abord, donner à ses produits la plus grande somme de propriétés hygiéniques et, ensuite, les rendre tellement agréables au goût, qu'il force, pour ainsi dire, la consommation et l'acheteur à venir à lui. Les livres ne peuvent rien à cela, et la plus habile dissertation ne vaudra jamais, sous ce rapport, une seule année d'expérience.

Nous nous permettrons ici un avis qui résulte de nos observations personnelles faites dans plusieurs fabriques. Le liquoriste doit être sobre, sous peine de perdre la certitude de son goût et l'exactitude de ses sensations. Tout fabricant de liqueurs, qui boit, qui sirote, à tort ou à raison, n'aboutit qu'à pervertir l'instrument naturel de contrôle que la nature lui a donné, qu'il a perfectionné par l'expérience et qu'il détruit par le vice et la sottise. On ne doit pas tolérer un ivrogne parmi les employés et les ouvriers d'une fabrique de liqueurs.

Le *mélange* des produits doit se faire avec une certaine méthode. On comprend que les essences, les eaux distillées, les esprits et les solutions parfumées pourraient perdre de leurs principes volatils, si la chaleur intervenait dans cette opération. On opère donc le mélange à froid, en mettant d'abord dans un vase gradué ou un conge la solution parfumée, puis l'alcool simple ; on agite avec soin à l'aide d'un large spatule ; on introduit alors le sirop, qu'on mêle régulièrement, de la même façon. On termine l'opération en ajoutant, avec l'agitation nécessaire, la quantité d'eau convenable pour atteindre le volume cherché, ou pour réduire la force alcoolique de la composition à un degré déterminé. On laisse ensuite reposer pendant quelques jours, avant de procéder à la dégustation.

Si l'on se sert d'essences comme parfums, on les dissout d'abord dans une certaine quantité d'alcool, 1 litre par exemple, que l'on considère ensuite comme esprit parfumé, et l'on opère comme il vient d'être dit. Il est toujours préférable d'introduire le sucre à l'état de sirop. Le sirop est fait à chaud et on le laisse refroidir avant de le mélanger.

Lorsque les produits mélangés ont été vérifiés par la dégustation, on les *tranche*, c'est-à-dire qu'on les soumet à l'action d'une chaleur douce, inférieure au point de volatilisation de l'alcool ($78°,4$) et qu'on les laisse refroidir lentement. Cette opération leur donne du *fondu* et de l'homogénéité ; mais il faut se garder de la pratiquer sur les liqueurs dont le parfum est facilement altérable. Un bon vase à trancher doit toujours être muni d'un thermomètre. Il doit être formé d'un bainmarie plongeant dans l'eau contenue dans une enveloppe extérieure, et cette eau est portée vers +-70 degrés par la vapeur. On laisse ensuite refroidir lentement.

Après le tranchage, on procède à la *coloration*, au besoin. Nous n'avons rien à ajouter à ce qui a été dit sur cette opération qui est d'une extrême simplicité, puisqu'elle consiste à ajouter peu à peu de la matière colorante, en agitant, jusqu'à ce qu'on ait obtenu la nuance cherchée.

Les liqueurs doivent être d'une limpidité extrême. On les colle au blanc d'œuf, à la colle de poisson, à la gélatine, lorsqu'elles ne renferment pas de principes astringents qu'il soit utile de conserver. Dans ce cas, il convient de recourir à la filtration.

La solution d'un demi-blanc d'œuf, de 1 gramme de colle de poisson ou de 3 grammes de gélatine, suffit pour 10 litres de liqueur. On emploie ces matières suivant les données bien connues de nos lecteurs. Après le collage, on laisse reposer et on filtre. La filtration s'opère à l'aide de chausses en laine, très-propres, qui sont placées dans des filtres en cuivre, étamés à l'intérieur ; ou délaye dans la liqueur quelques feuilles de papier blanc sans colle, réduites en pâte, et on remet dans la chausse tout ce qui s'écoule du filtre jusqu'à ce que la limpidité soit irréprochable. Tous les agents chimiques de clarification doivent être rejetés dans la préparation des liqueurs.

On conserve les liqueurs en tonneaux, en dames-jeannes ou en flacons de grès, à une température de +-12 à +-15 degrés, à l'abri du soleil, des secousses et des oscillations, et elles s'améliorent toutes par le temps, surtout dans les grands vases.

Proportions de convention. — Bien que rien ne soit fixé dans la fabrication des liqueurs, il y a cependant quelques proportions usuelles entre les quantités de sucre et d'alcool qui entrent dans un volume déterminé de liqueur. Les fabricants peuvent parfaitement, d'ailleurs, se soustraire à ces conventions d'usage, pourvu qu'ils sachent satisfaire les goûts et les besoins de la consommation.

1° Les *liqueurs ordinaires* représentent par litre 25 centilitres d'alcool à 85 degrés, et 125 grammes de sucre, avec une indication de 5 degrés au pèse-sirop de Baumé.

2° Les *liqueurs doubles* renferment 50 centilitres d'alcool à 85 degrés et 250 grammes de sucre par litre.

3° Les *liqueurs demi-fines* contiennent 28 centilitres d'alcool à 85 degrés et 250 grammes de sucre par litre; elles marquent 10 degrés au pèse-sirop.

4° Les *liqueurs tiers-fines* (Paris) étant formées d'un mélange de liqueurs demi-fines et ordinaires en volumes égaux, il en résulte qu'elles contiennent 26 centilitres et demi d'alcool à 85 degrés et 180 à 185 grammes de sucre par litre, avec une densité de 7 degrés Baumé environ.

5° Les *liqueurs fines* renferment 32 centilitres d'alcool à 85 degrés et 437 grammes de sucre par litre. Elles pèsent de 15 à 17 degrés au pèse-sirop de Baumé.

6° Les *liqueurs surfines* contiennent de 38 à 40 centilitres d'alcool à 85 degrés et 560 grammes de sucre par litre, et elles marquent de 20 à 22 degrés au pèse-sirop de Baumé.

7° Enfin, les *liqueurs* dites *des îles* ont des proportions fixes de 40 centilitres d'alcool et de 500 grammes de sucre par litre.

On comprend que les chiffres précédents ne sont guère que des moyennes; mais, dans la pratique, il est bon de s'y conformer dans le plus grand nombre des cas. Comme on procède par mélange d'esprits parfumés avec l'alcool ordinaire à 85 degrés, les premiers viennent en déduction, évidemment, sur la quantité du second à employer régulièrement, et cette quantité est diminuée d'autant. De même, lorsque l'on emploie des sirops simples ou complexes en remplacement d'une portion ou de la totalité du sucre, il est absolument indispensable de tenir compte de la valeur en sucre des sirops employés, de manière à rester dans les dosages acceptés. Le tableau ci-dessus (p. 530) donne les indications nécessaires à ce sujet. Il est regrettable, à notre avis, que les fabricants de liqueurs n'adoptent pas nettement l'usage du sirop simple au lieu de sucre, ce mode donnant des résultats plus constants et plus comparables. Il est vrai de dire que l'emploi du sucre est plus commode pour le dosage et qu'il favorise peut-être un peu la paresse; mais ce prétexte ne nous paraît pas assez plausible pour qu'on s'y arrête.

Les expressions surannées d'*élixirs*, *ratafiats*, *eaux*, *huiles*, *chrèmes*, que l'on emploie encore fort souvent, ne présentent plus aujourd'hui un sens assez précis et rigoureux et la plupart de ceux qui s'en servent ne leur attribuent pas de signification déterminée. Nous ne les emploierons que pour nous

37

conformer aux exigences de l'usage, pour compléter la désignation de certains produits. Les *élixirs* (de l'arabe *al achsir*) répondaient aux liqueurs par alcoolats composés; les *ratafiats* seraient les produits préparés avec les sucs de fruits, bien qu'on étende ce terme aux liqueurs préparées avec les alcoolatures; les *eaux* ou liqueurs proprement dites sont les produits *ordinaires*, obtenus le plus souvent par les alcoolés; les *huiles* correspondent aux produits *demi-fins*, par les alcoolats; et les *chrèmes* aux produits fins et surfins dans tous les genres. Ces expressions n'ont plus une valeur assez déterminée. En laissant de côté le terme générique de *ratafiats*, nous donnerions volontiers le nom d'*eaux* ou de *liqueurs* aux produits ordinaires de tous les groupes, celui d'*huiles*, aux produits *demi-fins*, et celui de *chrèmes* aux produits fins et surfins, en sorte que la proportion du sucre et de l'alcool serait le point de départ de ces dénominations, si l'on tenait à les conserver.

Disons encore, avant de passer à la description des principales liqueurs, que lorsque l'on remplace une partie du sucre par le glucose, soit par une économie plus ou moins avouable, soit pour donner plus de consistance aux produits et une sensation gommeuse et grasse qui plaît à certains consommateurs, on emploie pour 1 kilogramme de sucre 2 kilogrammes de glucose à 36 degrés Baumé. On fait aujourd'hui une grande quantité de ces liqueurs pâteuses au glucose, et l'économie de fabrication qui résulte de ce genre de préparation permet de livrer les liqueurs à un prix réduit, auquel s'attachent toujours les débitants plutôt qu'à la qualité réelle. C'est ici, cependant, le cas où jamais de répéter que le plus cher est le meilleur marché, et les vrais amateurs de liqueurs ne se laissent pas tromper par un motif de ce genre. Une liqueur n'est saine et utile, elle ne favorise les fonctions physiologiques que lorsqu'elle est d'excellente qualité et que l'on n'en fait usage qu'à très-petites doses. C'est justement le contraire de ce qui se passe et de ce que l'on observe chez les consommateurs vulgaires, lesquels recherchent, avant tout, la quantité.

§ 1. — FABRICATION DES LIQUEURS PAR DISTILLATION.

Ce groupe de liqueurs comprend essentiellement les produits obtenus par les *alcoolats* ou *esprits parfumés*, *composés* le plus souvent, que l'on prépare au moment même de la fabrication. Nous ferons observer que les alcoolats composés sont rarement préparés à l'avance, comme nous l'avons déjà dit pour les teintures composées ; mais, au fond, cette circonstance ne modifie rien à une classification raisonnée et les liqueurs de ce groupe ne sont pas moins produites *en mélange* par les *alcoolats* ou les *esprits* simples ou composés.

On peut apprécier aisément les manipulations à exécuter. Les aromates incisés, divisés, pulvérisés, sont traités comme il a été dit pour la préparation des alcoolats composés (p. 507). On les fait macérer dans l'alcool, on ajoute de l'eau et on distille pour rectifier ensuite avec une nouvelle proportion d'eau et retirer une certaine quantité de bon produit. Cet esprit parfumé est mélangé avec le sucre, réduit au degré convenable, coloré, clarifié, etc. Le sucre est toujours dissous à chaud dans une partie de l'eau, et on laisse refroidir le sirop, que l'on mêle à froid avec l'esprit parfumé ; on ajoute le reste de l'eau, on soumet au tranchage, on colore, on clarifie par le collage au besoin, et l'on filtre.

Cette méthode générale n'offre aucune difficulté dans la pratique et elle ne diffère pas de la fabrication des liqueurs par les alcoolats et par simple mélange, sinon en ce que l'on prépare l'esprit parfumé au moment même de la fabrication. Nous adoptons l'ordre alphabétique dans la reproduction des formules et nous avons cru ne pas devoir faire un paragraphe à part pour les liqueurs étrangères, que nous nous sommes contenté de décrire à la suite, dans l'ordre régulier.

Nous avons indiqué la formule de l'esprit d'absinthe simple (p. 500) et celle d'un esprit d'absinthe composé (p. 506). Voici les principaux dosages pour la préparation des *alcoolats d'absinthes*, destinés à servir à la fabrication des liqueurs ou à être livrés, sans sucre, à la consommation (*extraits*) :

1° *Absinthe ordinaire.* — *Extrait* ou *alcoolat composé.* — Prendre : sommités fleuries et feuilles de grande absinthe, 250 grammes ; sommités fleuries et sèches d'hysope, 50 grammes ; citronnelle, 50 grammes ; anis vert, 200 grammes. Faire macérer les matières contusées dans le bain-marie, avec 5l,60 d'alcool à 85 degrés. Après vingt-quatre heures, ajoutez 5 litres d'eau et distiller doucement pour retirer 5l,60 de bon produit. Compléter 10 litres à 46 degrés par une addition d'eau (4^l,40). Colorer en vert par le bleu d'indigo. Laisser reposer et décanter.

2° *Absinthe demi-fine.* — Prendre : grande absinthe, sommités fleuries et feuilles , 250 grammes; petite absinthe, 100 grammes ; hysope, 50 grammes ; citronnelle, 50 grammes ; racine d'angélique, 12 grammes ; anis vert, 400 grammes ; badiane , 200 grammes ; fenouil , 100 grammes. Contuser, piler et diviser les matières. Faire un alcoolat ou esprit parfumé par macération avec 2^l,50 d'alcool à 85 degrés. Distillation après vingt-quatre heures avec addition de 2 litres d'eau. Retirer 2^l,30 de bon produit, auquel on ajoute 3^l,50 d'alcool à 85 degrés et 4^l,20 d'eau pour compléter 10 litres à 49 degrés. Colorer comme pour l'absinthe ordinaire.

3° *Autre formule* pour une *absinthe demi-fine.* — Grande absinthe, 250 grammes ; petite absinthe, 100 grammes ; hysope, 50 grammes ; menthe poivrée (au lieu de citronnelle), 50 grammes ; anis vert, 400 grammes ; badiane, 200 grammes ; fenouil, 200j grammes. Coriandre, 100 grammes. Macérer avec 4 litres d'alcool à 85 degrés. Ajouter 2^l,50 d'eau et distiller. Retirer 3^l,8 de bon produit et ajouter 2^l,50 d'alcool à 85 degrés. Compléter 10 litres à 53 degrés par 3^l,7 d'eau ordinaire. Colorer comme ci-dessus.

4° *Absinthe fine.* — Grande absinthe, 250 grammes ; petite absinthe, 50 grammes ; hysope, 100 grammes ; citronnelle, 100 grammes ; anis vert, 500 grammes ; badiane, 100 grammes ; fenouil, 200 grammes ; coriandre, 100 grammes. Macération avec 5^l,50 d'alcool à 85 degrés. Après vingt-quatre heures, ajouter 2^l,50 d'eau, distiller et retirer 5^l,25 d'alcoolat. Ajouter 2^l,75 d'alcool à 85 degrés et 2 litres d'eau pour obtenir 10 litres à 65 degrés. Colorer en vert de Russie par le bleu et le caramel.

5° *Absinthe fine. — Formule suisse.* — Grande absinthe, 1000 grammes ; petite absinthe , 500 grammes ; racine d'angélique, 62 grammes ; calamus aromaticus, 62 grammes. Dictame de Crète (origan), 15 grammes. Macérer pendant huit jours avec 6 litres d'alcool à 85 degrés et distiller pour retirer 5 litres. Aromatiser avec 4 grammes d'essence d'anis vert. Colorer en vert-olive. Cette formule *mixte* rentrerait dans les formules par distillation, si l'on remplaçait l'essence par 400 grammes de graines pilées, en macération.

6° *Absinthe.* — *Formule allemande.* — Grande absinthe, 230 grammes ; racine d'angélique, 75 grammes ; anis vert, 375 grammes ; badiane, 150 grammes ; fenouil, 375 grammes ; coriandre, 110 grammes. Macérer pendant quarante-huit heures au moins avec 10 litres d'alcool à 60 degrés. Distiller lentement pour retirer 7 litres et demi à 8 litres de bon produit et compléter 10 litres à 75 degrés avec de l'alcool à 90 degrés très-franc. Colorer en vert.

7° *Autre formule allemande.* — Absinthe grande, 200 grammes ; absinthe pontique, 75 grammes ; racine d'angélique, 150 grammes ; calamus aromaticus, 120 grammes ; anis vert, 150 grammes ; badiane, 150 grammes ; coriandre, 150 grammes ; origan, 30 grammes ; marjolaine, 75 grammes. Même mode d'opération et même produit. Cette formule est très-analogue à celle du numéro 5.

Les formules qui précèdent ne produisent que des alcoolats ; mais il nous a semblé utile de compléter ici ce qui avait été indiqué précédemment pour éviter de scinder l'ordre que nous avons adopté.

8° *Chrème d'absinthe (surfine).* — Feuilles et sommités fleuries de grande absinthe, 225 grammes ; petite absinthe, 60 grammes ; menthe poivrée, feuilles sèches, 60 grammes ; anis vert, 60 grammes ; fenouil, 25 grammes ; calamus aromaticus, 15 grammes ; zestes de deux citrons. Faire macérer, pendant deux jours, dans 4 litres d'alcool à 85 degrés, ajouter $3^l,50$ d'eau, distiller et retirer $3^l,80$. Ajouter à froid un sirop préparé à chaud avec $5^k,50$ de sucre et $2^l,50$ d'eau. Compléter 10 litres avec de l'eau, trancher, colorer en vert et filtrer.

9° *Chrème d'angélique.* — Racines d'angélique, 130 grammes ; semences d'angélique, 125 grammes ; fenouil, 12 grammes ; coriandre, 15 grammes. Même traitement et même produit que pour la chrème d'absinthe.

10° *Huile d'anis.* — Anis vert, 200 grammes ; bois de cascarille, 50 grammes ; bois de Rhodes, 50 grammes. Faire macérer pendant vingt-quatre heures dans 4 litres d'alcool à 85 degrés après avoir pilé les semences et contusé les bois. Distiller avec 2 litres d'eau pour retirer 4 litres. Ajouter à froid un sirop fait avec $5^k,500$ de sucre et $2^l,50$ d'eau. Colorer en rouge avec la cochenille ou l'érythrose et filtrer.

11° *Anisette ordinaire.*—Anis étoilé, 125 grammes; amandes amères concassées, 125 grammes; iris de Florence en poudre, 62 grammes; coriandre, 125 grammes. Contuser les matières et les faire macérer dans $4^l,25$ d'alcool à 85 degrés pendant huit jours. Ajouter 2 litres d'eau et distiller pour retirer 4 litres. Ajouter à froid un sirop formé de 3 kilogrammes de sucre et 2 litres d'eau distillée. Compléter 10 litres avec de l'eau et filtrer.

12° *Anisette de Bordeaux (demi-fine).* — Anis vert, 160 grammes; badiane, 65 grammes; coriandre, 15 grammes; fenouil, 15 grammes; thé hyswen, 30 grammes. Même traitement et même quantité de produit que pour la formule précédente.

13° *Anisette* (formule allemande).—Badiane, 150 grammes; iris de Florence pulvérisé, 50 grammes; amandes amères pilées, 75 grammes; coriandre, 75 grammes. Contuser et faire macérer les matières, pendant cinq jours, dans 5 litres d'alcool à 85 degrés. Distiller avec 2 litres d'eau et retirer 5 litres. Ajouter un sirop fait avec 3 kilogrammes de sucre blanc et $1^l,50$ d'eau. Compléter 10 litres avec de l'eau. Filtrer.

14° *Huile de badiane.* — Comme l'huile d'anis. Badiane, 200 grammes; bois de cascarille, 50 grammes; bois de Rhodes, 50 grammes. Traitement du numéro 10, pour retirer 10 litres de produit.

15° *Baume humain.* — Baume du Pérou, 15 grammes; absinthe, 15 grammes; coriandre, 8 grammes; noix d'acajou, 125 grammes; zestes de trois citrons. Diviser et contuser les matières, les faire macérer pendant cinq jours dans 3 litres d'alcool à 85 degrés. Ajouter 2 litres d'eau et distiller pour retirer 3 litres. Faire un sirop avec $1^k,400$ de sucre et trois quarts de litre d'eau. Y incorporer à froid l'esprit parfumé, colorer en violet tendre et filtrer.

16° *Bénédictine.* — On a donné plusieurs recettes pour imiter la liqueur des Bénédictins de Fécamp, laquelle est tenue secrète par le couvent. Elle présente d'ailleurs de bonnes qualités, bien qu'elle ne soit pas, à beaucoup près, d'un mérite égal à celui de la Chartreuse. Voici un dosage qui donne un assez bon produit : girofle, 2 grammes; muscade, 2 grammes; cannelle, 3 grammes; mélisse, menthe poivrée, racines fraîches d'angélique et genépi des Alpes; de chacune de ces matières aromatiques, 25 grammes; calamus aromaticus, 15 grammes ; petit cardamome, 50 grammes ; fleurs d'arnica, 8 grammes. Inciser et contuser les matières et les faire macérer pendant deux jours dans 4 litres d'alcool à 85 degrés. Distiller après avoir ajouté 3 litres d'eau et retirer 4l,50. On rectifie le produit avec 2 litres d'eau pour retirer 4 litres, auxquels on ajoute un sirop froid formé de 4 kilogrammes de sucre dissous dans 2 litres d'eau. Compléter 10 litres, colorer en jaune et filtrer.

17° *Bitter* (formule allemande). — Prendre 40 grammes d'anis vert, de baies de genièvre, d'écorces d'oranges amères sèches, de sauge, de grande absinthe, de calamus aromaticus ; 20 grammes de girofle, de menthe poivrée, de lavande fleurie, d'angélique ; toutes les plantes doivent être employées sèches. Les matières incisées, divisées, contusées, sont mises en macération pendant deux jours avec 5l,50 d'alcool à 80 degrés. On distille après avoir ajouté 4 litres d'eau pour retirer 5 litres, puis on ajoute un sirop froid, provenant de 1k,750 de sucre et 3 litres d'eau. On complète 10 litres, on colore par le caramel et l'on filtre.

18° *Huile de cacao.* — Cacao de premier choix, 500 grammes. Torréfier et pulvériser. Faire macérer pendant quarante-huit heures avec 4l,25 d'alcool à 86 degrés. Ajouter 2 litres d'eau et distiller pour retirer 4l,25 ; rectifier avec 2 litres d'eau pour obtenir 4 litres. Ajouter un sirop formé de 5k,500 de sucre et 2 litres d'eau. Compléter 10 litres et filtrer. Cette liqueur est un exemple d'un produit par alcoolat simple.

19° *Huile de calamus.* — La formule suivante est une modification avantageuse des recettes allemandes. Prendre : racine de calamus aromaticus, 500 grammes ; racine d'angélique, 150 grammes ; anis vert, 35 grammes ; badiane, 20 grammes ; zeste d'un citron. Diviser, contuser, piler les matières, et les faire macérer pendant huit jours avec 5l,50 d'alcool à 85 degrés. Ajouter 2 litres d'eau et distiller pour retirer 5 litres. La liqueur est additionnée à froid d'un sirop fait avec 3k,50 de sucre et 2 litres d'eau ; on complète 10 litres, on colore d'une teinte ambrée au caramel et l'on filtre.

20° *Huile de cannelle.* — Cannelle de Ceylan, 80 grammes ; cannelle de Chine, 25 grammes ; girofle, 5 grammes. Contuser les aromates et les faire macérer pendant quarante-huit heures avec 4 litres d'alcool à 85 degrés. Ajouter 2 litres d'eau et distiller doucement pour retirer 4 litres de produit, avec lequel on mélange à froid un sirop fait avec 5^k,50 de sucre et 2 litres d'eau. Compléter 10 litres, colorer en jaune au caramel, et filtrer.

21° *Huile de cédrats.* — Zestes de seize cédrats frais. Faire macérer pendant vingt-quatre heures avec 5 litres d'alcool à 85 degrés. Distiller avec 2 litres d'eau pour retirer 5 litres. Rectifier avec autant d'eau pour obtenir 4 litres. Ajouter à froid un sirop de 5^k,50 de sucre blanc dissous dans 2 litres d'eau. Compléter 10 litres, colorer en jaune d'or par le caramel et filtrer.

22° *Chrème de céleri (surfine).* — Semences de céleri, 250 grammes ; semences de daucus de Crète, 12 grammes. Piler les semences, les faire macérer pendant deux jours dans 4 litres d'alcool à 85 degrés. Etendre de 2 litres d'eau et distiller pour obtenir 3^l,80. Ajouter à froid un sirop formé de 5^k,500 de sucre blanc et 2 litres d'eau. Compléter 10 litres et filtrer. Quelquefois on ajoute un demi-centilitre d'hydrolat de cannelle par litre avant de mélanger avec le sirop.

23° *Chartreuse.* — La liqueur de la Grande-Chartreuse est une des plus suaves qui existent. Les formules des trois variétés, verte, jaune, blanche, de cette liqueur, sont conservées secrètes, et les recettes publiées sous ce titre ne se rapportent qu'à des imitations plus ou moins parfaites. Voici trois formules qui donnent de bons résultats :

A. *Chartreuse verte.* — Cannelle de Chine, 1^g,5 ; macis, 1^g,5 ; mélisse citronnée (citronnelle) sèche, 50 grammes ; sommités fleuries d'hysope, 25 grammes ; menthe poivrée, 25 grammes ; thym, 3 grammes ; balsamite, 12^g,5 ; genépi, 25 grammes ; fleurs d'arnica, 1^g,5 ; bourgeons de peuplier baumier, 1^g,5 ; semences d'angélique, 12^g,5 ; racines d'angélique, 6^g,5. Alcool à 85 degrés, 6^l,25 ; sucre blanc, 2^k,500.

B. *Chartreuse jaune.* — Cannelle de Chine, 1^g,5 ; macis, 1^g,5 ; coriandre, 150 grammes ; girofle, 1^g,5 ; aloès socotrin, 3 grammes ; mélisse citronnée, 25 grammes ; sommités fleuries d'hysope, 12^g,5 ; genépi, 12^g,5 ; fleurs d'arnica, 1^g,5 ; semences d'angélique, 12^g,5 ; racines d'angélique, 3 grammes ; petit cardamome, 3 grammes. Alcool à 85 degrés, 4^l,25 ; sucre blanc, 2^k,500.

C. *Chartreuse blanche.* — Cannelle de Chine, 12^g,5 ; macis, 3 grammes ; girofle, 3 grammes ; muscade, 1ᵍ,5 ; fève de Tonka, 1ᵍ,5 ; mélisse citronnée, 25 grammes ; sommités fleuries d'hysope, 12ᵍ,5 ; genépi, 12ᵍ,5 ; semences d'angélique, 12ᵍ,5 ; racines d'angélique, 3 grammes ; petit cardamome, 3 grammes ; calamus aromaticus, 3 grammes. Alcool à 85 degrés, 5ˡ,25 ; sucre blanc, 3ᵏ,750.

La marche à suivre est la *méthode générale*, que nous nous dispenserons désormais de décrire à chaque formule, sinon dans les cas où elle devra subir quelque modification. On divise, on contuse les matières, on pile les graines et les substances pulvérisables. On fait macérer le tout pendant vingt-quatre heures dans l'alcool. On ajoute de l'eau, environ la moitié ou les deux tiers du volume de celui-ci ; on distille pour recueillir presque tout l'alcool. On ajoute autant d'eau au produit que la première fois ; on rectifie pour obtenir autant de bon produit que possible, à 1 ou 2 pour 100 près du volume d'alcool employé. A ce bon produit on mêle à froid un sirop fait à chaud avec le sucre et la moitié ou les deux tiers de son poids d'eau ; on complète le volume cherché (10 litres, dans nos données); on tranche ; on colore suivant la demande, on laisse reposer et on filtre.

Comme tous les dosages de liqueurs dont l'indication est rapportée dans les pages suivantes sont établis pour 10 litres de produit, cette récapitulation de la méthode générale à suivre nous permettra de nous contenter d'indiquer les doses d'alcool et de sucre à employer, et les circonstances exceptionnelles qui pourraient se présenter.

24° *Huile des créoles.* — Muscade, 12ᵍ,5 ; girofle, 12ᵍ,5 ; ambrette, 50 grammes. Alcool à 85 degrés, 4 litres ; sucre blanc, 5ᵏ,50. Méthode générale ; sans rectification. Produit : 10 litres, à colorer en rouge.

25° *Curaçao (demi-fin).* — Zestes râpés de 18 ou 20 oranges ; cannelle de Ceylan, 4 grammes ; macis, 2 grammes. Alcool à 85 degrés, 5 litres ; sucre blanc, 1ᵏ,750 grammes. Méthode générale, macération de quinze jours. Distillation au bain-marie sans rectification. Produit : 10 litres, à colorer en jaune au caramel.

26° *Eau d'argent.* — Anis vert, 15 grammes ; muscade, 15 grammes ; girofle, 5 grammes ; cubèbe, 3 grammes ; cannelle de Chine, 25 grammes ; amandes amères, 75 grammes ;

menthe, 15 grammes ; fleurs fraîches de muguet, mondées, 100 grammes. Alcool à 85 degrés, 3^l,25 ; sucre blanc, 4^k,500. Méthode générale. Produit : 10 litres, sans coloration ; on ajoute à la liqueur filtrée, mise en bouteilles, quelques parcelles de feuilles d'argent brisées.

27° *Eau blanche, aqua bianca* (de Turin).— Elle se rapproche de la composition précédente. Cannelle de Ceylan, 50 grammes ; girofle, 6 grammes ; muscade, 6 grammes. Alcool à 85 degrés, 4 litres ; sucre blanc, 5^k,500. Méthode générale. Sans coloration. Ajouter une feuille d'argent brisée dans chaque bouteille.

28° *Eau de la Chine.* — Girofle, 25 grammes ; muscade, 6 grammes ; cannelle de Chine, 25 grammes ; badiane, 25 grammes ; storax calamite, 12^g,50 ; laurier, feuilles, 12^g,5; thé impérial, 25 grammes. Alcool à 85 degrés, 3^l,80 ; sucre blanc, 5^k,500. Méthode générale. Produit : 10 litres, sans coloration.

29° *Eau de la Côte* (des Visitandines). — Muscade, 8 grammes ; cannelle de Ceylan, 62^g,5 ; zeste d'un cédrat ; amandes amères, 31 grammes ; dattes, 62 grammes ; figues, 62 grammes. Alcool à 85 degrés, 3 litres ; sucre très-blanc, 2^k,750. Méthode générale. Huit jours de macération. Distillation au bain-marie sans rectification. Produit : 10 litres, sans coloration.

30° *Eau d'or, aqua d'oro.* — (Formules italiennes).

A. Girofle, 3 grammes ; cannelle de Ceylan , 25 grammes ; daucus de Crète, 12^g,5 ; racines d'angélique, 12^g,50 ; zestes frais de huit citrons. Alcool à 85 degrés, 4 litres ; sucre très-blanc, 5^k,600.

B. Coriandre, 15 grammes ; macis, 12^g,5 ; cannelle de Chine, 20 grammes ; zestes frais de cinq citrons. Alcool à 85 degrés, 3^l,50 ; sucre très-blanc, 4^k,500.

C. Girofle, 5 grammes ; muscade râpée, 7^g,5 ; cannelle de Chine, 15 grammes ; anis vert, 15 grammes ; baies de genièvre, 12^g,5 ; iris de Florence pulvérisé, 7^g,5 ; fleurs de romarin, 7^g,5 ; petit cardamome, 5 grammes ; zestes frais de cinq citrons et de trois oranges. Alcool à 85 degrés, 3^l,50 ; sucre très-blanc, 4^k,500.

Ces trois formules s'exécutent par la méthode générale, sans coloration, comme l'eau d'argent. On met une feuille d'or brisée dans chaque flacon. La dernière formule est beaucoup trop complexe, et la première (A) est préférable.

31° *Eau de pain.* — Sous le nom bizarre de *Brodwasser*, qui signifie littéralement *eau panée*, les Allemands désignent une liqueur par distillation, qui n'est qu'une imitation de l'eau d'or. Croûte de pain de seigle (*Schwarzbrod*), 850 grammes ; coriandre, 5 grammes ; macis, 5 grammes ; girofle, 10 grammes; cannelle, 10 grammes ; anis vert, 3 grammes ; écorces de citron sèches, 225 grammes. Alcool à 90 degrés, $4^l,650$; sucre, $1^k,800$. Méthode générale. Quatre jours de macération. Distillation sans rectification. Produit : 10 litres, à colorer en jaune avec le caramel.

32° *Eau-de-vie d'Andaye.* — Très-bon produit, que l'on peut préparer de toutes les forces en diminuant le sucre et augmentant l'alcool, dans la proportion de 3 du premier pour 2 du second.

A. Anis étoilé, 62 grammes ; coriandre, 85 grammes ; poudre d'iris de Florence, 125 grammes ; zestes frais de six oranges. Alcool à 85 degrés, $3^l,80$; sucre très-blanc, 3 kilogrammes. Méthode générale. Huit jours de macération. Distillation au bain-marie, sans rectification. Produit : 10 litres, à colorer par le caramel.

B. Anis vert, $37^g,50$; coriandre, 75 grammes ; amandes amères, 75 grammes ; racine d'angélique, 50 grammes ; grand cardamome, 3 grammes ; petit cardamome, 3 grammes. Alcool à 85 degrés, $3^l,80$; sucre très-blanc, $5^k,600$. Méthode générale. Huit jours de macération. Distillation et rectification. Produit : 10 litres, à colorer par le caramel. On parfume avec 2 centilitres d'alcoolature d'iris (infusion), si cette infusion n'a pas été introduite à la macération.

33° *Eau-de-vie de Dantzig.* — Formules allemandes.

A. Cannelle de Ceylan, 25 grammes ; girofle, $1^g,5$; anis vert, $12^g,5$; semences de céleri, $12^g,5$; semences de carvi, $12^g,5$; semences de cumin, 3 grammes. Alcool à 85 degrés, 5 litres ; sucre blanc, $2^k,500$. Méthode générale. On ne rectifie pas. Produit : 10 litres, sans coloration.

B. Anis vert, 180 grammes ; muscade, 30 grammes ; semences de céleri, 90 grammes ; semences de cumin, 90 grammes ; écorce d'oranges sèches, 60 grammes. Alcool à 90 degrés, 5 litres ; sucre raffiné, $2^k,250$. Méthode générale.

Huit jours de macération. Distillation sans rectification. Produit : 10 litres. Mettre une feuille d'or brisée dans chaque flacon.

34° *Eau verte.* — Cette liqueur n'est autre chose qu'une sorte d'élixir stomachique de composition assez complexe. Prendre : baume du Pérou, 8 grammes; cannelle de Ceylan, 15 grammes ; macis, 4 grammes; girofle, 15 grammes; safran, 4 grammes; coriandre, 30 grammes; badiane, 15 grammes ; semences d'angélique, 30 grammes ; semences de carotte, 8 grammes ; sommités fleuries de romarin, 8 grammes ; noix d'acajou concassée, 6 grammes ; zestes frais de deux oranges et de deux citrons. Alcool à 85 degrés, 4 litres ; sucre blanc, 5k,600. Méthode générale. Quinze jours de macération. Ajouter 2 grammes d'essence de bergamote et distiller au bain-marie, sans rectification. Produit : 10 litres, à colorer en vert-pré.

35° *Élixir de Cagliostro.* — Aloès socotrin, 240 grammes ; myrrhe, 120 grammes ; thériaque, 240 grammes ; safran, 20 grammes ; girofle, 80 grammes ; cannelle de Chine, 80 grammes ; muscade, 80 grammes ; gentiane concassée, 20 grammes ; tormentille concassée, 20 grammes. Alcool à 85 degrés, 3l,75 ; sucre blanc, 5 kilogrammes. Macération de quarante-huit heures. Distillation ménagée, sans rectification. Produit : 10 litres, à colorer en jaune au safran et au caramel. On aromatise, avant filtration, par 1 centilitre et demi de teinture de musc et 30 centilitres d'hydrolat de fleurs d'oranger. On peut aussi introduire ces parfums avant la distillation.

36° *Chrème de genépi des Alpes.*— Genépi en fleurs, 200 grammes ; menthe poivrée fleurie, 100 grammes ; balsamite, 100 grammes ; racines d'angélique, 50 grammes ; galanga, 12g,50. Alcool à 85 degrés, 4l,25 ; sucre blanc, 3k,750. Méthode générale. Produit : 10 litres, à colorer en vert clair.

37° *Genièvre (liqueur).* — Baies de genièvre concassées, 600 grammes ; coriandre, 20 grammes ; iris de Florence en poudre, 40 grammes. Alcool à 80 degrés, 5l,650 ; sucre, 4k,800. Méthode générale. Cinq jours de macération. Distillation lente, sans rectification. Produit : 10 litres, à colorer en vert-olive.

38° *Huile de gingembre.* — Gingembre, 100 grammes ; cannelle de Chine, 10 grammes ; galanga, 20 grammes ; mus-

cade, 3 grammes ; macis, 1ᵍ,5 ; girofle, 6 grammes. Alcool
à 85 degrés, 4 litres ; sucre blanc, 5ᵏ,600. Méthode générale,
sans rectification. Produit : 10 litres, à colorer en jaune d'or
par le caramel.

39° *Huile de girofle.* — Girofle concassé, 50 grammes ;
cannelle de Chine, 15 grammes. Alcool à 85 degrés, 4 litres ;
sucre blanc, 5ᵏ,600. Méthode générale, comme pour la précédente formule. Produit : 10 litres, à colorer par le caramel en
jaune prononcé.

40° *Liqueur de Kummel.* — Formules allemandes.

A. Semences de cumin, 450 grammes. Alcool à 80 degrés,
5ˡ,650 ; sucre blanc, 2ᵏ,250.

B. Semences de cumin, 450 grammes ; racines d'iris pulvérisées, 20 grammes ; écorces sèches de citron, 15 grammes.
Alcool à 80 degrés, 5ˡ,65 ; sucre blanc, 2ᵏ,250.

C. (*Kummel de Dantzig*). — Semences de cumin, 450 grammes ; coriandre 30 grammes ; écorces d'oranges, 15 grammes. Alcool à 80 degrés, 5ˡ,65 ; sucre blanc, 2ᵏ,250.

D. (*Kummel de Breslau*). — Semences de cumin, 450 grammes ; cannelle de Chine, 10 grammes ; fenouil, 30 grammes.
Alcool à 80 degrés, 5ˡ,65 ; sucre blanc, 2ᵏ,250.

E. (*Kummel de Magdebourg*). — Semences de cumin, 450
grammes ; anis vert, 30 grammes ; fenouil, 15 grammes.
Alcool à 80 degrés, 5ˡ,65 ; sucre blanc, 2ᵏ,250.

Méthode générale. Deux ou trois jours de macération. Distillation sans rectification. Produit : 10 litres, sans coloration.

41° *Liqueur des Alpes* (formule italienne). — Grande absinthe, petite absinthe, sommités d'angélique, menthe poivrée,
hysope en fleur, genépi des Alpes, anis vert ; de chacune de
ces matières aromatiques, 50 grammes ; semences de fenouil,
25 grammes ; zeste frais d'un citron. Alcool à 85 degrés,
3ˡ,85 ; sucre blanc, 5 kilogrammes. Méthode générale. Distillation au bain-marie et rectification. Produit : 10 litres, sans
coloration.

42° *Marasquin.* — Prendre 90 kilogrammes de merises
mûres, 12 kilogrammes de framboises et 5 kilogrammes de
feuilles de merisier. Écraser les fruits et faire fermenter.
Ajouter avant la distillation 750 grammes de noyaux de
pêche et 500 grammes d'iris contusé. Distiller doucement
pour retirer tout l'alcool parfumé produit. Rectifier à 85 de-

grés et ajouter à froid un sirop formé de 1^k,850 de sucre par chaque litre d'esprit parfumé. Compléter 10 litres pour 3^l,50 d'esprit.

43° *Chrème de menthe.* — Formules allemandes. .

A. *Menthe poivrée,* 600 grammes ; mélisse, 40 grammes ; sauge, 10 grammes ; cannelle de Ceylan, 20 grammes ; iris de Florence, 10 grammes ; gingembre, 15 grammes. Alcool à 80 degrés, 5^l,30 ; sucre blanc, 2^k,250.

B. *Menthe crépue,* 600 grammes ; mélisse, 30 grammes ; sauge, 15 grammes ; grande absinthe, 15 grammes ; cannelle de Ceylan, 15 grammes ; gingembre, 15 grammes ; macis, 10 grammes. Alcool à 80 degrés, 5^l,30 ; sucre blanc, 2^k,250. Méthode générale. Distillation sans rectification, pour obtenir 4^l,50 de bon produit. Ajouter le sirop et compléter 10 litres. Colorer en vert.

44° *Chrème de moka.* — Café moka, 500 grammes ; amandes amères concassées, 100 grammes. Alcool à 85 degrés, 4^l,25 ; sucre blanc, 5^k,600. Torréfier le café au brun naissant, le moudre grossièrement. Macérer pendant vingt-quatre heures dans l'alcool et distiller. Rectifier le produit pour obtenir 4 litres. Ajouter le sirop. Compléter 10 litres. Sans coloration.

45° *Mont-Dore.* — Menthe, 50 grammes ; mélisse, 50 grammes ; genépi, 50 grammes ; hysope, 25 grammes ; angélique (plante), 25 grammes ; fleurs d'arnica, 25 grammes ; calamus aromaticus, 12^g,50 ; coriandre, . 125 grammes ; cannelle, 8 grammes ; macis, 8 grammes ; aloès, 2 grammes ; petit cardamome, 2 grammes. Alcool à 85 degrés, 4^l,25 ; sucre, 5^k,50. Méthode générale. Macération de quatre jours. Produit : 10 litres. Colorer en jaune au safran.

46° *Noyau de Phalsbourg (chrème).* — Amandes d'abricots, 310 grammes ; amandes de pêches, 125 grammes ; amandes de prunes, 125 grammes ; zestes frais de six oranges. Alcool à 60 degrés, 7^l,50. Sucre blanc, 1^k,825. Méthode générale. Macération : un mois. Distillation au bain-marie pour retirer 5^l,50 à 6 litres de produit. Rectification avec demi-litre de fleurs d'oranger pour obtenir 4^l,50 de bon esprit aromatique. Ajouter le sirop. Compléter 10 litres, sans coloration.

47° *Liqueur d'orange* (formule allemande). — Ecorces fraîches d'oranges, 450 grammes ; écorces de citron, 75 grammes ; cannelle de Chine, 40 grammes ; piment, 30 grammes. Alcool à 80 degrés, 5^l,30. Sucre blanc, 2^k,250. Méthode ordinaire sans rectification. Colorer en jaune foncé par le caramel.

48° *Persicot.* — A. Amandes amères, 185 grammes ; cannelle de Ceylan, 1 gramme. Alcool à 85 degrés, 3^l,25. Sucre blanc, 1^k,500. Méthode générale. Macération de cinq jours. Distillation sans rectification. Produit : 10 litres, à colorer en rouge.

B. *Produit fin.* — Amandes amères pilées, 250 grammes ; cannelle de Chine, 10 grammes ; girofle, 2 grammes ; muscade, 2 grammes. Alcool à 85 degrés, 3^l,25. Sucre blanc, 3 kilogrammes. Même méthode. Produit : 10 litres, à colorer en jaune foncé par le caramel.

49° *Parfait-amour.* — Zestes râpés de cédrats, 62 grammes ; zestes râpés de citrons, 31 grammes ; girofle, 4 grammes. Alcool à 60 degrés, 6 litres. Sucre blanc, 2^k,500. Méthode générale. Macération : deux jours ; distillation au bain-marie sans rectification. Produit : 10 litres, à colorer en rouge par l'orseille ou l'érythrose.

50° *Rosolio de Turin* (formule italienne). — La formule suivante n'est reproduite que par curiosité et pour faire voir ce que l'on doit penser de certaines dénominations : Badiane, 8 grammes ; girofle, 8 grammes ; cardamome, 8 grammes ; acorus, 8 grammes ; grand cardamome, 8 grammes ; cubèbe, 8 grammes ; cannelle de Ceylan, 20 grammes ; racines d'angélique, 8 grammes ; zestes frais de citron, 75 grammes. Alcool à 85 degrés, 4^l,25. Sucre blanc, 5^k,60. Méthode générale. Produit : 10 litres, à colorer en rose pâle.

51° *Trappistine* (*imitation*). — Grande absinthe, 40 grammes ; angélique, 40 grammes ; menthe, 80 grammes ; cardamome, 40 grammes ; mélisse, 30 grammes ; myrrhe, 20 grammes ; calamus, 20 grammes ; cannelle, 4 grammes ; girofle, 4 grammes ; macis, 2 grammes. Alcool à 85 degrés, 4^l,50. Sucre blanc, 3^k,750. Méthode générale. Deux jours de macération. Distillation, rectification. Addition à froid du sirop avec les 4 litres d'esprit aromatique obtenus. Compléter 10 litres, à colorer en vert ou jaune. Filtrer.

52° *Vermuth* (formule allemande). — Feuilles de grande absinthe, 375 grammes : fleurs de la même plante, 75 grammes ; fleurs de chardon bénit, 75 grammes. Alcool à 60 degrés, 5^l,50. Sucre blanc, 1^k,800. Méthode générale. Distillation sans rectification. Produit : 10 litres, à colorer en vert.

53° *Vespetro*. — Prendre 32 grammes de chacune des semences d'angélique, de coriandre, de fenouil, de carvi, et les
zestes de quatre oranges. Piler les matières et les faire macérer pendant cinq jours dans 3^l,80 d'alcool à 85 degrés. Distiller au bain-marie pour retirer 3^l,50. Ajouter un sirop formé
de 2^k,750 de sucre et 1^l,50 d'eau. Compléter 10 litres, colorer
en jaune ou en rouge et filtrer.

§ II. — FABRICATION DES LIQUEURS PAR MÉLANGE.

Il n'est pas nécessaire, pensons-nous, de rappeler au lecteur que les liqueurs décrites dans le précédent paragraphe
ne sont, en réalité, que des liqueurs par mélange, dont l'alcoolat se prépare au moment même de la fabrication. Nous
avons réuni ces liqueurs sous le titre de *liqueurs par distillation* uniquement pour spécifier, en quelque façon, le genre de
manipulations auxquelles elles donnent lieu, et nous verrons
qu'il est possible de les préparer par voie de mélange, sans
qu'il soit indispensable de faire une distillation spéciale,
pourvu que l'on dispose des produits primaires, tels que les
sucs, les eaux distillées, les essences, les alcoolats et les alcoolés.

Donc, à notre point de vue, toutes les liqueurs possibles
sont des liqueurs par mélange. Nous les groupons en neuf
classes distinctes, en dehors de celles qui viennent de nous
occuper ou, plutôt, du mode particulier de travail qu'elles
exigent. Nous décrirons rapidement les principales liqueurs
par les *sucs*, par les *sirops*, par les *infusions aqueuses*, par les
hydrolats ou les *eaux distillées*, par les *essences* ou les *huiles volatiles*, par les *alcoolats* ou les *esprits aromatiques*, par les *alcoolés*
ou les *teintures*, par les *alcoolatures* ou les *infusions alcooliques*
et les *liqueurs mixtes*, qui rentrent dans plusieurs des groupements précédents.

I. LIQUEURS PAR LES SUCS. — On prépare peu ces sortes de
liqueurs dans la pratique actuelle des fabricants. Si, pour
quelques *ratafiats* proprement dits, on emploie pour base les
sucs des fruits, on se hâte d'aromatiser les produits avec des
teintures, des infusions alcooliques, des essences, et l'on n'a

plus affaire qu'à des compositions qui rentrent dans la classe des liqueurs mixtes. On ne peut rencontrer de véritables liqueurs par les sucs que dans certaines *recettes de ménage*, que les liquoristes ignorent ou négligent, mais qui n'en ont pas moins un mérite remarquable. Il ne faut pas rejeter avec tant de dédain ces préparations simples où le bon sens de nos grand'mères et leur habitude de la vie pratique tenaient lieu de la science fort discutable dont on fait aujourd'hui parade. Dans tous les cas, si le fabricant de liqueurs ne peut tirer un parti avantageux de cette observation, s'il est tenu, le plus souvent, à faire de la fabrication en grand, dont les procédés ne lui permettent pas toujours de suivre une voie arbitraire, il n'en est pas de même des simples particuliers qui peuvent profiter, à la campagne surtout, des ressources variées apportées par chaque saison. A notre sens, les sucs bien purifiés des fruits sont l'élément le plus sain et le plus normal des meilleures liqueurs que l'on puisse faire, et nous croyons devoir donner à ce sujet quelques explications pratiques indispensables, dans l'intérêt de ceux de nos lecteurs qui voudraient utiliser leurs loisirs dans les occupations attrayantes de la *Chimie domestique*.

En remontant aux véritables principes de la fabrication, nous voyons qu'une liqueur se compose d'alcool, de sucre, d'eau, de parfums ou de principes aromatiques. Or, il est incontestable que les sucs de nos fruits, dépouillés, par une purification convenable, des causes d'altération qu'ils renferment, contiennent à la fois l'eau, les principes aromatiques et, souvent, une proportion notable de sucre. Il ne reste, pour ainsi dire, qu'à compléter le travail de la nature pour obtenir le résultat cherché, puisqu'il ne manque guère aux sucs naturels que de l'alcool et un peu de sucre complémentaire pour qu'ils deviennent des liqueurs parfaites, d'un arome fin et pénétrant, d'une saveur fine et délicate et présentant, au plus haut degré, les propriétés les plus utiles sous le rapport hygiénique, et les mieux appropriées aux besoins locaux de chaque contrée. Il n'est pas besoin de rehausser ou plutôt de détruire le parfum délicieux de la fraise de nos bois ou de la framboise, de la pêche, de l'abricot, de la prune, de la poire, du coing, etc., par les aromates des pays chauds, et nous ne voyons pas la nécessité de faire intervenir la cannelle, la muscade, le macis,

38

le gingembre, dans la composition des liqueurs préparées avec les sucs de nos fruits indigènes.

En bonne règle, on peut arriver à des résultats très-intéressants par le mélange des sucs. La fraise et la framboise ont des aromes qui se combinent parfaitement. La merise se joint bien à la cerise et à la groseille; la pêche se marie parfaitement à la prune et à l'abricot ; la prune, la poire, sont rehaussées par le coing, et tous les sucs sont améliorés par une légère addition de jus d'orange ou de citron. Si donc on fait dissoudre du sucre ou du sirop dans un suc simple, ou dans un mélange de plusieurs sucs dont les parfums sont d'une nature analogue, dont les saveurs peuvent se mêler et se confondre en un résultat homogène et agréable, il suffira de se tenir dans des proportions convenables, entre le sucre, l'alcool à ajouter et le suc employé, pour préparer, d'une façon régulière, des liqueurs irréprochables. On se trouvera, normalement, en présence du dosage suivant que l'on pourra modifier, ou rendre plus complexe, selon le goût et la fantaisie.

Liqueurs par les sucs. — 1° *Liqueurs ordinaires.* Suc épuré, simple ou composé, 1 litre; alcool à 85 degrés, $2^l,50$; sucre, $1^k,250$; eau, $5^l,60$. Faire dissoudre à chaud le sucre dans l'eau et laisser refroidir le sirop. Le mêler à froid avec le suc, puis ajouter l'alcool en agitant avec soin. Trancher lentement à une douce température (+ 60 degrés) au bain-marie. Filtrer. — 2° *Liqueurs demi-fines.* Suc épuré simple ou composé, $1^l,33$; alcool à 85 degrés, $2^l,80$; sucre, $2^k,50$. Eau, $4^l,25$. Agir comme dans le cas précédent. — 3° *Liqueurs fines.* Suc épuré simple ou composé, 2 litres ; alcool à 85 degrés, 3 litres ; sucre, $3^k,75$. Eau, $2^l,40$. Même méthode. Ces trois dosages sont pour 10 litres de produit.

On comprend que l'on peut augmenter le parfum en augmentant la proportion du suc épuré, que l'on peut donner plus de force alcoolique à la liqueur, la sucrer davantage, mais que, dans ces conditions, il faudra diminuer la dose de l'eau, que l'on pourra réduire à la quantité strictement nécessaire pour dissoudre le sucre employé.

Les liqueurs par les sucs épurés sont les véritables ratafiats et ce nom vulgaire devrait leur être réservé, ainsi qu'aux préparations liquoreuses obtenues avec les sirops composés préparés avec les jus et les sucs, et à celles qui auraient pour base aromatique les infusions aqueuses.

II. LIQUEURS PAR LES SIROPS. — Tous les sirops parfumés, tous ceux qui sont préparés avec le sucre et les sucs épurés aromatiques et dont nous avons parlé (pages 523 et suivantes), peuvent servir à la préparation de liqueurs, dont le mérite ne serait pas à dédaigner si l'on n'avait pris le parti de repousser la simplicité à peu près partout. Les sirops de café, de camomille, d'absinthe, d'hysope, d'œillet, de menthe, de sassafras, de limons, d'oranges, de coings, de cassis, de cerises, de framboises, de groseilles, de merises, des quatre fruits, de fleurs d'oranger, etc., n'ont besoin que d'être alcoolisés dans des proportions convenables, soumis au tranchage, à la filtration, après coloration, s'il est nécessaire, pour fournir de bons produits, très-sains et très-agréables. Lorsque l'on craint pour la conservation des sirops, que l'on redoute des accidents de fermentation, etc., on peut leur donner un excellent emploi en les transformant en liqueurs ordinaires demi-fines ou fines, que l'on peut aromatiser à volonté. Cet emploi des sirops peut rendre de très-bons services dans nombre de circonstances. Ainsi, en se reportant à la table de la page 530, on sait qu'un sirop, cuit à 32 degrés Baumé, contient 800 grammes de sucre par litre. Comme, pour une liqueur ordinaire, par exemple, il faut 1ᵏ,250 de sucre pour 10 litres, on devra introduire, dans le dosage à faire, 1ˡ,56 de ce sirop, et réduire la quantité d'eau de mouillage.

En général, les liqueurs par les sirops ont besoin d'être aromatisées par l'addition de quelques gouttes d'essence, par des eaux distillées, des esprits, des teintures ou des infusions alcooliques, dont le choix est guidé par les circonstances, et dont la proportion dépend du goût du fabricant et de l'acheteur.

III. LIQUEURS PAR LES INFUSIONS AQUEUSES. — Les observations qui viennent d'être faites s'appliquent également aux liqueurs préparées par les infusions aqueuses et dans lesquelles on remplacerait très-heureusement la plus grande partie de l'eau de réduction par une infusion aromatique appropriée. La sagacité des fabricants leur fera voir aisément tout le parti qu'ils peuvent tirer de cette donnée, soit pour créer de nouveaux produits, soit pour améliorer et perfectionner les aromes et les parfums d'un grand nombre de produits connus. On comprend que nous n'ayons pas à insister sur une idée aussi simple et que nous nous contentions de la signaler à l'attention du lecteur.

IV. LIQUEURS PAR LES HYDROLATS. — Les liqueurs de ce groupe sont assez peu nombreuses, ou, du moins, les fabricants n'en préparent-ils qu'un petit nombre qui puissent y être rattachées d'une manière nette.

La *méthode générale* de préparation est fort simple et très-facile à exécuter. On fait dissoudre l'hydrolat ou l'eau distillée dans l'alcool, puis on y ajoute à froid le sirop préparé à chaud avec du sucre et de l'eau ; on complète le volume prévu, on colore, après tranchage au besoin, on clarifie par le collage et l'on filtre, ou l'on filtre seulement.

Les *proportions* à observer sont celles de toutes les liqueurs : 25 centilitres d'alcool à 85 degrés et 125 grammes de sucre, pour les produits *ordinaires* ; 50 centilitres d'alcool et 250 grammes de sucre pour les liqueurs *doubles* ; 28 centilitres d'alcool et 250 grammes de sucre, pour les liqueurs *demi-fines* ; 32 centilitres d'alcool et 437 grammes de sucre, pour les liqueurs *fines* ; 40 centilitres d'alcool et 560 grammes de sucre pour les liqueurs *surfines*, le tout par litre de produit à obtenir. Nous ne reviendrons pas sur ces données qui sont à peu près constantes et qui ont déjà été spécifiées.

1° *Marasquin de Zara* (formule italienne). — Hydrolat ou eau distillée de marasquin, 2 litres ; hydrolat de fleurs d'oranger, 1 décilitre ; hydrolat de roses, 1 décilitre ; alcool à 85 degrés, 4 litres ; sucre, 5^k,600. On ne suit pas la méthode générale pour ce produit qui est une liqueur surfine. Les eaux distillées sont mises avec le sucre dans le bain-marie, on chauffe assez pour opérer une dissolution parfaite en agitant, puis on introduit l'alcool, on mélange et on adapte le chapiteau. On complète le tranchage jusqu'à + 75 degrés, on laisse refroidir et l'on filtre.

2° *Huile de menthe*. — A. *Ordinaire*. Eau distillée ou hydrolat de menthe, 80 centilitres. Alcool à 85 degrés, 2^l,50 ; sucre, 1^k,250 ; eau ordinaire, 5^l,80. Méthode générale ci-dessus. Produit : 10 litres. — B. *Double*. Hydrolat de menthe, 1^l,20. Alcool à 85 degrés, 5 litres ; sucre, 2^k,500 ; eau, 2^l,10. Méthode générale. Produit : 10 litres. — C. *Demi-fine*.

Chrème. Hydrolat de menthe, 1 litre. Alcool à 85 degrés, 2^l,80 ; sucre, 2^k,500 ; eau 4^l,50. Comme ci-dessus, même quantité de produit.

Les produits fins et surfins sont des liqueurs mixtes.

3° *Chrème de moka demi-fine.* Hydrolat de moka, 2 litres. Alcool à 85 degrés, 2^l,80 ; sucre, 2^k,500 ; eau ordinaire, 3^l,50. Méthode générale. Produit : 10 litres.

4° *Huile de fleurs d'oranger.* — A. *Ordinaire.* Hydrolat de fleurs d'oranger, 60 centilitres. Alcool à 85 degrés, 2^l,50 ; sucre, 1^k,250 ; eau ordinaire, 6 litres. Méthode générale. Produit : 10 litres. — B. *Double.* Hydrolat de fleurs d'oranger, 1 litre. Alcool à 85 degrés, 5 litres ; sucre, 2^k,500 ; eau ordinaire, 2^l,30. Méthode générale. Produit : 10 litres. — C. *Chrème de fleurs d'oranger demi-fine.* Hydrolat de fleurs d'oranger, 90 centilitres. Alcool à 85 degrés, 2^l,80 ; sucre, 2^k,500 ; eau ordinaire, 4^l,60. Méthode générale. Produit : 10 litres.

Les produits fins et surfins sont des liqueurs mixtes.

5° *Huile de roses.* — A. *Ordinaire.* Hydrolat de roses, 60 centilitres. Alcool à 85 degrés, 2^l,50 ; sucre, 1^k,250 ; eau ordinaire, 6 litres. Méthode générale. Produit : 10 litres. — B. *Double.* Hydrolat de roses, 1^l,20. Alcool à 85 degrés, 5 litres ; sucre, 2^k,500 ; eau ordinaire, 2^l,10. Méthode générale. Produit : 10 litres. — C. *Demi-fine.* Hydrolat de roses, 1 litre. Alcool à 85 degrés, 2^l,80 ; sucre, 2^k,500 ; eau ordinaire, 4^l,50. Méthode générale. Produit : 10 litres.

Les huiles de roses se colorent en rouge par le cudbeard, l'orseille, l'érythrose ou la cochenille.

Les exemples ci-dessus nous paraissent suffisants pour guider la fabrication dans la préparation de toutes les liqueurs par les hydrolats, laquelle n'offre, d'ailleurs, aucune difficulté. La méthode exceptionnelle suivie pour le marasquin serait applicable toutes les fois que l'on supprimerait l'emploi de l'eau ordinaire.

V. LIQUEURS PAR LES ESSENCES. — On comprend très-bien que, dans la préparation de ce groupe de liqueurs, la faible quantité des huiles essentielles employées ne modifie pas sensiblement le résultat sous le rapport du volume ; il en résulte que, pour tout dosage donné des essences, c'est sur le sucre, l'alcool et l'eau qu'il faut faire porter les variations, bien que le chiffre des essences soit modifié ou augmenté, selon que l'on veut produire des liqueurs ordinaires, doubles, demi-fines, fines ou surfines[1]. En nous reportant donc aux proportions de sucre et d'alcool déjà indiquées pour les différentes qualités, nous aurons, pour quantité proportionnelle de l'eau à employer, les chiffres suivants, par litre de produit :

	Alcool.	Sucre.	Eau.
Liqueurs ordinaires. . .	2l,50	1k,250	6l,60
Liqueurs demi-fines. . .	2 ,80	2 ,500	5 ,50
Liqueurs fines.	3 ,20	4 ,575	3 ,90
Liqueurs surfines	4 ,00	5 ,600	2 ,60

Ces données, qui sont conformes à ce qui se fait dans une fabrication soignée, n'ont à être modifiées que dans le cas où l'on emploierait du sirop en place de sucre, et il faudrait alors évaluer le chiffre du sucre et de l'eau contenues dans chaque litre de sirop employé, pour opérer la réduction nécessaire, suivant une observation déjà faite.

La *méthode générale* de préparation ne présente aucune difficulté. On place un flacon, propre et parfaitement sec, sur un des plateaux d'une balance très-sensible et on l'équilibre exactement avec du petit plomb. On pèse ensuite rigoureusement les essences que l'on introduit dans le flacon selon la proportion indiquée prévue par la formule. Alors, on verse sur ces essences une partie de l'alcool, de manière à remplir le vase aux deux tiers; on bouche et l'on agite avec soin pour que la dissolution soit complète. Cette solution est jointe au reste de l'alcool et le mélange s'effectue par agitation. On agite alors à froid le sirop préparé à chaud avec la quantité de sucre et d'eau prescrite, on brasse, on tranche, on colore au besoin, et l'on filtre après repos.

1° *Absinthe.* — A. *Huile ordinaire.* Essence d'absinthe et de menthe anglaise, āā, 60 centigrammes; essences d'anis vert et de citron, āā, 3 grammes; essence de fenouil, 80 centigrammes. Méthode générale. Alcool, sucre et eau, suivant la proportion relative aux liqueurs ordinaires. Produit : 10 li-

[1] Parmi les écrivains spécialistes, il n'y a guère que M. Duplais qui ait cherché à mettre de la régularité et de l'ordre dans ses données. Son ouvrage est bon à consulter et donne des renseignements utiles au point de vue pratique, surtout en ce qui concerne la fabrication des liqueurs. La plupart des dosages qui y sont indiqués peuvent être accueillis avec confiance.

tres, à colorer en vert. — B. *Chrème surfine*. Essence d'absinthe, 1 gramme ; essences de menthe et de fenouil, ãã, 75 centigrammes ; essences d'anis vert et de citron, ãã, 3 grammes. Méthode générale. Dosage de l'alcool, du sucre et de l'eau, comme pour les liqueurs surfines. Produit : 10 litres, à colorer en vert-olive [1].

Formules allemandes. — A. *Extrait d'absinthe*. Essence d'absinthe, 10 grammes ; essence d'anis étoilé, 7ᵍ,50 ; essences d'anis vert, de fenouil et de coriandre, ãã, 5 grammes ; essence d'angélique et d'origan, ãã, 2ᵍ,5 ; alcool à 85 degrés, 7ˡ,50 ; eau, 1ˡ,25. Produit : 10 litres, à colorer en vert.

B. *Chrème d'absinthe*. Essence d'absinthe, 15 grammes ; alcool à 90 degrés, 5 litres ; sucre, 4ᵏ,50. Faire un sirop avec le sucre et la moitié de son poids d'eau et laisser refroidir. Dissoudre l'essence et faire le mélange par la méthode générale. Compléter 10 litres, à colorer en vert, et filtrer.

C. *Eau d'absinthe*. Essence de grande absinthe, 2 grammes ; essence d'anis, 50 centigrammes ; essence de menthe poivrée, 1ᵍ,50 ; essence de citron, 3 grammes. Alcool à 90 degrés, 4 litres ; sucre, 1ᵏ,800. Même méthode que pour la chrème d'absinthe allemande ci-dessus. Produit : 10 litres, à colorer en vert.

2° *Angélique*. — A. *Eau d'angélique ordinaire*. Essence d'angélique, 50 centigrammes. — B. *Chrème d'angélique demi-fine*. Essence d'angélique, 70 centigrammes. — C. *Chrème d'angélique fine*. Essence d'angélique, 1 gramme. — D. Chrème d'angélique, 1ᵍ,50 ; essence de coriandre, 1 gramme ; essence de fenouil, 2 grammes. Méthode ordinaire. Employer dans chaque formule les proportions d'alcool, de sucre et d'eau, relatives à chaque qualité. Produit : 10 litres.

3° *Anis*. — Essence d'anis vert, 4ᵍ,50. Méthode générale. Alcool, sucre et eau, comme pour les produits fins. Produit : 10 litres.

4° *Anisette*. — A. *Eau d'anisette ordinaire*. Essence d'anis et de badiane, ãã, 3 grammes ; essence de fenouil, 50 centigrammes ; essence de coriandre, 5 centigrammes. Méthode

---

[1] Le signe ãã, placé dans les formules suivantes, signifie *autant de chacune* des essences (ou autres substances) à la suite desquelles il existe. Cette abréviation est usitée dans toutes les formules.

générale. Produit : 10 litres. — B. *Chrème d'anisette demi-fine.* — Essences d'anisette et de badiane, ãã, 3ᵍ,20 ; essence de fenouil, 60 centigrammes ; essence de néroli, 10 centigrammes ; essence de coriandre, 5 centigrammes. Méthode générale. Produit : 10 litres.

Les *chrèmes d'anisette fine et surfine* font partie des liqueurs mixtes.

Formules allemandes. — A. *Eau d'anisette.* Essence d'anis vert, 75 gouttes ; essence d'amandes amères, 18 gouttes. Alcool à 90 degrés, 4 litres ; sucre, 1ᵏ,800. Eau, 900 grammes (pour faire le sirop). Méthode générale. Compléter 10 litres avec de l'eau. Filtrer. — B. *Chrème d'anisette.* Essence d'anis, 5 grammes ; alcool à 90 degrés, 4 litres ; sucre, 4ᵏ,50. Eau, 2ˡ,25 (pour faire le sirop). Méthode générale. Compléter 10 litres avec de l'eau. Filtrer.

5° *Chrème des Barbades surfine.* — Essence distillée de cédrat, 6 grammes ; essence de Portugal, 3 grammes ; essence de cannelle et de girofle, ãã, 40 centigrammes ; essence de muscade, 20 centigrammes. Méthode générale. Proportions d'alcool, de sucre et d'eau, comme pour les produits surfins : 10 litres de produit.

6° *Chrème de calamus aromaticus* (modification d'une formule allemande). — Essence de calamus aromaticus, 6 grammes ; essence d'angélique, 2 grammes ; essence d'anis, 1 gramme. Méthode générale. Proportions d'alcool à 85 degrés, de sucre et d'eau, comme pour les liqueurs fines. Produit : 10 litres.

7° *Chrème de cannelle.* — Essence de cannelle de Chine, 6 grammes. Méthode générale. Proportions des liqueurs fines. Colorer en brun par le cachou. Produit : 10 litres.

8° *Céleri.* — A. *Chrème de céleri demi-fine.* Essence de céleri, 1ᵍ,50. — B. *Chrème fine.* Essence, 2 grammes. — C. *Chrème surfine.* Essence, 3 grammes. Méthode générale. Proportions régulières d'alcool, de sucre et d'eau. Produit : 10 litres.

9° *Chartreuse surfine.* — Essence de mélisse citronnée, d'hysope, de menthe anglaise, de cannelle, de muscade, de girofle, ãã, 20 centigrammes ; essence d'angélique, 1 gramme. Méthode générale. Proportions régulières d'alcool, de sucre et d'eau, comme pour les liqueurs surfines. Produit : 10 litres, à colorer en vert ou en jaune. Cette liqueur n'est évidemment qu'une imitation.

10° *Chrème de citron.* — A. *Ordinaire.* Essence de citron, 2 grammes. — B. *Demi-fine.* Essence, 4 grammes. — C. *Fine.* Essence, 6 grammes. — D. *Surfine.* [Essence, 8 grammes. Méthode générale. Proportions régulières d'alcool, de sucre et d'eau, suivant les qualités. Produit : 10 litres, à colorer en jaune d'or, si l'on veut.

11° *Curaçao.* — A. *Ordinaire.* Essence de curaçao, 4^g,20 ; essence de Portugal, 1^g,50 ; essence de girofle, 25 centigrammes. — B. *Demi-fin.* Essence de curaçao, 5 grammes ; essence de Portugal, 2 grammes ; essence de girofle, 40 centigrammes. — C. *Fin.* Essence de curaçao, 7 grammes, essence de Portugal, 2^g,50 ; essence de girofle, 50 centigrammes. Le *curaçao surfin* est une liqueur mixte. Méthode générale. Dosages réguliers de l'alcool, du sucre et de l'eau. Produit : 10 litres. Colorer le curaçao ordinaire en rouge par l'orseille, le produit demi-fin en jaune foncé par le caramel, et le curaçao surfin en rouge par le bois de Fernambouc ou par l'hématéine.

On obtient une belle *couleur* pour le curaçao en faisant macérer pendant huit jours, dans 1 litre d'alcool à 85 degrés, 400 grammes de Fernambouc et 6 ou 7 grammes de crème de tartre en poudre. On peut remplacer l'alcool ordinaire par de l'esprit de curaçao.

12° *Eau blanche.* — On a donné, pour préparer cette liqueur italienne par les essences, une formule dont le résultat ne peut ressembler à la *liqueur mixte* dont la composition sera donnée plus loin et nous préférons de beaucoup cette dernière. Voici cette recette par les essences que nous reproduisons par curiosité et aussi parce qu'elle fournit un assez bon produit, malgré la différence qu'il présente relativement au type.

Prendre : essences de citron, de mélisse, de menthe, d'ambre, $\overline{a}\overline{a}$, 1 gramme ; essence de vanille, 50 centigrammes ; essence de roses, 5 centigrammes. Alcool à 85 degrés, 4^l,30. Sucre, 2^k,250. On ajoute l'eau nécessaire pour compléter 10 litres et, si l'on n'a pas introduit l'essence de roses dans la composition, on remplace 2 litres d'eau par autant d'hydrolat de roses. Méthode générale. Une feuille d'argent brisée dans chaque flacon.

13° *Eau de Mannheim.* — Essence de citron, 2^g,50 ; essences d'anis vert et de fenouil, $\overline{a}\overline{a}$, 1 gramme ; essence de girofle,

50 centigrammes. Alcool à 90 degrés, 4 litres. Sucre, 1ᵏ,800. Eau, 900 grammes (pour faire le sirop). Compléter 10 litres avec de l'eau et filtrer, sans coloration.

14° *Eau des sept graines.* — A. *Fine.* Essences de céleri, de fenouil, de Portugal et de citron, āā, 50 centigrammes ; essence de coriandre, 10 centigrammes ; essence d'angélique, 30 centigrammes ; essence d'anis vert, 1ᵍ,50. Méthode générale. Proportions régulières d'alcool, de sucre et d'eau. Produit : 10 litres, à colorer en jaune-paille avec le safran. — B. *Surfine.* Essences d'angélique et de fenouil, āā, 40 centigrammes ; essence de céleri, 60 centigrammes ; essence de coriandre, 20 grammes ; essence de Portugal, 1 gramme ; essence d'anis vert, 2 grammes. Méthode générale. Proportions régulières d'alcool, de sucre et d'eau. Produit : 10 litres, à colorer comme la liqueur précédente.

15° *Eau-de-vie de Dantzig.* — A. *Fine.* Essence de coriandre, 20 centigrammes ; essence de cannelle de Ceylan, 40 centigrammes ; essence de cannelle de Chine, 1ᵍ,20 ; essence de Portugal, 80 centigrammes ; essence de citron, 2ᵍ,50. Méthode générale. Proportions régulières d'alcool, de sucre et d'eau. Produit : 10 litres, sans coloration. — B. *Surfine.* Essence de coriandre, 20 centigrammes ; essence de cannelle de Ceylan, 50 centigrammes ; essence de cannelle de Chine, 1ᵍ,50 ; essence de Portugal, 1 gramme ; essence de citron, 3 grammes. Méthode générale. Proportions régulières. Produit : 10 litres, sans coloration.

16° *Fleur d'oranger.* — A. *Ordinaire.* Essence de néroli, 1 gramme. — B. *Demi-fine.* Essence de néroli, 1ᵍ,20 ; — C. *Fine.* Essence de néroli, 1ᵍ,50. Méthode générale. Proportions régulières, suivant chaque cas. Produit : 10 litres, sans coloration.

17° *Girofle* (formule allemande).—Essence de girofle, 5 grammes ; essence de cannelle, 1 gramme ; essence de macis, 50 centigrammes. Alcool à 90 degrés, 4 litres ; sucre, 1ᵏ,800 ; eau, 900 grammes (pour la préparation du sirop). Méthode générale. Compléter 10 litres avec de l'eau. Colorer en brun par le cachou. Filtrer.

18° *Huile de kirsch surfine.* — Essence de noyau, 4 grammes ; essence de néroli, 40 centigrammes. Méthode générale. Proportions régulières. Produit : 10 litres.

19° *Kummel ordinaire.* — Essence de cumin, 7ᵍ,50 ; alcool à 90 degrés, 4ˡ,50 ; sucre, 2ᵏ,250 ; eau pour faire le sirop, 1ˡ,50. Compléter 10 litres. Incolore.

A Dantzig, on ajoute quelques gouttes (2 par litre) d'essences d'orange et de coriandre et on porte la quantité d'alcool à 5 litres. Le kummel de Breslau se fait avec la même proportion d'alcool ; mais on remplace les essences d'orange et de coriandre par celles de fenouil et de cannelle, dans les mêmes proportions. Méthode générale.

La chrème de kummel n'est que la liqueur ordinaire dans laquelle la proportion de sucre est doublée.

20° *Liqueur de cent sept ans.* — A. *Ordinaire.* Essence de citron, 4 grammes ; essence de roses, 20 centigrammes. — B. *Demi-fine.* Essence de citron, 6 grammes ; essence de roses, 50 centigrammes. → C. *Fine.* Essence de citron, 7 grammes ; essence de roses, 40 centigrammes. Méthode générale. Proportions régulières d'alcool, de sucre et d'eau dans les divers cas. Produit : 10 litres, à colorer en rouge, par l'orseille ou le cudbeard.

21° *Chrème de mélisse.* — Essence de mélisse, 3 grammes ; essence de coriandre, 1ᵍ,50 ; essence de cannelle de Ceylan, 50 centigrammes ; essence de citron, 1 gramme. Méthode générale. Proportions régulières d'alcool, de sucre et d'eau comme pour les liqueurs surfines. Produit : 10 litres, sans coloration.

22° *Chrème de menthe.* — A. *Ordinaire.* Essence de menthe anglaise, 2 grammes. — B. *Demi-fine.* Essence, 3ᵍ,50. — C. *Fine.* Essence, 5 grammes. — D. *Surfine.* Essence, 6 grammes. Méthode générale. Proportions régulières d'alcool, de sucre et d'eau. Produit : 10 litres, sans coloration.

Formules allemandes pour la chrème de menthe poivrée. — A. Essence de menthe poivrée, 5 grammes ; alcool à 90 degrés, 4 litres, sucre, 2ᵏ,250. — B. Essence, 6 grammes. Alcool à 90 degrés, 4 litres ; sucre, 4ᵏ,50. Dans les deux cas, faire un sirop avec le sucre et la moitié de son poids d'eau. Mélanger à froid par la méthode générale, et compléter 10 litres. Colorer en vert. Filtrer.

23° *Chrème de mille-fleurs.* — Essences de réséda, de tubéreuse, d'héliotrope, ãã, 2 grammes ; essences de jasmin, de jonquille, de néroli, ãã, 50 centigrammes ; essence de roses,

25 centigrammes. Alcool à 85 degrés, $3^l,60$; sucre, $5^k,600$; eau, $2^l,60$. Méthode générale ; produit : 10 litres.

24° *Chrème de muscade* (composition allemande). Essence de muscade, 6 grammes. Alcool à 90 degrés, 4 litres ; sucre, $4^k,500$; eau, quantité suffisante pour obtenir 10 litres. Méthode générale. Colorer en rouge peu foncé.

25° *Noyau.* — A. *Eau de noyau ordinaire*. Essence de noyau, 3 grammes. — B. *Chrème demi-fine*. Essence, 4 grammes. — C. *Fine*. Essence, 5 grammes. Méthode générale. Proportions régulières d'alcool, de sucre et d'eau. Produit : 10 litres.
— D. *Chrème de noyau surfine, de Phalsbourg*. Essence de noyaux, 5 grammes ; essences d'amandes amères et de Portugal, $\overline{aa}$, 1 gramme ; essence de citron, 80 centigrammes ; essence de cannelle de Chine, 40 centigrammes ; essences de girofle et de néroli, $\overline{aa}$, 20 centigrammes ; essence de muscade, 10 centigrammes. Méthode générale. Dosage de l'alcool, du sucre et de l'eau comme pour les produits surfins. Produit : 10 litres, sans coloration.

26° *Chrème d'orange* (formule allemande). — Essence d'écorces d'orange, $7^g,50$. Alcool à 90 degrés, 4 litres ; sucre, $4^k,50$; eau, $2^k,25$ (pour faire le sirop). Méthode générale. Compléter 10 litres avec de l'eau, colorer par le cachou et filtrer.

27° *Parfait-amour.* — A. *Ordinaire*. Essence de citron, 4 grammes ; essence de cédrat, $1^g,50$; essence de coriandre, 10 centigrammes. — B. *Demi-fin*. Essence de citron, 5 grammes ; essence de cédrat, 2 grammes ; essence de coriandre, 10 centigrammes. — C. *Fin*. Essence de citron, 6 grammes ; essence de cédrat, $2^g,50$; essence de coriandre, 2 grammes. Méthode générale. Proportions régulières d'alcool, de sucre et d'eau. Produit : 10 litres, à colorer en rouge clair, avec la cochenille, le cudbeard ou l'érythrose.

Nous ferons observer, à propos du parfait-amour et de toutes les liqueurs françaises qui admettent les essences des hespéridées, citrons, oranges, cédrats, bergamotes, etc., que ces essences doivent être obtenues par distillation et non par expression, à moins que le contraire ne soit nettemen t formulé.

28° *Persicot* (formule allemande).—Essence d'amandes amères, 40 grammes (?). Alcool à 90 degrés, 4 litres ; sucre, $2^k,260$;

eau, 1ᵏ,125 (pour le sirop). Compléter 10 litres. Méthode générale. Sans coloration.

29° *Chrème de Portugal.* — A. *Ordinaire.* Essence de Portugal distillée, 1ᵍ,50 ; — B. *Demi-fine.* Essence, 2ᵍ,50. — C. *Fine.* Essence, 4 grammes. — D. *Surfine.* Essence, 7 grammes. Méthode générale. Proportions régulières d'alcool, de sucre et d'eau. Produit : 10 litres. On peut laisser incolore ou colorer en jaune d'or.

30° *Chrème de romarin.* — Essence de romarin, 7ᵍ,50 ; essences de lavande et de cannelle de Ceylan, āā, 50 centigrammes. Alcool à 90 degrés, 4 litres ; sucre, 3ᵏ,600 ; eau, 1ˡ,80 (pour le sirop). Compléter 10 litres par de l'eau. Colorer en vert.

31° *Huile de roses.* — A. *Ordinaire.* Essence de roses, 60 centigrammes. — B. *Demi-fine.* Essence , 80 centigrammes. — C. *Fine.* Essence, 1ᵍ,20. — D. *Surfine. Chrème de roses.* Essence , 1ᵍ,50. Méthode générale. Proportions régulières d'alcool, de sucre et d'eau. Produit : 10 litres, à colorer en rouge.

32° *Huile de vanille surfine.* — Essence de vanille, 4 grammes ; essence de baume du Pérou, 5 centigrammes. Méthode générale. Proportions régulières. Produit : 10 litres, sans coloration.

Comme pour tous leurs produits, d'ailleurs, les Allemands exagèrent la dose d'essence dans la préparation de la crème de vanille. Ils substituent avantageusement l'essence de roses à celle de baume du Pérou dans cette composition qui est, au fond, la même que la précédente. Leur dosage est de 45 grammes (?) d'essence de vanille, et 5 gouttes d'essence de roses pour 5 litres d'alcool à 90 degrés et 4ˡ,50 de sucre, par 10 litres de produit.

33° *Vermuth* (formules allemandes). — A. *Ordinaire, de Breslau.* Essence d'absinthe, 5 grammes. Alcool à 90 degrés, 4ˡ,50 ; sucre, 1ᵏ,800. — B. *Fin.* Essence d'absinthe, 4 grammes ; essence de calamus aromaticus, 1 gramme ; essences de cannelle et de girofle, āā, 25 centigrammes. Mêmes doses d'alcool et de sucre. Méthode générale. Produit : 10 litres à colorer en vert.

Vespétro. — A. *Ordinaire.* Essence d'anis vert, 2 grammes ; essence de carvi, 1ᵍ,50 ; essence de citron, 80 centigrammes ; essence de fenouil, 60 centigrammes ; essence de

coriandre, 20 centigrammes. — B. *Demi-fin*. Essence d'a-
nis vert, 3 grammes ; essence de carvi, 2 grammes ; essence
de citron, 1 gramme ; essence de fenouil, 60 centigrammes ;
essence de coriandre, 20 centigrammes. — C. *Fin*. Essence
d'anis vert, 4 grammes ; essence de carvi, 2ᵍ,50 ; essence de
citron, 1ᵍ,50 ; essence de fenouil, 60 centigrammes ; essence
de coriandre, 30 centigrammes. — D. *Surfin*. *Vespétro de
Montpellier*. Essence d'anis vert, 4ᵍ,50 ; essence de carvi,
3 grammes ; essence de citron, 2 grammes ; essence de fenouil, 80 centigrammes ; essence de coriandre, 40 centigrammes. Méthode générale. Proportions régulières d'alcool,
de sucre et d'eau. Produit : 10 litres, à colorer en jaune par
le safran.

VI. LIQUEURS PAR LES ALCOOLATS. — Nous avons déjà
préparé des liqueurs par les alcoolats, car les liqueurs dites
par distillation ne diffèrent de celles qui vont être indiquées
que par une circonstance peu importante de leur fabrication.
Dans le cas présent, on emploie des alcoolats ou esprits aromatiques *préparés à l'avance ;* les alcoolats simples sont mélangés avec l'alcool excipient au moment de la confection, et il
en résulte une sorte d'alcoolat composé. Cet alcoolat n'offre
pas l'homogénéité des alcoolats composés obtenus par distillation du macératum alcoolique, après qu'on a réagi à la fois
sur toutes les matières aromatiques adoptées. Il présente moins
de finesse et de suavité, en sorte que les liqueurs préparées
extemporanément n'offrent pas habituellement le moelleux
et la perfection des liqueurs par distillation. Elles ne peuvent
y atteindre que par les soins apportés à leur fabrication, par
l'action du temps surtout, ou par un tranchage opéré méthodiquement et avec soin.

La *méthode générale* à suivre dans la préparation de ce groupe
de liqueurs consiste à verser dans un vase les esprits parfumés qui entrent dans la composition, à y ajouter d'abord l'alcool nécessaire, puis le sirop refroidi, préparé à chaud avec
le sucre et une partie de l'eau. On complète avec de l'eau le
volume cherché, on tranche, on colore et on clarifie après un
repos suffisant.

Les proportions d'alcool, de sucre et d'eau, pour les liqueurs
ordinaires, doubles, demi-fines, fines et surfines, sont celles
qui ont été établies précédemment (p. 576), et ces données

peuvent être adoptées comme règle fixe sans le moindre inconvénient, à moins qu'il ne soit spécifié quelque différence.

1° *Angélique.* — A. *Eau d'angélique.* Alcoolat ou esprit
de racines d'angélique, 80 centilitres. Alcool à 85 degrés,
$1^l,70$; sucre, $1^k,250$; eau, $6^l,60$. Méthode générale. Produit :
10 litres. — B. *Double.* Alcoolat de graines d'angélique,
$1^l,40$. Alcool à 85 degrés, $3^l,60$; sucre, $2^k,500$; eau, $3^l,30$.
Méthode générale. Produit : 10 litres.—C. *Chrème d'angélique
demi-fine.* Esprits de semences et de racines d'angélique,
āā, 70 centilitres. Alcool à 85 degrés, $1^l,40$; sucre, $2^k,500$;
eau, $5^l,50$. Méthode générale. Produit : 10 litres.— D. *Chrème
d'angélique fine.* — Esprits de semences et de racines d'angélique, āā, 1 litre. Alcool à 85 degrés, $1^l,20$; sucre, $4^k,375$;
eau, $3^l,90$. Méthode générale. Produit : 10 litres.

2° *Anisette.* — A. *Eau d'anis ordinaire.* Alcoolat ou esprit
d'anisette, 50 centilitres. Alcool à 85 degrés, 2 litres; sucre,
$1^k,250$; eau, $6^l,60$. Méthode générale. Produit : 10 litres. —
B. *Eau d'anis double.* Esprit d'anisette, 80 centilitres. Alcool
à 85 degrés, $4^l,20$; sucre, $2^k,500$; eau, $3^l,30$. Méthode générale. Produit : 10 litres.

3° *Céleri.* — A. *Ordinaire.* Esprit ou alcoolat de céleri,
80 centilitres. Alcool à 85 degrés, $1^l,70$; sucre, $1^k,250$; eau,
$6^l,60$. Méthode générale. Produit : 10 litres. — B. *Chrème de
céleri demi-fine.* Alcoolat de céleri, $1^l,20$. Alcool à 85 degrés, $1^l,60$; sucre, $2^k,500$; eau, $5^l,50$. Méthode générale.
Produit 10 litres. — C. *Chrème de céleri fine.* Alcoolat de céleri, 2 litres. Alcool à 85 degrés, $1^l,20$; sucre, $4^l,375$; eau,
$3^l,90$. Méthode générale. Produit : 10 litres.

4° *Curaçao.* — A. *Ordinaire.* Alcoolat de curaçao, 80 centilitres. Alcool à 85 degrés, $1^l,70$; sucre, $1^k,250$; eau, $6^l,60$.
Méthode générale. Produit : 10 litres, à colorer en ambré
foncé par le caramel. — B. *Double.* Esprit de curaçao,
1 litre. Alcool à 85 degrés, 4 litres; sucre, $2^k,500$; eau, $3^l,30$.
Méthode générale. Produit : 10 litres. Colorer très-foncé par
le caramel. On ajoute à la coloration de ces deux produits un
peu de couleur de curaçao au Fernambouc (voir page 601).
Les autres préparations de curaçao seront indiquées avec les
liqueurs mixtes.

5° *Eau de la côte Saint-André.*—Esprit de cannelle de Ceylan,
2 litres; alcoolat de girofle, 50 centilitres. Alcool à 85 degrés,

$1^1,50$; sucre, $5^k,60$; eau, $2^l,60$. Méthode générale. Produit : 10 litres, sans coloration.

6° *Eau de la Côte* (eau des Visitandines). — Alcoolat de cannelle de Ceylan, 1 litre ; alcoolat de girofle, 10 centilitres ; esprit ou alcoolat de noyaux d'abricots, $1^1,50$. Alcool à 85 degrés, 1 litre ; sucre, $5^k,600$; eau, $2^l,60$. Méthode générale. Produit : 10 litres.

7° *Eau-de-vie de Dantzig*. — A. *Fine*. Esprit de cannelle de Ceylan, 25 centilitres ; alcoolats de coriandre et de cannelle de Chine, $\tilde{a}\tilde{a}$, 50 centilitres ; alcoolats d'ambrette, de grand cardamome et de petit cardamome, $\tilde{a}\tilde{a}$, 5 centilitres. Alcool à 85 degrés, $1^1,80$; sucre, $4^k,375$; eau, $3^l,90$. Méthode générale. Produit : 10 litres, sans coloration. Mettre une feuille d'or brisée dans chaque flacon. — B. *Surfine*. Alcoolat de cannelle de Ceylan, 35 centilitres ; alcoolat de cannelle de Chine, 65 centilitres ; alcoolats de grand cardamome et de petit cardamome, $\tilde{a}\tilde{a}$, 8 centilitres ; alcoolat de coriandre, 60 centilitres ; alcoolat d'ambrette, 5 centilitres. Alcool à 85 degrés , $1^1,80$; sucre, $5^k,60$; eau, $2^l,50$ (pour le sirop) ; compléter 10 litres. Méthode générale.

8° *Eau des sept graines*. — A. *Ordinaire*. Alcoolats ou esprits de semences d'angélique, d'anis vert, de céleri, de coriandre, $\tilde{a}\tilde{a}$, 20 centilitres ; alcoolats de chervi et de fenouil, $\tilde{a}\tilde{a}$, 10 centilitres ; alcoolat d'aneth, 12 centilitres. Alcool à 85 degrés, $1^1,40$; sucre, $1^k,250$. Eau, $6^l,60$. Méthode générale. Produit : 10 litres, à colorer en jaune très-pâle par le safran. — B. *Double*. Alcoolats ou esprits de semences d'angélique, d'aneth, de céleri, de chervi, de fenouil, $\tilde{a}\tilde{a}$, 10 centilitres ; alcoolat d'anis vert et de coriandre, $\tilde{a}\tilde{a}$, 20 centilitres. Alcool à 85 degrés, $4^l,10$. Sucre, $2^k,500$. Eau ordinaire, $4^l,30$. Méthode générale, comme pour la précédente. — C. *Demi-fine*. Alcoolats de semences d'angélique et de coriandre, $\tilde{a}\tilde{a}$, 25 centilitres ; alcoolats ou esprits d'aneth et de chervi, $\tilde{a}\tilde{a}$, 15 centilitres ; alcoolats d'anis vert, de céleri, de fenouil, $\tilde{a}\tilde{a}$, 20 centilitres. Alcool à 85 degrés, $1^1,40$; sucre, $2^k,500$. Eau ordinaire, $5^l,50$. Même méthode et même quantité de produit. — D. *Fine*. Esprits de semences d'angélique, d'anis vert, de céleri, de coriandre, de fenouil, $\tilde{a}\tilde{a}$, 30 centilitres ; alcoolats d'aneth et de chervi, $\tilde{a}\tilde{a}$, 20 centilitres. Alcool à 85 degrés, $1^1,30$; sucre, $4^k,375$. Eau, quantité suffisante pour faire le sirop. Méthode générale. Compléter 10 litres, à colorer comme ci-dessus. — E. *Surfine. Chrême.* Alcoolats ou esprits de semences d'angélique, d'anis vert, de céleri, de coriandre, ãã, 35 centilitres; alcoolat de fenouil, 30 centilitres; alcoolats d'aneth et de chervi, ãã, 20 centilitres. Alcool à 85 degrés, $1^l,50$; sucre, $5^k,60$; eau ordinaire, $2^l,60$. Même méthode que précédemment, même quantité de produit et même coloration.

9o *Eau verte,* dite *de Marseille.* — Alcoolat de cannelle de Chine, 60 centilitres; alcoolat de citron, 1 litre; esprit d'orange distillé, 80 centilitres; alcoolats de coriandre, de menthe, de carvi, ãã, 40 centilitres. Sucre très-blanc, $5^k,60$. Eau ordinaire, $2^l,60$. Faire à chaud un sirop avec le sucre et l'eau. Laisser refroidir et mélanger avec les esprits. Produit : 10 litres, à colorer en vert.

10o *Elixir de Garus.* — Alcoolats de girofles et de muscade, ãã, 10 centilitres; alcoolat de fleurs d'oranger, 20 centilitres; alcoolats d'aloès, de myrrhe, de cannelle de Chine, de safran, ãã, 15 centilitres. Alcool à 85 degrés, $2^l,20$. Sucre, $4^k,375$. Eau ordinaire, quantité suffisante pour faire le sirop avec le sucre. Compléter 10 litres. Colorer en jaune un peu prononcé par le safran et le caramel.

11o *Framboise.* — A. *Liqueur*, *ordinaire.* Alcoolat de framboises, 1 litre. Alcool à 85 degrés, $1^l,50$. Sucre, $1^k,250$. Eau ordinaire, $6^l,60$. — B. *Double.* Esprit de framboises, $1^l,60$. Alcool à 85 degrés, $3^l,40$. Sucre. $2^k,500$. Eau ordinaire, $3^l,40$. — C. *Huile de framboise, demi-fine.* Alcoolat ou esprit de framboises, $1^l,50$. Alcool à 85 degrés, $1^l,30$; sucre $2^k,500$. Eau ordinaire, $5^l,50$. — D. *Chrême de framboises, fine.* Esprit de framboises, 2 litres. Alcool à 85 degrés, $1^l,20$. Sucre, $4^k,375$. Eau, quantité suffisante pour faire le sirop. Compléter 10 litres au besoin. — E. *Chrême de framboises, surfine.* Esprit de framboises, $2^l,60$; alcool à 85 degrés, 1 litre; sucre très-blanc, $5^k,60$. Eau ordinaire, $2^l,60$. Pour tous ces produits, qui sont très-fins et très-agréables, suivre la méthode générale. Colorer le produit en rouge par la cochenille, le cudbeard ou l'érythrose.

12o *Liqueur de Cent sept ans.* — *Chrême fine.* — Alcoolats de citron et de coriandre, ãã, 40 centilitres. Alcool à 85 degrés, $2^l,40$; sucre, $4^k,375$. Eau ordinaire, $3^l,90$, Méthode générale. Produit : 10 litres à colorer en rouge au cudbeard.

13° *Marasquin.* — Alcoolat de noyaux d'abricots, 80 centilitres ; vieux kirsch, 2 litres ; alcoolat de fleurs d'oranger, 20 centilitres ; alcoolat de framboises, 15 centilitres. Sucré blanc, 5^k,600. Eau ordinaire, 1^l,70. Faire dissoudre le sucre dans l'eau au bain-marie, à une chaleur suffisante. Ajouter alors les alcoolats et mélanger rapidement. Fermer l'appareil et laisser refroidir. Produit : 10 litres.

14° *Chrème de menthe, fine.* — Esprit ou alcoolat de menthe poivrée, 2^l,50. Alcool à 85 degrés, 70 centilitres ; sucre, 4^k,375 ; eau ordinaire, 3^l,9. Méthode générale. Produit : 10 litres.

15° *Mille-fleurs.* — *Chrème surfine.* — Alcoolat de roses, 90 centilitres ; alcoolat de fleurs d'oranger, 80 centilitres ; alcoolat de sassafras, 25 centilitres ; esprit d'ambrette, 5 centilitres. Alcool à 85 degrés, 4^l,60. Sucre, 5^k,600. Eau ordinaire, 2^l,60. Méthode générale. Produit : 10 litres.

16° *Chrème de moka.* — Esprit de moka, 3 litres. Alcool à 85 degrés, 60 centilitres ; sucre très-blanc, 5^k,600. Eau ordinaire, quantité suffisante pour faire le sirop. Compléter 10 litres. Méthode générale.

17° *Chrème de noisette à la rose.* — Alcoolat d'amandes amères et de roses, āā, 1 litre. Alcool à 85 degrés, 1^l,60 ; sucre blanc, 5^k,600. Eau ordinaire, 2^l,6. Méthode générale. Produit : 10 litres, à colorer par la cochenille, en rose tendre.

18° *Noyau.* — A. *Eau de noyau, ordinaire.* Esprit de noyaux d'abricots, 90 centilitres. Alcool à 85 degrés, 1^l,60 ; sucre, 4^k,250. Eau ordinaire, 6^l,60. Méthode générale. Produit : 10 litres. — B. *Demi-fine.* Esprit de noyaux d'abricots, 1^l,40. Alcool à 85 degrés, 1^l,40 ; sucre blanc, 2^k,500 ; eau ordinaire, 5^l,50. Méthode générale. Produit : 10 litres.

19° *Huile d'œillet.* — A. *Fine.* Alcoolat d'œillet, 2 litres ; alcoolat de girofle, 10 centilitres. Alcool à 85 degrés, 1^l,10. Sucre, 4^k,375 ; eau ordinaire, 3^l,40. Méthode générale. Produit : 10 litres. — B. *Chrème surfine.* Esprit d'œillet, 2^l,50 ; alcoolat de girofle, 20 centilitres. Alcool à 85 degrés, 90 centilitres. Sucre blanc, 5^k,600 ; eau ordinaire, 2^l,60. Méthode générale. Produit : 10 litres, à colorer en rouge par la cochenille ou l'érythrose.

20° *Fleur d'oranger.* — *Chrème surfine.* — Alcoolat de fleurs d'oranger, 1^l,80. Alcool à 85 degrés, 1^l,80 ; sucre blanc, 5^k,600 ; eau ordinaire, 2^l,60. Méthode générale. Produit : 10 litres.

21° *Parfait-amour.* — A. *Ordinaire.* Alcoolats ou esprits de citron et de coriandre, āā, 20 centilitres. Alcool à 85 degrés, 2^l,10 ; sucre , 1^k,250 ; eau ordinaire, 6^l,60. — B. *Double.* Alcoolats ou esprits de citron et de coriandre, āā, 40 centilitres. Alcool à 85 degrés, 4^l,30 ; sucre, 2^k,500 ; eau ordinaire, 3^l,30. — C. *Huile demi-fine.* Alcoolat de citron, 30 centilitres ; alcoolat de coriandre, 40 centilitres. Alcool à 85 degrés, 2^l,10 ; sucre, 2^k,500 ; eau ordinaire, 5^l,50. — D. *Chrème fine.* Alcoolats de citron et d'orange, āā, 30 centilitres ; esprit d'anis vert, 20 centilitres ; esprit de coriandre, 40 centilitres. Alcool à 85 degrés, 2 litres ; sucre, 4^k,375 ; eau ordinaire, 3^l,90. — E. *Chrème surfine. Parfait-amour de Lorraine.* Esprits de citron et d'orange, āā, 40 centilitres ; esprit d'anis vert, 30 centilitres ; esprit de coriandre, 50 centilitres. Alcool à 85 degrés, 2 litres ; sucre blanc, 5^k,60 ; eau ordinaire, 2^l,50. Méthode générale. Produit : 10 litres, à colorer en rouge avec le cudbeard pour les sortes ordinaire, double et demi-fine ; avec la cochenille ou l'érythrose pour les sortes fine ou surfine.

22° *Persicot.* — *Formule allemande.* — Alcoolat d'amandes amères, 50 centilitres. Alcool à 90 degrés, 4 litres ; sucre, 2^k,250 ; eau ordinaire, quantité nécessaire pour le sirop. Compléter 10 litres par la méthode générale.

23° *Huile de rhum.* — A. *Fine.* Rhum vieux, à 50 degrés centésimaux, 3 litres. Alcool, à 85 degrés, 1^l,40 ; sucre, 4^k,375 ; eau ordinaire, 3^l,40. — B. *Chrème surfine.* Rhum vieux à 50 degrés centésimaux, 3 litres. Alcool à 85 degrés, 1^l,80 ; sucre, 5 kilogrammes ; eau, 1^l,80. Méthode générale. Produit : 10 litres, à colorer par le caramel.

24° *Roses.* — A. *Huile fine.* Alcoolat de roses, 2^l,50. Alcool à 85 degrés, 70 centilitres ; sucre, 4^k,375 ; eau ordinaire, 3^l,60. — B. *Chrème surfine.* Esprit de roses, 3 litres. Alcool à 85 degrés, 60 centilitres ; sucre blanc, 5^k,600 ; eau ordinaire, 2^l,60. Méthode générale. Produit : 10 litres, à colorer en rouge par la cochenille ou l'érythrose.

25° *Thé.* — A. *Chrème fine.* Alcoolat de thé, 3^l,50 ; alcoolat de racines d'angélique , 6 centilitres. Alcool à 85 degrés,

65 centilitres; sucre, 4^k,375; eau ordinaire, 3^l,50.—B. *Chrème surfine.* Alcoolat de thé, 3^l,50; esprit de racines d'angélique, 10 centilitres ; sucre blanc, 5^k,60 ; eau ordinaire, 2^l,60. Méthode générale. Produit : 10 litres, à colorer en jaune ambré par le safran.

26° *Vespétro.* — A. *Ordinaire.* Alcoolats ou esprits d'anis vert, de carvi, de coriandre, de fenouil, ãã, 20 centilitres ; alcoolats d'aneth et de daucus, ãã, 10 centilitres ; esprit d'ambrette, 5 centilitres. Alcool à 85 degrés, 1^l,45 ; sucre, 1^k,250 ; eau ordinaire, 5^l,60. Méthode générale. Produit : 10 litres, à colorer en jaune clair par le caramel. — B. *Double.* Alcoolats d'anis vert et de coriandre, ãã, 20 centilitres ; alcoolats ou esprits d'ambrette, d'aneth, de carvi, de daucus, de fenouil, ãã, 10 centilitres. Alcool à 85 degrés, 4^l,10 ; sucre, 2^k,500 ; eau ordinaire, 3^l,30. Même méthode et même quantité de produit. Même coloration. — C. *Demi-fin.* Alcoolats d'anis vert, de carvi et de coriandre, ãã, 30 centilitres ; esprits d'aneth et de daucus, ãã, 15 centilitres ; esprit de fenouil, 25 centilitres ; esprit d'ambrette, 5 centilitres. Alcool à 85 degrés, 1^l,30 ; sucre, 2^k,500 ; eau ordinaire, 5^l,50, comme ci-dessus. — D. *Fin.* Alcoolats d'anis vert, de carvi et de coriandre, ãã, 40 centilitres ; alcoolat de fenouil, 30 centilitres ; alcoolats d'aneth et de daucus, ãã, 20 centilitres ; esprit d'ambrette, 10 centilitres. Alcool à 85 degrés, 1^l,20 ; sucre, 4^k,375 ; eau ordinaire, 3^l.90. Même méthode, même quantité de produit et même coloration. — E. *Surfin. Vespétro de Montpellier.* Esprits de carvi et de coriandre, ãã, 60 centilitres ; alcoolat d'anis vert, 40 centilitres ; esprits d'aneth, de daucus et de fenouil, ãã, 30 centilitres ; alcoolat d'ambrette, 10 centilitres. Alcool à 85 degrés, 1 litre ; sucre très-blanc, 5^k,600 ; eau ordinaire, 2^l,60. Méthode générale. Produit : 10 litres, à colorer en jaune clair par le safran.

VII. LIQUEURS PAR LES ALCOOLÉS. — On pourrait croire, en jetant les yeux sur la rubrique que nous avons adoptée pour le groupe de liqueurs dont il va être question, que les fabricants de liqueurs préparent une partie notable de leurs produits à l'aide de *teintures* ou *alcoolés* préparés à l'avance, qu'ils mélangent dans des proportions convenables et qu'ils transforment ensuite en liqueurs à l'aide de l'eau et du sucre. Ce mode de procéder serait, en effet, très-rationnel et très-pratique; il permettrait aux liquoristes d'avoir toujours sous la main les matériaux essentiels d'une fabrication variée et de pouvoir vérifier les formules à l'aide d'essais peu coûteux. Il n'en est malheureusement rien et, sauf exception rare, les fabricants de liqueurs ne se servent que de *teintures complexes*, préparées pour les besoins du moment. Nous trouvons la raison de ce fait dans une économie assez mal entendue, qui pousse les liquoristes à fabriquer leurs liqueurs à mesure des besoins, au fur et à mesure de la demande, ou à peu près, et qui les fait reculer devant les dépenses d'un approvisionnement suffisant en teintures alcooliques, aussi bien qu'en essences et en esprit parfumés. Aussi n'emploie-t-on, le plus souvent, que des alcoolés composés ou des teintures complexes, que l'on prépare au moment pour les besoins actuels. Sans doute, les teintures complexes ont plus d'homogénéité que les mélanges de teintures simples, mais il n'est pas moins vrai de dire que l'on néglige beaucoup trop un moyen commode et facile de créer à chaque instant ce dont on peut désirer l'exécution. Quoi qu'il en soit, et sans outrer le blâme que nous exprimons contre cette espèce d'apathie, nous dirons que les liqueurs par les teintures simples n'existent pas, pour ainsi dire, et que l'on ne pourrait guère trouver ces teintures ailleurs que dans les officines des pharmaciens.

Il y a cependant quelque chose à faire dans cette voie, et il nous semble que l'art du liquoriste serait appelé à réaliser de grands progrès, si l'on apportait plus d'attention au point que nous venons de signaler. Nous croyons même que l'on pourrait ainsi obtenir sans peine des économies très-notables sur la fabrication d'un grand nombre de liqueurs, si l'on se préoccupait de cette importante question. Il est certain que les alcoolés coûtent moins cher que les alcoolats ou esprits parfumés, et il ne s'agirait guère que de substituer ceux-là à ceux-ci dans un dosage bien calculé, pour atteindre des avantages incontestables.

La *méthode générale* à suivre pour la préparation des liqueurs par les alcoolés ne diffère pas sensiblement de celle qui est suivie pour les liqueurs par les esprits aromatiques. Les alcoolés, simples ou composés, sont additionnés de l'alcool, s'il convient d'en ajouter; on mélange le tout à froid avec le

sirop; on complète le volume cherché par de l'eau; on tranche, s'il en est besoin; on colore, et l'on clarifie ou l'on
filtre.

Nous donnons les formules des principales liqueurs de ce
groupe qui sont préparées par les liquoristes.

1° *Chrème des Barbades*.—Cannelle de Ceylan, 60 grammes;
muscade et girofle, āā, 2ᵍ,50; macis, 4 grammes; coriandre
et amandes amères, āā, 16 grammes; zestes de deux citrons et
de deux oranges. Contuser les matières et les faire macérer
pendant quinze jours au moins dans 3ˡ,60 d'alcool à 85 degrés.
Soutirer l'alcoolé et y ajouter un sirop formé de 4ᵏ,375 de
sucre et de 2ˡ,50 d'eau. Compléter 10 litres. Filtrer.

2° *Bitter*. — A. *Formule anglaise*. Gentiane, 50 grammes;
racine d'aunée et calamus aromaticus, āā, 12 grammes; girofle
et muscade, āā, 1ᵍ,50; cannelle de Chine, 3 grammes; zestes
frais de trois citrons et de trois oranges. Alcool à 85 degrés, 10 litres. Contuser les matières et faire macérer pendant un mois.
Soutirer le produit ou le passer au tamis, réduire suivant le
goût et filtrer. — B. *Formule hollandaise*. Ecorces de curaçao
de Hollande, 100 grammes; aloès socotrin et calamus aromaticus, āā, 25 grammes; bois de Fernambouc effilé, 200 grammes. Alcool à 85 degrés, 6 litres. Eau ordinaire, 4 litres.
Contuser les matières, les faire macérer pendant quarante-
huit heures au bain-marie, avec l'eau et l'alcool, à +45 degrés
ou +50 degrés de température. Laisser refroidir et ajouter
1ᵍ,50 d'alun de Rome pulvérisé. Filtrer. — C. *Autre formule*.
On prépare aussi en Hollande un autre bitter ou un *amer*,
dans lequel il n'entre ni aloès ni alun, ce qui n'en vaut que
mieux au point de vue hygiénique. Ecorces de curaçao,
100 grammes; zestes frais de deux citrons et de deux oranges.
Alcool à 50 degrés, 10 litres. Macération d'un mois. Soutirer et
filtrer.

Ces produits ne sont pas des liqueurs proprement dites,
puisqu'ils ne reçoivent pas de sucre, et ils ne peuvent être
considérés que comme des alcoolés. Nous ne les avons réunis
ici que parce qu'ils sont ordinairement consommés sous
cette forme, comme apéritifs ou digestifs.

D. *Formule allemande. Bitter fin*. — Les Allemands, par une
aberration assez singulière, préparent une sorte de liqueur
sucrée avec les éléments suivants: cannelle de Ceylan 12ᵍ,50;

bois de cassie, 10 grammes ; zestes frais d'oranges douces et d'oranges amères, āā, 70 grammes. Alcool à 90 degrés, 3 litres. Après huit jours de macération, on filtre avec expression ; on ajoute un sirop contenant 850 grammes de sucre, on complète 10 litres par de l'eau, on colore en jaune et l'on filtre.

3° *Eau de citron. — Formule allemande. —* Zestes frais de citron, 185 grammes ; zestes frais d'oranges, 60 grammes ; girofle et macis, āā, 3 grammes. Alcool à 70 degrés, 6 litres. Huit jours de macération. Passer avec expression, ajouter un sirop contenant $2^k,350$ de sucre, compléter 10 litres et colorer en jaune. Filtrer.

4° *Curaçao surfin* (de Hollande). — Ecorces de curaçao de Hollande, 500 grammes ; écorces de huit oranges. Alcool à 85 degrés, $5^l,50$; sucre, 5 kilogrammes. Eau ordinaire, $2^k,250$. On fait ramollir le curaçao dans l'eau pour pouvoir le zester, on en réunit les zestes avec ceux des écorces fraîches ; le tout est mis en macération pendant vingt-quatre heures dans l'alcool, on passe le produit, on y ajoute le sucre dissous à chaud dans l'eau et l'on complète 10 litres. Trancher, colorer en jaune rougeâtre et filtrer.

5° *Elixir de Cagliostro.* — Girofle, cannelle, muscade, āā, 16 grammes (une demi-once) ; safran, gentiane, tormentille, āā, 4 grammes ; aloès socotrin et thériaque, āā, 48 grammes ; myrrhe, 24 grammes ; musc, 2 centigrammes. Eau-de-vie à 56 degrés, 3 kilogrammes. Faire macérer pendant quinze jours, filtrer et ajouter $1^k,500$ de sirop de fleurs d'oranger. Cette recette passe pour être la véritable formule du célèbre charlatan. Dans tous les cas, elle est préférable sous tous les rapports à la composition connue sous le nom de *Raspail,* et il serait fort aisé d'en préparer une liqueur très-fine et très-hygiénique, en diminuant un peu la dose de l'aloès et en l'aromatisant suivant le goût.

6° *Chrème de gingembre.— Formule allemande. —* Gingembre contusé, 225 grammes. Alcool à 90 degrés, 5 litres. Sucre, $4^k,500$. Faire macérer pendant huit jours le gingembre dans l'alcool, passer avec expression. Ajouter à froid un sirop fait avec le sucre et la quantité d'eau nécessaire ; compléter 10 litres et filtrer.

7° *Liqueur flamande.* — Semences de badiane et d'angélique, āā, 10 grammes ; coriandre, 16 grammes ; girofle et

cannelle, āā, 5 grammes ; le zeste d'une orange. Alcool à
85 degrés, 4¹,35. Sucre brut, 3ᵏ,30. Pulvériser les aromates et
faire macérer pendant huit jours. Faire un sirop avec le sucre
et eau, 1¹,65, et le verser chaud sur les matières en macération.
Agiter et laisser refroidir. Compléter 10 litres, colorer en
jaune clair et filtrer.

8° *Chrème de moka ordinaire.* — Café moka torréfié au
blond foncé et moulu, 150 grammes. Alcool à 85 degrés,
2¹,50 ; sucre, 1ᵏ,500. Dix jours de macération dans l'alcool.
Passer. Ajouter à froid le sirop fait avec le sucre et 1 litre
d'eau. Compléter 10 litres et filtrer. On peut augmenter les
proportions de café, d'alcool et de sucre, de manière à produire une chrème demi-fine, etc.

9° *Huile de vanille.* — Bonne vanille du Mexique,
20 grammes. Alcool à 85 degrés, 4 litres ; sucre, 5ᵏ,60. Eau ordinaire, 2¹,20. La vanille est pilée avec 500 grammes de sucre.
On fait au bain-marie un sirop avec le reste du sucre, on y
ajoute à chaud l'alcool, puis le sucre chargé de vanille ; on mélange le tout et l'on couvre. On maintient vers + 50 degrés
de température pendant quatre ou cinq heures ; puis, on
laisse refroidir, on colore en rouge par la cochenille ou
l'érythrose et l'on filtre. Produit : 10 litres. La formule de
la *chrème de vanille de Naples* ne diffère pas notablement
de la précédente, et nous n'avons pas à en faire une mention
particulière, qui serait tout à fait inutile.

VIII. LIQUEURS PAR LES ALCOOLATURES. — Les liqueurs par les
alcoolatures ou par les infusions alcooliques forment la classe,
assez nombreuse d'ailleurs, des ratafiats. Les liquoristes,
tout en appliquant le terme d'infusion à la macération des
fruits frais ou des plantes fraîches dans l'alcool, se sont écartés considérablement de leur définition, et nombre de ratafiats ne sont que des liqueurs par alcoolés ou par teintures.
Nous considérons comme des ratafiats toutes les liqueurs de
qualité *ordinaire* ou *demi-fine*, qui proviennent des *sucs*, des
infusions aqueuses, des *infusions alcooliques* ou *alcoolatures*, et
nous pensons qu'il conviendrait de limiter exactement la
signification des termes employés en technologie, sous peine
d'augmenter encore une confusion déjà trop grande. Et encore, dans cette division des ratafiats, devrait-on, pour être
conséquent et logique, admettre des huiles et des chrèmes,

puisque l'on prépare des liqueurs fines ou surfines dans ce groupe comme dans les autres.

La *méthode générale* à suivre pour ces préparations ne diffère pas de celle qui a été indiquée pour les liqueurs par les alcoolés.

1° *Ratafiat de brou de noix.* — Noix morveuses, trente ; cannelle de Ceylan, girofle, macis, ãã, 1 gramme. Alcool à 85 degrés ; 5¹,85 ; sucre, 2ᵏ,500 ; eau ordinaire, 1¹,66. Les noix écrasées, aérées et noircies (vingt-quatre heures), doivent macérer pendant trente jours dans l'alcool ; on passe avec expression, on ajoute à froid le sirop fait avec le sucre et l'eau, et l'on filtre. Produit : 10 litres.

2° *Ratafiat de cassis.* — A. *Formule des ménages.* Cassis bien mûrs, 3 kilogrammes ; feuilles de cassis, 150 grammes ; cannelle, 3 grammes ; girofle, 2 grammes. Eau-de-vie blanche (de vin), à 56 degrés, 6 litres ; sucre, 1ᵏ,250 ; eau ordinaire, 1 litre. Les fruits écrasés et les feuilles doivent macérer pendant quinze jours dans l'eau-de-vie. On passe avec expression, on ajoute le sirop fait avec le sucre et l'eau et l'on filtre. Cette préparation est peu délicate. Voici un autre procédé qui donne un produit très-fin. — B. *Autre formule.* Grains entiers de cassis mondés, 3 kilogrammes ; feuilles de cassis, 100 grammes ; cannelle, 3 grammes. Alcool à 60 degrés, 6 litres ; sucre, 1ᵏ,250 ; eau, 4 litres. On place les grains de cassis, les feuilles et les aromates dans un vase, sans tasser. On recouvre d'alcool et on laisse macérer pendant huit jours. On soutire le liquide, qu'on remplace par le reste de l'alcool. Après huit jours de macération, on soutire de nouveau, et l'on réunit le produit à la première infusion. On verse sur la matière 3 litres d'eau pour déplacer l'alcool qui l'imprègne, et après quatre jours on soutire le liquide hydroalcoolique, qu'on réunit aux infusions. On ajoute alors un sirop fait avec le sucre et le reste de l'eau et l'on filtre.

Formules des liquoristes. — C. *Cassis ordinaire.* — 1° Infusion de grains entiers, *première charge*, 2¹,50 ; alcool à 85 degrés, 1¹,25 ; sucre, 1ᵏ,250 ; eau ordinaire, 5¹,40. — 2° Infusion, *deuxième charge*, 3¹,25 ; alcool à 85 degrés, 60 centilitres ; sucre, 1ᵏ,250 ; eau ordinaire, 5¹,40. — 3° Infusion, *troisième charge*, 4¹,50 ; alcool à 85 degrés, 70 centilitres ; sucre, 1ᵏ,250 ; eau ordinaire, 4 litres. — 4° Infusion, *première charge*, 85 cen-

tilitres; *deuxième charge*, 1 litre; *troisième charge*, 1l,50.
Mêler pour avoir 3l,35 *d'infusion mixte.* Alcool à 85 degrés,
90 centilitres; sucre, 1k,250; eau ordinaire, 5l,40. — D. *Cassis
double.* — 1° Infusion de cassis, *première charge*, 5 litres.
Alcool à 85 degrés, 2l,40; sucre 2k,50; eau ordinaire, 1 litre.
— 2° Première infusion, 2l,50; deuxième infusion, 3 litres.
En tout, 5l,50 de mélange. Alcool à 85 degrés, 1l,70; sucre,
2k,500; eau ordinaire, 1l,20. — E. *Cassis demi-fin. Cassis
framboisé.* Première infusion de cassis, 3 litres; infusion ou
alcoolature de framboises, 50 centilitres. Alcool à 85 degrés,
1,20; sucre, 2k,500; eau ordinaire, 3l,60. — F. *Cassis fin.*
Première infusion ou alcoolature de cassis, 3l,60; alcoolature
de framboises, 85 centilitres. Alcool à 85 degrés, 1l,10; sucre,
3k,750; eau ordinaire, 2 litres.

On mélange l'infusion avec l'alcool, on ajoute à froid le
sirop fait avec le sucre et l'eau, et l'on filtre.

3° *Ratafiat de cerises. Ratafiat des ménages.* — Cerises aigres,
bien mûres, mondées et écrasées ainsi que les noyaux, 6 kilogrammes. Alcool à 85 degrés, 2l,50; sucre, 2k,50; eau, pour
compléter 10 litres. Le fruit écrasé est soumis à la macération dans l'alcool pendant quinze jours au moins; on passe
avec expression, on ajoute à froid le sirop fait à chaud et l'on
filtre.

En renvoyant à un paragraphe suivant les produits mixtes
à observer parmi les ratafiats de cerises, nous ne devons pas
passer sous silence quelques compositions auxquelles on a
fait une réputation méritée. Voici quelques formules relatives
aux *ratafiats de cerises* de Dijon, de Grenoble et de Neuilly.

A. *Ratafiat de Dijon.* — Infusion ou alcoolature de cassis,
première charge, 2l,50; infusions de cerises, de framboises,
de merises, āā, demi-litre; vin de Bourgogne, 1 litre; sucre
blanc, 5 kilogrammes; eau ordinaire, 2l,50. Mêler les infusions avec le vin, ajouter le sirop, compléter 10 litres. —
B. *Ratafiat de Grenoble* ou de *Teseyre.* Suc de cerises noires,
7l,50; feuilles de cerisier, 250 grammes; merises noires,
pilées, 1k,50; girofle et macis, āā, 2 grammes; cannelle de
Ceylan, 6 grammes. Alcool à 85 degrés, 2l,50; sucre, 2k,50.
Faire macérer les matières dans l'alcool pendant quinze à
vingt jours, passer avec expression, faire dissoudre le sucre
dans le liquide, compléter 10 litres et filtrer. — C. On peut

encore faire le *ratafiat de Grenoble* par : Cassis murs et mondés, 1ᵏ,500 ; cerises et framboises, āā, 2 kilogrammes ; merises, 1 kilogramme. Alcool à 85 degrés, 3ˡ,70 ; sucre, 5 kilogrammes. Écraser les fruits et faire macérer avec l'alcool pendant trente jours. Passer avec expression, ajouter le sucre dissous dans la quantité d'eau nécessaire, compléter 10 litres et filtrer. — D. *Ratafiat de Grenoble par les infusions.* Alcoolature de cassis, *première charge*, 1ˡ,70 ; alcoolatures de cerises et de framboises, āā, 1ˡ,50 ; alcoolature de merises, 85 centilitres. Sucre 5ᵏ,60 ; eau ordinaire, 2ˡ,50. Ajouter au mélange des infusions le sucre dissous dans l'eau et filtrer. — E. *Ratafiat de Neuilly.* Cerises aigres, mûres, 4ᵏ,75 ; cerises noires, 2 kilogrammes ; pétales d'œillets rouges, dits *à ratafiat*, 250 grammes. Alcool à 85 degrés, 3ˡ,50 ; sucre, 5ᵏ,25. Macération des matières dans l'alcool pendant trente jours. Passer. Ajouter à froid un sirop fait à chaud avec la quantité d'eau nécessaire, compléter 10 litres et filtrer.

4° *Ratafiat de coings.* — Suc de coings mûrs, 7ˡ,50 ; cannelle de Ceylan, 8 grammes ; girofle, 4 grammes ; macis, 1 gramme ; amandes amères, 3 grammes. Alcool à 85 degrés, 2ˡ,50 ; sucre, 1ᵏ,250 ; eau ordinaire, 1 litre. Faire macérer avec l'alcool pendant six semaines, ajouter le sirop fait avec le sucre et l'eau ; filtrer. Produit : 10 litres.

5° *Ratafiat de framboises.* — A. *Ratafiat simple.* Framboises, 3 kilogrammes. Alcool à 85 degrés, 3 litres ; sucre, 1ᵏ,250 ; eau ordinaire, 4 litres. Macération dans l'alcool pendant six semaines. Passer avec expression, ajouter le sirop fait avec le sucre et l'eau, filtrer. Produit : 10 litres. — *Ratafiat composé.* — B. *Ordinaire.* Infusion ou alcoolature de framboises, 1ˡ,50 ; infusion de cassis ou de merises, 50 centilitres. Alcool à 85 degrés, 1ˡ,20 ; sucre, 1ᵏ,250 ; eau ordinaire, 5ˡ,90. Faire dissoudre le sucre dans l'eau, ajouter aux infusions et filtrer. — C. *Double.* Infusion de framboises, 3 litres ; infusion de cassis, 1 litre. Alcool à 85 degrés, 2ˡ,40 ; sucre, 2ᵏ,500 ; eau ordinaire, 2 litres. Comme pour le précédent. Filtrer. — D. *Demi-fin.* Alcoolature de framboises, 2 litres ; infusion de cassis, 60 centilitres. Alcool à 85 degrés, 1 litre ; sucre, 2ᵏ,50 ; eau ordinaire, 1ˡ,70. Même observation. — E. *Fin.* Alcoolature de framboises, 2ˡ,50. Infusion de cassis, 1 litre. Alcool à 85 degrés, 1 litre ; sucre blanc, 3ᵏ,750 ;

eau ordinaire, 3 litres. Même observation. — F. *Surfin*. Alcoolature de framboises, 3 litres ; infusion de cassis, 1 litre. Alcool à 85 degrés, 1 litre ; sucre blanc, 5 kilogrammes ; eau ordinaire, 1¹,60. Même observation. Dans la préparation de tous ces produits, compléter 10 litres avant la filtration.

6° *Ratafiat des quatre fruits.* — A. *Demi-fin.* Alcoolature de cassis, *première charge*, et alcoolature de cerises, ãã, 1 litre ; alcoolatures de framboises et de merises, ãã, 80 centilitres. Alcool à 85 degrés, 80 centilitres ; sucre, 2ᵏ,500 ; au ordinaire, 4 litres. Faire le sirop avec le sucre et l'eau. Mêler à froid avec les infusions, et filtrer. Produit : 10 litres. — B. *Fin.* Alcoolatures de cassis et de merises, ãã, 1¹,50 ; alcoolatures de cerises et de framboises, ãã, 1 litre. Alcool à 85 degrés, 40 centilitres ; sucre, 3ᵏ,750 ; eau ordinaire, 2 litres. Comme pour le précédent.

7° *Guignolet d'Angers.* — Alcoolatures de cerises et de merises, ãã, 2 litres. Alcool à 85 degrés, 1 litre ; sucre, 5 kilogrammes ; eau ordinaire, 1¹,60. Même méthode que pour les précédents. Produit : 10 litres.

8° *Ratafiat de vanille.* — A. *Huile ordinaire.* Infusion de vanille, 10 centilitres. Alcool à 85 degrés, 2¹,40 ; sucre, 1ᵏ,250 ; eau ordinaire, 6¹,60. Faire le sirop avec le sucre et l'eau ; mêler à froid avec l'infusion étendue par l'alcool et filtrer. Le produit ordinaire s'aromatise souvent avec 2 centilitres de teinture de storax, ce que l'on peut faire également pour les produits plus fins. — B. *Huile double.* Alcoolature de vanille, 20 centilitres. Alcool à 85 degrés, 4¹,80 ; sucre, 2ᵏ,500 ; eau ordinaire, 3¹,30. — C. *Huile demi-fine.* Alcoolature de vanille, 40 centilitres. Alcool à 85 degrés, 2¹,40 ; sucre, 2ᵏ,500 ; eau ordinaire, 5¹,50. — D. *Huile fine.* Alcoolature de vanille, 80 centilitres. Alcool à 85 degrés, 2¹,40 ; sucre, 4ᵏ,375 ; eau ordinaire, 3¹,90. — E. *Chrème surfine.* Alcoolature de vanille, 1 litre. Alcool à 85 degrés, 2¹,60 ; sucre blanc, 5ᵏ,60 ; eau ordinaire, 2¹,60. Pour tous ces produits, même méthode que pour l'huile ordinaire. Colorer en rouge, à l'orseille pour les huiles communes, à la cochenille ou à l'érythrose pour les produits fins et surfins.

9° *Huile de violettes.* — A. *Demi-fine.* Alcoolature d'iris, 60 centilitres. Alcool à 85 degrés, 2¹,20 ; sucre, 2ᵏ,500 ; eau ordinaire, 5¹,50. Produit : 10 litres à obtenir par la même

marche que pour la vanille. A teinter en violet faible. —
B. *Huile fine.* Alcoolature d'iris, 1 litre. Alcool à 85 degrés,
$2^l,20$; sucre, $4^k,375$; eau ordinaire, $4^l,90$. Mêmes observations. — C. *Chrème surfine.* Alcoolature d'iris, $1^l,20$.
Alcool à 85 degrés, $2^l,40$; sucre blanc, $5^k,600$; eau ordinaire,
$2^l,60$. Mêmes observations. Produit : 10 litres, à colorer en
violet faible.

IX. LIQUEURS MIXTES. — Nous entendons par *liqueurs
mixtes* celles dans la fabrication desquelles on réunit, au
sucre et à l'alcool, deux ou plusieurs des préparations primaires par les sucs, les infusions, les hydrolats, les essences,
les teintures, etc. La méthode à suivre pour la préparation
de ces produits est celle des liqueurs par mélange, et nous
nous contenterons de signaler, au besoin, les particularités
qui méritent d'être notées.

1° *Absinthe. Ratafiat.* — Feuilles d'absinthe mondées, 1 kilogramme; racine d'angélique, 8 grammes; baies de genièvre, 125 grammes; cannelle, 30 grammes. Eau-de-vie à
56 degrés, 6 litres. Macération de quinze jours. Distillation et
rectification pour obtenir 4 litres à 85 degrés. Ajouter, eau
de fleurs d'oranger double, 100 grammes; sucre, $1^k,500$ dissous dans $2^l,25$ d'eau ordinaire. Filtrer. Produit : 10 litres.

2° *Alkermès de Florence* (formule italienne). — Ambrette et
calamus, ãã, 15 grammes; cannelle de Ceylan, 25 grammes;
girofle et macis, ãã, 6 grammes; alcool à 85 degrés, 4 litres.
Deux jours de macération. Distiller au bain-marie, sans rectifier, pour retirer 4 litres. Ajouter au produit : alcoolature
d'iris, 5 centilitres, extrait de jasmin, 3 grammes; eau de
roses, 60 centilitres. Sucre, $5^k,60$; eau ordinaire, $1^l,60$. Produit; 10 litres à colorer par la cochenille ou l'érythrose.
Filtrer.

3° *Ananas. Chrème.* — Ananas mûrs et frais, 800 grammes.
Alcool à 85 degrés, 4 litres; sucre $5^k,600$, eau ordinaire, $2^l,20$.
Ecraser le fruit et le faire macérer pendant huit jours dans
l'alcool. Passer avec expression. Ajouter le sirop et 5 centilitres d'alcoolature de vanille, colorer en jaune d'or au caramel et filtrer.

4° *Anisette.* — A. *Demi-fine.* Alcoolat ou esprit d'anisette,
60 centilitres; eau de fleurs d'oranger, 10 centilitres. Alcool
à 85 degrés, $2^l,20$; sucre, $2^k,500$; eau ordinaire, $5^l,40$. —

B. *Fine*. Alcoolat d'anisette, $2^l,50$. Infusion d'iris, 2 centilitres;
eau de fleurs d'oranger, 10 centilitres. Alcool à 85 degrés,
70 centilitres. Sucre, $4^k,375$. Eau ordinaire, $3^l,80$. — C. *Surfine* (de Bordeaux). Badiane, 175 grammes; anis vert,
50 grammes; coriandre, fenouil et sassafras, āā, 45 grammes;
ambrette, thé impérial, āā, 20 grammes; muscade, 1 gramme.
Alcool à 85 degrés, 4 litres. Un jour de macération. Distillation et rectification au bain-marie, pour retirer $3^l,60$.
Ajouter à froid un sirop formé de $5^k,600$ de sucre et
$2^l,40$ d'eau; 5 centilitres d'alcoolature d'iris et 20 centilitres
d'eau de fleurs d'oranger; trancher, clarifier et filtrer. —
D. *Surfine* (de Paris). Badiane, 150 grammes; anis vert,
50 grammes; amandes amères, 100 grammes; coriandre,
25 grammes; fenouil, 12 grammes; racines d'angélique,
3 grammes; zestes frais de deux oranges et de deux citrons.
Alcool à 85 degrés, $3^l,80$. Macération, distillation et rectification comme ci-dessus, pour obtenir $3^l,60$ de produit.
Ajouter: alcoolature d'iris, 2 centilitres et demi; eau de fleurs
d'oranger, 10 centilitres; hydrolat de cannelle, 5 centilitres;
hydrolats de girofle et de muscade, āā, 1 centilitre; puis
un sirop de $5^k,600$ de sucre et $2^l,40$ d'eau. Méthode indiquée.
Produit: 10 litres. — E. *Surfine* (de Lyon). Badiane, 175 grammes; anis vert, 100 grammes; coriandre, 25 grammes; fenouil et sassafras, āā, $12^g,50$; racines d'angélique, 3 grammes;
zestes de trois citrons. Alcool à 85 degrés, $4^l,20$. Extraire, par
la même méthode que ci-dessus, 4 litres d'esprit. Ajouter:
hydrolat de fleurs d'oranger, 20 centilitres; hydrolat de cannelle, 5 centilitres; alcoolature d'iris, 5 centilitres, puis mélanger à froid avec un sirop de $5^k,600$ de sucre et 2 litres
d'eau; filtrer. Produit: 10 litres. — F. *Surfine* (de Hollande).
Badiane, 75 grammes; anis vert, 80 grammes; coriandre,
25 grammes; fenouil et laurier-sauce (feuilles), āā, 125 grammes; amandes amères, 100 grammes; thé impérial, 20 grammes; ambrette, 6 grammes; muscade, $1^g,5$. Baume de Tolu,
8 grammes. Alcool à 85 degrés, $4^l,25$. Macération, distillation
et rectification comme ci-dessus. Produit: 4 litres. Ajouter:
hydrolat de roses, 20 centilitres et un sirop de $5^k,600$ de sucre
et 2 litres d'eau ordinaire. — G. *Surfine* (par essences). Essence de badiane, 8 grammes; d'anis vert, 2 grammes; de
coriandre, 10 centigrammes; de sassafras, 60 centigrammes;

de fenouil, 80 centigrammes ; extrait d'iris, 6 grammes ; extrait d'ambre (sans musc), 80 centigrammes. Alcool à 85 degrés, 3^l,20 ; sucre, 4^k,375; eau ordinaire, 3^l,90. Opérer comme pour les liqueurs par les essences. Produit : 10 litres.

5° *Chrème des Barbades surfine.* — Zestes frais de dix cédrats et de cinq oranges. Alcool à 85 degrés, 5 litres. Macération de vingt-quatre heures. Distillation et rectification. Produit : 4 litres. Ajouter ; hydrolat de cannelle, 5 centilitres; hydrolats de girofle et de macis, ãã, 2 centilitres et demi. Sirop formé de 5^k,600 de sucre et 2^l,10 d'eau. Méthode connue.

6° *Baume divin.* — Bois de Rhodes, 25 grammes; baume du Pérou, baume de Tolu, ambrette, ãã, 12^g,5 ; aloès socotrin, 3 grammes. Alcool à 85 degrés, 4^l,20. Macération, distillation, rectification et produit, comme pour la chrème des Barbades. Ajouter : hydrolat de roses, 30 centilitres, hydrolat de cannelle de la Chine, 20 centilitres, et un sirop de 5^k,600 de sucre avec 1^l,75 d'eau. Produit : 10 litres.

7° *Baume humain.* — Baume du Pérou, 25 grammes ; ben joïn en larmes, 12^g,50; myrrhe, 6 grammes. Alcool à 85 degrés, 4^l,25. Comme ci-dessus. Produit : 4 litres. Ajouter : hydrolats de fleurs d'oranger et de roses, ãã, 10 centilitres ; sirop de 5^k,600 de sucre et 2 litres d'eau. Produit : 10 litres.

8° *Brou de noix.* — A. *Ordinaire.* Alcoolature de brou de noix, vieille, 2 litres ; alcoolat de muscades, 2 centilitres et demi. Alcool à 85 degrés, 6^l,50. Sirop de 6^k,250 de sucre et 5^l,70 eau ordinaire. Produit : 10 litres à colorer par le caramel. — B. *Huile demi-fine.* Alcoolature de brou de noix, 2^l,50; alcoolat de muscades, 3 centilitres. Alcool à 85 degrés, 6^l,50 ; sucre, 2^k,500; eau ordinaire, 4^l,50. Produit : 10 litres. Colorer en jaune foncé. — C. *Huile fine.* Alcoolature de brou de noix, 3 litres ; alcoolat de muscades, 3 centilitres et demi. Alcool à 85 degrés, 1^l,50. Sucre, 4^k,375. Eau ordinaire, 2^l,90. Produit : 10 litres. Comme ci-dessus. — D. *Chrème surfine.* Alcoolature de brou de noix, 4 litres ; alcoolat de muscades, 50 centilitres. Alcool à 85 degrés, 1 litre. Sucre, 5 kilogrammes. Eau ordinaire, 1^l,60. Méthode connue. Produit : 10 litres.

9° *Chrème de Cachou.* — Cachou du Japon, 300 grammes. Alcool à 85 degrés, 4^l,25. Macération de vingt-quatre heures. Distillation, rectification. Produit : 4 litres. Ajouter : hydrolat de fleurs d'oranger, 20 centilitres ; sirop de 5^k,600 de sucre et 2 litres d'eau. Produit : 10 litres.

10° *Cassis.* — A. *Ordinaire.* Alcoolature de cassis, première charge, 1^l,80 ; vin de Roussillon, 75 centilitres. Alcool à 85 degrés, 1^l,45. Sucre brut (de canne), 1^k,250. Eau ordinaire pour dissoudre le sucre et compléter 10 litres. Filtrer. — B. *Demi-fin.* Alcoolature de cassis, première charge, 2^l,30 ; alcoolatures de framboises et de cerises, ãã, 30 centilitres ; vin de Roussillon, 80 centilitres. Alcool à 85 degrés, 1^l,30. Sucre, 2^k,500. Eau ordinaire comme ci-dessus. Produit : 10 litres.— C. *Chrème de cassis.* Alcoolature de cassis, première charge, 4^l,25 ; alcoolat de framboises, 50 centilitres. Alcool à 85 degrés, 60 centilitres. Sucre blanc, 5 kilogrammes. Eau ordinaire, 1^l,60. — D. *Autre. Chrème de Vougeot.* Alcoolature de cassis, première charge, 2^l,50 ; alcoolatures de cerises, de framboises, de merises, ãã, 50 centilitres ; vin de Bourgogne, 1 litre. Sucre, 5 kilogrammes et eau ordinaire, 1^l,60.—E. *Autre. Chrème de Tours.* Alcoolature de cassis, première charge, 2^l,60 ; alcoolatures de cerises, de framboises, de merises, ãã, 60 centilitres ; alcoolature de feuilles de cassis, 50 centilitres ; vin de Roussillon, 90 centilitres. Sucre blanc, 5 kilogrammes et eau ordinaire, 1 litre. Produit : 10 litres.

11° *Cédrat* (de Palerme). Zestes frais de vingt cédrats. Alcool à 85 degrés, 5 litres. Distillation et rectification. Produit : 4 litres. Ajouter : hydrolat de cannelle et alcoolat d'ambrette, ãã, 5 centilitres ; hydrolats de girofle et de macis, ãã, 2 centilitres et demi. Sucre blanc, 5^k,600, et eau ordinaire, 2 litres. Méthode connue. Produit : 10 litres.

12° *Cerises. Ratafiat.* — A. *Demi-fin.* Alcoolature de cerises, 3 litres ; alcoolat de noyaux d'abricots et alcoolature de merises, ãã, 50 centilitres. Alcool à 85 degrés, 40 centilitres. Sucre, 2^k,500. Eau ordinaire, 4 litres. — B. *Fin.* Alcoolature de cerises, 3^l,50. Alcoolat de noyaux d'abricots, 60 centilitres ; infusion de merises, 80 centilitres. Alcool à 85 degrés, 40 centilitres ; sucre, 4^k,375, et eau ordinaire, 2 litres. — C. *Surfin* (de Grenoble). Alcoolature de cerises, 2^l,50 ; infusion de merises, 1^l,50 ; alcoolat de noyaux d'abricots, 60 centilitres ; alcoolat de framboises, 40 centilitres. Sucre blanc, 5 kilogrammes et eau ordinaire, 1^l,60.—D. *Autre formule.* Alcoolature de cerises, 2 litres ; alcoolature de cassis, 1^l,50 ; alcoolat de framboises, 1 litre. Ajouter, sucre blanc, 5 kilogrammes, dissous à chaud dans 1 litre de suc de merises. Compléter 10 litres et filtrer.

13° *China-China.* Amandes amères écrasées, 250 grammes; semences d'angélique, 30 grammes ; macis, 2 grammes. Alcool à 85 degrés, 3 litres. Macération de quinze jours. Distillation au bain-marie. Produit : $2^l,50$. Ajouter 125 grammes d'hydrolat de fleurs d'oranger, 15 gouttes d'essence de cannelle et un sirop de $1^k,250$ de sucre blanc et 1 litre d'eau. Compléter 10 litres, à colorer par le caramel et filtrer.

14° *Coings.* —A. *Ratafiat ordinaire.* Suc de coings mûrs, 60 centilitres ; alcoolat de girofle, 5 centilitres. Alcool à 85 degrés, $2^l,50$; sucre blanc, $1^k,250$, et eau ordinaire, 6 litres. Méthode connue. Produit : 10 litres, à colorer en jaune maïs par le caramel. — B. *Demi-fin.* Suc de coings mûrs, 80 centilitres ; alcoolat de girofle, 5 centilitres. Alcool à 85 degrés, $2^l,80$, sucre blanc, $2^k,500$, et eau ordinaire, $4^l,70$. Mêmes observations et même quantité de produit. — C. *Fin.* Suc de coings mûrs, $1^l,20$; alcoolat de girofle, 7 centilitres et demi. Alcool à 85 degrés, 3 litres ; sucre blanc, $4^k,375$; eau ordinaire, $3^l,20$. Mêmes observations et même quantité de produit.

15° *Cumin* (Chrème de Munich, formule allemande). — Cumin et anis vert, ãã, 150 grammes ; racines d'angélique, 50 grammes ; alcool à 85 degrés, $4^l,20$. Macération de vingt-quatre heures. Distillation et rectification. Produit : 4 litres. Ajouter : alcoolature d'iris, 10 centilitres et un sirop de 5 kilogrammes de sucre avec $2^l,60$ d'eau. Méthode indiquée. Produit : 10 litres.

16° *Curaçao.* — A. *Demi-fin.* Alcoolat de curaçao, $1^l,20$; alcoolature de curaçao, 1 centilitre et demi. Alcool à 85 degrés, $1^l,50$; sucre, $2^k,500$, et eau ordinaire, $5^l,50$. Méthode connue. Produit : 10 litres, à colorer en jaune rougeâtre foncé par la couleur de curaçao (hématéine) et par le caramel. — B. *Fin.* Alcoolat de curaçao, $2^l,50$; alcoolat d'oranges, 70 centilitres ; alcoolature de curaçao, 2 centilitres et demi. Alcool à 85 degrés, 4 litres ; sucre, $4^k,375$, et eau, $3^l,50$. Méthode décrite. Produit : 10 litres, à colorer comme ci-dessus.—C. *Surfin* (de Hollande). Ecorces de curaçao, 500 grammes ; zestes de huit oranges. Alcool à 85 degrés, 6 litres . Zester, après ramollissement, les écorces de curaçao ; faire macérer le tout dans l'alcool pendant

40

vingt-quatre heures. Distillation et rectification. Produit : 4 litres. Ajouter à froid un sirop fait à chaud avec 5^k,600 de sucre
blanc et 2^l,20 d'eau, puis 3 centilitres d'alcoolature de curaçao et 40 centilitres de teinture alcoolique de Fernambouc.
Compléter 10 litres. Trancher. Filtrer.

Les Hollandais emploient dans la fabrication du *curaçao
surfin* trois préparations primaires : les esprits d'oranges et
de rubans et l'amertume. L'*esprit d'oranges* se prépare par la
macération de 3^l,25 d'alcool à 85 degrés sur 800 grammes
d'écorces d'oranges fraîches. On distille avec autant d'eau et
on rectifie avec précaution pour obtenir 3 litres de produit.
L'*esprit de rubans secs* s'obtient de la même façon en agissant sur
900 grammes à 1 kilogramme d'écorces de curaçao par 5 litres
d'alcool. On distille avec 4 litres d'eau après macération et
l'on rectifie pour obtenir 5 litres. On prépare l'*amertume* de la
manière suivante : on fait ramollir et on zeste 2^k,500 d'écorces
de curaçao, et l'on fait macérer pendant huit jours avec 5 litres d'alcool à 85 degrés. On décante avec soin le liquide et
on le distille avec rectification pour obtenir 4 litres de produit.
Ce produit est remis sur les zestes. On le laisse macérer pendant douze ou quinze heures et on le décante. Il constitue l'*a-
mertume*. A conserver. Les zestes, additionnés de 6 à 700 grammes de zestes frais d'oranges et 300 à 350 de rubans, sont
soumis à la macération pendant vingt-quatre heures avec
7^l,50 d'alcool à 85 degrés et l'on distille avec rectification
pour obtenir autant d'esprit aromatique.

D. *Curaçao surfin*. — Alcoolat de curaçao, 4^l,38 ; esprit
d'oranges et amertume, ãã, 60 centilitres ; esprit de rubans,
96 centilitres. Teinture alcoolique de Fernambouc, 48. centilitres. Sucre, 5^k,600. — E. *Curaçao, mixte, par essences*. Essence
distillée de curaçao, 10 grammes ; essence du Portugal (distillée), 4 grammes ; amertume ou alcoolé de curaçao, 3^l,20.
Sucre, 4^k,375 ; eau, 3^l,90. Produit : 10 litres, à colorer par le
Fernambouc.

17° *Délices de Rachel*. — Alcoolat d'amandes amères, 1^l,40 ;
alcoolats d'aneth, de cannelle de Chine, de coriandre et d'o-
ranges, ãã, 20 centilitres ; alcoolats d'ambrette et de fenouil,
ãã, 10 centilitres ; hydrolats de fleurs d'oranger et de roses,
ãã, 10 centilitres. Alcool à 85 degrés, 1^l,20. Sucre blanc, 4^k,50.
Méthode connue. Produit : 10 litres, à colorer en vert faible.

18º *Eau d'argent.* — Alcoolat ou esprit de citron, 1 litre ; esprit d'oranges, 8 centilitres; esprit de coriandre, 4 centili-tres ; esprit de daucus et de fenouil, ãã, 2 centilitres ; hydro-lat de fleurs d'oranger, 10 centilitres. Alcool à 85 degrés, 1 litre. Sucre blanc, 5k,60 ; eau ordinaire, 2l,50. Méthode connue. Produit : 10 litres. Mettre une feuille d'argent brisée dans chaque flacon.

19º *Eau d'or.* — Même formule. On introduit une feuille d'or brisée dans les flacons.

20º *Eau-de-vie d'Andaye, fine.* — Alcoolat de racines d'an-gélique, 40 centilitres ; alcoolat d'oranges, 50 centilitres ; al-coolat de citrons, 10 centilitres ; alcoolats d'amandes amères, d'anis vert et de coriandre, ãã, 20 centilitres ; alcoolats de grand et de petit cardamome, ãã, 5 centilitres ; alcoolature d'iris, 2 centilitres. Alcool à 85 degrés, 1l,50. Sucre blanc, 4k,375, et eau ordinaire, 3l,90. Méthode décrite. Produit : 10 litres.

21º *Eau divine.* — Alcoolat de citrons, 80 centilitres ; al-coolat d'oranges, 60 centilitres ; alcoolats de coriandre et de muscade, ãã, 30 centilitres ; hydrolat de fleurs d'oranger, 10 centilitres. Alcool à 85 degrés, 1l,75. Sucre blanc, 5k,60. Méthode décrite. Faire le sirop avec quantité d'eau suffisante et compléter 10 litres.

— 22º *Elixir de Garus.* A. *Demi-fin.* — Alcoolats de cannelle de Chine, de myrrhe, de safran et d'aloès, ãã, 10 centilitres; alcoolats de girofle et de muscades, ãã, 5 centilitres ; hydrolat de fleurs d'oranger, 10 centilitres. Alcool à 85 degrés, 2l,30. Sucre, 2k,500 et eau ordinaire, 5l,40. Produit : 10 litres, à co-lorer par le safran et le caramel. B. *Surfin.* Cannelle de Chine, myrrhe, aloès, ãã, 12g,50 ; girofle, muscades, safran, ãã, 6 grammes. Alcool à 85 degrés + 3l,60. Macération de qua-rante-huit heures. Distillation sans rectification. Produit : 3l,60. Faire un sirop avec 5k,60 de sucre et 2l,60 d'eau ordinaire ; jeter bouillant sur 100 grammes de bon capillaire ; laisser re-froidir, passer et joindre avec l'esprit parfumé. Compléter 10 li-tres, à colorer en jaune d'or comme le précédent. — C. *Elixir de Garus du Codex.* Alcoolat de Garus, 4 kilogrammes. Sirop de capillaire, 5 kilogrammes ; hydrolat de fleurs d'oranger, 250 grammes , que l'on a fait macérer pendant un jour avec 4 grammes de safran. Mêler tout et filtrer. Produit : 10 litres.

Autre formule (par les essences). — Faire dissoudre, dans 2^l,50 d'alcool à 85 degrés, essence de cannelle de Chine, 1^g,50 ; essence de girofle, 80 centigrammes ; essence de muscade, 20 centigrammes. Faire macérer la solution pendant quatre ou cinq jours avec : aloès socotrin, 5 grammes ; myrrhe, 3 grammes et safran, 50 centigrammes. Passer et ajouter le sirop fait avec 1^k,225 de sucre et 6^k,60 d'eau ordinaire. Méthode décrite. Produit : 10 litres d'élixir ordinaire, à colorer comme ci-dessus.

23° *Fenouillette*. — Alcoolat de fenouil, 1^l,60 ; alcoolat de coriandre et hydrolat de cannelle de Chine, $\bar{a}\bar{a}$, 20 centilitres. Alcool à 85 degrés, 1^l,80. Sucre blanc, 5^k,600. Eau ordinaire, quantité suffisante pour dissoudre le sucre et compléter 10 litres.

24° *Fleurs d'oranger*. — A. *Ratafiat*. Fleurs d'oranger mondées, 400 grammes. Alcool à 85 degrés, 6 litres. Faire macérer pendant vingt-quatre heures. Passer avec expression. Ajouter : eau de fleurs d'oranger, 50 centilitres. Sirop de 1^k,800 de sucre et eau ordinaire, quantité suffisante pour compléter 10 litres. Filtrer. — B. *Huile fine*. Alcoolat de fleurs d'oranger, 1 litre ; hydrolat de fleurs d'oranger, 50 centilitres. Alcool à 85 degrés, 2^l,25. Sucre, 4^k,375, et eau ordinaire, 3^l,40. Méthode décrite. Produit : 10 litres. — C. *Chrême surfine*. Essence de néroli, 2 grammes ; eau de fleurs d'oranger, 20 centilitres. Alcool à 85 degrés, 3^l,60. Sucre, 5^k,60 et eau ordinaire, 2^l,60. Produit : 10 litres. Méthode décrite.

25° *Huile de kirsch*. — A. *Demi-fine*. Kirsch vieux, 9 litres ; hydrolat de fleurs d'oranger, 375 grammes. Sucre, 2^k,500, et eau ordinaire, 75 centilitres. Méthode connue. Produit : 10 litres, sans coloration. — B. *Huile fine*. Kirsch vieux, 2 litres ; alcoolat de noyaux d'abricots, 40 centilitres ; eau de fleurs d'oranger, 10 centilitres. Alcool à 85 degrés, 1^l,60. Sucre blanc, 4^k,375, et eau ordinaire, 3 litres. — C. *Huile surfine*. Kirsch vieux, 2^l,50 ; alcoolat de noyaux d'abricots, 50 centilitres ; hydrolat de fleurs d'oranger, 10 centilitres. Alcool à 85 degrés, 1^l,60 ; sucre blanc, 5 kilogrammes, et eau ordinaire, 1^l,90. Méthode décrite. Produit : 10 litres.

26° *Liqueur de Cent sept ans*. — A. *Ordinaire*. Alcoolat de citron, 10 centilitres ; hydrolat de roses, 30 centilitres. Alcool à 85 degrés, 2^l,50. Sucre, 1^k,125, et eau ordinaire, 6^l,50. Produit : 10 litres, à colorer en rouge au cudbeard ou à l'orseille. Méthode décrite pour les liqueurs par les essences et par les alcoolats. — B. *Double.* Alcoolat de citron, 15 centilitres ; hydrolat de roses, 60 centilitres. Alcool à 85 degrés, 4^l,85. Sucre, 2^k,500 et eau ordinaire, 2^l,70. Mêmes observations et même quantité de produit. — C. *Demi-fine.* Alcoolat de citron, 20 centilitres ; hydrolat de roses, 30 centilitres. Alcool à 85 degrés, 2^l,60. Sucre, 2^k,50, et eau ordinaire, 5^l,25. — D. *Fine.* Alcoolats de citron et de coriandre, ãã, 40 centilitres ; hydrolat de roses, 40 centilitres. Alcool à 85 degrés, 2^l,50. Sucre, 4^g,375, et eau ordinaire, pour dissoudre le sucre et compléter 10 litres.

27° *Marasquin.* — *Surfin.* Essence de noyau, 3^g,50 ; essence de néroli, 50 centigrammes ; extraits de jasmin et de vanille, ãã, 1 gramme. Alcool à 85 degrés, 3^l,60. Sucre, 5^k,60, et eau ordinaire, 2^l,65. Méthode connue. Produit : 10 litres.

Autre formule. — Kirsch vieux, 1 litre ; essence de marasquin, 3^g,50 ; essence de jasmin, 1 gramme. Alcool à 85 degrés, 3 litres. Sucre, 5^k,60, et eau ordinaire, 2^l,25.

28° *Marasquin* (formule allemande). — Noyaux de cerises pilés, 1^k,800 ; cannelle de Chine, 40 grammes ; girofle, 15 grammes ; macis, 3 grammes. Alcool à 80 degrés, 6^l,30, et eau ordinaire, 3 litres. Macération de cinq jours, distillation et rectification. Produit : 5^l,65. Ajouter essence de vanille, 5 grammes ; hydrolat de roses, 65 centilitres. Sucre blanc, 2^k,250. Compléter 10 litres, sans coloration.

29° *Chrème de menthe.* — Alcoolat de menthe, 3 litres ; essence de menthe, 1^g,50. Alcool à 85 degrés, 60 centilitres ; sucre raffiné, 5^k,60 ; eau, quantité suffisante pour dissoudre le sucre et compléter 10 litres. Dissoudre l'essence dans l'alcool. Ajouter l'esprit parfumé, puis le sucre en sirop avec l'eau. Produit : 10 litres.

30° *Mézenc.* — Camomille romaine, 200 grammes ; daucus de Crète, 50 grammes ; muscade, 12 grammes ; ambrette, macis, myrobolans, ãã, 6 grammes. Alcool à 85 degrés, 4 litres. Sucre blanc, 5^k,60, et eau ordinaire, 2^l,25. Macération de quarante-huit heures des aromates dans l'alcool. Distillation et rectification pour obtenir 3^l,60 de bon produit. Ajouter 5 centilitres d'alcoolat de coriandre et 40 centilitres d'alcoolature de vanille, puis le sirop fait avec le sucre et l'eau.

Compléter 10 litres, à colorer en jaune par la couleur de Fernambouc. Filtrer.

31° *Noyau*. — A. *Chrème fine*. Alcoolat de noyaux d'abricots, $1^l,60$; alcoolat d'amandes amères, 80 centilitres ; hydrolat de fleurs d'oranger, 10 centilitres. Alcool à 85 degrés, 80 centilitres ; sucre, $4^k,375$; eau ordinaire, $3^l,80$. — B. *Chrème surfine*. Alcoolat de noyaux d'abricots, $2^l,60$; alcoolat d'amandes amères, 1 litre ; hydrolat de fleurs d'oranger, 10 centilitres. Sucre blanc, $5^k,60$, et eau ordinaire, $2^l,50$. — C. *Chrème surfine de Phalsbourg*. Alcoolat de noyaux d'abricots, $2^l,60$; alcoolat d'amandes amères, 70 centilitres ; alcoolats de citrons et d'oranges, āā, 10 centilitres ; alcoolat de cannelle de Chine, 5 centilitres ; alcoolats de girofle et de muscade, āā, 2 centilitres et demi ; hydrolat de fleurs d'oranger, 10 centilitres. Sucre blanc, $5^k,60$, et eau ordinaire, $2^l,50$.

32° *Persicot*. — A. *Surfin*. Alcoolat d'amandes amères, $1^l,50$; alcoolats d'aneth, de cannelle de Chine et de coriandre, āā, 20 centilitres ; alcoolat de fenouil et hydrolat de fleurs d'oranger, āā, 10 centilitres. Alcool à 85 degrés, $1^l,40$. Sucre blanc, $5^k,60$, et eau ordinaire, $2^l,50$. Produit : 10 litres, à colorer en rouge par le cudbeard ou l'orseille. — B. (formule allemande). Amandes de pêches, 600 grammes ; amandes amères, 200 grammes. Alcool à 85 degrés, 4 litres. Macération de trois jours. Distillation au bain-marie. Produit : $3^l,60$. Ajouter : hydrolat de cannelle de Chine, 8 centilitres ; hydrolat de girofle, 2 centilitres ; hydrolat de fleurs d'oranger, 10 centilitres. Sucre blanc, 5 kilogrammes, et eau ordinaire, $2^l,50$. Produit : 10 litres, à colorer, si l'on veut, comme le précédent.

33° *Rosolio*. — La formule suivante donne de bons résultats et elle nous paraît préférable à plusieurs autres recettes de fabrication mixte, dont les aromates ne paraissent pas avoir été choisis avec intelligence. — Noyaux d'abricots, 225 grammes ; amandes amères, 150 grammes ; anis vert, 50 grammes ; badiane, 8 grammes ; coriandre et fenouil, āā, 12 grammes. Alcool à 85 degrés, $3^l,50$. Macération de quarante-huit heures. Distillation et rectification. Produit : 3 litres. Ajouter : alcoolat de roses, 1 litre ; hydrolat de cannelle de Chine, 5 centilitres ; hydrolats de girofle et de muscade, āā, 2 centilitres et demi ; hydrolat de fleurs d'oranger, 10 centilitres. Sucre blanc, 5^k,600, et eau ordinaire, 2 litres. Produit : 10 litres, à colorer en rose par la cochenille ou l'érythrose.

34° *Sapotille.* — Storax calamite et santal citrin, ãã, 25 grammes ; ambrette, 6 grammes. Alcool à 85 degrés, 4^l,25. Macération de vingt-quatre heures. Distillation et rectification. Produit : 4 litres. Ajouter : hydrolats de fleurs d'oranger et de roses, ãã, 10 centilitres. Sucre blanc, 5^k,600, et eau ordinaire, 2 litres.

35° *Scubac.* — A. *Chrème fine.* Alcoolats de cannelle de Chine et de girofle, ãã, 40 centilitres ; alcoolat de muscades, 25 centilitres ; alcoolat de safran, 15 centilitres ; hydrolat de fleurs d'oranger, 10 centilitres. Alcool à 85 degrés, 2^l,10. Sucre, 4^k,375, et eau ordinaire, 3^l,75. Produit : 10 litres, à colorer par le safran. — B. *Scubac de Lorraine, surfin.* Alcoolat de cannelle de Chine, 50 centilitres ; alcoolat de girofle, 40 centilitres ; alcoolat de muscades, 30 centilitres ; alcoolat de safran, 20 centilitres ; hydrolat de fleurs d'oranger, 10 centilitres. Alcool à 85 degrés, 2^l,25. Sucre blanc, 5^k,600, et eau ordinaire, 2^l,50. Produit : 10 litres, à colorer en jaune foncé par le safran et un peu de caramel.

36° *Huile de Vénus.* — Cette liqueur est un fort bon produit, malgré la prétention un peu surannée de son appellation. En voici la formule : Alcoolat de citrons, 60 centilitres ; alcoolats d'oranges, d'aneth et de daucus, ãã, 40 centilitres ; alcoolats de carvi et de chervi, ãã, 20 centilitres ; hydrolat de fleurs d'oranger, 10 centilitres. Alcool à 85 degrés, 1^l,50. Sucre blanc, 5^k,600, et eau ordinaire, 2^l,25. Produit : 10 litres, à colorer en jaune doré par le safran.

Observations générales. — Nous n'avons pas tenu compte, dans la nomenclature des principales liqueurs de table, que nous venons de mettre sous les yeux du lecteur, d'une foule de compositions françaises ou étrangères qui ne semblent avoir été créées que pour grossir des catalogues. Nous avons cru devoir nous borner à la description des préparations connues, de celles dont la réputation est méritée, et nous avons pensé que le lecteur nous saurait gré de ne pas prolonger en vain des listes stériles. Nous ne décrirons donc pas des formules bizarres dont les noms ridicules ne semblent avoir été jetés au public que pour les besoins d'une réclame impudente. Que l'on ait vanté l'*aimable vainqueur*, le *bouquet de la mariée*, le *champ d'asile*, la *coquette flatteuse*, l'*eau des belles femmes*, l'*eau nuptiale*, la *gaieté nationale*, l'*huile d'amour*, le *lait des vieilles*, etc. ; que les déclassés de la consommation et de la fabrication rattachent la valeur d'une liqueur alcoolique à quelque appellation grotesque, qui recouvre presque toujours une ineptie, nous nous en soucions vraiment peu, et nous avons un objet tout autre que la satisfaction des *faiseurs*. Ce n'est pas que nous prétendions avoir réuni, dans ce chapitre, les formules de *toutes les bonnes liqueurs*, et notre pensée est différente. Nous croyons que, par l'ordre et la méthode, par la coordination des idées et le groupement des faits, les fabricants peuvent arriver aisément à la composition de *bons types*, sans prendre pour modèles les bizarreries qu'on offre à la crédulité du public. Nous nous sommes donc attaché surtout à ce point essentiel de la méthode, dans l'espérance bien fondée de l'utilité incontestable qu'on doit en retirer. Nous ne comprenons pas les succès d'une industrie par la réussite du charlatanisme et de l'impudence. Le progrès n'est lié qu'au bien à tout prix, et il parvient à son développement suprême lorsqu'il peut atteindre les dernières limites de l'économie tout en conservant le maximum des qualités, utiles et agréables, dans les produits de la fabrication. C'est par là seulement que l'industrie française, sans rivale dans le monde entier, lorsqu'elle n'est pas rabaissée et dégradée par les sots ou les incapables, reprendra le rang dont elle n'aurait jamais dû déchoir.

Quoi qu'on en dise, et quoi qu'on fasse, à part deux ou trois exceptions, toutes les liqueurs dont le goût public a reconnu les qualités sont essentiellement françaises, et l'on compte fort peu de productions étrangères dont le mérite soit incontestable. Les liqueurs allemandes pèchent presque toutes par l'exagération des saveurs ; les produits anglais et américains sont des imitations, décorées de noms de circonstance et déguisées par une vaine complexité dans les éléments ; l'Italie, malgré les enthousiasmes de certains adeptes, n'a pas le sens de la composition et ses artistes ont la plus grande tendance à outrer les sensations dues aux parfums et aux aromates. C'est chez les fabricants français que l'on trouve, au plus haut degré de développement, l'art si difficile de grouper et de fondre les nuances, d'éviter les actions heurtées, et de rechercher, en tout, les suaves délicatesses, les sensations douces et fines, l'harmonie et l'unité dans la complexité même. Le goût français fait la règle. C'est que, lorsqu'il est livré à ses impulsions normales, il offre pour caractère spécial de fuir les exagérations. Malgré la légèreté primesautière de l'esprit national, le disparate et les contrastes violents choquent le sens commun, en France, et il semble que la passion de l'harmonie soit un des attraits de la nature gauloise. Dans l'ordonnance d'un festin, dans la composition d'un plat, dans la confection d'une liqueur, aussi bien que dans le choix des vêtements, le Français reconnaît immédiatement, et par sensation intime, les choses discordantes, *celles qui ne vont pas ensemble*, selon l'expression fort juste du vulgaire. Ce sentiment de l'harmonie est tout aussi puissant dans l'appréciation des œuvres d'art, et nous n'aimons pas plus les tons heurtés dans un tableau que les couleurs trop crues et trop violentes d'une toilette ridicule. Un mélange choquant de rouge, de vert, de blanc, de jaune, de bleu, ne peut plaire à la Française, qui craint le *voyant* et le *mal assorti*, et elle exige la gradation savante des nuances en un tout homogène...

Nous fuyons, dans un repas français, l'alliance étrange de la venaison et des viandes avec les mets sucrés, qui est une *attraction* dans d'autres pays. Dans les vins français, la qualité que nous recherchons, avant tout, consiste dans la parfaite homogénéité des saveurs, dans le moelleux, la douceur et l'harmonie des éléments. Cette qualité précieuse dépend à la fois de la nature de nos cépages, de la fabrication même du vin et de l'art avec lequel on lui fait atteindre son maximum de valeur par l'âge ou par les soins apportés au travail du cellier.

Les liqueurs alcooliques sont de préparation plus artificielle. On ne doit jamais y voir prédominer trop brutalement un élément aux dépens des autres. L'alcool doit être masqué ; les aromates doivent être confondus en une sorte d'unité de création nouvelle, de façon à ne pas froisser le goût par des sensations successives et irritantes. Il faut, pour employer une expression rendant bien cette idée fondamentale, qu'il y ait une sorte de *combinaison* entre les éléments, qu'il en résulte un produit nouveau, des sensations nouvelles, et que les saveurs élémentaires disparaissent, le plus complétement possible, dans la saveur complexe de l'ensemble. Nous ne

voulons pas que la dégustation d'une' liqueur' nous rappelle
l'alcool d'abord, puis le cumin, ensuite la muscade, ou le girofle, et nous cherchons l'unité et l'homogénéité comme le
résultat le plus heureux d'une composition bien étudiée.

C'est par cette habile combinaison des nuances, par cette
gradation des saveurs et des sensations, par cette unification
des éléments que se distinguent les produits français, préparés par des fabricants habiles, et c'est par ces qualités que
nos liqueurs se font apprécier et rechercher partout. Nous
ajouterons, pour rester dans la plus scrupuleuse équité, que
les artistes de tous les pays, qui ont été *atteints* de cette passion de l'harmonie, qui ont éprouvé l'horreur du disparate et
du heurté, sont arrivés à des résultats tout aussi remarquables.
C'est ainsi que le *curaçao* des Hollandais, que l'*alkermès*, le
marasquin et le *rosolio* des Italiens ont conquis un rang très-
élevé parmi les liqueurs alcooliques les plus parfaites. Le talent des véritables observateurs arrive partout au même point,
à l'exécution des mêmes principes, à la crainte des mêmes
défauts. S'ils se courbent parfois devant les exigences d'un
goût faux et! dépravé, lorsqu'ils y sont contraints par les
circonstances, ils rentrent toujours dans la vérité, dès qu'ils
peuvent secouer des entraves gênantes.

Nous n'insistons pas davantage sur ce point capital dont
l'importance a frappé l'esprit de tous les fabricants instruits,
et nous nous bornons à leur rappeler la nécessité absolue
d'une lutte énergique contre le frelatage et la falsification. Ce
mal envahit l'Europe entière, et les causes de la rage moderne, l'envie et la passion de s'enrichir vite, par tous les
moyens, ne sont plus l'apanage exclusif de l'Amérique. On
sait où le frelatage a conduit le commerce des vins, des eaux-
de-vie et des liqueurs. La falsification se glisse partout, et
nous ne pouvons assister froidement à l'agonie de notre renommée d'honneur sans supplier la fabrication sérieuse de
réagir contre cette plaie honteuse de notre époque. C'est à
elle seule qu'il appartient de donner au public la *garantie* de
la qualité et de l'origine de ses produits, et de soustraire la
consommation aux agissements des intermédiaires.

CHAPITRE IV.

LIQUEURS DIVERSES

Pour compléter, autant que nous le pourrons, les données les plus utiles relatives aux liqueurs alcooliques, nous allons décrire, dans ce chapitre, un certain nombre de préparations dans lesquelles on fait entrer l'alcool, soit comme dissolvant ou menstrue, soit comme élément essentiel. On pourrait considérer, à la rigueur, un certain nombre de ces préparations comme des produits commerciaux et plusieurs sont fabriquées par les liquoristes, les pharmaciens, ou des spécialistes, pour être vendues à la consommation. Quelques-uns même de ces produits ont atteint une vogue et une réputation presque universelles. Si le liquoriste doit connaître la préparation de ces compositions, et si nous nous plaçons particulièrement au point de vue du fabricant de liqueurs alcooliques dans ce qui va suivre, nous avons encore un autre but, que nous voulons exposer au lecteur.

Il est certain qu'un grand nombre de liqueurs alcooliques ne peuvent être préparées avec tout le soin nécessaire et acquérir toute la perfection et toute l'homogénéité qui les caractérisent que lorsque l'on opère sur des quantités notables, en sorte que ces liqueurs restent presque toujours dans le domaine de la fabrication proprement dite. Mais il en est d'autres que l'on peut préparer chez soi , qui sont des *liqueurs de ménage*, à proprement parler. Toutes les liqueurs que l'on prépare par les sucs, les infusions, les sirops, les alcoolés, les alcoolatures, peuvent être rangées dans ce groupe, et il n'est pas une femme intelligente qui ne puisse en surveiller ou en exécuter la préparation. Or, parmi les compositions qui nous restent à examiner, il en est beaucoup dont les propriétés hygiéniques sont d'une utilité incontestable dans de nombreuses circonstances ; il en est qui peuvent être préparées en petites quantités, *à la maison*, et nous appelons l'attention de nos lecteurs sur ce groupe de liqueurs, dont la confection peut être une occupation charmante, aussi agréable qu'utile. Lorsque l'on habite la campagne, soit par goût, soit par nécessité, il est parfois très-avantageux de pouvoir se procurer, rapidement et économiquement, telles ou telles préparations cordiales, telles liqueurs hygiéniques, qui peuvent rendre des services considérables dans maintes circonstances. Nous envisageons donc la question sous le rapport de la préparation domestique, aussi bien que de la préparation commerciale, et nous nous sommes efforcé de mettre la plus grande clarté dans l'étude des formules et des dosages, de manière à en faciliter l'exécution aux personnes les plus étrangères à l'art du liquoriste.

Ce chapitre est divisé en plusieurs paragraphes dans lesquels nous exposons la préparation : des *punchs ;* des imitations de *vins de liqueur ;* des *liqueurs hygiéniques.* Nous y avons ajouté quelques données sommaires, mais suffisantes, sur la préparation des *fruits à l'eau-de-vie,* afin de ne rien négliger d'important dans aucune partie de notre cadre. Ce n'est pas sans raison que nous avons reporté la préparation des *cosmétiques alcooliques* ou des *liqueurs de toilette,* au chapitre IV du livre suivant, consacré à l'examen des *dérivés de l'alcool.* En effet, il nous a paru plus convenable de ne pas scinder cette question et de réunir les cosmétiques alcooliques avec les *vinaigres de toilette,* à la suite de l'étude du vinaigre et de l'acide acétique, ce groupement nous ayant semblé plus régulier et nous permettant de mettre plus d'ordre dans nos descriptions, tout en établissant les rapports qui existent entre les préparations de ce genre.

§ I. — DES PUNCHS.

Le *punch* n'est autre chose, au fond, qu'un mélange d'infusion de thé, de jus de citron, et d'eau-de-vie ou de rhum, etc., aromatisé selon le goût et la fantaisie. Le *sirop de punch au rhum,* dont nous avons donné la formule (p. 529), peut servir à préparer instantanément un punch très-acceptable. Il suffit pour cela d'y ajouter un volume égal d'eau bouillante.

Le dosage du punch vulgaire correspond à *un* litre d'infusion de thé, additionné d'*un* citron coupé en tranches minces, dans lequel on fait dissoudre 125 grammes de sucre. On y ajoute 125 grammes d'alcool à 85 degrés. Cette préparation, presque pharmaceutique, est loin d'avoir le mérite du *punch liqueur* et nous n'en parlons que pour établir une sorte de base, qui serve de guide dans l'exécution de formules plus complètes.

Punch au rhum. — Voici la meilleure manière de procéder pour obtenir ce punch dans toute sa perfection. On prépare d'abord une infusion de 10 à 15 grammes de bon thé hyswen avec un demi-litre d'eau bouillante. Pour cela, on met d'abord le thé dans la théière ; puis, on verse par-dessus assez d'eau chaude pour le couvrir. Au bout de trois minutes, on ajoute autant d'eau bouillante que la première fois ; après trois autres minutes, on introduit le reste de l'eau bouillante. Pendant que l'infusion de thé se prépare, on coupe un demi-citron en tranches minces que l'on place dans le fond d'un bol de capacité suffisante. Par-dessus, on ajoute 200 à 250 grammes de sucre en morceaux, puis, on verse le thé très-chaud sur le sucre. On ajoute alors un demi-litre de vieux rhum, avec précaution, de manière que la liqueur ne se mêle pas avec l'infusion. Quelques instants après, lorsque le rhum s'est un peu échauffé, on l'enflamme et on le laisse brûler, sans l'agiter, jusqu'à ce qu'il soit près de s'éteindre spontanément. On mélange alors en remuant avec précaution pour que les éléments de la liqueur se répartissent uniformément, et le punch est prêt.

Le dosage précédent est pour 1 litre de punch ; mais on peut le faire moins alcoolique en diminuant, suivant le goût, la proportion de rhum. Si l'on veut conserver cette préparation, qui est excellente, on fait brûler moins longtemps, on laisse refroidir, on filtre et l'on met en cruchons, que l'on bouche avec soin. Lorsqu'on veut s'en servir, il suffit de déboucher le cruchon et de faire réchauffer la liqueur en le plaçant debout dans l'eau bouillante.

En résumé, quelle que soit l'eau-de-vie dont on veuille se servir pour faire un punch, on doit se conformer à la règle générale qui vient d'être indiquée et par laquelle on obtient toujours un produit excellent. On ne peut comparer la liqueur ainsi préparée avec celle que l'on obtient, à dosage égal, lorsque l'on se contente de mêler l'infusion de thé au rhum, puis le sucre et le citron et que l'on enflamme aussitôt le mélange. Il faut surtout se garder d'agiter la préparation avant qu'elle soit au moment de s'éteindre, cette manœuvre ayant pour résultat de diminuer la force, de caraméliser le sucre et le citron et de dénaturer les parfums employés.

A l'égard des aromates qui peuvent entrer dans la composition d'un punch, en dehors du thé et du citron, on comprend qu'il est possible d'ajouter, en proportion variable, ceux qui plaisent davantage, selon le goût particulier et la fantaisie, sans qu'il soit nécessaire d'entrer, à ce sujet, dans des détails peu utiles, auxquels tout le monde peut suppléer. On peut encore remplacer une partie du rhum par une liqueur parfumée, par du kirsch, du marasquin, etc.

Le *tofia* peut être évidemment substitué au rhum, dans la confection d'un punch, pourvu qu'il soit de bonne qualité.

On supprime assez souvent le citron, principalement dans la préparation des punchs que l'on destine à la vente par quantités ; il est commode, dans ce cas, de le remplacer par un peu d'alcoolat de citron et une dose convenable d'acide citrique.

Le *punch au kirsch* se fait en remplaçant le rhum par autant de vieux kirsch dans la formule qui a été donnée tout à l'heure. On peut, cependant, employer un peu moins de thé pour l'infusion et sucrer un peu plus.

Le *punch à l'eau-de-vie* se prépare de la même façon et avec les mêmes dosages. On doit employer, pour ce punch, des eaux-de-vie franches de goût ; mais il est complétement inutile de se servir des eaux-de-vie fines, dont le parfum disparaîtrait sans que le produit fût amélioré. Enfin, on modifie avantageusement tous les punchs, en y faisant entrer, à la place des aromates, une petite proportion de liqueurs aromatiques, telles que la chartreuse, le marasquin, etc., ou quelques centilitres d'un alcoolat ou d'une alcoolature. Quand on ajoute une liqueur au punch, on peut réduire , suivant le goût, la quantité normale du sucre.

La préparation du *punch au vin* est très-simple. On ne doit pas prendre, pour faire des punchs, des vins fins ni des vins trop vieux, mais des vins riches en alcool, comme les vins du Midi, et l'on donne la préférence aux vins blancs un peu capiteux, que la chaleur attaque moins, tandis que les vins plus délicats ne fourniraient qu'une liqueur peu agréable par la perte des éthers et des aromes très-volatils qui leur donnent de la qualité.

Après avoir préparé un quart de litre d'infusion de thé d'après la méthode prescrite plus haut, par 6 à 7 grammes de thé, on fait dissoudre, dans cette infusion, 200 grammes de sucre et l'on mélange avec 1 litre de vin rouge ou blanc. On ajoute 4 grammes de cannelle de Chine concassée, 1 gramme de coriandre, le jus d'une orange et le zeste d'un demi-citron. On porte sur le feu dans un poêlon en argent, et l'on chauffe doucement jusqu'à ce que le mélange commence à émettre des vapeurs sensibles, à *fumer*, selon l'expression vulgaire. On dépose alors à la surface une tranche d'orange, qui surnage et, sur cette tranche, on verse avec précaution quatre cuillerées de bonne eau-de-vie. On met le feu à cette nappe superficielle, et quand l'alcool est bien enflammé, on remue doucement jusqu'à ce que la flamme s'éteigne. Cette liqueur se boit chaude.

On peut parfumer le punch au vin ou vin chaud avec différents aromates, tels que le macis, la muscade, la badiane, le cardamome, etc., selon le goût ; mais il convient de ne pas y ajouter de citron, qui pourrait en altérer la saveur. On le remplace par le jus d'oranges.

Le *bishop* est un punch au vin. La seule différence réelle qui le caractérise consiste dans l'addition au macératum, à chaud ou à froid, de l'orange amère, dans la proportion d'une orange par litre.

On peut ramener la préparation des boissons de ce genre à la formule générale suivante, que chacun peut modifier à son gré, suivant le goût et la fantaisie : pour 1 litre de vin rouge, ou, mieux, de vin blanc, on prend une orange amère que l'on coupe par tranches, ou 2 grammes d'écorce sèche, ou le zeste d'un demi-citron ; on ajoute 1 gramme de girofle concassé, autant de cannelle, et un demi-gramme de muscade. On fait digérer les aromates avec le vin, dans un vase clos et à une chaleur très-douce de + 40 degrés à + 50 degrés. Après deux ou trois heures de digestion, on passe, on ajoute 250 grammes de sucre et l'on filtre. On fait chauffer avant de boire.

La pratique de faire griller légèrement les tranches d'oranges amères avant de les faire macérer dans le vin ne nous paraît nullement nécessaire.

On aromatise fort souvent le punch au vin et le bishop en y ajoutant, par litre, 5 ou 6 centilitres de kirsch et quelques gouttes d'un alcoolat parfumé.

Ces différentes préparations représentent la transition régulière entre les punchs proprement dits et les vins parfumés ou aromatiques, que l'on prépare à l'avance pour les consommer comme liqueurs. Nous terminons ce paragraphe par quelques détails sur ces liqueurs, dont l'usage mériterait d'être généralisé, tant à raison de la simplicité de leurs formules que pour les propriétés hygiéniques qu'elles présentent.

HIPPOCRAS. — Cette préparation, à laquelle on donne encore les noms de *vin cordial*, de *vin hippocratique*, de *vin de cannelle composé*, peut être considérée comme une infusion vineuse aromatique de cannelle, plus ou moins sucrée et alcoolisée. L'addition du sucre en fait une liqueur, un ratafiat, dont nos pères faisaient grand cas et qui était loin d'être sans mérite. Malgré l'oubli dans lequel on a laissé tomber cette excellente composition, nous donnons les formules de plusieurs hippocras, dans la pensée d'être utile aux personnes qui désireraient la préparer et avoir sous la main un cordial aussi agréable que peu coûteux, dont les bons effets peuvent être mis à profit dans une foule de circonstances.

1° *Hippocras aux épices.* — Cannelle contusée, 45 grammes ; amandes douces concassées, 125 grammes ; sucre blanc, 900 grammes. Mettre dans un bocal et verser sur ces matières 1 litre de vin de Madère additionné d'un demi-litre d'eau-de-vie, très-franche, à 54 degrés. On fait macérer pendant huit jours, en agitant chaque jour; on passe et l'on ajoute : teinture de musc et d'ambre gris, $\bar{a}\bar{a}$, 9 centigrammes. Filtrer. Produit : 2 litres.

2° *Autres formules.* — A. Vin de Madère, 665 grammes ; sucre, $1^k,320$; hydrolat de cannelle, 40 grammes. — B. Cannelle de Ceylan, $10^g,50$; gingembre, $1^g,50$; muscade et petit cardamome, $\bar{a}\bar{a}$, 80 centigrammes ; vin de Madère, 1 litre ; sucre, 288 grammes. Macération de huit jours et filtration. — C. Même formule, en supprimant le gingembre et en remplaçant la muscade par le macis.

Les formules précédentes ont été indiquées par les pharmacologues, l'hippocras étant une préparation officinale qui est rangée parmi les cordiaux, et nous les avons reproduites comme types du genre. Voici les dosages des liquoristes pour l'hippocras proprement dit ou *hippocras aux épices.*

3° Cannelle de Chine pulvérisée, 6 grammes ; girofle, macis et muscade, $\bar{a}\bar{a}$, 1^g,50. Faire macérer, pendant huit jours, dans 16 litres de bon vin rouge ou blanc, décanter et ajouter : alcool à 80 degrés, 50 centilitres ; sucre blanc, dissous dans le moins d'eau possible, 1^k,250. Coller, filtrer après repos et conserver.

4° Cannelle de Ceylan pulvérisée, 3 grammes ; macis et muscade, $\bar{a}\bar{a}$, 1^g,50 ; amandes amères pilées, 6 grammes ; vanille, 10 grammes. Triturer la vanille avec 100 grammes de sucre et faire macérer toutes les matières dans 10 litres de vin blanc de Bourgogne. Après huit jours, tirer au clair, ajouter 1^k,800 de bon sucre dissous dans très-peu d'eau et 1 litre d'alcool à 85 degrés. Coller, filtrer après repos.

L'hippocras ordinaire étant essentiellement constitué par l'infusion vineuse de cannelle, on ne doit pas confondre sous la même appellation les autres préparations dans lesquelles le vin sert de menstrue et dont nous indiquons les principales parmi les *préparations hygiéniques.* Cependant quelques-unes de ces infusions vineuses (*œnolés*) sont de véritables *liqueurs de table,* tandis que les autres, tenant en dissolution des principes plus actifs, sont des stomachiques, dont l'effet est de faciliter les fonctions digestives. L'hippocras est tonique et cordial ; il relève les forces abattues et l'emploi en est excellent après de grandes fatigues, ou après des privations excessives, pourvu qu'on le prenne à petites doses. A raison du goût fin et de l'arome parfumé qu'il présente, on peut le consommer comme liqueur de dessert. Il n'en est pas de même, par exemple, du *vin d'absinthe,* qui excite l'appétit et fortifie l'estomac, mais dont la saveur amère ne permet pas d'en faire une liqueur d'agrément. Nous rangeons donc le vin d'absinthe parmi les préparations hygiéniques, tandis que les vins préparés avec des fruits, des aromates ou des parfums, peuvent être indiqués, sans le moindre inconvénient, à la suite de l'hippocras proprement dit. Parmi ces infusions vineuses parfumées, nous citerons seulement les suivantes, dont la composition peut servir de guide pour toutes les autres.

41

1° *Vin d'angélique, hippocras d'angélique.* — Racine fraîche d'angélique incisée, 10 grammes ; muscade pulvérisée, 1 gramme. Vin généreux, 1 litre, et alcool à 85 degrés, 10 centilitres. Faire macérer pendant quarante-huit heures. Ajouter 100 grammes de sucre blanc pulvérisé et faire dissoudre en agitant à plusieurs reprises. Laisser reposer pendant vingt-quatre heures, passer avec expression et filtrer.

2° *Vin* ou *hippocras de cascarille.* — Cascarille pilé, 60 grammes. Vin de Malaga liquoreux, 1 kilogramme. Laisser macérer pendant huit jours. Passer avec expression et filtrer.

3° *Vin* ou *hippocras de cédrat.* — Zeste d'un cédrat. Alcool à 85 degrés, 10 centilitres, et vin blanc généreux, 1 litre. Faire macérer pendant vingt-quatre heures. Ajouter 100 grammes de sucre pulvérisé et faire dissoudre en agitant à plusieurs reprises. Après vingt-quatre heures de repos, passer et filtrer.

4° *Vin* ou *hippocras de framboises.* — Framboises très-mûres, *entières,* 500 grammes. Bon vin rouge, 1¹,25. Faire macérer pendant six heures. Soutirer le liquide sans expression. Ajouter à la liqueur 12 centilitres d'alcool à 85 degrés et la solution alcoolique de 1 gramme de cachou. Faire dissoudre, en agitant, 100 grammes de sucre en poudre. Laisser reposer pendant vingt-quatre heures et filtrer.

Agir de même pour préparer l'*hippocras de fraises des bois* et tous les vins parfumés avec les fruits.

5° *Vin* ou *hippocras de genièvre.* —Baies de genièvre fraîches, concassées, 30 grammes. Alcool à 85 degrés, 8 centilitres, et bon vin, rouge ou blanc, 1 litre. Après vingt-quatre heures de macération, ajouter 5 gouttes d'alcoolat de vanille et 100 grammes de sucre, que l'on fait dissoudre en agitant. Laisser reposer. Filtrer.

6° *Vin* ou *hippocras de gingembre.* — Comme pour le vin de cascarille.

7° *Vin* ou *hippocras d'orange.* — Comme pour le vin de cédrat. On peut encore faire macérer le vin avec l'orange coupée en tranches minces, au lieu d'agir seulement sur les zestes ; mais le produit est moins agréable.

8° *Vin* ou *hippocras à la vanille.* — Vanille du Mexique, 60 centigrammes. Triturer avec 100 grammes de sucre. Faire macérer pendant deux jours avec 12 centilitres d'alcool à

85 degrés et 1¹,50 de bon vin blanc, en agitant à plusieurs reprises. Filtrer.

9° *Vin tonique*. — Thé hyswen, 8 grammes ; cachou et cannelle, āā, 4 grammes ; semences d'angélique, 8 grammes ; coques de cacao, 16 grammes ; macis, 1 gramme ; écorces d'oranges amères, 2 grammes. Faire macérer les matières contusées dans 40 centilitres de bonne eau-de-vie à 54 degrés. Après vingt-quatre heures, ajouter 8 litres de bon vin blanc et laisser macérer pendant huit à dix jours. Passer avec expression. Ajouter 1 kilogramme de sucre blanc, dissous dans un demi-litre d'eau et filtrer.

Cette préparation tonique, que nous rangeons à la suite des hippocras, est une modification heureuse du vin de Maugenest. Très-agréable au goût, ce vin pourrait être appelé l'*hippocras des chasseurs* et il peut rendre de grands services aux personnes qui ont à s'exposer à l'humidité. La dose est d'un verre à liqueur le matin.

§ II. — VINS DE LIQUEUR.

Nos lecteurs savent parfaitement que les vins dits *de liqueur* sont le résultat d'une fermentation incomplète, par laquelle une portion seulement du sucre du moût de raisin a été transformée, en sorte que, dans les produits de cette fermentation, il reste, à côté de l'alcool formé, une certaine quantité de sucre, qui donne aux vins liquoreux leur saveur douce et sucrée. Ces vins ne diffèrent que par les aromes particuliers aux différents crus. On est arrivé à les imiter d'une façon très-remarquable en mélangeant, dans certaines proportions, des vins généreux du Midi avec du sirop de raisin, de l'alcool et des esprits parfumés ou des teintures, etc. Ces imitations se pratiquent, sur une grande échelle, dans le midi de la France, et principalement à Cette ; mais on ne peut considérer ces produits que comme des liqueurs vineuses, de véritables vins liquoreux, puisque le vin naturel en est la base fondamentale. Les *vins factices* ou *artificiels* seraient très-différents, en ce sens qu'ils seraient composés d'alcool, d'eau, de sirop et d'infusions aromatiques, sans addition de vin naturel

Nous reproduisons les principales formules des fabricants de Cette, bien connues aujourd'hui, et nous ferons suivre ces *recettes* de quelques observations sur la préparation des vins factices.

Les vins de Picardan, de Bagnols, de Collioure, sont les plus employés pour cette fabrication, bien qu'on puisse les remplacer par des vins généreux d'autres provenances, dont l'arome peu prononcé n'apporterait pas de changement notable dans la saveur ou le parfum de la composition.

1° *Vin de Frontignan.* — Vin de Picardan, sec, 8^l,25. Ajouter 1 litre de sirop de raisin à 85 degrés Baumé et 80 centilitres d'alcool de vin, très-franc, à 85 degrés. On mélange avec soin, puis on ajoute 30 grammes de fleurs de sureau mondées qu'on laisse macérer pendant un mois. On passe avec légère expression, on colle par 1 à 2 grammes de gélatine et l'on filtre le lendemain, si l'on préfère ne pas attendre huit à dix jours pour faire un soutirage. La filtration nous semble préférable, pourvu qu'elle s'exécute dans un entonnoir couvert.

Il est à observer ici que la fleur de sureau, dont l'usage a pour but de reproduire l'arome particulier des vins muscats, apporte au vin assez de tannin pour que le collage à la gélatine soit rationnel. On la suspend souvent dans le liquide après l'avoir enfermée dans un nouet de linge.

2° *Vin de Lunel.* — Vin de Picardan, doux, 9 litres. Sirop de raisin, 60 centilitres. Alcool à 85 degrés, 40 centilitres. Fleurs de sureau, 60 grammes. Même mode d'opération.

3° *Vin de Malvoisie.* — Vin de Picardan, doux, 8^l,50. Sirop de raisin, 50 centilitres. Alcool à 85 degrés, 35 centilitres. Alcoolat de framboises, 22 centilitres. Alcoolé de coques d'amandes amères, 20 centilitres. Mêler, et ajouter 45 grammes de fleurs de sureau. Même méthode.

Pour préparer l'alcoolé de coques d'amandes amères, on fait torréfier 500 grammes de ces coques, au brun clair, en un vase clos, comme pour le café ; on les introduit aussitôt dans 2 litres d'alcool à 85 degrés et l'on couvre. Après six semaines de contact, on décante et l'on filtre.

4° *Vin d'Alicante.* — Vin de Bagnols, vieux, 9 litres. Sirop de raisin, 50 centilitres. Alcoolatures de brou de noix vertes et d'iris de Florence, āā, 12 centilitres. Alcool à 85 degrés,

30 centilitres. Mêler. Coller après un mois de repos et soutirer ou filtrer après clarification.

5° *Vin de Lacryma-Christi.* — Vin de Bagnols, vieux, 8¹,50. Sirop de raisin, 60 centilitres. Alcoolatures de brou de noix vertes et d'iris de Florence, ãã, 10 centilitres ; alcoolé de cachou, 10 centilitres. Alcool à 85 degrés, 5¹,15. Même méthode.

6° *Vin de Chypre.* — Vin de Bagnols, vieux, 8¹,50. Sirop de raisin, 50 centilitres. Alcoolatures de brou de noix vertes et d'iris de Florence, ãã, 10 centilitres. Alcoolé de coques d'amandes amères, 20 centilitres. Alcool à 85 degrés, 50 centilitres. Même méthode.

7° *Sherry.* — Picardan sec, vieux, 8¹,25. Sirop de raisin, 80 centilitres. Alcoolatures de brou de noix vertes et d'iris de Florence, ãã, 10 centilitres. Alcoolé de coques d'amandes amères, 30 centilitres. Alcool à 85 degrés, 25 centilitres. Même méthode.

8° *Vin de Grenache.* — Vin de Collioure vieux, 8¹,50. Sirop de raisin, 65 centilitres. Alcoolature de brou de noix vertes et alcoolé de coques d'amandes amères, ãã, 10 centilitres. Alcool à 85 degrés, 30 centilitres. Même méthode.

9° *Vin de Madère.* — Vin de Picardan, sec, 9 litres. Sirop de raisin, 20 centilitres. Alcoolature de brou de noix vertes et alcoolé de coques d'amandes amères, ãã, 22 centilitres. Alcool à 85 degrés, 50 centilitres. Même méthode.

10° *Xérès.* — Vin de Picardan sec, vieux, 8¹,50. Sirop de raisin, 20 centilitres. Alcoolature de brou de noix vertes, 20 centilitres. Alcoolé de coques d'amandes amères, 38 centilitres. Alcool à 85 degrés, 50 centilitres. Même méthode.

11° *Vin de Malaga.* — Vin de Bagnols, vieux, 8¹,80. Sirop de raisin, 50 centilitres. Alcoolature de brou de noix vertes, 20 centilitres. Alcoolat de goudron, 3 centilitres. Alcool à 85 degrés, 30 centilitres. Même méthode. On obtient l'*alcoolat* ou l'*esprit de goudron* en distillant lentement 1 litre d'alcool à 85 degrés et un demi-litre d'eau avec 300 grammes de bon goudron de Norwége, pour obtenir 1 litre. Il est bon d'avoir laissé en macération pendant quarante-huit heures avant de distiller.

12° *Vin de Constance.* — Vin de Bagnols vieux, 8¹,60. Sirop de raisin, 55 centilitres. Alcoolature d'iris de Florence, 14 centilitres. Alcoolat de framboises, 25 centilitres. Alcoolat de goudron, 2 centilitres. Alcool à 85 degrés, 45 centilitres. Même méthode.

13° *Vin de Rota.* — Vin de Collioure vieux, 8¹,60. Sirop de raisin, 50 centilitres ; alcoolature de brou de noix vertes, 25 centilitres ; alcoolé de coques d'amandes amères, 12 centilitres. Alcoolat de framboises, 23 centilitres. Alcool à 85 degrés, 30 centilitres. Même méthode.

14° *Vin de Tokai.* — Vin de Bagnols vieux, 8¹,50. Sirop de raisin, 65 centilitres. Alcoolatures de brou de noix vertes et d'iris de Florence, aa, 10 centilitres. Alcoolat de framboises, 25 centilitres. Alcool à 85 degrés, 40 centilitres. Même méthode.

15° *Vin de Porto.* — Vin de Collioure vieux, 8¹,25. Sirop de raisin, 50 centilitres. Alcoolature de brou de noix vertes et alcoolat de framboises, aa, 20 centilitres. Alcoolature de mérises, 50 centilitres. Alcool à 85 degrés, 35 centilitres. Même méthode.

On peut modifier la méthode générale du fabricant de Cette en substituant aux vins de Bagnols, de Picardan et de Collioure un *vin de mélange*, que l'on prépare doux ou sec, selon le but que l'on se propose d'atteindre. Ainsi, on peut prendre du *vin de Chablis*, dont la richesse alcoolique n'est que de 7,50 pour 100 et le porter à 10 pour 100 par une addition convenable d'alcool à 85 degrés, pour remplacer le Picardan sec. En le portant à 16 ou 17 pour 100 de richesse alcoolique, il pourra fort bien être employé dans les préparations dont nous venons de parler, au lieu de vin de Bagnols. Pour l'obtenir doux, il suffira d'y ajouter de 5 à 10 pour 100 de sirop de raisin. Ce sirop peut se préparer très-bien à l'aide des raisins secs de choix, que l'on fait gonfler et ramollir, dans leur poids d'eau tiède. On les écrase alors, on presse et l'on concentre le jus obtenu jusqu'à 35 degrés Baumé, en prenant soin de clarifier, comme il convient de le faire, d'ailleurs, pour tous les sirops.

On peut encore, avec les raisins secs, préparer par fermentation un vin normal, aussi riche et aussi sucré qu'on le désire, pour servir à la préparation des vins de liqueur.

Dans toutes ces préparations, on a réellement du vin en présence et l'art n'intervient que pour parfumer la liqueur et la sucrer à un point convenable. Ces liqueurs sont saines et, pourvu que le commerçant ne les vende pas comme des vins naturels, on peut parfaitement accepter ces produits d'imitation. Mais il n'en est plus de même des vins factices, liquoreux ou autres, qui ne sont guère que des sirops parfumés et alcoolisés. La vente de ces produits, sous le nom de *vins*, constitue un délit et une tromperie, à l'égard de laquelle il convient de se tenir en garde. Sous cette réserve, nous dirons, en terminant, que l'on peut préparer de très-bonnes liqueurs vineuses artificielles, avec le sirop de raisin, le sirop de miel purifié, l'alcool étendu et une proportion bien calculée d'aromates. En prenant pour bases les différentes formules qui précèdent, il est certain que la fabrication de liqueurs alcooliques, très-saines et très-agréables, rappelant, jusqu'à un certain point, le goût et l'arome des vins liquoreux, n'est pas un problème impossible, ni même difficile, mais il ne faut jamais perdre de vue que ces préparations doivent être vendues pour ce qu'elles sont et que l'on ne doit pas les dissimuler sous des étiquettes mensongères.

§ III. — PRÉPARATIONS HYGIÉNIQUES.

Nous réunissons, dans ce paragraphe, un certain nombre de formules relatives à la préparation de certaines liqueurs apéritives, toniques, stomachiques, vulnéraires, etc., qui ne pouvaient trouver une place convenable parmi les liqueurs de table proprement dites et dont, cependant, l'utilité n'est pas contestable.

1° *Alcool camphré.* — A. Camphre, 100 grammes. Alcool à 90 degrés, 1 litre. Faire dissoudre et filtrer (Codex). — B. Camphre, 150 grammes. Alcool à 95 degrés, 60 centilitres. Faire dissoudre et filtrer (formule de Raspail). — C. Camphre, 125 grammes. Alcool à 85 degrés, 1 litre.

2° *Alcool camphré faible. Eau-de-vie camphrée.* — Camphre, 25 grammes. Alcool à 60 degrés, 1 litre. Faire dissoudre et filtrer. Cette formule est celle du Codex. — *Autre formule.* Camphre, 30 grammes. Alcool à 85 degrés, 60 centilitres. Eau ordinaire, 40 centilitres. Faire dissoudre le camphre dans l'alcool, ajouter l'eau peu à peu, en agitant, et filtrer.

3° *Baume de vie* (d'Hoffmann). — Essences de cannelle, de

girofle, de lavande , de succin, de macis, de marjolaine, de rue, āā , 3ᵍ,75. Baume du Pérou, 18 grammes. Alcool à 85 degrés, 1 litre. Faire macérer pendant huit jours et filtrer. Dans cette formule, le baume du Pérou remplace une quantité égale d'ambre. On a proposé de substituer l'alcoolat de mélissse à l'alcool simple.

4° *Eau d'arquebusade* (de Theden).—Vinaigre, 150 grammes; sucre, 37ᵍ,5. Faire dissoudre. Ajouter : alcool à 85 degrés, 150 grammes et acide sulfurique, 30 grammes. Mêler et filtrer (Codex). Vulnéraire astringent. D'un bon emploi en lotion dans les contusions et les ecchymoses. Antihémorrhagique.

5° *Eau de Botot.* — A. Anis vert, 30 grammes ; girofle et cannelle, āā, 8 grammes ; essence de menthe, 1ᵍ,20. Eau-de-vie à 54 degrés, 875 grammes. Contuser les aromates et faire macérer le tout dans l'alcool pendant huit jours. Filtrer et ajouter : teinture d'ambre, 4 grammes (Codex).—B. Girofle, cannelle , badiane , āā, 5 grammes. Alcool à 80 degrés, 800 grammes. Concasser les matières et introduire dans l'alcool avec 2ᵍ,5 d'essence de menthe. Triturer 2ᵍ,5 de cochenille et autant de chrème de tartre avec un peu d'eau et ajouter au mélange ci-dessus. Laisser en macération pendant dix jours et filtrer. Cette formule est une très-bonne modification de la précédente. Dentifrice. Antiodontalgique.

6° *Eau carminative.*—Zestes frais de citron et d'oranges, āā, 40 grammes ; coriandre, 100 grammes ; anis vert, 60 grammes; fenouil, 75 grammes; cannelle de Ceylan, 50 grammes; cumin, 10 grammes. Alcool à 90 degrés, 3ˡ,50. Contuser les matières et les faire macérer pendant cinq jours avec l'alcool. Ajouter 3ˡ,50 d'eau et distiller pour retirer 4ˡ,50 de produit. Ajouter un sirop fait avec 1ᵏ,800 de sucre et quantité d'eau suffisante pour compléter 10 litres. Sans coloration. Bon digestif.

6° *Eau de Delabarre. Eau orientale.*—Cochenille pulvérisée, 2 grammes ; sel de tartre , 2 grammes ; huile volatile de menthe, 80 gouttes ; essence de roses, 24 gouttes ; alcool à 85 degrés, 500 grammes. Mêler, filtrer après trente-six à quarante heures. Dentifrice. Antiodontalgique.

7° *Eau de Luce.* — Huile de succin rectifiée, 15 grammes. Baume de la Mecque et savon blanc, āā, 2 grammes. Alcool à 90 degrés, 375 grammes. Faire macérer pendant huit jours, filtrer. En ajoutant 16 grammes d'ammoniaque liquide à

1 gramme de cette teinture, on obtient 17 grammes d'eau de Luce (formule de M. Soubeiran). Stimulant et révulsif. A respirer dans les syncopes et appliquer à l'extérieur dans les paralysies, les rhumatismes, les morsures d'animaux venimeux.

8° *Eau de mélisse. Eau des Carmes. Alcoolat de mélisse composé.* — A. Mélisse fraîche, sommités fleuries, 180 grammes; zestes frais de citron, 30 grammes; cannelle de Ceylan, girofle et muscade, ãã, 16 grammes; coriandre et racines d'angélique, ãã, 8 grammes. Alcool à 85 degrés, 1 litre. Contuser les matières, les faire macérer pendant huit jours et distiller au bain-marie avec 1 litre d'eau pour retirer 1 litre de produit (Codex). Cette formule est une simplification de la formule des Carmes et elle donne un produit de qualité égale. — B. A la formule précédente, quelques praticiens ajoutent : sommités fleuries d'hysope, de marjolaine, de romarin, de sauge, de thym, ãã, 12ᵍ,50; de macis, 1 à 2 grammes, sans que cette complication paraisse bien utile. Même méthode.

L'eau de mélisse jaune, employée à l'extérieur, comme vulnéraire, se prépare en ajoutant 5 grammes de teinture de safran pour 1 litre de l'eau de mélisse ordinaire. L'eau de mélisse passe pour excitante, stomachique, vulnéraire. On l'emploie à l'extérieur, en frictions; à l'intérieur, par cuillerées à café, pure ou étendue d'eau, ou sur du sucre, dans la congestion, le coma, l'épilepsie, etc. Quelques personnes la considèrent comme un spécifique universel, et l'on sait quelle part il faut faire à l'exagération dans une foule de choses.

9° *Eau de mélisse* (de Dardel). — Eau de mélisse (formule du Codex ci-dessus), 120 grammes. Alcoolat de thym, 60 grammes; alcoolat de romarin, 9 grammes; alcoolat de sauge, 6ᵍ,5; alcoolat de menthe, 900 grammes. Mêler. Cette excellente formule donne un très-bon produit qui remplace avantageusement l'eau des Carmes.

10° *Eau d'O'Méara.* — A. Vétiver, 8 grammes; pyrèthre, 30 grammes; girofle, 60 centigrammes; iris, coriandre et orcanette, ãã, 1ᵍ,20. Essence de bergamote, 12 gouttes; essence de menthe, 24 gouttes. Alcool à 90 degrés, 120 grammes. Faire macérer pendant huit jours et filtrer. — B. Même formule. Ajouter 60 gouttes de créosote et remplacer l'essence de bergamote par celle de citron et l'essence de menthe par celle d'anis. Dentifrice et antiodontalgique estimé. Très-recommandable.

11° *Eau sédative* (de Raspail).—N° 1. Ammoniaque liquide à 22 degrés et sel marin, āā, 60 grammes. Alcool camphré; 10 grammes ; eau ordinaire, 1 litre. Dissoudre le sel dans une quantité suffisante d'eau, et mêler avec l'ammoniaque. Ajouter l'alcoolé de camphre, puis l'eau, en agitant fortement. — N° 2. Comme la précédente, mais la dose de l'ammoniaque est portée à 80 grammes.—N° 3. Même observation, 100 grammes d'ammoniaque. —Remède beaucoup trop vanté dans la médecine dite *populaire de Raspail*. De même que le camphre, pris à l'intérieur, est un poison parfaitement caractérisé, de même la solution camphrée d'ammoniaque remplace souvent une migraine par une cautérisation [1]. L'eau sédative est employée à tout propos par le vulgaire dont les grandes phrases de philanthropie ont toujours capté la confiance.

12° *Eau vulnéraire. Eau d'arquebusade.* — Feuilles fraîches d'absinthe, d'angélique, de basilic, de calament, de fenouil, d'hysope, de marjolaine, de mélisse, de menthe, d'origan, de romarin, de rue, de sarriette, de sauge, de serpolet, de thym ; sommités fleuries d'hypericum et de lavande, āā; 20 grammes. Alcool à 60 degrés, 900 grammes. Faire macérer les plantes incisées pendant six jours dans l'alcool, ajouter 500 grammes d'eau, distiller au bain-marie et retirer 600 grammes de produit (Codex). Si l'on emploie les plantes sèches, il ne faut que le tiers des doses indiquées ci-dessus. Remède populaire, excitant, stimulant, vulnéraire, contre les

[1] Les *amis intéressés* du peuple devraient bien ne lui donner que ce qui est *utile et inoffensif*, ou lui procurer, *à leurs frais*, l'instruction et l'intelligence nécessaires pour se servir, sans danger, de leurs formules. L'eau sédative est une des plus sottes fantaisies pharmaceutiques qui soient sorties d'une officine, précisément parce qu'il faut, pour s'en servir utilement, un discernement et un esprit d'observation qu'on rencontre peu, même chez des gens plus instruits que les adeptes habituels de ce qu'on a appelé la *doctrine* de Raspail. Malgré un certain mérite d'observateur, Raspail a eu le tort de faire supporter ses rancunes par ceux qui n'étaient et ne sont pour rien dans ses mécomptes. La fortune acquise à ce métier ne justifie rien et le dicton : *Prenez mon camphre*, durera plus longtemps que l'*Annuaire de la santé*. Raspail était trop instruit pour ne pas savoir que le camphre, l'aloès et l'ammoniaque sont des agents dangereux entre des mains inexpérimentées.

contusions, les chutes, etc. A l'extérieur, en lotions. A l'intérieur, 10 grammes dans un demi-verre d'eau sucrée.

13º *Eau de Vicat.* — Ammoniaque liquide à 22 degrés, 50 grammes. Dissoudre dans 100 grammes d'alcool à 90 degrés. A cet alcool ammoniacal, ajouter : camphre, 12 grammes ; opium, 25 grammes. Faire macérer le tout pendant trois jours avec 300 grammes d'eau-de-vie à 54 degrés et agiter de temps en temps. Filtrer. Bon antiodontalgique. A employer également contre la migraine. On se frotte les mains avec un peu de liqueur et l'on en présente sous les narines dans les maux de tête violents.

14º *Eau de M*me *de la Vrillière.* Cochléaria et cresson à l'état frais, ãã, 160 grammes ; cannelle de Ceylan, 40 grammes ; zestes frais de citron, 30 grammes ; roses rouges, 20 grammes ; girofle, 15 grammes. Alcool à 90 degrés, 960 grammes. Faire macérer pendant quatre jours, ajouter 500 grammes d'eau et distiller pour obtenir 1 litre. Excellent antiodontalgique.

15º *Elixir d'Ancelot.* — Pyrèthre, 60 grammes ; alcoolat de romarin, 500 grammes. Faire macérer la matière contusée avec l'esprit aromatique. Après trois jours, filtrer. Antiodontalgique très-simple.

16º *Elixir antiodontalgique.* — Opium incisé, 50 centigrammes. Camphre, 8 grammes ; essence de girofle, 40 gouttes. Alcool à 85 degrés, 16 grammes. Faire dissoudre et filtrer. Même usage et même observation.

17º *Elixir aromatique.* — Acore, cannelle, galanga, ãã, 30 grammes ; menthe, 45 grammes ; cardomome petit et gingembre, ãã, 7 grammes. Alcool à 85 degrés, 900 grammes. Faire macérer pendant quatre jours et filtrer. Bon stomachique. Excitant. On peut en faire une très-bonne liqueur par l'addition de 300 grammes de sucre et 45 centilitres d'eau ordinaire.

18º *Elixir balsamique* (d'Hoffmann). — Ecorces d'oranges amères, 125 grammes ; extraits (alcooliques?) d'absinthe, de chardon bénit, de petite centaurée, de gentiane, ãã, 30 grammes ; alcoolé d'écorce d'oranges, 60 grammes ; carbonate de potasse, 4 grammes. Vin d'Espagne, 1000 grammes. Faire macérer pendant cinq jours et filtrer. Stomachique.

19º *Elixir de Bonjean. Elixir de santé.* — Feuilles de mélisse, feuilles de menthe, cachou, āā. 25 grammes; thé perlé, 50 grammes; écorces d'oranges amères, 15 grammes; anis vert, 7ᵍ,50; cumin et carvi, 4 grammes. Ether sulfurique à 60 degrés, 40 grammes. Alcool à 59 degrés, 1 litre. Contuser les matières. Faire macérer pendant huit jours avec l'éther et l'alcool. Passer avec expression. Filtrer. Bon stomachique, favorise les digestions difficiles.

20° *Elixir des Jacobins. Eau des Jacobins de Rouen.* — Cannelle de Chine, santal citrin, baies de genièvre, āā, 30 grammes; anis vert, 20 grammes. Santal rouge, 15 grammes; semences d'angélique et contrayerva, āā, 5 grammes. Cochenille, 2ᵍ,50. Alcool à 85 degrés, 2 litres. Contuser les matières et les faire macérer dans l'alcool pendant un mois. Filtrer. Très-bon stomachique. A prendre à petite dose après le repas.

21° *Elixir de longue vie. Elixir suédois.* — Aloès socotrin, 20 grammes; agaric blanc, gentiane, rhubarbe, safran, zédoaire, thériaque, āā, 2ᵍ,50. Alcool à 60 degrés, 1000 grammes. Faire macérer pendant dix jours, passer avec expression. Filtrer (Codex). Excitant. Stomachique et purgatif, très-estimé du vulgaire. Utilité réelle, à la dose de 8 à 10 gouttes le matin, à jeun, ou avant le repas.

22° *Elixir de vie* (de Matthiole). — Cannelle, 30 grammes; zestes de citron, petit galanga, gingembre, zédoaire, girofle, muscade, macis, āā, 15 grammes; acore, marjolaine, menthe, thym, serpolet, sauge, romarin, roses rouges, āā, 8 grammes; anis vert, bois d'aloès, cardamome, cubèbe, fenouil, santal citrin, āā, 4 grammes. Alcool à 80 degrés, 3 000 grammes. Faire macérer pendant huit jours et filtrer. Bon cordial, par cuillerées à café.

23° *Liqueur dorée.* — Quinquina rouge concassé, écorces d'oranges amères et cannelle de Ceylan, āā, 15 grammes; safran, 8 grammes. Contuser les matières et les faire macérer pendant quatre jours dans 5 litres de vieille eau-de-vie et 2 litres de vin de Malaga. Passer et ajouter 1ᵏ,250 de sucre blanc. Faire dissoudre et filtrer. On peut ajouter un peu de vanille, 8 grammes, et diminuer la dose du safran, lorsque l'on veut obtenir une liqueur plus agréable. On la sucre également davantage (375 grammes par litre), mais ces modifications nuisent aux propriétés de cette composition, qui est un bon stomachique. Un petit verre à liqueur après le repas.

24° *Liqueur odontalgique* (élixir Leroy). — Gaïac, 15 grammes ; muscade et pyrèthre, ãã, 4 grammes ; girofle, 2 grammes ; essence de romarin, 10 gouttes ; essence de bergamote, 4 gouttes. Alcool à 70 degrés, 100 grammes. Faire macérer pendant cinq ou six jours et filtrer. Bonne préparation.

25° *Liqueur odontalgique* (élixir Desforges). — Quinquina, 45 grammes ; gaïac, 75 grammes ; pyrèthre, 45 grammes ; girofle, 10 grammes ; écorce d'orange et benjoin, ãã, 4 grammes ; safran, 1 gramme. Alcool à 85 degrés, 1 litre. Contuser les matières, faire macérer dans l'alcool pendant cinq ou six jours et filtrer. Cette préparation est très-analogue à la précédente, mais elle est, peut-être, préférable, à cause de la présence du quinquina.

26° *Liqueur hygiénique* (dite *de Raspail*). — Racines d'angélique, 30 grammes ; calamus aromaticus, myrrhe et cannelle, ãã, 2 grammes ; aloès, clous de girofle et vanille, ãã, 1 gramme ; camphre, 50 centigrammes ; noix muscades, 25 centigrammes ; safran, 5 centigrammes. Alcool à 21 degrés Cartier (55 degrés centésimaux), 1 litre. Faire digérer pendant quelques jours au soleil, en agitant de temps en temps. Ajouter un petit verre d'eau-de-vie, puis 500 grammes de sucre caramélisé dans un demi-litre d'eau. Filtrer. Raspail ajoutait que l'on pouvait distiller et n'ajouter l'aloès qu'à la liqueur distillée. Stomachique.

Cette préparation n'a d'autre mérite que celui de la vogue et de l'engouement dont elle a été l'objet par la *protection de la multitude*, dont Raspail s'était déclaré le partisan. On possède vingt-cinq ou trente liqueurs hygiéniques meilleures et plus rationnelles, que l'on peut préparer ou faire préparer très-commodément. Sans nous étendre sur la valeur de la *liqueur dorée* et des autres stomachiques qui ont été indiqués précédemment, nous donnerons la formule de la liqueur hygiénique de Combier, qui est une amélioration intelligente de l'élixir de Raspail.

27° *Liqueur hygiénique* (de Combier). — Semences d'angélique, myrrhe, cannelle de Ceylan, ãã, 45 grammes ; calamus aromaticus, 95 grammes ; aloès, girofle, petit cardamome, muscades, ãã, 30 grammes ; zestes de citrons, 200 grammes.

Alcool à 85 degrés, 7¹,20. Faire macérer pendant cinq ou six jours et distiller pour retirer 5 litres. Ajouter 5 kilogrammes de sucre dissous dans une quantité d'eau suffisante et compléter 10 litres. Colorer en jaune clair au safran ; coller, laisser reposer et filtrer.

La préparation de M. Combier est une liqueur, tandis que celle de Raspail n'est qu'une potion pharmaceutique.

28° *Teinture d'arnica*. — A. *Teinture simple.* Fleurs d'arnica, 200 grammes. Alcool à 85 degrés, 1 litre. — B. *Teinture aromatique.* Fleurs d'arnica, 50 grammes ; cannelle, gingembre et girofle, ãã, 10 grammes ; anis vert, 100 grammes. Alcool à 85 degrés, 1 litre. Huit jours de macération. Passer. Filtrer. Tonique. Stimulant. Une cuillerée dans un demi-verre d'eau sucrée, deux ou trois fois par jour, dans les chutes et contusions.

29° *Teinture aromatique. Essence céphalique. Eau de Bonferme.* — Muscade et girofle, ãã, 60 grammes ; cannelle, balaustes, ãã, 45 grammes. Alcool à 80 degrés, 1000 grammes. Faire macérer pendant quinze jours et filtrer (ancien Codex). Cordial, à respirer dans les douleurs de tête ; s'emploie aussi en applications, dans les contusions, comme vulnéraire.

30° *Teinture balsamique. Baume du commandeur de Permes.* — Racine d'angélique, 10 grammes ; hypéricum, 20 grammes ; Alcool à 80 degrés, 720 grammes. Huit jours de digestion, avec agitation entre temps ; passer avec expression. Ajouter : myrrhe et oliban, ãã, 10 grammes. Faire digérer de nouveau et ajouter ; baume de Tolu et benjoin, ãã, 60 grammes. Aloès, 10 grammes. Après dix jours de macération, filtrer (Codex). Cordial et vulnéraire. Remède populaire contre les coupures récentes.

Nous avons choisi, parmi les préparations alcooliques hygiéniques, celles qu'il nous a paru le plus convenable de faire connaître, à raison de l'utilité que l'on peut en tirer dans un grand nombre de circonstances et de l'avantage que l'on peut trouver à les avoir toujours sous la main. Nous terminons ce paragraphe par les formules relatives à la préparation du *vermuth* et de quelques *œnolés*, que nous considérons comme de véritables liqueurs hygiéniques, plutôt que comme des liqueurs de table.

31° *Vermuth* (d'Ollivero).—Acore, aunée, cannelle de Chine, chamœdris, quinquina rouge, āā, 12 grammes; absinthe, centaurée petite, chardon bénit, fleurs de sureau, tanaisie, āā, 16 grammes; écorces d'oranges amères, 24 grammes; badiane et coriandre, āā, 20 grammes; girofle et quassia, āā, 8 grammes; galanga et muscade, āā, 4 grammes. Vin blanc généreux, 10 litres. Huit jours de macération. Agiter chaque jour. Passer, coller, filtrer après repos.

32° *Autre formule.* — Comme la précédente, mais ajouter, avant le collage, 20 centilitres d'alcoolature de coques d'amandes amères et 30 centilitres de vieille eau-de-vie, pour améliorer la saveur du produit.

33° *Vermuth de Turin.* — Absinthe grande, aunée, calamus aromaticus, centaurée petite, chardon bénit, germandrée āā, 12ᵍ,50; cannelle de Chine, 10 grammes; racines d'angélique et gentiane, āā, 6 grammes; muscade, 1ᵍ,50; une orange fraîche, coupée par tranches minces. Alcool à 85 degrés, 50 centilitres; vin blanc généreux, 9ˡ,50. Faire macérer pendant huit jours. Coller. Laisser reposer et filtrer. Produit : 10 litres.

34° *Vermuth au vin de Madère.* — Iris de Florence pulvérisé, 25 grammes; quinquina rouge, 20 grammes; absinthe grande, chardon bénit, pulmonaire, romarin, véronique, āā, 12ᵍ,50; rhubarbe, 3 grammes. Alcoolature d'écorce d'oranges amères, 3 centilitres. Sirop de raisin à 35 degrés, 30 centilitres; cognac de bonne qualité, 50 centilitres. Vin de Madère ordinaire, 9 litres. Après cinq jours de macération, soutirer. Coller, laisser reposer. Coller une seconde fois ou filtrer. Produit : 10 litres.

Les données précédentes suffisent pour indiquer la marche à suivre pour la préparation d'un vin stomachique amer, ou *vermuth*, dans toutes les conditions où l'on jugera à propos de se placer, en modifiant les formules ordinaires. On peut se servir, pour la préparation du vermuth, de toute espèce de vin blanc, sauf à alcooliser le produit et à l'adoucir par un sirop.

Les *vermuths* sont de véritables *œnolés*, des teintures vineuses, dont la propriété générale est d'exciter les fonctions de l'estomac. Il convient d'en user, cependant, avec modération et seulement quand le besoin en est indiqué. Les organes *s'habituent* facilement à ces excitations artificielles, qui finissent bientôt par ne plus être suivies d'aucun effet appréciable. Une heure d'exercice ou de travail vaut mieux pour exciter l'appétit que tous les *amers* possibles. Voici, du reste, quelques autres formules de *vins amers*, stomachiques, par lesquels on peut remplacer le vermuth.

35° *Vin d'absinthe* (Codex). — Absinthe, 30 grammes. Alcool à 60 degrés, 60 grammes. Faire macérer pendant vingt-quatre heures. Ajouter 1 litre de bon vin blanc et laisser macérer pendant dix jours, en agitant chaque jour. Passer avec expression. Filtrer. Tonique, stomachique.

36° *Vin d'absinthe aromatique*. — Absinthe fraîche, 40 grammes ; zeste d'un citron, pilé avec 100 grammes de sucre ; anis vert concassé, 4 grammes ; girofle pulvérisé, 3 grammes. Faire macérer pendant vingt-quatre heures dans 1 litre de bon vin blanc, passer avec expression, ajouter 40 centilitres d'alcool à 85 degrés et filtrer.

37° *Vin d'absinthe composé*. — C'est le *vin aromatique amer* ou *vin fortifiant* des pharmacopées, légèrement modifié. — Acore, aunée, coriandre et gentiane, āā, 15 grammes ; sommités fleuries d'absinthe grande et de centaurée, āā, 10 grammes ; écorce d'orange et galanga, āā, 7 grammes ; absinthe petite, quinquina jaune concassé et racine d'iris, āā, 5 grammes ; cannelle de Ceylan, 3 grammes ; girofle, 1ᵍ,50 ; la moitié d'une muscade. Faire macérer pendant dix jours dans 11 litres de bon vin rouge ou blanc, avec la précaution d'agiter chaque jour. Passer. Filtrer.

38° *Vin de Dubois*. — Quinquina gris et quinquina jaune, contusés, āā, 14 grammes ; cannelle et genièvre, āā, 3ᵍ,80 ; écorces de citrons et de winter, āā, 3ᵍ,60 ; carbonate de soude, 1ᵍ,70. Faire macérer dans 1 litre de vin de Madère pendant huit jours. Passer. Filtrer. Un verre à liqueur avant les repas, comme stomachique.

39° *Vin de gentiane*. — Gentiane contusée, 30 grammes. Alcool à 60 degrés, 8 centilitres. Faire macérer pendant vingt-quatre heures. Ajouter 1 litre de bon vin rouge. Laisser macérer pendant dix jours et filtrer.

40° *Vin de quinquina*. — Quinquina calisaya concassé, 30 grammes. Alcool à 60 degrés, 8 centilitres. Faire macérer pendant vingt-quatre heures. Ajouter 1 litre de bon vin rouge. Laisser macérer pendant dix jours, passer avec expression et filtrer. Tonique et fortifiant. Un verre à liqueur avant les repas.

Lorsqu'on veut préparer le vin de quinquina au vin de Madère ou au vin de Malaga, on supprime l'alcool, ces vins étant assez alcooliques pour dissoudre les principes actifs de l'écorce.

41° *Vin de quinquina composé.* — Quinquina calisaya contusé, 100 grammes ; écorces d'oranges amères et fleurs de camomille, ãã, 10 grammes. Alcool à 80 degrés, 10 centilitres, et bon vin blanc, 90 centilitres. Faire macérer pendant dix jours en agitant chaque jour. Passer avec expression et filtrer. Cette formule est à peu près celle du Codex.

42° *Vin de Récamier.* — Absinthe et ményanthe, ãã, 15 grammes ; semences de cardamome, 8 grammes. Faire macérer pendant huit jours dans une bouteille de vin blanc de Grave. Passer avec expression et filtrer. Excellent apéritif, à la dose d'un verre à liqueur avant chaque repas.

43° *Vin stomachique.* — Acore, galanga, écorces d'oranges, quinquina, zédoaire, ãã, 30 grammes ; absinthe, camomille, centaurée, ãã, 16 grammes. Alcool à 85 degrés, 12 centilitres ; vin d'Espagne ou tout autre vin généreux, $1^l,25$. Macération des matières contusées, dans le vin, pendant huit jours. Passer et filtrer. On peut transformer cette liqueur hygiénique et la rendre encore plus agréable, sans en modifier les propriétés toniques, en y ajoutant 125 à 150 grammes de sucre avant la filtration.

§ IV. — FRUITS A L'EAU-DE-VIE.

La préparation des fruits à l'eau-de-vie nécessite quelques explications sommaires par lesquelles nous terminons ce chapitre. Cet objet rentre dans notre cadre par plusieurs considérations, et il semble que l'emploi des alcools pour la conservation des fruits présente une certaine tendance à remplacer, en partie, celui du sucre. Nous en dirons donc quelques mots, uniquement afin de faire bien saisir la marche à suivre dans les deux circonstances principales qui peuvent se présenter.

En effet, la préparation des fruits à l'eau-de-vie comprend deux sortes de produits : les *fruits ordinaires* et les *fruits con-*

fits, c'est-à-dire qui sont imprégnés de sucre avant d'être mis dans l'eau-de-vie, et il convient de résumer les règles pratiques à suivre pour obtenir les meilleurs résultats.

Le travail de la fabrication comprend la *préparation*, le *blanchiment* des fruits, la *confection dans l'eau-de-vie* et la *mise en jus* pour les fruits ordinaires. Pour les fruits confits, il ne présente qu'un changement dans la confection et comprend la préparation, le blanchiment, la *confection au sucre* et la mise en jus.

Préparation des fruits. — Les fruits doivent être choisis très-sains et de belle forme, et être cueillis un peu avant leur maturité, afin qu'ils ne se ramollissent pas trop pendant le travail et qu'ils ne s'imprègnent pas d'un excès d'alcool. On doit encore choisir, sous cette réserve, les espèces et les variétés dont la saveur agréable et le parfum développé augmentent les qualités générales ; il convient d'éviter d'employer les fruits trop aqueux et de saveur fade, en sorte que, en bonne pratique, on devrait s'abstenir de traiter les fruits dont la croissance et la maturation ne se sont pas accomplies sous l'influence de la chaleur et du soleil.

Aussitôt que les fruits sont cueillis, on les essuie avec soin en prenant garde de les froisser ; on les brosse au besoin, afin d'enlever toute la poussière et le duvet ; on les pique jusqu'au centre avec une épingle d'argent ; on coupe la moitié de la queue dans les espèces qui l'ont conservée, et on les met, pour les raffermir, dans de l'eau glacée ou de l'eau de puits très-froide. Le séjour dans l'eau froide doit être de quatre heures en moyenne.

Blanchiment. — Cette opération a pour résultat la transformation des principes pectiques du fruit ; elle lui donne une sorte de maturité factice et en développe l'arome, en même temps qu'elle le rend plus pénétrable par le liquide alcoolique ou par le sirop à employer ultérieurement.

On porte au *frémissement*, c'est-à-dire à un point voisin de l'ébullition (+ 95 degrés environ), de l'eau contenue dans une bassine de cuivre à fond plat et peu profonde. Les fruits, retirés de l'eau froide, sont jetés tout d'un coup dans cette eau chaude et l'on attend qu'ils soient tombés au fond du liquide. A ce moment on supprime la vapeur ou l'on arrête le feu. Au bout de dix minutes, d'un quart d'heure au plus, on chauffe de nouveau la bassine, lentement et par degrés, jusqu'à ce que les fruits viennent surnager. On les enlève à mesure avec l'écumoire et on les jette aussitôt dans de l'eau très-froide, que l'on renouvelle au besoin, jusqu'à ce qu'ils soient entièrement refroidis.

Lorsque les fruits sortant de l'eau froide sont jetés dans l'eau presque bouillante, ils perdent d'abord leur couleur ; c'est ce qui fait donner à cette opération le nom de *blanchiment*. Ils se colorent de nouveau par la chaleur, mais surtout par l'action de l'eau de refroidissement après le blanchiment. Le refroidissement produit par cette seconde immersion dans l'eau raffermit en outre leur tissu et les rend plus conservables.

Confection à l'eau-de-vie. — Lorsque les fruits sont refroidis, on les met à égoutter sur un tamis, et on les introduit dans des vases de capacité convenable, suivant la quantité traitée. On les recouvre aussitôt avec de l'eau-de-vie blanche, de vin, franche de goût et bien débarrassée d'empyreume. Cette eau-de-vie doit présenter 56 degrés centésimaux de force alcoolique. On laisse les fruits dans l'eau-de-vie à la cave pendant six semaines.

Confection au sucre. — La préparation des fruits confits à l'eau-de-vie est un peu plus coûteuse que la préparation ordinaire, mais elle donne des résultats beaucoup plus agréables et des produits plus fins.

Les fruits blanchis, retirés de l'eau froide et bien égouttés, sont placés dans un vase de capacité suffisante. On les recouvre d'un sirop faible à 12 degrés Baumé. Ce sirop doit être employé bouillant. Après vingt-quatre heures, on soutire tout le sirop, et on le fait concentrer jusqu'à 16 degrés Baumé ; puis on le verse bouillant sur les fruits. Le lendemain, le sirop est porté à 20 degrés Baumé, et jeté également bouillant sur les fruits, pour rester en contact pendant vingt-quatre heures. On continue ainsi jusqu'à ce que le sirop ait été employé à 36 degrés Baumé, en augmentant chaque jour la densité du sirop de 4 degrés et en l'employant bouillant chaque fois. Ces actions successives du sirop chaud d'une densité croissante sont les *façons au sucre*, et les fruits sont *confits au sucre* lorsqu'on leur a fait subir sept façons par du sirop à 12, 16, 20, 24, 28, 32 et 36 degrés Baumé.

Il est à peine utile d'ajouter que, les fruits devant être recouverts de sirop, on doit, à chaque concentration, ajouter du sucre pour que le volume reste le même, malgré l'augmentation de la densité. Ajoutons encore que les fruits qui doivent être soumis ensuite à l'action de l'eau-de-vie ne reçoivent ordinairement que les quatre premières façons, à 12, 16, 20 et 24 degrés Baumé, qui suffisent à les sucrer et à leur donner une fermeté convenable.

Enfin, on comprend que la pratique indiquée de commencer les façons au sucre par du sirop très-faible, dont on augmente graduellement la densité, a pour but d'obtenir une pénétration plus régulière et plus complète en évitant de durcir les surfaces et de les rendre peu pénétrables, ce qui arriverait infailliblement si l'on se servait d'un sirop trop concentré dès le début.

Mise en jus. — Après six semaines de séjour dans l'eau-de-vie, les fruits sont retirés, égouttés et placés avec soin dans des bocaux de verre. On les couvre avec un sirop ou jus faible, que l'on prépare avec l'eau-de-vie qui a servi à la confection, dans laquelle on fait dissoudre de 125 à 250 grammes de sucre blanc par litre, selon la qualité cherchée, et aussi suivant que les fruits sont déjà plus ou moins sucrés naturellement. Il est bon de ne mettre ces fruits en jus qu'à mesure des besoins, car ils se conservent mieux dans l'eau-de-vie.

Quant aux fruits qui ont été confits au sucre, on les égoutte du sirop de confection, on les met en bocaux et on les recouvre d'un sirop ou d'un jus formé par litre de 33 centilitres d'alcool à 85 degrés, de 190 grammes de sucre et d'une quantité d'eau suffisante pour compléter le volume de 1 litre.

Les jus sont souvent aromatisés avec des alcoolats appropriés à la nature des fruits.

On doit apporter le plus grand soin pour le bouchage des bocaux dans lesquels on renferme les fruits à la mise en jus. On les ferme d'abord avec un large bouchon de liége bien ajusté et garni de parchemin mouillé. Ce bouchon est recouvert d'un autre parchemin mouillé ou d'une feuille d'étain. On doit mettre les bocaux à l'abri du soleil et choisir de préférence des vases de petite capacité, où la fermentation est moins à redouter.

Nous complétons ces généralités par quelques données sur

les principaux fruits auxquels on applique les modes de traitement qui viennent d'être indiqués.

Abricots.— On choisit les abricots de plein vent comme plus parfumés. Les nettoyer, les piquer, passer l'épingle entre la chair et le noyau sans enlever celui-ci, les blanchir et les faire refroidir.

Confection à l'eau-de-vie ou confection au sucre par cinq façons. Mise en jus. A. *Jus ordinaire.* Sucre, 130 grammes ; eau, 65 centilitres. Faire un sirop par dissolution à chaud. Laisser refroidir. Ajouter : alcool à 85 degrés, 25 centilitres ; alcoolat de noyaux, 2 centilitres. Pour 1 litre de jus.— B. *Jus fin.* Sucre, 250 grammes ; eau, 52 centilitres. Alcool à 85 degrés, 28 centilitres, et alcoolat de noyau, 2 centilitres. On peut également employer le jus alcoolique de macération (confection à l'eau-de-vie) en l'alcoolisant et le sucrant dans les proportions indiquées et en ajoutant 2 centilitres d'alcoolat par litre.

Angélique. — Les tiges d'angélique mondées, lavées, blanchies, refroidies, égouttées, sont cuites dans un sirop de sucre à 30 degrés, après quoi on les égoutte et on les recouvre de ce sirop clarifié et étendu de son poids de bonne eau-de-vie.

Cédrats. — Enlever l'écorce, piquer, blanchir, refroidir. Donner trois façons au sucre, à 24, 28 et 32 degrés Baumé. Egoutter et mettre en bocaux. Le sirop qui a servi à donner les façons est employé pour les recouvrir, après qu'on l'a clarifié et qu'on l'a mélangé à froid avec les deux tiers de son poids d'alcool à 65 degrés. Couvrir exactement.

Cerises. — Traitement ordinaire. Avoir soin de choisir les plus belles variétés. On coupe la queue à la moitié, on pique et on lave. Confection à l'eau-de-vie : recouvrir les fruits d'eau-de-vie à 65 degrés aromatisée par 2 ou 3 centilitres d'alcoolat de coriandre, 1 centilitre d'esprit de cannelle de Chine et un demi-centilitre d'alcoolat de girofle, le tout par litre. Six semaines de macération. Mise en jus : eau-de-vie de macération, 60 centilitres ; sucre, 125 grammes ; et jus de cerises, 32 centilitres.

On peut encore préparer les cerises par la confection au sucre. Il suffit de leur donner trois façons à 24, 28 et 32 degrés Baumé. On met en jus aussitôt après l'égouttage, en

ajoutant au sirop la moitié de son volume d'eau-de-vie aromatisée comme ci-dessus.

Après quinze jours de macération dans l'eau-de-vie, on peut
couvrir les cerises égouttées avec un jus formé de 2 parties de sirop à 33 degrés et 1 partie d'eau-de-vie à 55 degrés, aromatisée.

Enfin, une excellente méthode consiste à préparer d'abord
un ratafiat avec 1 kilogramme de cerises mûres, 100 grammes
de framboises, 30 grammes d'œillets, 250 grammes de sucre et
1 litre d'eau-de-vie, et à se servir de ce ratafiat comme de
jus aromatique pour recouvrir les cerises préparées.

Chinois. — Choisir de petites bigarades vertes, les nettoyer,
les piquer et les faire bouillir jusqu'à ce qu'elles soient ra-
mollies. Passer à l'eau froide à plusieurs reprises, pour enlever toute l'amertume. Egoutter. Donner sept façons au sucre
et mettre en jus. Le jus se compose de 32 centilitres d'alcool à
85 degrés, 55 centilitres d'eau et 90 grammes de sucre par litre.

Coings. — On choisit les fruits mûrs. On les nettoie et on
les pèle. Les pelures sont mises en macération dans l'eau-de-
vie à 56 degrés, les fruits coupés en quartiers sont cuits dans
un sirop à 30 degrés ; jusqu'à ce qu'ils se ramollissent.
On les retire, on les égoutte. Le sirop est clarifié, concentré à
36 degrés, puis versé bouillant sur les fruits. Le lendemain,
on retire les coings, on les égoutte et on les met en bocal : on
les recouvre avec un jus formé de 1 partie du sirop qui a été
employé à la confection et de 2 parties de l'eau-de-vie
dans laquelle on a fait macérer les écorces. Cette liqueur doit
être filtrée avant d'être versée sur les fruits.

Marrons. — Choisir les plus beaux marrons, enlever la première enveloppe et passer à l'eau fraîche. Faire cuire à l'eau
en deux fois, c'est-à-dire opérer une première partie de la
cuisson dans une bassine, afin de leur faire perdre d'abord
leurs principes âcres, et achever dans une seconde bassine
renfermant de l'eau en ébullition, à mesure qu'on les retire
de la première. Lorsqu'ils sont cuits, on les retire à l'écumoire, et on les jette dans de l'eau chaude d'abord, afin qu'ils
ne durcissent pas. On les épluche avec soin, et on les jette à
mesure dans de l'eau fraîche aiguisée de jus de citron. On les
fait égoutter, puis on leur donne quatre façons au sucre à
20, 24, 28 et 32 degrés Baumé. Lorsqu'ils ont été confits,

on les jette dans un jus formé de : alcool à 85 degrés, 3 litres; sucre, 1ᵏ,875; et eau, quantité suffisante pour compléter 10 litres.

Noix vertes. — Prendre de belles *noix morveuses* un peu fermes, de grosse espèce, les peler jusqu'au blanc avec une lame d'argent; les piquer et les passer à l'eau froide. Les faire blanchir dans de l'eau bouillante tenant un demi-gramme d'alun par litre. Lorsqu'elles sont bien blanchies, les jeter dans de l'eau froide contenant le jus d'un citron par 5 litres, puis les égoutter et leur donner cinq façons au sucre, à 20, 24, 28, 32 et 36 degrés Baumé. Après égouttage, les mettre en jus comme les marrons.

Oranges. — Comme les cédrats et les citrons. On peut préparer de petites oranges comme les chinois.

Pêches. — On choisit les plus belles pêches d'espalier avant leur complète maturité ; on enlève le duvet, on les pique et on les passe à l'eau froide. On les fait égoutter, puis on les blanchit dans un sirop bouillant, à 20 degrés Baumé, et on les retire lorsqu'elles commencent à fléchir sous le doigt. Pendant qu'elles égouttent, on clarifie le sirop en y ajoutant assez de sucre pour que les fruits soient recouverts, on le porte à 33 degrés par la concentration, et ce sirop est versé bouillant sur les pêches. Après vingt-quatre heures, on retire les fruits, on les égoutte, on les met en bocaux, et on les recouvre avec le sirop additionné de trois fois son poids d'eau-de-vie à 56 degrés. Le jus doit être filtré et additionné de quelques gouttes de teinture de vanille. On peut très-bien éviter de donner aux pêches la façon au sucre et se contenter de les faire blanchir, refroidir à l'eau fraîche, égoutter, et de les mettre en jus dans du sirop à 30 degrés étendu de deux fois son poids d'eau-de-vie à 56 degrés.

Poires. — Bien qu'on puisse prendre toutes les poires parfumées, on préfère ordinairement celles de rousselet, qu'on choisit un peu vertes. On les pique, on les passe à l'eau froide, puis on les blanchit à l'ordinaire. On passe à l'eau froide. On les pèle avec la lame d'argent lorsqu'elles sont refroidies, et on les jette à mesure dans de l'eau fraîche contenant le jus de trois citrons par 10 litres, afin de les empêcher de noircir. On les fait alors égoutter, puis on leur donne cinq façons au sucre de 20 à 36 degrés, et on les met en jus dans le sirop additionné de trois fois son poids d'eau-de-vie à 56 degrés, filtré.

Prunes. — Blanchir modérément les prunes nettoyées, piquées, passées à l'eau, dont on a coupé la moitié de la queue. On donne à la plupart des prunes deux façons au sucre à 24 et à 30 degrés Baumé, et l'on met en jus avec 1 partie de sirop et 2 parties d'eau-de-vie à 56 degrés. Les prunes de reine-claude et celles de mirabelle peuvent se passer de la façon au sucre.

Raisins. — On choisit, avant la maturité parfaite, les plus belles grappes de muscat ou de toute autre variété fine, d'un arome agréable. On prend les plus gros grains un à un, on les passe à l'eau froide, et on les pique. Les autres grains sont pressés, et le suc est mélangé avec trois fois et demie son poids d'eau-de-vie à 56 degrés, après qu'on y a fait dissoudre 250 à 300 grammes de sucre par litre. Ce jus est filtré, et l'on s'en sert pour recouvrir les grains de choix, qu'il n'est pas utile de faire blanchir.

Nous bornons ici ce qu'il nous a paru convenable d'exposer sur les diverses applications de l'alcool aux préparations dites *de table*, dans la pensée que le lecteur, familiarisé avec les principes et les règles générales, que nous avons retracées avec les détails nécessaires, pourra très-aisément suppléer aux lacunes de notre travail. Notre but n'a été que de résumer les principales données de l'art du fabricant de liqueurs et non pas de faire un traité spécial sur la matière, et nous n'avons vu, dans ces notions, qu'une annexe utile à notre ouvrage. Les exemples nombreux que nous avons donnés relativement à la préparation des liqueurs, ceux qui viennent d'être l'objet de ce chapitre, permettent d'exécuter convenablement toutes les formules possibles, et nous nous écarterions beaucoup trop des limites rationnelles de notre plan, si nous voulions décrire les milliers de recettes dont l'imagination, plutôt que l'observation, a déterminé les dosages.

LIVRE II

DÉRIVÉS DE L'ALCOOL

Nous n'avons à nous occuper, dans ce livre, que des principaux dérivés de l'alcool, de ceux dont les usages présentent une importance pratique suffisante. Les *éthers*, le *chloroforme*, l'*acide acétique* faible ou concentré méritent de fixer l'attention du lecteur et nous en présenterons une étude rapide, assez complète pour que l'on puisse résoudre les questions qui se rattachent à la préparation de ces corps. A la suite de la fabrication des *vinaigres* et de l'acide acétique par les méthodes connues, nous étudions la préparation de l'*acide pyroligneux* et de l'*alcool méthylique* par la calcination du bois et des matières organiques.

Les formules des *condiments* et celles des *vinaigres aromatiques* ajoutent à l'examen technologique des vinaigres un complément utile, destiné à en faire connaître certains usages d'application courante. Enfin, cette quatrième partie est terminée par l'étude des principaux *cosmétiques alcooliques* et par celle de quelques *vernis à l'esprit de vin*, que nous avons dû retirer du plan général pour en faire une sorte d'appendice en dehors des liqueurs de table, à la suite desquelles ces préparations n'auraient pu être convenablement décrites.

CHAPITRE I.

GÉNÉRALITÉS.

Pour le véritable chimiste qui réfléchit, observe et compare, la vérité n'est pas dans les systèmes, sinon très-exceptionnellement. Elle se trouve dans les faits. Il ne s'agit pas, le moins du monde, dans les réactions de chimie, surtout lorsqu'elles sont susceptibles d'applications pratiques, de savoir comment monsieur tel a jugé à propos de les expliquer à sa manière, afin de faire un peu de bruit, le plus possible, autour de sa personnalité, et d'arriver, à l'aide de ce bruit, à l'Académie, à une chaire, à une place lucrative, à quelque chose, enfin, qui le *pose* en savant et en illustre. Nous n'avons que faire, en technologie, de ces vanités bâtardes. Nous ne voulons pas savoir, sinon par curiosité et par désœuvrement, dans les heures bien rares d'oisiveté, comment on a su compliquer les choses simples, comment on a cherché à substituer un pathos inintelligible à l'éloquence des faits naturels. Il nous importe peu qu'un savant, dont la science est fort contestable, prétende n'être qu'un singe perfectionné, ou que tel autre, plus hardi et plus audacieux, parce qu'il est moins instruit, veuille faire remonter l'humanité à une simple cellule, formée par le hasard et due à une *combinaison spontanée* de l'azote atmosphérique avec tout ce que l'on voudra. On ne discute pas avec les insensés, et les fous méritent plus de pitié que d'indignation. Il y a, cependant, une circonstance où l'on doit se prémunir contre les maniaques, c'est celle où ils sont nuisibles. Dans notre société actuelle, le fait est fréquent, et l'on se voit contraint de perdre son temps à démontrer que l'illustre professeur, l'anatomiste distingué, le chimiste célèbre n'ont pas le sens commun, la chose la plus rare qui existe.

On n'est pas encore en présence d'un nombre de faits suffisants, en chimie organique, pour établir des lois générales.

Les faits ont été, fort souvent, mal observés, par passion ou
parti pris, et l'on ne peut faire reposer de théories raison-
nables sur des faits apocryphes. Pourquoi donc ne pas se borner à constater les faits mêmes, dans toute leur simplicité,
sans rechercher à les commenter par des dissertations ridicules ? La nature, Dieu, si ces messieurs de la *science* veulent
bien nous permettre de l'appeler par son nom, Dieu est le
chimiste par excellence, et les vanités humaines sont bien misérables auprès de cette grandeur infinie qui se révèle partout à l'œil de l'observateur attentif. Un globule de ferment
est bien minuscule. Ce globule est organisé ; il a des pores,
une double enveloppe de nature hétérogène ; il croît, se reproduit, et meurt, après avoir reçu la naissance d'un globule
semblable. Voilà un fait admirable, qui règne et domine sur la
plupart des transformations de la matière organisée. Jamais,
quoi qu'ils disent, les savants de toutes catégories n'iront au
delà, car il ne leur sera jamais donné de porter leur audace
jusque dans la profondeur du grand mystère, jusque dans le
secret même de la création.

Pour nous, qui acceptons avec gratitude toute notion vraie
qui vient soulever un coin du voile, nous comprenons ce noble
orgueil de l'homme qui se félicite du résultat de ses recherches, lorsqu'il est parvenu à découvrir quelque point inconnu
dans l'océan des arcanes naturels ; nous sentons que c'est
faire un pas vers la grande cause, chaque fois que l'on fait une
découverte dans les sciences chimiques ou physiques et dans
l'étude de la vie ; mais nous protestons de toutes nos forces contre ceux qui ravalent la science au niveau d'une spéculation,
en la rendant responsable de leurs petitesses, de leurs folies,
de leurs absurdités.

Ces réflexions nous sont suggérées par l'étude des faits de
la chimie organique et, en particulier, de ceux qui se rattachent à l'alcoolisation. Nous savons, en effet, que le ferment
est l'agent principal de la transformation du sucre en alcool
et acide carbonique ; nous avons appris que la cellule levû-
rienne est un être vivant, dont le travail digestif n'a d'autre
but que la nutrition de l'individu, très-complet dans son extrême simplicité ; mais ce travail donne lieu à des résultats
variables, selon la nature même des matières absorbées. Si le
ferment est un, les produits de la fermentation sont multiples,

et des influences, fort peu importantes en apparence, suffisent
à déranger et à modifier les produits de la digestion des globules. C'est ainsi que le ferment, placé dans un milieu convenable, dans un liquide sucré, légèrement acidule et faiblement
astringent, suffisamment pourvu de matières albuminoïdes,
est fortement surexcité par la réunion de ces circonstances
favorables. Il absorbe, digère et excrète avec une extrême
régularité et les résidus de son travail digestif sont principalement de l'alcool et de l'acide carbonique, pendant
que la matière azotée et la matière gommeuse sont fixées dans
l'organisme et servent à l'accroissement des cellules et à leur
multiplication. Si, au contraire, la liqueur est neutre ou alcaline,
si elle contient un excès de matière albuminoïde, si elle renferme
de la substance grasse, etc., les produits de la digestion du
ferment ne sont plus les mêmes et l'on se trouve en présence
de dégénérescences. Les productions lactique, butyrique,
visqueuse, mannitique, etc., ont remplacé, en tout ou en partie, la production alcoolique. Ce n'est pas le ferment qui a
changé, c'est sa nourriture qui a été modifiée et, partant, les
résultats de ce *changement de régime* se traduisent par des produits différents, par des excrétions de nature très-variable.
De même, si le ferment est altéré dans sa vitalité, si l'emploi
d'un excès d'acide a attaqué sa membrane hydrocarbonée, si
l'action d'une solution alcaline s'est exercée sur sa membrane
azotée, ce sera toujours le même ferment, mais le *ferment malade*, inapte au travail, incapable d'une digestion régulière ;
souvent, dans ces deux conditions, dans la seconde surtout,
on constatera la *mort des globules*. De ces faits d'observation,
trop simples et trop conformes aux lois naturelles générales
pour être admises par les savants à réclames, il résulte que
l'action du ferment est sous la dépendance du milieu dans
lequel il agit, de son état de santé, de la régularité du régime
alimentaire qu'on lui impose, sans parler des conditions de
température, d'aération, de tension électrique, etc. Les illustres discoureurs qui ont tant parlé, à tort et à travers, sur le
ferment, ne sont pas eux-mêmes dans des conditions différentes, et ils sont soumis aux mêmes lois, sans exception.

Ce qui précède ayant déjà été bien compris du lecteur, nous
n'insistons pas plus longtemps à cet égard, mais nous suivons
notre déduction vers notre but actuel et nous disons que, si le

ferment produit de l'alcool avec le sucre, dans un milieu convenable, s'il fait de l'acide lactique et de la mannite avec le
sucre sous l'influence de la matière grasse et de certains sels,
il devra également être influencé dans le travail de sa digestion par la présence d'autres substances, par la nature différente du milieu. Si nous le plaçons dans l'alcool, il sera frappé
d'impuissance et réduit à l'inactivité. Si l'alcool est faible,
que les fonctions des globules ne soient pas suspendues et
paralysées par une sorte d'empoisonnement, le globule absorbera la liqueur alcoolique faible, mais il n'assimilera rien de
ce produit, qui est déjà une excrétion du ferment. L'alcool
sera *déshydrogéné* par l'oxygène naissant et il se produira de
l'aldéhyde et, par suite, de l'acide acétique. On remarquerait
des modifications analogues dans tous les cas où l'on modifie-
rait le milieu d'action, si l'on prenait la peine d'observer en
écartant la personnalité de l'observateur.

Ce travail d'observation ne peut convenir à nos *grands
hommes*. Ils n'y trouvent pas matière à se faire valoir, et c'est
ce qui les désespère. Aussi n'ont-ils pas compris la grandeur
de l'homme qui sait contempler et analyser les œuvres de
Dieu, celles qui lui sont accessibles, et qui se contente de
constater et d'admirer, tout en cherchant à utiliser, sans
songer à commenter ce qui est au-dessus de ses moyens
d'appréciation. Ils ont voulu réformer le grand œuvre, l'expliquer à leur manière, se faire de petits créateurs, et escalader
les hauteurs inaccessibles à leur faiblesse. Ils ne sont que
ridicules. Les uns, pénétrés d'une vanité inénarrable, furieux
de trouver, dans un globule de ferment, la preuve de la
création primordiale, l'affirmation de Dieu, ont cherché à se
réfugier dans l'utopie de la génération spontanée, pour
laquelle ils n'ont pas pu encore, depuis des années, rencontrer une preuve acceptable. D'autres, aussi vaniteux, se sont
rejetés sur une autre hypothèse. Ils ont voulu voir autant de
ferments que d'actions diverses du ferment, et ils ont
enfanté une classification des mycodermes à l'usage de la
badauderie.

Tout cela n'apprend pas à faire de l'alcool et ne fait pas voir
comment cet alcool se transforme en vinaigre.

Ces discussions absurdes n'ont qu'un but, celui de chercher
à amoindrir l'œuvre de la nature et à faire briller l'*esprit*

de MM. Pouchet, Pasteur, Joly et autres, aux dépens d'un
fait inattaquable, en contestant la création de ce qui est par
une cause supérieure et intelligente : lutte de pygmées contre
l'infini. La cellule ne s'est pas faite seule et il y a eu, au
moins, une première cellule. Cette première cellule a eu un
ouvrier. L'azote ne s'est pas créé seul. Les corpuscules azotés
de l'air ne proviennent pas du néant.

La production de l'alcool par fermentation, la formation
des dérivés de ce même alcool par la même voie n'ont rien de
commun avec les aberrations de la théorie polymycoder-
mique, car, s'il en était ainsi, il serait absolument nécessaire
de substituer le composé au simple, la déraison à la logique,
dans l'étude des faits naturels.

D'autres savants, écartant ces débats absurdes, où se com-
plaisent les radicaux scientifiques, ont cherché à ne voir que
des actions chimiques partout. Nous serions volontiers de leur
avis, s'ils tenaient plus de compte de *l'agent organisé* qui est
l'ouvrier de ces réactions. Certainement, le sucre est décomposé en alcool et acide carbonique par la fermentation ; mais
cette transformation, ce dédoublement ne se produit pas
en l'absence du globule levûrien, et il nous semble que les
partisans des théories de J. Liebig l'oublient trop volontiers.
Certainement, dans l'acétification, l'alcool est déshydrogéné,
et le produit de cette première réaction est oxydé pour passer
à l'état d'acide acétique ; mais c'est là un résultat qui n'intéresse en rien l'action de la cellule-ferment, pas plus que les
modifications subies par les aliments dans le canal digestif des
animaux supérieurs n'infirment l'action du travail physiologique qui en est la cause normale.

En résumé donc, par les mêmes raisons qui nous ont fait
regarder le ferment comme l'agent de l'alcoolisation régulière,
nous le considérons encore comme le principal artisan des
modifications de l'alcool produites par la fermentation. S'il est
des *dérivés de l'alcool* qui sont produits par des actions chimiques proprement dites, il en est d'autres qui se font principalement par le *travail* de la cellule organisée. Le dérivé le
plus important de l'alcool, l'acide acétique, est surtout produit
par cette voie et, tout admettant que cet acide est souvent le
résultat de la calcination des matières organiques, il est constant que la production normale, régulière et habituelle de ce

corps est due à l'action du ferment. Nous repoussons donc de cette étude les théories des *spontanéistes*, nous n'admettons pas plus les élucubrations de M. Pasteur ni ses ferments multiples, et nous croyons que la doctrine chimique n'a vu que les effets sans se préoccuper des causes.

En réunissant les données fournies par la chimie expérimentale sur les réactions que subit l'alcool dans certaines conditions données, on arrive à des résultats intéressants qu'il importe de constater, au moins sommairement, si l'on veut se rendre un compte exact des causes auxquelles les dérivés de l'alcool doivent naissance.

Ainsi que nous le savons déjà, l'alcool est un *bihydrate*. De cette notion très-simple il résulte que la première modification de l'alcool doit, théoriquement, consister dans la déshydratation de ce corps. Le *monohydrate* d'un radical alcoolique est donc le *dérivé* de l'alcool qui doit occuper d'abord l'esprit de l'observateur. Les monohydrates des radicaux alcooliques sont les *éthers*. Nous disons que les éthers sont les dérivés de l'alcool, bien que le monohydrate soit moins complexe que le bihydrate, parce qu'on les produit habituellement en déshydratant l'alcool, et que, dans presque toutes les séries alcooliques, le bihydrate est le composé dont on se sert pour obtenir tous les autres termes de la série.

— Si l'on fait agir sur l'alcool certains corps tels que le chlore, l'iode et le brome, qui ont une très-grande affinité pour l'hydrogène, ces corps enlèvent de l'hydrogène à l'alcool, et il se forme des acides chlorhydrique, bromhydrique, iodhydrique, pendant que le reste de la molécule d'alcool est devenue de l'*aldéhyde* $C^4H^4O^2$. Les aldéhydes sont encore des dérivés de l'alcool obtenus par voie de déshydrogénation.

Sous l'influence d'un excès de ces mêmes corps, l'aldéhyde, à mesure de sa formation, perd encore de l'hydrogène, auquel il se substitue trois équivalents du réactif, et l'on obtient du *chloral*, $C^4HCl^3O^2$; du *bromal*, $C^4HBr^3O^2$; de l'*iodal*, $C^4HIo^3O^2$, qui sont des dérivés de l'alcool par voie de substitution.

Nous avons indiqué (t. I, p. 33 et suiv.) les faits relatifs à la substitution du chlore à l'hydrogène dans la molécule alcoolique. Un seul dérivé de ce groupe mérite de nous occuper spécialement; c'est le *chloroforme*, C^2HCl^3 (t. I, p. 65 et suiv.), dont l'emploi comme agent anesthésique est adopté dans presque toutes les opérations chirurgicales graves. Enfin, nous savons que l'oxydation de l'alcool le transforme en *aldéhyde*, $C^4H^4O^2$, en *acide acétique*, $C^4H^8O^3$,HO, en eau et acide carbonique, selon que la réaction est moins forte ou plus énergique. Ces dérivés sont obtenus par voie d'oxydation.

Ces faits chimiques ont été étudiés dans le premier volume de cet ouvrage, auquel nous renvoyons le lecteur pour ne pas entrer dans une série de répétitions inutiles.

Les dérivés de l'alcool sont susceptibles d'applications très-importantes, et la chirurgie, la médecine, l'hygiène, l'économie domestique, l'industrie ont trouvé, dans ces dérivés, des agents remarquables dont les emplois sont parfaitement connus.

L'action spéciale des éthers et du chloroforme sur le système nerveux et, particulièrement, sur l'instrument de la sensibilité, en a fait des agents anesthésiques, d'une puissance *merveilleuse et terrible*, à l'aide desquels la souffrance a été épargnée à des milliers de malades ou de blessés. C'est grâce à l'action particulière de ces dérivés alcooliques sur le cerveau que la douleur est supprimée dans les grandes opérations chirurgicales et que l'on peut pratiquer, avec succès, des méthodes dont l'application serait impossible sans leur concours.

Dans l'ivresse produite par ces agents et par quelques autres, dont plusieurs ont déjà été étudiés, on constate une brièveté remarquable des phénomènes de la période d'excitation. La sensibilité est émoussée, momentanément détruite, et la *résolution* arrive, presque sans transition, sous l'influence d'une très-petite quantité d'éther ou de chloroforme. Cet effet se produit sur la presque totalité des individus soumis à l'action de ces agents, et le nombre des sujets réfractaires à l'action anesthésique est fort peu considérable.

Au point de vue purement médical, nous avons pu constater l'action remarquable du chloroforme, à très-petites doses fréquemment répétées, dans certaines affections névralgiques.

Ces agents doivent être employés, sans doute, avec une grande prudence, puisque des accidents mortels peuvent être la suite de l'inhalation de l'éther ou du chloroforme; mais le nombre de ces accidents est tellement minime, relativement, qu'on n'a pas à s'y arrêter, sinon pour prendre, par mesure de sécurité, toutes les précautions indiquées par l'expérience. La découverte de l'action anesthésique de certains dérivés de l'alcool nous paraît donc avoir été un service immense rendu à l'humanité entière, un de ces faits capitaux qui suffisent à l'illustration d'un siècle.

La découverte du vinaigre ou de l'acide acétique faible remonte à l'antiquité la plus reculée. Dès les premières époques de l'histoire humaine, il a suffi d'abandonner à lui-même, sous l'influence de l'air, un suc sucré, un jus de fruits, pour qu'il se formât de l'alcool aux dépens du sucre, puis, de l'acide acétique, par l'oxydation de l'alcool, par l'acétification du vin produit. De là à l'usage des *vins aigris*, comme condiment, il n'y avait qu'un pas à franchir, et l'on ne trouve aucune indication qui puisse fixer l'époque de cette application. Les peuplades primitives connaissaient le vinaigre et s'en servaient dans l'alimentation. L'instinct a prévenu l'observation scientifique sous ce rapport, et les applications pratiques du vinaigre n'ont guère été modifiées.

L'acide acétique faible est rafraîchissant et tonique ; il favorise l'assimilation des aliments, en ce sens qu'il dissout les matières azotées et les phosphates, ainsi que nous nous en sommes assuré par expérience directe. D'autre part, l'abus en est nuisible et il peut attaquer la muqueuse de l'estomac et amincir les parois de cet organe, ce qui est conforme à l'observation de Pelletan. Entre l'usage modéré et l'excès, il y a une distance considérable ; mais le préjugé par lequel on affirme que le vinaigre fait maigrir repose sur un fondement sérieux. Le vinaigre ne fait pas maigrir par une action spécifique ; mais comme l'abus conduit à l'atonie de l'estomac, il a sur la nutrition une influence fâcheuse, qui se traduit extérieurement par le dépérissement et par l'atrophie musculaire.

Un des emplois les plus fréquents du vinaigre consiste à le faire entrer dans la préparation des condiments et des conserves ; il est un des éléments indispensables de certaines préparations alimentaires, telles que les salades, certaines sauces, etc. Il relève le goût des aliments fades, les attendrit et les prépare en quelque façon au travail digestif qui doit les atteindre pour en extraire les principes alibiles. Il constitue à lui seul le condiment le plus employé. L'eau, légèrement vinaigrée et faiblement sucrée, est une boisson rafraîchissante très-saine, pour les travailleurs des campagnes, pendant la saison des grandes chaleurs, pourvu que l'on s'oppose à la déperdition par l'usage du café et d'une nourriture suffisante. Dans tous les cas, cette boisson est préférable à l'eau ordinaire, souvent séléniteuse, que les ouvriers des champs boivent en quantité excessive.

Le vinaigre sert à la préparation d'un bon sirop ; il peut entrer dans la confection de certaines liqueurs acidules et rafaîchissantes, que l'on peut aromatiser par le suc de framboises ou de tout autre fruit parfumé.

A côté des usages chimiques de l'acide acétique, on doit prendre note de ses emplois médicaux. Il sert, en effet, d'élément principal dans certaines préparations aromatiques, et nombre de cosmétiques, pour les usages de toilette, ne sont guère que des solutions, plus ou moins étendues et aromatisées, d'acide acétique. Employé à l'extérieur, l'acide acétique affaibli agit comme tonique ; il fortifie la peau et les tissus, et il offre des avantages très-notables, même en présence de préparations plus coûteuses.

Nous aurons à passer en revue les divers objets dont nous venons de donner une idée sommaire, et nous espérons compléter, par des données utiles, basées sur l'observation des faits, les indications présentées au lecteur dans les pages qui précèdent.

CHAPITRE II.

DES ÉTHERS ET DU CHLOROFORME.

Nous ne reviendrons pas sur ce que nous avons exposé, dans le premier volume de cet ouvrage (p. 16), sur les caractères des éthers et sur les propriétés générales de ces corps, notre but étant seulement de faire connaître ceux de ces composés qui sont d'un usage fréquent et dont le fabricant d'alcools peut avoir à se préoccuper dans certaines circonstances données.

La préparation des éthers ne présente pas, en réalité, de difficultés notables et elle consiste essentiellement dans la déshydratation de l'alcool correspondant à l'éther que l'on veut obtenir. Tout alcool étant isomère de la formule $C^nH^n,2HO$, et l'éther étant représenté par C^nH^n,HO, on comprend que toute réaction par laquelle on enlèvera *un* équivalent d'eau à un alcool produira l'éther ou le monohydrate de la série. Nous avons dit (t. I, p. 64) comment on procède pour obtenir l'éther de la série méthylique C^2H^2,HO et la préparation de l'éther éthylique a été décrite dans ses principaux détails (t. I, p. 69 et 75), en sorte qu'il n'est pas nécessaire de nous arrêter à ce sujet.

La méthode générale de préparation consiste à profiter de l'avidité de certains corps pour l'eau, de l'acide sulfurique concentré principalement, et de distiller l'alcool en présence de cet acide, ou d'un autre réactif présentant assez d'affinité à l'égard de l'eau pour l'enlever partiellement à l'alcool. On peut même obtenir une sorte de continuité de l'opération à l'aide des dispositions de l'appareil représenté par la figure 106, lequel est le même au fond que l'appareil de la figure 3 (t. I).

On introduit dans le ballon A un mélange de 100 parties d'acide sulfurique à 66 degrés, 20 parties d'eau et 50 parties d'alcool absolu, lorsque l'on veut faire de l'éther ordinaire ou éther éthylique, par exemple, et l'on chauffe le ballon jusqu'à

ce que le thermomètre accuse + 140 degrés de température,
avant d'alimenter, par le flacon B, de manière à conserver au
liquide de A le même niveau et la même température. Les
vapeurs éthérées, mêlées de très-peu d'alcool et de l'eau
provenant de la décomposition, vont se condenser dans un
réfrigérent c sous l'action d'un courant d'eau froide qui entre
en a, tandis que l'eau chaude sort en b; le liquide condensé

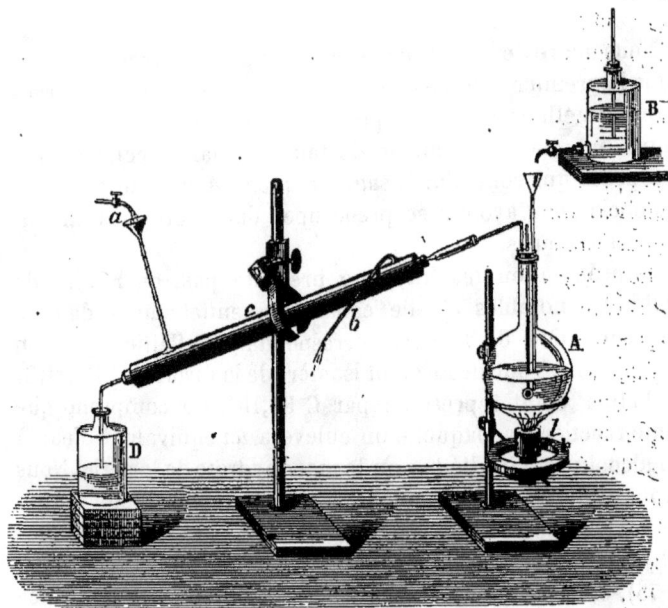

Fig. 106.

se réunit en D, et il est purifié par l'agitation avec une dissolution alcaline caustique, puis par la rectification sur la chaux
vive.

Les faits matériels démontrent que les éthers ne sont que le
résultat de la déshydratation partielle des radicaux alcooliques; mais ici, comme ailleurs, les savants à systèmes sont
venus interposer leurs théories et leurs personnalités. Selon
une théorie allemande, d'autant plus facilement accréditée
qu'elle est plus nébuleuse et moins démontrée, les éthers ne
seraient plus des monohydrates des radicaux alcooliques
C^aH^n, mais bien des oxydes des radicaux hypothétiques

CH^2, C^2H^3, C^3H^4, C^4H^5, etc. Ainsi, bien qu'en poussant la déshy-dratation à ses dernières limites, avec l'alcool de vin, par exemple, on arrive au terme gazeux anhydre C^4H^4, bien que ce gaz, par simple hydratation, repasse à l'état d'éther C^4H^4,HO, les doctrinaires allemands, dont la passion pour le complexe et pour l'hypothèse est bien connue, ont préféré ne voir dans l'éthérisation qu'un fait d'oxydation. Il leur a fallu, pour arriver à cette belle conclusion, inventer des radicaux à eux, et profiter de toutes les occasions possibles pour chercher à en démontrer l'existence. Partant de ce fait que l'éther iodhy-drique chauffé avec le zinc en grenaille donne naissance à un composé représenté par C^4H^5, ils ont fait de ce corps le radical de la série éthylique et ils ont étendu par analogie et par pure supposition le même raisonnement à toutes les séries. Malgré toutes les complaisances de certains personnages, il nous est bien difficile de voir, dans la science allemande, autre chose que l'art d'embrouiller les faits, de les expliquer selon des idées préconçues, afin de les adapter à des théories faites d'avance et à ces conceptions obscures dont la race germa-nique a le secret.

Nous ne discuterons pas ces rêveries transrhénanes, aux-quelles se sont rattachés par inconséquence plusieurs chi-mistes français, et nous persistons à voir dans les alcools des bihydrates de radicaux C^nH^n, tandis que les éthers en sont les monohydrates. L'analyse et la synthèse sont conformes à notre manière de voir, et nous n'avons pas besoin pour la jus-tifier de recourir à des suppositions gratuites, de faire des adaptations, ou de torturer toutes les réactions qui peuvent nous donner raison. Un savant allemand aurait prétendu qu'il fait nuit à midi, qu'il serait de force à nier le soleil, en sorte que les divagations germaniques nous touchent peu. Il nous suffit que l'on puisse dédoubler l'alcool en éther C^4H^4,HO et en eau HO, que l'éther se dédouble à son tour en éthylène C^4H^4 et en eau HO, que l'on puisse hydrater de nouveau l'éthylène C^4H^4 et le faire repasser successivement à l'état de monohydrate C^4H^4,HO et de bihydrate C^4H^4,2HO pour que nous considérions la question comme parfaitement tranchée et que nous ayons la prétention de rester dans les limites tra-cées par le bon sens et la raison.

Nous avons dit que l'acide sulfurique n'est pas le seul corps à l'aide duquel on puisse déshydrater les alcools. Il suffit, pour s'en convaincre, de parcourir les expériences de M. Kuhlmann sur ce sujet intéressant, et nous extrayons du travail de ce chimiste les faits les plus importants et les plus significatifs :

1° En soumettant à l'action de la chaleur l'alcool absolu et le perchlorure d'étain, on obtient de l'éther ordinaire C^4H^4,HO et du chlorure de cet éther ou de l'éther chlorhydrique.

Ce résultat fut obtenu par 100 de perchlorure et 35,87 d'alcool. En diminuant la proportion de l'alcool et en employant seulement 32,84 de ce corps pour 100 de perchlorure, on n'a obtenu que de l'éther chlorhydrique. Il s'est dégagé une certaine proportion de perchlorure non altéré. Un résultat analogue a encore été observé en diminuant la proportion d'alcool jusqu'à 17,93. En augmentant, au contraire, la proportion de l'alcool jusqu'à 44,50 pour 100 de perchlorure, ou 46,25 pour 100 de ce réactif, ou même 71,74, il a été constaté que l'on obtient d'abord, dans la dernière circonstance, une distillation d'alcool, jusqu'à ce que la proportion de ce corps soit ramenée à 3 équivalents pour 2 équivalents de perchlorure. Il distille ensuite, dans les trois conditions, de l'éther ordinaire et de l'éther chlorhydrique, mélangés d'acide chlorhydrique et de perchlorure. Les nombres qui donnent le plus d'éther libre correspondent à 46,25 d'alcool pour 100 de perchlorure, et le produit, en volume, a été de 0,57 de l'alcool.

2° Le perchlorure de fer, 100 parties en poids, distillé avec 28,91 d'alcool anhydre, a fourni des réactions analogues. Lorsque la proportion d'alcool s'est élevée à 57,82 pour 100 de perchlorure, le produit en éther chlorhydrique, mélangé d'éther ordinaire, a été de 97 en volume pour 100 parties d'alcool. Lorsque l'alcool est en grand excès, cet excès se dégage d'abord.

3° Le perchlorure d'antimoine et l'alcool absolu fournissent une grande quantité d'éther chlorhydrique.

4° Le chlorure de zinc anhydre et l'alcool absolu donnent surtout de l'éther chlorhydrique ; mais lorsque le chlorure est un peu hydraté, on obtient beaucoup d'éther ordinaire, toujours mélangé d'éther chlorhydrique.

5° Le chlorure d'aluminium anhydre fournit de l'éther

chlorhydrique par son action sur l'alcool absolu, entre
+ 170 et + 200 degrés.

6° Le fluorure de bore ou gaz acide fluoborique fournit une
combinaison d'éther qui se sépare du gaz fluoborique par la
distillation avec l'eau. La réaction qui produit l'éther a lieu
vers + 140 degrés. Les agents dont il vient d'être parlé donnent des résultats analogues avec l'alcool méthylique ou esprit de bois $C^2H^2,2HO$, et il paraît probable que ces faits pourraient être observés dans toutes les séries connues, bien que
l'on manque à cet égard d'observations complètes.

§ I. — DES ÉTHERS.

Nous parcourrons rapidement la liste des éthers dans toutes
les séries alcooliques, en faisant connaître, sur chacun de ces
composés, les principales notions acquises.

A. *Éther de la série eupionique.* — Symbole rationnel :
CH,HO. Inconnu.

B. *Éther de la série méthylique.* — Ether méthylique ou monohydrate de méthylène : C^2H^2,HO. Ce corps est gazeux. Sans
usages. (Voir t. I, p. 63 et 64.)

La série d'un radical C^3H^3 n'a pas encore été observée et ce
terme manque dans la liste des radicaux alcooliques actuellement connus.

C. *Éther de la série éthylique.* — Ether éthylique ou monohydrate d'éthylène : C^4H^4,HO. Cet éther, qui est l'éther ordinaire, improprement nommé *éther sulfurique* ou *éther hydrique*, a été décrit, quant à ses caractères et à sa préparation,
dans notre premier volume (p. 69 et 77). Nous nous bornons
donc à quelques indications complémentaires sur la préparation en grand de ce composé et sur quelques-uns des usages
auxquels il peut être employé.

En réalisant en grand les données sur lesquelles repose
l'appareil précédent (fig. 106), on peut arriver sans trop de peine
à la construction d'un instrument qui permette la fabrication
de grandes quantités d'éther et, déjà, divers appareils ont été
imaginés dans ce sens. Nous voudrions quelque chose de
mieux, et il nous semble que la disposition en colonne peut
être parfaitement appropriée à la préparation de l'éther. Un

bouilleur en cuivre doublé intérieurement de platine serait chauffé par l'immersion dans une solution saline convenable, de manière à atteindre une température nette de + 140 à + 142 degrés. L'alimentation par un tube plongeur en platine, continué au dehors par un tube en cuivre à robinet venant d'un réservoir supérieur, serait telle que le niveau de la liqueur dans le bouilleur ne devrait éprouver que des variations insensibles et la température serait nettement réglée à + 140 degrés à l'aide d'un bon thermomètre. La colonne n'aurait que peu de plateaux, quatre ou cinq au plus, de manière à pouvoir faire rétrograder les premières portions condensées et à faire retourner à l'éthérification par un plongeur en platine les portions d'alcool qui auraient échappé à la réaction. Enfin, le réfrigérent serait étroit, mais élevé, d'une hauteur décuple de son diamètre, refroidi par un courant abondant d'eau très-froide, afin d'obtenir une condensation parfaite des vapeurs. Les produits condensés devraient se rendre par un tube assez long dans une pièce différente de celle où se ferait l'opération, et les précautions les plus minutieuses devraient être prises contre les dangers d'incendie. L'acide sulfurique peut déshydrater pratiquement quarante-cinq fois son poids d'alcool. Le produit obtenu doit être rectifié à la vapeur dans un petit appareil particulier, après, toutefois, qu'il a été débarrassé de l'alcool, des produits acides et des substances empyreumatiques dont il est souillé. Pour cela, on le met en contact pendant vingt-quatre heures avec des alcalis caustiques ou carbonatés, 10 à 15 pour 100 de son poids, et avec cinq ou six centièmes d'huile d'œillette. On agite entre temps et on rectifie. On peut encore faire passer les vapeurs éthérées à travers une colonne de charbon végétal.

Si l'on veut priver l'éther de toute trace d'eau, on ne le rectifie qu'après y avoir ajouté 10 pour 100 d'un mélange à parties égales de chaux éteinte et calcinée et de chlorure de calcium fondu, selon les indications du Codex, et l'on ne recueille que les neuf premiers dixièmes.

On a conseillé, pour le débarrasser de l'alcool, de le laisser en contact pendant vingt-quatre heures avec des fragments de sodium; mais nous pensons que la pratique de la rétrogradation suffit à éliminer l'alcool d'une manière très-suffisante, si l'on a soin de faire rétrograder tous les produits qui se condensent au-dessus de + 45 degrés.

L'éther entre en ébullition à + 35 degrés et demi, sous la pression ordinaire ; sa densité est de 0,736 à 0 degré et de 0,720 (66 degrés Baumé), à + 15 degrés de température. La densité de sa vapeur est de 2,586, celle de l'air étant égale à 1. Il se dissout dans 9 parties d'eau, et il est soluble en toutes proportions dans l'alcool.

L'éther est vendu habituellement à trois titres différents : 65 degrés Baumé, ou 0,722 de densité, 62 degrés Baumé, ou 0,735 de densité et 56 degrés Baumé, ou 0,758 de densité. Ces différences de densité sont dues à la présence d'une quantité variable d'alcool.

Nous ne nous arrêterons pas à des considérations peu utiles sur l'emploi de la vapeur d'éther combinée à celle de l'alcool comme agent de mouvement, bien que les tentatives faites dans cette voie puissent présenter des chances de réussite dans un avenir plus ou moins rapproché. Nous signalons seulement l'application qui en a été faite pour l'obtention de la glace, à raison du froid considérable qu'il produit en se vaporisant. Le maximum d'effet se produit à l'aide du vide.

L'éther dissout facilement les corps gras, les huiles, les résines, les essences, le soufre, le phosphore, le camphre, le caoutchouc, le fulmi-coton, l'iode, le brome, les acides acétique, benzoïque, gallique, le chlorure d'or, le chlorure de zinc, le sublimé corrosif, etc.

L'un des usages les plus remarquables de ce corps est celui que l'on en fait en médecine comme calmant et en chirurgie comme anesthésique. Tout porte à croire que cet effet est dû à une sorte d'ivresse, sous l'influence de laquelle la sensibilité est momentanément suspendue.

La dissolution de 1 partie d'éther dans 9 parties d'eau peut être considérée comme l'un des liquides les plus utilement employés pour la conservation des matières organiques. Les sucs végétaux, les infusions aqueuses et les décoctions se conservent, sans altération, pendant plusieurs années, lorsqu'on y ajoute un dixième d'éther et que les flacons dans lesquels on les renferme sont bien bouchés.

Le *sirop d'éther* se prépare en agitant, dans un flacon muni d'un robinet à la partie inférieure, 6 parties de sirop de sucre à 28 degrés Baumé, et 1 partie et demie d'éther alcoolisé à 48 degrés Baumé. On laisse en contact pendant plusieurs jours, en agitant chaque jour. On abandonne ensuite au repos ; lorsque l'excès d'éther et les impuretés ont atteint la surface de la liqueur, on soutire et l'on conserve. Cette préparation, obtenue avec de l'éther très-pur, constitue un calmant puissant, très-agréable, qu'il est bon d'avoir toujours sous la main. Ce sirop est d'un excellent usage, à petites doses fréquemment répétées, contre l'enrouement et la perte de la voix.

L'*huile éthérée* résultant du mélange de 6 parties d'huile douce et 1 partie d'éther à 56 degrés est l'agent le plus utile que l'on puisse employer pour calmer les douleurs causées par les brûlures. On sait que dans le cas de brûlures graves la douleur suffit souvent à occasionner la mort par suite de l'épuisement nerveux qu'elle détermine. On a donc le plus grand intérêt à remédier promptement à cette souffrance intolérable et des onctions d'huile éthérée causent un soulagement rapide.

La série du radical C^5H^5 manque.

D. *Éther de la série propylique.* — Éther propylique ou monohydrate de propylène : C^6H^6,HO. A peu près inconnu en tant qu'éther simple. On connaît différents sels d'éther propylique, tels que l'acétate, le butyrate, etc.

La série du radical C^7H^7 est inconnue.

E. *Éther de la série butylique.* — Éther butylique ou monohydrate de butylène : C^8H^8,HO. Lorsque l'on fait réagir du potassium ou du sodium sur l'alcool butylique, on obtient un composé cristallin dont la composition est représentée par le symbole C^8H^8,HO,KO. Ce composé, soumis à l'action de la chaleur en présence de l'éther buthyliodhydrique [1], donne, par la distillation, un liquide incolore, d'une odeur très-agréable et suave qui est l'éther butylique. Cet éther bout à + 102 degrés. Sans usages actuellement, ce produit pourrait entrer dans la préparation de certaines liqueurs.

La série du radical C^9H^9 est inconnue.

F. *Éther de la série amylique.* — Éther amylique, ou monohydrate d'amylène : $C^{10}H^{10}, HO$. L'éther amylique pré-

---

[1] Iodhydrate de butylène = C^8H^8,HIo.

sente une odeur agréable et bout vers + 110 ou + 112 degrés. On l'obtient en plaçant du chlorhydrate d'amylène $C^{10}H^{10},HCl$ avec 1 équivalent de potasse en dissolution concentrée, dans un tube résistant, que l'on fait plonger dans l'eau bouillante. Il se forme du chlorure de potassium et de l'éther amylique qui surnage. Après refroidissement on décante l'éther et on le rectifie. Sans usages.

La série du radical $C^{11}H^{11}$ est inconnue.

G. *Ether de la série de l'oléène.* — Symbole rationnel : $C^{12}H^{12},HO$. Inconnu.

La série du radical $C^{13}H^{13}$ est inconnue. Il en est de même d'un nombre considérable de termes dans les séries alcooliques suivantes, sur lesquelles on ne possède encore que des aperçus ou des données trop vagues et indéterminées.

H. *Ether de la série œnanthylique.* — Ether œnanthylique ou monohydrate d'œnanthylène : $C^{14}H^{14},HO$. Non obtenu.

I. *Ether de la série caprylique.* — Ether caprylique ou monohydrate de caprylène : $C^{16}H^{16},HO$. Non obtenu.

J. *Ether de la série de l'élaène.* — Formule rationnelle : $C^{18}H^{18},HO$. Même observation.

K. *Ether de la série du paramylène.* — Formule rationnelle : $C^{20}H^{20},HO$. Même observation.

L. *Ether de la série du métamylène.* — Formule rationnelle : $C^{30}H^{30},HO$. Même observation.

M. *Ether de la série éthalique.* — Ether éthalique ou monohydrate de cétène : $C^{32}H^{32},HO$. On n'a pas isolé cet éther, bien que l'on connaisse plusieurs combinaisons du monohydrate de cétène avec les acides.

N. *Ether de la série du cérotène.* — Formule rationnelle : $C^{34}H^{34},HO$. Inconnu.

O. *Ether de la série du mélissène.* — Formule rationnelle : $C^{60}H^{60},HO$. Inconnu.

On voit, par ce qui précède, qu'il reste beaucoup à faire dans l'étude des alcools et de leurs monohydrates. A part les éthers méthylique, éthylique, butylique et amylique, tous les éthers proprement dits ou les monohydrates des véritables radicaux alcooliques sont encore à isoler d'une manière certaine ou à étudier, en sorte que les discours inutiles et les théories à longue portée de certains savants de haute école sont au moins prématurés. On ne fabrique pas de lois sur ce que l'on ne connaît pas, lorsque l'on veut rester dans les règles du sens commun. Il est vrai de dire que le sens commun est le moindre souci des grands esprits dont nous parlons et qu'ils sont satisfaits dès que les absurdités les moins déniables ont fait résonner la trompette de la réclame autour de leur nullité ; mais cela ne suffit pas à la vérité, et il faut autre chose au public qui est le juge définitif de ces inepties.

Quelques *sels d'éther*, formés par des combinaisons d'un hydracide avec les radicaux alcooliques, présentent un intérêt assez notable, en ce sens que, dans ces combinaisons, l'élément haloïde a remplacé l'oxygène de l'éther et que l'équivalent d'eau de ce dernier est remplacé par un équivalent d'hydracide : c'est ainsi que l'éther chlorhydrique, par exemple, est un chlorhydrate du radical alcoolique dans toutes les séries où il a été isolé et que ce chlorhydrate est formé par le radical et un équivalent d'acide chlorhydrique, au lieu d'être formé par le radical et un équivalent d'eau. On a le symbole de composition C^nH,HCl au lieu de C^nH^n,HO, et la substitution est une des plus nettes que l'on ait à observer.

Quant aux sels d'éther formés par la combinaison avec les oxacides, on peut dire qu'ils ne s'éloignent pas, en quoi que ce soit, de la règle générale. L'éther est une base qui s'unit aux oxacides avec facilité dans la plupart des circonstances et qui forme ainsi de véritables *sels*, auxquels on a donné, sans raison sérieuse, le nom d'*éthers composés*. Plusieurs de ces sels d'éther, dans les différentes séries, peuvent recevoir des applications utiles dans l'industrie qui fait l'objet de cet ouvrage. Pour ne parler que de ceux que l'on rencontre dans la série éthylique, les éthers *azoteux* et *azotique*, l'éther *carbonique*, l'éther *oxalique*, l'éther *acétique*, et un grand nombre d'autres, doués d'une odeur pénétrante, aromatique et agréable, peuvent entrer, à très-petites doses, dans la composition de certaines boissons alcooliques auxquelles ils donnent un parfum et une suavité remarquables.

§ II. — DU CHLOROFORME.

Nous avons décrit les propriétés de ce corps remarquable dans notre premier volume (p. 65), et la préparation a été indiquée avec des détails assez circonstanciés pour que nous n'ayons plus à nous étendre sur ce sujet. Il nous semble cependant utile d'appeler l'attention des chimistes et des fabricants sur l'action des hypochlorites à l'égard des alcools, afin de compléter l'étude de cette question par une observation à laquelle nous attachons une certaine importance. On a essayé, en effet, de désinfecter les phlegmes de mauvais goût par le contact avec les hypochlorites ou les chlorures d'oxydes. Or, il convient de remarquer un fait chimique assez intéressant, que l'on observe dans cette réaction, surtout lorsque l'on fait intervenir la chaleur. L'alcool traité perd son odeur d'origine, il est vrai, mais il contient presque toujours du chloroforme C^2HCl^3. Cette circonstance est fâcheuse par elle-même, d'abord, et ensuite, parce que ce produit est accompagné d'autres combinaisons du chlore avec la molécule alcoolique, par voie de substitution. Les réactions complexes qui interviennent rendent assez difficile l'emploi des hypochlorites comme désinfectants, et les expériences faites n'ont pas encore assigné, d'une manière précise, les conditions à remplir ou les règles à suivre pour parvenir à un résultat régulier.

On sait que le chlore est doué d'une affinité remarquable pour l'hydrogène et que, même dans les corps très-complexes, il tend à s'y combiner d'abord et à le remplacer ensuite comme élément de combinaison. Sur 2 équivalents de chlore, l'un enlève 1 équivalent d'hydrogène sous forme d'acide chlorhydrique HCl, et le second équivalent remplace l'hydrogène dans le corps traité. Si l'on soumet le corps donné à l'action de l'acide hypochloreux ClO, l'oxygène de cet acide s'unit à 1 équivalent d'hydrogène pour former de l'eau HO, et le chlore remplace cet hydrogène, s'y substitue, en donnant lieu à la formation d'un produit nouveau complètement différent du corps primitif. De ces réactions, il résulte que l'action du chlore ou de l'acide hypochloreux est d'une redoutable énergie sur les corps organiques renfermant de l'hydrogène, et qu'il importe de prêter la plus grande attention aux modifications qu'elle peut déterminer.

D'autre part, si l'on rapporte ce qui précède à l'alcool seulement, on trouve que les bihydrates des différentes séries alcooliques pourraient donner lieu à des produits chlorés analogues au chloroforme C^2HCl^3, dont les propriétés seraient probablement intéressantes à étudier sous divers rapports.

Lorsque l'on fait agir, sur l'équivalent d'alcool éthylique C^4H^42HO, 6 équivalents de chlore, on doit obtenir la formation de 3 équivalents d'acide chlorhydrique et la substitution de 3 équivalents de chlore à l'hydrogène enlevé par la réaction. On aurait donc, normalement, l'expression suivante, comme répondant à la réaction :

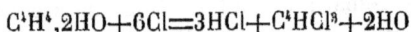

$$C^4H^4,2HO+6Cl=3HCl+C^4HCl^3+2HO$$

La réaction de l'acide hypochloreux donnerait lieu également à la substitution de 3 équivalents de chlore, mais les 3 équivalents d'hydrogène enlevés formeraient de l'eau avec l'oxygène de l'acide, et l'on aurait pour résultat :

$$C^4H^4,2HO+6ClO=C^4HCl^3+5HO$$

L'alcool méthylique $C^2H^2,2HO$, en présence de 2 équivalents de chlore ou d'acide hypochloreux, fournirait les réactions :

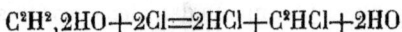

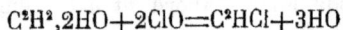

$$C^2H^2,2HO+2Cl=2HCl+C^2HCl+2HO$$
$$C^2H^2,2HO+2ClO=C^2HCl+3HO$$

On conçoit que, dans cette hypothèse, on obtiendrait une série de composés chlorés C^2HCl, C^3HCl^2, C^4HCl^3, C^5HCl^4, C^6HCl^5, etc., en proportionnant le chlore ou l'acide hypochloreux à la quantité d'hydrogène à éliminer. Mais les composés dont nous parlons ne représentent pas la formule du chloroforme C^2HCl^3, dans lequel la chloruration atteint des limites beaucoup plus élevées. Pour que la série fût réellement atteinte et obtenue, il faudrait que le nombre des équivalents du chlore substitué égalât celui des équivalents du carbone, plus 1, de manière à avoir les compositions : C^2HCl^3, C^3HCl^4, C^4HCl^5, C^5HCl^6, C^6HCl^7, etc., et l'on aurait ainsi un produit similaire de chaque série alcoolique.

Jusqu'à présent, néanmoins, on n'a pas encore constitué ces différents termes et l'on ne possède que le chloroforme ordinaire C^2HCl^3, et le produit C^4HCl^5, qui est connu sous le nom de *liqueur des Hollandais trichlorée*. Ce produit est isomère avec l'éther chlorhydrique quadrichloré, ou acétène quintichloré.

Régulièrement, le chloroforme C^2HCl^3 dérive de la série méthylique, et il est le résultat de l'action du chlore sur le chlorhydrate de méthylène ou l'éther méthylchlorhydrique C^2H^2,HCl. Nous avons vu qu'on pourrait le représenter par l'expression C^2Cl^2,HCl et le regarder comme un chlorhydrate de chlorure de carbone (t. I, p. 65), en sorte que la série pourrait être représentée par C^2Cl^2,HCl; C^3Cl^3,HCl; C^4Cl^4,HCl; C^5Cl^5,HCl; C^6Cl^6,HCl, etc. La simplicité du symbole rendrait ces termes plus compréhensibles, et l'on se rendrait un compte plus net de la place qu'ils doivent occuper.

Quoi qu'il en soit, nous avons vu que l'on prépare le chloroforme ordinaire ou méthylique en distillant l'*alcool éthylique* en présence de la chaux vive et de l'hypochlorite de chaux (t. I, p. 66); mais les chimistes ne nous paraissent pas avoir appelé suffisamment l'attention sur le phénomène de *décarburation* qui se produit dans la réaction. En effet, l'alcool $C^4H^4,2HO$ doit perdre 2 équivalents de carbone pour passer à l'état de C^2HCl^3 sous l'action de l'acide hypochloreux, et il est bon de savoir comment cette perte se produit et quelles conséquences on peut en tirer. On sait que l'aldéhyde éthylique trichloré $C^4HCl^3O^2,HO$, traité par une dissolution de potasse, fournit du chloroforme C^2HCl^3 et du formiate de potasse KO, C^2HO^3; mais cette circonstance n'explique pas la perte de carbone qui nous occupe, puisqu'elle ne présente qu'un simple dédoublement de la molécule de carbone. Si l'on soumet à l'action de la chaleur du chloracétate de potasse $KO,C^4Cl^3O^3$ en présence de 1 équivalent de potasse hydratée KO,HO, on obtient 2 équivalents de *carbonate de potasse* $(=2 (KO,CO^2)$ et 1 équivalent de chloroforme, et la production du carbonate alcalin indique très-nettement comment se fait la décarburation de l'éthylène, et sa conversion en un produit de la série méthylique. Sous l'influence de l'alcali, tout l'oxygène qui devient libre se porte, à l'état naissant, sur une partie du carbone de l'élément C^4 et il se forme de l'acide carbonique. Si donc on met en présence de l'alcool, de l'hypochlorite de chaux et de la chaux caustique, il se forme du carbonate de chaux aux dépens du carbone de l'alcool et de la chaux, et l'acide hypochloreux fournit l'oxygène nécessaire à la formation de l'acide carbonique. On a la réaction, assez complexe, mais très-nette, représentée par l'égalité :

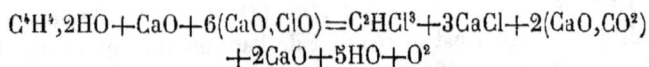

$$C^4H^4,2HO+CaO+6(CaO,ClO)=C^2HCl^3+3CaCl+2(CaO,CO^2)$$
$$+2CaO+5HO+O^2$$

Cette observation fait comprendre la possibilité de préparer le chloroforme de la série méthylique avec l'alcool éthylique et analyse les principaux faits de la réaction.

CHAPITRE III.

ACÉTIFICATION.

Nous entendons par *acétification* la transformation de l'alcool en *acide acétique*, sous l'influence du ferment, d'une température donnée, et de l'oxygène de l'air atmosphérique. La question de la formation du *vinaigre* aux dépens du vin a soulevé de tels débats dans les académies et dans le monde des savants, depuis, surtout, que M. Pasteur a bien voulu apporter le désordre dans les faits et la fantaisie dans les conséquences à en tirer, qu'il semble indispensable, pour comprendre théoriquement l'acétification et pour pouvoir l'exécuter pratiquement, de rechercher la vérité pied à pied, sans se préoccuper des mycodermes spéciaux et d'une foule d'idées bizarres du même genre. Le célèbre académicien [n'a vu malheureusement que ce qu'il lui convenait de voir, et de la manière qui lui plaisait. Cela ne suffit pas à l'observation désintéressée ni à la pratique industrielle.

Nous devons d'abord résumer l'état actuel de la question, pour en acquérir une connaissance raisonnée qui puisse nous diriger dans la préparation de l'acide acétique. Or, tout l'intérêt du débat se porte sur le fait de savoir s'il y a, ou non, fermentation dans la production du vinaigre, dans l'acétification. Les mycodermes de M. Pasteur ne nous intéressent en quoi que ce soit, puisque, au fond, ces mycodermes sont le ferment, et que toute la science du professeur s'est bornée à un mot obscur substitué à une expression claire et nette. S'il est vrai que M. Pasteur prétend *semer* ses mycodermes à lui, le *mycoderma aceti*, sur les liquides à transformer, et hâter la production du vinaigre ; si cette plaisanterie académique a trouvé des adeptes et des adhérents crédules, il n'est pas moins exact de dire que le célèbre savant fait le vinaigre comme tout le monde et que ses mycodermes jouent le rôle de la poudre de transmutation. On ne s'arrête pas à des puérilités sembla-

44

bles, qui sont la réédition de la *soupe aux cailloux* et ne présentent absolument rien de sérieux. Cependant, du rôle que M. Pasteur fait remplir gratuitement par un *mycoderme spécial*, on peut déduire cette conséquence, que le professeur attribue l'acétification à la fermentation, c'est-à-dire à une action particulière des organismes inférieurs.

M. Dumas n'adopte pas d'idée arrêtée à ce sujet, et s'il admet que tout le monde s'accorde à reconnaître que les phénomènes de l'acétification s'accomplissent sous l'influence d'un ferment spécial, qui se développe pendant la formation du vinaigre et qui serait propre à la déterminer de nouveau, il déclare que sa conviction est loin d'être complète à ce sujet.

Il est évident que ce ferment dit *spécial* n'est pas nécessaire pour la formation du vinaigre, puisque l'acétification débute avant qu'il existe, ce qui résulte des termes employés par l'illustre chimiste. Le ferment ordinaire, en présence des matières albuminoïdes, transforme très-bien l'alcool en acide acétique, sous l'influence de l'air et d'une certaine température, sans que l'on soit obligé d'attendre que le nouveau produit se soit formé. D'ailleurs l'influence de ce nouveau produit n'infirmerait rien, puiqu'il procède directement d'une transformation du ferment normal et des matières azotées en présence de l'alcool et de l'acide acétique. Au surplus, nous allons voir que M. Dumas n'était embarrassé que par sa propre définition de la fermentation, sur laquelle il ne lui était pas facile de revenir, et dont l'acétification s'écarte considérablement.

« Les expériences, dit-il, sur lesquelles repose l'existence d'une fermentation acétique, celles qui feraient connaître la nature propre de ce ferment, enfin les réactions chimiques qui se passent dans l'acétification, tout concourt à mes yeux pour classer ce phénomène un peu en dehors de la série des fermentations proprement dites.

« *Toute fermentation a pour effet de dissocier un corps en des composés doués de formules plus simples.* Sous cette influence, les matières organiques se défont et prennent peu à peu les formes qui conviennent à la chimie minérale. Sous ce rapport, la fermentation acétique différerait des autres. *Elle aurait pour résultat l'union de deux corps*, l'alcool ou l'aldéhyde, à l'oxygène de l'air. C'est le seul cas où la fermentation produirait un effet d'une telle nature, une véritable combustion.

« Cependant, il faut avouer qu'à beaucoup d'égards la fermentation acétique semble réunir tous les caractères que nous retrouvons dans les autres, c'est-à-dire le concours d'une matière organisée et d'une matière organique servant, l'une de ferment et l'autre de matière fermentescible.

« Le ferment se trouverait dans cette matière muqueuse qu'on désigne sous le nom de *mère du vinaigre* [1].

« C'est cette masse mucilagineuse et gélatineuse qui se montre à la surface du vinaigre pendant la fermentation acide. Elle commence à paraître quand le vinaigre se forme, et sa production continue pendant toute la durée de l'acétification [2]. Ce n'est d'abord qu'une pellicule composée de granules bien plus minces que les globules de la levure ; le plus souvent, ils sont disposés sans ordre. Plus tard, la pellicule s'épaissit, prend de la consistance, montre des granules mieux arrêtés et acquiert une disposition à se diviser en lanières.

« On ignore le mode de reproduction de ces globules : la matière paraît, du reste, avoir quelques rapports avec le produit qui se dépose dans les eaux minérales sulfureuses, c'est-à-dire la barégine.

« Si l'étude du ferment acétique laisse, comme on le voit, quelques doutes, il faut dire cependant, d'un autre côté, que la conversion de l'alcool en acide acétique ne se fait *jamais* sans le concours d'une substance albumineuse, et sans la réunion des conditions favorables à toutes les fermentations, auxquelles s'ajoute l'intervention nécessaire de l'air, non-seulement à l'origine du phénomène, mais pendant toute sa durée.

« Ainsi, toute liqueur alcoolique affaiblie, contenant une matière albumineuse ou quelque ferment, peut, au contact de l'air et par une température de + 20 degrés ou + 30 degrés, donner naissance à du vinaigre.

« Si on augmente la richesse en alcool, si on fait disparaître la matière animale, si on abaisse ou si on élève trop la température, le phénomène de l'acétification s'arrête.

« Il y a donc là beaucoup d'indices qui portent à admettre

[1] Nous ferons observer en passant qu'il s'est formé du vinaigre avant que la mère du vinaigre fût faite, et que, par conséquent, cette matière n'est pas le ferment qui a développé l'acétification, au moins au début. N. B.

[2] Elle est donc un effet, d'abord, de l'acétification, qu'elle sert ensuite à entretenir.

l'existence d'un ferment propre et d'une fermentation bien caractérisée. D'autre part, il faut néanmoins remarquer que la
production de l'acide lactique est venue souvent faire illusion
aux observateurs, et qu'ils ont produit une véritable fermentation lactique dans quelques circonstances où ils croyaient
déterminer la fermentation acétique elle-même.

« Il n'est donc pas inutile de faire ressortir les différences
entre ces deux fermentations.

« La fermentation acétique exige la présence de l'alcool
tout formé et celle de l'air. La fermentation lactique peut, au
contraire, s'effectuer avec des matières amylacées ou sucrées;
elle ne fait pas intervenir l'alcool, elle n'exige nullement le
concours continu de l'air. Une fois commencée, elle peut s'en
passer.

« La fermentation acétique présente, du reste, une analogie
évidente, peut-être profonde, avec le phénomène de la nitrifi-
cation. Ce qui frappe à la plus légère observation, c'est la
nécessité d'une température un peu haute, c'est l'utilité des
corps poreux qui divisent le liquide et l'air. »

Lors de la publication de notre *Traité d'alcoolisation* (1854),
nous partagions l'hésitation de M. Dumas, et nous ne croyions
pas que l'acétification dût être rangée parmi les fermentations.

« L'alcool formé, disions-nous, *s'oxyde* à l'aide d'un *autre
ferment* et se métamorphose en un troisième produit, dont la
succession est directe : l'*acide acétique*. Quoique l'alcool ne fer-
mente pas quand il est pur, ou simplement étendu d'eau (et
nous entendons par cette fermentation la seconde, *qui est une
véritable oxydation* ou combinaison avec l'oxygène), dès qu'on
le met en contact avec une matière albuminoïde, quelle qu'elle
soit... il se développe une fermentation secondaire, à laquelle
nous donnerons bientôt le nom d'*acéteuse*, pourvu toutefois que
l'on conserve la présence de l'air, *laquelle est indispensable pour
fournir de l'oxygène.*

« Ces quelques lignes renferment ce qu'il y a de plus important à connaître dans la fermentation du vinaigre sur laquelle,
d'ailleurs, nous allons donner quelques détails. Si nous prenons la formule de l'alcool, $C^4H^4,2HO$, et que nous la com-
parions à celle de l'acide acétique *hydraté*, $C^4H^4O^4$, ou
$C^4H^3O^3,HO$, nous pourrons en conclure :

« 1° L'alcool se transforme en acide acétique par la fixation de 2 équivalents d'oxygène ;

« 2° L'alcool perd 2 équivalents d'hydrogène pour se transformer en acide acétique.

« Et l'on peut exprimer cette réaction par l'équation :

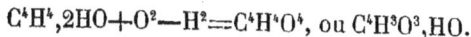

$$C^4H^4,2HO+O^2-H^2=C^4H^4O^4, \text{ ou } C^4H^3O^3,HO.$$

« La présence d'un ferment, de l'eau et de l'air, est nécessaire à l'oxydation de l'alcool, bien que, au contact de la mousse de platine ou du noir de ce métal, cette métamorphose ait lieu sans eau ni ferment, en vertu seulement de l'action électro-chimique du platine sur l'alcool.

« Les matières albuminoïdes jouent-elles le rôle de ferment sur l'alcool, dans la production du vinaigre, et peut-on donner justement à cette transformation le nom de *fermentation ?*

« Quelques-uns penchent pour l'affirmative dans cette question ; d'autres prétendent le contraire, se fondant sur l'oxygénation qui se produit plus ou moins lentement dans tous les liquides alcooliques, surtout quand la chaleur est portée de + 30 degrés à + 40 degrés. Sans chercher précisément à trancher la difficulté, on peut examiner quelle est la valeur des raisons déterminantes des uns ou des autres.

« 1° Quoique l'alcool produit au sein d'un liquide sucré en fermentation soit transformé, pour une partie, en acide acétique, sous l'influence de l'eau, de l'air et d'une certaine chaleur, en présence du ferment, ce fait ne suffit pas pour que l'on puisse en conclure que l'alcool s'oxyde par une véritable fermentation, dans le sens ordinaire du mot, et *notre action électro-vitale* suffit seule à expliquer ce phénomène, sans qu'on ait nul besoin de recourir à des théories surannées ;

« 2° Il ne se développe jamais d'acide carbonique dans ce qu'on veut appeler *fermentation acéteuse* et, sous ce rapport, la production de l'acide acétique ne ressemble en rien à celle de l'alcool. Nous rappelons ici les deux réactions :

« 1° *Fermentation alcoolique :*

$$C^{12}H^{12}O^{12} = 4CO^2 +_e^c 2(C^4H^4,2HO).$$

Sucre.   Acide carbonique.   Alcool.

« 2° *Production de l'acide acétique* :

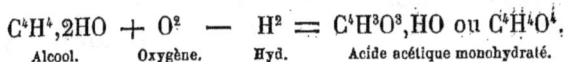

$$C^4H^4,2HO + O^2 - H^2 = C^4H^3O^3,HO \text{ ou } C^4H^4O^4.$$

Alcool.   Oxygène.   Hyd.   Acide acétique monohydraté.

« 3° On peut ainsi voir que la fermentation alcoolique consiste dans un simple dédoublement, tandis qu'il est loin d'en être ainsi dans la production de l'acide acétique :

« 4° Dans ce dernier cas, outre qu'il ne peut se dégager d'acide carbonique, le corps en modification (l'alcool) perd, à la vérité, 2 équivalents d'hydrogène, en présence du ferment, et peut-être à cause du ferment ; mais il s'oxyde aux dépens de 2 équivalents d'oxygène de l'air, en sorte qu'on pourrait, à la vue de la formule $C^4H^4O^4$, lui imposer le nom de *bicarbure d'hydrogène quadroxydé*… Tels sont les principaux arguments de ceux qui ne croient pas que l'*acétification* soit due à une véritable fermentation, et nous avouons que nous partageons leur opinion, surtout en considérant que leurs adversaires n'ont d'autres raisons à alléguer que la nécessité de la présence d'un ferment. »

Comme le lecteur peut le voir par les deux citations qui précèdent, M. Dumas hésite et ne décide rien entre les deux solutions. Nous-même, tout en partageant, jusqu'à un certain degré, les doutes et indécisions du savant professeur, nous nous rangions du côté des antagonistes de la fermentation acétique… Il y avait, dans tout cela, une erreur d'observation et de raisonnement, que nous reconnaissons volontiers et dont nous donnerons l'explication. Cette erreur ne put être combattue que par l'expérience, et nous ne tardâmes pas à reconnaître la faute que nous avions commise, à la suite de l'illustre chimiste que nous venons de citer.

Dans la description des principaux phénomènes de la fermentation empruntée à un travail spécial publié par nous en 1858, nous lisons le passage suivant :

« Lorsque toute la matière sucrée est épuisée, le mouvement ascensionnel cesse d'avoir lieu, et les globules retombent au fond du vase où a lieu la fermentation ; mais leur vie n'a pas cessé pour cela. Le mouvement intestin continue à se faire jusqu'à ce que la désorganisation des globules eux-mêmes vienne les décomposer en leurs éléments chimiques.

« Il se produit d'abord, après la *période alcoolique de la fer-*

mentation, un temps d'arrêt assez long ; mais que le libre
contact de l'air ne soit gêné en rien, que la température soit
élevée de quelques degrés seulement [1], et la présence de l'alcool, agissant à son tour comme excitateur, déterminera un
nouveau mouvement général, amenant une nouvelle modification.

« Le liquide se troublera de nouveau, et l'alcool absorbé
sera dédoublé, par l'action du ferment, en aldéhyde et en hydrogène, suivant la réaction :

$$C^4H^4, 2HO = C^4H^4O^2 + H^2.$$

« Le mouvement ascensionnel, beaucoup plus rapide dans
cette période que dans la première, à cause de la légèreté de
l'hydrogène, transporte les globules à la surface du liquide,
où ils se débarrassent de leur hydrogène ; leur mouvement
de descente s'effectue ensuite et, sous l'action contractile des
globules, l'aldéhyde formé s'échappe et se transforme incon-
tinent en acide acétique par l'absorption de 2 équivalents
d'oxygène aux dépens de l'air chaud. Cette oxydation est très-
prompte, et l'on ne peut guère constater la présence de l'aldéhyde dans un liquide soumis à l'acétification, sinon dans les
opérations très-considérables, où l'odorat distingue des traces
de son odeur particulière.

« Pendant cette période, la vitalité des globules du ferment
a acquis une grande énergie, et leur multiplication par voie
de bourgeonnement donne naissance à des corps nouveaux,
tels que la mère du vinaigre, les anguillules, etc.

« Au spasme de l'agitation extraordinaire succède encore
une fois le calme ; mais le stade de repos est beaucoup plus
long cette fois. Les globules, épuisés par l'activité qu'ils ont
déployée, tombent dans une inertie dont on se rend aisément
compte ; mais leur accroissement continue cependant à se
faire en présence des matières albumineuses, et c'est alors
que les animalcules de nouvelle formation se développent
d'une manière très-prompte. Ces petits animaux, dont beaucoup peuvent être distingués à l'œil nu, décomposent le

---

[1] Ceci n'est pas indispensable, sinon pour la rapidité de la réaction, car il
se produit de l'acide acétique, quoique lentement, au-dessous de 12 degrés
Réaumur ou 15 degrés centigrades.

vinaigre formé dans la période précédente, et bientôt tous les éléments du corps hydrocarboné ont disparu. C'est tout au plus s'il en reste quelques traces à l'état de matière *carbonée*, analogue au terreau ou à l'humus ; encore une portion de la matière albuminoïde décomposée entre-t-elle dans ce produit.

« Le liquide s'évapore et les globules, privés d'excitateur, placés au sein d'un liquide devenu mauvais conducteur, tombent sous les lois de la chimie générale, sous l'empire de l'électricité ordinaire. Leurs éléments dissociés se combinent dans un autre ordre et produisent les faits de la période putride ou ammoniacale. »

Ce qui précède concourait à établir que l'acétification de l'alcool se produit par une *déshydrogénation* due à l'action physiologique du ferment, et nous trouvons dans ces lignes l'indication d'un fait signalé par nous pour la première fois, savoir : que la fermentation acétique produit de l'aldéhyde, et que c'est l'action de l'oxygène sur l'aldéhyde qui change ce composé en acide acétique.

En examinant plus loin (p. 198) les variétés de la fermentation, nous établissions la réalité de l'action du ferment dans l'acétification.

« L'alcool $C^4H^4,2HO$, soumis à l'action combinée de l'eau, de l'air chaud et d'un ferment, se transforme en acide acétique $C^4H^3O^3,HO$.

« Si l'on ne considère que le résultat, on trouvera que, dans l'acétification, il y a perte de 2 équivalents d'hydrogène et augmentation d'oxygène dans la proportion de 2 équivalents.

« Il n'y a pas ici de dédoublement, de simplification, tout au contraire ; d'où il suit que la définition de M. Dumas ne s'applique pas à l'acétification, et qu'il a eu tort de ranger cette action au nombre des fermentations. Cela est vrai, comme conséquence de la définition du célèbre professeur ; mais il importe d'examiner avec soin les détails de la question, pour savoir s'il y a ou non fermentation dans la production du vinaigre.

« Voici des faits :

« 1° L'alcool ne se produit jamais par voie de fermentation, sans qu'il soit accompagné d'acide acétique ;

« 2° L'alcool étendu d'eau *pure* ne se change pas en acide acétique, s'il n'est pas en présence d'un ferment ;

« 3° Aussitôt qu'un ferment intervient à côté d'une température suffisante, l'alcool se détruit ; il se dégage de l'hydrogène et la liqueur absorbe l'oxygène de l'air ambiant.

« Nous ne pouvons nous empêcher de considérer l'acétification comme une véritable fermentation, c'est-à-dire comme le résultat de l'action du ferment sur l'alcool convenablement dissous.

« Il y a ici une action réelle du ferment, puisque le résultat n'a pas lieu hors de sa présence. Qu'importe le corps sur lequel il agit ? La production de la *mère de vinaigre* aux dépens des ferments usés, le trouble de la liqueur et le mouvement intestin qui l'accompagne sont des signes évidents de l'action physico-chimique que le résultat vient corroborer.

« Sans doute, si l'on borne la fermentation à la production de l'alcool, il n'y a pas fermentation dans la production de l'acide acétique et, pour ceux qui raisonnent ainsi, il ne peut y avoir qu'une seule fermentation, celle qui se manifeste par l'action du ferment sur le sucre.

« Pour nous aussi, il n'y a et il ne peut exister qu'une seule fermentation, qui a pour caractère essentiel l'action vitale des globules du ferment ; mais cette fermentation, unique quant à son agent, est multiple quant aux corps soumis à son action et aux produits qui en dérivent.

« L'acétification est donc une véritable fermentation, produisant l'oxydation de l'alcool, circonstance qui le rapproche de l'état où il doit arriver pour subir la putréfaction.

« L'alcool, imputrescible et incorruptible, ne passe à la corruptibilité que par son acétification. C'est ici une action transitoire, et il faut se souvenir que la fermentation de la matière sucrée n'est complète que lorsqu'elle est arrivée à produire la décomposition finale.

« Nous nous servons des produits utiles que nous arrêtons au passage, au fur et à mesure de leur production, en arrêtant l'acte général au moment convenable, cela est vrai; mais il n'est pas moins exact que la fermentation n'a terminé son cours qu'après la destruction ultime de la matière fermentescible, lorsqu'elle a passé par toutes les modifications qu'elle est apte à subir.

« On voit par là combien il y avait d'indispensable nécessité à étudier la fermentation au point de vue de l'action vitale du ferment, plutôt qu'en ayant égard seulement aux résultats.

« C'est là ce qui a causé l'erreur du savant que nous venons
de citer ; il a créé sa définition sur les phénomènes chimiques
qui ont lieu dans la *première période* de la fermentation des
sucres, sans avoir égard à la multiplicité des autres résultats
produits par le ferment dans d'autres circonstances.

« Aussi cette définition est-elle souvent en désaccord avec
son objet. Il y a donc pour nous une période acétique dans la
fermentation des sucres ; mais, au lieu de simplifier le corps
soumis à son action dans cette phase, comme cela arrive
dans la première, laquelle est caractérisée par l'alcoolisation,
le ferment complique l'alcool, en augmente la complexité en
l'oxydant.

« Il y a même augmentation pondérale, puisque, théoriquement, 575 grammes d'alcool produisent 637^g,5 d'acide acétique *anhydre*, ou 750 grammes d'acide acétique monohydraté. »

Ces idées générales, basées sur l'observation des faits,
étaient corroborées par des recherches sur les dédoublements
des corps hydrocarbonés en présence du ferment. Les données numériques de ces dédoublements démontrent que les
diverses transformations produites par la fermentation ont
pour but capital la désagrégation des molécules organiques,
leur retour à l'état assimilable, sous la forme gazeuse, le plus
souvent ; enfin, que l'action du ferment contribue à faire
rentrer sous les lois de la chimie générale tous les corps de
formation nouvelle, abandonnés par le mouvement organique.
La production de l'acide acétique aux dépens de l'alcool
forme, dans la série régulière, le troisième et le quatrième
terme de ces transformations, et elle doit être considérée
sous un rapport qui nous avait échappé d'abord, comme il
avait échappé à M. Dumas.

Le résultat de la troisième transformation des corps hydro-
carbonés, dû essentiellement à l'action du ferment, est la
déshydrogénation ; le produit est de l'aldéhyde, en sorte que
ce terme devrait être nommé *fermentation aldéhydique*. Le
tort des observateurs a été de ne voir que le produit définitif

du travail, l'acide acétique, qui n'a rien de commun avec le ferment, et qui résulte simplement de l'action de l'air sur l'aldéhyde. La période aldéhydique rentre parfaitement dans la définition de M. Dumas ; il y a simplification de la molécule d'alcool par l'action du ferment, mais le produit qui en résulte étant très-oxydable, il passe aussitôt à l'état plus complexe d'acide acétique sous l'influence de l'oxygène, ce qui constitue une sorte de mouvement rétrograde et une complexité apparente.

Sous l'empire de ces observations, on se rend parfaitement compte du travail réel que le ferment accomplit sur la molécule hydrocarbonée, et le phénomène de l'acétification devient très-compréhensible.

Au demeurant, l'alcool, l'éther et l'aldéhyde peuvent subir l'oxydation directe, lorsqu'on les place, dans certaines circonstances, sous l'influence des corps poreux, en contact avec l'oxygène de l'air.

« L'alcool pur, ou seulement étendu d'eau, dit M. Regnault, ne se combine pas avec l'oxygène de l'air, mais la combinaison se fait facilement au contact de certains corps qui n'interviennent pas dans la réaction par leurs éléments chimiques ; par exemple, au contact du platine très-divisé. Pour faire l'expérience, on place sur une assiette d une capsule q (fig. 107) renfermant du noir de platine ; on recouvre la capsule avec une grande cloche en verre portant une tubulure supérieure ; on pose cette cloche

Fig. 107.

sur trois petites cales de bois, afin que l'air puisse y pénétrer facilement par le bas ; enfin, on pose dans la tubulure supérieure, mais sans la boucher, un entonnoir c, à longue tige, dont l'extrémité est très-effilée. En versant de l'alcool dans l'entonnoir, ce liquide tombe goutte à goutte sur le platine contenu dans la capsule a ; il y a élévation de température et il se développe dans la cloche des vapeurs qui viennent se condenser et ruisseler sur ses parois. Le liquide qui s'est ainsi formé est de l'acide acétique presque pur ; mais il se produit en même temps : 1° une certaine quan-

tité d'aldéhyde, facile à reconnaître à son odeur; 2° une substance particulière à laquelle on a donné le nom d'*acétal*;
3° un peu d'éther acétique, provenant de la réaction de l'acide
acétique sur l'alcool non décomposé. » (*Cours élémentaire de
chimie*, t. IV.)

Caractères de l'acide acétique. — Nous empruntons aux ouvrages de chimie les plus accrédités, au traité de M. Regnault,
à celui de MM. Pelouze et Frémy, etc., les indications relatives
aux caractères de l'acide acétique, en éliminant tout ce qui
n'est pas essentiellement utile pour la fabrication.

L'acide acétique est un des plus importants de la chimie
organique; il doit être considéré comme un acide monoba-
sique.

Lorsqu'il est monohydraté et représenté par le symbole
$C^4H^3O^3,HO$, il cristallise aux températures basses, sous forme
de lames ou de tables hexagonales qui restent solides jusqu'à + 16 degrés, point où les cristaux se fondent et se résolvent en un liquide dont la densité est de 1,063, ou de
8°,56 Baumé. C'est ce qu'on appelle *acide acétique cristallisable.*

L'acide acétique liquide peut être refroidi à 0 degré, ou
même au-dessous de cette température, sans qu'il cristallise;
on peut même agiter le flacon sans déterminer cette cristallisation; mais si l'on y introduit une pointe de verre, un cristal
jaillit immédiatement à l'extrémité de cette pointe, et la cristallisation se propage successivement dans toute la masse; la
température s'élève rapidement à + 16 degrés, et se maintient stationnaire jusqu'à ce que la solidification soit complète.

L'odeur de l'acide acétique est vive, pénétrante, caractéristique; la saveur en est mordante, franchement acide; il est
aussi corrosif que les acides minéraux les plus énergiques, et
il exerce sur la peau une action vésicante prononcée. Il bout
à + 120 degrés et la densité de sa vapeur est de 2,09, celle
de l'air étant 1.

L'acide acétique dissout la gélatine, la fibrine, l'albumine
et la plupart des principes organiques azotés. Il dissout également les résines et le camphre.

L'acide acétique est soluble dans l'eau en toutes proportions; mais, contrairement à ce que l'on observe dans les
dissolutions aqueuses, la densité de la solution augmente à me-

sure qu'on y ajoute de l'eau, jusqu'à ce qu'elle en renferme environ 30 pour 100 (32 et demi pour 100), et que la composition du liquide réponde à C⁴H³O³,3HO. Elle est alors égale à 1,079, au lieu de 1,063. Cette densité diminue ensuite, si l'on augmente la proportion de l'eau, en sorte que l'acide étendu de son poids d'eau offre la même densité que l'acide monohydraté. Le tableau suivant donne à ce sujet des indications intéressantes :

Densités.	Degrés de Baumé.	Quantités d'eau pour 100 d'acide monohydraté.
1,0630	8°,56	0,0
1,0742	9 ,97	10,0
1,0770	10 ,32	22,5
1,0791	10 ,58	32,5
1,0763	10 ,28	43,0
1,0742	9 ,97	55,0
1,0728	9 ,80	66,5
1,0658	8 ,91	97,5
1,0637	8 ,65	108,5
1,0630	8 ,56	112,2

Il résulte de cette table que la densité de l'acide acétique ne peut servir à en apprécier le degré de concentration, au moins au-dessus de la densité de 1,063. Nous verrons plus loin quelles sont les méthodes à suivre pour pratiquer l'acétimétrie, ou pour évaluer la proportion d'acide réel qui se trouve dans un produit donné.

Les affinités de l'acide acétique sont masquées par l'alcool à ce point qu'un mélange d'alcool et d'acide acétique peut ne pas colorer le papier bleu de tournesol. L'acide acétique monohydraté n'attaque le carbonate de chaux que si on l'étend d'une certaine proportion d'eau.

L'acide acétique, chauffé en vase clos, distille à +120 degrés sans décomposition; mais s'il est chauffé à l'air, sa vapeur peut s'enflammer et elle brûle avec une flamme bleue. Quand on fait passer la vapeur d'acide acétique à travers un tube de porcelaine chauffé au rouge sombre, cet acide se décompose en eau, acide carbonique et acétone C⁶H⁶O², selon la réaction :

$$2(C^4H^3O^3,HO) = C^6H^6O^2 + 2HO + 2CO^2.$$

L'acide acétique forme, avec les bases, une série de sels,

connus sous le nom d'*acétates*, dont nous décrirons les plus
importants. Ces sels sont tous décomposés par la chaleur. Si
les oxydes métalliques sont faciles à réduire, comme l'oxyde
d'argent par exemple, une partie de l'acide est brûlée par
l'oxygène de l'oxyde, et le produit de la calcination est formé
du métal réduit, d'eau, d'acide carbonique et d'acide non
altéré. Si la base est énergique, comme dans les acétates alcalins, il se forme un carbonate de la base et il se dégage de
l'acétone ou *esprit pyro-acétique*. Enfin, si les bases n'ont
qu'une énergie moyenne, comme l'oxyde de plomb, il se dégage de l'acide non altéré et de l'acétone, et il reste un carbonate. Si l'oxyde est facile à réduire, il reste du métal ou un
sous-oxyde.

On a obtenu l'acide acétique anhydre $C^4H^3O^3$ en faisant
réagir l'oxychlorure de phosphore sur un excès d'acétate de
potasse bien desséché et pulvérisé.

§ I. — FABRICATION DU VINAIGRE.

Nous avons déjà dit que la découverte du vinaigre remonte
à une antiquité reculée, et qu'il est absolument impossible d'en
retrouver la date à travers la nuit des temps. Il est parlé du vinaigre et de ses usages dans les livres les plus anciens, et le fait
ne peut paraître étrange, puisque tous les jus de fruits sucrés
se changent en vinaigres par le simple séjour à l'air. Nous ne
nous arrêterons pas à tracer l'histoire, peu utile à connaître,
de la fabrication du vinaigre, et nous nous contenterons de
faire observer que, depuis une longue série d'années, la vinaigrerie française a fourni à la consommation du monde entier les produits les plus estimés et les plus recherchés.

Le vinaigre est d'un usage général ; il est employé pour
donner de la saveur aux aliments végétaux, et c'est le condiment le plus usité. Bien que le vinaigre puisse être considéré
simplement comme de l'acide acétique affaibli, il n'est pas
moins constant que les principes constituants du vin, l'acide
tartrique, les tartrates, etc., joints à l'arome et au parfum
d'origine, donnent aux vinaigres qui en proviennent des qualités incontestables. De même, les vins provenant de certains
fruits, doués d'une saveur et d'une odeur agréables, donne-

ront toujours, par l'acétification, des produits préférables à ceux que l'on obtient de matières plus communes ou que l'on prépare par la simple dilution de l'acide acétique. Nous dirons un mot sur les différentes matières premières à l'aide desquelles on peut préparer du vinaigre, après avoir résumé les conditions qui règlent la transformation du vin.

Généralités. — « L'acétification n'est pas une fermentation, si l'on en juge par la définition de M. Dumas, et si l'on s'en rapporte à la production de l'alcool dans toutes les phases de la fermentation.

« Ce n'est pas une simplification, un dédoublement; elle présente une *déshydrogénation* suivie d'une *oxydation*.

« Il y a loin de là au dédoublement en alcool et acide carbonique, subi par les matières sucrées; nous allons, du reste, étudier les phénomènes de l'acétification au point de vue pratique, afin de nous convaincre que, s'il n'y a pas dans cette transformation une forme de la fermentation, eu égard aux idées reçues, elle existe pour nous et pour tous ceux qui veulent raisonner sans idées préconçues.

« *La fermentation est la réunion des phénomènes produits par l'action vitale de la matière cellulaire azotée en état de dissociation, sous l'empire de circonstances favorables.*

« Si le ferment n'agissait que sur le sucre, sa présence serait inutile dans les liquides alcooliques pour en déterminer l'acétification. Ces liquides deviendraient du vinaigre par la seule action de la chaleur, par le passage d'un courant d'oxygène, ce qui n'a jamais lieu lorsqu'ils ne sont qu'un mélange d'eau et d'alcool, ne contenant pas de matières albuminoïdes, c'est-à-dire de ferments.

« Nous exceptons de ceci l'action du noir de platine, qui rentre, à ne point s'y méprendre, dans un autre ordre de faits.

« Or, les mélanges d'eau et d'alcool, au-dessous de 20 degrés de l'alcoomètre centésimal, se transforment en vinaigre à une température donnée et en présence d'un ferment, ce qui prouve à l'évidence que cette transformation est due au ferment...

« Il suffit d'exposer à l'air chaud, et en masse peu épaisse, du vin, de la bière, du cidre, de l'hydromel, etc., pour produire du vinaigre, et ce fait a lieu d'autant plus promptement que le liquide est plus nouveau, qu'il s'est moins dépouillé des matières albuminoïdes tenues en dissolution ou en suspension, et que la proportion d'alcool qu'il renferme est plus voisine de 12 pour 100 [1].

« Les conditions nécessaires pour la production de l'acide acétique sont donc :

« 1° Un liquide alcoolisé à moins de 20 pour 100. Quoique ce chiffre puisse paraître élevé, nous avons pu acidifier des liquides alcoolisés à 18 pour 100, et nous ne croyons pas que l'alcool s'oppose à l'achèvement des phases de la fermentation, s'il n'entre au moins dans la proportion d'un cinquième parmi les éléments constituants du liquide.

« La moyenne des vins que l'on travaille dans les vinaigreries est à 9 degrés de force alcoolique ; mais il faut remarquer que les vins qui ont subi une fermentation spiritueuse lente perdent moins d'esprit par évaporation que les vinasses préparées extemporanément.

« 2° Une température moyenne de + 30 degrés à + 35 degrés : c'est celle qui paraît être la plus favorable au mouvement des globules pour la transformation acéteuse.

« 3° La présence d'un ferment et de l'air atmosphérique.

« Aussitôt que ces conditions sont réunies et que le liquide est arrivé à la température moyenne que nous venons d'indiquer, il se trouble considérablement, et les globules du ferment sont le siége d'un mouvement giratoire au début ascensionnel, suivi de descente lorsque l'opération est arrivée à son maximum, exactement comme dans la fermentation alcoolique, dont l'acétification n'est qu'une suite, une continuation, faisant transition pour arriver à la putridité ou décomposition finale.

« Ceci est tellement vrai, que l'on peut faire et répéter à volonté l'expérience suivante :

« Si l'on place dans un vase 1 000 grammes de sucre dissous dans une quantité d'eau suffisante, de manière que la disso-

[1] Nous ferons observer que cette phrase est un peu obscure. La proportion de 12 pour 100 est la moyenne au-dessus de laquelle l'acétification se ralentit notablement, et les vins s'acidifient d'autant plus promptement que leur teneur en alcool est plus faible, qu'elle est inférieure à 12 pour 100. Les lignes suivantes fixent, d'ailleurs, le véritable sens que nous attachions à cette expression.

lution porte 10 à 12 degrés de densité, et que l'on ajoute un excès de levûre, la fermentation alcoolique se fera très-rapidement à + 30 degrés et, après peu d'heures, il sera aisé de constater la présence de l'acide acétique. Bientôt tout l'alcool aura disparu pour faire place à l'acide.

« La réaction produite s'exprime ainsi :

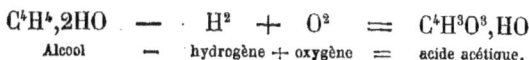

$$C^4H^4,2HO \quad - \quad H^2 \quad + \quad O^2 \quad = \quad C^4H^3O^3,HO$$

Alcool	—	hydrogène + oxygène	=	acide acétique.

« D'où il suit que, dans l'opération, 2 équivalents d'hydrogène de l'alcool ont disparu pour faire place à 2 équivalents d'oxygène ; en sorte que, si l'on veut établir le résultat en chiffres, on aura :

Alcool.				Acide acétique $(C^4A^3O^3$, anhydre$)$.		
$C^4 =$	$75,0 \times 4 =$	300		$C^4 =$	$75,0 \times 4 =$	300,0
$H^4 =$	$12.5 \times 4 =$	50		$H^3 =$	$12.5 + 3 =$	37,5
$2HO =$	$112,5 \times 2 =$	225		$O^3 =$	$100,0 \times 3 =$	300,0
		575				637,5

« *Théoriquement* donc, au point de vue du laboratoire, en ne tenant aucun compte des déperditions inévitables, 575 grammes d'alcool *pur* produisent 637ᵍ,5 d'acide acétique, ce qui explique l'augmentation de densité des liquides qui ont subi l'acétification, puisque 100 grammes d'alcool représentent environ 111 grammes (110ᵍ,869) d'acide acétique.

« Il est vrai qu'en pratique le résultat ne donne guère que le pair, excepté par les méthodes accélérées dont nous parlerons tout à l'heure.

« En raisonnant d'une manière plus large et en établissant le calcul sur l'acide monohydraté $C^4H^3O^3$,HO, le seul que l'on obtienne dans la pratique, puisque l'acide anhydre n'existe qu'en combinaison avec certaines bases, on trouve que 575 grammes d'alcool pur fournissent 750 grammes d'acide acétique, ce qui augmente singulièrement la densité des liquides alcooliques transformés en vinaigre [1]. »

A l'époque où les données qui précèdent étaient publiées, nous ajoutions, en note, les considérations suivantes sur la réaction de l'acétification :

« Telles sont les données théoriques admises pour l'expli-

[1] N. Basset, *Traité théorique et pratique de la fermentation.* Paris, 1858.

cation de l'acétification des vins naturels ou factices ; mais, ainsi que nous l'avons déjà fait pressentir, nous ne croyons pas qu'elles soient tout à fait exactes. Nous pensons que la réaction qui se produit est double, en ce sens que le ferment, qui a déjà dédoublé le sucre, simplifie encore l'alcool en lui enlevant de l'hydrogène par l'action que les globules exercent sur ce corps à une température plus élevée. On a l'alcool $C^4H^4,2HO$; l'action du ferment lui enlève 2 équivalents d'hydrogène, et il se trouve changé en *aldéhyde* $C^4H^4O^2$, selon l'équation :

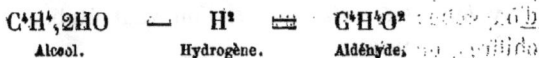

$$C^4H^4,2HO \quad - \quad H^2 \quad = \quad C^4H^4O^2$$
Alcool.   Hydrogène.   Aldéhyde.

« Mais il est reconnu en chimie que l'aldéhyde est un des corps qui absorbent le plus facilement l'oxygène de l'air, en présence de l'eau, et qu'il se transforme en acide acétique. C'est précisément ce qui arrive dans le cas présent, et les 2 équivalents d'oxygène nécessaires à l'acétification de l'aldéhyde sont absorbés par lui en même temps qu'il se produit. On trouve toujours de l'aldéhyde dans les liquides alcooliques placés en acétification, et l'on peut, à côté de ce fait pratique, joindre l'indication de la théorie qui en est la justification. En effet, l'alcool, moins de l'hydrogène, est de l'aldéhyde, et celui-ci, plus de l'oxygène, est de l'acide acétique :

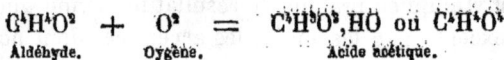

$$C^4H^4O^2 \quad + \quad O^2 \quad = \quad C^4H^3O^3,HO \text{ ou } C^4H^4O^4$$
Aldéhyde.   Oxygène.   Acide acétique.

«... Ce n'est donc ici qu'un second dédoublement, une simplification nouvelle de l'alcool par le ferment ; mais le produit, très-oxydable, subit l'oxydation au contact de l'air, *indépendamment du ferment*, car l'aldéhyde n'a pas besoin de ferment pour se changer en acide acétique par l'absorption de l'oxygène [1]. »

On voit aisément, par ce qui vient d'être exposé, que les faits de la pratique sont en accord parfait avec les données de la chimie, sans qu'il soit nécessaire de recourir aux hypothèses bizarres de M. Pasteur, lesquelles sont précisément opposées à tout ce que l'on peut constater expérimentalement. En chi-

[1] N. Basset, *Traité théorique et pratique de la fermentation*, p. 294.

mie appliquée, il ne suffit pas d'être académicien, de faire du bruit autour d'une explication fantaisiste et d'emboucher la trompette pour être dans le vrai. Il faut que la théorie qu'on apporte explique nettement les faits, qu'elle soit corroborée par toutes les circonstances des réactions chimiques, et qu'elle puisse servir de guide dans l'exécution. Or l'acétification s'explique parfaitement et peut se diriger avec une grande facilité sans qu'on soit obligé de *semer* à la surface des liquides le *mycoderma aceti :* ce liquide alcoolique, vers + 30 degrés de température, en présence du ferment azoté et au contact de l'air, se change en aldéhyde par l'action du ferment, et l'aldéhyde passe à l'état d'acide acétique en se combinant à l'oxygène de l'air à mesure de sa formation. Cela est très-simple et, pour dénaturer des faits aussi réguliers, il n'a fallu rien moins que les volumineux mémoires et les discussions interminables qui ont servi à embrouiller la question.

« Une préparation, établie à 12 degrés alcooliques, soit 12 degrés au-dessus du zéro de l'aréomètre, descend à 1°,50 ou 1°,75 au-dessous de ce même point par le seul fait de l'acétification.

« Si l'on prolonge l'action du ferment en excès, pendant un certain temps, sur le vinaigre obtenu, quand même la chaleur serait abaissée à + 15 degrés ou + 18 degrés, l'acide acétique est, à son tour, détruit en partie, sous l'influence de la décomposition finale du ferment, et il se change en produits volatils ; quelquefois même il n'en reste pas de trace.

« C'est ce que nous avons observé l'an dernier (1857).

« On avait placé dans une pièce dépendant d'une vinaigrerie, à la température moyenne de + 15 degrés centigrades, une pipe défoncée contenant 6ʰ,60 de bon vinaigre factice, marquant peu au pèse-vinaigre, mais saturant 8 de potasse pour 100. Cette pipe avait un couvercle et, sous l'influence de l'éther acétique, abondamment produit par l'alcool non décomposé, le liquide se conserva parfaitement. Au bout de quelques mois, le liquide était parfait de goût et d'odeur. Dans la même pièce, un fût défoncé de 220 litres de jauge, non recouvert, avait reçu du même liquide, et l'influence de la fermentation ultime fut telle, que, trois mois après, le liquide ne saturait plus que 3 pour 100 d'alcali. Son odeur avait disparu presque entièrement.

« Plus tard, on fut obligé de le jeter. Il faut observer que ces deux échantillons n'avaient pas été filtrés, et qu'ils contenaient, par conséquent, tout le ferment emporté à la fabrication [1]. »

Matières premières de la vinaigrerie. — Nos lecteurs ont déjà parfaitement reconnu la nécessité d'un vin, naturel ou factice, pour la préparation du vinaigre. L'acétification étant le résultat de la déshydrogénation de l'alcool, suivie de l'oxydation du produit, il est évident que tous les vins et toutes les dissolutions aqueuses d'alcool, suffisamment atténuées, pourront servir à la préparation du vinaigre. C'est dire, par le fait, que toutes les matières alcoolisables doivent être considérées comme les matières premières de la vinaigrerie.

On pourra donc faire du vinaigre avec tous les liquides alcooliques obtenus par fermentation, en sorte qu'il est parfaitement inutile de se laisser entraîner à des descriptions oiseuses dont la fabrication ne peut tirer aucun profit. Toute liqueur fermentée dans laquelle il n'existe pas de principes malfaisants peut servir à préparer un bon vinaigre, dont l'arome seul ou le parfum formera le caractère différentiel apparent.

Tous les vins, c'est-à-dire tous les liquides fermentés, peuvent servir à la fabrication du vinaigre, pourvu qu'ils ne renferment pas de principes nuisibles à la santé. Voilà la vérité et le seul principe acceptable. On aura donc le choix entre toutes les matières sucrées qui ont été étudiées dans les deux premiers volumes de cet ouvrage, et l'on pourra faire du vinaigre avec le sucre prismatique, le miel, la mélasse, le glucose, avec tous les jus sucrés, tels que le vesou de canne, de sorgho ou de maïs; avec les moûts de betterave et de carotte, avec le jus de tous les fruits sucrés, après que ces matières auront subi d'abord la fermentation alcoolique. Ainsi tous les vins des provenances que nous venons de signaler, les vins de raisin, de grains, de fruits, les bières, les cidres et les poirés, sont les matières premières de la vinaigrerie, quelle que soit la méthode suivie pour la vinification. On sent, dès lors, que le vinaigre ne peut faire défaut à l'homme, même dans les coins les plus reculés des contrées sauvages. Il suffit, en effet, d'exprimer le suc des fruits sucrés, que l'on rencontre partout, de le faire fermenter à l'air, dans un vase quelconque,

---

[1] N. Basset, *Traité théorique et pratique de la fermentation*, p. 296.

jusqu'à ce que le liquide soit passé à l'état de vinaigre, et ce procédé élémentaire peut être appliqué même par les peuplades barbares.

Le vinaigre de vin est le plus parfait. Les vinaigres préparés avec le vesou de la canne, avec le sucre, avec les jus de fruits, viennent à la suite. Quel que soit le procédé suivi pour la fabrication, le vinaigre de bon vin blanc est le meilleur, le plus aromatique et le plus suave de tous; c'est, sans contredit, le plus agréable qui puisse être employé comme condiment, et il offre un avantage incontestable, celui de ne pas être un simple mélange d'eau et d'acide, mais de renfermer en outre tous les sels naturels du vin, avec un peu d'éther acétique et d'alcool, dont la présence contribue à lui donner du bouquet et du parfum. C'est ce vinaigre qui convient le mieux pour tous les usages alimentaires et celui que l'on doit préférer, au moins en Europe, pourvu qu'il ne soit pas falsifié, ce qui arrive trop souvent.

Nous avons examiné du vinaigre préparé avec le vesou de la canne par un procédé analogue à celui de nos vinaigriers, et nous l'avons trouvé parfait de tout point. L'arome en était très-délicat et il aurait pu être confondu avec les meilleurs vinaigres de vin, dont il ne différait guère que par l'absence des éléments tartriques.

Le vinaigre de cidre est très-franc, lorsque le cidre est lui-même de bonne qualité. Celui de poiré vaut beaucoup mieux. Ces vinaigres tiennent le milieu entre les vinaigres de vin, de canne et de sucre, et celui de bière. Ils sont ordinairement assez agréables et renferment de 7 à 8 pour 100 d'acide réel, quand ils ont été préparés avec de bons produits.

Les vinaigres de bière sont fort communs dans le Nord et en Belgique; en Angleterre surtout, ce sont presque les seuls dont on fasse usage. Mais il faut convenir de leur mauvais goût et de leurs qualités détestables. Ils sont presque toujours troubles, ce qui tient à la présence d'une grande quantité de mucilage, et ils ne contiennent jamais plus de 5 à 7 d'acide réel, pendant que les vinaigres de vin portent jusqu'à 12 et même 13 ou 14 pour 100, plus du double.

Nous ne nous souvenons d'avoir vu de bon vinaigre de bière qu'une seule fois, et voici dans quelles circonstances. Un cabaretier avait de la bière très-forte, venant des environs de

Louvain, et qui s'aigrit pendant les fortes chaleurs de l'été de 1834. Les *pratiques* refusant de boire de la *bière piquée*, suivant l'expression du pays, il voulut corriger ce défaut en y ajoutant du sucre, en quantité probablement assez forte, mais que nous n'avons pas pu connaître exactement. Le baril était à moitié vide dans le cellier, et le sucre n'ayant pas *raccommodé* la bière, on laissa la futaille ouverte pour en faire du vinaigre.

Il se trouva d'une force extraordinaire et d'un goût fort agréable, ce dont nous avons pu nous convaincre par nous-même.

En tout cas, nous ne comprenons guère l'usage de la bière comme matière première du vinaigre, et le véritable rôle de cette boisson serait de servir de véhicule pour l'alcool dans la fabrication spéciale que nous décrirons plus loin. Elle apporterait le ferment, la matière azotée et un contingent en acides acétique et lactique, mais encore doit-on ajouter que le houblon laisse toujours un goût assez mauvais dans le produit.

Les vinaigres préparés avec les jus de prunes, de cerises et d'autres fruits agréables pourraient être considérés comme des vinaigres fins, des produits de luxe ; mais il est toujours facile, avec un mélange de fruits et de raisins secs, quelque peu de bonne mélasse ou de sucre, de préparer un bon moût, très-franc et parfumé, dont on peut faire un bon vin par la fermentation et, par suite, un excellent vinaigre.

A côté des moûts fermentescibles et des vins fermentés, servant de matières premières à la vinaigrerie, on doit placer les phlegmes de bonne qualité qui servent à faire les vinaigres dits *d'alcool*. Enfin, on fait encore des vinaigres en étendant d'eau l'acide acétique et en aromatisant la solution. Les vinaigres d'alcool sont assez bons, quoique moins fins que ceux de vin, de vesou, de cidre ou de fruits ; mais les produits préparés avec l'acide pyroligneux étendu sont souvent la plus mauvaise composition que l'on puisse imaginer.

On a partagé les vinaigres en *vinaigres de vin*, *vinaigres d'alcool* et *vinaigres de bois*. Ces appellations ne donnent pas à l'esprit une idée suffisante et assez juste, et nous les remplaçons par les données du tableau de classification suivant, que nous empruntons, en le modifiant et le complétant, à notre

Traité de la fermentation, où nous avons puisé une partie des notions précédentes :

Tableau de division et de classification des vinaigres et des acides acétiques.

Groupes.	Genres.	Espèces.	Densités et observations.
A. Vinaigres de table	1° de fermentation vineuse ou alcoolique, suivie de la fermentation acétique.	Vinaigre de vin.	Densité, 1°,5 à 2°,5 Baumé, soit 15 à 25 divisions. Goût vineux et saveur franche ; provient de l'acétification des vins rouges ou blancs.
		Vinaigre de vesou.	Excellent produit, se rapprochant beaucoup du précédent par la force et le degré d'acidité. Parfum agréable de la canne.
		Vinaigre de fruits.	Très-fin et très-aromatique. Densité variable, selon la richesse sucrière. Arôme spécial du fruit.
		Vinaigre de cidre.	Densité moyenne, 1°,8 ; assez bon, lorsque le cidre est de bonne qualité.
		Vinaigre de bière.	Assez faible en acide, quoique d'une densité égale à celle du vinaigre de vin. Trouble et désagréable presque toujours.
		Vinaigre de boissons diverses.	Qualités variables.
	2° de fermentation acétique, par déshydrogénation et oxydation.	Vinaigre d'alcool.	Plus ou moins fort, selon le degré alcoolique donné à la vinasse. Densité variable.
	3° De simple mélange.	Vinaigre d'acide.	Densité variable ; préparé par le mélange avec l'eau de l'acide pyroligneux plus ou moins purifié. Saveur désagréable d'empyreume.
B. Acides acétiques	de fermentation	Vinaigre radical. Acide du commerce.	La densité de tous ces acides varie entre 6°,5 et 8°,5, soit de 65 à 85 divisions commerciales. Ils proviennent de la fermentation des *vins*, ou de la distillation des bois et des matières organiques, et de la décomposition des acétates par la chaleur ou par l'acide sulfurique, suivie de distillation, simple ou répétée.
	pyroligneux.	Acide rectifié. Acide acétique cristallisable.	

Groupes.	Densités et observations.
C. Vinaigres médicinaux, et vinaigres hygiéniques. D. Vinaigres de toilette, cosmétiques.	Les genres et espèces de ces deux groupes sont très nombreux et dépendent de l'acide employé, des parfums, des aromates et des matières actives qui entrent dans leur préparation.

Le groupe des acides donne lieu à une observation assez intéressante, qui peut être utile dans certaines circonstances. L'acide acétique obtenu par fermentation présente toujours une odeur plus suave, plus éthérée, que celui que l'on prépare avec l'acide pyroligneux ou vinaigre de bois, malgré toutes les précautions prises pour la rectification de ce dernier. Il lui reste toujours un peu d'empyreume.

Il serait donc d'un certain intérêt d'obtenir à plus bas prix des acides acétiques de bonne qualité, en les retirant de boissons fermentées, que l'on neutraliserait par une base quelconque, la chaux, par exemple, et l'on aurait de meilleurs produits, après la décomposition, que ceux qui proviennent de la distillation du bois. Il y a des acides pyroligneux qu'on ne peut supporter quand ils sont étendus et qui sont impropres aux usages de la table ou même de la toilette.

Fabrication du vinaigre. — On connaît plusieurs méthodes de préparation du vinaigre par fermentation. Toutes ces méthodes se bornent, dans ce qu'elles ont d'essentiel, à soumettre le *vin* à l'action du ferment, en présence de l'air et d'une température variable. M. Regnault a parfaitement résumé les conditions pratiques de l'acétification des vins dans le passage suivant de son excellent ouvrage :

« L'oxydation de l'alcool aux dépens de l'oxygène de l'air est également déterminée par les ferments organiques et, en général, par toutes les substances albuminoïdes ; c'est sur cette action mystérieuse qu'est fondée la transformation des liqueurs spiritueuses en vinaigre, c'est-à-dire en acide acétique. Les vins de certains crus, riches en matières albuminoïdes, s'aigrissent promptement au contact de l'air et se changent en vinaigre ; les vins nouveaux subissent cette altération beaucoup plus rapidement que les vins vieux, parce que ceux-ci sont débarrassés des substances albuminoïdes, qui se sont coagulées et déposées au fond des tonneaux ; il faut, pour les rendre susceptibles de fermenter, y délayer un peu de levûre et les exposer à l'air. Ce que nous venons de dire des vins s'applique aux autres boissons alcooliques et même aux dissolutions sucrées, mêlées de ferment, que l'on abandonne au contact de l'air. Pendant la fermentation acide des boissons alcooliques, il se sépare une matière mucilagineuse, qui active beaucoup cette fermentation. Cette matière, principalement formée de matières albuminoïdes, a reçu le nom de *mère de vinaigre*. »

Les procédés de fabrication actuellement suivis reposent sur ces faits, et les résultats sont obtenus d'une manière constante lorsque les principes sont mis scrupuleusement en pratique.

Méthode vulgaire. — Cette méthode est très-simple et elle consiste à laisser exposé à l'air libre et chaud du vin ou tout autre liquide spiritueux, jusqu'à sa conversion complète en vinaigre ou acide acétique faible.

Il y a certaines contrées de France et d'Allemagne dans lesquelles chaque famille fait elle-même le vinaigre de sa consommation, en ayant seulement le soin de remplacer celui que l'on soutire par de nouveau liquide. Tel vase à vinaigre subsiste depuis un temps immémorial et sert, en quelque façon, de père en fils. C'est là l'enfance de l'art, et pourtant ce procédé informe a été longtemps employé en fabrication, et il est encore aujourd'hui la base de plusieurs méthodes en usage.

Nous n'aurions fait que mentionner cette méthode, sans la nécessité de mettre sous les yeux du lecteur quelques pratiques qui s'y rattachent, sur lesquelles il se présente à faire des observations utiles.

On sait que les vins contiennent encore des proportions notables de ferment et que tous les liquides fermentés renferment assez de matière active pour que l'acétification s'opère, puisque ces liquides s'aigrissent et se changent en vinaigre lorsqu'ils sont abandonnés au contact de l'air. La nécessité de la présence du ferment ne justifie donc l'addition des matières azotées que dans le cas où l'on veut acidifier de l'alcool extrait des vins par la distillation. Dans ce cas, la levûre, le moût de grains, les jus de fruits, les lies, le gluten, le levain aigri, des marcs, des pulpes ou des bagasses, remplissent parfaitement le but, et l'on a de quoi choisir. On ne comprend donc plus l'emploi des recettes anciennes relatives au ferment et nous ne reviendrons pas sur les procédés qui ont été conseillés pour préparer du ferment avec la farine, et dont les bases ont été indiquées dans un précédent volume. On a été jusqu'à prescrire l'introduction des excréments dans les liquides destinés à subir la fermentation acétique, et cette mesure dégoûtante est exposée dans l'ouvrage de Demachy comme ayant donné un *vinaigre exquis et très-fort*. En présence de semblables observations, il n'y a guère lieu de s'étonner de ce que certains paysans introduisent de la colombine dans les moûts de cidre en fermentation...

Boerhaave avait modifié la méthode vulgaire de fabrication du vinaigre, laquelle est à peu près la même dans tous les pays et consiste simplement à introduire les vins de lie et les vins aigris dans des vases ouverts, en laissant le travail de transformation se faire spontanément. Cet observateur avait rendu cette méthode industrielle par une modification assez ingénieuse. Il plaçait, dans un endroit chaud et aéré, deux cuves en chêne, à 1 pied (33 centimètres) du sol. Dans chacune de ces cuves il établissait, à 1 pied du fond, un faux fond percé de trous ou une grille, et tout l'espace supérieur était rempli de sarments et de feuilles de vigne. Il va sans dire qu'une cannelle en bois permettait de soutirer à volonté le liquide. On remplissait en entier l'une des cuves et l'autre seulement à moitié avec le vin à transformer. Au bout de trois ou quatre jours, lorsque la fermentation était bien en marche dans la cuve en vidange, on soutirait de la cuve pleine ce qui était nécessaire pour remplir l'autre cuve. Le lendemain, on répétait la même manœuvre en sens inverse, en sorte que tous les jours la cuve en vidange était remplie avec du liquide de la cuve pleine. La cuve en vidange était couverte avec un couvercle en bois, posé simplement sur les bords, afin de s'opposer à une évaporation trop active. L'opération durait de quinze jours à trois semaines, selon la température.

La méthode de Boerhaave ne diffère de celle que Glauber avait proposée qu'en ce que, dans celle-ci, il y avait un troisième cuvier, servant de réservoir pour le liquide de remplissage, et que les deux cuves étaient en vidange à la fois.

Le procédé de Boerhaave serait encore très-applicable dans le cas où l'on ne voudrait préparer qu'une quantité peu considérable de vinaigre, et il ne présente rien d'irrationnel.

Un procédé, suivi encore dans le Nord, consiste à agiter le liquide acétifiable par les mouvements qu'on imprime aux vases qui le renferment ; mais cette marche est moins avantageuse que la précédente et la méthode de Boerhaave est bien préférable. On peut encore remplir à moitié des barriques avec des rafles, couvrir de vin et soutirer tous les jours une partie du vin pour le reverser dans un appareil suivant jusqu'à ce que l'acétification soit opérée. Le mouvement et l'agitation, en présence de l'air, ne peuvent suffire pour produire l'acétification d'un liquide alcoolique, tandis que cette aération violente et répétée transformerait très-bien l'aldéhyde en acide acétique. La première chose à faire consiste donc à produire de l'aldéhyde, ce qui a lieu par l'action du ferment, et la seconde consiste à oxyder cet aldéhyde par un excès d'air. On comprend dès lors que tout procédé dans lequel le liquide sera soumis à l'action du ferment d'abord, puis aéré, soit par l'agitation ultérieure, soit par un transvasement, soit par des surfaces développées au maximum, atteindra le but d'une manière plus ou moins rapide.

Il paraît essentiel à la promptitude des opérations et à la conservation du produit que le vin employé soit aussi clair et limpide qu'il est possible.

La plupart des procédés de la méthode vulgaire dans l'ancienne fabrication étaient basés sur ce qui vient d'être exposé. Les seules modifications que l'on apportât dans la pratique dépendaient de l'arbitraire de chaque fabricant ; mais on doit ajouter que la plupart introduisaient dans leurs liquides, aussitôt que le travail intestin se manifestait par le trouble de la masse, un mélange de drogues irritantes, telles que le piment, les poivres, le gingembre. Ce mélange portait le nom de *pain des vinaigriers*, et l'on en abusait, comme on abuse aujourd'hui des mêmes substances âcres pour donner du montant aux eaux-de-vie communes.

Méthode des vinaigriers ; méthode d'Orléans. — Nombre de vinaigriers suivent encore le procédé de Boerhaave, ou quelque méthode analogue, mais la plupart ont adopté la méthode d'Orléans, qui est surtout pratiquée dans le centre et le midi de la France.

En voici la description sommaire :

Dans un cellier suffisamment vaste, on dispose deux ou plusieurs rangs de tonneaux, couchés sur des chantiers assez élevés, et on les remplit à moitié avec du fort vinaigre. Un poêle avec des tuyaux assez gros élève la température intérieure à + 30 degrés environ. Au bout de huit à dix jours, on rafraîchit le vinaigre en y versant, par la bonde de chaque tonneau restée ouverte, 10 litres de bon vin portant de 8 à 10 pour 100 d'esprit, et l'on continue ainsi à recharger les appareils tous les dix jours, jusqu'à ce qu'ils soient arrivés aux deux tiers de leur plein. Cette sorte de préparation des appareils dure trois mois.

On commence alors à soutirer, tous les dix jours, 10 litres de vinaigre, que l'on remplace par 10 litres de vin, et ainsi de suite, en sorte qu'un appareil fournit 1 litre de vinaigre par jour.

Le vinaigre se filtre ensuite sur des *râpés* formés de rafles, ou de copeaux de hêtre, ou de rafles et de copeaux mélangés. Il est alors livré au commerce.

Dans quelques localités, les tonneaux sont placés debout sur leur fond au lieu d'être couchés, et le fond supérieur porte une ouverture plus ou moins grande, de 4 à 6 centimètres de diamètre; mais cette modification n'a pas une grande importance sur le procédé, qui reste le même, et présente toujours le désavantage d'exposer à une assez grande déperdition, par suite de l'évaporation prolongée.

Dans la plupart des vinaigreries où l'on suit ce procédé, on emploie de bons vins blancs de l'année précédente, marquant 10 degrés en moyenne à l'alcoomètre.

On voit que chaque appareil ne peut fournir une pièce de vinaigre de 215 à 220 litres qu'en autant de jours, soit en sept mois et demi environ, ce qui est beaucoup trop long pour une fabrication économique.

En effet, il suffit, pour s'en convaincre, de faire attention à ce fait que, dans les meilleures vinaigreries d'Orléans, on évalue la perte à plus d'un cinquième du volume du liquide, par suite de l'opération. C'est ce qui fait que cette fabrication a eu une peine extrême à se soutenir dans plusieurs circonstances, et que plusieurs maisons ont dû cesser leur travail, dans les années de cherté du vin, plutôt que de s'exposer à vendre à perte, bien que les vinaigres de bon goût, et purs de vin, atteignent des prix assez élevés.

Il est absolument indispensable que l'accès de l'air soit rendu facile dans les appareils. Aussi les fonds sont-ils percés d'une ouverture, semblable à un trou de bonde, au-dessus du niveau que doit atteindre le liquide, c'est-à-dire vers le quart supérieur. D'un autre côté, si l'on doit rehausser la richesse alcoolique des vins trop faibles, il importe de ne pas retarder le travail par un excès d'alcool qui entraînerait une plus grande dépense de temps et d'argent. Les vins trop spiritueux sont coupés avec de l'eau tiède et le degré alcoolique est fixé régulièrement à 10 degrés centésimaux. On peut rehausser les vins faibles par une addition d'alcool, ou y ajouter du sucre, de la mélasse, du miel, du glucose ; mais, dans ce dernier cas, on comprend que l'opération soit ralentie, quel que soit le procédé suivi, puisqu'il faut d'abord que les matières sucrées additionnelles aient subi la fermentation alcoolique avant d'éprouver les effets de l'acétification.

On ne se sert plus guère en France du procédé de transvasement que nous avons signalé plus haut ; cependant, on doit dire que le transvasement partiel des liquides a pour résultat de ranimer le travail lent des *mères paresseuses*. On constate, en effet, soit dans les procédés vulgaires, soit dans la méthode d'Orléans, des retards ou des arrêts dans la marche de la fermentation, lorsqu'un courant d'air, un refroidissement subit, l'addition d'un peu trop de liquide à la fois ou d'autres circonstances ont abaissé la température de la liqueur. On conçoit la nécessité de prendre des précautions contre ces causes d'accidents et de régler convenablement toutes les dispositions à suivre pour les éviter. Les ouvertures de la vinaigrerie doivent être établies de manière à ne pas diriger le courant d'air sur les appareils ; l'aération doit se faire par le bas pour l'introduction de l'air, par le haut pour la sortie ; il est bon que l'air extérieur ne pénètre dans le local qu'après s'être échauffé dans quelque carneau ou dans une enveloppe métallique chaude ; enfin, le vin destiné au travail journalier doit être déposé d'avance, par parties, dans la vinaigrerie, afin qu'il puisse prendre la température moyenne de l'opération.

Méthode accélérée, dite *de Schützenbach*. — Nous ne rechercherons pas si Schützenbach est le premier qui ait eu l'idée de la méthode accélérée d'acétification et nous ne voulons pas entamer ici une discussion qui ne présenterait plus aujourd'hui qu'un intérêt secondaire.

Nous résumions ainsi la marche de la méthode accélérée dans notre ouvrage sur la fermentation : Cette méthode, disions-nous, est, sans contredit, l'une des plus belles applications de la théorie à l'industrie. Des tonneaux sont disposés sur un de leurs fonds de manière à être élevés à une hauteur convenable pour les besoins du service. A l'intérieur, vers le sixième inférieur de la hauteur, est disposé un faux fond percé de trous, dans lequel on place des copeaux de hêtre préparés comme nous le dirons tout à l'heure. Un autre faux fond, également percé de trous garnis de bouts de ficelle retenus par un nœud, est placé à la partie supérieure, à 15 centimètres du haut, de manière à former une sorte de cuvette destinée à recevoir le liquide. Ce faux fond est soigneusement garni sur le pourtour, afin que la liqueur soit forcée de passer par les ficelles et ne tombe sur les copeaux que goutte à goutte, ou à peu près.

Une série de trous d'appel pour l'air chaud est disposée circulairement au-dessous du faux fond supérieur, et une autre série se trouve pareillement établie à quelques centimètres au-dessus du faux fond inférieur.

Les copeaux de hêtre, placés dans l'intervalle des faux fonds, ont été soumis à l'action de fort vinaigre bouillant, ou même d'acide acétique, jusqu'à saturation.

La température de l'atelier doit être élevée entre + 30 et + 35 degrés centigrades au début, mais il n'y a aucun inconvénient à la maintenir stationnaire vers + 30 degrés, lorsque l'opération est en train, et que le liquide à traiter se trouve amené lui-même à cette température moyenne.

La vinasse se compose de 9 parties d'eau pour 1 d'alcool[1]; on y ajoute quelques millièmes d'une liqueur sucrée fermentescible, telle que le jus de betterave, ou mieux, dans les commencements surtout, 5 dixièmes à 1 pour 100 de bonne levure de bière et quelque peu de sucre brut en dissolution (50 centièmes pour 100).

Le liquide ainsi préparé est versé dans la cuvette de l'ap-

[1] On peut, évidemment, employer tous les vins fermentés de toute nature, ramenés à 10 pour 100 d'alcool, lesquels s'acétifient très-bien par cette méthode.

pareil et, filtrant goutte à goutte le long des ficelles, il se
répand en lames minces sur les copeaux, où, sous l'action
combinée du ferment et de l'air chaud, tout l'alcool se transforme en acide acétique.

Lorsque les appareils sont *faits*, c'est-à-dire lorsque la *mère
de vinaigre* est bien formée dans les copeaux, il ne faut faire
passer la liqueur dans le tonneau de graduation qu'une fois
ou deux fois tout au plus, pour la changer en vinaigre.

Nous avons calculé qu'un tonneau du jaugeage de 220 litres
peut produire 106 litres de vinaigre par jour, ce qui est le
centuple de ce que peut la méthode ordinaire.

Ce procédé est cependant susceptible d'utiles et importantes
modifications au point de vue de la manipulation et des
appareils ; mais il n'en est pas moins le plus complet et le
plus rationnel de tous ceux qui existent.

Cette opinion est celle de tous les chimistes qui ont observé
cette méthode avec l'intérêt qu'elle mérite.

« Pour que l'acétification marche rapidement, dit M. Regnault, il faut que la liqueur soit suffisamment étendue d'eau
et qu'elle présente une large
surface à l'action oxydante de
l'air. En grand, on satisfait à
ces conditions de la manière
suivante : on emploie une
liqueur alcoolique qui renferme 1 partie d'alcool pour
8 ou 9 parties d'eau ; on ajoute
à cette liqueur 1 millième
environ d'un liquide fermentescible, du jus de betterave,
de pomme de terre, ou de
la petite bière ; puis on fait

Fig. 108.

tomber cette liqueur goutte à goutte dans des tonneaux
remplis de copeaux de hêtre (fig. 108). Les tonneaux sont
percés de plusieurs trous *c* à leur partie inférieure, ils en
portent d'autres vers leur partie supérieure ; un fond D,
établi vers le haut, forme une cuvette dans laquelle on verse
la liqueur alcoolique. Ce fond est percé d'un grand nombre
de trous que traversent des bouts de ficelle, terminés par
des nœuds pour qu'ils ne puissent pas tomber. La liqueur

alcoolique s'infiltre le long des ficelles et, tombant en gouttes sur les copeaux, elle s'écoule en couche mince et présente une large surface à l'action oxydante de l'air; l'oxydation s'opère sous l'influence du ferment contenu dans la liqueur et des matières albuminoïdes du bois; la température s'élève et détermine un courant d'air qui pénètre par les trous inférieurs. L'oxydation marche tellement vite que le liquide, arrivé au fond du tonneau, ne renferme souvent presque plus d'alcool. Si, après ce premier passage, la conversion de l'alcool en acide acétique n'est pas complète, on le fait passer une seconde fois. La présence de l'acide acétique facilite elle-même la fermentation acétique; aussi a-t-on soin, quand on se sert de copeaux de bois frais, de les laisser pendant quelque temps dans du vinaigre concentré. La température du tonneau exerce aussi une grande influence; si elle était trop froide, il faudrait d'abord verser de la liqueur alcoolique chauffée pour amener la température entre +30 et +36 degrés. »

Nous ne ferons qu'une seule observation au sujet de cette description remarquable : M. Regnault semble ne voir, dans l'acétification, qu'une *oxydation due au ferment*, et cette erreur a été partagée par la plupart des chimistes. Nous rappelons au lecteur que le ferment produit la déshydrogénation de l'alcool, sa transformation en aldéhyde, et que c'est l'air seul qui agit comme oxydant sur l'aldéhyde à mesure de sa formation...

MM. Pelouze et Frémy ont indiqué une manière de voir analogue : « Il résulte, disent-ils, d'anciennes observations faites par Th. de Saussure, que certaines matières azotées agissent, dans les réactions chimiques, comme le *noir de platine*. Or, le vin tient précisément en dissolution une matière azotée qui *détermine* l'absorption de 4 équivalents d'oxygène par l'alcool et sa transformation en acide acétique.

« Telle est la théorie si simple de l'acétification. »

Il eût été plus simple encore, pour les auteurs, de dire, ce qui eût été la vérité : « Nous ne savons pas et nous n'avons pas la première idée de ce que cela peut être. »

M. A. Payen a entrevu le véritable côté de la question : « La réaction spéciale dans cette opération, dit-il, n'est autre qu'une sorte de combustion lente ou oxydation, qui enlève de l'hydrogène en formant de l'eau, puis oxyde le produit. En comparant les compositions de l'alcool employé et de l'acide obtenu, on peut se rendre compte de ces phénomènes successifs : ainsi, l'alcool, représenté par la formule $C^4H^6O^2$, perdant 2 équivalents d'hydrogène, se transforme en aldéhyde $C^4H^4O^2$; celui-ci, attaqué par 2 équivalents d'oxygène, devient acide acétique hydraté, $C^4H^3O^3 + HO$.

« Presque toujours, en effet, à l'origine de l'acétification des vins, on ressent une odeur vive, éthérée, analogue à celle de l'aldéhyde; bientôt après, c'est l'odeur de l'acide acétique lui-même qui domine. »

M. Payen fait observer que les vins récemment fabriqués s'acidifient plus difficilement que les vins vieux, parce qu'ils retiennent trop de matière sucrée. Il y a une distinction à faire en ceci : cette proposition est rigoureusement exacte lorsqu'il s'agit de vins nouveaux renfermant encore du sucre non décomposé, mais c'est tout le contraire que l'on observe avec les vins nouveaux bien fermentés.

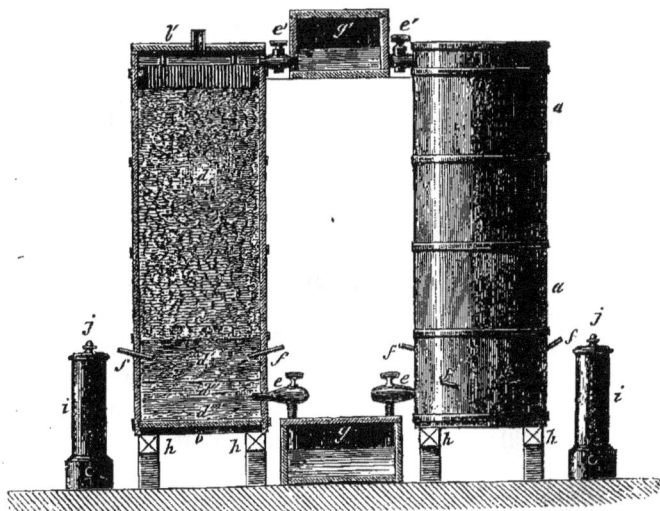

Fig. 109.

L'appareil représenté par la figure 109 donne une idée exacte d'une bonne disposition des cuves à travail accéléré adoptée en Belgique.

46

Les pompes *ij* servent à élever le vin ou le liquide alcoolique dans le réservoir alimentaire *e'e'*. Ces pompes sont le plus souvent en bois. Le vin coule dans la cuvette des tonnes de graduation *a, b* et, s'infiltrant par les mèches, se répand sur les copeaux en *d*. Des chevilles *f, f* servent à donner plus ou moins d'air dans les appareils, selon que l'on ouvre plus ou moins les trous d'aération. Enfin, le liquide transformé tombe dans un récipient par les robinets en bois *e, e,* et l'on peut le reprendre pour le faire passer de nouveau dans les cuves, si le travail d'acétification n'est pas arrivé à son terme.

En moyenne, on donne plus de force alcoolique aux mélanges d'eau et d'alcool que l'on n'en observe dans les vins fermentés, parce que l'alcool se sépare plus aisément de ces liquides et qu'il en échappe une partie à la réaction. En Allemagne, on porte les liquides à une richesse de 15 degrés centésimaux, mais nous pensons que l'on peut se borner à 12 degrés, si la température n'est pas exagérée. Rien n'empêcherait, d'ailleurs, de recueillir les vapeurs émises par les orifices supérieurs d'aération et de les condenser.

Terme de l'acétification. — Le travail de l'acétification est terminé lorsque tout l'alcool est transformé. Beaucoup de fabricants n'attendent pas que la réaction soit complète, et la transformation se termine avec le temps dans les barriques. Cette marche est un peu arbitraire ; on s'assure de l'acétification par un essai alcoométrique, à l'aide duquel on détermine quelle est la proportion d'alcool restant encore dans les liquides, et l'on fait repasser les liqueurs dans les tonnes jusqu'à ce que l'alcool ait été modifié. Une autre marche plus rapide, mais moins précise, consiste à prendre de temps en temps la densité du produit, et à arrêter l'opération lorsque cette densité cesse d'augmenter, ce qui est suffisant pour la pratique, le peu d'alcool restant s'acidifiant avec le temps et ne pouvant d'ailleurs être nuisible au vinaigre.

Clarification des vinaigres. — Dans les vinaigreries, on clarifie le vinaigre fabriqué en le faisant séjourner dans des cuves ou des barriques à peu près pleines de copeaux de hêtre séchés, jusqu'à ce que la liqueur ait déposé ses impuretés sur les copeaux. On soutire, en général, le liquide au bout de dix jours. S'il n'est pas clair, on le fait passer une seconde fois sur d'autres copeaux et en agissant de la même manière.

On doit soutirer très-lentement, pour ne pas troubler le produit.

Si cette marche ne suffit pas et que le vinaigre reste louche, il ne convient de le coller à la colle de poisson ou à la gélatine que s'il renferme assez de principe astringent. Dans tous les cas, il faut se rappeler que le vinaigre dissout facilement les matières albuminoïdes, qui deviennent ainsi une cause de plus grande altération. Le mieux à faire consiste à ajouter au liquide la solution de 10 à 15 grammes de bon cachou par hectolitre, de placer le produit dans une cuve munie d'un serpentin d'étain et de le chauffer à + 90 degrés. On le fait écouler dans une cuve de repos et on le soutire avec précaution au bout d'une douzaine de jours. On peut aussi filtrer le liquide aussitôt après qu'il a été chauffé avec un peu de dissolution de cachou.

On colore les vinaigres en y ajoutant un peu de vin de Narbonne, si l'on veut les teinter en rouge. Les vinaigres blancs peuvent recevoir une nuance un peu ambrée avec le caramel, et l'on obtient la décoloration de ces produits en les faisant filtrer à travers du noir d'os, que l'on a débarrassé de la chaux et du carbonate de chaux par un lavage à l'acide, suivi de plusieurs lavages à l'eau. Le phosphate des os est assez soluble dans l'acide acétique, même faible, et cette circonstance ne doit pas être perdue de vue.

Nous avons vu employer avec succès la filtration sur le charbon végétal concassé, pour enlever les goûts étrangers de certains vinaigres d'alcool, et ce moyen est peut-être le plus pratique et le plus commode dont on puisse se servir.

Le vinaigre, bien clarifié, additionné, si l'on veut, de quelque peu d'éther acétique et d'un demi-centième à un centième d'alcool de bon goût, se conserve bien dans une cave froide et sombre, pourvu que les fûts soient hermétiquement fermés.

Falsifications des vinaigres.—On falsifie les vinaigres de deux manières : soit en y faisant macérer des substances âcres destinées à leur donner du montant, soit en y ajoutant une certaine quantité d'acides minéraux. Cette dernière falsification est sévèrement punie par la loi et elle n'est autre chose qu'un véritable empoisonnement.

Le poivre, le piment, la racine de pyrèthre, le gingembre, etc., ont été et sont encore employés par certains fabri-

cants pour donner plus de roideur, plus d'âcreté et de montant
à leurs vinaigres ; mais toutes ces substances irritantes sont
nuisibles à la santé, et même elles s'opposent à la conservation du vinaigre. C'est à Paris surtout, ce centre universel
des falsifications dans toutes les branches qui se rapportent à
l'alimentation, que cette supercherie était très-commune avant
les règlements qui ont prescrit une surveillance plus sévère
de certaines professions. Mais, malgré tout le zèle des commissions et des inspecteurs, nombre de ces fraudes se pratiquent encore tous les jours, et la surveillance est insuffisante
pour arrêter la cupidité par la crainte de la répression. Là
honte même du châtiment n'agit pas toujours sur l'esprit de
ces êtres avides, qui mettent l'argent au-dessus de la probité,
et le public lui-même semble autoriser la manière honteuse
dont on le trompe par sa coupable indifférence [1].

Dans le premier genre de falsification des vinaigres, lorsque
le fraudeur se borne à l'emploi de moyens qui ne sont pas des
empoisonnements directs, bien qu'ils soient nuisibles, on comprend encore la possibilité de l'excuse ; mais il n'en est pas
de même lorsque les acides minéraux sont employés pour
forcer la saveur, au risque de donner la mort ou, tout au
moins, de causer des accidents graves.

Les principaux acides que l'on pourrait employer sans inconvénient, et même avec un certain avantage, pour *forcer* les
vinaigres, tout en les améliorant, seraient l'acide tartrique et
le citrique. On pourrait y ajouter le lactique et le malique, si
on pouvait les obtenir *purs* économiquement, et s'ils étaient
entièrement débarrassés de toute combinaison plombique.

L'acide tartrique et le citrique sont donc *les seuls acides végétaux* que l'on puisse employer, à dose modérée, pour suppléer
à la faiblesse des vinaigres et leur donner une saveur agréable,

---

[1] Ces observations, empruntées à notre ouvrage sur la fermentation, étaient
rigoureusement vraies en 1858. Aujourd'hui elles seraient au-dessous de la
vérité, et jamais on n'a vu la pratique de la falsification se généraliser en tout
avec autant d'audace et de cynisme. L'époque du laisser-faire qui suit ordinairement les grandes secousses est exploitée par tous ceux qui ont un intérêt
quelconque à tromper, et les règlements ne suffisent pas à la répression, puisque les faits ne sont pas même relevés et que la surveillance fait défaut. On
surveille avec âpreté toutes les contraventions en matière d'octroi, toutes celles
qui feraient perdre de l'argent à l'Etat ou à la ville, mais on doit avouer que
la répression du frelatage laisse beaucoup à désirer.

sans nuire à la santé. Mais les falsificateurs ne s'aviseront pas de s'en servir, car leur but n'est pas de donner de la force et de la bonté à leur produit, mais bien d'en diminuer le prix de revient. Les acides dont nous parlons coûtent trop cher pour qu'il en soit fait usage par des hommes si désireux de faire des économies au détriment des consommateurs [1].

Ils emploient donc de préférence l'acide azotique, le sulfurique ou le chlorhydrique.

Le premier est même assez rarement employé, à raison de son prix élevé, mais l'acide sulfurique et le chlorhydrique sont à un tel bon marché que la rapacité y trouve son compte.

Voici les moyens de découvrir ces trois falsifications :

1° *Acide azotique* ou *nitrique*. — En saturant le vinaigre suspect par le carbonate de soude, en supposant la présence de l'acide azotique, on obtiendra, par l'évaporation à sec de la liqueur, un mélange d'acétate et de nitrate de soude ; peut-être s'y joindra-t-il du lactate, du tartrate et du malate de la même base, selon l'origine du vinaigre.

Si l'on fait dissoudre le résidu sec dans de l'alcool concentré, une partie restera indissoute, laquelle sera surtout formée de nitrate de soude. On la reconnaîtra aisément après la dessiccation :

1° En plaçant un peu de la matière sur un charbon ardent, elle fusera comme la poudre ou le salpêtre (azotate de potasse);

2° En chauffant ce sel avec de l'acide sulfurique, il se dégagera de l'acide azotique ;

3° Si l'on chauffe le sel avec de l'acide sulfurique et un peu de limaille de cuivre, il se dégagera des vapeurs rutilantes d'acide hypoazotique.

Il existe un autre moyen plus simple et plus commode de déceler la présence de l'acide azotique dans les vinaigres. Pour cela, on fait dissoudre du sulfate de protoxyde de fer dans de l'eau aiguisée d'acide sulfurique, puis on y verse la moitié du volume environ du vinaigre sophistiqué.

On plonge dans le mélange une lame de fer et, s'il contient de l'acide azotique, il se colore, après quelques minutes, en

[1] L'acide tartrique peut être obtenu à 4 francs le kilogramme, et le citrique à 5 francs. On améliore beaucoup les vinaigres en faisant dissoudre 500 grammes du premier et 100 grammes du second par hectolitre, ce qui représente une dépense de 1 fr. 70 pour 100 litres ou 17 millièmes par litre.

rose ou en brun, par le bioxyde d'azote résultant de la décomposition de l'acide azotique. Il serait plus simple encore de jeter dans le liquide un peu de limaille de fer. En agitant avec une baguette de verre, on voit se produire à l'air des vapeurs rouges, pour peu que l'acide azotique soit en quantité notable.

2° *Acide sulfurique* ou *huile de vitriol.*—Rien n'est plus facile que de constater la présence de l'acide sulfurique dans les vinaigres, lorsque l'on sait que cet acide et tous les sulfates sont accusés par l'eau de baryte et la solution de tous les sels de cette base.

Il suffit donc de verser, dans le vinaigre que l'on soupçonne de contenir de l'acide sulfurique, un peu d'eau de baryte ou de solution d'un sel de baryte, pour que l'on voie aussitôt se précipiter un dépôt blanc *abondant* de sulfate de baryte, insoluble dans l'acide azotique, si l'acide sulfurique existe dans la liqueur à l'état libre ou à l'état de sulfate.

On ne doit cependant tirer une conclusion sévère de ce fait que lorsque la réaction est bien accusée ; car, si la liqueur ne faisait que *louchir*, on devrait attribuer ce résultat au sulfate de potasse que contiennent certains vins en petite quantité, et faire subir au liquide une analyse exacte avant de se prononcer.

3° *Acide chlorhydrique* ou *muriatique.* — Lorsqu'une liqueur renferme de l'acide chlorhydrique, même en faible quantité, ou un chlorure soluble, on peut en découvrir la présence à l'aide du nitrate ou azotate d'argent, qui donne la réaction la plus prononcée et l'une des plus caractéristiques de la chimie.

On verse dans le liquide quelques gouttes de la dissolution du sel argentique, et aussitôt on voit se précipiter un caillebotté blanc de chlorure d'argent, qui devient d'abord violacé, puis noir, à la lumière ; qui est insoluble dans les acides et soluble dans l'ammoniaque.

Cette réaction décèle aussi la présence du chlorure de sodium NaCl, ou sel marin, dans les vinaigres, ainsi que celle de tous les chlorures solubles.

Le sel marin est très-employé par certains vinaigriers pour donner à leurs produits la densité exigée à tort par le commerce. Bien qu'il ne soit pas nuisible à la santé, on ne doit pas moins en proscrire l'usage, à raison de la ressemblance de réaction qu'il offre avec l'acide chlorhydrique, ce qui expose à des erreurs ou à des négligences, toujours graves en matière d'alimentation.

Les vérificateurs des commissions d'hygiène ne doivent pas avoir de faiblesses nuisibles, mais ils ne doivent pas davantage se laisser aller à des sévérités outrées. Ainsi, il peut se faire qu'un vinaigre devienne louche par les sels de baryte ou par le nitrate d'argent, sans que l'on puisse accuser le vendeur ou le fabricant de fraude. Nous avons indiqué précédemment, d'après M. Fauré, la nature des matières minérales du vin, et elles renferment assez de sulfates et de chlorures pour donner le change à des observateurs distraits. Il en est de même pour les vinaigres d'alcool et pour tous ceux qui proviennent de moûts préparés à l'eau ordinaire, laquelle est loin d'être exempte de sels.

M. A. Payen a indiqué un bon moyen d'essai, à l'aide duquel on peut apprécier la présence des acides libres sans être exposé à confondre cette circonstance avec celle de l'introduction ou de la présence normale des sels. Comme l'acide acétique ne désagrége pas la fécule au point où elle cesse de bleuir par l'iode ou les iodures, on prend 1 décilitre du vinaigre suspect, et l'on y ajoute un demi-gramme de fécule de pomme de terre. On fait bouillir pendant vingt à trente minutes, puis on laisse refroidir le liquide, et l'on y ajoute de la teinture d'iode ou quelques gouttes d'iodure de potassium. Si la couleur bleue intense caractéristique ne se manifeste pas, on en conclut que le vinaigre renferme un acide minéral dont l'action a transformé la fécule. Il suffirait de 2 ou 3 millièmes d'acide sulfurique pour produire ce résultat, et l'on fera toujours bien de commencer par cet essai préalable, avant de rechercher la nature de l'acide ajouté. La preuve fournie par cette réaction peut suffire, d'ailleurs, pour que l'on rejette ou qu'on accepte le produit sans recourir à des vérifications plus minutieuses. On n'a besoin de précision que dans certains cas, lorsqu'il s'agit d'obtenir des chiffres pour la rédaction d'un rapport officiel ou pour un but particulier, car la présence d'un acide minéral libre démontre complétement la fraude.

Acétimétrie. — Nous désignons sous ce terme la méthode à

suivre pour s'assurer de la quantité d'acide réel que renferment 100 parties d'un vinaigre donné, *supposé pur*, c'est-à-dire ne renfermant que de l'acide acétique et n'ayant pas été falsifié par des additions coupables d'acides minéraux. On comprend facilement que d'autres acides végétaux soient réunis à l'acide acétique, dans un bon vinaigre, tel que le vinaigre de vin. On trouve dans celui-ci de l'acide tartrique ; on rencontre des acides citrique et malique dans des vinaigres excellents qui proviennent de l'acétification des vins de fruits ; les vinaigres de glucose, de fécule, de bière, contiennent de l'acide lactique ; mais la détermination de la proportion de ces acides exige des opérations assez délicates, qui ne peuvent être exécutées que par un chimiste expérimenté. Comme, d'ailleurs, ces acides ne sont pas plus nuisibles que l'acide acétique lui-même, nous ne nous occuperons pas des procédés à suivre pour en faire la recherche ; mais nous devions faire cette réserve, afin de limiter d'une manière précise le rôle de l'acétimétrie.

Tout vinaigre à essayer doit d'abord être soumis à une série d'épreuves destinées à faire connaître s'il contient des acides minéraux. On doit rejeter les produits qui contiennent de ces acides dans des proportions supérieures à celles que l'on rencontre dans le vinaigre de vin naturel. Comme il existe dans le vin une certaine proportion de sulfates et de chlorures, on doit ne pas perdre ce fait de vue pour asseoir un jugement vrai sur le liquide essayé. Nous aurons à revenir sur cette observation.

Après cette vérification préalable, on procède à la recherche de l'acide acétique, à l'opération d'acétimétrie. Nous avons déjà dit que l'appréciation de la densité ne peut suffire pour fournir l'indication de la richesse d'un liquide acétique. Cette observation s'applique même aux vinaigres, c'est-à-dire aux solutions très-affaiblies d'acide acétique, bien que la densité due à la présence de l'acide diminue très-régulièrement à partir de l'acide trihydraté, qui offre la même densité que le monohydraté. Quoi qu'il en soit, comme l'erreur contre laquelle nous nous élevons est très-accréditée dans le commerce des vinaigres, nous croyons devoir compléter ce qui a été dit, afin de faire bien comprendre le mauvais côté de ce préjugé.

Un degré de Baumé représente *dix divisions* des vinaigriers, et le commerce exige vingt-cinq divisions, ce qu'il n'est possible d'obtenir dans les vinaigres que par la présence d'une quantité énorme de matières mucilagineuses qui augmentent la densité du liquide et le prédisposent à la décomposition.

Quelques-uns produisent la densité commerciale à l'aide du sel marin, etc.

Les *bons* vinaigres du commerce contiennent 5,5 pour 100 d'acide acétique monobydraté, ce qui donne les résultats suivants :

Eau, 94^k,5 (soit, 94^l,5). . . . . 94^k,5
Acide, 5^k,5 (représent. 5^l,174 à 1063 de densité).   5 ,5
                                                          ─────
                                                          100^k,0

Les 100 kilogrammes de ce mélange type ne représentent que 99^l,174, ce qui met la densité de l'unité de volume à 1 008,32 seulement, pendant que celle exigée est de plus de 1 016.

La densité de l'acide acétique monobydraté est de 1 063 ; cet acide contient, sur 100 parties en poids :

Acide réel, anhydre. . . .   85
Eau combinée.   15
                          ─────
                            100

Lorsqu'on ajoute de l'eau, la densité augmente, suivant les indications du tableau ci-dessus (p. 555), jusqu'à ce qu'elle soit arrivée à son maximum, qui est 1 079, et qui correspond à peu près à l'acide trihydraté $C^4H^3O^3,3HO$, lequel offre la composition :

Acide réel, anhydre. . .   637,5   65,39
Eau combinée.   333,5   34,61
                         ─────   ──────
                         975,0   100,00

On peut voir par là que l'acide hydraté à 15 pour 100 d'eau est d'une densité moins considérable que celui qui contient 34 pour 100 d'eau, et que la densité ne peut servir à reconnaître la valeur des vinaigres, surtout si l'on ajoute à ces faits celui qui résulte de la présence d'une proportion très-notable de matières étrangères dans les produits de la fermentation. L'acide monohydraté pur et le même acide étendu de son poids d'eau ont le même poids spécifique. Et bien que, à partir de ce terme, l'abaissement de la densité soit à peu près régulier, les matières dissoutes dans la liqueur ne permettent pas de se baser sur les indications de l'aréomètre.

Il vaut mieux s'en rapporter à la saturation de l'acide par les bases, lorsqu'on est certain que le vinaigre essayé ne contient pas d'acides minéraux.

Ainsi, on sait que 100 grammes d'acide acétique monohydraté pur, à 1063 de densité, sont saturés par 238^g,26 de carbonate neutre de soude cristallisé ; si l'on sature 1 décilitre du vinaigre essayé par ce sel, on tiendra compte de la quantité nécessaire pour détruire l'acidité et former de l'acétate de soude. Supposons que 1 décilitre de vinaigre ait exigé 16 grammes de ce sel alcalin pour sa neutralisation complète, on aura la proportion suivante :

$$238,26 : 100 :: 16 : x = 6,46 ;$$

d'où l'on conclut que le vinaigre donné contient 6,46 pour 100 d'acide, et qu'il est de très-bonne qualité sous ce rapport, quelle que puisse en être la densité ou la division qu'il marque.

Nous avons étudié un grand nombre d'échantillons de *vinaigres purs de vin*, choisis parmi les meilleures sortes, et jamais nous n'en avons trouvé qui fussent au delà de ce titre. En somme, sur plus de deux cent soixante expériences portant sur des vinaigres de toute provenance, le chiffre maximum a été de 12 pour 100 d'alcali carbonaté saturé par la liqueur.

C'est donc à la capacité de saturation des vinaigres par les alcalis qu'il faudrait se rapporter pour en apprécier la valeur réelle, et déjà, grâce au progrès que fait naître l'avancement des lumières, on est arrivé à faire entrer cette idée parmi celles qui sont l'objet d'une réforme administrative.

On peut préparer plusieurs liqueurs acétimétriques à l'aide desquelles on opère sur des quantités de vinaigre très-faibles. Ainsi, on sait que le carbonate de soude neutre est soluble dans deux fois son poids d'eau froide. En préparant une dissolution saturée de ce sel, on aura 500 grammes de soude carbonatée dissoute par litre d'eau. Il sera facile de se rendre un compte exact de la saturation du vinaigre en versant de cette solution dans la liqueur à essayer. C'est là la base de plusieurs procédés fort ingénieux que l'on adopte maintenant dans la pratique intelligente.

Celui de M. J. Salleron est un des plus recommandables et il s'appuie sur la saturation par le *borate de soude*.

Lorsque l'on s'est assuré que le vinaigre ne contient pas d'acides minéraux, il s'agit de rechercher la proportion réelle de l'acide acétique, et c'est ici que commence en réalité le procédé de MM. Salleron et Reveil. Le carbonate de soude donne lieu à un dégagement d'acide carbonique trop prolongé pour la rapidité de l'opération, la soude caustique passe à l'état de carbonate au contact de l'air, etc. Ces raisons les ont déterminés à faire usage de la dissolution de borax, dont la décomposition ne donne lieu à aucun dégagement gazeux.

La liqueur d'épreuve ou acidimétrique est donc formée par une solution aqueuse de borate de soude, colorée en bleu assez intense par le tournesol, qui a la propriété de virer au rouge au contact des acides. Elle est composée de telle manière que 20 centimètres cubes de cette solution neutralisent exactement 4 centimètres cubes de la *liqueur alcalimétrique de Gay-Lussac*.

Chacun sait la composition de cette liqueur, laquelle est formée de 100 grammes d'acide sulfurique monohydraté ($SO^3,HO=1842,70$ de densité), étendus d'eau distillée de façon à occuper 1 décimètre cube ou 1 litre en volume.

La liqueur d'épreuve pour l'acétimétrie contient 45 grammes de borax par litre, plus une quantité suffisante de tournesol. Pour la titrer et la ramener à la condition que nous venons d'indiquer, on mesure 4 centimètres cubes de la liqueur alcalimétrique dans un tube gradué, et l'on verse par-dessus la liqueur acétimétrique (solution bleue de borax), jusqu'à ce que la *teinte bleue violacée* ait reparu, après le passage de la teinte rouge. Si la quantité de liqueur d'épreuve qui produit ce résultat est moindre que 20 centimètres cubes, on doit ajouter de l'eau à la liqueur pour que cette quantité de 20 centimètres cubes neutralise très-exactement 4 volumes de la liqueur de Gay-Lussac; dans le cas contraire, on ajoute un peu de soude caustique, afin d'obtenir une proportion exacte. L'éprouvette graduée et la pipette de l'acétimètre Salleron servent avantageusement à titrer la liqueur d'épreuve, l'éprouvette portant gravés des traits qui indiquent 4 centimètres cubes, d'une part, pour l'acide, et d'autres divisions par centimètres pour la solution de borax.

La liqueur ainsi titrée, il s'agit de s'en servir pour la vérification d'un vinaigre quelconque.

« L'acétimètre se compose des objets suivants :

« 1° Un tube de verre fermé d'un bout et portant, à sa partie inférieure, un premier trait marqué 0. Au-dessous de ce premier trait est gravé le mot *vinaigre*, afin d'indiquer la quantité de vinaigre qu'il faut employer. Au-dessus du 0 degré sont gravées des divisions 1, 2, 3, etc., qui représentent la richesse acide du vinaigre, comme nous l'indiquerons tout à l'heure;

« 2° Une petite éponge, fixée à l'extrémité d'une baleine, pour essuyer les parois intérieures du tube après chaque expérience;

« 3° Une pipette portant un seul trait, marqué *4 cc*, destiné à mesurer avec précision et facilité la quantité de vinaigre nécessaire à chaque essai;

« 4° Un flacon de liqueur dite *acétimétrique titrée*, au moyen de laquelle on dose la richesse acide du vinaigre.

« *Usage de l'instrument.* — On plonge la pipette dans le vase qui contient le vinaigre, on aspire, et l'on pose le doigt sur l'extrémité supérieure du tube. La pipette contient trop de vinaigre; il faut en laisser écouler jusqu'à ce que le niveau se soit abaissé devant le trait marqué *4 cc*. Pour laisser descendre le liquide lentement et juste de la quantité nécessaire, on soulève légèrement le doigt appuyé sur le bout de la pipette, afin d'y laisser rentrer l'air petit à petit. Quand le liquide affleure exactement le trait, on arrête l'écoulement, en appuyant le doigt plus fortement. On introduit alors la pipette dans l'acétimètre, et l'on y laisse tomber le vinaigre. Il faut avoir soin de ne laisser couler que la quantité de liquide qui tombe naturellement de la pipette; il reste toujours dans le bec de cette dernière une goutte de vinaigre qui ne doit pas être comptée.

« Quand on a opéré avec ces précautions, le niveau s'élève dans l'acétimètre exactement au trait 0. On verse alors par-dessus le vinaigre de la liqueur acétimétrique. Le mélange se colore immédiatement en *rouge*. Cette couleur rouge devient de plus en plus foncée; on remarque qu'après une certaine addition de liqueur les couches supérieures du liquide restent bleues, tandis que les couches inférieures sont encore rouges.

« On agite le mélange, en fermant le tube avec le doigt et en le retournant sens dessus dessous à plusieurs reprises. Il faut avoir soin de ne pas laisser tomber de liquide pendant l'agitation, sans quoi il faudrait recommencer l'opération. Après l'agitation, la teinte générale du mélange est uniforme, mais elle devient légèrement violacée. Après une nouvelle addition de liqueur, cette couleur violette se prononce davantage ; enfin, il arrive un moment où quelques gouttes de plus amènent la teinte *bleue violacée*, signe auquel on reconnaît la neutralisation complète de l'acide contenu dans le vinaigre. On cesse donc de verser, et on lit quelle est la division qui se trouve au niveau du liquide : c'est la richesse acide du vinaigre, c'est-à-dire la quantité d'acide acétique pur qu'il renferme, exprimée en centièmes de son volume. Ainsi, 8 degrés veulent dire que 1 hectolitre de vinaigre contient 8 litres d'acide acétique *pur*.

« Par acide acétique *pur*, nous comprenons l'acide acétique cristallisable monohydraté ($C^4H^3O^3,HO = 1 063$ de densité), c'est-à-dire le plus concentré que l'on ait pu obtenir.

« L'acétimètre ne porte que 25 degrés. Il ne peut donc servir à l'essai d'un vinaigre contenant plus de 25 pour 100 d'acide, si l'on n'a le soin d'étendre celui-ci d'une proportion d'eau connue. Ainsi, quand on veut essayer un liquide dont l'acidité est supposée supérieure à 25 degrés, il faut le couper avec 1, 2 ou 3 parties d'eau ; en multipliant par 2, par 3 ou par 4 le degré indiqué par l'instrument, on trouve la richesse du liquide acide. »

Rien, en vérité, de plus simple et de plus ingénieux que ce procédé, dont le mérite est incontestable. Il n'est pas besoin, pour en faire usage, d'être habitué aux manipulations chimiques, et il n'exige qu'un peu de bon sens et d'attention. Grâce à cette méthode et à sa vulgarisation, on peut espérer de voir disparaître du commerce des vinaigres une partie des fraudes qui en sont la plaie ; en tout cas, il n'est plus permis de se tromper sur la quantité d'acide réel contenu dans ces produits, ce qui est déjà un point capital, et la méthode que nous venons de décrire devrait être d'un usage général.

Nous ajouterons quelques détails à l'aide desquels on pourra toujours se rendre compte de la valeur réelle d'un vinaigre :

1° Afin d'éviter de confondre les sulfates naturels de vin avec l'acide sulfurique introduit frauduleusement, on fait concentrer le vinaigre à l'état sirupeux, à l'aide d'une douce chaleur, et l'on dissout le sirop dans cinq fois son poids d'alcool à 95 degrés. Les sulfates, insolubles dans ce menstrue, sont séparés par filtration. On chasse l'alcool au bain-marie après avoir étendu la liqueur alcoolique de son volume d'eau distillée, et l'on cherche l'acide sulfurique libre par le sel de baryte lorsque déjà le procédé de Payen a fourni une indication préalable ;

2° On doit toujours distiller le vinaigre dans lequel on soupçonne l'acide chlorhydrique. Cet acide étant volatil, on en constate la présence dans le produit de la distillation, tandis que celle du chlorure est accusée, dans la solution du résidu, par le nitrate d'argent ;

3° Les substances âcres, comme le pain des vinaigriers, se reconnaissent par l'évaporation en consistance d'extrait au bain-marie. Le résidu fournit les saveurs caractéristiques. De même, un vinaigre remonté par des matières âcres, telles que le piment, le poivre, etc., saturé par un alcali, conserve encore une saveur caustique et irritante ;

4° Le vinaigre de glucose précipite de la gomme de fécule, c'est-à-dire de la dextrine, lorsqu'on le fait évaporer à moitié et qu'on le mêle avec son volume d'alcool à 92 degrés. Le vinaigre de cidre, évaporé, donne un extrait qui fournit une saveur de pomme ou de poire cuite. L'extrait du vinaigre de bière est amer.

§ II. — ACIDE ACÉTIQUE.

La préparation de l'acide acétique plus ou moins concentré repose sur deux méthodes principales qui se confondent par divers points. On décompose les acétates obtenus au contact du vinaigre de vin, des marcs aigris, etc., ou bien ceux qui sont le résultat d'une opération chimique. Le travail de décomposition diffère selon la nature des sels, et la pureté du produit varie selon que le vinaigre provient de la fermentation ou de la décomposition, par la chaleur, des matières hydrocarbonées.

De là une différence entre l'acide acétique obtenu dans les deux circonstances qui vont nous occuper, après que nous aurons dit quelques mots des principaux acétates. Il est nécessaire, en effet, d'avoir sur ces sels quelques notions sommaires, puisqu'ils sont la base de la préparation de l'acide acétique et de l'acide pyroligneux ou vinaigre de bois.

Acétates. — Ainsi que nous l'avons fait observer en passant, les acétates composés d'une base et d'acide acétique ne se décomposent pas de la même façon en présence de la chaleur. Toutefois, il se forme presque toujours de l'acétone aux dépens d'une portion au moins de l'acide acétique. La formation de ce dérivé est à peu près forcée toutes les fois que la base est énergique et qu'elle offre une grande tendance à se combiner à l'acide carbonique. C'est ce qui arrive pour les acétates alcalins et alcalino-terreux. Lorsque l'oxyde est plus facilement réductible, une partie de l'acide acétique se dégage sans altération, mais l'autre portion est transformée en acétone, et une partie de cet acide est toujours perdue sous forme d'acide carbonique. Enfin, si l'oxyde est très réductible, l'oxygène de cet oxyde brûle plus ou moins complétement une partie de l'acide acétique et la transforme en acide carbonique. Il se produit également de l'eau, en sorte que, le métal étant plus ou moins réduit, plus ou moins désoxydé, il se dégage de l'acide acétique plus ou moins hydraté et de l'acide carbonique. Nous ferons observer que, même dans le cas des oxydes très-faciles à réduire, il se produit toujours une certaine quantité d'acétone, qui donne au résultat son odeur particulière.

Nous concluons de ce qui précède que, au point de vue économique, la décomposition des acétates neutres par le feu ne peut se faire sans une perte assez notable, même lorsque l'on emploie les sels les plus faciles à décomposer, ceux qui n'ont pas de tendance à se transformer en carbonate, comme ceux à base de cuivre ou d'argent.

Pour préparer économiquement l'acide acétique par les sels, il faudrait donc agir sur des bisels ou des sels acides, perdant facilement la moitié de leur acide à une température peu élevée et laissant pour résidu de l'acétate neutre, qui pourrait servir de pivot pour le travail et être employé de nouveau à la préparation du biacétate. Or, en parcourant la série des acétates, on ne rencontre que deux sels qui satisfassent à cette condition; ce sont les biacétates de potasse et de soude. C'est par le traitement de ces sels que nous préparerions l'acide acétique monohydraté, afin de ne pas introduire l'acétone dans les produits, ce qui a toujours lieu quand on décompose les acétates neutres, tels que l'acétate de cuivre.

Nous ne voulons pas faire une étude des acétates, laquelle serait absolument inutile au lecteur; mais nous devons indiquer les caractères de ceux de ces sels que le fabricant peut employer pour la préparation de l'acide acétique où pour les besoins les plus manifestes du commerce. Nous nous bornerons, sous ce rapport, à ce qui nous paraît strictement indispensable.

Acétate de potasse, $KO,C^4H^3O^3$.—Se prépare par la saturation de l'acide acétique faible à l'aide de carbonate de potasse. Evaporation jusqu'à cristallisation. Il cristallise difficilement. Ce sel est la *terre foliée de tartre* des anciennes officines; il est soluble dans l'alcool et très-soluble dans l'eau. Un courant d'acide carbonique le décompose dans sa dissolution alcoolique. Quand on le chauffe avec un excès de potasse caustique, il se change en carbonate de potasse et en gaz des marais, selon M. Persoz.

Biacétate de potasse, $KO,2(C^4H^3O^3),HO$. — Se prépare en dissolvant le précédent dans l'acide acétique en excès. Ce sel est déliquescent, fusible à + 148 degrés, décomposable à + 200 degrés, température à laquelle il abandonne de l'acide acétique monohydraté.

Acétate de soude, $NaO,C^4H^3O^3,6HO$. — Ce sel se prépare directement par la saturation de l'acide acétique à l'aide de la soude ou du carbonate de soude. On peut encore l'obtenir par double décomposition en traitant la solution d'acétate de chaux par celle de sulfate de soude. Il se forme du sulfate de chaux que l'on sépare et de l'acétate de soude que l'on fait cristalliser par concentration de la solution. Ses cristaux sont de gros prismes obliques, à base rhomboïdale, dont les faces sont très-nettes. Saveur fraîche et salée. Cet acétate perd son eau par la chaleur après avoir éprouvé la fusion aqueuse. Il subit ensuite la fusion ignée sans se décomposer, et la décomposition ne commence que vers le rouge sombre, ce qui permet de lui faire éprouver une sorte de calcination et de le débarrasser, par un grillage, d'une partie des impuretés qui peuvent l'accompagner.

Biacétate de soude, NaO,2 (C⁴H³O³),HO. — S'obtient en dissolvant le précédent dans un excès d'acide acétique et en faisant évaporer la liqueur. Ce sel, desséché dans le vide et soumis à la distillation, fournit très-aisément l'acide acétique monohydraté.

Acétate d'ammoniaque, AzH³,HO,C⁴H³O³. — Se prépare directement. Très-soluble dans l'eau et l'alcool. C'est l'*esprit de Mindérérus* des anciens. On l'emploie en médecine pour dissiper l'ivresse et comme excitant. Il perd de son ammoniaque par l'ébullition et passe à l'état de biacétate. Celui-ci cristallise en aiguilles rayonnées déliquescentes.

Acétate de baryte, BaO,C⁴H³O³,3HO. — Préparation directe par l'acide et le carbonate de baryte ou la baryte. Il perd facilement 2 équivalents d'eau par une faible chaleur. Efflorescent. Se décompose en acétone et carbonate de baryte.

Acétate de chaux, CaO,C⁴H³O³. — Préparation directe comme pour l'acétate de baryte. Cristallisation confuse en choux-fleurs. Efflorescent. Se décompose en acétone et carbonate de chaux.

Acétate d'alumine, Al²O³,3 (C⁴H³O³),18 HO. — Se prépare par double décomposition en précipitant l'acétate de baryte ou l'acétate de plomb par le sulfate d'alumine. Très-soluble et incristallisable. Ce sel perd facilement son acide et l'on ne peut le concentrer que dans le vide. Il est très-employé en teinture. C'est le *mordant de rouge des indienneurs*.

Acétate de fer. — Le produit connu sous les noms de *pyrolignite de fer, liqueur de ferraille, bouillon noir*, et qui est très-appliqué en teinture, est un mélange d'acétates de protoxyde et de peroxyde de fer que l'on prépare en traitant le fer, en présence de l'air, par l'acide acétique faible. On s'en sert encore dans les procédés de conservation des bois (Boucherie).

Acétate neutre de plomb, PbO,C⁴H³O³,3HO. — On le nomme encore *sel de Saturne*. Préparation directe par la dissolution de la litharge dans l'acide acétique. On peut également attaquer le plomb métallique à l'air par l'acide.

Acétate tribasique de plomb, 3(PbO),C⁴H³O³. — C'est le sous-acétate de plomb des officines, dont la dissolution est nommée *extrait de Saturne, eau de Goulard*, etc. On le prépare en dissol-

47

vant 10 parties d'acétate neutre dans 30 parties d'eau et en faisant digérer dans cette solution 7 parties de litharge. Il sert en médecine et en chirurgie. Dans les analyses, il sert à précipiter la gomme, les matières extractives, les matières albuminoïdes, etc. Il permet de reconnaître la gomme dans une solution sucrée.

Acétate neutre de cuivre. $CuO,C^4H^3O^3,HO$. — Ce sel est connu sous les noms de *verdet, cristaux de Vénus.* On le prépare en dissolvant du *vert-de-gris* (acétate bibasique) dans l'acide acétique. On l'emploie en teinture. Il est réduit par le sucre. Lorsqu'on le chauffe avec précaution, il se décompose et donne à la distillation un mélange d'acide acétique très-concentré et d'acétone, avec un peu de gaz acide carbonique. Le résidu est du cuivre métallique très-divisé.

Acétate bibasique de cuivre, $2(CuO),C^4H^6O^8,6HO$. — On le prépare en recouvrant des lames de cuivre avec du marc de raisin. Lorsque l'alcool du marc s'est changé en acide acétique, le métal s'oxyde et il se forme du *vert-de-gris* ou acétate bibasique, que l'on sépare en raclant les lames qui se sont recouvertes du produit. Il se change en acétate neutre ou verdet, lorsqu'on le fait dissoudre dans l'acide acétique faible ou concentré.

Décomposition des acétates. — On se trouve en présence de deux circonstances principales pour la décomposition des acétates : ou bien cette décomposition a lieu par l'action seule de la chaleur, et l'on est soumis aux conditions indiquées plus haut ; ou bien on fait intervenir un acide plus énergique que l'acide acétique et apte à former avec la base un nouveau sel fixe à la température de la distillation. C'est sur ces deux méthodes que le travail de décomposition repose en industrie, et nous allons en indiquer les applications.

Vinaigre radical. — Pour obtenir le *vinaigre radical* des chimistes, on introduit, dans une cornue de grès, de l'acétate neutre de cuivre. Le col de la cornue communique avec une allonge et un serpentin réfrigérant en grès ou en verre, ou avec le tube d'un manchon de Liebig. On chauffe modérément et progressivement jusqu'à ce qu'il ne passe plus rien à la distillation. Le produit n'est pas pur ; il est coloré et renferme de l'acétone et de l'acétate de cuivre entraîné mécaniquement. On le rectifie dans une cornue de verre lutée. Le vinaigre radical présente une densité de 1,075 à 1,079 et renferme de 10 à 30 d'eau pour 100. L'odeur en est plus suave que celle de l'acide acétique ordinaire, ce qui est dû à la présence de l'acétone, qui s'y trouve en petite quantité.

Acide cristallisable. — Pour obtenir l'acide acétique monohydraté, on comprend que l'on puisse employer le procédé qui vient d'être décrit en fractionnant les produits, dont les premiers contiennent toujours un peu plus d'eau, et en desséchant parfaitement l'acétate de cuivre. Mais il est bien plus simple de soumettre à la distillation le *biacétate de potasse* ou le *biacétate de soude.* Après avoir fait évaporer la dissolution du biacétate jusqu'à la consistance sirupeuse pour le sel de potasse et jusqu'à pellicule pour le biacétate de soude, on introduit l'un ou l'autre de ces sels dans un appareil distillatoire en argent, ou en grès, chauffé par un bain d'huile et communiquant avec un serpentin en grès, refroidi par un courant d'eau. On chauffe progressivement et l'on met de côté les produits qui distillent au-dessous de + 190 degrés et qui renferment l'eau de cristallisation et l'eau de combinaison des sels, laquelle se sépare la première avec un peu d'acide acétique. Lorsque le thermomètre accuse une température de 190 degrés, on change de récipient et l'on élève lentement la température jusque vers 220 degrés. L'acide qui se dégage alors ne renferme qu'un seul équivalent d'eau, et il est cristallisable ou monohydraté.

C'est ce mode de préparation qui donne les produits les plus purs et les plus parfaits, surtout lorsque le vinaigre qui a servi à la préparation des acétates a été obtenu par fermentation.

Lorsqu'on traite l'acétate de soude *sec* par 0,59 de son poids d'acide sulfurique à 66 degrés, après avoir étendu cet acide de la moitié de son poids d'eau, et qu'on distille le liquide provenant de la réaction, on obtient un acide très-concentré que l'on peut débarrasser de son eau excédante en le rectifiant sur de l'acétate de soude desséché, et en fractionnant les produits de l'opération comme il vient d'être dit tout à l'heure.

En somme, quel que soit le procédé dont on se serve pour décomposer les acétates, il sera toujours facile de préparer l'acide cristallisable monohydraté avec le produit obtenu, puisque, pour cela, il suffira de rectifier sur de l'acétate de soude et de mettre de côté, comme produits faibles, tous les liquides distillant au-dessous de +190 degrés. Cette observation conduit à une grande amélioration dans le travail, et nous engageons les fabricants à y porter une grande attention.

On sait, en effet, qu'il est très-facile d'obtenir de l'acétate de soude. Ou bien on sature directement les vinaigres par la soude ou son carbonate, et l'on fait évaporer le liquide jusqu'à siccité, ou bien on sature par la chaux et l'on concentre. L'acétate de chaux obtenu, décomposé par le sulfate de soude, fournit de l'acétate de soude qui reste en dissolution et que l'on fait cristalliser, après l'avoir séparé du sulfate calcaire. L'acétate de chaux desséché, traité par 95 pour 100 d'acide chlorhydrique à 1,160 de densité (20 degrés Baumé) et distillé, donne de l'acide acétique assez pur pour qu'on puisse le rectifier sur l'acétate sodique et obtenir ainsi l'acide cristallisable.

On voit que cette idée conduit à l'obtention facile et économique de l'acide monohydraté, et il devient très-aisé, par ce mode de traitement, d'obtenir des produits à tel degré de concentration qu'on le désire.

La table suivante, plus complète que celle de Mollerat (p. 701), fournit le moyen d'apprécier, autant que possible, la valeur des produits aqueux, au-dessous de 1,063 de densité.

Valeur des dissolutions aqueuses d'acide acétique
(d'après Mohr).

Eau.	Acide.	Densité.	Eau.	Acide.	Densité.
100	0	1,000	85	15	1,022
99	1	1,001	84	16	1,023
98	2	1,002	83	17	1,024
97	3	1,004	82	18	1,025
96	4	1,0055	81	19	1,026
95	5	1,0067	80	20	1,027
94	6	1,008	79	21	1,029
93	7	1,010	78	22	1,031
92	8	1,012	77	23	1,033
91	9	1,013	76	24	1,033
90	10	1,015	75	25	1,034
89	11	1,016	74	26	1,035
88	12	1,017	73	27	1,036
87	13	1,018	72	28	1,038
86	14	1,020	71	29	1,039

Eau.	Acide.	Densité.	Eau.	Acide.	Densité.
70	30	1,040	34	66	1,069
69	31	1,041	33	67	1,069
68	32	1,042	32	68	1,070
67	33	1,044	31	69	1,070
66	34	1,045	30	70	1,070
65	35	1,046	29	71	1,071
64	36	1,047	28	72	1,071
63	37	1,048	27	73	1,072
62	38	1,049	26	74	1,072
61	39	1,050	25	75	1,072
60	40	1,0513	24	76	1,073
59	41	1,0515	23	77	1,0732
58	42	1,052	22	78	1,0732
57	43	1,053	21	79	1,0735
56	44	1,054	20	80	1,0735
55	45	1,055	19	81	1,0752
54	46	1,055	18	82	1,073
53	47	1,056	17	83	1,073
52	48	1,058	16	84	1,073
51	49	1,059	15	85	1,073
50	50	1,060	14	86	1,073
49	51	1,061	13	87	1,073
48	52	1,062	12	88	1,073
47	53	1,063	11	89	1,073
46	54	1,063	10	90	1,073
45	55	1,064	9	91	1,0721
44	56	1,064	8	92	1,0716
43	57	1,065	7	93	1,0708
42	58	1,066	6	94	1,0706
41	59	1,066	5	95	1,070
40	60	1,067	4	96	1,069
39	61	1,067	3	97	1,068
38	62	1,067	2	98	1,067
37	63	1,068	1	99	1,0655
36	64	1,068	0	100	1,0635
35	65	1,068			

Les détails qui précèdent seront, d'ailleurs, complétés dans le prochain paragraphe, qui est consacré à l'étude de l'*acide pyroligneux* ou du *vinaigre de bois*, dont la fabrication forme un des côtés saillants d'une industrie importante, celle de la préparation des charbons en vases clos.

On pourrait, à la vérité, obtenir de l'acide concentré en soumettant les produits à l'action réitérée de la congélation. Les cristaux qui se forment les premiers renferment le plus d'acide et ils sont à peu près entièrement composés d'acide acé-

tique monohydraté lorsqu'ils ne se fondent plus au-dessous
de + 16 degrés. Ce moyen, qui peut séduire les imaginations
des hommes peu pratiques, ne nous semble pas devoir être
accueilli avec faveur, en raison du temps et de la dépense
qu'il exigerait, et aussi parce que la quantité des résidus
faibles, des eaux mères de la cristallisation ou de la congélation finirait par devenir un obstacle sérieux au travail.

§ III. — ACIDE PYROLIGNEUX.

On donne le nom d'*acide pyroligneux* ou *vinaigre de bois*
à l'acide acétique qui fait partie des produits de la décomposition des matières végétales, lorsqu'on les soumet à l'action
de la chaleur. L'acide pyroligneux est le produit accessoire
le plus important de la distillation du bois ou de la carboni-
sation en vases clos, dont on doit l'idée à l'ingénieur français
Lebon.

« On prépare aujourd'hui, dit M. Regnault, une grande
quantité d'acide acétique avec les liqueurs acides que l'on
obtient par la distillation du bois. Cette distillation donne des
produits très-complexes : des gaz acide carbonique, oxyde de
carbone, hydrogène protocarboné, de l'eau contenant en dissolution de l'acide acétique, un liquide volatil, l'*esprit de bois*,
quelques autres substances solubles, et enfin une portion
noire, goudronneuse. La dissolution d'acide acétique impur
porte, dans les arts, le nom d'*acide pyroligneux*. Pour en séparer l'acide acétique, on la sature d'abord par de la craie, on
obtient une dissolution d'acétate de chaux que l'on décompose par le sulfate de soude ; il se forme de l'acétate de soude
et du sulfate de chaux, qui se dépose presque en entier parce
qu'il est peu soluble. On évapore la dissolution à sec, et l'on
chauffe le résidu d'acétate de soude jusqu'à 200 ou 250 degrés, température qui n'altère pas l'acétate, mais qui décompose les matières empyreumatiques avec lesquelles il est mêlé.
On traite ensuite, dans un vase distillatoire, 3 parties d'acétate de soude grillé par 9,7 d'acide sulfurique ; le premier
tiers du liquide qui distille, composé d'acide acétique plus
faible, est mis de côté ; les deux autres tiers se composent
d'acide très-concentré ; mais ils entraînent toujours un peu

d'acide sulfurique. Pour les en débarrasser, on distille le produit sur l'acétate de soude anhydre. L'acide acétique que l'on obtient ainsi n'est pas encore à son maximum de concentration; on l'expose à une basse température en enveloppant de glace, ou mieux, d'un mélange réfrigérant, les vases qui le contiennent; l'acide, au maximum de concentration $C^4H^3O^3,HO$, se prend en masse cristalline et se sépare d'un acide plus aqueux que l'on décante. On réunit les acides cristallisés et, après les avoir fondus, on les refroidit de nouveau. On ne laisse, cette fois, congeler que la moitié du produit, et on décante la partie liquide; l'acide solide peut alors être considéré comme au maximum de concentration. »

A ce résumé précis nous ajouterons seulement les détails nécessaires à l'intelligence de la pratique à suivre.

Dans des cornues verticales ou horizontales en tôle forte ou en fonte, on introduit à la fois 4 ou 5 stères de bois. Ces cylindres sont reliés à des condensateurs, plus ou moins éloignés du foyer, dans lesquels les produits se condensent de proche en proche, suivant la différence de leur point de volatilisation. Les gaz incoercibles, à la sortie du dernier condensateur, sont dirigés dans le foyer.

Dans les condensateurs les plus rapprochés des cylindres, se condensent les produits goudronneux et l'acide acétique; dans les plus éloignés se trouve l'esprit de bois ou alcool méthylique.

La dimension des cornues varie entre 1^m,20 et 1^m,33 de diamètre sur 2 mètres à 2^m,66 de longueur. A l'extrémité par laquelle on introduit la charge, la fermeture s'opère à l'aide d'un disque en fonte, qu'on lute avec de la terre argileuse. L'autre extrémité se ferme de la même manière, mais le disque porte un tube de 30 centimètres de diamètre qui s'ajuste avec le tube du premier condensateur. Une charge de 406 kilogrammes en bois de chêne exige 100 kilogrammes de houille employée comme combustible et fournit 163 litres ou 136 kilogrammes d'acide brut à 1,025 de densité et environ 80 kilogrammes de charbon. On doit, dans toutes les dispositions, élever graduellement la température jusqu'au rouge. L'opération est finie quand les tubes abducteurs des matières volatiles se refroidissent et ne vaporisent qu'avec une certaine lenteur l'eau qu'on projette à la surface.

On doit observer que les produits sont d'autant plus abondants que la distillation est plus ménagée et qu'elle s'exécute à une température moins élevée. En France, on préfère la disposition verticale, et la cornue est mise en place ou retirée à l'aide d'une grue. On emploie en Angleterre les cornues horizontales. On laisse en général les appareils se refroidir pendant la nuit. On les vide et on les recharge le matin, pour procéder à une autre opération.

Selon M. Payen, les bois qui renferment le plus de matière incrustante produisent le plus d'acide acétique à la distillation. Cependant, le bois de sapin, rejeté dans quelques contrées, donne, par stère, 200 kilogrammes de charbon et 5 hectolitres de vinaigre qui produisent, à la purification, 40 kilogrammes de goudron et 375 litres d'acide brut à 7 pour 100.

Epuration des produits. — L'esprit de bois, étant volatil à + 66°,25, se trouve dans les condensateurs les plus éloignés. On traite le liquide à part, par le procédé indiqué (t. I, p. 62) pour retirer ce produit.

Quant aux produits complexes des premiers condensateurs, qui se sont liquéfiés au-dessus de + 80 degrés, ils sont formés surtout d'acide, de goudron et d'eau. On les purifie de différentes manières :

1° On les décante, afin de séparer les goudrons lourds, et on les distille dans de grands alambics en cuivre (A. Payen). « La plus grande partie du goudron reste dans la cucurbite ; l'acide distillé et condensé dans le serpentin étant saturé par la craie, on obtient ainsi de l'acétate de chaux en solution. Il est facile de rendre cette opération plus économique en faisant passer la vapeur directement au travers du carbonate de chaux, l'acide acétique est fixé. En décomposant ce sel (acétate de chaux) par le sulfate de soude, il se forme du sulfate de chaux, qui se précipite par l'ébullition, et de l'acétate de soude dissous. On concentre la solution et on la fait cristalliser, après l'avoir filtrée sur du charbon d'os. »

Il serait préférable, à notre sens, de faire passer les vapeurs acides, en barbotage, à travers un lait de chaux, afin d'éviter le dégagement d'acide carbonique.

2° En Angleterre, on fait bouillir le produit brut dans une grande chaudière à bec. Les goudrons montent à la surface et on les fait écouler à mesure. Le liquide, ainsi épuré partiellement, est saturé par de la chaux éteinte, et l'on obtient le pyrolignite de chaux, que l'on fait cristalliser et qu'on purifie par des cristallisations répétées. On préfère cependant faire évaporer la solution à sec et torréfier le produit à + 250 degrés, avec la précaution de ne pas dépasser la température de + 300 degrés. Le produit est repris par l'eau. On décompose par le sulfate de soude et l'on fait cristalliser comme il vient d'être dit. On peut encore décomposer l'acétate de chaux par le sulfate d'alumine, afin d'obtenir immédiatement en solution l'acétate d'alumine, ou mordant de rouge des indienneurs, qui peut être ainsi employé, malgré une impureté relative assez notable.

3° Dans certaines fabriques, on ajoute d'abord au liquide brut chaud le sulfate de soude nécessaire, qui se dissout. On sature ensuite par la chaux et l'on enlève les goudrons, puis on décante la liqueur et l'on fait cristalliser l'acétate sodique, après avoir poussé l'évaporation jusque vers 1,230 de densité.

Purification du pyrolignite de soude. — On purifie l'acétate de soude soit en le chauffant au bain d'huile, à + 250 degrés, jusqu'à ce que les goudrons aient disparu, ainsi que les produits empyreumatiques; soit en le faisant fondre dans des chaudières de fonte, où on l'agite constamment. L'opération est terminée lorsqu'il ne monte plus d'écume. Ce dernier mode est assez délicat dans la pratique, car un excès de chaleur peut détruire rapidement toute la charge.

Nous avons trouvé préférable de déféquer avec soin la dissolution brute d'acétate de soude et de purifier le produit par des cristallisations répétées, et nous avons obtenu de cette façon un acétate d'une pureté remarquable, ne conservant pas la moindre trace d'empyreume. Dans tous les cas, lorsque le pyrolignite de soude a été torréfié, on le dissout dans l'eau, on filtre, on concentre et on fait cristalliser.

Décomposition du pyrolignite de soude. — On broie l'acétate de soude cristallisé et on le met dans une grande chaudière de cuivre. On verse alors sur le sel, *d'un seul coup,* pour éviter les vapeurs, l'acide sulfurique nécessaire à la décomposition. La proportion d'acide sulfurique à 66 degrés (1,842 de densité) est de 35 pour 100 du poids des cristaux. Il se forme du sulfate de soude qui se dépose en grande partie. Le liquide est décanté et distillé. Il donne un produit à 1,050 de densité; mais il faut fractionner les derniers produits, qui sont un peu empyreumatiques. La distillation doit se faire dans un alambic en argent, si le produit est destiné à l'alimentation.

Enfin, pour obtenir l'acide cristallisable, on soumet l'acide à la cristallisation, ou bien on le distille sur l'acétate de soude et l'on fractionne les produits comme nous l'avons indiqué précédemment.

§ IV. — VINAIGRES AROMATIQUES.

Les emplois du vinaigre sont extrêmement nombreux. Nous ne pouvons songer à les décrire avec les détails qu'ils comporteraient et nous devons nous borner à mentionner les principaux usages de ce produit. Sans parler de l'utilité journalière qu'on en retire pour l'assaisonnement des aliments, il est employé, avec un grand avantage, pour *confire* et *conserver* un grand nombre de substances qui entrent dans l'alimentation. La propriété conservatrice de l'acide acétique se retrouve à un degré plus ou moins prononcé dans ses solutions affaiblies, et le vinaigre sert à préserver de la décomposition une foule de substances végétales. Les concombres, les cornichons, les petits melons, les tomates, les petits oignons, les câpres, les asperges, les haricots, les petits pois, le piment, les jeunes épis de maïs, les graines de capucines et beaucoup d'autres produits végétaux se conservent dans le vinaigre, après qu'on leur a fait subir les préparations préliminaires nécessaires. Ces préparations consistent dans un nettoyage attentif et dans l'opération du blanchiment, qui est quelquefois indispensable. Il faut avoir le soin de renouveler le vinaigre, lorsque les produits à conserver sont de nature très-aqueuse, lorsqu'ils sont déjà pénétrés de la première liqueur et qu'ils ont échangé avec le liquide extérieur une partie de leur eau de végétation. Sans cette précaution, on s'exposerait à la production des moisissures.

On emploie pour ces usages un bon vinaigre de table, aromatisé, selon le goût et les circonstances, d'après un procédé très-simple.

Vinaigres de table aromatisés. — Ail, 45 grammes. Vinaigre blanc très-fort, 1 000 grammes. Filtrer après quinze jours de macération.

On prépare de même les vinaigres aux concombres, au cresson, à l'échalote, à l'écorce d'orange, à l'estragon, au gingembre, à l'oignon, au poivre, etc.

Le vinaigre sert à la préparation de divers condiments, parmi lesquels la *moutarde* occupe le premier rang, comme excitant des fonctions digestives et de l'appétit. Au fond, la moutarde de nos tables n'est que de la farine plus ou moins fine de graine de moutarde broyée et réduite en bouillie avec le vinaigre. Le vinaigre qui sert à cet emploi est aromatisé à l'estragon, aux fines herbes, aux épices, etc. Nous ne décrirons pas cette préparation, qui est à peu près connue de tout le monde, et nous nous bornerons à faire une remarque à propos de ce condiment et de tous les excitants dont on se sert pour provoquer l'appétit. Il importe de se rappeler que ces condiments n'agissent qu'en irritant la muqueuse de l'estomac et que l'usage doit en être très-modéré, sous peine de paralyser les organes, ou tout au moins d'en rendre l'action lente et paresseuse. Souvent des maladies inflammatoires graves, des gastrites dangereuses sont produites par l'abus des excitations violentes dues aux condiments irritants.

On prépare avec le vinaigre plusieurs sirops rafraîchissants qui ont pour base la dissolution des principes végétaux des fruits dans le vinaigre. Le *vinaigre framboisé* se prépare de la manière suivante : on introduit 1 500 grammes de framboises mûres, mondées, fraîches, dans 1 000 grammes de vinaigre blanc. Après dix jours de macération, passer sans expression et filtrer. Cette formule est celle du Codex, qui prescrit la même méthode pour les autres vinaigres de fruits rouges, tels que la cerise, la fraise, etc.

Nous avons déjà indiqué (p. 528) la méthode à suivre pour faire le *sirop de vinaigre framboisé*, qui est très-rafraîchissant et d'un usage très-hygiénique.

On prépare encore différents sirops, fort agréables et très-sains, avec le vinaigre aromatisé par les autres fruits parfumés et acidules. Le vinaigre seul peut également servir de dissolvant pour de bons sirops préparés avec le sucre ou le miel. Ces derniers portent le nom d'*oxymels*.

Sirop de vinaigre. — Vinaigre blanc, 1 000 grammes. Sucre

raffiné, 1ᵏ,750. Faire dissoudre à chaud et filtrer (Codex). Très-rafraîchissant, ce sirop est d'un usage fort utile dans les affections inflammatoires.

Oxymel. Sirop de vinaigre au miel. Acétomel. — Miel blanc, 1 000 grammes. Vinaigre blanc de vin, 250 grammes. Faire cuire à 30 degrés Baumé, clarifier et passer (Codex).

Enfin, le vinaigre sert à préparer une foule de *compositions aromatiques*, d'un excellent usage pour certaines applications hygiéniques ou pour les soins de la toilette. Nous croyons devoir entrer dans quelques détails au sujet de ces préparations, par l'examen desquelles nous terminerons ce chapitre.

Vinaigres hygiéniques. — On emploie différentes préparations dont le vinaigre fait partie essentielle, pour combattre divers accidents, tels que les syncopes, les défaillances, les étourdissements. En général, ces préparations sont d'un bon usage dans ces divers cas, l'action de l'acide acétique sur les nerfs olfactifs pouvant suffire parfois à réveiller les sensations et à faire cesser un évanouissement plus ou moins profond et prolongé. Le résultat est encore plus certain lorsque le vinaigre contient en dissolution des substances aromatiques excitantes, ou des agents plus énergiques qui en augmentent l'efficacité.

Il faut néanmoins se garder du préjugé qui attribue au vinaigre des propriétés spécifiques contre les miasmes contagieux et les exhalaisons méphitiques. Ce préjugé repose sur une erreur manifeste, qui est entretenue par l'ignorance des faits et l'absence de réflexion. L'emploi du vinaigre et les fumigations au vinaigre, si souvent conseillés par les matrones, n'ont pas plus de valeur que la fumée du sucre brûlé. Le seul résultat produit consiste à masquer les odeurs méphitiques sans les détruire.

Vinaigre aromatique anglais. — Acide acétique cristallisable, 300 grammes ; camphre, 30 grammes ; huile volatile de cannelle, 50 centigrammes ; essence de girofle, 1 gramme ; essence de lavande, 25 centigrammes (Codex). Faire dissoudre le camphre dans l'acide et ajouter les essences.

Cette préparation sert à garnir les flacons de poche, dans lesquels on a introduit d'abord du sulfate de potasse granulé. A respirer dans les défaillances et les syncopes.

Très-souvent encore on garnit les flacons avec une autre préparation, dans laquelle il n'entre pas de vinaigre, mais de l'ammoniaque, comme agent excitant. Bien que la formule dont nous parlons sorte un peu de notre cadre, nous la reproduisons dans le chapitre suivant comme très-utile et fournissant un produit d'un bon usage, sous le nom d'*essence volatile anglaise*.

Vinaigre de café. — Porter au bouillon 10 grammes de café torréfié au blond et moulu dans 500 grammes de bon vinaigre de vin. Laisser reposer, filtrer et ajouter 40 grammes de sucre. Cette boisson, à peu près conforme à la formule de Swédiaur, se prend chaude, à la dose d'une cuillerée à bouche toutes les demi-heures, pour combattre le narcotisme dans le cas d'empoisonnement par les opiacés.

Vinaigre camphré. — Pulvériser 5 grammes de camphre en triturant avec poids égal d'acide acétique cristallisable. Ajouter peu à peu 200 grammes de vinaigre. Laisser macérer pendant huit jours en agitant chaque jour. Filtrer (formule du Codex) Antiseptique. A respirer contre les miasmes dans les temps d'épidémie et dans les locaux infectés par des odeurs putrides.

Le *vinaigre camphré de Raspail* contient un peu plus de camphre : 6 grammes pour 200 grammes de vinaigre distillé. Il n'y a pas lieu de s'étonner de ce dosage, qui n'a guère d'autre raison d'être qu'une prétention à l'originalité.

Vinaigre phéniqué. Vinaigre de Quesneville.— Faire dissoudre 200 grammes d'acide phénique cristallisé dans 800 grammes de vinaigre ordinaire et ajouter 5 grammes de camphre pulvérisé. Colorer en rouge par la fuchsine ou toute autre matière colorante. A employer en aspersions contre les émanations putrides et les odeurs miasmatiques. 1 décilitre dans 1 litre d'eau est une dose très-suffisante.

Vinaigre des quatre voleurs. Vinaigre antiseptique.—Sommités fleuries et sèches de grande absinthe, de petite absinthe, de lavande, de menthe, de romarin, de rue, de sauge, ãã, 20 grammes ; ail, calamus aromaticus, cannelle, girofle, muscade, ãã, 2^g,50. Vinaigre blanc, 1 250 grammes. Après dix jours de macération, passer avec expression et ajouter 5 grammes de camphre dissous dans 20 grammes d'acide acétique cristallisable. Filtrer. Antiseptique populaire contre les maladies contagieuses. A respirer dans les syncopes et les étourdissements.

Cosmétiques au vinaigre. — Nous nous garderons de chercher à reproduire les recettes trop nombreuses que les parfumeurs offrent au public comme des nouveautés douées des propriétés les plus caractéristiques. Il nous suffira de donner quelques exemples de bonnes préparations, en faisant observer que, pour changer un produit de ce genre, au moins en apparence, il suffit, le plus souvent, de modifier la proportion ou la nature des parfums avec lesquels on veut l'aromatiser. Le vinaigre de toilette de tel parfumeur ne diffère de celui de tel autre que parce que la lavande y domine, tandis que le néroli, le citron, la bergamote ont été préférés dans une autre composition.

1° *Eau d'Hébé, contre les taches de rousseur.* — Essence de lavande, 25 grammes ; essence de cédrat, 6 grammes ; essence de roses, 50 centigrammes ; citron, 135 grammes. Dissoudre les essences dans 85 grammes d'alcool à 85 degrés ; ajouter le citron avec 80 grammes d'eau et 660 grammes de vinaigre distillé. Faire macérer pendant trois jours au soleil et filtrer.

2° *Vinaigre aromatique.* — On a indiqué une formule très-simple pour obtenir un bon produit, qui se rapproche beaucoup du vinaigre de Bully (Auber). Prendre 10 grammes de teinture de benjoin et 50 grammes de vinaigre radical et faire dissoudre dans 1 litre d'eau de Cologne. Cette préparation, qu'il est très-facile d'exécuter, donne un excellent résultat et peut suppléer à tous les vinaigres de toilette.

3° *Vinaigre de Bully. Vinaigre aromatique et antiputride.* — Essences de bergamote et de citron, ãã, 3 grammes ; essence de Portugal, 1ᵍ,20 ; essence de romarin, 2ᵍ,30 ; essences de lavande et de néroli, ãã, 40 centigrammes ; alcoolé de mélisse, 50 grammes. Faire dissoudre les essences dans l'alcoolé, puis étendre le tout de 350 grammes d'alcool à 85 degrés. Ajouter 700 grammes d'eau ; agiter plusieurs fois pendant vingt-quatre heures et ajouter : alcoolatures de benjoin, de girofle, de storax, de Tolu, ãã, 6 grammes ; agiter et ajouter 200 grammes de vinaigre distillé. On filtre douze heures après et l'on ajoute 9 grammes de vinaigre radical. Cette formule est très-bonne pour les usages de la toilette. On ne peut lui reprocher qu'une complexité inutile dans les opérations, qu'il est très-facile de simplifier.

4° *Vinaigre de citron.* — Zestes frais de citron, 45 grammes ;

vinaigre blanc, 1 000 grammes. Après quatre jours de macération, distiller pour retirer 700 grammes. Bon cosmétique
qui peut remplacer, dans les usages de la toilette, beaucoup
de compositions plus compliquées.

5° *Vinaigre dentifrice.* — Cannelle de Ceylan et girofle,
āā, 4 grammes; racine de pyrèthre, 30 grammes. Faire macérer pendant huit à dix jours dans 1 000 grammes de vinaigre
blanc. Faire dissoudre 4 grammes de résine de gaïac dans un
mélange de 30 grammes d'esprit de cochléaria et 62^{g},50 d'eau
vulnéraire rouge. Joindre cette solution au vinaigre filtré et
laisser éclaircir. Bon dentifrice dont l'effet principal est de
raffermir les gencives tout en parfumant la bouche.

6° *Vinaigre de Mallard.* — Teintures de Tolu et de benjoin,
āā, 20 grammes; essences de bergamote, de cédrat, de citron,
de Portugal, āā, 4 grammes ; essence de limette, 2 grammes;
essences de néroli et de petit grain, āā, 1 gramme; essences
de lavande et de romarin, 50 centigrammes ; musc, 6 centigrammes. Faire dissoudre dans 1 000 grammes d'alcool à
85 degrés et ajouter 300 grammes d'acide acétique à 6 degrés
Baumé. Macération de trente jours, après quoi on colore par
2 ou 3 grammes de teinture de ratanhia et l'on filtre.

7° *Vinaigre rosat.* — Roses rouges, 50 grammes ; vinaigre
blanc, 600 grammes. Après dix jours de macération, passer
avec expression et filtrer (Codex). Bon astringent à employer
pour les usages de la toilette. On doit l'étendre de cinq ou six
fois son poids d'eau au moment de s'en servir.

On prépare de la même manière les vinaigres de lavande,
d'œillet, de romarin, de sauge, de sureau et de la plupart des
plantes aromatiques.

On peut encore préparer ces vinaigres par distillation, en
distillant les fleurs ou les plantes avec le vinaigre, après une
macération de quatre ou cinq jours. L'appareil distillatoire
doit être en verre ou en grès, si l'on ne veut pas faire la dépense d'un petit alambic en argent. On ne retire que les quatre
cinquièmes du vinaigre employé. Il est toujours bon d'a-
jouter à la liqueur un cinquième de son volume de l'alcoolature
de la plante employée. Le produit en est plus suave et se
conserve mieux.

8° *Vinaigre de la Société hygiénique. Vinaigre cosmétique et
hygiénique.*—Alcool à 83 degrés centésimaux, 1 litre; alcoolat

de mélisse, 15 centilitres ; alcoolats de lavande et de romarin, ãã, 10 centilitres ; essence de bergamote, 10 grammes ; essence de bigarade, 6 grammes ; essence de citron, 4 grammes ; essence d'orange, 3ᵍ,50; essence de néroli, 2 grammes ; essences de menthe, de thym et de verveine, ãã, 1ᵍ,50 ; essence de girofle, 50 centigrammes ; essence de cannelle, 25 centigrammes. Distiller le tout au bain-marie pour retirer 1ˡ,26. Dans le tiers de ce produit, soit 42 centilitres, on fait macérer pendant un mois 150 grammes d'iris et 20 grammes de baume de Tolu. On filtre le produit de cette macération et on le joint au reste du produit distillé. On ajoute 15 centilitres d'acide acétique à 8 degrés Baumé et l'on filtre après vingt-quatre heures.

9° *Vinaigre de toilette.* — Extraits de benjoin et de storax, ãã, 6 grammes ; essence de lavande, 4ᵍ,50 ; essences de cannelle et de girofle, ãã, 40 centigrammes. Ammoniaque à 22 degrés, 40 centigrammes. Ces substances sont dissoutes dans 700 grammes d'alcool à 85 degrés centésimaux. On y ajoute ensuite 200 grammes de bon vinaigre blanc, 10 à 12 grammes d'acide acétique (acide pyroligneux), puis on colore avec l'orseille et l'on filtre.

10° *Vinaigre de toilette.* — Benjoin, storax et vanille, ãã, 3 grammes ; girofle, 6 grammes ; muscade, 10 grammes ; alcool à 85 degrés, 350 grammes. Après trois jours de macération, ajouter : essence de bergamote, 15 grammes ; essence de citron, 10 grammes ; essence de néroli, 6 grammes ; essence de roses, 1 gramme. Distiller le lendemain au bain-marie et ajouter au produit 850 grammes de vinaigre radical. Très-bon cosmétique. On colore par la cochenille, si l'on veut. Une cuillerée dans un verre d'eau fournit une préparation d'une suavité remarquable.

11° *Vinaigre virginal.* — Alcool à 85 degrés ; vinaigre blanc et benjoin pulvérisé, ãã, 50 grammes. Filtrer après quinze jours de macération. Pour la toilette. Quelques gouttes dans l'eau ordinaire.

12° *Rouge au vinaigre.* — Cochenille pulvérisée, 6 grammes ; laque en bâtons, pulvérisée, 35 grammes ; alcool à 85 degrés, 90 grammes ; vinaigre rosat ou vinaigre de lavande, 250 grammes. Filtrer après quinze jours d'infusion, pendant lesquels on a dû agiter souvent le mélange. Tout en blâmant l'habitude prise par les femmes de se farder le visage, nous devons reconnaître que la préparation ci-dessus ne présente pas les propriétés nuisibles des compositions dont on se sert ordinairement.

C'est une chose digne de remarque, en effet, que la sottise obstinée avec laquelle certaines femmes se courbent sous les préjugés les plus absurdes. Sans cesse réclamant pour ce qu'elles appellent leur indépendance, exerçant parfois, dans leur intérieur, un despotisme puéril sur les petites choses, par lequel elles trouvent le moyen de se rendre fatigantes pour leur entourage, présentant une résistance inouïe dans la lutte qu'elles se plaisent à créer, elles ne savent résister aux entraînements de la mode. Qu'une prostituée en renom emploie, pour *se peindre*, une composition vénéneuse, c'est celle-là que les plus honnêtes femmes adopteront, sans prendre la peine de réfléchir aux conséquences. Elles ne songent pas à ce qui arrive de ces visages plâtrés, lorsque le temps a fait son œuvre; elles n'ont jamais vu, ou plutôt elles n'ont jamais remarqué ces plaques écailleuses, dont la vue inspire le dégoût, et qui remplacent bientôt la beauté factice due à l'usage d'un pinceau complaisant. Les artifices mis en usage pour réparer ce qui n'est pas réparable ne font que hâter l'apparition des rides, les rendre plus profondes, et la plus grande erreur que l'on puisse commettre, quand on veut se conserver et quand on prétend à une vieillesse agréable, c'est de faire de son visage un pastel, à force de pâtes et de fard. Si, chez la femme, la beauté de l'âge mûr remplace, sans les faire oublier, les charmes de la jeunesse, les traits de la vieillesse offrent parfois des grâces inattendues, lorsque l'abus des cosmétiques n'a pas déplacé l'ordre des fonctions et n'a pas produit des altérations définitives contre lesquelles tous les moyens sont impuissants.

CHAPITRE IV.

DES PRINCIPAUX COSMÉTIQUES ALCOOLIQUES.

Dans le but seulement d'être utile à nos lecteurs, nous réunissons quelques formules de cosmétiques destinés aux usages de la toilette, dans lesquels l'alcool doit entrer comme dissolvant. Ces indications compléteront, jusqu'à un certain point, le paragraphe du chapitre précédent, que nous avons consacré à l'examen des principaux cosmétiques au vinaigre, ou des vinaigres aromatiques.

Nous suivrons l'ordre alphabétique, dans la description de ces formules, afin d'éviter un essai de classification fort inutile, qui ne pourrait avoir de valeur que dans un traité spécial.

1° *Brillantine*. — Essence de lavande, 2 grammes. Dissoudre dans 50 grammes d'alcool à 60 degrés. On peut remplacer l'essence de lavande par tout autre principe aromatique. Ajouter 5 grammes de glycérine pure. Pour lustrer les cheveux et la barbe.

2° *Cosmétique savonneux*. — Savon amygdalin, 6 grammes. A mêler avec 45 grammes de pommade aux concombres. Ajouter peu à peu 250 grammes d'eau de roses ou de lait virginal et 250 grammes d'alcool à 85 degrés. Cette formule est une modification avantageuse du cosmétique d'Alibert.

Le *lait virginal* se prépare en mêlant 1 gramme de teinture de benjoin avec 100 grammes d'eau distillée de roses.

3° *Eau balsamique de Jackson*. — Gaïac râpé et pyrèthre, ãã, 90 grammes ; zestes de citrons, racines d'angélique, benjoin, baume de Tolu, ãã, 30 grammes ; zestes d'oranges, 25 grammes ; cannelle, myrrhe, vanille, écorce de grenadier, ãã, 8 grammes. Alcool à 85 degrés, 950 grammes. Après huit ou dix jours de macération, distiller au bain-marie, presque à siccité, et ajouter au liquide obtenu : alcoolats de cochléaria

et de menthe, ãã, 125 grammes; alcool à 80 degrés, 250 grammes. L'eau balsamique peut être employée comme dentifrice,
ou pour aromatiser l'eau ordinaire.

4° *Eau de bouquet.* — Alcoolat sans pareil (voir plus loin),
350 grammes; alcoolat de miel (*eau de miel*), 160 grammes;
alcoolats de girofle et d'iris, ãã, 80 grammes; alcoolat de
jasmin, 90 grammes; alcoolats d'acore, de lavande et de souchet, ãã, 40 grammes. Mêler.

5° *Eau chlorurée.* — Chlorure de soude, 25 grammes; hydrolat de menthe et eau-de-vie à 52 degrés, ãã, 125 grammes.
Préparation utile dans la fétidité de la bouche. Elle devient
d'un emploi très-avantageux pour les fumeurs, lorsqu'on y
ajoute la dissolution alcoolique filtrée de 5 grammes de cachou dans 50 grammes d'eau-de-vie à 52 degrés.

6° *Eau de Cologne.* — Essences de bergamote, de cédrat et
de citron, ãã, 1 gramme; essences de lavande, de néroli et
de romarin, ãã, 5 grammes; essence de cannelle, 2ᵍ,50.
Faire dissoudre dans 1 200 grammes d'alcool à 90 degrés et
ajouter : alcoolat de mélisse composé, 150 grammes, et alcoolat
de romarin, 100 grammes. Après huit jours de repos, distiller au bain-marie pour retirer les quatre cinquièmes du volume (formule du Codex.)

D'après M. Guibourt, cette préparation est beaucoup amé-
liorée par l'addition de 50 grammes d'eau de bouquet (voir
plus haut).

7° *Eau de Cologne* (formule simplifiée). — Teinture de benjoin, 22 grammes; essence de citron, 15 grammes; essence
de bergamote, 12 grammes; essence de cédrat, 6 grammes;
essence de lavande, 3 grammes. Alcool à 85 degrés, 875 grammes (1 litre). Faire dissoudre et filtrer après vingt-quatre heures. Très-bon produit, facile à préparer, auquel on peut
ajouter avantageusement 5 ou 6 grammes de teinture d'ambre
au musc.

Voici, d'ailleurs, quelques autres formules, données par divers auteurs, pour la préparation de l'eau de Cologne, à propos
de laquelle nous conseillons de s'en tenir à la composition du
Codex (n° 6) ou à la formule simplifiée (n° 7).

8° *Eau de Cologne commune.* — Essences de citron et de Portugal, ãã, 6 grammes; essences de lavande et de romarin,
ãã, 3 grammes. Faire dissoudre dans 70 centilitres d'alcool à

85 degrés et ajouter 30 centilitres d'eau. Filtrer après vingt-quatre heures de repos. Produit : 1 litre.

9° *Eau de Cologne ordinaire, par les essences.* — Essences de bergamote et de cédrat, teinture de benjoin, ãã, 6 grammes ; essences de lavande et de romarin, ãã, 3 grammes ; essences de girofle et teinture d'ambre au musc, ãã, 80 centigrammes. Alcool à 85 degrés, 80 centilitres, et eau, 20 centilitres. Faire dissoudre les essences et les teintures dans l'alcool en agitant. Ajouter l'eau et agiter. Laisser en repos pendant quarante-huit heures et filtrer. Produit : 1 litre.

10° *Eau de Cologne fine, par les essences.* — Essences de bergamote et de cédrat, teinture de benjoin, ãã, 6 grammes ; essences de lavande et de romarin, ãã, 1^g,50 ; teinture d'ambre au musc, 1^g,20 ; essence de néroli, 1 gramme ; essences de cannelle de Chine et de girofle, ãã, 8 grammes. Dissoudre dans 1 litre d'alcool à 85 degrés et filtrer après vingt-quatre heures.

11° *Eau de Cologne de Farina.* — Essences de bergamote, de cédrat et de citron, ãã, 5 grammes ; essences de cannelle de Chine, de lavande, de néroli et de romarin, ãã, 2 grammes. Faire dissoudre dans 80 centilitres d'alcool à 90 degrés et ajouter 30 centilitres d'eau de mélisse. Laisser reposer pendant vingt-quatre heures, ajouter 50 centilitres d'eau et distiller au bain-marie pour retirer 1 litre.

Cette formule paraît bien simple, si on la compare à la suivante, qui a été reproduite par Robiquet.

12° *Eau de Cologne de Jean-Marie Farina.* — Sommités fleuries de mélisse et de menthe, ãã, 375 grammes ; violettes et roses, ãã, 125 grammes ; lavande, 60 grammes ; absinthe, 30 grammes ; sauge, thym, ãã, 23 grammes ; acore, cassia, girofle, macis, muscade, oranger (fleurs), ãã, 45 grammes ; racines d'angélique, 8 grammes ; camphre, 4 grammes ; citrons et oranges, ãã, 22 (en nombre). Eau-de-vie, 15 litres. Distiller au bain-marie pour retirer 9 kilogrammes et ajouter au produit : essence de bergamote, 375 grammes ; essence de cédrat, de citron, de lavande et de mélisse, ãã, 45 grammes ; essence de jasmin, 30 grammes ; essences d'anthémis et de néroli, ãã, 15 grammes.

Il est certain que l'on pourrait difficilement imaginer plus de complication que n'en présente cette composition au moins bizarre. Du reste, on ne peut guère compter sur des indications aussi complexes.

13° *Eau de menthe. Alcoolat de menthe.* — Menthe, 150 grammes; absinthe, 18 grammes; basilic et pouliot, āā, 12 grammes; cannelle, 3 grammes; lavande et romarin, āā, 1ᵍ,60; girofle et coriandre, āā, 80 centigrammes. Faire macérer pendant vingt-quatre heures avec 960 grammes d'alcool à 85 degrés. Ajouter 375 grammes d'eau ordinaire et distiller pour retirer 1150 de produit. Bonne préparation.

14° *Eau de miel. Alcoolat de miel composé.* — Coriandre, 160 grammes; zestes frais de citrons, 20 grammes; girofle, 15 grammes; benjoin, muscade, storax, āā, 10 grammes; vanille, 8 grammes. Contuser les matières et les faire macérer pendant quatre jours dans 960 grammes d'alcool à 85 degrés. Ajouter alors 160 grammes de bon miel de Narbonne dissous dans hydrolat de roses et hydrolat de fleurs d'oranger, āā, 100 grammes. Distiller au bain-marie pour retirer tout l'esprit parfumé. Excellente préparation, d'une suavité et d'une délicatesse extrêmes.

15° *Eau de quinine.* — Quinquina jaune, 30 grammes. Faire bouillir pendant quinze minutes avec 500 grammes d'eau. Passer, et compléter 500 grammes. Ajouter 2 grammes de cochenille pulvérisée et autant de carbonate de potasse. Filtrer. Ajouter 80 à 100 grammes d'alcool à 85 degrés et aromatiser par une essence. Pour nettoyer la tête. L'*eau athénienne* et d'autres compositions destinées au nettoyage de la chevelure et de la barbe contiennent de la saponine. On peut les préparer en remplaçant, dans la formule précédente, le quinquina par 30 grammes de racine de saponaire contusée.

16° *Eau de la reine de Hongrie.* — Sommités de fleurs de romarin, 1 kilogramme; sommités de menthe pouliot, 500 grammes; sommités de lavande et de marjolaine, āā, 250 grammes. Alcool à 85 degrés, 2 kilogrammes. Faire macérer les plantes incisées dans l'alcool pendant six jours et distiller au bain-marie avec 500 grammes d'eau et 50 grammes de sel. Retirer toute la partie spiritueuse.

17° *Eau savonneuse.* — Essence de savon, 100 grammes; teinture de pyrèthre, 25 grammes; eau-de-vie à 52 degrés, 50 grammes. Mêler. Une cuillerée dans trois fois autant d'eau, comme dentifrice.

18° *Elixir dentifrice de Désirabode.* — Eau-de-vie de gaïac, 375 grammes; eau-de-vie camphrée, 8 grammes; essences de cochléaria, de menthe et de romarin, āā, 12 gouttes. A employer pur comme antiodontalgique, ou en mélange avec l'eau comme dentifrice.

19° *Eau de néroli. Alcoolat de néroli.* — Essence de néroli, 16 grammes. Alcool à 85 degrés, 1 000 grammes. Faire dissoudre.

20° *Eau sans pareille. Alcoolat sans pareil.* — Essence de citron, 8 grammes; essence de bergamote, 5 grammes; essence de cédrat, 4 grammes. Alcoolat de romarin, 125 grammes. Faire dissoudre dans 1 500 grammes d'alcool à 90 degrés. Cette préparation peut servir aux mêmes usages que l'eau de Cologne.

21° *Eau-de-vie de gaïac.* — Bois de gaïac râpé, 30 grammes, et le zeste d'un citron. A faire macérer pendant dix jours dans 1 litre d'alcool à 85 degrés. Agiter entre temps. Filtrer. Colorer au caramel.

22° *Eau-de-vie de lavande.* — Essence de lavande, 15 grammes. Dissoudre dans 70 centilitres d'alcool à 85 degrés et ajouter 20 centilitres d'eau ordinaire. Colorer au caramel et filtrer le lendemain.

23° *Eau-de-vie de lavande* (autre formule). — Alcoolat de lavande (p. 503), 2 parties. Rectifier avec 1 partie d'eau distillée ou d'hydrolat de roses. Produit : 2 parties et demie. Cette préparation, très-suave et très-fine, est la véritable eau-de-vie de lavande des parfumeurs.

24° *Eau-de-vie de lavande ambrée.* — Comme ci-dessus, en ajoutant à l'essence de lavande 1^g,50 de teinture d'ambre au musc.

25° *Eau de lavande de Smith.* — Essence de lavande, 30 grammes; teinture d'ambre au musc, 15 grammes; eau de Cologne, 250 grammes, et alcool à 85 degrés, 500 grammes. Mêler. Formule très-simple et bonne préparation.

26° *Eau-de-vie de lavande anglaise.* — Essence de bergamote et de lavande, āā, 24 grammes; essences de roses et de girofle, āā, 12 gouttes; essence de romarin, 6 grammes; musc, 20 centigrammes; acide benzoïque, 5 grammes. Faire dissoudre dans 1 000 grammes d'alcool à 85 degrés et laisser reposer pendant quarante-huit heures. Ajouter 180 grammes d'eau dans laquelle on aura fait dissoudre 60 grammes de miel. Agiter. Filtrer après vingt-quatre heures.

27° *Essence royale. Essence pour le mouchoir.* — Ambre gris, 5 grammes; musc, 2ᵍ,40, essence de cannelle, 60 centigrammes; essences de roses, de bois de Rhodes et de fleurs d'oranger, āā, 40 centigrammes; carbonate de potasse, 1ᵍ,20. Alcool à 90 degrés, 175 grammes. Filtrer après quinze jours de macération (formule de M. Guibourt).

28° *Essence de savon.* — Savon blanc, 180 grammes. Faire dissoudre dans 250 grammes d'eau. Ajouter 8 grammes de carbonate de potasse dissous dans très-peu d'eau, puis 500 grammes d'alcool à 60 degrés. Aromatiser par 8 grammes d'essence de citron. Mêler.

29° *Essence volatile anglaise.* — Essence de lavande et teinture de musc, āā, 15 grammes; essence de bergamote, 8 grammes; essence de girofle, 4 grammes; essence de roses, 10 gouttes; essence de cannelle, 5 gouttes. Faire dissoudre dans 500 grammes d'ammoniaque. Pour garnir les flacons.

30° *Extrait d'héliotrope, de Marquez.* — Vanille, 6 grammes. Triturer et mettre dans 500 grammes d'alcool à 85 degrés. Ajouter 90 grammes d'eau de fleurs d'oranger et laisser en macération pendant deux ou trois jours. Colorer avec la teinture de cochenille et filtrer.

31° *Extrait de senteur.* — Roses muscates, 50 grammes; écorces fraîches de citron et d'orange, āā, 18 grammes; basilic et lavande, āā, 10 grammes; camomille romaine, cannelle, iris, marjolaine, santal blanc, āā, 6 grammes; romarin, 5 grammes; macis et girofle, āā, 2ᵍ,50; benjoin, 2 grammes; souchet, 1ᵍ,50; storax, 1ᵍ,20; musc, 15 centigrammes. Alcool à 85 degrés, 1500 grammes. Distiller au bain-marie avec 500 grammes d'eau pour retirer toute la partie spiritueuse.

32° *Lait d'amandes.* — Amandes amères mondées, 145 grammes; eau de roses, 550 grammes. Piler les amandes et faire une émulsion avec l'eau de roses. Passer. D'autre part, faire fondre : cire, spermaceti, savon d'huile, āā, 7 centigrammes dans 15 grammes d'huile d'amandes douces, et dissoudre dans 200 grammes d'alcool à 60 degrés. Ajouter à la solution alcoolique savonneuse 22 centigrammes d'essence d'amandes amères et 1ᵍ,75 d'essence de bergamote. Réunir avec l'émulsion. On prépare de même d'autres cosmétiques analogues, tels que le *lait de roses*, etc., en aromatisant avec une essence appropriée.

33° *Liqueur de Gowland.* — Piler 90 grammes d'amandes amères mondées et faire une émulsion avec 500 grammes d'eau. Passer. Faire dissoudre 80 centigrammes de sublimé corrosif et 1g,80 de sel ammoniac dans un mélange de 50 grammes d'hydrolat de laurier-cerise et 100 grammes d'alcool à 85 degrés. Mêler les liqueurs. Contre les irritations de la peau, à laquelle elle donne de la souplesse. Cette liqueur, étendue d'eau, remédie à l'irritation causée par le rasoir. Gowland indiquait seulement 15 grammes d'alcool et autant d'hydrolat de laurier-cerise.

34° *Liqueur de Panama.* — Ecorce de Panama pulvérisée, 100 grammes. Faire macérer pendant quarante-huit heures dans 500 grammes d'alcool à 70 degrés. Passer avec expression et ajouter 20 gouttes d'essence de bergamote. Filtrer. Cosmétique pour nettoyer les cheveux.

35° *Lotion de Guerlain. Eau cosmétique de Guerlain.* — Cette préparation, préconisée contre les taches de rousseur, peut être rendue beaucoup plus alcoolique que ne l'avait indiqué la formule primitive. Eau distillée de laurier-cerise et de pêcher, 1 000 grammes ; teinture de benjoin, 1g,50 à 2 grammes, que l'on fait dissoudre dans 500 grammes d'alcool à 85 degrés. Mêler peu à peu en agitant, faire dissoudre dans la liqueur 12 grammes d'extrait de Saturne. On peut aromatiser par quelques gouttes d'essence d'amandes amères.

36° *Rouge liquide.* — Acide oxalique et sulfate d'alumine, ãã, 60 centigrammes ; baume de la Mecque, 1 gramme. Faire digérer pendant vingt-quatre heures dans 250 grammes d'alcool à 90 degrés additionné de 120 grammes d'eau. Décanter et filtrer. Ajouter 2 grammes de carmin dissous dans 1 gramme d'ammoniaque liquide. Agiter. Décanter après un quart d'heure de repos et conserver en flacons bouchés. On agite la liqueur avant de s'en servir.

37° *Teinture chinoise.* — Camphre et coloquinte broyés, ãã, 5 grammes. Alcool à 85 degrés, 200 grammes. Après huit jours de macération, passer avec expression et filtrer. On se sert de cette solution pour arroser les fourrures et les pelleteries que l'on veut préserver des mites.

38° *Teinture dentifrice. Eau pour la bouche.* — Cannelle, 8 grammes ; coriandre, girofle et vanille, ãã, 6 grammes ; cochenille, macis et sel ammoniac, ãã, 1ᵍ,50. Faire macérer pendant quinze jours dans 1 344 grammes d'alcoolat de pyrèthre et ajouter : essence de menthe, 6 grammes ; essences d'anis et de citron, ãã, 1ᵍ,50 ; essences de lavande et de thym, teinture d'ambre, ãã, 75 centigrammes (formule de M. Guibourt). On étend d'eau pour l'usage.

39° *Teinture de quinquina.* — Quinquina calisaya, 57 grammes ; écorce d'orange, 28 grammes ; serpentaire, 14 grammes ; safran, 4 grammes ; cochenille, 2 grammes. Mettre les matières pulvérisées dans une allonge à déplacement, ou dans un entonnoir, sur un tampon de coton assez serré. Déplacer les matières solubles en ajoutant successivement assez d'alcool à 60 degrés pour obtenir 500 de produit. Préparation tonique qui forme un excellent cosmétique pour la tête. Cette teinture s'oppose à la chute des cheveux en fortifiant le cuir chevelu.

Il sera facile, pensons-nous, après avoir parcouru les formules précédentes et avoir exécuté celles que l'on jugera à propos d'utiliser, de composer d'autres cosmétiques, suivant le caprice ou la fantaisie, ou même de réaliser des combinaisons particulières, présentant des qualités agréables ou des propriétés hygiéniques déterminées. Le nombre des cosmétiques créés par les parfumeurs est très-considérable, et l'on comprend que toutes les eaux distillées parfumées, toutes les essences, tous les alcoolats et toutes les alcoolatures à odeur suave peuvent servir de base à ces préparations. Nous ne nous étendrons donc pas davantage sur ce point, laissant à la sagacité du lecteur le soin de faire les préparations dont il peut avoir besoin, en se conformant aux règles de pratique qui résultent des exemples que nous venons de donner.

CHAPITRE V.

DES VERNIS A L'ALCOOL.

Nous ne songeons nullement à présenter à nos lecteurs un traité sur la fabrication des vernis. Il existe, sur ce sujet, quelques ouvrages spéciaux fort recommandables, et l'on peut puiser les meilleurs renseignements dans les travaux de Tingry, de Wattier, de Tripier-Deveaux, etc. Notre but est de compléter les notions que nous avons réunies sur l'alcool, ses dérivés et leurs emplois, par quelques indications sommaires sur les vernis dont l'alcool forme l'excipient, et de mettre sous les yeux du lecteur, à côté de la marche générale à suivre, quelques exemples de composition des principaux vernis.

Un vernis est une dissolution d'une résine ou de plusieurs résines dans un menstrue volatilisable. On conçoit que le dissolvant, en se séparant par évaporation, abandonne une couche résineuse, et cette couche sert de préservatif ou même d'ornement aux surfaces qu'elle recouvre. La qualité principale d'un vernis dépend donc de la dureté et de la résistance de la résine qui en fait partie. Un bon vernis doit sécher promptement, sans que la solidité soit altérée par la rapidité de la dessiccation. Il doit être très-adhérent aux surfaces sur lesquelles il est appliqué et ne pas s'écailler ; il doit rester brillant après la dessiccation.

On partage les vernis en *vernis à l'alcool*, *vernis à l'essence* et *vernis gras*. Nous ne parlerons que des premiers et nous laisserons de côté les *vernis à l'éther*, dont la pratique n'a pas encore tiré de parti bien sérieux.

Les *liquides dissolvants* dont on se sert pour préparer les vernis sont l'*alcool*, l'*acétone*, l'*esprit de bois*, l'*éther*, les *essences de romarin* et de *térébenthine*, les *huiles de lin* et d'*œillette*. Les *corps solides* qu'on dissout dans ces menstrues sont l'*animé*, l'*arcanson*, le *benjoin*, le *caoutchouc*, le *copal*, l'*élémi*, la *laque*, le *mastic*, la *sandaraque,* le *succin,* la *térébenthine.* On *colore* les vernis avec l'*aloès,* la *gomme-gutte,* le *safran,* le *sang-dragon.*

Préparation des vernis à l'alcool. — Précisément à raison de l'insolubilité des résines dans l'eau, on doit choisir l'alcool le plus concentré que l'on peut, pour faire l'excipient des vernis. Il doit marquer 95 à 96 degrés alcooliques. Les résines doivent être mondées et triées à la main, puis divisées en menus fragments et lavées. On les fait sécher ensuite.

En général, l'alcool ne dissout que 25 à 33 pour 100 au plus de son poids des résines les plus solubles employées pour la fabrication des vernis.

On fait dissoudre les résines dans l'alcool, soit à froid et par un contact prolongé à l'ombre, au soleil, ou à l'étuve ; soit à chaud, au bain-marie d'eau, ou à feu nu. Nous supprimerions absolument ce dernier mode, à raison des dangers considérables qu'il présente, et nous n'appliquerions la chaleur qu'à l'aide du bain-marie, ou par le concours de la vapeur.

Dans la dissolution au bain-marie ou à la vapeur, il est utile d'agir en vase clos, et d'adapter au vase un agitateur mécanique, dont la tige tourne dans une boîte à étoupe. Un col de cygne ou un tube abducteur doit porter les vapeurs alcooliques dans un petit serpentin réfrigérant où elles se condensent. Le vase où se fait la dissolution ne doit pas être rempli au delà des deux tiers de sa capacité totale, afin de laisser à la matière un espace libre pour la dilatation et d'éviter les pertes et les accidents.

Lorsque le contact, au bain-marie ou à la vapeur, accompagné d'agitation, a été maintenu pendant deux heures, on arrête l'action de la chaleur et on agite encore pendant une demi-heure. On laisse ensuite reposer, pour que l'excès des matières dissoutes à la faveur de la température puisse se déposer. Le lendemain, on décante la partie claire et on laisse encore reposer. Si la clarification se fait bien par le repos seul, on met les vernis dans des bouteilles de grès que l'on conserve à la cave, bien bouchées et à l'abri de la lumière. Si le vernis reste louche après un repos suffisant, on le filtre au coton, dans des entonnoirs en verre, qu'on doit tenir pleins, et recouverts de papier ou d'une plaque de verre.

On emploie très-souvent, dans la composition des vernis, le verre, pilé plus ou moins finement. Cette substance a pour but de diviser les matières à dissoudre, d'en empêcher l'agglomération et de multiplier les points de contact avec le dissolvant. Il convient également de ne pas perdre de vue que le copal ne devient soluble dans l'alcool qu'après avoir été liquéfié par la chaleur et avoir perdu de 20 à 25 pour 100 de son poids. Les explications qui précèdent permettront de préparer la plupart des vernis à l'alcool, dont nous indiquons la composition.

Vernis blanc pour meubles. — Alcool, 1 000; laque blanche, 120. Fondre la laque dans la moitié de l'alcool, puis ajouter peu à peu le reste du menstrue et passer.

Vernis blanc (autre formule). — Alcool, 1 000; laque blanche récemment préparée, 134; sandaraque lavée et verre pilé, āā, 67; térébenthine de Venise claire, 16. Faire dissoudre au bain-marie. Filtrer.

Vernis blanc. — Alcool, 1 000; sandaraque, 300; térébenthine de Venise, 150; mastic en larmes, 70. Cette formule est de Wattin. Sert à glacer.

Vernis demi-blanc, de Wattin. — Alcool, 1 000; sandaraque, 300; térébenthine de Pise ou de Suisse, 225. Même usage.

Vernis commun à bois (Tripier-Deveaux). — Alcool, 1 000; pousse de sandaraque, 270. Faire dissoudre. D'autre part, faire dissoudre, dans 305 d'essence de térébenthine, 270 de galipot et 692 d'arcanson. Mêler les deux solutions avec précaution, en versant la première dans la seconde, porter au bouillon en agitant et passer.

Vernis pour boîtes et petits meubles. — Alcool, 1 000; sandaraque, 187; verre pilé et résine élémi, āā, 125; animé, 32; camphre, 16. Cette formule, de Tingry, donne un bon produit. Nous supprimerions le camphre, dont le défaut est de s'évaporer à l'air et de ternir les surfaces.

Vernis pour cartons, étuis, etc. — Alcool, 1 000; verre pilé, 120; mastic, 180; sandaraque pulvérisée, 90. Faire chauffer au bain-marie pendant deux heures en agitant. Ajouter 90 de térébenthine de Venise; chauffer encore pendant une demi-heure et laisser en repos. Filtrer après vingt-quatre heures.

Vernis pour boîtes, étuis, etc. — Le vernis de Tingry pour le même objet ne diffère du précédent que par de très-légères variations de dosage. Pour 1 000 d'alcool à 96 degrés, la formule de Tingry indique 125 de verre pilé, 187 de mastic et 94 de sandaraque avec autant de térébenthine de Venise très-claire.

Vernis de Chine. — Alcool, 1 000; mastic et sandaraque, ãã, 120. Faire dissoudre et passer.

Vernis au copal. — Selon quelques observations, le copal pulvérisé se dissout par digestion dans l'éther, et en portant la température vers + 35 degrés on peut ajouter peu à peu de l'alcool à la masse sans que le copal se précipite.

Vernis des corroyeurs. Noir du Japon. — Alcool, 1 000 ; essence de térébenthine, 476; laque, 238; noir de fumée, 120.

Vernis pour découpures et bois de luxe. — Alcool, 1 000 ; sandaraque lavée, 339; térébenthine suisse, 305 (formule de Tripier-Deveaux). Faire dissoudre à chaud, filtrer au tamis. On peut faire varier les qualités de ce vernis en diminuant la dose de la sandaraque et en substituant la térébenthine de Bordeaux, pour totalité ou partie, à celle de Pise ou de Suisse.

Vernis fixateur, pour les dessins et croquis au fusain. — Alcool, 1 000 ; gomme laque blanche, 200. Faire dissoudre. A appliquer au verso du dessin.

Vernis pour lambris et boiseries (Tingry). — Alcool, 1 000 ; galipot, 187 ; verre pilé, 125 ; résine élémi et résine animé, ãã, 64. Bon produit.

Vernis pour lambris, boiseries, meubles et ferrures d'intérieur (Tingry). — Alcool, 1000 ; sandaraque, 187 ; verre blanc pilé, colophane, térébenthine claire, ãã, 125 ; laque plate, 62. Faire dissoudre et filtrer. Ce vernis est d'une solidité satisfaisante.

Vernis de Mailand (photographie). — Alcool, 1000 ; gomme laque en grains, 125 ; élémi, 37,5.

Autre formule, pour le même objet. — Alcool, 1000; laque blanche, 80 ; essence de lavande, 160.

Vernis pour meubles. — A poncer. Alcool, 1000 ; sandaraque, 500; térébenthine de Venise, 60; mastic, 52; sarcocolle, 50 ; benjoin, 16. Faire dissoudre et filtrer.

Vernis d'or. — Alcool, 1000 ; garancine, 333. Après vingt-quatre heures de digestion, passer, ajouter : gomme laque orangée, 555, et faire fondre à une douce chaleur. Très-beau produit.

Vernis d'or, pour les métaux. — Alcool, 1000; laque en grains, 144 ; verre pulvérisé, 96 ; succin fondu; 48 ; sang-dragon, 28,5 ; gomme-gutte, 4,8 ; extrait de santal rouge, 0,8. Faire dissoudre et filtrer.

Vernis pour parquets. — Alcool, 1000 ; laque (résine), 166. Faire dissoudre. Ajouter 28 de résine élémi, dissoute dans 225 d'essence de térébenthine. On étend deux couches de ce vernis, après avoir donné une couche de couleur à la colle et une couche à l'huile de lin cuite.

Vernis contre la rouille. — Alcool, 1000 ; essence de térébenthine, 665. Ajouter : sandaraque, 1000 ; colophane, 665 ; gomme laque, 332. Faire dissoudre et passer.

Vernis siccatif, pour les meubles. — Alcool, 1000 ; sandaraque, 180 ; verre pilé, 100 ; copal tendre et mastic, āā, 90 ; térébenthine, 75.

Vernis siccatif, pour meubles. — Alcool, 1 000 ; verre pilé et sandaraque, āā, 100 ; copal tendre et mastic, āā, 90 ; térébenthine, 75. Dissoudre à chaud et filtrer. Cette formule ne diffère de la précédente que par une proportion moindre de sandaraque.

Vernis pour violons, etc. — Alcool, 1.000 ; verre pilé et sandaraque, āā, 120 ; laque en grains et térébenthine, āā, 60 ; mastic et benjoin, āā, 30. Faire dissoudre et filtrer.

Nous pourrions, sans doute, ajouter à ces formules beaucoup d'autres recettes de vernis à l'alcool ; mais chacun peut parfaitement suppléer à ce que nous passons sous silence en modifiant les compositions ci-dessus indiquées, selon les circonstances. Une augmentation légère dans la proportion des résines, l'addition d'un autre corps soluble dans l'alcool, celle d'une huile essentielle, comme l'huile de romarin ou de lavande, enfin des modifications de toute nature peuvent conduire à la préparation de vernis particuliers, dont les qualités seraient appropriées aux besoins. Nous engageons, cependant, les personnes qui voudraient préparer des vernis à l'alcool à ne pas trop s'écarter des proportions relatées dans les formules précédentes, et qui, toutes, ont pour elles la sanction de l'expérience.

CINQUIÈME PARTIE

QUESTIONS DE LÉGISLATION. IMPOT INDIRECT.

En considérant les questions d'impôt sous des rapports différents, on arrive aux conclusions les plus diverses, souvent contradictoires, quant à l'équité des impôts eux-mêmes, à la sagesse de leur établissement, à l'intelligence du mode de perception. Le principe devant lequel on est forcé de s'incliner est celui-ci, que chaque citoyen, faisant partie d'un état social, doit contribuer aux charges de cette association en raison des avantages qui lui sont procurés par ce même état social. Tout doit être acquis et payé, sauf ce qui est de propriété commune et de droit naturel. Les rhéteurs, pour lesquels le sol français est un terrain fertile, ont fort tourmenté les applications du droit relativement à l'impôt, suivant leurs caprices, leurs besoins, et principalement suivant qu'ils exerçaient le pouvoir ou qu'ils aspiraient à le saisir.

Lorsqu'ils sont seulement des aspirants à la puissance, ils flattent les appétits et la passion de la plèbe en lui proposant l'impôt proportionnel à la fortune, c'est-à-dire l'exonération du prolétariat et le payement de l'impôt par les riches, car c'est, au fond, la doctrine présentée par tout ambitieux à la populace dont il veut capter les suffrages. Cette manœuvre est habile, parce qu'elle flatte les appétits du grand nombre et qu'elle se présente avec une apparence de justice et de raison.

Il est certain, en effet, que la perspective de ne rien payer et de faire supporter aux riches le poids total des impôts a toujours été le rêve caressé par la foule, et que les meneurs de ce troupeau ont toujours su l'entraîner à leur remorque avec les mêmes mots, les mêmes duperies, les mêmes utopies. De temps à autre, pour la forme et pour satisfaire à ce qu'on appelle *le progrès*, on ajoute quelque nouvelle absurdité au programme, quelque invention laïque et obligatoire, empor-

tant surtout la gratuité, car c'est là le point capital, le désidératum. Aux mendiants, il faut l'aumône, sauf à mordre la
main qui la distribue. Ce n'est pas là qu'est la vérité.

Un état social se compose d'un gouvernement et de gouvernés. Chacune de ces deux parties contractantes se trouve en
présence de devoirs et de droits. Si le gouvernement représente la gérance d'une société financière, les gouvernés en
sont les actionnaires. Une assemblée législative est l'assemblée
générale des intéressés, où tous ont le droit d'être représentés
au prorata de leurs actions. C'est à cette assemblée qu'est dé-
volue la charge de discuter les mesures d'intérêt commun, les
règlements à suivre ; c'est elle qui fait les lois. Le gouvernement et les gouvernés sont obligés par ces lois : le premier
doit les faire exécuter et donner l'exemple de la soumission
aux règlements, les autres doivent obéir à la loi.

D'autre part, la gérance et le conseil d'administration, le
gouvernement, sont chargés de protéger les actionnaires, les
gouvernés, dans leurs personnes et leurs propriétés, de leur
assurer tous les bénéfices de l'association, de régler les dépenses communes, autorisées par l'assemblée générale, et de
diriger les affaires sociales avec une probité scrupuleuse, au
mieux des intérêts de la communauté. En échange de cela,
les gouvernés, les actionnaires payent et doivent payer les
frais. Non-seulement les frais doivent être couverts, mais,
dans toute opération bien conduite, le fonds social doit s'accroître.

Comment l'actionnaire ou le gouverné doit-il payer équitablement ? A cette question, il n'y a qu'une seule réponse
loyale : l'actionnaire doit payer proportionnellement au nombre de ses actions.

Or, en matière d'état politique, dans une réunion nationale,
tous les gouvernés peuvent être actionnaires de deux manières : ils le sont par le fait seul de leur existence, ou de leur
admission dans la société : c'est l'*action personnelle*, à laquelle
il est garanti des avantages en échange de son apport ; ils
le sont par leurs propriétés et leurs richesses, s'ils en ont,
et cette *action de possession* doit payer relativement et proportionnellement à son importance. Cela est équitable et juste,
comme il est équitable et juste d'expulser de la société tout
actionnaire qui ne veut pas se soumettre aux statuts consti-

tutifs et aux règles adoptées par l'assemblée générale ; comme il est équitable et juste de détruire tous les ennemis de l'association, dont l'existence devient un danger pour les membres de la société ou pour la société elle-même. Le droit est là, et tous les hommes de bonne foi ne peuvent méconnaître ces principes.

Au point de vue de l'action personnelle, le payement de chaque action se compose de l'obligation de concourir à la défense de la société contre ses ennemis et de supporter une part des dépenses sociales, proportionnelle à la consommation. C'est ici que commence la discussion. En général, la plèbe, c'est-à-dire la masse de ceux qui ne possèdent qu'une action personnelle, voudrait bien toucher les dividendes et ne rien supporter des charges ; ceux qui en font partie veulent que les riches, que les propriétaires d'actions de possession subissent la totalité des impôts de tout genre, et ils veulent être exonérés eux-mêmes. Voilà le problème social avec ses exigences. Souvent encore, il se complique de la rage qui prend l'actionnaire d'une seule action de s'emparer de celles des autres.

L'action personnelle donne le droit à vivre, à être protégé par les statuts, mais elle impose le devoir de travailler, de se soumettre aux lois, de défendre le pays et la société ; elle donne le droit de participer aux bénéfices prévus par l'assemblée générale ; mais elle impose l'obligation de payer, sur un tarif également prévu, une certaine redevance pour les objets de consommation. Tous les actionnaires, tous les citoyens d'un État, possèdent une action personnelle ; tous ils ont droit à la vie, à la protection, à la tranquillité, à une part de bénéfices ; tous ils doivent l'obéissance aux lois, l'impôt du sang, l'impôt de consommation.

Dans une société organisée d'après des principes justes, l'impôt direct frappe tous les propriétaires d'actions de possession ; l'obéissance aux lois, l'impôt du sang, l'impôt indirect sont des obligations communes, qui frappent tous les membres de la société, au nom et en vertu de l'action personnelle liée à leur existence.

Ceux qui ne veulent pas se soumettre aux statuts communs, aux règles et aux lois, n'ont qu'une chose à faire : se retirer d'une association qui ne leur convient plus. Il n'est pas besoin, pour cela, de briser les propriétés des autres actionnaires, de bouleverser ou de détruire les biens de la société, il suffit de s'en aller.

Parmi les redevances de consommation, ou les impôts indirects, il en est sans doute, dans toutes les nations du monde, qui ne sont pas en conformité avec les lois de l'humanité et qu'il conviendrait de réformer. Ainsi, à notre sens, les matières alimentaires de première nécessité ne devraient être assujetties à aucun impôt. Nous ne contestons pas le droit strict d'une société à imposer ces matières, puisque nous reconnaissons l'omnipotence d'une association humaine, dans l'établissement des mesures qu'elle croit nécessaires à sa sauvegarde et à ses intérêts ; mais nous estimons que l'on doit faire tout le possible pour améliorer le sort matériel des prolétaires, de ces actionnaires de l'action personnelle seulement, pourvu qu'ils apportent, de leur côté, tout le contingent qu'ils doivent à la société.

Nous n'approuvons pas ces impôts tracassiers dont la mauvaise gérance de certains gouvernements accable les populations, et nous disons que l'impôt indirect est exagéré toutes les fois qu'il pèse sur le pauvre en grevant les objets de consommation indispensable.

D'un autre côté, il est de principe que les objets de consommation, atteints par une redevance ou par un impôt indirect, ne sont atteints justement que lorsqu'ils sont taxés suivant leur valeur. C'est le seul moyen pratique de soulager les classes pauvres et de faire payer aux consommateurs en raison même de leur consommation.

Pour appliquer spécialement à la France ce que nous venons d'exposer en thèse générale sur l'impôt, nous ne voyons pas qu'il y ait d'objections sérieuses à faire, par le moraliste le plus sévère, contre l'impôt direct proportionné à la fortune de l'imposé. Nous comprenons la taxe sur les rentes et revenus, résultant de titres, d'actions, ou de placements d'argent, comme parfaitement équitable. D'un autre côté, sans partager les idées de quelques économistes modernes sur la possibilité d'imposer le commerce et l'industrie en raison du chiffre d'affaires, nous croyons qu'un système mieux pondéré de patentes et de licences pourrait enrichir les caisses publiques sans injustice, et surtout sans apporter d'entraves à l'indépendance de la profession, et sans augmenter le nombre des mesures restrictives ou vexatoires dont l'empereur Napoléon III se plaignait avec juste raison. Il y a mieux à faire que ce qu'on fait, évidemment, et l'on doit avouer que bien des gens ne contribuent en rien aux charges de l'État, qui pourraient le faire aisément...

On a cherché, autant que possible, à baser l'impôt indirect, c'est-à-dire l'impôt de consommation, sur la valeur des objets taxés. La masse ouvrière n'est atteinte que par cet impôt et de louables efforts ont été tentés pour alléger les charges qu'elle supporte, bien que ces charges soient fort légères en elles-mêmes. Non-seulement l'ouvrier ne paye pas d'impôt pour la terre qu'il ne possède pas, mais il ne paye pas d'autre impôt personnel que celui du service militaire, et il ne paye rien pour son logement, etc. Ce n'est que par l'impôt indirect qu'il est atteint, en raison de sa consommation. Il est frappé, comme tout le monde d'ailleurs, par la redevance à payer pour ce qu'il consomme des objets taxés, et sans la gourmandise, l'ivrognerie et une sotte vanité, s'il se renfermait dans les limites de sa condition, s'il ne se créait des vices ou des besoins artificiels, on peut dire que sa quote-part individuelle, en argent, dans les ressources publiques, serait d'une valeur assez secondaire. Nous en donnerons un exemple qui nous paraît sans réplique. Si l'ouvrier consomme du vin à 50 centimes, il supporte un impôt de 15 pour 100 en principal, ce qui conduit à 18 pour 100 avec le double décime. Il paye donc en réalité 9 centimes. Or, ce vin est très-suffisant pour l'entretien de la santé. Mais, dans le cas où le consommateur en question fait ce que font aujourd'hui la plupart des *travailleurs*, s'il lui faut du *vin cacheté*, du vin à *vingt sous*, il supporte un impôt proportionnel à la valeur et il paye 18 centimes. Rien de plus équitable au fond, puisque, dans un restaurant de luxe, une bouteille de champagne ou de vin fin, vendue 10 francs au consommateur, entraîne pour ce consommateur un impôt proportionnel de 1 fr. 80. Ces mesures sont assurément fort rationnelles et le Trésor n'a pas à tenir compte des reproches d'un ivrogne qui pourrait consommer 1 litre de vin ordinaire chez lui et ne payer que 9 centimes, et qui préfère en boire cinq d'un prix double, au cabaret, et payer 90 centimes d'impôt. Sa sottise le regarde, et il n'a pas à crier contre un fait dont il est l'artisan. Le producteur peut consommer ses vins sans payer d'impôts autres que celui qui frappe le sol, qui atteint ses bâtiments, sa personne, etc. S'il vend ce vin à un autre consommateur, en cercles ou par 25 litres, il n'est perçu qu'un droit de circulation, variable de 1 fr. 20 à 2 fr. 40 par hectolitre, selon la provenance. On a beaucoup discuté sur ce point et réclamé un impôt proportionnel à la valeur. Nous n'y verrions, certes, aucun inconvénient et nous estimons que le consommateur d'une pièce de haut médoc doit un impôt plus élevé que celui qui consomme du vin de Suresnes ou d'Argenteuil. Il y a là une lacune, évidemment, mais encore les mécontents n'ont-ils guère le droit de se plaindre, puisqu'ils peuvent acheter par 25 litres des vins de toutes qualités, et profiter de la tolérance de la loi.

En résumé, nous voudrions voir établir un tarif progressif, appliquant les impôts indirects sur la valeur des objets imposables ; nous voudrions voir abaisser le tarif des matières de grande consommation et nous réclamons l'exonération complète pour les matières alimentaires de première nécessité. Nous croyons que les termes de ce problème ne sont pas insolubles et que des mesures prises dans ce sens tendraient à accroître les revenus du Trésor tout en améliorant la condition des masses. Faire payer le moins possible au prolétariat, en abaissant les tarifs sur les objets de grande consommation, est un moyen logique, le seul qui augmente la consommation en diminuant les charges et en élargissant les bénéfices de l'*action personnelle* dont nous parlions ; faire payer, pour tous les objets imposables qui ne sont pas de grande consommation, ou, en tout cas, au-dessus d'une limite déterminée, un impôt basé sur la valeur vénale, telle serait la règle de justice à suivre dans les sociétés humaines. Libre de vivre à son gré, selon sa fortune, le consommateur apporterait à l'État des revenus proportionnels à la *dépense réelle* qu'il ferait, et il ne serait pas nécessaire de créer un impôt sur des allumettes, si l'on prenait à cœur l'idée de répartition équitable des charges, en raison des valeurs, qui doit présider à toute mesure financière.

Nous ne voulons faire aucune critique des lois de finance, essentiellement transitoires, que des pertes ou des désastres imposent au dévouement d'une nation. L'exception ne réagit pas sur la règle. Ce que nous avons voulu, c'est indiquer très-sommairement les règles d'équité qui doivent présider à tout impôt, tant du côté d'un gouvernement que du côté des gouvernés. Nous allons donc, sans commentaire d'éloge ou de blâme, faire connaître les dispositions légales qui régissent l'impôt sur les liquides alcooliques, tant en France que dans les principaux États européens. Nous regardons les chiffres des tarifs comme essentiellement variables selon les circonstances et nous cherchons surtout à faire saisir les bases de la taxe.

SECTION I.

IMPÔT INDIRECT SUR LES VINS.

A. En France. — Le *producteur de vins* ne doit rien. Il peut consommer son vin, le garder ou le vendre, sans avoir d'impôt à supporter.

S'il vend son vin, la liqueur est soumise à un droit de circulation de 1 fr. 20, 1 fr. 60, 2 francs ou 2 fr. 40 par hectolitre, pour les vins expédiés en cercles ou en verre, par fractions égales au moins à 25 litres, le tout en principal; 2 décimes en sus.

Les vins expédiés en bouteilles sont frappés d'un droit de 15 pour 100.

La fabrication est libre.

Le *marchand en gros* reste sous la surveillance de la régie, mais il ne doit pas l'impôt de circulation pour les quantités qui ont déjà payé à l'expédition.

Les *débitants* doivent partout un droit de 15 pour 100 sur le prix de vente déclaré et 2 décimes en sus, ce qui constitue un impôt de 18 pour 100 *ad valorem*.

Exercice; c'est-à-dire vérification par les employés des manquants ou des quantités vendues, pour lesquels l'impôt est dû. Payement d'une licence peu élevée.

B. En Autriche. — Pas de droit de production. Taxe unique dans les villes. Droit de détail, variable selon les provinces. Exercice pour les détaillants qui ne prennent pas d'abonnement. Dans les villes à barrières, l'impôt de consommation est dû par tout le monde à l'entrée. Il y a des villes qui n'ont pas de perception, mais qui payent à l'État une somme fixe sur les fonds communaux.

C. EN BELGIQUE. — Exercice de la fabrication. Déclaration par le vigneron, deux mois à l'avance, de la localité et de l'étendue de la vendange et de la localité de la vinification. Répétition de cette déclaration vingt-quatre heures avant la vendange. Prise en charge par les employés. Recouvrement après six semaines, sous réfaction de 6 pour 100 pour lies et déchets. Délai de trois, six, neuf mois pour le vigneron qui récolte au moins 9 hectolitres.

Transport sur passavant.

Le droit sur le vin indigène en cercles ou en bouteilles est de 1 fr. 68 par hectolitre.

D. EN ESPAGNE. — Production, circulation et vente libres. Droit de consommation payable, par les commerçants, à l'entrée. Le droit est recouvré par la municipalité, qui en verse une partie au Trésor, dans les localités au-dessus de 2 000 feux. Au-dessous de ce chiffre de population, amodiation ou mise en fermage du droit de vendre en détail. Le fermier surveille les contraventions. Les récoltants peuvent vendre au détail, c'est-à-dire au-dessous de 96 litres, moyennant un droit à payer au fermier. Les propriétaires doivent déclarer l'importance de leur récolte. Le fermier a le droit de vérification en se faisant assister d'un alcade.

Tarif des vins. — Vins ordinaires, par hectolitre : localités au-dessous de 1 000 feux, 1 fr. 62 ; vins généreux, 3 fr. 24 ; de 1 001 à 2 500 feux, 3 fr. 24 ; vins généreux, 4 fr. 86 ; de 2 501 à 4 000 feux, 4 fr. 86 ; vins généreux, 8 fr. 10 ; de 4 001 à 8 000 feux et ports de 2 400 à 4 600 âmes, 5 fr. 14 ; vins généreux, 9 fr. 72 ; au-dessus de 8 000 feux et ports au-dessus de 4 650 âmes, 6 fr. 76 ; vins généreux, 12 fr. 96. Barcelone, Cadix, Malaga, Séville, Valence, 8 fr. 38 ; vins généreux, 14 fr. 58 ; Madrid, 10 francs ; vins généreux, 16 fr. 20.

E. EN ANGLETERRE. — Droit d'importation à payer. Permis de circulation à présenter pour les quantités supérieures à 11 litres ; les permis sont délivrés par les employés de l'*excise* et sont analogues à nos *congés* français. Amende de 1 200 francs dans le cas de falsification ou d'altération des permis.

Licences pour marchands de vin en gros et en détail,

250 francs. Licence pour débitants de bière, 104 fr, 80 ; licences pour débitants de spiritueux et de bière, 52 fr. 40. Le détaillant de vin doit être en même temps détaillant de bière.

Exercice des détaillants par les employés de l'excise. Pénalités d'une sévérité extrême. Le vin doit être conservé dans des magasins particuliers.

F. En Hollande. — Comme en Belgique.

G, En Portugal. — Récolte libre. Perception mise en amodiation. Droit unique de consommation, 43 centimes par hectolitre. Déclaration de quantités par les récoltants et vérification par les fermiers de la taxe. Taxe d'exportation pour l'État, 12 centimes par hectolitre.

H. En Prusse. — Inventaire chez les propriétaires et payement du droit par le propriétaire. Six classes de vignes suivant les sols, payant par hectolitre : 1° 6 fr. 25 ; 2° 3 fr. 67 ; 3° 2 fr. 57 ; 4° 1 fr. 84 ; 5° 1 fr. 47 ; 6° 1 fr. 10. Déclaration de vente et présentation de facture.

Recensement annuel et payement des manquants. Tolérance de 15 pour 100 pour consommation de famille, etc.

I. En Russie. — Franchise de la circulation et du débit pour les vins indigènes. Droits d'octroi qui frappent également les vins d'importation.

SECTION II.

IMPÔT INDIRECT SUR LES CIDRES ET POIRÉS.

En France. — Fabrication libre. Droit de circulation, 1 franc par hectolitre en principal. Deux décimes en sus. Droit de débit, 15 pour 100 et 2 décimes en sus sur les prix de vente déclarés. Exercice du détaillant.

SECTION III.

IMPÔT INDIRECT SUR LA BIÈRE.

A. En France. — La base de la perception est le volume de la chaudière à saccharification sous une bonification de 20 pour 100. On ne compte que deux sortes de bières, la *bière*

forte et la *petite bière*. La bière forte paye 3 francs par hectolitre et la petite bière, 1 franc. Deux décimes en sus. Lorsqu'on
fait deux brassins sur le même malt, le premier compte pour
bière forte, le second pour petite bière. Si l'on fait trois
trempes, les deux premières sont réputées de bière forte, en
sorte que le dernier brassin seul compte pour petite bière.
Exercice des brasseries.

B. En Belgique. — Exercice. Déclaration préalable des vaisseaux et vérification par les employés. Le droit est basé sur
la capacité des cuves-matières et fixé à 1 fr. 70 par hectolitre.
Le brasseur fait autant de trempes qu'il veut dans le temps de
sa déclaration. A l'heure fixée pour l'entonnement il ne doit
plus exister de bières ou de drêches chaudes dans l'atelier de
saccharification.

C. En Angleterre. — Le droit est perçu sur le houblon et
sur le malt. La brasserie est libre sous réserve du payement
de la licence.

Le cultivateur de houblon doit déclarer ses houblonnières
et ses magasins avant le 1er août. La mise en sacs est exercée.
Le droit est de 62 fr. 50 par 100 kilogrammes. Ce droit est
remboursé à l'exportation. Toute contravention quant aux
déclarations, etc., est punie d'une forte amende.

Le malt est imposé à la fabrication. Droit de 9 francs par
hectolitre. La fabrication est exercée sous l'empire de règlements très-minutieux et très-sévères.

Le fabricant de malt paye une licence de 9 à 112 francs, suivant l'importance de sa fabrication.

Les brasseurs qui ne vendent qu'à emporter payent une
licence de 131 francs. Ceux qui vendent en barils de 15 litres
au moins, ou par paniers de 24 bouteilles, sont considérés
comme marchands en gros et payent une licence de 78 fr. 60.

La licence des brasseurs fabricants varie depuis 12 francs
jusqu'à 1 875 francs et plus, selon leur production, qui se
compte par barils de 125 litres. Tous les brasseurs et marchands de bière en gros sont exercés.

Les débitants payent une licence de 26 fr. 80 lorsque leur
loyer ne dépasse pas 500 francs, et de 78 fr. 60 lorsqu'il est
au-dessus de ce chiffre.

D. En Hollande. — Le droit est de 70 centimes par hectolitre du volume des cuves-matière.

E. En Portugal. — Les bières d'importation payent seules un droit de 100 francs par hectolitre.

F. En Prusse. — Déclaration préalable des vaisseaux, qui sont estampillés par la régie. Lors de la fabrication, déclaration du numéro des vases à employer, de la quantité de malt à traiter et de la bière à obtenir. Payement *immédiat* du droit, qui est de 5 francs par 100 kilogrammes de malt. Exercice des brasseries et pénalités sévères, qui vont à la fermeture définitive de l'usine à la troisième infraction.

G. En Russie. — Voir aux *Spiritueux*, sect. IV.

H. En Suisse. — Impôt à la fabrication. Exercice. Déclaration à chaque brassin. Montant du droit sur les bières indigènes et les bières d'importation : 1 fr. 40 par hectolitre.

SECTION IV.

IMPÔT INDIRECT SUR LES SPIRITUEUX.

A. En France. — Tarif commun pour toutes les classes : fabricants, commerçants, simples consommateurs. Pour les *eaux-de-vie, esprits* et tous les produits alcooliques marquant à l'alcoomètre, le droit par hectolitre d'alcool pur y contenu est de 125 francs en principal, plus 2 décimes ; soit 150 francs. L'absinthe est taxée à part. Déclaration de fabrication pour les distillateurs.

Pour les *liqueurs* et *fruits à l'eau-de-vie*, le droit par hectolitre d'alcool pur y contenu est de 175 francs, 2 décimes en sus, soit 210 francs. Sur l'absinthe, le droit est perçu sur le volume total, quelle que soit la force, et il est de 175 francs en principal par hectolitre, soit 210 francs avec les 2 décimes. Exercice à la fabrication en distillation.

B. En Belgique. — Le droit sur la distillation est de 22 centimes par hectolitre de contenance des cuves de fermentation et par vingt-quatre heures de travail, de midi à midi. La distillation des fruits à pepins et à noyau sans mélange est exempte de droits.

Décharge du droit à l'exportation, à raison de 9 francs par hectolitre d'alcool.

C. En Angleterre, — L'impôt est constaté à la fabrication,

laquelle, même en dehors du droit de 253 francs par hectolitre d'eau-de-vie à 56 degrés, est à peu près impossible à raison des mesures restrictives et vexatoires dont elle est l'objet
de la part du fisc, en vertu de combinaisons légales particulières dans le détail desquelles il serait oiseux de nous arrêter.

On ne peut pas faire circuler plus de 1 gallon (3¹,70) de
spiritueux sans une expédition de l'*excise*. Les distillateurs, les
rectificateurs et les marchands en gros payent une licence de
250 francs. Les marchands qui font des envois au-dessus de
2 gallons (7¹,40) sont considérés comme marchands en gros.
Les fabricants de liqueurs payent une licence de 52 fr. 40.

Les débitants de liqueurs ou d'hydromel payent une licence
de 26 fr. 20. Les débitants d'eau-de-vie doivent une licence
qui varie de 52 fr. 40 à 262 francs, selon l'importance de leur
loyer, entre 250 francs et 1 250 francs. Nul ne peut se livrer
à la vente exclusive au détail des spiritueux. Les débitants
sont exercés et ils ne peuvent opérer aucun coupage. On accorde 50 pour 100 d'accroissement aux liquoristes sur les
eaux-de-vie qu'ils traitent.

D. En Hollande. — Les distillateurs doivent faire une déclaration préalable, puis une déclaration spéciale avant la
fabrication, qui ne peut durer moins de quatorze jours ni plus
d'un mois. Le droit est réglé sur une prise en charge des matières macérées, à raison de 1 fr. 50 par hectolitre : d'octobre
à mars, 7¹,78 d'eau-de-vie à 10 degrés de Hollande par hectolitre de macération ; d'avril au 15 juin, 7¹,52 ; le reste du
temps, 6¹,40.

On accorde 10 pour 100 de bonification sur le volume des
cuves aux distillateurs de profession et 20 pour 100 aux distillateurs agricoles. Les excédants sont pris en charge. Les
manquants, au-dessous de 10 pour 100, sont portés en compte
pour le payement des droits. Les manquants, au-dessus de
10 pour 100, payent en outre une amende de 47 fr. 50 par
hectolitre. Le fabricant obtient crédit. Le destinataire détaillant ou consommateur paye ce droit au comptant. Pour que le
marchand en gros ait crédit, l'envoi doit être au moins de
2 hectolitres. Les entrepositaires sont exercés sur l'ordre de
l'autorité fiscale supérieure.

E. En Portugal. — Fabrication des eaux-de-vie et liqueurs
en franchise. On paye un droit d'octroi assez élevé. La circu-

lation se fait sur expéditions ou congés, et les distillateurs sont exercés.

F. EN PRUSSE. — Exercice sévère. Déclaration préalable. Déclaration de travail. Interdiction du travail de nuit. Le droit est basé sur la quantité de matière première employée. Il est payé à la fin du mois. Pour les distillateurs de cru, le droit est de 90 centimes par hectolitre de macération (moût fermenté) de matières farineuses. Ils ne peuvent distiller que les matières et seulement du 1er novembre au 15 mai. Ils ne peuvent dépasser 10h,26 par jour. Les distillateurs de profession payent, par hectolitre de macération, pour les matières farineuses, 1 fr. 09; pour les lies de vin, 1 fr. 46; pour les fruits à pepins, 73 centimes; pour les fruits à noyau, 1 fr. 46.

La circulation et la vente sont libres. La fabrication des liqueurs est en franchise.

G. EN RUSSIE. — Monopole de l'Etat, qui afferme son droit de fabrication, par circonscription et pour quatre ans, sur un cautionnement des onze vingt-quatrièmes d'une année de fermage.

Le fermier est privilégié pour la vente des spiritueux provenant des matières farineuses. Le prix de vente est fixé par le cahier des charges. Les autres eaux-de-vie lui doivent une taxe également fixée. Exercice rigoureux. Les localités de vente payent patente aux fermiers, lesquels sont d'ailleurs surveillés avec une extrème sévérité.

En dehors du monopole, la fabrication est privilégiée presque partout où elle fait l'objet d'une concession ou d'une autorisation. La faculté de vendre est générale, mais le minimum du prix est fixé par le gouvernement.

Le droit de fabrication se paye à mesure de l'enlèvement des magasins. Il est de 39 francs par hectolitre pour les esprits et produits spiritueux d'un degré élevé, de 30 francs pour les rhums et liqueurs, de 20 fr. 40 pour les eaux-de-vie et genièvres. Les patentes varient de 40 francs à 140 francs. Le recouvrement des droits et des patentes est mis en adjudication.

Observations. — Nous nous abstenons, ainsi que nous l'avons dit, de toute critique sur les formes de la législation relative aux impôts sur les boissons. Il y a cependant une observation que nous devons faire relativement à la France et au sujet des mesures à prendre contre l'ivrognerie. On a cru devoir, à l'imitation peut-être d'autres pays, au moins dans un intérêt de rapport financier, élever les droits sur les alcools, imposer les bouilleurs de cru et fabriquer une loi contre l'ivresse. Ces mesures portent à faux. Il est constaté qu'on n'a jamais consommé autant d'absinthe à Paris que depuis l'élévation des droits. Cela ne nous étonne pas. Quand on veut sérieusement quelque chose, on prend les moyens d'atteindre le but ; mais, dans notre cher et malheureux pays, on ne veut jamais qu'à moitié. Le gouvernement lui-même n'est pas toujours certain de ce qu'il veut, et nous en trouvons la preuve dans les demi-mesures, les atermoiements, les lenteurs calculées, les petites finesses dont nous sommes témoins tous les jours.

Pour faire de l'argent, il fallait abaisser les droits. Ceci est de règle, malgré les prétentions économiques de nos hommes d'Etat, fort capables, vus de loin, si légers et si étourdis, vus de près, malgré les complaisances de leurs panégyristes. On est inconséquent à tout âge chez nous ; mais, comme chaque gouvernement prétend nous assujettir à ses expériences et faire de nous l'objet de ses théories, nous finissons tout doucement par le marasme. Qui ne sait que l'augmentation de l'impôt a toujours restreint la consommation et diminué les recettes du Trésor ? Ce principe est incontestable pour tous les vrais financiers. Malheureusement, depuis 1870, il a perdu presque toutes les chances d'application que l'on pouvait prévoir.

Pour détruire l'ivrognerie, il fallait laisser l'ivrogne tranquille et s'en prendre aux cabaretiers, aux débitants d'alcooliques, aux cafetiers, à tous ceux qui vivent et s'enrichissent de l'ivrognerie. Race infâme d'empoisonneurs et d'ennemis de la société, dans les grands centres surtout, artisans de tout ce qui est mal, ces gens-là ont si peu de souci de la loi et de la surveillance administrative, que leur nombre va en s'augmentant, au moment même où l'on croit prendre des précautions contre leur fangeuse influence.

Il fallait interdire nettement et sans ambages la consommation au cabaret, n'autoriser que la vente à emporter, sauf dans un *petit nombre* d'établissements placés sous une surveillance spéciale. Ce moyen est le seul qui puisse avoir quelque chance de succès, et ce qui le démontre, c'est qu'il a suffi de le mentionner pour mettre les ivrognes en fureur.

Il fallait proscrire l'absinthe. La sécurité des familles, l'honneur du pays, la nécessité de régénérer une race abâtardie, tout cela valait bien quelques millions qu'on n'a pas encaissés, malgré des espérances de rhétorique, et qu'on n'encaissera jamais. Il est impossible de ménager tout le monde, et il valait mieux mécontenter les ivrognes et les marchands de vin que de laisser le pays dans une mortelle inquiétude sur le sort qui nous menace.

APPENDICE

La tâche que nous nous sommes imposée touche à sa fin et nous nous sommes efforcé de ne laisser dans l'ombre aucun des points importants de l'art de l'alcoolisateur. Toutes les questions essentielles d'un vaste cadre ont trouvé leur place dans notre œuvre, et, si nous avons fait involontairement quelque omission, nous avons la conviction du peu d'importance qu'elle présente, en raison des renseignements et des données qui permettent au lecteur d'y suppléer par lui-même.

Il nous reste, cependant, à réunir ici quelques détails sur la manière d'apprécier la valeur des produits alcooliques et sur la réduction des liquides spiritueux. Ces questions de chiffres auraient pu prendre leur rang en divers endroits de notre ouvrage, il est vrai; mais, afin de ne pas entraver la marche régulière de notre travail, nous avons cru devoir les renvoyer à la fin de ce volume, au moins pour celles dont l'étendue était plus considérable.

Il a déjà été indiqué un certain nombre de faits numériques, intéressants pour l'alcoolisateur et le distillateur, dans l'*Appendice* consacré à l'alcoométrie, à la fin de notre second volume (p. 783 et suiv.). Le lecteur peut se reporter à cet appendice pour consulter la table de contraction de l'alcool et le tableau des densités des mélanges d'alcool et d'eau. Pour compléter ces données, il nous semble indispensable de mettre sous les yeux du lecteur des indications sur la *force réelle* et le *mouillage* des liquides alcooliques, la pratique ayant très-souvent besoin de ces notions pour diverses opérations qui exigeraient des calculs fastidieux.

De la force réelle des liquides alcooliques et de leur richesse. — La force d'un liquide alcoolique est le nombre de litres d'alcool *pur* contenus dans 100 litres de la liqueur donnée. L'aréomètre (alcoomètre) de Gay-Lussac donne immédiatement cette force à la température de +15 degrés centigrades, et il suffit, pour connaître le volume d'alcool *pur* contenu dans un volume quelconque de liquide, de multiplier le chiffre de ce dernier volume par l'indication alcoométrique : 568 litres de produit, à 75 degrés de force (ou 0,75) et à +15 degrés de température, contiennent $568 \times 0,75 = 426$ litres d'alcool pur à 100 degrés. Quand la température diffère de +15 degrés, l'indication alcoométrique ne donne que la *force apparente*. La *force réelle* est celle qui serait observée à +15 degrés. De même, le volume d'un liquide alcoolique se contracte au-dessous de +15 degrés et il est trop faible ; il se dilate au-dessus de ce terme et il est trop élevé. Il faut faire une *correction de volume* pour en connaître le volume réel. Cette correction de volume est indispensable ; jointe à la correction de la force, elle fournit une donnée précise.

Tableaux indicateurs de la force réelle des liquides alcooliques, de 0 degré à 30 degrés de force apparente au-dessous de + 15 degrés de température.

PREMIER TABLEAU

De 0 degré à + 7 degrés de température.

Forces apparentes.	Forces réelles aux températures de :							
	0°	1°	2°	3°	4°	5°	6°	7°
1	1,3	1,3	1,3	1,3	1,3	1,4	1,4	1,4
2	2,4	2,4	2,4	2,4	2,4	2,5	2,5	2,5
3	3,4	3,4	3,4	3,4	3,4	3,5	3,5	3,5
4	4,4	4,4	4,4	4,4	4,4	4,5	4,5	4,5
5	5,4	5,4	5,4	5,4	5,4	5,5	5,5	5,5
6	6,5	6,5	6,5	6,5	6,5	6,6	6,6	6,6
7	7,5	7,5	7,5	7,5	7,5	7,7	7,7	7,7
8	8,6	8,6	8,6	8,6	8,6	8,7	8,7	8,7
9	9,7	9,7	9,7	9,7	9,7	9,8	9,8	9,8
10	10,9	10,9	10,9	10,9	10,9	10,9	10,9	10,9
11	12,2	12,2	12,2	12,2	12,2	12,1	12,1	12,1
12	13,4	13,4	13,4	13,3	13,3	13,2	13,1	13,0
13	14,7	14,7	14,7	14,6	14,5	14,4	14,3	14,2
14	16,1	16,0	16,0	15,9	15,8	15,7	15,6	15,4
15	17,5	17,3	17,2	17,1	16,9	16,8	16,7	16,6
16	18,9	18,7	18,5	18,3	18,1	18,0	17,8	17,7
17	20,3	20,0	19,8	19,6	19,4	19,2	19,0	18,8
18	21,6	21,3	21,1	20,8	20,6	20,4	20,2	20,0
19	22,9	22,6	22,3	22,0	21,8	21,5	21,3	21,0
20	24,2	23,9	23,6	23,3	23,0	22,7	22,4	22,1
21	25,6	25,3	24,9	24,6	24,3	24,0	23,6	23,3

Forces apparentes.	Forces réelles aux températures de :							
	0°	1°	2°	3°	4°	5°	6°	7°
22	27,0	26,7	26,3	25,9	25,6	25,2	24,9	24,6
23	28,4	28,0	27,5	27,1	26,8	26,4	26,0	25,7
24	29,7	29,2	28,8	28,4	28,0	27,6	27,2	26,9
25	30,9	30,4	30,0	29,6	29,2	28,8	28,4	28,0
26	32,1	31,6	31,2	30,8	30,4	30,0	29,6	29,2
27	33,2	32,7	32,3	31,9	31,4	31,0	30,6	30,2
28	34,3	33,8	33,3	32,9	32,5	32,1	31,6	31,2
29	35,3	34,8	34,4	33,9	33,5	33,1	32,6	32,2
30	36,3	35,8	35,4	34,9	34,5	34,1	33,6	33,2

DEUXIÈME TABLEAU

De + 8 degrés à + 15 degrés de température.

Forces apparentes.	Forces réelles aux températures de :							
	8°	9°	10°	11°	12°	13°	14°	15°
1	1,4	1,4	1,4	1,3	1,2	1,2	1,1	1,0
2	2,5	2,5	2,4	2,4	2,3	2,2	2,1	2,0
3	3,5	3,5	3,4	3,4	3,3	3,2	3,1	3,0
4	4,5	4,5	4,5	4,4	4,3	4,2	4,1	4,0
5	5,5	5,5	5,5	5,4	5,3	5,2	5,1	5,0
6	6,6	6,6	6,5	6,4	6,3	6,2	6,1	6,0
7	7,7	7,7	7,5	7,4	7,3	7,2	7,1	7,0
8	8,7	8,7	8,5	8,4	8,3	8,2	8,1	8,0
9	9,8	9,8	9,5	9,4	9,3	9,2	9,1	9,0
10	10,9	10,9	10,6	10,5	10,4	10,3	10,2	10,0
11	12,1	12,1	11,7	11,6	11,5	11,4	11,2	11,0
12	13,0	12,9	12,7	12,6	12,5	12,4	12,2	12,0
13	14,1	14,0	13,8	13,6	13,5	13,4	13,2	13,0
14	15,3	15,1	14,9	14,7	14,6	14,4	14,2	14,0
15	16,4	16,2	16,0	15,8	15,6	15,4	15,2	15,0
16	17,5	17,3	17,0	16,8	16,6	16,4	16,2	16,0
17	18,6	18,4	18,1	17,9	17,6	17,4	17,2	17,0
18	19,7	19,5	19,2	19,0	18,7	18,5	18,2	18,0
19	20,7	20,5	20,2	20,0	19,7	19,5	19,2	19,0
20	21,8	21,6	21,3	21,0	20,7	20,5	20,2	20,0
21	23,0	22,7	22,4	22,1	21,8	21,5	21,2	21,0
22	24,2	23,9	23,5	23,2	22,9	22,6	22,3	22,0
23	25,3	25,0	24,6	24,3	24,0	23,6	23,3	23,0
24	26,5	26,1	25,7	25,4	25,1	24,7	24,3	24,0
25	27,6	27,2	26,8	26,5	26,1	25,7	25,3	25,0
26	28,8	28,4	27,9	27,6	27,2	26,8	26,4	26,0
27	29,8	29,4	29,0	28,6	28,2	27,8	27,4	27,0
28	30,8	30,4	30,0	29,6	29,2	28,8	28,4	28,0
29	31,8	31,4	31,0	30,6	30,2	29,8	29,4	29,0
30	32,8	32,4	32,0	31,6	31,2	30,8	30,4	30,0

Tableaux indicateurs de la force réelle des liquides alcooliques de 0 degré à + 30 degrés de force apparente et de + 16 degrés à + 30 degrés de température.

PREMIER TABLEAU.

De + 16 degrés à + 23 degrés de température.

Forces apparentes.	Forces réelles aux températures de :							
	16°	17°	18°	19°	20°	21°	22°	23°
1	0,9	0,8	0,7	0,6	0,5	0,4	0,3	0,1
2	1,9	1,8	1,7	1,7	1,5	1,4	1,3	1,1
3	2,9	2,8	2,7	2,6	2,4	2.3	2,2	2,1
4	3,9	3,8	3,7	3,6	3,4	3,3	3,2	3,1
5	4,9	4,8	4,7	4,5	4,4	4,3	4,1	4,0
6	5,9	5,8	5,7	5,5	5,4	5,2	5,1	4,9
7	6,9	6,8	6,7	6,5	6,4	6,2	6,1	5,9
8	7,9	7,8	7,7	7,5	7,3	7,1	7,0	6,8
9	8,9	8,8	8,7	8,5	8,3	8,1	7,9	7,8
10	9,9	9,8	9,7	9,5	9,3	9,1	8,9	8,7
11	10,9	10,8	10,7	10,5	10,3	10,1	9,9	9,7
12	11,9	11,7	11,6	11,4	11,2	11,0	10,8	10,6
13	12,9	12,7	12,5	12,4	12,2	11,9	11,7	11,5
14	13,9	13,7	13,5	13,3	13,1	12,8	12,6	12,4
15	14,9	14,7	14,5	14,3	14,0	13,7	13,5	13,3
16	15,9	15,6	15,4	15,2	14,9	14,6	14,4	14,1
17	16,9	16,6	16,3	16,1	15,8	15,5	15,3	15,0
18	17,8	17,5	17,3	17,0	16,7	16,4	16,2	15,9
19	18,7	18,4	18,2	17,9	17,6	17,3	17,0	16,7
20	19,7	19,4	19,1	18,8	18,5	18,2	17,9	17,6
21	20,7	20,4	20,1	19,8	19,5	19,1	18,8	18,5
22	21,7	21,4	21,1	20,8	20,5	20,1	19,8	19,5
23	22,7	22,4	22,0	21,7	21,4	21,1	20,7	20,4
24	23,7	23,4	23,0	22,7	22,4	22,1	21,7	21,4
25	24,7	24,4	24,0	23,6	23,3	23,0	22,6	22,3
26	25,7	25,4	25,0	24,6	24,3	23,9	23,6	23,2
27	26,6	26,3	25,9	25,5	25,2	24,8	24,4	24,1
28	27,6	27,3	26,9	26,5	26,1	25,7	25,3	25,0
29	28,6	28,2	27,8	27,4	27,1	26,7	26,3	25,9
30	29,6	29,2	28,8	28,4	28,0	27,6	27,2	26,8

DEUXIÈME TABLEAU.

De + 24 degrés à + 30 degrés de température.

Forces apparentes.	Forces réelles aux températures de :						
	24°	25°	26°	27°	28°	29°	30°
1	0,0	0,0	0,0	0,0	0,0	0,0	0,0
2	1,0	0,8	0,7	0,5	0,3	0,1	0,0
3	1,9	1,7	1,6	1,5	1,3	1,1	0,9
4	2,9	2,7	2,6	2,4	2,2	2,0	1,9

Forces apparentes.	Forces réelles aux températurés de :						
	24°	25°	26°	27°	28°	29°	30°
5	3,8	3,6	3,5	3,3	3,1	2,9	2,8
6	4,8	4,6	4,4	4,3	4,1	3,9	3,7
7	5,8	5,5	5,4	5,2	5,0	4,8	4,6
8	6,7	6,5	6,3	6,1	5,9	5,7	5,5
9	7,6	7,4	7,2	7,0	6,8	6,6	6,4
10	8,5	8,3	8,1	7,9	7,7	7,5	7,3
11	9,5	9,3	9,0	8,8	8,6	8,4	8,1
12	10,4	10,2	9,9	9,7	9,5	9,2	9,0
13	11,3	11,1	10,8	10,6	10,3	10,1	9,8
14	12,2	12,0	11,7	11,5	11,2	11,0	10,7
15	13,1	12,8	12,6	12,3	12,0	11,8	11,5
16	13,9	13,6	13,4	13,1	12,8	12,6	12,3
17	14,8	14,5	14,2	14,0	13,7	13,4	13,1
18	15,7	15,4	15,1	14,8	14,5	14,2	13,9
19	16,5	16,2	15,9	15,6	15,3	15,0	14,7
20	17,4	17,1	16,8	16,5	16,1	15,8	15,5
21	18,3	18,0	17,7	17,4	17,0	16,7	16,4
22	19,2	18,9	18,6	18,3	18,0	17,6	17,3
23	20,1	19,8	19,5	19,2	18,9	18,5	18,2
24	21,1	20,7	20,4	20,1	19,7	19,4	19,1
25	21,9	21,6	21,3	20,9	20,6	20,3	19,9
26	22,8	22,5	22,2	21,8	21,5	21,1	20,8
27	23,7	23,3	23,0	22,7	22,3	21,9	21,6
28	24,6	24,3	23,9	23,6	23,2	22,8	22,5
29	25,5	25,2	24,8	24,4	24,0	23,7	23,3
30	• 26,4	26,1	25,7	25,3	24,9	24,5	25,1

· *Règle pour l'emploi des tables précédentes.* — 1° Si la force apparente ét la température sont en nombres entiers, il suffit de chercher dans les tableaux la correction à faire ; 2° si la force est en nombre fractionnaire, on néglige la fraction, on prend la force réelle correspondant à l'entier et on y ajoute la fraction ; 3° si la température est en nombre fractionnaire, on néglige la fraction et on prend l'entier qui en est le plus rapproché.

Mouillage et réduction des alcools. — Nous entendrons avec Gay-Lussac, par *mouillage* des alcools, toute opération dans laquelle on ajoute à une *quantité connue en volume d'alcool, à un degré de force donné, un volume d'eau* suffisant pour atteindre un degré de force cherché. L'alcool est supposé, dans les tables qui suivent, présenter la température de + 15 degrés centigrades, à laquelle l'alcoomètre indique la force réelle. S'il n'en était pas ainsi, il faudrait d'abord recourir aux tables des forces réelles. Il ne s'agit ici que du nombre de *litres* d'eau qu'il faut ajouter à 100 *litres* d'alcool d'un degré donné, pour obtenir une quantité quelconque d'alcool ou d'eau-de-vie au degré cherché.

Tableaux indicateurs des quantités d'eau en volume à ajouter à 1 hectolitre d'esprit de force donnée pour l'abaisser à un degré cherché de force réelle.

Force de l'esprit proposé. Volume 100 litres.

I. — Additions d'eau à effectuer pour obtenir les forces cherchées de 89 degrés à 80 degrés centésimaux.

	89°	88°	87°	86°	85°	84°	83°	82°	81°	80°
90°	1^l,3	2^l,6	3^l,9	5^l,2	6^l,6	7^l,9	9^l,4	10^l,8	12^l,3	13^l,8
89	0,0	1,3	2,6	3,9	5,2	6,6	8,0	9,4	10,9	12,4
88	»	0,0	1,3	2,6	3,9	5,3	6,6	8,1	9,5	11,0
87	»	»	0,0	1,3	2,6	3,9	5,3	6,7	8,1	9,6
86	»	»	»	0,0	1,3	2,6	4,0	5,4	6,8	8,2
85	»	»	»	»	0,0	1,3	2,6	4,0	5,4	6,8
84	»	»	»	»	»	0,0	1,3	2,7	4,0	5,5
83	»	»	»	»	»	»	0,0	1,3	2,7	4,1
82	»	»	»	»	»	»	»	0,0	1,3	2,7
81	»	»	»	»	»	»	»	»	0,0	1,4
80	»	»	»	»	»	»	»	»	»	0,0

Force de l'esprit proposé. Volume : 100 litres.

II. — Additions d'eau à effectuer pour obtenir les forces cherchées de 79 degrés à 70 degrés centésimaux.

	79°	78°	77°	76°	75°	74°	73°	72°	71°	70°
90°	15^l,3	16^l,9	18^l,5	20^l,2	21^l,9	23^l,6	25^l,4	27^l,3	29^l,1	31^l,1
89	13,9	15,5	17,1	18,7	20,4	22,1	23,9	25,7	27,5	29,5
88	12,5	14,0	15,6	17,2	18,9	20,6	22,3	24,1	26,0	27,9
87	11,1	12,6	14,2	15,8	17,4	19,1	20,8	22,6	24,4	26,3
86	9,7	11,2	12,7	14,3	15,9	17,6	19,3	21,1	22,9	24,7
85	8,3	9,8	11,3	12,9	14,5	16,1	17,8	19,5	21,3	23,1
84	6,9	8,4	9,9	11,4	13,0	14,6	16,3	18,0	19,8	21,6
83	5,5	7,0	8,5	10,0	11,6	13,1	14,8	16,5	18,2	20,0
82	4,1	5,6	7,0	8,5	10,1	11,7	13,3	15,0	16,7	18,4
81	2,7	4,2	5,6	7,1	8,6	10,2	11,8	13,5	15,2	16,9
80	1,4	2,8	4,2	5,7	7,2	8,7	10,3	12,0	13,6	15,3
79	0,0	1,4	2,8	4,3	5,7	7,3	8,8	10,5	12,1	13,8
78	»	0,0	1,4	2,8	4,3	5,8	7,4	9,0	10,6	12,3
77	»	»	0,0	1,4	2,9	4,4	5,9	7,5	9,1	10,7
76	»	»	»	0,0	1,4	2,9	4,4	6,0	7,5	9,2
75	»	»	»	»	0,0	1,4	2,9	4,5	6,0	7,6
74	»	»	»	»	»	0,0	1,5	3,0	4,5	6,1
73	»	»	»	»	»	»	0,0	1,5	3,0	4,6
72	»	»	»	»	»	»	»	0,0	1,5	3,0
71	»	»	»	»	»	»	»	»	0,0	1,5
70	»	»	»	»	»	»	»	»	»	0,0

III. — Additions d'eau à effectuer pour obtenir les forces cherchées de 69 degrés à 60 degrés centésimaux.

Force de l'esprit proposé. Volume : 100 litres.	69°	68°	67°	66°	65°	64°	63°	62°	61°	60°
90°	33l,1	35l,1	37l,2	39l,3	41l,5	45l,8	46l,2	48l,6	51l,1	55l,7
89	31,4	33,4	35,5	37,6	39,8	42,1	44,4	46,8	49,5	51,8
88	29,8	31,8	33,8	35,9	38,1	40,3	42,6	45,0	47,4	50,0
87	28,2	30,2	32,2	34,5	36,4	38,6	40,9	43,2	45,6	48,1
86	26,6	28,5	30,5	32,6	34,7	36,9	39,1	41,5	43,8	46,3
85	25,0	26,9	28,9	30,9	33,0	35,2	37,4	39,7	42,1	44,5
84	23,4	25,3	27,3	29,3	31,3	33,5	35,7	37,9	40,3	42,7
83	21,8	23,7	25,6	27,6	29,7	31,8	33,9	36,2	38,5	40,9
82	20,3	22,1	24,0	26,0	28,0	30,1	32,2	34,4	36,7	39,0
81	18,7	20,5	22,4	24,3	26,3	28,4	30,5	32,7	34,9	37,2
80	17,1	18,9	20,8	22,7	24,7	26,7	28,8	30,9	33,1	35,4
79	15,5	17,3	19,2	21,1	23,0	25,0	27,1	29,2	31,4	33,6
78	14,0	15,7	17,6	19,4	21,3	23,3	25,3	27,4	29,6	31,8
77	12,4	14,2	15,9	17,8	19,7	21,6	23,6	25,7	27,8	30,0
76	10,9	12,6	14,3	16,2	18,0	19,9	21,9	24,0	26,1	28,3
75	9,3	11,0	12,7	14,5	16,4	18,3	20,2	22,2	24,3	26,5
74	7,7	9,4	11,1	12,9	14,7	16,6	18,5	20,5	22,6	24,7
73	6,2	7,8	9,5	11,3	13,1	14,9	16,8	18,8	20,8	22,9
72	4,6	6,3	7,9	9,7	11,4	13,2	15,1	17,1	19,1	21,1
71	3,1	4,7	6,3	8,0	9,8	11,6	13,4	15,3	17,3	19,3
70	1,5	3,1	4,7	6,4	8,1	9,9	11,7	13,6	15,6	17,6
69	0,0	1,6	3,2	4,8	6,5	8,2	10,1	11,9	13,8	15,8
68	»	0,0	1,6	3,2	4,9	6,6	8,4	10,2	12,1	14,0
67	»	»	0,0	1,6	3,2	4,9	6,7	8,5	10,4	12,3
66	»	»	»	0,0	1,6	3,3	5,0	6,8	8,6	10,5
65	»	»	»	»	0,0	1,6	3,3	5,1	6,9	8,8
64	»	»	»	»	»	0,0	1,7	3,4	5,2	7,0
63	»	»	»	»	»	»	0,0	1,7	3,4	5,2
62	»	»	»	»	»	»	»	0,0	1,7	3,5
61	»	»	»	»	»	»	»	»	0,0	1,7
60	»	»	»	»	»	»	»	»	»	0,0

IV. — Additions d'eau à effectuer pour obtenir les forces cherchées de 59 degrés à 50 degrés centésimaux.

Force de l'esprit proposé. Volume : 100 litres.	59°	58°	57°	56°	55°	54°	53°	52°	51°	50°
90°	56l,5	59l,1	61l,9	64l,8	67l,9	71l,0	74l,3	77l,7	81l,2	84l,8
89	54,4	57,2	60,0	62,9	65,9	69,0	72,2	75,5	79,0	82,6
88	52,6	55,3	58,0	60,9	63,9	66,9	70,1	73,4	76,9	80,4
87	50,7	53,4	56,1	58,9	61,9	64,9	68,1	71,3	74,7	78,2
86	48,8	51,5	54,2	57,0	59,9	62,9	66,0	69,2	72,6	76,1
85	47,0	49,6	52,3	55,0	57,9	60,9	64,0	67,1	70,5	73,9
84	45,1	47,7	50,4	53,1	55,9	58,9	61,9	65,1	68,5	71,7
83	43,3	45,8	48,5	51,2	54,0	56,9	59,9	63,9	66,2	69,6
82	41,5	44,0	46,5	49,2	52,0	54,9	57,8	60,9	64,1	67,4

Force de l'esprit proposé. Volume: 100 litres.

IV. — Additions d'eau à effectuer pour obtenir les forces cherchées de 59 degrés à 50 degrés centésimaux.

100 litres.	59°	58°	57°	56°	55°	54°	53°	52°	51°	50°
81°	39ˡ,6	42ˡ,1	44ˡ,7	47ˡ,3	50ˡ,0	52ˡ,9	55ˡ,8	58ˡ,8	62ˡ,0	65ˡ,3
80	37,8	40,2	42,8	45,4	48,1	50,9	53,8	56,8	59,9	63,1
79	36,0	38,4	40,9	43,4	46,1	48,9	51,7	54,7	57,8	61,0
78	34,1	36,5	39,0	41,5	44,2	46,9	49,7	52,7	55,7	58,8
77	32,3	34,7	37,1	39,6	42,2	44,9	47,7	50,6	53,6	56,7
76	30,5	32,8	35,2	37,7	40,3	42,9	45,7	48,5	51,5	54,6
75	28,7	31,0	33,3	35,8	38,3	40,9	43,7	46,5	49,4	52,4
74	26,9	29,1	31,5	33,9	36,4	39,0	41,6	44,4	47,3	50,3
73	25,1	27,3	29,6	32,0	34,4	37,0	39,6	42,4	45,2	48,2
72	23,2	25,5	27,7	30,1	32,5	35,0	37,6	40,5	43,1	46,0
71	21,4	23,6	25,9	28,2	30,6	33,1	35,6	38,5	41,1	43,9
70	19,6	21,8	24,0	26,3	28,6	31,1	33,6	36,2	39,0	41,8
69	17,8	20,0	22,1	24,4	26,7	29,1	31,6	34,2	36,9	39,7
68	16,0	18,1	20,3	22,5	24,8	27,2	29,6	32,2	34,8	37,6
67	14,3	16,3	18,4	20,6	22,9	25,2	27,6	30,1	32,8	35,5
66	12,5	14,5	16,6	18,7	20,9	23,3	25,6	28,1	30,7	33,4
65	10,8	12,7	14,7	16,8	19,0	21,3	23,7	26,1	28,6	31,3
64	8,9	10,9	12,8	15,0	17,1	19,4	21,7	24,1	26,6	29,2
63	7,1	9,0	11,0	13,1	15,2	17,4	19,7	22,1	24,5	27,1
62	5,3	7,2	9,2	11,2	13,3	15,5	17,7	20,0	22,5	25,0
61	3,5	5,4	7,5	9,5	11,4	13,5	15,7	18,0	20,4	22,9
60	1,8	3,6	5,5	7,4	9,5	11,6	13,7	16,0	18,3	20,8
59	0,0	1,8	3,7	5,6	7,6	9,6	11,8	14,0	16,3	18,7
58	»	0,0	1,8	3,7	5,7	7,7	9,9	12,0	14,2	16,6
57	»	»	0,0	1,9	3,8	5,8	7,8	10,0	12,2	14,5
56	»	»	»	0,0	1,9	3,8	5,9	8,0	10,2	12,4
55	»	»	»	»	0,0	1,9	3,9	6,0	8,1	10,3
54	»	»	»	»	»	0,0	1,9	4,0	6,1	8,3
53	»	»	»	»	»	»	0,0	2,0	4,1	6,2
52	»	»	»	»	»	»	»	0,0	2,1	4,1
51	»	»	»	»	»	»	»	»	0,0	2,1
50	»	»	»	»	»	»	»	»	»	0,0

Force de l'esprit proposé. Volume: 100 litres.

V. — Additions d'eau à effectuer pour obtenir les forces cherchées de 49 degrés à 50 degrés centésimaux.

100 litres.	49°	48°	47°	46°	45°	44°	43°	42°	41°	40°
	lit.	lit.	lit.	lit.	lit.	lit.	lit.	lit.	lit.	lit.
90°	88,6	92,5	96,6	100,9	105,3	110,0	114,8	119,9	125,2	130,8
89	86,3	90,2	94,3	98,5	102,9	107,5	112,3	117,3	122,6	128,1
88	84,1	88,0	92,0	96,1	100,5	105,0	109,8	114,7	120,0	125,4
87	81,9	85,7	89,7	93,8	98,1	102,6	107,3	112,2	117,3	122,7
86	79,7	83,4	87,4	91,4	95,7	100,1	104,8	109,6	114,7	120,0
85	77,5	81,2	85,1	89,1	93,3	97,7	102,3	107,1	112,1	117,3
84	75,3	78,9	82,8	86,7	91,9	95,2	99,8	104,5	109,5	114,7

Force de l'esprit proposé. Volume: 100 litres.	V. — Additions d'eau à effectuer pour obtenir les forces cherchées de 49 degrés à 50 degrés centésimaux.								
49°	48°	47°	46°	45°	44°	43°	42°	41°	40°
lit.	lit.	lit.	lit.	lit.	lit.	lit.	lit.	lit.	lit.
83°	73,1	76,7	80,5	84,4	88,5	92,8	97,3	102,0	106,9	112,0
82	70,9	74,5	78,2	82,1	86,1	90,4	94,8	99,4	104,3	109,3
81	68,7	72,2	75,9	79,7	83,7	87,9	92,3	96,9	101,7	106,7
80	66,5	70,0	73,6	77,4	81,3	85,5	89,8	94,3	99,1	104,0
79	64,3	67,8	71,3	75,1	79,0	83,1	87,3	91,8	96,5	101,4
78	62,1	65,5	69,1	72,8	76,6	80,7	84,9	89,3	93,9	98,7
77	59,9	63,3	66,8	70,5	74,3	78,2	82,4	86,7	91,3	96,1
76	57,8	61,1	64,5	68,1	71,9	75,8	79,9	84,2	88,7	93,4
75	55,6	58,9	62,3	65,8	69,5	73,4	77,5	81,7	86,1	90,8
74	53,4	56,7	60,0	63,5	67,2	71,0	75,0	79,2	83,5	88,1
73	51,2	54,4	57,8	61,2	64,8	68,6	72,5	76,7	81,0	85,5
72	49,1	52,2	55,5	58,9	62,5	66,2	70,1	74,1	78,4	82,8
71	46,9	50,0	53,2	56,6	60,1	63,8	67,6	71,6	75,8	80,2
70	44,7	47,8	51,0	54,3	57,8	61,4	65,2	69,1	73,2	77,6
69	42,6	45,6	48,7	52,0	55,4	59,0	62,7	66,6	70,7	75,0
68	40,4	43,4	46,5	49,7	53,1	56,6	60,3	64,1	68,0	72,3
67	38,3	41,2	44,3	47,4	50,8	54,2	57,8	61,6	65,6	69,7
66	36,1	39,0	42,0	45,1	48,4	51,8	55,4	59,1	63,0	67,1
65	34,0	36,8	39,8	42,9	46,1	49,4	52,9	56,6	60,5	64,5
64	31,8	34,6	37,6	40,6	43,8	47,1	50,5	54,1	57,9	61,9
63	29,7	32,5	35,3	38,3	41,4	44,7	48,1	51,6	55,4	59,3
62	27,6	30,3	33,1	36,0	39,1	42,3	45,6	49,1	52,8	56,6
61	25,4	28,1	30,9	33,8	36,8	39,9	43,2	46,7	50,3	54,0
60	23,3	25,9	28,6	31,5	34,5	37,5	40,8	44,2	47,7	51,4
59	21,2	23,7	26,4	29,2	32,1	35,2	38,4	41,7	45,2	48,8
58	19,0	21,6	24,2	26,9	29,8	32,8	35,9	39,2	42,6	46,2
57	16,9	19,4	22,0	24,7	27,5	30,5	33,5	36,7	40,1	43,6
56	14,8	17,2	19,8	22,4	25,2	28,1	31,1	34,3	37,6	41,1
55	12,7	15,1	17,6	20,2	22,9	25,7	28,7	31,8	35,0	38,5
54	10,5	12,9	15,3	17,9	20,6	23,4	26,3	29,3	32,5	35,9
53	8,4	10,7	13,2	15,7	18,3	21,0	23,9	26,9	30,0	33,3
52	6,3	8,6	11,0	13,4	16,0	18,7	21,5	24,4	27,5	30,7
51	4,2	6,4	8,7	11,2	13,7	16,3	19,1	22,0	25,0	28,7
50	2,1	4,3	6,6	8,9	11,4	14,0	16,7	19,5	22,5	25,6
49	0,0	2,1	4,4	6,7	9,1	11,6	14,3	17,1	20,0	23,0
48	»	0,0	2,2	4,5	6,8	9,3	11,9	14,6	17,4	20,4
47	»	»	0,0	2,2	4,6	7,0	9,5	12,2	14,9	17,9
46	»	»	»	0,0	2,3	4,6	7,1	9,7	12,4	15,3
45	»	»	»	»	0,0	2,3	4,7	7,3	9,9	12,7
44	»	»	»	»	»	0,0	2,4	4,9	7,5	10,2
43	»	»	»	»	»	»	0,0	2,4	5,0	7,6
42	»	»	»	»	»	»	»	0,0	2,5	5,1
41	»	»	»	»	»	»	»	»	0,0	2,5
40	»	»	»	»	»	»	»	»	»	0,0

VI. — Additions d'eau à effectuer pour obtenir les forces cherchées de 39 degrés à 30 degrés centésimaux.

Force de l'esprit proposé. Volume : 100 litres.	39°	38°	37°	36°	35°	34°	33°	32°	31°	30°
	lit.	lit.	lit.	lit.	lit.	lit.	lit.	lit.	lit.	lit.
90°	136,7	142,8	149,2	156,1	163,3	170,8	178,9	187,5	196,6	206,2
89	133,9	140,0	146,3	153,1	160,2	167,7	175,7	184,1	193,1	202,7
88	131,1	137,1	143,4	150,1	157,1	164,5	172,4	180,8	189,7	199,2
87	128,4	134,3	140,5	147,1	154,1	161,4	169,2	177,5	186,3	195,6
86	125,6	131,5	137,6	144,2	151,0	158,3	166,0	174,2	182,8	192,1
85.	122,9	128,7	134,8	141,2	148,0	155,2	162,8	170,9	179,4	188,6
84	120,1	125,9	131,9	138,2	145,0	152,1	159,6	167,6	176,0	185,1
83	117,4	123,1	129,0	135,3	141,9	148,9	156,4	164,3	172,6	181,6
82	114,7	120,3	126,1	132,3	138,9	145,8	153,2	161,0	169,2	178,1
81	111,9	117,5	123,3	129,4	135,9	142,7	150,0	157,7	165,8	174,6
80	109,2	114,7	120,4	126,5	132,9	139,6	146,8	154,4	162,5	171,1
79	106,5	111,9	117,5	123,5	129,9	136,5	143,6	151,1	159,1	167,6
78	103,8	109,1	114,7	120,6	126,8	133,4	140,4	147,8	155,7	164,1
77	101,1	106,3	111,8	117,7	123,8	130,3	137,2	144,5	152,3	160,6
76	98,3	103,5	108,9	114,7	120,8	127,2	134,0	141,3	148,9	157,1
75	95,6	100,8	106,1	111,8	117,8	124,1	130,9	138,0	145,6	153,6
74	92,9	98,0	103,3	108,9	114,8	121,1	127,7	134,7	142,2	150,2
73	90,2	95,2	100,5	106,0	111,8	118,0	124,5	131,4	138,8	146,7
72	87,5	92,4	97,7	103,0	108,8	114,9	121,3	128,2	135,4	143,2
71	84,8	89,7	94,8	100,1	105,8	111,8	118,2	124,9	132,1	139,7
70	82,1	86,9	91,9	97,2	102,8	108,7	115,0	121,6	128,7	136,3
69	79,4	84,1	89,1	94,3	99,8	105,6	111,8	118,4	125,4	132,8
68	76,7	81,4	86,3	91,4	96,9	102,6	108,7	115,1	122,0	129,3
67	74,1	78,6	83,4	88,5	93,9	99,5	105,5	111,9	118,7	125,9
66	71,4	75,9	80,6	85,6	90,9	96,5	102,4	108,6	115,3	122,4
65	68,7	73,1	77,8	82,7	87,9	93,4	99,2	105,4	112,0	119,0
64	66,0	70,4	75,0	79,8	85,0	90,4	96,1	102,2	108,6	115,5
63	63,3	67,6	72,2	76,9	82,0	87,3	92,9	98,9	105,3	112,1
62	60,7	64,9	69,4	74,0	79,0	84,2	89,8	95,7	101,9	108,6
61	58,0	62,2	66,5	71,1	76,0	81,2	86,7	92,4	98,6	105,2
60	55,3	59,4	63,7	68,3	73,1	78,1	83,5	89,2	95,3	101,7
59	52,7	56,7	60,9	65,4	70,1	75,1	80,4	86,0	91,9	98,3
58	50,0	54,0	58,1	62,5	67,2	72,1	77,2	82,7	88,6	94,9
57	47,3	51,2	55,3	59,6	64,2	69,0	74,1	79,5	85,3	91,4
56	44,7	48,5	52,5	56,8	61,3	66,0	70,0	76,3	82,0	88,0
55	42,0	45,8	49,7	53,9	58,3	62,9	67,9	73,1	78,6	84,6
54	39,4	43,1	46,9	51,0	55,3	59,9	64,7	69,9	75,3	81,1
53	36,7	40,3	44,2	48,2	52,4	56,9	61,6	66,6	72,0	77,7
52	34,1	37,6	41,4	45,3	49,5	53,9	58,5	63,4	68,7	74,5
51	31,4	34.9	38,6	42,4	46,5	50,8	55,4	60,2	65,4	70,9
50	28,8	32,2	35,8	39,6	43,6	47,8	52,3	57,0	62,1	67,5
49	26,2	29,5	33,0	36,7	40,7	44,8	49,2	53,8	58,8	64,1
48	23,5	26,8	30,3	33,9	37,7	41,8	46,1	50,6	55,5	60,7
47	20,9	24,1	27,5	31,0	34,8	38,8	43,0	47,4	52,2	57,3

Force de l'esprit proposé. Volume: 100 litres.	VI. — Additions d'eau à effectuer pour obtenir les forces cherchées de 39 degrés à 30 degrés centésimaux.								
	39°	38°	37°	36°	35°	34°	33°	32°	31°	30°
	lit.	lit.	lit.	lit.	lit.	lit.	lit.	lit.	lit.	lit.
46	18,3	21,4	24,7	28,2	31,9	35,8	39,9	44,3	48,9	53,9
45	15,7	18,7	22,0	25,4	29,0	32,8	36,8	41,1	45,6	50,5
44	13,0	16,0	19,2	22,5	26,1	29,8	33,7	37,9	42,3	47,1
43	10,4	13,4	16,4	19,7	23,1	26,8	30,6	34,7	39,0	43,7
42	7,8	10,7	13,7	16,9	20,2	23,8	27,5	31,5	35,8	40,3
41	5,2	8,0	10,9	14,0	17,3	20,8	24,5	28,4	32,5	36,9
40	2,6	5,3	8,2	11,2	14,4	17,8	21,4	25,2	29,2	33,5
39	0,0	2,7	5,5	8,4	11,5	14,8	18,3	22,0	26,0	30,2
38	»	0,0	2,7	5,6	8,6	11,9	15,5	18,9	22,7	26,8
37	»	»	0,0	2,8	5,8	8,9	12,2	15,7	19,4	23,4
36	»	»	»	0,0	2,9	5,9	9,1	12,6	16,2	20,1
35	»	»	»	»	0,0	3,0	6,1	9,4	12,9	16,7
34	»	»	»	»	»	0,0	3,0	6,3	9,7	13,4
33	»	»	»	»	»	»	0,0	3,1	6,5	10,0
32	»	»	»	»	»	»	»	0,0	3,2	6,7
31	»	»	»	»	»	»	»	»	0,0	3,3
30	»	»	»	»	»	»	»	»	»	0,0

Les règles relatives au mouillage ou à la réduction des alcools sont d'une facile exécution. En voici le résumé succinct :

1° Si le volume d'alcool donné est différent de 100 litres, on cherche dans les tables le nombre de litres d'eau à ajouter à 100 litres pour obtenir le degré cherché, on multiplie le chiffre de l'alcool donné par ce nombre et l'on divise par 100. On a 149 litres de 84 degrés à réduire à 60 degrés et l'on trouve qu'il faut ajouter 42ᴵ,7 d'eau à 100 litres de 84 degrés pour faire du 60 degrés ; on a : $\dfrac{149 \times 42,7}{100} = 63,623$.

2° On tiendra compte de la contraction et l'on connaîtra le volume à obtenir en multipliant le volume de l'alcool donné par la plus grande force et en divisant le produit par la plus petite. Dans l'exemple ci-dessus, on a : $\dfrac{149 \times 84}{60} = 208ᴵ,60$.

3° Pour faire un nombre donné de litres, à un degré plus faible, avec de l'alcool donné, on multiplie le volume à obtenir par la petite force et l'on divise le produit par la plus grande. Étant donné du 88 degrés, on veut savoir combien

il en faut de litres pour faire 527 litres à 52 degrés; on a :
$$\frac{527 \times 52}{88} = 311^l,4099.$$

4° Deux esprits étant donnés, l'un fort et l'autre faible, on veut en faire une force moyenne. On multiplie la petite force par le nombre de litres d'eau nécessaire pour réduire la moyenne force (100 litres) en la plus petite ; on multiplie la force moyenne par le nombre de litres d'eau nécessaire pour réduire la grande force en force moyenne ; on multiplie ce dernier produit par le volume du liquide fort; on divise ce dernier résultat par le premier.

On cherche, par exemple, combien il faut de 38 degrés pour convertir 246 litres de 90 degrés en 50 degrés ; on a :

a. 38 degrés (petite force), multiplié par 32,20 (mouillage du 50 degrés en 38 degrés), donne un premier produit de 1223,60;

b. 50 degrés (moyenne force), multiplié par 84,80 (mouillage du 90 degrés en 50 degrés), donne un deuxième produit de 4240 ;

c. 4240, multiplié par 246, volume de la grande force, donne 1043040 ;

d. 1043040, multiplié par 1223,6 (premier produit), donne 852^l,43 pour le résultat cherché, c'est-à-dire qu'il faut 852^l,43 de 38 degrés pour faire du 50 degrés avec 246 litres de 90 degrés.

5° On trouve le volume du mélange par la règle suivante : multiplier le volume de la grande force par cette force ; multiplier le volume de la petite force par cette force ; additionner les deux produits et diviser la somme par la force moyenne.

Ainsi, dans l'exemple ci-dessus, on a : $\dfrac{(246 \times 90) + (852,43 \times 38)}{50°}$
= 1090^l,646.

Ces règles suffisent à tous les cas de la pratique.

Concordance des degrés centésimaux avec les degrés de Cartier, à la température de + 15 *degrés centigrades.* Nous empruntons ce qui suit à Gay-Lussac :

« La correspondance des deux instruments étant utile pour interpréter les indications de l'un par celles de l'autre, nous l'avons donnée dans les deux tables suivantes, à la température de 15 degrés. Comme on ne connaît pas exactement la valeur des degrés de Cartier, nous avons cru ne pouvoir mieux faire, pour dresser nos deux tables, que de comparer l'alcoomètre centésimal à plusieurs aréomètres en argent que M. le directeur des contributions indirectes a fait mettre à notre disposition. Nous avons supposé, ce qui est incontestable, que l'aréomètre de Cartier devait marquer 0 degré dans l'eau distillée, à la température de 12°,5 centigrades (10 degrés Réaumur); et, pour la seconde donnée nécessaire à la formation de son échelle, nous avons trouvé qu'il marquait 28 degrés à la température de 15 degrés dans le même liquide où l'alcoomètre marquait 74 degrés, résultat qui est d'accord avec celui donné par Baumé, que 29 degrés de Cartier correspondent à 31 des siens. Néanmoins, en comparant l'aréomètre de Cartier, construit comme il vient d'être dit, avec ceux de la régie, nous avons trouvé entre eux, au-dessus et au-dessous de 28 degrés, des différences, en sens contraire, qui s'élèvent jusqu'à un quart de degré. L'aréomètre de Cartier marque même dans l'eau distillée près d'un demi-degré de plus qu'il ne devrait marquer.

« Cet instrument a donc dégénéré dans les mains des artistes, et cela n'a pu se faire autrement, puisqu'il n'avait qu'une base constante qui fût connue, et qu'aujourd'hui il n'en a plus aucune. C'était un inconvénient très-grave pour un instrument de cette importance, mais heureusement il ne pourra plus se représenter.

« Les deux tables suivantes, faites à la température de 15 degrés, mais servant aussi pour une température différente, donnent les indications de chaque instrument plongé dans le même liquide spiritueux. L'aréomètre de Cartier dont il est ici question est celui dont nous avons donné les bases.

« Nous faisons remarquer que, dans la table suivante, les petits chiffres 1, 2, 3, entre les degrés de Cartier, représentent les quarts de ces degrés[1]. »

[1] Le travail de Gay-Lussac sert de guide à la pratique dans la constatation de la force réelle des liquides spiritueux, dans l'appréciation du volume et de la contraction, et les observations de cet illustre savant portent ce caractère d'exactitude scrupuleuse que l'on est en droit d'exiger de tous les travaux scientifiques. Nous nous sommes servi des tables de Gay-Lussac pour coordonner les indications relatives aux divers points que nous venons de rappeler, et il eût été difficile de choisir un meilleur modèle, un con-

Évaluation des degrés de Cartier en degrés centésimaux, à la température de 15 degrés centigrades.

DEGRÉS de Cartier.	DEGRÉS centésimaux.	DEGRÉS de Cartier.	DEGRÉS centésimaux.	DEGRÉS de Cartier.	DEGRÉS centésimaux.	DEGRÉS de Cartier.	DEGRÉS centésimaux.	DEGRÉS de Cartier.	DEGRÉS centésimaux.	DEGRÉS de Cartier.	DEGRÉS centésimaux.
10	0,2	16	36,9	22	58,7	28	74,0	34	86,2	40	95,4
1	1,1	1	38,1	1	59,4	1	74,6	1	86,7	1	95,7
2	2,4	2	39,3	2	60,1	2	75,2	2	87,1	2	96,0
3	3,7	3	40,4	3	60,8	3	75,7	3	87,5	3	96,3
11	5,1	17	41,5	23	61,5	29	76,3	35	88,0	41	96,6
1	6,5	1	42,5	1	62,2	1	76,8	1	88,4	1	96,9
2	8,1	2	43,5	2	62,9	2	77,3	2	88,8	2	97,2
3	9,6	3	44,5	3	63,6	3	77,9	3	89,2	3	97,5
12	11,2	18	45,5	24	64,2	30	78,4	36	89,6	42	97,7
1	12,8	1	46,4	1	64,9	1	78,9	1	90,0	1	98,0
2	14,5	2	47,3	2	65,5	2	79,4	2	90,4	2	98,3
3	16,3	3	48,2	3	66,2	3	80,0	3	90,8	3	98,5
13	18,2	19	49,1	25	66,9	31	80,5	37	91,2	43	98,8
1	20,0	1	50,0	1	67,5	1	81,0	1	91,5	1	99,1
2	21,8	2	50,9	2	68,1	2	81,5	2	91,9	2	99,4
3	23,5	3	51,7	3	68,8	3	82,0	3	92,3	3	99,6
14	25,2	20	52,5	26	69,4	32	82,5	38	92,7	44	99,8
1	26,9	1	53,3	1	70,0	1	82,9	1	93,0		
2	28,5	2	54,1	2	70,6	2	83,4	2	93,4		
3	30,1	3	54,9	3	71,2	3	83,9	3	93,7		
15	31,6	21	55,6	27	71,8	33	84,4	39	94,1		
1	33,0	1	56,4	1	72,3	1	84,8	1	94,4		
2	34,4	2	57,2	2	72,9	2	85,3	2	94,7		
3	35,6	3	58,0	3	73,5	3	85,8	3	95,1		
16	36,9	22	58,7	28	74,0	34	86,2	40	95,4		

« On voit, par cette table, combien est inégale la valeur des degrés de Cartier ; la différence du 12e au 13e est de 7 degrés centésimaux et du 35e au 36e seulement de 1°,6. »

seiller plus fidèle. A propos de la richesse réelle des liquides alcooliques et des tables que nous avons données (p 783 et suiv.), nous devons faire observer que ces tables ne comportent que les corrections des forces apparentes de 0 à 30 degrés, ce qui nous a permis d'éviter des séries interminables de chiffres. Il est facile, cependant, d'apprécier la valeur réelle des forces supérieures à 30 degrés. Pour cela, il suffit de prendre un volume donné de l'esprit proposé et de l'étendre d'eau jusqu'à ce que la force apparente soit comprise dans la limite des tables. C'est sur ce mouillage qu'il convient de chercher la force réelle. Ainsi, que l'on ait affaire à du 85 ou du 90 degrés, on l'étend d'eau jusqu'à ce que le liquide marque 28 ou 29 degrés et l'on prend le volume primitif, le volume du mélange, la température et la force apparente de ce dernier; puis, on consulte les tables. Par exemple, 1 décilitre de l'esprit observé, étendu d'eau jusqu'au volume de 3 décilitres, accuse 29 degrés de richesse, à la température de

Évaluation des degrés centésimaux en degrés de Cartier, à la température de 15 degrés centigrades.

DEGRÉS centésimaux.	DEGRÉS de Cartier.	DEGRÉS centésimaux.	DEGRÉS de Cartier.	DEGRÉS centésimaux.	DEGRÉS de Cartier.	DEGRÉS centésimaux.	DEGRÉS de Cartier.
0	10,03	25	13,97	50	19,25	75	28,43
1	10,23	26	14,12	51	19,54	76	28,88
2	10,43	27	14,26	52	19,85	77	29,34
3	10,62	28	14,42	53	20,15	78	29,81
4	10,80	29	14,57	54	20,47	79	30,29
5	10,97	30	14,73	55	20,79	80	30,76
6	11,16	31	14,90	56	21,11	81	31,26
7	11,33	32	15,07	57	21,43	82	31,76
8	11,49	33	15,24	58	21,76	83	32,28
9	11,66	34	15,43	59	22,10	84	32,80
10	11,82	35	15,63	60	22,46	85	33,33
11	11,98	36	15,83	61	22,82	86	33,88
12	12,14	37	16,02	62	23,18	87	34,43
13	12,28	38	16,22	63	23,55	88	35,01
14	12,43	39	16,43	64	23,92	89	35,62
15	12,57	40	16,66	65	24,29	90	36,24
16	12,70	41	16,88	66	24,67	91	36,89
17	12,84	42	17,12	67	25,05	92	37,55
18	12,97	43	17,37	68	25,45	93	38,24
19	13,10	44	17,62	69	25,85	94	38,95
20	13,25	45	17,88	70	26,26	95	39,70
21	13,38	46	18,14	71	26,68	96	40,49
22	13,52	47	18,42	72	27,11	97	41,33
23	13,67	48	18,69	73	27,54	98	42,25
24	13,83	49	18,97	74	27,98	99	43,19
25	13,97	50	19,25	75	28,43	100	44,19

« Nota.— Ces tables, comparées à celles qui ont été données dans la loi relative à l'alcoomètre centésimal, présentent quelques légères différences, dues à un nouveau calcul plus rigoureux. Pour qu'on puisse les apprécier, nous donnons... la table de Cartier en degrés centésimaux, rapportée dans la loi. »

+16 degrés. Le premier tableau de la page 785 apprend que la force réelle correspondante est de 28°,6 et il s'ensuit que les 3 décilitres contiennent 286 millièmes de leur volume, ou 8 centil. 58 d'alcool pur. L'esprit essayé contenait cette même quantité sur 1 décilitre et sa force réelle était égale à 85°,8.

Évaluation des degrés de Cartier en degrés centésimaux telle qu'elle est donnée dans la loi relative à l'alcoomètre centésimal.

DEGRÉS de Cartier.	DEGRÉS centésimaux.	DEGRÉS de Cartier.	DEGRÉS centésimaux.	DEGRÉS de Cartier.	DEGRÉS centésimaux.	DEGRÉS de Cartier.	DEGRÉS centésimaux.	DEGRÉS de Cartier.	DEGRÉS centésimaux.	DEGRÉS de Cartier.	DEGRÉS centésimaux.
10	0,0	16	37,0	22	58,7	28	74,0	34	86,2	40	95,4
1	1,2	1	38,2	1	59,4	1	74,6	1	86,6	1	95,7
2	2,5	2	39,4	2	60,1	2	75,1	2	87,1	2	96,0
3	3,9	3	40,5	3	60.8	3	75,7	3	87,5	3	96,3
11	5,3	17	41,5	23	61,5	29	76,3	35	88,0	41	96,6
1	6,7	1	42,6	1	62,2	1	76,8	1	88,4	1	96,9
2	8,2	2	43,6	2	62,9	2	77,3	2	88,8	2	97,2
3	9,8	3	44,6	3	63,6	3	77,9	3	89,2	3	97,4
12	11,3	18	45,5	24	64,2	30	78,4	36	89,6	42	97,7
1	13,0	1	46,5	1	64,9	1	78.9	1	90,0	1	98,0
2	14,7	2	47,4	2	65,6	2	79,4	2	90,4	2	98,3
3	16,5	3	48,2	3	66,2	3	79,9	3	90,8	3	98,5
13	18,4	19	49,2	25	66,9	31	80,5	37	91,1	43	98,8
1	20,2	1	50,1	1	67,5	1	81,0	1	91,5	1	99,0
2	22,0	2	50,9	2	68,1	2	81,5	2	91,9	2	99,3
3	23,7	3	51,7	3	68,8	3	82,0	3	92,3	3	99,6
14	25,4	20	52,5	26	69,4	32	82,4	38	92,6	44	99,9
1	27,1	1	53,3	1	70,0	1	82,9	1	93,0		
2	28,7	2	54,1	2	70,6	2	83,4	2	93,3		
3	30,2	3	54,9	3	71,2	3	83,9	3	93,7		
15	31,7	21	55,7	27	71,8	33	84,3	39	94,0		
1	33,1	1	56,5	1	72,3	1	84,8	1	94,4		
2	34,5	2	57,2	2	72,9	2	85,3	2	94,7		
3	35,8	3	58,0	3	73,5	5	85,8	3	95,0		
16	37,0	22	58,7	28	74,0	34	86,2	40	95,4		

Il est à peine nécessaire d'ajouter que, pour faire usage des tables comparatives qui précèdent, il est indispensable, si l'on veut obtenir une appréciation exacte, de faire d'abord la correction de volume, selon les règles indiquées. On cherche d'abord la force réelle, à l'échelle centésimale, de l'alcool observé, et on fait usage des tables pour ramener les chiffres trouvés à ceux de l'échelle de Cartier.

Les indications ci-dessus résolvent les questions numériques les plus ordinaires, celles qui se présentent tous les jours dans l'industrie, pourvu que l'observateur veuille prendre la peine de réfléchir. Il nous semble donc très-inutile d'augmenter les pages de ce volume par des tables de *barème* ou par des *comptes faits*, dont le seul résultat réel est de favoriser la paresse aux dépens de l'intelligence.

Le praticien, aussi bien que l'homme de recherches, pourra

toujours, en parcourant les pages de cet ouvrage, se faire une
idée nette et sérieuse des diverses branches industrielles qui
se rattachent à l'alcoolisation, au moins dans les limites
atteintes par la chimie appliquée, à l'heure où nous terminons cette publication. Les règles de pratique, basées sur
l'expérience et sur les principes de la technologie, ne peuvent
guère varier, tant que des découvertes inattendues ne viendront pas substituer des faits nouveaux aux faits constatés et
créer des modes différents de production de l'alcool. Aujour-
d'hui, la question se résume dans l'extraction du jus sucré
ou dans la saccharification d'une matière transformable, dans
l'alcoolisation de la dissolution sucrée ou la vinification, et
dans l'extraction et la purification de l'alcool produit par
l'action du ferment. Toute la science actuelle repose sur ces
trois groupes de faits, et ce serait en vain que l'on chercherait
d'autres bases pour une saine pratique industrielle. Il serait
oiseux d'insister sur ce point, et nous prenons maintenant
congé de notre lecteur, après avoir fait tout ce qui nous
a été possible, dans les conditions de nos faibles lumières,
pour lui démontrer le vrai, pour le prémunir contre l'erreur, et surtout contre le charlatanisme. Nous rappelons
encore à l'attention des alcoolisateurs et des distillateurs
cette vérité incontestable que, dans une industrie basée sur
la science appliquée, la science et les principes sont l'important, tandis que l'outillage n'est que l'accessoire. Le charlatanisme de nos jours cherche à faire adopter des conclusions
opposées, et nous le comprenons. Il est tel fabricant d'appareils à haute réputation qui ne sait ce que c'est que l'alcool,
qui ne pourrait diriger une fermentation de prunes ou de raisins, et qui proclame l'inutilité de tout cela, l'absurdité des
notions les plus sérieuses, pourvu qu'on emploie ses engins et
que l'on passe à sa caisse. La badauderie des uns fait le luxe
insolent de certains. Nous nous estimerions heureux et nous
nous trouverions rémunéré du travail auquel nous nous
sommes livré, si nous parvenions à détruire les préjugés sur
lesquels se fondent les succès de ces spéculateurs. Une industrie ne se crée et ne peut avoir de réussite que si elle repose
sur des principes scientifiques bien démontrés et parfaitement
arrêtés.

DOCUMENTS COMPLÉMENTAIRES

NOTES JUSTIFICATIVES

NOTE A.

OBSERVATIONS SUR QUELQUES PARTICULARITÉS RELATIVES A LA DISTILLATION AGRICOLE.

Il n'y a pas grand'chose, pensons-nous, à ajouter aux données qui ont été exposées sur le système dit *de Champonnois*, applicable aux distilleries en ferme. Pour émettre une opinion juste et loyale, nous avons fait complétement abstraction de toute considération personnelle et nous nous sommes trouvé d'accord, non-seulement avec nos observations de 1854, mais encore avec celles de tous les spécialistes désintéressés, comme nous, dans la question.

Au fond, M. Champonnois n'a presque rien créé dans ce qu'on a appelé sa *méthode*; les particularités éparses de son travail ont été appliquées par d'autres que cet inventeur, trouvées en dehors de son action et, au fur et à mesure de la constatation de telle ou telle de ces particularités, M. Champonnois s'est borné à la joindre à son brevet par un certificat d'addition. Il en est résulté que ce qu'on a désigné sous le nom de *système Champonnois*, et qu'on a mis en pratique avec un succès variable dans les fermes, n'a rien de commun avec les idées du brevet principal de l'inventeur. Cette méthode doit être considérée comme le système collectif des fermiers et des agriculteurs qui, tous, y ont plus ou moins collaboré. Nous laissons de côté, bien entendu, quelques dispositions de tuyauterie, qui étaient déjà connues, l'appareil distillatoire, que nous avons étudié, et les dispositions matérielles. Nous ne parlons que de l'essentiel, c'est-à-dire de la méthode d'alcoolisation.

Il est clair pour tout le monde que M. Champonnois n'a pas inventé la macération des cossettes et, sans remonter aux origines, M. Leplay et d'autres l'ont précédé dans cette voie. C'est à M. Huot qu'est due l'application de l'acide sulfurique, déjà préconisée, bien auparavant, par M. Dubrunfaut, et dont M. Champonnois n'a pas parlé dans son brevet principal, à laquelle il n'a apporté d'attention qu'après les observations de M. Huot. On pourrait passer en revue tous les détails en arrivant à la même conclusion. Ce n'est pas le but de cette note. Nous voulons seulement appeler l'attention des distillateurs sur une disposition imaginée par M. Minguet, dont M. Champonnois ne songera pas à nier les services.

M. Minguet est un des hommes qui ont fait le plus pour la distillerie agricole et son intelligence pratique de la macération et de la fermentation a évité de nombreuses erreurs, et hâté la vulgarisation des bonnes mesures à prendre. Nous ne parlons pas ici de la récompense à laquelle il aurait pu prétendre, car l'exemple de cet homme utile démontre aisément, ce que l'expérience confirme d'ailleurs, que le *Sic vos non vobis* du poëte est toujours applicable.

Parmi les améliorations apportées par M. Minguet à la pratique du système dit *de Champonnois*, il en est une qui doit appeler l'attention spéciale des distillateurs et qui mérite d'être exposée avec quelques détails.

On sait que, dans la méthode de macération des cossettes, un des grands obstacles à une bonne macération, à une extraction convenable du jus sucré fermentescible, consiste dans le tassement des matières soumises à l'action des liquides macérateurs. Dans ce cas, en effet, le liquide ne pénètre pas uniformément dans les cossettes, des portions échappent à la pénétration endosmotique et le rendement est diminué d'autant. D'autre part, on comprend que l'emploi d'un *correctif* tel que l'acide sulfurique, qui peut être de grande utilité quand on l'introduit dans les liquides macérateurs, en dose modérée et sous une forme rationnelle, ne produise pas tout l'effet qu'on devrait en attendre lorsqu'il n'est pas parfaitement

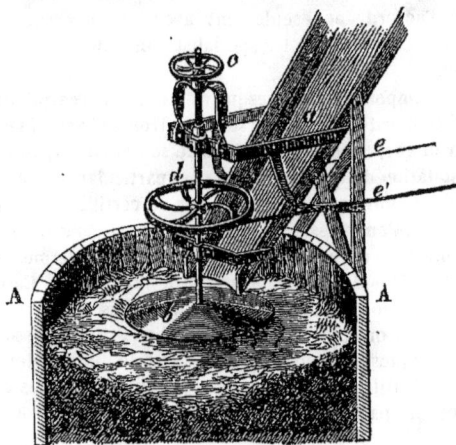

Fig. 110.

mélangé avec les liquides de la masse. Il est évident que, si des portions de cossettes échappent à l'action des liquides macérateurs, elles échappent également à celle de l'acide sulfurique ou de l'agent employé, en sorte que l'on n'atteint le but que d'une manière incomplète, que les dégénérescences sont combattues par à peu près et qu'on ne peut compter sur des résultats certains.

Pour obvier à ces inconvénients, M. Minguet a établi l'appareil représenté par la figure 110, dont l'action supplée à toutes les anomalies de la méthode dite *de Champonnois* et en corrige les imperfections.

Soit une cuve de macération AA, et admettons l'arrivée des cossettes et de la solution acide par le caniveau incliné *a*. Un disque *b*, légèrement conique, présentant par conséquent une certaine convexité par la face supérieure, est suspendu au-dessus du centre de la cuve par deux armatures fixées au caniveau *a*, dont la figure montre très-bien les détails. Ce disque est animé d'un mouvement de rotation, qui lui est communiqué, dans un sens ou dans l'autre, par la courroie *ee'*, à l'aide de la poulie *d*. On conçoit parfaitement que les cossettes, en tombant sur le disque *b*, mis en mouvement, sont sollicitées par la force centrifuge ou excentrique et jetées par portions très-régulières contre les bords de la cuve, d'où elles tombent, par leur propre poids, au fond de cette même cuve, sans tassement, et de la façon la plus homogène. De là, une certitude absolue dans le travail de la macération, puisque les liquides peuvent pénétrer partout avec une extrême facilité et que pas une parcelle ne peut échapper à l'action endosmotique.

D'autre part, l'acide étendu arrive sur le disque en même temps que les cossettes. Il est également sollicité par la force centrifuge, mise en jeu par la rotation. Il s'échappe dès lors en pluie fine sur les bords du disque et mouille uniformément les cossettes, en sorte que rien n'échappe à l'action préservatrice.

Les résultats produits sont admirables de précision. Nous avons eu le plaisir de les constater chez M. Barbé, l'agriculteur distingué qui exploite le domaine de la Ménagerie, dépendant du parc de Versailles. Les fermentations sont d'une régularité parfaite, telle que nous ne l'avions jamais vue dans aucun des établissements où l'on suit la méthode dite *de Champonnois*. Des betteraves à 11 pour 100 fournissent régulièrement, sans levûre additionnelle, un rendement de 5 pour 100 en alcool, ce qui est de beaucoup au-dessus de la pratique des fermes. Les vins sont d'une odeur franche et parfaite, et les produits sont d'une qualité exceptionnelle.

Dernièrement encore, dans une visite que nous avons faite à la Ménagerie, nous avons eu occasion de faire remarquer ces résultats à M. le comte Wl. Branicki, dont l'expérience sur la matière est hors de contestation. La bonté des produits et la régularité du travail fermentatif l'ont frappé comme nous, et tous les observateurs attentifs seront unanimes dans l'appréciation du moyen ingénieux qui conduit à une pratique aussi recommandable.

Nous avons vivement regretté de ne pas avoir connu plus tôt la disposition que nous venons de signaler, et nous l'aurions décrite certainement dans notre premier volume, en faisant observer les conséquences qu'elle apporte avec elle. Un coupe-racines quelconque, des macérateurs et des cuves à fermentation d'une forme arbitraire, un appareil à distiller, voilà tout le nécessaire d'une distillerie agricole, pourvu que le but atteint par la disposition de M. Minguet ne soit pas perdu de vue. Une invention de ce genre, satisfaisant d'une manière parfaite aux conditions physiques exigées par les lois scientifiques, vaut, à elle seule, en pratique bien com-

51

prise, toutes les élucubrations de nos inventeurs à réclames, et l'on ne saurait engager trop vivement les distillateurs à s'attacher aux choses de bon sens plutôt qu'aux absurdités.

Nous avons tenu à attribuer à chacun ce qui est à chacun, et il nous a semblé juste de mentionner les droits de M. Minguet à la propriété de la disposition dont nous venons de parler, avant que d'autres, habitués au facile métier de frelons, se soient emparés de cela, comme ils font de toute chose, sans peine et sans travail.

NOTE B.

ÉVALUATION DES EAUX-DE-VIE ET DES ESPRITS.

EAUX-DE-VIE.

18 degrés Cartier donnent du	45°,5.	— Alcool,	45,5.	Eau,	54,5.
19	—	49°,2.	—	49,2.	—	50,8.
20	—	52°,5.	—	52,5.	—	47,5.
21	—	55°,7.	—	55,7.	—	44,3.
22	—	58°,7.	—	58,7.	—	44,3.

EAUX-DE-VIE DOUBLES.

24 degrés Cartier donnent du	64°,2.	— Alcool,	64,2.	Eau,	35,8.
25	—	66°,9.	—	66,9.	—	33,1.
27	—	71°,8.	—	71,8.	—	28,2.
28	—	74°,0.	—	74,0.	—	26,0.

ESPRITS.

30 degrés Cartier donnent du	78°,4.	— Alcool,	78,4.	Eau,	21,6.
31	—	80°,6.	—	80,6.	—	19,4.
33	—	84°,3.	—	84,3.	—	15,7.
34	—	86°,2.	—	86,2.	—	13,8.
36	—	89°,6.	—	89,6.	—	10,4.
40	—	95°,4.	—	95,4.	—	4,6.
44	—	99°,9.	—	99,9.	—	0,1.

NOTE C.

OBSERVATIONS SUPPLÉMENTAIRES SUR L'IVRESSE, SES CAUSES, SES FORMES ET SES CONSÉQUENCES.

Dans une note sur le même sujet, qui fait partie des documents complémentaires du deuxième volume (p. 813), nous croyons avoir démontré que l'ivresse n'est pas due à une *action spéciale* des agents enivrants, qu'elle est le résultat de toute cause matérielle ou morale d'exagération dans la circulation aortique. Nous n'avons pas prétendu nier l'action particulière de chaque agent, et nous reconnaissons des variétés innombrables dans l'ivresse, selon la nature de l'agent d'inébriation, selon les circonstances de l'intoxication, selon le tempérament ou la constitution du sujet intoxiqué.

Dans toute ivresse il y a congestion du cerveau.

Toute ivresse conduit fatalement à la folie, à l'annihilation ou à la perversion d'une des fonctions cérébrales, lorsque plusieurs ou la totalité même de ces fonctions ne sont pas atteintes. Cette proposition sera considérée comme parfaitement axiomatique par le médecin ou l'anatomiste, par le physiologiste qui aura bien voulu prêter attention à notre thèse, et le plus grand nombre des observateurs se rallient aujourd'hui à cette manière de voir.

Il y a cependant un point sur lequel nous différons essentiellement d'opinion avec plusieurs de nos médecins, mais sur lequel nous nous écartons encore davantage des idées du vulgaire, de celles mêmes qui sont parfois admises par les tribunaux et les jurys chargés de la répression des crimes. Loin que l'état d'ivresse soit considéré par nous comme une *circonstance atténuante* relativement à la perpétration du crime, nous la regardons comme une *circonstance aggravante*. Nous poussons à l'extrême les conséquences de cette opinion, et nous sommes d'avis que l'application de la peine encourue par un coupable doit être élevée d'un degré ou de plusieurs degrés, lorsque l'infraction à la loi, crime ou délit, a été commise sous l'influence de l'ivresse volontaire, de l'ivresse physique. Ceci demande quelques explications et une sorte de démonstration sommaire.

La colère est une folie momentanée : *Ira, furor brevis,* a dit l'auteur latin. Cela est exact; mais souvent la colère est indépendante de la volonté, et elle ne peut pas être soumise à la même appréciation qu'un acte de libre arbitre. En vertu d'une organisation nerveuse particulière, dont le sujet n'est pas responsable, il est affecté d'une sensibilité maladive qui le fait se révolter contre l'injure, ou ce qu'il croit être l'injure ou l'outrage, avec une violence exagérée. Un afflux de sang presque instantané se porte au cerveau et la compression rapide de la pulpe cérébrale détermine un paroxysme d'irritation qui affecte souvent la forme d'un accès de démence. Les circonstances du fait, les habitudes, la constitution doivent servir à éclairer le jugement à porter sur les cas particuliers; mais, en général, dans un accès de colère violente, on peut dire qu'il y a un temps d'irresponsabilité. La loi elle-même reconnaît cette vérité, lorsqu'elle admet que le meurtre est excusable dans certains cas, en présence du *flagrant délit*, dont elle suppose que la vue peut déterminer une colère aussi violente qu'irréfléchie. Ce bénéfice de l'irresponsabilité est refusé à la *préméditation*, et ce n'est que justice.

Or, si la pénalité s'abaisse ou s'efface devant la folie involontaire, si elle s'élève devant la préméditation, nous disons que le principe doit être d'application générale. Nous affirmons que, l'ivresse de cause matérielle étant un acte volontaire et de libre arbitre, la folie qui en est la suite, au moins pendant un certain temps, doit être considérée comme volontaire, que les actes délictueux, perpétrés pendant cet acte de folie volontaire, doivent être regardés comme des actes prémédités, et que la pénalité encourue doit être élevée.

Si l'ivrogne est incapable de commettre un crime lorsqu'il est à jeun, il sait qu'il est incapable de discernement lorsqu'il est ivre ; la preuve qu'il le sait, c'est que tous les ivrognes se rejettent sur l'inconscience de l'ivresse pour pallier les crimes ou les délits qu'ils ont commis. S'il le sait, ce qui n'est pas contestable, pourquoi s'expose-t-il volontairement à ne plus être conscient, pourquoi se met-il volontairement en état de démence ? Cette condition n'équivaut-elle pas à la préméditation, et peut-on y trouver un motif pour déclarer un crime excusable ou pour en abaisser la pénalité ? Les faits, la raison, la conscience, l'intérêt social plaident la même cause que nous et réclament l'aggravation de la peine contre les actes commis en état d'ivresse.

Ce n'est pas ainsi que jugent ordinairement les jurés, qui se montrent trop souvent d'une indulgence funeste pour les ivrognes. Cette indulgence ne peut provenir que de causes déplorables à tous égards. Ou les jurés n'ont pas réfléchi aux saines obligations d'une morale stricte, ou ils se courbent sous des préjugés indignes, ou encore ils peuvent éprouver une commisération coupable pour les ivrognes, dans le cas desquels ils sont exposés à se trouver peut-être en un jour d'intoxication. La plaie s'étend et bientôt les efforts les plus courageux seront impuissants à en arrêter les progrès. Qu'on y prenne garde cependant, et qu'on sache qu'une nation ne se relève pas par le vice et que l'excuse du crime commis dans un état de crapule ou de folie volontaire n'est autre chose que l'encouragement au vice ou au crime. C'est une prime accordée à l'infamie que nous voyons dans l'indulgence à l'égard des ivrognes, et nous y trouvons la preuve de la mauvaise constitution des jurys et de la nécessité d'une réforme totale sur ce point de notre organisation judiciaire.

Nous bornons ici ces réflexions sommaires et nous répétons en terminant que, à nos yeux, l'état d'ivresse doit être assimilé à la préméditation en matière criminelle et être considéré comme une circonstance aggravante. L'adoption de cette opinion de jurisprudence aurait, dans tous les cas, un effet salutaire, celui de retrancher du dossier des ennemis de la société une excuse honteuse et de restreindre le nombre des cas d'ivrognerie par la crainte d'une aggravation de peine pour les crimes et délits commis sous le manteau de l'ivresse. Nos institutions prêtent beaucoup trop à l'extension d'une indigne mollesse, et ce n'est que par des actes d'énergique virilité et de justice que nous affirmerons notre droit à marcher à la tête des peuples civilisés.

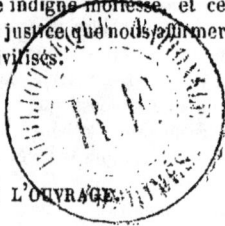

FIN DE L'OUVRAGE.

TABLE DES CHAPITRES.

AVANT-PROPOS. I

TROISIÈME PARTIE.

EXTRACTION DE L'ALCOOL.

LIVRE I.

DISTILLATION.

NOTIONS GÉNÉRALES. 7

CHAPITRE I. — De la distillation chez les anciens. — Histoire de
la distillation avant le dix-neuvième siècle 21

CHAPITRE II. — Description des principaux appareils anciens usités
jusqu'au dix-neuvième siècle. 30

CHAPITRE III. — De la distillation au dix-neuvième siècle. . . . 56

CHAPITRE IV. — Principes technologiques applicables à la distillation moderne. 81

CHAPITRE V. — Application des principes technologiques à la construction des appareils distillatoires. 162

CHAPITRE VI. — Des appareils modernes et de leur emploi. . . . 206

CHAPITRE VII. — Des produits de la distillation. 310

LIVRE II.

RECTIFICATION.

CHAPITRE I. — Notions générales à la rectification. 339

CHAPITBE II. — Pratique de la rectification. 365

QUATRIÈME PARTIE.

LIQUEURS ALCOOLIQUES. — DÉRIVÉS DE L'ALCOOL.

LIVRE I.

DES LIQUEURS ALCOOLIQUES.

CHAPITRE I. — Notions générales. 461

CHAPITRE II. — Des eaux-de-vie considérées comme liqueurs. . 538

CHAPITRE III. — Fabrication des liqueurs. 567

CHAPITRE IV. — Liqueurs diverses. 635

LIVRE II.

DÉRIVÉS DE L'ALCOOL.

CHAPITRE I. — Généralités. 666
CHAPITRE II. — Des éthers et du chloroforme. 675
CHAPITRE III. — Acétification. 689
CHAPITRE IV. — Des principaux cosmétiques alcooliques 754
CHAPITRE V. — Des vernis à l'alcool. 763

CINQUIÈME PARTIE.

QUESTIONS DE LÉGISLATION, IMPÔT INDIRECT.

Section I. — Impôt indirect sur les vins. 773
Section II. — Impôt indirect sur les cidres et poirés 775
Section III. — Impôt indirect sur la bière. 775
Section IV. — Impôt indirect sur les spiritueux. 777

APPENDICE.

Sur quelques données numériques relatives a l'alcool. . . . 782
NOTES JUSTIFICATIVES. 799

TABLE ANALYTIQUE DES MATIÈRES

AVANT-PROPOS, I.

TROISIÈME PARTIE.

EXTRACTION DE L'ALCOOL.

LIVRE I. — DISTILLATION.

NOTIONS GÉNÉRALES, 7.

Définition de la distillation, 7. — Sublimation, *id.* — Distillation des liquides, *id.* — Première méthode de séparation des liquides par distillation, 8. — Deuxième méthode de séparation des liquides par distillation, 9. — Rétrogradation, 11. — Troisième méthode de distillation, *id.* —Conditions matérielles de la distillation, 12.—Vérification de l'exécution de ces conditions par l'appareil de Laugier, *id.* — Analyse et simplification de l'idée de Laugier, 16. — Résumé pratique, 18. — Matières soumises à la distillation, *id.* — Des huiles volatiles, 19. — Influence de la nature des matières sur les produits, *id.*

CHAPITRE I. — **LA DISTILLATION CHEZ LES ANCIENS. — HISTOIRE DE LA DISTILLATION AVANT LE DIX-NEUVIÈME SIÈCLE.**

§ I. — *Opinions anciennes sur l'alcool et la distillation,* 21.

§ II. — *Histoire de la distillation,* 23.

PREMIÈRE PÉRIODE.—*Des temps anciens au douzième siècle,* 23. —La distillation était connue des anciens, mais l'invention de l'eau-de-vie ne date que du douzième siècle, *id.*

DEUXIÈME PÉRIODE. — *Du douzième siècle jusque vers 1700,* 24. — Procédé de Raymond Lulle, 25. — L'esprit-de-vin ne reçoit pas du feu ses propriétés, *id.* — Procédé de Basile Valentin, 26. — Emploi de l'alun calciné, *id.*

TROISIÈME PÉRIODE. — *La distillation pendant le dix-huitième siècle,* 27. — Travaux de Boerhaave, *id.* — Etablissement des brûleries, *id.* — Déclaration du roi (1713), *id.*—Concours de Limoges (1766), *id.*—Question mise au concours par la Société libre d'émulation, 28. — Efforts et tentatives de cette époque, *id.*

CHAPITRE II. — DESCRIPTION DES PRINCIPAUX APPAREILS ANCIENS USITÉS JUSQU'AU DIX-NEUVIÈME SIÈCLE.

§ I. — *Appareils distillatoires des anciens,* 30.

De l'alambic, *id.* — Du serpentin des anciens, 32. — De l'hydre. Origine de l'appareil de Woolf, *id.* — Appareil de N. Lefebvre, 34. — Modification par le même, 35. — Appareil de Glauber, *id.* — Deuxième appareil de Glauber, 36. — Appareil de Barchusen, 38.

§ II. — *Des appareils distillatoires pendant le dix-huitième siècle,* 39.

Cône de Boerhaave, *id.* — Appareil distillatoire de la pratique, alambic des bouilleurs, 40. — Serpentin réfrigérant, 41. — Alambics-baignoires de Baumé, 42. — Appareil de Moline, *id.* — Appareil de Poissonnier, *id.* — Opinion de Chaptal, 44. — Distillation écossaise, *id.* — Appareil de Fischer, 45. — Réfrigérent de Norberg, *id.*

§ III. — *Fourneaux et moyens calorifiques des distillateurs avant le dix-neuvième siècle,* 46.

Préjugés anciens, *id.* — Fourneau de Demachy, 47. — Fourneau flamand, 49. — Conseils de Chaptal, *id.* — Emploi de la houille par Ricard, 50. — Fourneaux de Baumé, *id.* — Fourneau de Poissonnier, *id.* — Préceptes de Rumford, 51. — Fourneau de Caraudau, *id.* — Fourneau en surface, du même, 53.

§ IV. — *Des luts employés en distillerie,* 54.

Ciment parolic, lut de sagesse, lut à la craie, lut anglais, *id.* — Lut gras, lut argileux, lut à la cendre, lut à la mie de pain, 55.

CHAPITRE III. — DE LA DISTILLATION AU DIX-NEUVIÈME SIÈCLE.

§ I. — *Période de transition,* 57.

Application de la vapeur, par Stone, *id.* — Appareil de Wyatt, 58. — Condenseur de Gedda, 59. — Appareil Lelouis, 60. — Elévateur Edelcrantz, *id.* — Appareil de Curandau pour la distillation des marcs, 65.

§ II. — *Transformation des appareils anciens,* 65.

Appareil d'Edouard Adam, *id.* — Observations sur cet appareil, 69. — Modifications de Lenormand, 70. — Appareil de Solimani, 71. — Appareil de Bérard, 72. — Appareil de Ménard, 75. — Appareil d'Alègre, 77. — Appareil de Carbonel, 78. — Deuxième appareil d'Alègre, 79.

CHAPITRE IV. — PRINCIPES TECHNOLOGIQUES APPLICABLES A LA DISTILLATION MODERNE.

§ I. — *Observations générales sur la chaleur,* 83.

Dilatation des corps par la chaleur, *id.* — Coefficient de dilatation, 84. — Dilatation linéaire de quelques corps, *id.* — Dilatation apparente des liquides, entre 0 degré et +100 degrés, selon Dalton, *id.* — Table des dilatations de l'alcool absolu, entre 0 degré et+ 78°,4,85.—Table des dilatations et des contractions de l'alcool absolu sur 1000 parties en volume, 86. — Dilatabilité de l'eau, 87. — Table des dilatations et des contractions de l'eau pour un volume de 1000 litres, par M. Despretz, 88. — Emploi de cette table, 90. — Dilatation des gaz, id. — Grippage des robinets, 91. — Conductibilité ou pouvoir conducteur, id. — Chiffres comparatifs, d'après Despretz et Péclet, id. — Données de MM. Wiedemann et Franz, 92. — Conséquences, id.

Pouvoir émissif ou rayonnant, 92. — Pouvoir réflecteur, id. — Pouvoir absorbant ou admissif, id.

Capacité des corps pour la chaleur ou chaleur spécifique, 94. — Calorie ou unité de chaleur, id. — Tableau des chaleurs spécifiques de différents corps, 95. — Chaleur spécifique de l'alcool, d'après M. Regnault, 96. — Chaleurs spécifiques des gaz, 97.

Sources de chaleur, 97. — Chaleur dégagée par la combustion de différentes substances, 98. — Mesure de la chaleur, 100. — Thermomètres, id. — Echelle centigrade, id. — Echelles de Réaumur et de Fahrenheit, 101. — Echelle de Delisle, 182. — Table de concordance des indications des principaux thermomètres avec le thermomètre centigrade, id.

§ II. — *De la vapeur d'eau et de son emploi,* 105.

Ebullition, id. — Lois de l'ébullition, 106. — Effets de la pression, id. — Chaleur latente ou de vaporisation, 107. — Restitution de la chaleur, 108. — Equation de M. Regnault, 109. — Compression de la vapeur, 113. — Force élastique, 114. — Tableau indicateur des pressions de la vapeur d'eau, de 1 à 24 atmosphères, avec les températures correspondantes, d'après Dulong et Arago, 115. — Tableau indicateur des équivalents caloriques d'ébullition et de vaporisation et des chaleurs totales pour l'eau, de 0 degré à+230 degrés, d'après la formule de M. Regnault, 117. — Tensions de différentes vapeurs à + 80 degrés, id. — Tableau comparatif des forces élastiques de l'eau et de l'alcool, entre—20 et+150 degrés, selon M. Regnault, 118. — Observation, id. — Applications des propriétés de la vapeur d'eau, 121. — Application de la vapeur à la vaporisation, id. — Application de la vapeur à la distillation, 123. — A. Emploi de la vapeur libre, 124. — Cas des phlegmes à 50 degrés, 125. — Cas de l'esprit à 90 degrés, 126. — B. Emploi de la vapeur confinée, 127. — Quantités d'échauffement et de vaporisation d'eau transmises par mètre carré et par heure, par faux fonds, id. — Quantités transmises par mètre carré et par heure, par serpentins, 129. — Applications à l'alcool, id. — Valeurs pondérales des mélanges hydro-alcooliques de 0 degré à 100 degrés centésimaux à + 15 degrés de température, 133. — Applications à la distillation, 135. — Dépense de calorique, 137. — Surface de chauffe, 140. — Utilisation de la chaleur, 144.

§ III. — *Emploi du feu nu,* 147.

Quantités d'eau vaporisées en pratique par 1 kilogramme de divers combustibles, 148. — Applications à la distillation, 150. — Cas des phlegmes à 50 degrés, 152. — Observation, 153. — Cas de l'esprit à 90 degrs, id. — Cas de l'esprit à 94 degrés, id.

§ IV. — *Réfrigération*, 154.

Tableau de la restitution de chaleur de la vapeur d'eau et de la vapeur
d'alcool, entre + 100 degrés et 0 degré, 155. — Usage de ce tableau,
157. — Relation des surfaces réfrigérantes avec les volumes de produit
à 50 degrés à obtenir par heure, 161.

CHAPITRE V. — APPLICATION DES PRINCIPES TECHNOLOGIQUES
A LA CONSTRUCTION DES APPAREILS DISTILLATOIRES.

Généralités sur les appareils distillatoires et les vices de construction, 162.

§ I. — *Choix de la matière des appareils*, 164.

Le cuivre est le métal que l'on doit préférer, *id.*

§ II. — *Modes et conditions du chauffage des appareils*, 166.

A. Chauffage à feu nu, *id.* — Chauffage direct à feu nu et à foyer exté-
rieur, 167. — Chauffage direct à feu nu et à foyer intérieur, 169. —
Chauffage indirect à feu nu, 170. — Chauffage au bain-marie, 171.
B. Chauffage à la vapeur, 172. — Chauffage à la vapeur par barbotage, 173.
—Chauffage à la vapeur par double enveloppe, 174.—Chauffage à la va-
peur par serpentins, 175.

§ III. — *Formes et organes des appareils*, 177.

Description d'un type idéal, 178. — Modifications du bouilleur, 181. — Modifications de la colonne, 187. — Modifications du réfrigérent, 191.

§ IV. — *Règles relatives à l'épuration des produits*, 196.

Influence de la nature des matières premières, *id.* — Influence du mode de
fermentation, 198. — Influence de la méthode de distillation, 199.

CHAPITRE VI. — DES APPAREILS MODERNES
ET DE LEUR EMPLOI.

DIVISION DES APPAREILS MODERNES, 207. — Classification des appareils à
distiller les vins et les matières pâteuses ou semi-fluides, 209.

SECTION I. — *Appareils à distiller les vins*, 209.

§ I. — *Des appareils simples ou appareils à phlegmes pour les vins*,
210.

Alambic des brûleries, *id.* — Appareil belge, 212. — Valeur de cet appareil, 214. — Autre appareil belge, travaillant au bain-marie et à la vapeur, *id.* — Manière de se servir de l'appareil pour la bouillée, 217. —
Valeur de cet appareil, 218.

§ II. — *Des principaux appareils mixtes pour les vins*, 218.

Appareil de Laugier, 219. — Appareil mixte de M. Dubrunfaut, *id.* —
Valeur de cet appareil, 221. — Appareil mixte d'Egrot, 222.—Valeur de
cet appareil, 224.

§ III. — *Des principaux appareils à colonne pour les vins*, 226.

Nombre des organes de l'appareil, 227. — Disposition des éléments d'un appareil, *id.* — Nombre des éléments de la colonne, *id.* — Dispositions intérieures, **228.** — Rétrogradation, **229.** — Chauffage, *id.* — Alimentation, *id.* — Appareil de Cellier-Blumenthal, 230. — Autre appareil de Cellier-Blumenthal, appareil belge, 231. — Valeur de cet appareil, **234.** — Appareil de Ch. Derosne, appareil Cail, 235. — Marche de l'appareil Derosne, 237. — Valeur de cet appareil, 240. — Appareil Derosne, modifié par M. Dubrunfaut, 241. — Appareil Champonnois, **244.** — Appareil Savalle, 251. — Valeur de l'appareil Savalle, **963.** — Force des produits, **264.** — Vitesse du travail, *id.* — Economie de travail, 265. — Perfection des produits, *id.* — Autre appareil de M. Savalle, 268. — Valeur de cet appareil, 271. — Appareil Egrot, *id.* — Appareil Dreyfus, **273.** — Appareil Lacambre, 276. — Conduite de l'appareil pour la bouillée, **279.** — Valeur de cet appareil, 280. — Appareil N. Basset, *id.* — Marche de l'appareil, 285. — Production des forces alcooliques, 289. — Modifications, **290.** — Appareil à forces restreintes, appareil à rhum, de l'auteur, *id.*

SECTION II. — *Appareils à distiller les matières pâteuses*, 292.

§ I. — *Des appareils simples ou appareils à phlegmes pour les matières pâteuses*, 295.

Appareil de Chaptal, *id.* — Appareil de Curaudau, 297. — Chaudière Pluchart, 298.

§ II. — *Des principaux appareils mixtes pour les matières pâteuses*, 299.

§ III. — *Des principaux appareils à colonne pour les matières pâteuses*, 302.

Appareil de Cellier-Blumenthal, *id.* — Appareil de Volxem, 304. — Marche de l'appareil, 305. — Appareil à semi-fluides par continuité, 306. — Observations, 307.

CHAPITRE VII. — DES PRODUITS DE LA DISTILLATION.

§ 1. — *Des eaux-de-vie de consommation*, 311.

Observations sur la distillation des vins de raisins, 312. — Observations sur les rhums et tafias, 313. — Observations sur les eaux-de-vie de marcs de raisins, 316. — Observations sur les eaux-de-vie de cidre, 318. — Observations sur les eaux-de-vie de grains, 320. — Observations sur les eaux-de-vie de pommes de terre, 321. — Coloration des eaux-de-vie de consommation, 322.

§ II. — *Des phlegmes*, 323.

LIVRE II. — RECTIFICATION.

CHAPITRE I. — NOTIONS GÉNÉRALES RELATIVES A LA RECTIFICATION.

Vérification de la valeur des alcools, 339.

§ I. — *Composition des phlegmes*, 341.

§ II. — *Désinfection des produits alcooliques*, 345.

A. Emploi du charbon animal pour la désinfection des phlegmes, 346. — B. Emploi de l'acide sulfurique, 347. — C. Emploi des hypochlorites, *id.* — D. Emploi des manganates, 349. — E. Emploi des alcalis et des carbonates alcalins, 351. — F. Emploi de la chaux, etc. — G. Défécation des phlegmes, 352. — H. Emploi des aluns, 353. — I. Oxydation des essences, *id.* — J. Traitement par le charbon végétal, 354. — Procédé Pongowski, 355. — Epurateur Savalle et Gugnon, 356. — K. Emploi du phosphate acide de chaux, 359. — L. Emploi du tannin, *id.* — Observations, 360.

§ III. — *Application de la chaleur à la rectification*, 361.

CHAPITRE II. — PRATIQUE DE LA RECTIFICATION.

§ I. — *Observations générales*, 365.

§ II. — *De la rectification chez les modernes*, 375.

Fractionnement des produits, 376.

§ III. — *Appareils de rectification*, 378.

A. Appareil de Laugier, 380. — B. Appareil mixte de M. Dubrunfaut, 382. —C. Appareil de Cellier-Blumenthal, 383. — Conduite du travail, *id.* — Continuité de l'opération, 385. — D. Appareil Egrot, 389. — E. Appareil Dreyfus, *id.* — F. Appareil Lacambre, 391. — G. Appareil Basset, 392. — Appareils rectificateurs proprement dits, 395.—H. Appareil rectificateur de Derosne, 396. — Valeur de l'appareil Derosne, 399. —I. Appareil rectificateur, système Savalle, 400. — Allégations des prospectus et des réclames, 401. — Observations, 411. — Valeur du rectificateur Savalle, 418. — Résumé, 422. — Marche de l'appareil, 423.— Remarques, 424. — Décompte du travail de l'appareil Savalle, 427. — J. Appareil rectificateur de Lacambre, 427. — Marche du travail, 429. — Valeur de cet appareil, 430. — Rectification méthodique, *id.* — Rectification continue, 436. — Séparation des vapeurs dans la réfrigération, 437.—Séparation des essences légères par le chauffe-vin, 438. — Traitement des vins, 439. — Traitement des phlegmes, 440.

§ IV. — *Déshydratation de l'alcool*, 441.

§ V. — *Des principaux usages de l'alcool*, 445.

QUATRIÈME PARTIE.

LIQUEURS ALCOOLIQUES. — DÉRIVÉS DE L'ALCOOL.

LIVRE I. — DES LIQUEURS ALCOOLIQUES.

CHAPITRE I. — NOTIONS GÉNÉRALES.

§ I. — *Préparation des sirops simples,* 462.

A. Du sucre cristallisable, *id.* — B. Du sucre incristallisable, 463. — C. De la mélasse, *id.* — D. Du miel, 464. — Préparation des sirops, *id.* — Sirop de sucre, *id.* — Sirop à froid, 465. — Sirop de glucose, *id.* — Sirop mixte, *id.* — Dosages pour les sirops mixtes, *id.* — Sirop de mélasse, 466. — Sirop de miel, *id.* — Cuite du sirop de sucre, *id.* — Observation, 467.

§ II. — *Préparation des sucs,* 467.

Clarification des sucs ; méthode par fermentation, 468. — Clarification des sucs par filtration, *id.* — Clarification des sucs par la chaleur, 469. — Méthode rationnelle, *id.* — Conservation des sucs, *id.* Sucs d'airelle, de berbéris, de cerises, de verjus, 470. — Sucs de citrons et d'oranges, *id.* — Sucs de coings, de pommes, de poires, 471. — Sucs de framboises et de mûres, *id.* — Suc de grenades, *id.* — Suc de groseilles, *id.* — Suc de nerprun, 472. — Sucs de pêches, d'abricots, de prunes, *id.* — Observation générale, *id.*

§ III. — *Préparation des infusions et décoctions, etc.,* 472.

§ IV. — *Préparation des eaux distillées,* 473.

Dosages, 476. — Observations, 478. — Eau d'absinthe, *id.* — Eau de laurier-cerise, 479. — Eau de roses, *id.* — Eau de coriandre, 480. — Eau d'hysope, *id.* — Eau de lavande et de mélilot, *id.* — Eau de menthe, *id.* — Eau d'œillet, *id.* — Eau d'amandes amères, *id.* — Eau d'anis, 481. — Eau de fleurs d'oranger, *id.* — Eau de café, 483. — Eau d'angélique, *id.* — Eau de cannelle, *id.* — Eau de sassafras, *id.* — Eau de citron, *id.* — Eau d'abricots, *id.* — Eau distillée de framboises, de fraises, *id.* — Eau de thé, 484. — Eau de noix vertes, *id.* — Eau de marasquin, *id.* — Falsification des hydrolats, *id.*

§ V. — *Préparation des essences,* 485.

Falsification des essences, 486. — A. Huiles essentielles, par dissolution dans les huiles fixes, 487. — Premier procédé. Huile de lis, *id.* — Extrait, 488. — Deuxième procédé, *id.* — B. Huiles essentielles, par expression, *id.* — Huiles essentielles lourdes, par distillation, 489. — Essence de cannelle, 490. — Essence de cassia, *id.* — Essence de girofle, *id.* — Essence de bois de Rhodes, *id.* — Essence de sassafras, *id.* — Essence de santal, *id.* — D. Huiles cristallisables, par distillation, *id.* — Huile

de rose, *id*. — E. Huiles camphrées, par distillation, 491. — F. Huile
concrète, par expression, *id*. — G. Essences diverses, par distillation, *id*.
—Essence d'absinthe, *id*. — Essence d'amandes amères, *id*.—Essence de
noyau, 492. — Esssence de camomille, *id*. — E-sence de cumin, *id*. —
Essence de genièvre, *id*. — Essence de fleurs d'oranger, *id*. — Essence
de reine-des-prés, *id*. — Essence d'ambre, 493. — H. Essences artificielles, *id*. — Essence de mirbane, ou essence d'amandes amères artificielles, *id*. — Essences de fruits, 494. — Essence d'ananas, *id*. — Essence de pommes, *id*. — Tableau synoptique des principales huiles
essentielles, 495.

§ VI. — *Préparation des esprits aromatiques*, 498.

Alcoolats simples. Méthode générale de préparation, 499. — Esprit d'absinthe grande, 500. — Esprit d'absinthe petite, *id*. — Esprit d'aloès, *id*.
— Esprit d'amandes amères, *id*. — Esprit d'ambrette, *id*. — Esprit d'a-
neth, 501. — Esprit d'angélique, racines, *id*. — Esprit d'angélique, semences, *id*. — Esprit d'anis, *id*. — Esprit de badiane, *id*. — Esprit de
basilic, *id*. — Esprit de benjoin, *id*. — Esprit de bergamote, *id*. — Esprit de cachou, *id*. — Esprit de calamus, *id*. — Esprit de cannelle de
Ceylan, *id*. — Esprit de cannelle de Chine, *id*. — Esprit de cardamome,
grand, *id*. — Esprit de cardamome, petit, 502. — Esprit de carvi, *id*. —
Esprit de cascarille, *id*. — Esprit de cédrats, *id*. — Esprit de céleri, *id*.
— Esprit de chervi, *id* — Esprit de citrons, *id*. — Esprit de citrons concentré, *id*. — Esprit de coriandre, *id*. — Esprit de cumin, *id*. — Esprit
de curaçao, *id*. — Esprit de daucus, *id*. — Esprit de fenouil, *id*. — Esprit
de framboises, *id*. — Esprit de fraises, 503. — Esprit de galanga, *id*. —
Esprit de genépi, *id*. — Esprit de genièvre, *id*. — Esprit de gingembre,
id. — Esprit de girofle, *id*. — Esprit d'hysope, *id*. — Esprit de lavande,
id. — Esprit de macis, *id*. — Esprit de mélisse, *id*. — Esprit de menthe,
id. — Esprit de moka, *id*. — Esprit de muscades, 504. — Esprit de
myrrhe, *id*. — Esprit de noyaux, *id*. — Esprit d'œillets, *id*. — Esprit
d'oranger, *id*. — Esprit d'oranges, *id*. — Esprit d'oranges concentré, *id*.
— Esprit de Rhodes, bois, *id*. — Esprit de roses, *id*. — Esprit de safran, *id*. — Esprit de santal, *id*. — Esprit de sassafras, *id*. — Esprit de
thé, *id*. — Esprit de Tolu, 505.

Alcoolats composés, 505. — Alcoolat d'absinthe composé. Esprit d'absinthe composé, *id*. — Alcoolat ou esprit d'anisette ordinaire, *id*. — Alcoolat ou esprit d'anisette de Bordeaux, *id*. — Alcoolat ou esprit de
Garus, *id*. — Alcoolat ou esprit de genièvre composé, 507.

§ VII. — *Préparation des teintures aromatiques*, 507.

Teintures aromatiques. Alcoolés, 509. — Teintures ou alcoolés simples, *id*.
— Teinture ou alcoolé d'absinthe, *id*. — Teinture ou alcoolé d'aloès, 510,
— Teinture ou alcoolé d'amandes amères, coques, *id*. — Teinture ou alcoolé d'ambre. Essence d'ambre, *id*. — Teinture ou alcoolé d'angélique,
id. — Teinture ou alcoolé d'anis, *id*. — Teinture ou alcoolé d'aunée, *id*.
— Teintures de brou de noix, de camomille, d'iris, d'oranges amères, de
roses rouges, *id*. — Teinture ou alcoolé de benjoin, *id*. — Teintures de

baumes de Tolu, de la Mecque et du Pérou, de myrrhe et de storax, 511.
— Teinture ou alcoolé de cachou, *id.* — Teinture ou alcoolé de cannelle,
id. — Teintures d'acore, d'anis, de cardamome, de cascarille, de coriandre, de galanga, de gingembre, de macis, de muscade, de zédoaire,
id. — Teinture ou alcoolé de curaçao, *id.* — Teinture ou alcoolé de galanga, *id.*—Teinture ou alcoolé d'hysope, *id.*—Teinture ou alcoolé d'iris,
essence de violette, *id.* — Teinture ou alcoolé de laurier, *id.*—Teinture
ou alcoolé de mélisse, *id.* — Teintures de menthe, de romarin, 512. —
Teinture ou alcoolé de musc, essence de musc, *id.*—Teinture ou alcoolé
de storax, *id.* — Teinture ou alcoolé de Tolu, *id.* — Teinture ou alcoolé
de vanille, *id.* — Autre méthode, *id.* — Liste des principaux aromates
pour teintures, *id.*

Teintures composées. Alcoolés composés, 513. — Teinture d'absinthe composée. Quintessence d'absinthe. Essence amère, *id.* — Teinture d'absinthe composée. Elixir de Stoughton. Elixir stomachique, *id.*—Teinture
d'acore composée, 514. — Teinture de cannelle composée, *id.* — Autre
formule, *id.* — Teinture de mélisse composée, *id.*

Teintures avec les plantes fraîches. Infusions ou alcoolatures, 514.—Alcoolature ou infusion d'angélique, 515. — Alcoolature ou infusion de brou
de noix, *id.* — Alcoolature ou infusion de cassis, feuilles, *id.* — Alcoolature ou infusion de cassis, fruits, *id.*—Alcoolature de citron, 516.—Alcoolature ou infusion de fraises, *id.* — Alcoolature ou infusion de framboises, *id.* — Alcoolature ou infusion de merises, *id.* — Alcoolature ou
infusion d'oranges, *id.*

§ VIII. — *Des matières colorantes*, 516.

Couleurs rouges. A. Cochenille, 507. — B. Cudbeard, *id.* — C. Orseille
id. — D. Bois de santal, *id.* — E. Bois du Brésil ou de Fernambouc, *id.*—
F. Rouge de laque, *id.* — G. Rouge de rhubarbe ou érythrose, 518. —
H. Hématéine, *id.* — Brésiléine, *id.* — Couleurs jaunes, *id.* — A. Jaune
de safran, *id.* — B. Caramel, 519. — Couleurs bleues, *id.* — A. Bleu
d'indigo, *id.* — B. Autre procédé, 520. — Couleurs violettes, *id.* — Couleurs vertes, 521.

§ IX. — *Des sirops composés*, 521.

Sirop de café, 522. — Sirop de camomille, *id.* — Sirops d'absinthe, de
capillaire, d'hysope, d'œillets, de sassafras, *id.* — Sirop de capillaire, *id.*
— Sirop d'acide citrique, 523. — Sirop de limon et sirop d'orange, *id.*
— Sirop de coings, *id.* — Sirop d'airelle, de cassis, de cerises, d'épine-
vinette, de framboises, de grenades, de groseilles, de limons, de mûres,
d'oranges, de pommes, de verjus, de vinaigre, de vinaigre framboisé,
id. — Sirop de fraises, *id.* — Sirop des quatre fruits, *id.* — Sirop de
gomme, *id.* — Sirop de guimauve, 524. — Formule des liquoristes, *id.*
—Sirop d'hysope, 525. — Sirops de mélisse et de menthe, *id.*—Sirop de
groseilles, *id.*— Sirop de groseilles framboisé, *id.* — Sirop de lait, *id.* —
Sirop de mûres, *id.* — Sirop de fleurs d'oranger, *id.* — Formule des liquoristes, 526. — Sirop d'oranges, écorces, *id.* — Sirop d'oranges
amères, écorces, *id.* — Sirop d'orgeat, *id.* — Sirop de punch au rhum,
527. — Sirop de raisin, *id.* — Sirop de sassafras, *id.*—Sirop d'acide

tartrique, *id.* — Sirop de thé, *id.* — Sirop de baume de Tolu, *id.* — Sirop de vanille, *id.* — Sirop de vinaigre framboisé, 528. — Sirop de violettes, *id.* — Sirops aromatiques divers, 528. — Sirops glucosés, 529. — Quantités de sucre pur contenues dans 1 litre de sirop simple (sirop de sucre) à+15 degrés de température, 530. — Altérations et conservation des sirops, 531. — Observations générales, 534.

§ X. — *Opérations principales du liquoriste*, 535.

CHAPITRE II. — DES EAUX-DE-VIE CONSIDÉRÉES COMME LIQUEURS.

Généralités, 538.

§ I. — *Eaux-de-vie*, 540.

Préparation des petites eaux pour le mouillage des eaux-de-vie, 541. — A. Essence de cognac, 543. — B. Extrait de rancio pour vieillir le cognac, *id.* — Formules diverses, 543. — Imitations, 544. — Classification et groupement des eaux-de-vie, 550.

§ II. — *Rhums et tafias*, 554.

§ III. — *Kirschs*, 557.

Premier procédé de fabrication, *id.* — Deuxième procédé, 558. — Modification, *id.* — Formules d'imitation, 559. — Observations, 560.

§ IV. — *Genièvre*, 563.

A. Procédé de préparation, 564. — B. Genièvre, alcoolat, 565. — C. Genièvre, par l'essence, *id.*

CHAPITRE III. — FABRICATION DES LIQUEURS.

Du laboratoire du fabricant de liqueurs, 568. — Instrumentation, 570. — Travail du laboratoire, 573. — Composition, 574. — Mélange, 575. — Tranchage, *id.* — Coloration et clarification, 576. — Proportions de convention, *id.*

§ I. — *Fabrication des liqueurs par distillation*, 578.

Absinthe ordinaire. Extrait ou alcoolat composé, 579. — Absinthe demi-fine, 580. — Autre formule, *id.* — Absinthe fine, *id.* — Absinthe fine, formule suisse, *id.* — Absinthe, formule allemande, *id.* — Chrème d'absinthe, *id.* — Chrème d'angélique, *id.* — Huile d'anis, *id.*
Anisette ordinaire, 582. — Anisette de Bordeaux, demi-fine, *id.* — Anisette, formule allemande, *id.* — Huile de badiane, *id.* — Baume humain, *id.* — Bénédictine, *id.* — Bitter, formule allemande, 583. — Huile de cacao, *id.* — Huile de calamus, *id.* — Huile de cannelle, *id.* — Huile de cédrats, 584. — Chrème de céleri, surfine, *id.* — Chartreuse, *id.* — A. Chartreuse verte, *id.* — B. Chartreuse jaune, *id.* — C. Chartreuse blanche, *id.* — Huile des créoles, 585. — Curaçao, demi-fin, *id.* — Eau

d'argent, *id*. — Eau blanche, *aqua bianca*, de Turin, 586. — Eau de la Chine, *id*. — Eau de la Côte des Visitandines, *id*. — Eau d'or, *aqua d'oro*, formules italiennes, *id*. — Eau de pain, 587. — Eau-de-vie d'Andaye, *id*. — Eau-de-vie de Dantzig, *id*. — Eau verte, 588. — Elixir de Cagliostro, *id*. — Chrème de genépi des Alpes, *id*. — Genièvre, liqueur, *id*. — Huile de gingembre, *id*. — Huile de girofle, 589. — Liqueur de kummel, formules allemandes, *id*. — Liqueur des Alpes, formule italienne, *id*. — Marasquin, *id*. — Chrème de menthe, formules allemandes, 590. — Chrème de moka, *id*. — Mont-Dore, *id*. — Noyau de Phalsbourg, chrème, *id*. — Liqueur d'orange, formule allemande, *id*. — Periscot, 591. — Parfait amour, *id*. — Rosolio de Turin, formule italienne, *id*. — Trappistine, imitation, *id*. —Vermuth, formule allemande, *id*. — Vespétro, 592.

§ II. — *Préparation des liqueurs par mélange*, 592.

I. *Liqueurs par les sucs*, 592. — Dosage et méthode générale, 594.
II. *Liqueurs par les sirops*, 595.
III. *Liqueurs par les infusions aqueuses*, 595.
IV. *Liqueurs par les hydrolats*, 596. — Marasquin de Zara, formule italienne, *id*. — Huile de menthe, *id*. — Chrème de moka, demi-fine, 597. — Huile de fleurs d'oranger, *id*. — Huile de roses, *id*.
V. *Liqueurs par les essences*, 597. — Dosage et méthode générale, 597. — Absinthe, *id*. — Formules allemandes, 599. — Angélique, *id*. — Anis, *id*. — Anisette, *id*.—Formules allemandes, 600.—Chrème des Barbades, surfine, *id*.— Chrème de calamus aromaticus, *id*. — Chrème de cannelle, *id*. — Céleri, *id*. — Chartreuse surfine, *id*.— Chrème de citron, 601.— Curaçao, *id*. — Eau blanche, *id*. — Eau de Mannheim, *id*. — Eau des sept graines, 602. — Eau-de-vie de Dantzig, *id*. — Fleur d'oranger, *id*.— Girofle, *id*.—Huile de kirsch surfine, *id*.— Kummel ordinaire, 603.— Liqueur de cent sept ans, *id*.—Chrème de mélisse, *id*.—Chrème de menthe, *id*.— Formules allemandes pour la chrème de menthe poivrée, *id*.— Chrème de mille-fleurs, *id*. — Chrème de muscade, 604.—Noyau, *id*.—Chrème d'orange, formule allemande, *id*. — Parfait amour, *id*. — Persicot, formule allemande, *id*. — Chrème de Portugal, 605. — Chrème de romarin, *id*. Huile de roses, *id*. — Huile de vanille surfine, *id*. — Vermuth, formules allemandes, *id*. — Vespétro, *id*.
VI. *Liqueurs par les alcoolats*, 606. — Méthode générale et dosages, *id*. — Angélique, 607. — Anisette, *id*. — Céleri, *id*. — Curaçao, *id*. — Eau de la côte Saint-André, *id*. — Eau de la Côte (des Visitandines), 608.— Eau-de-vie de Dantzig, *id*. — Eau des sept graines, *id*. — Eau verte, dite de Marseille, 609. — Elixir de Garus, *id*. — Framboise, *id*.— Liqueur de cent sept ans, *id*. — Marasquin, 610. — Chrème de menthe fine, *id*.— Mille-fleurs, *id*. — Chrème de moka, *id*. — Chrème de noisette à la rose, *id*. — Noyau, *id*. — Huile d'œillets, *id*. — Fleur d'oranger, *id*. — Parfait-amour, 611. — Persicot, formule allemande, *id*. — Huile de rhum, *id*. — Roses, *id*. — Thé, *id*. — Vespétro, 612.
VII. *Liqueurs par les alcoolés*, 612. — Méthode générale, 613. — Chrème des Barbades, 614.— Bitter, *id*.— Eau de citron, formule allemande, 615.

— Curaçao surfin de Hollande, *id.* — Elixir de Cagliostro, *id.* — Chrème
de gingembre, formule allemande, *id.* — Liqueur flamande, *id.* — Chrème
de moka ordinaire, 616. — Huile de vanille, *id.*

VIII. *Liqueurs par les alcoolatures*, 616. — Ratafiat de brou de noix, 617.
— Ratafiat de cassis, *id.* — Formules des liquoristes, *id.* — Ratafiat de
cerises, 618. — Ratafiat de coings, 619. — Ratafiat de framboises, *id.* —
Ratafiat des quatre fruits, 620. — Guignolet d'Angers, *id.* — Ratafiat de
vanille, *id.* — Huile de violettes, *id.*

IX. *Liqueurs mixtes*, 621. — Absinthe, ratafiat, *id.* — Alkermès de Florence, *id.* — Ananas, chrème, *id.* — Anisette, *id.* — Chrème des Barbades
surfine, 623. — Baume divin, *id.* — Baume humain, *id.* — Brou de
noix, *id.* — Chrème de cachou, *id.* — Cassis, 624. — Cédrat, *id.* — Cerises, ratafiat, *id.* — China-china, 625. — Coings, *id.* — Cumin, *id.* —
Curaçao, *id.* — Délices de Rachel, 626. — Eau d'argent, 627. — Eau
d'or, *id.* — Eau-de-vie d'Andaye, fine, *id.* — Eau divine, *id.* — Elixir
de Garus, *id.* — Fenouillette, 628. — Fleurs d'oranger, *id.* — Huile de
kirsch, *id.* — Liqueur de cent sept ans, *id.* — Marasquin, surfin, 629. —
Marasquin, formule allemande, *id.* — Chrème de menthe, *id.* — Mézenc, *id.* — Noyau, 630. — Persicot, *id.* — Rosolio, *id.* — Sapotille, 631.
— Scubac, *id.* — Huile de Vénus, *id.*

CHAPITRE IV. — LIQUEURS DIVERSES.

§ I. — *Des punchs*, 636.

Punch au rhum, 637. — Punch au kirsch, 638. — Punch à l'eau-de-vie, *id.*
— Punch au vin, *id.* — Bishop, 639.

Hippocras, 640. — Hippocras aux épices, *id.* — Autres formules, *id.* — Vin
d'angélique, hippocras d'angélique, 642. — Vin ou hippocras de cascarille, *id.* — Vin ou hippocras de cédrat, *id.* — Vin ou hippocras de
framboises, *id.* — Hippocras de fraises des bois, *id.* — Vin ou hippocras
de genièvre, *id.* — Vin ou hippocras de gingembre, *id.* — Vin ou hippocras d'orange, *id.* — Vin ou hippocras à la vanille, *id.* — Vin tonique,
hippocras des chasseurs, 643.

§ II. — *Vins de liqueurs*, 643.

Vin de Frontignan, 644. — Vin de Lunel, *id.* — Vin de Malvoisie, *id.* —
Vin d'Alicante, *id.* — Vin de Lacryma-Christi, 645. — Vin de Chypre, *id.*
— Sherry, *id.* — Vin de Grenache, *id.* — Vin de Madère, *id.* — Xérès, *id.*
— Vin de Malaga, *id.* — Vin de Constance, *id.* — Vin de Rota, 646. —
Vin de Tokai, *id.* — Vin de Porto, *id.*

§ III. — *Préparations hygiéniques*, 647.

Alcool camphré, 647. — Alcool camphré faible. Eau-de-vie camphrée, *id.*
— Baume de vie, d'Hoffmann, *id.* — Eau d'arquebusade, de Théden, 648.
— Eau de Botot, *id.* — Eau carminative, *id.* — Eau de Délabarre. Eau
orientale, *id.* — Eau de Luce, *id.* — Eau de mélisse. Eau des Carmes.
Alcoolat de mélisse composé, 649. — Eau de mélisse, de Dardel, *id.* —
Eau d'O'Méara, *id.* — Eau sédative, de Raspail, 650. — Eau vulnéraire,

eau d'arquebusade, id. — Eau de Vicat, 651. — Eau de Mme de la Vrillière, id.— Elixir d'Ancelot, id. — Elixir antiodontalgique, id. — Elixir aromatique, id. — Elixir balsamique, d'Hoffmann, id. — Elixir de Bonjean. Elixir de santé, id. — Elixir des Jacobins. Eau des Jacobins de Rouen, 652. — Elixir de longue vie. Elixir suédois, id. — Elixir de vie, de Matthiole, id. — Liqueur dorée, id. — Liqueur odontalgique. Elixir Leroy, 653. — Liqueur odontalgique. Elixir Desforges, id. — Liqueur hygiénique, dite de Raspail, id. — Liqueur hygiénique de Combier, id. — Teinture d'arnica, 654. — Teinture aromatique. Essence céphalique. Eau de Bonferme, id. — Teinture balsamique. Baume du commandeur de Permes, id. — Vermuth d'Ollivero, id. — Autre formule, 655. — Vermuth de Turin, id. — Vermuth au vin de Madère, id. — Vin d'absinthe, 656. — Vin d'absinthe aromatique, id. — Vin d'absinthe composé, id. — Vin de Dubois, id.— Vin de gentiane, id. — Vin de quinquina, id. — Vin de quinquina composé, 657. — Vin de Récamier, id. — Vin stomachique, id.

§ IV. — *Fruits à l'eau-de-vie*, 657.

Préparation des fruits, 658. — Blanchiment, id. — Confection à l'eau-de-vie, 659.—Confection au sucre, id.— Mise en jus, 660.—Abricots, 661.— Angélique, id. — Cédrats, id.—Cerises, id. — Chinois, 662. — Coings, id. —Marrons, id.—Noix vertes, 663.— Oranges, id.—Pêches, id.—Poires, id. — Prunes, 664. — Raisins, id.

LIVRE II. — DÉRIVÉS DE L'ALCOOL.

CHAPITRE I. — GÉNÉRALITÉS.

Vanités scientifiques, 666. — Discussions absurdes, 668. — Dérivés de l'alcool, 670. — Action des éthers et du chloroforme, 672. — Du vinaigre, 673.

CHAPITRE II. — DES ÉTHERS ET DU CHLOROFORME.

Méthode générale de préparation des éthers, 675. — Rêveries transrhénanes, 677. — Expériences de Kuhlmann, 678.

§ I. — *Des éthers*, 679.

A. Ether de la série propionique, 679. — B. Ether de la série méthylique, id.— C. Ether de la série éthylique. Ether sulfurique ou hydrique, id. — Sirop d'éther, 681. — Huile éthérée, 682. — D. Ether de la série propylique, id. — E. Ether de la série butylique, id. — F. Ether de la série amylique, id. — G. Ether de la série de l'oléène, 683. — H. Ether de la série œnanthylique, id. — I. Ether de la série caprylique, id. — J. Ether de la série de l'élaène, id. — K. Ether de la série du paramylène, id. — L. Ether de la série du métamylène, id. — M. Ether de la série éthalique, *id.* — N. Ether de la série du cérotène, *id.* — O. Ether de la série du mélissène, *id.*

§ II. — *Du chloroforme*, 684.

CHAPITRE III. — ACÉTIFICATION.

Généralités, 689. — Semailles de mycodermes, par M. Pasteur, *id.* — Opinions de M. Dumas, 690. — Opinions de l'auteur, 692. — Oxydation directe de l'alcool, 699. — Caractères de l'acide acétique, 700.

§ I. — *Fabrication des vinaigres*, 702.

Généralités, 703. — Matières premières de la vinaigrerie, 708. — Tableau de division et de classification des vinaigres et des acides acétiques, 711. Fabrication des vinaigres, 712. — Méthode vulgaire, 713. — Méthode de Boerhaave, 714. — Méthode des vinaigriers. Méthode d'Orléans, 715. — Méthode accélérée, dite *de Schützenbach*, 717. — Appareil belge, 721. — Terme de l'acétification, 722. — Clarification des vinaigres, *id.* — Falsification des vinaigres, 723. — Acide azotique ou nitrique, 725. — Acide sulfurique ou huile de vitriol, 726. — Acide chlorhydrique ou muriatique, *id.* — Méthode d'essai de A. Payen, 727. — Acétimétrie, *id.* — Méthode de Salleron et Réveil, 731.

§ II. — *Acide acétique*, 734.

Acétates, 735. — Acétate de potasse, 736. — Biacétate de potasse, *id.* — Acétate de soude, *id.* — Biacétate de soude, 737. — Acétate d'ammoniaque, *id.* — Acétate de baryte, *id.* — Acétate de chaux, *id.* — Acétate d'alumine, *id.* — Acétate de fer, mordant de rouge, *id.* — Acétate neutre de plomb, sel de Saturne, *id.* — Acétate tribasique de plomb, extrait de Saturne, eau de Goulard, *id.* — Acétate neutre de cuivre, verdet, cristaux de Vénus, 738. — Acétate bibasique de cuivre, vert-de-gris, *id.* — Décomposition des acétates, *id.* — Vinaigre radical, *id.* — Acide cristallisable, 739. — Valeur des dissolutions aqueuses d'acide acétique, 740.

§ III. — *Acide pyroligneux*, 742.

Résumé du travail de production, 742. — Epuration des produits, 744. — Purification du pyrolignite de soude, 745. — Décomposition du pyrolignite de soude, *id.*

§ IV. — *Vinaigres aromatiques*, 746.

Vinaigres de table aromatisés, 746. — Moutarde, 747. — Vinaigre de framboise, *id.* — Sirop de vinaigre, *id.* — Oxymel, sirop de vinaigre au miel, acétomel, 748.
Vinaigres hygiéniques, 748. — Vinaigre aromatique anglais, *id.* — Vinaigre de café, 749. — Vinaigre camphré de Raspail, *id.* — Vinaigre phéniqué. Vinaigre de Quesneville, *id.* — Vinaigre des quatre voleurs. Vinaigre antiseptique, *id.*

Cosmétiques au vinaigre, 750. — Eau d'Hébé, contre les taches de rousseur, *id.* — Vinaigre aromatique, *id.* — Vinaigre de Bully. Vinaigre aromatique et antiputride, *id.* — Vinaigre de citron, *id.* — Vinaigre dentifrice, 751. — Vinaigre de Mallard, *id.* — Vinaigre rosat, *id.* — Vinaigre de la Société hygiénique. Vinaigre cosmétique et hygiénique, *id.* — Vinaigre de toilette, 752. — Vinaigre de toilette, *id.* — Vinaigre virginal, *id.* — Rouge au vinaigre, *id.*

CHAPITRE IV. — DES PRINCIPAUX COSMÉTIQUES ALCOOLIQUES.

Brillantine, 754. — Cosmétique savonneux, *id.* — Lait virginal, *id.* — Eau balsamique de Jackson, *id.* — Eau de bouquet, 755. — Eau chlorurée, *id.* — Eau de Cologne, *id.* — Eau de Cologne, formule simplifiée, *id.* — Eau de Cologne commune, *id.* — Eau de Cologne ordinaire, par les essences, 756. — Eau de Cologne fine, par les essences, *id.* — Eau de Cologne de Farina, *id.* — Eau de Cologne de Jean-Marie Farina, *id.* — Eau de menthe. Alcoolat de menthe, 757. — Eau de miel. Alcoolat de miel composé, *id.* — Eau de quinine, *id.* — Eau de la reine de Hongrie, *id.* — Eau savonneuse, *id.* — Elixir dentifrice de Désirabode, 758. — Eau de néroli. Alcoolat de néroli, *id.* — Eau sans pareille. Alcoolat sans pareil, *id.* — Eau-de-vie de gaïac, *id.* — Eau-de-vie de lavande, *id.* — Eau-de-vie de lavande, autre formule, *id.* — Eau-de-vie de lavande ambrée, *id.* — Eau de lavande de Smith, *id.* — Eau-de-vie de lavande anglaise, *id.* — Essence royale. Essence pour le mouchoir, 759. — Essence de savon, *id.* — Essence volatile anglaise, *id.* — Extrait d'héliotrope de Marquez, *id.* — Extrait de senteur, *id.* — Lait d'amandes, *id.* — Liqueur de Gowland, 760. — Liqueur de Panama, *id.* — Lotion de Guerlain. Eau cosmétique de Guerlain, *id.* — Rouge liquide, *id.* — Teinture chinoise, *id.* — Teinture dentifrice. Eau pour la bouche, 761. — Teinture de quinquina, *id.*

CHAPITRE V. — DES VERNIS A L'ALCOOL.

Préparation des vernis à l'alcool, 763. — Vernis blanc pour meubles, 764. — Vernis blanc, autre formule, *id.* — Vernis blanc de Wattin, *id.* — Vernis demi-blanc, du même auteur, *id.* — Vernis commun à bois, *id.* — Vernis pour les boîtes et petits meubles, *id.* — Vernis pour cartons, étuis, *id.* — Vernis pour boîtes, étuis, *id.* — Vernis de Chine, 765. — Vernis au copal, *id.* — Vernis des corroyeurs. Noir du Japon, *id.* — Vernis pour découpures et bois de luxe, *id.* — Vernis fixateur, *id.* — Vernis pour lambris et boiseries, de Tingry, *id.* — Vernis pour lambris, boiseries, meubles et ferrures d'intérieur, du même, *id.* — Vernis de Mailand, *id.* — Autre formule, *id.* — Vernis pour meubles, à poncer, *id.* — Vernis d'or, *id.* — Vernis d'or pour les métaux, *id.* — Vernis pour parquets, 766. — Vernis contre la rouille, *id.* — Vernis siccatif pour meubles, *id.* — Autre formule, *id.* — Vernis siccatif de Raphanel et Maunoury *id.* — Vernis pour violons, *id.*

CINQUIÈME PARTIE.

QUESTIONS DE LÉGISLATION, IMPÔT INDIRECT.

Principe d'équité qui doit régir l'impôt, 767. — Doctrine des utopistes, *id.* —Situation d'un état social, au point de vue de l'association financière, 768. — Devoirs et droits, 769. — Base de l'impôt indirect en France, 771. — Observations, 772.

SECTION I. — Impôt indirect sur les vins, 773.
SECTION II. — Impôt indirect sur les cidres et poirés, 775.
SECTION III. — Impôt indirect sur la bière, 775.
SECTION IV. — Impôt indirect sur les spiritueux, 777.
Observations, 779.

APPENDICE.

SUR QUELQUES DONNÉES NUMÉRIQUES RELATIVES A L'ALCOOL.

De la force réelle des liquides alcooliques et de leur richesse, 782.

Tableaux indicateurs de la force réelle des liquides alcooliques de 0 degré à 30 degrés de force apparente et de + 16 degrés à + 30 degrés de température, 785. — Règle pour l'emploi des tables, 786.

Mouillage et réduction des alcools, 786.

Tableaux indicateurs des quantités d'eau en volume à ajouter à 1 hectolitre d'esprit de force donnée pour l'abaisser à un degré cherché de force réelle, 787.

Règles relatives au mouillage, 792.

Concordance des degrés centésimaux avec les degrés de Cartier à la température de + 15 degrés centigrades, 793. — Évaluation des degrés de Cartier en degrés centésimaux à la température de + 15 degrés centigrades, 795. — Évaluation des degrés centésimaux en degrés de Cartier à la température de 15 degrés centigrades, 796. — Évaluation des degrés de Cartier en degrés centésimaux, telle qu'elle est donnée dans la loi relative à l'alcoomètre centésimal, 797.

DOCUMENTS COMPLÉMENTAIRES.

NOTES JUSTIFICATIVES.

NOTE A. — Observations sur quelques particularités relatives à la distillation agricole, 799.
NOTE B. — Évaluation des eaux-de-vie et esprits, 802.
NOTE C. — Observations supplémentaires sur l'ivresse, ses causes, ses formes et ses conséquences, 80?.

FIN DE LA TABLE DES MATIÈRES

Paris. — Typographie A. Hennuyer, rue du Boulevard, 7.

LIBRAIRIE DU DICTIONNAIRE DES ARTS ET MANUFACTURES

40, RUE MADAME, A PARIS

GUIDE PRATIQUE

DU

FABRICANT DE SUCRE

PAR

N. BASSET

auteur de plusieurs ouvrages d'agriculture et de chimie appliquée

DEUXIÈME ÉDITION, ENTIÈREMENT REFONDUE

ET CONSIDÉRABLEMENT AUGMENTÉE

**formant trois forts volumes in-8, illustrés de nombreuses gravures
sur bois intercalées dans le texte**

PROSPECTUS

La sucrerie est, sans contredit, une des plus belles créations de
l'industrie moderne. Le travail de la canne aux colonies, si intéressant et quoique progressant, s'amoindrit relativement chaque
jour, devant le grand développement que prend celui de la betterave dans la mère patrie, et la prospérité de la sucrerie intéresse
aujourd'hui au plus haut degré, la première des industries, l'agriculture. La production et l'extraction du sucre des racines conduit
directement à la culture intensive, à la véritable richesse agricole, par l'adoption d'assolements comprenant des cultures sar-
clées, par l'augmentation des matières nutritives pour le bétail, et
la multiplication des fumiers, et, par suite, à la suppression de ces
fatales disettes périodiques, un des grands fléaux de l'humanité.

Rédiger l'encyclopédie de l'industrie sucrière, traiter toutes les
questions qui se rapportent à l'étude théorique des sucres, à
la culture des plantes saccharifères, à l'extraction et au raffinage du sucre, toutes celles qui intéressent le fabricant, et
aussi l'agriculteur qui fournit la matière première et utilise les résidus, tel est le but que s'est proposé M. Basset dans l'ouvrage le

plus complet, sans contredit, le plus riche en renseignements théoriques et pratiques, qui ait jamais paru sur la sucrerie. Déjà un premier essai a été favorablement accueilli par les fabricants et une première édition est depuis longtemps épuisée.

Toujours mêlé, depuis dix années, aux labeurs des fabricants de sucre, exclusivement livré, dans son laboratoire de chimiste, à des recherches relatives au sucre et à l'alcool, M. Basset s'est proposé, dans cette seconde édition, dans laquelle il reste bien peu de la première, d'élever un monument pouvant faire honneur à toute une vie de travail ; nous croyons pouvoir dire qu'il y a pleinement réussi et nous sommes certain que les fabricants seront de notre avis. Ils reconnaîtront facilement combien son œuvre est supérieure pour l'abondance des renseignements, la précision des recherches, à quelques ouvrages étrangers trop vantés dont il a discuté avec soin les théories, surtout lorsqu'elles s'éloignent de celles reçues en France.

Nous appellerons tout spécialement l'attention du lecteur sur une partie nouvelle et, à notre avis, excellente du 2e volume, sur la partie du livre III, dans lequel il passe en revue les influences sur les jus sucrés de toutes les substances avec lesquelles il peut se trouver mélangé.

Le jus sucré, celui extrait de la betterave surtout, renferme, avec le sucre prismatique, grand nombre de substances dont il faut le séparer, opération dont la difficulté explique les insuccès de tant de rêveurs, en raison de sa facile altérabilité et de sa grande ressemblance au point de vue des réactions et de la composition avec plusieurs de ces corps hydrocarbonés. La végétation n'engendre le sucre que par la transformation d'éléments qui en sont très-voisins, elle ne le fait disparaître qu'en l'utilisant pour faire naître des combinaisons très-peu différentes.

Cette séparation constitue cependant tout le travail du fabricant de sucre, c'est pour l'effectuer qu'il rencontre souvent des obstacles presque insurmontables, surtout lorsque le travail normal doit être modifié. Quel réactif employer dans chaque cas particulier, comment doit-il modifier son travail ? Telle est la connaissance la plus utile qu'il puisse acquérir, c'est celle qu'il trouve excellemment exposée dans la partie de l'ouvrage de M. Basset, dont nous parlons.

Cette généralisation, précédant les divers modes de fabrication, simplifie, éclaire les divers systèmes, et nous paraît un très-important progrès accompli dans l'analyse technologique d'une des plus importantes industries chimiques, une des plus difficiles à exercer avec le degré de perfection que permet l'état de la science industrielle, en évitant les pertes qui empêchent si souvent le succès d'entreprises qui devaient réussir.

C'est en formulant simplement les connaissances théoriques indispensables, en enseignant les vrais principes de la fabrication, que l'auteur du *Guide du fabricant de sucre*, au lieu de se faire le prôneur des puissants constructeurs d'appareils, démontre au praticien comment, avec quelques études et du bon sens, il pourra se rendre toujours maître de son travail et réussir avec des outils en apparence assez imparfaits.

Pour donner une idée un peu exacte de l'ouvrage, et montrer combien il est complet, nous emprunterons à la table des matières les indications des principales divisions.

PREMIER VOLUME.
LIVRE I. — Étude des Sucres.

Chap. I. DU SUCRE EN GÉNÉRAL. — Caractère essentiel des sucres. — Formation du sucre dans les tissus végétaux.

Chap. II. DES ESPÈCES DE SUCRES ET DE LEURS CARACTÈRES. — Corps générateurs des sucres. — Équivalents des sucres. — 1. *Sucre prismatique ou sucre de canne.* — Composition. — Action de la chaleur. — Des acides. — Des alcalis. — Étude des sucrates. — 2. *Sucre de fruits acides.* — 3. Sucre de champignons. — 4. Sucre de fécule ou glucoses, ses caractères, action des acides, des alcalis, etc., fermentation. — 5. Du miel. — 6. Du sucre de lait. — 7. Des matières sucrées non fermentescibles, etc.

Chap. III. ESSAI DES MATIÈRES SACCHARINES. DOSAGES. — Procédé Payen. — Procédé Péligot. — Densimétrie appliquée à l'appréciation des jus sucrés. — Dosage du sucre. — Procédé de M. Dumas.

Chap. IV. SACCHARIMÉTRIE. — 1. Saccharimétrie chimique. — Procédé Maumené. — Procédé Elsner. — Solution cupro-potassique, etc. — 2. Saccharimétrie optique. — Notions générales, polarisation de la lumière. — Méthode de Biot. — Saccharimètre Soleil. — Pratique et manuel du saccharimètre. — Préparation des dissolutions sucrées. — Tables de M. Clerget.

Chap. V. DÉTERMINATION DES MATIÈRES DIFFÉRENTES DU SUCRE. — 1. Dosage de l'eau des matières saccharines. — 2. Dosage des matières non azotées, différentes du sucre. — 3. Détermination des matières azotées. — 4. Détermination des matières minérales. — Méthode mélassimétrique.

Chap. VI. PRÉPARATIONS DIVERSES ET OBSERVATIONS. — Résultats analytiques. — De la préexistence du sucre incristallisable dans les végétaux saccharifères.

LIVRE II. — Culture des plantes saccharifères.

Chap. I. PRINCIPES GÉNÉRAUX. — Du sol en général. — 2. Éléments constitutifs du sol. — 3. Conditions de fertilité des sols. — 4. Conditions agricoles à réaliser pour la production du sucre prismatique.

Chap. II. CULTURE DE LA BETTERAVE. — 1. Espèces principales et variétés. — 2. Choix et préparation du sol. — 3. Amendements et engrais. — 4. Ensemencement. — 5. Façons et binages. — 6. Observations sur les conditions de développement et de richesse des racines saccharifères. 7. Récolte des betteraves. — 8. Conservation des betteraves. — Assolement de la betterave. — 10. Rendement et prix de revient. — 11. Amélioration des betteraves. — 12. Maladie de la betterave.

Chap. III. CULTURE DES GRAMINÉES SACCHARIFÈRES. — Culture de la canne à sucre. — 2. Récolte et conservation de la canne. — 3. Rendement. — 4. Culture de la canne en Europe. — 5. Culture du sorgho sucré. — Culture du maïs.

Chap. IV. CULTURE DE QUELQUES PLANTES ACCESSOIRES. — 1. Culture de la carotte. — 2. des cucurbitacées, de l'érable à sucre. — 4. du châtaignier.

Chap. V. — INFLUENCE DES PLANTES SUCRIÈRES SUR LA PROSPÉRITÉ AGRICOLE.

Chap. VI. AVENIR DE L'INDUSTRIE SUCRIÈRE.

NOTES. — A. Sur la fermentation alcoolique des sucres. — B. Corps dérivés des sucres et altérations des matières saccharifères. — C. Observations sur les sucrates. — D. des ferments globulaires et de la matière gommeuse. — E. Sur la polaristrobométrie. — F. Observations sur la Saccharimétrie. — G. Observations relatives à la densité. — H. Des mélanges Ville. — I. Expériences sur la germination de la betterave. — J. Sur le sucre de maïs et de cucurbitacées. — K. Sur les causes de la localisation de la sucrerie indigène dans les départements du nord de la France.

DEUXIÈME VOLUME.

LIVRE III. — Fabrication industrielle du sucre prismatique.

SECTION I. PRINCIPES FONDAMENTAUX DE LA FABRICATION.

Chap. I. INFLUENCE DES MATIÈRES ÉTRANGÈRES QUI ACCOMPAGNENT LE SUCRE. 1. Influence des substances hydro-carbonées : Fécule, Dextrine, Gomme, Glucose. — 2. Influence des principes pectiques sur les jus sucrés. — 3. Influence des graisses, des résines et des essences. — 4. Influence des matières azotées. — 5. Action des acides végétaux. — 6. Action des bases végétales. — 7. Influence des matières minérales : Potasse et Soude, Chaux, Baryte, etc; Acides minéraux; sels minéraux — 8. Influence des matières extractives.

Chap. II. DIVISION DES OPÉRATIONS DE LA SUCRERIE. — 1. Préparation de la matière première. — 2. Extraction du jus sucré comprenant : la division de la matière saccharifère, l'extraction du jus sucré par pression, par déplacement, par macération. — 3. Purification du jus : emploi du tannin, de la chaux, élimination de la chaux en excès par les divers corps qu'il est possible d'employer; usage de l'acide carbonique, phosphatage, noir animal. — 4. Concentration du jus purifié par la chaleur : chaudières à feu nu, chauffage à la vapeur, concentration à la vapeur dans le vide, appareils à effets multiples. — 5. Filtration des jus et sirops, clarification des sirops. — 6. Cuite des sirops. — 7. Cristallisa-

tion.— 8. Purge, clairçage, turbinage.— 9. Épuisement des eaux mères.
10. Utilisation des résidus.

Chap. III. Préparation des principaux agents chimiques employés en sucrerie. — 1. Chaux et acide carbonique. — 2. Fabrication et revivification du noir d'os.— 3. du tannin.— 4. de l'acide phosphorique et
des phosphates solubles.

Section II. — EXTRACTION DU SUCRE DE BETTERAVE.

Chap. I. Historique de la découverte. — 2. Débuts de la sucrerie indigène. — 3. Appareils de l'ancienne sucrerie indigène.

Chap. II. Fabrication industrielle perfectionnée du sucre de betterave. — 1. Appréciation de la valeur des racines. — 2. Préparation
des racines. — 3. Extraction du jus : Coupe-racines Champonnois, Râpes de Fesca, de Klusemann, de Robert, de Champonnois : Pression :
Mise en sacs, Pression préparatoire, Pression hydraulique, disposition
d'un grand atelier. Presses continues. Extraction par la turbine. Macération. Valeur des jus. — 4. Purification du jus de betterave : Défécation,
chaulage des jus : chaudières à défécation Brissonneau : Carbonatation :
Chaudière Cail : Décoloration des jus, Pratique actuelle de la filtration
sur noir, Travail des filtres.— 5. Concentration du jus purifié. Surfaces
de chauffe. Emploi de la vapeur détendue et de la vapeur directe dans
les appareils à effets multiples. Appareils perfectionnés. Filtration des
sirops. — 6. Cuite des sirops. Qualités d'un bon appareil. Chaudière à
serpentins superposés, à tubes verticaux. — 7. Cristallisation. Traitement des masses cuites. — Purge ou séparation des cristaux. —
6. Épuisement des eaux mères, — 10. Utilisation des résidus. Pulpes,
cossettes, écumes et dépôts. Filtres-presses Durieux et Roettger, Cail,
Walkhoff, Trinks, bivalve. Sucre perdu dans les tourteaux. Mélasse.
Noirs épuisés.

Chap. III. Description et étude de quelques procédés particuliers. —
Procédés relatifs à la division des racines. — 2. Procédés relatifs à
l'extraction du jus. Procédés par pression : procédés Robert, Lair,
Poizot et Druelle, Champonnois. Procédés par macération : Mathieu de
Dombasle, Schutzenbach, Robert (diffusion), Wilkinson et Possoz, Kessler. Conditions de la macération. Procédés mixtes. Procédés de Walkhoff et de l'auteur. Procédés Maumené, Champonnois ; par les sucrates. Méthode Linard. — 3. Procédés relatifs à la purification des jus.
Procédés de défécation, simple, double, trouble. Procédés divers pour
l'élimination de la chaux. Procédés Achard, Derosne et Howard, Boucher, Claës, Dubrunfaut, Mialhe, Oxland, Krüger, Garcia, Wagner,
Rousseau, Kessler ; noir de Leplay. Procédés de saturation. Procédés
Barruel, Rousseau, Michaëlis, Périer et Possoz, Frey et Jellinek. Procédé Pesier. Procédé Melsens. Procédés de transformation des alcalis.
Procédés Michaëlis, Siemens et Breunlin, Périer et Possoz, emploi des
phosphates. Procédé Reynoso. — 4. Procédés relatifs au traitement
des résidus. Procédé Margueritte. Procédés barytiques. Traitement par
la chaux. Osmose.

NOTES. — A. Corps dérivés du sucre. — B. Observations sur les altérations et les moisissures des sirops. — C. Observations sur le ferment.
— D. Des tannins et de quelques astringents. — E. Des papiers réac-

tifs. — F. Histoire du charbon animal. — G. De la combustion et de la valeur de quelques combustibles. — H. Surchauffe de la vapeur détendue. — I. Sur l'alcalinité des liquides sucrés. — J. Remarques sur la cristallisation du sucre. — K. Destruction des matières azotées du noir. — L. Relative à l'histoire de la sucrerie indigène. — M. Motifs du blocus continental. — N. Résultats industriels de la macération. — O. Sur l'emploi du savon en sucrerie (procédé Garcia). — P. Sur le rendement manufacturier de la betterave. — Q. Observations de M. B. Corenwinder sur la prise en charge. — R. Sur l'analyse commerciale des sucres bruts et le coefficient salin.

TROISIÈME VOLUME.

Le 3e volume renfermera la description de la fabrication coloniale, l'étude développée des SUCRERIES AGRICOLES, question qui intéresse tant les cultivateurs qui ne disposent pas de grands capitaux et sur laquelle nous pourrons donner, non-seulement une étude théorique complète, mais encore les chiffres d'une curieuse expérimentation qui se poursuit en ce moment dans d'excellentes conditions, avec le concours d'un de nos bons constructeurs; ce seront des renseignements de *première main* que nous pourrons donner à nos lecteurs; le RAFFINAGE, la fabrication du CANDI et de divers articles de confiserie, l'emploi des RÉSIDUS de la sucrerie, la fabrication, l'extraction et la purification des SUCRES DIVERS, autres que le sucre prismatique. Enfin, après l'examen consciencieux de toutes les parties de l'industrie du fabricant de sucre et du raffineur, l'auteur expose les mesures de LÉGISLATION et de FISCALITÉ par lesquelles la matière se trouve régie dans les principaux pays de production, et il cherche à établir la valeur des mesures adoptées aujourd'hui en France et qui subissent, en ce moment même, de nouvelles transformations.

Nous n'avons pas voulu attendre que ce troisième volume fût terminé, pour mettre en vente un ouvrage où nous sommes certain que les fabricants trouveront des renseignements précieux à utiliser dans la campagne qui vient de s'ouvrir.

Le *Guide pratique du fabricant de sucre*, par M. N. BASSET, forme 3 forts volumes in-8°, illustrés de nombreuses gravures sur bois représentant les machines et appareils employés dans l'industrie.

Prix : 30 francs.

(Le 3e volume se paye d'avance et sera envoyé *franco* par la poste aux acheteurs de l'ouvrage, aussitôt son impression terminée, c'est-à-dire dans les premiers mois de 1873.)

En envoyant un mandat de 30 francs à l'ordre du Directeur de la librairie du *Dictionnaire des Arts et Manufactures*, on recevra immédiatement les deux premiers volumes.

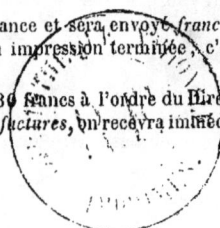

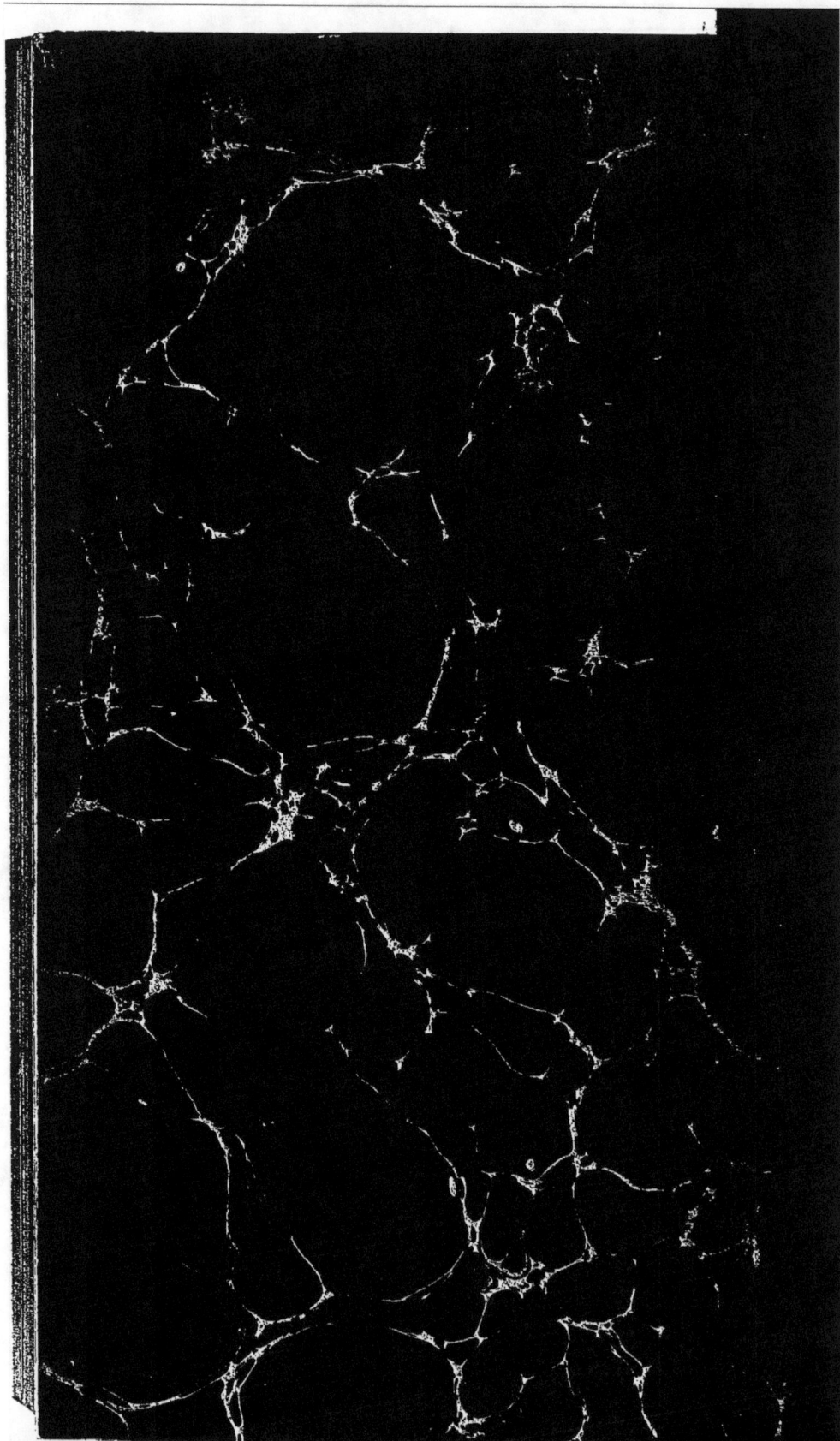